ardt studierte Nachrichtentechnik in Hamburg, dann Kyber-
erarbeitung an der TU München. 1971 trat er der Siemens AG
der Grundlagenforschung für Künstliche Intelligenz mit der
textsensitiver Informationssysteme beschäftigte.

ympischen Spiele in München 1972 war er Projektleiter für das
nd Auskunftssystem GOLYM. Anschließend leitete er verschie-
auf dem Gebiet der Entwicklung von Informations- und Daten-
sowie von SW-Entwicklungsverfahren. Darauf wurde ihm die
r Abteilung für Organisation und Automatisierung mit den
n SW-Verfahren für die HW-Entwicklung sowie der Entwicklung
hrend dieser Zeit war er Vorsitzender des Fachkollegiums Projekt-
s die Aufgabe hatte, Methoden und Verfahren des Projektmanage-
ereichen der Siemens AG einzuführen und deren Anwendung zu

els 2000 war er für die weltweite Notfallplanung und -organisation
zuständig. In den letzten Jahren seiner Tätigkeit bei Siemens war er
klung von Projektcontrolling- und Kostenüberwachungsverfahren.
e seines Buches Projektmanagement, welches immer wieder erweitert
rdwerk auf diesem Gebiet geworden ist. Auch bei der vierbändigen
agement-Baseline wirkte er als Autor mit.

Manfred H. Burgh
netik und Datenv
bei, wo er sich in
Entwicklung kon

Während der Ol
Informations- u
dene Projekte
banksystemen
Führung ein
Schwerpunkten der Betreuung vo
von PM-Verfahren übertragen. Wä
management der Siemens AG, da
ments in allen Unternehmensbe
unterstützen.

Während des Jahrtausendwechs
der Siemens-internen Software
Abteilungsleiter für die Entwi
1988 erschien die erste Auflag
wurde und zu einem Standa
GPM-Ausgabe der Projektman

Projektmanagement

Leitfaden für die Planung, Überwachung und Steuerung von Projekten

von Manfred Burghardt

9., wesentlich überarbeitete und erweiterte Auflage, 2012

Publicis Publishing

Bibliografische Information der Deutschen Nationalbibliothek
Die Deutsche Nationalbibliothek verzeichnet diese Publikation in der Deutschen Nationalbibliografie; detaillierte bibliografische Daten sind im Internet über http://dnb.d-nb.de abrufbar.

www.publicis-books.de

Lektorat: Dr. Gerhard Seitfudem, gerhard.seitfudem@publicis.de

Print ISBN: 978-3-89578-399-9
ePDF ISBN: 978-3-89578-692-8

9. Auflage, 2012

Herausgeber: Siemens Aktiengesellschaft, Berlin und München
Verlag: Publicis Publishing, Erlangen

Printed in Germany

Vorwort zur 9. Auflage

Projektmanagement ist heute längst nicht mehr Wunschvorstellung oder ein theoretischer Begriff, sondern im Rahmen der Planung und Steuerung von Entwicklungs- und Projektierungsvorhaben bereits wichtige Realität. Steigende Produktivität, kürzere Durchlaufzeit und optimierte Prozesse sind die Prämissen. Das Erreichen eines ausreichenden wirtschaftlichen Ergebnisses hat höchste Priorität. Projektmanagement kann daher nicht allein der ausführenden Ebene vorbehalten sein, sondern es wird zur Führungsaufgabe im gesamten Unternehmen.

Trotzdem wird Projektmanagement oft nicht genügend intensiv praktiziert; sei es, dass die Entwicklungs- und Projektierungsvorhaben nicht alle als »Projekte« geführt werden, sei es, dass das Projektmanagement in seinen Methoden und Verfahren zu schwach ausgeprägt und nicht prozessorientiert ausgerichtet ist. Auch mangelt es häufig an der geeigneten PM-Ausbildung der projektführenden Mitarbeiter, obwohl hier vielversprechende Fortschritte durch das Anbieten von PM-Tagungen und -Seminaren sowie durch das gezielte Ausbilden von Projektleitern erreicht worden sind.

Insgesamt muss Projektmanagement ernsthafter, konsequenter und sorgfältiger wahrgenommen werden, um die erfolgsbestimmenden Projektparameter Leistung, Kosten und Zeit in ihrem Optimum zu erreichen. Beachtliche Termin- und Kostenüberschreitungen bei Projekten liefern immer wieder den Beweis für mangelhaftes Projektmanagement. Projektmanagement stellt allerdings keine abgeschlossene »Lehre« dar, die – angelesen – nur noch angewendet zu werden braucht. Dazu ist der methodische Unterbau heute immer noch zu lückenhaft und sein Definitionsrahmen noch zu kontrovers. In einigen Teilbereichen, wie z. B. bei der Termin- und Einsatzmittelplanung, bieten sich in Form der Netzplantechnik hervorragende und erprobte Werkzeuge an; in anderen Bereichen, wie z. B. auf dem Gebiet der Sachfortschrittskontrolle, mangelt es an wirkungsvollen Hilfsmitteln. Hinsichtlich Einsatztiefe und Einsatzbreite des Projektmanagements bestehen zudem divergierende Meinungen; so wird teilweise die zentrale, teilweise die dezentrale Projektführung betont, oder aber das Projektmanagement bleibt allein Großprojekten vorbehalten. Auch muss zwangsläufig Projektmanagement bei einer Geräteentwicklung anders aussehen als bei einer Betriebssystementwicklung, weil reine HW-Projekte andere PM-Hilfsmittel erfordern als reine SW-Projekte. Und bei Projektierungsvorhaben liegen die Schwerpunkte des Projektmanagements wiederum ganz anders. Schließlich bestimmt die PM-Durchdringung entscheidend die Wahl der einzusetzenden Methoden und Verfahren.

Dieses Buch wendet sich einerseits an alle, die unmittelbar als Projektleiter und Projektplaner oder mittelbar als Projektmitarbeiter mit dem Projektmanagement in Berührung kommen. Ihnen sollen – in einfach verständlicher Form und mit Beispielen untermauert – die Methoden und Vorgehensweisen im Projektmanagement nahegebracht werden, wobei auch rechnergestützte Verfahren berücksichtigt sind. Andererseits soll das Buch auch denen als Nachschlagewerk dienen, die bereits seit längerem mit PM-Aufgaben betraut sind.

In Anbetracht der Verschiedenartigkeit der Projekte und der Vielfalt der Führungsformen muss das Buch sich auf das Grundsätzliche und auf die generellen Abläufe beschränken. Es kann also nicht Kochrezept z. B. für jede Art von Entwicklungsvorhaben sein. Daraus folgt, dass in praxi die erläuterten Methoden und Vorgehensweisen projektadäquat angepasst werden müssen. So sind z. B. auch die im Beiheft aufgeführten PM-Merkblätter als Anregung für das Erstellen projektspezifischer Checklisten gedacht.

Allerdings ist ein Großteil der dargestellten Methoden und Vorgehensweisen auch in anderen Projektformen wie Investitions- und Projektierungsprojekten anwendbar.

Die Kapitelfolge des Buches ist entsprechend einem »Idealdurchlauf« eines Projekts gewählt, wobei dieser in der Praxis meist wegen auftretender Projektdiskontinuitäten ein iterativer Prozess ist.

Hauptkapitel 1 enthält einige einführende Betrachtungen zum Thema Projektmanagement.

Am Anfang eines Projekts steht die *Projektdefinition* (Hauptkapitel 2). In diesem ersten Abschnitt werden das Projekt gegründet, das Projektziel definiert sowie die Aufbau- und Ablauforganisation für das Projekt geschaffen. Mit einer Wirtschaftlichkeitsbetrachtung wird dabei der zu erwartende wirtschaftliche Erfolg aufgezeigt. Hierbei werden verschiedene in der Praxis erprobte Vorgehensmodelle aufgezeigt.

Der zweite Projektabschnitt umfasst die *Projektplanung* (Hauptkapitel 3); in ihm werden die technische, aufgabenmäßige und kaufmännische Struktur des Projekts festgelegt, die Aufwände und Kosten geschätzt, die Termine und Einsatzmittel geplant sowie Projektpläne erstellt. Ein Risikomanagement soll den Erfolg des Projekts absichern. Die Projektplanung bildet damit die Grundlage für die gesamte weitere Projektdurchführung.

Die *Projektkontrolle* (Hauptkapitel 4) stellt den dritten und wichtigsten Projektabschnitt dar; in ihm werden die Istwerte aller relevanten Projektparameter den Planwerten aus der Projektplanung gegenübergestellt. Neben der Kontrolle der Termine, der Aufwände und der Kosten ist hier die Kontrolle des Sachfortschritts von großer Bedeutung. Auch ist die Qualitätssicherung als wichtiger Bestandteil des Projektmanagements zu sehen, zu deren Hauptaufgabe die Prüfung der einzelnen Entwicklungsergebnisse gehört. Frühzeitiges Erkennen von Abweichungen im geplanten Projektablauf ist Voraussetzung für eine effektive Projektsteuerung. Je feiner die Kontrolle vorgenommen wird, desto geringer sind die notwendigen Korrekturmaßnahmen. Beurteilungsbasis für die Projektsteuerung bilden die Projektdokumentation und die Projektberichterstattung.

Ein effizientes Personalmanagement fördert den optimalen Einsatz des Personals und ein konfliktfreies Arbeiten im Projektteam. Hierbei kann eine PM-Zertifizierung des Personals nach dem Regelwerk der IPMA von großem Vorteil sein.

Im letzten Abschnitt führt der *Projektabschluss* (Hauptkapitel 5) das Projekt zu seinem definierten Ende. Sobald das Projektergebnis abgenommen wurde, empfiehlt sich dringend eine Abschlussanalyse und eine konsequente Erfahrungssicherung im Rahmen eines Wissensmanagements; nachfolgende Projekte sollten möglichst auf gesicherten Erfahrungen aufbauen können. Schließlich muss die Projekt-Infrastruktur geordnet aufgelöst werden.

Im abschließenden Hauptkapitel 6 werden spezielle rechnergestützte Verfahren zur Projektunterstützung näher betrachtet. Neben einem Konfigurationsmanagement bieten sich Verfahren für die Projektführung auf Großrechnern oder in Client/Server-Architekturen sowie dezentrale PM-Hilfsmittel auf Personal Computer an; hierbei wird auf die erforderlichen Maßnahmen bei entsprechenden Verfahrenseinführungen eingegangen. Sehr ausführlich werden die vielfältigen Methoden von Arbeitstechniken in den Planungs- und Kontrollprozessen des Projektmanagements vorgestellt und erläutert.

Abschließend werden die praktischen Möglichkeiten des Cloud-Computing für ein Online-Projektmanagement eingehend behandelt.

Der Anhang enthält neben einem in der Praxis bewährten Fragenkatalog für eine PM-Untersuchung eine Zusammenstellung der verwendeten Formelzeichen und Abkürzungen, eine Übersicht der allgemeingültigen Formulare, Diagramme und Tabellen, ein Glossar der wichtigsten PM-Begriffe sowie ein Verzeichnis empfehlenswerter weiterführender PM-Literatur.

Das Beiheft umfasst mehrere PM-Merkblätter, die als Checklisten für das Projektmanagement dienen sollen.

Für die vorliegende neunte Auflage wurde das Buch in Teilbereichen überarbeitet bzw. erweitert. Neu hinzugekommen sind die Kapitel über die Vorgehensmodelle des PM-Guide von Siemens, des PMBoK-Guide des PMI, das LFA der GTZ sowie das Reifegradmodell OMP3; weiterhin wurden neue Kapitel über Angebotsmanagement, Beschaffungsmanagement, Krisenmanagement, Umweltmanagement und Stakeholder-Management aufgenommen. Ebenfalls wurden weitere aktuelle Methoden vorgestellt, u. a. Earned-Value-Analyse, Six-Sigma-Methodik, Kanon-Modell, SWOT-Analyse, Mind Mapping, RASCI-Matrix. Ein neues Hauptkapitel behandelt Themen des Cloud-Computing und des Online-Projektmanagements. Die Abschnitte über ISO-Zertifizierung, EFQM-Bewertungsmodell, Qualitätspreise, Risikoanalyse, Teamarbeit und Produktstrukturierung wurden neben anderen überarbeitet und auf den neuesten Stand gebracht. Die Kapitel über DV- und PC-Verfahren wurden wieder aktualisiert; so wurden ältere nicht mehr im Einsatz befindliche Verfahren herausgenommen und neue dafür aufgenommen. Auch der Einsatz von Smartphones für die Zeit- und Aufgabenplanung wird behandelt. Das Glossar im Anhang wurde durch mehrere neue Begriffe auf dem Gebiet des Projektmanagements erweitert.

Des Weiteren wurden die Verzeichnisse im Anhang überarbeitet und terminologische Anpassungen vorgenommen.

München, im August 2012
Manfred Burghardt

Inhalt

1 Einführung

1.1 Projektmanagement als Aufgabe

Die Entwicklung in fast allen elektrotechnischen Bereichen unterliegt einem tief greifenden Wandel; er ist sowohl technisch als auch marktwirtschaftlich bedingt. Einerseits werden die Produkte immer komplexer, d. h. ihre Leistungsvielfalt nimmt zu, die Bauteile werden kleiner und leistungsfähiger, die SW-Durchdringung wird größer, die erforderliche Regelungs- und Steuerungslogik wird komplizierter und insgesamt wird die eingesetzte Physik und Technologie mehr ausgereizt. Andererseits müssen die Produkte qualitativ besser sein sowie schneller und preisgünstiger auf den Markt kommen. Und bei allem muss immer ein ausreichendes, wirtschaftliches Ergebnis erzielt werden. Diese Anforderungen an die Produktentwicklung und an das Qualitätsmanagement stellen die Verantwortlichen vor Probleme, die neue, effizientere Methoden in der Projektführung erfordern.

Technologiewandel

Elektrotechnische Geräte, Systeme und Anlagen haben sich auf Grund neuer Technologien in Erscheinungsbild und Funktionsprofil stark verändert. Besonders durchgreifend ist der Wandel von der Hardware zur Software: Viele Funktionen, die früher auf mechanischem Weg realisiert wurden, werden heute weitgehend als Software implementiert. Der Weg vom mechanischen Fernschreiber zum elektronischen PC gibt wohl eines der bekanntesten Beispiele hierfür ab; aber auch bei hochkomplexen Systemen der Telekommunikation und der Anlagentechnik ist der gleiche Trend zu beobachten.

Der Übergang von der Analogtechnik zur Digitaltechnik bedeutete ebenfalls einen gewaltigen Umbruch im gesamten Bereich der Elektrotechnik und Elektronik.

Ganz entscheidend wird dieser Trend zur Substitution der individuellen Hardware gefördert durch die anhaltende Miniaturisierung bei den elektronischen Bauelementen, die allerdings erst durch die kostengünstige Herstellung hochkonzentrierter Informationsträger (Speicherchips) und -verarbeiter (Prozessorchips) in Form integrierter Schaltkreise möglich geworden ist.

Aus dem Substitutionsprozess von der Hardware zur Software resultiert u. a. auch die Verlagerung der Kosten von der Fertigung zur Entwicklung. Bild 1.1 zeigt diesen Wandel in schematischer Form. Die »Fertigung« der Software entspricht bekanntlich einem einfachen Kopieren von Informationsträgern und damit einem nicht allzu kosten- und zeitaufwendigen Vorgang. Produkte und Systeme mit einem hohen SW-Anteil erfordern daher meist auch einen verringerten Anteil der reinen Herstellkosten.

Veränderte Technologien und neue Entwicklungstechniken führen natürlich auch zu einem Wandel der Fertigungsprozesse; dies wiederum bedingt in umgekehrter Richtung veränderte Anforderungen an die eingesetzten Entwicklungsmethoden und -verfahren. Der Zwang zur Schaffung eines durchgängigen CIM-Konzepts mit dem Ziel einer engeren Anbindung der Entwicklung an die Fertigung steht hier im Vordergrund.

Begründet durch den Technologiewandel kann man also insgesamt eine Verlagerung der Wertschöpfung von der Fertigung zur Entwicklung beobachten.

Innovationsanstieg

Zum anhaltenden Kostendruck auf Grund verstärkten Wettbewerbs auf vielen Geschäftsfeldern kommt in einem großen Ausmaß die Beschleunigung der Innovationszyklen in vielen Produktbereichen hinzu. Dies hat vor allem eine deutliche Verkürzung der Produktlebensdauer zur Folge. Die Produkte müssen daher nicht nur qualitativ gut und preiswert auf den Markt gebracht werden – sie müssen auch zu einem frühen Zeitpunkt verfügbar sein; anderenfalls kommen sie gar nicht mehr »zum Zuge«, da dann bereits Produkte der nächsten Innovationsstufe mit noch besserem Preis-Leistungs-Verhältnis angekündigt werden. Die z. T. sehr hohe Innovationsrate verdeutlicht eine Untersuchung bei Siemens zum »Alter« elektrotechnischer Produkte (Bild 1.2), wonach im Durchschnitt $^3/_4$ der Produkte nicht älter als 5 Jahre sind. In der medizinischen Technik sind sogar 79% aller Produkte jünger als 5 Jahre und nur 3% älter als 10 Jahre. Die Problematik dieses Trends, der heute noch gilt wie zum Zeitpunkt der Studie, verdeutlicht sehr gut der etwas vereinfachende Umkehrschluss: In fünf Jahren muss derselbe Umsatz mit Produkten gemacht werden, von denen mehr als 70% noch nicht entwickelt, z. T. noch nicht bekannt sind.

Der deutlich erkennbaren Herausforderung muss sowohl mit einem verbesserten Entwicklungsinstrumentarium, d. h. dem Einsatz von CAD-Verfahren in der Mechanik-, Elektronik- und Softwareentwicklung, als auch mit einem verbesserten Planungs- und Steuerungsinstrumentarium begegnet werden. Neben dem Einführen einer adäquaten Entwicklungsmethodik muss zur Steigerung der Effizienz und zur Verkürzung der Durchlaufzeiten im Entwicklungsbereich auch ein entsprechendes Führungskonzept, nämlich Projektmanagement, genutzt werden.

Projektmanagement als Führungskonzept

DIN 69901 definiert Projektmanagement als Führungskonzept:

> Projektmanagement ist die Gesamtheit von Führungsaufgaben, Führungsorganisation, Führungstechniken und Führungsmitteln für die Abwicklung eines Projekts.

Im Rahmen des Projektmanagements werden die vielfältigen Aufgaben in einem Entwicklungsbereich nicht mehr gemäß ihrem funktionalen Inhalt den einzelnen Entwicklungsstellen zugeordnet und dort in einer zeitlichen Reihenfolge abgearbeitet, sondern ganzheitlich in einem Projekt eingebettet und unter Berücksichtigung entsprechender Kosten-, Termin- und Qualitätsparameter zielorientiert beplant und durchgeführt. Wegen der steigenden Anforderungen an die Entwicklungsergebnisse und der wachsenden technischen und organisatorischen Komplexität von Entwicklungsprojekten gewinnt der Projektgedanke in der Entwicklung daher zunehmend an Bedeutung. Von herkömmlichen Führungskonzepten un-

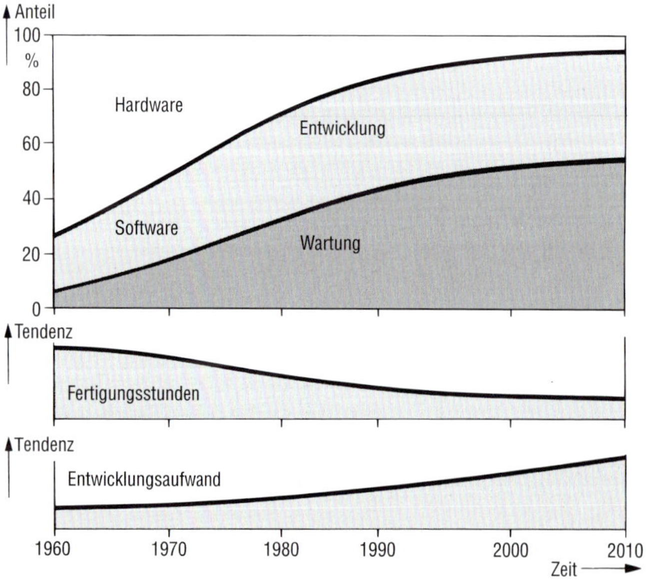

Bild 1.1
Hardware- und Software-Anteil von elektrotechnischen Systemen, Anlagen und Geräten

terscheidet sich das moderne Projektmanagement erheblich. Hervorzuheben sind die folgenden fünf Merkmale:

- ▷ Projektadäquate Organisation
- ▷ Exakte Entwicklungsvorgaben
- ▷ Projektbezogene Planung
- ▷ Laufender Soll/Ist-Vergleich
- ▷ Definiertes Entwicklungsende.

Voraussetzung für ein Projektmanagement ist die eigenständige Projektorganisation, die neben oder in der bestehenden Linienorganisation für die Dauer des jeweiligen Projekts eingerichtet wird und alle am Projekt Beteiligten – unabhängig von fortbestehenden disziplinarischen Abhängigkeiten – temporär organisatorisch zusammenfasst. So kann man in relativ kurzer Zeit ohne besondere Versetzungen ein effizientes Projektteam interdisziplinär zusammenstellen und trotzdem einen optimalen Personaleinsatz erreichen. Mit einer projektadäquaten Organisation wird neben der verbesserten Identifikation mit der zu erfüllenden Aufgabe auch eine »Personifizierung« der Verantwortlichkeiten erreicht.

Ein PM-geführtes Entwicklungsvorhaben verlangt exakte Entwicklungsvorgaben sowohl hinsichtlich der geforderten Leistungsmerkmale (einschließlich der gewünschten Qualität), des einzusetzenden Personals, der benötigten Sach- und Geldmittel sowie der zur Verfügung stehenden Zeit. Diese Vorgaben bilden die Basis für eine projektbezogene Planung, die einerseits aufgabenorientiert (Projektstruktur) und andererseits ablauforientiert (Prozessstruktur) mit Definition entsprechender Meilensteine vorgenommen wird.

Tragendes Element des Projektmanagements ist während der Projektdurchführung die Projektkontrolle, bei der durch einen laufenden Soll/Ist-Vergleich möglichst frühzeitig Abweichungen von Planvorgaben erkannt werden sollen. Je früher dabei der Zeitpunkt des Erkennens ist, desto geringfügiger kann meist der notwendige Korrekturaufwand sein. Gegenüber herkömmlichen Führungsprinzipien wird diese Kontrolle nicht allein personenbezogen, sondern vor allem sachbezogen vorgenommen, wobei das primäre Ziel das Aufzeigen möglicher Hilfeleistungen im Projektablauf ist. Schließlich sichert das Projektmanagement auch das definierte Ende eines Entwicklungsvorhabens, was ein unkontrolliertes Weiterentwickeln verhindert.

Dem Projektmanagement unterliegt darüber hinaus auch ein »integrierender« Gesichtspunkt, indem es einerseits den gesamten Entwicklungsprozess in all seinen Funktionen horizontal durchzieht und andererseits vertikal alle am Projekt beteiligten Bereiche (Auftraggeber, Entwickler, Kaufmann) miteinander verbindet. Diese beiden Verknüpfungsrichtungen des Projektmanagements fördern ganz erheblich ein ganzheitliches und allein auf das Projektziel ausgerichtetes Denken (Stakeholder-Management).

In der personellen Abdeckung PM-geführter Projekte existiert allerdings auch ein Grundkonflikt zwischen Linienorganisation und Projektorganisation, da die wirklichen Know-how-

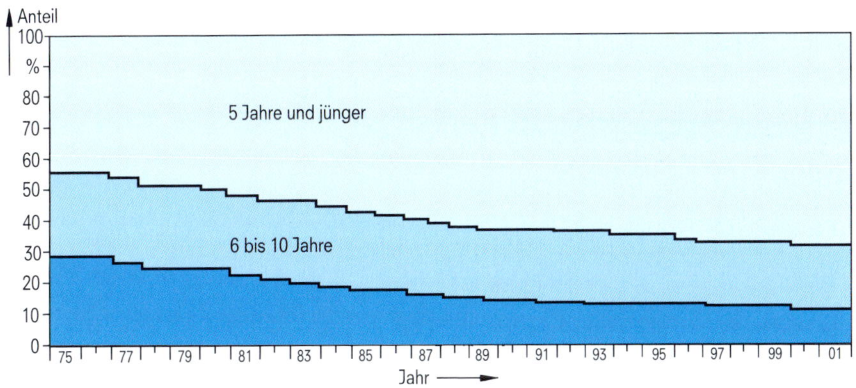

Bild 1.2 »Alter« der Produkte

Träger rar sind und z. T. gleichzeitig in mehreren Projekten mitwirken sollen sowie durch deren zu enge Einbindung in Projektarbeiten die Arbeit an Grundsatzthemen vielfach liegen bleibt.

Die Einführung des Projektmanagements wird im besonderen Maße von der obersten Führungsebene eines Unternehmens bestimmt; ohne sie ist ein effektives Durchhalten dieses Führungskonzepts nicht möglich – Projektmanagement wird damit zu einer bedeutenden Führungsaufgabe der Linie.

Projektmanagement im Entwicklungsumfeld

Zum Projektmanagement gehören alle Aktivitäten für Definition, Planung, Kontrolle und Abschluss eines Projekts; es ist damit ganz auf das zielorientierte Abwickeln der einzelnen Projektarbeiten ausgerichtet; trotzdem steht Projektmanagement nicht für sich allein da, sondern muss auch in seiner Einbettung im gesamten Entwicklungsbereich eines Unternehmens gesehen werden (Bild 1.3).

Über dem Projektmanagement (eines Projekts) ist nämlich das *Entwicklungsmanagement* des Gesamtbereichs angeordnet, welches hierfür die Entwicklungsplanung und -steuerung nach (projekt-)übergeordneten Gesichtspunkten vornimmt. Das einzelne Projektmanagement erhält aus diesem entwicklungsbereichsbezogenen Management die bereichsentscheidenden Eckparameter, so wie umgekehrt das Entwicklungsmanagement aus dem Projektmanagement seine Basisdaten bezieht. Das Projektmanagement hat damit auch eine Mittlerfunktion zwischen den Entwicklungsgruppen und der Bereichsleitung inne.

Beiden Managementebenen stehen Entwicklungsdienste zur Seite, wie Qualitätssicherung, Bauunterlagenerstellung, Konfigurations- und Dokumentationsverwaltung, die i. Allg. projektübergreifend arbeiten. Flankiert wird das Entwicklungs- und Projektmanagement zu Beginn von der Technologieplanung und am Ende von der Fertigungseinführungsplanung (bei einer reinen SW-Entwicklung entfällt natürlich die Fertigungseinführung). Die Technologieplanung gewinnt innerhalb der strategischen Planung zum Untersuchen von Technologiepositionen und Definieren von FuE-Programmen verstärkt an Bedeutung. Die Fertigungseinführungsplanung soll schließlich den reibungslosen Übergang von der Entwicklung zur Fertigung sicherstellen.

Projekt- und Entwicklungsmanagement dürfen also nicht isoliert voneinander gesehen werden, da sie sich besonders bei dem gemeinsamen Ziel der Effizienzsteigerung und der Durchlaufzeitverkürzung im Entwicklungsbereich ergänzen.

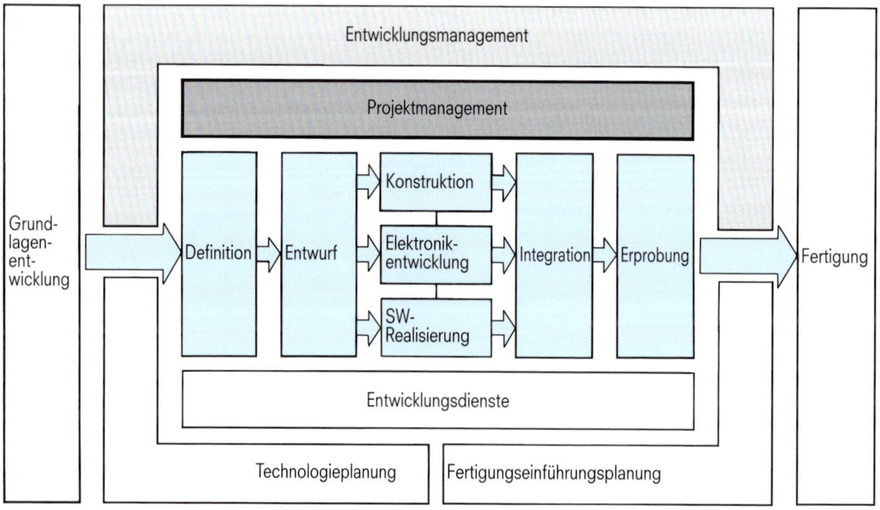

Bild 1.3 Umfeld des Projektmanagements

Projektmanagement bei entwicklungsfremden Projekten

Handelt es sich nicht um reine Entwicklungsprojekte, sondern um Rationalisierungsprojekte, Investitionsprojekte, Betreuungsprojekte, Dienstleistungsprojekte oder um sonstwie geartete Projekte, muss Projektmanagement in gleicher Weise stattfinden. Der Unterschied liegt einzig darin, dass bei diesen Projekten nur geringe oder gar keine Entwicklungsanteile vorhanden sind, dagegen mehr Projektierungs- und Planungsarbeiten durchzuführen sind. Auch bei diesen Projekten müssen die zu tätigenden Aufgaben in ihrem Inhalt, in ihrem Kosten- und Zeitaufwand und in dem hierfür notwendigen Personaleinsatz beplant und während der Projektdurchführung konsequent kontrolliert werden. Alle Methoden und Vorgehensweisen, wie sie bei Projekten im Entwicklungsbereich Anwendung finden, sind bei entwicklungsfremden Projekten genauso bzw. in einem übertragenen Sinne einzusetzen.

Projektmanagement in einem Projekteverbund

Bei ausgeprägt projektorientierten Unternehmen werden Projekte, die in einem sachlichen oder strategischen Zusammenhang stehen, häufig zu einem *Projekt-Programm* oder zu einem *Projektportfolio* zusammengefasst und in Form eines Multiprojektmanagements koordiniert gemanagt.

Ein Projekt-Programm besteht gemeinhin aus einer Gruppe von Projekten, die inhaltliche und zeitliche Abhängigkeiten haben und daher als gemeinsames Vorhaben im Rahmen eines Programmmanagements beplant und gesteuert werden. Meist sind Projekt-Programme organisationsübergreifend und verlangen eine übergeordnete Entscheidungsinstanz. Beispiele für große Projekt-Programme sind die Entwicklung einer neuen Rechnergeneration, der Bau einer ICE-Strecke oder die Organisation von Olympischen Spielen.

Nach [65] ist ein Projektportfolio eine Serie von mehreren Projekten und Programmen einer Organisation, die gemeinsam durch eine zentrale Stelle ausgewählt, priorisiert, koordiniert überwacht und gesteuert werden, um dadurch für das Unternehmen einen größeren Nutzen zu erlangen, als wenn die einzelnen Vorhaben unabhängig voneinander betrachtet und bearbeitet werden. Ein Projektportfolio kann gleichartige, aber auch sehr verschiedenartige Projekte umfassen. Beispiele für Projektportfolios findet man besonders im FuE-Bereich, aber auch z. B. die Bauaktivitäten einer Gemeinde können zu einem Portfolio zusammengefasst werden.

Projektmanagement in einer globalisierten Projektewelt

Aufgrund des Wandels in einer globalisierten Weltwirtschaft und der darin eingebundenen Projekte wachsen auch die Anforderungen an das Projektmanagement. Die Themenschwerpunkte verlagern sich von einem einfachen unternehmensinternen „Ein-Projektmanagement" hin zu einem internationalen „Multi-Projektmanagement". Neben die reine Netzplan-gestützte Aufwands- und Terminkontrolle bei einem einzelnen Projekt tritt im verstärkten Maße das Beherrschen der Kommunikationswege in global ausgerichteten Großprojekten, die in eine multikulturelle Umgebung eingebettet sind. So sind besondere Kompetenzen der Sprache, der Offenheit und des Verständnisses fremder Kulturen und Bräuche erforderlich. Auch kommt hier dem Internet und den damit verbundenen Möglichkeiten, wie E-Mail, E-Telefonie, E-Collaboration und On-Demand-Service eine steigende Bedeutung zu.

Projektmanagement für mittelständische Unternehmen

In kleineren Unternehmen des Mittelstands wird Projektmanagement derzeit noch nicht sehr intensiv betrieben. Häufig erscheint den Geschäftsführern das propagierte PM-Wissen zu akademisch und zudem nur tauglich für Großunternehmen mit einer großen Belegschaft. Dieses Missverständnis liegt wohl darin begründet, dass Projektmanagement häufig zu umfangreich und zu komplex dargestellt wird. Projektmanagement muss daher in einer „abgemagerten" Form in mittelständischen Unternehmen zum Einsatz kommen. Zu einem derartigen „PM-Light" gehören dann nur noch die simple Festschreibung des Projektzieles in einem Textdokument, eine Aufgabenplanung mit To-do-Listen und Mitarbeiterzuordnung, eine Terminplanung mit einfachen Balkenplänen, eine Aufwands- und Kostenkontrolle mit regelmäßiger Notierung in Kalkulationsblätter (z. B. mit Excel-Tabellen) und letztendlich die Erstellung eines Anschlussberichts. Auch gilt hier die Kernbotschaft eines Projektmanagements: Es kommt nicht auf den Umfang der eingesetzten Methoden und Verfahren an, sondern es kommt darauf an, dass das Projekt „ordentlich" geführt wird, d. h.: zuerst das Projektziel definieren, dann das Projekt durchplanen und schließlich das Projekt in seinen Planwerten konsequent kontrollieren.

Integrative und flankierende Projektmanagement-Bereiche

In den letzten beiden Jahrzehnten wurde das Thema Projektmanagement in der Literatur immer ausführlicher und vielfältiger behandelt, dabei haben sich viele Einzelthemen des Projektmanagements inzwischen in der Bücherwelt verselbstständigt. Man kann geradezu von einer inflationären Entwicklung der verschiedenen Management-Bereiche und deren Veröffentlichungen sprechen. Was früher integraler Bestandteil des Projektmanagements war, findet jetzt zum Teil ein Eigenleben in der Literatur.

Mit Tabelle 1.1 soll versucht werden, die vielen „Einzel-Managements" in eine Einordnung zum Projektmanagement zu bringen, auch wenn keine starren Abgrenzungen möglich sind. Manche dort aufgeführten Managementbereiche sind eindeutig integraler Bestandteil vom Projektmanagement, wie z. B. das Stakeholder-Management oder das Risikomanagement; andere Bereiche wirken flankierend, wie z. B. das Einkaufsmanagement oder Innovationsmanagement.

Die zentralen Managementbereiche werden in den nachfolgenden Hauptkapiteln ausführlich behandelt; weniger relevante Bereiche werden in kapitelinternen Textabschnitten (findbar über das Stichwortverzeichnis) oder im Glossar angesprochen.

Tabelle 1.1 Übersicht: Die Managementbereiche im Projektmanagement

	personell	informationell	objektbezogen
Definition	**Kundenmanagement** Stakeholder-Management Beziehungsmanagement Issues Management Lead Management	**Vertragsmanagement** Angebotsmanagement Anforderungsmanagement Claim-Management Änderungsmanagement	**Produktmanagement** Innovationsmanagement Portfoliomanagement Ideenmanagement Strukturmanagement
Planung	**Zeitmanagement** Terminmanagement Selbstmanagement Arbeitszeitmanagement Ablaufmanagement	**Ressourcenmanagement** Beschaffungsmanagement Lieferantenmanagement Kostenmanagement Einsatzmittelmanagement	**Aufgabenmanagement** Aktivitätenmanagement Workflow-Management Umfangsmanagement Leistungsmanagement
Durchführung	**Personalmanagement** Bewerbermanagement Abwesenheitsmanagement Trainingsmanagement Skill-Management	**Risikomanagement** Krisenmanagement Crash-Management Notfallmanagement Diskontinuitätenmanagement	**Qualitätsmanagement** Testmanagement Umweltmanagement Problemmanagement Konfigurationsmanagement
Information	**Kommunikationsmanagement** Konfliktmanagement Teammanagement Eskalationsmanagement Reklamationsmanagement	**Wissensmanagement** Operationsmanagement Assignment-Management Kompetenzmanagement Link-Management Knowledge-Management	**Dokumentenmanagement** Informationsmanagement Dateimanagement Versionsmanagement Inhaltsmanagement Dokumentationsmanagement
Prozess	**Prozessmanagement** **Lean Management** **Agiles Projektmanagement**	**Multiprojektmanagement** **Programmmanagement** **Projektportfoliomanagement**	**Integrationsmanagement** **Change Management** **Interaktionsmanagement**

1.2 Projektablauf und PM-Regelkreis

Projektmanagement als Methode einer effizienten Projektführung umfasst alle Aktivitäten, die für eine

- ▷ sachgerechte,
- ▷ termingerechte und
- ▷ kostengerechte

Abwicklung von Projekten erforderlich sind. Um dies zu erreichen, muss das Projektmanagement in vielfältiger Weise auf den Projektablauf »regelnd« einwirken. Einerseits werden für die Entwicklung Planvorgaben gemacht, auf deren Basis steuernde Maßnahmen auf den Ablauf einwirken; andererseits müssen an definierten Stellen des Entwicklungsprozesses projektbewertende Messgrößen zur Projektbeurteilung ermittelt und ausgewertet werden. Wie später noch näher erläutert, wirkt das Projektmanagement in Form eines *Regelkreises* auf den Projektablauf ein und durchdringt daher zwangsläufig alle Phasen eines Projekts.

Die vier Hauptabschnitte des Projektmanagements im Projektablauf sind:

- ▷ Projektdefinition
- ▷ Projektplanung
- ▷ Projektkontrolle
- ▷ Projektabschluss.

Diesen Projektabschnitten zugeordnet zeigt Bild 1.4 die einzelnen während des Projektablaufs durchzuführenden PM-Aufgaben in einem Überblick.

Projektdefinition

Die Projektdefinition (ausführliche Behandlung im Hauptkapitel 2) bildet die Projektgrundlage; hier werden die Vorgaben für die nachfolgende Projektplanung gemacht. Zur Projektdefinition gehören die Tätigkeitsbereiche:

- ▷ Gründung des Projekts
- ▷ Definition des Projektziels
- ▷ Organisation des Projekts
- ▷ Organisation des Prozesses.

Am Anfang eines Projekts steht der Projektantrag, der alle relevanten Angaben, wie Aufgabenbeschreibung, Kosten- und Terminziele sowie Verantwortlichkeiten aufnimmt. Mit seiner Verabschiedung wandelt sich der Antrag zum offiziellen Projektauftrag. Das Projekt ist damit gegründet. Handelt es sich um einen externen Auftrag, so muss eine genaue Vertragsprüfung vorgenommen werden. Das Prozessmodell der DIN 69901 [106] legt die Gründung des Projekts in eine eigene Phase *Initialisierung*.

Die erste Aufgabe im Rahmen eines Projekts ist das eindeutige und vollständige Definieren des Projektziels. Hierzu müssen zusammen mit dem Auftraggeber jeweils aufeinander aufbauend ein Anforderungskatalog, ein Pflichtenheft und eine Leistungsbeschreibung für das zu erstellende Produkt bzw. System erarbeitet und ggf. eine Wertanalyse durchgeführt werden, wobei auch das spätere Änderungsverfahren vorzusehen ist.

Zur fachlichen, organisatorischen und wirtschaftlichen Absicherung des Projektantrags empfiehlt sich eine Problemfeldanalyse und eine Wirtschaftlichkeitsbetrachtung. Ohne genaue Kenntnis des Problemumfeldes des Projekts sowie ohne Ermittlung der zu erwartenden Wirtschaftlichkeit des zu entwickelnden Produkts sollte kein Projekt begonnen werden. Hierbei kann man in die Wirtschaftlichkeitsbeurteilung – je nach Bewertungsmöglichkeiten – rein monetäre Gesichtspunkte sowie Aspekte des allgemeinen Nutzwerts einbeziehen.

Außerdem sind die organisatorischen Voraussetzungen für das Projekt zu schaffen. Der Projektleiter und die Projektgremien müssen ernannt und es muss eine passende Projektorganisation gewählt werden. Auch sollte man möglichst ein (projektadäquates) Projektbüro für die notwendige PM-Unterstützung einrichten.

Schließlich ist die gesamte Ablauforganisation des Entwicklungsprozesses zu bestimmen. Hierzu gehören das Festlegen von Entwicklungsphasen, Zäsurpunkten (Pflichtmeilensteinen), Entwicklungslinien (Baselines) und Tätigkeitsarten; vorhandene Entwicklungshandbücher und -richtlinien bilden dabei die notwendige Grundlage.

Projektplanung

Der unterschriebene Projektantrag mit den das Projekt definierenden Eckdaten eröffnet den

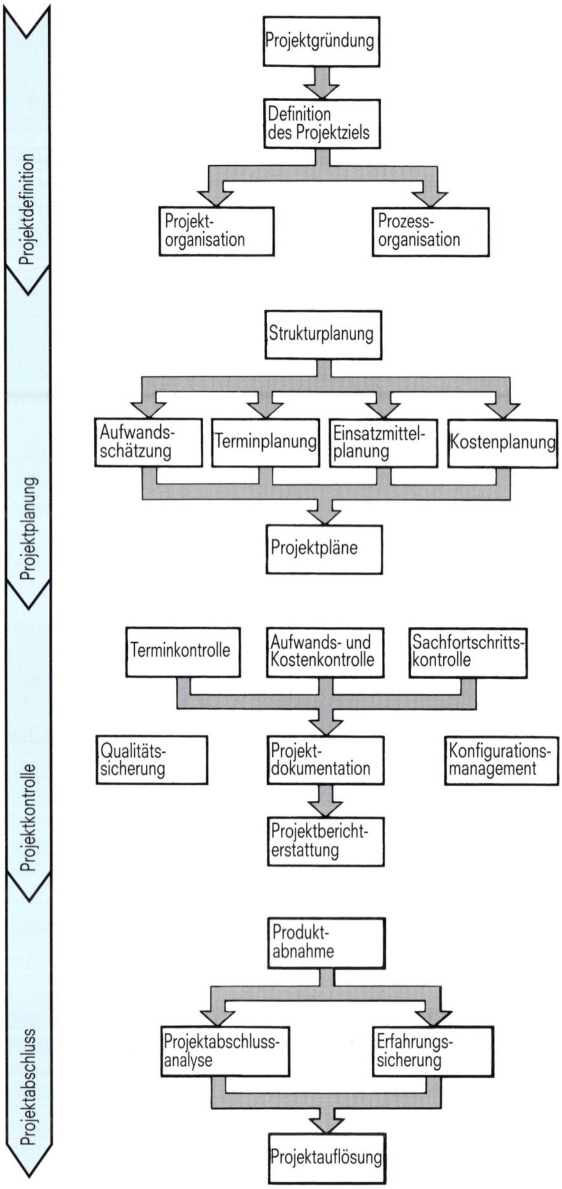

Bild 1.4
PM-Aufgaben im Projektablauf

nächsten Projektabschnitt, die Projektplanung (Kapitel 3); er enthält die Aufgabenbereiche:

▷ Strukturplanung
▷ Aufwandsschätzung
▷ Terminplanung
▷ Einsatzmittelplanung
▷ Kostenplanung
▷ Risikomanagement
▷ Erstellung der Projektpläne.

Die Projektplanung beginnt mit der *Strukturplanung*. Aufbauend auf dem Anforderungskatalog wird das Entwicklungsvorhaben technisch, aufgabenmäßig und kaufmännisch strukturiert. Die sich hierbei ergebenden Strukturen (Produktstruktur, Projektstruktur und Kontenstruktur) stellen die Grundpfeiler einer zielorientierten Entwicklung dar; auf ihnen setzen alle weiteren Planungsschritte auf.

Aus dem Projektstrukturplan werden die Aufgabenpakete abgeleitet, für die dann eine *Aufwandsschätzung* durchzuführen ist. Außer dem eigenen Erfahrungspotenzial sollten die Erfahrungen außenstehender Experten sowie die Möglichkeiten von Aufwandsschätzverfahren genutzt werden. Aufwandsschätzverfahren und Expertenbefragungen bedeuten hierbei nicht sich ausschließende, sondern sich gegenseitig befruchtende Vorgehensweisen. Da aber nicht für jedes Entwicklungs- und Projektierungsgebiet passende Aufwandsschätzmethoden bzw. -verfahren verfügbar sind, muss häufig auf einen punktuellen Einsatz ausgewichen werden. Diese Lücken kann man nur durch eine langfristig angelegte Erfahrungsdatensammlung zum Anpassen, d. h. Kalibrieren geeigneter Aufwandsschätzverfahren schließen.

Mit den Ergebnissen der Aufwandsschätzung wird nun für die einzelnen Arbeitspakete bzw. Teilaufgaben eine *Termin(ein)planung* vorgenommen. Hierzu sollte man bei größeren Projekten möglichst einen Netzplan heranziehen, entweder rechnerunterstützt oder manuell. Die Netzplantechnik ist – trotz aller Kritik – eines der leistungsfähigsten PM-Hilfsmittel, natürlich nur, wenn sie wirklich richtig eingesetzt wird. Gerade bei Einsatz eines Netzplanverfahrens hat sich das Einrichten eines separaten Projektbüros gut bewährt, weil dadurch verfahrensbedingte Routinearbeiten vom Entwickler fern gehalten werden können. Balkenplanung in der bekannten Diagrammdarstellung ist eine weitere gute Hilfe beim terminlichen Einplanen von Arbeitspaketen. PC-Grafikprogramme ermöglichen außerdem eine transparente und leicht zu modifizierende Darstellung dieser Form von Terminplänen.

Die *Einsatzmittelplanung* soll einen optimalen Einsatz des vorhandenen Personals und der verfügbaren Betriebs- und Sachmittel gewährleisten. Engpässe und Leerläufe, z. B. an Testanlagen und Prüfsystemen kann man dadurch vermeiden. Auch der Abgleich der Einsatzmittel bezüglich anderer, benachbarter Projekte muss in Form einer Multiprojektplanung in diese Überlegungen einbezogen werden. Volle Auslastung der eingeplanten Einsatzmittel führt zwangsläufig zur Senkung der Entwicklungskosten sowie zur Verkürzung der Entwicklungszeiten. In großen Entwicklungsbereichen mit einem vielschichtigen Personalstamm ermöglicht ein konsequentes Wissensmanagement die optimale Nutzung der Personal-Ressourcen.

Eine »ganzheitliche« *Kostenplanung* ist Voraussetzung für jedes wirtschaftliche Entwickeln und Projektieren. Ohne sie ist auch eine richtige Preisbildung nicht möglich. Klares Aufgliedern der Kostenarten und -elemente ist für eine erfolgreiche Kostenkontrolle unerlässlich. Die Forderung nach einer durchgängigen prozessorientierten Projektkalkulation steht hier im Vordergrund, d. h. bei Projektbeginn sollte für alle Projektaufgaben eine detaillierte Vorkalkulation nach einem einheitlichen Kalkulationsschema vorgenommen und später mit der Mitkalkulation nach demselben Schema fortgeführt werden. Eine entsprechende Nachkalkulation muss dann bei Projektende diese projektbegleitende Kalkulation abschließen. Hauptaufgabe innerhalb der Kostenplanung eines Entwicklungsbereichs ist allerdings der Abgleich zwischen der FuE-Budgetierung, die eine Top-down-Kostenplanung für den gesamten Entwicklungsbereich ist, sowie der FuE-Planung, die – ausgehend von der Arbeitsplanung – eine Bottom-up-Kostenplanung darstellt.

Vom Gesetzgeber wird inzwischen von jedem Unternehmen ein eingeführtes *Risikomanagement* gefordert. Mit einer vorausschauenden Risikoanalyse und der Ableitung von entsprechenden Vorsorgemaßnahmen soll eine rechtzeitige Risikovorbeugung bzw. -minderung erreicht werden. Ziel des Risikomanagements ist es allerdings nicht die Vermeidung aller potenziellen Risiken, sondern die Schaffung von Handlungsspielräumen, die ein bewusstes Eingehen von Risiken auf Grund einer umfassenden Kenntnis der Risiken und Risikozusammenhänge ermöglichen.

Alle Ergebnisse der Projektplanung münden in entsprechende *Projektpläne*. Hierzu gehören sowohl die Pläne für die Organisation, Strukturierung und Durchführung des Projekts als auch die Projektpläne über die Termine, die geplanten Aufwände und Kosten.

Projektkontrolle

Nach Erstellen aller Planungsunterlagen beginnt die eigentliche Projektdurchführung, die von der Projektkontrolle (Kapitel 4) begleitet wird. Hier steht an erster Stelle der Plan/Ist-

Vergleich der vorgegebenen Projektparameter. Durch den laufenden Plan/Ist-Vergleich im Rahmen der Projektkontrolle erreicht man, dass Abweichungen von Planvorgaben frühzeitig erkannt werden. Planabweichungen führen entweder zu einer Änderung der Planvorgaben oder es werden innerhalb der Projektsteuerung entsprechend »geeignete« Maßnahmen – bei Einhalten der Planvorgaben – ergriffen.

Eine »elementare« und »zeitschnelle« Projektkontrolle ist Voraussetzung für eine effiziente Projektsteuerung; sie umfasst folgende Aufgabenbereiche:

▷ Terminkontrolle
▷ Aufwands- und Kostenkontrolle
▷ Sachfortschrittskontrolle
▷ Qualitätssicherung
▷ Konfigurationsmanagement
▷ Projektdokumentation
▷ Projektberichterstellung
▷ Personalmanagement.

Die *Terminkontrolle* ist bei größeren Projekten nur mit der Netzplantechnik praktikabel durchführbar. Nur sie erlaubt einen Gesamtblick über die zahlreichen Einzelaufgaben mit ihren vielen Abhängigkeiten im Projekt. Das Durchrechnen der Termine zum Bestimmen des kritischen Pfads ist am einfachsten mit einem DV- oder PC-gestützten Netzplanverfahren möglich. Neben terminlichen Plan/Ist-Vergleichen sollte auch der Plan/Plan-Vergleich zum Ableiten von Termintrendanalysen genutzt werden, denn häufig ist nicht die einzelne Terminverschiebung eines Arbeitspakets ausschlaggebend, sondern der Trend von Terminaktualisierungen z. B. eines ausgewählten Meilensteins.

Stundenkontierung, Rechnungsprüfung und Bestellwertfortschreibung sind die wichtigsten Elemente einer zielorientierten *Aufwands- und Kostenkontrolle*. Wie bei der Terminkontrolle sollte man dabei Möglichkeiten von Trendanalysen einbeziehen. Bei bereichsinternen Entwicklungsvorhaben, die mehreren Abteilungen zugute kommen, oder bei großen, bereichsüberschreitenden Projekten (eventuell unter Einbindung von Fremdfirmen) ist innerhalb der Kostenkontrolle eine detaillierte Weiterverrechnung von Kosten erforderlich. Ihr Ziel ist die korrekte Zuordnung der Kosten zu den jeweiligen Kostenverursachern. Bei kleineren Unternehmen ist die innerbetriebliche Weiterverrechnung naturgemäß kein Thema. Wird dagegen der Entwicklungsbereich als »Profit Center« geführt, so kommt dem Ergebnis-Controlling eine besondere Bedeutung zu.

Die *Sachfortschrittskontrolle* stellt für den Entwickler und Projektleiter wohl die wichtigste Kontrollaufgabe dar; sie ist aber auch die schwierigste. Da es normalerweise keine unmittelbaren Messgrößen für den Sachfortschritt gibt, muss auf Ersatzgrößen zurückgegriffen werden, die nur einen indirekten Bezug haben und deshalb nur eingeschränkt eine Aussage auf den Sachfortschritt zulassen. Allerdings ist – genau genommen – noch zwischen Produktfortschritt und Projektfortschritt zu unterscheiden. Der Einsatz der Netzplantechnik ist auch hier von Vorteil, da er unter gewissen Voraussetzungen sehr gute Fortschrittsaussagen ermöglicht. Falls nämlich die einzelnen Vorgänge des Netzplans etwa gleich große Arbeitsumfänge aufweisen, kann mit Hilfe einer statistischen Mengenauswertung ein relativ objektiver Fertigstellungsgrad abgeleitet werden. Grundsätzlich ist es empfehlenswert, während der Projektdurchführung in bestimmten Abständen Restaufwands- und Restzeitschätzungen vorzunehmen. Hierdurch bewahrt sich die Projektleitung einen sehr guten Überblick über die aktuelle Kosten- und Terminsituation.

Projektbegleitend und entwicklungsunterstützend wirkt die *Qualitätssicherung* – sie gliedert sich in Qualitätsplanung, Qualitätslenkung und Qualitätsprüfung. Ziel der Qualitätssicherung ist das Hervorbringen qualitativ hochwertiger Produkte bei minimalen Entwicklungskosten. Dazu ist eine sorgfältige Fehlerverhütung durch rechtzeitige Prüfung aller Entwurfsdokumente in den Planungsabschnitten eines Entwicklungsvorhabens sowie die gezielte Fehlerbehebung in den Realisierungsabschnitten erforderlich. Tragendes Element der Qualitätsprüfung sind Zuverlässigkeitsbetrachtungen. Im Rahmen eines allgemeinen Qualitätsmanagements sollten regelmäßige Überprüfungen der Qualitätssicherung nach den Regeln von ISO 9001 oder EFQM durchgeführt werden.

Auch das *Konfigurationsmanagement* stellt eine projektbegleitende Unterstützung im

Rahmen des Projektmanagements dar; es übernimmt bekanntlich die Verwaltung der einzelnen Entwicklungsergebnisse in ihren jeweiligen Reifezuständen. Hierzu gehören das Bestimmen von Konfigurationen, das Überwachen und Steuern von Änderungen sowie die gesamte Verwaltung der einzelnen Konfigurationsobjekte. Mit einem Konfigurationsmanagement werden Transparenz und Konsistenz in der Vielfalt der einzelnen Teile eines zu entwickelnden Systems gewährleistet.

Wie bei der Produktdokumentation – sie enthält die gesamte Information über das zu entwickelnde Produkt bzw. System und beschreibt dieses damit vollständig – fließen in die *Projektdokumentation* alle Informationen über das Projektgeschehen ein. Hierzu gehören sowohl die reinen Projektpläne, die nur Plan-Informationen enthalten, als auch die Projektberichte, in denen zusätzlich die Ist-Informationen eingehen und den Plan-Informationen gegenübergestellt werden. Voraussetzung für eine transparente Projektdokumentation ist allerdings eine für den betreffenden Entwicklungsbereich verbindliche Dokumentationsordnung. Neben dem Einrichten einer nach dieser Ordnung aufgebauten Projektakte bietet sich vielfach auch das Führen eines Projekttagebuchs an, dessen Inhalt an keine Ordnungssystematik gebunden ist.

Die *Projektberichterstattung* schließlich beliefert alle an dem Projekt direkt oder indirekt beteiligten Stellen mit der jeweils notwendigen Projektinformation. Sowohl in der Informationsdichte und -darstellung als auch in der Verteilhäufigkeit muss hierbei die Projektberichterstattung auf den einzelnen Adressatenkreis abgestimmt sein. Das Ausarbeiten von Projektberichten, das Aufbauen einer Projektdatenbasis sowie das Durchführen von Projektbesprechungen sind Elemente der Projektberichterstattung. Zur besseren Informationsdarstellung sollte man auch hier die Möglichkeiten der Grafik verstärkt nutzen.

Das *Personalmanagement* hat dafür Sorge zu tragen, dass ausreichend qualifiziertes Personal in der erforderlichen Anzahl zeitgerecht in den Projekten zum Einsatz kommt. Hierzu sind eine projektoptimale Form der Personalführung, ein harmonisches und kooperatives Arbeitsklima im Projektteam sowie ein rechtzeitig eingreifendes Konfliktmanagement notwendig. Die Auswahl von geeigneten Projektleitern und Projektfachleuten wird hierbei wesentlich erleichtert durch eine Zertifizierung des PM-Personals nach dem Kompetenz-Beurteilungsschema der ICB (IPMA Competence Baseline).

Mit einer Stakeholder-Analyse werden neben den aktiven auch die passiven Projektbeteiligten identifiziert und in das Projektgeschehen eingebunden.

Projektabschluss

Der letzte Projektabschnitt, der Projektabschluss (Kapitel 5), umfasst die Schritte:

▷ Produktabnahme
▷ Projektabschlussanalyse
▷ Erfahrungssicherung
▷ Projektauflösung.

Die *Produktabnahme* leitet den Projektabschluss ein. Hierbei muss als Erstes das Entwicklungsergebnis einen (vorgeplanten) Abnahmetest bzw. bei einem immateriellen Projektgegenstand eine Begutachtung auf Mängelfreiheit durchlaufen – und zwar am besten von einer neutralen Stelle. Übergabe an den Auftraggeber und Übernahme durch denselben sind in einem Produktabnahmebericht festzuhalten. Auch sollte man bereits bei der Produktübergabe eine eventuell künftige technische Betreuung der erstellten Entwicklungs- bzw. Dienstleistung regeln.

In der *Projektabschlussanalyse* wird die (abschließende) Nachkalkulation – möglichst in derselben Struktur wie bei den vorausgegangenen Vor- und Mitkalkulationen – durchgeführt. Abweichungen bzgl. der Termine und Kosten sowie der Leistungs- und Qualitätsmerkmale sind hinsichtlich ihrer Ursachen und möglichen Abhilfen im Rahmen einer Abweichungsanalyse zu untersuchen. Auch eine ehemals gemachte Wirtschaftlichkeitsrechnung sollte in einer Nachanalyse auf ihre Einhaltung durchleuchtet werden.

Außerdem empfiehlt es sich, kein Projekt ohne eine systematische Sicherung der im Projekt gemachten Erfahrungen abzuschließen. Das Sammeln entsprechender Daten ist die Basis für das Bilden von Kennzahlen sowie den Aufbau eines Kennzahlensystems. Das Einrichten von Erfahrungsdatenbanken ist dabei besonders geeignet zur *Erfahrungssicherung*, weil hiermit die Erkenntnisse aus unterschiedlichen Projektbereichen über einen längeren Zeitraum in eine gemeinsame Datenbasis zusammengeführt werden. Das Sammeln von Erfahrungsdaten stellt außerdem eine wichtige Voraussetzung für das Kalibrieren von Aufwandsschätzverfahren dar. Ohne eine konsequente Erfahrungssicherung ist ein wirkungsvolles Wissensmanagement nicht möglich.

Letzter Schritt in der Projektabschlussphase und damit im gesamten Projektablauf ist die *Projektauflösung*. Jedes Projekt muss neben einem definierten Anfang auch ein eindeutiges Ende haben. Mit der Projektauflösung, die partiell schon an vorangegangenen Meilensteinen eingeleitet werden kann, wird das Projektpersonal auf neue Aufgaben übergeleitet und die im Projekt gebundenen Ressourcen werden neuen Projekten zugeführt.

PM-Regelkreis

Die vorgenannten Aufgabenbereiche des Projektmanagements lassen sich in ihrem Zusammenwirken zur Projektsteuerung und Projektdurchführung als Regelkreis darstellen (Bild 1.5).

Wie das Bild zeigt, gibt die Projektplanung auf Basis der Projektdefinition die Planwerte als SOLL (Führungsgröße) für die Projektdurchführung vor. Durch die Projektkontrolle wird – möglichst häufig – das IST (Messgröße) abgefragt und mit dem SOLL verglichen. Bei Abweichungen sind im Rahmen der Projektsteuerung entweder geeignete Maßnahmen vorzunehmen (wie z. B. das Beseitigen projektbehindernder Gegebenheiten) oder Planvorgaben zu ändern (wie z. B. durch Bewilligen zusätzlichen Personals).

Hauptziel in diesem PM-Regelkreis ist, dass möglichst früh Planabweichungen erkannt werden, um rechtzeitig korrigierende Maßnahmen einleiten zu können, ohne dass tatsächlich Plankorrekturen vorgenommen werden müssen. Entsprechend den Gesetzmäßigkeiten der Regelungstechnik gilt auch hier, dass der Regelabweichung umso früher entgegengewirkt werden kann, je genauer (feiner gestuft) die Regelgrößen zu messen sind.

Die Projektdurchführung stellt im Allgemeinen keinen streng linearen Prozess dar; vielmehr müssen wegen der nicht zu vermeidenden Änderungseinflüsse während des Projektablaufs häufig einzelne Prozessschritte iterierend durchlaufen werden. Auch erfordert der wachsende Zwang zur Durchlaufzeitverkürzung die »Parallelisierung« von Arbeitsvorgängen und damit ein überlapptes Vorgehen im Prozessablauf. Entsprechend muss die Projektplanung noch häufig während der Projektdurchführung überarbeitet werden, so dass allein hieraus Veränderungen der ursprünglichen Vorgaben entstehen können.

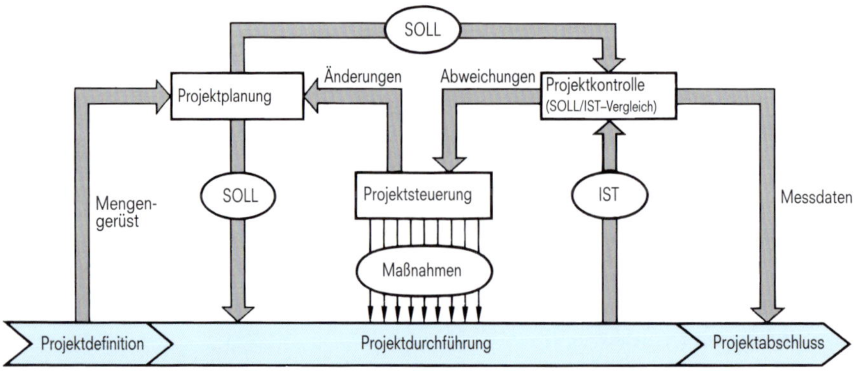

Bild 1.5 PM-Regelkreis

1.3 Produkt-Projekt-Prozess

Innerhalb des Projektmanagements stehen die drei Begriffe:

- ▷ Produkt
- ▷ Projekt
- ▷ Prozess

wie eine »Trinität« zueinander, deren konsequentes Auseinanderhalten von größter Wichtigkeit für eine transparente Projektführung ist. Sowohl Planung als auch Überwachung müssen sich in ihrer Strukturierung und Organisation nach diesen drei grundlegenden Aspekten ausrichten. Die inhaltliche Abgrenzung dieser Begriffe lässt sich anschaulich mit Bild 1.6 erklären. Zu Beginn eines *Projekts* steht die Idee mit der Formulierung des Projektziels, welches in der Erstellung eines auftragsgerechten *Produkts* besteht. Hierfür ist in einem (geordneten) Projektablauf, dem *Prozess*, eine Fülle von Projektaufgaben zu bewältigen.

Produkt

Das Produkt wird im allgemeinen Sprachgebrauch verstanden als *Erzeugnis* oder *Ergebnis eines Tätigkeitsvorhabens;* es ist das Resultat der Entwicklungs- und Projektierungsanstrengungen und damit der »Output« der Entwicklung bzw. einer Projektierung. Ein Produkt muss kein körperlicher Gegenstand, d. h. nicht ausschließlich Hardware (Gerät, System, Anlage etc.) sein. Produkt kann auch ein Schriftstück (z. B. Studie), ein Rechnerprogramm (z. B. Anwender-Software) oder eine beliebige Dienstleistung (z. B. Revision, Consulting) sein. Ein HW/SW-System oder eine elektrotechnische Großanlage muss ebenfalls als ein Produkt angesehen werden; auch wenn es sich dabei um ein »einmaliges« Erzeugnis und nicht um ein Serienprodukt handelt.

Wichtig für ein erfolgreiches Produkt ist, dass es eine Beschaffenheit hat, die für den Anwender, d. h. den Kunden, nützlich ist – so nützlich nämlich, dass er bereit ist, es zu erwerben. Eine der wichtigsten Eigenschaften eines Produkts ist also seine *Vermarktbarkeit*.

Projekt

Ein Projekt ist demgegenüber das zielorientierte *Vorhaben* zur Herstellung dieses Produkts im vorgenannten Sinne. Ein Projekt ist notwendigerweise immer in seinem zeitlichen Ablauf klar umgrenzt, d. h. es hat einen Anfangs- und Endtermin. In der DIN 69 901 »Projektmanagement-Begriffe« ist ein Projekt wie folgt definiert [106]:

> Vorhaben, das im Wesentlichen durch Einmaligkeit der Bedingungen in seiner Gesamtheit gekennzeichnet ist, wie z. B.
>
> - ▷ Zielvorgabe,
> - ▷ zeitliche, finanzielle, personelle und andere Begrenzungen,
> - ▷ Abgrenzung gegenüber anderen Vorhaben,
> - ▷ projektspezifische Organisation.

Die *Einmaligkeit* in den Rahmenbedingungen eines Vorhabens ist wohl das entscheidende Merkmal eines Projekts. Eine Archivverwaltung oder eine Kantinenbewirtschaftung kann zwangsläufig nicht als Projekt angesehen werden. Es gibt aber Grenzbereiche, wie z. B. die Wartung von Anlagen oder die Pflege von DV-Verfahren, die häufig auch als »Projekt« durchgeführt werden. Hier fehlt wohl die Einmaligkeit und die fest umrissene Zielvorgabe, aber da die sonstigen Begrenzungen gegeben sind, ist eine Projektformulierung auch hier angebracht.

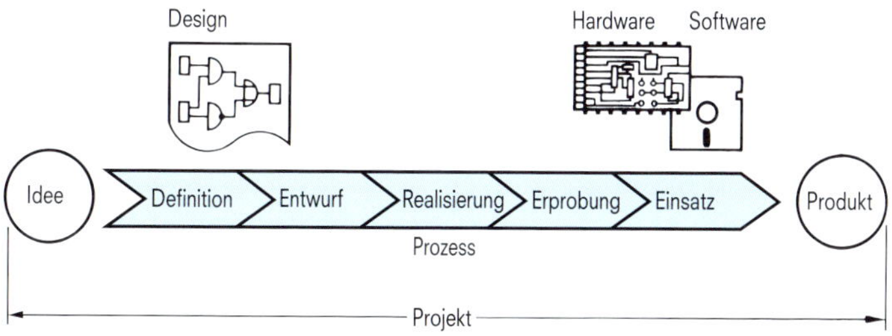

Bild 1.6
Trinität Produkt – Projekt – Prozess

Die Hauptkriterien eines Projekts sind also:

- ▷ Eindeutigkeit der Aufgabenstellung
- ▷ definierte Dauer mit festem Endtermin,
- ▷ abgestimmtes Kostenvolumen und
- ▷ klare Verantwortungen.

Ein Projekt umfasst dabei alle Aktivitäten, die für das Erreichen des gesetzten Projektziels, d. h. das Erbringen eines »Produkts« erforderlich sind.

Prozess

Der Prozess kennzeichnet das eigentliche *Vorgehen* im Projekt zur Herstellung des Produkts; er beschreibt also den Planungs- und Realisierungsablauf. Im Prozess werden die für die Zielerreichung notwendigen Aktivitäten – gemeinhin als Arbeitspakete bezeichnet – in definierte Abläufe eingeordnet, wobei die jeweils notwendigen Vorgaben sowie die zu erreichenden Ergebnisse bindend festgelegt sind. Weiterhin sind innerhalb dieser Prozessstruktur die Entscheidungspunkte an den Phasenenden bzw. Meilensteinen allgemein gültig definiert. An diesen Zäsurpunkten wird der Entwicklungsprozess beeinflusst, d. h. anhand einer Soll/Ist-Abfrage gesteuert.

Der gesamte Prozess ist üblicherweise in Abschnitte und Phasen unterteilt, die klar umgrenzte Arbeitsinhalte haben. Je größer das Projekt ist, umso detaillierter sollte der Prozess unterteilt sein.

Die »Trinität« der genannten drei Begriffe spiegelt sich fast durchgehend für alle mit diesen formulierbaren Wortzusammensetzungen wider, wie sie in Tabelle 1.2 aufgeführt sind.

Das Vermischen dieser drei Begriffsgruppen ist in jedem Fall zu vermeiden. Viele Missverständnisse im Laufe der Projektdurchführung können dadurch verhindert werden.

So allgemein man den Begriff Projekt auch definieren kann, so unterschiedlich können die einzelnen Projekte sein. Hierbei müssen Projekte unterschieden werden nach:

- ▷ Projektdauer,
- ▷ Projektgröße,
- ▷ Projekttyp und
- ▷ Projektart.

Projektdauer

Die Dauer von Entwicklungsprojekten bewegt sich in Zeiträumen von wenigen Monaten bis hin zu mehreren Jahren. Zu den »Kurzläufern« zählen z. B. Studien und Organisationsuntersuchungen sowie die Entwicklung kleinerer SW-Programme. Typische »Langläufer« waren bei Siemens z. B. das Olympia-Projekt in München, die HICOM-Entwicklung oder die EWSD-Entwicklung.

Die Projektdefinition eines Entwicklungsvorhabens hängt nicht von der absoluten Länge des Vorhabens ab, sondern nur von dessen klarer zeitlichen Eingrenzung. Allerdings sollte ein Projekt nicht kürzer als zwei Monate und nicht länger als fünf Jahre dauern.

Projektgröße

Entsprechend der unterschiedlichen Projektdauer variieren die einzelnen Projektgrößen, die entweder in den benötigten Projektkosten oder in dem eingebundenen Projektpersonal ausgedrückt werden. Sehr kleine Projekte haben nur ein paar Mitarbeiter, sehr große Projekte dagegen können mehrere hundert Mitarbeiter umfassen. Tabelle 1.3 enthält einen Vorschlag für das Einteilen der Projekte nach ihrer Projektgröße.

Projektgröße und Projektdauer hängen voneinander ab; eine strenge Korrelation gibt es na-

Tabelle 1.2 Die Begriffstrinität Produkt – Projekt – Prozess

Produkt	*Projekt*	*Prozess*
Produktplanung	Projektplanung *	Prozessplanung *
Produktorganisation	Projektorganisation *	Prozessorganisation *
Produktdokumentation	Projektdokumentation *	Prozessdokumentation *
Produktstruktur	Projektstruktur *	Prozessstruktur *
Produktmanagement	Projektmanagement	Prozessmanagement *

* Bestandteil des Projektmanagements

Tabelle 1.3 Projektgröße (Entwicklungsprojekte)

Projektgröße	Anzahl MA	MJ	Mio. EUR
Sehr kleine	< 3	< 0,5	< 0,1
Kleine	3–10	0,5–5	0,1–1
Mittlere	10–50	5–50	1–10
Große	50–150	50–500	10–80
Sehr große	> 150	> 500	> 80

türlich nicht. Manche Projekte werden wegen eines kritischen Umstands als »Crash-Projekte« mit großem Personalaufwand bei minimaler Laufzeit durchgezogen. Auch das Umgekehrte kann der Fall sein, wenn bei geringem Termindruck aus Mangel an Mitarbeitern ein Entwicklungsvorhaben in die Länge gezogen wird. Wie allerdings später noch gezeigt wird (Kap. 2.1.3), gibt es bezogen auf die Entwicklungszeit bzw. den Entwicklungsaufwand eine optimale Personalstärke.

Projekttyp

Tabelle 1.3 enthält eine Typisierung von Entwicklungsprojekten, die einige wesentliche Projekttypen auf dem elektrotechnischen Entwicklungsgebiet darlegt:

▷ Grundlagenentwicklung
▷ Entwicklung von Mustern
▷ Entwicklung von Produkten
▷ Entwicklung von Systemen
▷ Betreuung von Verfahren
▷ Modifikationsentwicklung.

Diese Typenbildung berücksichtigt nicht den technischen Inhalt des Entwicklungsvorhabens, also, ob es sich z. B. um eine HW- oder eine SW-Entwicklung handelt. Hierfür bietet sich die Definition einer HW- bzw. SW-Kategorie an, wie sie z. B. innerhalb der FuE-Projektkalkulation angedacht wurde.

HW-Kategorie	SW-Kategorie
Vermittlungstechnik, Kommunikationsgeräte, Funk- und Radartechnik, Rechnertechnik, Prozessortechnik, Sicherungstechnik, etc.	Anwender-Software, Betriebssystemnahe Software, Betriebssysteme, Produkt-Software, Vermittlungs-Software, Support-Software, etc.

Projektart

Unter der Projektart soll hier verstanden werden, in welcher Unternehmensfunktion das Projekt abläuft. Es lassen sich hierbei unterscheiden:

▷ Forschungsprojekte
▷ Entwicklungsprojekte
▷ Rationalisierungsprojekte
▷ Projektierungsprojekte
▷ Vertriebsprojekte
▷ Betreuungsprojekte
▷ Dienstleistungsprojekte
▷ Investitionsprojekte.

Forschungsprojekte

Forschungsprojekte werden in den zentralen Forschungsabteilungen eines Unternehmens zu bestimmten abgegrenzten Forschungsaufgaben (z. B. künstliche Intelligenz oder sensitive Robotersysteme) durchgeführt und umfassen sowohl exploratorische Grundlagenarbeiten als auch anwendungsorientierte Technologieforschungen. Da das Forschungsziel meist noch sehr unklar ist und die notwendige Kreativität der Mitarbeiter und deren Ideenfindung sich nicht streng vorausplanen lässt, enthalten die Rahmengrößen bei einem Forschungsprojekt natürlich mehr Unsicherheiten als bei einem »gewöhnlichen« Entwicklungsprojekt. Forschungsprojekte sind besonders gekennzeichnet durch die Neuheit der Aktivitäten, durch die geringen Präzisierungsmöglichkeiten der Zielvorgaben und durch den hohen Änderungsgrad der Projektparameter; sie sind damit einer systematischen Planung und Überwachung nur schwer zugänglich zu machen. Es ist aber falsch, zu meinen, dass die Prinzipien und Methoden des Projektmanagements nicht auch auf den Forschungsbereich anwendbar sind.

Entwicklungsprojekte

Entwicklungsprojekte haben im Gegensatz zu Forschungsprojekten immer ein klar definiertes Entwicklungsziel, welches entweder ein ausgetestetes SW-Programm oder ein für die Fertigung freizugebender HW-Prototyp oder ein ganzes HW/SW-System ist. Wegen der fest umrissenen Planungsbasis sind die Unsicherheiten im Erreichen des Projektziels erheblich geringer. Entwicklungsprojekte gibt es auf alvorgenommen, für welches kein konkreter Kundenauftrag vorliegt; allerdings besteht die Absicht, die Vorleistungsergebnisse in spätere Kundenprojekte einzubringen.

Pionierprojekte sind eigentlich Forschungsabschnitte innerhalb eines Entwicklungsprojekts und haben die Aufgabe, im Rahmen des Entwicklungsvorhabens Modelle zu entwerfen und Funktionsmuster zu realisieren.

PM-Methodeneinsatz

In Tabelle 1.4 ist aufgezeigt, bei welcher Projektklasse der Einsatz von PM-Methoden sinnvoll ist. Als Projektklasse ist in diesem Zusammenhang die Zuordnung von Projektgröße zu Projekttyp zu verstehen (z. B. entspricht Projektklasse D4 einem Großprojekt zur Entwicklung eines Systems).

Wie aus der Matrix zu ersehen ist, sollte man ein Projektmanagement nicht grundsätzlich in allen Fällen und auch nicht in seiner ganzen Breite und Vollständigkeit einsetzen. Projektmanagement ist eben kein Selbstzweck, sondern sollte nur so weit genutzt werden, wie Größe und Typ des Projekts es erfordern bzw. erlauben. Ganz allgemein gilt aber, dass man das Projektmanagement umso intensiver betreiben sollte, je größer ein Projekt ist.

1.4 Kosten des Projektmanagements

Dass in einzelnen Entwicklungsbereichen Projektmanagement nicht in ausreichender Form eingeführt ist, wird häufig mit den zu hohen Kosten für das erforderliche PM-Personal und die notwendigen PM-Verfahren begründet.

Man vergleicht dann – verfälschend – moderne Methoden für das Projektmanagement, wie die Netzplantechnik, mit sehr einfachen Methoden wie Balkenplanung (auf Papier), ohne dass dabei deren unterschiedliche Einsatzschwerpunkte und Leistungsmerkmale herausgestellt werden. So ermöglicht die Netzplantechnik unter Berücksichtigung aller personellen und technologischen Abhängigkeiten einen vollständigen terminlichen Aufriss der Arbeitspakete sowie eine durchgängige Einsatzplanung aller beanspruchten Einsatzmittel. In einer Balkenplanung fehlen dagegen i. Allg. die Möglichkeiten der Arbeitspaketvernetzung und der integrierten Einsatzmittelplanung.

Für die Ablehnung moderner Projektplanungs- und -steuerungsverfahren wird oft der zusätzliche personelle Aufwand für die Abwicklung derartiger Verfahren herangezogen, wobei man übersieht, dass dieser – nur verteilt auf die einzelnen Entwicklungsgruppen – trotzdem getragen werden muss, und zwar – in Summe – in einem vermehrten Maß. Übernimmt das Projektmanagement eine separate Dienststelle, z. B. ein Projektbüro, so kann der Kostenanfall vollständig belegt werden. Bei einem »verteilten« Projektmanagement werden dagegen die Kosten meist nicht getrennt von den eigentlichen Entwicklungskosten ausgewiesen, so dass der Eindruck entsteht, als würden gar keine oder nur sehr geringe PM-Kosten anfallen.

Widerstände gegen moderne PM-Methoden sind also kaum durch sachliche oder wirtschaftliche Argumente begründbar; sie basieren stattdessen meist auf emotioneller Abneigung gegen Planungs- und Kontrollmethoden.

Das Management eines Unternehmens sollte sich also nicht die Frage stellen:

> »Kann ich mir ein
> Projektmanagement leisten?«,

zu fragen ist hier vielmehr:

> »Kann ich mir es leisten,
> *kein* Projektmanagement zu haben?«

Kostenbestandteile

Eine allgemein gültige Gliederung der Kostenbestandteile eines Projektmanagements gibt es nicht, da dessen Aufgabeninhalt in den einzelnen Entwicklungsbereichen sehr unterschiedlich sein kann. Art und Umfang der durchzuführenden PM-Aufgaben hängen nämlich von mehreren, durch die Entwicklungsumgebung beeinflussten Kriterien ab. Es sind dies:

- Art der Entwicklungsaufgabe,
- Größe des Entwicklungsvorhabens,
- Form der Projektorganisation,
- Anzahl der Entwicklungspartner,
- Entwicklungsdauer,
- Verhältnis Personal-/Materialkosten,
- Durchdringung mit PM-Methoden und -Verfahren usw.

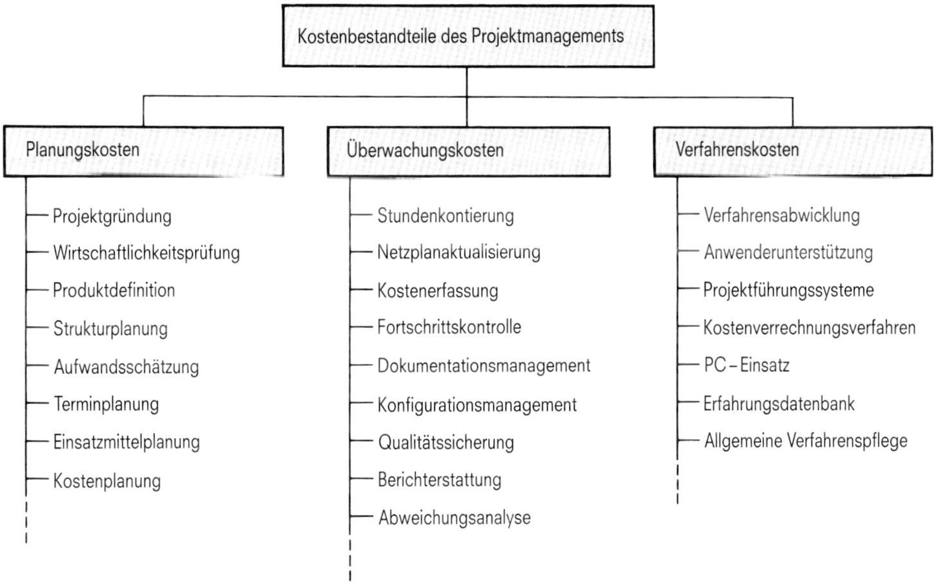

Bild 1.7 Kostenbestandteile des Projektmanagements

Auch gibt es Meinungsverschiedenheiten bei der Definition, was insgesamt zu den Aufgaben des Projektmanagements gehört. Daher ist nur eine ungefähre Unterteilung der einzelnen Kostenbestandteile möglich (Bild 1.7), wobei zwischen PM-Kosten für die Planung, für die Überwachung und für den Verfahrenseinsatz unterschieden wird.

Zu den *Planungskosten* zählen alle Kostenkomponenten, die in den Abschnitten der Projektdefinition und der Projektplanung bzw. in zusätzlichen Planungsabschnitten während der Projektdurchführung anfallen.

Die *Überwachungskosten* umfassen alle Komponenten, die während der eigentlichen Projektdurchführung für die gesamte Projektkontrolle entstehen.

Die *Verfahrenskosten* schließlich setzen sich im Wesentlichen aus den Abwicklungskosten für die installierten Projektplanungs- und -steuerungsverfahren sowie aus dem anfallenden Aufwand für die Verfahrenspflege zusammen.

Bei Kostenbetrachtungen über das Projektmanagement werden üblicherweise die Kostenanteile für das Konfigurationsmanagement, für das Dokumentationsmanagement und für die Qualitätssicherung getrennt gesehen. Deshalb sind in den nachfolgend dargelegten Kostenverläufen diese Anteile auch nicht enthalten.

Prozentualer PM-Kostenanteil

Der prozentuale Anteil der Kosten für das Projektmanagement bezogen auf die gesamten Projektkosten wurde an unterschiedlichen Stellen untersucht. In verschiedenen Firmen hat man bei Projekten unterschiedlicher Größenordnung die Kosten für die Projektplanung, -kontrolle und -steuerung ermittelt und ins Verhältnis zu den jeweiligen Gesamtprojektkosten gesetzt. Hierbei haben sich z. T. ganz erhebliche Abweichungen in den einzelnen Werten ergeben. Der in Bild 1.8 gezeigte Verlauf ist aus einer Mittelung abgeleitet.

Die »Bandbreite« der gezeigten Kurven ergibt sich durch den »Aufgabeninhalt« des Projektmanagements; sie wird aber auch sehr stark beeinflusst durch die »Qualität« des eingeführten Projektmanagements. Wird dieses durch erfahrene Projektleiter und Projektmitarbeiter getragen, so sind natürlich auch die anfallenden PM-Kosten geringer, als wenn es noch an der notwendigen Routine fehlt.

Wie der Kurvenverlauf zeigt, sinkt der prozentuale PM-Kostenanteil mit der Größe der Pro-

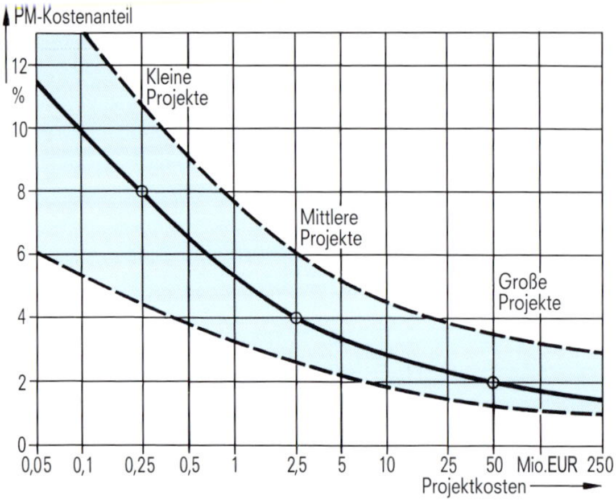

Bild 1.8
Prozentualer PM-Kostenanteil (Stand 2005)

jektkosten und liegt z. B. im Bereich eines Projektkostenvolumens von 100 Mio. EUR bei weniger als 2%. Bei kleineren Projekten ist dagegen ein steiler Anstieg zu verzeichnen, da von einer gewissen Grundlast ausgegangen werden muss. Hier kann der prozentuale PM-Kostenanteil einen Wert von 10% bei Projektgrößen von 100 TEU annehmen.

Als grobe Regel für den prozentualen PM-Kostenanteil gilt:

8% für kleine Projekte (um 250 TEU)
4% für mittlere Projekte (um 2,5 Mio. EUR)
2% für große Projekte (um 50 Mio. EUR).

Absolute PM-Kosten

Bild 1.9 zeigt den Zusammenhang von Projektkosten und Kosten für das Projektmanagement. Die PM-Kosten steigen nur degressiv mit den Gesamt-Projektkosten.

Dies liegt darin begründet, dass einerseits die Produktivkosten für die eingesetzten Verfahren nicht linear mit der Projektgröße steigen und andererseits auch die personelle Überwachung bei größeren Projektvolumina rationeller durchgeführt werden kann. Auch hier zeigt sich – hervorgehoben durch den linearen Maßstab an den Koordinatenachsen – die große Bandbreite der möglichen PM-Kosten.

In diesem Zusammenhang muss noch einmal betont werden, dass die vorgenannten Kostenwerte für ein Projektmanagement nicht als Zusatz- bzw. Mehraufwand anzusehen sind. Auch bei einer »konventionellen« Projektführung ohne ein klar umrissenes Projektmanagement sind Tätigkeiten für das Planen und Abwickeln

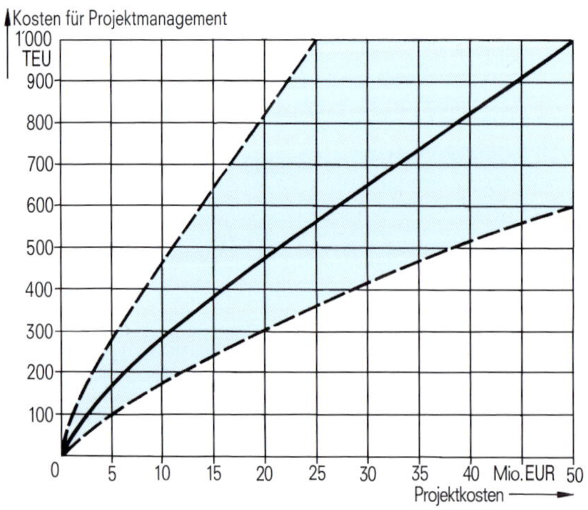

Bild 1.9
PM-Kosten und Projektkosten (Basis 2005)

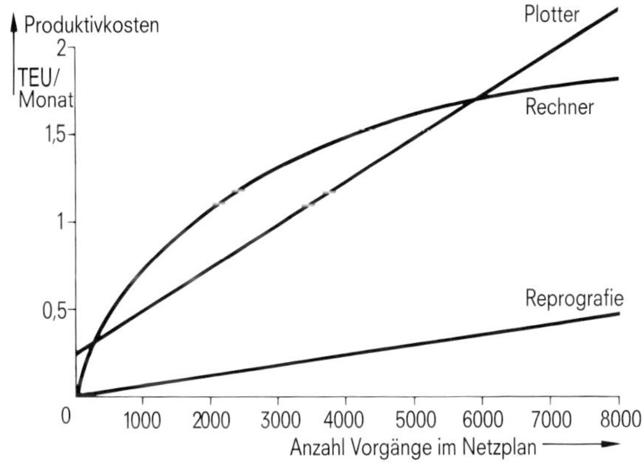

Bild 1.10
Monatliche Produktivkosten bei einem Projektplanungs- und -steuerungsverfahren

von Entwicklungsaufgaben sowie eine gewisse Überwachung des Entwicklungsfortschritts notwendig; diese spezifischen Aufwände können allerdings nie exakt herausgestellt werden, da sie normalerweise im Gesamtaufwand untergehen.

Kostenanteile

Eine vollständige aufgabenbezogene Unterteilung der PM-Kosten läßt sich generell kaum erreichen, obwohl für einige Aufgabenkomplexe im Rahmen des Projektmanagements Erfahrungswerte vorliegen. So konnte z. B. bei einem in der Vermittlungstechnik eingesetzten Projektplanungs- und -steuerungsverfahren, das die Funktionsbereiche der Netzplanung und der Aufwandserfassung abdeckte, die in Bild 1.10 dargestellte Aufteilung der monatlichen Produktivkosten für die Verfahrensabwicklung abhängig von der Anzahl Netzplanvorgänge ermittelt werden. Hier war also feststellbar, dass die Rechen- und Speicherkosten degressiv entsprechend einer Wachstumskurve anstiegen, die Kosten für das Netzplan-Plotten und das Vervielfältigen der Projektdatenauswertungen aber linear mit der Anzahl Netzplanvorgänge wuchsen.

1.5 Projektorientiertes Unternehmen

Werden in einem Unternehmen die Projekte kooperativ miteinander durchgeführt und unterliegen sie einem zentralen und strategisch ausgerichtetem Gesamtmanagement, so spricht man von einem „Projektorientierten Unternehmen". Zwei Formen derartige Projektführungen kann man unterscheiden:

- ▷ Programmmanagement und
- ▷ Projektportfoliomanagement.

Programmmanagement

Als Programmmanagement bezeichnet man die gemeinsame Planung und Durchführung einer definierten Menge von ein paar oder auch sehr vielen inhaltlich zusammengehörigen Projekten, die einem übergreifenden Unternehmensziel dienen. Derzeit gibt es keine eindeutige Definition des Begriffes Programmmanagement, da die Abgrenzungen zu anderen Fachbegriffen, wie Multiprojektmanagement, Management by Projects und Strategisches Projektmanagement zu wenig scharf sind.

Im Vergleich zum Projektmanagement stellt das Programmmanagement eine zentralisierte, koordinierte Leitung einer Gruppe von Projekten dar, um die strategischen Ziele und Leistungen des Programms zu erreichen.

Anwendung findet das Programmmanagement beispielsweise in der Autoindustrie, Bauindustrie (Städtebau, Verkehrsprojekte), Elektroindustrie (Windparkanlagen, Übertragungsnetze), wo mehrere Projekte in einem gemeinsamen Kontext durchgeführt werden.

Neben dem Management der einzelnen Projekte umfasst das Programmmanagement die folgenden zentralen Funktionen:

- ▷ Definition von Programmen zur Umsetzung strategischer Ziele

- ▷ Initiierung von Projekten für die Programme
- ▷ Beurteilung von beantragten Projekten
- ▷ Bewilligung, Zurückstellung und Ablehnung von Projektanträgen
- ▷ Planung der Programmziele, der Programmtermine und des Programmbudgets
- ▷ Überwachung der Programmtermine und des Programmbudgets
- ▷ allgemeines Management der Programmorganisation
- ▷ projektübergreifendes Informationswesen und Qualitätsmanagement
- ▷ Pflege der Programm-Umweltbeziehungen und gemeinsames Projektmarketing.

Die Durchführung eines Programms liegt in der Verantwortung eines „Programmmanagers". Seine Kompetenzen sind umfassend: Er hat sowohl die Budgetverantwortung als auch die gesamte Personalverantwortung und steht dem oder den Auftraggeber(n) allein verantwortlich gegenüber. Mit Ende des Programms endet seine Befugnis.

Die anzuwendenden Programmmanagement-Methoden entsprechen analog den PM-Methoden, so sind u. a. ein Programmgesamtplan, ein Programmstrukturplan, ein Programmterminplan, ein Programmbudgetplan sowie eine Programmrisiko- und -Umweltanalyse für das Projekte-Programm zu erstellen. Der Kommunikation zwischen den einzelnen Projektgruppen kommt dabei im Rahmen eines Programmmanagements eine besondere Bedeutung zu.

Durch die Gesamtplanung des Programmmanagements werden die Projekte eng gekoppelt, d. h. die Projekte werden nicht jedes für sich und unabhängig voneinander durchgeführt, sondern werden horizontal in so genannten Projekteketten miteinander verbunden. Programmmanagement ist daher mehr als das Management eines Großprojekts.

Der Programmmanagement-Prozess ist ähnlich dem Prozess eines Einzelprojekts strukturiert in

- ▷ Programmstart,
- ▷ Programmkoordination,
- ▷ Programmcontrolling und
- ▷ Programmabschluss.

Bei Abschluss aller Projekte endet im Allgemeinen auch das Programmmanagement für dessen Gesamtaufgabe des Unternehmens.

Projektportfoliomanagement

Die Menge aller Projekte eines „Projektorientierten Unternehmens" stellt das Projektportfolio dar; es umfasst alle geplanten, genehmigten und laufenden Projekte und Programme eines Unternehmens (Bild 1.11), damit ist das Projektportfoliomanagement eine laufende und zeitlich nicht begrenzte Unternehmensaufgabe. Denn im Laufe der Zeit werden immer wieder neue Projekte in das Projektportfolio aufgenommen, nachdem andere Projekte bei ihrer Fertigstellung aus dem Portfolio ausscheiden. Im Gegensatz zu einem Projekte-Programm werden in einem Projektportfolio auch Projekte zusammengefasst, die inhaltlich nichts miteinander zu tun haben, sondern nur unter einem strategischen Aspekt stehen.

Etwas allgemeiner betrachtet kann man unter Projektportfoliomanagement die permanente Planung, Priorisierung, übergreifende Steuerung und Überwachung aller Projekte einer Organisation oder eines abgeschlossenen Teilbereichs einer Organisation verstehen.

Die Gesamtkoordination eines Projektportfolios übernimmt ein „Projektportfolio-Manager" mit Unterstützung eines „Projektportfolio-Boards". Der Projektportfolio-Manager trägt die Gesamtverantwortung und ist mit entsprechender Entscheidungsbefugnis ausgestattet.

Zu den Aufgaben des Projektportfolio-Managers gehört nicht die Durchführung der einzelnen Projekte, das ist weiterhin die Aufgabe der zuständigen Projektleiter bzw. Programmmanager. Die Aufgaben des Projektportfolio-Managers liegen vielmehr auf einer höheren Ebene, nämlich

- ▷ die Auswahl von Projekten und Programmen zur Umsetzung der übergeordneten Unternehmensziele,
- ▷ die Beurteilung von beantragten Projekten,
- ▷ die Bewilligung, Zurückstellung und Ablehnung von Projektanträgen,
- ▷ die laufende Überwachung der Projekte und Programme in deren Eckdaten,
- ▷ die Wahrnehmung übergreifender Projekt- und Qualitätsmanagementaufgaben sowie
- ▷ das projektübergreifende Informations- und Wissensmanagement.

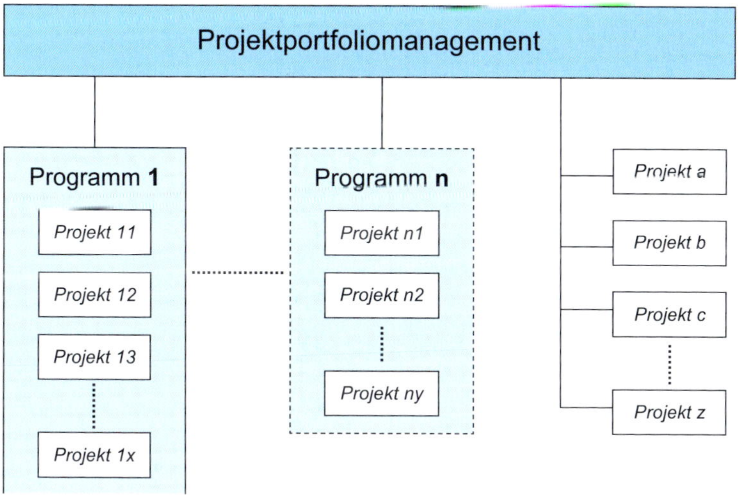

Bild 1.11 Projektportfoliomanagement

Das Projektportfolio-Board unterstützt den Projektportfolio-Manager bei der Festlegung der strategischen Ausrichtung des Projektportfolios. Zu seinen Aufgaben gehört auch die Entwicklung einer Projektmanagement-Kultur in dem Unternehmen und die Förderung des Projektpersonals.

Wohl die wichtigste Aufgabe eines Projektportfoliomanagements ist die Projektpriorisierung, d. h. die richtige Auswahl von Projektanträgen unter Maßgaben der strategischen Ziele des Unternehmens. Projektideen, Projektanträge und laufende Projekte müssen auf ihre Projektwürdigkeit geprüft werden, mit ihr soll eine eindeutige Projektrangfolge festgelegt werden. Hier kommen unterschiedliche Priorisierungsmethoden zum Einsatz, wie Nutzwertanalysen, Sensitivitätsanalysen und Portfoliomethoden.

Werden in einem Unternehmen die Programme und Projekte nicht aus einer zentralen Sicht über ein Projektportfolio gemanagt, so sind Effizienzeinbußen nicht zu vermeiden. Zu den Schwächen eines unkoordinierten Multiprojektmanagements zählen dann:

- ▷ Abhängigkeiten zwischen den Projekten sind nicht ausreichend bekannt.
- ▷ Synergien zwischen Projektentwicklungen können nicht genutzt werden.
- ▷ Eine systematische Übersicht über alle Projekte und deren Fortschritt fehlt.
- ▷ Kostentreibende Projektredundanzen werden nicht erkannt.
- ▷ Da keine Projektpriorisierung stattfindet, können unwichtige Projekte wertvolle verdrängen.
- ▷ Bei Budgetkürzungen entstehen Konflikte hinsichtlich der richtigen Zuteilung.
- ▷ Ressourcen- und Personalmanagement sind nicht aufeinander abgestimmt.

Nach einer Untersuchung der IDC (International Data Corporation) im Jahr 2008 wurden 13 große Unternehmen verschiedener Branchen zu ihren Erfahrungen bzgl. der Einführung von Projektportfoliomanagement befragt. Folgende Nutzeneffekte wurden dabei festgestellt:

- ▷ Erhöhung der Anzahl gemanagter Projekte um 25%
- ▷ Kostenreduktion je Projekt um 37%
- ▷ Verringerung redundanter Projekte um 78%
- ▷ Erhöhung der IT-Personalproduktivität um 14%
- ▷ Verringerung der Anzahl gescheiterter Projekte um 59%.

Programmmanagement und Projektportfoliomanagement führen in einem Projektorientierten Unternehmen zu einer Optimierung der Geschäftsprozesse und damit zu einer Steigerung der Wertschöpfung im Unternehmen.

2 Projektdefinition

In dem ersten Abschnitt eines Projekts, der Projektdefinition, entsteht die Grundlage für das gesamte künftige Projekt. Daher muss dieser Projektabschnitt einer besonderen Sorgfalt unterzogen werden. Es werden nämlich fachlicher Inhalt und betriebswirtschaftliche Parameter des Projekts festgelegt, aber auch Aufbau- und Ablauforganisation für die spätere Projektdurchführung bestimmt.

Ausgangspunkt für ein Projekt ist die (offizielle) *Projektgründung,* wobei nach Definition des Projektziels und einer Wirtschaftlichkeitsbetrachtung alle Projektdaten in einem vertragsähnlichen Dokument niederzulegen sind; diese Projektvereinbarung ist dann bindend, und zwar für den Auftraggeber und für den Auftragnehmer. Externe Aufträge müssen eine strenge Vertragsprüfung durchlaufen.

Die *Produkt-/Systemdefinition* erfordert meist eine intensive Analyse der vom Auftraggeber aufgestellten Anforderungen; hierzu kann das Erstellen eines Prototypen des künftigen Produkts sehr vorteilhaft sein (Prototyping). Die Ergebnisse fließen in den Anforderungskatalog ein, dann in das Pflichtenheft und anschließend in die Leistungsbeschreibung; auch ein (späteres) Änderungswesen sollte eingeplant werden.

Für die *Wirtschaftlichkeitsbetrachtung* bieten sich mehrere Möglichkeiten an; hierbei gibt es rein quantifizierende Methoden als auch solche, die nur eine qualifizierende Aussage machen können. Wichtig ist, dass das geplante Projekt insgesamt einer Wirtschaftlichkeitsbetrachtung unterzogen wird.

Für das Gelingen eines Projekts ist die Wahl der optimalen Aufbauorganisation, d. h. der *Projektorganisation,* von größter Bedeutung. Möglichst wenig Personalumbesetzungen bei möglichst großer Kompetenzzuordnung der Verantwortlichen sind hier die Leitlinien. Auch muss aus rationellen Gründen eine sinnvolle Aufteilung der PM-Aufgaben auf zentrale und dezentrale Stellen angestrebt werden.

Schließlich muss von Anbeginn Klarheit über die Modalitäten der Ablauforganisation, d. h. der *Prozessorganisation,* bestehen. Meist liegen Richtlinien für die zu wählende Prozessorganisation in den Entwicklungshandbüchern vor; vielfach sind diese allgemeinen Vorgaben noch projektadäquat zu übertragen und zu ergänzen.

Erst wenn das Projekt in seiner Umwelteinbettung klar definiert ist, kann mit der Projektplanung begonnen werden.

2.1 Gründung eines Projekts

Am Anfang eines Projekts steht seine Gründung, die durch das Erstellen und Genehmigen eines offiziellen Projektantrags vollzogen wird. Der Projektantrag bildet die Vertragsgrundlage zwischen Auftraggeber und Auftragnehmer und legt – verbindlich für beide Seiten – das Leistungsvolumen sowie den Kosten- und Terminrahmen des Projekts fest.

Voraussetzung für das Formulieren des Projektantrags ist eine klare Aufgabenstellung; hierfür müssen einerseits die Projektparameter bestimmt und andererseits mögliche Projektrisiken festgestellt werden. Zum Abstecken der Chancen und Gefahren eines Projekts dient die *Problemfeldanalyse,* bei der man das gesamte Projektumfeld systematisch untersucht mit dem Ziel, optimale Planungsgrundlagen für die nachfolgenden Projektabschnitte zu schaffen.

Die *Innovationsplanung* ist dem Projekt im Allgemeinen vorgeschaltet und stellt die »Weichen« für den Markterfolg einer Entwicklung; sie gehört noch nicht zum eigentlichen Verantwortungsbereich des Projektmanagements.

2.1.1 Innovationsplanung

Die Zukunftssicherung von Unternehmen, die in hoch innovativen Bereichen wie der Elektrotechnik tätig sind, wird in steigendem Maß von Entwicklungen völlig neuer Produkte bestimmt und hängt immer weniger von der Weiterentwicklung vorhandener Produkte ab.

Die Marktsituation hat sich gewandelt: Früher existierte ein Käufermarkt mit einem großen Bedarf an bestimmten Produkten – die Industrie brauchte nur die fehlenden Exemplare zu produzieren; heute muss ein Unternehmen nach immer neuen Produktfeldern ausschauen und für diese einen Bedarf wecken. Hinzu kommt, dass der strategische Vorteil nicht mehr allein durch geringe Entwicklungs- und Fertigungskosten, sondern vor allem über technologische Innovationen erreicht wird.

Mangelhafte Gestaltung marktgerechter Produkte wird vielfach verursacht durch folgende Umstände:

- ▷ Man folgt zu sehr den heutigen Kundenwünschen und übersieht dabei die künftigen Erfordernisse des betreffenden Geschäftsfeldes.
- ▷ Die Entwicklung berücksichtigt zu wenig die Kundenanforderungen.
- ▷ Eine systematische Markterkundung wird vielfach nicht betrieben.
- ▷ Der »Blick über'n Zaun« unterbleibt; wichtige Entwicklungen der Konkurrenz werden nicht zur Kenntnis genommen.
- ▷ Es wird in den wenigsten Fällen in Produktlebenszyklen gedacht.
- ▷ Das Beharren auf *alten* Technologien verhindert bzw. verzögert häufig die Einführung von neuen Technologien.
- ▷ Die Bedeutung neuer Technologien für das eigene Produktfeld wird zu spät erkannt.

Aus den genannten Gründen erhält die gezielte Produktförderung im Rahmen einer Innovationsplanung einen immer größeren Stellenwert für die strategische Planung eines Unternehmens. Beispiele hierfür sind E-Business und UMTS. Innovationsplanung umfasst Bereiche wie Marktanalyse, Geschäftsfeldplanung und Produktplanung und ist, da die »Produktfindung« der Projektdefinition voransteht, eigentlich noch nicht Aufgabe des Projektmanagements.

Ein Projekt beginnt eben erst dort, wo das Produkt, zumindest in seinen Zielen, bereits voll definiert ist. Innovationsplanung gehört daher nicht zum Verantwortungsbereich eines Projektmanagements. Der Projektleiter muss zwangsläufig davon ausgehen, dass die gestellte Aufgabe, d. h. die Entwicklung eines bestimmten Geräts oder Systems, auch die *richtige* Aufgabe ist. Da die Innovationsplanung aber die unmittelbar voranstehende Schnittstelle zur ersten Projektphase, der Projektdefinition darstellt, soll in diesem Kapitel auf einige Aspekte dieses Themengebiets kurz eingegangen werden.

Innovationsplanung ist – vereinfacht – das gezielte Suchen und Finden von für das Unternehmen lukrativen Geschäftsfeldern und damit neuen Produkten. Der Ablauf umfasst die drei Schritte:

- ▷ Produktpositionierung
- ▷ Produktbewertung
- ▷ Produktauswahl.

Für das Durchführen dieser Planungsschritte haben sich einige Analysemethoden als sehr hilfreich erwiesen, hierzu zählen u. a.:

- ▷ Portfolio-Analysen,
- ▷ ABC-Analysen,
- ▷ Lebenszyklus-Analysen und
- ▷ Szenariotechniken.

Die beiden ersten methodischen Ansätze dienen mehr für die statische Betrachtung; bei Lebenszyklus-Analysen dagegen wird die Größe Zeit verstärkt miteinbezogen. Um zu völlig neuen Produktideen zu kommen, werden häufig Szenariotechniken angewandt.

Portfolio-Methode

Bei dieser Methode werden in einer zweidimensional aufgebauten Matrix bestimmte Betrachtungsobjekte (z. B. Geschäftsfelder, Produktgebiete, Technologien) in Abhängigkeit von zwei Beurteilungskriterien mit einer möglichst einfachen Skalierung angeordnet. Hierbei unterzieht man häufig eigene und konkurrierende Objekte einem Vergleich, um dadurch eine *Standortbestimmung* herbeizuführen. Es gibt inzwischen zahlreiche Portfolio-Darstellungen für die unterschiedlichsten Problemkomplexe. Der Begriff selbst ist von dem Wertpapier-Portfeuille abgeleitet.

Das Grundprinzip ist allerdings bei allen Darstellungsformen ähnlich. Die waagerechte Skalierung kennzeichnet meist ein Kriterium für die Positionsbestimmung der zu betrachtenden Objektwelt; solche sind

- relativer Marktanteil,
- Geschäftsfeldstärke,
- technisches Weiterentwicklungspotenzial,
- relative Technologieposition.

Auf der senkrechten Achse eines Portfolios wird ein Kriterium für die »Attraktivität« der zu betrachtenden Objekte angegeben, z. B.

- Marktwachstum,
- Branchenattraktivität,
- Produktattraktivität am Markt,
- wirtschaftliche Bedeutung.

Besonders im Rahmen der Geschäftsfeldplanung, der Technologieplanung sowie der Produktplanung werden Portfolio-Darstellungen zur Standortbestimmung und Strategiefindung vermehrt eingesetzt.

Im Folgenden soll anhand eines Geschäftsfeld-Portfolios und eines Technologie-Portfolios diese Methode kurz erläutert werden. In Kapitel 6.6.4 wird mit Bild 6.37 das Portfolio einer Tool-Beurteilung gezeigt.

Geschäftsfeld-Portfolio

Mit einem Geschäftsfeld-Portfolio wird die eigene Marktposition auf bestimmten Geschäftsfeldern betrachtet, um daraus geeignete Strategien für die eigene Geschäftsfeldplanung abzuleiten.

Für die Darstellung eines Geschäftsfeld-Portfolios können unterschiedliche Matrixausprägungen herangezogen werden. Bei der McK-Matrix (McKinsey) gibt es jeweils zwei Unterteilungen je Achse, so dass neun Matrixfelder entstehen; auf der waagerechten Achse ist die Geschäftsfeldstärke und auf der senkrechten Achse ist die Branchenattraktivität aufgetragen. Bei der BCG-Matrix (Boston Consulting Group) dagegen, auf die hier näher eingegangen wird (Bild 2.1), werden mit einer Unterteilung nur vier Matrixfelder definiert; wobei auf der waagerechten Achse – von unten rechts nach links – der eigene relative Marktanteil (RMA) für bestimmte Geschäftsfelder und auf

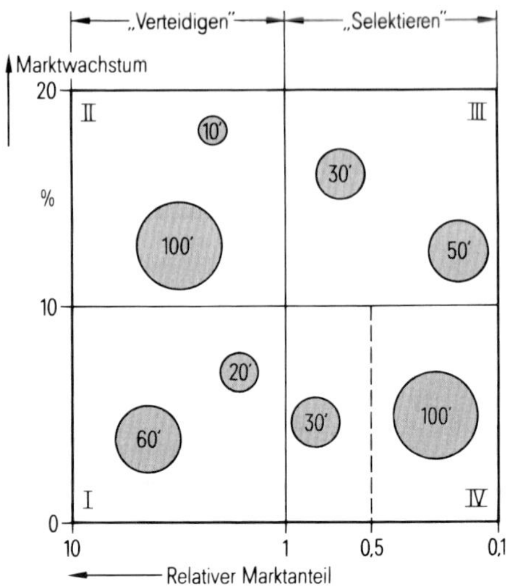

Bild 2.1 Geschäftsfeldmatrix (nach BCG)

der senkrechten Achse das zugehörige Marktwachstum (MW) aufgetragen sind.

Mit dem relativen Marktanteil wird das Verhältnis zwischen dem eigenen Marktanteil zu dem des größten Mitbewerbers angegeben. Der größte Mitbewerber ist entweder der Marktführer oder – falls man es selbst ist – der erste nachfolgende Mitbewerber. Unter dem Marktwachstum ist das jährliche Wachstum des jeweiligen Geschäftsfeldes zu verstehen.

In dieses so definierte Koordinatensystem werden nun die einzelnen Geschäftsfelder des eigenen Unternehmens und solche der Konkurrenz als Kreise positioniert, wobei die Kreisgröße der jeweiligen Umsatzstärke entspricht. Die Matrixfelder lassen sich üblicherweise wie folgt beschreiben:

Feld I	hoher relativer Marktanteil – niedriges Marktwachstum (Goldesel/Cash-Cows)
Feld II	hoher relativer Marktanteil – hohes Marktwachstum (Stars/Stars)
Feld III	niedriger relativer Marktanteil – hohes Marktwachstum (Fragezeichen/Question Marks)
Feld IV	niedriger relativer Marktanteil – niedriges Marktwachstum (Sorgenkinder/Poor Dogs).

Diese Standortbestimmung ermöglicht die Aussage, ob man sich in einer führenden oder nacheilenden Marktposition bzw. in einem wachsenden oder reifen Markt befindet. Es können aber keine Standardstrategien aus der Position in einer Geschäftsfeldmatrix abgeleitet werden. Die Matrix stellt nur ein Beurteilungsinstrument dar, wobei zwei Grundaussagen möglich sind:

▷ Geschäfte in der linken Hälfte (links von RMA = 1) sind zu »verteidigen« und

▷ Geschäfte in der rechten Hälfte (rechts von RMA = 1) sind zu »selektieren« (entweder Abbau oder Förderung).

Weiterhin kann man einen Mindestwert von z. B. 0,5 für den relativen Marktanteil des eigenen Unternehmens vorgeben (nur in Feld IV). Dieser RMA-Wert sagt aus, dass man mindestens die Hälfte vom Marktanteil des größten Mitbewerbers erreichen möchte. Nicht ertragsträchtige Ergänzungsprodukte und fragwürdige Zukunftsprodukte müssen schnellstens überprüft werden. Für viel versprechende Zukunftsprodukte kann ein Ausbau der Marktposition lohnend sein. Mit einer derartigen Portfolio-Betrachtung soll also erreicht werden, dass man auf das »richtige Pferd« setzt und sich aus aussichtslosen Geschäftsfeldern rechtzeitig zurückzieht.

Technologie-Portfolio

Neben eine Betrachtung der Attraktivität von Geschäftsfeldern gehört auch die Einschätzung der eigenen Technologiebefähigung. So attraktiv die Herstellung von hochintegrierten Speicherchips sein mag, so unsinnig ist es sicherlich z. B. für eine Waschmittelfirma, sich auf eine derartige Technologie einzulassen.

Deshalb kann man in einer weiteren Portfolio-Darstellung die eigene Technologieposition untersuchen.

Zweck eines Technologie-Portfolios ist daher die vergleichende Darstellung von Technologien über Grenzen von Geschäftsbereichen, Geschäftsfeldern und Produkten hinweg. Aus dieser Darstellung lassen sich zwar keine Standardstrategien ableiten, jedoch können alternative FuE-Strategien diskutiert und damit Prioritäten festgelegt werden.

Zum Darstellen eines Technologie-Portfolios werden am besten die in Bild 2.2 aufgeführten zwei Teilbilder herangezogen. Das erste Teilbild zeigt das technische Weiterentwicklungspotenzial der betrachteten Technologien und ihre künftige wirtschaftliche Bedeutung. Das technische Weiterentwicklungspotenzial leitet sich aus dem Technologie-Lebenszyklus ab (siehe Bild 2.6). Ein hohes Weiterentwicklungspotenzial liegt am Anfang der dort aufgezeigten »S-Kurve« vor, ein niedriges am Ende der Kurve. Technisches Weiterentwicklungspotenzial und wirtschaftliche Bedeutung aggregieren sich zur (Gesamt-)Bedeutung der Technologie, die in dem zweiten Teilbild auf die eigene (relativ zum in dieser Technologie besten bzw. nächstbesten Wettbewerber gemessenen) Technologieposition bezogen wird.

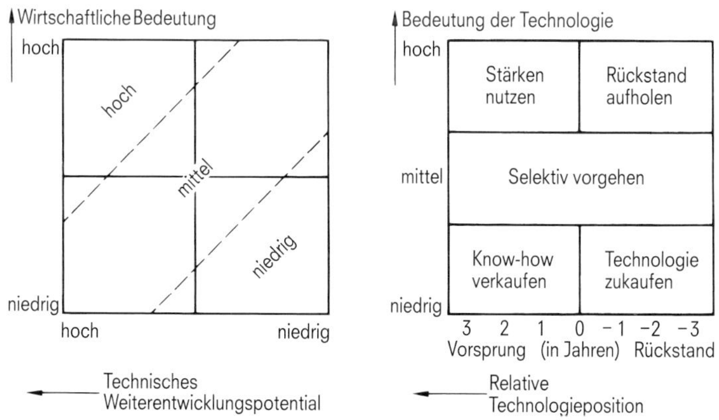

Bild 2.2 Technologie-Portfolio

Je nach Lage einer Technologie in den beiden Teilbildern des Technologie-Portfolios sind unterschiedliche FuE-Strategien naheliegend:

- Mit höchster Priorität sollten diejenigen Technologien gefördert werden, die sowohl wirtschaftlich bedeutend sind als auch hohes Weiterentwicklungspotenzial haben (linkes Teilbild). Abhängig von der eigenen Technologieposition bedeutet dies entweder einen Rückstand aufzuholen, z. B. durch eigene FuE-Anstrengungen oder Kooperationen, oder einen eventuellen Vorsprung konsequent zu nutzen besonders durch Leistungssteigerung der Produkte (rechtes Teilbild).
- Trifft hingegen geringes Weiterentwicklungspotenzial auf geringe wirtschaftliche Bedeutung, so muss dementsprechend die FuE-Priorität für diese Technologie gering sein. Weitere eigene FuE-Aktivitäten sind in diesem Fall nicht sinnvoll; unter Umständen bietet es sich sogar an, das eigene Know-how zu verkaufen.
- Trifft hohes Weiterentwicklungspotenzial auf niedrige wirtschaftliche Bedeutung oder umgekehrt, so ist selektiv vorzugehen. Vor allem sollte geprüft werden, ob sich eine niedrige wirtschaftliche Bedeutung jenseits des Zieljahres erhöhen könnte – dann wäre Vorfeld-FuE naheliegend – oder ob eine wirtschaftlich wichtige reife Technologie auf dem Markt verfügbar ist und sich eigene FuE-Aktivitäten damit erübrigen.

ABC-Analyse

Auch mit einer einfachen ABC-Analyse kann man eine gezielte Vorauswahl von Produkten, Technologien etc. treffen. Bekanntlich kann man diese Methode generell immer dann anwenden, wenn aus einer größeren Menge von Objekten Unwichtiges von Wichtigem zu trennen ist [133]. Sind z. B. aus einer vorgegebenen Menge von Produktalternativen diejenigen herauszufiltern, die umsatzmäßig besonders bedeutsam sind, so werden die einzelnen Produkte in der Reihenfolge ihres möglichen Umsatzanteils äquidistant auf der Abszisse eines Koordinatensystems angeordnet. Die Verbindung der kumulierten Umsatzanteile ergibt einen monoton ansteigenden Kurvenzug. Die so angeordneten Produkte teilt man nun durch die beiden waagerechten Linien bei z. B. 75% und 90% in drei Klassen ein, die mit A, B und C bezeichnet werden. In dem in Bild 2.3

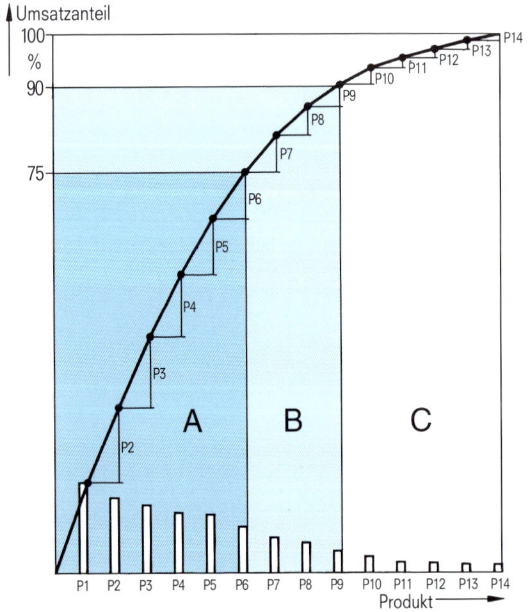

Bild 2.3
ABC-Analyse

gezeigten Beispiel haben diese drei Klassen folgende Aussage:

Klasse A enthält die umsatzträchtigsten Produkte, die zusammen bereits 75% des Umsatzes ausmachen.

Klasse B enthält die Produkte, die zusammen mit den Produkten der Klasse A 90% des Umsatzes ausmachen.

Klasse C enthält die umsatzschwächsten Produkte, die nur 10% des Umsatzes ausmachen.

Produkte der Klasse A kommen somit in die engere Wahl, Produkte der Klasse C scheiden bei der weiteren Marktanalyse normalerweise aus und Produkte der Klasse B müssen noch einmal einer genaueren Beurteilung unterzogen werden. Also auch hier die drei Strategien bei der Produktplanung: Fördern, Selektieren, Abbauen.

Die beiden die Klassen A, B und C einteilenden Prozentwerte müssen nicht genau bei 75% und 90% liegen, sondern können auch davon abweichen.

Mit einer ABC-Analyse kann man also anhand eines bestimmten Kriteriums sehr schnell eine Vorauswahl aus einer größeren Menge treffen. Im gezeigten Beispiel reduziert sich die anfängliche Produktmenge 14 auf Grund des Auswahlkriteriums »Umsatzanteil« auf 6.

Für eine grobe Vorauswahl von Technologien könnte die ABC-Analyse in analoger Form genutzt werden. Hierbei würde man z. B. auf der Ordinate den Grad für die technisch-wirtschaftliche Bedeutung der Technologien für das Unternehmen auftragen und auf der Abszisse die einzelnen Technologien. In Kapitel 6.6.4 wird noch einmal näher auf die ABC-Analyse eingegangen.

Lebenszyklus-Analysen

Wie bereits erwähnt, wird bei einer Lebenszyklus-Analyse die Zeit in die Strategiefindung einbezogen. Lebenszyklus-Betrachtungen sind sowohl für Produkte als auch für Technologien möglich.

Produkt-Lebenszyklus

Den gesamten Produktlebenszyklus kann man – vom Entwicklungsbeginn bis hin zur Produktstreichung – in mehrere Abschnitte unterteilen.

Entstehungszyklus:
- ▷ Definition
- ▷ Entwurf
- ▷ Realisierung
- ▷ Erprobung

Marktzyklus:
- ▷ Markteinführung
- ▷ Wachstum
- ▷ Reife
- ▷ Sättigung
- ▷ Degeneration.

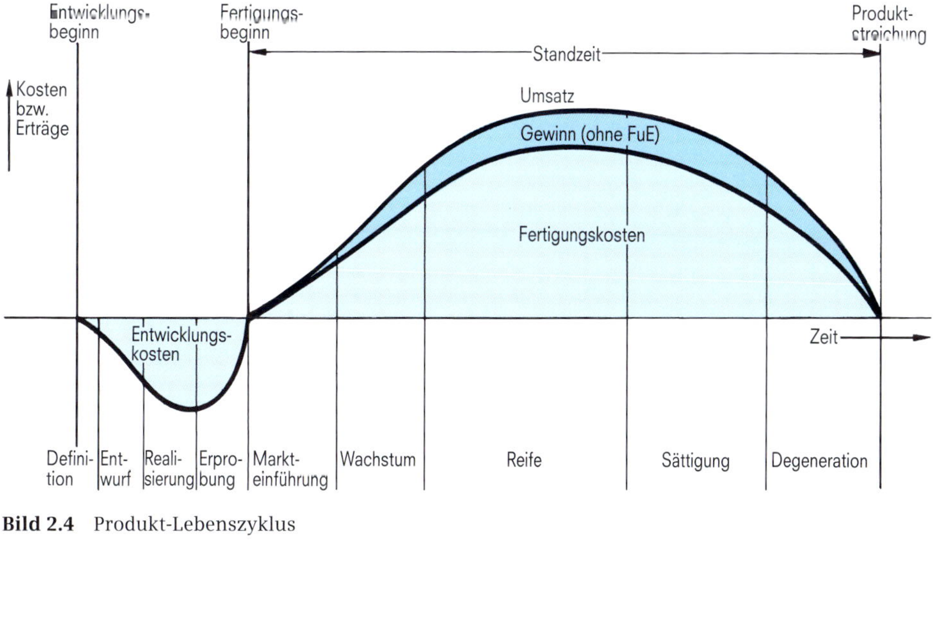

Bild 2.4 Produkt-Lebenszyklus

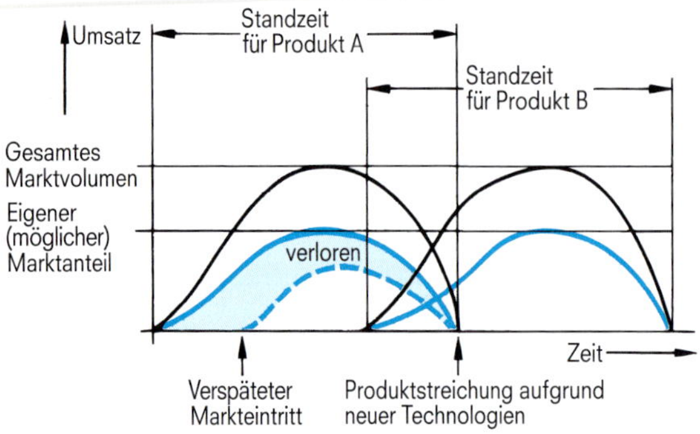

Bild 2.5
Standzeit eines Produkts

Der Zeitraum vom Fertigungsbeginn bis zur Produktstreichung wird als »Standzeit« bezeichnet und entspricht dem Marktzyklus. Bild 2.4 zeigt schematisiert den Verlauf der Produktkosten und -erträge über diesen Produktlebenszyklus. (Für das einfachere Verständnis sind die Kurven überschneidungsfrei angeordnet.)

Auf Grund der hohen Innovationsraten der eingesetzten Technologien haben viele elektronische Geräte und SW-Produkte sehr kurze Standzeiten. In der Kommunikationstechnik z. B. geht man derzeit von folgenden Innovationszyklen (in Jahren) aus:

Mobiltelefone	< 1,
Personal Computer	2 bis 3,
Server	3 bis 5,
Großrechner	4 bis 5,
Anwender-Software	etwa 6,
Vermittlungssysteme	etwa 9,
Betriebssystem-Software	etwa 12,
Kraftwerkstechnik	20 bis 30.

Kurze Innovationszyklen haben zur Folge, dass ein Produkt mit einem bestimmten Technologiestand nach Ablauf der Standzeit am Markt nicht mehr einsetzbar ist, da bereits Produkte mit einer Technologie des nächsten Innovationsschritts (mit natürlich besserem Preis-Leistungs-Verhältnis) angeboten werden. Die Problematik eines verspäteten Markteintritts soll das Bild 2.5 verdeutlichen. Anhand der dargestellten Produktlebenszyklen ist zu erkennen, dass bei einem verspäteten Markteintritt ein beachtliches Verkaufsvolumen unwiderruflich verloren geht und später nicht mehr wieder hereingeholt werden kann, da dann bereits ein (besseres) Nachfolgeprodukt verfügbar ist. Im Bereich der PC-Entwicklung gibt es Erfahrungswerte, wonach ein um 1 Monat verspäteter Markteintritt bereits 3 bis 5% Umsatzeinbuße bedeutet. Auf anderen Gebieten der Informations- und Kommunikationstechnik verhält es sich ähnlich.

Der rechtzeitige Zeitpunkt des Markteintritts eines neuen Produkts ist auch deshalb sehr wichtig, da bei stark innovativen Produkten die »günstigsten« Preise (d. h. hohe Marktpreise) in der frühen Phase der Markteinführung zu erzielen sind. So rechnet man z. B. auf einem Gebiet der Kommunikationstechnik mit einem jährlichen Preisverfall von 15%.

Technologie-Lebenszyklus

Auch Technologien haben ihren Lebenszyklus, während dem sich das Steigerungspotenzial ihrer technischen Leistungsfähigkeit sowie der notwendige Aufwand für ihre Weiterentwicklung verändern. Dieser Sachverhalt lässt sich sehr anschaulich anhand der so genannten »S-Kurven« (Bild 2.6) darstellen, die mit Erfolg als Bewertungsmodell zum Abschätzen des Weiterentwicklungspotenzials von Technologien wie auch zum Beurteilen des Standes im Vergleich zum Wettbewerb eingesetzt werden.

Auf der Ordinate sind die technische Leistungsfähigkeit der betrachteten Technologien und auf der Abszisse die Zeit aufgetragen. Für die technische Leistungsfähigkeit muss ein charakteristisches Leistungsmerkmal gewählt werden, das sowohl für die bestehende Technologie als auch für mögliche Ablösetechnologien eindeutig bestimmbar ist. Mit Fortschreiten der Zeit ist ein kumulierender laufender FuE-Aufwand für die betreffende Technologieentwicklung verbunden, dessen »Wirksamkeit«

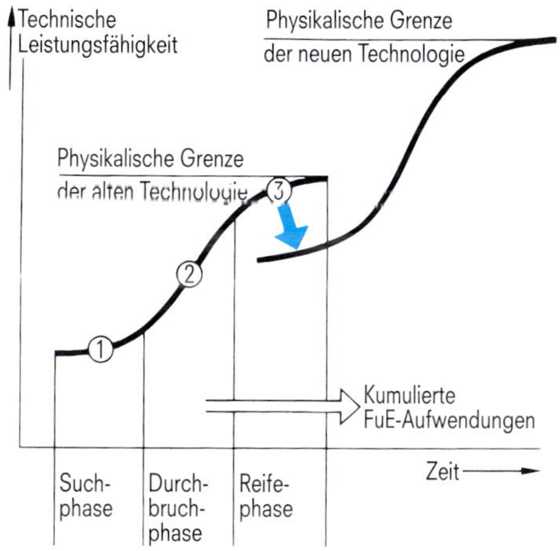

① Vorleistung
② Höchster wirtschaftlicher Nutzen
③ Überinvestition

Bild 2.6 Technologie-Lebenszyklus (»S-Kurve«)

von der jeweiligen Standortposition auf der S-Kurve abhängt.

Der Lebenszyklus einer Technologie kann nun in drei Phasen unterteilt werden:

▷ Suchphase
▷ Durchbruchphase
▷ Reifephase.

In der *Suchphase*, d. h. der Anfangsphase, ist die Technologie noch wenig leistungsfähig. Erst nach entsprechendem Entwicklungsausbau, nämlich in der *Durchbruchphase*, steigert sich ihre Leistungsfähigkeit ganz beträchtlich, so dass ein großer Nutzen für das Investment erreicht wird. Während der *Reifephase* sind dagegen trotz weiterer Aufwendungen, z. B. für Rationalisierungsmaßnahmen in der Fertigung, die Verbesserungsmöglichkeiten insgesamt ausgereizt. Die Technologie stößt an ihre wirtschaftlichen und technischen Grenzen. Um schließlich nicht in einer technologischen Sackgasse zu landen, muss rechtzeitig der Umstieg auf eine neue Technologie vorbereitet worden sein, mit der dann ein weiterer Anstieg der technischen Leistungsfähigkeit der Produkte anzustreben ist. Dieser Ablöseprozess darf hierbei aber nicht dem Zufall überlassen bleiben, sondern muss genau und frühzeitig geplant werden. Die Wahl einer falschen oder einer zu späten Technologie kann sehr negative Auswirkungen für das entsprechende Produktfeld des Unternehmens haben.

Die vorgestellte S-Kurve stellt natürlich kein exaktes Prognoseinstrument dar, sondern kann nur als Darstellungsmittel beim Betrachten eines Technologie-Lebenszyklus dienen. Es ist anzumerken, dass das Auftragen der S-Kurven Schwierigkeiten mit sich bringt, insbesondere in der Bewertung der technischen Leistungsfähigkeit. Diese ist im physikalischen Bereich noch relativ einfach, da es hier häufig einen guten Maßstab für die technische Leistungsfähigkeit gibt, wie z. B. die Speicherkapazität eines Chips in Mbit oder die Dämpfung eines Lichtwellenleitermaterials in dB/km. In SW- und systemtechnischen Bereichen ist die S-Kurven-Betrachtung eher problematisch, weil es auf diesen Entwicklungsfeldern an objektivierbaren Messgrößen für die Leistungsfähigkeit eingesetzter Technologien fehlt.

Szenariotechniken

Um zu völlig neuen Produktideen zu kommen, werden neben den mehr analytischen und pragmatischen Vorgehensweisen in der Innovationsplanung häufig auch visionäre Szenariotechniken beschritten.

Zwei bekannte Methoden werden hier in ihrem Zusammenwirken eingesetzt:

▷ das Roadmapping und
▷ die Entwicklung von Szenarien.

Beim *Roadmapping* wird aus der Gegenwart heraus eine Fortschreibung der existierenden Produktlinien, Systemkonzepte und Technologien vorgenommen. Die technischen, wirtschaftlichen und marktrelevanten Gegebenheiten der Gegenwart sind die Basis für eine solche Extrapolation in die Zukunft; es ist damit eine »extrapolative« Vorgehensweise. Das Roadmapping ist eine der gängigsten Methoden im Versuch, auf die Produkte der Zukunft zu schließen. Nachteilhaft ist natürlich eine gewisse »Engstirnigkeit« dieser Vorgehensweise, da völlig neue Produktfelder auf diese Weise gar nicht oder zumindest nicht rechtzeitig erkannt werden.

Um neue Produktfelder aufzeigen zu können, werden verschiedene *Szenariotechniken* eingesetzt (siehe hierzu auch Kap. 6.6.1). Bei der Entwicklung von Szenarien löst man sich von

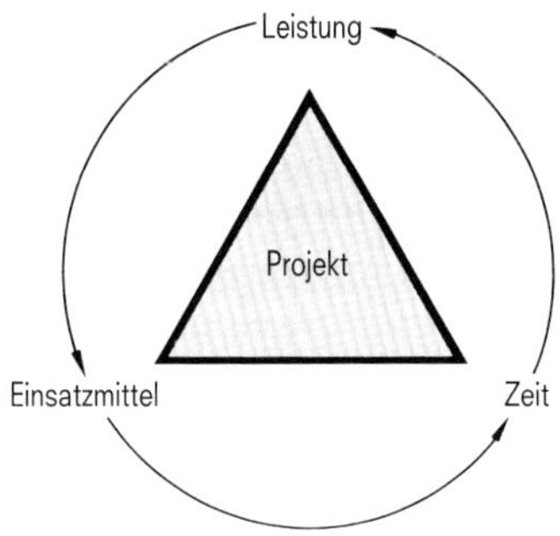

Bild 2.8 PM-Dreieck

Qualität) erbracht werden. Das Projektmanagement hat dabei die zentrale Aufgabe, das Projektziel, d. h. das Erbringen der geforderten Leistung, möglichst in einem optimalen Verhältnis zu den beiden anderen Grundparametern zu erreichen.

Die Zielrichtung dieser »Optimierung« kann allerdings sehr unterschiedlich sein. In dem einen Fall wird ein Höchstmaß an Leistung angestrebt – gleichgültig, in welcher Höhe Kosten anfallen und wie lange es dauert. In einem anderen Fall ist ein kürzest möglicher Termin anzustreben, ohne dass eine enge Begrenzung des Budgets vorgegeben ist. Oder aber die Kosten sollen möglichst niedrig sein, auch wenn Abstriche in dem Leistungsumfang (und in der Qualität) gemacht werden müssen.

Leistungs- und Lastgrößen

Die drei genannten Grundparameter stellen eigentlich Oberbegriffe dar für weitere Projekt-

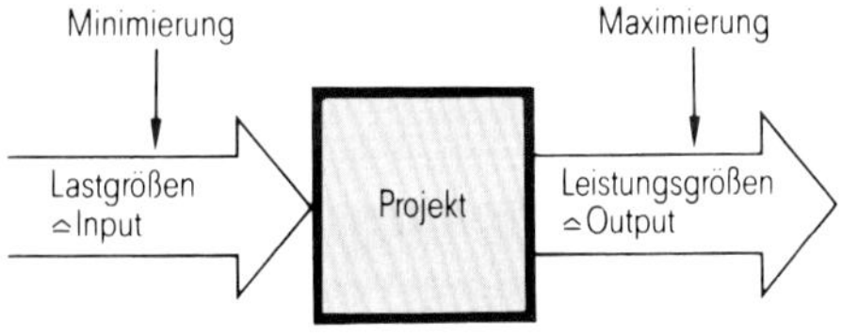

▷ Projektdauer	▷ Funktionsmenge
▷ Personaleinsatz	▷ Befehlsmenge
▷ Entwicklungskosten	▷ Schnelligkeit
▷ Rechenzeiten	▷ Verfügbarkeit
▷ Anlagenbelegung	▷ Durchsatz
▷ Materialverbrauch	▷ Speicherfähigkeit
▷ Raumbelegung etc.	▷ Elektr. Verstärkerleistung
	▷ Bandbreite etc.

Bild 2.9 Beispiele von Leistungs- und Lastgrößen

parameter, die in Leistungsgrößen und Lastgrößen eingeteilt werden können (Bild 2.9).

Als Lastgrößen wirken das eingesetzte Personal und alle Betriebsmittel sowie die benötigte Zeit. Lastgrößen stellen den Mitteleinsatz, den »Input« für das Projekt dar und sind daher so weit wie möglich zu minimieren.

Zu den Leistungsgrößen gehören alle messbaren Ergebnisgrößen; sie kennzeichnen den »Output« einer Projektdurchführung. Normalerweise ist für die Leistungsgrößen insgesamt eine Maximierung anzustreben. Auch das »Verringern« von Produktgrößen, wie z. B. der Verlustleistung eines elektrischen Geräts ist in diesem Sinne als eine Maximierung, nämlich der Wirkleistung, anzusehen.

Parameterausrichtung

Die vorgenannten Grundparameter stehen – wie bereits erwähnt – in einer gegenseitigen Wechselwirkung, so dass sie jeweils nicht unabhängig voneinander bestimmt werden können. Drei grundsätzlich unterschiedliche Vorgehensweisen zum Bestimmen dieser Projektparameter sind möglich:

▷ Kostenfixierte Parameterausrichtung
▷ Terminfixierte Parameterausrichtung
▷ Leistungsfixierte Parameterausrichtung.

Bei der *kostenfixierten Vorgehensweise* wird von einem geforderten Leistungsvolumen ausgegangen und für ein vorgegebenes Budget der mögliche Fertigstellungstermin ermittelt. Ergibt sich dabei ein nicht akzeptierbarer später Termin, so kann dieser nur auf Grund einer Rücknahme des Leistungsvolumens oder der zugehörigen Qualitätsanforderungen verkürzt werden, da ein Ausweiten des Budgets nicht möglich ist. Solche Kostenfixierungen liegen meist vor, wenn für ein zu entwickelndes Produkt ein vorgegebener Marktpreis aus Wettbewerbsgründen auf keinen Fall überschritten werden darf (Design to Cost); dies ist z. B. gegeben bei Entwicklungsprodukten aus der Installations- und Beleuchtungstechnik, also bei Produkten mit hohen Stückzahlen in einem Markt mit vielen Mitbewerbern.

Bei einer *terminfixierten Vorgehensweise* geht man ebenfalls von einem geforderten Leistungsvolumen aus; hierfür werden allerdings auf der Basis eines fixen Fertigstellungstermins die notwendigen Kosten ermittelt. Sind diese zu hoch, so können diese ebenso nur durch Reduzieren einzelner Leistungsmerkmale gesenkt werden, da hier ja eine Terminüberschreitung nicht erlaubt ist. Eine solche Terminfixierung liegt entweder dann vor, wenn der Einsatztermin durch äußere Gegebenheiten prinzipiell nicht verschiebbar ist (z. B. Messetermin, Termin mit Konventialstrafe), oder wenn auf Grund der Marktsituation eine Terminverschiebung zu äußerst schwer wiegenden Markteinbußen führen würde, wie es z. B. auf dem Gebiet der Entwicklung von PCs und Mobiltelefonen der Fall sein kann. Bei Produktentwicklungen mit relativ kurzen Standzeiten hat man es also immer mit einer terminfixierten Vorgehensweise zu tun.

Ein *leistungsfixiertes Vorgehen* wird dann beschritten, wenn keine Kompromisse, d. h. Abstriche bez. des aufgestellten Anforderungskatalogs erlaubt sind. Termin und Kosten ergeben sich daher aus einem fest vorgegebenen Leistungsvolumen mit definierten Qualitätsanforderungen; höchstens eine geringe Verschiebung zwischen den ersten beiden Projektparametern selbst ist noch denkbar. Beispiele für solche Leistungsfixierungen finden sich besonders in sicherungstechnisch-sensiblen Bereichen, wie z. B. im Kernkraftwerksbau oder in der Raumfahrttechnik.

Bereits bei der Projektgründung müssen sich alle Beteiligten im Rahmen einer Kompromissanalyse (Trade-off-Analyse) klar darüber sein, um welche der drei Arten von Parameterausrichtung es sich bei dem vorliegenden Projekt handelt. Anderenfalls kann das Optimieren der Leistungs- und Lastgrößen in eine falsche Richtung gehen – so dass z. B. ein überzogen funktionsstarkes Gerät zu teuer oder ein funktionsschwaches Produkt unnötig früh auf den Markt kommt.

Produktivität

Bei dem Einsatzmittel Personal kommt noch ein weiterer Gesichtspunkt hinzu. Der Parameter Personal steht mit dem Parameter Zeit in einer Art »Kräfteparallelogramm«, dessen Diagonale der erbrachten Leistung entspricht (Bild 2.10). Entsprechend diesem Modell können analoge Größenabhängigkeiten formuliert werden: Mehr zur Verfügung stehende Zeit bei unveränderter Personalstärke führt zu höherer Leistungserbringung, wie umgekehrt in derselben Zeit mit mehr Personal auch eine höhere Leistung erbracht werden kann. Allerdings können sich bekanntlich bei einem Parallelogramm mit festen Seitenlängen abhängig vom Schrägenwinkel unterschiedlich lange Diagonalen ergeben. Dieser Winkel entspricht einer weiteren wichtigen Projektgröße, der *Produktivität*.

Im Gegensatz zum Einsatzmittel Geld bzw. zu anderen Sachmitteln stellt das Einsatzmittel Personal keine singuläre Größe dar, da dieses unter zwei getrennten Aspekten zu sehen ist, und zwar

- ▷ der Kopfzahl (≙ Personalstärke) sowie
- ▷ der Qualifikation (Skills).

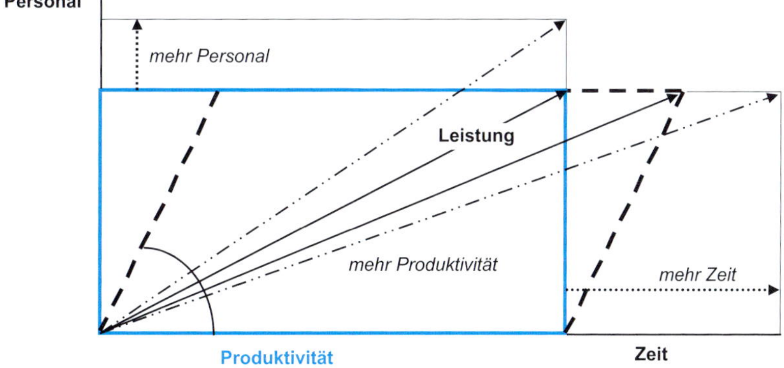

Bild 2.10 Leistung-Parallelogramm

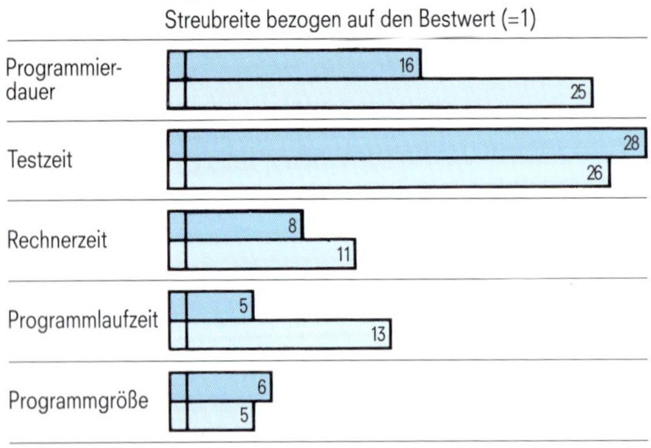

Programmierung im Dialog-Betrieb
Programmierung im Batch-Betrieb

Bild 2.11
Streubreite der Programmierleistung

Diesem allgemein bekannten Umstand wird allerdings oft zu wenig Rechnung getragen, wenn beim Einplanen des Einsatzmittels Personal allein von der bloßen Kopfzahl ausgegangen wird und die Qualifikation nur am Rande in die Festlegung dieses Projektparameters einfließt. Dabei kann die jeweilige Produktivität des eingesetzten Personals von viel ausschlaggebenderer Bedeutung sein als die Anzahl Personen. Diesen Sachverhalt verdeutlicht Bild 2.11. Hier wurde eine größere Anzahl Programmierer im Rahmen einer vergleichenden Produktivitätsuntersuchung mit denselben Programmieraufgaben betraut; nach deren Abschluss wurden einige ausgewählte Projekt- und Produktgrößen gemessen und in Relation zu dem jeweiligen Bestwert gebracht. Dabei ergaben sich teilweise ganz erhebliche Streubreiten für die einzelnen Zielgrößen.

Diese bemerkenswerte Schwankung in der Produktivität ist sicher nicht nur auf die SW-Programmierung beschränkt, sondern kann auf alle anderen Entwicklungsgebiete der Hardware und Software übertragen werden. Begründet ist sie in dem starken kreativen Anteil bei Entwicklungsarbeiten, der naturgemäß einer homogenen Qualifikation der Mitarbeiter immer entgegenstehen wird. Umso mehr muss daher dieser Tatbestand der erheblichen Produktivitätsunterschiede in die Überlegungen beim Festlegen des Einsatzmittels Personal, d. h. beim Einplanen von Mitarbeitern, berücksichtigt werden.

Qualität

So, wie das wichtigste Einsatzmittel Personal auf Grund unterschiedlicher Produktivität keine absolute Größe darstellt, ist der Grundparameter Leistung auch nicht eindeutig angebbar. (Nur der dritte Grundparameter Zeit darf als Größe mit eindeutig fixem Maßstab betrachtet werden.)

Eine Leistung kann bekanntlich »gut« oder »schlecht«, also in unterschiedlicher Qualitätsausprägung erbracht werden. Die Qualität bildet damit einen weiteren, sehr wichtigen Projektparameter, der als integraler Bestandteil der zu erbringenden Leistung anzusehen ist. Leistung umfasst neben einer bestimmten Anzahl von Leistungsmerkmalen auch die zugehörigen Qualitätsanforderungen.

Bei DIN wird der Begriff Qualität definiert als:

> Beschaffenheit einer Einheit bezüglich ihrer Eignung, festgelegte und vorausgesetzte Erfordernisse zu erfüllen.

Alle Produkteigenschaften und -merkmale, die die Eignung des Produkts betreffen, stellen im engeren Sinne Qualitätsmerkmale dar. Zu diesen gehören je nach HW- und SW-Ausprägung z. B.:

- Funktionserfüllung,
- Zuverlässigkeit,
- Benutzungsfreundlichkeit,
- Wartungsfreundlichkeit,
- Instandhaltbarkeit,
- Umweltfreundlichkeit,
- Übertragbarkeit,
- Zeitverhalten,
- Verbrauchsverhalten,
- Fertigungsfreundlichkeit.

Qualität heißt, vereinfacht ausgedrückt, das »richtige« Erfüllen der Anforderungen des

Kunden – nicht mehr und nicht weniger; das bedeutet auch, dass eine zu gute Qualität vom Markt nicht honoriert wird (»Überperfektionierung«), wohingegen zu niedrige Qualitätsvorgaben i. Allg. zu erheblichen Mehrkosten führen können (Rückrufaktionen).

Der Aufwand für eine bestimmte zu erreichende Qualität bei einem Entwicklungsprodukt ist allerdings nicht als feste Größe zu betrachten; er hängt vielmehr von der Effektivität der zuständigen Qualitätssicherung ab. Je früher Qualitätsmängel im Entwicklungsablauf erkannt werden, desto geringer sind die Fehlerbehebungskosten; wird ein Fehler etwa erst beim Einsatz aufgedeckt, so kann dessen Beseitigung ein Vielfaches der Kosten betragen, die anzusetzen sind, wenn der Fehler bereits in der Entwurfsphase beseitigt worden wäre (siehe auch Bild 4.48). Effiziente Qualitätssicherung wird damit zu einem entscheidenden Kosten- und Ergebnisfaktor.

2.1.3 Problemumfeldanalyse (PUMA)

In der Phase der Projektgründung werden die Eckdaten des bevorstehenden Entwicklungsvorhabens verankert, obwohl die technische Beurteilungsbasis häufig noch sehr unsicher ist. Einerseits müsste man eigentlich erst in die Projektplanung einsteigen, aber andererseits kann diese erst begonnen werden, wenn ein (unterschriebener) Projektauftrag vorliegt; dieser verlangt aber schon gewisse, grob geschätzte Angaben zu den wesentlichen Projektparametern, wie Termin, Aufwand und Kosten.

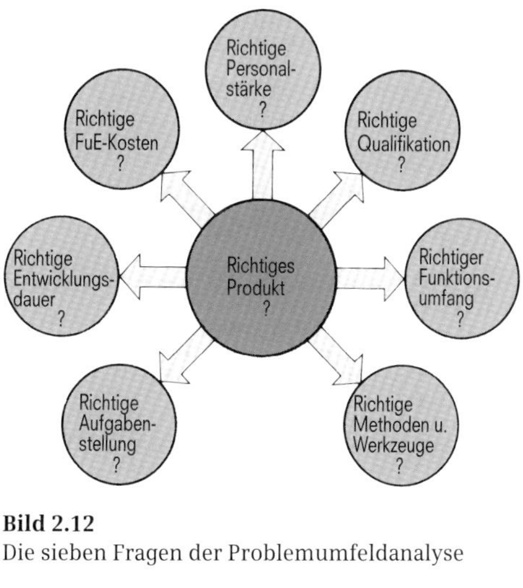

Bild 2.12
Die sieben Fragen der Problemumfeldanalyse

Um hierfür eine gesicherte Beurteilungsbasis zu schaffen, empfiehlt es sich, vor Erstellen des Projektantrags – neben einer Machbarkeitsprüfung – eine sorgfältige Analyse der Problemfelder durchzuführen, die die relevanten Projekt- und Produktkriterien auf ihre Inhalte untersucht. Hauptthema einer solchen Problemanalyse ist die Frage nach der »Richtigkeit« des zu entwickelnden Produkts. Bild 2.12 veranschaulicht, wie diese Frage in sieben Kernfragen zerlegt werden kann.

Richtige Aufgabenstellung?

Das Bestimmen der richtigen Entwicklungsaufgabe ist von zentraler Bedeutung für den wirtschaftlichen Erfolg des zu entwickelnden Produkts. Ein Produkt kann noch so genial entwickelt und qualitativ hochwertig gefertigt worden sein, deckt es keine Marktbedürfnisse, so bleibt es trotz großer Werbungs- und Vertriebsaktivitäten ein »Flop«. Es darf also nur ein Produkt entwickelt werden, das auch mit großer Wahrscheinlichkeit am Markt ankommt. Hierzu bieten sich als Hilfsmittel bewährte Instrumentarien aus der Marktanalyse an, wie die im vorausgegangenen Kapitel beschriebenen Portfolio-Darstellungen und S-Kurven-Betrachtungen.

Beim Beurteilen der Richtigkeit des gesetzten Entwicklungsziels muss allerdings auch berücksichtigt werden, ob das zu realisierende Produkt nicht eventuell andere, eigene Produkte unnötig *verdrängt*. Der erzielbare Gewinn wäre dann unter einem anderen Blickwinkel zu sehen. Der Gewinn des einen Produkts kann nämlich zum Verlust des anderen führen. Richtige Aufgabenstellung heißt also nicht nur richtiges Produkt, sondern auch richtige »Einbettung« in die bestehende (eigene) Produktwelt. Entsprechendes gilt für die Entwicklung von intern einzusetzenden DV-Verfahren; auch hier sollte kein unnötiger Verdrängungskampf entstehen, der schließlich nur das eigene Geld kostet.

Richtige Entwicklungsdauer?

Zu lange Entwicklungszeiten haben ebenfalls gravierende Auswirkungen auf den wirtschaftlichen Erfolg des Produkts. Rechtzeitig auf dem Markt zu sein, kann einen großen Gewinn bedeuten, ein zu später Markteintritt dagegen einen erheblichen Umsatzverlust. Dieser kann so groß werden, dass die Entwicklungskosten nicht wieder hereinkommen. Eine von McKinsey zu diesem Fragenkomplex gemachte »Sensitivitätsanalyse« führte zu dem Fazit:

> Das Einhalten und Verkürzen von Entwicklungszeiten ist wichtiger als das Einhalten und Reduzieren von Entwicklungskosten!

Zum Verdeutlichen dieses Sachverhalts sind in Tabelle 2.2 – in einer stark vereinfachten Form – drei Varianten einer Wirtschaftlichkeitsbetrachtung dargestellt:

1. Kosten und Dauer eines »typischen« Projektbeispiels
2. Halbierung der Kosten bei gleicher Dauer
3. Halbierung der Dauer bei gleichen Kosten.

Die Gegenüberstellung ergibt, dass Halbieren der Entwicklungskosten zu einer rund dreimal so großen Marginalrendite, Halbieren der Entwicklungszeit dagegen sogar zu einer mehr als achtmal so großen Marginalrendite führt (im dritten Fall wurde wegen des früheren Markteintritts eine Umsatzsteigerung von 20% p. a. angenommen).

Auch die Betrachtung der Standzeit eines geplanten Produkts (siehe Bild 2.4) kann von großem Wert beim Bestimmen der richtigen Entwicklungsdauer sein. Denn auch hier gilt eben *nicht* mehr der alte Siemens-Satz: Startet als Zweiter und geht als Erster durchs Ziel!

Richtige FuE-Kosten?

Primäres Ziel einer jeden Entwicklung ist das Realisieren von Produkten bzw. Systemen, die einen so hohen Umsatz erbringen, dass nach Abzug aller Entwicklungs- und Fertigungskosten noch ein akzeptabler Gewinn übrig bleibt. Ein Entwicklungsprojekt darf also nicht so viel FuE-Kosten verschlingen, wie nie wieder an Erträgen hereinholbar ist. Um die Produktwirtschaftlichkeit vorab beurteilen zu können, bieten sich mehrere Instrumentarien an:

- FuE-Projektdeckungsrechnung
- Wirtschaftliche Produktplanung
- Marginalrenditerechnung
- Geschäftswertbeitrag.

Tabelle 2.2 Varianten einer Wirtschaftlichkeitsbetrachtung

Jahr	1	2	3	4	5	6	Summe	Marginal-rendite
1. »Typisches« Projekt								
Umsatz	–	–	–	1000.	3000.	1000.	5000.	
Entwicklungskosten	100.	300.	100.	–	–	–	500.	
Sonst. Ausgaben	–	–	–	850.	2550.	850.	4250.	
Ergebnis	- 100.	- 300.	- 100.	+ 150.	+ 450.	+ 150.	+ 250.	14,5%
2. Bei Halbierung der Entwicklungskosten								
Umsatz	–	–	–	1000.	3000.	1000.	5000.	
Entwicklungskosten	50.	150.	50.	–	–	–	250.	
Sonst. Ausgaben	–	–	–	850.	2550.	850.	4250.	
Ergebnis	- 50.	- 150.	- 50.	+ 150.	+ 450.	+ 150.	+ 500.	44,2%
3. Bei Halbierung der Entwicklungszeit								
Umsatz	–	1200.	3600.	1200.	–	–	6000.	
Entwicklungskosten	333.	167.	–	–	–	–	500.	
Sonst. Ausgaben	–	850.	2550.	850.	–	–	4250.	
Ergebnis	- 333.	- 183.	+ 1050.	+ 350.	–	–	+ 1250.	120%

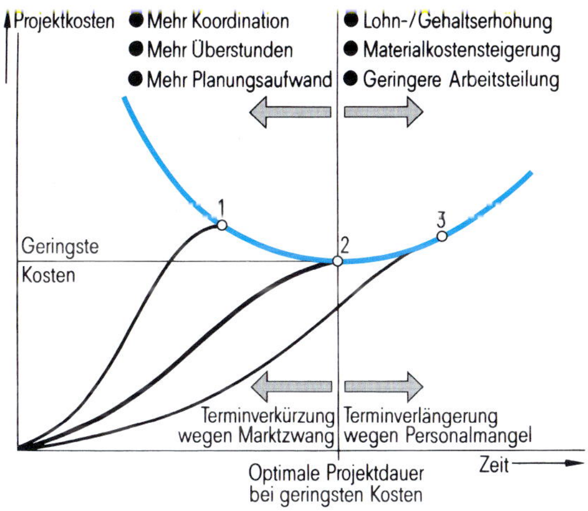

Bild 2.13
Minimale Projektkosten

Auf diese Hilfsmittel der Wirtschaftlichkeitsbetrachtung wird in dem Hauptkapitel 2.3 ausführlich eingegangen.

Bezogen auf die Projektdauer gibt es einen (theoretischen) Minimalwert der Projektkosten, da die Entwicklungskosten einerseits bei einer starken Terminverkürzung – z. B. durch Überstundenzuschläge, Consultant-Aufträge und Mehraufwendungen bei der Projektsteuerung – ansteigen und andererseits bei einer Terminverlängerung – z. B. durch spätere Gehalts- und Lohnerhöhungen, geringere Maschinenauslastungen und steigende Materialpreise – größer werden. Dieser Sachverhalt ist schematisch in Bild 2.13 dargestellt. Sowohl der Termindruck auf Grund eines Marktzwangs als auch eine überlange Entwicklungsdauer z. B. wegen Personalmangels führt i. Allg. zu einer Kostenanhebung. Kommt ein Netzplanverfahren zum Einsatz, so lassen sich die Kurvenendpunkte (im Bild 1, 2 und 3) sehr leicht durch entsprechende Simulationsläufe ermitteln.

Richtige Personalstärke?

Die Personalbeschaffung ist sicherlich das größte Problem zu Beginn eines Projekts. Meist steht das Personal nicht in dem gewünschten Umfang und dann auch nicht zum gewünschten Zeitpunkt zur Verfügung. Zu wenig Personal bedeutet nicht nur eine Verlängerung der Entwicklungszeiten, sondern häufig auch eine dadurch bedingte Anhebung der Entwicklungskosten. Allerdings ist eine zu große Entwicklungsmannschaft auch nicht das gewünschte Ziel.

In Bild 2.14 sind schematisch die beiden gegenläufigen Einflüsse der Arbeitsteilung und des Kommunikationsaufwands auf die Entwicklungszeit aufgezeigt.

Wie aus dem Diagramm zu ersehen ist, würden die Entwicklungszeiten mit Ansteigen der Personalstärke beliebig sinken (»Chinesenheer-Syndrom«), wenn nicht der expotentiell ansteigende Aufwand für die notwendige Kommunikation bei großen Entwicklungsmannschaften dieses bremsen würde. Umgekehrt muss bei sehr kleinen Personalstärken wegen des Produktivitätsrückgangs auf Grund der geringeren Arbeitsteilung mit höheren Entwicklungszeiten gerechnet werden. Es gibt daher eine optimale Personalstärke, bei der die Entwicklungsdauer ein Minimum einnimmt.

Diesem (theoretischen) Punkt sollte man sich beim Festlegen der Personalstärke so weit wie möglich nähern.

Ein ähnlicher Zusammenhang gilt zwischen der Personalstärke und dem erforderlichen Entwicklungsaufwand (dieser lässt sich aus dem Kurvenverlauf des Bildes 2.14 unmittelbar ableiten). Auch hier gibt es eine optimale Personalstärke, die sich allerdings von der oben erwähnten unterscheidet. Mit einer einfachen Ableitung lässt sich zeigen, dass die optimale Personalstärke, bezogen auf den Aufwand, immer kleiner ist als die optimale Personalstärke, bezogen auf die Zeit. Mit dem hier aufgezeig-

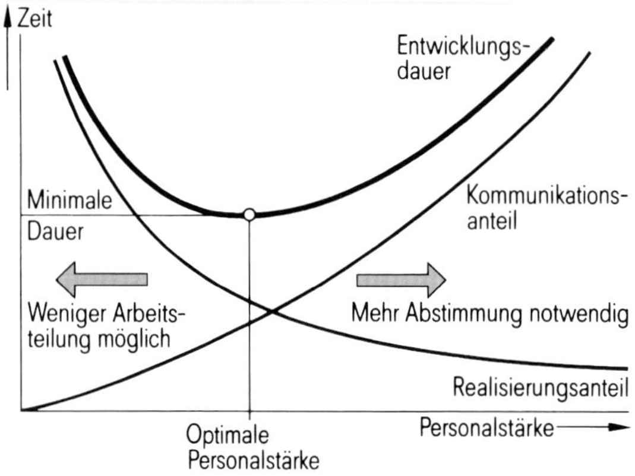

Bild 2.14
Optimale Personalstärke

ten Sachverhalt hängt auch das Phänomen zusammen, welches sich in dem von Brooke formulierten Satz ausdrückt:

> Adding manpower to a late project makes it late!

Man kann also ein in Terminverzug geratenes Projekt durch zusätzliches – zu spät eingesetztes – Personal nicht »termintreuer« machen. Ganz im Gegenteil – es kann durch dieses noch mehr in Verzug kommen, da zuerst einmal mehr Aufwand für die Einarbeitung, für die weitere Aufgabenteilung und für die erneute Abstimmung anfällt.

Die »optimale« Personalstärke sollte also rechtzeitig zur Verfügung stehen, da ein verspäteter Personalaufbau meist immer zu Verzögerungen im Entwicklungsfortschritt führt.

Richtige Qualifikation?

Die Produktivität einzelner Entwickler kann bekanntlich erheblich variieren (siehe Bild 2.11). Faktoren von mehr als dem Zehnfachen sind nicht selten. Bei der Personalplanung wird oft zu sehr von den reinen Kopfzahlen ausgegangen, ohne dass die dahinterstehende Qualifikation genügend berücksichtigt wird.

Daher sollte neben einem Personalplan ein Qualifikationsplan erstellt werden; er hält fest, welche Qualifikationen in welchem Ausmaß nötig sind. Bei Abgleich mit dem zur Verfügung stehenden Personal ist dann ein gezielter Personaleinsatz möglich. Sehr hilfreich ist hier eine »Skills-Datenbank«; in einer solchen Datenbank sind alle Mitarbeiter mit ihrem Qualifikationsprofil, d. h. mit ihren Kenntnissen und Befähigungen gespeichert (siehe Kap. 3.5.5).

Bei der Qualifikationsbetrachtung stellt sich häufig auch die Frage: Selbermachen oder Consultant-Kräfte einbeziehen (»make or buy«). Entwicklungsanteile, für die keine ausreichende Qualifikation intern vorhanden ist, sollten an externe Stellen vergeben werden, die über das nötige Know-how verfügen.

Richtiger Funktionsumfang?

Viele gut geführte Projekte mit qualitativ hochwertigen Produkten bringen häufig nicht den gewünschten Erfolg. Der Grund liegt darin, dass wohl das Produkt als solches vom Markt gefordert wurde – aber nicht in dem realisierten Funktionsumfang: Benötigte Funktionen waren nicht implementiert, und die implementierten wurden nicht oder nicht unbedingt benötigt.

Hier ist also bei Projektbeginn eine Analyse des wirklich geforderten Funktionsbedarfs durchzuführen, bei der man auch eine klare Unterscheidung zwischen wichtigen und weniger wichtigen Funktionen trifft. Als Hilfsmittel hierfür bieten sich z. B. das Erstellen einer Prioritätenliste oder eine ABC-Analyse (siehe Kap. 2.1.1) an. Mit diesen Hilfsmitteln kann gezielt eine Rangfolge der zu realisierenden Funktionen ermittelt werden. Nach dieser Rangfolge ist es möglich, eine Versionsplanung bzw. ein Stufenkonzept für die Produktrealisierung zu erarbeiten.

Auch das Durchführen einer Wertanalyse (WA) kann ganz entscheidend zum Definieren des *richtigen* Funktionsumfangs beitragen (Kap. 2.2.4).

Richtige Methoden und Werkzeuge?

Da heute Entwicklungen nicht mehr »per Hand« gemacht werden, sondern auf allen Gebieten mit rechnerunterstützten Hilfsmitteln, kommt dem Aspekt der richtigen Wahl von Methoden und Werkzeugen eine immer größere Bedeutung zu.

So gehören z. B. zu den Entwicklungshilfsmitteln auf dem *SW-Gebiet:*

- logische Entwurfssysteme,
- grafische Designsysteme,
- Programmeditoren,
- Programmgeneratoren,
- Testsysteme und
- Dokumentationssysteme,

bzw. auf dem *HW*-Gebiet:

- logische Entwurfssysteme,
- Systeme zur Logik- und Fehlersimulation,
- Layout-Systeme,
- Generierungsprogramme für Prüfdaten und
- CAD-Systeme für die Konstruktion.

Ohne SW-Arbeitsplätze (SWAP) und CASE-Systeme in der SW-Entwicklung und ohne CAD-Systeme in der HW-Entwicklung ist eine effiziente Entwicklung heute nicht mehr denkbar. Natürlich kann ein Zuviel an Hilfsmitteln, wie auch ihr falscher Einsatz, äußerst negative Auswirkungen haben. Daher muss vor einer Entwicklung möglichst frühzeitig der »richtige« Methoden- und Werkzeugeinsatz geklärt sein.

Ein aktuelles Entwicklungshandbuch mit entsprechenden Hinweisen auf die Einsatzmöglichkeiten der einzelnen Methoden und Werkzeuge sollte für jeden Entwicklungsbereich vorhanden sein.

2.1.4 Interne Projektvereinbarung

Bei Gründung eines unternehmensinternen Projekts sollte der Entwicklungsauftrag stets schriftlich fixiert werden. Erst durch ein »Dokument«, das die wichtigsten Eckdaten der geplanten Entwicklung als Zielvereinbarung zum Gegenstand hat, wird ein Entwicklungsvorhaben zu einem Projekt. Dieses Dokument, auch als Projektcharta bezeichnet, hat Vertragscharakter für Auftraggeber und Auftragnehmer; es enthält eine klare Definition der durchzuführenden Entwicklungsaufgabe, der geplanten Entwicklungskosten sowie die voraussichtliche Entwicklungsdauer.

Inhalt einer Projektvereinbarung

Eine interne Projektvereinbarung kann zwar sehr unterschiedlich gestaltet sein, sollte aber folgende Angaben umfassen:

- Name des Projekts
- Kurzbeschreibung des Vorhabens
- Identifikationsbegriff (Projektnummer, Auftragskennzeichen o. ä.)
- Projektleiter, Teilprojektleiter
- Mit-/Unterauftragnehmer (Partnerstelle, Consultants etc.)
- geplanter Personalaufwand (eventuell in zeitlicher Phaseneinteilung)
- Einsatzmittelkosten (Testanlagen, Musterbau etc.)
- Meilensteine, Zäsurtermine
- Fertigstellungstermin(e)
- Risikobetrachtung
- Unterschrift(en) Auftraggeber
- Unterschrift(en) Auftragnehmer.

Sollten sich im Lauf der Projektdurchführung Abweichungen von den Angaben in der Projektvereinbarung ergeben, z. B. Änderungen im Aufgabenumfang, im Kostenvolumen oder in den Terminzielen, so müssen diese ebenfalls schriftlich festgehalten und dem Projektauftrag beigefügt werden. Nur das eindeutige und vollständige Festlegen aller Projektgrößen eines Entwicklungsvorhabens kann verhindern, dass später bei Nichterreichen einzelner Projektziele ein unnötiger Dissens zwischen Auftraggeber und -nehmer entsteht.

Arten von Projektvereinbarungen

Projektanträge, die durch genehmigende Unterschriften zu Aufträgen werden, haben in den einzelnen Bereichen eines Unternehmens meist sehr unterschiedliche Ausprägungen. Ziel muss allerdings in allen Fällen sein, zwischen Auftraggeber und Auftragnehmer (gleichgültig, ob bereichsintern oder -extern) eine schriftliche Vereinbarung über das Entwicklungsprojekt herzustellen.

In Bild 2.15 sind drei typische Fälle gezeigt, die im Folgenden anhand von Beispielen näher erläutert werden. Es handelt sich dabei um

▷ den Projektauftrag,
▷ den FuE-Auftrag und
▷ die Produktvereinbarung.

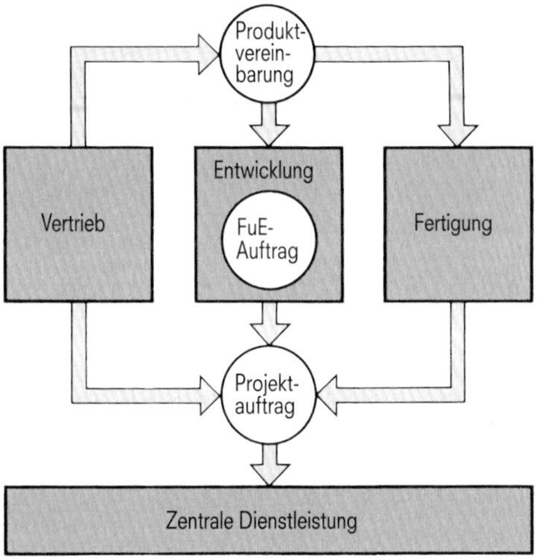

Bild 2.15 Arten von Projektanträgen

Die Produktvereinbarung wird vornehmlich als Zielvereinbarung zwischen den einzelnen *Ertragszentren* eines Unternehmens für eine Produktherstellung abgeschlossen, mit dem FuE-Antrag wird die FuE-Planung innerhalb eines *Entwicklungsbereichs* geregelt und der Projektauftrag dient zur internen Auftragsvergabe an *zentrale Dienstleistungsstellen* im Unternehmen. Natürlich gibt es weitere Formen von Projektvereinbarungen; wichtig ist nur, dass der Antrag zu einem Projekt schriftlich und offiziell formuliert wird.

Projektauftrag

Bild 2.16 zeigt als Beispiel den Vordruck eines Projektauftrags, wie er sich seit langem für die Auftragserteilung an interne Dienstleistungsbereiche (z. B. OI-Stellen) im Rahmen von Verfahrensentwicklungen bewährt hat.

Der abgebildete Projektauftrag enthält neben einer Projektidentifikation und einer Projektklassifikation (Neuentwicklung, Weiterentwicklung etc.) eine kurze Erläuterung der Entwicklungsaufgabe. Weiterhin sind die geschätzten Entwicklungskosten phasenorientiert angegeben, wobei eine Zuordnung zu den beteiligten Entwicklungsstellen oder weiteren Unterauftragnehmern möglich ist.

Die mit einem solchen Projektauftrag definierten Verfahrensentwicklungen dienen i. Allg. zur unternehmensinternen Rationalisierung. Ihre Entwicklungskosten müssen daher häufig von mehreren Stellen, z. T. in sehr voneinander entfernten Bereichen, getragen werden. Entsprechend dem Nutzungsanteil legt man einen *Kostenverteilungsschlüssel* fest. Dieser Schlüssel kann hierbei von sehr unterschiedlichen Parametern abhängig gemacht werden:

- Nutzungsanteil der Datenbank (logisch oder physikalisch),
- anteiliger Dialog (z. B. Transaktionsschritte),
- Anzahl der Anwender bzw. Benutzer,
- Anzahl der Einsätze,
- Anzahl der Ausgaben oder
- Wertschöpfungsverhältnis der Anwender.

Der Nutzungsschlüssel kann sich aber auch aus mehreren der vorgenannten Parameter als Mischschlüssel zusammensetzen (siehe Bild 4.18).

Ist es nicht möglich, einen Gesamtverantwortlichen für die Auftraggeberseite zu benennen, dann muss gemäß der vereinbarten Kostenverteilung eine Entscheidungsinstanz besetzt werden, die dann in ihrer Gesamtheit als Auftraggeber für das Projekt fungiert. Dieser Entscheidungsinstanz sind alle Projektergebnisse vorzulegen; außerdem muss der Projektleiter sie mindestens bei Abweichungen vom geplanten Projektablauf (Aufgabenumfang, Kosten, Termin) zu entsprechenden Sitzungen einberufen. Die Entscheidungsinstanz ist damit der Auftraggeber für das Projekt.

Abschließend werden in diesem Projektauftragsformular noch die Gesamtverantwortung (Projektleiter) und die Zuständigkeit für die organisatorische sowie die DV-technische Realisierung durch Unterschrift festgehalten.

Da bei dieser Form eines Projektantrags die Entwicklungskosten den einzelnen Entwicklungsphasen zugeordnet werden können, bietet es sich häufig – aus Gründen der Unsicherheit bei der anfänglichen Aufwandsschätzung – an, den Projektantrag nicht gleich für das gesamte Entwicklungsvorhaben, sondern nur für die erste(n) Phase(n) zu stellen. Mit Entwicklungsfortschritt sind konkretere Angaben zu Terminen und Aufwänden möglich, so dass für die nachfolgenden Phasen entsprechende Folge-Projektaufträge zu einem späteren Zeitpunkt erstellt werden können.

FuE-Auftrag

FuE-Aufträge sind die Basis, auf der das zwischen Auftraggeber und Auftragnehmer vereinbarte Entwicklungsvorhaben innerhalb eines Entwicklungsbereiches geplant, genehmigt und durchgeführt wird.

Der FuE-Auftrag legt folgende Ziele fest:

- das technische Entwicklungsziel,
- das (überprüfbare) Qualitätsziel,
- die Terminziele,
- die Kostenziele und deren Verteilung auf Planungsperioden und Geschäftsjahre.

Weiterhin enthält der FuE-Auftrag:

- Vereinbarungen zur Kostenübernahme und -verteilung,
- Verwaltungsdaten, wie z. B. Abrechnungskonten sowie
- Folgelasten (z. B. Investitionen).

Zur Auftragsformulierung werden dabei Formulare verwendet; ein Beispiel gibt Bild 2.17 wieder. In diesem wird zur Identifikation ein Auftragskennzeichen (AKZ) vergeben, das in sich verschlüsselt und damit klassifizierend ist (siehe Bild 3.16). Der fachliche Teil dieses FuE-Auftrags enthält eine Kurzbeschreibung und eine Auftragseinordnung nach mehreren Gesichtspunkten. Weiterhin ist der geplante Personaleinsatz in den einzelnen beteiligten Entwicklungsstellen aufgeführt. Die Entwicklungskosten – sie werden in ihrer zeitlichen Zuordnung zu den einzelnen Geschäftsjahren angegeben – sind in die allgemeinen Kostenelemente Personal, Rechnernutzung, Material/Lohn und sonstige Kosten unterteilt. Im letzten Teil ist Platz für die Unterschriften der einzelnen Verantwortlichen.

In ihrer Gesamtheit bilden diese FuE-Aufträge die Grundlage für die gesamte FuE-Planung innerhalb eines Entwicklungsbereichs, da die Summe der FuE-Aufträge ein Maß für die gebundenen Ressourcen ist.

Produktvereinbarung

Mit dem Ziel, marktgerechtere Produkte herzustellen, werden in einigen Unternehmensbereichen Produktvereinbarungen (PV) mit ausgeprägtem Vertragscharakter zwischen den an der Produkterstellung beteiligten Bereichen (Vertrieb, Entwicklung, Fertigung) abgeschlossen. In diesen PV, die auch als Entwicklungsvermerke (EV) bezeichnet werden, sind die Aufgaben, Zuständigkeiten und Kompetenzen von Auftraggeber- und Auftragnehmerseite klar umrissen und geregelt; sie dienen damit als *Zielvereinbarungen* zwischen den Ertragszentren eines Unternehmens.

Entsprechend den Hauptabschnitten im Herstellungsprozess eines Produkts gibt es drei Stufen einer Produktvereinbarung:

▷ Produktvereinbarung-Anregung (PV-A)
▷ Produktvereinbarung-Durchführung (PV-D)
▷ Produktvereinbarung-Fertigung (PV-F).

Zum Zeitpunkt einer Produktidee kann man eine PV-A abschließen, mit der ein Studienabschnitt zur Definition der Produktanforderungen eröffnet wird. In diesem werden die Leistungs- und Qualitätsmerkmale des geplanten bzw. eines zu verändernden Produkts festgelegt. Die PV-A dient also der Produktdefinition.

Die eigentliche Produktentwicklung beginnt erst mit Abschluss einer PV-D; sie enthält die relevanten Auftragsdaten wie:

- Auftragskennzeichen,
- Produktgruppenzuordnung,
- Terminangaben,
- Liefermengen,
- Entwicklungskosten,
- Fertigungskosten,
- Marktanalysedaten,
- Risikobetrachtung,
- Wirtschaftlichkeitsaussage,
- Vereinbarungspartner und
- Genehmigungsunterschriften.

Ist das Ende der Entwicklung erkennbar, so wird durch Abschluss einer PV-F die Fertigungseinführung eingeleitet. Die PV-F enthält die aktualisierten Daten aus der PV-D mit zusätzlichen Angaben über den Fertigungsanlaufplan und den für die Qualitätssicherung erforderlichen Maßnahmen. Mit der PV-F werden die bisher als Richtwerte angegebenen Stückzahlen und Fertigungspreise (F-Preise) des zu fertigenden Produkts verbindlich.

Der Abschluss einer Produktvereinbarung ist natürlich nicht allein auf HW-Entwicklungen mit einer entsprechenden Fertigung beschränkt. Auch auf reine SW-Produktentwicklungen ist sie anwendbar, nur dass hier dann i. Allg. eine PV-F entfallen kann.

Eine »Produktvereinbarungs-Richtlinie« (PVR) regelt darüber hinaus die organisatorischen Belange; hierzu gehört das Festlegen von:

- vertrieblicher Produktverantwortung,
- technischer Produktverantwortung,
- Arbeitskreisen,
- Produkt- und Systemplanung,
- Systemintegration,
- Zuständigkeit für Wirtschaftlichkeitsaussagen und
- finanzielle Verantwortung.

Leitgedanke der PVR ist, die persönliche Verantwortung aller an der Produktentstehung Beteiligten zu stärken, die Zeitdauer von der Produktidee bis zur Produktbereitstellung zu verkürzen und den Verwaltungsaufwand zu senken.

Vor allem durch das Benennen eines »Vertrieblichen Produktverantwortlichen« (VP) und eines »Technischen Produktverantwortlichen« (TP) wird hier eine echte *personifizierte* Verantwortung in der Produktplanung, -entwicklung und -fertigung erreicht. Dabei ist der VP zuständig und inhaltlich verantwortlich für den vertrieblichen Anforderungskatalog (Pflichtenheft). Der TP ist zuständig und verantwortlich für die sach-, termin- und kostengerechte Durchführung der Entwicklungsaufgabe sowie für die Fertigungseinführung und die nachfolgende Betreuung des Produkts.

Unterauftragsvergabe

Ist im Rahmen einer Projektvereinbarung eine Vergabe bestimmter Arbeitspakete an fremde Stellen erforderlich, so übernimmt der Auftragnehmer für diese Unterauftragnehmer die Rolle des Auftraggebers; er muss also mit diesen ebenfalls eine schriftliche Zielvereinbarung treffen. Gegenüber Fremdfirmen, also Stellen außerhalb des Unternehmens, ist dies eine Selbstverständlichkeit; aber auch mit anderen unternehmensinternen Entwicklungsstellen sollte die Auftragsvergabe möglichst in der Schriftform geschehen. Hierfür können Teilauftragsformulare ähnlich dem in Bild 2.16 angegebenen Projektauftrag verwendet werden. Ein solches Teilauftragsformblatt enthält die wesentlichen Daten des zu vergebenden Unterauftrags, wie:

- detaillierte Beschreibung des Unterauftrags,
- fachliche und zeitliche Schnittstellen,
- verantwortliche Organisationseinheit,
- Aufwands- und Kostenplanwerte,
- Kontrollzwischentermine,
- Übergabetermine,
- Qualitätsangaben,
- Kontierungsdaten und
- Genehmigungsunterschriften.

2.1.5 Angebotsmanagement

Vor dem offiziellen Projektstart findet insbesondere bei Großprojekten eine Projektanbahnungsphase, auch als „Pre-Sales-Phase" bezeichnet, statt. Um einen externen Auftrag zu bekommen, muss in dieser Vorphase das Unternehmen sich im Rahmen seines Angebotsmanagements gegen andere konkurrierende Mitbewerber erfolgreich durchsetzen. Das Angebotsmanagement umfasst die gesamten Geschäftsprozesse der Angebotsbearbeitung von der Anfrage bis zur Nachverfolgung einschließlich der Erstellung des Angebotsdokuments.

Aufbau eines Angebots

Mit einem Angebot reagiert ein Anbieter auf die Anfrage eines potentiellen Kunden und er legt die inhaltlichen, finanziellen und terminlichen Bedingungen fest, unter denen er bereit ist, Produkte, Systeme, Anlagen oder Dienstleistungen zu liefern. Nur bei kleineren Auftragsvolumina kann das Angebot formlos in schriftlicher Form abgegeben werden. Bei größeren Projekten, insbesondere bei öffentlichen Ausschreibungen, die dem europäischen Ausschreibungsrecht unterliegen, sind die Ausschreibungsbedingungen genauestens einzuhalten, um im Wettbewerb mit anderen Anbietern bestehen zu können. Z. B. in der Baubranche sind Angebote meist standardisiert; hier wird das Standardleistungsbuch (STLB-Bau) benutzt, wodurch eine weitgehend streitfreie Vereinbarung über die Leistungen und die Preise ermöglicht werden soll.

Obligatorische Bestandteile eines Angebots sind:

- ▷ genaue Bezeichnung des zu liefernden Objekts
- ▷ genaue Angaben zu Quantität und Qualität
- ▷ Termine und Lieferzeiten
- ▷ Preisvorstellung mit Rabattangaben
- ▷ Kosten für Verpackung und Transport
- ▷ Vergütung, Zahlungsbedingungen
- ▷ Bindungsfrist des Angebots
- ▷ Regeln für Liefer- und Zahlungsstörungen
- ▷ Behandlung von eventuell auftretenden Mängeln
- ▷ Erfüllungsort, Gerichtsstand, Eigentumsvorbehalt
- ▷ allgemeine Geschäftsbedingungen (AGB).

Die Anforderungen an ein effizientes Angebotsmanagement haben sich in den letzten Jahren gewandelt. Zum einen hat sich der Wettbewerbsdruck erhöht und zum anderen sind die Anforderungen von Seiten der Kunden gestiegen. Der Kunde erwartet in kurzer Zeit ein individuelles Lösungsangebot in transparenter Form, das technologische Kompetenz hinsichtlich Preis-Leistungs-Verhältnis sowie Durchführbarkeit erkennen lässt.

Erstellung eines Angebots

Der Aufwand für eine Angebotsplanung hängt davon ab, ob die Angebotserstellung in der Organisation des Auftragnehmers als „Routineaufgabe“ oder als eigenes Angebotsprojekt behandelt werden muss. Dabei sollten Angebote nur nach einer entsprechenden Aufforderung durch den Kunden erstellt werden, da sie häufig, insbesondere bei Großprojekten, einen nicht zu vernachlässigen Aufwand verursachen, der in die Projektkalkulation eingearbeitet werden muss. Bis zu mehreren Prozent des zu erwartenden Umsatzwertes kann dieser Aufwand betragen. Teilweise kann man für die Erstellung von individuellen Angeboten eine Erstellungsgebühr verlangen, die dann mit dem Auftrag verrechnet wird, wenn er erteilt wird. In vielen Fällen ist dies aber nicht möglich; bei öffentlichen Aufträgen ist die Erstattung von Kosten für die Angebotserstellung normalerweise ausgeschlossen.

Der Angebotsprozess für den Anbieter gliedert sich gemeinhin in vier Schritte:

1. Angebotsplanung
2. Angebotserstellung
3. Auftragsverhandlung
4. Annahme oder Absage.

Zur Erstellung eines Angebots sind im Allgemeinen folgende Punkte abzuarbeiten:

- ▷ Grundsatzentscheidung des Managements, ob ein Angebots abgegeben werden soll
- ▷ Untersuchung der technischen und zeitlichen Machbarkeit
- ▷ Verfügbarkeit des erforderlichen Personals
- ▷ Beschaffungskosten von Zulieferungen
- ▷ Vorkalkulation der Gesamtkosten einschließlich einer Marge
- ▷ Einschätzung der Mitbewerber hinsichtlich deren Preisangebote
- ▷ interne Freigabe des schriftlichen Angebotentwurfs
- ▷ Zustellung des Angebots an den potentiellen Kunden.

Bei Zulieferungen, insbesondere wenn sie aus Schwellenländern kommen, muss vermehrt auf die ökologische und soziale Nachhaltigkeit geachtet werden. Umweltschädigende und Arbeitsplatz-unwürdig beigestellte Teilprodukte können inzwischen einen sehr negativen Effekt bei der Angebotsbewerbung haben und einen nicht unerheblichen Imageschaden für das Unternehmen bedeuten.

Bindung eines Angebots

Vor Abgabe des Angebotes an den Auftraggeber muss zwingend eine interne Freigabe durch die Geschäftsverantwortlichen des Unternehmens erfolgen, denn ein abgegebenes Angebot ist grundsätzlich bindend. Die Bindung erlischt nur bei rechtzeitigem Widerruf oder bei abgeänderter oder zu spät erfolgter Bestellung seitens des Auftraggebers. Will sich der Anbieter aber eine Bindung offen halten, so muss er eine „Freizeichnungsklausel“ in das Angebot aufnehmen. Typische Freizeichnungsklauseln können sein:

- unverbindlich
- ohne Gewähr
- freibleibend
- Lieferung vorbehalten
- Preis vorbehalten bzw. Preis freibleibend
- solange der Vorrat reicht.

Damit sind folgende Bindungsformen von Angeboten möglich [37]:

▷ *Unverbindliches Angebot*
Die Angaben zu Preisen, Mengen und Terminen unterliegen keiner verbindlichen juristischen Zusage und können jederzeit geändert werden. Oft ist ein solches Angebot auch als *freibleibend* gekennzeichnet.

▷ *Befristetes Angebot*
Die Angaben sind verbindlich, jedoch ist der Antrag auf Abschluss eines Vertrags zeitlich begrenzt, und zwar durch die Bindefrist des Angebotes. Innerhalb dieser Frist muss die Annahme erfolgen (vgl. § 148 und 150 BGB).

▷ *Verbindliches Angebot*
Im Falle der Beauftragung muss das Angebot zu den beschriebenen Bedingungen realisiert werden (vgl. § 145 BGB).

Hat man ein nicht verbindliches Angebot abgegeben und wurde dieses fristgerecht vom Kunden angenommen, so ist es automatisch zu einem Vertragsverhältnis gekommen; ein Rücktritt ist dann nicht mehr möglich. Sollte es sich anschließend herausstellen, dass der Anbieter sich in einigen Angebotsmodalitäten geirrt hat, z. B. dass man sich in den Kosten verkalkuliert hat oder dass man den Umfang der zu liefernden Geräte nicht richtig eingeschätzt hat, kann keine Nachforderung gestellt werden – der entstandene Vertrag muss so erfüllt werden, wie es im Angebot steht. Gerade bei Großprojekten ist ein professionelles Angebotsmanagement von größter Bedeutung und kann über Erfolg und Misserfolg eines Unternehmens entscheiden (z. B. Elbphilharmonie in Hamburg).

Im internationalen Geschäft sind darüber hinaus folgende in ihrer Verbindlichkeit und Detaillierung unterschiedliche Ausschreibungsarten üblich:

▷ *Leistungsanfrage* (Request for Information, RFI)
Anfrage an potenzielle Lieferanten, ob sie einen skizzierten Bedarf erfüllen können.

▷ *Preisanfrage* (Request for Quotation, RFQ)
Anfrage nach einem unverbindlichen Preis zu einem detailliert beschriebenen Lastenheft.

▷ *Aufforderung zur Angebotsabgabe* (Request for Proposal, RFP)
Verbindliche Angebotsabgabe mit detaillierter Liefer- und Leistungsbeschreibung.

▷ *Aufforderung zur Angebotserweiterung* (Request for Feature, RFF)
Anforderung zur Erweiterung eines Systems oder eines Angebots.

Anhand mehrerer eingegangener Angebote führt der Auftraggeber einen eigenen Angebotsvergleich durch und gibt anschließend eine Bestellung ab, die der ausgewählte Anbieter mit einer Auftragsbestätigung annimmt. Hierdurch kommt auf Basis des abgegebenen Angebots ein Kauf- bzw. Liefervertrag zustande (siehe hierzu das nächste Kapitel).

Vom VDI ist im Jahr 2007 eine Studie durchgeführt worden [146], bei der in rd. 300 Unternehmen die Qualität und Intensität hinsichtlich des jeweils praktizierten Angebotsmanagements untersucht wurde. Dabei hat es sich ergeben, dass wohl in den meisten Unternehmen Verfahrensvorschriften für das Angebotsmanagement existieren, der Angebotsprozess bei den meisten beteiligten Unternehmen aber nicht nach den neuesten Erkenntnissen des Geschäftsprozessmanagements optimiert ist.

2.1.6 Vertragsmanagement

Handelt es sich nicht um einen unternehmensinternen Entwicklungsauftrag, sondern um den Auftrag eines externen Kunden, so gelten erheblich strengere Vorschriften für das Abschließen eines Vertrags; häufig enthält dieser Gewährleistungsverpflichtungen, die neben der unentgeltlichen Bereinigung von Fehlern und Mängeln nach Fertigstellung und Auslieferung sogar die Zahlung von Konventionalstrafen nach sich ziehen können, wenn die Leistung nicht vollständig vertragsgerecht erbracht worden ist. Um derartige Risiken rechtzeitig abzuwenden, ist eine sorgfältige Risikoabwägung zentrales Element des Angebots- und Vertragsmanagements.

Vertragsformen

Jedes Projekt bedarf grundsätzlich einer formellen Vereinbarung, dabei kann der jeweilige Vertragscharakter und damit die »juristische Strenge« des Vereinbarungstextes sehr unterschiedlich stark ausgeprägt sein. So sind unternehmensinterne Projektvereinbarungen, wie im vorangegangenen Kapitel beschrieben, meist nicht so streng zu handhaben wie offizielle Verträge mit externen Kunden oder Lieferanten.

Auf folgende Formen von externen Verträgen (Bild 2.18) soll näher eingegangen werden:

- ▷ Kundenvertrag
- ▷ Rahmenvertrag
- ▷ Consulting-Vertrag
- ▷ Dienstleistungsvertrag
- ▷ Werkvertrag.

Kundenverträge sind Verträge mit externen Auftraggebern, in denen die vom Auftragnehmer zu erbringende Leistung sowie der Auftragswert und der Fertigstellungstermin für beide Seiten verbindlich festgelegt werden. Diese Vertragsform hat uneingeschränkt juristischen Charakter, d. h. alle im Kundenvertrag getroffenen Vereinbarungen können sowohl von Auftraggeber- als auch Auftragnehmerseite gerichtlich eingeklagt werden.

Rahmenverträge werden mit Kunden geschlossen, wenn im Laufe eines bestimmten Zeitraums mehrere Einzelverträge anfallen werden und man für diese generell geltende Vereinbarungen wie Verrechnungspreise, Qualitätsstandards, Gewährleistung etc. abschließen will. Der Einzelvertrag bildet dann zusammen mit dem Rahmenvertrag die juristische Vereinbarungsgrundlage.

Consulting-Verträge werden mit Beratungs- und Consulting-Firmen abgeschlossen, wenn spezielle Beratungsleistungen benötigt werden, wie z. B. für das Reengineering einer Geschäftsfeldarchitektur oder das Konzipieren einer SAP-Einführung.

Dienstleistungsverträge werden häufig für die Pflege und Wartung von DV-Verfahren oder das Betreiben von Anlagen abgeschlossen.

Werkverträge haben meist die Erstellung von definierten HW-Produkten oder SW-Programmen als Vertragsgegenstand, wobei i. Allg. ein Festpreis mit einer Gewährleistungspflicht seitens des Auftragsnehmers vereinbart wird.

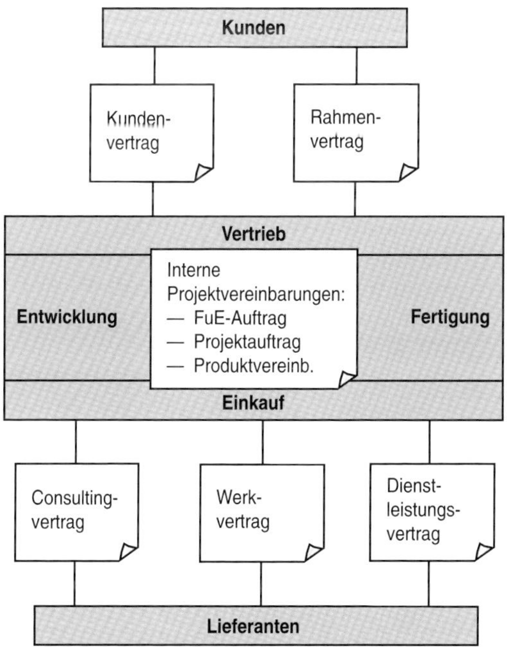

Bild 2.18
Vertragsformen

Vereinbarungen in Consulting-, Dienstleistungs- bzw. Werkverträgen dürfen nicht mit den Vorgaben des Arbeitnehmerüberlassungsgesetzes (AÜG) kollidieren, d. h. die Mitarbeiter der Fremdfirma dürfen nicht in den Betrieb des Auftraggebers eingegliedert sein, dem Projektleiter oder einem seiner Mitarbeiter nicht weisungsunterstellt sein und sie dürfen nicht länger als 12 Monate mit derselben Aufgabe beschäftigt sein. Nur aufgrund besonderer Umstände kann eine Verlängerung von der BFA genehmigt werden (siehe www.gesetze-im-internet.de).

Vertragsabschluss

Ein Vertrag kommt durch *Antrag* und *Annahme* zu Stande; er ist damit ein zweiseitiges Rechtsgeschäft. Der Antrag enthält als Angebot den Vertragsgegenstand mit Preis und Termin aus Sicht des Auftragnehmers und hat i. Allg. eine befristete Verbindlichkeit (siehe hierzu Kap. 2.1.5 Angebotsmanagement). Durch rechtzeitige und vorbehaltslose Annahme dieses Angebots durch den Auftraggeber kommt es zum Vertragsverhältnis.

Ein Vertrag besteht aus zwei Bestandteilen: dem individuellen Teil und den allgemeinen Geschäftsbedingungen. Der individuelle Teil umfasst im Wesentlichen folgende Vertragspunkte:

- ▷ Vertragsgegenstand
- ▷ Terminvereinbarungen und Verzug
- ▷ Preisvereinbarung
- ▷ Nutzungs- und Verwertungsrechte
- ▷ Gewährleistung.

Im ersten Vertragspunkt wird der *Vertragsgegenstand* festgelegt, d. h. Art und Umfang der zu erbringenden Leistung wird in Form eines Pflichtenhefts, eines Lastenhefts oder einer Leistungsbeschreibung genau beschrieben; hierbei ist festzulegen, welche Leistungen der Auftragnehmer zu erbringen hat und welche Mitwirkung durch den Auftraggeber, z. B. durch Beistellungen vorgesehen ist. Sollen Teile des Leistungsumfangs durch Zulieferung von Dritten erbracht werden, so müssen die entsprechenden Unteraufträge genannt werden. Des Weiteren muss das Änderungswesen geklärt sein; d. h. wie bei Änderungen (Change Requests) zu verfahren ist, die nach Vertragsabschluss auftreten. Alle Zwischen- und *Fertigstellungstermine* sind zu vereinbaren; hierbei muss geklärt sein, was bei einem eventuellen Terminverzug zu geschehen hat. Die Vorgehensweise für die Übergabe und Abnahme der erbrachten Leistung muss ebenfalls geregelt sein. Hinsichtlich der *Preisvereinbarung* muss vereinbart sein, in welcher Form die Vergütung und Zahlung zu geschehen hat; ob nach Aufwand oder nach Festpreis zu verrechnen ist und zu welchen Zahlungsterminen: z. B. Teilbetrag nach Vertragsabschluss, dann monatliche Abschlagszahlungen und Restbetrag nach Abnahme. Wichtig ist auch, dass im Vertrag die Themen Geheimhaltung, Datenschutz, Patentrecht, Eigentumsrecht angesprochen werden. Schließlich ist die *Gewährleistung* und Haftung sowie der Erfüllungsort zu benennen. Werden Punkte wie Gewährleistung, Haftung etc. im Vertrag nicht angesprochen, dann gilt in der Regel das BGB.

Die allgemeinen Geschäftsbedingungen müssen dem AGB-Gesetz genügen; dieses Gesetz legt den Rahmen für das Abfassen von allgemeinen Geschäftsbedingungen fest und erklärt z. B. Klauseln für unwirksam, die von »Treu und Glauben« stark abweichen.

Es gilt Vertragsfreiheit, d. h. geschlossene Verträge können jederzeit einverständlich geändert oder aufgehoben werden.

Gewährleistung

Unter Gewährleistung versteht man das Einstehen für (versteckte) Sachmängel, die nicht aus Fahrlässigkeit bzw. Vorsätzlichkeit entstanden sind. Unter einem Sachmangel ist in diesem Zusammenhang ein Funktionsfehler oder das Fehlen zugesicherter Eigenschaften zu verstehen.

Bei Eintritt eines Mangels bzw. Fehlers, der unter die Gewährleistungspflicht fällt, ist der Auftragnehmer – abhängig von der Art des Fehlers – zu Folgendem verpflichtet (siehe Tabelle 2.3):

- ▷ Nachbesserung (Beseitigung),
- ▷ Wandlung,
- ▷ Minderung oder
- ▷ Schadensersatz.

Hierbei ist zwischen offenen, erkennbaren und versteckten Fehlern zu unterscheiden. *Offene Fehler* sind Fehler, die der Anwender bei Ab-

Tabelle 2.3 Vergleich der gesetzlichen Gewährleistungsregeln (nach Zahrnt [94])

Fehler	Vertragstyp		
	Mietvertrag	**Kaufvertrag**	**Werkvertrag**
bei Übergabe vorhanden	▷ Beseitigung ▷ Minderung ▷ Kündigung ▷ Schadensersatz ohne Verschulden	▷ Minderung ▷ Wandlung ▷ Schadensersatz nur bei Fehlern zugesicherter Eigenschaften	▷ Beseitigung ▷ Minderung ▷ Wandlung Schadensersatz bei Verschulden
nachträgliches Entstehen	▷ Minderung Schadensersatz bei Verschulden	–	–

nahme kennt und deren Beseitigung er sich nicht vorbehält; sie unterliegen damit nicht der Gewährleistungspflicht. *Erkennbare Fehler* unterliegen ebenfalls nicht der Gewährleistungspflicht, da sie bei ordentlicher Prüfung (durch den Auftraggeber) hätten erkannt werden können. Nur *versteckte Fehler* unterliegen der Gewährleistungspflicht; diese müssen auf Kosten des Auftragnehmers beseitigt werden.

Bei einer *Wandlung* wird das Vertragsobjekt wieder zurückgegeben. Der Auftraggeber erhält die Vergütung abzüglich einer Nutzungsentschädigung wieder zurück. Nach neuestem EU-Recht muss ein Käufer kein Nutzungsentgelt mehr entrichten für die Zeit, in der er einen mangelhaften Kaufgegenstand bis zur Rückgabe in Gebrauch hatte. Bei einer *Minderung* wird nur die Vergütung entsprechend der Wertdifferenz zwischen einwandfreiem und mangelhaftem Zustand herabgesetzt.

Darüber hinaus kann bei Miet- und Werkverträgen ein Anspruch auf *Schadensersatz* entstehen. Bei Kaufverträgen entstehen allein wegen eines Mangels, selbst wenn dieser verschuldet ist, keine Schadensersatzansprüche; Schadensersatz wird hier gemäß BGB nur beim Fehlen einer zugesicherten Eigenschaft geschuldet. Ist im Vertrag allerdings explizit die Fehlerfreiheit des Vertragsgegenstandes zugesichert worden, so haftet der Auftragnehmer für alle Schäden, die dem Auftraggeber dadurch entstehen, unabhängig der Verschuldung. Ist es im Vertrag oder in den allgemeinen Geschäftsbedingungen nicht explizit festgelegt, besteht bei Kaufverträgen kein Recht auf *Fehlerbeseitigung*.

Nach bisherigem Recht muss sich der Auftraggeber bei einer Pflichtverletzung des Auftragnehmers überlegen, ob er vom Vertrag zurücktreten oder ob er Schadensersatz verlangen will. Nach neuer EU-Richtlinie soll er neben dem Rücktritt auch Schadensersatz verlangen können.

Der Nachweis des Vorliegens eines Fehlers ist vielfach eine schwierige und strittige Angelegenheit. Dabei hängt der Anspruch auf Fehlerbeseitigung bzw. Gewährleistung sehr stark von der ordnungsmäßigen Fehlermeldung des Auftraggebers ab; der Anwender muss dabei dem Lieferanten jede notwendige Unterstützung zur Fehlerlokalisierung und -beseitigung geben.

Die Gewährleistungsfrist beginnt sowohl bei einem Kauf- als auch bei einem Werkvertrag mit dem Tag der Abnahme des Vertragsgegenstandes durch den Auftraggeber. Die Verjährungsfrist betrug bisher nach dem BGB sechs Monate, wurde aber auf Grund einer neuen EU-Richtlinie auf 3 Jahre heraufgesetzt; im Rahmen der allgemeinen Geschäftsbedingungen kann sie auf 2 Jahre begrenzt werden. Während einer Mängeluntersuchung bzw. -beseitigung pausiert allerdings die Verjährung. Gewährleistungsansprüche für versteckte Fehler verjähren damit auch in dieser Frist, selbst wenn sie in dieser Zeit gar nicht erkannt werden konnten.

Eine Vertragsstrafe (Konventionalstrafe) muss im Vertrag explizit vereinbart werden und übt einen besonderen Druck auf den Auftragnehmer aus, seine Leistung in dem vorgegebenen Rahmen zu erbringen; sie entspricht einem Mindest-Schadenersatz.

Garantie

Im Gegensatz zur Gewährleistung übernimmt der Hersteller bzw. der Lieferant eines Produkts bei einer *Garantiezusage* eine freiwillige Verpflichtung für die Fehlerfreiheit des Produkts bzw. für eine andere vertraglich festgelegte Leistung. Im Mängelfall verpflichtet sich der Garantiegeber gegenüber dem Käufer, einen aufgetretenen Mangel oder einen entstandenen Schaden unentgeltlich zu beseitigen oder sogar einen vollständigen Ersatz des Gegenstandes zu leisten.

Es gibt eine Vielzahl von unterschiedlichen Formen von Garantien wie z. B.

- Abnahmegarantie:
  Sicherung der Abnahme eines Handelsobjekts durch den Kunden
- Anzahlungsgarantie:
  Sicherung der Rückzahlung einer Anzahlung bei Vertragsaufhebung
- Ausfallgarantie:
  Sicherung mittels einer Ausfallbürgschaft
- Gewährleistungsgarantie:
  Risikoabdeckung für Mängelbeseitigungen innerhalb der Gewährleistungsfrist
- Liefergarantie:
  Absicherung der vertragsgemäßen Lieferung eines Handelsobjekts
- Qualitätsgarantie:
  Absolute Zusicherung bestimmter Eigenschaften eines Produkts bzw. Systems
- Währungsgarantie:
  Absicherung gegen Wechselkursschwankungen bei Export-Aufträgen.

Vertragsprüfung

Ein Vertrag sollte in seinem Vertragstext unmissverständlich und eindeutig sein, damit bei später auftretenden Projektschwierigkeiten unnötige Belastungen des Auftraggeber-Auftragnehmer-Verhältnisses vermieden werden. Deshalb ist es von größter Wichtigkeit, dass die Vertragsinhalte vor Setzen der Unterschriften genauestens auf Richtigkeit, Machbarkeit und Konsistenz geprüft werden.

Diese Auftragsklärung dient zum Erkennen von potenziellen Projektrisiken und zum Klären aller offenen Punkte. Folgende Punkte sind im Rahmen einer Vertragsprüfung durchzuführen:

- ▷ Prüfung des Aufgabeninhalts
- ▷ Prüfung der Aufwandsschätzung
- ▷ Prüfung der Spanne
- ▷ Prüfung der Gewährleistung.

Prüfung des Aufgabeninhalts

Der häufigste Fehler beim Abfassen von Verträgen wird immer beim Definieren der zu vereinbarenden Leistung gemacht: Der Vertragsgegenstand wird zu allgemein beschrieben, so dass Auftragnehmer und Auftraggeber bei denselben Leistungsteilen sehr unterschiedliche Ausprägungen sehen; der eine meint, dass eine bestimmte Hilfsfunktion enthalten sein muss, der andere meint, dass diese als ein Extra zu betrachten ist. Auch hinsichtlich der Benutzeroberfläche treten nach Fertigstellung immer wieder unterschiedliche Meinungen auf. Deshalb muss mit dem Auftraggeber der Leistungsumfang sehr genau und detailliert abgesprochen und niedergeschrieben werden. Mündliche Absprachen haben bei einem Vertrag i. Allg. keine Bedeutung; nur das geschriebene Wort gilt. Hierbei können »ausschließende« Anmerkungen im Sinne einer *Negativliste* sehr hilfreich zur Klarstellung sein.

Prüfung der Aufwandsschätzung

Von größter Wichtigkeit ist die Prüfung, ob die geforderte Leistung auch zu dem geplanten Verrechnungswert erbracht werden kann, damit man letzten Endes nicht »draufzahlt«. Deshalb sollte zu einem Vertrag immer ein (internes) Kalkulationsblatt, ähnlich dem in Bild 3.105, erstellt werden, aus dem die Kalkulationsgrundlage für den zu vereinbarenden Auftragswert zu ersehen ist. Von Vorteil ist es, wenn die Aufwandsschätzung nach einer gesicherten Schätzmethode, z. B. auf Basis einer Schätzklausur, vorgenommen worden ist. Auf jeden Fall muss zu erkennen sein, welche Projektrisiken berücksichtigt worden sind und wie weit diese in die Festlegung des Auftragswertes eingegangen sind. Bei einer Festpreisverrechnung sollte unbedingt ein Sicherheitsaufschlag einkalkuliert sein. Wichtig ist auch zu prüfen, ob die notwendigen Ressourcen (Personal, Rechner) in dem vorgesehenen Vertragszeitraum verfügbar sind.

Prüfung der Spanne

Bei einem Vertrag mit einem externen Auftraggeber wird normalerweise immer ein monetäres Projektergebnis angestrebt, d. h. der Auftragswert muss nach Deckung aller Projektkosten noch einen Gewinn (Spanne, Marge) ausweisen. Deshalb ist es bei Festpreisverträgen wichtig, dass man eine Risikobetrachtung durchführt, um festzustellen, welche Risiken bestehen, die das Ergebnis ins Negative bringen können. Entsprechend müssen Sicherheitsaufschläge eingeplant werden.

Prüfung der Gewährleistung

Besonders kritisch müssen bei der Vertragsprüfung formulierte Gewährleistungspflichten betrachtet werden. Hierbei muss zwischen Gewährleistung und Garantie streng unterschieden werden: Garantie bietet ein Hersteller freiwillig an, häufig allerdings unter speziellen Auflagen (z. B. Einhaltung von Inspektionen) und nur auf bestimmte Produktteile bezogen (z. B. keine Verschleißteile). Eine im Vertrag explizit vereinbarte Gewährleistung umfasst dagegen auch Folgeschäden durch aufgetretene Mängel beim Vertragsgegenstand. Wird Gewährleistung gefordert, so ist sowohl bei einem Festpreis als auch bei einer Aufwandsverrechnung unbedingt ein Risikozuschlag zu machen.

Der Exaktheit eines Vertragstextes wird bei einem Projekt, welches für beide Seiten, d. h. für den Auftraggeber und für den Auftragnehmer, im gegenseitigen Einvernehmen verläuft, anfangs wenig Bedeutung geschenkt. Erst bei Auftreten von unterschiedlichen Meinungen zu Parametern des Vertragsgegenstands (Umfang, Zeit, Preis) wird der Text mit einem Mal sehr genau gelesen und jede Seite versucht dann, das für sie günstige herauszulesen. Deshalb haben beide Seiten bei der Formulierung des Vertragstextes zwangsläufig unterschiedliche Intentionen: Als Auftragnehmer wird man harte Formulierungen wie »Auftragnehmer garantiert ..., sichert zu ..., verpflichtet sich ..., etc.« vermeiden und dafür »weichere« Formulierungen anstreben. Der Auftraggeber hat dagegen das umgekehrte Bestreben nach härteren Formulierungen. Meist wird dann auch das »Kleingedruckte«, die Allgemeinen Geschäftsbedingungen, bedeutsam. Die *juristische Strenge* eines Vertrages steigt mit der Höhe der Auftragssumme und dem Grad des Außenverhältnisses zum Auftraggeber.

Die Ergebnisse der Vertragsprüfung sollten dokumentiert und als Qualitätsaufzeichnung aufbewahrt werden. Nach ISO 9001 ff ist für Verträge mit Lieferanten eine Vertragsprüfung sogar vorgeschrieben, die zudem immer dokumentiert sein muss.

Claim-Management

Ein wichtiger Aspekt bei externen Projekten ist die Behandlung von möglichen oder erhobenen Rechtsansprüchen (Claim) der Geschäftspartner auf Grund von Abweichungen bzw. von entstandenen Erschwernissen und Mängeln im Zusammenhang mit der Projekterfüllung. Hierfür ist der Begriff »Claim-Management« geprägt worden; bei DIN wird es als *Nachforderungsmanagement* bezeichnet. Claim-Management umfasst einerseits Maßnahmen zum frühzeitigen Erkennen von Rechtsansprüchen des Auftraggebers, die möglicherweise durch Fehler in der Projektdurchführung entstehen könnten, und andererseits Maßnahmen zum Durchsetzen von entstandenen Ansprüchen gegenüber Anderen (z. B. Lieferanten oder Unterauftragnehmern) sowie Maßnahmen zur Abwehr von bereits erhobenen Ansprüchen gegen einen selbst [37].

Bereits bei der Vertragsprüfung muss möglichen späteren Ansprüchen auf Nachforderungen seitens des Auftraggebers besonderes Augenmerk geschenkt werden, sei es durch entsprechende Schutzklauseln oder Einbeziehung des Auftraggebers in eventuelle Schadensfälle. Und im Rahmen eines projektbegleitenden Risikomanagements ist die Wahrnehmung von möglichen Rechtsansprüchen auf Grund von Mängeln und Schäden fester Bestandteil der Risikoanalyse (siehe Kap. 3.7.2). In diesem Zusammenhang ist auch auf die neue DIN ISO 10 002 hinzuweisen, die sich mit dem Reklamationsmanagement befasst.

Ansonsten ist es eben die ureigene Aufgabe eines guten Projektmanagements, dass gar nicht erst solche Situationen auftreten, die zu nachträglichen Rechtsansprüchen auf Seiten der Geschäftspartner führen könnten.

Vertragsmanagementplan

Während der gesamten Vertragslaufzeit sollte im Rahmen der Projektdokumentation ein Vertragsmanagementplan geführt werden, der alle Vorgänge zur Vertragsabwicklung, wie z. B. Änderungsaufträge, enthält.

2.2 Produkt-/Systemdefinition

Die Aufgabendefinition eines Projekts ist durch die Produkt- bzw. Systemdefinition gegeben; sie wird gemeinhin in mehreren aufeinander folgenden Planungsschritten mit zunehmender Detaillierung (Dekomposition) und größer werdender inhaltlicher Genauigkeit vorgenommen.

Am Anfang eines Projekts steht meist ein Projektvorschlag, der die wesentlichen für die Entscheidungsfindung notwendigen Aspekte, wie Projektdefinition, Istzustand, Lösungsalternativen, vorzuschlagendes Realisierungskonzept, Budgetrahmen etc. vorgibt. Basis für diesen Projektvorschlag ist ein vom Anwender zu definierender *Anforderungskatalog,* häufig auch als Lastenheft bezeichnet. Anwender kann z. B. auch ein Gremium sein, das für das Zusammenstellen der Anforderungen gebildet wurde. Im zweiten Definitionsschritt wird mit Unterstützung des künftigen Anwenders ein *Pflichtenheft* erstellt, welches ein fachliches Grobkonzept der zu entwickelnden Lösung enthält. Der letzte Schritt im Rahmen der Projektplanung, also vor Beginn der eigentlichen Realisierung, ist das Erstellen einer *Leistungsbeschreibung,* die im Wesentlichen das fachliche Feinkonzept, einen ersten Grobentwurf für die technische Realisierung und die allgemeinen Realisierungsanforderungen umfasst.

2.2.1 Anforderungskatalog

Das Projektziel wird in der ersten Projektphase durch den Anforderungskatalog präzisiert; dieser stellt die grundsätzliche Aufgabenstellung des Auftraggebers dar und ist die Basis für das Pflichtenheft, welches wiederum die Grundlage für die Leistungsbeschreibung bildet. Erst mit der Leistungsbeschreibung [15] wird der Projektinhalt verbindlich festgeschrieben.

Der Anforderungskatalog, auch als Lastenheft bezeichnet, soll als erste Planungsunterlage so genau wie möglich das Projektziel festlegen. Die Detaillierung der Anforderungen kann aber entsprechend der Problemstellung und des Kenntnisstandes unterschiedlich tief sein.

Für eine zu entwickelnde Software sollte ein Anforderungskatalog z. B. folgende Themen ansprechen:

- ▷ Anwendungs- bzw. Einsatzumgebung
- ▷ geforderte Funktionen und Eigenschaften
- ▷ Benutzeroberfläche
- ▷ Benutzerschnittstellen
- ▷ Datenbasis
- ▷ Mengengerüst
- ▷ Qualitätsanforderungen
- ▷ Realisierungsvorgaben
- ▷ Dokumentationsanforderungen
- ▷ Zeit- und Kostenrahmen.

Für eine HW-Entwicklung oder eine Anlagenprojektierung kann der Anforderungskatalog ähnlich aufgebaut werden.

Die aufgeführten Anforderungen sollen festlegen, was erreicht werden soll, dabei aber spätere Realisierungslösungen nicht unnötig einschränken. Auch kann es für das weitere Konzipieren nützlich sein, wenn zu jeder Anforderung aufgeführt ist, ob es sich um eine Muss-, Soll- oder Kann-Anforderung handelt. Aus Gründen der Wirtschaftlichkeit kann es sich später als vorteilhaft herausstellen, eine bestimmte Kann-Anforderung entfallen zu lassen oder für eine spätere Version vorzusehen.

Anhand des Anforderungskatalogs wird eine erste Aufwandsschätzung vorgenommen, die aber wegen der erheblichen Unsicherheiten in der Leistungsdefinition noch nicht als verbindlich angesehen werden darf. Erst die spätere Leistungsbeschreibung wird diese Grobschätzung verifizieren. Häufig wird aber diese erste Aufwands- und Kostenschätzung bereits als Maßstab bei den späteren Projektbetrachtungen herangezogen, deswegen sollte die Schätzung sorgfältig vorgenommen und hinsichtlich der möglichen Projektrisiken genau abgewogen werden.

Anhand des Anforderungskatalogs wird dann der Projektvorschlag definiert; er enthält i. Allg. die Kapitel:

▷ Zusammenfassung
▷ Projektdefinition
▷ Istzustand
▷ Lösungsalternativen
▷ Systemkonzept.

Dieser Projektvorschlag stellt die Entscheidungsgrundlage für den eigentlichen Projektbeginn dar; darüber hinaus bildet er auch die Basis für die weitere Planung.

2.2.2 Pflichtenheft

Das Pflichtenheft baut auf dem Anforderungskatalog auf, detailliert und verfeinert die dort festgelegten Anforderungen und enthält neben dem fachlichen Grobkonzept weitere allgemeine Angaben zum geplanten Produkt bzw. System [15]. Das Pflichtenheft dokumentiert die bindenden Vorgaben des Auftraggebers.

Aus Sicht des Anwenders beschreibt das Pflichtenheft,

▷ welche Funktionen das Produkt/System zu erfüllen hat,
▷ welche Daten und Informationen verarbeitet werden sollen,
▷ welche Ein- und Ausgaben vorgesehen sind,
▷ welche konstruktiven Vorgaben (bei HW) zu beachten sind,
▷ welche Schnittstellen berücksichtigt werden müssen und
▷ welche sonstigen Produkt-/Systemeigenschaften gefordert werden.

Das Pflichtenheft muss vollständig und widerspruchsfrei sein, da es die Vereinbarungsgrundlage zwischen Auftraggeber und Auftragnehmer für das weitere Vorgehen im Projekt bildet (Anforderungs-Baseline). Die Vollständigkeit des Pflichtenhefts ist also wichtige Voraussetzung für das zielgerichtete Erstellen der anschließenden Leistungsbeschreibung. Mängel und Unterlassungen in diesem Planungsschritt müssen später meist mit erheblichen Mehraufwendungen bezahlt werden.

Die fachliche Beschreibung der Funktionen des geplanten Produkts bzw. Systems in Form des fachlichen Grobkonzepts nimmt den Hauptanteil des Pflichtenhefts ein. Entsprechend der Vorgehensweise bei der fachlichen Dekomposition wird das zu realisierende System bis auf die Komponentenebene weiter zerlegt und auf allen Detaillierungsebenen kurz beschrieben.

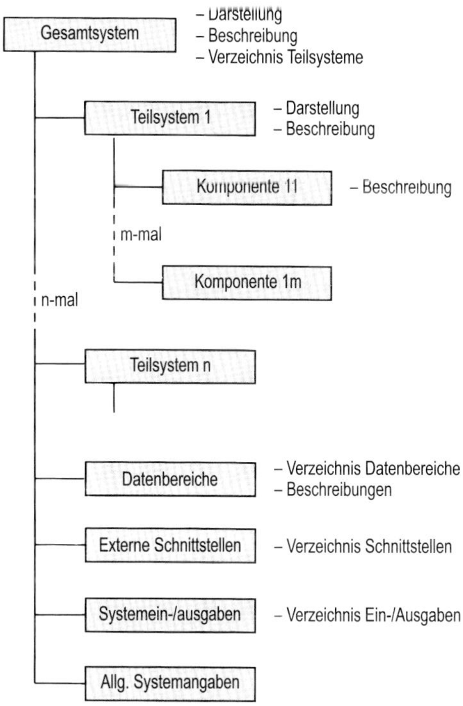

Bild 2.19 Dokumentationsaufbau Pflichtenheft

Weitere Inhalte sind die allgemeine Beschreibung der Daten, die Aufstellung aller vorgesehenen Ein- und Ausgaben, die Auflistung der zu berücksichtigenden Schnittstellen sowie die Festlegung von allgemeinen Systemangaben.

Ein Pflichtenheft z. B. für eine Verfahrensentwicklung im DV-Bereich umfasst im Wesentlichen fünf Abschnitte:

Gesamtsystem:
▷ Systemumgebung
▷ Systemdarstellung
▷ Systembeschreibung

Teilsysteme:
▷ Teilsystemdarstellungen
▷ Kurzbeschreibungen der Teilsysteme
▷ Komponentenfestlegung
▷ Beschreibung der Ein-/Ausgabedaten
▷ Darstellung der Benutzeroberfläche

- ▷ geforderte Dialogauskünfte und Auswertungen
- ▷ verfahrensinterne Schnittstellen

Datendefinition:
- ▷ Stammdaten
- ▷ Bewegungsdaten
- ▷ Verwaltungsdaten

Schnittstellen:
- ▷ Schnittstellen zu vor-/nachgelagerten Verfahren
- ▷ Standard-Eingabeschnittstellen
- ▷ Standard-Ausgabeschnittstellen

Allgemeine Systemangaben:
- ▷ Qualitätsanforderungen
- ▷ Auflagen/Restriktionen
- ▷ Mengengerüst
- ▷ Arbeitsabläufe, vorhandene/geplante Ablauforganisation
- ▷ sonstige Anforderungen.

In Bild 2.19 ist der Dokumentationsaufbau des Pflichtenheftes für ein betriebswirtschaftliches DV-Verfahren schematisch dargestellt.

2.2.3 Leistungsbeschreibung

Die Leistungsbeschreibung bildet die Gesamtheit der Aufgabendefinition und legt damit die fachliche und technische Basis des geplanten Produkts oder Systems fest [15].

In Abstimmung mit der Produktplanung bzw. dem künftigen Anwender legt die Leistungsbeschreibung fest,

- ▷ welche Teilsysteme und Komponenten das Produkt/System umfassen soll,
- ▷ welche Fachprozesse zu erfüllen sind,
- ▷ wie die Benutzeroberfläche zu gestalten ist,
- ▷ welche Ausgaben in welcher Form zu realisieren sind,
- ▷ wie die Datenbasis aussehen wird,
- ▷ welche elektrotechnischen und konstruktiven Eigenschaften (bei HW) bestehen werden,
- ▷ welche Schnittstellen vorhanden sein werden,
- ▷ welche Realisierungsanforderungen gelten und
- ▷ welche allgemeinen Systemeigenschaften gefordert werden.

Die Leistungsbeschreibung muss eindeutig und widerspruchsfrei sein, da es die Vereinbarungsgrundlage zwischen Auftraggeber und Auftragnehmer für die anschließende Realisierung ist; sie stellt die einzig verbindliche Aufgabenstellung des geplanten Produkts/Systems für beide Seiten dar. Auch muss die Leistungsbeschreibung in ihren Darstellungen und Beschreibungen vollständig und präzise sein, da nicht immer davon ausgegangen werden kann, dass das Planungsteam auch die anschließende Realisierung durchführen wird.

Die Leistungsbeschreibung ist somit die Basis

- ▷ für das Management
  zur Realisierungsentscheidung,
- ▷ für die Qualitätssicherung
  zur Vollständigkeitskontrolle,
- ▷ für die Planung
  zur Durchführungsplanung und
- ▷ für die Realisierung
  zum Erstellen des technischen Feinkonzepts.

Im Allg. umfasst die Leistungsbeschreibung das fachliche Feinkonzept (welches eine Verfeinerung des fachlichen Grobkonzepts aus dem Pflichtenheft ist), das technische Grobkonzept und die allgemeinen Realisierungsanforderungen. Das technische Grobkonzept ist eigentlich schon der erste Schritt in die Realisierung; hier wird der Übergang von der fachlichen zur technischen Struktur, welche zwangsläufig nicht deckungsgleich sein müssen, vorgenommen. Natürlich können (Fach-) Komponenten häufig unmittelbar als eine einzelne technische Komponente realisiert werden. In vielen Fällen kann es aber auch sinnvoll sein, sie auf mehrere technische Komponenten aufzuteilen oder sogar mehrere (Fach-)Komponenten zu einer technischen Komponente zusammenzufassen (siehe Bild 2.20).

Da das fachliche Feinkonzept im Wesentlichen eine Detaillierung des fachlichen Grobkonzepts darstellt, weist das fachliche Feinkonzept einen ähnlichen Dokumentationsaufbau auf, der allerdings sowohl bei den Funktionen als auch bei den Daten um weitere Beschreibungsebenen verfeinert wird.

Die fachliche Beschreibung der Funktionen des geplanten Produkts oder Systems bildet auch hier den Hauptanteil des fachlichen Feinkon-

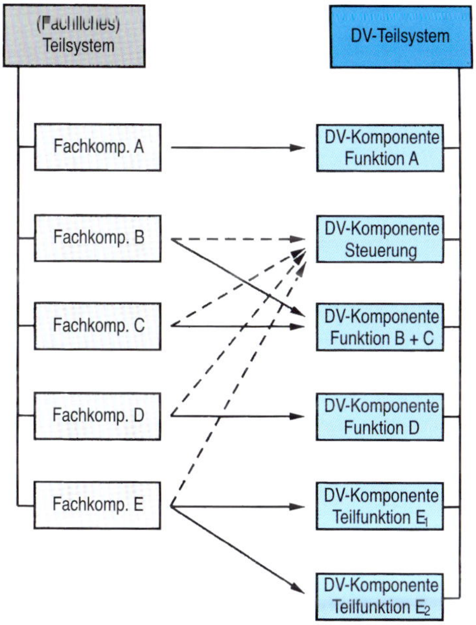

Bild 2.20 Übergang von der fachlichen zur technischen Struktur (Beispiel DV-System)

zepts – nur auf einer tieferen Detaillierungsebene. Entsprechend der Dekomposition des Systems werden die in dem fachlichen Grobkonzept vorgesehenen Komponenten des zu realisierenden Systems funktional weiter in Fachprozesse zerlegt (schrittweise Verfeinerung). Die Zerlegung in Fachprozesse kann sich dabei über mehrere Ebenen erstrecken, auf unterster Ebene spricht man dann vom Aufgabenbaum.

Auf allen Funktionsebenen, d. h. Teilsystemebene, Komponentenebene und Fachprozessebene, sind die Funktionen kurz zu beschreiben; hierbei greift man auf die Beschreibungen für die Teilsysteme und Komponenten aus dem fachlichen Grobkonzept zurück.

Eine Leistungsbeschreibung z. B. für eine Verfahrensentwicklung im DV-Bereich enthält im Wesentlichen folgende Komplexe:

Fachliches Feinkonzept

Fachliches Gesamtsystem

▷ Systemumgebung
▷ Systemdarstellung
▷ Systembeschreibung

Beschreibung der Teilsysteme

▷ Teilsystemdarstellung
▷ Kurzbeschreibungen der Teilsysteme
▷ Verzeichnis der zugehörigen Datenbereiche
▷ Verzeichnis der zugehörigen Komponenten
▷ Verzeichnis der zugehörigen Schnittstellen

Beschreibung der Komponenten

▷ Beschreibung
▷ zugehörige Datensätze
▷ Masken und Listen

Beschreibung der Dialogoberfläche

▷ Funktion, Aufgabe
▷ Feldbeschreibungen
▷ Ansprungsmöglichkeiten, Meldungen
▷ Maskendarstellung

Beschreibung der Auswertungslisten

▷ Aufgabenbeschreibung
▷ Listendarstellung

Schnittstellen

▷ Schnittstellen zu vor-/nachgelagerten Verfahren
▷ Standard-Eingabeschnittstellen
▷ Standard-Ausgabeschnittstellen

Technisches Grobkonzept

Beschreibung des DV-Systems

▷ DV-Systemdarstellung
▷ Beschreibung des DV-Systems
▷ DV-Systemdatenfluss
▷ Zuordnung Fachprozess zu DV-Teilsystemen bzw. -Komponenten

Beschreibung der DV-Teilsysteme

▷ DV-Teilsystem-Beschreibung
▷ Strukturbaum teilspezifischer DV-Komponenten
▷ Strukturbaum zentraler DV-Komponenten
▷ Abhängigkeiten zu anderen DV-Komponenten

Beschreibung der DV-Komponenten

▷ Funktionsbeschreibung
▷ Verarbeitungsschritte
▷ Anzahl Satzarten

Fremdsoftware

▷ Verzeichnis der Fremdsoftware
▷ Kurzbeschreibungen

Speicherkonzept

▷ Datenbankschema
▷ Verzeichnis der Daten
▷ Datenbeschreibungen

Datenkatalog

▷ Name der Datenelemente
▷ Synonyme
▷ Suchbegriffe
▷ Kurzbeschreibungen
▷ Angaben zu Format, Länge, Default
▷ Wertebereiche

Angaben zum Customizing

▷ eigene Software
▷ Standardsoftware (z. B. SAP)

Allgemeine Realisierungsanforderungen

Regeln und Konventionen

▷ Dialogführung (Guideline)
▷ generelle Plausibilitätsprüfungen
▷ Aufbau der Masken
▷ Aufbau der Listen
▷ Aufbau der Meldungen
▷ Toolkonzept (Methoden, Werkzeuge)
▷ sonstige Festlegungen

Qualitätsanforderungen

▷ Funktionserfüllung
▷ Benutzerfreundlichkeit
▷ Zuverlässigkeit
▷ Effizienz
▷ Wartungsfreundlichkeit
▷ Übertragbarkeit

Testkonzept

▷ Aufgabenstellung
▷ Testfälle
▷ Testberichte und Fehlermeldungen
▷ Testdaten
▷ Testplanung
▷ Testdurchführung
▷ Prüflisten

Auflagen/Restriktionen

▷ Auflagen im Verfahrensumfeld
▷ DV-spezifische Auflagen
▷ Arbeitsabläufe
▷ Mengengerüst

Dokumentation

▷ Benutzerdokumentation
▷ Anwendungsdokumentation

Einführungs- und Versionenplanung

▷ Installationskonzept
▷ Wartungskonzept
▷ Schulungsplan
▷ Versionskonzept

Der thematische Aufbau einer Leistungsbeschreibung hängt natürlich stark von der Art der Entwicklung ab, da die Schwerpunkte bei der Produkt-/Systemdefinition von Hardware und Software sehr unterschiedlich sind.

2.2.4 Wertanalyse

Die Wertanalyse (WA) ist ein Methode zum systematischen Untersuchen von Funktionsstrukturen mit dem Ziel einer Wertsteigerung des untersuchten WA-Objektes für den Hersteller, den Anwender und/oder die Allgemeinheit. Ein WA-Objekt kann sowohl ein Produkt als auch eine Dienstleistung sein. Auch Fertigungsabläufe können mit einer WA optimiert werden. Wird die Wertanalyse in der Konzeptionsphase eines Produkts eingesetzt, so handelt es sich um eine *Wertgestaltung*; wird sie dagegen bei einem bereits bestehenden Erzeugnis angewendet, so handelt es sich um eine *Wertverbesserung*. Lawrence D. Miles gilt als Begründer dieser Methode [63], die erstmals Ende der 40er Jahre bei General Electric eingesetzt wurde.

In einer Wertanalyse (inzwischen auch als *System Value Management* bezeichnet) werden die Kosten eines Produkts ausschließlich auf der Grundlage seiner Funktionen bestimmt. Ziel einer Wertanalyse ist es somit, die wichtigen, unbedingt erforderlichen Funktionen von den wenigen wichtigen Funktionen zu differenzieren und durch Eliminieren von als unnötig erkannten Funktionen eine Kostensenkung herbeizuführen.

Vorgehensweise

Die DIN-Norm 69 910 enthält einen Formularsatz für die Durchführung einer solchen Wertanalyse. Die Norm gliedert eine Wertanalyse in 6 Arbeitsschritte (Bild 2.21).

Bei der Vorbereitung müssen im ersten Schritt die entscheidenden Kostenfaktoren des zu untersuchenden WA-Objekts herausgearbeitet werden. Hierzu können Istanalysemethoden oder Entscheidungstechniken wie z. B. die ABC-Methode (siehe Kap. 6.6.4) eine gute Hilfestellung geben.

Im zweiten Schritt wird der Ist-Zustand anhand der Funktionen des WA-Objekts ermittelt. Mit einer Untersuchung der Funktionsstruktur werden die Funktionen in Haupt- und in Nebenfunktionen gegliedert, wobei noch in Gebrauchsfunktionen und in Geltungsfunktionen unterschieden werden sollte. *Gebrauchsfunktionen* sind jene Funktionen, die für den einwandfreien Betrieb des Produkts unabdingbar erforderlich sind, *Geltungsfunktionen* haben nur einen äußerlichen Wert, die vom Hersteller oder Kunden aus Design- oder Imagegründen gewünscht werden. Alle so ermittelten Funktionen müssen einer genauen Funktionsbeschreibung unterzogen werden.

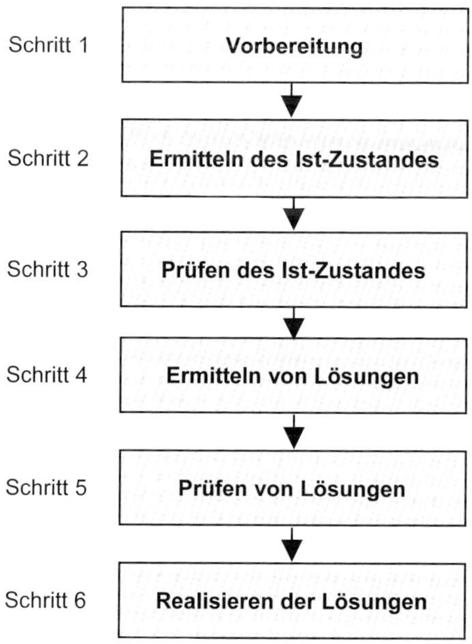

Bild 2.21 Vorgehensweise einer Wertanalyse

Im dritten Schritt werden für das Produkt die Soll-Funktionen definiert und mit den Ist-Funktionen verglichen.

Der vierte Schritt ist der schwierigste, weil nun Alternativ-Lösungen für die ermittelten Soll-Funktionen erarbeitet werden müssen. Hierbei hat es sich bewährt, Kreativitätstechniken, wie sie im Kapitel 6.6.1 beschrieben sind, anzuwenden.

Im fünften Schritt müssen die erarbeiteten Lösungsansätze auf ihre Funktionserfüllung geprüft und für diese muss eine Wirtschaftlichkeitsprüfung vorgenommen werden. Ziel ist dabei die Findung der kostengünstigsten Lösungen.

Im letzten Schritt sind die letztendlich zu verwirklichen Lösungen auszuwählen und in die Realisierung überzuleiten.

Wertanalyse-Team

Die Wertanalyse wird im Allgemeinen von einem WA-Team durchgeführt, welches interdisziplinär aus Mitarbeitern unterschiedlicher Fachbereiche zusammengesetzt ist. Auf diese Weise wird ein hoher Grad von Synergien und Kreativität erreicht, welcher notwendig sind, um realisierbare alternative Lösungsansätze zu finden. Natürlich ist für den Erfolg einer Wertanalyse entscheidend, dass das Team konsensfähig ist und zielorientiert arbeitet; ein in der Wertanalyse erfahrener Moderator ist da eine wichtige Voraussetzung.

In vielen Unternehmen ist die Wertanalyse bereits fester Bestandteil im Planungsprozess einer neuen Produktentwicklung geworden. Durch den konsequenten Einsatz von Wertanalysen konnten Kostensenkungen und Leistungsverbesserungen von bis zu 20% erreicht werden.

Produktklinik

Häufigster Fehler in der Produktion ist das „Over-Engineering“, d.h. zu viele überflüssige Funktionen mit einem zu kostspieligen Design. Deshalb praktizieren einige Firmen ein spezielles Wertanalyse-Konzept, welches als „Produktklinik“ bezeichnet wird. Bei einer etablierten Produktion werden hierbei drei Analysebereiche betrachtet:

aufzudecken. Danach werden die technischen Merkmale genauer spezifiziert. Aus technischer Sicht wird jetzt noch mal eine Wettbewerbsanalyse mit Konkurrenzprodukten vorgenommen. Zum Schluss wird eine Gesamtbewertung hinsichtlich des Erfüllungsgrads der anfänglich aufgestellten Kundenanforderungen durchgeführt.

Vor- und Nachteile

Die Vorteile der QFD-Methodik sind:

- transparente Darstellung der Kundenwünsche und deren technische Spezifikation
- optimale Abdeckung der Kundenanforderungen
- schneller Beginn der Entwicklung
- kurze Produktionszeit
- profitables und kundengerechtes Produkt
- nachvollziehbare Entscheidungen
- zufriedene Kunden.

Als Nachteile der QFD-Methodik sind dagegen zu nennen:

- hoher Zeitaufwand für die Durchführung
- Probleme bei der Übertragung der Kundenwünsche auf die technischen Merkmale
- Qualitätstabellen können sehr umfangreich werden.

Ein großes Problem der QFD-Methode stellt die große Informationsmenge beim Aufstellen der Tabellen und Matrizen dar; so können bei der Bildung des „House of Quality" mehrere tausend Entscheidungen und Korrelationen anfallen, die entsprechend dokumentiert und verarbeitet werden müssen. Daher wird der Einsatz von QFD-spezifischen Software-Tools sehr empfohlen. Neben dem Tabellenkalkulationsprogramm Excel werden hierfür auf dem Markt Tools wie HyperQFD und QFDCapture angeboten.

Untersuchungen von Unternehmensberatungsfirmen haben gezeigt, dass QFD kurzfristig zu geringen, langfristig aber zu großen Verbesserungen gegenüber bisherigen Vorgehensweisen führt. Damit ist heute QFD eines der erfolgreichsten Werkzeuge zur Produktplanung und Produktdefinition.

Zertifizierung

Das QFD-Institut Deutschland hat ein Ausbildungs- und Zertifizierungsprogramm zur Verbesserung der QFD-Qualifikation initiert.

Vier Stufen der Zertifizierung werden angeboten:

- ▷ Erster Grad: QFD-Förderer (Certified Potential)
- ▷ Zweiter Grad: QFD-Anwender (Certified User)
- ▷ Dritter Grad: QFD-Moderator (Certified Facilitator)
- ▷ Vierter Grad: QFD-Architekt (Certified Architect)

Das QFD-Institut hat hierfür einen Zertifizierungs-Kodex erstellt, der Regeln für die Zertifizierung von Qualifikationsmaßnahmen und QFD-Fachexperten enthält.

2.2.6 Änderungswesen

Änderungsanforderungen stellen zwangsläufig bereits erarbeitete Zwischenergebnisse in Frage. Da Zwischenergebnisse aufeinander aufbauen, ist mit deren Änderung die Konsistenz der gesamten Ergebnisfolge gefährdet und zwar umso mehr, je grundlegender die Änderung ist. Entsprechend haben Änderungen von Ergebnissen aus frühen Projektphasen i. Allg. weitreichende Auswirkungen (Bild 2.23). Zu diesen besonders kritischen Entwicklungsergebnissen gehört der Anforderungskatalog. Änderungsanforderungen dürfen also in einem Projekt nur nach streng geregelten *Änderungsverfahren* behandelt werden.

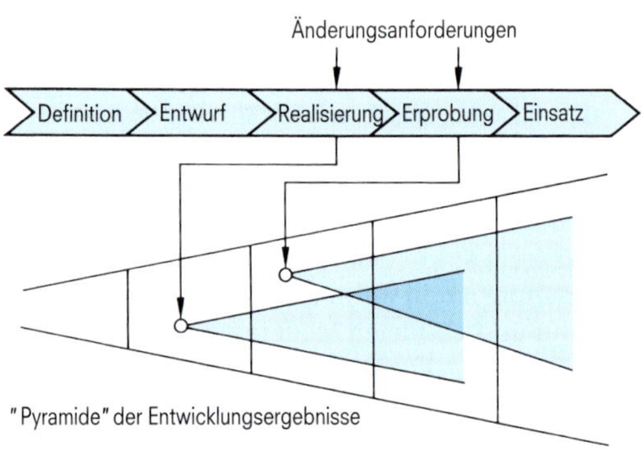

Bild 2.23 Wirkung von Änderungsanforderungen

Zu Projektbeginn muss das Änderungsverfahren für ein Projekt mit allen Beteiligten verabredet werden. Nachfolgend werden drei für wichtig erachtete Verfahren vorgestellt, die auf unterschiedlichen Vorgehensweisen im Änderungsprozess beruhen (Bild 2.24):

- ▷ Kontinuierlicher Änderungsprozess
- ▷ Eingeschobener Änderungsprozess
- ▷ Begleitender Änderungsprozess.

Kontinuierlicher Änderungsprozess

In einem kontinuierlichen Änderungsprozess fließen die Änderungsanforderungen laufend in den Entwicklungsprozess ein. Die Änderungen werden in die betroffenen Entwicklungsergebnisse schritthaltend mit dem Projektablauf eingearbeitet. Hiermit ist zwangsläufig eine Verlangsamung des Projektablaufs verbunden, die bereits frühzeitig einzuplanen ist. Man darf auch nicht übersehen, dass dieses Verfahren eine ständige Unsicherheit bezüglich der Aktualität von Entwicklungsergebnissen nach sich zieht.

Der kontinuierliche Änderungsprozess ist nur anwendbar, solange die Korrekturen begrenzt bleiben und für alle Projektbeteiligten überschaubar sind. Er bildet das typische Änderungsverfahren, das für Fehlerkorrekturen im laufenden Entwicklungsprozess – besonders in den Phasen Systemintegration und Systemtest – angewendet wird. Auch in frühen Planungsphasen eines Projektes ist es nutzbar. Als allgemeines Verfahren für den gesamten Projektablauf sollte es nicht eingesetzt werden, da die Vollständigkeit aller Änderungsnotwendigkeiten mit wachsender Menge der Entwicklungsergebnisse und der Änderungsanforderungen kaum mehr zu beherrschen ist.

Eingeschobener Änderungsprozess

Das Änderungsverfahren, das auf eingeschobenen Änderungsprozessen beruht, führt zu temporären Unterbrechungen des geplanten Entwicklungsablaufs. Während der Unterbrechungen werden die ausgewählten Änderungsanforderungen vollständig in die bereits vorliegenden Entwicklungsergebnisse eingearbeitet. Erst wenn wieder ein konsistenter

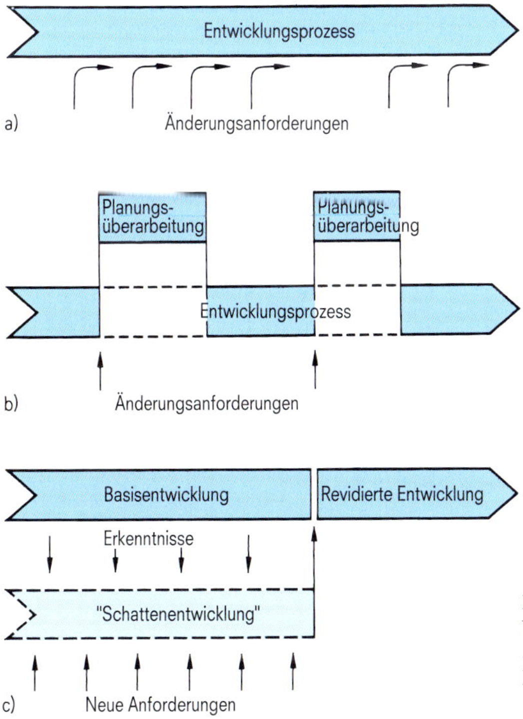

Bild 2.24
Vorgehensweisen bei Änderungsprozessen
a) Kontinuierlicher Änderungsprozess
b) Eingeschobener Änderungsprozess
c) Begleitender Änderungsprozess

Entwicklungsstand erreicht ist, wird das Projekt nach aktualisiertem Plan fortgesetzt.

Durch die Entwicklungsunterbrechung vermeidet man die Unsicherheit bezüglich der Aktualität von Entwicklungsergebnissen. Erfahrungsgemäß konzentrieren sich die kritischen Arbeiten in einem Projekt auf wenige Entwicklungsschwerpunkte, d. h. bei einigen Entwicklungsaufgaben entsteht Überlastung, bei anderen Leerlauf. Daher wird die Unterbrechungsdauer jeweils durch den Umfang bestimmt, in dem solche kritischen Arbeiten von Änderungen betroffen sind. Als Nachteil kann sich somit bei weniger kritischen Arbeiten der Leerlauf sogar vergrößern.

Das Verfahren mit eingeschobenen Änderungsprozessen ist ein übliches Standardverfahren. Es sichert vor allem die Ordnung in einem komplexen Entwicklungsvorhaben. Dieses Verfahren lässt die Auswirkungen für die Entscheider besonders deutlich werden und fördert dadurch das kritische Beurteilen von Änderungsanforderungen. Es darf jedoch nicht übersehen werden, dass durch nahezu unvermeidbaren teilweisen Entwicklungsstillstand die Projektdauer u. U. erheblich verlängert wird.

Agiles Projektmanagement

Speziell bei vielen innovativen, kundennahen IT-Projekten hat es sich gezeigt, dass die Veränderungsrate der Kundenwünsche und -anforderungen während des Projektablaufs sehr hoch ist. Bei einer streng eindimensionalen Projektdurchführung entspricht also das ursprünglich geplante Funktionsprofil eines SW-Produkts nicht mehr dem am Projektende gewünschten Profil. Hier hat sich der Begriff *agiles Projektmanagement* etabliert [33].

Diese Form des Projektmanagements plädiert für ein flexibleres Änderungswesen während der laufenden Projektdurchführung; im Kern entspricht es einer Mischung aus einem kontinuierlichen und einem eingeschobenen Änderungsprozess. Sowohl kleinere Änderungen können laufend in den Entwicklungsablauf einfließen als auch größere, kundenveranlasste Änderungsanforderungen können in einem eingeschobenen Änderungsprozess behandelt werden.

Agiles Projektmanagement erfordert damit auch ein flexibleres Vorgehen im Projektteam, also mehr selbstständiges Handeln, hohe Motivation und funktionierende Kommunikation im Team, um schnell auf Änderungen seitens des Kunden reagieren zu können.

Um zu einem schlankeren Softwareprozess zu gelangen, bedient sich ein Agiles Projektmanagement verschiedener Methoden; zu ihnen gehören z. B.:

- Adaptive Software Development (ASD)
- Agiles Datawarehousing (ADW)
- Crystal Light, Crystal Clear
- Extreme Programming (XP)
- Feature Driven Development (FDD)
- Scrum.

Zur näheren Erläuterung wird auf die entsprechende Fachliteratur verwiesen.

Begleitender Änderungsprozess

Der begleitende Änderungsprozess kennzeichnet eine außergewöhnliche Variante der Änderungsverfahren, die für hochinnovative und äußerst zeitkritische Projekte Anwendung finden, z. B. in der Luft- und Raumfahrttechnik. Der Grundgedanke dieses Änderungsverfahrens ist, die geplante Entwicklung von Störungen, die durch Änderungsaktivitäten ausgelöst werden, frei zu halten und die entstehenden Änderungsanforderungen in einer parallelen »Schattenentwicklung« aufzunehmen. In getrennt geplanten Entwicklungsphasen werden die parallel gewonnenen Entwicklungsergebnisse in einer gemeinsamen Entwicklung zusammengeführt (Bild 2.25). Dabei ist unter Berücksichtigung der Projektziele zu entscheiden, welche Ergebnisse aus den Entwicklungslinien übernommen und welche verworfen werden.

Der große Vorteil dieses Änderungsverfahrens liegt darin, dass die Basisentwicklung durch das Fernhalten von Störungen zielstrebig vorangetrieben werden kann; sie liefert somit frühzeitig weitreichende Erkenntnisse, die im weiteren Projektverlauf unbedingt benötigt werden. Die Schattenentwicklung bleibt weitgehend frei von Projektzwängen, die durch die Änderungsanforderungen im Normalfall entstehen würden; sie kann sich dadurch für tech-

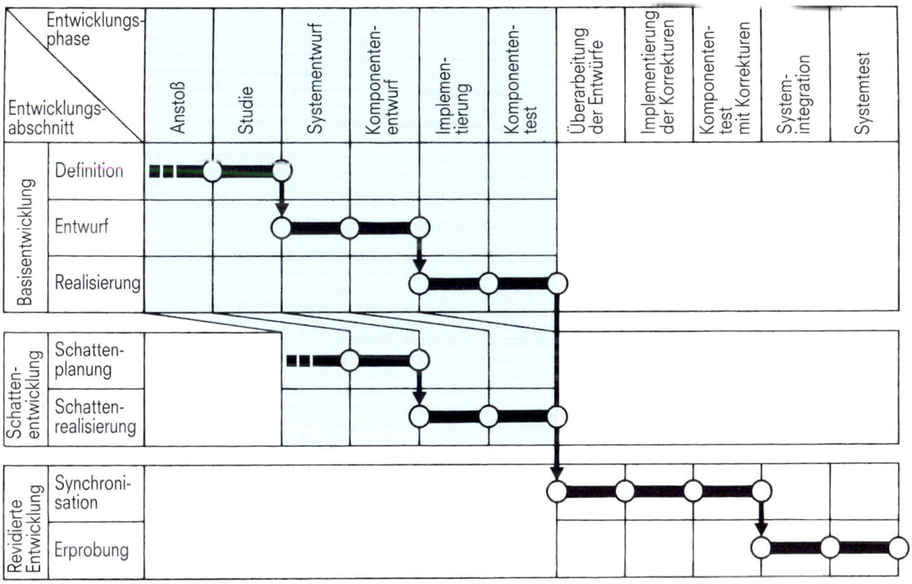

Bild 2.25 Prozessplan für den begleitenden Änderungsprozess

nische Lösungen entscheiden, die das technisch beste Produkt erwarten lassen.

Das Verfahren mit begleitendem Änderungsprozess erfordert einen von vornherein erkennbaren Mehraufwand. Die strenge Ausrichtung auf ein Ziel führt jedoch offensichtlich auch bei hoher technischer Unsicherheit zu kürzeren Entwicklungszeiten mit hoher Termintreue. Hierfür sind drei Gründe ausschlaggebend:

- ▷ Der frühe Erfahrungsgewinn beseitigt auch frühzeitig technische Unsicherheit.
- ▷ Das Änderungsverfahren wird innerhalb eines Projekts prinzipiell nur ein einziges Mal durchlaufen, wodurch erhebliche Änderungsaufwendungen entfallen.
- ▷ Die Schattenentwicklung kann weitgehend entkoppelt von der Basisentwicklung durchgeführt werden; sie behindert die Basisentwicklung dadurch kaum, kann aber selbst eine hohe Kreativität entfalten, die zu einer beschleunigten Reife der Gesamtentwicklung wesentlich beiträgt.

Das Konfigurationsmanagement (siehe Kap. 6.1) bietet Methoden, Werkzeuge und darauf aufbauende Verfahren, die das kontrollierte Behandeln von Änderungsanforderungen zum Ziel haben. Ein Konfigurationsmanagement ist daher für die hier vorgestellten Änderungsverfahren unverzichtbar.

2.3 Wirtschaftlichkeitsbetrachtung

2.3.1 Methodenüberblick

Mit jedem Entwicklungs- bzw. Projektierungsvorhaben will man erreichen, dass mit dem zu realisierenden Gerät, System oder Verfahren ein messbarer Gewinn oder Nutzen erzielt wird, sei es durch einen Verkaufserlös oder durch einen entsprechenden Rationalisierungserfolg im internen Einsatz. Ein Entwicklungs- oder Projektierungsvorhaben ist damit immer auch ein Investitionsvorhaben, welches unter dem Gesichtspunkt der Wirtschaftlichkeit zu sehen ist (Business Case). Wie die Praxis zeigt, erfüllt aber so manches Projektvorhaben diese Prämisse nicht. Erkannt wird dies aber nicht selten erst nach Abschluss des Projekts, also dann, wenn alle Ausgaben bereits getätigt sind und die finanziellen Rückflüsse bzw. Einsparungen nicht in dem erwarteten Maß eintreten.

Tabelle 2.4 Unterschiedliche Arten des Finanzmitteleinsatzes und -rückflusses

Projektart	Finanzmitteleinsatz	Finanzmittelrückfluss
Entwicklungsprojekte	Entwicklungs- und Fertigungskosten	Verkaufte Anzahl × Vertriebspreis
Rationalisierungsprojekte	Projekt- und Investitionskosten	Rationalisierungseinsparungen
Projektierungsprojekte	Entwicklungs-, Anpassungs- und Zulieferungskosten	System- bzw. Anlagenpreis
Vertriebsprojekte	Eigene Projektkosten, Käufe und Bezüge etc.	Vertraglicher Auftragswert
Betreuungsprojekte	Pflege- und Wartungskosten	Laufende Einnahmen gemäß Wartungsvertrag
Dienstleistungsprojekte	Übernahme- und Betreibungskosten	Auftragswert und lfd. Einnahmen gemäß Dienstleistungsvertrag
Investitionsprojekte	Eigene Projektkosten, Käufe, Investitionen etc.	Vertraglicher Auftragswert

Es ist daher wichtig, dass bereits in der Definitionsphase eines Projekts eine umfassende Wirtschaftlichkeitsbetrachtung vorgenommen wird.

Ein Projekt ist bekanntlich dann wirtschaftlich, wenn die Finanzrückflüsse, also die gesamten durch den Projektgegenstand herbeigeführten Einnahmen, größer sind als der Finanzmitteleinsatz, d. h. die für die Projektdurchführung notwendigen Aufwendungen. Die Art und Weise des Finanzrückflusses und des Finanzmitteleinsatzes unterscheiden sich natürlich bei den verschiedenen Projektarten (siehe Tabelle 2.4).

Entsprechend den unterschiedlichen Zielrichtungen von Vorhaben (Grundlagenentwicklung, Produktentwicklung, Rationalisierungsvorhaben etc.) bieten sich hier mehrere Instrumentarien an, die gemäß ihrer Bewertungsart und Beurteilungsbasis nach Bild 2.26 unterteilt werden können.

Umsatzorientierte Methoden

Als Beispiele für monetär bewertende Wirtschaftlichkeitsbetrachtungen, die umsatzorientiert sind, werden in den folgenden Kapiteln die FuE-Projektdeckungsrechnung und die Wirtschaftliche Produktplanung näher erläutert. Sie finden im Wesentlichen bei Geräte- und Systementwicklungen Anwendung.

Die *FuE-Projektdeckungsrechnung* ist eine auf die wesentlichen Komponenten einer Entwicklung reduzierte »Wirtschaftliche Produktplanung«, die im zeitlichen Ablauf von Projekten durch zusätzliche Informationen und durch gewonnene Erfahrungen immer sicherer werdende Aussagen über die für eine Erfolgsbeurteilung wichtigen Daten gewinnt. Sie ist damit eine Form der Wirtschaftlichkeitsbetrachtung, die von vornherein darauf ausgelegt ist, nicht nur zu Beginn eines Projekts eine Wirtschaftlichkeitsaussage zu machen, sondern diese während des gesamten Entwicklungsablaufs laufend einer Prüfung zu unterziehen.

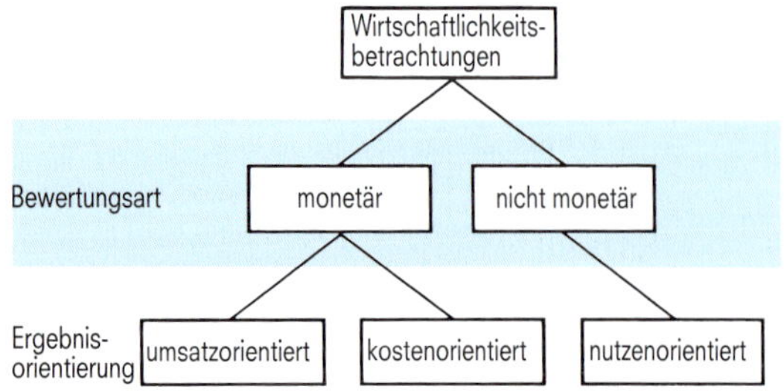

Bild 2.26
Arten von Wirtschaftlichkeitsbetrachtungen

Im Rahmen der *Wirtschaftlichen Produktplanung* (WPP) soll der voraussichtliche wirtschaftliche Produkterfolg durch eine Errechnung des Produkt-Ergebnisses aufgezeigt werden. Wie weiter unten noch ausgeführt wird, unterscheidet man hier zwei Formen der Wirtschaftlichen Produktplanung:

- ▷ Produkt-Ergebnisrechnung (WPP I) und
- ▷ Produkt-Renditerechnung (WPP II),

wobei die Produkt-Renditerechnung nicht mehr umsatzorientiert, sondern kostenorientiert ist.

Kostenorientierte Methoden

Monetär bewertende Wirtschaftlichkeitsbetrachtungen, die allein an den Kosten des einzelnen Entwicklungsvorhabens orientiert sind, werden vor allem bei Verfahrensentwicklungen, bei Lösungsprojekten bzw. bei allgemeinen Rationalisierungsinvestitionen eingesetzt.

Man unterscheidet hier zwischen *statischen* und *dynamischen* Rechenmethoden. Während die dynamischen Methoden (Geldflussrechnungen) die zeitlichen Unterschiede im Anfall der Ausgaben und Einnahmen berücksichtigen und eine Geldwertumrechnung auf den Gegenwartswert (Barwert) mit Hilfe der Zinseszinsrechnung vornehmen, geschieht dies bei den statischen nicht.

Zu den statischen Rechenmethoden gehören:

- ▷ Kostenvergleichsrechnung
- ▷ Amortisationsrechnung
- ▷ Rentabilitätsrechnung.

Bei der *Kostenvergleichsrechnung* werden die Kosten verschiedener Vorhaben miteinander verglichen. Es wird die Alternative gewählt, deren jährliche Kosten am niedrigsten sind. Die Kostenvergleichsrechnung hat zur Voraussetzung, dass die Erträge der verglichenen Vorhaben gleich hoch sind; nur in diesem Fall ist Kostenminimierung gleichbedeutend mit Gewinnmaximierung.

Die *Amortisationsrechnung,* auch als Kapitalrückflussrechnung bezeichnet, ermittelt den Zeitraum, in welchem der Kapitaleinsatz über die Erlöse wieder zurückgeflossen ist. Ein Vorhaben ist nach dieser Methode wirtschaftlich, wenn die errechnete Amortisationszeit kleiner als die geforderte ist.

Die statische *Rentabilitätsrechnung* (Return on Investment-Methode) ermittelt die Rentabilität des investierten Kapitals aus dem Quotienten von durchschnittlichem Gewinn zu durchschnittlich gebundenem Kapital. Nach dieser Methode ist ein Vorhaben rentabel, wenn eine vorgegebene Mindestrentabilität erfüllt ist.

Zu den dynamischen Rechenmethoden zählen:

- ▷ Kapitalwertmethode
- ▷ Annuitätenmethode
- ▷ Interne Zinsfußmethode
- ▷ GWB-Methode.

Bei der *Kapitalwertmethode* gilt als Beurteilungsmaßstab für die Wirtschaftlichkeit der Kapitalwert einer Investition, der sich als Differenz aller auf den Bezugszeitpunkt abgezinsten Ausgaben und Einnahmen ergibt. Eine Investition ist nach dieser Methode wirtschaftlich, wenn der Kapitalwert größer als Null ist.

Bei der *Annuitätenmethode* wird die Annuität als Wirtschaftlichkeitsmaßstab bestimmt; sie entspricht dem durchschnittlichen, auf den Bezugszeitpunkt abgezinsten Jahreseinnahmeüberschuss. Das Vorhaben ist dann wirtschaftlich, wenn der durchschnittliche Rückfluss pro Jahr größer als die Annuität des Kapitaleinsatzes ist.

Mit der *internen Zinsfußmethode bzw. Marginalrenditerechnung* wird die tatsächliche Verzinsung des eingesetzten Kapitels errechnet. Der interne Zinsfuß einer Investition entspricht demjenigen Grenzzinssatz (Marginalrendite), bei dem der Barwert der Ausgaben gleich dem Barwert der Einnahmen ist. Ein Vorhaben ist dann wirtschaftlich, wenn die Marginalrendite größer als die Mindestverzinsung ist. Kapitel 2.3.5 geht auf diese Methode ausführlicher ein.

Mit der Marginalrenditerechnung sehr verwandt ist eine neue moderne Methode der Wirtschaftlichkeitsbetrachtung eines Unternehmens: die Ermittlung des *Geschäftswertbeitrages* (GWB). Bei dieser Betrachtungsweise steht im Vordergrund, dass jeder Teil eines Unternehmens mindestens die für seinen Teil gebundenen Kapitalkosten als Gewinn einbringen muss. Kapitel 2.3.4 geht auf diese Methode näher ein.

Nutzenorientierte Methoden

Während die Methoden mit monetärer Bewertung sowohl für Einzel- als auch Vergleichsbetrachtungen geeignet sind, ist die Methode der Nutzwertanalyse nur sinnvoll einsetzbar, wenn mindestens eine Vorhabensalternative existiert. Sie wird herangezogen, wenn keine quantifizierbaren Merkmale vorliegen, die als Voraussetzung für eine monetäre Bewertung notwendig wären; stattdessen betrachtet man Bewertungskriterien, die eine rein qualitative Aussage enthalten. Auf Basis einer Gewichtung dieser Kriterien wird mit Hilfe der Multifaktorenrechnung eine Rangfolge der betrachteten Alternativen ermittelt.

Die Nutzwertanalyse bietet den großen Vorteil, neben wirtschaftlichen auch fachliche, ergonomische und soziale Aspekte einbeziehen zu können. Verfechter einer Wirtschaftlichkeitsbetrachtung ausschließlich nach monetären Gesichtspunkten verwerfen allerdings solche nur nutzenorientierte Methoden, weil sie keine in Geld ausdrückbare Wirtschaftlichkeit aufzeigen können. Dies ist im strengen Sinne richtig, da (in unserem Wirtschaftssystem) jeder Nutzen immer in Geld bewertet werden kann.

Die (nicht monetäre) Nutzwertanalyse lässt sich sehr gut additiv zu einer (monetären) Marginalrenditerechnung einsetzen. Man unterscheidet dann zwischen einer »direkten« (≙ quantifizierbaren) und einer »indirekten« (≙ nicht quantifizierbaren) Wirtschaftlichkeit beim betrachteten Vorhaben.

In Kapitel 2.3.6 wird auf die Nutzwertanalyse näher eingegangen.

Einsatzbeispiele

In Tabelle 2.5 sind für die weiter unten näher beschriebenen Methoden zur Wirtschaftlichkeitsbetrachtung typische Einsatzbeispiele aufgeführt. Eine Mehrfachnennung ist möglich, da die einzelnen Methoden sich nicht gegenseitig ausschließen.

2.3.2 FuE-Projektdeckungsrechnung

Die FuE-Projektdeckungsrechnung stellt eine Methode der Wirtschaftlichkeitsbetrachtung dar, bei der projektbegleitend und über das Projektende hinaus die investierten FuE-Kosten für eine Produktentwicklung den (anteiligen) FuE-Rückflüssen gegenübergestellt werden. Man gelangt so zu einer Aussage bez. der *Projektkostendeckung* und damit zu einer Wirtschaftlichkeitsaussage des gesamten Entwicklungsvorhabens.

Tabelle 2.5 Einsatzbeispiele

Methodenansatz	Methode	Einsatzbeispiele
Umsatzorientiert	FuE-Projektdeckungsrechnung	– Allgemeine FuE-Projekte – HW-Produktentwicklungen – Entwicklungsbereiche
	Produkt-Ergebnisrechnung (WPP I)	– Vielproduktentwicklungen – System-SW-Produkte – Systementwicklungen
Kostenorientiert	Produkt-Ergebnisrechnung (WPP II)	– Einzelproduktentwicklungen – Anwender-SW-Produkte – Geräteentwicklungen
	Marginalrenditerechnung	– Rationalisierungsvorhaben – Investitionsbeurteilungen – DV-Verfahren für internen Einsatz – Vergleichsbeurteilungen
Nutzenorientiert	Nutzwertanalyse	– Grundlagenentwicklungen – Vorfeldentwicklungen – Büroprojekte

Die FuE-Projektdeckungsrechnung ist eine auf die wesentlichen Komponenten einer Entwicklung reduzierten »Wirtschaftlichen Produktplanung« und sollte besonders bei Projekten mit hohem eigenen Entwicklungsanteil eingesetzt werden.

Die Grundgrößen der FuE-Projektdeckungsrechnung sind

- ▷ die FuE-Kosten,
- ▷ die kalkulatorischen FuE-Rückflüsse und
- ▷ die Entwicklungszeit (bzw. Lieferbeginn).

Zu den FuE-Kosten können neben den unmittelbar dem Projekt zuzurechnenden Entwicklungskosten auch durch Umlagen entstehende Kostenanteile gerechnet werden.

Die kalkulatorischen FuE-Rückflüsse sind vom zu erwartenden Umsatz und vom Fertigungs- und Vertriebsergebnis bestimmt. Dieser Wert ist mit Hilfe der FuE-Kaufmannschaft zu ermitteln. Für den zu betrachtenden Umsatz sollte hierbei ein Zeitraum von nicht mehr als zehn Jahren angesetzt werden – jedoch nicht länger als der gesamte Produktlebenszyklus.

In Bild 2.27 ist der Verlauf der Grundgrößen der FuE-Projektdeckungsrechnung anhand eines Beispiels gezeigt. Es verdeutlicht die Auswirkungen einer Entwicklungszeitverschiebung und einer dadurch bedingten Erhöhung der Entwicklungskosten auf den Deckungszeitpunkt; dieser kennzeichnet den Zeitpunkt, zu dem die eingetretenen (kalkulatorischen) FuE-Rückflüsse die aufgewendeten FuE-Kosten aufwiegen – wenn also das FuE-Projekt seine eigenen Entwicklungskosten wieder eingespielt hat. Eine durch Entwicklungszeitüberschreitung verursachte Verschiebung des Produkteinsatzes und damit des Rückflusseinsatzes um ein Jahr führt im Beispiel zu einer Verschiebung des Deckungszeitpunkts um zwei Jahre. Auch hier zeigt sich wieder die große Bedeutung des Einhaltens der Termine, das wesentlich mehr an Ergebnis bringt als das Einhalten der Kosten.

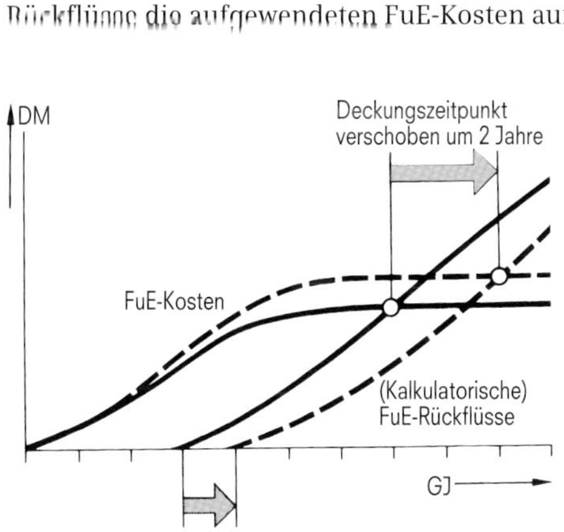

Bild 2.27
FuE-Projektdeckungsrechnung (Beispiel)

Zur grafischen Darstellung bietet sich der Einsatz des Personal Computers mit entsprechender Grafik-Software an; mit einer entsprechenden Datenbank lassen sich dann auch leicht Simulationen durchführen.

FuE-Kostendeckungssatz

Als ein Maß für die Effektivität eines FuE-Vorhabens wird der FuE-Kostendeckungssatz definiert, bei dem neben den in den Umsatzerlös eingerechneten (kalkulierten bzw. geplanten) FuE-Kosten auch die Ergebniswirkung berücksichtigt wird.

Der FuE-Kostendeckungssatz (in % vom geplanten Umsatz) wird ermittelt, indem der FuE-Kostensatz (in % vom geplanten Umsatz) bei überdurchschnittlichen Ergebnisbeiträgen durch einen »Bonus« nach oben und bei unterdurchschnittlichen Ergebnisbeiträgen durch einen »Malus« nach unten korrigiert wird. Liegen z. B. die Ergebnisse eines FuE-Projekts über dem geplanten Durchschnitt der ganzen Produktgruppe, so führt dies zu einer entsprechenden Heraufsetzung des FuE-Kostendeckungssatzes und damit zu einer größeren Deckung und zu einem früheren Deckungszeitpunkt. Umgekehrt bewirken Ergebnisse, die unter dem Durchschnitt liegen, eine Herabsetzung des FuE-Kostendeckungssatzes und damit eine geringere Deckung und einen späteren Deckungszeitpunkt.

Zur rechnerischen Bestimmung des FuE-Kostendeckungssatzes wird eine *Bonus-Malus-Tabelle* verwendet, in der durchschnittliche FuE-Rückflussfaktoren (Verhältnis FuE-Kosten zu Gesamtrückfluss, jeweils in % vom geplanten Umsatz) eingearbeitet sind. Diese Rückflussfaktoren sind bereichsspezifisch festzulegen.

Einsatzbreite

Der große Vorteil der FuE-Projektdeckungsrechnung liegt sicher in der einfachen und klaren Darstellung der Projektwirtschaftlichkeit sowie deren laufenden Kontrollen während der gesamten Projektdurchführung und der gesamten Produktlebensdauer, sie stellt damit eine Art Ertragsrechnung für das FuE-Vorhaben dar.

Die FuE-Projektdeckungsrechnung ist keine exakte Wirtschaftlichkeitsrechnung gleich einer Renditerechnung mit Zins und Zinseszins. Deshalb darf sie dazu auch nicht missbraucht werden, z. B. anlässlich einer Entscheidung, eine Entwicklung zu starten oder zu beenden. Sie will den besonderen Verhältnissen von Entwicklungsprojekten Rechnung tragen, die häufig in ihren Zielgrößen FuE-Kosten, Entwicklungszeit und Lieferbeginn sowie Umsatz und Ergebnis nicht genau voraussehbar und planbar sind. Die FuE-Projektdeckungsrechnung kann im Besonderen die Ergebniswirkung von zeitlichen Verzögerungen und Verteuerungen deutlich machen und so zu einem wertvollen Hilfsmittel des Managements werden.

Deshalb kann die FuE-Projektdeckungsrechnung als Steuerungsinstrument in den Leitungsebenen eines Unternehmens dazu beitragen, die wirtschaftliche Zielsetzung bei FuE-Projekten und das Maß der Zielerreichung sichtbar zu machen, damit die Bereichsleitung frühzeitig bei sich abzeichnenden Zielabweichungen handeln kann. Es sollte bei jedem größeren FuE-Projekt einmal jährlich eine Fortschreibung der FuE-Projektdeckungsrechnung vorgenommen werden, um festzustellen, ob sich ein Erfolg abzeichnet oder das Projekt wegen geringer Erfolgsaussichten abzubrechen ist.

2.3.3 Wirtschaftliche Produktplanung

Wie bei der FuE-Projektdeckungsrechnung soll bei der Wirtschaftlichen Produktplanung (WPP) der voraussichtliche wirtschaftliche Produkterfolg in einer transparenten Form dargestellt werden. Bei der Wirtschaftlichen Produktplanung werden allerdings erheblich mehr Einzelgrößen des geplanten Produkts in die Betrachtung einbezogen als bei der FuE-Projektdeckungsrechnung.

Wegen der engen Verflechtung der Entwicklungs- und Fertigungsprozesse, die für ein »Vielproduktunternehmen« charakteristisch ist, lässt sich der mit einem bestimmten einzelnen Produkt verbundene Finanzmitteleinsatz oft nur mit unvertretbar hohem Aufwand und Ansatz grober Schätzungen ermitteln. Als bewährter Hilfsmaßstab kann in diesen Fällen die Umsatzrendite, bezogen auf das gesamte Produktleben, gelten. Nachteilig ist, dass die zeitliche Verteilung von Einnahmen und Ausgaben nicht ausreichend berücksichtigt wird. Das führt besonders dann zu Problemen, wenn Produkte miteinander verglichen werden sollen, deren Lebenskurven unterschiedlich geformt sind.

Entsprechend den unterschiedlichen Möglichkeiten des Bestimmens wirtschaftlichkeitsrelevanter Messgrößen haben sich zwei Betrachtungsweisen einer Wirtschaftlichen Produktplanung bewährt:

- ▷ Produkt-Ergebnisrechnung (Wirtschaftlicher Produktplan I)
- ▷ Produkt-Renditerechnung (Wirtschaftlicher Produktplan II).

In beiden Fällen sollte sichergestellt sein, dass der Wirtschaftliche Produktplan, der einem »Business-Plan« entspricht, in die jeweils aktuelle Wirtschaftsplanung übergeleitet werden kann.

Produkt-Ergebnisrechnung

Die entscheidende Wirtschaftlichkeitsaussage wird bei der Produkt-Ergebnisrechnung durch das Bestimmen der *Umsatzrendite*, die sich auf das gesamte Produktleben bezieht, gemacht. In Bild 2.28 ist in einer Prinzipdarstellung dieser *Wirtschaftliche Produktplan* wiedergegeben; er wird bevorzugt dann verwendet, wenn man den mit einem einzelnen Produkt verbundenen Finanzmittelbedarf nicht tätigkeitsspezifisch genug ermitteln kann.

Mit der Produkt-Ergebnisrechnung werden die mit dem Produkt zu erzielenden Leistungen und Gesamtkosten – nach Jahresscheiben unterteilt – für die Produktlebensdauer festgestellt. Hierbei ergibt sich der Umsatz aus der Multiplikation der geplanten Stückzahl des

Produkt	Nr.	

Nr.	Geschäftsjahr		aufgelaufen bis 01/02	Vorjahr 01/02	02/03	03/04	04/05	05/06	06/07
1	Absatz-Stückzahl	In-/Ausland							
2		Gesamt							
3	Rabatt [%]	In-/Ausland							
4		Gesamt							
5	Listenpreis								
6	Preisindex								
7	Umsatz [2x(5–4)]								
8	Lizenseinnahmen und sonst. Erlöse								
9	Herstellkosten								
10	Entwicklungskosten								
11	Wagniskosten								
12	Allgemeine Verwaltungskosten								
13	Vertriebskosten								
14	Sondereinzelkosten								
15	Selbstkosten [Σ 9 bis14]								
16	Ergebnis [7+8–15]								
17	Ergebnis aufgelaufen								
18	Produktspez. gebundenes Kapital								

Kennzahlen

19	Umsatzrendite [16:7]							
20	Teilkapitalrendite [16:18]							

Bild 2.28 Produkt-Ergebnisrechnung (Prinzipdarstellung)

Produkts mit dem Kundenpreis (Listenpreis minus Rabatt). Die erwarteten Kosten setzen sich aus

- Entwicklungskosten,
- Herstellkosten,
- Vertriebskosten,
- Wagniskosten,
- allgemeine Verwaltungskosten und
- Sondereinzelkosten

zusammen und entsprechen damit den Selbstkosten der gesamten Produktmenge. Die den wirtschaftlichen Erfolg des Produkts kennzeichnende Umsatzrendite bildet sich aus dem Quotienten Ergebnis zu Umsatz, wobei das Ergebnis sich aus dem Umsatz plus etwaiger Lizenzeinnahmen, vermindert um die Selbstkosten, errechnet.

Zusätzlich ist als Kennzahl auch die *Teilkapitalrendite* interessant, die sich aus Produktergebnis und produktspezifisch gebundenem Kapital errechnen lässt.

Produkt-Renditerechnung

Können die zu erbringenden Finanzmittel dem Produkt direkt zugeordnet werden, so bietet sich die zweite Form der Wirtschaftlichen Produktplanung, die Produkt-Renditerechnung an, für das Ermitteln der *Rendite des Produkts* wird sie ähnlich wie die Marginalrenditerechnung durchgeführt (Bild 2.29).

Zu den notwendigen Finanzmitteln gehören einerseits die produktspezifischen und die (anteilig) allgemeinen Investitionen einschließlich der Folgeinvestitionen im Rahmen der Entwicklung, der Fertigung und des Vertriebs und andererseits die ausgabewirksamen Entwicklungskosten mit den Anlaufkosten in Fertigung und Vertrieb. Hinzu kommen eventuell noch durch das Produkt bewirkte Veränderungen im Umlaufvermögen.

Nach Aufrechnung aller dem Produkt zuordenbaren Finanzmittel werden diesen die erwarteten Einnahmeüberschüsse gegenübergestellt. Die durch das Produkt zu erzielenden Einnah-

Projektbezeichnung: KEPI

Geschäftswert – Wirtschaftlichkeit des Vorhabens

Pos.	Werte in Euro	Gesamt	Jahr 0 99/00	Jahr 1 00/01	Jahr 2 01/02	Jahr 3 02/03	Jahr 4 03/04	Jahr 5 04/05	Jahr 6 (/)	Jahr 7 (/)	Jahr 8 (/)	Jahr 9 (/)	Jahr 10 (/)
1	Investition laut Antrag	650		400	250								
2	Aktivierte Vorleistungen (Projekt-Budget/Einmalkosten)	1.550		800	750								
	Geschäftsergebnis												
3	Umsatz	2.400			300	500	600	600	400				
4	Kosten (ohne Abschreibungen, Zinsen, aktivierte Vorleistungen)	−1.250			−250	−250	−250	−250	−250				
5	Abschreibungen (einschl. auf Vorleistungen/Projektkosten)	2.200		350	400	400	400	400	250				
6	Geschäftsergebnis vor Steuern (Pos. 3 – Pos. 4 – Pos. 5)	1.450		−350	150	350	450	450	400				
7	Geschäftsergebnis Steuersatz: 35%	943		−228	98	228	293	293	260				
8	in % v. Geschäftsvermögen (Pos. 7/Pos.11)	–			24%	30%	52%	83%	172%				
	Geschäftsvermögen (Anfangsbestand)/**Kapitalkosten**												
9	Anlagevermögen (nach Abschr., einschl. Vorleistungen z.B. FuE)	–			410	711	508	304	101				
10	Betriebliches Umlaufvermögen	–				50	50	50	50				
11	Geschäftsvermögen (Pos. 9 + Pos. 10)	–			410	761	558	354	151				
12	Kapitalkostensatz nach Steuern Steuersatz: 35%	–		11%	11%	11%	11%	11%	11%	11%			
13	Kapitalkosten nach Steuern (Pos. 11 x Pos. 12)	246			45	84	61	39	17				
	Geschäftswert												
14	Geschäftswertbeitrag (GWB) (Pos. 7 – Pos. 13)	697		−228	52	144	231	254	243				
15	**Geschäftswert** bei Diskontierung mit: 11%	**376**											

Bild 2.30 GWB-Rechentabelle

satzerwartungen stehen laufende Kosten in dem zu betrachtenden Zeitraum von 5 Jahren sowie die Abschreibungen auf die eingesetzten Investitionen gegenüber. Hierbei müssen reale Mehrkosten als positive, dagegen durch die Verfahrenseinführung erreichte Minderkosten (Ratiopotenzial) als negative Werte eingetragen werden. Von dem sich hieraus ergebenden Geschäftsergebnis sind die Kapitalkosten für das Anlagevermögen und das betriebliche Umlaufvermögen abzuziehen. Damit ergibt sich der Geschäftswertbeitrag des Projektvorhabens.

2.3.5 Marginalrenditerechnung

Planung und Realisierung von DV-Verfahren für den internen Einsatz in einem Unternehmen sowohl in vertrieblichen und administrativen Bereichen als auch in entwicklungs- und fertigungstechnischen Bereichen stellen vornehmlich Organisations- und Automatisierungsvorhaben dar. Für derartige Vorhaben wird die Wirtschaftlichkeitsprüfung üblicherweise mit der Berechnung der Marginalrendite vorgenommen.

Bei dieser Methode, auch als interne Zinsfuß-Methode bezeichnet, stellt man die gesamten Kosten für die Entwicklung sowie für den späteren Einsatz eines »geplanten Verfahrens« den gesamten Kosten eines »Vergleichsverfahrens« gegenüber. Hierbei kann das Vergleichsverfahren das bestehende Altverfahren oder ein alternativ zu entwickelndes Verfahren sein. Als Verfahren sind in diesem Zusammenhang nicht nur reine DV-Verfahren, sondern auch organisatorische Lösungen (bzw. beide kombiniert) zu verstehen.

Mit der Berechnung der Marginalrendite wird festgestellt, zu welchem Zinssatz sich das für das geplante Verfahren (bzw. Rationalisierungsvorhaben) investierte Geld durch den entstehenden Ratioeffekt amortisiert. Man stellt also den Finanzmittelbedarf, d. h. das eingesetzte Investment, den Finanzmittelrückflüssen gegenüber; hierbei müssen die Rückflüsse, die ja erst in der Zukunft anfallen werden, mit einem bestimmten Zinssatz, eben der Marginalrendite, auf die Gegenwart abgezinst werden.

Ein neues Verfahren ist also dann wirtschaftlich, wenn erstens die laufenden Kosten für das neue Verfahren auf Zeit geringer als die des bestehenden sind, und wenn zweitens die Einsparung eine ausreichende Verzinsung der Investition verspricht.

Abzinsung und Aufzinsung

Zum Verständnis der Begriffe Abzinsung und Aufzinsung sind nachstehend einige Grundgrößen und -formeln aus der Zinseszinsrechnung aufgeführt.

z	Zinssatz in %
$f = \frac{z}{100}$	Zinfuß
$q = (1+f)^n$	Aufzinsungsfaktor bei n Jahren
$p = \left(\frac{1}{1+f}\right)^m$	Abzinsungsfaktor bei m Jahren
K_0	Gegenwartswert (Jahr 0)
$K_n = K_0(1+f)^n$	aufgezinster Wert *nach* n Jahren
$K_n = K_0 \cdot q$	(siehe Aufzinsungstabelle 2.6)
$K_m = \frac{K_0}{(1+f)^m}$	abgezinster Wert *vor* m Jahren
$K_m = K_0 \cdot p$	(siehe Abzinsungstabelle II 2.8)

Aufzinsung bedeutet, dass ein bestimmter Geldwert (z. B. Gegenwartswert) mit Hilfe eines Zinssatzes auf eine spätere Zeit vorgerechnet wird, d. h. er nimmt bei einem positiven Zinssatz einen höheren Wert als den derzeitigen Wert an. Bei der Abzinsung wird ein bestimmter Geldwert gemäß einem Zinssatz auf eine frühere Zeit zurückgerechnet; bei einem positiven Zinssatz entsteht dann ein kleinerer Wert als der Ausgangswert. Das im Bild 2.31 angegebene Beispiel einer Auf- und Abzinsung soll dies verdeutlichen.

Analog hierzu kann auch ein Zukunftswert auf einen heutigen Gegenwartswert abgezinst bzw. ein Vergangenheitswert aufgezinst werden; in diesem Fall spricht man vom *Barwert*.

Zum leichteren Berechnen der Aufzinsung bzw. der Abzinsung eines Geldwertes dienen Aufzinsungs- und Abzinsungstabellen; in diesen liegen die Auf- und Abzinsungsfaktoren gemäß den vorstehenden Formeln bereits für die einzelnen Jahre ausgerechnet vor (siehe Tabellen 2.6 bis 2.8).

Finanzmittelbedarf und Finanzmittelrückfluss

Bei einer Marginalrendite-Berechnung werden alle »bisherigen Kosten«, welche im Wesentlichen dem für ein geplantes Vorhaben investierten Finanzmittelbedarf entsprechen, den »zukünftigen Rückflüssen« zu einem bestimmten Betrachtungszeitpunkt (Jahr 0, lfd. GJ) gegenübergestellt. Die künftigen Rückflüsse umfassen den zu erwartenden Finanzmittelrückfluss, der sich wiederum aus den Mehr- und Minderkosten gegenüber einem Vergleichszustand (bisheriges Verfahren oder Alternativlösung) zusammensetzt, sowie einen eventuell entstehenden Finanzmittelbedarf, der für Weiterentwicklung des Vorhabens noch erforderlich sein wird.

Zu den *bisherigen Kosten* gehoren Kosten für:

- Planungsaktivitäten,
- Realisierungsarbeiten,
- Ausbildungsmaßnahmen,
- Einführungsmaßnahmen,
- Test-Rechenzeiten,
- Sachanlageninvestitionen, etc.

Zu den *künftigen Rückflüssen* gehören die durch das geplante Verfahren zu erwartenden *Minderkosten*, z. B. durch

- Personaleinsparungen (aufgrund Produktivitätssteigerung),
- Materialeinsparungen (wie Papiereinsparung durch Grafikeinsatz),
- RZ-Einsparungen (wegen PC-Einsatz),

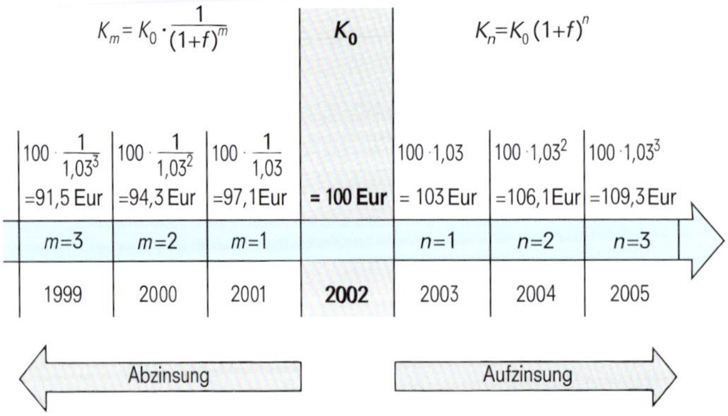

Bild 2.31
Aufzinsung und Abzinsung (Beispiel mit Zinssatz 3%)

– sonstige Kosteneinsparungen (aufgrund kürzerer Durchlaufzeiten).

Diese Rückflüsse vermindern sich durch einen zusätzlichen Finanzmittelbedarf oder durch verfahrensbedingte *Mehrkosten* wie

– weitere Entwicklungskosten,
– zusätzliche Sachanlageninvestitionen,
– Produktiv-Rechenzeiten,
– Schulungsmaßnahmen und
– Verfahrenspflege.

Außerdem sind noch eventuell (positive oder negative) Veränderungen des Umlaufvermögens sowie allgemeine Einnahmeverbesserungen durch die Einführung des geplanten Verfahrens zu berücksichtigen.

Als reine Geldflussrechnung berücksichtigt die Marginalrenditerechnung nur unmittelbare Ausgaben und Einnahmen für das geplante Vorhaben; es sind also nur *ausgabewirksame*, keine »Sowieso«-Kosten in die Rechnung einzubeziehen, ebenfalls werden alle *kalkulatorischen* Kosten wie Abschreibung und kalkulatorische Zinsen außer Acht gelassen.

Betrachtungszeitpunkt einer Marginalrendite

Die Berechnung einer Marginalrendite kann zu unterschiedlichen Zeitpunkten eines Vorhabens angebracht sein:

▷ vor Beginn eines Vorhabens,
▷ während eines Vorhabens und
▷ nach Abschluss eines Vorhabens.

Der entscheidende Unterschied dieser drei Betrachtungszeitpunkte liegt darin, dass im ersten Fall die zu investierenden und die rückfließenden Finanzmittel noch voll in der Zukunft liegen – also in ihren Angaben noch erhebliche Unsicherheiten in sich bergen –, im zweiten Fall ein Teil des Finanzmittelbedarfs schon festliegt, da er bereits ausgegeben wurde, und im dritten Fall alle Wertangaben, auch die Finanzmittelrückflüsse, als gesicherte Istwerte vorliegen.

Entsprechend diesen drei Fällen unterscheiden sich auch die Vorgehensweisen bei der zinslichen Bewertung der einzelnen Finanzmittelpositionen.

Wird die Marginalrendite zu Beginn eines Vorhabens berechnet, so werden alle künftigen Geldwerte mit der (zu ermittelnden) Marginalrendite auf den gegenwärtigen Zeitpunkt (Jahr 0) abgezinst.

Befindet sich dagegen das Vorhaben schon in der Entwicklungsphase – es ist also bereits ein gewisser Finanzmittelbedarf verbraucht worden – dann entsteht die Frage, wie diese bereits verbrauchten Finanzmittel zu bewerten sind. Einerseits können sie in der Marginalrenditerechnung unberücksichtigt bleiben, wenn allein eine Entscheidung über das Fortführen des Vorhabens auf der Basis rein wirtschaftlicher Aspekte ansteht; es werden dann keine zurückliegenden Jahre betrachtet. Andererseits können die »ausgegebenen« Finanzmittel auch – aufgezinst mit einem sinnvollen Zinssatz – in die Marginalrenditerechnung eingehen, wie dieses in dem nachfolgenden Beispiel 2 gemacht wurde; hier werden also die Geldwerte der zurückliegenden Jahre mit berücksichtigt.

Eine Marginalrenditerechnung nach Abschluss eines Vorhabens ist allein für die nachträgliche

Wirtschaftlichkeitsanalyse (siehe Kap. 5.2.3) interessant. In diesem Fall sollte man es so sehen, als würde man am Anfang des Vorhabens stehen, d. h. das Jahr 0 wird in die Vergangenheit an den Vorhabensanfang gelegt. Alle eingetretenen Finanzmittel werden mit der zu errechnenden Marginalrendite auf dieses Jahr abgezinst.

Bildung der Marginalrendite

Damit nun bisherige und künftige Geldbeträge miteinander verglichen werden können, muss man sie, wie bereits erwähnt, durch eine entsprechende Aufzinsung bzw. Abzinsung auf denselben Betrachtungszeitpunkt (Jahr 0) umrechnen. Hierbei werden bisherige Kosten, die zeitlich weiter zurückliegen und in die Marginalrenditerechnung eingehen sollen, meist mit einem banküblichen Zinssatz aufgezinst. Die zukünftigen Rückflüsse sind demgegenüber mit einem noch unbekannten Zinssatz abzuzinsen. Der Zinssatz wird dabei so gewählt, dass die abgezinsten zukünftigen Rückflüsse den bisherigen Kosten entsprechen; dieser Zinssatz wird als *Marginalrendite* bezeichnet (Bild 2.32).

Allgemein kann damit die Marginalrendite wie folgt definiert werden:

> Die Marginalrendite ist der Zinssatz, mit dem die Abzinsung des zukünftigen Finanzmittelrückflusses (eventuell vermindert durch einen noch aufzuwendenden Finanzmittelbedarf) einen Wert gleich dem bisherigen Finanzmittelbedarf ergibt.

Die Marginalrendite sollte hierbei erheblich höher sein als ein banküblicher Zinssatz, da-

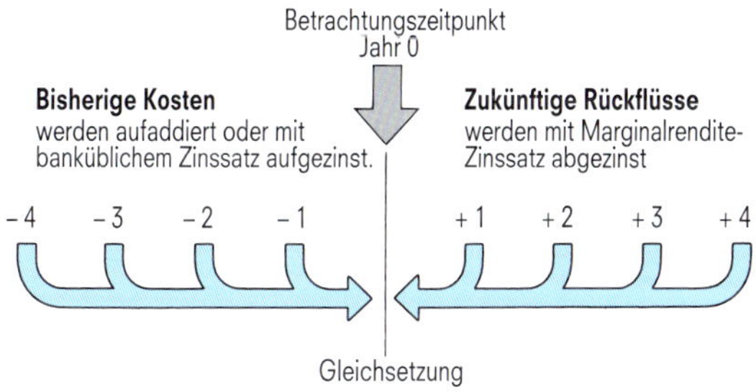

Bild 2.32
Bildung der Marginalrendite

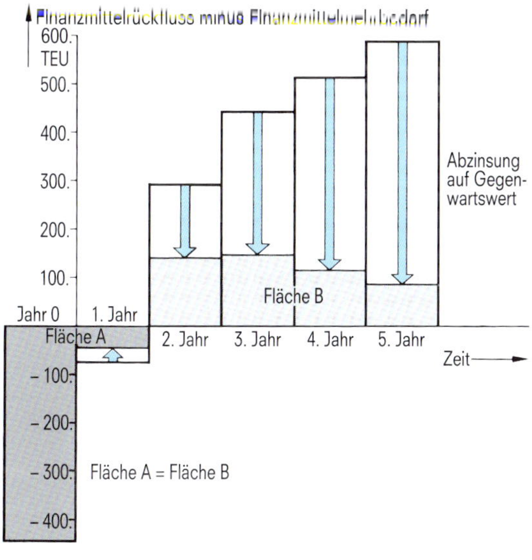

Bild 2.33
Abzinsung des Finanzmittelrückflusses (Werte des Beispiels 2)

mit sich ein geplantes Vorhaben auch wirklich »lohnt«. Ein banküblicher Zinssatz ist nämlich ein sehr sicherer Wert; der durch die Marginalrenditerechnung bestimmte Zinssatz enthält dagegen, wie weiter unten noch näher erläutert wird, erhebliche Unsicherheiten und Risiken in den Annahmen für das geplante Vorhaben. Eine geringe Verschätzung nach oben kann z. B. eine kleine Marginalrendite leicht unter den Wert eines banküblichen Zinssatzes drücken – das neue Vorhaben würde sich dann als reines »Verlustgeschäft« erweisen, welches nicht wieder rückgängig gemacht werden kann.

Die Marginalrendite sollte daher möglichst einen Mindestwert von 30% annehmen, um einen ausreichenden Sicherheitsabstand zu gewährleisten. Nur in besonderen Fällen, in denen das Vorhaben von grundsätzlicher Bedeutung für das Unternehmen ist, oder aufgrund einer Nutzwertanalyse (siehe Kap. 2.3.6) ein entscheidender, nicht quantifizierbarer Nutzen nachgewiesen wurde, kann dieser Wert unterschritten werden.

In Bild 2.33 ist der wertverändernde Effekt der Abzinsung (mit Werten des folgenden Beispiels 2) grafisch dargestellt. So entspricht z. B. der im fünften Jahr anfallende Wert von 590 TEU bei einer Marginalrendite von 46% etwa einem abgezinsten Barwert von 90 TEU.

Varianten der Marginalrenditerechnung

Entsprechend der Art und Weise, wie die Rückflüsse anfallen, unterscheidet man:

- ▷ Verkürzte Marginalrenditerechnung,
- ▷ Ausführliche Marginalrenditerechnung.

Fallen die Rückflüsse regelmäßig in gleichen Beträgen (jeweils am Jahresende) an, so kann eine verkürzte Marginalrenditerechnung angesetzt werden; anderenfalls, wenn die Rückflüsse in unterschiedlicher Höhe in den einzelnen Jahren anfallen, ist die ausführliche Marginalrenditerechnung zu verwenden.

Der Betrachtungszeitraum für eine Marginalrendite-Berechnung erstreckt sich bei Rationalisierungsvorhaben im Allgemeinen auf fünf Jahre, was der durchschnittlichen Lebensdauer eines DV-Verfahrens (d. h. bis zu einem umfassenden Redesign) entspricht. Bei sehr innovativen Vorhaben kann eine kürzere Dauer, z. B. drei Jahre, angenommen werden; bei sehr langfristig angesetzten Rationalisierungsvorhaben andererseits kann eine längere Dauer – von bis zu zehn Jahren – sinnvoll sein.

Verkürzte Marginalrenditerechnung

Bei der verkürzten Marginalrenditerechnung wird nur der Gesamtbetrag der aufgelaufenen Beträge abgezinst. Für die Abzinsung dieses Gesamtbetrags K_{ges} der einzelnen Rückflüsse gilt der Zusammenhang:

$$K_0 = K_{ges} \cdot \frac{1}{m} \cdot \frac{(1+f)^m - 1}{f(1+f)^m} \qquad (2)$$

$$K_0 = K_{ges} \cdot p_{ges}$$

Die so berechneten Abzinsungsfaktoren p_{ges} sind in der Tabelle 2.7 enthalten und werden für das folgende Beispiel einer verkürzten Marginalrenditerechnung herangezogen.

Ausgangssituation des Beispiels 1

Für die Realisierung eines DV-Verfahrens wird ein Finanzmittelbedarf von 1'000 EUR angesetzt. Die wirtschaftliche Lebensdauer soll sechs Jahre sein. An Einsparungen, als Differenz zwischen Mehr- und Minderkosten, wird je Jahr ein Betrag von 450 TEU geschätzt.

Es sollen die Marginalrendite ermittelt und die Amortisationszeit errechnet werden, die den Zeitraum umfasst, in dem die eingesetzten Finanzmittel wieder zurückgewonnen werden.

Rechengang

1. Ermitteln des Gesamtbetrags aller Finanzmittelrückflüsse:

   $$6 \cdot 450 \text{ TEU} = 2'700 \text{ TEU}.$$

2. Bilden des Quotienten aus Finanzmittelbedarf und dem Gesamtbetrag aller Finanzmittelrückflüsse:

   $$\frac{1'000 \text{ TEU}}{2'700 \text{ TEU}} = 0{,}37.$$

3. Ermitteln der Marginalrendite mit Hilfe der Abzinsungstabelle 1 (Tabelle 2.7) bei sechs Jahren:

	1	2	3	4	5	6	7
1%	.	.	.	.	.	↓	.
2%		.	.	.	.	↓	
.	.	.	.	.	.	↓	.
.	.	.	.	.	.	↓	.
.	.	.	.	.	.	↓	.
35% ←						0.397	.
40% ←						0.361	.

Es ergibt sich damit eine Marginalrendite von etwa 39%.

4. Die Amortisationszeit T_A errechnet sich bei der verkürzten Marginalrenditerechnung gemäß der Beziehung:

$$T_A = \frac{K_{\text{bedarf}}}{K_{\text{rück}}/T_{\text{rück}}} \tag{3}$$

dabei ist

K_{bedarf} der Finanzmittelbedarf
$K_{\text{rück}}$ der Finanzmittelrückfluss und
$T_{\text{rück}}$ die Zeitdauer des Rückflusses;

damit ergibt sich

$$T_A = \frac{1'000 \text{ TEU}}{450 \text{ TEU/Jahr}} = 2{,}2 \text{ Jahre}$$

Die Amortisationszeit beträgt also 2,2 Jahre.

Die verkürzte Marginalrenditerechnung ist auch für grobe Überschlagsrechnungen einsetzbar, wenn in etwa der Rückflussverlauf gleichmäßig ist; anderenfalls muss die ausführliche Marginalrenditerechnung verwendet werden, wie sie mit dem Beispiel 2 näher erläutert wird.

Ausführliche Marginalrenditerechnung

Nachstehend wird schrittweise ein Beispiel für eine ausführliche Marginalrenditerechnung aufgebaut, bei der ein bereits angefallener Finanzmittelbedarf durch entsprechende Aufzinsung berücksichtigt werden soll. Dieses Beispiel ist zusammenfassend in dem hierfür zur Verfügung stehenden Standardformular aufgeführt (Bild 2.34).

Ausgangssituation des Beispiels 2

Es soll eine Marginalrenditerechnung für ein neues Planungs- und Optimierungsverfahren erstellt werden, welches das Konfigurieren von Vermittlungssystemen in Hochspannungsnetzen unterstützen soll.

Bisher wurden die notwendigen Planungs- und Optimierungsarbeiten für dieses Aufgabenfeld in der Projektierung und im Vertrieb manuell durchgeführt. Geplant ist eine Rechnerunterstützung für den Netzentwurf sowie für die Grafikdarstellung der Ergebnisse. Aus vertriebstechnischen Gründen ist die Entwicklung bereits vor Jahren begonnen worden, so dass erst jetzt (GJ 99/00) eine Wirtschaftlichkeitsprüfung vorgenommen wird.

▷ Arbeitsschritt 1
Bestimmen der Einmalkosten für die Verfahrensentwicklung (Pos. 4 im Bild 2.34)

a) Aufschreibung der GJ-bezogenen Entwicklungskosten

	Ist GJ 96/97 in TEU	Ist GJ 97/98 in TEU	Ist GJ 98/99 in TEU	V'Ist GJ 99/00 in TEU	Plan GJ 00/01 in TEU
Planung	30.	10.	–	–	–
Realisierung	–	60.	90.	30.	10.
Einführung	–	–	–	30.	20.
RZ-Kosten	–	8.	18.	7.	10.

b) Aufzinsung auf den Betrachtungszeitpunkt (GJ 99/00) mit einem banküblichen Zinssatz von 7% unter Zuhilfenahme der in Tabelle 2.6 angegebenen Aufzinsungstabelle (es wäre auch ein höherer Zinssatz z. B. in der Größenordnung einer Mindest-Marginalrendite angebracht).

Betrachtungszeitpunkt	– 3 GJ 96/97 in TEU	– 2 GJ 96/97 in TEU	– 1 GJ 96/97 in TEU	Jahr 0 GJ 99/00 in TEU	aufgezinst in TEU
Planung	30. × 1,225	10. × 1,145	–	–	48.2
Realisierung	–	60. × 1,145	90. × 1,07	30.	195.0
Einführung	–	–	–	30.	30.0
RZ-Kosten	–	8. × 1,145	18. × 1,07	7.	35.4

Marginal-Rendite

Wirtschaftlichkeitsprüfung von Rationalisierungsinvestitionen/ Organisations- und Automatisierungsvorhaben

gegenüber bestehendem Zustand [X] gegenüber Vergleichs-Vorhaben [ ]
Zielvorstellung [X] Planungsrechnung [ ] Kontrollrechnung [ ]

Formular Nr. 43 0A
UB/ZAbt:
GB/HAbt: M HB 57
Antrags-Nr.:
Bearbeiter: G3
Datum: 4.9.99

1 Kurzangaben zum Vorhaben (I)
Entwicklung und Einsatz eines neuen Planungs- und Steuerungsverfahrens

2 Kurzangaben zum bestehenden Zustand bzw. Vergleichsvorhaben (II)
derzeit manuelle Durchführung

3 Preis-, Kostenniveau

	Finanzmittelbedarf für das Vorhaben I und ggf. Vergleichs-Vorhaben II	Gesamt I	Gesamt II
4	Einmalkosten für Planung	48.	
	Realisierung	205.	
	Einführung	50.	
	RZ-Kosten für Entwicklung	45.	
5	Sachanlageinvestitionen PC, Server, SW-Lizenzen	70.	
6	Veränderungen des Umlaufvermögens		
7	Finanzmittelbedarf gesamt (Se. Pos. 4 bis 6)	418.	
8	Finanzmittelmehrbedarf für das Vorhaben I (Pos. 7, I — II)	418.	

	Finanzmittelrückfluß für das Vorhaben I	Mehrkosten	Minderkosten
9	Ausgabewirksame Kostenveränderungen		
9/1	Personaleinsparung		1'858.
9/2	Materialeinsparung		220.
9/3	Schulungsmaßnahmen	235.	
9/4	RZ-Kosten für Produktivbetrieb	107.	
9/5	Verfahrenspflege	140.	
10	Summen Mehrkosten/Minderkosten	482.	2'078.
11	Ausgabewirksame Kosteneinsparungen (Pos. 10, Minderkosten — Mehrkosten)	1'596.	
12	Einnahmeverbesserungen Vermarktung des Verfahrens	150.	
13	Finanzmittelrückfluß (Pos. 11 + 12)	1'746.	
14	Finanzmittelrückfluß — Finanzmittelmehrbedarf (Pos. 13 — 8)		

15 Marginal-Rendite 46 %

16 Wirtschaftliche Lebensdauer 5 Jahre Amortisationszeit 2,5 Jahre

17 Angaben zum Risiko / kritische Werte

H44-S3522-N31 5000 5.85 1861

Bild 2.34 Marginalrenditerechnung (mit Zahlenbeispiel)

Spezifische Angaben zur maschinellen Ausstattung

18 gegenwärtig

"Papier"- Ablauforganisation

19 geplant

Client/Server-Lösung

Jahr 99/00		Jahr 00/01		Jahr 01/02		Jahr 02/03		Jahr 03/04		Jahr 04/05	
I	II	I	II	I	II	I	II	I	II	I	II
48.		–									
195.		10.									
30.		20.									
35.		10.									
50.		20.									
358.	–	60.	–								
+ 358.		+ 60.									
Mehrko.	Minderko.	Mehrko.	Minderko.	Mehrko.	Minderko.	Mehrko.	Minderko.	Mehrko.	Minderko.	Mehrko.	Minderko.
			158.		331.		434.		456.		479.
			30.		37.		49.		51.		53.
85.		125.		25.							
		20.		21.		21.		22.		23.	
		50.		30.		20.		20.		20.	
85.	–	195.	188.	76.	368.	41.	483	42.	507	43.	532.
-85.		-7.		+ 292.		+ 442.		+ 465.		+ 489.	
								50.		100.	
-85.		-7.		+ 292.		+ 442.		+ 515.		+ 589.	
- 443.		-67.		+ 292.		+ 442.		+ 515.		+ 589	

20 Angaben zu Nutzen/Nachteilen

▷ Arbeitsschritt 2
Bestimmen des weiteren Finanzmittelbedarfs für das Vorhaben (Pos. 5 und 6)

a) Als Sachanlageinvestitionen wird die Anschaffung von PCs und Servern mit entsprechendem Zubehör und notwendigen SW-Lizenzen geplant.

Hierzu werden Geräte im laufenden GJ 99/00 für 50 TEU und weitere im folgenden GJ 00/01 für 20 TEU angeschafft.

b) Veränderungen des Umlaufvermögens werden nicht angenommen.

▷ Arbeitsschritt 3
Ausfüllen des gesamten 1. Formularteils für die Berechnung des Finanzmittelbedarfs (Pos. 7 und 8)

▷ Arbeitsschritt 4
Schätzen der erwarteten Personaleinsparung (Pos. 9/1)

Als Verrechnungssatz der Personalkosten für das lfd. GJ werden 150 TEU/MJ angesetzt, wobei 5% jährliche Steigerung mit Hilfe der Aufzinsungstabelle (Tabelle 2.6) eingerechnet werden sollen.

	GJ 00/01	GJ 01/02	GJ 02/03	GJ 03/04	GJ 04/05
Freigesetztes Personal	1,0	1,0	0,5	–	–
Kumulierte Personaleinsparung	1,0	2,0	2,5	2,5	2,5
Personalkosten/ MJ bei 5% jährl. Steigerung TEU	157.5	165.4	173.6	182.3	191.4
Minderkosten TEU	157.5	330.8	434.0	455.8	478.5

▷ Arbeitsschritt 5
Schätzen der erwarteten Materialeinsparung (Pos. 9/2)

Als Kosteneinsparung an Material wird für das 1. Jahr (GJ 00/01) 30 TEU angenommen; in den beiden folgenden Jahren soll die Einsparung noch um 20% bzw. 30% steigen. Unter Berücksichtigung einer jährlichen Materialpreissteigerung von 4% ergeben sich mit Hilfe der Aufzinsungstabelle (Tabelle 2.6) folgende Minderkosten:

	GJ 00/01	GJ 01/02	GJ 02/03	GJ 03/04	GJ 04/05
Reduktion	100%	+20%	+30%		
Reduktionsfaktoren	1	1,2	1,5	1,5	1,5
Materialkosten bei 4% jährl. Preissteigerung TEU	30.0	31.2	32.4	33.7	35.1
Minderkosten TEU	30.0	37.4	48.6	50.6	52.7

▷ Arbeitsschritt 6
Schätzen weiterer ausgabewirksamer Kostenveränderungen (Pos. 9/3, 9/4 und 9/5)

a) Schulungsmaßnahmen für die Verfahrenseinführung werden grob für das lfd. Jahr auf 85 TEU, für die folgenden beiden Jahre auf 125 TEU bzw. 25 TEU geschätzt.

b) Die RZ-Kosten für den Produktivbetrieb werden mit 20 TEU für das erste Jahr mit einer jährlichen Steigerungsrate von 3% angenommen.

c) Für die Verfahrenspflege werden Jahreswerte mit sinkender Tendenz (50, 30, 20, 20, 20 TEU) angenommen.

▷ Arbeitsschritt 7
Schätzen eventueller Verbesserungen der Einnahmen (Pos. 12)

Es wird geplant, das Verfahren nach dem dritten Jahr seines (internen) Einsatzes teilweise zu vermarkten, so dass für die letzten beiden Jahre des Betrachtungszeitraums Rückflüsse von 50 bzw. 100 TEU zu erwarten sind.

▷ Arbeitsschritt 8
Ausfüllen des gesamten zweiten Formularteils für die Berechnung des Finanzmittelrückflusses (Pos. 9, 10, 11, 13 und 14)

▷ Arbeitsschritt 9
Berechnen der Marginalrendite (Pos. 15)

Steht kein PC-Programm für die Berechnung der Marginalrendite, wie z. B. das Verfahren MARGI, zur Verfügung, so ist diese nach folgendem Schema (Bild 2.35) unter Zuhilfenahme der Abzinsungstabelle II (Tabelle 2.8) manuell durchführbar. Hierbei wird mit einem »Probierzinssatz« für die Abzinsung begonnen, indem die einzelnen Werte der Pos. 14 (Finanzmittelrückfluss minus Finanzmittelmehr-

	Bisherige Kosten	Zukünftige Kosten bzw. Einsparungen				
	Lfd. Jahr GJ 99/00 in TEU	1.Jahr GJ 00/01 in TEU	2.Jahr GJ 01/02 in TEU	3.Jahr GJ 02/03 in TEU	4.Jahr GJ 03/04 in TEU	5.Jahr GJ 04/05 in TEU
	–443.	-67.	+292.	+442.	+515.	+589.
		Abzinsung auf Betrachtungszeitpunkt				
30%	661.2	0,769	0,592	0,455	0,350	0,269
		-51.5	+172.9	+201.1	+180.3	+158.4
40%	505.5	0,714	0,510	0,364	0,260	0,186
		-47.8	+148.9	+160.9	+133.9	+109.6
50%	395.4	0,667	0,444	0,296	0,198	0,132
		-44.7	+129.6	+130.8	+102.0	+77.7
45%	446.1	0,690	0,476	0,328	0,226	0,156
		-46.2	+139.0	+145.0	+116.4	+91.9
Marginalrendite	Abgezinster Gesamtbetrag	Abzinsungsfaktoren				
		Abgezinste Einzelwerte				

Bild 2.35 Rechenschema für das Berechnen der Marginalrendite

bedarf) mit den zum gewählten Zinssatz gehörenden Abzinsungsfaktoren multipliziert werden. Ist die Summe der Barwerte kleiner (größer) als Null, so ist der gewählte Probierzinssatz zu groß (zu klein). Der gesuchte Zinssatz ist dann gefunden, wenn die Summe aller Barwerte gleich Null ist.

Bei dem hier gezeigten Beispiel wird mit einem Probierzinssatz von 30% begonnen; dieser ergibt einen abgezinsten Gesamtbetrag größer als den aufgelaufenen Kostenbetrag von 443 TEU. Daher muss mit einem höheren Zinssatz von 40% fortgesetzt werden. Wie der Rechnungsgang zeigt, erreicht man etwa bei 46% Wertegleichheit, d. h. die Summe der Barwerte ist gleich Null.

Als Marginalrendite ergibt sich für dieses Beispiel damit ein Wert von 46%; dieser Wert entspricht einer sehr guten Marginalrendite. Er würde sogar noch größer ausfallen, wenn die bereits aufgelaufenen Entwicklungskosten nicht mit einem (banküblichen) Zinssatz aufgezinst worden wären (siehe Arbeitsschritt 1 b).

Einen ersten groben Anhaltspunkt, mit welchem Probierzinssatz begonnen werden sollte, kann die Vereinfachung nach der verkürzten Marginalrechnung mit Hilfe der Abzinsungstabelle geben. Man unterstellt hierfür einen einmaligen Finanzmittelbedarf zum Entwicklungsanfang sowie gleichmäßige Rückflüsse jeweils am Jahresende. Zu diesem Zweck werden entsprechend der Pos. »Finanzmittelrückfluss – Finanzmittelmehrbedarf« die Summe aller Finanzmittelbindungen und die Summe aller Rückflüsse errechnet und daraus der Quotient (Summe Finanzmittelbindungen/Summe Rückflüsse) gebildet. In der Abzinsungstabelle I kann dann – wie bei dem ersten Beispiel gezeigt – der entsprechende Zinssatz aufgesucht werden. Je nachdem, ob der Schwerpunkt der Rückflüsse bereits am Anfang oder erst am Ende des Planungszeitraums liegt, wird der so ermittelte Zinssatz erhöht bzw. verringert.

Auch sei darauf hingewiesen, dass negative Finanzmittelrückflüsse (wie im 1. Jahr des Beispiels) – streng genommen – nicht mit der Marginalrendite, sondern höchstens mit einem Inflationswert abgezinst werden dürfte; dies würde aber den Rechnungsgang unnötig erschweren.

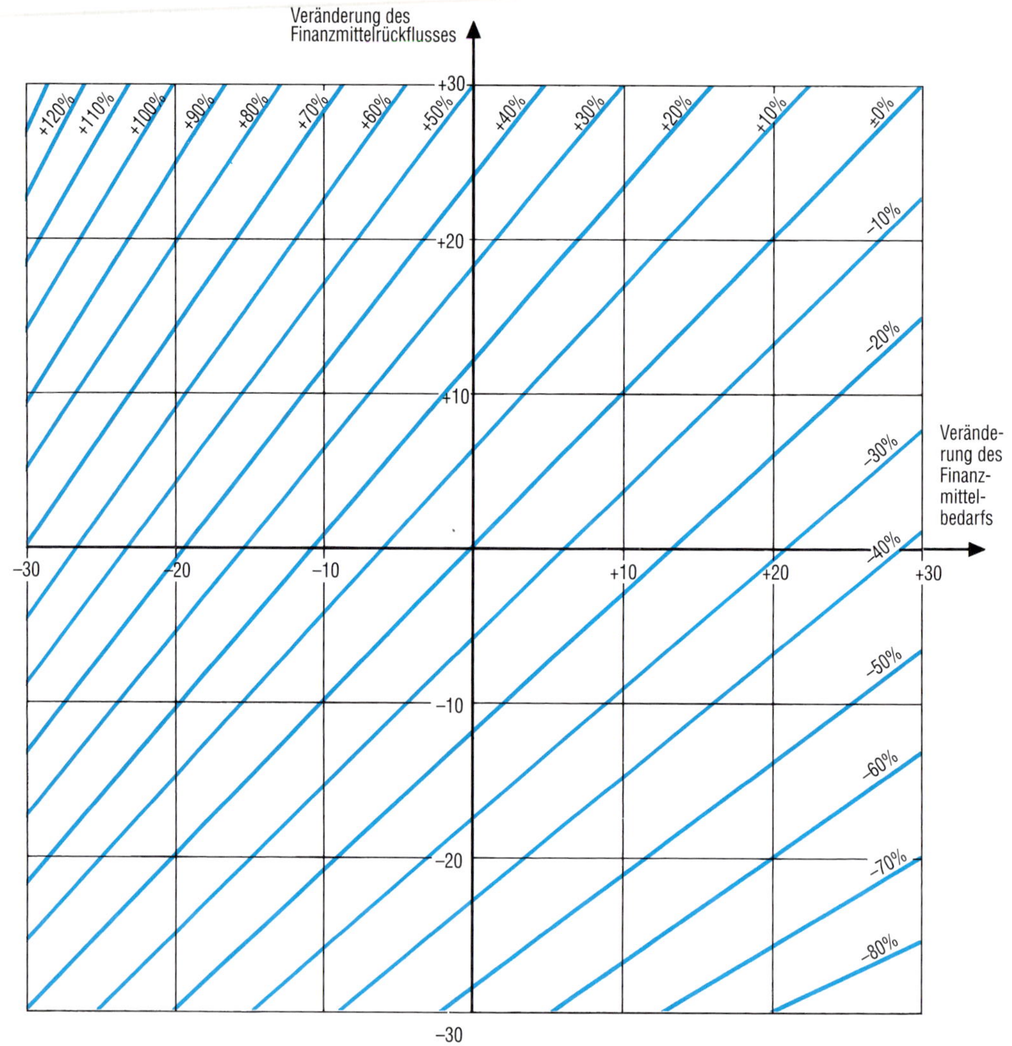

Bild 2.37 Sensitivitätsanalyse Marginalrendite (Modellrechnung)

schiebungen des Einführungszeitpunkts führen ebenfalls zu beachtlichen Reduzierungen der Marginalrendite.

▷ Auch die richtige Wahl der Lebensdauer des zu realisierenden Verfahrens beeinflusst die Höhe der Marginalrendite im entscheidenden Maße.

Wie bereits erwähnt, kann die Marginalrendite von Verfahrensentwicklungen durch geeignete Maßnahmen gezielt angehoben werden, hierzu zählen:

Realisierung nur der (z. B. durch ABC-Analyse ermittelten) vielgenutzten Funktionen	→	Geringerer Entwicklungsaufwand
Stufenweise Entwicklung und Einführung des Verfahrens	→	Frühzeitigerer Einsatz des Finanzmittelrückflusses
Konzentrierung der Entwicklungskapazitäten	→	Verkürzte Entwicklungsdauer
Verwendung von Standard-Software	→	Geringerer Entwicklungsaufwand

Die negativen Auswirkungen auf die Marginalrendite durch Schätzungenauigkeiten bei den Größen Aufwand, Nutzen, Entwicklungsdauer und Lebensdauer haben diese Form der Wirtschaftlichkeitsprüfung mitunter in Misskredit gebracht, da bei entsprechender Manipulation der Planwerte im Prinzip jede gewünschte Marginalrendite errechnet werden kann. Es ist aber in diesem Zusammenhang zu betonen, dass die Marginalrenditerechnung – obwohl sie missbräuchlich eingesetzt werden kann – für die »gewollt ehrliche« Wirtschaftlichkeitsbetrachtung bei einer geplanten Verfahrensentwicklung ein sehr aussagekräftiges Hilfsmittel ist.

Tabelle 2.6 Aufzinsungstabelle $q = (1+f)^n$ mit $f = \frac{z}{100}$ (6)

10	9	8	7	6	5	4	3	2	1	n / z
1,105	1,094	1,083	1,072	1,062	1,051	1,041	1,030	1,020	1,010	1%
1,219	1,195	1,172	1,149	1,126	1,104	1,082	1,061	1,040	1,020	2%
1,344	1,305	1,267	1,230	1,194	1,159	1,126	1,093	1,061	1,030	3%
1,480	1,423	1,369	1,316	1,265	1,217	1,170	1,125	1,082	1,040	4%
1,629	1,551	1,477	1,407	1,340	1,276	1,216	1,158	1,103	1,050	5%
1,791	1,689	1,594	1,504	1,419	1,338	1,262	1,191	1,124	1,060	6%
1,967	1,838	1,718	1,606	1,501	1,403	1,311	1,225	1,145	1,070	7%
2,159	1,999	1,851	1,714	1,587	1,469	1,360	1,260	1,166	1,080	8%
2,367	2,172	1,993	1,828	1,677	1,539	1,412	1,295	1,188	1,090	9%
2,594	2,358	2,144	1,949	1,772	1,611	1,464	1,331	1,210	1,100	10%
2,839	2,558	2,305	2,076	1,870	1,685	1,518	1,368	1,232	1,110	11%
3,106	2,773	2,476	2,211	1,974	1,762	1,574	1,405	1,254	1,120	12%
3,707	3,252	2,853	2,502	2,195	1,925	1,689	1,482	1,300	1,140	14%
4,411	3,803	3,278	2,826	2,436	2,100	1,811	5,561	1,346	1,160	16%
5,234	4,435	3,759	3,185	2,700	2,288	1,939	1,643	1,392	1,180	18%
6,192	5,160	4,300	3,583	2,986	2,488	2,074	1,728	1,440	1,200	20%

Tabelle 2.7 Abzinsungstabelle I $p = \frac{(1+f)^m - 1}{m \cdot f \cdot (1+f)^n}$ mit $f = \frac{z}{100}$ (7)
(Gesamt-Abzinsungsfaktoren für verkürzte Marginalrenditerechnung)

z / m	1	2	3	4	5	6	7	8	9	10
1%	0,990	0,985	0,980	0,975	0,971	0,966	0,961	0,956	0,951	0,947
2%	0,980	0,971	0,960	0,951	0,942	0,933	0,924	0,915	0,906	0,898
4%	0,962	0,943	0,925	0,907	0,890	0,873	0,857	0,841	0,826	0,811
6%	0,943	0,916	0,890	0,866	0,842	0,819	0,797	0,776	0,755	0,736
8%	0,926	0,891	0,858	0,828	0,798	0,770	0,743	0,718	0,693	0,671
10%	0,909	0,867	0,828	0,792	0,758	0,725	0,695	0,666	0,639	0,614
12%	0,893	0,845	0,800	0,759	0,720	0,685	0,652	0,620	0,591	0,565
14%	0,877	0,823	0,773	0,728	0,686	0,647	0,612	0,579	0,549	0,521
16%	0,862	0,803	0,748	0,699	0,654	0,613	0,577	0,542	0,511	0,483
18%	0,847	0,783	0,723	0,672	0,625	0,582	0,544	0,509	0,478	0,449
20%	0,833	0,764	0,702	0,647	0,598	0,554	0,515	0,480	0,448	0,419
22%	0,820	0,746	0,680	0,623	0,572	0,527	0,488	0,452	0,420	0,392
25%	0,800	0,720	0,650	0,590	0,537	0,491	0,451	0,416	0,384	0,357

Tabelle 2.7 Abzinsungstabelle I *(Fortsetzung)*

z \ m	1	2	3	4	5	6	7	8	9	10
28%	0,781	0,696	0,622	0,560	0,506	0,459	0,419	0,384	0,353	0,326
30%	0,769	0,680	0,605	0,541	0,487	0,440	0,400	0,365	0,335	0,309
35%	0,741	0,645	0,565	0,499	0,443	0,397	0,358	0,324	0,296	0,271
40%	0,714	0,612	0,530	0,462	0,407	0,361	0,323	0,291	0,264	0,241
50%	0,667	0,556	0,469	0,401	0,347	0,304	0,269	0,240	0,216	0,197
60%	0,625	0,508	0,420	0,353	0,302	0,261	0,229	0,203	0,182	0,165
70%	0,588	0,467	0,379	0,314	0,265	0,228	0,199	0,176	0,157	0,142
80%	0,556	0,432	0,345	0,283	0,236	0,202	0,176	0,154	0,138	0,124
100%	0,499	0,374	0,290	0,233	0,193	0,163	0,141	0,124	0,110	0,099

Tabelle 2.8 Abzinsungstabelle II $p = \left(\frac{1}{1+f}\right)^m$ mit $f = \frac{z}{100}$ (8)

(Abzinsungsfaktoren für die ausführliche Marginalrenditerechnung)

z \ m	1	2	3	4	5	6	7	8	9	10
1%	0,990	0,980	0,971	0,961	0,951	0,942	0,933	0,923	0,914	0,905
2%	0,980	0,961	0,942	0,924	0,906	0,888	0,871	0,853	0,837	0,820
4%	0,962	0,925	0,889	0,855	0,822	0,790	0,760	0,731	0,703	0,676
6%	0,943	0,890	0,840	0,792	0,747	0,705	0,665	0,627	0,592	0,558
8%	0,926	0,857	0,794	0,735	0,681	0,630	0,583	0,540	0,500	0,463
10%	0,909	0,826	0,751	0,683	0,621	0,564	0,513	0,467	0,424	0,386
12%	0,893	0,797	0,712	0,636	0,567	0,507	0,452	0,404	0,361	0,322
14%	0,877	0,769	0,675	0,592	0,519	0,456	0,400	0,351	0,308	0,270
16%	0,862	0,743	0,641	0,552	0,476	0,410	0,354	0,305	0,263	0,227
18%	0,847	0,718	0,609	0,516	0,437	0,370	0,314	0,266	0,225	0,191
20%	0,833	0,694	0,579	0,482	0,402	0,335	0,279	0,233	0,194	0,162
22%	0,820	0,672	0,551	0,451	0,370	0,303	0,249	0,204	0,167	0,137
24%	0,806	0,650	0,524	0,423	0,341	0,275	0,222	0,179	0,144	0,116
26%	0,794	0,630	0,450	0,397	0,315	0,250	0,198	0,157	0,125	0,099
28%	0,781	0,610	0,477	0,373	0,291	0,227	0,178	0,139	0,108	0,085
30%	0,769	0,592	0,455	0,350	0,269	0,207	0,159	0,123	0,094	0,073
32%	0,758	0,574	0,435	0,330	0,250	0,189	0,143	0,108	0,082	0,062
34%	0,746	0,557	0,416	0,310	0,231	0,173	0,129	0,096	0,072	0,054
36%	0,735	0,541	0,398	0,292	0,215	0,158	0,116	0,085	0,063	0,046
38%	0,725	0,525	0,380	0,276	0,200	0,145	0,105	0,076	0,055	0,040
40%	0,714	0,510	0,364	0,260	0,186	0,133	0,095	0,068	0,048	0,035
45%	0,690	0,476	0,328	0,226	0,156	0,108	0,074	0,051	0,035	0,024
50%	0,667	0,444	0,296	0,198	0,132	0,088	0,059	0,039	0,026	0,017
55%	0,645	0,416	0,269	0,173	0,112	0,072	0,047	0,030	0,019	0,012
60%	0,625	0,391	0,244	0,153	0,095	0,060	0,037	0,023	0,015	0,009
65%	0,606	0,367	0,223	0,135	0,082	0,050	0,030	0,018	0,011	0,007
70%	0,588	0,346	0,204	0,120	0,070	0,041	0,024	0,014	0,008	0,005
75%	0,571	0,327	0,187	0,107	0,061	0,035	0,020	0,011	0,007	0,104
80%	0,556	0,309	0,171	0,095	0,053	0,029	0,016	0,009	0,005	0,003
85%	0,541	0,292	0,158	0,085	0,046	0,025	0,014	0,007	0,004	0,002
90%	0,526	0,277	0,146	0,077	0,040	0,021	0,011	0,006	0,003	0,002
100%	0,500	0,250	0,125	0,063	0,031	0,016	0,008	0,004	0,002	0,001

2.3.6 Nutzwertanalyse

Die Nutzwertanalyse – auch als Punktwertverfahren bezeichnet – stellt ebenfalls eine Methode zur Wirtschaftlichkeitsbetrachtung von Entwicklungs- und Investitionsvorhaben dar, aber mehr unter dem Aspekt der funktionalen Nützlichkeit als allein unter monetären Gesichtspunkten. Man setzt sie besonders dann ein, wenn in Geldeinheiten messbare Kriterien für die Wirtschaftlichkeitsbeurteilung fehlen oder nur sehr schwer formulierbar sind. Bei Grundlagen- und Vorfeldentwicklungen z. B. kann der wirtschaftliche Nutzen mit Hilfe einer Marginalrenditerechnung oder einer Projektdeckungsrechnung kaum bestimmt werden. Hier muss man nicht quantifizierbare Faktoren für die Beurteilung des Nutzwerts heranziehen. Solche Bewertungskriterien für eine qualitative Projektbewertung sind z. B.:

- Ergonomie der Benutzeroberfläche,
- Pflege- und Wartungsfreundlichkeit,
- Zukunftssicherheit, Marktaussichten,
- Beschleunigung des Informationsflusses,
- ablauforganisatorische Transparenz,
- Flexibilität in der Funktionsanpassung,
- Beschleunigung von Durchlaufzeiten,
- Umweltfreundlichkeit.

Es werden also nicht nur rein wirtschaftliche Kriterien, sondern auch technische, ergonomische, kommunikative und organisatorische Merkmale in die Projektbewertung einbezogen.

Im Rahmen einer Nutzwertanalyse stellt man meist mehrere Vorhabenalternativen gegenüber; hierbei kann eine auch den bestehenden Zustand darstellen. Nach Aufstellen der in die Betrachtung einzubeziehenden Bewertungskriterien werden diesen entsprechende Gewichtungsfaktoren zugeordnet, mit denen man für die einzelnen Alternativen »Zielerreichungsfaktoren« ermitteln kann (Multifaktorenmethode). In einem abschließenden Analysevorgang wird dann eine Rangfolge der Alternativen aufgestellt. Eine Nutzwertanalyse läuft in folgenden Schritten ab:

- ▷ Vorhabenalternativen festlegen,
- ▷ Bewertungskriterien definieren,
- ▷ Gewichtungsfaktoren bestimmen,
- ▷ Zielerreichungsfaktoren ermitteln,
- ▷ Nutzwerte der einzelnen Bewertungskriterien (Teilnutzwerte) festlegen,
- ▷ Gesamtnutzwerte der Alternativen errechnen,
- ▷ Rangfolge der Alternativen aufstellen.

Der REFA-Verband hat für diese einzelnen Vorgehensschritte drei Formulare vorgeschlagen [130], die hier kurz erläutert werden.

Gewichtungsfaktoren

Das erste Formular (Bild 2.38) dient zum Ermitteln der Gewichtungsfaktoren, nachdem die relevanten Bewertungskriterien bestimmt und definiert worden sind. In der Matrix stellt man spiegelbildlich die einzelnen ausgewählten Kriterien einander gegenüber und legt fest, welches jeweils wichtiger oder gleich wichtig ist. Als wertmäßige Kennzeichnung bietet sich an:

2: Kriterium A (Zeile) ist wichtiger als Kriterium B (Spalte)
1: beide Kriterien sind gleichwertig
0. Kriterium A ist weniger wichtig als Kriterium B

In zwei Summenspalten werden die so gefundenen Gewichtungsfaktoren summiert und auf 1 »normiert«. Das Ergebnis ist eine Aufstellung von (gegenseitig) gewichteten Bewertungskriterien.

Das in Bild 2.38 enthaltene Zahlenbeispiel besagt also, dass z. B. das Bewertungskriterium »Sicherheit« als höchstes und das Kriterium »Umstellrisiko« als niedrigstes zu bewerten ist.

Das Herleiten der Gewichtungsfaktoren ist auch mittels einer isolierten, d. h. voneinander unabhängigen Vergabe von Punkten für die jeweilige Wichtigkeit möglich. Hierbei kann eine Auswahltabelle für definierte Ausprägungen der einzelnen Bewertungskriterien mit zugehörigem (Gewichts-) Punktwerten hilfreich sein.

Zielerreichungsfaktoren

Mit dem zweiten Formular (Bild 2.39) werden für die ausgewählten Vorhabenalternativen die individuellen Zielerreichungsfaktoren für die einzelnen Bewertungskriterien ermittelt. Man stellt also fest, inwieweit die jeweilige Alternative das betreffende Bewertungskriterium er-

Nutzwertanalysebogen 1	Bereich: M HB 45	Ablage-Nr.
		Datum: 4. 9. 97
Projekt: Abwicklungsverfahren		Bearbeiter: G.

Zeile	Bewertungskriterien / Bewertungskriterien	Schnelligkeit	Aktualität	Sicherheit	Umstellrisiko	Wartungsfreundlichkeit										Summe der Bewertungspunkte je Bewertungskriterium	Gewichtungsfaktor
a	b	c	d	e	f	g	h	i	k	l	m	n	o	p	r	s	t
1	Schnelligkeit		2	0	2	1										5	0,25
2	Aktualität	0		0	1	1										2	0,10
3	Sicherheit	2	2		2	2										8	0,40
4	Umstellrisiko	0	1	0		0										1	0,05
5	Wartungsfreundlichkeit	1	1	0	2											4	0,20
15	Summe															20	1,00

Bild 2.38 Ermitteln der Gewichtungsfaktoren

Nutzwertanalysebogen 2	Bereich: M HB 45	Ablage-Nr.
		Datum: 4. 9. 97
Projekt: Abwicklungsverfahren		Bearbeiter: G.

Zeile	Bewertungskriterium	Alternative 1	Alternative 2	Alternative 3
a	b	c	d	e
1	Schnelligkeit	2	1	3
2	Aktualität	3	1	2
3	Sicherheit	2	3	1
4	Umstellrisiko	3	1	2
5	Wartungsfreundlichkeit	3	1	2

Bild 2.39 Ermitteln der Zielerreichungsfaktoren

füllt bzw. nicht erfüllt. Hierbei kann entweder eine isolierte Zahlenbewertung oder eine zahlenmäßige Rangfolge gewählt werden, z. B.:

$G = n$ Bewertungskriterium wird von entsprechender Alternative am besten erfüllt.

$G = n - 1$ Bewertungskriterium wird von entsprechender Alternative am zweitbesten erfüllt.

.

.

$G = 1$ Bewertungskriterium wird von entsprechender Alternative am schlechtesten erfüllt.

Dem Bild 2.39 kann also entnommen werden, dass z. B. die Alternative 1 die Kriterien Aktualität, Umstellrisiko und Wartungsfreundlichkeit, die Alternative 2 das Kriterium Sicherheit und die Alternative 3 das Kriterium Schnelligkeit am besten erfüllen.

Die Zielerreichungsfaktoren sollten möglichst von mehreren Personen unabhängig voneinander bestimmt werden, um so zu einem möglichst objektiven Durchschnittswert zu gelangen. Die Höhe der Zielerreichung entscheidet schließlich über den Nutzwert der Vorhabenalternativen.

Nutzwerte

Mit dem dritten Formular (Bild 2.40) werden schließlich die einzelnen Teilnutzwerte errechnet, wobei man die einzelnen Gewichtungsfaktoren mit den Zielerreichungsfaktoren multipliziert. Die Summe aller Teilnutzwerte einer Alternative ergibt deren Gesamtnutzwert. Die Größe der einzelnen Gesamtnutzwerte bestimmt dann die Rangfolge der Vorhabenalternativen.

In dem Zahlenbeispiel erfüllt also die Alternative 1 die aufgestellten Kriterien am besten.

Der hier beschriebene Ablauf einer Nutzwertanalyse ermöglicht damit

Nutzwertanalysebogen 3	Bereich: M HB 45	Ablage-Nr.
		Datum: 4. 9. 97
Projekt: Abwicklungsverfahren		Bearbeiter

Zeile	Bewertungskriterien	Gewichtungsfaktoren	Alternative 1: Zielerreichungsfaktoren	Alternative 1: Teilnutzwerte	Alternative 2: Zielerreichungsfaktoren	Alternative 2: Teilnutzwerte	Alternative 3: Zielerreichungsfaktoren	Alternative 3: Teilnutzwerte
a	b	c	d	e	f	g	h	i
1	Schnelligkeit	0,25	2	0,50	1	0,25	3	0,75
2	Aktualität	0,10	3	0,30	1	0,10	2	0,20
3	Sicherheit	0,40	2	0,80	3	1,20	1	0,40
4	Umstellrisiko	0,05	3	0,15	1	0,05	2	0,10
5	Wartungsfreundlichkeit	0,20	3	0,60	1	0,20	2	0,40
15	Gesamtnutzwerte			2,35		1,85		1,85
16	Rangfolge			1		3		2

Bild 2.40 Ermitteln der Nutzwerte

▷ die freie Wahl von Bewertungskriterien,
▷ das individuelle Gewichten dieser Bewertungskriterien und
▷ das Gegenüberstellen beliebig vieler Vorhabenalternativen.

Wirtschaftlichkeitskoeffizient

Grundsätzlich kann man die Multifaktorenmethode zum Bestimmen des Nutzwerts auch als »qualitative« Ergänzung zu einer Marginalrenditerechnung oder Projektdeckungsrechnung sehen, die ja häufig der Vorwurf der einseitigen Ausrichtung auf rein ökonomische Beurteilungskriterien trifft. Daher wurde z. B. das Formular in Bild 2.41 als Zusatz zu einer normalen Marginalrenditerechnung verwendet; hier sind die nichtquantifizierbaren Bewertungskriterien für die Wirtschaftlichkeitsbetrachtung von DV-Verfahren bereits explizit aufgeführt. Durch Bewerten und Gewichten dieser Kriterien wird ein »Wirtschaftlichkeitskoeffizient« für das Vorhaben errechnet.

Für die in dem Formular vorgegebenen, nichtquantifizierbaren Merkmale werden Gewichtungsfaktoren (Spalte B) in einer Punktbreite von 1 bis 3 für geringfügige bis große Bedeutung sowie Zielerreichungsfaktoren (Spalte A) in einer Punktbreite von 3 bis 3 für erhebliche Verschlechterung bis erhebliche Verbesserung vergeben. Der Quotient des Gesamtnutzwerts (Zeile 21, Spalte C) zur Summe der Gewichtungsfaktoren (Zeile 21, Spalte B) ergibt dann den Wirtschaftlichkeitskoeffizienten; er nimmt denselben Wertebereich wie die Zielerreichungsfaktoren ein:

+3 erhebliche Verbesserung,
+2 deutliche Verbesserung,
+1 geringfügige Verbesserung,
0 keine Veränderung,
–1 geringfügige Verschlechterung,
–2 deutliche Verschlechterung,
–3 erhebliche Verschlechterung.

Auch hier sollten mehrere Personen die Bewertung und Gewichtung durchführen, wobei besonders bei der Bewertung möglichst »unparteiische«, d. h. projektneutrale Personen mitwirken sollten.

Mit den Methoden der Marginalrenditerechnung und der Nutzwertanalyse ist es möglich, bei Projektentscheidungen klar zwischen rein monetären einerseits und qualitativen Bewertungskriterien andererseits für die Wirtschaftlichkeitsbetrachtung von Entwicklungsvorhaben zu unterscheiden.

2.4 Projektorganisation

Damit Projektmanagement erfolgreich sein kann, muss es optimal in die vorhandene Unternehmensorganisation eingebettet werden. Wegen der Kriterien eines Projekts – zeitliche Begrenzung, einmaliger Inhalt, interdisziplinäre Durchführung, schnelle Ressourcen-Bildung – sind daher neue Formen der Organisation notwendig. Erreicht wird dies in einem projektorientierten Unternehmen durch das Bilden von *Projektorganisationen.*

Unter Projektorganisation versteht man nach DIN 69 901 [106]:

> Gesamtheit der Organisationseinheiten und der aufbau- und ablauforganisatorischen Regelungen zur Abwicklung eines bestimmten Projekts.

Alle Projektbeteiligten und damit alle involvierten Stellen müssen in einen (temporären) Organisationsplan eingebunden sein. Hierbei sollte die Struktur der Projektorganisation auf die Besonderheiten des jeweiligen Projekts abgestimmt sein; meist müssen auch gewisse Gegebenheiten aus der bestehenden Linienorganisation berücksichtigt werden, um das Konfliktpotenzial zwischen Linie und Projekt so niedrig wie möglich zu halten.

Darüber hinaus müssen zum Festlegen der Entscheidungs- und Kommunikationswege Projektgremien installiert werden; hier gibt es ebenfalls eine große Anzahl unterschiedlicher Möglichkeiten – vom reinen Informationsgremium bis hin zum unmittelbar auf das Projekt einwirkenden Steuerungs- oder Entscheidungsgremium.

Außerdem muss die Stellung des Projektleiters (und eventueller Teilprojektleiter) klar und unmissverständlich definiert sein, so dass Kompetenz und Weisungsbefugnis eindeutig geregelt sind. Ziel muss insgesamt sein, eine »Personifizierung« der Verantwortungen auf allen Ebenen des Projekts zu erreichen.

Nicht-quantifizierbare Kriterien

Wirtschaftlichkeitsprüfung des DV-Verfahrens
BEDI (Bedarfermittlung und Disposition)

Formular-Nr. 11/3
UB/ZAbt:
GB/HAbt:
Antrags-Nr.:
Datum:

	Beschreibung	A	B	C
0	Bewertung des geplanten Verfahrens im Vergleich zum derzeitigen Verfahren/Vergleichsverfahren im Hinblick auf die Erfüllung der genannten Kriterien anhand folgender Punkteskala: ± 3 = erhebliche ± 2 = deutliche } Veränderung (Verbesserung, Verschlechterung) ± 1 = geringfügige 0 = keine Veränderung	Punkte	Gewichtungsfaktoren	Punkte × Gewichtungsfaktoren
	Nicht-quantifizierbare Kriterien			
1	Schnelligkeit der Informationsauslieferung (rasches Zurverfügungstellen)	3	3	9
2	Aktualität der gewonnenen Informationen	3	3	9
3	Rechtzeitiges Zurverfügungstellen der Informationen	2	2	4
4	Zusätzliche Informationen (z. B. durch statistische Auswertungsmöglichkeiten, Erweiterung des Berichtswesens)	2	3	6
5	Genauigkeit der Informationen (z. B. Rechengenauigkeit)	1	1	1
6	Relevanz (Qualität) der Informationen (Aussagekraft und Übersichtlichkeit der Informationen, Auswahl und Aufbereitung der Informationen)	0	1	0
7	Sicherheit (Ablaufsicherheit, Fehlerwahrscheinlichkeit, Datenfehleranfälligkeit)	3	2	6
8	Möglichkeit von Terminverkürzungen im Anwenderbereich	2	2	4
9	Anwenderfreundlichkeit (z. B. Vereinfachung durch Datenabbau)	1	1	1
10	Bedienungs- und Pflegefreundlichkeit	2	1	2
11	Flexibilität (z. B. Änderungsfreundlichkeit gegenüber Veränderung von Organisation, Datenvolumen, Datenstruktur; Sonderfälle)	1	2	2
12	Kontroll-, Abstimm- und Überwachungsmöglichkeiten	2	3	6
13	Korrekturmöglichkeiten und -aufwand	0	2	0
14	Transparenz des Verfahrensablaufs (Übersichtlichkeit)	2	1	2
15	Transparenz und Straffheit der Organisation	0	1	0
16	Kapazitätsreserven (Auffangbereitschaft bei Arbeitsspitzen oder Beschäftigungszunahme)	2	3	6
17	Abhängigkeit von Fachpersonal	−1	2	−2
18	Umstellungsrisiko (langfristige Bindung an das Verfahren, Starrheit der Organisation)	−1	1	−1
19				
20				
21	Summen		34	55
	Koeffizient für nicht-quantifizierbare Faktoren (Wirtschaftlichkeitskoeffizient)			
22	Koeffizient der nicht-quantifizierbaren Vor- und Nachteile des geplanten DV-Verfahrens (Pos. 21, Summe C : Summe B)	1,6		
23	Verbale Bedeutung des Koeffizienten gemäß Punkteskala (Pos. 0; ggf. Interpolation) *geringfügige bis deutliche Verbesserung gegenüber dem derzeitigen Verfahren*			

Best.-Nr. ZBO 32/11/3/71

Bild 2.41 Nutzwertanalyse bei DV-Verfahren (mit Zahlenbeispiel)

Schließlich sollte bei großen Entwicklungs- und Projektierungsprojekten ein spezielles Projektbüro eingerichtet werden, um eine Konzentration aller PM-unterstützenden Aktivitäten zu erreichen.

2.4.1 Organisationsstrukturen

Bereits das Zusammenarbeiten in einem Zwei-Mann-Unternehmen erfordert eine Aufbauorganisation, damit die Zuständigkeiten klar definiert und die Kompetenzen eindeutig abgesteckt werden können. Nur eine projektadäquate Aufbauorganisation führt zu einer geregelten Aufgabenteilung in einer »Mehrpersonen-Tätigkeitsgemeinschaft«. Natürlich kann eine gute Aufbauorganisation allein den Erfolg eines Entwicklungsvorhabens noch nicht gewährleisten; eine falsche Organisation verhindert aber in jedem Fall den Erfolg.

Linienorganisationen

Die statische Aufbauorganisation eines Industrieunternehmens wird herkömmlicherweise als Linienorganisation (LO) oder auch Stammorganisation bezeichnet; sie ist gemeinhin entweder divisional oder funktional ausgerichtet.

Hierbei ist die Einbindung der Entwicklungsbereiche, die für sich wiederum produkt- oder aufgabenorientiert organisiert sind, auf zwei Arten möglich:

- ▷ Betriebe-Organisation
- ▷ Werke-Organisation.

Wird der Entwicklungsbereich mit dem Vertrieb zu einem eigenen Geschäftsbereich zusammengefasst und steht er damit der Fertigung als getrennter Partner gegenüber, so spricht man von einer *Betriebe-Organisation* (Bild 2.42). Hier ist das Unternehmen divisional in Geschäftsbereiche unterteilt mit gemeinsamen oder separaten Fertigungsstätten. Die kaufmännischen Leitungen sind – disziplinarisch unabhängig – den Geschäftsbereichen zugeordnet. Werden dagegen die produktnahen Entwicklungen den Fertigungen unmittelbar zugeordnet und bleibt gemeinsam nur noch eine zentrale systemtechnische Entwicklung, so spricht man von einer *Werke-Organisation* (Bild 2.43).

Bei der Betriebe-Organisation stellt der Vertrieb zusammen mit der Entwicklung ein *Ertragszentrum* dar (welches damit auch rote Zahlen machen kann) und der Betrieb, der nur die reine Fertigung enthält, fungiert als *Kos-*

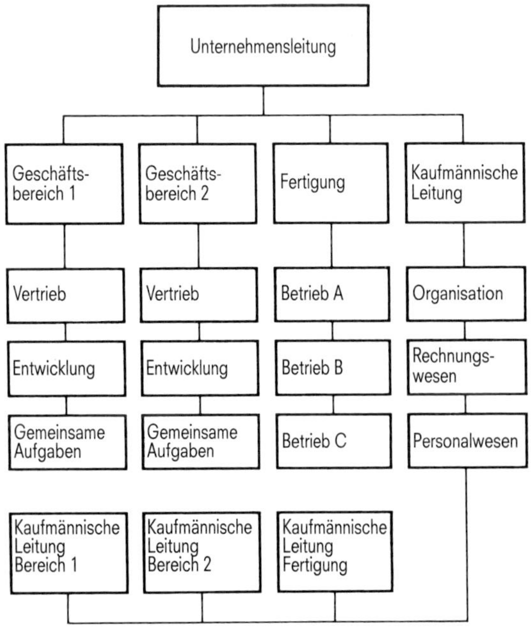

Bild 2.42
Betriebe-Organisation

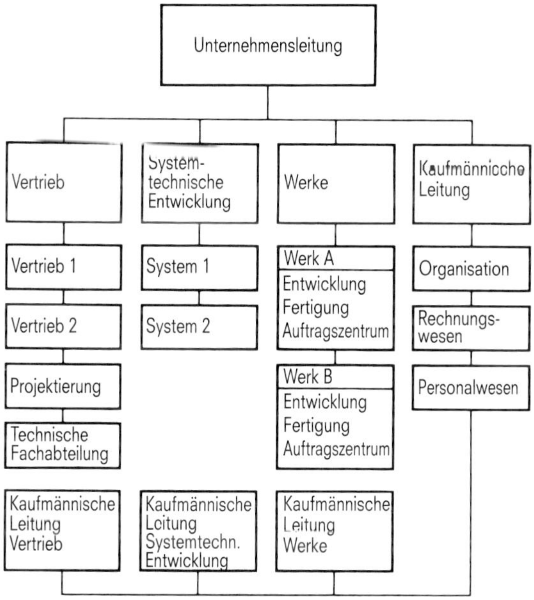

Bild 2.43
Werke-Organisation

tenzentrum (welches weder schwarze noch rote Zahlen machen kann). Im Rahmen der Werke-Organisation existiert dagegen das Wechselspiel zwischen zwei Ertragszentren, auf der einen Seite der Vertrieb und auf der anderen Seite das Werk. Hier kann jeder Unternehmensteil für sich einen Gewinn oder einen Verlust erwirtschaften.

Bei einer Betriebe-Organisation ist die Entwicklung über den Vertrieb näher am Markt und damit auch den hier auftretenden Kundenwünschen und -anforderungen. Sie ist aber von der Fertigung viel weiter entfernt als bei einer Werke-Organisation; dies führt häufig zu Problemen beim Serienreifmachen der entwickelten Prototypen. Demgegenüber ist bei einer Werke-Organisation eine fertigungsgerechtere Entwicklung möglich. Auch kann das sich ergebende Konkurrenzverhalten der beiden Ertragszentren Vertrieb und Werk förderlich für das wirtschaftliche Gesamtergebnis sein. Die Gewichtung der Vor- und Nachteile dieser beiden Formen einer Linienorganisation hängt vor allem von den jeweiligen Produktfeldern des Unternehmens ab.

In großen Dienstleistungsunternehmen der Informationstechnik, die für sehr verschiedene Branchen die unterschiedlichsten IT-Dienstleistungen (IT-Beratung, Betreiben von Rechenzentren, Entwicklung von SW-Verfahren, Produktivabwicklung von DV-Verfahren etc.) anbieten, hat sich eine neue Organisationsform, die *Pool-Organisation* in Form einer Matrix-Organisation herausgebildet. Bei ihr ist das Unternehmen vertikal in die einzelnen Branchen, die so genannten *Lines of Business*, wie z. B. Industrie, Banken, Versicherungen, Telekommunikation, öffentliche Auftraggeber, gegliedert; horizontal dazu sind so genannte *Service Lines* für die jeweiligen Kompetenzen Consulting, IT-Lösungen und RZ-Betreiberdienste angeordnet (siehe Bild 2.44). Die »Lines of Business« stellen die eindeutigen Schnittstellen zum Kunden dar; hier sitzt das branchenorientierte Auftragsmanagement des Vertriebes. Der Kunde hat damit für all seine Wünsche und Anforderungen einen einzigen Ansprechpartner, mit dem er seine unterschiedlichen IT-Aufträge formulieren und festlegen kann. In einem nachgeschalteten Prozess werden dann zur Durchführung und Realisierung der Kundenaufträge in den »Service Lines« durch das Ressourcenmanagement geeignete Mitarbeiter aus einem Pool ausgewählt, die für das jeweilige Kundenprojekt die entsprechende Lösungskompetenz besitzen. Der Vorteil einer solchen kundenorientierten Pool-Organisation liegt einerseits in der klaren Definition der Kundenschnittstelle (Single-Entry-Point) und anderer-

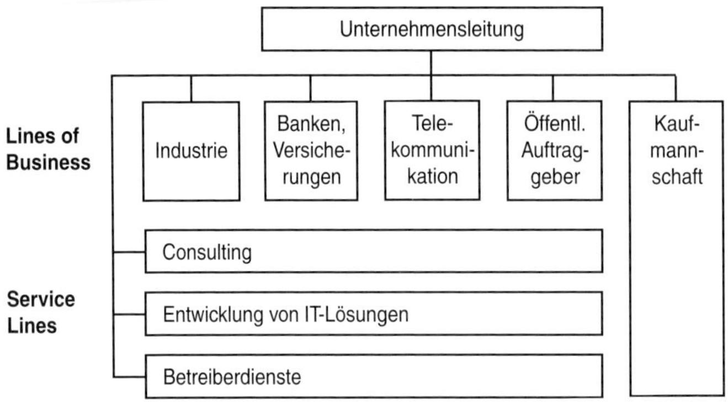

Bild 2.44
Pool-Organisation

seits in der Bündelung und Fokussierung des Mitarbeiter-Know-hows. Kundenzufriedenheit und Steigerung der Produktivität sind die Erfolgsparameter dieser Organisationsform.

Zum optimalen Arbeiten in einer Linienorganisation gehört eine flache Struktur, d. h. nicht zu viele Hierarchieebenen, aber auch nicht zu viele Mitarbeiter je Vorgesetzter. Bild 2.45 zeigt ein Diagramm für das Ermitteln der Anzahl von Hierarchiestufen abhängig vom Verhältnis Anzahl Vorgesetzte zu Anzahl Mitarbeiter. Die Größe einer organisatorischen Einheit muss so gewählt werden, dass einerseits der Führungsaufwand gerechtfertigt ist (also nicht zu klein) und andererseits die Kontrollspanne ausreichend wahrgenommen werden kann (also nicht zu groß).

Linienorganisationen müssen allerdings von Zeit zu Zeit an neue Markterfordernisse und neue Geschäftsgebiete angepasst und daher teilweise umorganisiert werden. So hat z. B. Siemens kürzlich wieder eine Organisationsform auf oberster Ebene eingeführt, die bereits vor einigen Jahrzehnten in ähnlicher Form schon einmal existierte. Die Siemens AG gliedert sich zurzeit in vier Sektoren: Industrie, Energie, Medizin und Städte-Infrastruktur. Unterhalb dieser Sektoren sind die Divisionen angesiedelt, so gliedert sich z. B. die Division Energie in Kraftwerke, Windenergie, Solartechnik, Wasserkraft, Öl- und Gas-Technik sowie Übertragungsnetze. Unterhalb der Divisionen sind dann die einzelnen Geschäftsbereiche (Business Units) angeordnet. Übergreifend wirken weiterhin mehrere Zentralbereiche.

Projektorganisationen

Sollen im Rahmen eines zeitlich begrenzten Entwicklungsvorhabens Fachkräfte aus mehreren Dienststellen und Abteilungen vorübergehend zusammengefasst werden (weil das entsprechende Entwicklungsvorhaben nicht innerhalb einer Organisationseinheit abgewickelt werden kann), so haben sich herkömmli-

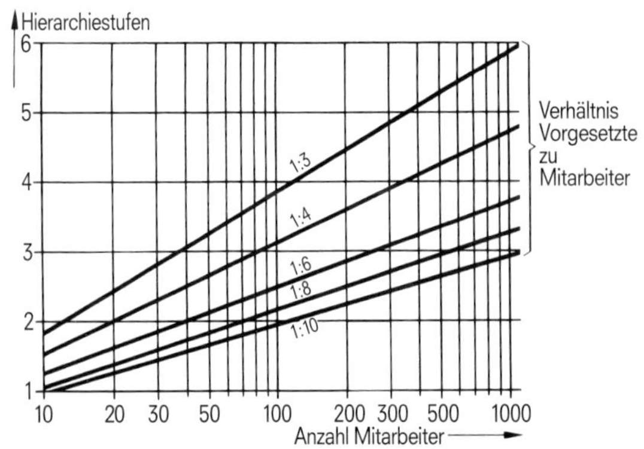

Bild 2.45
Optimale Anzahl von Hierarchiestufen in einer Organisation

che Linienorganisationen häufig als zu starr und unbeweglich gezeigt. Daher sind für das Management von Entwicklungen, die als »Projekt« durchgeführt werden sollen, eigene Formen von Projektorganisationen (PO) entstanden, deren Lebensdauer derjenigen des jeweils durchzuführenden Projekts entspricht. Als Projektorganisation bezeichnet man die projektspezifische, hierarchische Anordnung von Mitarbeitern, die für die Dauer des Projekts der Weisungsbefugnis des Projektleiters unterstellt sind. Durch die *zeitliche* Begrenzung wird verhindert, dass die eingesetzten Projektgruppen zu einem bleibenden Teil der Linienorganisation werden und es damit evtl. zu einer Verkrustung oder Aufblähung der Unternehmensstruktur kommt. Projektorganisationen sollen aber die bestehenden Linienorganisationen nicht ersetzen, sondern nur ergänzen.

Entsprechend dem Grad der Bereichsüberschreitung der einzubindenden Projektmitarbeiter sowie der Bedeutung des Projekts und der Projektgröße können fünf Formen von Projektorganisationen unterschieden werden:

- ▷ Reine Projektorganisation (R-PO)
- ▷ Einfluss-Projektorganisation (E-PO)
- ▷ Matrix-Projektorganisation (M-PO)
- ▷ Auftrags-Projektorganisation (A-PO)
- ▷ Projektmanagement in der Linie (L-PO)

Reine Projektorganisation

In dieser Organisationsform (Bild 2.46) sind alle an der Durchführung des Projekts beteiligten Mitarbeiter unter einem Projektleiter, der Linienautorität hat, zusammengefasst. Sie wird an einigen Stellen auch als »Task-Force-Gruppe« oder als *autonome* Projektorganisation bezeichnet.

Der Projektleiter hat in einer reinen Projektorganisation die gesamte Weisungs- und Entscheidungsbefugnis und trägt damit die alleinige Verantwortung für das Projekt. Nur beim Beschaffen des Personals und bei dessen Rückgliedern am Projektende ist er auf die Führung der Linienorganisation angewiesen.

Die reine Projektorganisation ist nur sinnvoll bei langfristigen Entwicklungsgroßprojekten, die so wichtig sind, dass der erhebliche Aufwand für das Schaffen einer völlig neuen, eigenen »Organisationssäule« gerechtfertigt ist. Das EDV-Großprojekt zur Entwicklung und Durchführung des Wettkampf- und Informationssystems für die Olympischen Spiele 1972 in München ist ein Beispiel für eine solche reine Projektorganisation. So leistungsfähig diese Form der Projektorganisation auch ist, so problematisch ist ihre Auflösung nach Projektende. Was sich in mehrjähriger Arbeit konstituiert hat, muss wieder aufgebrochen werden; dies kann zu einem sehr nachteiligen Know-how-Verlust führen.

Einfluss-Projektorganisation

Im Gegensatz zur reinen Projektorganisation gibt es bei einer Einfluss-Projektorganisation (Bild 2.47) keinen echten Projektleiter, son-

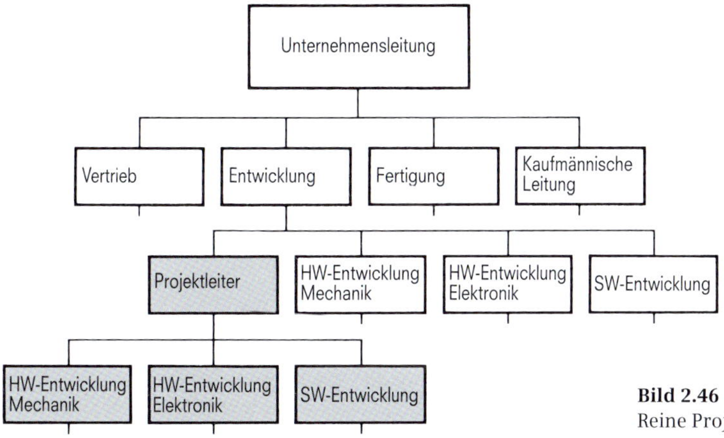

Bild 2.46
Reine Projektorganisation

dern einen *Projektkoordinator*, der kaum Kompetenzen hat und nur koordinierend und lenkend wirken kann; er ist ausschließlich Verfolger des Projektgeschehens und Informant für die Linieninstanzen. Die Entscheidungen werden allein in der Linie getroffen, so dass dieser Projektkoordinator für den Erfolg oder Misserfolg des Projekts nicht verantwortlich gemacht werden kann; er kann allerdings großen Einfluss ausüben, wenn seine Autorität von der obersten Führung der Linienorganisation entsprechend getragen wird.

Die Einrichtung einer Einfluss-Projektorganisation durch Berufung eines Projektkoordinators hat den großen Vorteil, dass keine Personalversetzungen vor Projektbeginn und auch nach Projektende notwendig sind. Der Nachteil liegt aber meist in den mangelnden Durchsetzungsmöglichkeiten des Projektkoordinators.

Die Einfluss-Projektorganisation, auch als Stabs-Projektorganisation bezeichnet, bietet sich vor allem dann an, wenn die Aufgabenteilung bei den auszuführenden Stellen von der Sache her vorbestimmt ist, so dass das »Konfliktpotenzial« beim Bewältigen der Projektaufgaben niedrig ist.

Matrix-Projektorganisation

In dieser Organisationsform (Bild 2.48) trägt der Projektleiter wohl die gesamte Verantwortung für das Projekt, hat aber nicht die volle Weisungsbefugnis für die am Projekt beteiligten Mitarbeiter. Die Matrix-Projektorganisation ähnelt der oben beschriebenen Pool-Orga-

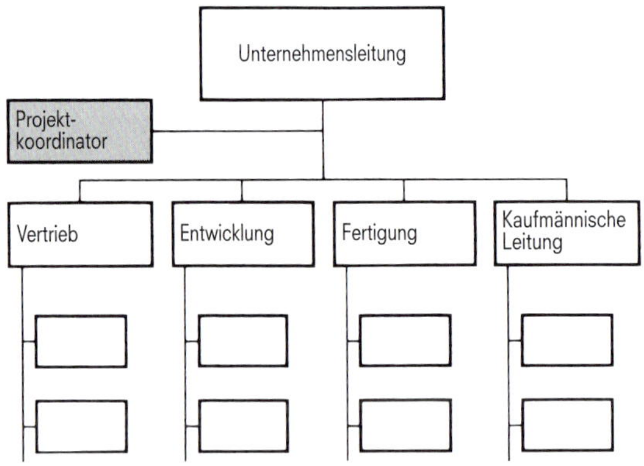

Bild 2.47
Einfluss-Projektorganisation

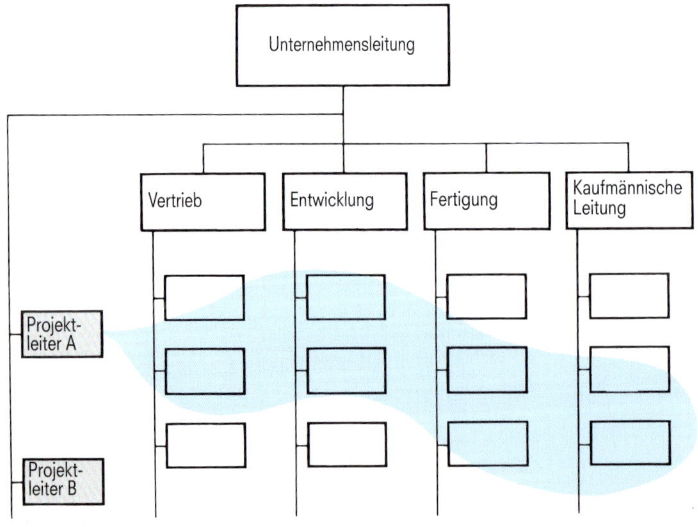

Bild 2.48
Matrix-Projekt-
organisation

nisation; sie hat eine zweidimensionale Weisungsstruktur und nimmt bezüglich der Kompetenzabgrenzung zwischen Projekt und Linie eine Mittelstellung ein. Die Projektmitarbeiter stammen aus unterschiedlichen Organisationseinheiten und sind temporär zu einer Projektgruppe zusammengefasst; sie unterliegen aber nur der fachlichen Weisungsbefugnis des Projektleiters, die disziplinarische bleibt weiterhin beim Vorgesetzten in der Linienorganisation. Der Mitarbeiter dient quasi zwei Vorgesetzten: Der eine sagt, wo es *lang geht,* und der andere *bestimmt das Gehalt.* Und dies ist bereits der entscheidende Nachteil einer Matrix-Projektorganisation. (Im Gegensatz zur Pool-Organisation, dort unterstehen die Mitarbeiter während der gesamten Projektlaufzeit dem Projektleiter.)

Der Projektleiter ist zuständig und verantwortlich für Planung, Überwachung und Koordination, aber nicht für die fachtechnische Durchführung. Dies führt zwangsläufig zu Konfliktsituationen der Projektbeteiligten, besonders wenn in der Linien-Abteilung Aufgaben anstehen, denen vom Linien-Vorgesetzten eine höhere Priorität als die entsprechenden Projektaufgaben zugeordnet wird, oder wenn über Plankosten und Qualität eines Produktteils zwischen Projektleiter und Linien-Abteilungsleiter divergierende Ansichten herrschen. Auch tritt häufig ein Gerangel um die knappen Personal-Ressourcen auf. Derartige Konflikte sind meist nur noch zu lösen durch das Eingreifen einer Entscheidungsinstanz (EI) als Schiedskommission.

Neben der verbesserten Nutzung von Synergien hat eine Matrix-Projektorganisation wohl den großen Vorteil, dass schnell Personal mit der richtigen Qualifikation zusammengestellt werden kann und dass hierfür keine disziplinarischen Personalumbesetzungen erforderlich sind, aber das »Dienen zweier Herren« führt nicht selten zu schwer überwindbaren Konflikten. Die Konfliktträchtigkeit der Matrix-Projektorganisation erfordert daher von vornherein »Spielregeln« für das Austragen von Konflikten, damit eine Atmosphäre der Kooperation und Gemeinsamkeit zwischen Projekt und Linie entstehen kann. In der Praxis hat es sich als sehr vorteilhaft gezeigt, wenn die Auftraggeberseite durch einen einzigen Bevollmächtigten (z. B. Vertrieblicher Produktverantwortlicher, VP) und die Auftragnehmerseite entsprechend (z. B. Technischer Produktverantwortlicher, TP) vertreten wird. Beide bilden dann das »Fachzentrum« innerhalb einer Matrix-Organisation.

Auftrags-Projektorganisation

Auch diese Organisationsform (Bild 2.49) ist matrixorientiert; es gibt aber bei ihr keine Doppelunterstellung der Projektmitarbeiter. Pro-

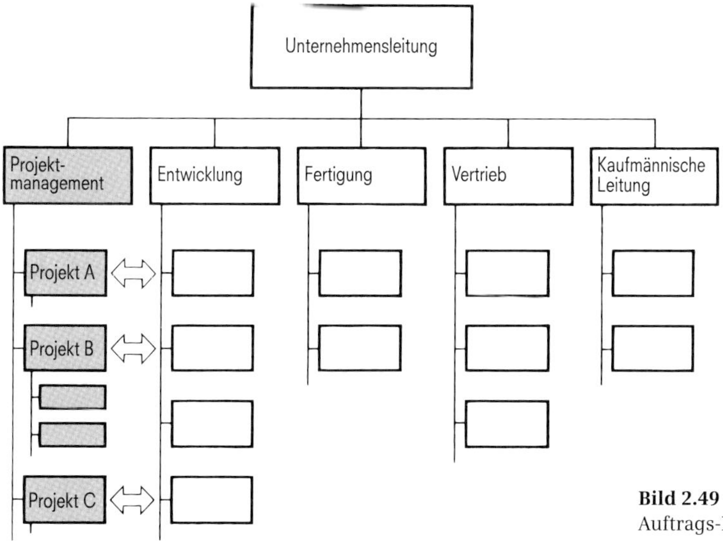

Bild 2.49
Auftrags-Projektorganisation

jektleiter und Projektstammmannschaft sind hier nicht in der Linienorganisation eingebettet, sondern bilden eine eigene Organisationseinheit *Projektmanagement*.

Der Projektleiter ist nicht nur zuständig und verantwortlich für die Projektplanung, -kontrolle und -steuerung, sondern auch für die fachtechnische Durchführung des Projekts, d. h. die ihm unterstellte Projektgruppe erarbeitet entsprechend den z. B. vom Vertrieb definierten Vorgaben die Spezifikation der Einzelprodukte bzw. der Systemkomponenten in eigener Sachkompetenz und vergibt diese als Unteraufträge an die entsprechenden Entwicklungsstellen der Linienorganisation oder auch an unternehmensexterne Stellen. Häufig übernimmt die Projektgruppe in den Abschlussphasen, wie Systemintegration und -test, auch eigene systemtechnische Aufgaben.

Das Projektmanagement hat hier also die organisatorische *und* fachliche Gesamtverantwortung für das Projekt; es ist sowohl Auftraggeber für Entwicklung und Fertigung als auch Auftragnehmer des Vertriebs. Zwischen dem Projektmanagement und den durchführenden Stellen in der Linienorganisation bestehen damit klare Zuständigkeiten im Rahmen eines Auftraggeber-Auftragnehmer-Verhältnisses; deshalb auch die Bezeichnung Auftrags-Projektorganisation.

Auch hinsichtlich der Personalführung ist diese Form der Projektorganisation optimal. So gibt es nämlich Mitarbeiter, die sich für temporär zusammengestellte Projektgruppen gut eignen und den häufigen Wandel der organisatorischen Zuordnung als förderlich und angenehm empfinden; diese Mitarbeiter sind in einer solchen »Projektmanagement-Säule« sehr gut eingesetzt. Es gibt aber auch viele Mitarbeiter, die wohl sehr produktiv und kreativ sind, aber gerne ihr langfristiges Zuhause in einer festen Organisationseinheit wünschen; diese Mitarbeiter finden sich in der beständigeren Linienorganisation am besten zurecht.

Projektmanagement in der Linie

Das Durchführen einer Entwicklungsaufgabe in Form eines Projekts erfordert nicht grundsätzlich das Einrichten einer (neuen) eigenen Projektorganisation. Die üblichen Aufgaben in den Entwicklungsstellen einer Linienorganisation können natürlich auch als Projekt mit expliziter Nennung eines Projektleiters sowie Fixierung eines Termins und eines Kostenvolumens durchgeführt werden. Der Projektleiter ist dann meist der zuständige Gruppenführer, Laborleiter, Dienststellenleiter oder Abteilungsleiter. Es sind dabei sicherlich auch gruppenintern temporäre Umordnungen der Mitarbeiter notwendig, die aber nicht den Charakter einer Versetzung oder einer Änderung der generellen Weisungsbindung an den Linienvorgesetzten zur Folge haben.

Projektmanagement in der Linie bietet sich vornehmlich bei kleineren Entwicklungsaufgaben, z. B. in einer Stelle für OI-Verfahrensentwicklungen oder Anwender-SW-Entwicklungen an, wo alle für das Projekt notwendigen Mitarbeiter bereits in der bestehenden Organisationseinheit vorhanden sind.

Unternehmensüberschreitende Projektorganisationen

Bei sehr großen Projekten, hinter denen z. B. öffentliche Auftraggeber stehen, sind häufig mehrere voneinander unabhängige Unternehmen beteiligt. Beispiele hierfür findet man bei militärischen, bei luft- und raumfahrttechnischen Projekten sowie im Kraftwerksbau und im vermittlungstechnischen Bereich. Bei solchen *inter-industriellen* Projekten ist eine gute Zusammenarbeit der beteiligten Firmen unerlässlich. Diese kann aber nicht mehr allein durch die Benennung eines einzigen Projektleiters gewährleistet werden. Hier sind im Rahmen einer unternehmensüberschreitenden Projektorganisation klare Vertragsbeziehungen zwischen den einzelnen, rechtlich und wirtschaftlich unabhängigen Projektpartnern notwendig.

Für derartige unternehmensüberschreitende Projektorganisationen haben sich folgende Formen bewährt:

- ▷ Einzelauftragsorganisation
- ▷ Konsortialorganisation
- ▷ Generalunternehmerorganisation.

Bei einer *Einzelauftragsorganisation* behält der Auftraggeber die Verantwortung für das Gesamtvorhaben und vergibt für klar umgrenzte

Teilvorhaben entsprechende Aufträge an die einzelnen Unternehmen. Die Gesamtverantwortung für das Projekt verbleibt damit beim Auftraggeber. Diese Organisationsform ist nur möglich, wenn der Auftraggeber einerseits über das notwendige Fachwissen verfügt und andererseits die Integration der einzelnen Komponenten keine besonderen Probleme aufwirft.

Bei einer *Konsortialorganisation* bilden die beteiligten Unternehmen ein Konsortium, welchem die Gesamtverantwortung für das Vorhaben übertragen wird (z. B. ARGE in der Bauwirtschaft). Projektverantwortung, Arbeitsteilung und Haftung wird in einem Konsortialvertrag festgelegt. Die einzelnen Unternehmen sind häufig mit abgeordneten Personen in diesem temporären »Projektunternehmen« vertreten, wobei im Allgemeinen ein Mitglied den Konsortialführer stellt. Für den Auftraggeber fungiert das Konsortium als selbstständiger Auftragnehmer, mit dem alle entsprechenden Entwicklungsverträge geschlossen werden.

Die *Generalunternehmerorganisation* ist mit der Auftrags-Projektorganisation auf unternehmensüberschreitender Ebene vergleichbar. Ein einzelnes Unternehmen übernimmt als Generalunternehmer die volle wirtschaftliche und fachliche Verantwortung. Die anderen Firmen sind nur über Unteraufträge für in sich abgeschlossene Aufgabenteile an dem Gesamtvorhaben beteiligt.

Wechsel der Projektorganisation

Bei sehr großen Entwicklungsvorhaben kann es angebracht sein, während des Entwicklungsablaufs die Form der Projektorganisation zu wechseln, um – bezogen auf die einzelnen Entwicklungsphasen – die Stärken der unterschiedlichen Projektorganisationsformen voll nutzen zu können.

Bild 2.50 soll dieses an einem Beispiel verdeutlichen.

Genauso kann es im Rahmen eines Großprojekts sinnvoll sein, dass die einzelnen Teilprojekte mit unterschiedlichen Projektorganisationen durchgeführt werden. So bietet es sich bei einem inter-industriellen Kooperationsprojekt mit anderen Firmen z. B. an, die eigenen Entwicklungsanteile innerhalb einer reinen Projektorganisation abzuwickeln und die Schnittstellen-Anteile in Form einer Einfluss-Projektorganisation zu koordinieren.

Vor- und Nachteile

In Tabelle 2.9 sind die wesentlichen Vor- und Nachteile der einzelnen Formen einer Projektorganisation zusammengefasst.

Wahl der Projektorganisationsform

Die Wahl der »richtigen« Projektorganisation hängt von sehr unterschiedlichen Faktoren ab. Außer der Bereitschaft zur Gründung einer eigenen Projektorganisation neben der beste-

Definitionsphase	**Einfluss-Projektorganisation** Auswahlgrund: Es ist noch unsicher, ob es zu einer Auftragsvergabe und damit zu einem Projekt kommt.
Entwurfsphase	**Matrix-Projektorganisation** Auswahlgrund: Alle relevanten Stellen sollen erst einmal ohne Personalversetzungen zusammengefasst werden.
Realisierungs- und Erprobungsphase	**Reine Projektorganisation** Auswahlgrund: Das Projekt ist so bedeutend geworden, dass eine eigene Projektorganisation angebracht erscheint.
Einsatzphase	**Projektmanagement in der Linie** Auswahlgrund: Wartung und Einsatzunterstützung soll von den »zuständigen« Stellen übernommen werden.

Bild 2.50
Beispiel für Wechsel der Projektorganisation innerhalb eines Projektablaufs

Tabelle 2.9 Vor- und Nachteile der einzelnen Projektorganisationen

Art der Projektorganisation	Vorteile	Nachteile
Reine Projektorganisation	▷ PL hat volle Kompetenz ▷ Kürzeste Kommunikationswege und geringster »Overhead« ▷ Optimale Ausrichtung auf das Projektziel	▷ Gefahr des Etablierens der Projektgruppe nach Projektende ▷ Versetzungsprobleme nach Projektende ▷ Gefahr von Parallelentwicklungen in Projekt und benachbarter Linie
Einfluss-Projektorganisation	▷ Getrennt aufgehängte Entwicklungsbereiche können zu einer gesteuerten Kooperation veranlasst werden ▷ Geringste Veränderungen in der bestehenden Organisation	▷ PL hat kaum Weisungsbefugnis ▷ Keine personifizierte Verantwortung ▷ Hoher Koordinationsaufwand
Matrix-Projektorganisation	▷ Schnelle Zusammenfassung von interdisziplinären Gruppen ▷ Keine Versetzungsprobleme bei Projektbeginn und -ende ▷ Förderung des Synergieeffekts	▷ Projektmitarbeiter dienen »zwei Herren« ▷ Hohe Konfliktträchtigkeit zwischen Projekt und Linie
Auftrags-Projektorganisation	▷ Klare Kompetenzabgrenzung zwischen Projekt und Linie ▷ Leichte Einbindung beliebiger Unterauftragnehmer (auch außerhalb des eigenen Unternehmens) ▷ Große Flexibilität bei Multiprojekten	▷ Notwendigkeit einer eigenen Organisationssäule ▷ Konkurrenzdenken der Organisationssäulen ▷ Gefahr einer »Bürokratisierung« des Projektmanagements
Projektmanagement in der Linie	▷ Alle Vorteile der reinen Projektorganisation ▷ Keine Notwendigkeit von Personalversetzung	▷ Nur kleinere Entwicklungsaufgaben möglich ▷ Nicht immer das fachlich und qualitativ richtige Personal verfügbar

henden Linienorganisation sowie eventueller Forderungen seitens des Auftraggebers bez. der Projektorganisation sind zum einen der »Grad der Überbereichlichkeit« und zum anderen die »Projektgröße« bestimmende Kriterien für das Festlegen der geeigneten Form einer Projektorganisation. Bild 2.51 gibt hierfür einen pauschalen Ansatz. Generell kann die Aussage gemacht werden, dass die reine Projektorganisation und die Auftrags-Projektorganisati-

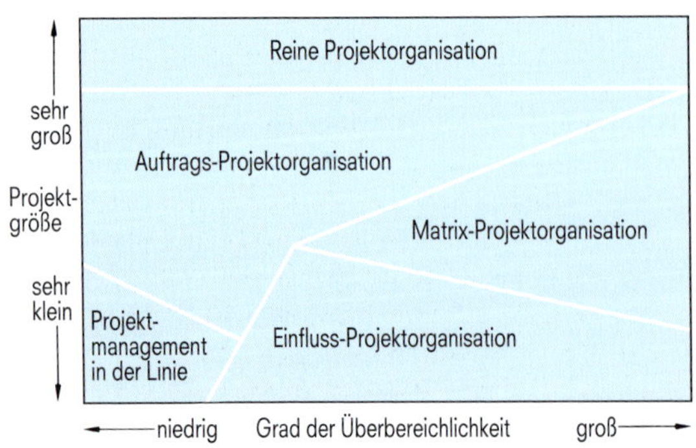

Bild 2.51
Wahl der »richtigen« Projektorganisation

on für große Projekte, dagegen die Einfluss-Projektorganisation und das Projektmanagement in der Linie für kleinere Projekte geeignet sind. Die Matrix-Projektorganisation findet besonders bei überbereichlichen und mittelgroßen Projekten Anwendung.

Bei rein projektorientierten Unternehmen, wie sie im IT-Bereich oder im Anlagenbau zu finden sind, bietet sich vermehrt die Form einer Pool-Organisation mit einem getrennten Auftrags-, Projekt- und Ressourcenmanagement an.

2.4.2 Projektgremien

Zum strategischen Planen und Steuern eines Projekts sowie zum Sicherstellen eines umfassenden Informationsflusses und einer vollständigen Kommunikation bedarf es organisationsübergreifender und projektbegleitender Gremien; diese sind sehr vielgestaltig und hängen in ihrer Zusammensetzung und ihren Aufgaben stark von der Form der gewählten Projektorganisation und der Projektgröße ab.

Handelt es sich z. B. bei der Projektorganisation um eine sehr lockere Form, wie es bei einer Einfluss- oder einer Matrix-Projektorganisation der Fall ist, so sind Gremien notwendig, die als Klammer dienen und einem »Nebeneinander-Arbeiten« (oder sogar einem Gegeneinander) der Projektbeteiligten entgegenwirken.

Bei sehr großen Projekten, die nicht in einer eigenen (reinen) Projektorganisation durchgeführt werden, ist es darüber hinaus erforderlich, in der Definitions- und Entwurfsphase ein bereichsübergreifendes und interdisziplinäres Planungsgremium zu schaffen. Auch kann auf Grund der Projektgröße und einer vielschichtigen Projekteinbindung der Projektleiter überfordert sein, so dass ein über ihm stehendes Entscheidungsgremium sinnvoll ist.

Die nachstehenden Beispiele von Projektgremien können in fünf Gruppen eingeteilt werden:

Planungsgremien

- ▷ Planungsteam, -gruppe
- ▷ Workshop
- ▷ Planungsausschuss, Planungskollegium (PA)
- ▷ Produktarbeitskreis (PAK)

Beratungsgremien

- ▷ Beratungsausschuss (BA)
- ▷ Anwenderkreis, Nutzerkreis (AK)
- ▷ Fachpartnergremium, Fachausschuss (FA)

Steuerungsgremien

- ▷ Produktentwicklungsgruppe (PEG) Produktentwicklungsausschuss (PEA)
- ▷ Systementwicklungsgruppe (SEG)
- ▷ Produkt-Arbeitsgruppe (PAG)
- ▷ Anwendergremium, Nutzergremium
- ▷ Change Control Board (CCB)
- ▷ Risk Review Board (RRB)

Entscheidungsgremien

- ▷ Entscheidungsinstanz, (EI) Entscheidungsausschuss, (EA) Entscheidungskreis, (EK) Lenkungsausschuss (LA)
- ▷ Produktinstanz, (PI) Produktkommission (PK)
- ▷ Systeminstanz (SI)

Kommunikationsgremien

- ▷ Fachkollegium, Fachbeirat
- ▷ Fachkreis (FK)
- ▷ Fachteam
- ▷ User-Club
- ▷ SW-Board
- ▷ Steering-Board

Die Zuordnung von Projektgremien zum Projektleiter veranschaulicht Bild 2.52.

Innerhalb der aufgeführten Einteilung unterscheiden sich die aufgeführten Gremien in ihrer Funktion sowie in ihrer Tagungsdichte.

Planungsgremien

Planungsteams und *Planungsgruppen* sind Arbeitsgruppen, die mit Fachleuten aus unterschiedlichen Bereichen (Entwicklung, Fertigung, Vertrieb, Kaufmannschaft etc.) besetzt werden und über eine längere Zeit gemeinsam die Erstplanung eines Projekts (fachliches und technisches Konzept) vorantreiben. Hierbei tagen sie häufig nach der (4 + 1)-Tagungsregel, d. h. vier Tage der Woche im Team und einen Tag in der Heimat-Dienststelle. Demgegenüber sind die Mitglieder eines *Planungsausschusses* oder eines *Planungskollegiums* nur in unregelmäßiger und auch geringerer Folge beisam-

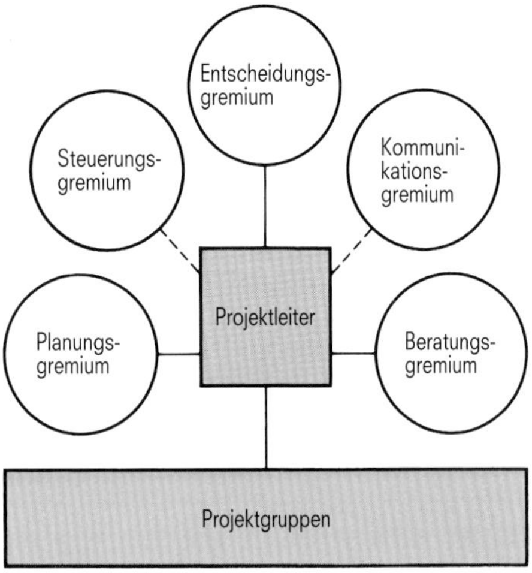

Bild 2.52
Zuordnung von Projektgremien zum Projektleiter

men. Teams, die zu einem Planungsthema nur einen halben oder ganzen Tag zusammenkommen, werden als *Workshops* bezeichnet. Als *Produktarbeitskreise* bezeichnet man produktbezogene Teams, die temporär zur Lösung eines speziellen Problems gebildet und nach Erbringen des Ergebnisses wieder aufgelöst werden.

Eine erfolgsorientierte Arbeitsweise in solchen Planungsgremien ist wegen des Nichtvorhandenseins einer hierarchischen Ordnung nur dann zu erwarten, wenn die Teammitglieder ein stark ausgeprägtes kooperatives Verhalten zeigen. Häufig sind ja in Planungsgremien Mitarbeiter vertreten, die einen sehr unterschiedlichen Rang im Unternehmen innehaben und über eine sehr unterschiedliche Ausbildung verfügen. Wichtig ist daher das Miteinander-Arbeiten, das Zuhören-Können, das Akzeptieren der Ideen und Vorschläge des anderen, das Zurücknehmen von »Grundfestungen« in der eigenen Meinung und das Vermeiden von politisch begründetem Taktieren (siehe hierzu auch Kap. 4.7.2). Sind in einem Planungsgremium – welches möglichst nicht mehr als acht Mitglieder umfassen sollte – nur einige wenige »schwarze Schafe«, so ist es meist unmöglich, zu einem fundierten, abgerundeten Planungsergebnis zu gelangen. Verdecktes Blockieren oder reine Unfähigkeit verhindern das Bilden einer abgestimmten Gruppenmeinung. Vorzeitiges Auflösen des Teams ist dann die einzig richtige Lösung.

Stets sollte offiziell ein Teamsprecher ernannt werden, der als Moderator kraft seiner Persönlichkeit und Fachkompetenz eine Führung des Teams erreichen muss. Bei allem kooperativen Verhalten der Teammitglieder bleiben auch in der Planungsphase Meinungsverschiedenheiten nicht aus, die nur mit einer klaren Entscheidung überwunden werden können. Weiterhin ist für die vollständige Dokumentation der Planungsergebnisse und zur gezielten Informationsverteilung die Einsetzung eines Schriftführers sehr vorteilhaft.

Beratungsgremien

Ist das Wissensumfeld eines Projekts sehr groß, so kann es angebracht sein, ein Beratungsgremium zu gründen, das den Informationsfluss in beide Richtungen – aus den Nachbarbereichen in das Projekt und vom Projekt wieder zurück – gewährleisten und unterstützen soll. Dieser gesteuerte Informationsfluss ist notwendig, um z. B. eventuelle Parallelentwicklungen in voneinander entfernten Entwicklungsstellen möglichst von vornherein zu vermeiden oder wenigstens in sich gegenseitig befruchtende Bahnen zu lenken.

Hierzu dienen die »klassischen« *Beratungsausschüsse*. Ein beratender Ausschuss wird bei einem Projekt eingerichtet, wenn es überbereichlich durchgeführt und das Projektergebnis (Gerät, System, Verfahren) breit eingesetzt werden soll. Dieses Gremium soll sicherstellen, dass alle fachlichen Anforderungen bez. des geplanten Leistungsumfangs und der Qualität an das Entwicklungsvorhaben aus allen zuständigen Bereichen berücksichtigt werden; es umfasst vor allem Fachleute, Anwender und sonstige Wissensträger.

Die anderen genannten Beratungsgremien haben ähnliche Aufgaben, d. h., auch sie sollen ein Bündeln der Wünsche und Anforderungen seitens der künftigen Anwender und Benutzer (Stakeholder) für das Projekt ermöglichen. In solchen Gremien, zu denen *Anwenderkreise, Nutzerkreise, Fachpartnergremien* und *Fachausschüsse* gehören, werden die Anforderungen zusammengestellt, beraten und anhand einer Prioritätenvergabe bewertet. Für diesen Abstimmprozess gelten weitgehend demokratische Spielregeln, so dass die Mehrheitsmeinung des Gremiums für den Projektleiter maßgebend ist. Auch hier kann die Ergiebigkeit der Arbeit vom Verhalten einzelner – die sich nicht an die Spielregeln halten – stark beeinträchtigt werden.

Die zeitliche Beanspruchung in diesen Beratungsgremien ist normalerweise nicht sehr groß, da sie meist in größeren Zeitabständen tagen. Die Personenzahl darf etwas größer als bei einem Planungsgremium sein, sollte aber 15 nicht überschreiten; denn die Gefahr des Entstehens eines »Debattierklubs« ist doch sehr groß. Auch bei einem Beratungsgremium ist es sinnvoll, einen Sprecher zu ernennen, der die Gruppenmeinung gegenüber Projektleitung und Umwelt artikuliert und vertritt.

Steuerungsgremien

Sind in die Erzeugnisentwicklung innerhalb eines ganzen Produkt- und Systemgeschäfts unterschiedliche Linienbereiche, wie Geräteentwicklung, Systemtechnik, Fertigung und Vertrieb eingebunden, so werden im Rahmen bestimmter Prozessorganisationen produkt- bzw. systemorientierte Steuerungsgremien installiert, die über die reine Beratung hinaus eine direkte fachliche Steuerung der Entwicklungsabläufe zu übernehmen haben.

Produktentwicklungsgruppen, auch als *Produktentwicklungsausschüsse* bekannt, sollen ein bestimmtes Entwicklungsvorhaben zur Realisierung eines Produkts oder einer Systemkomponente gezielt unterstützen; sie haben aber keine Entscheidungskompetenz. Neben den Aufgaben eines Fachpartnergremiums zum Ermitteln und Koordinieren der an das Erzeugnis gestellten technischen und preislichen Anforderungen ist die Produktentwicklungsgruppe auch zuständig für grundsätzliche PM-Aufgaben, wie Ermitteln und Verfolgen der Wirtschaftlichkeit, Ergreifen von Maßnahmen zur Terminplanung, Schulung und Dokumentation, Klären der Kundendienstbelange und Nachbaufragen sowie – falls vorhanden – ein laufendes Abstimmen zur Systementwicklungsgruppe. Die Produktentwicklungsgruppe wird i. Allg. aus Mitarbeitern der Entwicklung, des Selbstkostenbüros, der Fertigungsvorbereitung, des Abwicklungszentrums und des Produktvertriebs gebildet.

Systementwicklungsgruppen werden eingesetzt, wenn darüber hinaus besondere systemtechnische Aspekte bei mehreren Entwicklungsvorhaben eine Rolle spielen. Neben Vertretern der Entwicklung und der Fertigung sind in einer Systementwicklungsgruppe auch Vertreter des Produktvertriebs und ggf. des zuständigen Anlagenvertreters sowie der systemtechnischen Entwicklung. Der Systementwicklungsgruppe obliegt das allgemeine Koordinieren und Überwachen der Systemanforderungen, das Erstellen des Systemlastenhefts, das Planen und Überwachen der Realisierungsschritte sowie das Koordinieren aller systemtechnischen Belange für die einzelnen Komponenten. Als Teil des Projektmanagements unterstützt die Systementwicklungsgruppe dabei den Projektleiter.

Produkt-Arbeitsgruppen sind vornehmlich im Rahmen von SW-Entwicklungsprozessen eingerichtet worden; sie haben im Gegensatz zu den Produktentwicklungsgruppen ein ganzes Produktfeld (z. B. Datenbanksysteme, SW-Tools) als Tätigkeitsfeld und stehen damit etwa zwischen den Produktentwicklungsgruppen und den Systementwicklungsgruppen. Auch müssen sie die Vollständigkeit der an die SW-Produkte gestellten Anforderungen gewährleisten – sollen aber besonders darauf achten, dass zwischen den einzelnen SW-Produkten eine klare Abgrenzung ihres jeweiligen Leistungsumfanges zustande kommt. Ein späteres Konkurrieren der Produkte am Markt soll dadurch vermieden werden. Die Produkt-Arbeitsgruppe hat damit die strategische Aufgabe, für ein harmonisch abgedecktes Produktfeld, d. h. möglichst keine Überlappungen der Produkte, aber auch keine Lücken in deren Funktionsumfang, zu sorgen. In einer Produkt-Arbeitsgruppe sind meist alle Betroffenen eines bestimmten Produktfelds vertreten. Zu diesem Kreis gehören Vertreter der SW-Entwicklung, des Vertriebes, des Marketings und des Kundendienstes sowie interne Anwendervertreter.

Die vorgenannten Steuerungsgremien treten meist zu fest vorgegebenen Zeitpunkten in »Phasenentscheidungssitzungen« oder »Projektstatus-Entscheidungssitzungen« zur Projektberatung zusammen. Dort wird nach Durchsprache der aktuellen Projektpläne und

-berichte auch über das weitere Vorgehen im Projektablauf entschieden.

Anwender- und Nutzergremien installiert man als Steuerungsgremien bei Neu- und Weiterentwicklungen von Verfahren, die in mehreren Bereichen eines Unternehmens gleichermaßen eingesetzt werden. Hauptaufgabe ist die Bündelung aller Anwenderwünsche sowie eine Prioritätenvergabe bei Weiterentwicklungsmaßnahmen mit dem Ziel, eine gemeinsame Entwicklungsstrategie für das mehrfach eingesetzte Verfahren zu erreichen. Neben der fachlichen Steuerung der Entwicklungsaktivitäten erarbeitet ein solches Gremium die Entscheidungsgrundlage für das übergeordnete Entscheidungsgremium; hierzu wird neben dem Vorschlag nutzungsbezogener Kostenverteilungsschlüssel der zugehörige Projektantrag in seinen Projektdaten formuliert. Natürlich soll ein Anwender- bzw. Nutzergremium, dessen Leiter i. Allg. der Projektleiter selbst ist, auch »Informationsdrehscheibe« für die einzelnen Verfahrensnutzer sein.

Das *Change Control Board* ist ein Steuerungsgremium, das im Rahmen des Konfigurationsmanagements eingerichtet wird. Seine Hauptaufgabe ist die Änderungssteuerung; d. h., es entscheidet über die Durchführung notwendig gewordener Änderungsprozesse. In diesem Gremium sollten Mitarbeiter aus allen Entwicklungsfunktionen (Systemplanung, Systemrealisierung, Systemabnahme) sowie möglichst auch die Auftraggeberseite vertreten sein. Die Leitung obliegt meist dem Projektleiter.

Aufgabe von so genannten *Risk Review Boards* (RRB) ist es, für ein unternehmensweites präventives Risikomanagement bei allen Projekten, die mit einem hohen Risikogehalt behaftet sind, zu sorgen. In regelmäßigen Sitzungen des RRB werden die Risiken der in Frage kommenden Projekte aktuell bewertet und beurteilt; ggfs. entscheidet das RRB über angemessene Vorsorge- bzw. Absicherungsmaßnahmen. Ziel ist dabei die konsequente Risikoverfolgung über die gesamte Laufzeit der Projekte zur Vermeidung von technischen, wirtschaftlichen, vertraglichen, organisatorischen und personalbezogenen Risiken. In einem derartigen Risk Review Board sollten neben Kaufleuten und Fachspezialisten auch Vertreter der Geschäftsleitung und Juristen vertreten sein.

Entscheidungsgremien

Wenn ein großes Projekt besonders wichtig für ein Unternehmen ist oder wenn ein Projekt von unterschiedlichen Bereichen finanziert wird, so ist es häufig notwendig, dem Projektleiter ein Entscheidungsgremium beizuordnen. Dies darf allerdings nicht zu einer »Sozialisierung« der Verantwortung führen, so dass bei einem Entscheidungsbeschluss sich jeder der Mitglieder des Entscheidungsgremiums auf seinen Nächsten bezieht und – wenn sich die Entscheidung als Fehler erweist – es niemand (allein) gewesen sein will. Auch darf das Entscheidungsgremium den Projektleiter nicht aus seiner personifizierten Verantwortung entlassen, dafür muss es aber diesem die nötige Rückendeckung beim Beschaffen von Ressourcen und im politischen Umfeld geben. Häufig besteht die Gefahr, dass das Bestreben zur Einstimmigkeit den Entscheidungsprozess stark verlangsamt und Entscheidungen hinausgeschoben werden. Nur wenn die Mitglieder eines Entscheidungsgremiums – welches ja meist keinen Vorsitzenden hat – über einen ausreichenden Konsens verfügen, kann das Gremium seine Entscheidungsaufgabe erfüllen.

Typische Entscheidungsgremien sind *Entscheidungsinstanz, Entscheidungsausschuss Entscheidungskreis* und *Lenkungsausschuss*. Ihre Funktionen sind sehr ähnlich; eine definitorische Unterscheidung lässt sich kaum vornehmen. Dagegen haben die *Produktinstanz* bzw. *Produktkommission* sowie die *Systeminstanz* fest umrissene Entscheidungsfunktionen. Die Produktinstanz bzw. -kommission ist für einen bestimmten Produktbereich eingesetzt und nimmt alle Entscheidungen an den Zäsurpunkten des Produktlebenszyklus wahr. Hierzu gehören Aufgaben wie Prioritätenfestlegung, Entwicklungsstart, Fertigungsfreigabe, Vertriebsfreigabe, Lieferfreigabe, Produktveränderung und -streichung. Die Systeminstanz ist den einzelnen Produktinstanzen übergeordnet und soll die Systemgesamtheit über die einzelnen Produktbereiche wahren; deshalb ist jede Produktinstanz verpflichtet, unverzüglich die Systeminstanz anzurufen, sobald der Systemaspekt durch Produktentscheidungen wesentlich berührt wird.

Entscheidungsgremien können entweder in unregelmäßiger Folge zu relevanten Phasenabschnitten des Entwicklungsprozesses zusammentreten (z. B. Projektbeginn, Definitionsabschluss, Realisierungsbeginn, Projektabschluss) oder auch in einem festen Zeitrhythmus tagen (z. B. Beginn und Mitte des Geschäftsjahres). Handelt es sich um kleinere Projekte, die aber von unterschiedlichen Bereichen finanziert werden, kann das Entscheidungsgremium auch auf rein *postalischem* Wege wirken, indem der Projektleiter das Gremium durch Protokolle und Projektstatusberichte informiert und die Mitglieder des Entscheidungsgremiums ihre (genehmigenden) Unterschriften in den Projektantrag im Umlaufverfahren setzen.

Die meisten Entscheidungsgremien haben keinen Vorsitzenden oder Sprecher. Dies hat sich in der Praxis schon häufig als sehr nachteilig erwiesen, da sich im Laufe eines Projekts der Zusammenhalt und die gemeinsame Verantwortung um das Projekt abschwächen kann. Die Ernennung eines »Primus-inter-pares« ist hier empfehlenswert, da von ihm Impulse ausgehen können, die ein kraftvolles Wirken des Entscheidungsgremiums während der gesamten Projektzeit gewährleisten.

Kommunikationsgremien

Kommunikationsgremien stehen i. Allg. außerhalb eines bestimmten Projekts; sind also im strengen Sinne keine Projektgremien; sie dienen im Wesentlichen als Informationsdrehscheiben zwischen den Entwicklungsstellen der einzelnen Linienbereiche. Ähnlich den projekt- bzw. produktorientierten Beratungsgremien sollen sie den allgemeinen Informationsfluss steigern, um einerseits Parallelentwicklungen aufgrund eines Wissensmangels zu verhindern und andererseits Synergien zu fördern. Gerade im synergetischen Bereich sind bei einem großen Unternehmen sehr große Reserven und »Wissensschätze« vorhanden. Diese zu heben, muss durch ein konsequentes Wissensmanagement (siehe Kap. 3.5.5) intensiviert werden. Dem großen Vorteil der Flexibilität bei einer »Garagenfirma« steht nämlich der gewaltige Vorteil in der gegenseitigen Wissensbereicherung bei einem Großunternehmen gegenüber.

Kommunikationsgremien haben immer ein spezielles Wissensgebiet als Thema, wie z. B. Entwicklungsplanung- und -steuerung, SW-Technologie, CAD-Methoden und -Verfahren, Produktionssteuerungsverfahren, und sie sind oft überbereichlich besetzt. Die Bezeichnungen variieren auch hier sehr stark, teilweise bedient man sich auch aus sprachlichen Schwächen englischer Begriffe wie »SW-Board«, »Control-Board«, »Steering-Board« und »User-Club«. Die Ernennung eines Leiters für ein Kommunikationsgremium sollte selbstverständlich sein. Nur durch diesen kann ein langes und ergiebiges Arbeiten des Gremiums erreicht werden; er muss die Triebfeder des Ganzen sein. Fällt diese weg, so löst sich ein Kommunikationsgremium mit der Zeit aufgrund schwindenden Interesses meist von selbst auf.

Im Rahmen des allgemeinen Erfahrungsaustausches kann eine Gesamtkonzeption für einen umfassenden und gesteuerten Informationsfluss (Bild 2.53) nützlich sein: Zu mehreren Grundsatzthemen aus den Entwicklungs- und Fertigungsbereichen werden Fachbereiche gebildet; diesen stehen *Fachkollegien* bzw. *Fachbeiräte* vor und setzen sich aus anerkannten Fachleuten aus allen Bereichen des Gesamtunternehmens zusammen. Sie fördern, organisieren und lenken in dem betreffenden Fachbereich den Erfahrungsaustausch der einzelnen Bereiche untereinander. Hiermit soll ein systematisches Nutzen des meist örtlich entstehenden Erfahrungsschatzes über die ganze Breite und in der ganzen Tiefe des Unternehmens erreicht werden.

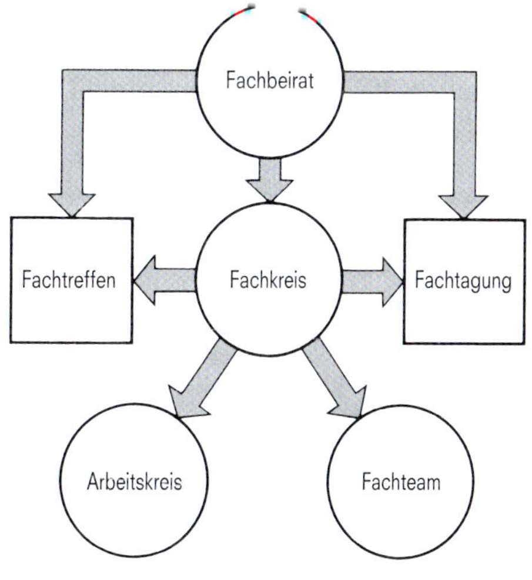

Bild 2.53 Verbund von Kommunikationsgremien

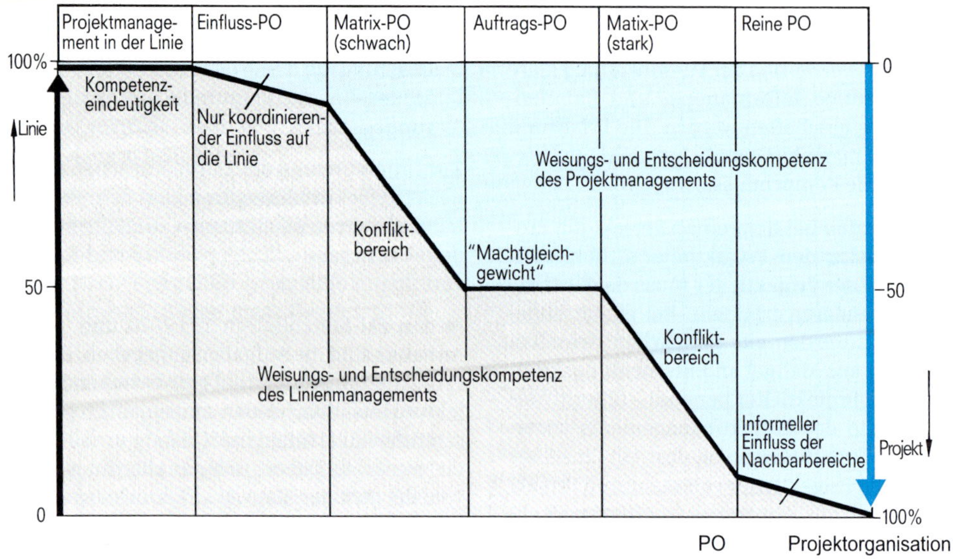

Bild 2.54 Weisungs- und Entscheidungskompetenz

des Projektleiters in der jeweiligen Form einer Projektorganisation dargestellt. Sowohl in der reinen Projektorganisation, bei der ein informeller Einfluss durch die Nachbarbereiche besteht, als auch beim Projektmanagement in der Linie ist eine wirkliche Kompetenz-Eindeutigkeit vorhanden. Bei der Einfluss-Projektorganisation hat der Projektleiter nur einen koordinierenden Einfluss auf die in der Linie etablierten Entwicklungsstellen. Bei der Auftrags-Projektorganisation gibt es durch das klare Auftraggeber/Auftragnehmer-Verhältnis zwischen Linie und Projekt ein »Machtgleichgewicht«. Nur bei der starken sowie bei der schwachen Matrix-Projektorganisation gibt es einen breiten Konfliktbereich entweder mit Schwerpunkt bei der Linie oder beim Projekt.

Qualifikation

Bereichsleitung und Projektmitarbeiter haben bez. der Qualifikation eines Projektleiters z. T. divergierende Erwartungen; so wünscht sich die obere Leitung eine dynamische und initiative Führungspersönlichkeit als Projektleiter; die Projektmitarbeiter dagegen möchten in dem Projektleiter vor allem einen fachwissenden und motivierenden Vorgesetzten haben.

Zu den besonderen Eigenschaften eines Projektleiters zählen u. a.

auf der persönlichen Seite:

- Eigeninitiative,
- Entscheidungsfreudigkeit,
- Motivationsfähigkeit,
- Kooperationsbereitschaft,
- Durchsetzungskraft,
- Delegationsbereitschaft,
- Einfühlungsvermögen und
- Konsequenz,

sowie zu den Fähigkeiten auf der fachlichen Seite:

- technisches Fachwissen,
- kaufmännische Kenntnisse,
- häufig auch Sprachkenntnisse,
- Kenntnisse der Unternehmensstruktur,
- Projektmanagement-Erfahrung,
- Wirtschaftlichkeitsdenken,
- Organisationstalent und
- Verhandlungsgeschick.

Eine umfassende Übersicht des erforderlichen Wissens und der notwendigen Erfahrungen, was ein Projektleiter aufweisen sollte, bietet das Kompetenzen-Schema der IPMA Competence Baseline (siehe Kap. 4.8).

Natürlich kann der normale Projektleiter nicht auf allen Gebieten vorbildlich sein; durch die gezielte und fortsetzende Schulung potenzieller Projektleiter sollte aber versucht werden, dass er sich den genannten Qualifikationszielen immer mehr nähert.

Der Größe und Bedeutung des Projekts sollte auch der Zertifizierungsgrad des Projektleiters entsprechen; also für bereichsübergreifende Großprojekte sollte ein *Projektdirektor*, für große Projekte ein *Senior-Projektmanager* und für kleinere Projekte ein *Projektmanager* eingesetzt werden.

Stellenbeschreibung

Es bietet sich an, die Aufgaben und Kompetenzen des Projektleiters in einer eigenen Stellenbeschreibung festzulegen; sie sollte enthalten:

- Projektbezeichnung
- Projektkurzbeschreibung
- Projektleiter
- Stellvertretung
- Projektgremien
- Projektorganisation
- Aufgaben des Projektleiters
- Verantwortung
- Befugnisse
- Unterschriften.

Bild 2.55 gibt ein Beispiel für eine solche PL-Stellenbeschreibung; es kann als Anregung für ein bereichs- bzw. projektspezifisches formelles Festlegen der Funktion des Projektleiters dienen. Personifizierung der Verantwortung erfordert also, dass die Pflichten und Rechte des Projektleiters definiert und für die Projektumwelt eindeutig beschrieben sind. Missverständnisse bez. der Zuständigkeiten im Laufe der Projektdurchführung kann man damit häufig von vornherein vermeiden.

Projektleiter-Hierarchie

Innerhalb sehr großer Entwicklungsprojekte oder bei unternehmensüberschreitenden (interindustriellen) Projekten ist es meist erforderlich, für getrennte Teilprojekte, die in sich bereits ein großes Projekt darstellen, eigene

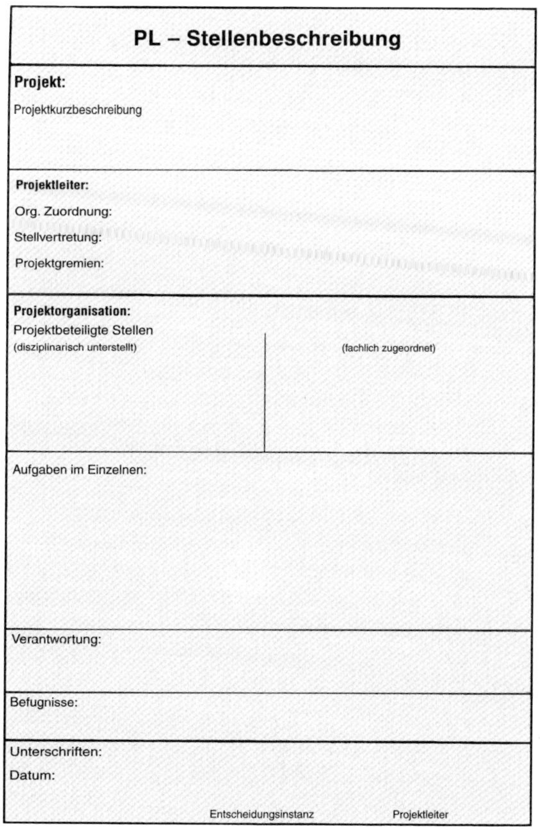

PL – Stellenbeschreibung

Projekt:
Projektkurzbeschreibung

Projektleiter:
Org. Zuordnung:
Stellvertretung:
Projektgremien:

Projektorganisation:
Projektbeteiligte Stellen
(disziplinarisch unterstellt) (fachlich zugeordnet)

Aufgaben im Einzelnen:

Verantwortung:

Befugnisse:

Unterschriften:
Datum:
Entscheidungsinstanz Projektleiter

Bild 2.55
PL-Stellenbeschreibung

(Unter-)Projektleiter zu ernennen. So können dann *Projektleiter-Hierarchien* entstehen ähnlich den Vorgesetzten-Hierarchien in einer Linienorganisation (siehe hierzu auch Bild 4.96). Allerdings verfügt jeder Teil-Projektleiter unabhängig von der PL-Hierarchieebene über eine ihm direkt zugeordnete Projektgruppe.

Außerdem sind die Teil-Projektleiter dem Gesamt-Projektleiter nicht in einem üblichen Vorgesetzten-Untergebenen-Verhältnis zugeordnet, sondern es besteht zwischen ihnen – bezogen auf die auszuführenden Aufgaben – ein klar definiertes Auftraggeber/Auftragnehmer-Verhältnis, welches damit auch die Verantwortungen und Befugnisse klar abgrenzt. Insofern steht der Teil-Projektleiter auf ähnlicher Stufe wie der Gesamt-Projektleiter.

Auch für die Teil-Projektleiter sollte eine PL-Stellenbeschreibung vorliegen, um deren Aufgaben und Kompetenzen festzuschreiben und gegenüber den anderen Teil-Projektleitern klar abzugrenzen. Eine etwaige Verantwortungskonkurrenz ist in jedem Fall zu vermeiden.

2.4.4 Projektbüro

Planung, Überwachung und Steuerung von Entwicklungsprojekten erfordern im Rahmen eines durchgängigen Projektmanagements stets auch entwicklungsneutrale Tätigkeiten, die nicht unmittelbar der fachlichen Realisierung dienen, für den optimalen und reibungslosen Ablauf der Entwicklungsarbeiten jedoch außerordentlich wichtig sind. Hierbei ist es allerdings wesentlich rationeller, all diese entwicklungsneutralen Aktivitäten von einem separaten Projektbüro durchführen zu lassen als sie auf die vielen einzelnen Entwickler zu verteilen.

Das *Projektbüro* übernimmt alle entwicklungsflankierenden und -betreuenden Aufgaben. Dabei sollten die Mitarbeiter des Projektbüros möglichst von allen PM-fremden Aufgaben frei gehalten werden, damit sie über einen gewissen Freiraum verfügen, der notwendig ist, um den Gesamtblick für das Projekt zu bewahren. Wird das Projektbüro nämlich mit zu vielen administrativen Aufgaben belastet, so wird dies zu einem Qualitätsverlust des gesamten Projektmanagements führen. Ein Projektbüro darf nicht zu einem bloßen »Papiersammler und -verteiler« degradiert werden.

In vielen Entwicklungsbereichen gibt es bereits Projektbüro-ähnliche Dienststellen, die z. T. sehr unterschiedliche Bezeichnungen haben, z. B.:

- Projektleitungsbüro,
- Projektplanungsbüro,
- Netzplanbüro,
- Projektunterstützung (PU),
- Projektmanagement-Office (PMO),
- Projektmanagement-Büro (PM-Büro),
- Auftragsbüro.

Die jeweiligen Aufgabenspektren können sehr voneinander abweichen. Manche dieser Projektbüros greifen stark in das Entwicklungsgeschehen ein; so weit, dass sie sogar über eigene Entwicklungsfachleute verfügen. Andere haben nur Sorge für eine vollständige und aktuelle Projektberichterstattung zu tragen, also mehr eine *PM-Administration* darzustellen.

Aufgaben

Die vom Projektbüro durchzuführenden Aufgaben lassen sich in drei Bereiche einordnen. Es handelt sich hierbei um Planungs-, Erfassungs- und Informationsaufgaben.

Planungsaufgaben

- ▷ Beim Strukturieren des Entwicklungsvorhabens (Produktstruktur, Projektstruktur, Kontenstruktur) mitarbeiten,
- ▷ Aufwands- und Terminpläne (z. B. Netzpläne) erstellen,
- ▷ Netzplanvarianten simulieren,
- ▷ Aufwands- und Terminpläne mittels eines Rückmeldewesen aktualisieren,
- ▷ kritische Projektteile aufzeigen,
- ▷ bei Aufwandsschätzungen (z. B. Schätzklausuren) mitwirken,
- ▷ an Projektdurchsprachen teilnehmen,
- ▷ FuE-Planung unterstützen.

Erfassungsaufgaben

- ▷ Projektstammdaten erfassen,
- ▷ Stundenkontierungsbelege erzeugen,
- ▷ Stundenkontierungsbelege verteilen und einsammeln,
- ▷ erfasste Daten gegen den Netzplan, Kontenplan etc. plausibilisieren,

▷ Istdaten an die Kostenverrechnungsverfahren weiterleiten,
▷ Terminrückmeldedaten erfassen.

Informationsaufgaben

▷ Projektdaten-Auswertungen generieren,
▷ Projektpläne und Projektberichte erstellen,
▷ Netzpläne plotten,
▷ Teilnetzpläne verteilen,
▷ Entscheidungsunterlagen für die Projektleitung vorbereiten,
▷ Projektberichte für die Bereichsleitung erstellen,
▷ Projektdatenbasis aufbauen und aktualisieren,
▷ Informationen für die Erfahrungsdatenbank aufbereiten.

Neben diesen »klassischen« Aufgaben kann ein Projektbüro noch weitergehende Aufgaben übernehmen, die intensiver in die Entwicklung eingreifen. Hierzu gehören z. B.:

– Inspektionen (Review-Tätigkeiten),
– Aufgaben im Rahmen der Qualitätssicherung (ISO-Zertifizierung),
– EFQM-Selbstbewertung (Self Assessment),
– Datensammlung zur Erfahrungssicherung,
– Verfahrensabwicklung des Konfigurationsmanagement-Systems (KMS),
– Abnahmeprozedur der Meilenstein- bzw. Phasenabschlussergebnisse sowie
– Coaching von PM-Methoden und -Verfahren
– vertriebsorientierte Tätigkeiten (z. B. Vertragswesen).

Das Projektbüro stellt insgesamt die Schnittstelle zwischen den einzelnen Entwicklungsgruppen, der FuE-Kaufmannschaft und der Bereichsleitung dar.

Organisatorische Einbettung

Ein Projektbüro kann für ein einziges Projekt installiert werden, wenn dieses über eine entsprechende Größe verfügt; man kann es aber auch für mehrere kleine Projekte einrichten, um so eine Zusammenfassung gleichartiger PM-Tätigkeiten zu erreichen.

Allgemein kann man bei der organisatorischen Einbettung drei Formen unterscheiden:

▷ Zentrale PM-Dienstleistung
▷ Dezentralisierte PM-Dienstleistung
▷ Aufgeteilte PM-Dienstleistung.

Zentrale PM-Dienstleistung

Eine zentrale PM-Dienstleistung bietet sich vor allem bei großen bis sehr großen Entwicklungsprojekten an, bei denen die *Projektgesamtheit* in der Projektplanung und -kontrolle einen hohen Stellenwert hat.

Das Projektbüro stellt hier quasi die »rechte Hand« der Projektleitung dar. Es darf aber nicht zum reinen »Befehlsvollstrecker« der Projektleitung werden, weil sonst leicht eine Polarität zwischen Entwicklung und Projektbüro entsteht. Bewährt hat es sich daher, für die organisatorische Aufhängung eines zentralen Projektbüros eine ähnliche Konstruktion zu wählen wie für die Funktion des Systemengineering, das bekanntlich die systemtechnische Kontrolle eines Entwicklungsprojekts übernimmt (Bild 2.56).

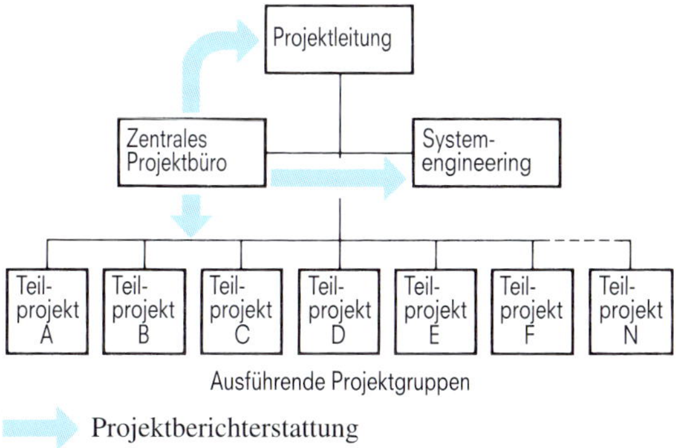

Bild 2.56
Zentrale PM-Dienstleistung

Das Projektbüro ist weder der Projektleitung noch der Entwicklung unmittelbar zugeordnet, sondern hat die Stellung eines unabhängigen Referats. Diese Einordnung zwischen der Projektleitung und den Projektgruppen hat den großen Vorteil, dass das Projektbüro die Funktion eines *Mittlers* einnehmen kann. Nur wenn gewährleistet ist, dass von »unten« kommende negative Projektinformationen nicht sofort »oben« zum Nachteil einzelner ausgewertet werden, ist ein ehrliches Rückmeldewesen sowohl bez. der Termine als auch der Aufwände möglich; dies ist aber Grundvoraussetzung für eine zielgerichtete Projektplanung und -steuerung.

Die vorstehend gezeigte Einbettung des Projektbüros ist im Prinzip unabhängig von der vorhandenen Projektorganisation. So ist z. B. sowohl bei einer reinen Projektorganisation als auch bei einer Matrixorganisation die Einrichtung eines zentralen Projektbüros angebracht.

Dezentralisierte PM-Dienstleistung

Handelt es sich nicht um das Projektmanagement eines einzigen großen Entwicklungsprojekts, sondern um das mehrerer kleinerer Projekte, so ist i. Allg. – aus Kostengründen – das Einrichten vieler einzelner (projekteigener) Projektbüros nicht angängig. Hier bietet es sich an, einen *Pool* gut ausgebildeter Projektassistenten aufzubauen, aus dem je nach Projektgröße »Projektassistenz« abrufbar ist. Die disziplinarisch zum zentralen Projektbüro gehörenden Projektassistenten werden temporär den einzelnen Projekten zugeordnet und führen dort für die Dauer des betreffenden Projekts Aufgaben im Rahmen des »örtlichen« Projektmanagements aus; häufig kann hierbei der einzelne Projektassistent sogar mehrere Projekte parallel betreuen.

Zu den wesentlichen Aufgaben solcher »auszuleihenden« Projektassistenten gehören:

- Umformen der jeweiligen Plankonzepte in projektspezifische Einzelpläne,
- DV-mäßiges Erfassen der Plan- und Istdaten,
- Aufbau und Aktualisieren von Netzplänen,
- Erstellen und Verteilen von Projektplänen und Projektberichten sowie
- allgemeine PM-Unterstützung der einzelnen Projektleiter bei Projektbesprechungen.

Der Vorteil einer *dezentralisierten* PM-Dienstleistung liegt einerseits in der optimalen Auslastung des PM-Personals, aber auch in der gleichartigen und gleichwertigen PM-Durchdringung; d. h., trotz dezentraler Durchführung der PM-Aufgaben werden bei allen Projekten dieselben PM-Methoden und -Werkzeuge verwendet. Deshalb kann das zentrale Projektbüro auch – falls gewünscht – die verschiedenen Projektdaten sehr leicht auf einer höheren Komprimierungsebene im Rahmen seiner projektüberschreitenden Aufgaben zusammenführen.

Das Einrichten eines zentralen Projektbüros mit dezentralisierter PM-Dienstleistung bietet sich besonders bei Kleinprojekten – z. B. im Rahmen einer Multiprojektplanung – an, die innerhalb einer Linienorganisation abgewickelt werden sollen.

Aufgeteilte PM-Dienstleistung

In größeren Entwicklungsbereichen mit mehreren Entwicklungsabteilungen kann es sinnvoll sein, die gesamte Projektplanung und -steuerung zweistufig vorzunehmen. Auf der *Detaillierungsebene* (Low Level) werden die einzelnen Projekte innerhalb der jeweiligen Entwicklungsabteilung z. B. mit der Netzplantechnik durchgeplant (und dann auch kontrolliert). Nur die Projekt-Eckdaten werden anschließend auf einer höheren *Komprimierungsebene* (High Level) über alle Entwicklungsabteilungen zusammengefasst und ermöglichen dort einen Gesamtüberblick über den gesamten Entwicklungsbereich.

Für die PM-Dienstleistung ist hierbei eine Aufteilung erforderlich: Jede Entwicklungsabteilung erhält ihre eigene Dienststelle zur Projektunterstützung (PU-Stelle), die methodenfachlich aber einem gemeinsamen Projektbüro zugeordnet ist (Bild 2.57). Die örtliche PU-Stelle übernimmt alle abteilungsinternen PM-Dienstleistungen, und das (zentrale) Projektbüro sorgt für das Aggregieren der Projektdaten auf höherer Ebene.

Die Vorteile einer solchen PM-Dienstleistung liegen sowohl in der Wahrung einer gewissen

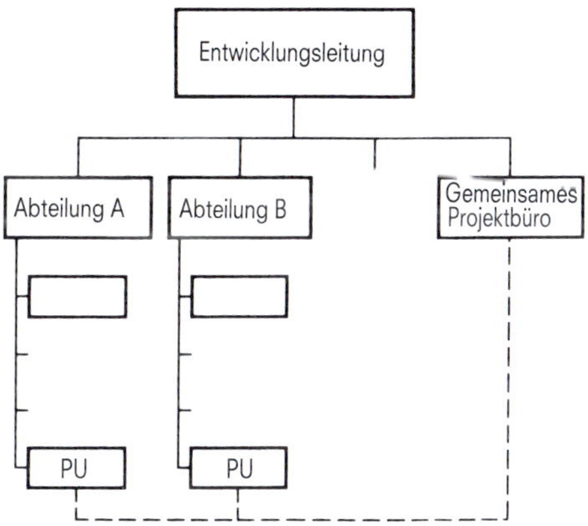

Bild 2.57 Aufgeteilte PM-Dienstleistung

Intimität der abteilungsinternen Planung auf der Detaillierungsebene als auch in der größeren Flexibilität des gesamten Planungsgeschehens. Da nur die Eckdaten eines Projekts nach oben zu geben sind, kann man nämlich auf der Detaillierungsebene die vielen kleinen Plankorrekturen leichter und schneller verarbeiten.

Die erforderliche Personalstärke für eine aufgeteilte PM-Dienstleistung ist naturgemäß etwas größer als bei einer zentralen oder dezentralisierten.

Personalstärke

Wegen der unterschiedlichen Tätigkeitsfelder eines Projektbüros muss es – hinsichtlich Anzahl und Qualifikation der Mitarbeiter – adäquat ausgestattet sein. So sollte ein Projektbüro für ein großes Entwicklungsprojekt, bei dem die Netzplantechnik angewendet wird, mindestens verfügen über je einen

- ▷ Projektorganisator,
- ▷ Netzplantechniker (Termin-Controlling),
- ▷ Sachbearbeiter für Stundencontrolling,
- ▷ Betriebswirtschaftlichen Controller.

Die absolute Anzahl Mitarbeiter hängt sowohl von der PM-Durchdringung im betreffenden Entwicklungsbereich als auch von der Größe des Projekts bzw. der zu betreuenden Projekte ab. Auch können in einem kleinen Projektbüro die vorgenannten Aktivitäten auf weniger Personen konzentriert werden, wenn die einzelnen Aufgaben, wie z. B. das Bearbeiten der Stundenkontierung, nicht einen Full-time-Job darstellen. Das Qualifikationsprofil der ausgewählten Mitarbeiter muss allerdings das Zusammenlegen unterschiedlicher Aufgaben auf eine Person zulassen.

Ausgehend von den in Kapitel 1.4 erwähnten Untersuchungen über die Projektmanagement-Kosten kann für die optimale Anzahl Mitarbeiter eines Projektbüros, abhängig vom zu betreuenden Projektvolumen, ein Kurvenverlauf nach Bild 2.58 abgeleitet werden.

Da einerseits die Stundensätze für die einzelnen Mitarbeiter stark variieren können und die Kostenaufteilung zwischen Personal und Material bei den Projekten unterschiedlich ist und andererseits auch das Aufgabenspektrum sehr unterschiedlich sein kann, ist eine generelle Angabe für das Zahlenverhältnis zwischen An-

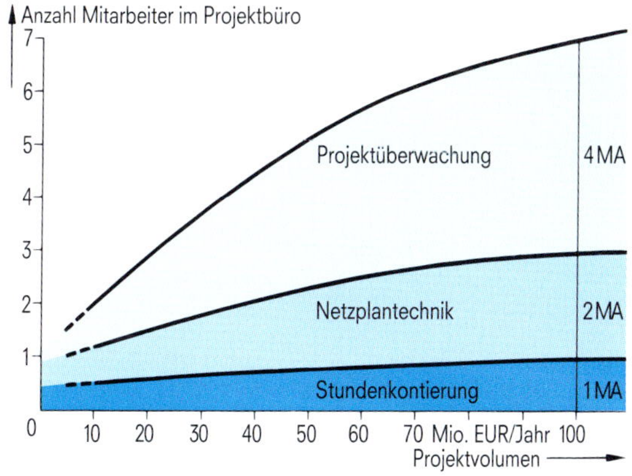

Bild 2.58
Personalstärke eines Projektbüros

zahl Mitarbeiter im Projektbüro zur gesamten Entwicklungsmannschaft nicht möglich. Als Leitgrößen für mittlere und sehr große Projektvolumina können aber folgende Verhältniszahlen (PM-Betreuungsanteil) gelten:

Mittleres Projektvolumen
(etwa 10' EUR/Jahr)

$$\frac{\text{Kosten des Projektbüros}}{\text{Gesamtprojektkosten}} = 3\%$$

$$\frac{\text{Mitarbeiter des Projektbüros}}{\text{Entwicklungsmannschaft}} = 4\%$$

Sehr großes Projektvolumen
(etwa 100' EUR/Jahr)

$$\frac{\text{Kosten des Projektbüros}}{\text{Gesamtprojektkosten}} = 1\%$$

$$\frac{\text{Mitarbeiter des Projektbüros}}{\text{Entwicklungsmannschaft}} = 1{,}5\%$$

Als Durchschnittswert können für das Kostenverhältnis 2% und für das Mitarbeiterverhältnis 3% dienen. In diesen Aufwands- und Kostenzahlen sind natürlich nicht die gesamten Aufwendungen für das Projektmanagement enthalten, da ja noch an anderen Stellen, wie z. B. bei den Projekt- und Gruppenleitern, PM-Aufgaben wahrgenommen werden.

Die in dem Bild 2.58 angegebenen Werte mögen im Einzelnen höher (oder auch niedriger) liegen und vielleicht zu der kritischen Frage führen, ob denn ein so hoher Aufwand allein für ein Projektbüro gerechtfertigt ist. Entscheider lassen sich nicht selten dazu verleiten, auf ein Projektbüro zu verzichten, nach dem Motto: Das machen die Entwickler schon selbst, die können es sowieso besser, und billiger ist es auch. Diese Argumentation ist nicht stichhaltig, da das *diversifizierte* Durchführen von PM-Aufgaben durch die einzelnen Entwickler unterm Strich erheblich aufwendiger und damit teurer als die zentrale Durchführung in einem Projektbüro ist. Zudem ist eine mehr individualisierte Projektführung mit viel mehr Risikofaktoren behaftet als eine gesamtheitliche.

Das Zusammenfassen aller generellen PM-Aufgaben in einem separaten Projektbüro hat im Wesentlichen folgende Vorteile:

- ▷ ganzheitliches Projektcontrolling,
- ▷ Vollständigkeit der Projektparameter (Termin, Aufwand und Kosten),
- ▷ hohe Aktualität der Projektdaten,
- ▷ rationelle Sammlung und Erfassung der Projektdaten,
- ▷ rationelle Erstellung der erforderlichen Projektpläne und Projektberichte,
- ▷ selektive und gezielte Projektberichterstattung,
- ▷ große Treffsicherheit von Projektsteuerungsmaßnahmen,
- ▷ intensive Kommunikation zwischen den einzelnen Projektgruppen.

Wie ersichtlich, ist das Einrichten eines Projektbüros deshalb auch aus wirtschaftlichen Gründen sinnvoll.

Virtuelles Projektbüro

Sind die Projektmitglieder in einem überbereichlichen Projekt oder bei einem Multiprojekt auf örtlich getrennte Standorte verteilt und zudem auch noch in verschiedenen Zeitzonen tätig, bietet sich eine „Virtualisierung" des Projektbüros an, d. h. die Projektbüro-Funktion wird über das Internet als „Virtual Project Management Office (VPMO)" eingerichtet.

Das *Virtuelle Projektbüro* übernimmt neben der Implementierung der PM-Methoden und -Tools alle gängigen Funktionen eines konventionellen Projektbüros; es gibt vielfältige Unterstützung bei der Prozessabwicklung, übernimmt Trainings- und Coaching-Aufgaben und sorgt für den einwandfreien Betrieb der eingesetzten PM-Verfahren. Z. B. bietet die Schweizer Firma HISC AG mit ihrem PM-Verfahren Alpha Project Line ein Virtuelles Projektbüro an, welches über das Internet die gängigen Funktionen für das Projektmanagement zur Verfügung stellt (siehe Kap. 6.3.2).

Zur Koordinierung des Team-internen Informationsaustausches dient meist ein *Projektportal* im Internet (oder auch im Intranet bzw. Extranet eines Unternehmens), welches die zentrale Ablage von Beschreibungen, Projektplänen, Grafiken und Dokumenten ermöglicht und allen Projektmitarbeitern – eventuell abhängig von einer personenspezifischen Zugangsberechtigung – zur Einsicht sowie zur Eingabe zur Verfügung steht.

2.5 Prozessorganisation

2.5.1 Gliederung des Entwicklungsprozesses

Signifikantes Merkmal eines Projekts ist bekanntlich der definierte Anfang und das definierte Ende. Für ein zielgerichtetes Abwickeln des Projektvorhabens ist es erforderlich, zwischen diesen beiden Eckterminen weitere, klar vorgegebene Zeitabschnitte einzufügen. Erst hierdurch wird eine über einen längeren Zeitraum laufende Entwicklung für das Projektmanagement überschaubar und damit kontrollierbar.

In den Entwicklungsbereichen der meisten Unternehmen hat es sich daher durchgesetzt, die jeweiligen Entwicklungsabläufe in fest vorgegebene Entwicklungsphasen zu gliedern. Im englischen Sprachraum spricht man auch von einem Stage-Gate-Prozess, der aus Phasen (Stages) und Entscheidungspunkten (Gates) besteht.

Definitionsrahmen von Prozessplänen

Der Entwicklungsprozess wird durch den »Prozessorganisationsplan«, kurz Prozessplan, beschrieben; er ist durch spezielle Richtlinien oder durch das Entwicklungshandbuch definiert und bestimmt, hierzu zählen

- ▷ Phasenziele,
- ▷ produkt- und projektbezogene Phasenergebnisse,
- ▷ Phasenabschlüsse und
- ▷ Kontrollinstanzen.

Phasenziele

Das Festlegen des jeweiligen Phasenziels umfasst die fachliche Beschreibung der Teilaufgaben, die in der betreffenden Entwicklungsphase durchgeführt bzw. realisiert werden müssen. Phasenziele sind z. B. das Festlegen der HW/FW/SW-Funktionsteilung, das Erstellen eines HW-Funktionsmusters oder das Austesten eines SW-Moduls.

Produkt- und projektbezogene Phasenergebnisse

Produktbezogene Phasenergebnisse sind »anfassbare« Zwischenprodukte, wie Leistungsbeschreibungen, Source-Programme, Prinzipmuster, Test- und Prüfberichte; sie liegen entweder als Hardware, als Software oder als Dokumentation vor.

Zu den *projektbezogenen* Phasenergebnissen gehören vor allem die Projektpläne und Projektberichte, also Pläne wie Projektstrukturplan, Einsatzmittelplan und Kostenplan sowie Berichte, wie Reviewprotokoll, QS-Bericht und Phasenabschlussbericht.

Gemeinsam ist diesen Phasenergebnissen, dass sie innerhalb der vorliegenden Prozessorganisation inhaltlich eindeutig beschrieben sind, so dass keine Unklarheit darüber besteht, *was* und mit *welchem Inhalt* bei Abschluss einer bestimmten Entwicklungsphase vorliegen muss.

Phasenabschlüsse

Phasenabschlüsse haben einen offiziellen Charakter im Projektablauf; sie regeln die Abnahmeprozedur für Entwicklungszwischenergebnisse und stellen damit die Entscheidungszäsuren für den weiteren Projektverlauf dar. Phasenabschlüsse werden bei kleineren Projekten durch den Projektleiter selbst, bei größeren Projekten durch besondere Kontrollinstanzen wahrgenommen. In Phasenentscheidungssitzungen (PES) werden die einzelnen Phasenergebnisse der abzuschließenden Entwicklungsphase eingehend geprüft und begutachtet. Ist dies positiv verlaufen, wird die Entscheidung zum weiteren Fortführen der Entwicklung und damit zur Eröffnung der nächsten Phase getroffen. Fällt die Beurteilung der Phasenergebnisse dagegen negativ aus, so kann die Phasenentscheidungsinstanz die Wiederholung einzelner Phasenabschnitte fordern oder auch den Abbruch des gesamten Projekts veranlassen.

Kontrollinstanzen

Neben einer Phasenentscheidungsinstanz können in einer Prozessorganisation noch weitere Kontrollinstanzen festgelegt und deren Arbeitsweise geregelt werden. Zu solchen Kontrollinstanzen zählen z. B. Qualitätssicherungsstellen, Review-Gruppen, Prüfstellen; aber auch das Projektbüro stellt eine Kontrollinstanz dar. Kontrollinstanzen sollten organisatorisch möglichst unabhängig von den Entwicklungsstellen sein, um jegliche Beeinflussung zu vermeiden.

Bei größeren, vor allem bei überbereichlichen Projekten, empfiehlt es sich, einen *Phasenverantwortlichen* zu ernennen, der in besonderem Maß für die erarbeiteten Ergebnisse einer bestimmten Phase zuständig ist und die qualitative, wirtschaftliche und termingerechte Ausführung der technischen Planungsvorgaben sowie die Richtigkeit des angegebenen Mengengerüsts für die Projektpläne und -berichte zu verantworten hat.

Arten von Prozessorganisationen

Die einzelnen Entwicklungsphasen sind in einem Prozessorganisationsplan generell festgelegt; er bestimmt damit die Organisation des gesamten Entwicklungsprozesses. Da die einzelnen Entwicklungsbereiche in der Elektrotechnik sehr verschiedenartig sind – die Entwicklungen reichen von der Grundlagenforschung bis hin zum Großanlagenbau –, liegen zwangsläufig spezifische Entwicklungsprozesse vor; damit sind für diese unterschiedlichen Entwicklungen auch spezifische Prozessorganisationen erforderlich. Es gibt immer wieder Verfechter der Theorie, dass man für alle Entwicklungen einen *einheitlichen* Prozessablauf definieren könne. Die Praxis zeigt aber, dass dieses Anliegen unsinnig ist. Jeder arteigenen Entwicklung muss eine eigene, ablauf- und aufgabenoptimierte Prozessorganisation zugestanden werden, wobei die Entwicklungsabläufe allerdings nicht einer so großen Prozessinnovation unterliegen wie z. B. die Abläufe in einer Fertigung.

Ganz besonders unterscheiden sich die HW- und SW-Entwicklungsprozesse voneinander, da es sich hier um so völlig andersartige Entwicklungsobjekte handelt – auf der einen Seite die Herstellung materieller Ware und auf der anderen Seite die Herstellung immaterieller Ware (z. B. in Form eines Rechnerprogramms). Allerdings ist im Zug des Wandels von der Elektromechanik zur Elektronik häufig eine HW- oder SW-isolierte Entwicklung nicht mehr angängig. Vielmehr muss der HW-Prozess in vielen Fällen in enger Abstimmung mit dem SW-Prozess durchgeführt werden. Auch muss die Anbindung der HW-Entwicklung an den nachfolgenden Fertigungsprozess klar definiert sein; anderenfalls treten erhebliche Schwierigkeiten beim Anlauf der Serienfertigung auf.

Prozessorganisationen in anderen industriellen Bereichen sind ähnlich ausgerichtet; auch sie haben immer eine Phasenabfolge von Initiierungsprozessen, Planungsprozessen, Ausführungs- und Controllingprozessen und Abschlussprozessen. Definierte Meilensteine und Zäsurpunkte an den Phasenübergängen sorgen auch hier für einen streng geregelten und kontrollierten Projektfortgang.

Im Folgenden werden einige Prozessorganisationen vorgestellt, die in elektrotechnischen Entwicklungsbereichen erfolgreich eingesetzt wurden. Die gezeigten Beispiele lassen sich – bei entsprechender Adaption – auch bei anderen Projektformen sehr gut einsetzen.

In der Entwicklung haben sich drei Formen einer Prozessorganisation etabliert, die sich im Ausmaß der Prozesskoordination zwischen Hardware und Software unterscheiden:

- ▷ Entkoppelte Prozessorganisation
- ▷ Koordinierte Prozessorganisation
- ▷ Integrierte Prozessorganisation.

Entkoppelte Prozessorganisation

Bei einer entkoppelten Prozessorganisation läuft die SW-Entwicklung völlig unabhängig von der HW-Entwicklung ab. In solchen Prozessorganisationen wird z. B. die Entwicklung von Anwendersoftware oder die Entwicklung von Rationalisierungsverfahren durchgeführt (siehe Kap. 2.5.2). Ein Abstimmen zwischen HW- und SW-Entwicklung ist hier nicht notwendig, da exakte Schnittstellenkonventionen, z. B. in Form einer SVC-Sprache (Supervisor Call) als Aufrufsprache an das Betriebssystem, eine besondere Abstimmung überflüssig machen. Werden die vorgegebenen Schnittstellenkonventionen eingehalten, so passt die zu entwickelnde Software zwangsläufig auf die Hardware.

Produktentwicklungen, die überhaupt keine Software umfassen, wie z. B. Haushaltsgeräte oder klassische Produkte des Elektromaschinenbaus, werden ebenfalls in entkoppelten Prozessorganisationen durchgeführt.

Koordinierte Prozessorganisation

Von einer koordinierten Prozessorganisation spricht man, wenn die SW-Entwicklung weitestgehend selbstständig betrieben und nur an bestimmten Meilensteinen eine Koordination zur HW-Entwicklung erforderlich wird. Dies ist z. B. bei einer Betriebssystementwicklung der Fall. Hier sind die systemtechnischen Schnittstellen zwischen HW-Prozessor und System-Software so eindeutig, dass nur bei bestimmten Prozessabschnitten, besonders während der Systemintegration, ein terminliches und fachliches Zusammenwirken beider Entwicklungsabläufe notwendig ist.

Darüber hinaus können bei koordinierten Prozessorganisationen bestimmte Prozessabschnitte für Hardware und Software sogar gemeinsam verlaufen, wie z. B. die Systemplanung am Prozessanfang und der Systemtest am Prozessende. Hier wird nur die eigentliche Realisierung der Hardware und der Software in getrennten Prozessabläufen durchgeführt (siehe auch Kap. 2.5.3).

Integrierte Prozessorganisation

Eine integrierte Prozessorganisation ist angebracht, wenn die HW-Entwicklung während des gesamten Entwicklungsprozesses so eng mit der SW-Entwicklung zusammenwirken muss, dass eine ununterbrochene Abstimmung zwischen diesen beiden Entwicklungszweigen für den Realisierungserfolg unabdingbar ist.

Dies ist besonders der Fall bei der Entwicklung intelligenter Endgeräte. Hier muss nicht nur eine Software für das Endprodukt selbst entwickelt werden; eine solche ist vielmehr auch für die einzelnen Entwicklungsstufen der Hardware zu erstellen, also z. B. jeweils eine Software für das Prinzipmuster, für das Funktionsmuster und für den Prototyp. Die jeweilige SW-Entwicklung wird dabei sehr stark von dem aktuellen Entwicklungsstand der Hardware beeinflusst. Kapitel 2.5.4 beschreibt eine solche integrierte Prozessorganisation aus dem Bereich der Kommunikationsendgeräte-Entwicklung.

Lineare Prozessgliederung

Wie dargelegt, kann ein Entwicklungsablauf aufgrund prozessbedingter Abhängigkeiten unterschiedlich gestaltet und gegliedert werden. Bild 2.59 zeigt schematisch eine mögliche Prozessunterteilung.

Ein Prozessorganisationsplan kann hierarchisch aufgebaut sein; d. h. es gibt mehrere Ebenen der Beschreibung von Entwicklungsabschnitten, wie

1. Ebene: Prozessabschnitte, z. B. Planung
2. Ebene: Prozessphasen, z. B. Systementwurf
3. Ebene: Prozessschritte (≙ Meilensteine), z. B. Prüfmittel-, Leistungsbeschreibung.

Gemäß diesen Prozessebenen sind dann natürlich auch die Zäsurpunkte festgelegt. Entwicklungsabschlüsse der 1. Ebene sind von besonderer Relevanz für die Bereichsleitung, die der 2. Ebene für die Projektleitung und die der 3. Ebene für den einzelnen Entwickler.

Darüber hinaus können ganz bestimmte Entwicklungsabschlüsse, die für die Projektaußenwelt, also für den Auftraggeber, für den Kunden bzw. für den Vertrieb, von ausschlaggebender Bedeutung sind, als besondere Entwicklungseckpfeiler definiert werden. Diese Entwicklungszwischenstände bezeichnet man auch als *Entwicklungs-Schlussstriche* oder *Baselines;* sie charakterisieren einen Entwicklungsstand, der im Entwicklungsauftrag vertraglich festgehalten ist. Leistungsumfang, Kosten und Termin sind zu diesen Fixpunkten eindeutig festgelegt worden. Die in Kapitel 2.1.4 beschriebenen Produktvereinbarungen (PV) werden vielfach solchen Entwicklungszwischenständen zugeordnet, z. B. die Produktvereinbarung-Durchführung (PV-D) zum Zeitpunkt der Anforderungs-Baseline und die Produktvereinbarung-Fertigung (PV-F) zum Zeitpunkt der Entwicklungs-Baseline.

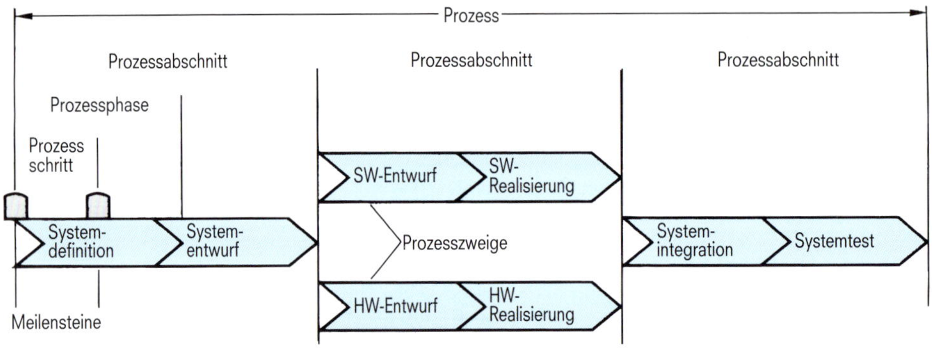

Bild 2.59 Unterteilung des Entwicklungsprozesses

Ein Prozessorganisationsplan sollte nur so viel Phasen umfassen, wie dies für die Größe und Art des Entwicklungsvorhabens adäquat ist. Jede zusätzliche Prozessunterteilung führt zwangsläufig zu einem größeren Planungs- und Überwachungsaufwand. Eine »Flexibilisierung« der Phasenanzahl in Entwicklungsbereichen mit einheitlicher Prozessorganisation wird dadurch erreicht, dass man bei kleineren Projekten mehrere Phasen zu einem einzigen Entwicklungsabschnitt zusammenfasst, wogegen bei größeren Projekten alle Phasen explizit durchlaufen werden. Tabelle 2.11 enthält eine Empfehlung für die optimale Phasenanzahl abhängig von der Projektgröße.

Tabelle 2.11 Optimale Phasenanzahl abhängig von der Projektgröße

Projektgröße	Entwicklungs-aufwand	Anzahl der Prozess-phasen
Sehr kleine Projekte	< 5MM	1
Kleine Projekte	5 MM bis 5 MJ	3
Mittlere Projekte	5 MJ bis 50 MJ	5
Große Projekte	50 MJ bis 500 MJ	6
Sehr große Projekte	500 MJ	≥ 7

Prototyping

In der Software-Entwicklung hat sich mittels moderner objektorientierter Entwurfs- und Programmierungssprachen ein Prozessablauf als vorteilhaft erwiesen, der nicht linear verläuft, sondern mehrere Erprobungsschleifen durchläuft. Dieses so genannte *Prototyping* bindet den zukünftigen Benutzer unmittelbar in das Design und damit in die Realisierung des zu entwickelnden Anwendungssystems ein.

Wie in dem Bild 2.60 in einer vereinfachten Darstellung gezeigt, wird das geplante Anwendungssystem mit seinen Funktionen und seiner Benutzeroberfläche nicht am »grünen Tisch« vollständig durchgeplant und dann auf Basis der erstellten Entwurfsunterlagen realisiert – in der Hoffnung, dass das erzeugte Produkt auch allen Benutzerwünschen genügt. Stattdessen wird zuerst ein einfaches Anforderungsmodell entworfen, mit dem die Benutzeroberfläche in seinen Grundfunktionen nachgebildet wird, wobei die eigentlichen Funktionen nur als »Dummy« enthalten sind. Anhand dieses Modells wird der Benutzungsablauf gemeinsam mit dem künftigen Benutzer »durchgespielt«; hierbei werden Mängel und Unschönheiten im Dialogablauf aufgedeckt und umgehend in dem Anforderungsmodell korrigiert. Bei entsprechender Akzeptanz durch den Benutzer wird – aufbauend auf das Anforderungsmodell – ein umfassenderes Entwurfsmodell erstellt. Mit diesem werden ebenfalls eingehende Benutzertests durchgeführt, die wiederum zu Verbesserungen der vorliegenden Modelle führen.

Ist schließlich der Benutzer mit der so konzipierten Benutzeroberfläche einverstanden, wird auf Basis eines aus dem Entwurfsmodell entwickelten Realisierungsmodells das gewünschte Anwendungssystem realisiert.

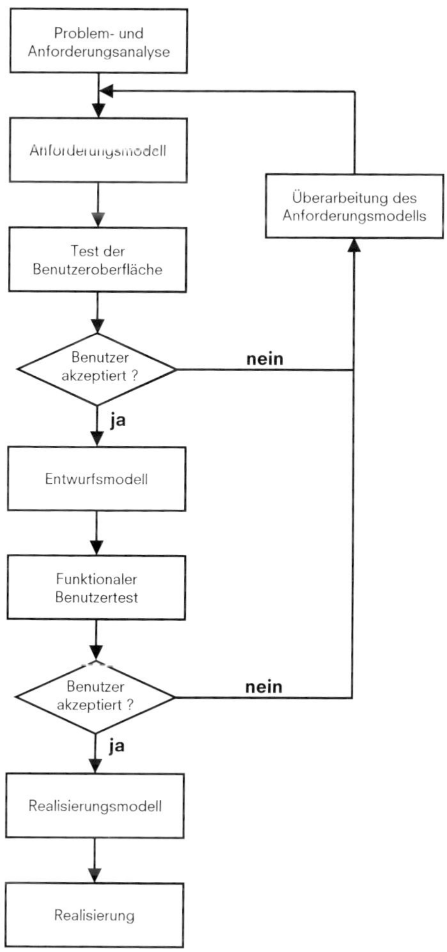

Bild 2.60 Ablaufschema Prototyping

Eine solche Vorgehensweise des Prototypings, die den Benutzer mit in die Festlegung der Eigenschaften und des Dialogablaufes der Benutzeroberfläche einbindet, ermöglicht eine sehr schnelle und zielgerichtete Realisierung, die weitestgehend die Kundenwünsche erfüllt. Voraussetzung für eine solche Software-Entwicklung ist allerdings, dass Entwurfs- und Modellierungswerkzeuge vorhanden sind, die ein leichtes Prototyping unterstützen, wie z. B. die Entwurfssprache Visual Basic von Microsoft oder auch die Entwurfstools des SAP-Systems.

Prozessgliederung mit Meilensteinen

Der in einzelne Prozessschritte gegliederte Entwicklungsprozess besteht häufig nicht aus einer sequenziellen Folge dieser Einzelschritte, sondern wird bestimmt durch eine z. T. große Überlappung der einzelnen Entwicklungsabschnitte. Es handelt sich dann – wie in Bild 2.61 anhand eines Beispiels aus der SW-Entwicklung gezeigt – nicht mehr um eine reine (serielle) *Prozesskette*, sondern um ein *Prozessnetz*. Der Grund liegt darin, dass viele Entwicklungsaufgaben in ihrer Durchführung über lange Strecken unabhängig voneinander sind und diese deshalb zeitlich parallel vorangetrieben werden können. Ein zwanghaftes Synchronisieren zu einem gemeinsamen Phasenabschluss wäre hier kontraproduktiv. Aus rein formellen Gründen müssten eventuell bestimmte Entwicklungsaufgaben auf andere warten, obwohl sie – ohne negative technische Auswirkungen auf das Gesamtprojekt – bereits fortgesetzt werden könnten. Die Möglichkeit eines früheren Fertigstellungstermins würde man hierdurch vergeben.

Der Entwicklungsprozess muss bei einer vernetzten Entwicklung als Ganzes betrachtet werden; es ist deshalb sinnvoller, mehr Augenmerk auf die *Meilensteine* eines Entwicklungsablaufs zu legen. Die Entscheidungszäsur liegt dann nicht mehr bei dem (zwanghaft) gemeinsamen Ende einer Phase für alle Arbeitspakete, sondern an einzelnen Fertigstellungspunkten besonders wichtiger Tätigkeitsabschnitte, den Meilensteinen. Die einzelnen Entwicklungsaufgaben durchlaufen dann nur noch jeweils für sich die vorgegebenen Phasen des Prozessorganisationsplans.

Ein Prozessorganisationsplan kann also mehr phasenorientiert oder mehr meilensteinorientiert aufgebaut sein. Handelt es sich um einen *phasenorientierten* Prozessorganisationsplan, so kann eine Folgephase erst begonnen werden, wenn *alle* Arbeitspakete der laufenden Phase abgeschlossen sind – egal, ob sie voneinander abhängen oder nicht. Bei einem *meilensteinorientierten* Prozessorganisationsplan ist der Zäsurpunkt auf den Meilenstein verlagert, d. h. das Abarbeiten der Arbeitspakete wird primär von deren fachlichen und personellen Abhängigkeiten bestimmt. In dem letzten Fall ist allerdings zur transparenten und effektiven Projektüberwachung der Einsatz eines Netzplanverfahrens sehr empfehlenswert. Eine vollständige Ergebnisabfrage wäre anderenfalls nicht mehr gesichert.

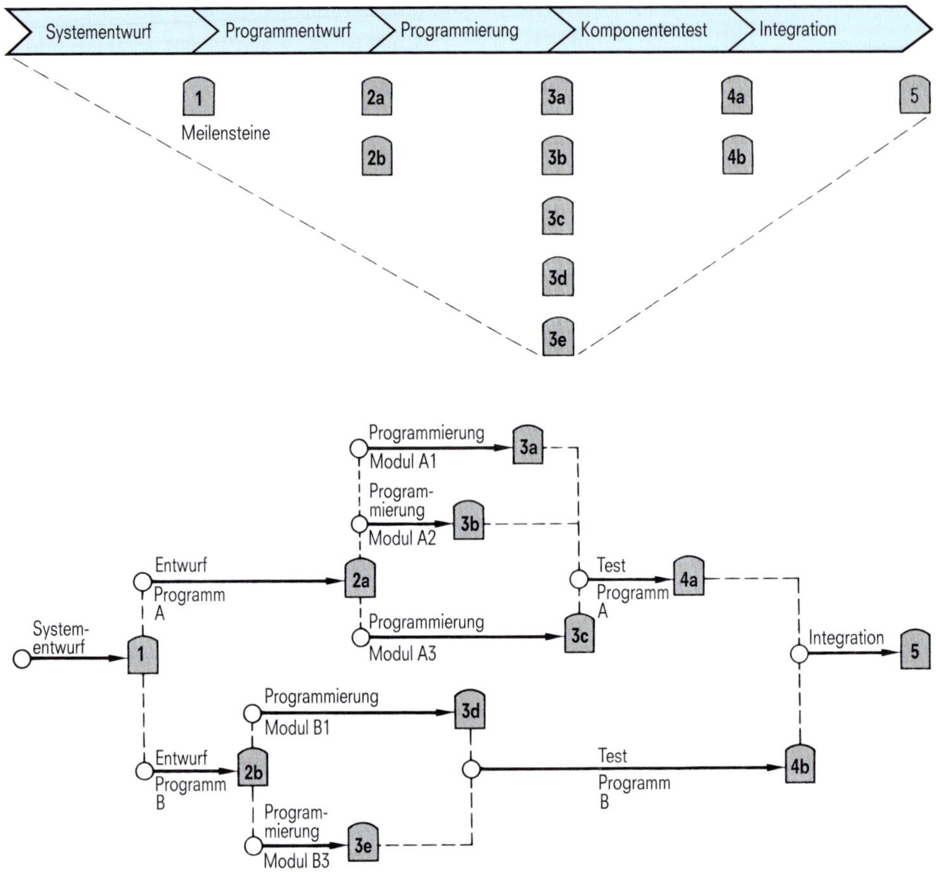

Bild 2.61 Prozessgliederung mit Meilensteinen (am Beispiel einer SW-Entwicklung)

Meilensteinkennzeichnung

Wie erwähnt, wird ein Prozessschritt i. Allg. von zwei Meilensteinen eingerahmt. Der »Start-Meilenstein« legt die fachliche Ausgangsbasis für den zu durchlaufenden Prozessschritt fest (z. B. Vorliegen des Pflichtenhefts) und der »Ziel-Meilenstein« bestimmt das zu erreichende Ergebnis (z. B. die Leistungsbeschreibung).

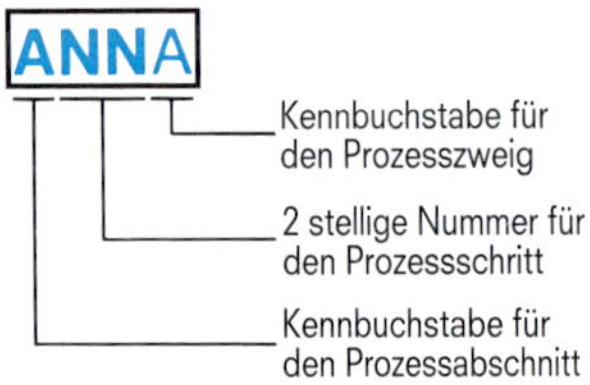

Bild 2.62 Meilensteinkennzeichnung

Zum eindeutigen Identifizieren der einzelnen Meilensteine hat es sich z. B. bei Siemens bewährt, alle Meilensteine einer Prozessorganisation nach folgendem Muster zu kennzeichnen:

Als Prozessabschnitt werden hier die vier grundsätzlichen Abschnitte im Produktlebenszyklus gesehen:

- ▷ Prozessabschnitt ***P***roblemanalyse
- ▷ Prozessabschnitt ***A***ufgabendefinition
- ▷ Prozessabschnitt ***T***echnische Realisierung
- ▷ Prozessabschnitt ***B***etreuung/Einsatz.

Für die ersten beiden Prozessabschnitte sollten grundsätzlich die Kennbuchstaben P und A, für den letzten Prozessabschnitt Betreuung/Einsatz der Kennbuchstabe B verwendet werden.

Der dritte Abschnitt umfasst die eigentliche Produktentwicklung und kann in seiner Meilensteinunterteilung sehr unterschiedlich sein; so bietet es sich an, für die einzelnen Prozesszweige eigene Kennbuchstaben zu definieren – entweder an der Stelle des Buchstabens für den Prozessabschnitt oder als Buchstabenanhang an die jeweilige Meilensteinnummer. Wenn möglich, sollte aber für den Prozessabschnitt Technische Realisierung der einheitliche Kennbuchstabe T gewählt werden.

Die Zweistelligkeit in der Meilensteinzählung sollte grundsätzlich eingehalten werden; dabei gilt die Regel, dass die »dekadischen Nummern« (d. h. 2. Ziffer gleich Null) immer den im Folgenden vorgeschlagenen *Standard-Meilensteinen* vorbehalten bleiben; die dazwischenliegenden Nummern können für prozessspezifische Meilensteine genutzt werden.

Problemanalyse

P 10 Problemstellung
P 20 Ist-Analyse
P 30 Soll-Konzept.

Aufgabendefinition

A 10 Anforderungskatalog (≙ P 30)
A 20 Pflichtenheft
A 30 Leistungsbeschreibung.

Technische Realisierung

T 10 Entwicklungsbeginn (≙ A 30)
T 20 Spezifikation
T 30 Integriertes Produkt
T 40 Systemgetestetes Produkt
T 50 Endgeprüftes Produkt
T 60 Entwicklungsende.

Betreuung/Einsatz

B 30 Abgenommenes (Vorserien-)Produkt (≙ T 60)
B 40 (frei)
B 50 Feldgetestetes (Vorserien-)Produkt
B 60 (frei)
B 70 Lieferfreigabe (Serien-)Produkt
B 80 Fertigungsende
B 90 Betreuungsende.

Meilensteinergebnisse

Für jeden Meilenstein sind die notwendigen Voraussetzungen zum Beginn und die abzunehmenden Ergebnisse zum Abschluss des zugehörigen Prozessschrittes definiert. Hierbei kann man die Meilensteinergebnisse wie folgt gliedern:

- ▷ Produktergebnisse,
- ▷ Testsystemergebnisse,
- ▷ Dokumentationsergebnisse und
- ▷ projektbezogene Ergebnisse.

Für bestimmte Pflichtmeilensteine, die »Meilensteine zur Ergebniskontrolle« (MEK), sind Entscheidungssitzungen abzuhalten, bei denen über die Abnahme der vorgelegten Ergebnisse beraten und über die Freigabe des weiteren Projektablaufs entschieden wird; sie übernehmen damit die Funktion der oben erwähnten Phasenentscheidungssitzungen.

Es empfiehlt sich, im gesamten Produktlebenszyklus für folgende Entscheidungszäsuren solche MEK einzurichten:

- ▷ Planungsfreigabe,
- ▷ Projektierungsfreigabe,
- ▷ Entwurfsfreigabe,
- ▷ Realisierungsfreigabe,
- ▷ Erprobungsfreigabe,
- ▷ Entwicklungsabnahme,
- ▷ Fertigungsfreigabe,
- ▷ Lieferfreigabe,
- ▷ Fertigungsende,
- ▷ Betreuungsende.

Beispiele von Prozessorganisationsplänen

Begrifflich sollte der Prozessorganisationsplan nicht mit dem *Phasenplan* eines Projekts vermischt werden. Der Prozessorganisationsplan enthält alle ablauforganisatorischen Angaben über den grundsätzlichen Entwicklungsablauf und damit die Definition der einzelnen Entwicklungsphasen; der Phasenplan enthält demgegenüber die komplette Planungsinformation einer *einzelnen* Phase für ein bestimmtes Projekt. Auch wird der Begriff *Prozessplan* häufig synonym zum Projektorganisationsplan verwendet, obwohl dieser vielfach auch den Plan bezeichnet, der die einzelnen Abläufe eines bestimmten Projekts in ihren zeitlichen und logischen Abhängigkeiten beschreibt.

In Tabelle 2.12 sind für einige typische Entwicklungsbereiche Beispiele (linearer) Prozessorganisationspläne gegenübergestellt, wobei die Phasenabgrenzung nur angedeutet sein

Tabelle 2.12 Beispiele von Prozessorganisationsplänen in unterschiedlichen Entwicklungen

Entwicklungsbereich / Entwicklungsabschnitt	FuE-Projektkalkulation	SW-Verfahrenentwicklung	HW/SW-Systementwicklung	Geräteentwicklung	Grundlagenentwicklung
Definition	Anstoß	Idee	Analyse	Produktstudie	Anstoß
		Voruntersuchung			
	Definition	Istaufnahme			Studie
		Fachliches Grobkonzept			
Entwurf	Systementwurf	Fachliches Feinkonzept	Systementwurf	Spezikation	Projektierung
	Komponentenentwurf	DV-Grobkonzept	Programmentwurf / Schaltungsentwurf	Prinzipmuster	Design
Realisierung	Implementierung	DV-Feinkonzept		Funktionsmuster	Implementierung
	Komponententest	Programmierung	SW- / HW-Implementierung		
Erprobung	Systemintegration	Test	Verbundtest	Prototyp	Systemintegration/-test
Entwicklungsende	Systemtest	Pilotierung	Systemtest	Vorserie	
Einsatz	Abnahme	Übergabe	Systembetreuung	Serienfertigung	Abnahme
Produktende	Betreuung	Einsatz		Produktbetreuung	Betreuung

kann. Exaktes Zuordnen ist wegen der unterschiedlichen Entwicklungsinhalte der einzelnen Phasen nicht möglich. Die Übersicht unterstreicht damit auch, dass es einen »Einheits-Prozessplan« für alle elektrotechnischen Entwicklungsbereiche nicht geben kann.

2.5.2 Entkoppelte Prozessorganisation

Wie in Kapitel 2.5.1 angedeutet, finden entkoppelte Prozessorganisationen Anwendung, wenn SW- und HW-Entwicklungen völlig unabhängig voneinander ablaufen. Da es hier keine expliziten HW/SW-Entwicklungsschnittstellen gibt, laufen die jeweiligen Entwicklungsprozesse getrennt voneinander. Die Entwicklung z. B. von DV-Verfahren ist – so lange sie die Konventionen des verwendeten Betriebssystems einhält – von der HW-Entwicklung der einzusetzenden Rechner gänzlich unabhängig. Die Rechnerentwicklung muss nur auf die Aufwärtskompatibilität ihrer Produkte achten. Ähnlich verhält es sich auf vielen Gebieten des Gerätebaus, bei denen noch keine Software (bzw. Firmware) nötig ist. Auch hier wird die Entwicklung nach einem einzigen HW-Prozessplan abgewickelt.

Als Beispiel für eine entkoppelte Prozessorganisation sei hier eine Prozessstruktur kurz erläutert, wie sie in der Entwicklung für Anwender-Software angewendet wird. Die Prozessorganisation nach Bild 2.63 enthält folgende wesentliche Elemente:

- ▷ Prozessschritte – die durch Meilensteine und Meilensteinergebnisse definiert werden,
- ▷ Prozessabschnitte (Teilprozesse) – die durch die Durchführungsverantwortung bestimmt werden,
- ▷ Phasenentscheidungen – die Managemententscheidungen in angemessenen Zeitabständen ermöglichen,
- ▷ Baselines – die in sich konsistente Reifezustände des zu entwickelnden Produkts darstellen, sowie
- ▷ Vereinbarungen in Form interner Verträge.

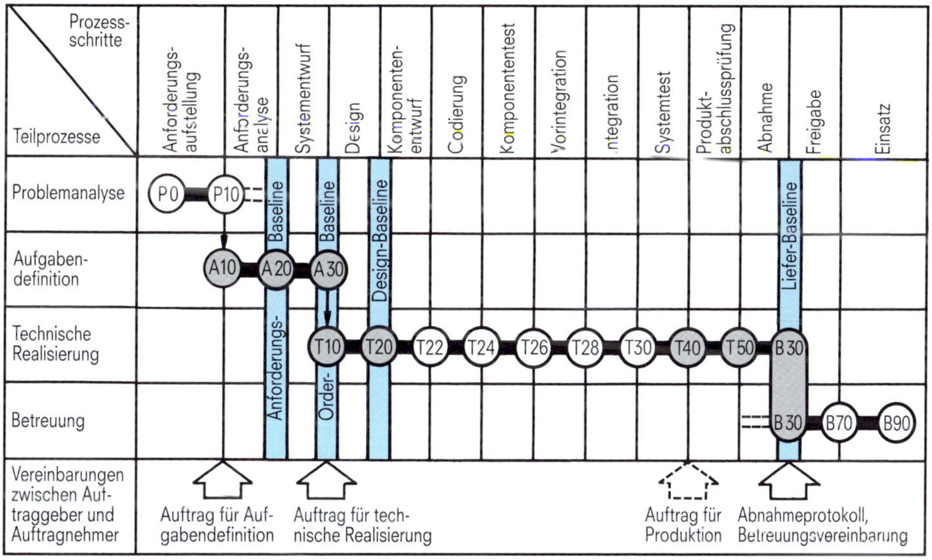

Bild 2.63 Beispiel einer entkoppelten Prozessorganisation

Eine solche Prozessorganisation definiert alle prozessbezogenen Begriffe, mit denen ein Projektleiter das Projekt gegenüber dem Auftraggeber und den Projektbeteiligten erläutern kann; sie legt aber nicht den konkreten Projektablauf im Sinne eines Netzplans fest.

Wie das Beispiel auch verdeutlicht, existieren bei dieser Prozessorganisation keine Verbindungen bzw. Schnittstellen zu anderen Prozessplänen, in denen eine irgendwie gestaltete Koordination zu eigenen Entwicklungsabläufen nötig wäre.

Meilensteine

Bei der dargestellten Prozessorganisation ist der gesamte SW-Produktlebenszyklus, vor allem der Entwicklungsablauf selbst, in einzelne Prozessschritte unterteilt, die jeweils von zwei Meilensteinen begrenzt werden. Der erste Meilenstein stellt die Ausgangsbasis des entsprechenden Prozessschritts dar, der Zweite gibt das Ziel an. Alle Meilensteine sind mit Hilfe eines dreistelligen alphanumerischen Kennzeichens (MKZ) eindeutig identifiziert, wobei eine Gruppierung der Meilensteine entsprechend der Prozessabschnitte vorgenommen wurde:

MKZ	Prozessabschnitt
Pxx	Problemanalyse
Axx	Aufgabendefinition
Txx	Technische Realisierung
Bxx	Betreuung/Einsatz

Bei dieser Gruppierung werden mehrere Prozessschritte zu Prozessabschnitten – auch als Teilprozesse bezeichnet – zusammengefasst. Gleiche Prozessschritte unterschiedlicher Entwicklungsteile können – falls keine unmittelbaren Abhängigkeiten dem entgegenstehen – zeitlich überlappend ablaufen.

Im Teilprozess *Problemanalyse* ist eine systembezogene Analyse der allgemeinen Kundenanforderungen bezüglich Machbarkeit und Notwendigkeit vorzunehmen. Auf der Basis eines Planungsauftrags wird ein Anforderungskatalog für das zu entwickelnde Produkt erstellt (Meilenstein P10).

Im Teilprozess *Aufgabendefinition* werden dann auf Basis eines verabschiedeten Anforderungskatalogs (Meilenstein A 10) die verbindliche Aufgabenstellung des Auftraggebers (Produktdefinition) festgelegt und der technische Systementwurf erarbeitet. Ergebnisse sind hierbei das Pflichtenheft (Meilenstein A 20) und die Leistungsbeschreibung (Meilenstein A 30).

Im Teilprozess *Technische Realisierung* folgt die schrittweise Produktherstellung. Im Rahmen einer klaren phasenbezogenen Vorgehensweise werden der Programmentwurf, die Programmierung, der Einzel- und der Systemtest durchgeführt. Die einzelnen Entwicklungsergebnisse terminiert man zu klar definierten Meilensteinen (T 20 bis T 50). Abgeschlossen wird dieser Teilprozess mit der Abnahme durch den Auftraggeber (Meilenstein B 30).

Im letzten Teilprozess *Betreuung/Einsatz* werden die Markteinführung vorbereitet, das fertige Produkt piloterprobt und anschließend zur Lieferung an die Kunden freigegeben (Meilenstein B 70). Die Wartung des Produkts (Fehlerbehebung und Umweltanpassung) ist Hauptinhalt dieses Prozessabschnitts, der erst mit Streichung des Produkts endet (Meilenstein B90).

Mit dieser Unterteilung in Teilprozesse wird auch die jeweilige Durchführungsverantwortung (Auftraggeber oder Auftragnehmer) festgelegt. Für die »T-Meilensteine« ist die auftragnehmende Entwicklung allein verantwortlich, bei den anderen liegt die Durchführungsverantwortung beim Auftraggeber. Die Aufgabendefinition (Anforderungsanalyse und Systementwurf) muss dabei von vornherein in Zusammenarbeit zwischen Auftraggeber und Auftragnehmer erstellt werden.

Baseline

Ausgewählte Meilensteine bestimmen besonders hervorhebenswerte Entwicklungszwischenstände, die hier als *Baselines* bezeichnet werden. Entsprechend einigen Hauptentwicklungsabschnitten im Gesamtprozess kennzeichnen sie planerisch definierte »Reifezustände« des Entwicklungsprodukts und dienen als Planungs- und Realisierungsstufen für die laufende Entwicklung der aktuellen Produktversion sowie als Basis für die Weiterentwicklung der Folgeversionen. Auch alle künftigen Änderungen und Anpassungsentwicklungen setzen auf diese Baselines auf.

Bei dem hier vorgestellten Beispiel werden folgende, inhaltlich aufeinander abgestimmte Baselines unterschieden:

Anforderungs-Baseline	im Meilenstein A 20
Order-Baseline	beim Meilenstein A30 (T10)
Design-Baseline	beim Meilenstein T20
Liefer-Baseline	beim Meilenstein B 30

Der jeweilige Entwicklungszustand des Produkts wird an einer Baseline durch die entsprechenden produkt- und projektrelevanten Ergebnisse festgelegt. So ist die *Anforderungs*-Baseline der Schlussstrich der Anforderungsanalyse, d. h. nach »Einfrieren« dieser Baseline können zusätzliche Anforderungen nur noch in Form gesonderter Änderungsanträge in die weitere Entwicklung einfließen. Zur *Order*-Baseline wird der Auftrag für die technische Realisierung auf der Basis der dann vorliegenden Leistungsbeschreibung (siehe Kap. 2.2.3) erteilt. Nachträglich gewünschte Änderungen der Leistungsbeschreibung sind hinsichtlich der Konsequenzen auf Termine und Kosten gesondert zu vereinbaren. Mit der *Design*-Baseline werden die Designspezifikationen abgeschlossen und »eingefroren«. *Die Liefer*-Baseline stellt schließlich den definierten Entwicklungsabschluss des lieferreifen Produkts dar.

Alle in einem Projekt bewirkten Planungs- und Steuerungsanstöße, wie Anforderungsänderungen, Fehlermeldungen, Planungskorrekturen beziehen sich auf diese Baselines; deshalb geht auch ein installiertes Konfigurationsmanagement von diesen Entwicklungszwischenständen aus. Hierdurch wird erreicht, dass Änderungen nur noch kontrolliert auf Grund offizieller Entscheidungen und mit unmittelbarer Information an alle Betroffenen in die laufende Produktentwicklung einfließen können (siehe auch Kap. 2.2.6).

Phasenentscheidung

Sowohl an den Baselines als auch an einigen weiteren »Pflichtmeilensteinen« (A 10, T 40 und T50) sind Phasenentscheidungen bez. der Ergebnisabnahme und damit des weiteren Vorgehens notwendig. So wird z. B. bei dem Meilenstein A 10 der Auftrag für die Aufgabendefinition, beim Meilenstein T 10 der Auftrag für die Technische Realisierung erteilt. Beim Meilenstein B 30, zu dem die Liefer-Baseline eingefroren wird, wird schließlich die Abnahme des SW-Produkts vorgenommen und eventuell eine fortsetzende Betreuung des ausgelieferten Produkts vereinbart.

Auch die in Kapitel 2.1.4 erwähnten Produktvereinbarungen setzen auf diese Pflichtmeilensteine auf; so werden jeweils eine Produktvereinbarung PV-D zu den Meilensteinen A 10 und T 10 sowie zum Meilenstein T 40 eventuell eine Produktvereinbarung PV-F mit Übergabeterminen und Einsatzzahlprognosen abgeschlossen.

Eine Phasenentscheidung besteht aus den Teilen Abnahme des vorangegangenen Entwicklungsabschnitts und Freigabe des künftigen Abschnitts; hierbei werden Entscheidungen getroffen zu:

- ▷ Abnahme des erreichten Ergebnisstandes,
- ▷ ggf. Festlegung notwendiger Nacharbeiten,
- ▷ Entlastung der Verantwortlichen für den vorangegangenen Entwicklungsabschnitt und
- ▷ Verabschiedung der Planung für den nachfolgenden Entwicklungsabschnitt.

Meilensteinergebnisse

Im Rahmen dieser Prozesstechnologie sind, wie in Tabelle 2.13 dargestellt, zu den Meilensteinen der einzelnen Prozessschritte die abzunehmenden Teilergebnisse exakt definiert und beschrieben. Die zu erreichenden Ergebnisse werden hierbei nach

- ▷ Produktaufgaben (Programm),
- ▷ Test- und Prüfaufgaben (Testsystem),
- ▷ Dokumentationsaufgaben (Manuale) sowie
- ▷ Projektaufgaben (Projekt)

getrennt aufgelistet.

Für alle Projektbeteiligten liegt damit eindeutig fest, welche Meilensteinergebnisse zu den einzelnen Zäsurpunkten vorliegen müssen. Das Erreichen eines Meilensteins stellt der Projektleiter fest. Erst mit positiver Abnahme dieser Ergebnisse in einer besonderen Phasenentscheidungssitzung (PES) ist der jeweilige Meilenstein erfüllt, so dass dann der zurückliegende Prozessschritt als abgeschlossen erklärt werden kann.

Projektadäquate Prozessanpassung

Das vorgestellte Beispiel einer entkoppelten Prozessorganisation braucht nicht bei jeder Entwicklung eines Anwender-SW-Produkts in der angegebenen Detaillierung durchlaufen zu werden.

Bei kleineren Entwicklungsvorhaben kann man nämlich auch bestimmte Prozessschritte zu einem übergeordneten Abschnitt zusammenfassen. So bietet es sich ggf. an, den Meilenstein T 28 (Vorintegration) in den Meilenstein T 30 (Integration) zu übernehmen oder die Prozessschritte Komponentenentwurf, Codierung, Komponententest zu einem Prozessschritt SW-Realisierung zusammenzufassen. Die oben erwähnten Pflichtmeilensteine müssen dabei allerdings weiter gelten.

Bei größeren Produktentwicklungen kann dagegen auch eine weitere Detaillierung durch eine zusätzliche Unterteilung der Standard-Prozessschritte vorteilhaft sein.

In jedem Fall sollte der Unterteilungsgrad des Gesamtprozesses *projektadäquat* sein, d. h. nicht zu grob und nicht zu fein. Ziel muss sein, dass die Prozessstrukturierung die Projektplanung und -durchführung fördert und unterstützt, sie aber nicht hemmt.

Phasenmodell von SAP R/3

Bei Standard-Software wird vom Hersteller oft eine Standard-Prozessorganisation für die Einführung vorgegeben, wie z. B. das Vorgehensmodell von SAP R/3. Hier gliedert sich der Einführungsprozess in die vier Phasen mit folgenden Phasenergebnissen:

- ▷ Phase: Organisation und Konzeption
Ergebnis: Sollkonzept
- ▷ Phase: Detaillierung und Realisierung
Ergebnis: Anwendungssystem
- ▷ Phase: Produktionsvorbereitung
Ergebnis: Produktivsystem
- ▷ Phase: Produktivbetrieb
Ergebnis: Betrieb.

Innerhalb dieser Phasen sind Standard-Arbeitspakete vorgegeben, die wiederum Standard-Aktivitäten mit genauen Checklisten umfassen. Parallel zu diesem Phasenablauf sind als projektbegleitende Arbeitspakete Projektadministration und Projektcontrolling sowie Systemwartung und Release-Wechsel definiert.

Prozessschritt	Meilenstein-ergebnisse	Programm	Testsystem
			Abzunehmende Teilergebnisse
Anforde-rungsanalyse	Pflichtenheft	(Voraussetzung: Priorisierter Anforderungskatalog) ▷ Verbindliche Anforderungen an Funktion und Qualität ▷ Funktionsmodell ▷ Realisierbarkeitsuntersuchung, mindestens zu Leistungsverhalten und Systembasis	▷ Verbindliche Test-/Prüfungsanforderungen (Ziele, Tiefe, Volumen)
			Anforderungs-Baseline
System-entwurf	Leistungs-beschreibung	▷ Festlegung der Liefereinheiten und der Systembasis ▷ Feinentwurf der logischen Funktionen, ▷ Daten und Schnittstellen ▷ DV-Grobentwurf und Analyse der Lösungs-alternativen ▷ Festlegung der Qualitätseigenschaften ▷ Festlegung von Dialogführung und Masken ▷ Festlegung von Liefer-, Wartungs- und Pflegekonzept	▷ Test-/Prüfkonzept ▷ Festlegung der Abnahmebedingungen (B 30) mit Definition der Testkonfiguration
			Order-Baseline
Design	Design-Spezifikation	▷ Festlegung der Systemstruktur mit Beschreibung der Anforderungen und Schnittstellen auf den verschiedenen Systemebenen ▷ Offenlegung der Inkompatibilitäten zu früheren Versionen an externen Schnitt-stellen	▷ Testpläne für Systemtest und Integrationstest ▷ Spezifikation des Testsystems für den System- und Integrationstest
			Design-Baseline
Komponen-tenentwurf	Komponenten-Spezifikation	▷ Festlegung der Komponentenstruktur, der Ablauflogik, der internen Datenstruktur	▷ Testplan für den Komponententest ▷ Endgültiger Projekt- und QS-Plan
Codierung	Codierte Komponenten		
Komponen-tentest	Getestete Komponenten	▷ Quellen der Primärkomponenten in Projektbibliothek	▷ Testberichte zum Komponententest ▷ Testsystem für System- und Integrationstest
Vor-integration	Montage-einheiten	▷ Übersetzungs- und Bindeprozeduren in Projektbibliothek	▷ Testberichte zum Vorintegrationstest
Integration	Integrierte Liefereinheiten	▷ Lademodule, Übersetzungs- und Binde-prozeduren in Projektbibliothek	▷ Testberichte zum Integrationstest
Systemtest	Systemgetestete Liefereinheiten	▷ Wartungsdokumentation ▷ Produktbänder mit Komponentenliste	▷ Testbericht zum Systemtest mit Leistungs- und Grenzwertaussagen ▷ ggf. Testbericht zur Vorpilotierung ▷ Liste offener Mängel ▷ Testfälle für Regressionstest (Testpool)
Produkt-schluss-prüfung	Schlussgeprüfte Liefereinheiten	▷ Modellanwendung	▷ Prüfbericht mit Qualitätsaussagen ▷ Liste offener Mängel
Abnahme	Abgenommene Liefereinheiten	▷ Korrigierte Quell-, Objektcodes und Prozeduren ▷ Aktualisierte Wartungsdokumentation	▷ Abnahmeprotokoll ▷ Liste offener Mängel
			Liefer-Baseline

Tabelle 2.13
Meilensteinergebnisse

Manuale	Projekt
▷ Manualgrobplan ▷ (Manualkonfiguration, Umfang, Bearbeiter, Termine)	▷ Realisierbarkeitsuntersuchung (Personal, Kosten, Termine) ▷ Dokumentenverwaltung und Konfigurationsmanagement eingerichtet ▷ Phasenbericht, nächster Phasenplan
▷ Manualfeinplan je Manual (Struktur, Layout, Qualitätseigenschaften, Herstellungsverfahren, Aufwand, Termine)	▷ Vorläufiger Projekt- und QS-Plan ▷ Vorkalkulation ▷ Phasenbericht, nächster Phasenplan
	▷ Endgültiger Projekt- und QS-Plan ▷ Phasenbericht, nächster Phasenplan
	▷ Phasenbericht, nächster Phasenplan
	▷ Codeverwaltung eingerichtet ▷ Phasenbericht, nächster Phasenplan
▷ Manualmanuskripte für Korrekturlauf	▷ Fehlermeldungs-/Korrekturverfahren eingerichtet ▷ Phasenbericht, nächster Phasenplan
	▷ Phasenbericht, nächster Phasenplan
▷ Satzfertige Manualmanuskripte	▷ Phasenbericht, nächster Phasenplan
	▷ Vorläufiger Projektbericht ▷ Phasenbericht ▷ nächster Phasenplan
▷ Druckfertige Manualmanuskripte	▷ Phasenbericht, ▷ nächster Phasenplan
	▷ Phasenbericht ▷ Projektbericht ▷ Nachkalkulation ▷ Betreuungsplan ▷ Feldeinführungsplan

2.5.3 Koordinierte Prozessorganisation

Das Koordinieren von Prozessorganisationen ist auf unterschiedliche Weise möglich: Entweder findet bei den (meist zwei) zu koordinierenden Entwicklungsprozessen über den gesamten Verlauf an mehreren definierten Zäsurpunkten eine offizielle Abstimmung statt oder es verlaufen bestimmte Prozessabschnitte gemeinsam und andere – wie bei einer entkoppelten Prozessorganisation – voneinander getrennt. Eine Vermischung beider Vorgehensweisen kann ebenfalls auftreten. Diese Formen von koordinierten Prozessorganisationen bieten sich vor allem an, wenn HW- und SW-Entwicklungen nur teilweise bzw. zeitweise unabhängig voneinander durchgeführt werden können.

Zur näheren Erläuterung eines koordinierten Entwicklungsprozessplans wird von einem Prozessplan ausgegangen, der in einem Entwicklungsbereich der Vermittlungstechnik Anwendung fand und dem eine solche koordinierte Prozessorganisation unterliegt; in dieser verlaufen nur die Anfangs- und Endphasen der HW- und SW-Entwicklung gemeinsam, im mittleren Teil des Entwicklungsablaufs besteht an einigen Meilensteinen eine Prozesskoordination zwischen der HW-Entwicklung und der dazu parallel verlaufenden SW-Entwicklung. Klar definierbare Schnittstellen zwischen Hardware und Software ermöglichen diese lockere Anbindung der beiden sonst getrennten Entwicklungsprozesse.

Prozessabschnitte

Die in Bild 2.64 dargestellte koordinierte Prozessorganisation gliedert sich in drei Prozessabschnitte, die z. T. mehrere einzelne Entwicklungsphasen umfassen. Es handelt sich um die Prozessabschnitte

- ▷ Definition
- ▷ Entwurf/Realisierung
- ▷ Erprobung.

Diesen Prozessabschnitten folgt nach Fertigstellung des HW/SW-Produkts bzw. -Systems die Einsatzphase mit der Betreuung.

Definition

Wie aus Bild 2.64 zu ersehen ist, werden die drei Anfangsphasen Anstoß, Studie und Systementwurf des ersten Prozessabschnitts für das zu entwickelnde HW/SW-System *gemeinsam* durchlaufen. Ihre Phasenziele sind daher unter einem gemeinsamen Blickwinkel zu sehen – also keine Trennung in Hardware und Software. Entsprechendes gilt für die jeweiligen Phasenabschlüsse.

Definitions-Phase	Phasenziel	Phasen-abschluss
Anstoß	Festlegen der Produkt- und Projektziele	Auftrags-erteilung
Studie	Festlegen der Systemanforderungen und Leistungsmerkmale	Studien-Abnahme
System-entwurf	Festlegen der HW/FW/SW-Funktionsteilung, Festlegen der Architektur des SW-Systems	Design-Abnahme

Das HW/SW-System wird also ganzheitlich definiert, d. h., die Beschreibung der technischen Funktions- und Leistungsanforderungen an das System geschieht unabhängig von der späteren HW- und SW-Realisierung. Erst während des Systementwurfs beginnt die Aufteilung in HW-, FW- und SW-Komponenten, wobei auch die gegenseitigen Schnittstellen gemeinsam festgelegt werden. Das Einhalten dieser Schnittstellendefinitionen bietet die Gewähr dafür, dass nach der (getrennt verlaufenden) Realisierung die einzelnen Komponenten ohne größere Komplikationen integriert werden können.

Als Projektanträge werden bei dieser Prozessorganisation die in Kapitel 2.1.4 vorgestellten Produktvereinbarungen verwendet. Zu Beginn der Phase Anstoß muss die Produktvereinbarung-Anregung (PV-A) vorliegen, und vor Beginn der Phase Systementwurf muss die Produktvereinbarung zur Entwicklungsdurchführung (PV-D) zwischen Auftragnehmer und Auftraggeber abgeschlossen sein; anderenfalls darf die jeweilige Folgephase nicht begonnen werden.

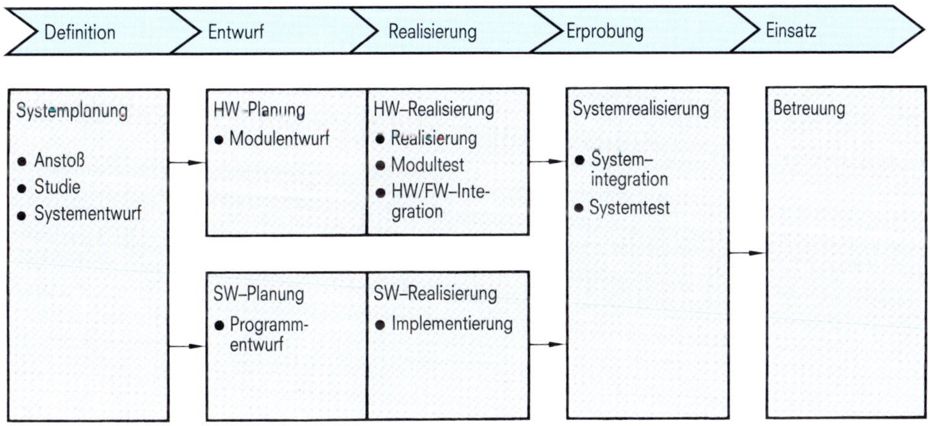

Bild 2.64 Koordinierte Prozessorganisation

Entwurf/Realisierung

Nach der Phase Systementwurf teilt sich der Prozessablauf in einen HW-spezifischen und in einen SW-spezifischen Prozesszweig auf, in denen die jeweilige Planung und Realisierung weitestgehend *getrennt* voneinander ablaufen. Im Prozessabschnitt Entwurf/Realisierung verlaufen damit die weitere HW- und SW-Entwicklung gemäß einer entkoppelten Prozessorganisation. Auf der Basis der im Systementwurf festgelegten Schnittstellen zwischen HW-, FW- und SW-Komponenten werden die Modulentwürfe für die HW- und FW-Bestandteile und die Programmentwürfe für die SW-Bestandteile erstellt. Die Realisierung der einzelnen Komponenten geschieht ebenfalls getrennt nach Hardware und Software mit jeweils eigener Qualitätssicherung und eigener Konfigurationsverwaltung.

Für die HW-spezifischen Phasen des Prozessabschnitts Entwurf/Realisierung sind die folgenden Ziele und Ergebnisse vorgegeben:

HW-Phase	Phasenziel	Phasen-abschluss
Modul-entwurf	Festlegen der Funktionen der HW-Module bzw. Teilkomplexe, Definieren der Funktionen und Schnittstellen	Spezifi-kations-abnahme
Realisierung	Funktionsfähige HW-Module bzw. Teilkomplexe	Strom-laufplan-abnahme
Modultest	Funktionsgetestete HW-Module bzw. Teilkomplexe auf Basis des Funkti-onsmusters	HW-Kompo nenten-abnahme
HW/FW-Integration	Integrieren des HW/FW-Gesamt-systems auf Basis des Funktions-musters	HW/FW-Kompo-nenten-abnahme

Beim *Modulentwurf* wird neben dem Spezifizieren einzelner HW-Module und Entwerfen von Sonderkonstruktionen auch die spätere Teststrategie festgelegt, d. h. Bestellen spezieller Messgeräte oder Entwickeln von gesonderter Testsoftware für HW-Tests. Während der *HW-Realisierung* sind neben dem Aufbau eines Funktionsmusters im Wesentlichen die technischen Unterlagen, wie Stromlaufpläne, Stücklisten, Bauvorschriften, Prüfunterlagen und sonstige Fertigungsunterlagen zu erstellen. Beim *Modultest* arbeitet man die sich durch den Test ergebenen Korrekturen in die vorgenannten Unterlagen ein. In der *HW- und FW-Integration* werden schließlich alle HW- und FW-Module zusammengefasst und in einer Vorintegration getestet. Die sich bei diesem Test ergebenden Fehler führen ebenfalls zu entsprechenden Korrekturen.

Am Ende der HW-Phase HW/FW-Integration steht die Funktionsfreigabe.

Für die SW-Planung und -Realisierung werden zwei Prozessphasen durchlaufen:

SW-Phase	Phasen-ziel	Phasen-abschluss
Programm-entwurf	Festlegen der Teilkomplexe und Komponenten des SW-Systems, ihres Zusammenwirkens, ihrer Schnittstellen und ihrer Realisierung	Spezifikations-abnahme
Implemen-tierung	Ablaufsichere SW-Komponenten	Komponen-tenabnahme

Während des *Programmentwurfs* sind die Spezifikationen für die einzelnen SW-Komplexe (z. B. Subsysteme) und deren Schnittstellen zu erarbeiten. Da es sich hier um vermittlungstechnische Software handelt, werden für die zustandsgesteuerten Komponenten spezielle Prozedur- und Zustandsdiagramme entworfen, ansonsten erstellt man in Form von Pseudo-Code Struktogramme. Insgesamt wird der SW-Systemteil bis auf die einzelnen Programmmodule und oberen Prozedurebenen heruntergebrochen. Im Rahmen der *Implementierung* sind die entworfenen Prozeduren und Module zu codieren bzw. zu generieren sowie eine Inline-Dokumentation zu erstellen. Weiterhin werden diese SW-Teile jeweils in einem eigenen Testrahmen einem Einzeltest unterzogen, an dem sich bei erfolgreichem Abschluss der Verbundtest anschließt. Am Ende der SW-Phase Implementierung liegt der ausgetestete – möglichst fehlerfreie – Code vor.

Erprobung

Die beiden letzten HW- und SW-spezifischen Realisierungsphasen HW/FW-Integration und (SW-)Implementierung gehen schließlich wieder in einen einzigen Entwicklungsablauf der zu integrierenden HW-, FW- und SW-Komponenten über, und zwar in den Prozessabschnitt Erprobung. Für Hardware und Software gibt es damit wieder gemeinsame Phasenziele und gemeinsame Phasenabschlüsse.

Erprobungs-Phase	Phasen-ziel	Phasen-abschluss
System-integration	Integration des HW/FW/SW-Gesamtsystems	System-übergabe
Systemtest	Ausgetestetes Gesamtsystem ▷ HW/FW aus Vorserie ▷ SW aus System-integration	System-abnahme

Die *Systemintegration* führt die einzelnen HW-, FW- und SW-Komponenten zum Gesamtsystem stufenweise zusammen. Die sich bei dem Systemintegrationstest ergebenden Fehler bewirken Korrekturen in den betreffenden Systemteilen. Auch die technischen Unterlagen müssen entsprechend aktualisiert werden. Nach Testabschluss wird das System für die Vorserienfreigabe übergeben. Der anschließende *Systemtest* entspricht der Vorserienherstellung; in ihm ist das gefertigte System – als Vorserienmodell – einem ersten Gesamtbelastungstest zu unterwerfen. Hierbei sollte die Systemabnahme eine eigene Stelle übernehmen. An den erfolgreichen Abschluss des Systemtests schließt die Serienfreigabe für das Gesamtsystem an.

PM-Aufgaben im Entwicklungsprozess

Im Rahmen der vorgenannten Prozessphasen sind von den zuständigen Stellen des Vertriebs, der Entwicklungsplanung, der Entwicklungsdurchführung, der Qualitätssicherung und des Projektmanagements die unterschiedlichsten Tätigkeiten durchzuführen. Definition und Beschreibung all dieser Aufgaben sind Bestandteil eines Entwicklungshandbuchs. Auszugsweise sind in Tabelle 2.14 in stark geraffter Form einige grundsätzliche Aufgaben innerhalb der hier beschriebenen Prozessorganisation aufgeführt.

2.5.4 Integrierte Prozessorganisation

Integrierte Prozessorganisationen sind immer dann erforderlich, wenn der HW-Entwicklungsprozess nicht mehr eigenständig neben dem SW-Entwicklungsprozess verläuft, wenn also die Software ganz erheblich in die HW-Ent-

Tabelle 2.14
PM-Aufgaben in den einzelnen Phasen

Phase	PM-Aufgabe
Anstoß	▷ erste grobe Aufwands-, Kosten- und Zeitschätzung durchführen ▷ Projektantrag erstellen
Studie	▷ verfeinerte phasenorientierte Aufwands-, Kosten- und Zeitschätzung durchführen ▷ Risikoanalyse durchführen ▷ erforderliche Projektpläne (z. B. PV-D) ausarbeiten ▷ PM-Methoden und -Verfahren festlegen
Systementwurf	▷ Projektstrukturplan aufbauen ▷ Netzpläne erstellen ▷ Personaleinsatz planen ▷ Qualitätssicherungsplan ausarbeiten ▷ PM Berichtswesen installieren
HW-Planung SW-Planung	▷ Projektpläne aktualisieren und detaillieren ▷ Einsatzmittel (Rechner, HW-Prototypen) planen ▷ Geräte für spätere Produktion bestellen ▷ Musterbauaufträge ausarbeiten ▷ Testplanung vorbereiten
HW-Realisierung SW-Realisierung	▷ Fertigungseinführung vorbereiten ▷ Projektpläne aktualisieren ▷ Aufwand, Kosten und Termine überwachen
Systemintegration	▷ Ressourcen für Systemtest (z. B. Testanlage, Testwerkzeuge) organisieren ▷ Projektpläne aktualisieren ▷ Aufwand, Kosten und Termine überwachen
Systemtest	▷ Projektpläne aktualisieren Projektabschlussanalyse einleiten ▷ Vorbereitungen treffen für die zukünftige Systembetreuung ▷ Fehlermeldungswesen für Einsatzphase installieren

wicklung eingreift und umgekehrt. Dies ist besonders der Fall bei der Entwicklung von Kommunikationsendgeräten, da hier der technologische Wandel zu einer hochgradigen »Elektronisierung« geführt hat – viele Funktionsteile, die früher elektromechanisch ausgeführt waren, werden heute als Software in »Chips gegossen«. Daher ist für die in diesen und ähnlichen Entwicklungsbereichen typischen Entwicklungsobjekte, wie

- ▷ Prinzipmuster,
- ▷ Funktionsmuster,
- ▷ Prototypen (Erprobungsmuster) und
- ▷ Vorseriengeräte

jeweils eine veränderte bzw. adaptierte Software zu entwickeln, deren Anforderungsprofile sich wiederum vom Fortschrittsstand der HW-spezifischen Entwicklung ableiten.

Auch muss bei diesen HW- und SW-gemeinsamen Entwicklungen die Fertigungsplanung und Qualitätssicherung verstärkt einbezogen werden.

Zur Optimierung dieser Abläufe in der HW- und SW-Entwicklung wurden die einzelnen HW- und SW-Prozesse in eine integrierte Prozessorganisation zusammengefasst; hierin ist der Gesamtprozess nicht mehr in die üblichen – groben – Entwicklungsphasen, sondern durch Meilensteine in feiner unterteilte Abschnitte gegliedert. Weiterhin stellt – wegen der engen Verflechtung der beiden Entwicklungsgebiete Hardware und Software – der zugehörige Prozessplan nicht mehr eine eindimensionale Prozesskette, sondern ein zweidimensionales »Prozessnetz« dar.

Bild 2.65 zeigt – leicht vereinfacht – die Struktur eines solchen Prozessplans in Form eines Vorgangspfeil-Netzplans, bei dem die Kreise die Ereignisse (Meilensteine) und die Pfeile die Vorgänge (Prozessschritte) kennzeichnen. Es handelt sich hier also um einen *meilensteinorientierten* Prozessplan.

Prozesszweige

Wie aus der Darstellung zu ersehen ist, spaltet sich die Entwicklung nach Vorliegen der Leistungsbeschreibung in drei Prozesszweige. Einerseits wird, jeweils getrennt, das Design der Hardware und das Design der Software für den Prototypen (PT) durchgeführt und andererseits wird nach der Erprobung eines Prinzipmusters (PM) das Design des Funktionsmusters (FM) vorgenommen, auf welches natürlich das Prototypendesign entsprechenden Einfluss hat. Dieses ist im Bild 2.65 durch die (gestrichelten) Scheinvorgangspfeile angedeutet.

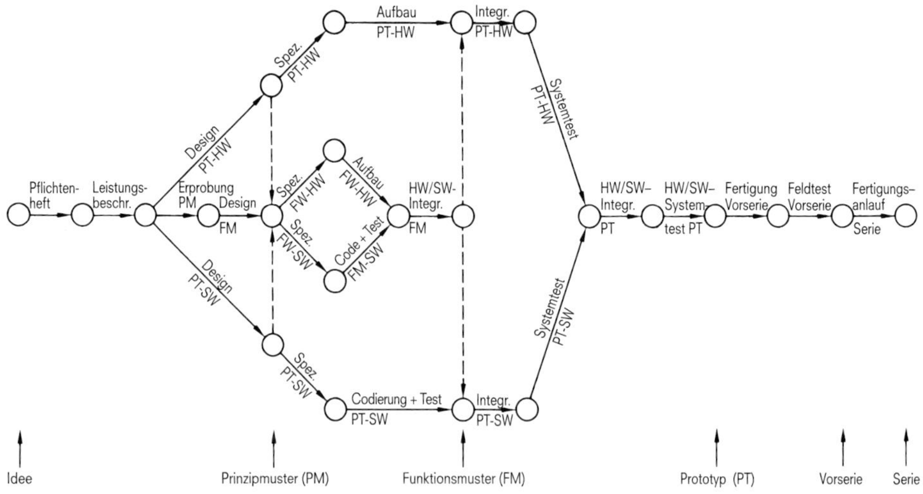

Bild 2.65 Integrierte Prozessorganisation

Ab diesem Zeitpunkt verläuft die weitere Entwicklung zeitweise sogar in vier Prozesszweigen; die Spezifikationen für die Hardware und Software werden jeweils für das Funktionsmuster und für den künftigen Prototypen gleichermaßen vorangetrieben sowie anschließend deren HW-Aufbau und deren SW-Implementierung. Bei Vorliegen des fertig integrierten Funktionsmusters geschieht eine Synchronisation der noch getrennten HW- und SW-Integration im Rahmen der Prototypenrealisierung.

Anschließend werden der Systemtest für die gesamte Prototypen-Hardware sowie parallel dazu der Systemtest für die gesamte Prototypen-Software durchlaufen. Bei erfolgreichem Abschluss münden die bisher getrennten Prozesszweige endgültig wieder in eine gemeinsame Prozesskette. Nach HW/SW-Integration und HW/SW-Systemtest des Prototypen kann die Fertigung der Vorserie mit dem nachfolgenden Feldtest begonnen werden. Der gesamte Entwicklungsablauf endet dann in dem Anlauf der Serienfertigung des entwickelten Produkts.

Prozessabschnitte

Ähnlich den Beispielen in den vorangegangenen Kapiteln gliedert sich der Gesamtprozess in die drei bekannten Prozessabschnitte:

- ▷ Aufgabendefinition
- ▷ Technische Realisierung
- ▷ Betreuung/Einsatz,

die sich wiederum in Prozessschritte unterteilen. Jeder Prozessschritt beginnt und endet mit einem Meilenstein, wobei einige allerdings mehr als einen Prozessschritt vor sich bzw. nach sich haben können.

Die *Aufgabendefinition* reicht von der Analyse, Definition und Beschreibung der verbindlichen Aufgabenstellung eines Auftraggebers bis zur technischen Systemdefinition des herzustellenden Produkts. Dieser Prozessabschnitt baut einerseits auf einem (nicht priorisierten) Anforderungskatalog auf, der in einem vorgeschalteten Prozessschritt der Problemanalyse erstellt worden ist, andererseits auf einem entsprechenden offiziellen Entwicklungsauftrag. Ergebnis der Aufgabendefinition ist die Leistungsbeschreibung des zu entwickelnden Produkts. Die Durchführungsverantwortung liegt hier noch beim Auftraggeber.

Im Rahmen des Prozessabschnitts *Technische Realisierung* wird gemäß einer meilensteinorientierten Vorgehensweise auf Basis der vertraglich festgelegten Randbedingungen, wie Aufgabenstellung, Termine, Qualität, Kosten und Abnahmebedingungen, schrittweise das Produkt erstellt. Dieser Prozessabschnitt setzt eine abgenommene Leistungsbeschreibung und eine Realisierungsvereinbarung (z. B. PV-D) mit dem Auftraggeber bzw. dessen Beauftragten voraus. Ergebnis des gesamten Prozessabschnitts ist das voll ausgetestete und ab-

Tabelle 2.15 Meilensteine einer integrierten Prozessorganisation (am Beispiel der IPO)

Prozesszweig	MKZ	Meilenstein	Kalkulationsrelevanter Meilenstein	MEK
Aufgabendefinition	A 10	Priorisierter Anforderungskatalog	×	
	A 20	Pflichtenheft	×	
	A 30	Leistungsbeschreibung	×	×
SW-Realisierung (Prototyp)	T 10 S	(Produktvereinbarung – Durchführung)		
	T 20 S	Designspezifikation/ Funktionsentwürfe		×
	T 22 S	Komponentenspezifikation		
	T 24 S	Codierte Komponenten		
	T 26 S	Getestete Komponenten		
	T 28 S	Angepasste FM-Software		
	T 30 S	Integrierte PT-Software		×
	T 32 S	Auf externe Schnittstellen getestete PT-Software		
SW-Realisierung (Funktionsmuster)	T 20 SF	(bezieht sich auf T 20G und T20 S)		
	T 22 SF	Komponentenspezifikation		
	T 26 SF	Getestete FM-Software		
HW-Realisierung (Prototyp)	T 10 H	(Produktvereinbarung – Durchführung)		
	T 20 H	PT-Grobspezifikation		
	T 22 H	PT-Feinspezifikation		
	T 30 H	Integrierter PT		×
	T 32 H	Auf externe Schnittstellen getesteter PT		
HW-Realisierung (Funktionsmuster)	T 20 HF	(bezieht sich auf T 20G und T20 H)		
	T 22 HF	FM-Feinspezifikation		
	T 26 HF	Getestetes FM		
Realisierung (Gerät)	T 10 G	(Produktvereinbarung – Durchführung)		
	T18G	PM	×	
	T 20 G	FM-Design		
	T 34 G	Integrationsgetestetes FM	×	
	T 36 G	FM Integrationsgetesteter PT	×	
	T 40 G	Systemgetesteter PT		×
	T 50 G	PT Vorserie	×	×
	T 60 G	Getestete und abgenommene Vorserie		
Betreuung/ Einsatz	B 30 G	(Produktvereinbarung – Fertigung)	×	×
	B 50 G	Feldgetestete Vorserie		
	B 70 G	Lieferfreigabe Serie	×	×
	B 90	Auslauf Serie		×

PM Prinzipmuster
FM Funktionsmuster
PT Prototyp
MKZ Meilensteinkennzeichen
MEK Meilenstein zur Ergebniskontrolle

prozess fort. Sieben aufeinander aufbauende Modellsichten können dabei unterschieden werden:

- Unternehmensmodellsicht,
- Geschäftsprozessmodellsicht,
- Organisationsmodellsicht,
- Standortmodellsicht,
- Anwendungsmodellsicht,
- Datenmodellsicht,
- Technologiemodellsicht.

Jedes dieser Modelle besteht wiederum aus drei aufeinander aufbauenden Sichten. Die konzeptionelle Sicht gibt einen groben Überblick auf hoher Planungsebene, die logische Sicht konkretisiert diese auf einer Detailstufe, die den Entwurf der physischen Sicht ermöglicht, welche schließlich die Basis für die Implementierung ergibt.

Grundlage des Projektmanagements nach Chestra sind eine Vielzahl von *Projektplänen* (siehe Bild 2.69); sie gliedern sich bei einem

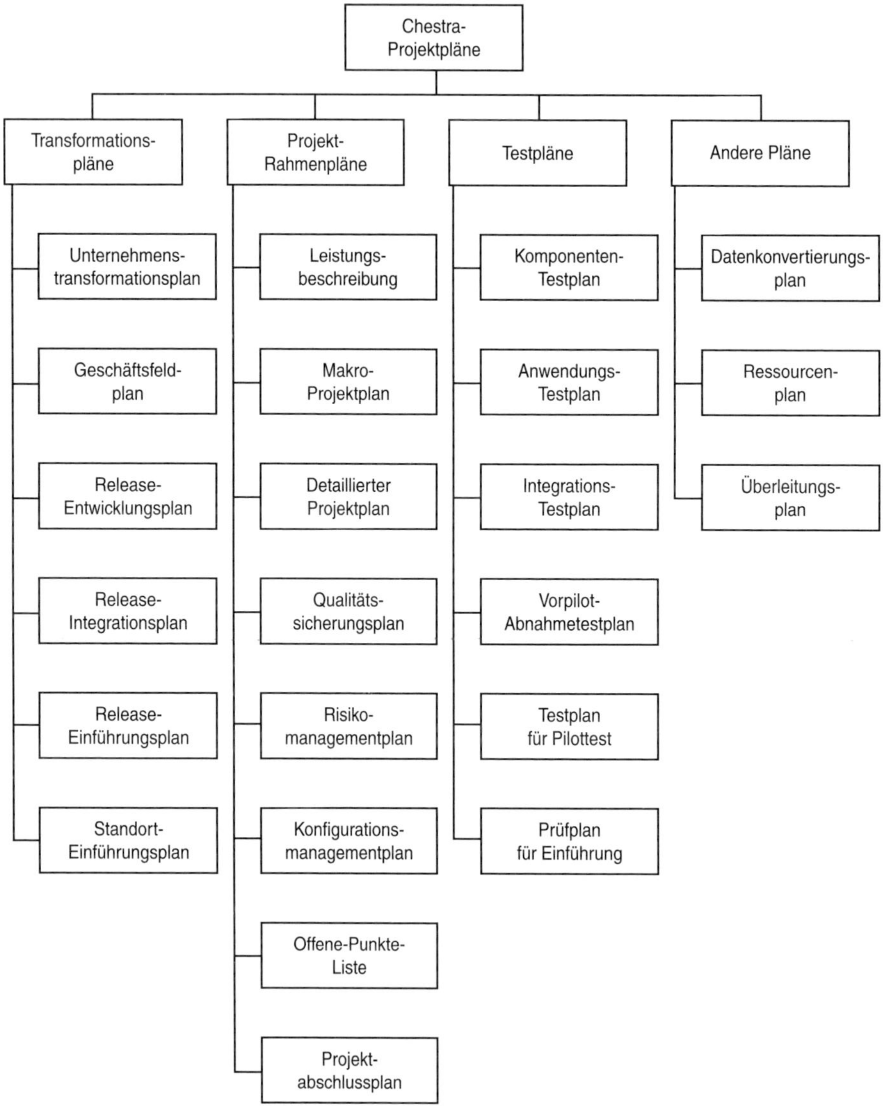

Bild 2.69 Übersicht Chestra-Projektpläne

Entwicklungsprojekt in folgende vier Gruppen: Transformationspläne, Projekt-Rahmenpläne, Testpläne und andere Pläne. Transformationspläne dienen zur Kontrolle und Koordinierung bei der Einführung der neuen Geschäftsprozesslösung. Der Projekt-Rahmenplan enthält die eigentlichen Projektpläne, wie Projektorganigramm, Leistungsbeschreibung, Terminplan, Kostenplan, Qualitätsplan, Risikomanagementplan, Konfigurationsmanagementplan usw. Zu den Testplänen gehören neben den klassischen (wie Komponententest- und Integrationstestplan) auch diverse Prüfpläne für die Abnahme.

Projektberichte werden in allen Subphasen erstellt und halten die Projektstatus zu definierten Zeitpunkten fest. Es gibt Berichte zur Transformationsplanung, zur Geschäftsarchitektur, zum Geschäftsprozessentwurf, zur Überleitungsstrategie, zur Mitarbeitereinsatzplanung, zur Ausbildungsplanung.

Die *Endergebnisse* stellen – wie der Name es schon sagt – die Ergebnisse dar, die dem Kunden den geschäftlichen Nutzen bringen und hierzu gehören neben der installierten Hardware und entwickelten Software auch die Ergebnisse von durchgeführten Schulungen sowie die operativen Verbesserungen der Geschäftsprozesse.

Zu den *Management-Arbeitsergebnissen* gehören Arbeitsberichte der Projektmitarbeiter, des Projektleiters, des Konfigurationsmanagements und des Qualitätsmanagements; hierzu zählen u. a. Statusberichte, Konfigurationsaufstellungen, QS-Berichte und Projektprotokolle. Weitere Arbeitsergebnisse sind z. B. Prototypen, Testdaten und Bewertungskriterien.

Tool-Oberfläche

Obwohl Chestra in erster Linie eine Methode darstellt, d. h. eine Zusammenstellung von aufeinander abgestimmten Vorschriften, Vorgehensweisen, Arbeitsanweisungen und Dokumentationsvorlagen ist, wird mit Chestra auch eine Tool-Oberfläche angeboten, mit der gezielt Templates, Standardgrafiken und Arbeitsanweisungen für die Arbeitsabschnitte in den einzelnen Subphasen aufgerufen werden können.

Der Einstieg findet über einen Eröffnungsbildschirm statt, der dem in Bild 2.68 gezeigten Framework gleicht. Durch Anklicken auf die betreffende Projektphase gelangt man in den entsprechenden Chestra-Abschnitt. Anhand von grafischen Standard-Arbeitsabläufen können dann zu den ausgewählten Prozessschritten die passenden Templates, Grafiken oder Leerdokumente aufgerufen werden; als Bearbeitungstools stehen die bekannten MS Office-Produkte von Microsoft sowie das Grafikprogramm Visio Standard zur Verfügung.

2.6.3 Projektmanagement-Methode PRINCE2

PRINCE (PRojects IN Controlled Environments) ist eine Projektmanagement-Methode für Organisationen im IT-Bereich und deren Steuerung von Projekten; es wird auch unter der Bezeichnung P2MM (PRINCE 2 Maturity Model) geführt. Dieses Vorgehensmodell ist 1989 von der britischen Central Computer and Telecommunications Agency (CCTA) als Regierungsstandard für Projektmanagement im Bereich der Informationstechnik entwickelt worden. 1996 wurde es dann unter dem Namen PRINCE2 als allgemeine Projektmanagement-Methode veröffentlicht und wird inzwischen vom britischen Office of Government Commerce (OGC) gefördert und weiterentwickelt. In Großbritannien und in den Niederlanden ist PRINCE2 inzwischen zum Standard für Projektmanagement geworden.

Projektphasen in PRINCE2

Bei PRINCE2 wird eine Projektdurchführung in vier Projektphasen gegliedert, wobei die Implementierungsphase je nach Projektgröße in weitere Unterphasen unterteilt werden kann:

- ▷ Vorbereiten eines Projekts
  Starting a Project
- ▷ Initiieren eines Projekts
  Initiating a Project
- ▷ Implementierung
  Implementation
- ▷ Abschließen eines Projekts
  Closing a Project

▷ Änderungssteuerung
Alle Änderungen werden als offene Punkte behandelt; hierbei wird unterschieden zwischen Änderungsantrag, Spezifikationsabweichung und Änderungsanfrage.

▷ Qualitätsprüfungen
Die Produktqualität wird in Qualitätsprüfungssitzungen geprüft, um Fehler im Produkt zu identifizieren.

Ausbildung und Zertifizierung

Um PRINCE2 erfolgreich anwenden zu können, ist eine entsprechende Schulung und Ausbildung notwendig. Diese Ausbildung wird von akkreditierten Anbietern angeboten und wird in zwei Stufen vorgenommen, die jeweils 2 bis 3 Tage dauern. Abgeschlossen werden diese beiden Lehrgänge mit einer mehrstündigen Prüfung, die als PRINCE2-Zertifizierung gilt:

▷ Grundlagen-Prüfung (Foundation Examination)
▷ Praktiker-Prüfung (Practitioner Examination)

Voraussetzung für eine Practitioner-Zertifizierung ist der erfolgreiche Abschluss der Foundation Examination.

Nur ordentlich beim Office of Government Commerce (OGC) akkreditierte Trainingsorganisationen dürfen Schulungen zur Vorbereitung auf die PRINCE2-Zertifizierung anbieten.

2.6.4 Vorgehensmodell V-Modell XT

Das V-Modell® ist ein Vorgehensmodell zum Planen und Durchführen von Systementwicklungsprojekten. Sein Name wurde von der V-förmigen Darstellung der Vorgehensweisen in der Projektdurchführung abgeleitet [145], die 1979 erstmalig von Barry Boehm vorschlagen worden ist. Der erste Modellentwurf stammt von der Bundeswehr aus dem Jahre 1988. Eine verbesserte Version wurde 1991 für die Bundeswehr als Entwicklungsstandard für die Softwareerstellung festgeschrieben. Wegen neuer Software-Technologien (z. B. objektorientierte Sprachen) wurde diese Version 1997 überarbeitet und als V-Modell '97 auch als Standard für die anderen Bundesbehörden eingeführt. Diese Version wurde nun im Zuge neuerer Erkenntnisse in der Softwareentwicklung 2005 durch eine flexiblere Modellvariante als V-Modell XT abgelöst, wobei das XT (eXtreme Tailoring) auf die bessere Anpassbarkeit an unterschiedliche IT-Entwicklungsumgebungen hinweist. Das V-Modell XT wird von der Koordinierungs- und Beratungsstelle der Bundesregierung für Informationstechnik in der Bundesverwaltung (KBSt) zur Verfügung gestellt (http://www. v-modell-xt.de).

Das Vorgehensmodell V-Modell XT hat als Zielsetzung:

▷ Minimierung der Projektrisiken
▷ Verbesserung und Gewährleistung der Qualität
▷ Eindämmung der Gesamtkosten über den gesamten Projekt- und Systemlebenszylus
▷ Verbesserung der Kommunikation zwischen allen Beteiligten.

Aufbau und Struktur

Im Gegensatz zu einem klassischen, streng vorgegebenen Prozessablauf werden im V-Modell lediglich *Aktivitäten* und deren Ergebnisse

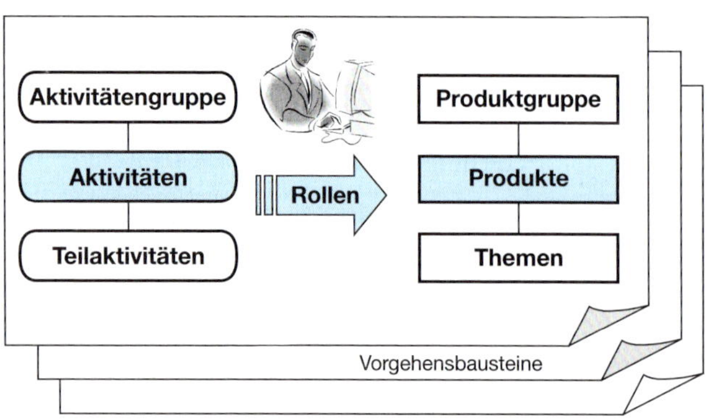

Bild 2.71
Elemente des V-Modells

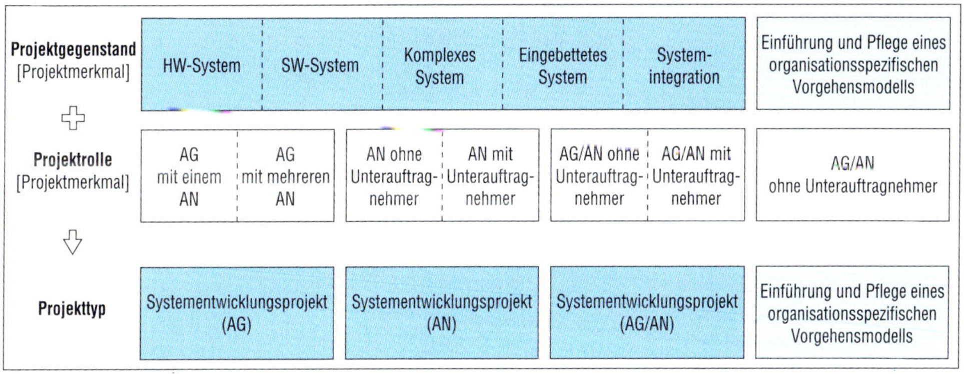

Bild 2.72 Projekttypen und Projektrollen im V-Modell (Quelle: www.v-modell-xt.de)

definiert, dabei wird keine strikte zeitliche Abarbeitungsfolge vorgegeben. Das V-Modell kennt wohl die Festlegung von Meilensteinen mit entsprechenden *Entscheidungspunkten*, aber keine offiziellen Abnahmen an festgelegten Phasengrenzen.

Als Projektmanagement-Leitfaden zum Planen und Durchführen von Entwicklungsprojekten definiert das V-Modell die in einem Projekt zu erstellenden *Produkte* und beschreibt – mittels so genannter *Vorgehensbausteine* – die konkreten Vorgehensweisen, mit denen diese Ergebnisse erarbeitet werden sollen. Die Vorgehensbausteine legen zudem die Verantwortlichkeiten *(Rollen)* der Projektbeteiligten fest, wobei auch die Zusammenarbeit zwischen Auftraggeber und Auftragnehmer klar geregelt wird.

Bild 2.71 zeigt schematisch die wesentlichen Elemente des V-Modells in ihrer Zuordnung.

Projekttypen

Das V-Modell legt fünf Systemtypen in der IT-Systementwicklung fest und ordnet sie vier Projekttypen zu (siehe Bild 2.72); dabei werden sechs verschiedene Projektrollen unterschieden, die die spezifische Sichtweise auf ein Projekt ausdrücken und damit eine Reihe von spezifischen Projektaufgaben implizieren. Die verschiedenen Projektrollen lassen sich in drei Klassen einteilen, je nach Art der Auftragsvergabe zwischen Auftraggeber (AG) und Auftragnehmer (AN).

Wie das Bild 2.72 verdeutlicht, werden beim V-Modell folgende grundsätzliche Projekttypen unterschieden:

1. Systementwicklungsprojekt AG, bei dem die Systemerstellung auf Basis von festgelegten Anforderungen an einen oder mehrere Auftragnehmer vergeben wird.
2. Systementwicklungsprojekt AN, bei dem die Systementwicklung auf Basis vom Auftraggeber festgelegten Anforderungen durchgeführt wird.
3. Systementwicklungsprojekt AG/AN, bei dem gemeinsam eine Systementwicklung durchgeführt wird.
4. Projekt zur Einführung und Pflege eines organisationsspezifischen Vorgehensmodells.

Vorgehensbausteine

Wesentliche Elemente im V-Modell sind die Vorgehensbausteine (Bild 2.71). Ein Vorgehensbaustein enthält alle Bestandteile, die zur Bearbeitung einer konkreten Aufgabenstellung notwendig sind:

- ▷ Aktivität — Tätigkeit zur Erstellung eines Produkts
- ▷ Produkt — zu erarbeitende Ergebnisse bzw. Zwischenergebnisse
- ▷ Rolle — Verantwortlicher bzw. Mitwirkender.

Aktivitäten können in *Teilaktivitäten* unterteilt oder zu *Aktivitätengruppen* zusammengefasst werden. Entsprechend können Produkte in *Themen* untergliedert bzw. zu *Produktgruppen* zusammengefasst werden.

Jedes Produkt durchläuft im Laufe seiner Abarbeitung vier Zustände: geplant, in Bearbeitung, vorgelegt, akzeptiert, deren Abfolge natürlich Rückschleifen (Iterationen) beinhalten kann.

Für jeden Projekttyp ist vorgegeben, welche Vorgehensbausteine verpflichtend und welche optional verwendet werden. Damit bei kleineren Projekten kein übermäßig großer Mehraufwand entsteht, definiert das V-Modell für diese kleineren Projektgrößen „Streichbedingungen", die die Menge von Aktivitäten und Produkte auf das notwendige Maß beschränken. Diesen Vorgang des Anpassens des V-Modells auf die projektspezifischen Bedürfnisse wird als *„Tailoring"* bezeichnet. Der Vorgehensbaustein ist somit die zentrale Einheit der projektspezifischen Anpassung des V-Modells an ein konkretes Projekt.

Insgesamt definiert das V-Modell 21 Vorgehensbausteine, die in vier Bereiche eingeteilt werden:

- ▷ Vorgehensbausteine des V-Modell-Kerns
  - Projektmanagement
  - Qualitätssicherung
  - Konfigurationsmanagement
  - Problem- und Änderungsmanagement
  - Kaufmännisches Projektmanagement
  - Messung und Analyse
- ▷ Vorgehensbaustein für Entwicklung eines organisationsspezifischen Vorgehensmodells
  - Einführung und Pflege eines organisationsspezifischen Vorgehensmodells
- ▷ Vorgehensbausteine für die Entwicklung eines Systems
  - Anforderungsfestlegung
  - Systemerstellung
  - HW-Entwicklung
  - SW-Entwicklung
  - Logistikkonzeption
  - Weiterentwicklung und Migration von Altsystemen
  - Evaluierung von Fertigprodukten
  - Benutzbarkeit und Ergonomie
  - Systemsicherheit
  - Multi-Projektmanagement
- ▷ Vorgehensbausteine für die Kommunikation
  - Lieferung und Abnahme (Projekttyp AG)
  - Lieferung und Abnahme (Projekttyp AN)
  - Vertragsschluss (Projekttyp AG)
  - Vertragsschluss (Projekttyp AN)

Die Inhalte dieser Vorgehensbausteine sind in der Dokumentation des V-Modells ausführlich beschrieben [145].

Projektdurchführungsstrategien

Um einen geordneten Projektablauf zu gewährleisten, stellt das V-Modell einen Katalog von so genannten *Projektdurchführungsstrategien* zur Verfügung. Für jeden Projekttyp wird mindestens eine geeignete Projektdurchführungsstrategie vorgeschlagen. In der Dokumentation des V-Modells werden folgende Projektdurchführungsstrategien genauer beschrieben:

- ▷ Vergabe und Durchführung eines Systementwicklungsprojekts
- ▷ Vergabe und Durchführung mehrerer Systementwicklungsprojekte
- ▷ Vergabe und Durchführung von Systementwicklungsprojekten mit CPM
  - Analysephase
  - Einführungsphase
  - Projektierungs- und Einführungsphase
  - Nutzung
- ▷ Inkrementelle Systementwicklung
- ▷ Komponentenbasierte Systementwicklung
- ▷ Agile Systementwicklung
- ▷ Wartung und Pflege von Systemen
- ▷ Einführung und Pflege eines organisationsspezifischen Vorgehensmodells

Entscheidungspunkte

Jede Projektdurchführungsstrategie gibt eine Reihenfolge der im Projekt zu erreichenden Projektfortschrittsstufen vor. Das Erreichen einer Projektfortschrittsstufe wird durch einen *Entscheidungspunkt* markiert, der einem Meilenstein im Projektablauf entspricht und an dem ein fertig gestelltes Produkt evaluiert werden kann. Für jeden Entscheidungspunkt ist im V-Modell eine Anzahl von (Zwischen-)Produkten definiert, die am Ende der Projektfortschrittsstufe fertig gestellt sein müssen.

Entscheidungspunkte für alle Projektdurchführungsstrategien:

- Projekt genehmigt
- Projekt definiert
- Iteration geplant
- Projekt abgeschlossen

Entscheidungspunkte für die Systementwicklung:

- Anforderungen festgelegt
- System spezifiziert
- System entworfen
- Feinentwurf abgeschlossen
- Systemelemente realisiert
- System integriert
- Gesamtprojekt aufgeteilt (bei Aufteilung in Teilprojekte)
- Gesamtprojektfortschritt überprüft (bei Aufteilung in Teilprojekte)

Entscheidungspunkte Auftraggeber/Auftragnehmer-Verhältnis:

- Projekt ausgeschrieben
- Angebot abgegeben
- Projekt beauftragt
- Lieferung durchgeführt
- Abnahme erfolgt
- Projektfortschritt überprüft

Entscheidungspunkte für die Entwicklung eines organisationsspezifischen Vorgehensmodells:

- Vorgehensmodell analysiert
- Verbesserung Vorgehensmodell konzipiert
- Verbesserung Vorgehensmodell realisiert.

V-Modell-Referenzen

Die umfangreiche Dokumentation des V-Modells umfasst mehrere *Referenzkapitel* die eine detaillierende Sicht auf die Inhalte des Modells geben und als Nachschlagewerk während der Projektdurchführung dienen.

▷ Referenz: Tailoring
Der Referenzabschnitt Tailoring beschreibt die Projektmerkmale, anhand derer ein für das jeweilige Projekt spezifisches Anwendungsprofil erstellt wird. Ferner stellt er die wesentlichen Inhalte der im Modell enthaltenen Projektdurchführungsstrategien und Vorgehensbausteine vor. Darüber hinaus werden die im V-Modell verfügbaren Entscheidungspunkte vorgestellt.

▷ Referenz: Rollen
Der Referenzabschnitt Rollen gibt einen Überblick über alle im Modell vorgesehenen Rollen. Neben einer detaillierten Rollenbeschreibung wird für jede einzelne Rolle festgehalten, für welche Produkte und Aktivitäten die Rolle verantwortlich ist und wo sie mitwirkt. Diese Referenz ist somit eine erste Richtschnur für die Rollenbesetzung und bietet eine erste Orientierung für die anstehenden Aufgaben und Befugnisse der Projektmitglieder.

▷ Referenz: Produkte
Der Referenzabschnitt Produkte beschreibt das hierarchische Produktmodell mit seinen Produktgruppen, Produkten und Themen sowie die Abhängigkeiten zwischen den einzelnen Produkten. Diese Referenz ist insbesondere für die Bearbeiter und Prüfer von Produkten des V- Modells von Bedeutung.

▷ Referenz: Aktivitäten
Der Referenzabschnitt Aktivitäten beschreibt das hierarchische Aktivitätenmodell mit seinen Aktivitätsgruppen, Aktivitäten und Teilaktivitäten. Weiterhin wird die Abwicklung der einzelnen Teilaktivitäten im Rahmen einer Aktivität beschrieben. Eine Aktivität legt fest, auf welche Weise und durch welche Arbeitsschritte ein konkretes Produkt erstellt wird. Diese Referenz ist besonders für die Projektmitarbeiter relevant.

▷ Referenz: Konventionsabbildungen
Als Basis organisationsweiter Entwicklungsprozesse muss das V-Modell kompatibel mit anderen Standards, Normen und Vorschriften sein, zum Beispiel zur ISO 9001:2000 (siehe Kap. 4.4.5, zur ISO/IEC 15288 siehe Kap. 2.6.2) und zum CMMI (siehe Kap. 4.9.1). Für jede dieser Konventionen enthält diese Referenz eine Gegenüberstellung der Begriffe aus der entsprechenden Konvention und der Begriffswelt des V-Modells.

Im Anhang enthält die V-Modell-Dokumentation mehrere Verzeichnisse und Nachschlagewerke (Methoden, Tools, Glossar) sowie Vorlagen für den unmittelbaren Einsatz im Projekt.

2.6.5 Logical Framework Approach (LFA)

Das Methodenpaket Logical Framework wurde in den 60er Jahren von der Weltbank entwickelt mit dem Ziel, Projektplanungen und -realisierungen in Entwicklungsländern sicherer zu machen. Die GTZ (Deutsche Gesellschaft für internationale Zusammenarbeit) führte die Methode in Deutschland ein und entwickelte daraus u. a. ihre „Zielorientierte Projektplanung" (ZOPP). Der LFA ist heute weit verbreitet und gehört zum Methodenstandard großer Unternehmen.

Vorgehensmodell

Der Logical Framework Approach ist ein systematischer, analytischer Planungsprozess für die zielorientierte Planung eines Projekts. Grundidee ist es, ausgehend von einer fundierten Situations- und Problemanalyse die geplante Wirkungsweise des Projekts auf ein einfaches, lineares Wirkungsmodell zu kondensieren. Zentrales Planungstool des Logical Framework Approach ist die Logical Framework Matrix (LFM), der so genannte LogFrame.

Das genaue Vorgehen wird je nach Quelle leicht unterschiedlich beschrieben. Gemäss den PCM Guidelines der Europäischen Kommission umfasst der Logical Framework folgende Schritte:

1. Stakeholderanalyse
2. Problemanalyse
3. Zielanalyse
4. Strategieanalyse

Die *Stakeholderanalyse* soll die Stakeholder aufzeigen, die am Projekt beteiligt bzw. davon in irgendeiner Weise betroffen sind; hierzu gehören bekanntlich die Projektpartner, die Kunden, die Lieferanten, einzelne Behörden etc.

Die *Problemanalyse* identifiziert die negativen Aspekte der bestehenden Situation. Diese werden in einen Ursache-Wirkung-Zusammenhang gebracht und in einem „Problembaum" dargestellt. Der Problembaum wird vorzugsweise zusammen mit den Stakeholdern erarbeitet.

In der *Zielanalyse* werden Lösungen für die identifizierten Probleme entwickelt. Die negativen Aspekte im Problembaum werden in zukünftig gewünschte, positive Situationen transferiert und in einem „Zielbaum" mit einer Mittel-Zweck-Logik dargestellt. Im einfachsten Fall hat der Zielbaum die genau gleiche Struktur wie der Problembaum.

Die *Strategieanalyse* soll klären, welcher der (üblicherweise mehreren) Wege zum Ziel am sinnvollsten und machbarsten ist. Kriterien, die dabei berücksichtigt werden sollen, sind: bereits vorhandene Möglichkeiten, Erfolgswahrscheinlichkeit, Kosten, Ressourcen, Relevanz, Effektivität, negative Wirkungen usw.

LogFrame-Matrix

Die Resultate der Logical Framework Analyse (Stakeholder, Probleme, Ziele, Strategien) werden in der Logical Framework Matrix (LogFrame, LFM) dargestellt. Diese stellt eine Zusammenfassung des Projektdesigns dar. Die einfachste Form des LogFrame ist eine Matrix mit 4 Spalten und 4 Zeilen (Tabelle 2.17).

Die erste Spalte des LogFrame fasst zusammen, was mit dem Projekt erreicht werden soll, und zeigt den kausalen Zusammenhang der Zielhierarchie auf. Von unten nach oben liegt ihr eine lineare Logikkette zugrunde:

- Wenn die Aktivitäten umgesetzt werden, dann werden die erwarteten Ergebnisse erreicht.
- Wenn die Ergebnisse erreicht werden, dann wird der Zweck der Aktivitäten erreicht.
- Wenn der Zweck der Aktivitäten erreicht wird, dann wird das Gesamtziel erreicht.

In der zweiten Spalte werden die Indikatoren eingetragen, mit denen die Zielerreichung auf der jeweiligen Ebene gemessen werden kann. Gleichzeitig werden die Quellen in der dritten Spalte eingetragen, wie und wo diese Indikatoren erhoben werden können. Der Zusammenhang zwischen Zielen, Indikatoren und ihren Quellen wird als die „horizontale Logik" des LogFrames bezeichnet.

In der vierten Spalte werden die so genannten Annahmen eingetragen. Das sind die externen Faktoren, die möglicherweise oder sicher Einfluss auf den Erfolg des Projekts haben, aber nicht im Einflussbereich der Projektverantwortlichen liegen. Die erste und die vierte Spalte bilden zusammen die „vertikale Logik" des LogFrames.

Kritiker des Logical Framework Approach meinen, dass das zugrunde liegende Wirkungsmodell zu einfach für die komplexen Realitäten der Praxis ist. In der Praxis wird nämlich oft ein Logframe (also die Matrix) ausgefüllt, ohne den gesamten Planungsprozess zu durchlau-

Tabelle 2.17 LogFrame-Matrix (Quelle: Stiftung ZEWO)

Logical Framework Matrix				
	Projektbeschreibung	**Indikatoren**	**Quellen**	**Annahmen**
Gesamtziel	Längerfristige Effekte und Beitrag des Projekts zu den übergeordneten Zielen.	Wie (mit welchen Messgrößen) wird das Ziel gemessen, inklusive geplanter Quantität, Qualität und Zeit?	Wie wird die Information gesammelt, wann und durch wen?	
Zweck	Direkter Nutzen und Effekte des Projekts für die Zielgruppen.	Wie (mit welchen Messgrößen) wird der Zweck gemessen, inklusive geplanter Quantität, Qualität und Zeit?	wie oben	Wenn der Zweck erzielt wird, welche Annahmen müssen erfüllt sein, damit zum Ziel beigetragen wird?
Ergebnisse	Konkrete Produkte oder Dienstleistungen, die vom Projekt erbracht werden.	Wie (mit welchen Messgrößen) werden die Ergebnisse gemessen, inklusive geplanter Quantität, Qualität und Zeit?	wie oben	Wenn die Ergebnisse erbracht werden, welche Annahmen müssen erfüllt sein, um damit zum Zweck beizutragen?
Aktivitäten	Aktivitäten, die unternommen werden müssen, damit das Projekt die gewünschten Ergebnisse erbringt.	Indizien, die nachweisen, dass die Aktivitäten plangemäß erledigt werden.		Wenn die Aktivitäten ausgeführt werden, welche Annahmen mussen erfüllt sein, damit daraus die Ergebnisse resultieren?

Quelle: nach European Commission (2004)

fen. Dann ist die Betrachtungsweise tatsächlich sehr simplifizierend.

2.6.6 PM-Guide

PM@Siemens als Unternehmensfunktion im Hause Siemens hat für sein weltweites Projekt-, Lösungs- und Servicegeschäft einheitliche Projektmanagement-Regeln festgelegt, die in einem PM-Handbuch, dem so genannten PM-Guide ausführlich beschrieben werden. Aufgabe eines Anlagen- und Lösungsprojekts ist das Erstellen einer technischen Lösung, die zu einem vereinbarten Termin an den Kunden übergeben und in Betrieb genommen wird. Bei einem Serviceprojekt wird dagegen eine Serviceorganisation aufgebaut, die über einen vereinbarten Zeitraum gemäß einem Serviceplan laufende Dienstleistungen für den Kunden erbringt.

Der PM-Guide gliedert sich in 12 Module, die nachfolgend näher beschrieben werden:

Modul 1: Prozesse und Rollen
Modul 2: Vertragsmanagement
Modul 3: Projekt-Controlling
Modul 4: Qualitätsmanagement in Projekten
Modul 5: Projekteinkauf
Modul 6: Karriere im Projektmanagement
Modul 7: Training und Weiterentwicklung
Modul 8: Zusammenarbeit in Projekten
Modul 9: IT-Anwendungen
Modul 10: Kontinuierliche Verbesserung
Modul 11: PM@Siemens-Implementierung
Modul 12: Interne Projekte

Im Rahmen von PM@Siemens werden alle Kundenprojekte in Abhängigkeit ihres Volumens, ihrer Komplexität und der Risiken des Projekts in Kategorien von A bis F eingeordnet, wobei die Kategorie A Projekten mit der größten Komplexität entspricht und die Kategorie F für

Der LoA-Prozess (Limits of Authority) ist das interne Genehmigungsverfahren für alle externen Projekte der Siemens AG mit einem Auftragsvolumen von mehr als 100.000 Euro und sichert die Entscheidungsqualität bei der Angebotsfreigabe eines Projekts, da er neben technischen und kommerziellen Kriterien auch ethische und rechtliche Kriterien (Ökologie, Compliance etc.) in den Entscheidungsprozess einbezieht. Im LoA-Prozess sind alle wichtigen Experten einbezogen; weiterhin werden die Mindestvorgaben für eine Risikobewertung bestimmt. Im Rahmen dieses fest geregelten Verfahrens werden zwei Risikoklassifikationen (Anti-Corruption Risk Class, Business Risk Class) ermittelt, mit denen gemäß der vorgegebenen Projektkategorie eine Eskalationsstufe und der zugehörige Eskalationsweg zur Entscheidungsfindung festgelegt werden. Auf diese Weise wird sichergestellt, dass bei hochrangigen LoA-Meetings nur Angebote behandelt werden, die eine Chance haben, überhaupt genehmigt zu werden; drei Entscheidungen können dabei gefällt werden.

- Grün: Angebotsfreigabe
- Gelb: Bedingte Angebotsfreigabe
- Rot: Kein Angebot/Ablehnung.

Zur Reduzierung des erforderlichen Aufwands bei der Angebots- und Vertragserstellung sowie zur Reduzierung vertraglicher Risiken werden weitestgehend Siemens-Standardverträge und Standard-Angebotsinhalte mit entsprechenden Bedingungen verwendet.

Modul 3: Projekt-Controlling

Das Projekt-Controlling wird in einem genau definierten Regelkreis durchgeführt. Dieses Regelwerk mit den zugehörigen Steuergrößen und den zu erstellenden Reports ist für alle Projekte einer Organisationseinheit in der jeweiligen Prozessbeschreibung festgelegt. Folgende Projekt-Steuergrößen werden im Rahmen des Projekt-Controllings überwacht:

Betriebswirtschaftliche Steuergrößen

- Vertriebsspanne, Projektergebnis
- Cash / Aktiva im Projekt
- Projektbudget
- geschätzter Restaufwand bis/bei Fertigstellung
- Change Orders und Claims
- Risiken und Chancen
- Fehlleistungskosten (NCC) inkl. Zuordnung zu Ursachen und Prozessphase
- geplante Gewährleistungskosten.

Steuergrößen der Projektleistung

- Zeitplan und Meilenstein-Trendanalyse
- Arbeitspakete in ausreichendem Detaillierungsgrad
- Projektqualitätsindikatoren
- Stakeholder-Zufriedenheit.

Status des Arbeitsprozesses

- Fertigstellungsgrad (%)
- Kostenverlauf (%)
- voraussichtliche Restzeit in Stunden.

Zudem wird im Rahmen des Projekt-Controllings über alle Projektphasen ein konsequentes Risiko- und Chancenmanagement praktiziert. Mögliche Risiken und Chancen werden in einer Risiken/Chancenliste aufgenommen, die auf der Ebene der Organisationseinheit geführt wird (Enterprise Risk Management – ERM).

Modul 4: Qualitätsmanagement in Projekten

Bereits in der Projektanfangsphase wird ein Projektqualitätsplan erstellt, dessen Inhalt nach den Richtlinien der Organisationseinheit auf der Grundlage der internationalen Normen ISO 10005 und ISO 10006 [113] festgelegt wird.

Schwerpunkte bei den qualitätssichernden Aktivitäten im Rahmen des PM@Siemens-Prozessmodells sind:

- ▷ Einbindung des Qualitätsmanagements in den Projekten
- ▷ Festlegung von Quality Gates
- ▷ systematische Handhabung der Vorgaben auf Basis von Requirement-Definitionen
- ▷ Etablierung eines Qualitätsmanagers in Projekten (QMiP)
- ▷ Qualitätsplanung als Bestandteil des Projektmanagementplans mit einem präventiven Maßnahmenkatalog
- ▷ systematisch durchzuführender Projektabschluss.

Wesentliche Kontrollmaßnahme ist hierbei die Festlegung von den Quality Gates im Prozessablauf. An den Quality Gates wird geprüft, ob das Projekt den geplanten Status erreicht hat und die zu liefernden Meilensteinergebnisse erbracht wurden. Außerdem werden die noch bestehenden Risiken ermittelt und bewertet. Die Ergebnisse der Prüfung werden in einem standardisierten Qualitätsbericht zusammengefasst.

Das Qualitätsmanagement unterstützt damit auch das Risikomanagement mit dem Ziel, Risiken frühzeitig zu erkennen, deren Entstehung möglichst zu vermeiden bzw. ihre späteren Folgen durch geeignete Vorbeugungsmaßnahmen zu begrenzen. Der Qualitätsmanager im Projekt ist aktives Mitglied des Projekt-Kernteams und übernimmt alle erforderlichen qualitätssichernden Maßnahmen in eigenständiger Verantwortung.

Modul 5: Projekteinkauf

Da bei Großprojekten häufig die extern eingekauften Güter und Leistungen 40 bis 60% der gesamten Projektkosten ausmachen, spielt der Einkauf eine wesentliche Rolle beim Erzielen eines positiven Projektergebnisses. Daher bietet die zentrale Beschaffung ein großes Potential für Kostenreduzierungen in einem Projekt (siehe auch den Abschnitt Beschaffungsmanagement in Kap. 3.5.4). Das Lieferantenmanagement ermöglicht eine Konzentration auf wenige Vorzugslieferanten mit dem Effekt, einen kostengünstigen Einkauf zu erreichen, der auch für das einzelne Projekt einen Vorteil bewirkt.

Von der unternehmenszentralen Einkaufsabteilung wird in dem Projekt-Kernteam ein Beschaffungsmanager (Project Procurement Manager – PPM) etabliert, der für die Durchführung einer Bedarfsanalyse und Risikobewertung sowie für das projekteigene Lieferantenmanagement verantwortlich ist. Außerdem muss er für die strikte Einhaltung der Compliance-Bestimmungen sorgen. Bei der Projektkalkulation wirkt er ebenfalls mit.

Modul 6: Karriere im Projektmanagement

Bei PM@Siemens gibt es gemäß der IPMA-Vorgaben vier Stufen in der Laufbahn eines Projektleiters:

1. PM Small Projects (PM SP)
2. Project Manager (PM)
3. Senior Project Manager (SPM)
4. Project Director (PDir).

Im PM-Guide werden alle Maßnahmen beschrieben, die für die Ausbildung und Weiterentwicklung eines Projektleiters mit Profit&Loss-Verantwortung für ein Siemens-Projekt vorgesehen sind (Performance Management Process – PMP). Dieses Karrieremodell umfasst vier Phasen: An erster Stelle steht das Erlangen und der Nachweis eines ausreichenden Basiswissens auf allen Gebieten des Projektmanagements; dieses kann z. B. durch einen Wissenstest nachgewiesen werden. Anschließend wird eine Kompetenzanalyse mit Selbsteinschätzung und Beurteilung durch eine Führungskraft vorgenommen, die dann zu einer Zertifizierung mit den drei Stufen Project Manager, Senior Project Manager und Project Director führt. Diese Zertifizierung wird in Anlehnung an das IPMA-Zertifizierungsschema vorgenommen (siehe hierzu auch Kap. 4.8 Zertifizierung von PM-Personal). Abschließend werden die Daten des betreffenden Kandidaten in eine Skills-Datenbank überführt, aus der im Rahmen eines Ressourcenmanagements zu gegebener Zeit passende Projektleiter für anstehende Projekte eruiert werden können.

In einer Ernennungsurkunde (Letter of Empowerment) werden der Verantwortungsbereich und die Befugnisse des jeweiligen Projektleiters festgelegt. In einer Zielvereinbarung werden die gegenseitig vereinbarten Zielerwartungen ebenso wie die Verantwortungen, Befugnisse und Ressourcen, die dem Projektleiter zum Erreichen dieser Ziele zur Verfügung stehen, festgehalten.

Modul 7: Training und Weiterbildung

Der PM-Guide gibt umfangreiche Weiterbildungsmaßnahmen für einen Projektleiter und für andere Verantwortliche im Projektmanagement vor; hierzu zählen diverse Trainingsprogramme, PM-Kurse und Seminare.

Modul 8: Zusammenarbeit in Projekten

Im Rahmen eines Wissensmanagements sind so genannte Projekt-Debriefings und Lessons-Learned-Workshops fester Bestandteil der Projektarbeit. Derartige Abschlusssitzungen werden bei Erreichen eines Meilensteins oder am Projektende durchgeführt, um Erfolge wie auch Misserfolge sichtbar und messbar zu machen. Die hieraus gewonnen Erkenntnisse tragen dazu bei, es in künftigen Projekten „besser zu machen".

Der Ablauf eines Debriefings läuft in folgenden Schritten ab:

1. Aktuelle Dokumentation und Ergebnisse zusammentragen
2. Lessons-Learned-Workshop mit dem Team durchführen
3. Lerninhalte dokumentieren und kommunizieren
4. Wiederverwendbare Lösungen und kontinuierliche Verbesserungen dokumentieren.

Für Planungs- und Teambildungs-Workshops wird in dem PM-Guide eine spezielle Workshop-Methode (Project Acceleration by Coaching and Teamwork - PACT) empfohlen, die klare Inhalte für die Durchführung von Vertriebs- und Projekt-Workshops vorgibt. In diesen Workshops wird auch das Stakeholder-Management behandelt.

Modul 9: IT-Anwendungen

Für die Unterstützung der kompletten Prozesse werden IT-Anwendungen auf SAP-Basis oder andere weltweit verfügbare Standard-Softwareprodukte empfohlen.

Bei allen Neuentwicklungen von CRM-Systemen (Customer Relationship Management) kommt bei Siemens „Siebel on Demand" von Oracle zum Einsatz. Jede CRM-Lösung für das Account Management und Opportunity Development muss die Vertriebsphasen und Meilensteine von Projekten abbilden.

Für die Projektabwicklung kommt eine ERP-Lösung (Enterprise Resource Planning) unter Einbindung von SAP Solution Business und SAP Business Warehouse zum Einsatz, in die die PM-Prozesse ebenso integriert sind wie die verbindlichen Elemente der Siemens Synergy PLUS-Funktionalität, welche im Lösungsgeschäft als Blueprint und globales Template zur Verfügung stehen.

Die ERP-Lösung für die Projektabwicklung ist das übergeordnete System für

- Kundenstammdaten für das Projekt,
- Angebotserstellung (einschließlich der Work Breakdown Structure) und Kalkulation,
- Projektabwicklung,
- Projektabschluss und Übergabe an Gewährleistung/After Sales Service.

Das PM-LoA-Tool (Limits of Authority) ist das verbindliche Tool für:

- Projektkategorisierung
- Anti-Corruption Risk Assessment
- Business Risk Classification
- Ermittlung der erforderlichen Eskalationsstufen und erforderlichen Quality Gates
- Dokumentation der Ergebnisse des LoA-Meetings.

Das CMD-Tool (Corporate Master Data) ist das führende System für

- Globale Identifizierung aller Siemens Geschäftspartner (Kunden und Lieferanten)
- Pflege der Namen und Anschriften der Geschäftspartner
- Überprüfung der Geschäftspartner.

In manchen Fällen ist der Einsatz zusätzlicher Projektplanungs-Tools, z. B. für die Terminplanung an externen Standorten, mit eingeschränktem Zugriff auf das Siemens-Intranet oder aufgrund von Kundenanforderungen erforderlich. Für diese Fälle wird der Einsatz der Planungs-Software von Microsoft oder PRIMAVERA (siehe Kap. 6.3.2) empfohlen.

Modul 10: Kontinuierliche Verbesserung

Die Reife einer Organisationseinheit mit Projektgeschäft wird anhand des „Projektmanagement-Reifegrads" (Maturity in Project Management (MPM) Level) gemessen, der auf dem internationalen CMMI-Standard basiert und von einer unabhängigen Organisation zu bewerten ist (siehe hierzu Kap. 4.9.1 Prozessmodell CMMI). Siemens hat als Zielvorgabe für den Reifegrad im Projektmanagement den

Level 3 für alle Organisationen mit Projektgeschäft weltweit vorgegeben.

Der CMMI-Reifegrad 3 (Defined) besagt, dass das Unternehmen auf der Stufe steht, wo alle Projekte nach einem *angepassten Standardprozess* mit einer *kontinuierlichen Prozessverbesserung* durchgeführt werden. Dies bedeutet, dass alle Projektorganisationen im Siemens-Stammhaus und in den Regionen ein MPM Assessment zum Bestimmen des Reifegrads ihres Projektmanagements durchführen und das MPM Assessment in ihrem kontinuierlichen Verbesserungsprozess standardmäßig einplanen müssen.

Modul 11: PM@Siemens Implementierung

Für das Erstellen, Implementieren und Verbessern globaler Standards im Projektgeschäft hat Siemens eine virtuelle PM@Siemens-Organisation mit einer globalen Community und einem zentralen Team eingerichtet. Communities sind sowohl persönliche als auch virtuelle Netzwerke, die sich auf ein gemeinsames und geschäftsrelevantes Interesse gründen.

Modul 12: Interne Projekte

Neben den externen Kundenprojekten werden in der Siemens AG natürlich auch interne Projekte nach den Prinzipien des Projektmanagements durchgeführt. Zu diesen internen Projekten zahlen:

1. Prozessverbesserungs-/IT-Projekte:
   Projekte für die Verbesserung interner Prozesse und damit verbundene interne Projekte für die Entwicklung der benötigten IT-Unterstützung.
2. Immobilienprojekte:
   Projekte zur Bereitstellung eines Gebäudes oder anderer Einrichtungen.
3. Infrastrukturprojekte:
   Spezielle Infrastrukturprojekte, wie z. B. Errichtung und Inbetriebsetzung einer Anlage für die Herstellung einer neuen Produktfamilie.
4. Fusions- & Akquisitionsprojekte zur Erweiterung des Geschäftsportfolios sowie Desinvestitionsprojekte.
5. F&E-Projekte (Forschung und Entwicklung): Produktentwicklungsprojekte für die Definition und Realisierung neuer Produkte.

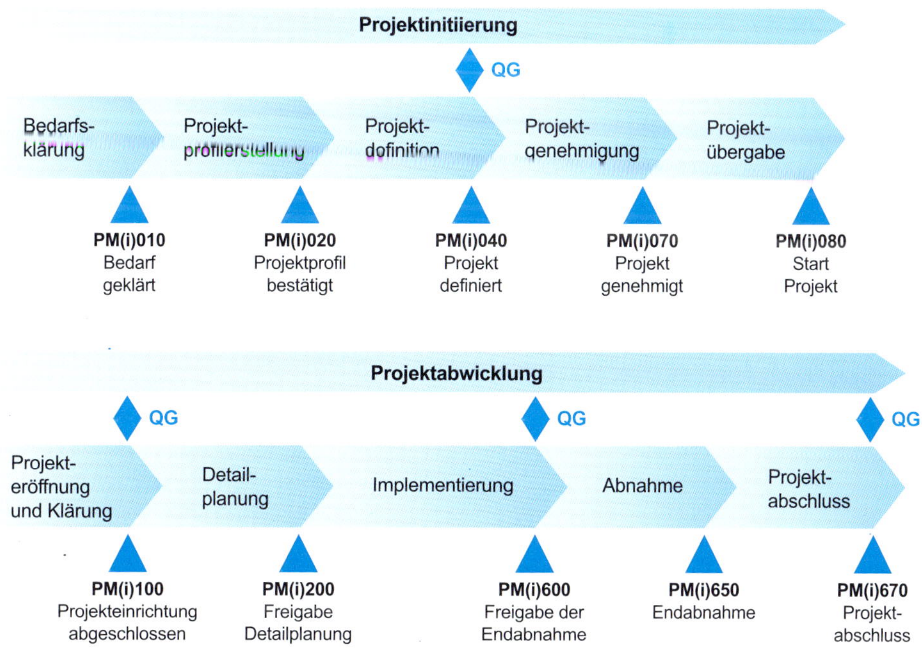

Bild 2.74 Standardprozess für interne Projekte (Quelle: PM-Guide)

Die ersten beiden Projektarten werden nach den Prinzipien des PM-Guide durchgeführt. Für die letzten drei Projektarten werden Communities gebildet, deren Aufgabe die Analyse von Best Practice und die Entwicklung von Standards für die Projektführung dieser Projektarten ist.

Bild 2.74 zeigt den reduzierten Prozessplan für interne Projekte, bei dem naturgemäß die Gewährleistungsphase entfällt.

2.6.7 Vorgehensmodell PMBoK-Guide

Das amerikanische Projektmanagement-Institut PMI (Project Management Institute) hat ein weltweit anerkanntes Vorgehensmodell für Projektmanagement herausgebracht. Der PM-BoK-Guide (Project Management Body of Knowledge) ist ein prozessorientierter Leitfaden für das Projektmanagement und gilt in den USA inzwischen als PM-Standard. Die amerikanischen Institute IEEE (Institute of Electrical and Electronics Engineers) und ANSI (American National Standards Institute) haben den PMBoK-Guide als Standard anerkannt. Die PMI ist ein teils kommerziell ausgerichtetes Institut und hat über 340.000 Mitglieder in mehr als 185 Ländern. Die erste Ausgabe des PMBoK-Guide erschien 1987; inzwischen liegt die vierte und überarbeitete Ausgabe von 2008 vor. Für Ende 2012 wird die fünfte Ausgabe vorbereitet. Die deutsche Version steht seit Mitte 2010 zur Verfügung.

Der PMBoK-Guide ist die Basis für die Zertifizierungsprüfung zum PMP (Project Management Professional) und für die Eingangslevel-Zertifizierung CAPM (Certified Associate in Project Management) (siehe Kap. 4.8.5) sowie für die Reifegrad-Bewertung nach OPM3 (Organizational Project Management Maturity Model) (siehe Kap. 4.9.3).

Die im PMBoK-Guide beschriebenen Methoden und Vorgehensweisen sind auf Projekte aus den meisten Anwendungsbereichen der Industrie anwendbar, dazu gehören das Bauwesen, die Software-Entwicklung, der Maschinenbau und die Automobilindustrie. Dabei behandelt der Guide nicht nur das Management von Einzelprojekten, sondern auch das von Projekt-Programmen und Projekt-Portfolios. Für kleinere Projekte ist der Leitfaden allerdings zu komplex.

Aufbau des PMBoK-Guide

Der PMBoK-Guide ist nicht wie ein „Kochrezept“, sondern mehr als Rahmenwerk für Projektmanagement aufgebaut, welches den Lebenszyklus jedes Projekts, Programms und Portfolios durch seine Prozesse beschreibt; er gliedert sich in drei Abschnitte:

1. PM-Rahmen
2. PM-Prozessgruppen
3. PM-Wissensgebiete.

Kapitel 1: PM-Rahmen

Der *PM-Rahmen* enthält eine Einführung in die PMBoK-Systematik und erläutert dabei die gesamte Begriffswelt des Projektmanagements (aus Sicht der PMI); dazu gehören u. a. die Themenbereiche Projektorganisation, Projektlebenszyklus, Organisationsmodelle, Unternehmenskultur und allgemeine Grundbegriffe des Projektmanagements.

Die drei Management-Ebenen Projekt, Programm und Portfolio werden im PMBoK-Guide wie folgt definiert (Projekt Magazin 04/2009):

- Ein *Projekt* ist ein zeitlich begrenztes Vorhaben, um ein einmaliges Produkt, eine Dienstleistung oder ein Ergebnis zu erstellen. Aus der Befristung ergeben sich ein definierter Anfang und ein definiertes Ende.
- Bei einem *Programm* hingegen handelt es sich um eine Gruppe von verbundenen Projekten, die koordiniert durchgeführt werden, um einen Nutzen zu erreichen und zu steuern, der bei individuellem Management nicht zu erreichen wäre.
- Ein *Portfolio* bezeichnet eine Sammlung von Projekten oder Programmen oder anderer Arbeit, die gruppiert wurde, um ein effektives Management dieser Aufgaben zur Erreichung strategischer Geschäftsziele zu ermöglichen. Die Projekte oder Programme im Portfolio müssen nicht notwendig voneinander abhängig oder miteinander verbunden sein.

Kapitel 2: Prozesse und Prozessgruppen

In dem zweiten Abschnitt werden insgesamt 42 Hauptprozesse definiert, die in die folgenden fünf *Prozessgruppen* eingeordnet sind (Bild 2.75):

▷ *Prozessgruppe Initiierung*
Prozesse zur Projektgründung
Ergebnisse sind der Projektauftrag und die Beschreibung des Projektumfeldes.

▷ *Prozessgruppe Planung*
Prozesse zur Festlegung des Projektumfangs und Durchführung der Planung.
Ergebnisse sind die Projektpläne Scope Statement, Projektmanagementplan, Projektstrukturplan, Terminplan, Kostenplan, Beschaffungsplan, Risikoplan etc.

▷ *Prozessgruppe Ausführung*
Prozesse zur Sicherstellung der plangemäßen Ausführung der Aktivitäten.
Ergebnis ist der Liefergegenstand des Projekts.

▷ *Prozessgruppe Überwachung und Steuerung*
Prozesse zur Sammlung und Bewertung von Informationen zum Projekt-Fortschritt.
Ergebnisse sind Vorschläge für Korrekturmaßnahmen oder vorbeugende Maßnahmen.

▷ *Prozessgruppe Abschluss*
Prozesse zur Vertragsbeendigung und zum Projektabschluss.

Kapitel 3: Wissengebiete

Der Abschnitt über die 9 *Wissensgebiete* bildet den Schwerpunkt des PMBoK-Guide. Jeweils ein Kapitel widmet sich einem Wissensgebiet. Alle Hauptprozesse werden hierin – hinsichtlich Eingangsdokumente, Methoden und Werkzeuge sowie Prozessergebnisse – detailliert beschrieben.

Nachfolgend sind die einzelnen Hauptprozesse mit den zugeordneten Wissensgebieten aufgeführt (Stand der 3. Ausgabe des PMBoK):

1. *Integrationsmanagement* (Project Management Integration)
   – Entwicklung des Projektplans
   – Ausführung des Projektplans
   – Integrierte Änderungssteuerung
2. *Inhalts- und Umfangsmanagement* (Project Scope Management)
   – Initiierung
   – Planung des Inhalts und Umfangs
   – Definition von Inhalt und Umfang
   – Verifikation von Inhalt und Umfang
   – Änderungssteuerung von Inhalt und Umfang
3. *Terminmanagement* (Project Time Management)
   – Definition der Vorgänge
   – Festlegung der Vorgangsfolgen
   – Schätzung der Vorgangsdauern
   – Entwicklung des Terminplans
   – Steuerung des Terminplans

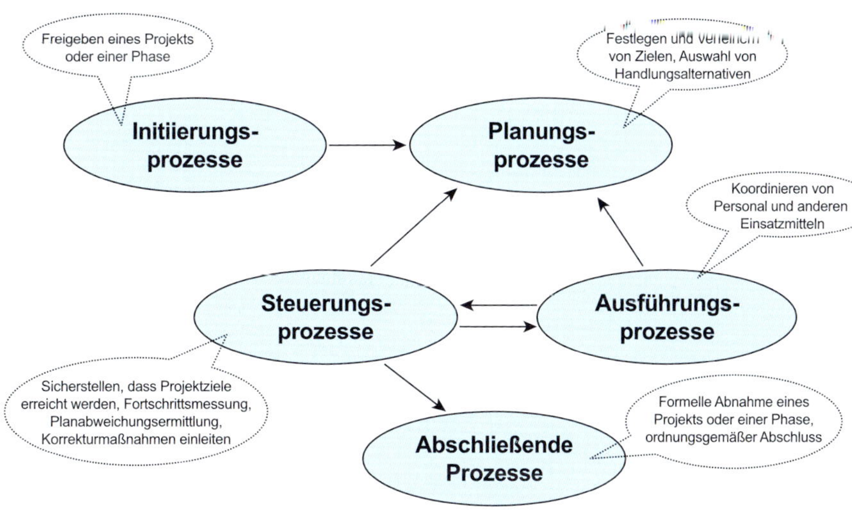

Bild 2.75 Prozessgruppen des PMBoK (Quelle: www.pmqs.de)

4. *Kostenmanagement* (Project Cost Management)
   – Einsatzmittelbedarfsplanung
   – Kostenschätzung
   – Kostenplanung
   – Kostensteuerung
5. *Qualitätsmanagement* (Project Quality Management)
   – Planung von Qualität
   – Sicherung von Qualität
   – Steuerung von Qualität
6. *Personalmanagement* (Project Human Resources Management)
   – Organisation im Projekt
   – Beschaffung von Personal
   – Teamentwicklung
7. *Kommunikationsmanagement* (Project Communications Management)
   – Planung von Kommunikation
   – Informationswesen
   – Berichtswesen
   – Administrativer Abschluss
8. *Risikomanagement* (Project Risk Management)
   – Risikomanagementplanung
   – Risikoidentifikation
   – Qualitative Risikoanalyse
   – Quantitative Risikoanalyse
   – Planung zur Risikobewältigung
   – Risikoüberwachung und -verfolgung
9. *Beschaffungsmanagement* (Project Procurement Management)
   – Beschaffungsplanung
   – Angebotsplanung
   – Angebotseinholung
   – Lieferantenauswahl
   – Vertragsabwicklung
   – Vertragsbeendigung.

In einer Matrix wird jeder Prozess eindeutig einer Prozessgruppe und einem Wissensgebiet zugeordnet. Dabei wurde für jeden Prozess die Prozessgruppe gewählt, in der der größte Teil der Aktivitäten des Prozesses stattfindet.

Darüber hinaus enthält der PMBoK-Guide noch Anhänge mit Informationen zum PMI sowie eine Literaturliste und ein Glossar zu Begriffsdefinitionen.

Abschließend muss allerdings erwähnt werden, dass sich – obwohl die PMI den PMBoK als einen generellen Standard für Projektmanagement darstellt – die Definitionen und Prozessbeschreibungen von Ausgabe zu Ausgabe immer wieder ändern und auch nicht alle Erfolgsfaktoren für Projekte behandelt werden. Man kann also den PMBoK nicht als einen *abgeschlossenen* PM-Standard ansehen.

PMI-Award

Auch die PMI vergibt jährlich einen Projektmanagement-Award, den „Project of the Year" (POY). Dieser Preis würdigt die Errungenschaften eines Projekts und des Projektteams für herausragende Leistung und vorbildliche Durchführung von Projektmanagement mit Prozessen und Ansätzen, die im Einklang mit dem PMBoK-Guide sind. Projekte aus der ganzen Welt können daran teilnehmen, unabhängig von Größe, Branche oder Ort. Das nominierte Projekt muss in dem Jahr abgeschlossen sein, in dem die Bewerbung eingereicht wird. In der Vergangenheit wurde der Preis meist an amerikanische Organisationen vergeben.

Im Gegensatz zu dem „regelbasierten" Ansatz der PMI unterliegt dem europäischen IPMA-System ein „kompetenzbasierter" Ansatz, der für die europäische Projektkultur besser geeignet ist. Allerdings müssen sich Firmen, die in den USA tätig sind, eingehender mit den im PMBoK–Guide beschriebenen Vorgehensweisen beschäftigen.

2.6.8 Weitere Vorgehensmodelle

Im Folgenden wird noch kurz auf drei weitere Vorgehensmodelle, die einen breiteren Einsatz errungen haben, sowie auf relevante ISO-Normen eingegangen:

▷ HERMES für das IT-Projektmanagement
▷ RUP für das SW- und System-Entwicklungsmanagement
▷ ITIL für das IT-Service-Management
▷ Stage-Gate-Modell
▷ ISO-Normen für Lebenszyklusprozesse.

Projektführungsmethode HERMES

Die Projektführungsmethode HERMES dient zum Führen und Abwickeln von Projekten der Informations- und Kommunikationstechnik (IKT). Sie wurde 1975 von der schweizerischen Bundesverwaltung entwickelt und seither in den Jahren 1986 und 1995 umfassenden Revisionen unterzogen. HERMES ist in der Schweizer Bundesverwaltung als offener Standard im Einsatz; es ist dort in vielen IKT-Projekten ein wichtiger Erfolgsfaktor geworden und dient als gemeinsame Leitlinie für Leistungserbringer und Leistungsbezüger, insbesondere für Projektauftraggeber, Projektleiter und Projektmitarbeiter.

In dem umfangreichen HERMES-Handbuch (www.hermes.admin.ch) werden nach Art der Problemstellung, der zu erreichenden Ergebnisse, der Vorgehensweise und den Verantwortlichkeiten unterschiedliche Projekttypen definiert, die anhand der Projektmerkmale Wichtigkeit, Größe und Risiko in drei Projektkategorien eingeteilt werden.

Entsprechend dem Wasserfallmodell definiert HERMES ein phasenorientiertes Vorgehen für die unterschiedlichen Projekttypen. Z. B. werden für den Projekttyp Systementwicklung die folgenden sechs Phasen vorgegeben:

- ▷ Initialisierung
- ▷ Voranalyse
- ▷ Konzept
- ▷ Realisierung
- ▷ Einführung
- ▷ Abschluss.

Die für die Projektdurchführung erforderlichen Aktivitäten und Arbeitschritte werden in einem Arbeitsstrukturplan eingeordnet, mit dem die drei folgenden Projektsichten vereint werden:

- Definition des Vorgehens,
- Übersicht der zu erstellenden Ergebnisse und
- Zuordnung der Ressourcen und Rollen.

Als Submodelle des Projektführungsmodells HERMES werden die bekannten Aktionsbereiche definiert:

- ▷ Projektmanagement
- ▷ Risikomanagement
- ▷ Qualitätssicherung
- ▷ Konfigurationsmanagement
- ▷ Projektmarketing.

Je Projekttyp beschreibt HERMES für diese Aktionsbereiche submodellspezifische Projektergebnisse, die zugehörigen Tätigkeiten sowie die Verantwortlichkeiten und Rollen.

Vorgehensmodell RUP

Das Vorgehensmodell RUP (Rational Unified Process) der IBM stellt einen umfassenden Prozessrahmen dar, der in der Industrie erprobte Praktiken (Best Practices) für die Lieferung und Implementierung von Software und Systemen zur Verfügung stellt und wirksam die Projektleitung unterstützt.

RUP gliedert ein Software-Entwicklungsprojekt in vier Phasen:

- ▷ Phase Projektgründung (Inception)
- ▷ Phase Entwurf (Elaboration)
- ▷ Phase Implementierung (Construction)
- ▷ Phase Inbetriebnahme (Transition)

Weiterhin definiert und beschreibt RUP die hierfür notwendigen Arbeitsabläufe (Workflows) für die folgenden neun Kernaufgaben:

- ▷ Geschäftsprozessmodellierung
- ▷ Anforderungsanalyse
- ▷ Analyse und Design
- ▷ Implementierung
- ▷ Test
- ▷ Softwareverteilung
- ▷ Konfigurations- und Änderungsmanagement
- ▷ Projektmanagement
- ▷ Umgebung.

Innerhalb der Phasen gibt es inkrementelle Iterationen über die Workflows, die teilweise ähnlich dem Wasserfallmodell abgearbeitet werden. RUP stellt eine Vielzahl von Planungshilfen, Leitlinien, Checklisten und Best Practices zur Verfügung. Es sind über 30 Rollen für über 130 Aktivitäten vorgesehen und es werden über 100 verschiedene Arbeitsergebnistypen (Artefakttypen) vorgeschlagen, die erzeugt, dokumentiert und verwaltet werden müssen.

Auch kann das Vorgehensmodell in seinem Funktionsumfang bedarfsgerecht reduziert und sehr gut an eine spezielle Projektgröße angepasst werden („Tailoring“).

Zu den zu erstellenden „Artefakten“ gehören unter anderem folgende Projektpläne:

- Projektsteckbrief
- Anforderungsplan
- Pflichtenheft (SRS, Software Requirements Specification)

– Projektplan (SDP, Software Development Plan)
– Systemplan (SAD, Software Architecture Document)
– Design Model
– Implementation Model
– CM, Configuration Management
– Testplan
– Einsatzplan.

IT Infrastructure Library ITIL

Im Auftrage der britischen Regierung ist die ITIL (IT Infrastructure Library) von der OGC (Office of Governance Commerce) als Best-Practice-Leitfaden für das Service Management auf dem IT-Gebiet entwickelt worden. ITIL ist heute der weltweite De-facto-Standard im Bereich Service Management und enthält eine umfassende und öffentlich verfügbare fachliche Dokumentation zur Planung, Erbringung und Unterstützung von IT-Service-Leistungen.

In dem Regel- und Definitionswerk werden die für den Betrieb einer IT-Infrastruktur notwendigen Prozesse, Aufbauorganisationen und Werkzeuge beschrieben. Die Planung, Erbringung, Unterstützung und Effizienz-Verbesserung von IT-Serviceleistungen werden bei der ITIL als entscheidende Faktoren zum Erreichen der Geschäftsziele eines Unternehmens gesehen. Für den Einsatz in Deutschland werden die Inhalte vom itSMF Deutschland e. V. weiterentwickelt. Dieser Verein ist das deutsche Organ des IT Service Management Forums (itSMF) und fungiert als Plattform zum Wissens- und Erfahrungsaustausch auf dem Gebiet der IT-Industrialisierung.

Das ITIL-Rahmenwerk besteht aus 5 Büchern, deren Inhalte sich am Lebenszyklus eines Service Managements orientieren:

1. Strategie (Service Strategy)
2. Entwurf (Service Design)
3. Betriebsüberleitung (Service Transition)
4. Betrieb (Service Operation) und
5. Verbesserung (Continual Service Improvement).

Das Buch *Service Strategy* (SS) beschreibt den konzeptuellen und strategischen Hintergrund von IT-Dienstleistungen und enthält die Themen Definition, Spezifikation, Logistik und finanzielle Aspekte aus der Geschäftsperspektive.

Das Buch *Service Design* (SD) beschreibt die architektonischen Rahmenbedingungen zur Entwicklung und enthält die Themen Definition, Spezifikation, Logistik und Sicherheitsaspekte aus der operativen Perspektive. Zudem beschreibt es die Funktionsweise und den Leistungsumfang der Prozesse in Anlehnung an die unternehmerischen Bedürfnisse und der dazu notwendigen Parameter.

Das Buch *Service Transition* (ST) behandelt die praktische und faktische Umsetzung und Übertragung der geschäftlichen Anforderungen in konkrete IT-Dienstleistungen. Es enthält die Themen Risiko-Analyse, Nutzenrechnung, sichere Auslieferung und Gewährleistung für eine stabile Erfüllung der Leistungsverpflichtung.

Das Buch *Service Operation* (SO) beschreibt den operativen Teil, der notwendig ist, die vereinbarte Leistung im täglichen Betrieb möglichst störungsfrei aufrecht zu erhalten und zu sichern.

Das Buch *Continual Service Improvement* (CSI) befasst sich mit der Optimierung von Servicequalität. Es enthält die Methoden der Festlegung und Einführung von Leistungsparametern und Messgrößen, die Überwachung von Zielvereinbarungen, die Identifikation von Schwachpunkten und Umsetzung von Service-Verbesserungen.

Stage-Gate-Modell

Der von R. G. Cooper propagierte Prozessplan für Produktentwicklungen, die so genannten „Stage-Gates", stellt einen linearen Prozessablauf mit abwechselnden Phasen (Stage) und Entscheidungszäsuren (Gate) dar; er ist entsprechend Tabelle 2.18 in fünf Prozessabschnitte strukturiert.

Jede Phase umfasst einen Satz vorgeschriebener Aktivitäten, die auf den „Best Practices" der Produktentwicklung basieren. Innerhalb einer Phase werden die Aktivitäten parallel und fachübergreifend ausgeführt. Gates sind die Meilensteine im Laufe eines Prozesses, an denen Entscheidungen gefällt werden. Die Entscheidungsträger an diesen Punkten, die „Gatekeeper", können einem Projekt die Signale Go –

Tabelle 2.18 Die Prozessabschnitte des Stage-Gate-Modells

	Phase	→	Gate
	Ideenfindung	→	Ideen filtern
Stage 1:	Grobanalyse	→	vorläufige Entscheidung
Stage 2:	Business Case	→	Projektentscheidung
Stage 3:	Produktentwicklung	→	Kontrolle des Entwicklungsresultats
Stage 4:	Testen und Validieren	→	Produktfreigabe
Stage 5:	Markteinführung	→	Geschäftsergebnis evaluieren

Kill – Hold – Recycle geben; entsprechend gestaltet sich der Fortgang des Prozesses. Darüber hinaus geht es bei den „Gate-Sitzungen" um die Qualitätskontrolle des Projekts und die Zuteilung von Ressourcen.

Internationale Normen für Lebenszyklusprozesse

ISO/IEC 12207

ISO/IEC 12207 ist eine Norm für den Lebenszyklus von *Software-Entwicklungen* und definiert einen Entwicklungsstandard, ohne sich auf ein bestimmtes Lebenszyklusmodell oder eine bestimmte Entwicklungsmethode festzulegen; sie dient damit als Grundlage für allgemeingültige Lebenszyklusbeschreibungen von Software-Erstellungen.

Die Norm beschreibt alle Prozesse von der Ideenfindung bis hin zur Stilllegung einer Software. Drei Prozesskategorien werden beschrieben: Primäre Life-Cycle-Prozesse, Unterstützungsprozesse und Organisationsprozesse. Es werden allerdings keine Details für die Durchführung der Aktivitäten angegeben. Die Norm ermöglicht eine Anpassung an die individuellen Voraussetzungen der eigenen Prozessorganisation.

ISO/IEC 15288

ISO/IEC 15288 ist eine Norm für den Lebenszyklus von *Systementwicklungen* (System Life Cycle Process) und stellt damit einen Rahmenplan für alle Prozesse im Rahmen der gesamten Systementwicklung und des Systemeinsatzes dar. Die Norm gilt für alle SW- und HW-Systementwicklungen, vom Beginn der Systemplanung bis hin zum Einsatzende des Systems.

Vier Prozesskategorien werden beschrieben: technische, projektbezogene, vertriebliche und organisatorische Prozesse. Jede Prozessbeschreibung enthält deren Zielsetzung, die angestrebten Ergebnisse und die jeweils notwendigen Aktivitäten. Der Lebenszyklus für Systementwicklungen ist in dieser Norm gegliedert in Konzepterstellung, Entwicklung, Produktion, Anwendung, Support und Stilllegung.

Vorgesehen ist eine Integration der beiden Normen ISO 15288 und ISO 12207 zu einem gemeinsamen Standard.

ISO/IEC 15504

Diese Norm entspricht dem Assessment Modell SPICE (siehe Kap. 4.9.2).

Nutzungsverbreitung von PM-Vorgehensmodellen

Nach einer im Jahre 2007 vorgenommenen Studie von Ahlemann und Teutelberg ergab sich der in Bild 2.76 aufgeführte Nutzungsgrad von verbreiteten Vorgehens- und Prozessmodellen für Projektmanagement im deutschsprachigen Raum. Demnach haben die größte Verbreitung die Normvorgaben der ISO900x sowie das Vorgehensmodell PMBoK der PMI und das Bewertungsmodell EFQM (siehe Kapitel 4.4.6); dagegen ist das Reifegradmodell OMP3 der PMI in Deutschland nur wenig vertreten.

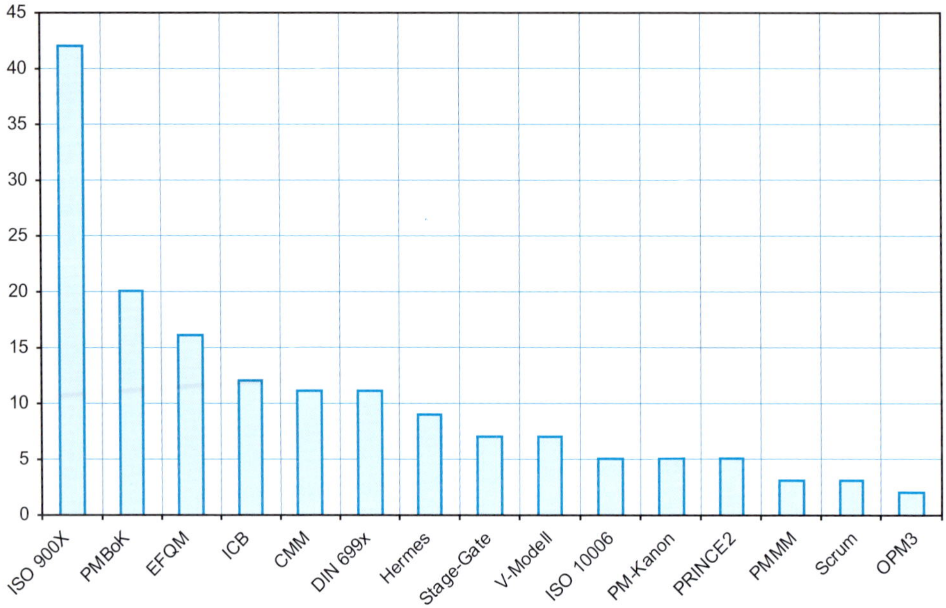

Legende:

ISO 900x (International Standard Organization):
Normen für ein Qualitätsmanagement-System in Projekten

PMBoK (Project Management Body of Knowledge):
Vorgehensmodell der PMI (Project Management Institute)

EFQM (European Foundation for Quality Management):
Bewertungsmodell der EU und der EOQ

ICB (IPMA Competence Baseline):
Zertifizierungssystem der IPMA (International Project Management Association)

CMM (Capability Maturity Model):
Prozessmodell der SEI (Software Engineering Institute)

DIN 699x (Deutsche Industrie Norm):
Normen zum Projektmanagement

Hermes:
Projektführungsmethode der Schweizerischen Bundesverwaltung

V-Modell:
Vorgehensmodell von Boehm und der Bundeswehr

Stage-Gate:
Vorgehensmodell der Firma Stage-Gate®

ISO 10006 (International Standard Organization):
Normen für das Qualitätsmanagement in Projekten

PM-Kanon:
Reifegradmodell der GPM (Gesellschaft für Projektmanagement)

PRINCE2 (Projects IN Controlled Environments):
Vorgehensmodell der britischen CCTA

PMMM (Project Management Maturity Model):
Reifegradmodell, entwickelt von PM Solutions

Scrum:
Rahmenwerk für SW-Entwicklungen

OPM3 (Organizational Project Management Maturity Model):
Reifegradmodell der PMI (Project Management Institute)

Bild 2.76 Nutzungsgrad von PM-Vorgehensmodellen in Prozent der Befragten (Quelle: Ahlemann/Teutelberg-Studie 2007)

3 Projektplanung

Nach Abschluss der Projektdefinition tritt das Projekt in seine erste entscheidende Phase ein, die *Projektplanung*. In diesem Projektabschnitt werden die Voraussetzungen für den Erfolg des künftigen Produkts geschaffen. Sowohl Termin- und Kosteneinhaltung als auch Leistungserfüllung hängen in entscheidendem Maß von der Qualität der Projektplanung ab. Schon Platon hat gesagt: Der Beginn ist der wichtigste Teil der Arbeit.

Bild 3.1 zeigt deutlich, wie sehr hierbei das Kostenvolumen eines Entwicklungsprojekts von den in den Frühphasen getroffenen Entscheidungen bestimmt wird. Die unterschiedlichen Verläufe des bereits festgeschriebenen und des realen Kostenabflusses kann man als »Hysteresis« der Entwicklungskosten bezeichnen.

Wie später noch dargelegt werden wird, hängt auch die Höhe der – eigentlich unnötigen – Fehlerbehebungskosten von der Genauigkeit und Vollständigkeit der Projektplanung ab. Fehler, die erst in späten Phasen der Realisierung und Erprobung aufgedeckt werden, führen stets zu erheblich höheren Behebungskosten, als wenn man diese bereits in den frühen Phasen der Definition und Planung erkannt hätte. Es ist viel kostensparender, ein Entwurfsdokument neu zu formulieren, als eine bereits fertige Baugruppe oder ein fertig erstelltes SW-Programm zu verwerfen.

Je exakter die Projektdurchführung also geplant wird, desto geringer sind die Probleme in den späteren Abschnitten des Projekts. Allerdings ist die Projektplanung nicht als einmaliger Vorgang anzusehen, der nach Ausarbeitung aller Planvorgaben als abgeschlossen zu betrachten wäre. Vielmehr wird der Detaillierungsgrad der Planung – besonders bei langfristigen und großen Entwicklungsvorhaben – nur für die ersten Entwicklungsabschnitte ausreichend genau sein können; bei Projektfortschritt wird für die anschließenden Entwicklungsabschnitte meist eine vertiefende Planung notwendig sein. Auch bei nicht vorhergesehenen Änderungen auf Grund nachträglich gestellter Anforderungen kann ein Anpassen der Planvorgaben oder sogar ein erneutes Durchplanen erforderlich werden.

Da Intensität und Sorgfalt der Planung zu Projektbeginn maßgeblichen Einfluss auf den gesamten Projekterfolg haben, muss es das Ziel

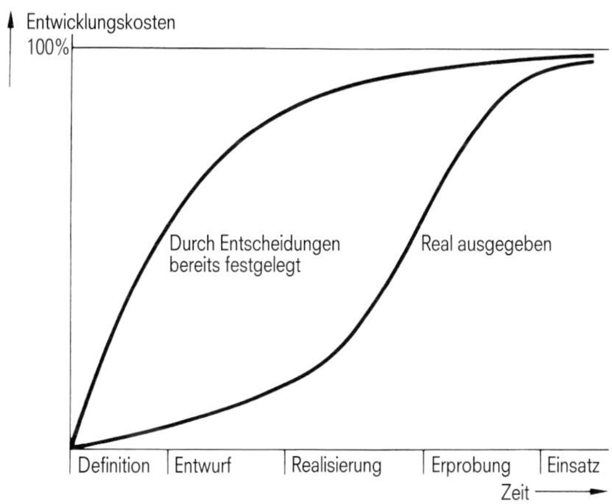

Bild 3.1
»Hysteresis« der Entwicklungskosten

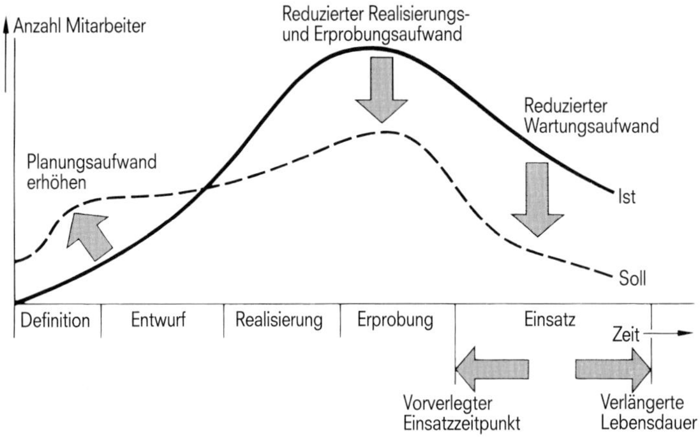

Bild 3.2
Wirkung der Erhöhung des Planungsaufwands

sein, einen ausreichend hohen Planungsaufwand zu betreiben. Bild 3.2 zeigt, welchen Effekt das Erhöhen des Planungsaufwands i. Allg. hat: Einerseits kann man den Realisierungs- und Erprobungsaufwand sowie den nachfolgenden Wartungsaufwand erheblich senken; andererseits kann oft auch der Einsatzzeitpunkt des Produkts vorverlegt und dessen Lebenszyklus insgesamt verlängert werden.

Am Beginn der Projektplanung steht die *Strukturplanung;* in dieser werden die Produktstruktur, die Projektstruktur und die Kontenstruktur festgelegt. Die sich hierbei ergebenden drei Strukturpläne bilden die Grundlage für die gesamte künftige Projektdurchführung und sind damit Voraussetzung für eine sach-, termin- und kostengerechte Abwicklung des Projekts.

Die aus dem Projektstrukturplan abgeleiteten Arbeitspakete werden im Rahmen der *Aufwandsschätzung* bewertet – wobei man unterschiedliche Methoden und Vorgehensweisen nutzen kann.

Die Ergebnisse der Aufwandsschätzung fließen dann in die *Arbeits- und Einsatzmittelplanung* sowie in die *Kostenplanung* ein. Bei größeren Projekten sollte man hier möglichst eine Netzplanunterstützung vorsehen. Außerdem sollte ein Risikomanagement in die Projektplanung integriert sein, um auf eventuelle spätere Störungen im Projektablauf nicht unvorbereitet zu sein.

Alle Planinformationen, die im Rahmen der Projektplanung anfallen, müssen in entsprechende Projektpläne einfließen. Nur so ist ein lückenloser und eindeutiger Informationsfluss zwischen allen Projektbeteiligten zu gewährleisten.

3.1 Strukturplanung

Zentrale Aufgabe einer zielgerichteten Projektplanung und -steuerung ist die

- ▷ sachgerechte,
- ▷ termin- und aufwandsgerechte sowie
- ▷ kostengerechte

Abwicklung eines Projekts. Voraussetzung hierfür ist allerdings, dass das Projekt in für das Projektmanagement überschaubare und damit hantierbare »Portionen« zerlegt wird. Diese Portionierung ist wegen der Vielschichtigkeit der o. a. Zielsetzung nach mehreren Aspekten vorzunehmen.

Für das sachgerechte Abwickeln des Projekts ist eine technische Strukturierung des geplanten Produkts bzw. Systems notwendig; diese wird als *Produktstruktur* bezeichnet und enthält alle zu erstellenden Produktteile; sie stellt damit den Architekturplan des Realisierungsvorhabens dar.

Zur termin- und aufwandsgerechten Projektabwicklung ist als Basis eine vollständige aufgabenmäßige Strukturierung des Projekts erforderlich. Diese Aufgabengliederung wird als *Projektstruktur* des Projekts bezeichnet und umfasst alle für das Realisieren des Vorhabens durchzuführenden Arbeitspakete; sie stellt den Aufgabenbaum des Projekts dar.

Für die kostengerechte Projektabwicklung ist schließlich eine detaillierte kaufmännische *Kontenstrukturierung* notwendig. Dieser »Kontenrahmen« sollte neben der üblichen Konteneinteilung auf einer einzigen Ebene auch die Möglichkeit der Kontenkomprimierung nach oben sowie die Möglichkeit der Unterkontenbildung nach unten enthalten; er stellt damit die Einteilung des »Haushaltsbuches« für das Projekt dar.

Produktstruktur – Projektstruktur – Kontenstruktur bilden damit das zentrale Dreigespann eines Entwicklungs- bzw. Projektierungsprojekts (Bild 3.3). Es bildet die Grundlage für die gesamte Projektplanung und spätere Projektkontrolle. Alle Plandaten und Istdaten des Projekts müssen auf diese Strukturkomponenten beziehbar und ableitbar sein. Erst in der konsistenten Verknüpfung dieser drei Strukturierungsformen gelangt man zu einem *integrierten* Projektmanagement, welches das Projekt ganzheitlich plant und steuert.

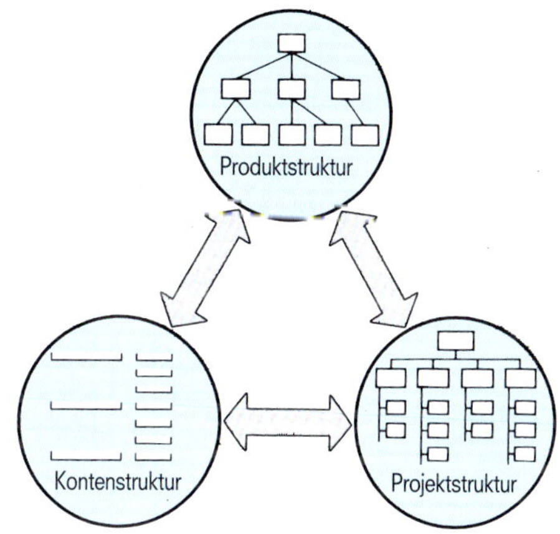

Bild 3.3 Strukturierungs-Dreigespann

Bild 3.4 zeigt als Beispiel die vereinfachte Produktstruktur eines Vermittlungssystems für Nebenstellenanlagen.

Neben der grafischen Darstellung bietet sich – besonders bei umfangreichen Strukturen – auch die tabellarische an; der verringerten Übersichtlichkeit steht hier die bessere Änderbarkeit des Strukturplans gegenüber.

3.1.1 Produktstruktur

Als Produktstruktur bezeichnet man die *technische* Gliederung des zu entwickelnden Produkts (bzw. Systems) in seine Einzelteile; sie ist die »Realisierungsstruktur« des Produkts. Die listenmäßige oder grafische Darstellung dieser Produktstruktur nennt man Produktstrukturplan (PdSP); er ist streng vom Projektstrukturplan (Kap. 3.1.2) zu trennen.

Der Produktstrukturplan enthält die Teileinheiten des Produkts in einer hierarchischen Anordnung, wobei diese Teileinheiten auf der untersten Ebene z. B. einzelne SW-Module oder HW-Baugruppen sind. Teileinheiten auf einer höheren Ebene wären z. B. ganze SW-Programmkomplexe oder HW-Baugruppenrahmen. Sind Produktteile identisch aufgebaut, so kann man zum Herausstellen dieses Sachverhalts statt einer monohierarchischen auch die polyhierarchische Darstellung wählen; bei dieser würden die betreffenden Teile nur einmal erscheinen, dafür mehrere Bezüge zur übergeordneten Ebene haben.

Standardstrukturen

Insgesamt hängt die Ausbildung der Produktstruktur entscheidend von den technischen Besonderheiten des jeweiligen Produkts bzw. Systems ab. Das Bilden von Standard-Produktstrukturplänen als Ausgangsbasis für das Erstellen eines produktspezifischen Strukturplans hat sich in der Praxis bewährt. Vor allem in Entwicklungsbereichen, in denen immer wieder ähnliche Produkte nach gleichem Grundmuster entwickelt werden, bietet es sich an, solche Standard-Produktstrukturpläne aufzustellen. Durch Streichen und Hinzufügen von Strukturelementen gelangt man zu einer an die speziellen Erfordernisse angepassten Produktstruktur. Auf diese Weise kann man den Aufwand für das Erstellen eines vollständigen und konsistenten Produktstrukturplans erheblich reduzieren. Das Bilden der optimalen und auch transparenten Produktstruktur ist und bleibt natürlich eine kreative Hauptaufgabe des Entwicklers bzw. Projektierers.

plan, so dass Projektplaner, die keine strenge Trennung zwischen den Begriffen Projekt und Produkt machen, diese beiden Strukturpläne leicht miteinander vermischen. Daher ist es empfehlenswert, keinen rein objektorientierten Projektstrukturplan zu verwenden.

Funktionsorientierter Projektstrukturplan

In einem funktionsorientierten Projektstrukturplan werden die durchzuführenden Arbeitspakete nach den Entwicklungsfunktionen, wie z. B. Konstruktion, Elektronikentwurf, Musterbau, Bauunterlagen-Erstellung etc. gegliedert; er orientiert sich also nicht nach den Einzelteilen des Produkts, sondern nach den Funktionsbereichen der Entwicklung. Bild 3.11 zeigt ein Beispiel hierfür.

Diese Aufbauform einer Projektstruktur kann bei jedem Entwicklungsprojekt angewendet werden; sie ist daher wohl auch die verbreitetste Projektstrukturform.

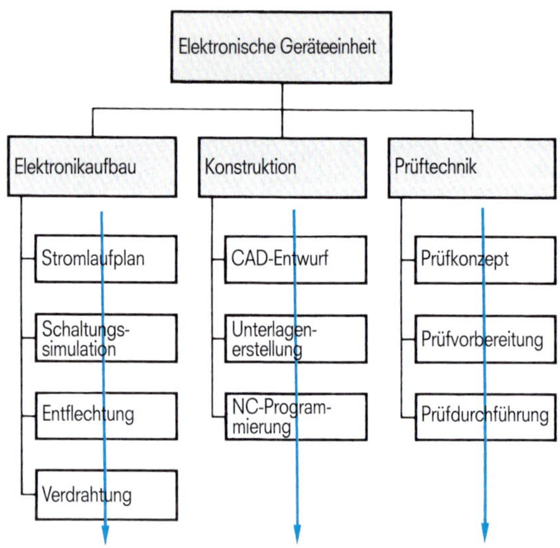

Bild 3.11
Funktionsorientierter Projektstrukturplan

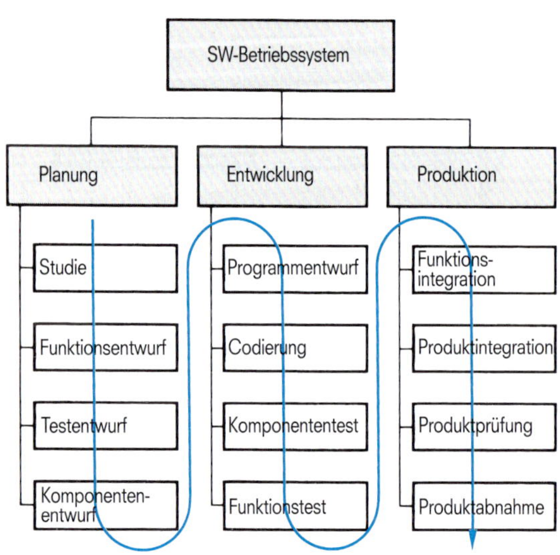

Bild 3.12
Ablauforientierter Projektstrukturplan

Ablauforientierter Projektstrukturplan

Die dritte Form eines Projektstrukturplans ist ablauforientiert (Bild 3.12). Die Arbeitspakete werden gemäß dem Entwicklungsprozess bestimmt und strukturiert. Die oberste Ebene eines derartigen Projektstrukturplans spiegelt damit die Prozessabschnitte der vorliegenden Prozessorganisation wider, die unteren Ebenen die einzelnen Prozessschritte. Dieser Projektstrukturplan ist allerdings nur dort praktikabel, wo Entwicklungen nach einem streng sequenziellen Prozessablauf durchgeführt werden.

Mischformen

Wie die vergleichende Betrachtung der drei Formen eines Projektstrukturplans zeigt, steht der funktionsorientierte Plan etwa zwischen dem objektorientierten und dem ablauforientierten Projektstrukturplan. Die objektorientierte Form birgt – wie bereits erwähnt – die Gefahr der Vermischung mit dem Produktstrukturplan in sich, und die ablauforientierte Form ist stark an den Prozessplan angelehnt und kann einen gewissen Mangel an Flexibilität bei der Arbeitspaketdefinition zur Folge haben.

In der Praxis treten daher häufig Mischformen aus den vorgenannten Grundtypen von Projektstrukturen auf. In Bild 3.13 ist ein Beispiel für einen solchen gemischt orientierten Projektstrukturplan gezeigt. Hier entspricht die obere Ebene einer funktionsorientierten Strukturierung, dagegen ist die untere Ebene teilweise ablauforientiert. Diese Mischform eines Projektstrukturplans bietet sich z. B. an, wenn ein Entwicklungsobjekt in einer bestehenden Linienorganisation mit den gezeigten Funktionen eingebettet ist und in dem betreffenden Bereich konsequent nach einen Prozessplan vorgegangen wird.

Standard-Projektstrukturpläne

In einem »Vielprodukt«-Unternehmen oder dann, wenn häufig ähnliche Entwicklungen immer wieder durchgeführt werden, bietet es sich an, Standardstrukturen für gleichartige Entwicklungsprojekte zu entwerfen. Man benutzt sie ähnlich den Standardnetzplänen wie eine »Checklisten-Struktur«, aus der die zutreffenden Strukturzweige mit den zugehörigen Arbeitspaketen übernommen und nicht zutreffende Teile übergangen werden. Der eigentliche individuelle Projektstrukturplan entsteht aus dieser Standardstruktur als »erweiterte Untermenge«, d. h. einerseits fehlen dem angepassten Projektstrukturplan einige Arbeitspakete, andererseits sind ihm einige neue hinzugefügt worden.

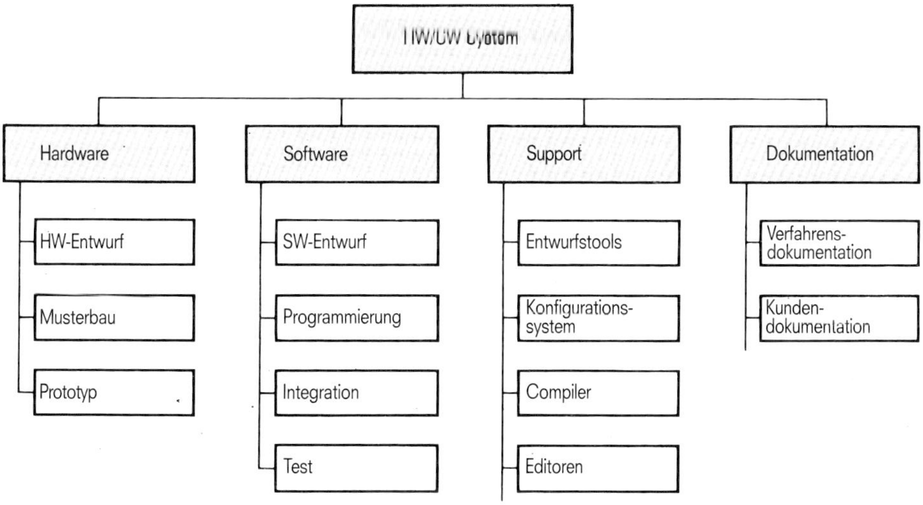

Bild 3.13 Gemischt orientierter Projektstrukturplan

Als Stufen für einen solchen Standard-Projektstrukturplan bietet sich z. B. die folgende – gemischt orientierte – Gliederung an:

0. Stufe	Projekt
1. Stufe	Produktteile
2. Stufe	Funktionen
3. Stufe	Aufgabenkomplexe
4. Stufe	Arbeitspakete.

Wenn Entwicklungsähnlichkeiten und Entwicklungswiederholungen es ermöglichen, sind solche Standardstrukturpläne eine große Arbeitserleichterung, besonders im ersten Planungsabschnitt der Projektstrukturierung; sie stellen zusammen mit Standardnetzplänen eine erhebliche Rationalisierung dar.

Gliederungsgesichtspunkte

Das Erstellen eines Projektstrukturplans hat das primäre Ziel, zu einer projektadäquaten Arbeitspaketeinteilung zu gelangen. Diese Einteilung sollte – unabhängig von der gewählten Aufbauform des Projektstrukturplans – so aussehen, dass möglichst wenige Überschneidungen und Abhängigkeiten zwischen den einzelnen Arbeitspaketen auftreten. Zur Definition der Arbeitspakete sind daher mehrere Gliederungsgesichtspunkte heranzuziehen:

- ▷ organisatorische Zuständigkeit,
- ▷ zeitlicher Ablauf,
- ▷ kalkulatorische Vorgaben und
- ▷ technische Aspekte.

So weit wie möglich sollten Arbeitspakete eindeutig einer einzigen organisatorischen Einheit oder Person zuordenbar sein, damit eine klare Verantwortung für das jeweilige Arbeitspaket existiert; anderenfalls besteht die Gefahr mangelnden Engagements oder unnötiger Kompetenzstreitigkeiten.

Auch muss bei der Arbeitspaketeinteilung der zeitliche Projektablauf beachtet werden. So ist es z. B. unsinnig, ein Arbeitspaket über die Grenze einer Entwicklungsphase hinweg zu bestimmen, da die Phasenentscheidung dann zeitlich mitten in dem Arbeitspaket läge.

Weiterhin können kalkulatorische Vorgaben eine Ober- und Untergrenze für das Kostenvolumen von Arbeitspaketen abgeben. Wird nämlich das Kostenvolumen zu groß, so ist eine gezielte Kostenkontrolle nicht mehr möglich; ist es dagegen zu klein, so ist zwar eine gute Kostenkontrolle gewährleistet, aber der notwendige Überwachungsaufwand wird unzumutbar groß.

Schließlich sind, wie bereits erwähnt, die technischen Gliederungsaspekte der Produktstruktur zu berücksichtigen. Die Definition eines Arbeitspakets sollte sich – bis auf die wirklich notwendigen Fälle, wie z. B. bei projektbegleitenden Aktivitäten – nicht auf verschiedene Produktteile beziehen.

Anbindung an den Netzplan

Für die DV-unterstützte Behandlung eines Projektstrukturplans müssen alle Aufgaben im Strukturplan mit einer eindeutigen Identifikationsnummer versehen werden. Es sind die unterschiedlichsten Nummernsysteme anwendbar, als verbreitetste hat sich allerdings die rein hierarchische Nummerung nach der Dezimalklassifikation durchgesetzt. Werden diese Nummern darüber hinaus – bei Verwendung eines Netzplans – den zugeordneten Vorgängen beigefügt, so ist es möglich, aus dem Netzplan *automatisch* einen Projektstrukturplan zu generieren. Eine gesonderte Aktualisierung des Projektstrukturplans entfällt damit, da diese bereits implizit mit der Netzplanaktualisierung erreicht wird. So, wie der Detaillierungsgrad des Netzplans mit dem Projektfortschritt voranschreitet, ändert sich auch die Detaillierung des Projektstrukturplans.

Darstellungsmöglichkeiten

Beim Visualisieren des Projektstrukturplans scheiden sich oft die Geister. Die einen wollen in jedem Fall ein Struktogramm, die anderen begnügen sich mit einer listenförmigen Darstellung, wie dies in Bild 3.14 an einem Listenbeispiel gezeigt ist.

Ein »Kästchenbild« hat natürlich den großen Vorteil des visuellen (Planungs-) Eindrucks; es darf aber nicht übersehen werden, dass bei großen Projekten der Strukturplan leicht enorme Dimensionen annehmen kann, ganze Wände füllt und beim Vervielfältigen erhebliche Probleme aufwirft. Das listenmäßige Darstellen des Projektstrukturplans schließt dagegen die Möglichkeiten ein, reichhaltige Zusatzin-

Projektstrukturplan	**Projekt:**	Systembeispiel	Seite: 1
	Projektleiter:	Fr. Oertel	
	Stand:	03.01.00	

Struktur-Nr.	Arbeitspaket	Verantwortlicher	Dienst-stelle	Aufwand	Beginn	Dauer	Phase
01	Systemanalyse						
0101	Anforderungskatalog erstellen	Hr. Büttner	GE 13	6 MW	01.10.99	6 W	Analyse
0102	Pflichtenheft erstellen	Hr. Büttner	GE 13	8 MW	15.11.99	6 W	Analyse
0103	Funktionsspezifikation erstellen	Hr. Brosig	GE 14	7 MW	03.01.00	8 W	Analyse
0104	Versionsplan erstellen	Hr. Brosig	GE 14	5 MW	28.02.00	4 W	Analyse
02	Systementwurf						
0201	HW-Entwurf						
020101	HW-/FW-Spezifikation erstellen	Hr. Kramer	GE 22	4 MW	03.04.00	4 W	Entwurf
020102	Stromlaufplan entwerfen	Hr. Helm	GE 21	6 MW	29.05.00	3 W	Entwurf
020103	Testspezifikation ausarbeiten	Hr. Kramer	GE 23	3 MW	06.06.00	3 W	Entwurf
0202	SW-Entwurf						
020201	Programmspezifikation ausarbeiten	Fr. Joswig	GE 33	4 MW	03.04.00	4 W	Entwurf
020202	Testplan entwerfen	Fr. Joswig	GE 33	3 MW	29.05.00	4 W	Entwurf
03	Systemrealisierung						
0301	HW-Implementierung						
030101	Stromlauf testen	Hr. Helm	GE 21	6 MW	03.07.00	4 W	HW-Impl.
030102	Fertigungsunterlagen erstellen	Hr. Helm	GE 21	7 MW	01.08.00	4 W	HW-Impl.
030103	Testdokumentation ausarbeiten	Fr. Sasgen	GE 23	5 MW	04.09.00	4 W	HW-Impl.
......	....						
0302	SW-Realisierung						
......	....						

Bild 3.14 Projektstrukturplan als Liste

formationen mit auszuweisen. Außerdem kann er beliebig groß – weil lang – werden und macht keine Schwierigkeiten beim Ausdrucken. Deshalb ist bei größeren Projektvorhaben die Listenstruktur die praktikablere Ausgabeform für den Projektstrukturplan.

Als Ausgangspunkt für alle weiteren Planungsabschnitte wie Terminplanung, Personaleinsatzplanung und Kostenplanung kommt dem Projektstrukturplan eine besondere Bedeutung zu. Obwohl immer wieder beteuert wird, »kein Projekt kann ohne Projektstrukturplan erfolgreich durchgeführt werden«, wird in diesem Punkt immer noch sehr gesündigt. Häufig wird wohl – manchmal mehr aus Gründen der »Modernität« – ein solcher erstellt und der Bereichsleitung vorgelegt. Anschließend schiebt man ihn nicht selten wieder zur Seite und führt die Projektplanung auf undefiniertem Untergrund fort. In der projektbegleitenden Aktualisierung des Projektstrukturplans werden die meisten Unterlassungen begangen. Da aber der Projektstrukturplan die vollständige und strukturierte Aufstellung aller Aufgaben enthält, die zum Erreichen des Projektziels notwendig sind, sollte es zu den wichtigsten Pflichten des Projektleiters gehören, für die stete Aktualität des Projektstrukturplans zu sorgen.

3.1.3 Kontenstruktur

Um Projekte und Teilprojekte für das Projektmanagement kostentransparent werden zu lassen, werden die anfallenden Projektkosten nach Konten und Unterkonten aufgeteilt. Die Gliederung dieser Konten nimmt man nach unterschiedlichen Gesichtspunkten vor; sie richtet sich nach dem Bedarf an bestimmten Auswertungen und Informationen, die für ein wirtschaftliches Management benötigt werden. Konten stellen Strukturelemente dar, für die in der Praxis sehr unterschiedliche Begriffe verwendet werden, z. B.:

- Auftragskennzeichen (AKZ),
- Auftragsnummer,
- FuE-Konto,
- Auftrag,
- Unterkonto,
- Teileinheit usw.

Trotz dieser unterschiedlichen Bezeichnungen gelten für die Strukturierung - unabhängig von der Art der Projekte - ähnliche Gliederungsgesichtspunkte.

Gliederungsaspekte

Vor allem in großen Entwicklungsbereichen werden in den Kontennummern Daten verschlüsselt, die man als Ordnungs- und Sortierkriterien in der kaufmännischen Abwicklung verwendet. Allerdings hat jedes klassifizierende Nummernsystem seine Nachteile, besonders dann, wenn auf Grund nachträglich notwendig gewordener Erweiterungen das Klassifizierungssystem »gesprengt« wird. Deshalb bietet sich gerade im Hinblick auf moderne DV-Verfahren (wie z. B. bei SAP) ein rein *identifizierendes* Nummernsystem für die Kontengliederung an.

Für die Gliederung von Konten sind im Wesentlichen folgende Ziele zu beachten:

▷ Kostenverursacher erkennbar machen (Kostenherkunft),
▷ Kostenkomponenten darstellen (Kostenschwerpunkte),
▷ Konten auf den Terminplan ausrichten (zeitliche Synchronisierung),
▷ Konnex zur Projekt- und Produktstruktur herstellen (technische Synchronisierung),
▷ Kostenkalkulation und -kontrolle unterstützen (Kostenmanagement).

Wegen der leichteren Überschaubarkeit können Höchstgrenzen für die Größe der einzelnen Konten festgelegt werden. Auch die Anzahl der Konten und die weitere Unterteilung sind wichtige Kriterien für eine optimale Kontengliederung, weil davon der Planungs- bzw. Kalkulationsaufwand abhängt. So wichtig eine detaillierte Kostenplanung ist, so darf doch der Verwaltungsaufwand dafür nicht zu groß werden. Auch darf man formale Gliederungsaspekte nicht überbewerten. Die sachliche Gliederung muss stets die höhere Priorität haben, weil sie die inhaltlichen Aussagen zum Projekt bestimmt.

Kleine Projekte sind in ihrer Kontenstruktur nahezu problemlos. Sie sind im Allgemeinen auch dann gut überschaubar, wenn kaum strukturelle Überlegungen angestellt worden sind.

Grundsätzlich ist zu klären, ob die Kontenstrukturierung nach

▷ Kundenaufträgen (vertriebsorientiert) oder
▷ Arbeitsobjekten (entwicklungsorientiert)

ausgerichtet werden soll.

Bei Kundenprojekten ist klar, dass beispielsweise Projekte für Walzwerke oder Kraftwerke, deren Bearbeitung und Projektierung erst nach Auftragseingang beginnt, nach der Struktur des Kundenauftrags ausgerichtet sein müssen. Solche Projekte erhalten daher eine *vertriebsorientierte* Kontenstruktur.

Bei Vorleistungsprojekten sowie bei allen Projekten, die vor dem Eingang von Kundenaufträgen konzipiert und entwickelt werden, hat sich dagegen in der Praxis bewährt, dass eine Kontenstruktur gewählt wird, die der technischen Struktur entspricht, also *entwicklungsorientiert* ist. Dies gilt auch dann, wenn die durch Entwicklungsvorleistungen geschaffenen Produkte später über Kundenprojekte vermarktet werden, die oft zum Entwicklungszeitpunkt noch nicht bekannt sind.

Für ein Strukturieren nach Arbeitsobjekten spricht noch ein weiteres Argument, da die gewählte Struktur auch für das Erfassen der aufgelaufenen Projektkosten (Istkosten) verwendet werden kann.

Betrachtet man z. B. das Erfassen der Istkosten für das Eigenpersonal – diese Kosten werden heute üblicherweise mit Hilfe der Stundenschreibung erfasst –, so liegt nahe, dass der monatliche Stundenbericht am einfachsten zu erstellen ist, wenn der Bearbeiter sich nur darauf konzentrieren muss, an welchen Projektaufgaben er im abgelaufenen Monat gearbeitet hat. Dies ist für denjenigen, der den Stundennachweis erstellen muss, viel einfacher, als wenn er darüber nachdenken müsste, welchen vertriebsorientierten Konten die Arbeitsstunden des abgelaufenen Monats zuzuordnen wären.

Die Kontenstrukturierung ist also so zu wählen, dass die geleisteten Stunden aus Sicht des Bearbeiters problemlos zugeordnet werden können; sonst entstehen zwangsläufig Fehler bei der Stundenkontierung und damit der Erfassung der Istkosten der Projekte.

Strukturierungseinflüsse

Bei größeren Projekten besteht die Gefahr, dass einzelne Projektplaner unterschiedliche Strukturen wählen und damit spezifische Informationen zum Projekt verloren gehen. Um unnötige Diskussionen über die Struktur zu vermeiden, sollte man deshalb bei größeren Projekten die Regeln der Kontenstrukturierung in einer Rahmenrichtlinie festlegen. Die Kompetenz für das Festlegen der Struktur sollte allein beim Projektleiter und dem zuständigen FuE-Kaufmann liegen.

Eine straffe auftragsbezogene Strukturierung wird gelegentlich vom Entwickler als Einengung und Beschneidung der persönlichen Freiheit gewertet; dies trifft besonders dann zu, wenn Aufträge aus Kosten- und Wettbewerbsgründen sehr knapp kalkuliert werden.

Bei einer nicht streng auftragsbezogenen Strukturierung kann es zu einer Destrukturierung der Konten führen; sie äußert sich z. B. in folgenden Tendenzen:

- ▷ Nicht zusammengehörige Projektteile werden in einem einzigen Konto zusammengeworfen,
- ▷ zusammengehörende Teile werden auf viele Konten verteilt bzw.
- ▷ die Aufträge (die Arbeitsinhalte der Konten) werden verschwommen formuliert (so genannte »U-Boot«-Entwicklungen sind dann möglich),
- ▷ Projektanfang und -ende sind nicht klar definiert oder
- ▷ das einzelne Entwicklungsergebnis ist nicht angegeben.

Zusammenfassend ist festzuhalten: Die Struktur eines Projekts sollte abgestimmt und ausgewogen sein und als »Kontenplan« bzw. »Kontenkatalog« für das Projekt verbindlich festgelegt werden. Eine ständige aber sehr restriktive Fortschreibung eines solchen Kontenkatalogs ist erforderlich.

Hierarchische Kontenstruktur

Mit zunehmender Größe der Projekte steigt die Notwendigkeit überlegter Kontenstrukturierungen. Bei großen Entwicklungsvorhaben sollte man die Kontenstruktur zusätzlich auch in die hierarchische Projektgliederung einbinden. Dies ist nötig, damit für die unterschiedlichen hierarchischen Ebenen der Projektorganisation sowie für die Bereichsleitung maßgeschneiderte Informationen erstellt werden können.

Bild 3.15 gibt als Beispiel die hierarchische Gliederung der Projekte mit ihrer Kontenanbindung für die Entwicklung einer großen Produktlinie (Geschäftsfeld) wieder.

Zu einer bestimmten Produktlinie gehören mehrere »Projektgruppen«, die sich in die einzelnen Projekte gliedern. Den Projekten selbst sind mehrere Auftragskennzeichen als »FuE-

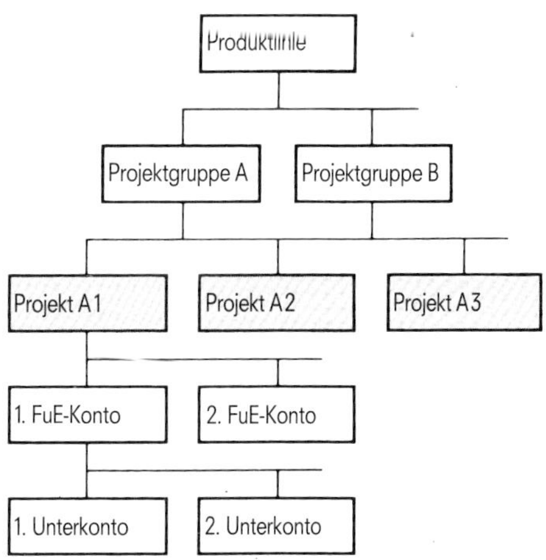

Bild 3.15
Anbindung der Konten an die Projektgliederung

Konten« zugeordnet, die sich wiederum in mehrere Unterkonten auf tieferen hierarchischen Ebenen unterteilen können.

Auftragskennzeichen

Wie der Name schon sagt, wird mit dem Auftragskennzeichen (AKZ) ein FuE-Auftrag innerhalb eines Projekts gekennzeichnet. Diese Kodierung kann zählende (laufende Nummer) und beschreibende (sprechende) Elemente enthalten. Das AKZ ist keine Schöpfung des Projektmanagements, sondern gängiges Hilfsmittel, mit dem unternehmensinterne Abwicklungs- und Leistungsprozesse nach den Regeln des Rechnungswesens gegliedert werden.

Bild 3.16 zeigt als Beispiel den Aufbau eines Auftragskennzeichens, wie es in mehreren Unternehmensbereichen der Siemens AG verwendet wird bzw. wurde.

Hierbei kann die Belegung wie folgt aussehen: An den ersten beiden Stellen des AKZ ist der Geschäftsbereich ablesbar. Die Stellen 3 bis 5 enthalten den Kostenträger; in dem gezeigten Beispiel ist dies die Entwicklung. In der sechsten Stelle des AKZ ist die Auftragsart verschlüsselt; in der Entwicklung verwendet man die Auftragsarten »2« interne Leistungen und »9« Kostenstellen-Gemeinkosten. Die Stellen 7 bis 11 enthalten die laufende Nummer des AKZ, wobei der »Aufgabenbereich« hierarchisch dem »Auftrag« übergeordnet ist. In der zwölften Stelle ist die Entwicklungsphase verschlüsselt. Die Stellen 13 und 14 enthalten das Tätigkeitskennzeichen. Diese Kennzeichen werden u. a. zum Erfassen des Qualitätssicherungsaufwands verwendet (siehe Kap. 2.5.5). Entwicklungsphasen und Tätigkeitskennzeichen sind i. Allg. in den Entwicklungsprozessplänen festgelegt.

Neben diesem AKZ-Aufbau 6-4-4 (»Münchner AKZ«) gab es bei Siemens noch den Aufbau 5-1-4-6 (»Erlanger AKZ«).

Auch im Rahmen eines SAP-Verfahrenseinsatzes bietet sich eine ähnliche Klassifizierung der Auftragskennzeichen (CO-Innenaufträge oder PSP-Elemente) an.

Die Auftragskennzeichen der Projekte, also die FuE-Konten, werden in den bereits erwähnten Kontenplan bzw. Kontenkatalog aufgenommen, der ständig auf aktuellem Stand gehalten werden muss. Die Pflege des Kontenkatalogs eines Projekts ist Aufgabe des zuständigen Projektbüros oder einer dafür eingerichteten Stabsstelle (FuE-Büro).

Unterkonten nach einem Bildungsschema

Bei einer *vorgeleisteten* Entwicklung elektronischer Produktteile (Basisprojekte), die später bausteinartig in großen Anlagen (Kundenprojekte) eingesetzt werden, wird häufig die Produktstruktur der Kontenstrukturierung zu Grunde gelegt. Da das Produkt das Ergebnis einer Entwicklung darstellt, nennt man das eine

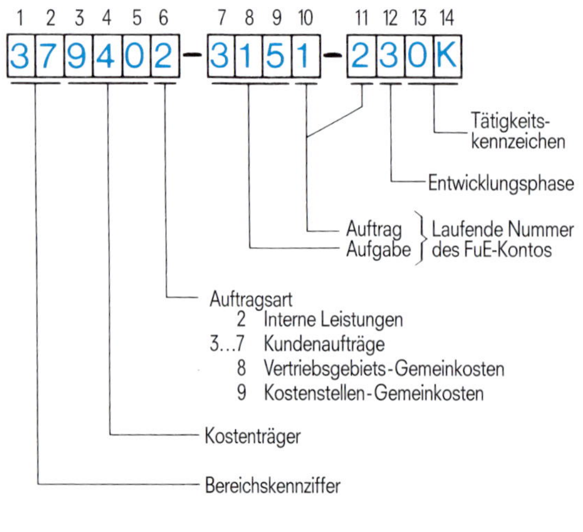

Bild 3.16
Aufbau eines Auftragskennzeichens (Beispiel)

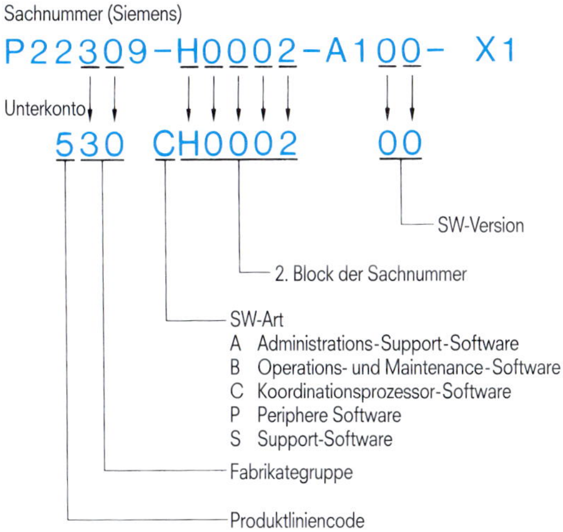

Bild 3.17
Unterkonten-Bildungsschema
(Beispiel aus der Vermittlungstechnik)

»outputorientierte« Strukturierung. Lediglich für allgemeine Arbeiten und Dienstleistungen, denen oft konkretisierbare Entwicklungsergebnisse nicht zugeordnet werden können, sind dann noch – unabhängig von der Produktstruktur – eigene Konten festzulegen.

In der praktischen Durchführung stößt dieser methodische Ansatz zur Kontenstrukturierung jedoch an Grenzen, die nachfolgend erläutert werden: Stellt man an eine Strukturierung immer mehr und auch noch divergierende Anforderungen, so würde – wollte man alle Gesichtspunkte berücksichtigen – die Kontenstruktur immer detaillierter werden. Damit würde auch der Planungsaufwand stark ansteigen, da die Konten und damit die Auftragspapiere immer zahlreicher werden.

Um diesen Nachteil zu vermeiden, kann man folgenden Weg beschreiten:

- ▷ Geplant wird weiterhin nur auf (übergeordneter) Kontenebene, den FuE-Konten,
- ▷ der Iststundenaufwand wird aber auf einer Unterkontenebene erfasst und
- ▷ die Unterkonten werden aus den vorhandenen Sachnummern von den »Stundenschreibern« selbst gebildet.

Zur Stundenschreibung entnehmen die kontierenden Projektmitarbeiter nach den Regeln eines Bildungsschemas Teile der Sachnummern (der Produktteile) und bilden mit Hilfe dieser Fragmente die Unterkonten, auf die dann die aufgewendeten Arbeitsstunden im Kontierungsbeleg – der arbeitstäglich, wöchentlich oder monatlich zu erstellen ist – kontiert bzw. belastet werden.

Das Prinzip dieser »Selbstbildung« von Unterkonten wird in Bild 3.17 an einem Beispiel für den Quellcode einer Anlagen-Software gezeigt.

Der Begriff Unterkonto wurde deshalb gewählt, weil diese Konten den Auftragskennzeichen, d. h. den FuE-Konten, hierarchisch untergeordnet sind, so dass jedes Unterkonto einem bestimmten Auftragskennzeichen fest zugeordnet ist. Diese Zuordnung zwischen Unterkonto und FuE-Konto wird nach der erstmaligen Benutzung in einem Kontierungsbeleg vom Plausibilitierungsprogramm ausgefiltert und von den Bearbeitern im Projektbüro auf richtige Zuordnung überprüft. Die Zuordnung wird dann in einer Datei gespeichert und dient von da an als automatische Plausibilitierungshilfe für die Stundenkontierungsbelege.

Auf diese Weise helfen die Unterkonten, dass bei der Stundenberichterstattung irrtümlich verwendete Auftragskennzeichen sowie Erfassungsfehler mit maschineller Unterstützung leichter entdeckt werden können.

Das gezeigte Unterkonten-Bildungsschema bietet folgende Vorteile:

- ▷ Bei der Stundenkontierung muss der Bearbeiter nicht mehr über die Wahl des richtigen FuE-Kontos nachdenken, da das Unterkonto nach erstmaliger Definition durch den Projektmitarbeiter in dem Projekt-

kostenverfahren fest dem zugehörigen FuE-Konto zugeordnet wird,
- ▷ Abgrenzungsprobleme zwischen verschiedenen FuE-Konten werden weitgehend beseitigt und
- ▷ das Projektbüro muss sich keine Gedanken zur Strukturierung der Unterkonten machen, da die Struktur bereits in den Sachnummern verankert ist. Das Projektbüro muss diese Unterkonten nicht mehr durchnummerieren, aufzeichnen und an die Mitarbeiter weitergeben, wie dies z. B. bei Auftragskennzeichen nötig ist.

Ein Unterkontenschema eignet sich vor allem für das Gewinnen von Erfahrungs-, Qualitätssicherungs- und Produktivitätsdaten, weil die Unterkonten die technische Struktur zum Inhalt haben. Das Auftragskennzeichen verkörpert dagegen einen Entwicklungsauftrag meist in einer technischen Mischstruktur.

Unterkonten nach einem technischen Strukturkatalog

Unterkonten können allerdings auch auf der Basis eines vorgegebenen Strukturkatalogs fest definiert sein. In einem technischen Bereich wurde dazu ein »Ordnungssystem« festgelegt; es stellt ein vorbereitetes Verzeichnis der vorkommenden Anlagenteile und der zugehörigen Dienstleistungen dar (Bild 3.18). Es handelt sich dabei um eine für Anlagen dieser Technologie vorbereitete Strukturierung, in die dann konkrete Kundenprojekte eingefügt werden können.

Ein derartiges vorgefertigtes Verzeichnis bringt viele Vorteile in Kalkulation und Kostenverfolgung sowie beim Kostenvergleich unterschiedlicher Projekte; es wird in Zusammenarbeit mit den Fachabteilungen an zentraler Stelle im Unternehmen erstellt und ständig den technologischen Neuerungen der Anlagentechnik angepasst.

Kostenarten

Unter Kostenarten versteht man im betrieblichen Rechnungswesen die Unterteilung der Kosten nach der Art des Verbrauchs von Ressourcen und Leistungen, z. B. Personal-, Sach- und Kapitaleinsatzkosten. Die Kostenarten-Verzeichnisse (Kontenrahmen) sind für bestimmte Industriezweige bereits vor Jahrzehnten standardisiert worden. Diese standardisierten Kontenrahmen werden von den Unterneh-

OSNR	Sachbegriff
3100	Dampfturbine
3101	Auslegung
3103	Anschluß-Stutzen, Kräfte, -Momente
3110	Dampfturbine-Hauptteile
3112	Kreislaufrechnungen, Wärmegrundschaltpläne
3118	Montage Dampfturbinen-Hauptteile
3119	Inbetriebsetzung Dampfturbinen-Hauptteile
3120	Dampfturbinen-Zubehör
3122	Wärmeschutzisolierung, Verschalung (auch für Lärmschutz)
3123	Schmierölversorgung, Steuerflüssigkeitssystem
3124	Entwässerungssystem
3125	Wellendichtungsdampfsystem
3126	Armaturen, Dampfsiebe, Ausblaseeinsätze
3127	Wellendrehvorrichtung
3128	Montage Dampfturbinen-Zubehör
3129	Inbetriebsetzung Dampfturbinen-Zubehör
3130	Kondensation
3131	Kondensatoren
3133	Umleiteinrichtung
3134	Zusatzwasser-Kondensateinleitung
3135	Evakuierung
3136	Kondensatförderung
3138	Montage Kondensation
3139	Inbetriebsetzung Kondensation
3140	Zusatzlieferungen zur Dampfturbine
3141	Ölablaß- und Reinigungsanlage
3142	SBF-Ablaß- und Reinigungsanlage
3144	Wasserabscheider-Zwischenüberhitzer
3146	Dampfentnahme für externe Verbraucher

Bild 3.18
Ordnungssystem für Unterkonten (Beispiel aus der Kraftwerktechnik)

men meist als Grobstruktur verwendet. Sie entwerfen darauf aufbauend ihre eigenen Kontenrahmen, die auf die Erfordernisse der Unternehmen abgestimmt sind. Kostenarten werden beispielsweise zur Untergliederung von Kostenstellen (Kap. 3.6.1) verwendet.

Wesentliche Kostenarten sind:

Personalkosten

- ▷ Gemeinkosten-Gehälter
- ▷ Gemeinkosten-Löhne
- ▷ Sozialkosten
- ▷ Erfolgsbeteiligungen
- ▷ Altersversorgung.

Personalabhängige Sachkosten

- ▷ Büromaterial
- ▷ Vervielfältigung
- ▷ Nachrichtenkosten (Telefon, Datenleitungen)
- ▷ Reisekosten Inland [1)]
- ▷ Reisekosten Ausland [1)].

Übrige Sachkosten

- ▷ Instandhaltung
- ▷ Energiekosten
- ▷ Bewirtung/Betreuung
- ▷ Werbungskosten [1)]
- ▷ Dienstleistung von Fremdpersonal [1)]
- ▷ Übersetzungsarbeiten [1)]
- ▷ EDV-Kosten (Rechnernutzung) [1)]
- ▷ Kostenstellenumlagen.

Kapitaleinsatzkosten

- ▷ Zinsen/Abschreibung/geringwertige Wirtschaftsgüter
- ▷ Mieten für Räume, Gebäude
- ▷ Mieten für Inventar
- ▷ Steuern und Versicherung.

Die mit [1)] markierten Kostenarten können – je nach ihrem Gewicht – in Kostenstellen oder als Kostenelemente in Projekten geführt werden. Diese Gliederung der Kostenarten enthält alle Kosten, die eng mit dem Arbeitsplatz des Entwicklers in Verbindung stehen; sie ist nicht projektspezifisch.

Die Kostenarten berücksichtigen vielfach die Anforderungen an die Gliederung und die Transparenz der Projekte nicht genügend. Daher wird auf die im betrieblichen Rechnungswesen übliche Gliederung nach Kostenarten bei der Kostenplanung von Projekten oft verzichtet. Stattdessen wird zur Projektkontrolle häufig (außerhalb der Kostenstellenrechnung) eine eigene projektbezogene Gliederung in *Kostenelementen* vorgenommen.

Kostenelemente

Unter Kostenelementen versteht man die Gliederung der Kosten von Projekten, die sich an technischen, arbeitsteiligen und/oder kalkulatorischen Gegebenheiten orientiert; sie ist sehr stark von der Art und dem Inhalt der Projekte geprägt.

Ein Kostenelement kann beispielsweise auch die Herkunft der Kosten (siehe Kap. 4.2.2) umschreiben, d. h. man kann damit erkennen, woher die ausgewiesenen Kosten kommen.

Diese Art der Kostengliederung ist für eine wirksame Projektkostenkontrolle unerlässlich.

Beispielsweise wird im Entwicklungsbereich folgende Grobgliederung der Kostenelemente verwendet:

- ▷ Eigen- und Fremdpersonal,
- ▷ Nutzung von Rechen- und Testanlagen,
- ▷ Labormuster und Versuchsaufbauten,
- ▷ externe Dienstleistungen, Tools und Know-how,
- ▷ Schutzrechte (z. B. Patente),
- ▷ Anforderungsänderungen,
- ▷ Dokumentation und Marketing,
- ▷ Produktionshilfsmittel und -technologien,
- ▷ Forschung und Grundlagenentwicklung.

Eine solche Gliederung der Kostenelemente ist nicht immer frei gewählt; sie wird sich vielmehr den Kostenschwerpunkten der Projekte und der Aufbauorganisation des Unternehmens anpassen müssen.

Die Gliederung drückt oft auch die Arbeitsteilung zwischen unterschiedlichen technischen Gebieten aus. Als Beispiel dafür werden nachfolgend die Kostenelemente für das Errichten eines Kohlekraftwerks genannt:

- Bauten,
- Kessel und Feuerungstechnik,
- Maschinenbau und Rohrleitungen,
- Abgasreinigungsanlagen,
- Turbosatz,
- Generator,
- Starkstromanlagen,

– Leit-, Steuerungs- und Sicherungstechnik,
– Montage und Inbetriebsetzung.

Zusammenfassend ist festzuhalten, dass die Berichterstattung über die Kosten eines Projekts von der Güte und Tiefe seiner Strukturierung abhängt. Dabei ist die Strukturierung der FuE-Konten die Basis jeder Projektkosteninformation.

3.2 Aufwandsschätzung

3.2.1 Methodenüberblick

Die unterschiedlichen Ausgangsgrößen und Vorgehensweisen bei der Aufwandsschätzung für HW- und SW-Entwicklungsvorhaben haben in der Praxis zu zahlreichen Methoden geführt; sie unterscheiden sich sowohl in der Art der Quelldaten für die Aufwandsschätzung als auch in der Form der Ermittlung der Zieldaten. Als Zieldaten ergeben sich meist Schätzgrößen, wie Personalaufwand, Kosten oder Zeitdauer. Auch sind der Einsatzpunkt bezogen auf den Entwicklungsablauf sowie die jeweilige Einsatzbreite bei den einzelnen Methoden und Verfahren sehr unterschiedlich. Teilweise sind die vorgeschlagenen Methoden und die darauf aufbauenden Verfahren unternehmensspezifisch ausgerichtet und verfügen über keine wissenschaftliche Untermauerung.

Im Allgemeinen stellt eine Aufwandsschätzmethode einen funktionalen Zusammenhang zwischen bestimmten Produktgrößen (Mengengerüst) und den zu schätzenden Aufwänden bzw. Kosten – unter Berücksichtigung von Einflussgrößen – her (Bild 3.19); hierbei ist »funktional« nicht im streng mathematischen Sinn zu

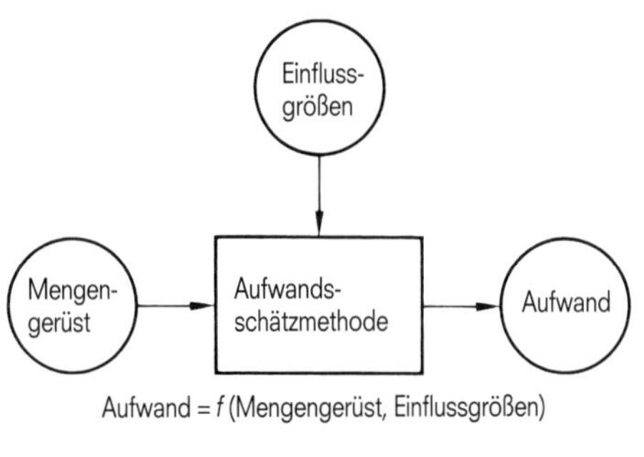

Bild 3.19
Prinzip einer Aufwandsschätzmethode

verstehen. Vielmehr kann jede messbare Entwicklungsgröße, die in irgendeiner Weise mit dem Entwicklungsaufwand korreliert, zu einer Quellgröße einer Aufwandsschätzmethode gemacht werden.

Bei Projekten ohne größere eigene Entwicklungsanteile, wie das bei Projektierungs- und Investitionsprojekten sowie bei Dienstleistungs- und Rationalisierungsprojekten normalerweise der Fall ist, fehlen meist spezifische Aufwandsschätzmethoden. Bei dieser Art von Projekten können daher nur Vergleichsdaten, die in einer Erfahrungsdatenbank für ähnliche, bereits abgeschlossene Projekte gesammelt worden sind, die Aufwandsschätzung unterstützen (siehe auch Tabelle 3.2).

In der Literatur werden die bestehenden Methoden teilweise sehr unterschiedlich klassifiziert. Trotzdem kann man sie drei grundlegenden Klassen entsprechend ihrer »inneren Funktionsweise« zuordnen:

I Algorithmische Methoden

▷ Parametrische Methoden
▷ Faktoren- bzw. Gewichtungsmethoden.

II Vergleichsmethoden

▷ Analogiemethoden
▷ Relationsmethoden.

III Kennzahlenmethoden

▷ Multiplikatormethoden
▷ Produktivitätsmethoden
▷ Prozentsatzmethoden.

3.2.1.1 Algorithmische Methoden

Algorithmische Methoden bedienen sich zur Ergebnisermittlung immer einer Formel bzw. eines Formelgebildes, dessen Struktur und Konstanten empirisch und teilweise mit mathematischen Methoden, wie z. B. der Regressionsanalyse, bestimmt worden sind.

Wie in Bild 3.20 angedeutet, wird aufgrund einer empirisch gefundenen Korrelation die Abhängigkeit des Aufwands (bzw. der Kosten) von einer bestimmten Ergebnisgröße als Kurvenverlauf dargestellt, aus dem dann für ein künftiges Entwicklungsvorhaben – unter Berücksichtigung bestimmter Einflussparameter –

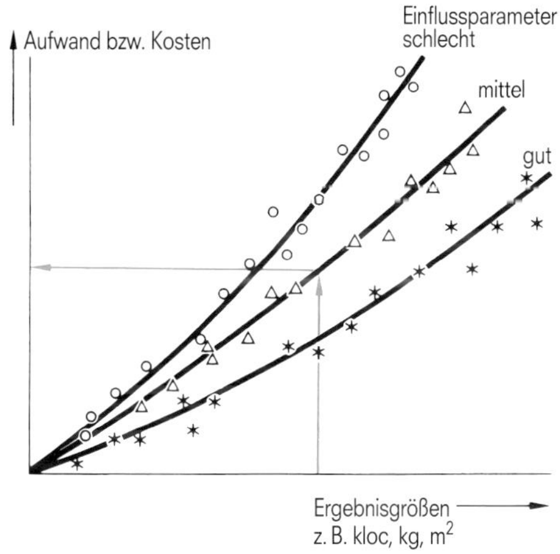

Bild 3.20
Algorithmische Methoden (Prinzipdarstellung)

der zu erwartende Aufwand (bzw. die Kosten) abgeleitet werden kann.

$$A = f(M, E_i) \qquad (9)$$

A Personalaufwand
M Menge einer Ergebnisgröße
E_i Einflussfaktoren

Zu den algorithmischen Methoden gehören die beiden Gruppen der *parametrischen Schätzmethoden* und der *Faktoren- bzw. Gewichtungsmethoden;* wobei die letzteren auch Elemente der Kennzahlenmethoden enthalten.

Parametrische Methoden

Bei parametrischen Methoden stellt man einen *formelmäßigen* Zusammenhang gemäß (9) zwischen einer messbaren Produktgröße – wie z. B. Gewicht (in kg) bei Hardware oder Befehlsanzahl (in kloc) bei Software – und dem dafür erforderlichen Aufwand an Personal und Zeit her. Dieser Zusammenhang kann auf Basis der Untersuchung einer möglichst großen Anzahl abgeschlossener Entwicklungsprojekte – die repräsentativen Charakter haben – und unter Anwendung entsprechender Regressionsanalysen gefunden werden. Zur Unterscheidung der Verschiedenartigkeiten sind spezielle Parameter als Einflussgrößen zu definieren, die einen verringernden oder einen vergrößernden Effekt auf die Ergebnisgrößen des Algorithmus haben. Auch hier können zum wertemäßigen Bestimmen der Einflussgrößen Korrelationsanalysen mit vorliegenden Erfahrungsdaten durchgeführt werden.

Als die schon klassischen parametrischen Schätzmethoden sind hier die SW-Aufwandsschätzmethode COCOMO (Constructive Cost Model) sowie die HW- und SW-Aufwandsschätzmodelle von PRICE (Programmed Review of Information for Costing and Evaluation) zu nennen; auf sie wird in den folgenden Kapiteln ausführlich eingegangen.

COCOMO-Methode

Die erste COCOMO-Methode [9] von Boehm basiert auf der Untersuchung von rund 60 SW-Projekten, für die mit Hilfe der Regressionsanalyse unter Berücksichtigung von 15 Einflussgrößen ein formelmäßiger Zusammenhang zwischen der Programmgröße in kloc und dem Personalaufwand in MM hergestellt wurde (siehe Kap. 3.2.2). Hierbei kann man einerseits die geplante Produktstruktur und andererseits den bestehenden Projekttyp in die Aufwandsschätzung einbeziehen. Die Einflussgrößen gliedern sich in die Klassen:

- ▷ Produkt-Attribute,
- ▷ Computer-Attribute,
- ▷ Personal-Attribute und
- ▷ Projekt-Attribute.

Der ermittelte Aufwand bzw. die Kosten werden auf vorgegebene Entwicklungsphasen aufgeteilt. Weiterhin kann man eine »optimale« Entwicklungszeitdauer ermitteln.

Neuerungen auf dem Gebiet der SW-Entwicklung hat Boehm in seinem geänderten Aufwandsschätzmodell COCOMO 2 Rechnung getragen [10]. In diesem Modell wird die Aufwandsschätzung in zeitlich aufeinander aufbauenden Stufen vollzogen; auch sind die Einflussgrößen teilweise modifiziert worden.

PRICE-Schätzmodelle

PRICE umfasst eine ganze Familie von Kostenschätzmodellen für unterschiedliche Entwicklungsgebiete (HW-, SW-, Chip-Entwicklung) [135, 136, 137].

Mit PRICE H (siehe Kap. 3.2.3.2) z. B. kann man für den HW-Bereich eine Schätzung der voraussichtlichen Entwicklungs- und der Produktionskosten auf der Basis quantitativer (z. B. Gewicht, Menge, Volumen) und qualitativer

Ausgangsgrößen (z. B. Komplexität der Elektronik und Mechanik) vornehmen. Auch hier ist der algorithmische Zusammenhang mit Hilfe von Regressionsanalysen gefunden worden.

Das für den SW-Bereich vorgesehene PRICE S (siehe Kap. 3.2.3.3) hat Ähnlichkeit mit der COCOMO-Methode. Abhängig von mehreren Einflussgrößen können hier die erforderlichen Entwicklungskosten phasenbezogen sowie die optimale Entwicklungsdauer aus der Programmgröße (gemessen in kloc) bestimmt werden.

SLIM-Methode

Bei der Methode SLIM (Software-Lifecycle-Management) von Putnam [76] wird der Lebenszyklus einer Entwicklung als Ganzes betrachtet, ohne dass auf die einzelnen Komponenten des zu entwickelnden Produkts näher einzugehen ist; sie wird deshalb auch als *Makroschätzmethode* bezeichnet. Da die SLIM-Methode keine genauen Kenntnisse der produktinternen Strukturen voraussetzt, sondern nur von einigen Variablen ausgeht, ist es schon in sehr frühen Projektphasen für eine erste pauschale Aufwands- und Kostenbetrachtung einsetzbar.

Die SLIM-Methode geht von empirisch gefundenen Verteilungskurven für den Personaleinsatz bei Forschungs- und Entwicklungsprojekten aus. Putnam hat diese empirische Analyse bei rund 200 SW-Entwicklungsprojekten aus dem militärischen Bereich fortgeführt und hat für den Personaleinsatzverlauf eine Funktion abgeleitet:

$$A = 0{,}4 \times M^3 \times T_e^{\frac{1}{4}} \times C^{\frac{1}{3}} \qquad (10)$$

A Personalaufwand in MJ
M Befehlsanzahl in loc
T_e Entwicklungszeitdauer in Jahren
C Technologiekonstante.

Diese Gleichung zeigt einen Zusammenhang zwischen dem Personalaufwand einerseits und der Befehlsmenge, der Entwicklungszeitdauer sowie einem Faktor für den Technologiestand andererseits. Die Technologiekonstante C drückt aus, wie intensiv moderne Programmiertechniken und höhere Programmiersprachen genutzt werden, wie umfangreich die Programmierung im Dialog vorgenommen wird und wie gut das verwendete Rechnersystem für die Entwicklung verfügbar ist.

Die SLIM-Methode hat den Vorteil, dass sie in der Frühphase eines Projekts eingesetzt werden kann. Die Unsicherheit im Bestimmen der Systemgröße zu diesem Zeitpunkt und im Festlegen des Technologiestands ermöglicht aber keine überzeugenden Aufwandsschätzungen. Zudem werden personenspezifische und qualitätsorientierte Einflussfaktoren nicht berücksichtigt. Auch zur Aufwandsschätzung kommerzieller Software eignet sich diese Methode nicht, da dort sehr unterschiedlich geformte Lebenszykluskurven anzusetzen wären.

Jensen-Methode

Das SW-Schätzmodell von Randell W. Jensen baut auf dem Putnam-Modell auf, aber unter Einbeziehung von Einflussgrößen, ähnlich wie sie bei Boehm definiert worden sind. Im Gegensatz zur COCOMO 1-Methode unterscheidet sie nicht zwischen den einzelnen Entwicklungsphasen und berücksichtigt keine Produktstrukturierung (Makroebene). Abgeleitet aus dem SW-Produktlebenszyklus gemäß einer Rayleigh-Kurve wird ein formelmäßiger Zusammenhang zwischen dem Personalaufwand und der Befehlsmenge des geplanten SW-Produkts in Abhängigkeit einer Projekt/Problem-Komplexität und zweier Technologiekonstanten hergestellt:

$$A = 0{,}4 \cdot C_D^{0{,}4} \cdot \left(\frac{M}{C_{te}}\right)^{1{,}2} \qquad (11)$$

$$\text{mit} \quad C_{te} = \frac{C_{tb}}{\prod_{1}^{13} E_i}$$

A Personalaufwand in MJ
M Befehlsanzahl in loc
C_D Projekt/Problem-Komplexität
E_i Einflussfaktoren
C_{te} eff. Entwickler-Technologiekonstante
C_{tb} Basis-Technologiekonstante.

Die Technologiekonstanten werden wiederum aus dem Faktorenprodukt mehrerer Einflussgrößen gebildet. Im Gegensatz zu den Boehmschen Faktoren variieren diese nicht um den Normalwert von Eins, sondern sind alle größer als Eins. Jensen geht also von einem Mindestaufwand für den Entwicklungsaufwand aus, macht aber für die Quantifizierung der Faktoren keine näheren Angaben. Eine Bewährung des Jensen-Modells in der Praxis steht daher noch aus.

Das Jensen-Modell ermöglicht auch das Schätzen der voraussichtlichen Entwicklungszeit, die i. Allg. höhere Werte als das COCOMO-Modell ergibt und damit realistischer sind.

Faktoren- bzw. Gewichtungsmethoden

Basis aller Faktorenmethoden – häufig auch als Gewichtungsmethoden bezeichnet – ist ein Wertesystem von Faktoren und Gewichtungszahlen, die quantitativ den Einfluss bestimmter Kriterien auf den Aufwand bzw. die Kosten einer Entwicklungsaufgabe ausdrücken. Für das Bewerten dieser Einflussfaktoren werden sowohl subjektive (z. B. Komplexitätsgrad der Aufgabe) als auch objektive (z. B. Auswahl bestimmter Bedingungen) Kriterien herangezogen.

Faktoren- und Gewichtungsmethoden sind vornehmlich für SW-Entwicklungen formuliert worden, obwohl sie gleichermaßen auch für HW-Entwicklungen geeignet sind.

Hinsichtlich ihrer Klasseneinordnung stehen sie zwischen den algorithmischen Schätzmethoden und den Kennzahlenmethoden, denn sie arbeiten sowohl mit formelmäßigen Zusammenhängen als auch mit zu Kennzahlen verdichteten Erfahrungswerten.

IBM-Faktorenmethode

In einer schon älteren Faktorenmethode [28] werden folgende entwicklungsbestimmende Gewichtungsfaktoren definiert:

Gewichtungsfaktor G_1: Anzahl Formate bei Eingabe, Ausgabe und Änderung einer Programmkomponente

Gewichtungsfaktor G_2: Art der Programmverarbeitung (sprachabhängig)

Gewichtungsfaktor G_3: Problemkenntnisse der Programmierer

Gewichtungsfaktor G_4: Programmierfähigkeit der Programmierer

Gewichtungsfaktor G_5: Einfluss der projektintern und -extern verursachten Störungen auf den Arbeitsablauf.

Jeder dieser fünf Gewichtungsfaktoren wird in einer zweidimensionalen Auswahlmatrix für die jeweilige Programmkomponente bestimmt. Der Programmieraufwand in MT, der nicht dem Aufwand für den fachlichen Entwurf umfasst, wird ermittelt aus der Schätzgleichung

$$A = (G_1 + G_2) \times (G_3 + G_4) \qquad (12)$$

A Personalaufwand in MJ.

Für die voraussichtliche Programmierzeit T (in Tagen) ergibt sich

$$T = \frac{1}{n} \times A \times (1 + G_5) \qquad (13)$$

n Anzahl Mitarbeiter.

Besondere prozentuale Zuschläge zu diesem Wert sollen die Programmierzeit an die speziellen Projektgegebenheiten anpassen.

Surböck-Methode

Die Surböck-Methode stellt eine Erweiterung der vorgenannten Faktorenmethode für die dort nicht behandelten Frühphasen eines SW-Projekts dar; sie verwendet hierfür projektorientierte Faktorentabellen zum Bestimmen des Entwurfs- und Planungsaufwands.

Mit Hilfe dieser Tabellen werden Aufwandsfaktoren für die Studie (Orientierung) und die Systemplanung sowie Faktoren für die Parameter Komplexität und Vertrautheit mit dem Arbeitsplatz bestimmt. Durch diese Größen lässt sich dann der Aufwand für die Studie, die Systemplanung und die fachliche Realisierung ableiten. Der Aufwand für die DV-technische Realisierung wird dann nach der IBM-Faktorenmethode ermittelt.

ZKP-Methode

In Kapitel 3.2.5 ist die der Surböck-Methode ähnliche Faktoren- und Gewichtungsmethode ZKP (Zeit-Kosten-Planung) näher beschrieben, welche auch von zwei Aufwandsfaktoren für die verschiedenen Dateien und die Verarbeitungsfunktionen ausgeht. Der benötigte Aufwand kann durch Problemkenntnis- und Problemerfahrungsfaktoren verringert oder vergrößert werden. Weitere Zuschlagsfaktoren für organisationsbedingte Mehraufwände, für allgemeine Verlustzeiten und eventuell für Programmänderungen vergrößern den Entwicklungsaufwand. Für den engen Bereich der kommerziellen SW-Entwicklung ist die ZKP-Methode eine leistungsfähige SW-Aufwandsschätzmethode, welche nicht von der Befehlsanzahl, sondern von aufgaben- und funktionsorientierten Kriterien ausgeht.

Hauptnachteil aller Faktoren- und Gewichtungsmethoden ist, dass sie nicht in der Frühphase eines Projekts, sondern erst nach vollständiger Definition der Produktstruktur einsetzbar sind. Auch sind die gefundenen Schätzwerte nur als Leitgrößen zu betrachten, da wegen der mangelnden Objektivität beim Bestimmen der Gewichtungsfaktoren eine große Unsicherheit der Schätzergebnisse besteht.

3.2.1.2 Vergleichsmethoden

Vergleichsmethoden basieren nicht auf einem formel- bzw. zahlenmäßigen Zusammenhang zwischen geplanter Produktgröße und dafür notwendigem Entwicklungsaufwand; diese Methoden versuchen vielmehr, einen Bezug zwischen vergangenen Entwicklungen und einer geplanten Entwicklung herzustellen. Hierzu bedienen sich die Vergleichsmethoden Erfahrungsdaten abgeschlossener Entwicklungsobjekte unter Verwendung entsprechender Vergleichskriterien. Daher benötigen alle Vergleichsmethoden eine irgendwie geartete Erfahrungsdatenbank, d. h. sie setzen das systematische Sammeln und Speichern von aussagekräftigen Erfahrungsdaten abgeschlossener Projekte voraus. Vergleichsmethoden sind sowohl für SW- als auch für HW-Entwicklungen einsetzbar und haben den großen Vorteil, dass sie bereits in der Frühphase eines Entwicklungsprojekts genutzt werden können.

Bild 3.21 zeigt die Prinzipdarstellung einer derartigen, für die Aufwandsschätzung eingerichteten Erfahrungsdatenbank, die darüber hinaus auch zu weiteren statistischen Auswertungen (Kennzahlen) dienen kann. Durch Vergleich der Daten des geplanten Projekts mit denen abgeschlossener Projekte erhält man – meist in einer Rangfolge – die Daten ähnlicher Projekte aus der Datenbank.

Zu den Vergleichsmethoden zählen die *Analogie- und* die *Relationsmethoden*.

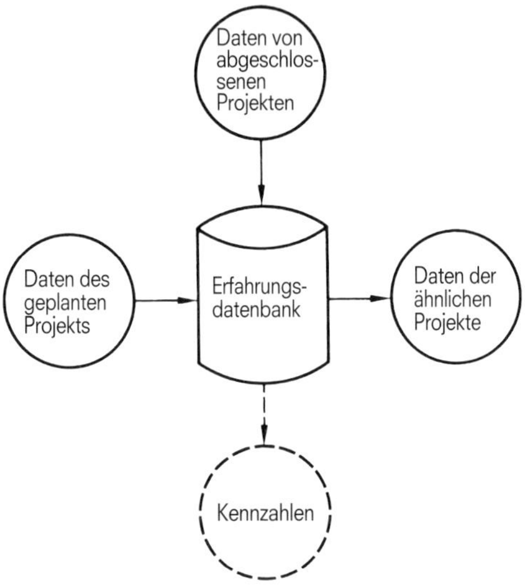

Bild 3.21
Vergleichsmethode (Prinzipdarstellung)

Analogiemethoden

Für den Vergleich mit abgeschlossenen Entwicklungsprojekten zieht man bei den Analogiemethoden Vergleichskriterien heran, mit denen eine entsprechende Aussage über die »Ähnlichkeit« von Entwicklungsobjekten möglich ist. Es soll aus einer Menge z. T. sehr unterschiedlicher Projekte dasjenige gefunden werden, dessen Leistungsprofil mit dem des geplanten Projekts am besten übereinstimmt. Anhand des so ausgewählten Projekts können dann Analogieschlüsse auf das künftige Projektvorhaben hinsichtlich Aufwand, Kosten und Zeit angestellt werden.

EDB-Methode

Für die Beschreibung eines solchen Leistungsprofils gibt es vielfältige Ansätze. Eine sehr gängige Methode ist der Aufbau einer Erfahrungsdatenbank (EDB), wobei die entscheidenden Merkmale abgeschlossener Projekte als Deskriptoren in einer Retrieval-Datenbank abgespeichert werden. Zusätzlich bietet sich eine formalisierte Beschreibung des Leistungsprofils anhand einer Merkmalsleiste an. In Kapitel 3.2.6 wird auf ein EDB-Verfahren näher eingegangen.

Die Deskribierung kann sich sowohl auf das ganze Projekt als auch auf Teile eines Projekts beziehen. Im letzteren Fall steigt natürlich die »Trefferquote« ganz erheblich, da man ja mehr ähnliche Teilprodukte als ähnliche Gesamtprodukte hat. Die Wiedergewinnung wird über einen natürlich-sprachlichen Suchdialog mit boolescher Verknüpfung von Deskriptoren erreicht, mit der die zu einem geplanten Entwicklungsvorhaben »ähnlichsten« Projekte ausfindig gemacht werden. Der Projektleiter kann mit diesen einen Vergleichsschluss auf die voraussichtlichen Kosten und das erforderliche Personal machen.

Funktionswertmethode

In einem gewissen Maße muss auch die bei IBM entwickelte Funktionswertmethode (Function-Point-Methode) zu den Analogiemethoden gezählt werden, da hier auf funktionaler Ebene eine Systematisierung im Beschreiben eines Anwendersoftware-Systems versucht wird, um so eine Vergleichbarkeit abgeschlossener SW-Projekte zu erreichen. Wie in Kapitel 3.2.4 näher beschrieben, wird bei dieser Methode das zu realisierende System in seine Funktionsstruktur zerlegt und ein Funktionswert (»Function-Points«) durch eine detaillierte Zählung der Ein- und Ausgabedaten, der Abfragen, der Datenbestände sowie der Referenzdaten (nur lesend) ermittelt. Die einzelnen Funktionsmengen werden entsprechend ihrem Schwierigkeitsgrad klassifiziert, gewichtet und summiert. Mit diesem Wert und unter Berücksichtigung bestimmter Einflussgrößen kann man dann in einer Funktionswertkurve den voraussichtlichen Entwicklungsaufwand ablesen. Die Funktionswertkurve muss auf der Basis von Erfahrungswerten aus vergangenen Projekten abgeleitet und aufgezeichnet werden. Von entscheidender Bedeutung bei dieser Methode ist natürlich die richtige Definition und Zählung der »Funktionen«.

Hauptmangel aller Schätzverfahren, die auf der Analogiemethode basieren, ist die meist zu geringe Anzahl von Vergleichsobjekten in der Erfahrungsdatenbasis; außerdem sind diese häufig nicht aktuell genug.

Data-Point-Methode

Für die Aufwandsschätzung von Softwareprodukten, die in Sprachen der 4. Generation (4 GL-Sprachen) geschrieben sind, wird von Harry M. Sneed eine Data-Point-Methode vorgeschlagen [83].

Im Gegensatz zur Function-Point-Methode, die vom Umfang des Datenflusses (Menge der Ein-/Ausgaben, Abfragen, Datenbestände etc.) und der Anzahl der Schnittstellen ausgeht, wird bei der Data-Point-Methode der Aufwand allein von der Datenmenge, d. h. der Menge der einzelnen Datenelemente abgeleitet. Bei der Data-Point-Methode stehen nicht die Funktionen, sondern die Informations- und Nachrichtenobjekte im Vordergrund.

Informationsobjekte sind die einzelnen Datenobjekte, die in einer *Datenobjekt-Tabelle* nacheinander spezifiziert werden (Anzahl Attribute, Anzahl Schlüssel, Ein/Ausgabe-Kriterium, Integrationsgrad, Änderungsrate). Die Nachrichtenobjekte umfassen die Masken, Listen und Schnittstellen; auch sie werden in einer *Nachrichtenobjekt-Tabelle* nacheinander spezifiziert (Anzahl Felder, Anzahl Sichten, Ein/Ausgabe-Kriterium, Komplexität, Änderungsrate). Entsprechend ihrer Spezifizierung werden nach einem vorgesehenen Muster für die einzelnen Kriterien »Data-Points« vergeben. Die Summe dieser »Data-Points« werden dann – ähnlich wie bei der COCOMO-Methode – einer Qualitäts- und Einflussfaktorengewichtung unterzogen, so dass ein höherer oder kleinerer Wert herauskommt; mit diesem wird aus einer Produktivitätstabelle (ähnlich der Funktionswertkurve) der voraussichtliche Aufwandswert entnommen.

Relationsmethoden

Relationsmethoden sind den Analogiemethoden sehr ähnlich; wie bei diesen werden abgeschlossene Entwicklungsvorhaben mit dem Neuen verglichen. Der Unterschied liegt in der Vorgehensweise beim Projektevergleich; dieser bleibt dem Aufwandsschätzer nicht mehr allein überlassen, sondern wird auf Grund relativierender Formalismen unterstützt.

Das im Kapitel 3.2.6 beschriebene EDB-Verfahren bietet derartige Unterstützungen beim algorithmischen Vergleich von Indikatorenleisten, die Ähnlichkeitskriterien der gespeicherten Entwicklungsprojekte enthalten. Hierbei wird jedem Projekt eine längere Indikatorenleiste zugeordnet, in der mögliche Merkmalsausprägungen belegt oder nicht belegt sind. Diese Indikatoren werden mit Zusatzinformationen ebenfalls in der Datenbank gespeichert. Mit Hilfe von Mustererkennungsroutinen können dann bei Bedarf die »ähnlichsten« Projekte automatisch wieder herausgefiltert werden. Die Relevanz der so gefundenen Projekte zum Ableiten von Erkenntnissen für das neue Projekt kann auch hier letztendlich nur der Aufwandsschätzer beurteilen.

3.2.1.3 Kennnzahlenmethoden

Wie die Vergleichsmethoden erfordern die Kennzahlenmethoden das systematische Sammeln projekt- und produktspezifischer Messdaten abgeschlossener Entwicklungsvorhaben. Diese Messdaten werden allerdings nicht zum Vergleich von Projekten herangezogen, sondern aus ihnen leitet man aussagekräftige Kennzahlen ab, die zum Bewerten von Schätzgrößen geplanter Entwicklungsprojekte verwendet werden können.

Drei Methodengruppen sind hier von besonderer Bedeutung:

▷ Multiplikatormethoden
▷ Produktivitätsmethoden
▷ Prozentsatzmethoden.

Multiplikatormethoden

Ähnlich den parametrischen Methoden gehen die Multiplikatormethoden von einer Produktgröße (z. B. loc, kg) aus. Im Gegensatz zu jenen wird aber bei den Multiplikatormethoden eine einfache lineare Abhängigkeit zwischen den Schätzgrößen (z. B. Aufwand, Kosten) und der Produktgröße angenommen, so dass sich z. B. der Aufwand bzw. die Kosten eines Entwicklungsvorhabens durch die simple Multiplikation der Ergebnisgröße mit einer einzigen Kennzahl ergibt. Solche Kennzahlen sind:

▷ Gesamtkosten je Anweisungszeile,
▷ Testzeit je Anweisungszeile,
▷ RZ-Kosten je Mann-Monat,
▷ Entwicklungskosten je Gewichtseinheit,
▷ Aufwand je Logikfunktion.

Abhängig von bestimmten Einflussparametern können die Werte dieser Kennzahlen variieren (Bild 3.22); sie sind in einer speziellen Faktorentabelle zusammengefasst.

Bereits die einfache Multiplikation des voraussichtlichen Personalaufwands mit dem empirisch gefundenen Quotienten RZ-Kosten je Mann-Monat stellt eine Kennzahlenmethode zur Schätzung der Rechenzeitkosten dar.

Wolverton-Methode

Die erstmals von Wolverton vorgeschlagene Multiplikatormethode für SW-Entwicklungen [92] berücksichtigt den Neuigkeits- und Schwierigkeitsgrad der SW-Entwicklung sowie den Typ der zu entwickelnden Software.

Einerseits wird unterschieden zwischen Modifikations- und Neuentwicklungen jeweils mit den drei Schwierigkeitseinstufungen leicht, mittel und schwierig. Andererseits kann man eine Einordnung in folgende SW-Kategorien vornehmen:

▷ Steuerprogramme,
▷ Eingabe-/Ausgabeprogramme,
▷ Programme zur Datenaufbereitung,
▷ Rechenprogramme (Algorithmen),
▷ Programme zur Datenverwaltung bzw.
▷ zeitkritische Programme.

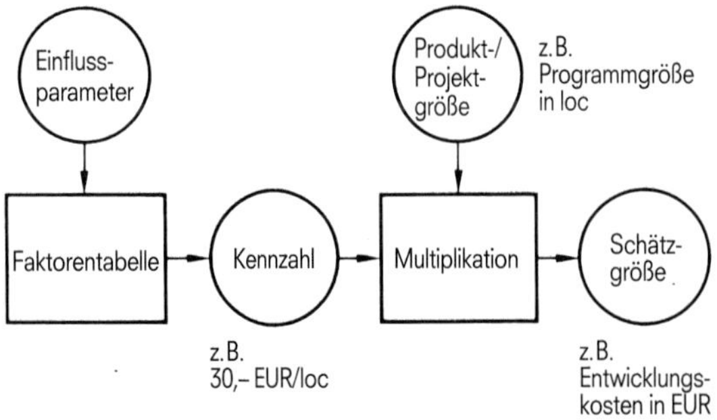

Bild 3.22
Multiplikatormethode (Prinzipdarstellung)

Gemäß allen Kombinationen dieser beiden Einteilungen hat Wolverton empirisch die zugehörigen Kennzahlen »Kosten je Anweisung« ermittelt und in einer Matrix zusammengestellt. Sind nun die Kosten eines geplanten SW-Systems zu schätzen, so muss es in seine Bestandteile zerlegt und gemäß der Matrixeinteilung eingeordnet werden. Die jeweils für die einzelnen Programme bzw. Module zu schätzende Anweisungszahl multipliziert man mit dem zugehörigen Faktor. Die Summe ergibt dann die voraussichtlichen Personalkosten. Abhängig von der Anweisungszahl sind dann noch prozentual (bis zu 11%) die Zusatzkosten für Projektmanagement zu addieren.

Die durch die Analyse von Projektdaten abgeschlossener Entwicklungsvorhaben gefundenen Kennzahlen »Kosten je Ergebniseinheit« müssen allerdings bei der Multiplikatormethode laufend aktualisiert werden, da sie sonst ihre Aussagekraft schnell verlieren.

Für eine erste grobe Schätzung kann die Multiplikatormethode sicherlich einen guten Anhaltswert geben; für fundiertere Aufwandsschätzungen ist sie dagegen zu ungenau.

Produktivitätsmethoden

Produktivitätsmethoden zur Aufwandsschätzung sind den Multiplikatormethoden sehr ähnlich. Bei ihnen geht man allerdings nicht von den Kosten je Ergebniseinheit, sondern von der Produktivität aus. Diese »Produktivitätsfaktoren« ergeben sich aus dem erbrachten Ergebnis dividiert durch den hierfür nötigen Aufwand (z. B. kloc/MM) und müssen ebenfalls aus den Projektdaten abgeschlossener Entwicklungsvorhaben als Durchschnittswerte abgeleitet werden. Laufende Anpassung an neue Gegenwartswerte ist meist nicht notwendig, da man normalerweise von einer unveränderten Produktivität ausgehen kann. Dies ist sicherlich immer dann der Fall, wenn die gleiche Entwicklerqualifikation und die gleiche Entwicklungsmethodik vorliegt. Erst bei Einsatz z. B. völlig neuer Entwicklungsmethoden und -werkzeuge wird sich die Produktivität ändern und eine Angleichung der Produktivitätsfaktoren erforderlich machen.

Auch bei den Produktivitätsmethoden gibt es einfache und komplexe Ausprägungen. Bei den einfachen Methoden wird durch Division der gemessenen Ergebnisgröße (z. B. Anweisungszahl, Logikfunktionen, Dokumentationsseiten) mit einem entsprechenden Produktivitätsfaktor der erforderliche Entwicklungsaufwand ermittelt.

$$A = \frac{M}{P} \cdot \prod E_i \qquad (14)$$

A Aufwand
M Ergebnismenge
P Produktivität
E_i Einflussfaktoren.

Bei komplexeren Methoden stehen ganze Tabellen von Produktivitätsfaktoren zur Verfügung, aus denen unter besonderer Berücksichtigung der speziell vorliegenden Entwicklungsmerkmale der zutreffende Produktivitätsfaktor gewählt werden muss. Durch entsprechende Division der Ergebnisgröße ergibt sich auch hier der Entwicklungsaufwand, aus dem durch Umrechnen mit den aktuellen Stundensätzen die Personalkosten bestimmt werden können.

Walston-Felix-Methode

Als eine bekannte Produktivitätsmethode für die SW-Aufwandsschätzung ist die von Walston und Felix [89] zu nennen. Hier ist versucht worden, den unterschiedlichen Einfluss auf die Produktivität auf Grund spezieller Projektbedingungen und Produktanforderungen zu berücksichtigen. Anhand der Untersuchung von Vergangenheitsdaten und entsprechenden Regressionsanalysen wird der Verlauf eines Produktivitätsindex angegeben, der das Schätzen der voraussichtlichen Produktivität ermöglichen soll. Im Einzelnen werden anhand von 29 Einflussgrößen mit Hilfe einer Produktivitätstabelle jeweils Produktivitätsvariable ($\hat{=}$ Differenz zwischen minimaler und maximaler Produktivität) bestimmt, die dann über eine Formel einen »Produktivitätsindex« festlegen; mit diesem kann in einem Produktivitätsdiagramm die anzunehmende Produktivität abgelesen werden.

Teilt man nun die angenommene Anweisungszahl durch diese Produktivität, so erhält man den wahrscheinlichen Personalaufwand.

Boeing-Methode

Bei der Boeing-Methode, welche ebenfalls eine Aufwandsschätzmethode für Software ist, wird von unterschiedlichen Produktivitätsfaktoren ausgegangen, die den einzelnen Programmieraktivitäten beim Erstellen eines SW-Programms zugeordnet sind. Je SW-Kategorie wird die Anweisungszahl geschätzt und mit der spezifischen Produktivität multipliziert. Den hieraus ermittelten Aufwand teilt man dann entsprechend einer Prozentsatzmethode auf die einzelnen Entwicklungsphasen auf. Mit Hilfe besonderer Korrekturfaktoren können schließlich diese Aufwandswerte an die im Einzelfall vorliegenden Projektspezifika angepasst werden.

Aron-Methode

Auch der Methodenvorschlag von Aron [1] geht beim Bestimmen des Programmieraufwands von einer Produktivitätskennzahl aus. Die Größe dieser Produktivität hängt bei dieser Methode von der Programmierschwierigkeit und der Projektdauer ab. Besteht das zu entwickelnde SW-System aus Teilen unterschiedlichen Schwierigkeitsgrads, so werden die Teilmengen mit entsprechend unterschiedlichen Produktivitätsfaktoren multipliziert.

Die Qualität von Produktivitätsmethoden steht und fällt mit der Qualität der Produktivitätsdefinition und ihrer Messbarkeit. Da eine wirklich allgemein anerkannte Definition der Produktivität im FuE-Bereich noch nicht gefunden ist, bleiben die existierenden Produktivitätsmethoden für die Aufwandsschätzung umstritten.

Prozentsatzmethoden

Prozentsatzmethoden sind keine eigenständigen Aufwandsschätzmethoden, sondern übertragen im Rahmen einer *partiell* vorgenommenen Aufwandsschätzung gefundene Teilergebnisse auf noch nicht geschätzte Bereiche des Entwicklungsprozesses (Bild 3.23).

$$A_j = g \cdot A_i \qquad (15)$$

A_i Aufwand der Phase i
A_j Aufwand der Phase j
g Prozentwert.

Hierbei sind folgende Varianten möglich:

- ▷ Aufwände und Kosten, die durch eine Istdatenerfassung für die erste Phase des Entwicklungsprozesses ermittelt worden sind, werden auf die übrigen (künftigen) Entwicklungsphasen extrapoliert.
- ▷ Aufwände und Kosten, die in Summe durch ein anderes Schätzverfahren ermittelt wurden, werden auf die einzelnen Entwicklungsphasen verteilt.
- ▷ Übertragung von Kostenrelationen auf andere Kostenelemente auf Grund des Gesamtaufwands, der durch eine andere Schätzmethode ermittelt worden ist.

Die verwendeten Prozentsatzreihen müssen sich allerdings auf ähnliche Entwicklungsbereiche beziehen, weil sonst unsinnige Verteilungen abgeleitet werden würden.

Im Kapitel 3.2.7 sind einige aus der Praxis empirisch abgeleitete Prozentsatzreihen für die SW-Entwicklung angegeben. Obwohl Prozentsatzmethoden sowohl für den SW- als auch für den HW-Entwicklungsprozess in gleicher Weise anwendbar sind, mangelt es bei der HW-Entwicklung häufig noch an einer systematischen Sammlung von Erfahrungsdaten, so dass hier keine abgesicherten Prozentsatzreihen vorliegen.

Schließlich sei noch erwähnt, dass Prozentsatzmethoden sich auch gut für die phasenbezogene Aufteilung der Entwicklungsdauer eignen (siehe auch Bild 3.42 in Kap. 3.2.7).

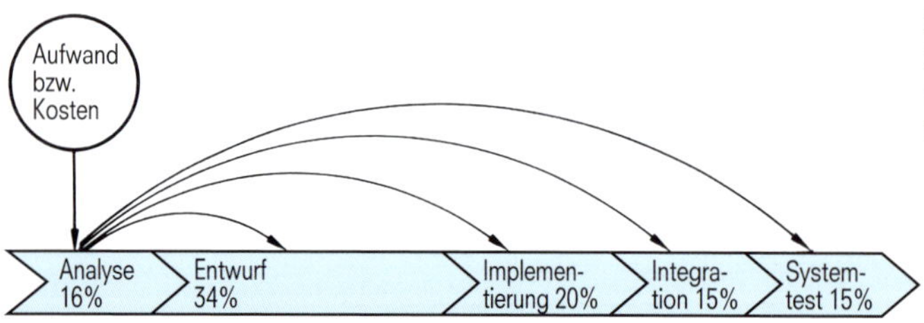

Bild 3.23
Prozentsatzmethode
(Werte aus einer nachrichtentechnischen Entwicklung)

3.2.1.4 Einordnung der Aufwandsschätzmethoden

Basierend auf den vorgenannten Methoden sind für die verschiedenen Einsatzgebiete in der HW- und SW-Entwicklung zahlreiche Aufwandsschätzverfahren teilweise mit Rechnerunterstützung (Großrechner oder Personal Computer) realisiert worden. Häufig sind sie allerdings nicht nur einer einzigen Methode zuzuordnen, sondern nutzen mehrere Methodenansätze. Entsprechend der Art der Ausgangsgrößen lassen sich die genannten Methoden wie folgt einteilen:

Ausgangsbasis	*Methodenklasse*
Funktionen	→ funktionsorientiert
Entwicklungsphasen	→ prozessorientiert
Produktergebnisgrößen	→ produktorientiert
Projektmerkmale	→ projektorientiert

In Tabelle 3.1 sind einige bekannte und mit Erfolg eingesetzte Aufwandsschätzmethoden entsprechend ihrer Methodenklasse eingeordnet (eine exakte Einordnung ist nur bedingt möglich).

Einsatzfelder

In der Tabelle 3.2 ist aufgeführt, bei welchen Projektarten die vorgenannten Aufwandsschätzmethoden eingesetzt werden können. Allerdings müssen in vielen Fällen die Parameter und Bewertungen auf die jeweilige Projektart – auf Basis einer vorangegangenen Erfahrungsdatensammlung – entsprechend angepasst werden. So wäre beispielsweise die Produktivitätsmethode ohne Weiteres auch auf Nicht-SW-Projekte einsetzbar, wenn man bei bestimmten Betreuungs- oder Dienstleistungsprojekten eine Kennzahl für eine relevante Ergebnismenge mit zugehörigen Einflussfaktoren definieren kann und wenn man Erfahrungswerte für die hierfür anzusetzende Produktivität hat. Ebenfalls könnte die COCOMO-Methode auf HW-Entwicklungen bei entsprechenden HW-Kostentreibern und Einflussgrößen adaptiert werden.

Einsatzzeitpunkt

Wegen der unterschiedlichen Arten der Ausgangs- und Einflussgrößen haben die einzelnen Aufwandsschätzmethoden (bzw. -verfahren) auch sehr verschiedene Einsatzzeitpunkte innerhalb des Entwicklungsprozesses. Schätzmethoden, die bereits genauere Angaben über das geplante Entwicklungsvorhaben benötigen, wie z. B. eine detaillierte Aufgliederung in die späteren Systemkomponenten, können verständlicherweise erst in einer vorangeschrittenen Planungsphase genutzt werden. Die Schätzergebnisse sind dann natürlich auch viel genauer als die von Methoden, die schon in einer Frühphase, d. h. auf der Basis eines noch sehr unsicheren Mengengerüsts, eingesetzt werden können. Abhängig vom Zeitpunkt der vorzunehmenden Aufwands- (bzw. Kosten-) Schätzung muss die Wahl der geeignetsten Methode getroffen werden.

Tabelle 3.1 Einordnung der Aufwandsschätzmethoden

Methodenklasse	Funktions-orientiert	Prozess-orientiert	Produkt-orientiert	Projekt-orientiert
Algorithmische Methoden	▷ ZKP ▷ IBM-Faktorenmethode	▷ SLIM	▷ COCOMO ▷ PRICE S ▷ PRICE H ▷ Jensen-Methode	▷ Surböck-Methode
Vergleichsmethoden	▷ Funktionswertmethode			▷ EDB
Kennzahlenmethoden		▷ Prozentsatzmethoden ▷ Boeing-Methode	▷ Wolverton-Methode ▷ Walston-Felix-Methode ▷ Aron-Methode	

Tabelle 3.2 Einsatzfelder von Aufwandsschätzmethoden

	Algorithmische Methoden							Vergleichsmethoden				Kennzahlenmethoden					Expertenbefragung		
	Parametrische Methoden				Faktoren-Methoden			Analogie-Methoden			Ralations-Methoden	Multiplikator-Methoden	Produktivitäts-Methoden			Prozentsatz-Methoden	Einzel-Befragung	Delphi-Methode	Schätzklausur
	PRICE-Schätzmodell	COCOMO-Methode	SLIM-Methode	Jensen-Methode	IBM-Faktoren-Methode	Surböck-Methode	ZKP-Methode	EDB-Methode	Funktionswertmethode	Data-Point-Methode	Erfahrungsdatenbank	Wolverton-Methode	Walston-Felix-Methode	Boeing-Methode	Aron-Methode				
Entwicklungsprojekte																			
HW-Entwicklung	X	(A)	(A)		(A)			X	(A)		X	(A)	(A)		(A)	X	X	X	X
SW-Entwicklung	X	X	X	X	X	X	X	X	X	X	X	X	X	X	X	X	X	X	X
Forschungsprojekte								(X)			(X)						X	X	X
Rationalisierungsprojekte								X			X					X	X	X	X
Projektierungsprojekte	(A)							X			X	(A)				X	X	X	X
Vertriebsprojekte	(A)							X			X	(A)					X	X	X
Betreuungsprojekte								X	(A)		X		(A)		(A)	X	X	X	X
Dienstleistungsprojekte								X	(A)		X		(A)		(A)	X	X	X	X
Investitionsprojekte	(A)							X			X	(A)				X	X	X	X

Legende: X sehr guter Einsatzbereich
(X) nur teilweise einsetzbar
(A) nur nach entsprechender Anpassung einsetzbar

In Bild 3.24 ist – bezogen auf den allgemeinen Entwicklungsablauf – der früheste Einsatzzeitpunkt der hier vorgestellten Aufwandsschätzmethoden bzw. zugehörigen Verfahren aufgezeigt. Wie aus dieser Darstellung zu ersehen ist, kann nur eine erfahrungsdatenbankorientierte Methode bereits in der Phase des Projektanstoßes sinnvoll als Aufwandsschätzmethode eingesetzt werden. Alle anderen Methoden benötigen ein gewisses Maß planerischer Vorarbeiten, um die notwendigen Vorgaben für die Aufwandsschätzung machen zu können. Viele Methoden können sogar erst nach dem Systementwurf angewandt werden, zu einem Zeitpunkt also, zu dem bereits die gesamte Systemstruktur und deren Aufgliederung in die einzelnen HW- und SW-Teile festliegen.

Weitere Methoden

Neben den genannten Methoden gibt es noch solche, die mehr die Vorgehensweisen bei der Aufwands- und Kostenschätzung als eine generelle Methode kennzeichnen:

▷ Bottom-up-Methode,
▷ Top-down-Methode,
▷ Expertenbefragung.

Bottom-up-Methode

Bei einer Bottom-up-Methode betrachtet man aus der gesamten Aufgabenmenge eines Entwicklungsvorhabens einen kleinen repräsentativen Ausschnitt, für den in einer ausführlichen Untersuchung eventuell mit Unterstützung einer speziellen Aufwandsschätzmethode der voraussichtliche Aufwand bestimmt wird. Durch Übertragen auf das gesamte Vorhaben wird der Gesamtaufwand extrapoliert. Die Methode von Aron ist hierfür ein sehr bekanntes Beispiel.

Top-down-Methode

Entsprechend umgekehrt ist die Vorgehensweise bei einer Top-down-Methode, bei der man von einer Gesamtschätzung sukzessiv auf Einzelschätzungen übergeht. Ausgehend vom laufenden Verfeinern einer Produktstruktur wird die Kosten- und Aufwandsschätzung auf immer detailliertere Ebene vorangetrieben.

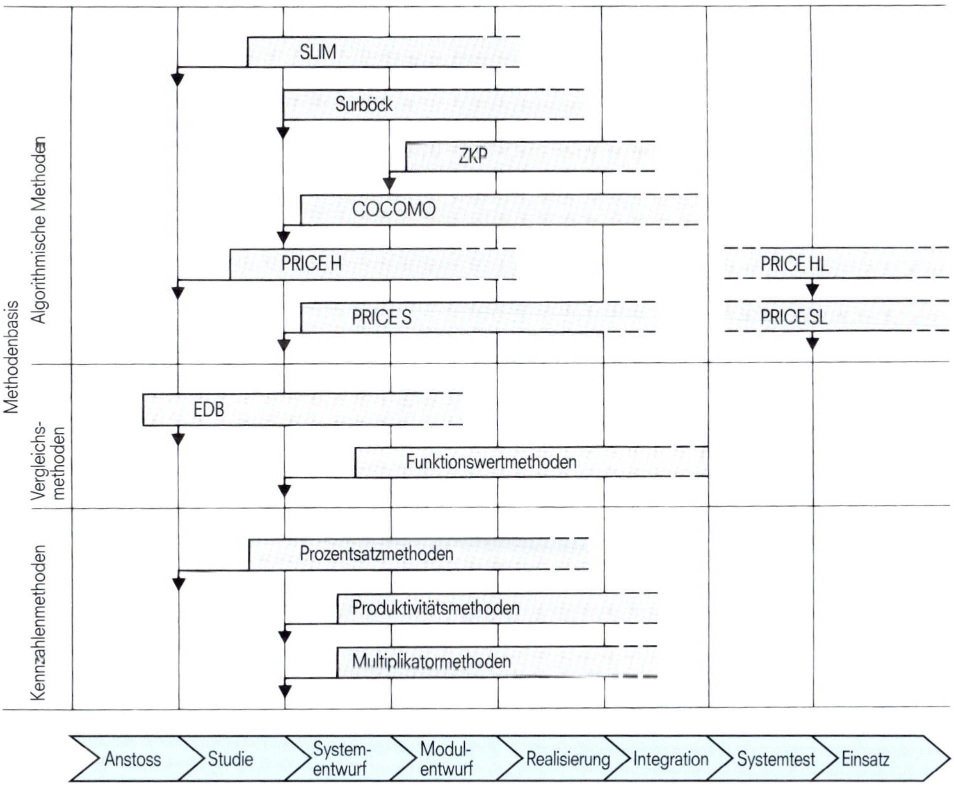

Bild 3.24 Einsatzzeitpunkte von Aufwandsschätzmethoden bzw. -verfahren

Zuerst erstellt man für das Gesamtvorhaben eine grobe Pauschalschätzung, z. B. mit der Produktivitäts- oder Multiplikatormethode. Später, bei Vorliegen ausführlicherer Strukturkenntnisse, können dann genauere Schätzungen mit anderen Aufwandsschätzmethoden durchgeführt werden.

Expertenbefragung

Bei der Expertenbefragung führen Einzelschätzungen von Experten entweder über eine »arithmetische Durchschnittsbildung« oder eine »diskutierte Abstimmung« zu offiziellen Planwerten. Die Einzelschätzung des jeweiligen Experten sollte hierbei natürlich auch durch spezielle Aufwandsschätzmethoden unterstützt und nicht allein durch das »Gefühl« bestimmt werden. In Kapitel 3.2.8 wird auf diese Form der Aufwandsschätzung, zu der auch die *Schätzklausur* und die *Delphi-Methode* gehören, näher eingegangen.

3.2.2 Methode COCOMO

Die Methode COCOMO ist eine parametrische Aufwandsschätzmethode für SW-Entwicklungsvorhaben; sie hat weltweit große Beachtung gefunden und wird wegen ihrer leichten Erlernbarkeit und Anwendbarkeit in vielen Firmen der EDV-Branche und bei Softwarehäusern eingesetzt.

Barry W. Boehm hatte 1981 die erste Version von COCOMO auf Basis von umfangreichen Untersuchungen bei in amerikanischen Firmen durchgeführten SW-Projekten entworfen [9]. Von diesem COCOMO 1 wurde 1987 ein Update als Ada COCOMO herausgegeben. Aufgrund der inzwischen eingetretenen Neuerungen auf dem Gebiet der SW-Entwicklung (z. B. objektorientierte Sprachen) hat Boehm 2000 eine erweiterte Version unter dem Namen COCOMO 2 vorgestellt [10].

3.2.2.1 Ursprüngliches Modell COCOMO 1

Das ursprüngliche Modell von COCOMO gliedert den SW-Entwicklungsprozess in fünf Phasen mit einer Unterteilung in drei Projektgrößen.

Zentrale Ausgangsgröße bei der COCOMO-Methode ist die geschätzte Anzahl der »Delivered Source Instructions« (DSI), d. h. der »Lines of Code« (loc) eines SW-Produkts. Da der aufwandsbeeinflussende Effekt der verwendeten Programmiersprache implizit durch Einflussparameter berücksichtigt wird, bezieht sich die Zählung der DSI bzw. loc auf jede Art von Programmiersprachen; allerdings zählen zu diesen Quellcodezeilen nicht die Kommentar- und Dokumentationszeilen in einem Programm. Aus dieser vorzugebenden Produktgröße werden, unter Berücksichtigung von 15 Einflussparametern, den »Kostentreibern«, drei Grundgrößen ermittelt:

- ▷ Entwicklungsaufwand in Mann-Monaten
- ▷ Entwicklungskosten in Währungseinheit
- ▷ Entwicklungszeit in Monaten.

Modellvarianten

Abhängig von der Detaillierung einer Aufwandsschätzung gibt es bei COCOMO 1 drei Modellansätze:

- ▷ Grundmodell (Basic Model)
- ▷ Zwischenmodell (Intermediate Model)
- ▷ Detailmodell (Detail Model).

Beim *Grundmodell* wird die zu entwickelnde Software als Block ohne irgendeine strukturelle und zeitliche Unterteilung betrachtet. Den Entwicklungsaufwand errechnet man über eine Grundgleichung, ohne dass irgendwelche Einflussparameter in die Aufwandsbestimmung miteinbezogen werden. Hier wird also davon ausgegangen, dass jeder Quellbefehl gleich schwer bzw. leicht zu generieren ist.

Das *Zwischenmodell* berücksichtigt dagegen bereits die 15 von Boehm vorgeschlagenen Einflussparameter, allerdings ohne Differenzierung nach Entwicklungsphasen. Dieses Schätzmodell ist daher nicht mehr rein parametrisch, weil in die Bestimmung der Einflussgrößen rechnerisch nicht belegbare Expertenerfahrungen einfließen. In diesem Modellansatz ist eine Untergliederung der Software gemäß einer Produktstruktur nicht vorgesehen.

Beim *Detailmodell* ist demgegenüber eine dreistufige Produktstrukturierung der geplanten Software möglich, so dass die Einflussparameter auf die einzelnen Komponenten einen unterschiedlichen Einfluss haben können. Zusätzlich sind die Einzelparameter phasenorientiert, d. h. ihre Zahlenwerte variieren in den einzelnen Entwicklungsphasen.

Rechenformeln

Der benötigte Entwicklungsaufwand A_{grund} in MM wird errechnet nach der Grundgleichung:

$$A_{grund} = C_1 \times M^{C_2} \qquad (16)$$

M Befehlsmenge in kloc
C_1, C_2 Konstanten.

Bei COCOMO bilden 12 MM ein MJ mit 1824 Arbeitsstunden.

Die errechneten Werte werden beim Zwischen- und Detailmodell durch den Benutzer von COCOMO weiter verfeinert mit der optionalen Angabe von Einflussparametern, den »Kostentreibern«, so dass sich als »realer« Aufwand ergibt:

$$A_{real} = A_{grund} \times \prod_{1}^{15} E_i \qquad (17)$$

E_i Kostentreiber.

Tabelle 3.3 COCOMO 1-Konstanten

Entwicklungsmodus	C_1'	C_1''	C_2	C_3	C_4
Einfache SW-Entwicklung (Organic Mode)	2,40	3,20	1,05	2,50	0,38
Mittelschwere SW-Entwicklung (Semidetached Mode)	3,00	3,00	1,12	2,50	0,35
Komplexe SW-Entwicklung (Embedded Mode)	3,60	2,80	1,20	2,50	0,32
	C_1' für Grundmodell C_1'' für Zwischen- und Detailmodell				

Die benötigte Entwicklungszeit in Monaten ist:

$$T = C_3 \times A^4 \qquad (18)$$

Die Faktoren C_1 und C_3 sowie die Exponenten C_2 und C_4 sind bei COCOMO 1 abhängig von der Modellvariante und dem Entwicklungsmodus vorgegeben (Tabelle 3.3).

Entwicklungsmodus

Die drei Entwicklungsmodi bestimmen den SW-Projekttyp und sagen aus, inwieweit die Produkt- und die Produktionsumgebung bekannt, teilweise bekannt bzw. unbekannt sind; sie können wie folgt charakterisiert werden:

Einfache SW-Entwicklung

- ▷ Es ist eine stabile Entwicklungsumgebung vorhanden.
- ▷ Die Innovation in Architektur und Funktionen des SW-Produkts ist minimal.
- ▷ Das SW-Produkt ist klein.
- ▷ Die Schnittstellen zu anderen Systembestandteilen und anderen Systemen sind gering und stabil.
- ▷ Auf den Fertigstellungstermin wird wenig Druck ausgeübt.

Mittelschwere SW-Entwicklung

- ▷ Diese liegt zwischen der einfachen und komplexen SW-Entwicklung.

Komplexe SW-Entwicklung

- ▷ Ständige Innovation ist zu erwarten.
- ▷ Das SW-Produkt ist integraler Bestandteil eines größeren HW/SW-Systems mit inflexiblen Schnittstellen.
- ▷ Die Anforderungen an die Verfügbarkeit des SW-Produkts sind hoch.
- ▷ Die Entwicklung erfolgt innerhalb eines engen Termin- und Kostenrahmens.

Entwicklungsphasen

Das COCOMO 1-Modell kennt fünf Phasen im SW-Entwicklungsprozess:

▷ Studie	PR (Plans and Requirements)
▷ Systementwurf	PD (Produkt Design)
▷ Programmentwurf	DD (Detailed Design)
▷ Codierung und Einzeltest	CUT (Code and Unit Test)
▷ Integration und Systemtest	IT (Integration and Test)

Da zur Aufwandsschätzung nach der COCOMO-Methode die Studienphase bereits abgeschlossen sein muss, liegt diese Phase außerhalb des Modells, d. h. der für diese Phase notwendige Aufwand addiert sich zu den nach COCOMO ermittelten Aufwänden der anderen vier Phasen. Weiterhin werden bei der Zeitschätzung nach COCOMO 1 die beiden Phasen für Programmentwurf sowie Codierung und Einzeltest zu einer gemeinsamen Phase zusammengefasst:

- ▷ Programmierung PG (Programming).

Die von Boehm vorgenommene prozentuale Aufwandsverteilung auf die 5 Phasen PR, PD, DD, CUT und IT ist in Tabelle 3.30 angegeben, die prozentuale Zeitaufteilung auf die 4 Phasen PR, PD, PG und IT in Tabelle 3.31 (Kap. 3.2.7).

Wie dort zu ersehen ist, hängen die Aufwands- und Zeitverteilungen einerseits vom Entwicklungsmodus und andererseits von der jeweiligen Programmgröße ab. Hierbei sind fünf Größenordnungen definiert:

▷ Kleine Programme (small)	2 000 loc
▷ Kleine bis mittlere Programme (intermediate)	8 000 loc
▷ Mittelgroße Programme (medium)	32 000 loc
▷ Große Programme (large)	128 000 loc
▷ Sehr große Programme (very large)	512 000 loc

Kostentreiber

Als Einflussparameter für COCOMO 1 definiert Boehm 15 Kostentreiber, die den Grundaufwand entsprechend ihrer Ausprägung entweder verringern oder vergrößern; sie werden in vier Attributklassen eingeordnet:

Produkt-Attribute

RELY	Benötigte SW-Zuverlässigkeit
DATA	Umfang der Datenbasis
CPLX	Komplexität des Produkts

Computer-Attribute

TIME	Nutzung der verfügbaren Ausführungszeit
STOR	Nutzung des verfügbaren Speicherplatzes
VIRT	Änderungshäufigkeit der Systembasis
TURN	Bearbeitungszyklus

Personal-Attribute

ACAP	Analysefähigkeit der Mitarbeiter
AEXP	Erfahrung der Mitarbeiter in dem Aufgabengebiet
PCAP	Programmierfähigkeit der Mitarbeiter
VEXP	Erfahrung der Mitarbeiter in der Systemumgebung
LEXP	Erfahrung der Mitarbeiter in der Programmiersprache

Projekt-Attribute

MODP	Verwendung moderner Entwicklungsmethoden
TOOL	Verwendung von SW-Tools
SCED	Anforderung an die Entwicklungszeit

Die Ausprägung dieser Attribute wird mit der Einstufung in eine der folgenden sechs Kategorien bestimmt:

▷ extrem hoch	(extra high)
▷ sehr hoch	(very high)
▷ hoch	(high)
▷ normal	(nominal)
▷ niedrig	(low)
▷ sehr niedrig	(very low)

Jedes Prädikat nimmt attribut- und phasenbezogen einen Wert kleiner/größer Eins an. Das Prädikat »normal« entspricht immer dem Wert 1. Das rechnerische Produkt dieser 15 ausgewählten Werte geht dann in die Grundgleichung (17) ein. In Tabelle 3.4 ist die von Boehm vorgeschlagene Wertebelegung dieser Kostentreiber aufgeführt. Die Quantifizierung ist auf Basis einer Expertenbefragung nach der Delphi-Methode ermittelt worden. Diese COCOMO 1-spezifische Wertebelegung kann auf der Basis eigener Erfahrungsdaten und eines entsprechenden Kalibrierungsprogramms – wie z. B. das in Kapitel 5.3.4 angeführte PC-Programm SIKAL – auf die eigene Entwicklungsumwelt angepasst werden. So könnte man z. B. die Personal-Attribute etwas höher und die Computer-Attribute etwas niedriger bewerten.

Tabelle 3.5 enthält die einzelnen von Boehm verwendeten Kostentreiber mit den einzelnen Prädikaten und einer kurzen Erläuterung. Zudem sind einige Beispiele aus den verschiedenen SW-Bereichen zum besseren Verständnis angegeben.

Nicht einbezogene Einflussparameter

Folgende Einflussparameter sind in das COCOMO 1-Modell nicht aufgenommen worden:

- SW-Anwendungsbereich,
- »Höhe« der Programmiersprache (Sprachniveau),
- Änderungshäufigkeit der Anforderungen,
- Personalfluktuation,
- Qualität des Projektmanagements,
- Qualität der Kundenkontakte,
- Umfang der Dokumentation,
- Hardware-Konfiguration,
- Restriktionen durch Datenschutz und Datensicherheit,
- Anzahl Funktionen.

Bei einigen dieser Einflussparameter hatte es sich ergeben, dass Überlappungen mit anderen Kostentreibern existieren; bei anderen, dass nur ein kleiner, zu vernachlässigender Kostentreiber-Effekt vorhanden ist. Einige sind dagegen von großer Bedeutung, wie z. B. die Management-Qualität, mussten aber wegen mangelnder Bewertungsmaßstäbe außerhalb der Modellbetrachtung bleiben.

Der COCOMO 1-Ansatz betrachtet nur die Personalaufwände; er berücksichtigt nicht zusätzliche Kosten wie RZ-Kosten, Reisekosten oder Materialkosten.

Modifikationsentwicklung

Das COCOMO 1-Modell bietet auch die Möglichkeit, die Aufwandsbeeinflussung von *Modifikationsentwicklungen* zu berücksichtigen.

Tabelle 3.4 Wertebelegung der COCOMO 1-Kostentreiber

Produkt-Attribute

		PD	DD	CUT	IT
RELY	very high	1,30	1,30	1,30	1,70
	high	1,10	1,10	1,10	1,30
	nominal	1,00	1,00	1,00	1,00
	low	0,90	0,90	0,90	0,80
	very low	0,80	0,80	0,80	0,60
DATA	very high	1,20	1,10	1,10	1,30
	high	1,10	1,05	1,05	1,15
	nominal	1,00	1,00	1,00	1,00
	low	0,95	0,95	0,95	0,90
CPLX	extra high	1,65	1,65	1,65	1,65
	very high	1,30	1,30	1,30	1,30
	high	1,15	1,15	1,15	1,15
	nominal	1,00	1,00	1,00	1,00
	low	0,85	0,85	0,85	0,85
	very low	0,70	0,70	0,70	0,70

Computer-Attribute

		PD	DD	CUT	IT
TIME	extra high	1,65	1,55	1,55	1,95
	very high	1,30	1,25	1,25	1,40
	high	1,10	1,10	1,10	1,15
	nominal	1,00	1,00	1,00	1,00
STOR	extra high	1,55	1,45	1,45	1,85
	very high	1,20	1,15	1,15	1,35
	high	1,05	1,05	1,05	1,10
	nominal	1,00	1,00	1,00	1,00
VIRT	very high	1,20	1,25	1,30	1,40
	high	1,10	1,12	1,15	1,20
	nominal	1,00	1,00	1,00	1,00
	low	0,95	0,90	0,85	0,80
TURN	very high	1,02	1,05	1,20	1,30
	high	1,00	1,00	1,10	1,15
	nominal	1,00	1,00	1,00	1,00
	low	0,98	0,95	0,70	0,90

Personal-Attribute

		PD	DD	CUT	IT
ACAP	very high	0,55	0,75	0,75	0,70
	high	0,75	0,90	0,90	0,85
	nominal	1,00	1,00	1,00	1,00
	low	1,35	1,15	1,15	1,20
	very low	1,80	1,35	1,35	1,50
AEXP	very high	0,75	0,80	0,85	0,85
	high	0,87	0,90	0,92	0,92
	nominal	1,00	1,00	1,00	1,00
	low	1,20	1,15	1,10	1,10
	very low	1,40	1,30	1,25	1,25
PCAP	very high	1,00	0,65	0,65	0,65
	high	1,00	0,83	0,83	0,83
	nominal	1,00	1,00	1,00	1,00
	low	1,00	1,20	1,20	1,20
	very low	1,00	1,50	1,50	1,50
VEXP	high	0,90	0,90	0,90	0,90
	nominal	1,00	1,00	1,00	1,00
	low	1,05	1,05	1,15	1,15
	very low	1,10	1,10	1,30	1,30
LEXP	high	1,00	0,98	0,92	0,92
	nominal	1,00	1,00	1,00	1,00
	low	1,00	1,05	1,10	1,10
	very low	1,02	1,10	1,20	1,20

Projekt-Attribute

		PD	DD	CUT	IT
MODP	very high	1,00	0,90	0,80	0,65
	high	1,00	0,95	0,90	0,83
	nominal	1,00	1,00	1,00	1,00
	low	1,00	1,05	1,10	1,20
	very low	1,05	1,10	1,25	1,50
TOOL	very high	0,95	0,90	0,80	0,70
	high	0,98	0,95	0,90	0,85
	nominal	1,00	1,00	1,00	1,00
	low	1,00	1,02	1,15	1,20
	very low	1,02	1,05	1,35	1,45
SCED	very high	1,15	1,15	1,05	1,05
	high	1,10	1,10	1,00	1,00
	nominal	1,00	1,00	1,00	1,00
	low	1,00	1,15	1,15	1,10
	very low	1,10	1,25	1,25	1,25

Bei einer Neuentwicklung werden bekanntlich der gesamte Entwurf und der gesamte Code neu erstellt sowie das gesamte System integriert; dagegen werden bei einer Modifikationsentwicklung meist nur bestimmte Prozentanteile von diesen Arbeiten ausgeführt. Durch Angabe eines adäquaten Prozentwerts kann die Anzahl der loc eines zu modifizierenden SW-Teils entsprechend korrigiert werden. Folgende drei Prozentsätze sind definiert:

▷ Prozentsatz für notwendige Änderung am Design (%DMOD)

▷ Prozentsatz für notwendige Änderung am Code (%CMOD)

▷ Prozentsatz des zusätzlichen Aufwands für Integration (%IMOD).

Tabelle 3.5 COCOMO 1-Kostentreiber

Kostentreiber	Bedeutung	Beispiele
Produkt-Attribute		
RELY – Benötigte SW-Zuverlässigkeit		
	als Folge von SW-Fehlern:	
very high	Risiko für Menschenleben	Kernreaktor-Steuerung, bemannte Raumfahrt, militärische Kontroll- und Kommando-Systeme
high	Großer finanzieller Verlust	NC-Software (große Stückzahlen), System für Stimmkartenzählung bei Aktionärsversammlung
nominal	Mäßiger, wiederbringbarer Verlust	Betriebl. Grunddatenhaltung, Auftragsabwicklungsverfahren, Compiler für Systementwicklung, Vermittlungssoftware
low	Geringer, leicht wiederbringbarer Verlust	Technische Grunddatenverfahren, Compiler für Anwendersoftware
very low	Leichte Unbequemlichkeit	Texteditoren, Aufwandsschätzverfahren
DATA – Umfang der Datenbasis (Datenmenge, die das Programm verarbeitet und gleichzeitig im Zugriff hat)		
	Datenbasis D in Bytes, Programmgröße P in loc	
very high	$1000 \geqq D/P$	Datenbanksysteme, CHILL-Compiler
high	$100 \leqq D/P < 1000$	PC-Datenbanksysteme
nominal	$10 \leqq D/P < 100$	Dateiaufbereiter
low	$D/P < 10$	PASCAL-Compiler, Rechenprogramme
CPLX – Komplexität des Produkts (Steuerstruktur)		
extra high	Dynam. Prioritätensteuerung, Mikrocode	Memory-Task-Management eines Betriebssystems
very high	Reentrant rekursiver Code, Interrupt Handler	Transaktionsmonitore
high	Tief geschachtelte Prozeduren, Module, Daten	Compiler, Programmgeneratoren
nominal	Leichte Schachtelung, wenige Module, Entscheidungstabellen	Übliche Anwendersoftware
low	Geringe Schachtelungstiefe, einfache Datenstrukturen	Aufwandsschätzverfahren
very low	Geradeaus-Programmierung	EDT-Prozeduren, SINET-Prozeduren
Computer-Attribute		
TIME – Nutzung der verfügbaren Ausführungszeit (in % der vorhandenen Verarbeitungsgeschwindigkeit)		
extra high	95%	Memory-Task-Management eines Betriebssystems
very high	85%	Vermittlungssoftware
high	70%	Technische Grunddatenverfahren
nominal	50% und weniger	Anwenderprogramme im BS2000, PC-Programme

Tabelle 3.5 COCOMO 1-Kostentreiber (Fortsetzung)

Kostentreiber	Bedeutung	Beispiele	
STOR – Nutzung des verfügbaren Speicherplatzes (in % des verfügbaren Hauptspeichers)			
extra high	95%	Speicherplatzprobleme!	
very high	85%	SW für SMES	
high	70%	Betriebssysteme auf PC	
nominal	50% und weniger	Alle SW im BS2000, übliche SW auf PC	
VIRT – Änderungshäufigkeit der Systembasis			
	größere/kleinere Änderungen:		
very high	alle 2 Wochen/alle 2 Tage	›Systembasis‹ ist die Basis, auf die das zu entwickelnde SW-System aufsetzt	
high	alle 2 Monate/wöchentlich		
nominal	alle 6 Monate/alle 2 Wochen		
low	alle 12 Monate/monatlich	zu entw. SW	Systembasis
		Betriebssystem	Rechner-HW
		Datenbanksystem	Rechner-HW + Betriebssystem
		DB-Anwendung	HW + BS + DMS
TURN – Bearbeitungszyklus			
	durchschnittliche Antwortzeit nach einer Fehlerkorrektur:		
very high	mehr als 12 Stunden	SW für PROM's (Firmware)	
high	zwischen 4 und 12 Stunden	Prozessrechner	
nominal	weniger als 4 Stunden	BS2000-Rechner	
low	Dialogbetrieb	Personal Computer	
Personal-Attribute			
ACAP – Analysefähigkeit der Mitarbeiter			
very high	90%	fast »Genie«	
high	75%		
nominal	55%	Durchschnitt	
low	35%		
very low	15%	»Trauriger Fall«	
AEXP – Erfahrung der Mitarbeiter in dem Aufgabengebiet			
very high	durchschn. 12 Jahre oder mehr	»Alter Hase«	
high	durchschn. 6 Jahre		
nominal	durchschn. 3 Jahre	Durchschnitt	
low	durchschn. 1 Jahr		
very low	durchschn. 4 Monate und weniger	Anfänger	

Tabelle 3.5 COCOMO 1-Kostentreiber (Fortsetzung)

Kostentreiber	Bedeutung	Beispiele
PCAP – Programmierfähigkeit der Mitarbeiter		
very high	90%	fast »Genie«
high	75%	
nominal	55%	Durchschnitt
low	35%	
very low	15%	»Trauriger Fall«
VEXP – Erfahrung der Mitarbeiter in der Systemumgebung		
high	durchschn. 3 Jahre oder mehr	»Alter Hase«
nominal	durchschn. 1 Jahr	
low	durchschn. 4 Monate	
very low	durchschn. 1 Monat und weniger	Anfänger
LEXP – Erfahrung der Mitarbeiter in der Programmiersprache		
high	durchschn. 3 Jahre oder mehr	»Alter Hase«
nominal	durchschn. 1 Jahr	Durchschnitt
low	durchschn. 4 Monate	
very low	durchschn. 1 Monat und weniger	Anfänger
Projekt-Attribute		
MODP – Verwendung moderner Entwicklungsmethoden		
very high	Allgemeine Routine	Konsequente Verwendung modernster Methoden (SW-Fabrik)
high	Meist gute, übliche Methodik	
nominal	Teilweise gute Methodik	Normales SW-Haus
low	Beginnend und probierend	
very low	Keine Methodik	»SW-Friseur«
TOOL – Verwendung von SW-Tools		
very high	Durchgängige CASE-Umgebung	Noch fernes Ziel!
high	Gute Großrechner-Unterstützung	BS2000-Umwelt
nominal	Gute Klein- bzw. geringe Großrechner-Unterstützung	PC-Umwelt, Prozessrechner
low	Geringe Kleinrechner-Unterstützung	SME
very low	Geringe Mikroprozessor-Unterstützung	Mikroprozessor
SCED – Anforderung an die Entwicklungszeit (in % der normalen Entwicklungszeit)		
very high	160%	Großzügige Terminstellung
high	130%	Leichte Verlängerung möglich
nominal	100%	Normale Terminstellung
low	85%	Kurze Terminstellung
very low	75%	Äußerst enger Termin

%DMOD gibt den Prozentsatz der Modifikation an, der am Design der betreffenden SW-Komponente vorgenommen werden muss, um die neuen Leistungsmerkmale zu erfüllen bzw. die veränderte Umgebung zu beherrschen. %CMOD definiert äquivalent dazu den Prozentsatz der Modifikationen am Code. %IMOD bestimmt den notwendigen Aufwand für die Integration der modifizierten Software in das Gesamtprodukt im Vergleich zum normalerweise anfallenden Aufwand. Hierbei kann der jeweilige Prozentwert nicht nur Werte unter 100, sondern auch Werte über 100 annehmen, wenn z. B. ein bestehendes Subsystem in wesentlichen Teilen erweitert werden muss. Auch kann der Integrationsaufwand höher als beim ursprünglichen Produkt sein, wenn z. B. ein SW-Produkt auf eine neue, wesentlich komfortärmere Hardware übertragen werden soll.

Wie in Bild 3.25 dargestellt, werden aus der Gesamtbefehlsmenge DSI mit den vorgenannten Prozentsätzen die wirklich notwendige Befehlsanzahl, die *evaluierten* EDSI (Evaluated Delivered Source Instructions) errechnet.

Der Zusatzaufwand zur »Planung der Modifikation« wird in einem weiteren Parameter CPI (Conversion Planning Increment) berücksichtigt, der folgende Werte annehmen kann:

CPI 0 Keine Modifikation (≙ Neuentwicklung).

1 Einfacher Termin- und Abnahmeplan.

2 Detaillierter Terminplan erforderlich, Test- und Abnahmepläne sind zu erstellen.

3 Zusätzlich zu 2 ist eine einfache Analyse des vorhandenen Designs, des Codes und der Daten erforderlich.

4 Zusätzlich zu 3 ist die Dokumentation zu ändern.

5 Zusätzlich zu 4 ist eine umfangreiche Dokumentation zu ändern.

Datenbasis von Boehm

Die einzelnen Parameter und Einflussgrößen von COCOMO 1 sind auf Basis von 63 SW-Projekten aus unterschiedlichen SW-Bereichen abgeleitet worden. Die untersuchten Projekte waren in amerikanische Entwicklungsumgebungen eingebettet und sind heute z. T. veraltet.

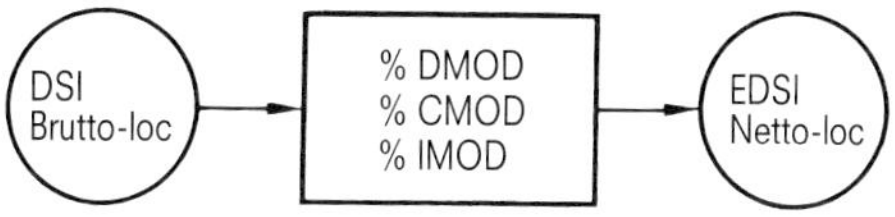

Bild 3.25 Modifizierte loc

Tabelle 3.6 zeigt die verwendete Projektdatenbasis mit Angabe

- ▷ der Aufwandsmultiplikatoren der Kostentreiber (extra high ≙ 6 bis very low ≙ 1, Reihenfolge wie in Tabelle 3.4),
- ▷ des Entwicklungsmodus (Mode) (komplex ≙ 3 bis einfach ≙ 1),
- ▷ der Programmgröße in Anzahl loc,
- ▷ des entstandenen Entwicklungsaufwands A in MM und
- ▷ der eingetretenen Entwicklungsdauer T in Monaten.

Die Statistik nach Tabelle 3.7 gibt darüber hinaus einige relevante Merkmale der für das COCOMO 1-Modell verwendeten SW-Projekte wieder, und zwar hinsichtlich

- ▷ Entwicklungsmodus,
- ▷ Anwendungsbereich,
- ▷ Entwicklungsjahr,
- ▷ HW-Konfiguration und
- ▷ Programmiersprache.

Die Tabelle enthält außer den Projektanzahlen noch eine Angabe zur Produktivität, gemessen in loc/MM. Wie aus den Werten zu ersehen ist, sind die jeweiligen Bandbreiten recht groß.

Verfahrensrealisierungen

Basierend auf der COCOMO-Methode sind mehrere Aufwandsschätzverfahren entwickelt worden, so auch das auf einem Personal Computer ablauffähige Verfahren SICOMO (Siemens Software Cost Model Tool) (siehe Kap. 6.4.2); es enthält nicht nur alle drei Modellvarianten vom Grundmodell bis hin zum Detailmodell, sondern erlaubt eine beliebig tiefe Gliederung der Produktstruktur, für deren einzelne Produktteile eine spezifische Aufwands- und Kostenschätzung vorgenommen werden kann. Mit Hilfe eines benutzerfreundlichen Eingabedialogs ist es möglich, die Komponentenstruktur eines geplanten SW-Systems zu definieren. Hierbei kann während des Strukturaufbaus beliebig zwischen den einzelnen Komponenten hin und her positioniert wer-

Tabelle 3.6 COCOMO 1-Projektdaten

Nr.	Aufwandsmultiplikatoren	Mode	loc	*A*	*T*
1	2 5 1 3 4 4 4 2 2 2 2 3 1 2 4	3	113000	2040	48
2	2 5 2 3 4 3 4 3 4 3 4 4 2 3 3	3	249000	1500	36
3	3 5 2 3 3 2 3 4 5 4 4 4 4 4 3	2	132000	243	15
4	1 5 1 3 3 2 3 2 4 1 3 4 1 3 4	1	46000	240	36
5	2 2 3 3 3 2 3 3 3 4 4 4 1 3 3	1	16000	33	9
6	1 3 2 3 5 3 3 1 3 1 4 4 1 2 3	1	4000	43	12
7	1 3 3 3 3 2 2 3 3 3 4 4 4 4 3	1	6900	8	4
8	4 2 5 6 6 5 3 5 4 3 1 1 2 2 2	3	22000	1075	30
9	4 2 5 5 4 4 3 4 3 4 2 2 4 3 3	3	30000	423	18
10	5 2 5 4 6 3 4 4 5 4 4 3 3 3 3	3	18000	321	30
11	5 2 5 4 6 3 4 4 5 4 4 3 3 3 3	3	20000	218	24
12	4 2 5 4 4 3 3 4 5 4 3 4 4 3 2	3	37000	201	12
13	4 2 5 4 4 4 3 5 3 5 2 3 5 3 3	3	24000	79	10
14	4 2 6 5 6 4 3 4 3 5 2 2 2 1 1	2	3000	73	12
15	5 2 5 5 4 4 2 4 2 4 1 1 4 3 1	3	3900	61	15
16	5 3 5 5 6 3 2 4 3 4 3 3 3 3 3	3	3700	40	10
17	5 3 5 5 6 3 2 4 5 4 3 3 3 3 3	3	1900	9	6
18	4 5 4 5 5 3 4 4 3 3 3 3 1 2 2	3	320000	1400	72
19	4 4 3 4 5 2 3 5 4 3 3 3 4 4 3	3	966000	6600	40
20	5 4 5 4 5 4 4 5 5 3 2 2 1 3 2	2	287000	6400	51
21	3 5 4 4 5 2 2 4 3 3 3 3 4 4 3	3	252000	2455	60
22	4 3 3 5 4 3 3 4 5 4 4 3 4 3 1	3	109000	724	16
23	4 3 3 4 4 3 3 4 5 4 4 3 3 3 1	3	75000	539	16
24	2 3 2 4 4 3 2 3 1 3 2 4 5 5 3	2	90000	453	28
25	4 5 5 4 4 3 2 4 3 4 2 3 5 4 2	3	38000	523	39
26	3 3 2 4 4 4 4 4 3 4 2 3 4 2 2	3	48000	387	19
27	4 2 4 5 5 3 2 3 3 3 3 3 5 2 2	3	9400	88	12
28	4 4 5 4 5 4 4 4 3 4 2 2 2 2 3	1	13000	98	20
29	2 3 3 3 3 3 3 3 1 4 3 3 4 4 1	2	2140	7,3	2
30	2 3 3 3 3 3 3 3 1 4 3 3 4 4 1	2	1980	5,9	2
31	5 4 3 5 6 4 4 4 5 4 2 2 3 3 3	3	50000	1063	24
32	2 4 2 3 3 3 3 5 5 3 3 3 2 2 3	2	261000	702	24
33	5 4 5 5 6 4 3 4 5 4 4 3 4 4 3	3	40000	605	24
34	4 4 3 4 3 3 2 3 3 3 3 3 4 2 1	3	22000	230	12
35	1 2 5 4 5 4 3 3 4 3 2 3 1 1 3	3	13000	82	10
36	2 4 2 3 3 2 2 2 3 2 4 4 3 4 4	2	12000	55	12
37	2 2 1 3 4 3 3 4 5 4 3 3 3 3 3	1	34000	47	24
38	3 3 4 3 3 2 2 5 4 3 4 4 5 4 3	1	15000	12	5
39	3 3 4 3 3 2 3 5 5 5 3 4 4 2 3	1	6200	8	9
40	3 2 5 3 3 3 2 4 5 2 3 3 2 3 3	1	2500	8	9
41	2 2 3 3 3 2 2 3 5 5 4 4 4 4 3	1	5300	6	5
42	2 3 3 3 4 2 4 4 3 3 4 4 5 4 4	1	19500	45	8,1
43	3 3 3 3 5 2 4 4 3 3 4 4 3 3 4	1	28000	83	14,1
44	2 3 3 4 5 2 4 3 3 3 4 4 2 3 4	1	30000	87	13,9
45	2 3 3 3 4 2 4 3 3 3 4 4 3 4 4	1	32000	106	12,3
46	2 3 3 3 4 2 4 3 3 4 4 4 3 3 4	1	57000	126	16,1
47	1 2 5 3 3 2 2 5 5 5 2 2 2 3 4	1	23000	36	22,2
48	2 2 2 3 3 2 3 2 4 2 4 4 2 3 4	2	311000	1272	44
49	3 3 2 3 3 3 2 5 3 5 2 3 5 4 3	2	91000	156	18
50	4 3 3 5 5 3 2 4 3 4 2 3 3 3 3	3	24000	176	12
51	2 3 3 3 3 3 5 2 3 1 3 4 1 2 4	1	10000	122	34
52	2 2 2 3 4 4 3 3 3 3 2 2 1 2 3	1	8200	41	14
53	2 2 4 4 5 5 3 5 3 5 2 2 3 2 2	2	5300	14	6
54	3 2 3 3 4 4 2 3 5 3 3 4 4 2 3	1	4400	20	7
55	2 2 1 3 3 2 2 4 5 2 4 4 2 3 3	1	6300	18	12
56	4 2 5 5 5 3 3 4 4 3 2 2 2 2 2	3	27000	958	24
57	3 2 4 4 5 5 3 3 3 3 2 2 2 2 1	3	15000	237	24
58	5 2 5 6 5 3 3 5 5 5 4 4 4 3 3	3	25000	130	12
59	3 2 4 4 4 3 2 3 3 3 3 3 4 3 3	1	21000	70	16
60	4 2 5 4 4 3 3 4 2 4 2 2 2 2 2	1	6700	57	12
61	3 2 4 3 3 2 2 4 3 4 4 3 5 3 3	1	28000	50	10
62	2 2 5 4 4 4 3 4 5 5 1 1 4 1 3	2	9100	38	14
63	3 2 4 3 3 3 2 5 5 4 3 3 5 3 3	3	10000	15	4

Tabelle 3.7 Merkmale der COCOMO 1-Projekte

	Projekt-anzahl	Produktivität in loc/MM
Gesamt	63	20 bis 1250
Entwicklungsmodus		
einfach	23	82 bis 1250
mittel	12	41 bis 583
komplex	28	20 bis 667
Anwendungsbereich		
Kommerzielle SW	7	55 bis 862
Steuerungs-SW	10	20 bis 304
Mensch-Maschine-SW	13	28 bis 336
Wissenschaftliche SW	17	47 bis 1250
Support-SW	8	82 bis 583
System-SW	8	28 bis 667
Entwicklungsjahr		
1964-69	3	113 bis 775
1970-74	14	20 bis 485
1975-79	46	41 bis 1250
HW-Konfiguration		
Großrechner	31	28 bis 1250
Mittlere Datentechnik	7	114 bis 583
Kleinrechner	21	20 bis 723
Mikroprozessoren	4	41 bis 379
Programmiersprache		
FORTRAN	24	28 bis 883
COBOL	5	55 bis 862
Jovial	5	45 bis 583
PL/1	4	93 bis 1250
PASCAL	2	336 bis 560
Andere höhere Programmiersprachen	3	124 bis 300
Assembler	20	20 bis 667

den, um Produkt- und Einflussgrößen einzugeben.

3.2.2.2 Erweitertes Modell COCOMO 2

Um den inzwischen eingetretenen Neuerungen in der Softwareentwicklung (z. B. objektorientierte Programmierung) Rechnung zu tragen, hat Barry Boehm eine erweiterte Version seiner Aufwandsschätzmethode entworfen und im Jahre 2000 als COCOMO 2 publiziert [10]. Umfangreiche Untersuchungen und Auswertungen anhand einer großen Zahl von Projekten von mehreren amerikanischen Firmen haben zu neuen Erkenntnissen bei der Aufwandsschätzung von Software-Entwicklungen geführt.

Diese erweiterte Version von COCOMO besteht eigentlich aus drei Schätzmodellen, die die verschiedenen Zeitpunkte einer Aufwandsschätzung in der Softwareentwicklung berücksichtigen:

1. Die frühe Prototypenstufe (The Application Composition Model)
2. Die frühe Entwurfsstufe (The Early Design Model)
3. Die Stufe nach dem Architekturentwurf (The Post-Architecture Model)

Boehm schlägt für die Aufwandsschätzung drei verschiedene Schätzgrößen – abhängig vom jeweiligen Planungsfortschritt – vor:

▷ Schätzung der Object Points
▷ Schätzung der Unadjusted Function Points
▷ Schätzung der Source Lines of Code (Sloc).

Die Menge der Object Points wird gezählt anhand der geplanten Anzahlen Bildschirmmasken, Berichte und 3GL-Module des künftigen SW-Systems und ist die Schätzgröße für die Prototypenstufe. Die Menge der Unadjusted Function Points hängt ab von den geplanten Anzahlen der Eingaben, Ausgaben, Dateien, Schnittstellen und Dialogen und ist die Schätzgröße für die Entwurfsstufe („Unadjusted" deshalb, weil die Function Points noch nicht mit Kostentreibern bewertet sind). Die Menge der Source Lines of Code entspricht der Anzahl der Programmbefehle und ist die Schätzgröße für die Nach-Architekturstufe.

Die frühe Prototypenstufe

Dieser Modellansatz (The Application Composition Model) soll die Aufwandsschätzung für die *Prototypenentwicklung* im Rahmen einer Software-Entwicklung unterstützen. Da in dieser frühen Projektphase noch keine Vorstellungen von der zukünftigen Anzahl der Lines of Code (loc) vorliegen können, wird die Größenschätzung auf der Basis der so genannten *Object Points* vorgenommen. Bei den Object Points handelt es sich um eine gewichtete Schätzung folgender Faktoren:

▷ Anzahl der einzelnen Bildschirmmasken
▷ Anzahl der erzeugten Berichte
▷ Anzahl der 3GL-Module, die zur Ergänzung eines 4GL-Codes notwendig sind.

Gewichtet werden diese Faktoren nach drei Komplexitäts-Klassen (Tabelle 3.8).

Tabelle 3.8 Gewichtete Zählung der Object Points

	Anzahl der Object Points		
Komplexität:	einfach	mittel	schwer
je Bildschirmmaske	1	2	3
je Bericht	2	5	8
je 3GL-Modul	10		

Die Gesamtanzahl der Object Points dividiert durch eine Standardzahl für die geschätzte Produktivität ergibt den Personalaufwand in Mannmonaten, für den das Schätzmodell folgenden Formelzusammenhang aufstellt:

$$A = \frac{NOP}{P} \qquad (19)$$

$$\text{mit } NOP = OP \cdot \left(1 + \frac{\%R}{100}\right)$$

$$\text{und } OP = \sum_{1}^{3} D_i \cdot G_i$$

A Personalaufwand in Mannmonaten
OP Anzahl der (gesamten) Object Points
NOP Anzahl der neu zu erstellenden Object Points
P Produktivität nach Tabelle 3.9
G_i Gewicht nach Tabelle 3.8
D_i Anzahl der einzelnen Objekt-Elemente
$\%R$ prozentualer Wiederverwendungsanteil

%R kennzeichnet den prozentualen Anteil von wieder zu verwendender Software (Reuse). Die Produktivität wird in Abhängigkeit der Erfahrung des Entwicklers sowie dessen Fähigkeiten auf dem Gebiet des CASE (Computer Aided Software Engineering) der Tabelle 3.9 entnommen.

Tabelle 3.9 Produktivitätsfaktor

Erfahrung und CASE-Fähigkeit	Sehr niedrig	Niedrig	Normal	Hoch	Sehr hoch
Produktivität	4	7	13	25	50

Die frühe Entwurfsstufe

Dieser Modellansatz (The Early Design Model) wird genommen, nachdem die Systemanforderungen festgelegt worden sind und ein erster Entwurf gemacht werden kann. Die Schätzungen werden in dieser fortgeschrittenen Projektphase auf Basis von *Function Points* vorgenommen, die dann in eine Anzahl von Quellcodezeilen übertragen werden.

Der Personalaufwand in Mannmonaten ergibt sich in diesem Schätzmodel nach folgendem Formelzusammenhang:

$$A_{\text{grund}} = C_1 \cdot M^{C_2} \quad (20)$$

$$\text{mit } M = FZ \cdot \left(1 + \frac{\%B}{100}\right)$$

$$C_1 = 2{,}94 \text{ bei initialer Kalibrierung}$$

$$C_2 = 1{,}01 + 0{,}01 \sum_1^5 Q_i$$

M	geschätzte Menge an Function Points
FZ	Anzahl der Function Points
C_1	Aufwands-Kalibrierungskonstante
C_2	Prozess-Exponent
Q_i	Skalierungsfaktoren
$\%B$	Überschuss an nicht benötigtem Code

Die Kalibrierungs-Konstante C_1 dient zur Anpassung an besondere Projektgegebenheiten. $\%B$ kennzeichnet den eventuell unnötig zu viel geschriebenen Code (Breakage); umfasst z. B. das fertige Software-Programm 100 kloc, insgesamt sind aber 120 kloc geschrieben worden, so besteht ein Ausschuss von 20 kloc und damit nimmt $\%B$ den Wert 20% an.

Im Gegensatz zu dem ursprünglichen COCOMO-Modell wird der Prozess-Exponent C_2 aus fünf *Skalierungsfaktoren* gebildet, die einen Wert zwischen 0 und 5 annehmen können, so dass der Gesamtwert für C_2 zwischen 1,01 und 1,26 liegen kann. Folgende Parameter sind zu bewerten:

- ▷ PREC – Erfahrung im Anwendungsbereich
  Erfahrung mit vorliegender Prototypentwicklung
  0 = vollständige Vertrautheit,
  5 = keine Erfahrung vorhanden
- ▷ FLEX – Entwicklungsflexibilität
  Grad der Flexibilität im Entwicklungsprozess
  0 = Kunde legt nur Ziele fest,
  5 = Prozess vom Kunden vorgegeben
- ▷ RESL – Risiko-Vermeidung
  Umfang der durchgeführten Risikoanalyse
  0 = vollständige Risikoanalyse,
  5 = keine Risikoanalyse durchgeführt
- ▷ TEAM – Team-Zusammenhalt
  Zusammenarbeit im Entwicklungsteam
  0 = effektives Team ohne Kommunikationsprobleme, 5 = große Interaktionsprobleme
- ▷ EPML – Prozessreife
  Reife des Entwicklungsprozesses (wie bei CMMI, siehe Kap. 4.9.1)
  0 = höchster CMMI-Level,
  5 = niedrigster CMMI-Level

Tabelle 3.10 Kostentreiber Early Design Model

	Kostentreiber	Extra low	Very low	Low	Nominal	High	Very high	Extra high
RCPX	Product Reliability and Complexity	0,49	0,60	0,83	1,00	1,33	1,91	2,72
RUSE	Developed for Reusability			0,95	1,00	1,07	1,15	1,24
PDIF	Platform Difficulty			0,87	1,00	1,29	1,81	2,61
PERS	Personnel Cability	2,12	1,62	1,26	1,00	0,83	0,63	0,50
PREX	Personnel Experience	1,59	1,33	1,22	1,00	0,87	0,74	0,62
FCIL	Facilities	1,43	1,30	1,10	1,00	0,87	0,73	0,62
SCED	Required Development Schedule		1,43	1,14	1,00	1,00	1,00	

Wie bei COCOMO 1 kann dieser Grundaufwand durch entsprechende Kostentreiber niedriger oder größer ausfallen.

$$A_{real} = A_{grund} \cdot \prod_{1}^{7} E_i \qquad (21)$$

A_{grund} Grundaufwand nach Formel (20) mit geschätzten Function Points

E_i Kostentreiber aus Tabelle 3.10

Das Aufwandschätzmodell der Entwurfsstufe hat sieben Kostentreiber, die im Gegensatz zu COCOMO 1 keinen Phasenbezug mehr haben; sie sind in der Tabelle 3.10 mit ihrer Einstufung von Extra low bis Extra high aufgeführt.

Die sieben Kostentreiber des Early Design Model sind zusammengefasst worden aus denen des nachfolgenden Post Architecture Models.

RCPX ← RELY, DATA, CPLX, DOCU
RUSE ← RUSE
PDIF ← TIME, STOR, PVOL
PERS ← ACAP, PCAP, PCON
PREX ← AEXP, PEXP, LTEX
FCIL ← TOOL, SITE
SCED ← SCED

Die Stufe nach dem Architekturentwurf

Dieser Modellansatz (The Post-Architecture Model) ist der genaueste von COCOMO 2 und kommt zur Anwendung, wenn die gesamte Projektarchitektur fertig ist. Da zu diesem Zeitpunkt schon erheblich genauere Kenntnisse über das geplante Software-System vorliegen, sind hier 17 Kostentreiber zu bewerten.

Tabelle 3.11 Kostentreiber Post-Architecture Model

	Kostentreiber	Extra low	Very low	Low	Nominal	High	Very high	Extra high
RELY	Required Software Reliability		0,82	0,92	1,00	1,10	1,26	
DATA	Data Base Size			0,92	1,00	1,14	1,28	
CPLX	Product Complexity		0,73	0,87	1,00	1,17	1,34	1,74
RUSE	Required Reuseability			0,95	1,00	1,07	1,15	1,24
DOCU	Documentation Match to Life-cycle Needs		0,81	0,91	1,00	1,11	1,23	
TIME	Execution Time Constraint				1,00	1,11	1,29	1,63
STOR	Main Storage Constraint				1,00	1,05	1,17	1,46
PVOL	Platform Volatility			0,87	1,00	1,15	1,30	
ACAP	Analyst Capability		1,42	1,19	1,00	0,85	0,71	
PCAP	Programmer Capability		1,34	1,15	1,00	0,88	0,76	
PCON	Personnel Continuity		1,29	1,12	1,00	0,90	0,81	
AEXP	Applications Experience		1,22	1,12	1,00	0,88	0,81	
PEXP	Platform Experience		1,19	1,09	1,00	0,91	0,85	
LTEX	Language and Tool Experience		1,20	1,09	1,00	0,91	0,84	
TOOL	Use of Software Tools		1,17	1,09	1,00	0,90	0,78	
SITE	Multi-Site Development		1,22	1,09	1,00	0,93	0,86	0,80
SCED	Required Development Schedule		1,43	1,14	1,00	1,00	1,00	

Der Personalaufwand ergibt sich aus demselben Formelzusammenhang wie die Formeln (20) und (21), nur dass in diesem Fall für *FZ* nicht die Function Points, sondern die geschätzten kloc anzugeben sind und für das Kostentreiber-Produkt E die 17 Kostentreiber aus Tabelle 3.11 heranzuziehen sind.

$$A_{real} = A_{grund} \cdot \prod_{1}^{17} E_i \qquad (22)$$

A_{grund} Grundaufwand nach Formel (20) mit geschätzten kloc
E_i Kostentreiber aus Tabelle 3.11

Wie schon beim ursprünglichen Modell von COCOMO sind die Kostentreiber den folgenden vier Kategorien zugeordnet:

▷ Produkt-Attribute:
RELY Required Software Reliability*
DATA Data Base Size*
CPLX Product Complexity*
RUSE Required Reuseability
DOKU Documentation Match to Life-Cycle Needs

▷ Computer-Attribute:
TIME Execution Time Constraint*
STOR Main Storage Constraint*
PVOL Platform Volatility

▷ Personal-Attribute:
ACAP Analyst Capability*
PCAP Programmer Capability*
PCON Personal Continuity
AEXP Applications Experience*
PEXP Platform Experience*
LTEX Language and Tool Experience*

▷ Projekt-Attribute:
TOOL Use of Software Tools*
SITE Multisite Development
SCED Required Development Schedule*

Die mit * gekennzeichneten Kostentreiber waren bereits bei COCOMO 1 mit identischem bzw. geändertem Inhalt definiert.

Ähnlich der Tabelle 3.5 formuliert Boehm in seiner Veröffentlichung für jede Bewertungsposition seiner Kostentreiber eine inhaltliche Erläuterung wie z. B. für die Kostentreiber SCED und PEXP:

▷ SCED (zur Verfügung stehende Projektzeit bezogen auf die nominal geschätzte Dauer):

Very low	75% der nominal geschätzten Dauer	Aufwandserhöhung 1,43
Low	85% der nominal geschätzten Dauer	Aufwandserhöhung 1,14
Nominal	nominal geschätzte Dauer	Aufwand nominal
High	130% der nominal geschätzten Dauer	Aufwand nominal
Very high	160% der nominal geschätzten Dauer	Aufwand nominal

▷ PEXP (vorhandenes Erfahrungspotential hinsichtlich der verwendeten System-Plattform):

Very low	weniger als 2 Monate Erfahrung	Aufwandserhöhung 1,19
Low	6 Monate Erfahrung	Aufwandserhöhung 1,09
Nominal	1 Jahr Erfahrung	Aufwand nominal
High	3 Jahre Erfahrung	Aufwandssenkung 0,91
Very high	6 Jahre Erfahrung	Aufwandssenkung 0,85

Für die Projektdauer *T* in Monaten gibt Boehm auch einen formelmäßigen Zusammenhang an:

$$T = C_3 \cdot A_{real}^{C_4} \cdot \frac{\%SCED}{100} \qquad (23)$$

$$\text{mit } C_4 = C_5 + 0{,}2(C_2 - 1{,}01)$$

C_2 Prozess-Exponent (s. o.)
C_3 Entwicklungszeit-Kalibrierungskonstante (z. B. 2,60 bis 3,67)
C_4 Kalibrierungsexponent
C_5 Kalibrierungskonstante (z. B. 0,28 bis 0,33)
Q_i Skalierungsfaktoren (s. o.)
$\%SCED$ prozentuale Verkürzung der nominalen Projektdauer

C_3 und C_5 sind Kalibrierungskonstanten, deren genaue Werte von der jeweiligen Entwicklungsumgebung und der vorliegenden Projektart abhängen. Mit *%SCED* wird der erforderliche Prozentsatz an Entwicklungszeitverkürzung im Verhältnis zur normalen Entwicklungszeit angegeben.

Unterschiede COCOMO 1 und COCOMO 2

Die Skalierung der Kostentreiber von COCOMO 1 hängt von den vier Entwicklungsphasen PD (Systementwurf), DD (Programmentwurf), CUT (Codierung und Einzeltest) und IT (Integration und Systemtest) ab. COCOMO 2 kennt diese Phaseneinteilung nicht, stattdessen wird eine dreistufige Aufwandsschätzung im zeitlichen Ablauf eines SW-Projekts vorgesehen. Anfangs beim Prototypenentwurf wird die Aufwandsschätzung auf Basis von den *Object Points* vorgenommen. Später im Rahmen der Entwurfsphase wird die Aufwandsschätzung auf Basis der geschätzten *Function Points* – ähnlich der Bewertung nach der Funktionswertmethode – vorgenommen, die dann – nachdem die Projektarchitektur vorliegt – in der dritten Stufe von COCOMO 2 mittels der Schätzung der zukünftigen *Lines of Code* verfeinert wird.

Die drei Entwicklungsmodi des ursprünglichen Modells (organic, semidetached, embedded), die sich in dem Prozess-Exponenten C2 niederschlagen, werden bei dem erweiterten Modell ersetzt durch die fünf Skalierungsfaktoren Q_1 bis Q_5 (PREC, FLEX, RESL, TEAM, EPML).

Bei der Endstufe von COCOMO 2 wurden vier zusätzliche Kostentreiber für die Themen Wiederverwendbarkeit von Projektteilen (RUSE), Versionswechsel der Dokumentation (DOCU), voneinander entfernte Entwicklungsorte (SITE) sowie Fluktuation des Personals (PCON) aufgenommen.

Drei Kostentreiber wurden in ihrem Inhalt verändert bzw. erweitert:

Änderungshäufigkeit der Systembasis	VIRT → PVOL
Erfahrung mit der Systembasis	VEXP → PEXP
Erfahrung mit der Programmiersprache	LEXP → LTEX

Die beiden Kostentreiber Bearbeitungszyklus (TURN) und Verwendung moderner Entwicklungsmethoden (MODP) von COCOMO 1 entfallen bei COCOMO 2 ganz.

Insgesamt wurden die Skalierungen der Kostentreiber auf die heutigen Erfordernisse und Erkenntnisse moderner SW-Entwicklungen angepasst.

3.2.3 Verfahren PRICE

3.2.3.1 Verfahrensfamilie PRICE

Das Verfahren PRICE (*P*rogrammed *R*eview of *I*nformation for *C*osting and *E*valuation) ist nicht ein einzelnes Verfahren, sondern umfasst eine ganze Familie rechnergestützter Aufwandsschätzverfahren, die von RCA seit 1962 nacheinander auf Grund umfassender Erfahrungsdatensammlungen für verschiedene Entwicklungsgebiete entwickelt worden sind [135, 136, 137].

1986 wurde PRICE System von General Electric Aerospace erworben; später wurde es von Lockheed übernommen. Seit 1998 firmiert PRICE System als eigene LLC-Gesellschaft.

In Tabelle 3.12 sind die einzelnen Schätzverfahren von PRICE aufgeführt. Das Schätzmodell für den SW-Lebenszyklus PRICE SL ist mittlerweile in das Modell für die SW-Entwicklung PRICE S eingeflossen.

Unter Einbindung der ursprünglichen PRICE-Schätzverfahren PRICE H und PRICE S hat PRICE System LLC ein Framework zur koordinierten Aufwands-, Kosten und Zeitschätzung für integrierte Hardware- und Software-Systementwicklung unter dem Namen „True Planning" entworfen. Dieses Framework ermöglicht die Schätzung der Hardware-Bestandteile, der Software-Subsysteme und der sonstigen IT-Elemente eines IT-Systems in einem gemeinsamen Strukturaufbau; die hierin enthaltenen Schätzkomponenten True H, True S und True IT sind aus den PRICE-Schätzmodellen abgeleitet worden (siehe Tabelle 3.12). In das Framework können allerdings auch weitere Schätzmodelle wie COCOMO oder anwendereigene Verfahren aufgenommen werden.

Das Verfahren *PRICE H* gilt als Erstes für die Kostenschätzung von HW-Entwicklungen und deren Fertigungen. Vornehmlich in Bereichen der Luft- und Raumfahrttechnik wie auch in militärischen Bereichen der Funk- und Radar-

Tabelle 3.12 Verfahrensfamilie PRICE

Bezeichnung	Aufwandsschätzverfahren für
PRICE H	Entwicklung und Produktion von Hardware
PRICE HL	Instandhaltung von Hardware (HW-Lebenszykluskosten)
PRICE S	Entwicklung von Software
PRICE SL	Wartung von Software (SW-Lebenszykluskosten)
PRICE M	Entwicklung und Produktion von Mikrochips
True H	Hardware-Schätzung und Projekt-Controlling
True S	Software-Schätzung und Projekt-Controlling
True IT	IT-Planung und Projekt-Controlling

technik wurde dieses Verfahren auf der Basis entsprechender Erfahrungsdaten aufgebaut.

Darauf folgte die Ausweitung des Verfahrens mit *PRICE HL* für den gesamten Lebenszyklus eines HW-Produkts. In gleicher Weise kamen später die beiden Verfahren *PRICE S* und *PRICE SL* für den SW-Entwicklungsbereich hinzu. Als letztes Verfahren wurde *PRICE M* für die Mikrochip-Entwicklung und -Produktion entwickelt.

Darüber hinaus stehen einige Hilfsprogramme zur Verfügung, wie z. B. *PRICE A* zum tabellarischen und grafischen Aufbereiten von Kostenverteilungen, *PRICE D* zum Durchführen von Regressionsanalysen und *PRICE SZ* zum Bestimmen der Anweisungszahl bei SW-Programmen anhand funktionaler Angaben.

Das Schätzmodell *True H* unterstützt – wie *PRICE H* – die Kostenschätzung der HW-Komponenten, der Baugruppen, der Subsysteme und der SW-Integration auf Basis von hunderten erprobten Kostenschätzbeziehungen. Ein Anwender kann das Schätzmodell auf seine eigenen Fertigungsgegebenheiten anpassen und kalibrieren wie z. B. durch Übernahme eigener Produktivitäts-Kennzahlen.

Das Schätzmodell *True S* umfasst – wie *PRICE S* – die Aufwands- und Kostenschätzung von Software auf Basis von verfahrensintern gespeicherten Erfahrungswerten, wobei unterschieden wird zwischen neuem, adaptiertem, wieder verwendetem und ausgesondertem Code. Das Schätz-Tool ermöglicht die SW-Größenschätzung sowohl in Lines of Codes als auch in Function Points oder Object Points.

Das Tool *True IT* unterstützt das Abschätzen von Zielen, Kosten und Leistungen in IT-Projekten und Reengineering-Geschäftsprozessen. True IT setzt Standards und Kriterien für ein effizientes und koordiniertes IT-Management und reduziert damit die Unsicherheiten und Schwachstellen im IT-Management.

Diese Aufwands- und Kostenschätzmodelle werden bei einer großen Anzahl Firmen und Behörden in den USA, aber auch in Europa und Asien produktiv eingesetzt. Vor allem im militärischen Bereich ist dort das Ausweisen der Kosten durch ein PRICE-Schätzmodell für viele Angebotsersteller Pflicht geworden. Ein Auftraggeber kann nämlich die für ein geplantes Entwicklungsprojekt eingeholten Angebote erheblich besser miteinander vergleichen, wenn die jeweiligen Aufwandsschätzungen nach gleichem Schema (Mengengerüst, Einflussparameter) vorgenommen werden.

Das Grundprinzip der PRICE-Schätzmodelle ähnelt dem aller parametrischen Aufwandsschätzmodelle: Anhand ausgewerteter Vergangenheitsprojekte sowie aussagekräftiger Einflussparameter wird mit Hilfe entsprechender Regressionsanalysen ein mathematischer Zusammenhang zwischen relevanten Produktergebnisgrößen und dem benötigten Aufwand (bzw. den Kosten) hergestellt. Durch laufende Kalibrierung bringt man diese empirisch gefundenen Schätzgleichungen immer wieder auf einen aktuellen Stand.

Nach entsprechend erfolgreicher Anpassung in einer Entwicklungs- und Fertigungsumgebung sowie der Ableitung von fundierten Kennzahlen aus vergangenen Projekten kann eine Schätzgenauigkeit von drei bis vier Prozent erreicht werden, wie es sich z. B. bei einem namhaften europäischen Flugzeugbauer zeigt.

Unter dem Slogan „Powered by PRICE Research" betreibt PRICE System LLC konsequent die Aktualisierung der Datenbasis der einzelnen PRICE-Schätzverfahren. Neben dem Vertrieb und der Schulung bietet die Firma Unterstützung sowohl bei der Einführung der PRICE-Schätzverfahren bzw. des True Planning-Frameworks als auch bei der Anpassung an das jeweilige firmenspezifische Entwicklungs- und Fertigungsumfeld.

Für die eigenständige Nutzung der PRICE-Verfahren zur HW- und SW-Aufwandsschätzung und die notwendige Kalibrierung auf die bereichseigene Entwicklungsumwelt werden mehrere Ausbildungskurse angeboten. Der Besuch entsprechender, teilweise mehrwöchiger Kurse sowie eine längere Einarbeitungs- und Erprobungszeit ist für ein produktives Arbeiten mit den Verfahren Voraussetzung. Auch benötigt man für die Verfahrenskalibrierung eine längere Zeit, bis eine akzeptable Anpassung der Einflussparameter an die bereichsspezifischen Erfordernisse erreicht wird.

Wegen ihres »exemplarischen Charakters« für ein HW- und ein SW-Aufwandsschätzverfahren soll in den beiden folgenden Kapiteln auf die Komponenten PRICE H und PRICE S näher eingegangen werden; sie können Anregungen für eigene Entwicklungen von Schätzverfahren geben.

3.2.3.2 HW-Schätzmodell PRICE H

Das Schätzmodell PRICE H [135] dient zum Schätzen der Entwicklungs- und/oder Produktionskosten von HW-Geräten bzw. -Systemen; es eignet sich im Wesentlichen für:

- ▷ Funk und Radar,
- ▷ Luft- und Raumfahrt,
- ▷ Universalrechner,
- ▷ Prozessrechner,
- ▷ Vermittlungsanlagen.

Vor einer erstmaligen Kostenschätzung muss das PRICE H-Modell normalerweise an die bereichsspezifische Entwicklungsumwelt angepasst werden. Hierzu müssen zu einer ausreichend großen Anzahl abgeschlossener Entwicklungs- und Produktionsvorhaben die entsprechenden PRICE-Parameter mit den zugehörigen Kosten vorliegen.

Der Kalibrierungslauf wird mit einem besonderen PRICE-Modul ECIRP (PRICE rückwärts gelesen) vorgenommen, wo – in umgekehrter Reihenfolge – die Kosten und die Produktgrößen als Eingabedaten dienen. Als Ausgabe erhält man dann die entsprechenden Komplexitätsdaten, die die Basis für die Kostenschätzung neuer Produkte liefern.

Eingabeparameter

Zum Durchführen einer Schätzung benötigt das Modell mehrere Eingabeparameter, von denen allerdings viele durch Standardwerte vorbelegt sind. Der Anwender hat die Möglichkeit, diese bei Bedarf entsprechend seiner eigenen Vorstellungen zu verändern. Die wesentlichen Eingabeparameter sind nachstehend mit ihrer PRICE-spezifischen Kennzeichnung aufgeführt:

Physikalische Parameter

▷ Gesamtgewicht	WT
▷ Gewicht der Mechanik/Struktur	WS
▷ Gesamtvolumen	VOL
▷ Dichte der Elektronik	WECF
▷ Einsatzumgebung	PLTFM

Quantitative Parameter

▷ Herzustellende Stückzahl	QTY
▷ Zu entwickelnde Prototypenanzahl	PROTOS
▷ Losrate pro Monat	RATOOL
▷ Stückzahlfaktor	PIF

Zeitliche Parameter

▷ Entwicklungsbeginn	DSTART
▷ Prototyp-Fertigstellung	DFPRO
▷ Entwicklungsende	DLPRO
▷ Produktionsbeginn	PSTART
▷ Erste Produktauslieferung	PFAD
▷ Produktionsende	PEND
▷ Bezugsjahr für Kostensätze	YRECON
▷ Bezugsjahr für Technologie	YRTECH

Qualitative Parameter

▷ Entwurfskomplexität	ECMPLX
▷ Fertigungskomplexität Elektronik	MCPLXE
▷ Fertigungskomplexität Mechanik	MCPLXS
▷ Mechanische Zuverlässigkeit	MREL
▷ Elektronische Zuverlässigkeit	EREL

Entwicklungsparameter

- ▷ Entwurfswiederholung Mechanik — DESRPS
- ▷ Entwurfswiederholung Elektronik — DESRPE
- ▷ Neuentwicklungsanteil Mechanik — NEWST
- ▷ Neuentwicklungsanteil Elektronik — NEWEL
- ▷ Mehraufwand für Prototypenentwicklung — PROSUP

Integrationsparameter

- ▷ Wiederholungsfaktor — QTYNHA
- ▷ Integrationsfaktor Mechanik — INTEGS
- ▷ Integrationsfaktor Elektronik — INTEGE
- ▷ HW/SW-Integrationsfaktor — HSINT

Zusätzliche Parameter

- ▷ Tool- und Testunterstützung für die Entwicklung — DTLGTS
- ▷ Tool- und Testunterstützung für die Produktion — PTLGTS

Physikalische Parameter

Die Parameter WT (Weight) und WS (Weight of Mechanical/Structural) geben einerseits das Gesamtgewicht und andererseits das Gewicht für die mechanischen Anteile in lbs oder in kg an. Das Gewicht für den Anteil der Elektronik entspricht der Differenz dieser beiden Parameter.

Zum Elektronikanteil gehört im Sinn von PRICE H nur die reine Elektronik, also Baugruppen, Steuergeräte, Bildschirm etc. Versorgende Teile der Elektronik wie Netzgeräte, Transformatoren, Elektromotoren oder Steckerleisten werden in ihrer Gesamtheit dem Mechanikteil zugerechnet, für den daher der Begriff »mechanical/structural« gewählt worden ist. Für die Gewichtsangabe von Gehäusen bietet PRICE H empirisch gefundene Auswahltabellen, deren Werte auf die eigenen Erfordernisse angepasst werden können.

Die Parameter VOL (Volume) für das Gesamtvolumen und WECF (Weight of Electronics/Cubic Foot) für die Elektronikdichte gehen nicht in die Kostenrechnung ein, sondern dienen nur als Prüfwerte. Für die Angabe der Elektronikdichte wird eine Auswahltabelle angeboten. Statt dieses Parameters kann auch ein äquivalenter für den elektronischen Volumennutzanteil (USEVOL) angegeben werden.

Der Parameter PLTFM (Platform) kennzeichnet das Einsatzgebiet, wie z. B. stationärer oder mobiler Einsatz bzw. Einsatz in der Luft- oder Raumfahrt. Mit diesem Parameter wird also u. a. eine Aussage hinsichtlich der zu planenden Zuverlässigkeit des zu entwickelnden Geräts gemacht. Zur Wertebestimmung steht ebenfalls eine Auswahltabelle zur Verfügung, die auch entsprechend modifiziert werden kann.

Quantitative Parameter

Mit dem Parameter QTY (Production Quantity) wird die zu produzierende Gesamtstückzahl und mit dem Parameter PROTOS (Prototypes) die zu entwickelnde Prototypenanzahl angegeben. Im Gegensatz zur Stückzahl darf der Wert für die Prototypenanzahl ein Dezimalwert sein, wenn z. B. nur einige Teile als Prototyp entwickelt werden.

Mit dem fakultativen Parameter RATOOL (Rate/Month Tooling) kann die monatliche Losgröße für eine »Folge-Produktion« angegeben werden; er beeinflusst im Wesentlichen die Kosten für die Fertigungsverfahren.

Der Parameter PIF (PRICE Improvement Factor) bestimmt die Steigung einer Kurve, in welcher die Abhängigkeit zwischen Stückzahl und Einsatzstückkosten festgelegt ist. Der Parameter PIF wird mathematisch wie ein Lernfaktor behandelt, hat aber einen anderen Ausgangspunkt als die industrielle Lernkurve; er kann hier als Stückzahlfaktor bezeichnet werden. Der von der Gesamtstückzahl QTY abhängende PIF-Wert kann einer PRICE-Tabelle entnommen werden.

Zeitliche Parameter

Die Parameter DSTART (Development Start) und PSTART (Production Start) müssen als Beginnzeitpunkte für die Entwicklung und für die Produktion immer angegeben werden. Die Parameter DFPRO (First Prototype Complete) und DLPRO (Development Complete) als Termine für ersten Prototyp und für Entwicklungsende sind ebenso fakultativ wie die Parameter PFAD (First Article Delivery) und PEND (Production

Complete) als Termin für erste Produktauslieferung und für Produktionsende. Werden sie nicht angegeben, so wird ein PRICE H-interner Zeitverlauf für Entwicklung und Produktion angenommen.

Mit den Parametern YRECON (Year of Economics) und YRTECH (Year of Technology) können Bezugsjahre einerseits für die Kostensätze und andererseits für den Technologiestand der Entwicklungs- und Produktionsverfahren zur Berücksichtigung eines speziellen Rationalisierungsverlaufs angegeben werden. Wird z. B. eine Entwicklung und Produktion mit Verfahren durchgeführt, deren Technologiestand noch nicht »State of the art« ist, dann führt dieser Umstand zu einer Kostenanhebung; entsprechend umgekehrt verhält es sich bei einer voll beherrschten Technologie. Zur Bestimmung des Technologiestandes sind verfahrensintern Technologiekurven vorhanden, deren Verlauf von den Parametern PLTFM und MCPLX abhängen. Für die Inflationsraten sowie den Umrechnungsfaktor von US-$ in EUR ist eine spezielle Tabelle erforderlich.

Qualitative Parameter

Die drei Komplexitätsparameter ECMPLX (Engineering Complexity), MCPLXE (Manufacturing Complexity Electronics) und MCPLXS (Manufacturing Complexity Mechanical/Structural) sind neben der Angabe des voraussichtlichen Gerätegewichts die wichtigsten und für die Kostenrechnung ausschlaggebenden Parameter beim PRICE H-Verfahren.

Für die Bestimmung der qualitativen Einflussparameter, der Entwurfskomplexität ECMPLX und der Fertigungskomplexitäten MCPLXE und MCPLXS, stellt der PRICE H-Anbieter Auswahltabellen mit empirisch gefundenen Werten zur Verfügung. In einer dieser Auswahltabellen wird die Entwurfskomplexität abhängig vom Schwierigkeitsgrad der Entwurfsaufgabe sowie vom Erfahrungsstand des eingesetzten Personals bestimmt. Für das Bestimmen der Fertigungskomplexitäten werden zwei weitere Auswahltabellen[1] genutzt – eine für elektronische und eine für mechanische Produktteile. Auch hier wird der Komplexitätswert mit Hilfe einer Matrixzuordnung bestimmt, wobei die Abhängigkeiten einerseits die generellen Systemklassen (wie z. B. Grundtechnik, Luftfahrt, Raumfahrt) und andererseits die einzelnen Geräteklassen (wie z. B. Antennen, Optik und Motoren auf der mechanischen Seite sowie Empfänger, Sender und Verstärker auf der elektronischen Seite) sind. Der Parameter ECMPLX beeinflusst nur die Entwicklungskosten; dagegen gehen die beiden Parameter MCPLXE und MCPLXS sowohl in die Entwicklungs- als auch Produktionskosten ein.

Die Parameter MREL (Mechanical Reliability) und EREL (Electronic Reliability) stellen lineare Multiplikatoren für den durch das Verfahren berechneten Zuverlässigkeitswert MTBF (Mean Time between Failures) dar.

Entwicklungsparameter

Mit den Entwicklungsparametern DESRPS (Design Repeat Mechanical/Structural) und DESRPE (Design Repeat Electronics) können Wiederholungsfaktoren für den Mechanik- und Elektronikentwurf für den Fall angegeben werden, dass redundante Hardware wie z. B. Zwillingssteuerungen oder mehrere identische Flachbaugruppen vorhanden sind. Demgegenüber geben die Parameter NEWST (New Structure) und NEWEL (New Electronics) an, inwieweit ein gänzlich neuer Entwurf in Hinblick früherer Entwicklungen gemacht werden muss.

Mit dem Parameter PROSUP (Prototype Activity) kann ein Multiplikator für die Prototypenkosten angegeben werden, wenn besondere kostenintensive Maßnahmen für die Prototypenentwicklung notwendig sind.

Integrationsparameter

Mit den Integrationsparametern QTYNHA (Quantity/Next Higher Assembly), INTEGS (Integration Factor Structural) und INTEGE (Integration Factor Electronic) können aufwandsbeeinflussende Faktoren angegeben werden, die durch die Integration mehrerer Systemteile (z. B. Gerätekoffer) bedingt sind. Der Parameter HSINT (HW/SW-Integration) ermöglicht darüber hinaus einen Integrationsfaktor für das Einbinden von Software.

[1] Die erwähnten Tabellen enthalten Richtwerte für amerikanische Verhältnisse. Der deutsche Anwender muss diese Werte nach seinen Bedingungen mit Hilfe des Kalibrierungsprogramms ECIRP ermitteln.

Zusätzliche Parameter

Mit den Parametern DTLGTS (Development Tooling & Test Equipment) und PTLGTS (Production Tooling & Test Equipment) können kostentreibende Faktoren für die Tool- und Testausrüstung innerhalb der Entwicklung bzw. der Fertigung angegeben werden.

Im Rahmen des Frameworks „True Planning" werden die Eingabeparameter in einem Workshop erarbeitet und online in das System eingegeben. Die Eingabe per Formular ist auch weiterhin möglich.

Eingabeformular

Bild 3.26 ist das Eingabeformular von PRICE H für die Übernahme der vorstehend angeführten Eingabedaten; es kann für die nachfolgend erläuterten Nutzungsmodi 1, 2, 6 und 7 genutzt werden. Für die anderen Modi stehen andere Eingabeformulare zur Verfügung. Für die Eingabe spezieller »globaler Variablen« – sie sind zu Beginn der Verfahrensanwendung zu bestimmen – dient ebenfalls ein eigenes Eingabeformular. Zu den globalen Variablen gehören z. B. Angaben zur Überlappung der Prototypenherstellung und Angaben zur optimalen Verteilung des Personaleinsatzes.

Nutzungsmodi

Für das Verfahren PRICE H gibt es mehrere unterschiedliche Nutzungsmodi; sie unterscheiden sich in ihrem Einsatzfall sowie im Spektrum ihrer Eingabe- und Ausgabedaten.

Modus	Einsatzfall
1	Kostenschätzung für elektromechanische Produkte
2	Kostenschätzung für rein mechanische Produkte (z. B. Antennen, Fahrzeuge, Schalter)
3	Integrationskostenschätzung bei gekauften Komponenten
4	Integrationskostenschätzung bei beigestellten Komponenten
5	Integrationskostenschätzung für Gesamtsystem
6	Modifikationskostenschätzung für gekaufte und beigestellte Komponenten
7	Kalibrierungsprogramm ECIRP
8	Einbindung von Zusatzkosten (z. B. Einsatzunterstützung, Einsatzerprobung, Software)
9	Folgelosberechnung.

Gemäß den unterschiedlichen Eingabedaten gibt es für diese Nutzungsmodi entsprechende Eingabeformulare bzw. unterschiedliche Eingabefelder. Bei dem Modus 7 wird z. B. für die Kalibrierung eine zusätzliche Zeile in dem vorstehend gezeigten Eingabeformular (Bild 3.26) mit den festgestellten Kostenangaben ausgefüllt. Dafür entfällt in diesem Modus die sonst obligatorische Angabe der Fertigungskomplexitäten MCPLXE und MCPLXS, die stattdessen im Kalibrierungslauf als Ergebnis anfallen.

PRICE H ermöglicht – über die eigentliche Aufgabe der Aufwandsschätzung hinaus – weitergehende Auswertungen und Simulationen mit den Hauptausgabegrößen, so z. B. für die Frage: Was muss getan werden, damit ein kürzestmöglicher Termin erreicht wird? PRICE H bietet somit auch Hilfen für eine allgemeine Termin-Kosten-Optimierung.

Berechnungsmethode

Für das Berechnen der erforderlichen Entwicklungs- und Produktionskosten bedient sich PRICE H zahlreicher (interner) Formeln, deren Darlegung den Rahmen dieses Kapitels sprengen würde.

Weiter unten ist in Bild 3.29 die wichtigste Ausgabeliste von PRICE H gezeigt. Wie dort zu ersehen ist, sind die Grundgrößen für die Ausgabe die tätigkeitsorientierte Aufstellung der Entwicklungs- und Produktionskosten, welche sich jeweils aus *Ingenieurleistungen* (Engineering) und *Fertigungsleistungen* (Manufacturing) zusammensetzen. Diese unterteilen sich wiederum in einzelne Tätigkeitsbereiche.

Ingenieurleistungen

Kosten für

▷ Zeichnungstätigkeiten	(DRAFTING)
▷ Entwurfstätigkeiten	(DESIGN)
▷ Systemtechnik	(SYSTEMS)
▷ Projektmanagement	(PROJECT MGMT)
▷ Dokumentation	(DATA)

PRICE Input Data Worksheet

Basic Modes

File name: ____________

Sheet ____ of ____________

Title:

Date:

General A	Production Quantity QTY	Prototypes PROTOS	Weight WT	Volume VOL	Mode HW/SW Integration MODE • HSINT	
General B	Quantity/Next Higher Assembly QTYNHA	NHA Integration Electronic INTEGE	Factors Structural INTEGS	Specification Level PLTFM	Economic Base YRECON	Year of Technology YRTECH
Mechanical/ Structural	Structure Weight WS	Manufacturing Complexity MCPLXS	New Structure NEWST	Design Repeat DESRPS	Mechanical Reliability MREL	
Electronics	WE Per Ft³ / Volume Fraction WECF / USEVOL	Manufacturing Complexity MCPLXE	New Electronics NEWEL	Design Repeat DESRPE	Electronic Reliability EREL	
Development	Development Start DSTART	1st Prototype Complete DFPRO	Development Complete DLPRO	Engineering Complexity ECMPLX	Tooling & Test Equip. DTLGTS	Prototype Activity PROSUP
Production	Production Start PSTART	First Article Delivery PFAD	Production complete PEND	PRICE-Improvement Factor PIF	Tooling & Test Equip. PTLGTS	Rate/Month Tooling RATOOL
Actual Cost Data (Mode 7 only)	Average Unit AUCOST	Production Total PTCOST	Prototypes PRCOST	Development Total DTCOST		

Notes:

MODE DESCRIPTION
1 ELECTRONIC ITEM
2 MECHANICAL ITEM
6 MODIFIED ITEM
7 ECIRP

Bild 3.26 PRICE H-Eingabeformular

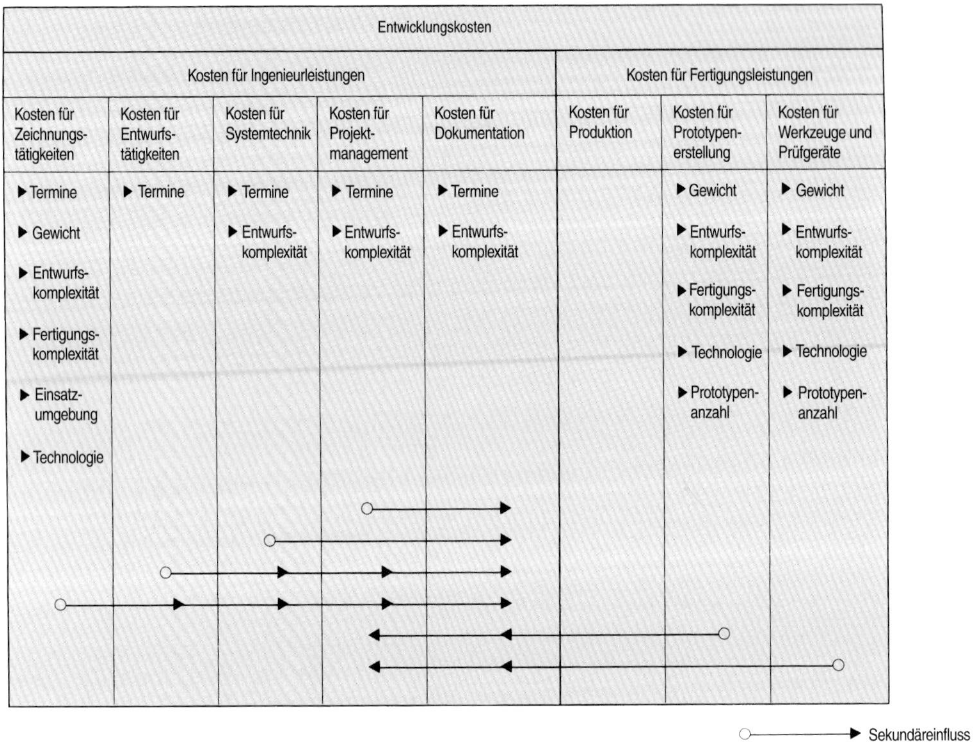

Bild 3.27 Einflussfaktoren bei der Entwicklungskostenberechnung

Fertigungsleistungen

Kosten für

- ▷ Produktion (PRODUCTION)
- ▷ Prototypenerstellung (PROTOTYPE)
- ▷ Werkzeuge und Prüfgeräte (TOOL-TEST EQ)

Berechnung der Entwicklungskosten

Bild 3.27 veranschaulicht, welche einzelnen Einflussfaktoren in die Berechnung der jeweiligen Kostenkomponenten für das Bestimmen der Entwicklungskosten einbezogen werden. Weiterhin ist die gegenseitige Abhängigkeit der einzelnen Kostenkomponenten angedeutet. Wie ersichtlich, ist das Bestimmen des Zeichenaufwands eine wichtige Aktivität beim Berechnen der Entwicklungskosten. Der Umfang der Zeichnungstätigkeiten beeinflusst nämlich mehr oder weniger alle anderen Kostenkomponenten der Ingenieurleistungen. Da das Berechnen des Zeichenaufwands vor allem vom Gewicht und von der Komplexität des geplanten Geräts bzw. Systems abhängt, sind letztendlich diese beiden zu schätzenden Größen die kritischen Ausgangsgrößen bei der Aufwands- und Kostenschätzung mit dem Modell PRICE H. Die Genauigkeit der Gewichts- und Komplexitätsangaben bestimmt daher entscheidend die Qualität des Schätzergebnisses.

Als die wesentlichen Einflussfaktoren für die Berechnung der Entwicklungskosten sind zu nennen:

- ▷ Gewicht des Geräts (bzw. Systems),
- ▷ Entwurfskomplexität,
- ▷ Fertigungskomplexität,
- ▷ Prototypenanzahl,
- ▷ Technologiestand,
- ▷ Terminsituation.

Berechnung der Produktionskosten

Bild 3.28 zeigt den Berechnungsgang für das Bestimmen der Produktionskosten. Auch hier

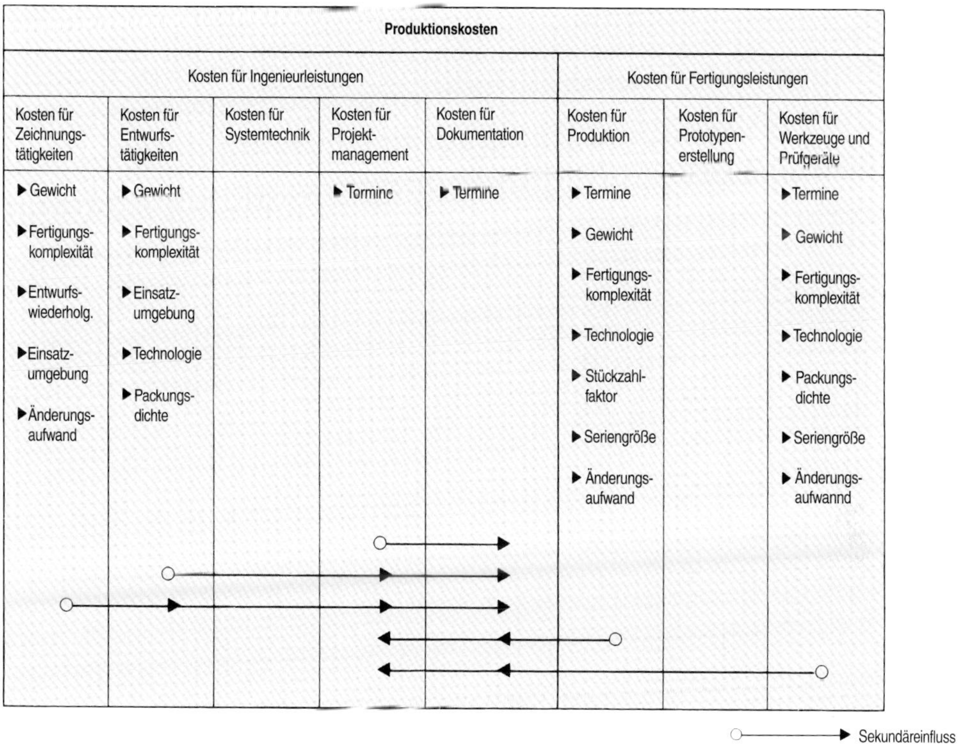

Bild 3.28 Einflussfaktoren bei der Produktionskostenberechnung

sind noch Kosten für die Zeichnungserstellung, für den Entwurf und für die Systemtechnik anzusetzen, die alle aufgrund nicht zu vermeidender nachträglicher Änderungswünsche an die Entwicklung anfallen.

Als die entscheidenden Einflussfaktoren für die Produktionskosten sind hier zu nennen:

▷ Gewicht des Geräts (bzw. Systems),
▷ Fertigungskomplexität,
▷ Stückzahl,
▷ Stückzahlfaktor,
▷ Technologiestand,
▷ Terminsituation.

Ausgabedatenblatt

Bild 3.29 veranschaulicht schließlich ein Ausgabedatenblatt mit den wichtigsten Berechnungsdaten des PRICE H-Verfahrens; es enthält neben der Wiederauflistung einiger relevanter Eingabeparameter eine matrixstrukturierte Aufteilung der Entwicklungskosten (Development) und Produktionskosten (Production) auf die einzelnen Tätigkeitsarten mit der grundsätzlichen Unterteilung nach Ingenieurleistungen (Engineering) und Fertigungsleistungen (Manufacturing).

Zusätzlich enthält dieses Blatt noch einige vom Verfahren errechnete Angaben, wie z. B. die mechanische Dichte und den Wert für die Zuverlässigkeit *MTBF;* errechnete Werte sind mit * gekennzeichnet. Als Letztes wird eine Kostenvarianz angegeben, d. h. Minimal- und Maximalwerte der Entwicklungs- und Produktionskosten, die nach der Modellrechnung eintreten können.

Einsatzfeld

Das Verfahren PRICE H kann sehr gut in der Frühphase einer HW-Produktentwicklung eingesetzt werden, da man bereits mit wenigen Produkt- und Einflussgrößen in relativ kurzer Zeit eine brauchbare Kosten- und Aufwands-

```
              - - - PRICE HARDWARE MODEL METRIC - - -
                         ELECTRONIC  ITEM

INPUT FILENAME:              07-MAY-85 14:11        GLOBAL FILENAME:
                               (185071)        ESCALATION FILENAME:   RT84/2

TEST LIS

 PRODUCTION QUANTITY     10000      UNIT WEIGHT      12.00     MODE             1
 PROTOTYPE QUANTITY        5.000    UNIT VOLUME      25.00     QUANTITY/NHA     0

UNIT PROD COST     6.92                             MONTHLY PROD RATE 586.50

PROGRAM COST(DM1000)        DEVELOPMENT        PRODUCTION        TOTAL COST
  ENGINEERING
    DRAFTING                      311.               0.               311.
    DESIGN                       1264.               0.              1264.
    SYSTEMS                       437.               -                437.
    PROJECT MGMT                  405.            3560.              3966.
    DATA                          186.             982.              1168.
      SUBTOTAL(ENG)              2604.            4542.              7146.

  MANUFACTURING
    PRODUCTION                      -            69177.             69177.
    PROTOTYPE                     368.               -                368.
    TOOL-TEST EQ                   60.            3059.              3119.
      SUBTOTAL(MFG)               427.           72236.             72664.

      TOTAL COST                 3031.           76779.             79810.

DESIGN FACTORS       ELECTRONIC MECHANICAL   PRODUCT DESCRIPTORS
  WEIGHT                  2.400*     9.600      ENGINEERING COMPLEXITY  2.000
  DENSITY                 0.960*     0.384*     PROTOTYPE SUPPORT       1.0
  MFG. COMPLEXITY         7.400      5.720      PROTO SCHEDULE FACTOR   0.250*
  NEW DESIGN              1.000      1.000      ELECT VOL FRACTION      0.100
  DESIGN REPEAT           0.000      0.000      PLATFORM                1.200
  ENGINEERING CHANGES     0.000      0.000      YEAR OF TECHNOLOGY      1985*
  HW/SW INTEG. LEVEL      0.0                   RELIABILITY FACTOR      1.0
  INTEGRATION LEVEL       0.0        0.0        MTBF(FIELD)              4053*

 SCHEDULE          START               FIRST ITEM              FINISH
    DEVELOPMENT    FEB 85     ( 19)    AUG 86*    (  7)        MAR 87*    ( 26)
    PRODUCTION     JUL 87     (  9)    MAR 88*    ( 17)        AUG 89*    ( 26)

 SUPPLEMENTAL INFORMATION
   ECONOMIC BASE                185          TOOLING & PROCESS FACTORS
   ESCALATION                  0.00            DEVELOPMENT TOOLING          1.00*
   T-1 COST                   23.14*           PRODUCTION TOOLING           1.00*
   AMORTIZED UNIT COST         7.68*           RATE TOOLING                    0
   DEV COST MULTIPLIER         1.00*           PRICE IMPROVEMENT FACTOR 0.880
   PROD COST MULTIPLIER        1.00*           UNIT LEARNING CURVE          0.902*

 COST RANGES               DEVELOPMENT        PRODUCTION        TOTAL COST
       FROM                     2675.            65751.            68426.
       CENTER                   3031.            76779.            79810.
       TO                       3584.            93457.            97041.
```

Bild 3.29 PRICE H-Ausgabedatenblatt

schätzung vornehmen kann. Es darf aber nicht die einzige Quelle für das Bestimmen der Planwerte darstellen, jedoch als erster Messstab kann PRICE H ein sehr nützliches Instrument sein. PRICE H ist allerdings nicht an alle Anwendungsbereiche der Elektrotechnik ausreichend angepasst. Auch mangelt es an einer ausreichenden Berücksichtigung qualitätssichernder Maßnahmen in Entwicklung und Produktion; dies kann aber mit einer entsprechenden Kalibrierung verbessert werden.

Manchmal wird beklagt, dass sich das Verfahren PRICE H für den Einzelnen wie eine »Black Box« darstellt, da nur die Dienstleistung seitens der Firma PRICE Systems LLC zur Verfügung steht und die »Verfahrensinterna« dem Benutzer unbekannt bleiben. Dies kann aber auch von Vorteil sein; das *Nichtwissen* um die internen Algorithmen verhindert nämlich eine gewollte oder auch ungewollte Manipulation bei der Angabe der Einflussgrößen; die Schätzung wird dadurch insgesamt erheblich objektiver.

3.2.3.3 SW-Schätzmodell PRICE S

Das Schätzmodell PRICE S [137] dient zum Schätzen der Entwicklungskosten von SW-Produkten bzw. SW-Systemen; es wird weltweit von vielen Unternehmen für die Aufwands- und Kostenschätzung eingesetzt, und zwar auf folgenden Gebieten der SW-Entwicklung:

- ▷ Betriebssysteme,
- ▷ Informationssysteme,
- ▷ Bürokommunikationssoftware,
- ▷ kommerzielle DV-Verfahren,
- ▷ Sicherungssoftware,
- ▷ Simulationsprogramme,
- ▷ Software für die Raumfahrt.

PRICE S eignet sich sowohl für Programmsysteme, wie Compiler und Generatoren, als auch für hochkomplexe Realzeitsysteme, wie Prozess- und Radarsteuerungen. Auch kann es für alle Programmiersprachen, von den maschinen- bis hin zu den problemorientierten, verwendet werden.

Das PRICE S-Verfahren gliedert den Entwicklungsprozess in drei Phasen, nämlich:

- ▷ Entwurf,
- ▷ Implementierung,
- ▷ Integration und Test.

In das Schätzmodell nicht einbezogen wurden die Frühphasen für das Festlegen der System- und der Programmanforderungen. Für die Einsatz- und Betreuungsphase des SW-Produkts bzw. -Systems stand das Schätzmodell PRICE SL (SW-Lifecycle) zur Verfügung, welches allerdings mittlerweile in PRICE S integriert worden ist.

PRICE S kann in einem besonderen Ablaufmodus auch ausschließlich für die Entwicklungsphase »Integration und Test« eingesetzt werden; dies bietet sich dann an, wenn mehrere SW-Komponenten – jeweils in getrennten Projekten entwickelt – zu einem System zu integrieren sind und hierfür eine gesonderte Aufwandsschätzung vorgenommen werden soll.

Eingabeparameter

Wie bei PRICE H werden für die einzelnen Berechnungsgänge in PRICE S mehrere Eingabeparameter benötigt, deren Angabe z. T. obligatorisch ist, aber auch fakultativ sein kann, wenn die vorgegebenen Standardwerte akzeptiert werden. Die wichtigsten Eingabeparameter für PRICE S sind mit ihren verfahrensspezifischen Abkürzungen nachstehend aufgeführt:

Quantitative Parameter

▷ Anzahl der Maschinenbefehle	INST

Qualitative Parameter

▷ Verteilung der datentechnischen Aufgaben	Mix (MDAT, ...)
▷ Anwendungscharakteristik	APPL
▷ Entwicklungsleistungsfähigkeit	RESO
▷ HW-Restriktionen	UTIL
▷ Einsatzumgebung	PLTFM
▷ Projektkomplexität	CPLX

Zeitliche Parameter

▷ Beginn der Entwurfsphase	DSTART
▷ Ende der Entwurfsphase	DEND
▷ Beginn der Implementierungsphase	ISTART
▷ Ende der Implementierungsphase	IEND
▷ Beginn der Test- und Integrationsphase	TSTART
▷ Ende der Test- und Integrationsphase	TEND

Einsatzmittelparameter

▷ Personalkostensatz für Entwurfsphase	DCOST
▷ Personalkostensatz für Implementierungsphase	ICOST
▷ Personalkostensatz für Test- und Integrationsphase	TCOST
▷ Personalvorrat für Entwurfsphase	DMAX
▷ Personalvorrat für Implementierungsphase	IMAX
▷ Personalvorrat für Test- und Integrationsphase	TMAX

Entwicklungsparameter

▷ Nutzung vorhandenen Entwurfs	NEWD
▷ Modifikationsverteilung	New Design (DDAT, ...)
▷ Nutzung vorhandenen Codes	NEWC
▷ Modifikationsverteilung	New Code (CDAT, ...)

Schnittstellenparameter

▷ Arten Geräteschnittstellen	Interface Types (TDAT, ...)
▷ Anzahl Geräteschnittstellen	Interface Quantities (QDAT, ...)

Zusätzliche Parameter

▷ Alternative Größenangaben	Sizing Data (FUNCT, ...)
▷ Verfahrenstechnische Angaben	Supplemental Information (YEAR, ...)

Quantitative Parameter

Der Parameter INST (Instructions) entspricht der Anzahl abzuliefernder ausführbarer Befehle auf Maschinenebene. Werden Programmiersprachen auf einer höheren Sprachebene verwendet, so muss man die Anzahl Quellcodezeilen (LOC) – im Gegensatz zum COCOMO-Schätzmodell – entsprechend expandieren:

$$\mathrm{INST} = \mathrm{EXPAN} \times \mathrm{LOC} \tag{24}$$

Tabelle 3.13 Expansionsfaktor EXPAN

Programmiersprache	Durchschnittlicher Expansionsfaktor EXPAN
Assembler	1
COBOL	3
UNIX-C	3
CHILL	3,1
PASCAL	4
FORTRAN	5,5
BASIC	6
ALGOL	10
PL/1	10
APL	15

Für den Expansionsfaktor EXPAN liefert PRICE abhängig von den verwendeten Programmiersprachen Erfahrungswerte (Tabelle 3.13).

Qualitative Parameter

Der Parameter APPL (Application) beschreibt – bezogen auf die datentechnische Verarbeitung – die Charakteristik des zu entwickelnden SW-Produkts bzw. -Systems. Für das Bestimmen seines Wertes wird eine prozentuale Aufteilung auf folgende sieben datentechnische Aufgabenbereiche (Mix-Elemente) vorgenommen:

- ▷ Data Storage and Retrieval MDAT
- ▷ Online Communications MONL
- ▷ Real Time Command and MREA Control
- ▷ Interactive Operations MINT
- ▷ Mathematical Operations MMAT
- ▷ String Manipulation MSTR
- ▷ Operating Systems MOPR.

Einen weiteren Aufgabenbereich (MAPP8) kann der Anwender frei wählen. PRICE gibt für diese Aufgabenbereiche jeweils einen Gewichtungsfaktor vor, welcher – multipliziert mit der spezifischen Prozentverteilung – dann ein Gesamtgewicht für die Anwendungscharakteristik ergibt. Falls keine prozentuale Aufteilung der datentechnischen Aufgaben möglich ist, kann dieser Wert für den Parameter APPL auch unmittelbar als Gesamtgewicht angegeben werden, da PRICE S nur mit diesem Mischwert weiterarbeitet.

Mit dem Parameter RESO (Resource) wird die »Leistungsfähigkeit« der Entwicklungsumwelt in die Aufwandsschätzung einbezogen; er stellt eine Art »Projekt-Produktivität« dar und hängt von den zur Verfügung stehenden Ressourcen ab:

- ▷ Qualifikation der Mitarbeiter,
- ▷ Erfahrung der Mitarbeiter,
- ▷ Produktivitätsausbringung,
- ▷ Rechnerkapazität und -ausstattung,
- ▷ Laborkapazität und -ausstattung,
- ▷ Methoden, Werkzeuge und Hilfsmittel,
- ▷ »Overhead« der Projektbeteiligten, etc.

Dieser Parameter muss vor der erstmaligen Nutzung von PRICE S für den jeweiligen Entwicklungsbereich speziell bestimmt werden. Hierzu steht das bereits o. a. PRICE-Kalibrierungsprogramm ECIRP zur Verfügung.

Der Parameter UTIL (Utilization) bewertet die HW-Restriktionen, die entweder durch die Rechnerzykluszeit oder durch die Speicherkapazität bestehen können; er gibt die prozentuale Auslastung dieser beiden Kriterien an. Überschreitet er in einer der beiden Größen den Wert von 50% wesentlich, so sind beim Programmentwurf entsprechend aufwendigere Maßnahmen erforderlich. In der nachrichtentechnischen Entwicklung sind z. B. Werte im Bereich 0,6 bis 0,8 üblich.

Mit dem Parameter PLTFM (Platform) werden Anwendungsgebiet und Einsatzumgebung des geplanten SW-Produkts bzw. -Systems in die Schätzung einbezogen; er umfasst Einflussgrößen wie

- ▷ Betriebssicherheit,
- ▷ Zuverlässigkeit,
- ▷ Testumfeld,
- ▷ Portabilität,
- ▷ Strukturierung und
- ▷ Dokumentation.

Auch hier liefert PRICE S eine eigene Auswahltabelle für die Wertbestimmung dieses Parameters. Die Skala reicht von rein kommerziellen Einsatzfällen bis hin zu solchen mit hoher Verflechtung, wie Kommunikationssysteme, militärische Führungssysteme und Systeme für die Weltraumfahrt.

Der Parameter CPLX (Complexity) charakterisiert die spezifischen Gegebenheiten der Projektumwelt und setzt sich aus einem Grundparameter und drei Zusatzparametern zusammen. Die Zusatzparameter unterteilen sich noch in mehrere Einzelparameter.

▷ Grundwert für spezifische Projektumwelt	Grund-CPLX
▷ Personalqualifikation	P1-CPLX
▷ Vertrautheit mit der Aufgabe	P2-CPLX
▷ Komplikationsfaktor	P3-CPLX.

Grundwert sowie Gesamtwert werden durch einen entsprechenden Kalibrierungslauf ermittelt. Die Differenz ist durch den Anwender auf die Einzelparameter entsprechend aufzuteilen. Für diese stehen entsprechende Auswahltabellen zur Verfügung. Der sich ergebende Gesamtparameter wirkt nicht nur auf den Aufwand bzw. die Kosten ein; er ist vielmehr vor allem auch ein Maß für die zeitbeeinflussenden Eigenschaften der Projektumwelt.

Zeitliche Parameter

Die Eingabe des Parameters DSTART (Design Start) als Angabe des Beginntermins der Entwurfsphase ist obligatorisch; alle weiteren Termin-Parameter sind fakultativ und können teilweise oder vollständig angegeben werden. Wird nur der Beginntermin angegeben, so rechnet PRICE mit einer internen Entwicklungszeitkurve, deren Verlauf der Anwender mit der Tabelle CTABLE auf seine eigenen Erfordernisse anpassen kann. Die zusätzliche Angabe von weiteren Terminen für Beginn und Ende der einzelnen (PRICE-)Entwicklungsphasen führt grundsätzlich zu einer Kostenerhöhung, da sowohl kürzere als auch spätere Termine immer zu einer Erhöhung des Entwicklungsaufwands führen.

Einsatzmittelparameter

Mit den Parametern DCOST (Design Cost), ICOST (Implementation Cost) und TCOST (Test and Integration Cost) werden die Kostensätze für das Personal in den einzelnen Phasen fest gelegt. Sollen diese sich in den Phasen nicht unterscheiden, so genügt nur die Angabe bei DCOST. Ist demgegenüber eine Differenzierung der Kostensätze nach den PRICE-Tätigkeitsarten gewünscht, so ist dies durch die explizite Definition einer hierfür eingerichteten Tabelle ATABLE möglich; hierin können also die Kostensätze phasen- *und* tätigkeitsartorientiert eingegeben werden.

Die Parameter DMAX (Design Max.), IMAX (Implementation Max.) und TMAX (Test and Integration Max.) kennzeichnen Restriktionen im Personaleinsatz; mit diesen kann der je Phase zur Verfügung stehende Personalvorrat angegeben werden. Eine derartige Restriktion führt immer zu einer Kosten- bzw. Zeitdauererhöhung.

Entwicklungsparameter

Mit den Parametern NEWD (New Design) und NEWC (New Code) wird bei Modifikationsentwicklungen der Wiederverwendungsgrad der vorliegenden Designunterlagen bzw. des vorliegenden Codes berücksichtigt. Der Wert 1 kennzeichnet dabei eine Neuentwicklung; Wert 0 würde eine vollständige Übernahme ohne Arbeitsaufwand bedeuten. Statt dieser pauschalen Angabe eines Wertes zwischen 0 und 1 kann, ähnlich wie beim Bestimmen des Parameters APPL, auch eine spezifische Prozentverteilung auf die einzelnen datentechnischen Aufgabenbereiche der »Mix-Elemente« vorgenommen werden. Hierzu dienen die New Design- und New-Code-Parameter:

Datentechnischer Aufgabenbereich	Nutzungsverteilung Design	Nutzungsverteilung Code
Data Storage and Retrieval	DDAT	CDAT
Online Communications	DONL	CONL
Real Time Command and Control	DREA	CREA
Interactive Operations	DINT	CINT
Mathematical Operations	DMAT	CMAT
String Manipulation	DSTR	CSTR
Operating Systems	DOPR	COPR
(frei definierbar)	DAPP8	CAPP8

Schnittstellenparameter

Die fakultativen Schnittstellen-Parameter (Interface Types und Interface Quantities) charakterisieren Menge und Vielfalt der auftretenden Schnittstellen in der geplanten Software; sie beziehen sich auf die schon oben erwähnten technischen Aufgabenbereiche, allerdings nur auf die ersten vier:

Datentechnischer Aufgabenbereich	Anzahl Schnittstellenarten	Anzahl Schnittstellen
Data Storage and Retrieval	TDAT	QDAT
Online Communications	TONL	QONL
Real Time Command and Control	TREA	QREA
Interactive Operations	TINT	QINT

Bei den drei weiteren Aufgabenbereichen ist die Schnittstellenbetrachtung nicht von Bedeutung.

Zusätzliche Parameter

Mit den Sizing-Data-Parametern können alternative Produktgrößenangaben zur Anzahl Maschinenbefehle (INST) vorgenommen werden. Insgesamt vier Möglichkeiten gibt es bei PRICE S zur Angabe der Produktgröße:

1.	Anzahl Maschinenbefehle	INST
2.	Anzahl Quellcodezeilen	SOURCE und EXPAN
3.	Anzahl Funktionen	FUNCT
4.	Angabe der »Strukturdichte«	STRU und LEVEL.

Die erste Möglichkeit ist die gängigste Form der Produktgrößenangabe, d. h. die Angabe der Anzahl Maschinenbefehle, die normalerweise nicht der Anzahl Quellcodezeilen entspricht. Für die Angabe der Quellcodezeilen steht die zweite Möglichkeit zur Verfügung, bei der mit dem EXPAN-Faktor die »Höhe« der verwendeten Programmiersprache berücksichtigt wird (siehe Tabelle 3.13). Bei der dritten Möglichkeit wird die Programmgröße nicht anhand der Befehlsmenge, sondern der Anzahl »Funktionen« des geplanten Systems angegeben. Als Funktion zählt hier jeder Strukturblock in einer SW-Produktstruktur, also auch der, der sich auf höherer Ebene befindet. Bei der vierten Möglichkeit wird die Produktgröße durch eine »Strukturdichte« angegeben; diese ist im Vergleich zu einer entsprechenden Anzahl abgeschlossener SW-Entwicklungen abzuleiten.

Der Parameter CAP (Capacity) wird nur bei der »Design-to-Cost«-Rechnung benötigt; er kennzeichnet den verfügbaren Speicherplatz, gemessen in Anzahl Maschinenbefehle. Der Quotient aus den Parametern INST und CAP ergibt den Parameter UTIL (HW-Restriktionen).

Werden bei der »Design-to-Cost«-Rechnung für die Parameter UTIL und CAP gleichzeitig Werte angegeben, so wird vom Verfahren der »restriktivere« Wert genommen.

Die verfahrenstechnischen Parameter (Supplemental Information) haben folgende Bedeutung:

Mit dem Parameter YEAR wird das Bezugsjahr für das Berücksichtigen der Inflationsrate und einer Währungskurve angegeben.

Parameter MULT (Multiplier) dient dem generellen prozentualen Aufschlag auf alle Kosten- und Aufwandsangaben, so dass ein fester Gewinn eingeplant werden kann.

Der Parameter ESC (Escalation) gibt die jährliche, inflationsbedingte Preissteigerung an, falls nicht bereits in der Tabelle RTABLE die jahresbezogenen Inflationsraten festgelegt sind.

Der Parameter TARCST (Target Cost) wird nur bei Kalibrierungsläufen verwendet; mit ihm werden die aufgelaufenen Kosten abgeschlossener SW-Projekte eingegeben.

Der Parameter INTEG (Integration) gibt den Integrationsgrad bei mehrteiligen SW-Systemen an; seine Angabe ist für den separaten Schätzlauf zum Bestimmen des erforderlichen Integrationsaufwands notwendig.

Interne Tabellen

Neben diesen Parametern kann durch den Benutzer die Wertebelegung interner Tabellen, die PRICE für den Berechnungsgang benötigt, festgelegt werden. Folgende Tabellen sind hier zu nennen:

ATABLE	Kostensätze	(Cost Multiplier Globals)
CTABLE	Entwicklungszeitkurve	(Curve Control Globals)
DTABLE	Deskriptoren	(Descriptor Globals)
GTABLE	Programmkonstanten	(Programm Constants)
RTABLE	Inflationsraten	(Inflation Rate Factors).

Eingabeformular

Die sechs wichtigsten Fragestellungen für die Parametereingabe in das PRICE S-Schätzmodell sind:

Wie groß?	Parameter INST
Welche Art?	Parameter APPL, Mix
Wer macht es?	Parameter RESO
Welche HW-Einschränkungen?	Parameter UTIL
Wo genutzt?	Parameter PLTFM
Wie schwierig?	Parameter CPLX

Für die Eingabe der Parameter in PRICE S wird das Formular (Bild 3.30) verwendet.

Nutzungsmodi

PRICE S kann, wie bereits angedeutet, in drei Modi genutzt werden:

- ▷ Aufwands- und Kostenschätzung
- ▷ »Design-to-Cost«-Rechnung
- ▷ Kalibrierung.

Aufwands- und Kostenschätzung

Im Rahmen der normalen Aufwands- und Kostenschätzung wird von der voraussichtlichen Produktgröße (z. B. Anzahl Maschinenbefehle) unter Berücksichtigung der produkt- und projektbezogenen Einflussparameter algorithmisch auf die erforderlichen Kosten bzw. den Personalaufwand geschlossen. In dieser Nutzungsform gleicht PRICE S einem anderen parametrischen Aufwandsschätzverfahren für Software, nämlich COCOMO (siehe Kap. 3.2.2).

Die Aufwands- und Kostenschätzung ist sowohl in einer vereinfachten, als auch in einer detaillierten Form durchführbar. Bei der vereinfachten Form werden nur die Parameter

INST	APPL	RESO	PLTFM	CPLX
	NEWD	NEWC	DSTART	TEND

bewertet, wobei je Parameter auch nur Gesamtwerte anzugeben sind. Bei der detaillierten Form werden darüber hinaus die Parameter APPL, NEWD und NEWC entsprechend den datentechnischen Aufgabenbereichen ausführlicher bestimmt und zusätzlich die Beginn- und Endtermine der einzelnen Entwicklungsphasen sowie die Parameter für die Einsatzmittel und die Schnittstellen berücksichtigt.

»Design-to-Cost«-Rechnung

Bei der »Design-to-Cost«-Rechnung wird quasi der umgekehrte Schluss einer Aufwands- und Kostenschätzung vorgenommen. Ausgangspunkt der Betrachtung ist hier der für eine Entwicklung zur Verfügung stehende Kostenbetrag, von dem man – ebenfalls unter Berücksichtigung derselben Einflussparameter – auf eine für diesen Kostenbetrag *produzierbare* Produktgröße, d. h. Anweisungszahl schließt. Hier ist also die Frage zu stellen, wie viele kloc für einen vorgegebenen Geldbetrag produziert werden kann. Die »Design-to-Cost«-Betrachtung eignet sich sehr gut für überschlägige Kalkulationen in Fällen, in denen der Entwicklungsetat einer starren Begrenzung unterliegt, und man feststellen will, wie viel »Software« dafür entwickelt werden kann.

Tabelle 3.17 Gewichtung der Datenbestände

Komplexitätsgrad	Einfach	Mittel	Komplex
Anzahl unterschiedlicher Datenelemente	1 bis 20	21 bis 40	mehr als 40
Anzahl Schlüsselbegriffe/ Satzarten	1	2	mehr als 2
Datenbestand vorhanden (keine Neuarchitektur)	ja	–	nein
Implementierte Datenbestandsstruktur wird verändert	nein	ja	–
Gewicht	7	10	15

Temporäre Dateien, wie Zwischenspeicherungsdateien, Sortierdateien und sonstige Hilfsdateien werden nicht gezählt. Bereits existierende Datenbestände sind dabei generell mit dem Komplexitätsgrad »einfach« zu bewerten.

Zur Klassifizierung dienen die in Tabelle 3.17 angegebenen Kriterien.

Bewertung der Referenzdaten

Zu den Referenzdaten zählen alle Dateien, die das geplante Anwendersystem als Informationsträger benötigt. Dies sind Dateien, die nicht komplett verarbeitet, sondern nur zum Bereitstellen von Informationen genutzt werden. Referenzdaten sind also Datenbestände, die für andere Anwendungen erstellt wurden und daher einen niedrigeren Integrationsgrad haben. Als solche Referenzdaten sind zu nennen:

- Abfragetabellen (z. B. Fehlerkatalog),
- Dateien nur zum Lesen,
- Steuertabellen,
- Formulardateien.

Gezählt werden nicht die Dateien, die das System selbst für den eigenen Ablauf (z. B. Warteschlangentabellen, Sprungleisten) erstellt.

Die Klassifizierung erfolgt unterschiedlich, je nachdem, ob es sich bei der Referenzdatei um eine »Read-Only«-Datei (R) oder um eine ein- bzw. mehrdimensionale Tabelle (T) handelt (Tabelle 3.18).

Tabelle 3.18 Gewichtung der Referenzdaten

Komplexitätsgrad		Einfach	Mittel	Komplex
Anzahl unterschiedliche Datenelemente	R	1 bis 20	21 bis 40	mehr als 40
	T	1 bis 5	6 bis 10	mehr als 10
Anzahl Schlüsselbegriffe/ Satzarten	R	1	2	mehr als 2
Dimension	T	1	2	mehr als 2
Gewicht		5	7	10

Einflussfaktoren

Nach Zählung der Funktionen und der Klassifizierung gemäß den Komplexitätsgraden »einfach«, »mittel« und »komplex« wird das gesamte Aufwandsumfeld des zu entwickelnden Anwendersystems durch entsprechende Einflussfaktoren bestimmt. Diese bewertet man nach folgender Skala:

0 Kein Einfluss

1 Gelegentlicher Einfluss

2 Mäßiger Einfluss

3 Mittlerer Einfluss

4 Bedeutsamer Einfluss

5 Starker Einfluss.

Was als Einflussparameter von Bedeutung ist, hängt letztendlich von der spezifischen Entwicklungsumgebung ab. Deshalb muss neben dem Sammeln einer genügend großen Anzahl abgeschlossener Entwicklungsprojekte, die für den betreffenden Entwicklungsbereich repräsentativ sind, auch ein spezifischer Katalog der relevanten Einflussparameter erstellt werden.

In Tabelle 3.19 ist – als Beispiel – ein solcher Katalog aufgeführt, dessen Parameter im Rahmen von Anwendersoftware-Entwicklungen Einfluss auf die Höhe des Entwicklungsaufwands haben.

Wie der Katalog zeigt, können die Werte der einzelnen Einflussfaktoren auch in einer größeren Spanne als von 0 bis 5 schwanken; dieses ist dann angebracht, wenn der betreffende Einflussparameter von besonderer Bedeutung ist.

Tabelle 3.19 Einflussparameter-Katalog

	Einflussparameter	Spanne des Einflussfaktors
1	Es besteht eine Verflechtung mit anderen Verfahren.	0 bis 5
2	Verwaltung bzw. Verarbeitung der Daten wird dezentral durchgeführt.	0 bis 5
3	Entwurf und Implementierung werden durch eine hohe Transaktionsrate beeinflusst.	0 bis 5
4	Schwierige und komplexe Rechenoperationen (z. B. Simulationen) werden notwendig sein (doppelte Bewertungsspanne!).	0 bis 10
5	Umfangreiche Kontrollroutinen zum Sicherstellen einer ordnungsgemäßen Verarbeitung der Daten sind notwendig.	0 bis 5
6	Zahlreiche Ausnahmeregelungen in der Anwendung, die technisch und organisatorisch bedingt sind, werden erforderlich sein (doppelte Bewertungsspanne!).	0 bis 10
7	Schwierige, komplexe Logik (z. B. gleichzeitige Verknüpfung von unterschiedlichen logischen Datengruppen) liegt vor.	0 bis 5
8	Prozentualer Anteil der Wiederverwendbarkeit der zu entwickelnden Programme.	bis 10% = 0 10 bis 20% = 1 20 bis 30% = 2 30 bis 40% = 3 40 bis 50% = 4 über 50% = 5
9	Für Datenbestandskonvertierungen sind bei Entwurf und Implementierung besondere Maßnahmen zu ergreifen.	0 bis 5
10	Für den späteren Benutzer sind besondere Erleichterungen für die Bedienung und den Änderungsdienst (z. B. variable Abfragemöglichkeiten, parametergesteuerte Benutzertabellen) vorzusehen.	0 bis 5

Die Summe der hier beschriebenen Einflussbewertungen schwankt zwischen dem Minimalwert 0 und dem Maximalwert 60. Dieser Summenwert wird gemäß der Beziehung (26) normiert.

$$EG = 0{,}7 + 0{,}01 \times \sum_{1}^{10} E_i \qquad (28)$$

So ergibt sich eine maximale Schwankung von ±30%. Mit diesem Einflussgrad wird die oben ermittelte Funktionszahl multipliziert. Das Ergebnis ist dann der Funktionswert (bewertete »Function Points«) entsprechend Gleichung (27).

Bild 3.35 stellt ein Rechenblatt für die manuelle Auswertung dar, welches hier beispielhaft ausgefüllt wurde. Zur vereinfachten Bedienung werden auch PC-unterstützte Hilfsmittel eingesetzt, wie z. B. das Verfahren FPM (siehe Kap. 6.4.2).

Funktionswertkurve

Mit dem Funktionswert kann nun in einer *Funktionswertkurve* der voraussichtliche Aufwandswert für das Realisieren des betrachteten SW-Anwendersystems entnommen werden. Bild 3.36 veranschaulicht eine für den Bereich Anwendersoftware ermittelte Funktionswertkurve, die auf 25 ausgewerteten Projekten basiert. Die Entwicklungsumgebung war hierbei charakterisiert durch

- ▷ DV-Verfahren für internen Einsatz,
- ▷ zentrale Projektorganisation,
- ▷ Programmiersprache PL/1,
- ▷ sehr gute SW-Technologie (Methoden, Tools) und
- ▷ durchschnittliche Personalqualifikation.

Bild 3.37 gibt eine Funktionswertkurve wieder, wie sie im Rahmen der Entwicklung von Rationalisierungsverfahren Anwendung fand, allerdings auf Basis anderer Einflussparameter.

Eingaben	16	einfach	× 3	= 48
	22	mittel	× 4	= 88
	7	komplex	× 6	= 42
Ausgaben	3	einfach	× 4	= 12
	20	mittel	× 5	= 100
	12	komplex	× 7	= 84
Abfragen	2	einfach	× 3	= 6
	5	mittel	× 4	= 20
	1	komplex	× 6	= 6
Datenbestände	–	einfach	× 7	= –
	2	mittel	×10	= 20
	9	komplex	×15	= 135
Referenzzahlen	–	einfach	× 5	= –
	5	mittel	× 7	= 35
	–	komplex	×10	= –
Summe (≙ Funktionszahl)				= 596
Einflussfaktoren	1. Verflechtung mit anderen Verfahren			= 1
	2. Dezentrale Datenverwaltung			= 0
	3. Transaktionsrate			= 2
	4. Schwierige Rechenoperationen			= 6
	5. Umfangreiche Kontrollverfahren			= 2
	6. Zahlreiche Ausnahmeregelungen			= 3
	7. Komplexe Logik			= 5
	8. Wiederverwendung in anderen Verfahren			= 0
	9. Datenbestandskonvertierungen			= 0
	10. Benutzerbedienung			= 2
Summe Einflussfaktoren				= 21
Einflussgrad = 0,7 + 0,01 · ∑ Einflussfaktoren				= 0,91
Funktionswert = Funktionszahl · Einflussgrad				= 542

Bild 3.35 Rechenblatt Funktionswertmethode

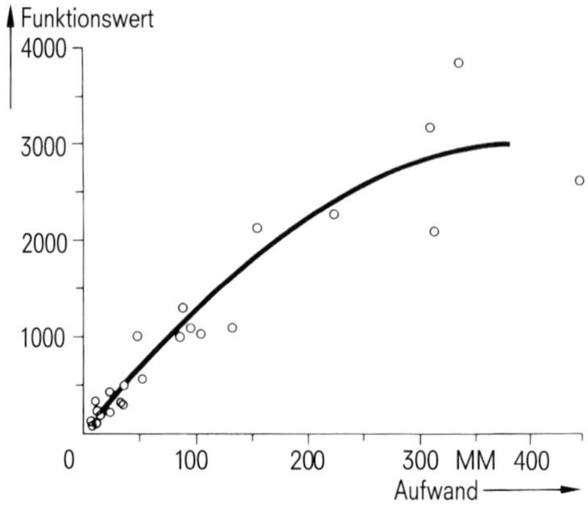

Bild 3.36
Funktionswertkurve für Anwendersoftware-Systeme (Quelle: IBM)

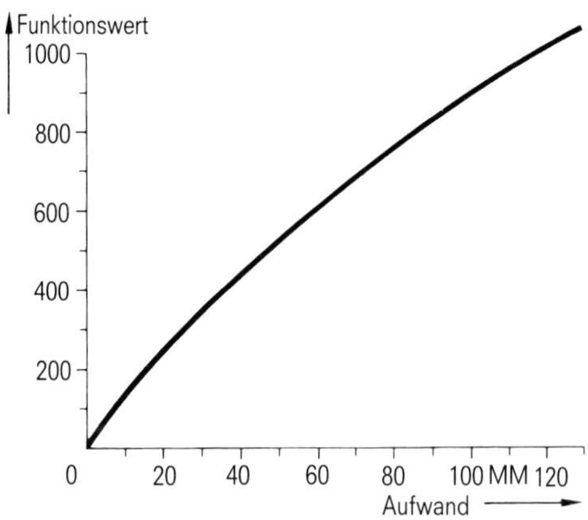

Bild 3.37 Funktionswertkurve für Rationalisierungsverfahren (Quelle: Siemens)

Mit folgenden Richtwerten für die Anzahlen von Statements je Function Point kann nach [45] gerechnet werden:

1 Function Point entspricht
- 320 Statements in Basic Assembler
- 213 Statements in Makro Assembler
- 128 Statements in C
- 107 Statements in COBOL
- 107 Statements in FORTRAN
- 80 Statements in PL/I
- 71 Statements in ADA83
- 53 Statements in C++
- 15 Statements in Smalltalk

Weiterhin gelten für die SW-Planung folgende Faustregeln:

Anzahl Dokumentationsseiten = (Anzahl Function Points)^{1,15}

Anzahl benötigte Testfälle = (Anzahl Function Points)^{1,2}

Anzahl Personen für SW-Wartung = (Anzahl Function Points)/750

Methodenanpassung

Voraussetzung für das Ermitteln solcher Funktionswertkurven ist immer die Analyse abgeschlossener Entwicklungsvorhaben, die für den jeweiligen Bereich repräsentativ sind. Dabei wird einerseits der benötigte Entwicklungsaufwand und andererseits der zugehörige Funktionswert bestimmt. Bei ausreichender Anzahl von Wertepaaren »Aufwand/Funktionswert« ist dann mit einer entsprechenden Mittelung ein aussagefähiger Kurvenverlauf abzuleiten.

Die Gültigkeit derartiger Funktionswertkurven sollte durch Abgleich mit neuen abgeschlossenen Entwicklungsprojekten geprüft und der Kurvenverlauf ggf. auf veränderte Entwicklungsumwelten angepasst werden. Der laufende Kalibrierungseffekt durch sofortige Aufnahme von Funktionswerten neu abgeschlossener Projekte ist als besonderer Vorteil der Funktionswertmethode hervorzuheben.

Neben dem Kalibrieren einer Funktionswertkurve bietet es sich an, die Methode auch in anderen Teilen an entwicklungsspezifische Gegebenheiten anzupassen. Hierzu zählen die Veränderung der

- ▷ Gewichtungsfaktoren,
- ▷ Komplexitätsgrade,
- ▷ Funktionsklassifikationen,
- ▷ Funktionsbereiche,
- ▷ Spanne der Einflussfaktoren,
- ▷ Einflussparameter sowie
- ▷ Einflussgrad-Normierung.

In der Praxis hat es sich gezeigt, dass zu einer sinnvollen Methodenanpassung nur geringfügige Änderungen notwendig sind; schon eine entwicklungsspezifische Definition der Einflussparameter reicht häufig völlig aus.

Funktionswertmethode für HW-Entwicklungen

Das Übertragen des Methodenprinzips in funktionsorientierte Vergleichsverfahren zur Aufwandsschätzung bei HW-Entwicklungen ist denkbar. Man muss allerdings eine funktionsumfassende Definition von *Funktionsbereichen* in der spezifischen HW-Entwicklung erreichen. Solche Funktionsbereiche könnten z. B. für eine elektrotechnische Geräteentwicklung sein:

- Steuerwerk,
- Speichereinheit,
- Benutzungsoberfläche,
- Stromversorgung, etc.

HW-Funktionsbereiche sind aber so zu definieren, dass innerhalb dieser Bereiche einzelne Funktionen auch *gezählt* werden können. Die Klassifizierung nach den drei vorgenannten Komplexitätsgraden könnte man übernehmen, wobei die Kriterien entwicklungsspezifisch formuliert werden müssten. Die zugehörigen Gewichtungen wären empirisch abzuleiten.

Das Definieren sinnvoller Einflussparameter und das Bestimmen einer HW-Funktionswertkurve wäre dann nur noch eine Sache der Auswertung durchgeführter HW-Entwicklungen.

3.2.5 Verfahren ZKP

Als funktionsorientiertes Kennzahlenverfahren für die SW-Aufwandsschätzung wurde das Verfahren ZKP (Zeit-Kosten-Planung) entwickelt, das auf der Faktorenmethode aufbaut [66].

ZKP benötigt zunächst keine eigenen Erfahrungsdaten, da es Kennzahlen enthält, die bereits von einer repräsentativen Projektmenge abgeleitet worden sind; es ist gut einsetzbar für kleine und mittlere SW-Entwicklungsvorhaben, besonders in der Anwendersoftware-Entwicklung. In bestimmten Fällen kann es auch in der betriebssystemnahen SW-Entwicklung für die Aufwandsschätzung herangezogen werden. Bei SW-Großprojekten entstehen Probleme wegen des nicht leicht berücksichtigbaren Aufwands für den dort gesteigerten Anteil für Projektmanagement, Produktverwaltung und Qualitätssicherung. Im nicht kommerziellen Bereich der SW-Entwicklung, z. B. für Mikroprogrammierung, sind die vorhandenen Einflussgrößen und die zugehörigen Kennzahlen nicht adäquat.

Voraussetzung für die Anwendung des ZKP-Verfahrens ist das Vorliegen eines genügend detaillierten Feinkonzepts sowie eine vollständige Bausteingliederung des geplanten SW-Programms bzw. -Systems. Die Aufwandsschätzung mit diesem Verfahren umfasst also nur den Entwicklungsaufwand mit Beginn des DV-Grobkonzepts; die Anfangsphasen für Studie und Systementwurf müssen abgeschlossen sein.

Kennzahlen und Rechenformel

Die zur Verfügung stehenden Kennzahlen des ZKP-Verfahrens sind den folgenden Parametern zugeordnet:

- ▷ Aufwand für Dateien A_D
- ▷ Aufwand für Verarbeitung A_V
- ▷ Einflussfaktor für Problemkenntnisse E_K
- ▷ Einflussfaktor für Programmiererfahrung E_E
- ▷ Zuschlagsfaktor für Organisation Z_O
- ▷ Zuschlagsfaktor für Verlustzeiten Z_{V1}, Z_{V2}
- ▷ Zuschlagsfaktor für Programmänderung. Z_{P1}, Z_{PS}

Mit Hilfe gewichteter Kennzahlen wird der Programmieraufwand für die Ein-/Ausgabedateien sowie für die Verarbeitungsfunktionen je Programmbaustein (SW-Modul von 1000 bis 1500 Befehlen) ermittelt. Dieser Grundaufwand kann durch die beiden *Kenntnis-* und *Erfahrungsfaktoren* verringert oder vergrößert werden. Die restlichen drei *Zuschlagsfaktoren* bewirken schließlich eine multiplikative Erhöhung dieses Aufwands.

Als Formel für das Ermitteln des geschätzten Aufwands, gemessen in Mann-Tagen (MT), gilt:

$$A_{ges} = \overbrace{(A_D + A_V)}^{①} \times \overbrace{(E_K + E_E)}^{②} \times \underbrace{\times (1 + Z_O) \times (1 + Z_V)}_{③} \qquad (29)$$

① Grundaufwand
② Einflussfaktoren
③ Zuschlagsfaktoren

Für den Fall von *Programmänderungen,* die bei Weiterentwicklungen, größeren Pflegeaufgaben oder Anpassungsarbeiten bei übernommener Software entstehen, ist ein Zusatzaufwand hinzuzurechnen:

$$A_{ges} = (A_D + A_V) \times (E_K + E_E) \times \times ((1 + Z_O) \times (1 + Z_V) + Z_P) \qquad (30)$$

Zuschlag für Programmänderungen ↑ (Z_P)

Für die Terminrechnung kann man diesen (Netto-)Aufwand nicht heranziehen, da für die gesamte Entwicklungszeit noch zusätzlich Fehlzeiten, wie Schulung, Urlaub, Krankheit, Fluktuation etc. berücksichtigt werden müssen. Deshalb geht man für die Terminrechnung von folgendem Bruttoaufwand aus:

$$A_{brutto} = (A_D + A_V) \times (E_K + E_E) \times \times ((1 + Z_O) \times (1 + Z_{V1} + Z_{V2}) + Z_P) \qquad (31)$$

Z_{V2} Zuschlag bei Terminrechnung
Z_P Zuschlag nur bei Programmänderung

Nach Division dieses Bruttoaufwands durch die verfügbare Personalkapazität (in Anzahl Mitarbeiter) erhält man die voraussichtliche Entwicklungszeit (in Tagen).

In Tabelle 3.20 sind die Grenzwerte der einzelnen Faktoren, die den Grundaufwand ($A_D + A_V$) verringern oder vergrößern, aufgeführt.

Tabelle 3.20
Grenzwerte der ZKP-Einflussfaktoren

Einflussfaktor	minimal	maximal
E_K	0,10	2,00
E_E	0,75	4,00
$1 + Z_O$	1,10	2,50
$1 + Z_{V1}$	1,05	1,30
$1 + Z_{V1}\ Z_{V2}$	1,25	1,65
Z_{P1}	0,50	1,00
Z_{Ps}	0,10	0,30

Parameterbestimmung

Das Bestimmen der einzelnen Parameter wird nachstehend anhand von ZKP-Originaltabellen kurz erläutert; die Schrittangabe bezieht sich auf das Bild 3.38.

Aufwand für Dateien (Schritt 1)

Bezogen auf die in Tabelle 3.21 angegebenen Dateiarten werden die geplanten Ein- und Ausgaben gezählt und mit ihren jeweiligen Gewichten multipliziert. Das Gewicht kennzeichnet den Schwierigkeitsgrad der Dateiart und hängt von der Anzahl der Formate und Datenfelder sowie deren Aufbau (einfach, kompliziert, variabel) ab. Die Summe der so gewichteten Dateianzahlen ergibt dann den Dateiaufwandswert A_D.

Die Positionen »Kriterienbank« und »Terminal – erste Maske« werden natürlich nur einmal

Tabelle 3.21 Dateiaufwandswert A_D

Datei	Schwierigkeitsgrad	
	ein Format/ einfacher Aufbau/ wenig Datenfelder	mehrere Formate/komplizierter oder variabler Aufbau/viele Datenfelder
Magnetband	0,5 bis 0,9	1,0 bis 1,5
Magnetplatte, sequentiell	0,5 bis 0,9	1,0 bis 1,5 1,5 bis 1,9
Magnetplatte, indexsequentiell	1,0 bis 1,4	1,5 bis 1,9
Kriterienbank	1,0 bis 1,4	2,0 bis 2,5
Datenbank	1,2 bis 1,9	
Terminal (Masken mit Maskengenerator		
– erste Maske	1,0 bis 1,5	–
– Folgemasken	1,0 bis 0,3	–
Listen	0,2 bis 0,9	1,0 bis 1,5

gezählt. Bei der Position »Datenbank« ist zu bedenken, dass diese aus mehreren Dateien bestehen kann.

Dieser Zählungsvorgang mit Gewichtung ähnelt der bei der in Kapitel 3.2.4 beschriebenen Funktionswertmethode.

Aufwand für Verarbeitung (Schritt 2)

Gemäß der in Tabelle 3.23 angegebenen Aufstellung werden die einzelnen auftretenden Verarbeitungsfunktionen mit einem Größenkriterium für den Aufwand (»Aufwandsstufe«) bewertet. Für die einzelnen Aufwandsarten der Funktionsbereiche

▷ Datenbewegung,

▷ Prüfungen,

▷ Tabellenverarbeitung,

▷ arithmetische Operationen und

▷ Programmsteuerung

ergeben sich Summenwerte, mit denen in einer speziellen Kennzahlentabelle (Tabelle 3.23) fünf Gewichte ermittelt werden. Die Summe dieser Gewichte entspricht dann dem Verarbeitungsaufwandswert AV. Die in der Tabelle aufgefundenen Gewichte sollten durch getrenntes Einschätzen der o. a. Funktionsbereiche in die Gewichtskategorien gering, mittel und schwer kontrolliert werden.

Tabelle 3.22 Problemkenntnisfaktor E_K

Erforderliche Problemkenntnisse	Vorhandene Problemkenntnisse		
	keine/geringe	einige	viele
geringe	0,75	0,25	0,10
einige	1,25	0,75	0,25
viele	2,00	1,25	0,75

Faktor für Problemkenntnisse (Schritt 3)

Das Verhältnis der bei den Mitarbeitern vorhandenen Problemkenntnisse zu den für die Programmrealisierung erforderlichen Kenntnissen wird mit dem Faktor E_K ausgedrückt; er kann Werte in der Spanne von 0,1 bis 2,0 annehmen. Dies bedeutet – abhängig vom fachlichen Know-how – eine Aufwandsreduzierung um 90% bzw. eine Aufwandsvergrößerung um das Doppelte (Tabelle 3.22).

Faktor für Programmiererfahrung (Schritt 4)

Hier gibt es zwei Varianten für das Bestimmen der speziellen Programmiererfahrung der beteiligten Mitarbeiter. Bei der ersten Variante wird eine Kennzahl abhängig von der durchschnittlichen Anzahl *Praxisjahre* angegeben (Tabelle 3.24).

Bei der zweiten Variante werden die für bestimmte Programmiertätigkeiten erreichten Fertigkeiten bewertet. Auch hier betrachtet man bei einer Entwicklungsgruppe den Durchschnittswert der Mitarbeiter. Der bei beiden Varianten ermittelte Faktor E_E kann Werte in der Spanne von 0,75 bis 4,0 annehmen, also zu einer 25% Aufwandsreduzierung bis zu einer vierfachen Aufwandsvergrößerung führen.

Zuschlag für Organisation (Schritt 5)

Aufwandsarten, die durch besondere Aktivitäten im Rahmen der Prozessorganisation bzw. durch spezielle Vorleistungen auftreten, sind mit einem Organisationszuschlagsfaktor Z_O zu berücksichtigen. Gemäß Tabelle 3.25 wird der

Tabelle 3.23 Verarbeitungsaufwandswert A_V

Aufwandsstufe	
Kein Aufwand	0
Aufwand gering	1
Aufwand mittel	2
Aufwand groß	3
Aufwand ungewöhnlich groß	4

Aufwandsart	Aufwandsstufe	Summe je Aufwandsart
Zwischenbereiche aufbauen		
Löschroutinen von Datenfeldern, Tabellen		
Verdichten von Daten		
Selektieren/ Umformatieren		
Sortierbereiche aufbauen		
Ausgabebereiche aufbauen		
Datenbewegung		
Plausibilitätsprüfungen		
Grenzwertprüfungen		
Formatprüfungen		
Prüfungen		
Tabellen füllen		
Tabellen lesen		
Technik des direkten Zugriffs und damit verbundenes Subskribieren		
Tabellenverarbeitung		
Addition/Subtraktion		
Multiplikation/Division		
weitere Rechenarten		
Arithmetische Operationen		
Aufteilung der Funktionen in Steuer-, Teil- und Unterprogramme		
Gruppenwechsel		
Wiederanlaufroutinen		
Programmverbindungen		
Programmsteuerung		

Summe	Datenbeweg.	Prüfungen	Tabellenver.	Arithm. Operat.	Progr. steuer.	Gewichtskategorie
0	0,10	0,10	0,10	0,10	0,10	gering
1	0,20	0,53	0,70	0,37	0,37	
2	0,30	0,96	1,30	0,64	0,64	
3	0,40	1,40	1,90	0,90	0,90	
4	0,50	1,50	2,00	1,00	1,00	mittel
5	0,64	2,10	2,80	1,47	1,32	
6	0,78	2,70	3,60	1,94	1,64	
7	0,92	3,30	4,40	2,40	1,96	
8	1,06	3,90	4,50	2,50	2,28	
9	1,20	4,00	5,25	3,00	2,60	
10	1,34	4,83	6,00	3,50	2,90	
11	1,48	5,66	6,75	4,00	3,00	schwer
12	1,62	6,50	7,50	4,50	3,38	
13	1,78	–	–	–	3,76	
14	1,90	–	–	–	4,14	
15	2,00	–	–	–	4,52	
16	2,15	–	–	–	4,90	
17	2,30					
18	2,45					
19	2,60					
20	2,75					
21	2,90					
22	3,05					
23	3,20					
24	3,50					

Datenbewegung	
Prüfungen	
Tabellenverarbeitung	
Arithmetische Operationen	
Programmsteuerung	
A_V =	

Tabelle 3.24 Programmierverfahrensfaktor E_E

VARIANTE 1 (PRAXISJAHRE)

Programmierpraxis in strukturierter Programmierung, Benutzung von Programmierkonventionen	Gewicht
Programmierer (über 2 Jahre Praxis)	0,75 bis 1,50
Programmierer (bis zu 2 Jahren Praxis)	2,00 bis 3,00
Programmier-Anfänger (bis zu 1 Jahr Praxis)	3,50 bis 4,00

VARIANTE 2 (ERREICHTE FERTIGKEIT)

Tätigkeit	Erreichte Fertigkeit				Gewicht	Produkt = Fertigkeit × Gewicht
	hoch = 3	normal = 2	gering = 1	fehlt = 0		
▷ Programmierlogik ausarbeiten					4	
▷ dto. beschreiben					4	
▷ codieren					3	
▷ Komponenten testen					3	
▷ System testen					4	
▷ Dokumentieren					3	
▷ Hantierungsvorschrift (für RZ) erstellen					1	
					Summe	

Summe in oberer Zeile dieser Tabellen aufsuchen

Summe	0 bis 5	6 bis 11	12 bis 16	17 bis 21	22 bis 25	26 bis 29	30 bis 33
E_E	4,00	3,75	3,50	3,25	3,00	2,75	2,50

Summe	34 bis 36	37 bis 40	41 bis 44	45 bis 49	50 bis 54	55 bis 60	61 bis 66
E_E	2,25	2,00	1,75	1,50	1,25	1,00	0,75

entsprechende Prozentsatz ermittelt, der additiv auf den Gesamtaufwand wirkt.

In der Gesamtrechnung nimmt dieser Organisationszuschlag eine Wertespanne von 1,1 bis 2,5 ein; er bewirkt also stets eine Steigerung und zwar von mind. 10% bis zum $2^1/_2$ fachen des Aufwands für den jeweiligen Programmbaustein.

Zuschlag für Verlustzeiten (Schritt 6 und 7)

Mit diesem Zuschlagsfaktor werden die *Störeinflüsse* innerhalb des Projektablaufs in die Aufwandsschätzung einbezogen. Hierbei unterscheidet man zwischen solchen Verlustzeiten, die projektbezogen entstehen und sich auf Aufwand und Zeitdauer auswirken, und solchen, die vom Projekt unabhängig erscheinen und sich nur auf die Projektdauer auswirken. Zu den projektbezogenen Verlustzeiten gehören z. B. Ausfallzeiten des Rechners, Überbelegung der zur Verfügung stehenden Terminals, Präsentationsvorbereitungen sowie (flankierende) Besprechungen und Vorträge, die unmittelbar mit dem Projekt zusammenhängen. Projektunabhängige Verlustzeiten sind dagegen Aus- und Weiterbildungszeiten, Krankheit und Urlaub, Mitarbeit an anderen Projekten, allgemeine Beratungstätigkeiten, Personal-

Tabelle 3.25 Organisationszuschlagsfaktor Z_O

Aufwandsart	Aufwandsstufe
Phasenorganisaton	
Konventionen festlegen	
Einarbeitung in fachl. Grob-/Feinkonzept	
DV-technische Systemanalyse	
Einarbeitung in bestehende SW	
Unvorhergesehene fachliche Änderungen	
Testdaten erstellen	
Unterstützung der Datenübernahme	
Summe	

Summe	0	1 bis 3	4	5 bis 7	8	9 bis 11	12	13 bis 15
Z_O in %	10	11 bis 19	20	21 bis 29	30	31 bis 39	40	41 bis 49

Summe	16	17 bis 19	20	21 bis 23	24	25 bis 27	28	29 bis 32
Z_O in %	50	51 bis 74	75	76 bis 99	100	101 bis 124	125	126 bis 150

wechsel u. Ä. Tabelle 3.26 gibt für die Bestimmung der Prozentsätze Werte an.

Die beiden Zuschlagsfaktoren Z_{V1} und Z_{V2} wirken in der Gesamtrechnung immer aufwands- bzw. zeiterhöhend, d. h. ihre normierten Werte liegen im Bereich 1,05 bis 1,30 bzw. 1,20 bis 1,35 – also 5% bis 30% mehr Aufwand und Zeit wegen projektbezogener Verlustzeiten bzw. 20% bis 35% längere Projektdauern auf Grund projektunabhängiger Verlustzeiten.

Zuschlag für Programmänderungen (Schritt 8)

Mit diesem Zuschlagsfaktor werden SW-technologische Aspekte in die Rechnung einbezogen, wenn man vorhandene Software ändern will – es sich also um eine Modifikationsentwicklung handelt.

Entsprechend den beiden Fällen für lineare und strukturierte Programmierung ergeben sich gemäß der Auswahltabelle 3.27 die Prozentwerte für diesen Zuschlagsfaktor Z_P, der in einer Spanne von 50% bis 100% bei linearer Programmierung (Z_{P1}) und von 10% bis 30% bei strukturierter Programmierung (Z_{PS}) liegt. Selbstverständlich ist dieser Zuschlagsfaktor bei gut strukturierten Programmen erheblich kleiner; d. h. der Aufwand für eine Modifikation ist geringer.

Ergebnisblatt

Das Rechenblatt für die Zeit-Kosten-Planung zeigt Bild 3.38. Zeile 13 gibt das Ergebnis der Terminrechnung wieder und Zeile 14 das Ergebnis der Aufwandsrechnung. Nach Angabe der entsprechenden Stundensätze können schließlich die voraussichtlichen Kosten berechnet werden. Das Ergebnisblatt ist für jeden einzelnen Programmbaustein des geplanten SW-Systems einzeln auszufüllen. Die Summierung aller Einzelergebnisse ergibt dann den gesamten Personalaufwand bzw. die Gesamtkosten des Projekts.

Im unteren Abschnitt des ZKP-Ergebnisblatts können die notwendigen Testkosten durch einen MM-bezogenen Faktor aufgeführt werden, die dann ebenfalls in die Gesamtprojektkosten eingehen. Diese DVA-Aufwandsfaktoren müssen einmal jährlich durch Auswertungen des

Tabelle 3.26
Verlustzuschlagsfaktoren Z_{V1} und Z_{V2}

Zeitaufwand für Verlustzeiten innerhalb des Auftrags

Aufwandsart	Aufwandsstufe
Fehlende Maschinenzeit/Systemausfall Keine freien Terminals Wartezeit auf Gesprächspartner Verwaltung für das Projekt Sonstiges für das Projekt (Vorträge, Besprechungen)	
Summe	

Summe	0	1 bis 2	3 bis 4	5 bis 6	7 bis 8	9 bis 10	11	12	13	14
Z_{V1} in %	5	6	7	8	9	10	12	14	16	18

Summe	15	16	17	18	19	20	
Z_{V1} in %	20	22	24	26	28	30	

Zeitaufwand für Verlustzeiten außerhalb des Auftrags
(nur für Terminrechnung)

Aufwandsart	Aufwandsstufe
Schulung (aktiv, passiv) Urlaub Mitarbeit an anderen Projekten Krankheit/Kur Personalwechsel	
Summe	

Summe	1 bis 10	11	12	13	14	15	16	17	18	19	20
Z_{V2} in %	20	21,5	23	24,5	26	27,5	29	30,5	32	33,5	35

angefallenen Rechenzeitbedarfs bei den vergangenen SW-Entwicklungen ermittelt bzw. aktualisiert werden.

Einsatzfeld

ZKP zeichnet sich durch leichte Erlernbarkeit aus, weil es ausführliche Auswahltabellen und ein einfach auszufüllendes Ergebnisblatt anwendet. Der Anwender muss allerdings DV-Kenntnisse haben, die fachliche Aufgabe voll durchdrungen haben und über genügend Kenntnisse der organisatorischen Einbettung des Projekts verfügen.

Die Kennzahlen in den o. a. Auswahltabellen sind außerdem an einer ganz bestimmten Entwicklungsumwelt orientiert; sie ist gekennzeichnet durch:

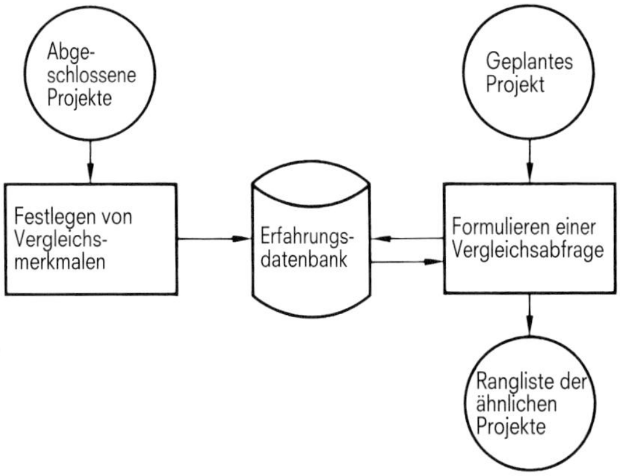

Bild 3.39
Vergleichsabfrage mit einem EDB-Verfahren

te, die allerdings in ihrer Gesamtheit nicht mit abgespeichert werden. Aus diesen und weiteren Projektunterlagen werden alle projektbeschreibenden Merkmale herausgezogen. Folgende Merkmalsgruppen kann man dabei unterscheiden:

▷ Projekteinordnung,
▷ Aufgaben,
▷ Projektmessdaten,
▷ Produktmessdaten,
▷ Einflussgrößen.

Die Merkmale zu den ersten vier Gruppen werden als *verbale* oder *formale* Deskriptoren in das verwendete Datenbanksystem eingegeben. So gehören z. B. zu dem Merkmal *Projekteinordnung* Begriffe wie Neuentwicklung, Weiterentwicklung, Modifikationsentwicklung, Redesign und Wartung. Zu dem Merkmal *Aufgaben* zählen bei SW-Projekten Begriffe wie technisch-wissenschaftliches Programm, Stücklistenverfahren, Compiler, Editor etc. Die *Projekt-* und *Produktmessdaten* umfassen u. a. Angaben zum Projektaufwand, zu den Entwicklungskosten, zur Projektdauer, zur Anzahl eingesetzter Mitarbeiter, zu den erbrachten Ergebnisgrößen sowie Angaben zur Produktivität.

Die Merkmale der letzten Gruppe können natürlich auch durch verbale Deskriptoren niedergelegt werden; es bietet sich hier allerdings eine spezielle Methode der Merkmalsverschlüsselung zum Aufbau einer »Indikatorenleiste« an.

Indikatorenleiste

Indikatorenleisten, auch als *Faktorenleisten* bezeichnet, dienen bei einem EDB-Verfahren zur formalen Ähnlichkeitsbestimmung und zur Risikoanalyse; sie enthalten im weitesten Sinne die relevanten Einflussgrößen von Projekten in verschlüsselter Form, d. h. die Ausprägungen der jeweiligen Einflussparameter sind als Ja/Nein-Aussagen bzw. als Auswahlantworten auf entsprechende »Einflussfragen« verfahrensintern in einer Zahlenreihe gespeichert. Mit diesen Indikatorenleisten wird dann eine Ähnlichkeitsbestimmung nach dem Prinzip der größten Übereinstimmung durchgeführt, d. h. die aktuelle Indikatorenbelegung (des geplanten Projekts) wird mit den in der Erfahrungsdatenbank gespeicherten Indikatorenbelegungen verglichen und deren jeweiliger »Abstand« berechnet; dieser ist schließlich Maßstab für die Ähnlichkeit verschiedener Projekte.

Die Indikatorenleiste wird auf der Basis eines für jedes Projekt gesondert zu beantwortenden Fragenkatalogs erstellt, der nach den Ausprägungen der relevanten Einflussparameter fragt. Ein Fragenkatalog zur Risikoanalyse kann dabei folgende Fragenkomplexe umfassen:

Qualität der Produktdefinition, z. B.:

▷ Anforderungen nach Richtlinie erstellt?
▷ Anwenderanforderungen unterschrieben?
▷ Anwenderanforderungen geändert?

Umfang und Komplexität der Aufgabe, z. B.:

▷ Anzahl der verschiedenen Datenelemente groß?
▷ Mehrere Fachgebiete umfassend?
▷ Neuartige Lösung notwendig?

Erfahrungsstand der Mitarbeiter, z. B.:

- ▷ Erfahrung im Fachgebiet?
- ▷ Erfahrung in der Programmiersprache?
- ▷ Kenntnisse im Tooleinsatz?

Entwicklungsumgebung, z. B.:

- ▷ Neue Methoden und Werkzeuge?
- ▷ »Harmonische« Projektmannschaft?
- ▷ Unterauftragnehmer vorhanden?

Qualität des Produkts, z. B.:

- ▷ Besondere Wartungsfreundlichkeit notwendig?
- ▷ Besondere Benutzerfreundlichkeit gefordert?
- ▷ Besonderes Zeitverhalten gegeben?

Jede Antwort auf eine Einflussfrage wird mit einem Gewichtsfaktor versehen, welcher – in einer maximalen Spanne von 0 bis 3 – die jeweilige Bedeutung des Merkmals kennzeichnet. Die Gewichte sind so zu vergeben, dass bei höherem Gewicht eine höhere »Problematik« in dem betreffenden Merkmal vorliegt.

Je Fragenkomplex wird das Verhältnis von der Summe der den ausgewählten Ausprägungen ($\widehat{=}$ Fragenbeantwortung) zugeordneten Gewichte zur größtmöglichen gesamten Gewichtssumme des Fragenkomplexes gebildet. Dieser als Prozentzahl ausgedrückte Wert wird als *Risikoklasse* bezeichnet und bringt zum Ausdruck wie risikobehaftet das Projekt war bzw. sein wird – und ermöglicht so auch eine *Risikoanalyse* von Projekten.

$$RK = \frac{\sum G_i}{\text{max.} \sum G_i} \times 100 \tag{32}$$

RK Risikoklasse in %
G_i Gewichtsfaktoren.

Können alle Fragen im positiven bzw. im für das Projekt optimalen Sinn beantwortet werden, so ergibt sich für das »Risiko« der minimale Wert von 0%; im umgekehrten Fall – also bei generell negativer Beantwortung – ergibt sich der maximale Wert von 100% (welcher damit das höchste Risiko für das geplante Projekt ausdrückt).

In Bild 3.40 ist ein Ausschnitt aus einem Fragenkatalog mit dem Fragenkomplex »Erfahrungsstand der Projektmitarbeiter« wiedergegeben, wie er in einem EDB-Verfahren für den Anwendersoftware-Bereich genutzt wurde.

Wie ersichtlich, wird es z. B. als wesentlich kritischer angesehen, wenn kein einziger der Projektmitarbeiter die DV-Architektur beherrscht (Gewicht = 3), als wenn kein einziger die einzusetzende Hardware kennt (Gewicht = 2).

Vergleichsabfrage

Ein erster grober Ähnlichkeitsnachweis wird durch die Angabe beschreibender Merkmale als Deskriptoren in einer Suchfrage erreicht. Hierbei kann man normalerweise alle Retrievalfunktionen des verwendeten Datenbanksystems nutzen – also z. B. das Boolesche Verknüpfen von Suchbegriffen sowie das dialogunterstützte »Browsing«, d. h. das »Herumschnüffeln« in den gespeicherten Informationen zum Finden ähnlicher Entwicklungsprojekte.

Weiterhin kann für das geplante Entwicklungsvorhaben die zugehörige Wertebelegung der Indikatorenleiste festgelegt werden, indem man die einzelnen Einflussfragen beantwortet und die Indikatorenwerte (Gewichte) ermittelt. Mit Hilfe entsprechender algorithmischer Vergleichsroutinen des EDB-Verfahrens werden die gespeicherten Projektobjekte in der Reihenfolge der geringsten Abstände ihrer Indikatorenleisten zu der vorgegebenen Leiste ausgegeben. Der EDB-Benutzer kann nun anhand der ähnlichsten Projekte Analogieschlüsse für das geplante Projekt vornehmen und Aussagen hinsichtlich der unterschiedlichen Projekt- und Produktparameter machen.

Eine Erfahrungsdatenbank, die neben dem deskriptiven Vergleich auch die Möglichkeit des algorithmischen Vergleichs mit Hilfe besonderer Indikatorenleisten enthält, eignet sich also hervorragend zum gezielten *Projektevergleich*, durch den dann Vergleichszahlen für eine Aufwandsschätzung zur Verfügung stehen. Die Effizienz eines solchen Vergleichsverfahrens steigt dabei ganz erheblich mit Anzahl und Aktualität der gespeicherten Projekte; dies erfordert allerdings einen kontinuierlichen Aufbau- und Pflegeaufwand für die Erfahrungsdatenbank (als *Knowledge Base*).

Erfahrungsstand der Projektmitarbeiter

▶ Hat das Projekt für jedes Fachgebiet mindestens 1 Mitarbeiter, der das Fachgebiet beherrscht und dessen Probleme aus einem anderen Projekt kennt?	ja	○	(0)
	nein	○	(3)
▶ Hat das Projekt mindestens 1 Mitarbeiter, der die vorgesehene DV-Architektur beherrscht und deren Probleme aus einem anderen Projekt kennt?	ja	○	(0)
	nein	○	(3)
▶ Für wieviel einzusetzende Werkzeuge hat das Projekt nicht mindestens 1 Mitarbeiter, der aus anderen Projekten Erfahrungen damit besitzt?	keines	○	(0)
	1	○	(1)
	2	○	(2)
	mehr als 2	○	(3)
▶ Haben mehr als die Hälfte aller Programmierer mindestens 2 Jahre Erfahrung mit der Hauptprogrammiersprache?	ja	○	(0)
	nein	○	(1)
▶ Hat das Projekt mindestens 1 Mitarbeiter, der die einzusetzende HW aus einem anderen Projekt kennt?	ja	○	(0)
	falls nein:		
Die erforderliche Lernzeit dafür liegt unter 3 Wochen		○	(1)
Die erforderliche Lernzeit dafür liegt über 3 Wochen		○	(2)
▶ Hat das Projekt mindestens 1 Mitarbeiter, der die einzusetzende SW (z. B. Standard-SW) aus einem anderen Projekt kennt?	ja	○	(0)
	falls nein:		
Die erforderliche Lernzeit dafür liegt unter 3 Wochen		○	(1)
Die erforderliche Lernzeit dafür liegt über 3 Wochen		○	(2)
▶ Hat das Projekt mindestens 1 Mitarbeiter, der aus einem anderen Projekt Erfahrungen bzgl. der vorgesehenen HW/SW-Konfiguration hat?	ja	○	(0)
	falls nein:		
Die erforderliche Lernzeit dafür liegt unter 3 Wochen		○	(1)
Die erforderliche Lernzeit dafür liegt über 3 Wochen		○	(2)

Punktsumme:

Prozentanteil von 16 Punkten:

Bild 3.40
Fragenkatalog für eine Indikatorenleiste (Ausschnitt)

3.2.7 Prozentsatzmethoden

Aufwandsschätzverfahren, die die Prozentsatzmethode anwenden, zählen eigentlich nicht zu den eigenständigen Verfahren, da sie – ausgehend von vorliegenden Werten, die entweder durch ein anderes Aufwandsschätzverfahren ermittelt wurden oder als Istdaten angefallen sind – nur eine prozentuale *Übertragung* von Aufwandswerten vornehmen.

Es gibt zwei Vorgehensweisen. Bei der ersten Vorgehensweise wird versucht, auf der Basis einer anderen Aufwandsschätzmethode den Aufwand für eine bestimmte Entwicklungsphase – die nicht eine Anfangsphase im Entwicklungsprozess sein muss – zu schätzen.

Der Schätzwert wird dann entsprechend einer vorliegenden Prozentverteilung auf die anderen Phasen übertragen, so dass sich dann durch Aufsummieren der Gesamtaufwand ergibt.

Bei der zweiten Vorgehensweise wird mit der Entwicklung erst einmal begonnen und nach Abschluss der ersten Phase der angefallene Aufwand als Istwert festgestellt; dieser ist dann entsprechend der Prozentverteilung auf die nachfolgenden Phasen zu extrapolieren.

Prozentsatzmethoden unterstützen auf diese Weise auch die Überwachung des Entwicklungsprozesses, da bei Abschluss jeder einzelnen Phase eine zusätzliche Kontrolle der Aufwands- und Zeitdaten möglich ist. Mit dieser Methode lässt sich sehr gut feststellen, ob man im Trend oder außerhalb vom Trend liegt und evtl. besondere Steuerungsmaßnahmen getroffen werden müssen.

Bei Prozessabläufen, die in häufigen Schleifen und nicht in mehr oder weniger sequenziellen Folgen durchlaufen werden, sind Prozentsatzmethoden zur Aufwandsschätzung allerdings kaum einsetzbar.

Die Prozentsatzmethode erfordert das Vorliegen eines klar definierten Entwicklungsprozessplans, für dessen einzelne Phasen entsprechende Erfahrungsdaten ermittelt worden sind. Hierfür eignen sich am besten die bekannten Grundgrößen eines Projekts:

- ▷ Personalaufwand,
- ▷ Kosten und
- ▷ Zeitdauer.

Es können also neben phasenorientierten Aufwands- und Kostenverteilungen auch phasenorientierte Aufteilungen des Zeitbedarfs abgeleitet werden.

Phasenorientierte Aufwandsverteilungen

Prozentsatzmethoden sind vornehmlich für die phasenorientierte Aufteilung des Entwicklungsaufwands abgeleitet worden, und hier i. Allg. nur für SW-Entwicklungsprozesse, obwohl die Methode auch für die HW-Entwicklung anwendbar ist.

Der Grund für das Fehlen von Prozentwerten für Aufwandsverteilungen in der HW-Entwicklung liegt vor allem darin, dass dort selten – trotz eingeführter HW-Prozessorganisationen – die Stundenaufschreibung *phasenbezogen* vorgenommen wird; dieses ist aber Voraussetzung zum Ableiten von Erfahrungswerten für phasenorientierte Aufwandsverteilungen.

Tabelle 3.28 zeigt einige Prozentverteilungen für spezielle SW-Entwicklungen. Die einzelnen Phasenanteile, auch wenn sie in ihrem Inhalt vergleichbar sind, hängen sehr stark vom Typ der SW-Entwicklung ab. So sind für den Test während der Implementierung bei einer kommerziell orientierten Verfahrensentwicklung etwa 25% des Gesamtaufwands anzusetzen; hingegen muss bei einer SW-Entwicklung von Privaten Kommunikationsnetzen (Business Switching Networks) für die »gleiche« Tätigkeitsart fast 40% des Aufwands veranschlagt werden.

Auch innerhalb eines geschlossenen Entwicklungsbereichs besteht teilweise eine beachtliche Bandbreite der Aufwandsverteilungen, wie es eine Untersuchung im OI-Bereich gezeigt hat (Bild 3.41). Hier wich z. B. bei technischen Verfahrensentwicklungen der Gesamtprozentwert für die Planungsphasen bis zu 15% von dem Richtwert ab. Man sollte daher immer – sobald entsprechende Erfahrungswerte vorliegen – den bestehenden Richtwert an die eigene Entwicklungsumwelt anpassen.

In Tabelle 3.29 sind entsprechende SW-Aufwandsverteilungen aus anderen Firmen aufgeführt. Auch hier sind teilweise beachtliche Unterschiede – bedingt durch die unterschiedlichen Entwicklungsarten – festzustellen. So wird bei den ersten beiden Firmen für alle Testaktivitäten zusammen 50% bis 60% des Gesamtentwicklungsaufwands eingeplant, dagegen bei den beiden übrigen ein erheblich geringerer Anteil.

Wie die Aufwandsverteilungen in den Tabellen verdeutlichen, hängt die phasenorientierte Aufteilung des Entwicklungsaufwands entscheidend

- ▷ vom Entwicklungsgebiet,
- ▷ vom Projekttyp und
- ▷ von der Größe des Entwicklungsvorhabens ab.

Daher hat Boehm im Rahmen des COCOMO 1-Modells [9] seine Untersuchungen zur Aufwandsverteilung bei SW-Projekten auch abhängig von einem Entwicklungsmodus (einfach, mittelschwer, komplex) und der Programmgröße vorgenommen. Tabelle 3.30 enthält die hierbei gefundenen Prozentwerte, wobei für die Programmgröße fünf Klassen gebildet worden sind.

Phasenorientierte Aufteilung des Zeitbedarfs

Die Aufteilung der Zeitdauer für die jeweiligen Phasen ist normalerweise nicht deckungsgleich mit der Aufteilung des Personalaufwands oder auch der Projektkosten, da für die Planung und den Entwurf relativ mehr Zeit benötigt wird und erst in den Schlussphasen der Implementierung ein relativ höherer Aufwand anfällt, so dass in den Realisierungsphasen meist mehr Personal je Zeiteinheit involviert ist als in den Planungsphasen.

Tabelle 3.28 Aufwandsverteilungen für SW-Entwicklungen bei Siemens

Software-Entwicklung für								
Verfahrensentwicklung			Private Kommunikationsnetze		Öffentliche Vermittlungssysteme		Anwendersoftware	
Phase			Phase		Phase		Phase	
Proj.-Vorschlag	Vorstudie	5%	Systementwurf	10%	Analyse	15%		
Planungsphase I	Fachliches Grobkonzept	10%						
Planungsphase II	Fachliches Feinkonzept	20%	Programmentwurf und Codierung	37%	Entwurf	28%	Entwurf	50%
	DV-Grobkozept	5%						
Realisierungsphase I	DV-Feinkonzept	15%						
	Programmierung	10%			Implementierung	27%	Programmierung	18%
	Test	25%	Test während Implementierung	38%	Verbundtest	15%	Test	32%
Realisierungsphase II	Probebetrieb	10%	Systemintegration und Systemtest	15%	Systemtest	15%		

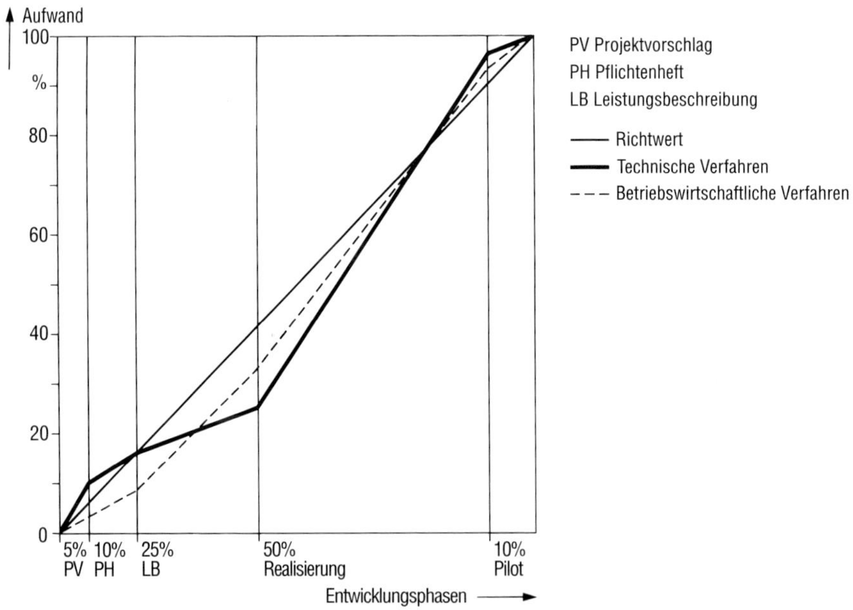

Bild 3.41 Bandbreite von Aufwandsverteilungen (Beispiel Rationalisierungsverfahren)

Tabelle 3.29 Aufwandsverteilungen für SW-Entwicklungen in verschiedenen Unternehmen

Unternehmen 1

Phase		
Anforderungsdefinition		7,9%
System-design	extern	6,3%
	intern	5,8%
Programm-entwicklung	Detailentwurf	11,9%
	Codierung	13,1%
	Komponententest	24,3%
	Integrationstest	13,1%
Systemtest und Demonstration		11,6%
Benutzerdokumentation		6,0%

Unternehmen 2

Phase	
Anforderungsdef.	5%
Design und Spezifikation	25%
Codierung	10%
Modultest	25%
Integration und Test	25%
Systemtest	10%

Unternehmen 3

Phase	
Pflichtenheft	8%
Leistungs-beschreibung	18%
Schnittst.- u. Datenbeschr.	4%
Detail-spezifikation	16%
Codierung und Formaltest	20%
Logik- und Integrationstest	21%
Abnahmetest und Produktübergabe	13%

Unternehmen 4

Phase	
Voranalyse	5%
Methoden und Verfahren	18%
System-spezifikation	27%
Programmierung	30%
Benutzer-organisation	12%
Einführung	8%

Diese Verschiebung der aufwandsbezogenen und der zeitbezogenen Prozentanteile ist im Bild 3.42 verdeutlicht. Als Beispiel ist hier wieder die SW-Erstellung innerhalb der Entwicklung von Öffentlichen Vermittlungssystemen (Carrier Switching Networks) zugrunde gelegt. Allerdings ist die Anteilsverschiebung zwischen Aufwand und Zeit in den Anfangsphasen bei vielen Projekten häufig viel größer als hier gezeigt, da die Projektplanung oft mit zu geringen Ressourcen begonnen wird und erst beim Projektfortschritt – wenn sich bereits terminliche Engpässe abzeichnen – ausreichende Personalkapazität zur Verfügung gestellt wird.

Analog zu den phasenorientierten Aufwands- und Kostenverteilungen innerhalb der COCOMO-1-Methode wurde für diese auch eine prozentuale Verteilung der Entwicklungszeit auf die Phasen abgeleitet, wiederum unter Berücksichtigung des Entwicklungsmodus und der Programmgröße. Wie aus der Aufstellung in Tabelle 3.31 erkennbar, wurden die Phasen Programmentwurf, Codierung und Einzeltest zu einer Phase – Programmierung – zusammengefasst.

Aus den Aufwandsverteilungen (Tabelle 3.30) und den Zeitverteilungen (Tabelle 3.31) lassen sich folgende Aussagen ableiten:

- ▷ Je kleiner und einfacher das Entwicklungsvorhaben ist, desto höher ist der prozentuale Anteil an Zeit und Aufwand für Aktivitäten in den Realisierungsphasen (Programmierung, Integration und Test).
- ▷ Je größer und komplexer das Entwicklungsvorhaben ist, desto höher ist der prozentuale Anteil an Zeit und Aufwand für Aktivitäten in den Planungsphasen (Studie, Systementwurf).
- ▷ Die Schwankungsbreiten sind bei der Aufwandsverteilung geringer als bei der Zeitverteilung.

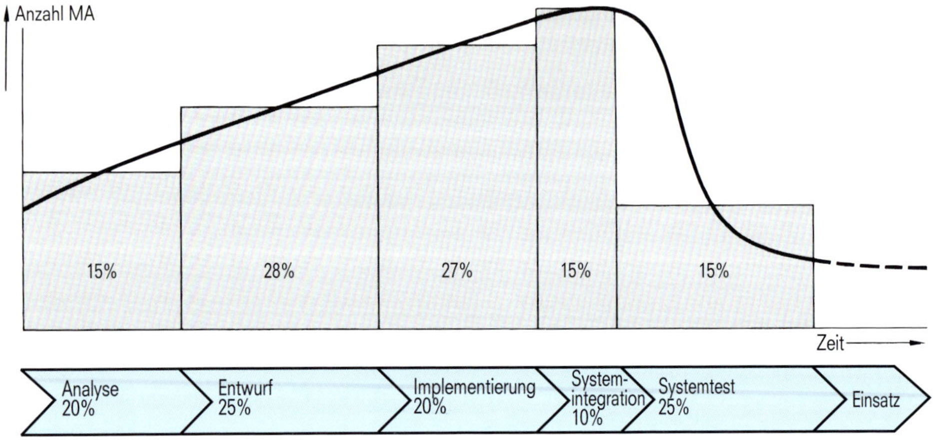

Bild 3.42 Prozentualer Aufwand und Zeitbedarf (Beispiel Vermittlungssysteme)

Tabelle 3.30 Aufwandsverteilung (nach Boehm)

Entwicklungsmodus	Entwicklungsphase	Programmgröße: sehr klein	klein	mittel	groß	sehr groß
Einfache SW-Entwicklung	Studie	6	6	6	6	6
	Systementwurf	15	15	15	15	15
	Programmentwurf	25	23	23	22	22
	Codierung/Einzeltest	39	38	35	34	34
	Systemintegration/-test	15	18	21	23	23
Mittelschwere SW-Entwicklung	Studie	7	7	7	7	7
	Systementwurf	16	16	16	16	16
	Programmentwurf	25	24	23	22	21
	Codierung/Einzeltest	34	32	31	29	27
	Systemintegration/-test	18	21	23	26	29
Komplexe SW- Entwicklung	Studie	7	7	7	7	7
	Systementwurf	17	17	17	17	17
	Programmentwurf	26	25	24	23	22
	Codierung/Einzeltest	30	28	26	24	22
	Systemintegration/-test	20	23	26	29	32

Tabelle 3.31 Zeitverteilung (nach Boehm)

Entwicklungsmodus	Entwicklungsphase	Programmgröße: sehr klein	klein	mittel	groß	sehr groß
Einfache SW-Entwicklung	Studie	9	10	11	11	
	Systementwurf	17	17	17	17	
	Programmentwurf	58	53	49	45	
	Codierung/Einzeltest					
	Systemintegration/-test	16	20	23	27	
Mittelschwere SW-Entwicklung	Studie	14	15	17	18	19
	Systementwurf	21	21	22	22	23
	Programmentwurf	48	44	39	36	32
	Codierung/Einzeltest					
	Systemintegration/-test	17	20	22	24	26
Komplexe SW- Entwicklung	Studie	19	22	24	26	29
	Systementwurf	24	25	26	27	27
	Programmentwurf	39	34	30	26	23
	Codierung/Einzeltest					
	Systemintegration/-test	18	19	20	21	21

Werte in % Programmgröße: sehr klein 2 kloc, klein 8 kloc, mittel 32 kloc, groß 128 kloc, sehr groß 512 kloc

Gemittelte Aufwandsverteilungen

Als grobe Faustregel für die prozentuale Aufteilung des Personalaufwands auf die drei großen Entwicklungsabschnitte Entwurf, Programmierung und Test bei einer SW-Entwicklung ergibt sich in einer Mittelwertbildung über alle wichtigen Prozentsatzmethoden das Zahlentripel 40-20-40. Mit Hilfe einer verbesserten Qualitätsplanung sollte allerdings durch einen vermehrten Aufwand beim Entwerfen künftig ein verringerter Aufwand für das Testen erforderlich sein – Ziel ist hier das Zahlentripel 45-20-35.

	derzeit %	angestrebt %
Entwurf	40	45
Programmierung	20	20
Test	40	35

Bei SW-Entwicklungen ist sicherlich ein entscheidendes Kriterium für eine Mittelwertbildung von verschiedenen Aufwandsverteilungen, inwieweit die zu entwickelnde Software den Charakter einer *Verfahrenssoftware,* einer *Produktsoftware* oder einer *Systemsoftware* hat. Dieses Merkmal ist deshalb auch für die Klassenbildung in der Tabelle 3.32 herangezogen worden; die Tabelle enthält eine grobe Mittelung über die verschiedenen vorliegenden prozentualen Verteilungen mit der Unterscheidung, ob die zu betrachtende Software mehr System-, Produkt- oder Verfahrenscharakter hat. Im Einzelfall können größere Abweichungen von diesen Durchschnittswerten auftreten.

Tabelle 3.32
Gemittelte Aufwandsverteilungen für SW-Entwicklungen

Phase	*System-charakter*	*Produkt-charakter*	*Verfahrens-charakter*
Studie	12	7	10
System-entwurf	18	14	16
Programm-entwurf	14	21	20
Codierung	14	19	12
Einzeltest	13	21	19
System-integration	15	9	11
Systemtest	14	9	12

Großer Unsicherheitsfaktor bei dieser Aufwandsschätzmethode ist die in der Praxis ungenaue Abgrenzung der einzelnen Entwicklungsphasen, besonders dann, wenn kein Netzplan vorliegt. Das Zuordnen von Arbeitsabschnitten bzw. Arbeitspaketen zu einer Phase ist in vielen Fällen nicht eindeutig möglich. Auch ist häufig die Berücksichtigung von allgemeinen Aktivitäten wie Projektmanagement, Qualitätssicherung und Verwaltungsaufgaben unklar.

Im Rahmen von Restschätzungen, also im fortgeschrittenen Stadium einer Projektrealisierung, kann das Heranziehen prozentualer Aufwands- und Kostenverteilungen, aber auch von Zeitverteilungen eine große Unterstützung darstellen; dies allerdings nur, wenn die Entwicklung konsequent nach einem Prozessplan durchgeführt wird.

Zum Ableiten von Kennzahlen für eine Prozentsatzmethode ist Voraussetzung, dass die Aufwandserfassung, also die Stundenkontierung durch die Entwickler *phasenorientiert* vorgenommen wird, indem man die Stundenangaben jeweils mit dem zutreffenden Phasenkennzeichen versieht. Kann die Phasenkennzeichnung hierbei aus einem Netzplan abgeleitet werden, so sind die ermittelten Prozentverteilungen natürlich wesentlich exakter, als wenn der Entwickler das zutreffende Phasenkennzeichen immer wieder frei auswählen muss.

Bei der Implementierung von Standard-Software, wie z. B. SAP R/3, ORACLE, BAAN können Prozentsatz-Schätzmethoden in der o. a. Form nicht angewendet werden, da es hier keine phasenorientierte Aufwandsverteilungen gibt.

3.2.8 Expertenbefragungen

Trotz der Bedeutung der analytischen Schätzmethoden und -verfahren ist und bleibt die Schätzung durch den Entwickler bzw. Projektierer die ausschlaggebende Schätzaussage. Aufwands- und Kostenschätzverfahren können den Entwickler und den Projektleiter beim Festlegen der Planvorgaben für das Entwicklungsprojekt nur unterstützen.

Analytische Schätzmethoden haben ein mehr produktbezogenes Vorgehen, da die Schätzob-

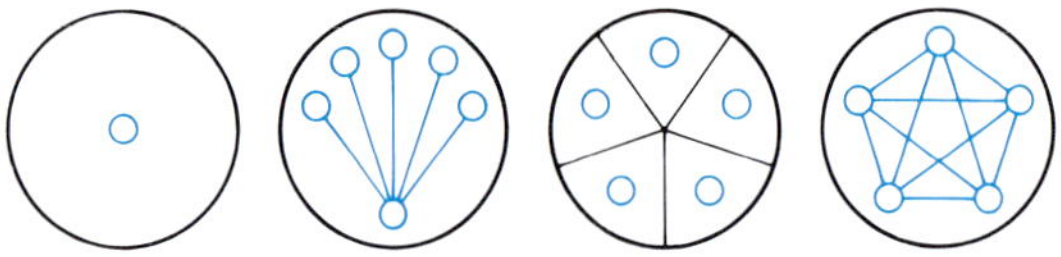

Bild 3.43
Formen der Expertenbefragungen

jekte primär aus der *Produktstruktur* abgeleitet werden. Expertenbefragungen sind dagegen mehr arbeitspaketbezogen, weil sie bei der Definition von Schätzobjekten hauptsächlich von der *Projektstruktur* ausgehen. Sind Produkt- und Projektstruktur einander zuordenbar, so ergänzen sich diese beiden Vorgehensweisen in besonderem Maße beim Abgleichen der Schätzergebnisse.

Zum Befragen von Experten gibt es mehrere Möglichkeiten; sie unterscheiden sich in Systematik und Umfang der Einbindung von Experten. Die Formen von Expertenbefragungen sind (Bild 3.43):

- ▷ Einzelschätzung
- ▷ Mehrfachbefragung
- ▷ Delphi-Methode
- ▷ Schätzklausur.

Expertenbefragungen stellen – bei Vorhandensein eines ausreichenden Erfahrungsschatzes – für alle Arten von Entwicklungsprojekten eine adäquate Schätzmethode dar; besonders bei »inhomogenen« Entwicklungen, wie bei stark HW/SW-gemischten Projekten oder bei Vertriebs- und Projektierungsprojekten, sind Expertenbefragungen (in systematisierter Vorgehensweise) häufig der einzige gangbare Weg, um zu gesicherten Schätzwerten zu kommen.

Einzelschätzung

Die Einzelschätzung ist immer noch die häufigste Form einer Expertenbefragung. Bei ihr legt ein einzelner Entwickler, Projektierer oder Projektleiter für ein bestimmtes Arbeitsvolumen allein die Schätzwerte hinsichtlich Aufwand, Dauer und Kosten fest. Handelt es sich um einen erfahrenen Fachmann – der bereits mehrere ähnliche Entwicklungsaktivitäten durchgeführt hat – dann haben die vorgeschlagenen Schätzwerte i. Allg. eine hohe Genauigkeit. Anderenfalls können die ermittelten Schätzwerte sehr neben dem künftigen Istwert liegen. Gründe hierfür sind:

- ▷ mangelnde Fachkenntnisse,
- ▷ mangelnde Plandurchdringung,
- ▷ Übersehen von Aufgabenteilen,
- ▷ vergangenheitsbedingte »Vorurteile«,
- ▷ Überschätzen der eigenen Produktivität,
- ▷ Unterschätzen der Schwierigkeiten und
- ▷ »opportune« Schätzungen.

Die Einzelschätzung leidet naturgemäß an einer gewissen Einseitigkeit beim Bestimmen der einzubeziehenden Randparameter; sie unterliegt keiner Kontrolle auf Richtigkeit.

Mehrfachbefragung

Im Gegensatz zur Einzelschätzung wird bei einer Mehrfachbefragung – vor der endgültigen Abgabe eines abgestimmten Schätzwertes – eine mehr oder weniger große Gruppe von Experten zurate gezogen. Die Experten sollten möglichst aus unterschiedlichen organisatorischen Richtungen kommen, um so weitgehend unabhängige Schätzaussagen zum geplanten Vorhaben zu erhalten; sie sollten sich sowohl in ihrem Erfahrungsstand als auch in der ausführenden Tätigkeit voneinander unterscheiden.

Ziel einer Aufwandsschätzung durch eine Mehrfachbefragung ist also, möglichst viele Meinungen von verschiedenen Experten zu den zu schätzenden Aufgabenkomplexen zu erhalten. Mit Hilfe einer Durchschnittsbildung der einzelnen Schätzwerte gelangt man zu einer Art *Repräsentativschätzung,* die meist der (künftigen) »Wahrheit« näher kommt als eine isolierte Einzelschätzung. Mit einer Mehrfachbefragung wird daher fast immer eine Verringerung des Vorhersagefehlers erreicht.

Für die Durchschnittsbildung bieten sich als Möglichkeiten an:

- ▷ arithmetischer Mittelwert,
- ▷ Mittelwert aus Minimal- und Maximalwert,
- ▷ arithmetischer Mittelwert ohne Extremwerte.

Im ersten Fall werden alle abgegebenen Schätzwerte gleichwertig behandelt und aus diesen der arithmetische Mittelwert (Summe geteilt durch Anzahl) gebildet. Bei der zweiten Vorgehensweise betrachtet man nur den Minimal- und den Maximalwert und ermittelt aus diesen beiden das Mittel. Im letzten Fall geht man umgekehrt vor, die Extremwerte werden beiseite gelassen und von den übrig bleibenden Werten wird der arithmetische Mittelwert gebildet.

Es kann auch sinnvoll sein, einen »systematischen Fehler« zu berücksichtigen, z. B. wenn bei empirischen Untersuchungen erkannt wurde, dass alle Schätzungen z. B. auf Grund eines Nichtbeachtens gewisser Grundleistungen, wie Verwaltung, Projektmanagement, Sonderaufgaben usw. immer wieder um einen bestimmten Wert zu niedrig oder zu hoch lagen; dieser Differenzwert kann dann auf den ermittelten Durchschnittswert pauschal aufgeschlagen werden.

Delphi-Methode

Die Aufwandsschätzung nach der Delphi-Methode basiert auch auf der Befragung mehrerer Experten; allerdings wird hier ein streng systematischer Weg eingeschlagen. Die Delphi-Methode ist eine (personelle) Aufwandsschätzmethode, die in ihrer ersten Form schon sehr früh in den 40er-Jahren entwickelt wurde (erstmals in [22] beschrieben) und seitdem in vielen Unternehmen Anwendung gefunden hat.

Es werden folgende Formen unterschieden:

- ▷ Standard-Delphi-Methode
- ▷ Breitband-Delphi-Methode.

Bei beiden Methoden führen die einbezogenen Experten ihre Schätzung anonym durch und geben diese anonym ab. Die Breitband-Delphi-Methode – als Erweiterung der Standard-Delphi-Methode – schließt allerdings ein, dass das zusammengefasste Ergebnis untereinander diskutiert wird.

Standard-Delphi-Methode

Die Ablaufschritte bei der Standard-Delphi-Methode sind:

1. Der Koordinator, der so genannte *Delphist*, erläutert jedem Experten einzeln die Aufgabenkomplexe und händigt ihm ein Schätzformular aus.
2. Die einzelnen Experten füllen getrennt voneinander diese Schätzformulare aus. Hierbei dürfen sie mit dem Koordinator fachlich korrespondieren, aber eine Diskussion zwischen den Experten ist nicht gestattet.
3. Der Koordinator fasst die einzelnen Schätzungen mit Begründungen in einem Formular zusammen, welches den Experten erneut vorgelegt wird.
4. Jeder Experte überarbeitet daraufhin seine eigene Schätzung noch einmal, wieder anonym zu seinen Kollegen.
5. Dieser Prozess wird so lange wiederholt, bis eine ausreichende Annäherung zwischen den einzelnen Schätzungen erreicht worden ist.
6. Der Durchschnittswert der hinreichend angenäherten Schätzwerte stellt schließlich das Schätzergebnis dar.

Breitband-Delphi-Methode

Die Breitband-Delphi-Methode ist dadurch gekennzeichnet, dass zu Beginn und zwischen jeder Interaktion gemeinsame Sitzungen abgehalten werden, in denen die Schätzaufgaben und das Zwischenergebnis der vorausgegangenen Schätzrunde miteinander diskutiert wird.

Folgende Schritte werden bei der Breitband-Delphi-Methode durchlaufen:

1. Der Koordinator erläutert jedem Experten einzeln die Aufgabenkomplexe und händigt ihm ein Schätzformular aus.
2. Vom Koordinator wird eine Sitzung einberufen, in der die Experten miteinander unter Moderation des Koordinators die zu erstellende Aufwandsschätzung diskutieren.
3. Anschließend füllt jeder Experte getrennt die Schätzformulare aus.
4. Der Koordinator fasst die einzelnen Schätzaussagen in einem Formular zusammen, begründet die Angaben und Unterschiede allerdings nicht. Das Formular wird wieder an alle Experten verteilt.
5. Der Koordinator arrangiert wieder eine Sitzung, in der vor allem die großen Abweichungen einzelner Schätzungen diskutiert werden.

6. Daraufhin überarbeitet jeder Experte seine eigene Schätzung wieder anonym zu seinen Kollegen.
7. Dieser Prozess wird so lange – iterativ – durchlaufen, bis sich eine ausreichende Annäherung der (anonymen) einzelnen Schätzungen ergeben hat.
8. Der aus diesen einzelnen Schätzungen abgeleitete Durchschnittswert stellt schließlich das Schätzergebniss dar.

Es zeigt sich allerdings, dass bei mehr als drei Iterationen das Ergebnis meist nicht besser wird.

Als Nachteil ist bei beiden Formen der Delphi-Methode der große Zeitbedarf für das Durchführen der Schätzung zu sehen. Hinzu kommt, dass bei der Standard-Methode die notwendige vollständige Anonymität des beteiligten Experten nicht immer gewahrt bleiben kann.

Schätzklausur

Die Schätzklausur verwendet wie die Delphi-Methode eine streng systematisierte Vorgehensweise. Im Gegensatz zu dieser enthält die Schätzklausur allerdings *gruppendynamische* Aspekte – die Experten schätzen also nicht anonym, sondern gemeinsam in einem *Kollektiv.* Zudem setzt sich der Teilnehmerkreis aus Mitgliedern des späteren Projektteams zusammen.

Eine Schätzklausur umfasst drei nacheinander ablaufende Abschnitte:

▷ Vorbereitung
▷ Durchführung
▷ Nachbereitung.

Vorbereitung

In der Vorbereitung werden die Produkt- und Projektstrukturpläne in ausreichender Detaillierung gemeinsam ausgearbeitet. Hierbei ist besonders auf Vollständigkeit und Konsistenz dieser Strukturpläne zu achten, da diese die Grundlage für die gesamte weitere Schätzung darstellen. Zudem wird die Aufgabenstellung sowie das gemeinsame Vorgehen in den künftigen Klausursitzungen diskutiert.

Im Einzelnen müssen im Vorbereitungsabschnitt festgelegt werden:

▷ Größen der zu schätzenden Projektparameter (Aufwandsgröße, Jahresstundenanzahl, Art der Durchschnittsbildung etc.),
▷ Definition der Projektumgebung (Programmiersystem, Testsystem, Werkzeuge etc.),
▷ Protokollwesen der Schätzklausur (Sofort-Protokoll, Dokumentation der Schätzergebnisse etc.),
▷ Entwurf eines Schätzformulars (vorhandenes oder neues).

Durchführung

Der Durchführungsabschnitt umfasst die eigentliche Schätzung. Ausgangspunkt sind die im Projektstrukturplan definierten einzelnen Arbeitspakete. Um nicht jedes einzelne Arbeitspaket einer eigenen Schätzung unterziehen zu müssen, bietet es sich an, nur einen *Referenzkomplex* einer detaillierten fachlichen Untersuchung und einer genauen Aufwandsschätzung zu unterziehen und dieses Einzelergebnis durch Analogieschluss auf die anderen Projektteile zu übertragen. Diese *Bottom-up-Vorgehensweise* läuft in folgenden Schritten ab:

1. Das System wird in Komplexe gegliedert und nach Größe und Komplexität zu Gruppen geordnet (siehe Bild 3.44).
2. Ein ausgewählter Referenzkomplex wird mit großer Genauigkeit geschätzt.
3. Die Aufwände der anderen (acht) Komplexgruppen werden unter Bezug auf den Referenzkomplex geschätzt (Mehr- bzw. Minderaufwand).
4. Die entsprechende Multiplikation der jeweiligen Komplexanzahl mit dem zugehörigen Aufwandswert und die anschließende Addition ergibt den Gesamtaufwand des Vorhabens.

Mit dem Durchführen der Schätzklausur sind neben dem Moderator und Protokollführer der Projektleiter sowie mehrere Experten als Schätzer betraut. Bei den Experten sollte möglichst die Hälfte projektneutral ausgewählt sein.

Liegen die Einzelschätzwerte sehr weit auseinander, dann müssen zwischen den betreffenden Schätzern in Rede und Gegenrede die Gründe für die abgegebenen Schätzungen dargelegt werden. So lässt sich feststellen, an welchen Punkten eventuell von unterschiedlichen Annahmen ausgegangen worden ist. Abwei-

Anzahl / Aufwand in MT		Größe: klein	mittel	groß	Summierung in MT
Komplexität	gering	4 / 8 MT	3 / 12 MT	2 / 15 MT	32 + 36 + 30 = 98
	mittel	1 / 10 MT	2 / 15 MT	2 / 20 MT	10 +30 +40 =80
	hoch	0 / 15 MT	2 / 20 MT	1 / 25 MT	0 +40 +25 =65
				Gesamtaufwand	243 MT ≙ 11 MM

Referenzkomplex

Bild 3.44
Referenzmatrix für Schätzklausur

chend von der Delphi-Methode läuft die anschließende Überarbeitung der individuellen Schätzungen nicht anonym, sondern offen ab. Aber auch hier wird versucht, in mehreren Interaktionen – die vielleicht mit einer zusätzlichen Detaillierung der Arbeitspakete einhergehen – eine hinreichende Annäherung der Einzelschätzwerte zu erreichen. Mit einer entsprechenden Durchschnittsbildung einigt man sich schließlich auf einen gemeinsamen Schätzwert.

Nachbereitung

In der Nachbereitung wird eine erste grobe Projektplanung zum Nachweis der Machbarkeit des Projekts erstellt. Das Ergebnis dieses Nachbereitungsabschnitts ist etwa einem Projektvorschlag gleichzustellen. Hierbei gibt es folgende Schritte:

1. Die arbeitspaketorientierten Aufwandsschätzwerte werden den Funktionsbereichen und Entwicklungsphasen zugeordnet.
2. Die vorliegende Aufwandsschätzung wird mit Hilfe anderer Verfahren, wie algorithmische Vergleichs- oder Kennzahlenverfahren plausibilitiert.
3. Die Arbeitspakete werden in einen Balkenplan oder einen Grobnetzplan eingeordnet.
4. Die Einsatzmittel (Personen, Maschinen, Geldmittel) werden entsprechend eingeplant.
5. Eine Risikobewertung wird durchgeführt.

Nach einer Schätzklausur können die geschätzten Aufwandswerte mit den entsprechenden Verrechnungssätzen bewertet werden und in eine Projektkalkulation (Vorkalkulation) einfließen.

Eine konsequent durchgeführte Schätzklausur ist relativ aufwendig. Als Durchschnittswerte haben sich hierbei für Projekte der Größenordnung von 20 bis 50 MJ folgende Werte ergeben:

für Vorbereitung: 5 Tage à 2 MA = 10 MT
für Durchführung: 2 Tage à 5 MA = 10 MT
für Nachbereitung: 3 Tage à 2 MA = 6 MT.

Hieraus ergibt sich also ein Gesamtaufwand von etwa 26 MT.

Neben dem Finden eines »treffsicheren« Schätzergebnisses hat diese Form der Expertenbefragung aber noch einige weitere Vorteile, die mehr unter dem *gruppendynamischen* Aspekt gesehen werden müssen:

▷ Alle Produkt- und Projektprobleme werden gemeinsam herausgearbeitet, d. h. alle Eventualitäten werden offen durchgespielt.
▷ Es wird eine gemeinsame Definitionsbasis für Produkt und Projekt erarbeitet, hinter der später alle stehen.
▷ Planaufwand und voraussichtliche Projektdauer werden gemeinsam und nachvollziehbar ermittelt, so dass man diese Planangaben später auch gemeinsam trägt.
▷ Management und Projektteam erhalten die innere Sicherheit für die Machbarkeit des Projekts.

Tabelle 3.33
Gegenüberstellung der Formen von Expertenbefragungen

Form der Expertenbefragung / Merkmal	Einzelschätzung	Mehrfachbefragung	Delphi-Methode	Schätzklausur
Genauigkeit des Schätzergebnisses	ungenau	genau	sehr genau	sehr genau
Aufwand für Schätzung	gering	mittel	groß	sehr groß
Zeitdauer für Schätzung	gering	mittel	groß	sehr groß
Anonymität der einzelnen Schätzung	–	ja	ja	nein
Kommunikation zwischen den Experten	–	nein	teils	ja
Mitläufereffekt	–	nein	kaum	ja
Identifikation mit Schätzergebnis	eventuell	gering	mittel	groß
Sinnvoller Einsatz	Kleine Projekte	Mittlere Projekte	Große Projekte	Große Projekte

Eine Aufwandsschätzung nach dem Prinzip der Schätzklausur birgt auf Grund der »Face-to-Face«-Diskussion allerdings auch die Gefahr des Mitläufereffekts in sich. Ist nämlich der Moderator bzw. der Projektleiter in der Klausursitzung zu dominant, so kann durch ihn ein das Schätzergebnis verfälschender Einfluss nicht ausgeschlossen werden.

Gegenüberstellung der Formen von Expertenbefragungen

Tabelle 3.33 bringt eine Gegenüberstellung der Formen von Expertenbefragungen mit Vor- und Nachteilen sowie Einsatzschwerpunkten.

3.2.9 Lernkurven

Bei Projekten, in denen große Stückzahlen eines Produkts entwickelt und hergestellt werden müssen, ist eine genaue Kostenschätzung häufig sehr schwierig. Man kann nur schwer von den Kosten eines einzelnen Produktexemplars auf eine größere Gesamtmenge schließen, weil es ein erheblicher Unterschied ist, ob man von einem Produkt 1 Exemplar oder 1.000 Exemplare produzieren soll. Je mehr Exemplare eines Produkts erstellt werden, desto geringer ist der Aufwand für das einzelne Exemplar („Übung macht den Meister").

Grundsätzliche Überlegungen zum Konzept der Lernkurve bzw. Erfahrungskurve wurden erstmals 1925 in der US-Flugzeugindustrie angestellt. Intensivere Untersuchungen führte in den zurückliegenden 60er Jahren die Boston Consulting Group (BCG) in amerikanischen Firmen der Elektrotechnik und Automobilindustrie durch. Dabei wurde festgestellt, dass die Fertigungsdauer und die Produktionskosten bei jeder Verdoppelung der kumulativen Produktion um einen vorhersagbaren Wert fallen [50]. BCG konnte zeigen, dass dieses Modell der Lernkurven auch auf andere Industriezweige mit arbeitsintensiven Projekten übertragbar ist. Meist kann man bei einer Produktionsverdoppelung eine Einsparung von 10 bis 30% und damit eine entsprechende Produktivitätssteigerung erreichen. Zum Erfahrungskurveneffekt tragen hauptsächlich zwei Effekte bei: erstens der dynamische Effekt durch das Lernen, den technischen Fortschritt und die Rationalisierung sowie zweitens der statische Effekt hinsichtlich der Fixkosten- und Betriebsgrößendegression.

Beispiel einer Lernkurve

Dieser Sachverhalt des Lernkurveneffekts soll an einem einfachen Beispiel der Fertigung von Einzelteilen näher erläutert werden. In Tabelle 3.34 ist aufgeführt, dass die Fertigung eines Einzelteiles z. B. 500 Stunden beansprucht und dass für die Fertigung jeweils der doppelten Menge eine Zeitersparnis von angenommenen 20% erreicht werden kann. Üblicherweise verwendet man bei der Lernkurvenbetrachtung die Personalkosten und damit die Personalstunden, weil in den gesamten Stückkosten weitere Kostenbestandteile, wie Material- und Maschinenkosten enthalten sind, für die andere Lernkurven anzusetzen sind; auch können andere nicht quantisierbare Einüsse, wie Inflation und Währungskurse, bei der Stückkostenbetrachtung eine Rolle spielen.

Tabelle 3.34 Kumulierte Fertigungsstunden

A	B	C	D
Anzahl Exemplare	**Fertigungs-stunden je Exemplar**	**Fertigungs-stunden kumuliert**	**Fertigungs-stunden durchschn.**
Verdoppelung	Lernrate 80 %	Einzelwerte aufsummiert	Spalte C geteilt durch Spalte A
1	500	500	500
2	400	900	450
4	320	1.573	393
8	256	2.676	335
16	205	4.444	278
32	164	7.347	230
64	131	12.036	188
128	105	19.584	153
256	84	30.976	121
512	67	50.176	98

Wie aus der Tabelle 3.34 zu ersehen ist, werden für die Fertigung des zweiten Exemplars 400 Stunden und für das 128. Exemplar bereits nur noch 105 Stunden benötigt.

Werden die Einzel-Stückkosten über die kumulierte Produktionsmenge grafisch aufgetragen, so erhält man die in Bild 3.45 dargestellte Lernkurve; sie folgt einem Hyperbel-Verlauf. Der in diesem Beispiel angenommene Prozentwert von 80% wird als Lernrate bezeichnet; er kennzeichnet den Lernerfolg bezogen auf die Lernzeit und stellt einen immanenten Produktivitäts- und Qualitätswert der betrachteten Entwicklung bzw. Fertigung dar.

Wird die Lernkurve auf logarithmischen Papier aufgetragen, so erhält man einen geraden Verlauf (siehe Bild 3.46). Die Neigung der abgebildeten Kurve entspricht der Lernrate von 80%. In der Elektroindustrie hat man Neigungen bis zu 95%. Zur Festlegung einer Lernkurve in der logarithmischen Darstellung benötigt man entweder zwei Punkte oder einen Punkt

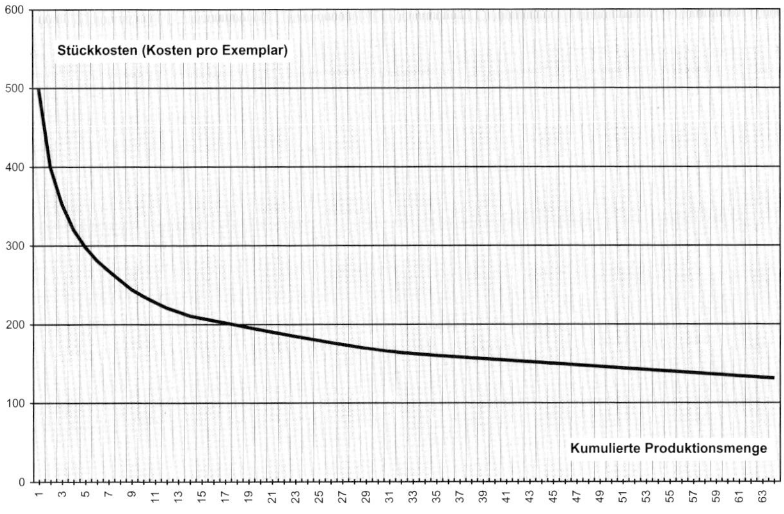

Bild 3.45 Stückkosten-Lernkurve (Lernrate 80%)

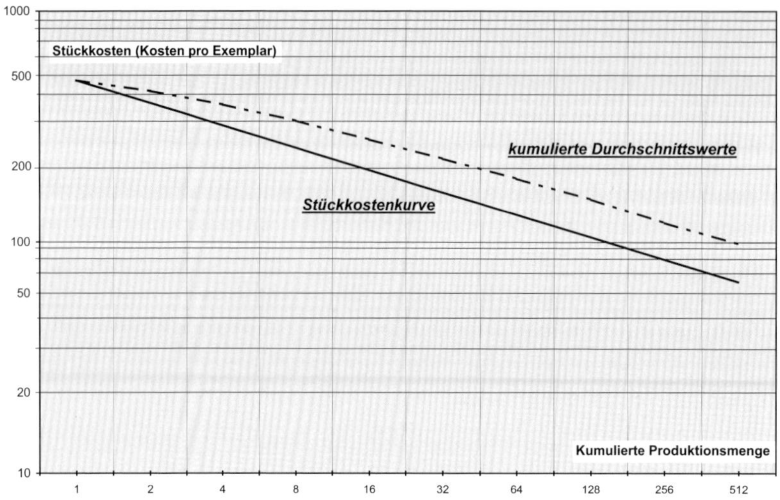

Bild 3.46 Lernkurve (logarithmisch aufgetragen)

mit Angabe der Kurvenneigung. Steht nur ein Datenpunkt zur Verfügung, muss ein Vergleich mit früheren Produktentwicklungen vorgenommen werden. Je mehr Datenpunkte vorhanden sind, desto zuverlässiger sind die Aussagen, die aus der Lernkurve gemacht werden können.

Kumulierte Durchschnittswerte einer Lernkurve

Werden die kumulierten Fertigungsstunden (Spalte C in Tabelle 3.34) durch die kumulierte Produktionsmenge (Spalte A in Tabelle 3.34) geteilt, so erhält man die durchschnittlichen Fertigungsstunden für ein Einzelexemplar der jeweiligen Menge (Spalte D). Mit der Formel (33) können diese Einzelkosten je Exemplar – ohne Ablesen eines vorliegenden Kurvenverlaufs – errechnet werden. Die Formel für den kumulierten Durchschnitt lautet:

$$L_n = L_1 \times n^{-g} \qquad (33)$$

L_n Einzelkosten des n-ten Exemplars
L_1 Einzelkosten der ersten Einheit (= Einheit Eins)
n kumulierte Menge, die produziert wird
g Faktor, der von der Neigung abhängt, siehe Tabelle 3.35,

In Bild 3.46 sind diese kumulierten Durchschnittswerte der Fertigungsstunden aufgetragen; die (gestrichelte) Kurve verläuft leicht gekrümmt etwas oberhalb des geraden Lernkurvenverlaufs. Aus ihr ist abzulesen, dass z. B. bei einer Produktionsmenge von 4 Exemplaren durchschnittlich 393 Fertigungsstunden je Exemplar benötigt werden, dass dagegen bei einer 32fachen Menge von 128 Exemplaren bereits nur noch durchschnittlich 153 Stunden angesetzt werden müssen.

Sind die Einzelkosten für die erste Einheit nicht bekannt, aber die Einzelkosten für eine angestrebte Zieleinheit *m*, dann können die Einzelkosten der ersten Einheit durch Umstellung der Formel (33) wie folgt errechnet werden:

$$L_1 = L_m \times m^{+g} \qquad (34)$$

L_1 Einzelkosten der ersten Einheit (= Einheit Eins)
L_m Einzelkosten der Zieleinheit m
m kumulierte Menge bis zur Zieleinheit m

Steigung der Lernkurve

Durch Steigerung der Arbeitseffizienz sollte immer eine Steigerung der Lernrate einer Lernkurve angestrebt werden; hierzu bieten sich unterschiedliche Optimierungsmöglichkeiten an:

- ▷ Personalmanagement intensivieren,
- ▷ Motivation der Mitarbeiter durch Anreize (z. B. Prämien) steigern,
- ▷ gezielte Gehaltszulagen vornehmen,
- ▷ Prozessabläufe analysieren und optimieren,
- ▷ Schulung verbreitern und verbessern,

Tabelle 3.35 Faktor für kumulierten Durchschnitt [50]

Neigung der Lernkurve	100%	95%	90%	85%	80%	75%	70%
Faktor g	0	0,074	0,152	0,235	0,322	0,415	0,515

- ▷ Standardisierungen einführen,
- ▷ Betriebsmittelversorgung verbessern.

Lernkurven haben allerdings auch ihre Grenzen, da sie nicht ins Unendliche fortgesetzt werden können. Zwangsläufig nimmt die prozentuale Verringerung im Laufe der Zeit ab, so dass die Lernkurven eine Abschwächung in ihrem Verlauf erhalten. Auch äußere Einüsse, wie der plötzliche Zwang zu Mengenrabatten oder eine vermehrte Inflation können die Lernkurven-Untersuchungen obsolet machen.

3.3 Netzplantechnik

Die Netzplantechnik (NPT) als Hilfsmittel zum Analysieren, Beschreiben, Planen, Kontrollieren und Steuern von Projektabläufen stellt eine bewährte Methode für das Projektmanagement dar. Bereits in den frühen 50er Jahren sind die ersten DV-unterstützten Verfahren entstanden. Bei Projekten, bei denen zahlreiche Mitarbeiter mehrerer Abteilungen über eine lange Projektdauer mit der Ausrichtung auf ein gemeinsames Projektziel koordiniert und gesteuert werden müssen, hat sich die Netzplantechnik als die einzige Möglichkeit gezeigt, Termine, Aufwände, Kosten und Einsatzmittel konsistent zu planen und zu überwachen.

Heutige Entwicklungsprojekte im Bereich der Elektrotechnik zeichnen sich bekanntlich durch eine hohe Innovationsrate aus. Die Projekte nehmen an Komplexität zu und erreichen teilweise sehr große Dimensionen im Entwicklungsaufwand, wie es sich z. B. bei digitalen Vermittlungssystemen oder Gigabit-Speicherchips zeigt. Die Vielfalt der hierbei zu beherrschenden HW- und SW-Technologien erfordert eine verstärkte Spezialisierung der Entwickler und damit eine weitere Arbeitsteilung im Entwicklungsbereich. Wegen der anhaltenden Innovation steigt aber auch der Termindruck für die Entwicklung; ein Jahr zu spät am Markt kann den Misserfolg des Produkts bedeuten. In vielen Produktbereichen gilt da nicht mehr der alte Satz: als Zweiter gestartet und als Erster durchs Ziel gegangen. Wie Untersuchungen von McKinsey auch zeigen, erhält rechtzeitige Fertigstellung einer Produktentwicklung einen viel größeren Stellenwert als bisher.

Untersucht man die Gründe für die immer wieder auftretenden, z. T. beachtlichen Termin- und Kostenüberschreitungen, so stellt man sehr häufig fest, dass die Netzplantechnik nicht oder nur mangelhaft angewendet wurde. Selbstverständlich gewährleistet das Anwenden der Netzplantechnik nicht automatisch den Projekterfolg; sie versteht sich nur als Werkzeug des Projektmanagements; denn ein guter Projektleiter kann durch keine Methode und durch kein DV-Verfahren ersetzt werden. Ein Netzplan, der unvollständig ist oder falsche Angaben enthält, der nicht lesbar ist und zu falschen Interpretationen führt, der nicht aktuell ist und damit nicht mehr das wirkliche Projektgeschehen widerspiegelt, verliert zwangsläufig seine Aussagekraft für die Projektleitung.

Die Netzplantechnik ist in all ihren Methodenausprägungen universell einsetzbar, unabhängig von der Größe des Projekts, von der Dauer, von der Anzahl der Projektbeteiligten und auch unabhängig von dem Projektinhalt. Einsatzfälle findet man in allen Bereichen des Bauwesens, des Maschinen- und Anlagenbaus, der chemischen und elektrotechnischen Industrie. Zusammenfassend lässt sich festhalten:

- ▷ Die Netzplantechnik zwingt zur systematischen Aufgabengliederung des gesamten Projektvolumens.
- ▷ Die Netzplantechnik ermöglicht eine vollständige und konsistente Beschreibung des Projektgeschehens.
- ▷ Mit der Netzplantechnik wird eine transparente Darstellung des Projektablaufs erreicht.
- ▷ Mit Hilfe der Netzplantechnik können Engpässe hinsichtlich Terminen, Kosten und Einsatzmittel rechtzeitig erkannt werden.

ders im raum- und luftfahrttechnischen Bereich eingesetzt. PROJACS (Project Analysis and Control System) ist ein modernes, von IBM entwickeltes PM-Verfahren, welches mit Vorgangsknoten- und Vorgangspfeil-Netzplänen arbeitet.

Entscheidungsnetzpläne

Entscheidungsnetzplantechniken wendet man an, wenn der Projektablauf nicht eindeutig festliegt, sondern das Projektziel auf mehreren unterschiedlichen Wegen erreicht werden kann. Hängt nämlich das weitere Vorgehen bei einem erreichten Projektzustand von bestimmten äußeren Einflüssen ab, so ist ein deterministischer Ablauf nicht mehr gegeben. Dies ist z. B. der Fall, wenn wechselnde Markteinflüsse (Ergebnisse von Meinungsumfragen, politische, wirtschaftliche oder technologische Veränderungen, etc.) in den Projektablauf so einbezogen werden müssen, dass z. B. auf Grund der aktuell vorliegenden Marktsituation alternative Wege zu beschreiten sind.

Entscheidungsnetzplantechniken haben gegenüber den anderen Netzplantechniken folgende zusätzliche Möglichkeiten:

- ▷ Logische Verknüpfung von Vorgängen,
- ▷ Entscheidungsweichen für alternative Abläufe,
- ▷ Schleifenbildung von Vorgängen,
- ▷ Berücksichtigung von Wahrscheinlichkeitswerten und Zufallsvariablen im Netzplanablauf.

Ein Entscheidungsnetzplan wird damit auf einem nicht vorher bestimmbaren Weg durchlaufen. Bei wiederholtem Durchlauf können sich also unterschiedliche Vorgangsabläufe ergeben.

Ähnlich wie bei den deterministischen Netzplantechniken ist bei den Entscheidungsnetzen auch eine Unterscheidung nach Entscheidungs*ereignissen* und Entscheidungs*vorgängen* möglich.

Das bekannteste Verfahren, welches mit Entscheidungsereignissen arbeitet, ist das bereits erwähnte Verfahren GERT, bei dem die Pfeile den Vorgängen und die Knoten den Ereignissen entsprechen [74]. Sowohl für den Eingang als auch für den Ausgang eines Knotens kann man eine Entscheidungsmöglichkeit bestimmen. Für den Ausgang ist hierbei eine deterministische oder eine probabilistische Auswahl möglich, für den Eingang sind disjunktive und konjunktive Auswahlen erlaubt. Bild 3.49 zeigt alle möglichen Ereignisvarianten eines GERT-Netzplans. Weitere Erläuterungen sind in [20] zu finden.

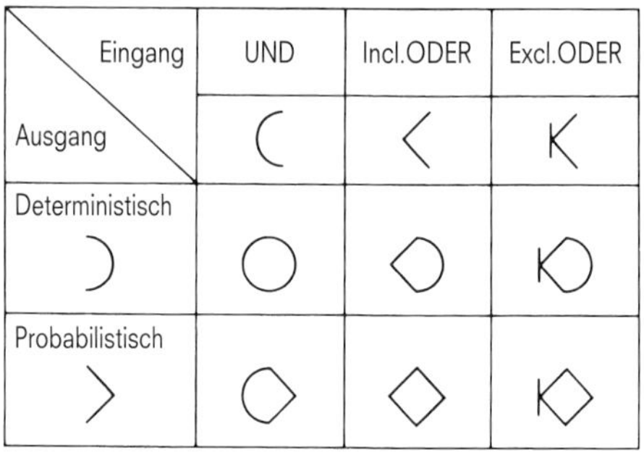

Bild 3.49
Ereignisvarianten eines GERT-Netzplans

Stochastische Projektabläufe können aber auch mit Vorgangsknoten-Entscheidungsnetzen dargestellt werden. Diese Netze enthalten neben normalen (deterministischen) Vorgängen auch Entscheidungsvorgänge, die auf Grund ihres eigenen Ergebnisses den weiteren Ablauf steuern. Ein Entscheidungsvorgang bestimmt also selbst, welcher Nachfolger als Nächster durchgeführt werden soll.

Vor allem bei Forschungs- und Marketingprojekten sind stochastische Ablaufstrukturen vorherrschend, so dass hier die Anwendung von Netzplantechniken wünschenswert wäre, die alternative Abfolgen zulassen. Die schwere Handhabbarkeit von Entscheidungsnetzen steht aber einer größeren Verbreitung dieser Form von Netzplantechnik noch entgegen.

Die Nutzung von Entscheidungsnetzen hat allerdings einen erneuten Anstoß aus der Informatik erhalten. Abgeleitet von den Petri-Netzen werden dort so genannte *Evaluationsnetze* definiert; diese ermöglichen im Rahmen der Petri-Netztechnologie das einfache und elegante Beschreiben stochastischer Abläufe. Mit Hilfe der bekannten Petri-Entscheidungsprozeduren (Zustände, Transitionen) können komplexe, ablauflogische Zusammenhänge dargestellt werden, ohne dass komplizierte Darstellungssymbole, wie z. B. bei einem GERT-

Netz zu erfinden sind. Inwieweit allerdings solche Evalutionsnetze einer rechnerunterstützten Termindurchrechnung und Einsatzmittelberechnung zugänglich gemacht werden können, muss die künftige Entwicklung auf diesem Gebiet noch zeigen.

3.3.2 Vorgangspfeil-Netzplan (CPM)

Die Netzplanmethode CPM (Critical Path Method) hat wohl als erste, basierend auf einem Vorgangspfeil-Netzplan (VPN), breiteren Einsatz gefunden; sie wurde 1957 in den USA gemeinsam vom Chemiekonzern E.I., du Pont de Nemours & Co. und der Sperry Rand Corporation entwickelt. Anfänglich wurde sie hauptsächlich für die Planung von Investitionsvorhaben und Wartungsarbeiten eingesetzt. 1961 entstanden weitere CPM-Varianten, so die Verfahren CPS (Critical Path Scheduling) und CPPS (Critical Path Planning und Scheduling) bzw. für eine integrierte Kosten- und Zeitplanung das Verfahren LESS (Least Cost Estimating and Scheduling).

Die Netzplanmethode CPM, teilweise auch als ADM (Arrow Diagram Method) bezeichnet, war im angelsächsischen Bereich, besonders in den USA, sehr verbreitet; so wurden z. B. alle Netzpläne in der Luft- und Raumfahrttechnik dort mit CPM-Verfahren erstellt. Inzwischen tritt diese Netzplantechnik dort mehr in den Hintergrund.

Netzplanelemente

Der CPM-Netzplan stellt einen vorgangsorientierten Netzplan dar. Die Tätigkeiten sind jeweils durch einen Pfeil symbolisiert. Die Abhängigkeiten zwischen diesen Vorgangspfeilen werden nicht gesondert ausgewiesen, da Ende und Anfang eines Pfeils unmittelbar aufeinander folgen. Bei CPM wird vorausgesetzt, dass die Vorgänge lückenlos aufeinander folgen, also keine zeitlichen Überlappungen möglich sind. Der Pfeil übernimmt damit auch die Information der Anordnungsbeziehungen, die immer Ende-Anfang-Beziehungen sind. Jeder Vorgangspfeil wird von zwei Knoten eingegrenzt, welche die Funktion von Ereignissen haben. Hierbei können folgende Knotenformen unterschieden werden:

- ▷ Anfangsknoten
- ▷ Endknoten
- ▷ Startknoten
- ▷ Zielknoten
- ▷ Sammelknoten
- ▷ Verzweigungsknoten.

Anfangsknoten und Endknoten begrenzen einen normalen Vorgangspfeil. Bei einem Startknoten mündet kein Vorgangspfeil ein, und von einem Zielknoten geht kein Vorgangspfeil mehr weiter. In einen Sammelknoten münden mehrere Vorgangspfeile ein, und aus einem Verzweigungsknoten treten mehrere Vorgangspfeile aus. Die Knoten kennzeichnen die Anfangs- und Endergebnisse von Tätigkeitsabläufen und haben den Charakter von Meilensteinen. Daher wird die CPM-Netzplandarstellung gerne bei Meilensteinabläufen verwendet.

Netzplandarstellung

In Bild 3.50 ist ein Beispiel für ein Vorgangspfeilnetz gezeigt. Die Benennungen der Vorgänge werden üblicherweise oberhalb der Pfeile und die Vorgangsdauern unterhalb der Pfeile eingetragen. Die einzelnen als Kreise dargestellten Knoten werden durchnummeriert, so dass jeder Vorgang eindeutig durch das Nummernpaar der beiden begrenzenden Knoten identifizierbar ist. Eine gesonderte Vorgangsnummerung erübrigt sich damit.

Weiterhin sind in den Knotenkreisen die Frühest- und Spätesttermine für die Vorgänge aufgenommen. Entsprechend einer *Vorwärts*- und *Rückwärtsrechnung* (siehe Kap. 3.3.5) ergeben sich die Pufferwerte. In der Vorwärtsrechnung werden alle Frühesttermine durch schrittweises Aufaddieren der Vorgangsdauern bestimmt. Ausgehend von dem dabei ermittelten Endtermin werden bei der Rückwärtsrechnung durch schrittweises Subtrahieren die Spätesttermine der einzelnen Vorgänge errechnet. Die Differenz aus Frühesttermin und Spätesttermin bildet jeweils den Zeitpuffer eines Vorgangs. Die von Projektanfang bis zum Projektende durchgehende Vorgangskette, die nur Vorgänge mit einem Puffer von Null enthält, kennzeichnet den »kritischen Pfad«. Terminverschiebungen von Vorgängen, die auf dem kritischen Pfad liegen, wirken sich voll auf den Endtermin des Gesamtprojekts aus.

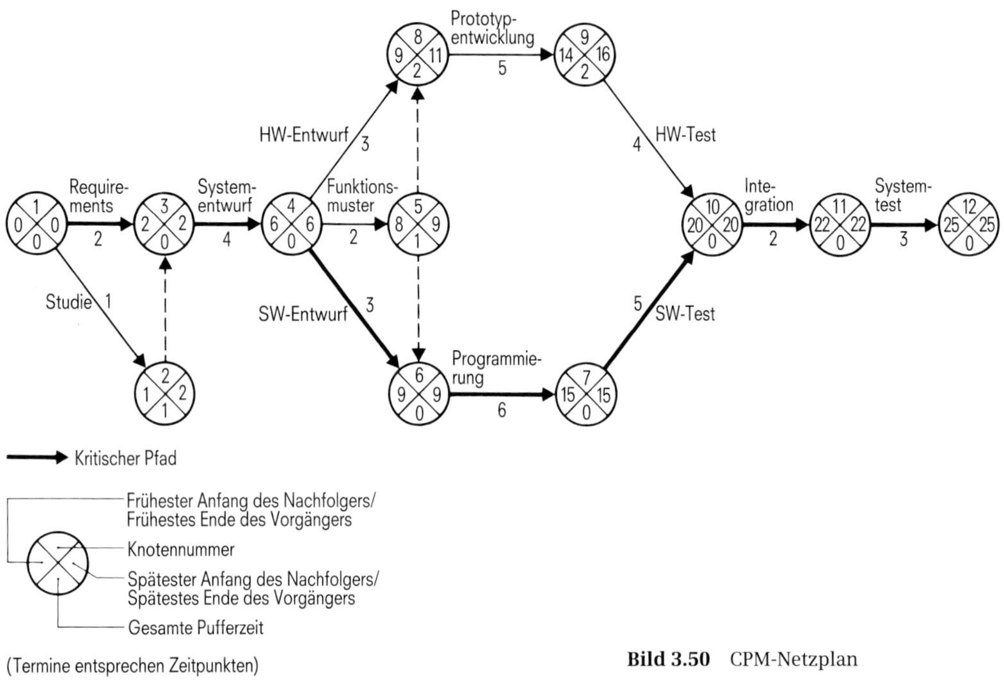

Bild 3.50 CPM-Netzplan

Einen Sonderfall stellen in einem Vorgangspfeil-Netzplan die *Scheinvorgänge* dar. Scheinvorgangspfeile – häufig als gestrichelte Pfeile gezeichnet – sind Vorgänge mit einer Dauer Null und dienen – in Ermangelung einer expliziten Darstellungsmöglichkeit von Anordnungsbeziehungen – zur Zeitsynchronisation der Anfangs- bzw. Endknoten von Vorgangspfeilen. Durch das Einführen von Scheinvorgängen (siehe Beispiel Vorgang 2–3 im Bild 3.50) können parallel laufende Aktivitäten in ihrem Anfang oder in ihrem Ende gleichgeschaltet werden.

3.3.3 Ereignisknoten-Netzplan (PERT)

Die Netzplanmethode PERT (Program Evaluation and Review Technique) [64] ist die bekannteste Form für eine Ereignisknoten-Netzplantechnik (EKN); sie wurde fast gleichzeitig mit CPM Ende der 50er-Jahre in den USA bei dem damaligen Raketenprojekt POLARIS erstmalig in großem Umfang eingesetzt; dies bewirkte, dass das bereits technologisch zurückliegende Projekt durch eine straffere Koordination der militärischen Stellen mit den zivilen Auftragnehmern erheblich beschleunigt werden konnte. In der Folge entstanden mehrere PERT-ähnliche Verfahren, z. B. PEP (Program Evaluation Procedure), die sich aber gegen PERT nicht durchsetzen konnten. Zu dem ursprünglichen PERT, dem »Zeiten-PERT«, kam später das »Kosten-PERT« (PERT-COST) hinzu, das eine explizite Beziehung zwischen Kosten und Netzplan herstellt. Das »Zeiten-PERT« ist etwa mit dem Terminberechnungsteil, und das »Kosten-PERT« mit dem Einsatzmittelplanungsteil des Netzplanverfahrens SINET zu vergleichen.

Netzplanelemente

Der PERT-Netzplan stellt einen ereignisorientierten Netzplan dar, d. h. die Tätigkeiten (≙Vorgänge) werden durch ein Vor- und ein Nachereignis bestimmt. In Bild 3.51 ist beispielhaft ein solcher Netzplan dargestellt. Die Kreise kennzeichnen die Ereignisse, die Pfeile die Tätigkeiten.

Die Tätigkeit bzw. der Vorgang tritt bei einem PERT-Netzplan in seiner Bedeutung stark zurück. Ausschlaggebend sind die den Vorgang begrenzenden Ereignisse: das Vorgängerereignis und das Nachfolgerereignis, die den Cha-

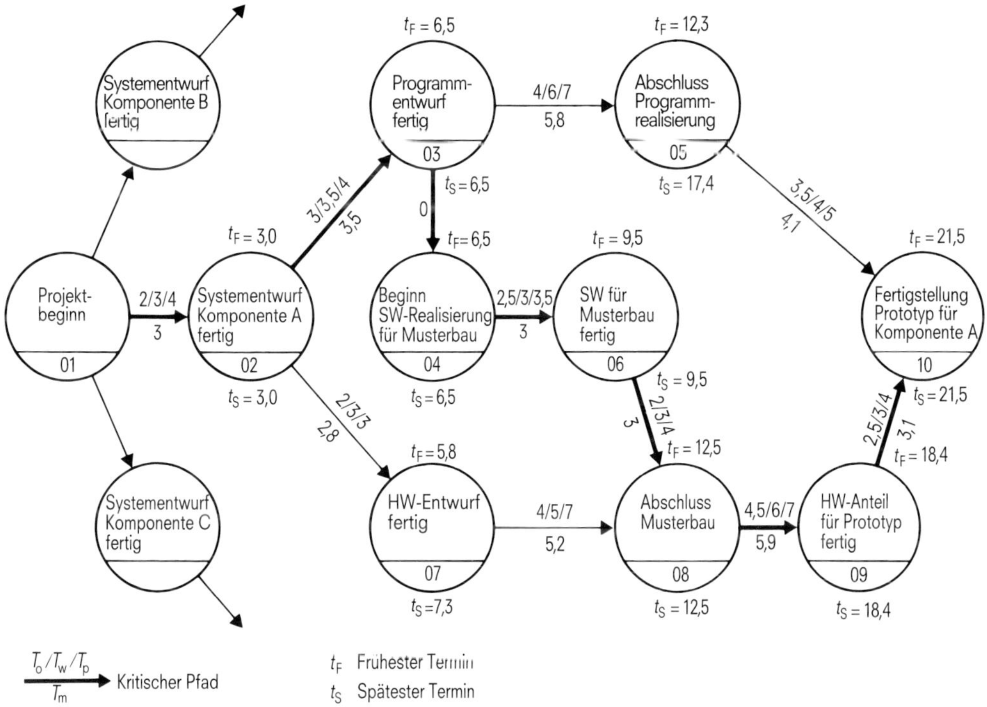

Bild 3.51 PERT-Netzplan

rakter von Meilensteinen einnehmen. Dem Pfeil wird der Zeitabstand zwischen diesen beiden Ereignissen zugeordnet.

Drei Zeiten-Schätzung

Das herausragende Merkmal von PERT ist die *Drei-Zeiten-Schätzung*. Im Gegensatz zu allen anderen Netzplantechniken ist hier die Schätzung der Tätigkeitsdauer nicht mit *einem* Wert belegt, sondern mit *drei* Zeitangaben:

- ▷ Optimistische Zeit T_o
- ▷ Wahrscheinliche Zeit T_w
- ▷ Pessimistische Zeit T_p.

Die optimistische Zeit T_o bezeichnet die Schätzung der kürzestmöglichen Zeitdauer für eine Tätigkeit, wenn alles »bestens« und mit »viel Glück« abläuft. Die Schätzung der normal üblichen Zeitdauer für eine Tätigkeit ergibt die wahrscheinliche Zeit T_w. Zum Bestimmen der pessimistischen Zeit T_p wird angenommen, dass beim Durchführen der betreffenden Tätigkeit alles »schief« läuft.

Aus diesen drei Zeitwerten wird nach einer Wahrscheinlichkeitsdichteverteilung (Beta-Verteilung) eine mittlere erwartete Zeit T_m berechnet:

$$T_m = \frac{T_o + 4T_w + T_p}{6} \qquad (35)$$

Es werden also keine festen Zeitdauern für die einzelnen Tätigkeiten angenommen, sondern sie variieren in einem bestimmten Bereich. Dadurch wird man dem Umstand gerecht, dass besonders bei Forschungsprojekten die benötigten Zeitdauern meist nicht exakt vorhersagbar sind.

Netzplandarstellung

Die Termindurchrechnung geschieht ähnlich wie bei CPM und MPM durch Vor- und Rückwärtskumulieren der mittleren erwarteten Zeiten. In dem Netzplanbeispiel Bild 3.51 sind die auf diese Art ermittelten Werte für die frühestmöglichen Termine t_F und die spätestmöglichen Termine t_S für die einzelnen Ereignisse angegeben. Als kritischer Pfad ist hier der Pfad zu erkennen, der die längste (aufaddierte) Zeitdauer hat und dessen Ereignisse alle eine Pufferzeit ($t_S - t_F$) von Null haben.

Die Benennung der Ereignisse wird bei einem PERT-Netzplan möglichst in den Kreis oder besser in ein Oval mit einer eindeutig identifizierenden Ereignisnummer eingetragen. Oberhalb der Verbindungspfeile gibt man die drei Werte der Zeitschätzung und unterhalb der Pfeile den berechneten mittleren Zeitwert an.

Dadurch, dass kein Zwang zu einer verpflichtenden Einzel-Zeit-Schätzung besteht, erreicht man bei einem PERT-Netzplan eine ehrlichere und realistischere Terminbeurteilung. Allerdings liegt wohl der entscheidende Nachteil von PERT in dem beachtlichen Aufwand für das Aktualisieren der (dreimal so vielen) Zeitschätzwerte.

Folgende Grundregeln für den Aufbau eines PERT-Netzplans sind zu beachten:

- ▷ Jede Tätigkeit muss mindestens je ein Vor- und Nachereignis haben.
- ▷ Keine Tätigkeit kann begonnen werden, bevor das Vorereignis eingetreten ist.
- ▷ Parallele Tätigkeiten sind durch Einbinden von Scheintätigkeiten (mit Dauer Null) zu vermeiden.
- ▷ Unabhängige Tätigkeiten sollen unabhängig dargestellt werden.
- ▷ Schleifen sind unzulässig.

Mit Hilfe des Kosten-PERT werden thematisch zusammengehörende Tätigkeiten zu Kosten-Arbeitspaketen zusammengefasst und jeweils mit einer Verrechnungsnummer versehen. Bezogen auf diese Nummer kann man dann mit DV-Unterstützung Plankosten und anfallende Istkosten gegenüberstellen. Nach verschiedenen Sortier- und Selektionskriterien können dann Kosten- und Terminübersichten gewonnen werden.

PERT unterstützt nicht die Multiprojektplanung, da mit PERT keine Kapazitäts- und Auslastungsplanung möglich ist.

Der Begriff PERT-Diagramm wird heutzutage häufig auch für Netzplandarstellungen verwendet, die keine Zeitwahrscheinlichkeiten enthalten.

3.3.4 Vorgangsknoten-Netzplan (MPM)

Die jüngste der drei Netzplanmethoden ist MPM (Metra-Potential-Methode); sie hat einen Vorgangsknoten-Netzplan (VKN) als Grundlage; entwickelt wurde sie von der französischen Beratungsfirma SEMA. Da diese Firma zu der Unternehmensgruppe METRA INTERNATIONAL gehörte und die entwickelte Netzplanmethode zur Wegbestimmung ein besonderes mathematisches Lösungsverfahren – den Potential-Algorithmus – verwendete, kam der Name Metra-Potential-Methode zustande.

MPM wurde zuerst in der Kraftwerkstechnik und in der Bauindustrie angewendet und stellt das Ausgangsverfahren für alle später entstandenen VKN-Verfahren dar. Inzwischen hat MPM in allen FuE-Bereichen, besonders bei größeren Entwicklungsprojekten, Eingang gefunden und zumindest im europäischen Bereich die beiden anderen Netzplanmethoden CPM und PERT stark zurückgedrängt. Daher wird in diesem Buch bei Netzplananwendungen hauptsächlich von MPM ausgegangen.

Netzplanelemente

Bei MPM werden in einem Vorgangsknoten-Netz die Tätigkeiten bzw. Vorgänge als Kästen dargestellt, die Verbindungspfeile symbolisieren die Anordnungsbeziehungen (AOB) zwischen diesen Vorgängen. Explizite Ereignisse treten somit in einem Vorgangsknoten-Netzplan nicht auf. Meilenstein-Ereignisse müssen als eigene Vorgänge mit einer Null-Dauer deklariert werden.

Entsprechend der Ablauffolge der einzelnen Vorgänge in einem Vorgangsknoten-Netz gibt es die folgenden Arten von Vorgängen:

- ▷ Vorgänger (-Vorgang)
- ▷ Nachfolger (-Vorgang)
- ▷ Startvorgang
- ▷ Zielvorgang
- ▷ Alleinvorgang.

Ein Vorgänger (-Vorgang) ist im logischen Ablauf unmittelbar *vor* einem bestimmten Vorgang, ein Nachfolger (-Vorgang) ist im logischen Ablauf unmittelbar *nach* diesem Vorgang angeordnet. Ein Startvorgang kennzeichnet den ersten Vorgang im logischen Ablauf, der selbst keinen Vorgänger hat. Der Zielvorgang ist der letzte Vorgang im logischen Ablauf und besitzt daher keinen eigenen Nachfolger. Der Alleinvorgang stellt eine Aktivität dar, die nicht in den logischen Projektablauf eingebunden ist, und verfügt weder über einen Vorgänger noch über einen Nachfolger.

Anordnungsbeziehungen

Innerhalb der MPM-Netzplanmethode ist es möglich, vier Formen einer Anordnungsbeziehung zu definieren, die sich in Art und Zeitdauer der Überlappung der Vorgänge unterscheiden:

- ▷ Normalfolge (NF)
- ▷ Anfangsfolge (AF)
- ▷ Endfolge (EF)
- ▷ Sprungfolge (SF)

Bild 3.52 stellt diesen Sachverhalt dar.

Die *Normalfolge* ist die übliche Folge zweier (serieller) Vorgänge, bei denen das Ende des ersten Vorgangs mit dem Anfang des zweiten Vorgangs verbunden ist, so dass sie sich bei positivem Zeitabstand nicht überlappen. Die Normalfolge ist eine Ende-Anfang-Beziehung. Bei einer *Anfangsfolge* sind die Anfänge der beiden Vorgänge, die damit überlappt (teilparallel) sein können, miteinander verbunden. Die Anfangsfolge ist also eine Anfang-Anfang-Beziehung. Bei einer *Endfolge* sind die Enden der beiden Vorgänge entsprechend verknüpft; es handelt sich um eine Ende-Ende-Beziehung. Die *Sprungfolge* kennzeichnet einen Spezialfall, bei dem das Ende des Nachfolger-Vorgangs mit dem Anfang des Vorgänger-Vorgangs verbunden ist. Sie ist damit eine Anfang-Ende-Beziehung und wird hauptsächlich zum Definieren von Maximalabständen verwendet.

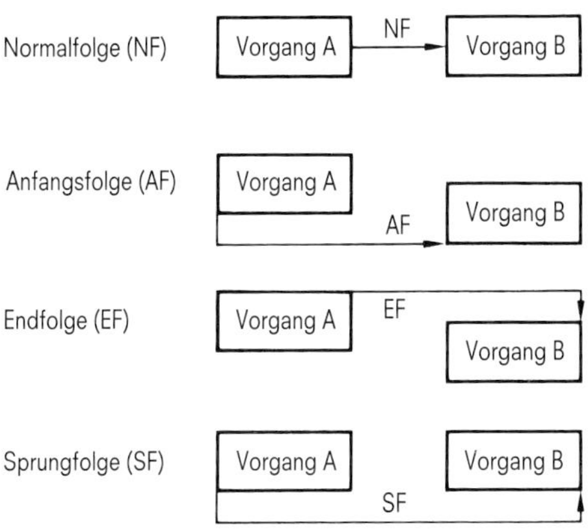

Bild 3.52 Anordnungsbeziehungen

Zeitabstände von Anordnungsbeziehungen

Für alle vier Anordnungsbeziehungen können die Zeitabstände auf zwei Arten angegeben werden:

- ▷ Minimal- bzw. Mindestabstände
- ▷ Maximal- bzw. Höchstabstände.

Minimalabstände – auch als Mindestabstände bezeichnet – kennzeichnen z. B. bei einer Normalfolge einen Zeitwert, der mindestens vergehen muss, bevor der Nachfolger-Vorgang begonnen werden darf. Maximalabstände dagegen bestimmen zeitliche Abstände, die nicht überschritten werden dürfen. Bei einer Normalfolge bedeutet dies z. B., dass der Nachfolger-Vorgang niemals später als der angegebene Zeitwert begonnen werden darf. Maximalabstände bestimmen damit eine Begrenzung bei Überschreiten von Minimalabständen. In der Praxis begnügt man sich bei der Angabe von Zeitabständen meist mit Minimalwerten, da Maximalabstände mit Hilfe von Schleifenkonstruktionen (z. B. Normalfolge mit Sprungfolge) formuliert werden müssen.

Als Kennzahl für die Vernetzung eines Netzplans (Netzdichte) wird die Verflechtungszahl υ angegeben:

$$\upsilon = \frac{n_{\text{AOB}}}{n_{\text{Vorgang}} - 1} \quad (36)$$

n_{AOB} Anzahl Anordnungsbeziehungen
n_{Vorgang} Anzahl Vorgänge.

Bei $\upsilon = 1$ handelt es sich um einen sequenziellen Ablauf. Die Praxis hat gezeigt, dass die Verflechtungszahl den Wert 2 nicht überschreiten sollte.

Anhand zweier Vorgänge, die in dem einen Fall seriell und in dem anderen Fall teilparallel verlaufen, werden im Bild 3.53 die Möglichkeiten der Anordnungsbeziehungen mit ihren jeweiligen Zeitabständen in der Gegenüberstellung zu einem Balkendiagramm aufgezeigt. Die Zeitabstände werden in definierten Zeiteinheiten, wie z. B. Tage, Wochen oder auch Monate, angegeben. Wie ersichtlich, kann ein bestimmter Zeitabstand bei einer Überlappung oder ei-

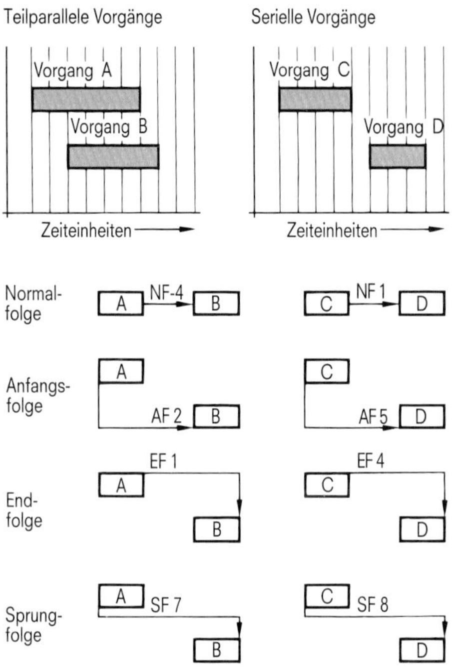

Bild 3.53
Möglichkeiten von Anordnungsbeziehungen

ner Folge von zwei Vorgängen durch alle vier Anordnungsbeziehungen ausgedrückt werden, wobei die Zeitabstände von überlappenden Vorgängen bei Normalfolgen immer negative Werte annehmen.

So umfangreich sich bei der MPM-Netzplanmethode auch die Möglichkeiten zum Formulieren von Anordnungsbeziehungen mit ihren unterschiedlichen Zeitabständen darstellen, so vorsichtig muss doch mit ihnen beim Aufbau eines Netzplans umgegangen werden. Ein Rechnerprogramm ist wohl in der Lage, ein sehr komplexes Vorgangsknoten-Netz durchzurechnen und dabei alle möglichen Anordnungsbeziehungen mit zahlreichen unterschiedlichen Zeitabständen zu berücksichtigen; der Netzplan muss aber für den Projektplaner grafisches Planungsinstrument bleiben, und dieser verliert bei einer Überladung von »trickreichen« Anordnungsbeziehungen schnell seine Übersichtlichkeit. Eine sachrichtige Modifikation des Netzplans ist bei einer zu stark vernetzten Struktur dann nicht mehr möglich.

Netzplandarstellung

Bild 3.54 zeigt einen Netzplan in der MPM-Darstellung, hierbei wurde das Beispiel aus Kapitel 3.3.2 benutzt, welches dort in der CPM-Darstellung ausgeführt wurde. Aus jedem dort aufgeführten Vorgangspfeil wird in der MPM-Darstellung ein Vorgangskästchen, welches im Wesentlichen die gleichen Daten enthält wie der Knotenkreis in dem CPM-Netzplan.

Die Frühest- und Spätesttermine sowie die Pufferzeiten sind in ähnlicher Form wie bei der CPM-Methode zu bestimmen, indem durch eine Vorwärtsrechnung die Frühesttermine und durch eine Rückwärtsrechnung die Spätesttermine ermittelt werden. Es sind allerdings die – bei der CPM-Methode nicht vorhandenen – Anordnungsbeziehungen in ihrer jeweiligen Art und ihren Zeitabständen zusätzlich zu beachten. So böte sich z. B. bei dem Vorgang 0405 »Funktionsmuster« in dem gezeigten Beispiel an, eine Ende-Ende-Beziehung zu den benachbarten Vorgängen 0404 und 0406 mit einem Zeitabstand von 1 aufzubauen, so dass also das »Funktionsmuster« mindestens die Zeiteinheit 1 eher fertig sein muss als der »HW-Entwurf« oder der »SW-Entwurf«. Entsprechend würden sich einige Termine bei der Durchführung verändern.

In den folgenden beiden Kapiteln wird auf die Darstellung und Durchrechnung von Vorgangsknoten-Netzplänen gemäß der MPM-Netzplanmethode näher eingegangen.

3.3.5 Termindurchrechnung

Mit der Termindurchrechnung eines Netzplans werden die Netzplan-Vorgänge – unter Berücksichtigung der gegenseitigen Abhängigkeiten – zeitlich eingeordnet. Ausgangsbasis sind die jeweiligen Dauern der Vorgänge und eventuell gesetzte Fixtermine. Neben der Festlegung der gesamten Terminlage werden noch die einzelnen *Pufferzeiten* der Vorgänge sowie die *kritischen Pfade* ermittelt.

Die Termindurchrechnung läuft in zwei Rechnungsgängen ab, der *Vorwärts- und* der *Rückwärtsrechnung*. Ihr Ergebnis ist die Bestimmung der Anfangstermine und Endtermine aller Netzplan-Vorgänge. Bei den Anfangs- und Endterminen muss zwischen frühester und

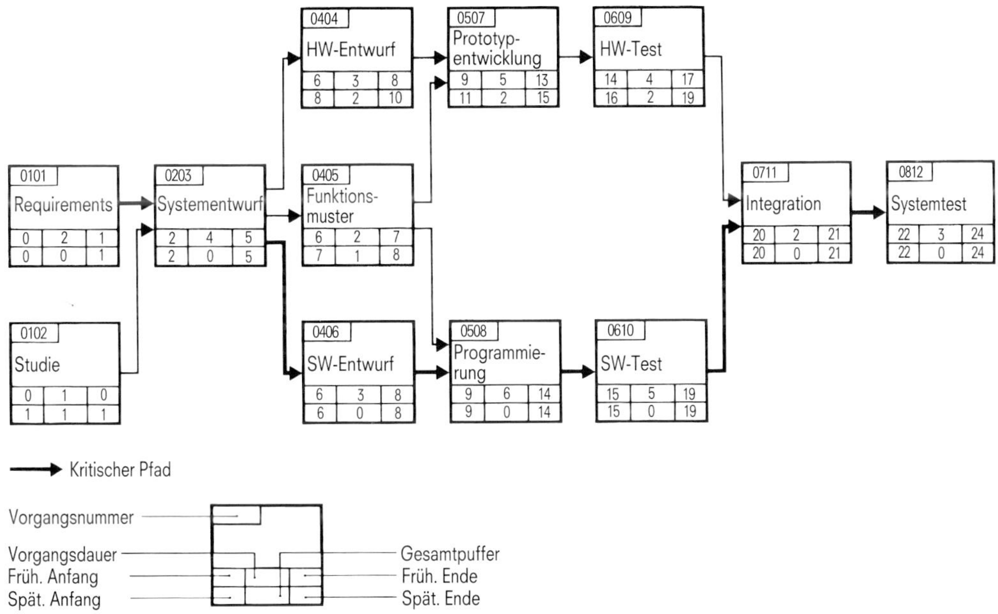

(Termine entsprechen Tagesangaben)

Bild 3.54 MPM-Netzplan (Beispiel)

spätester Terminlage unterschieden werden, so dass ein für einen Vorgangsknoten-Netzplan signifikanter Termin-Quadrupel entsteht:

▷ Frühester Anfangszeitpunkt *(FAZ)*
▷ Spätester Anfangszeitpunkt *(SAZ)*
▷ Frühester Endzeitpunkt *(FEZ)*
▷ Spätester Endzeitpunkt *(SEZ)*.

Der Unterschied zwischen frühestem und spätestem Zeitpunkt eines Vorgangs liegt in der Vernetzung und gegenseitigen Abhängigkeit der Vorgänge begründet. Hierdurch kann ein Vorgang mit definierter Dauer früher und später zur Ausführung kommen; der Vorgang verfügt dann über einen *Zeitpuffer*.

Zeitvorgaben

Voraussetzung für die Termindurchrechnung eines Vorgangsknoten-Netzplans sind allerdings bestimmte Zeitvorgaben für die einzelnen Vorgänge. Diese Zeitvorgaben können als Dauern, als Zeitpunkte oder auch als fixe Termine vorgegeben werden (Bild 3.55). Insgesamt sind fünf Varianten möglich:

1 Vorgangsdauer allein
2 Vorgangsdauer und fixer Anfangstermin
3 Vorgangsdauer und fixer Endtermin
4 Fixer Anfangs- und fixer Endtermin
5 (Nicht fixer) Anfangs- und Endzeitpunkt.

Die einzelnen Netzplanverfahren erlauben meist nicht alle diese Varianten. So sind bei dem PM-Verfahren MS Project nur die ersten drei Varianten möglich, bei der Netzplankomponente des ehemaligen Siemens-Projektpla-

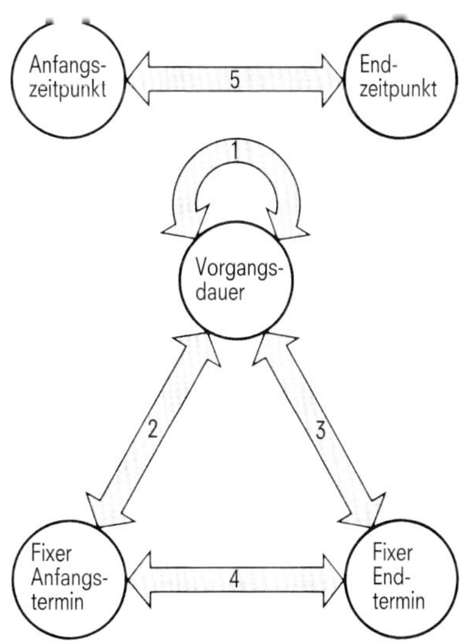

Bild 3.55 Varianten der Zeitvorgaben

nungs- und -steuerungsverfahrens REPROPLIK dagegen konnten alle fünf Varianten genutzt werden.

Insgesamt kann man zwischen

▷ einer dauerorientierten und

▷ einer terminorientierten

Zeitvorgabe unterscheiden. Zur *dauer*orientierten Zeitvorgabe gehören die Varianten 1, 2 und 3; bei dieser ist immer die Angabe einer Vorgangsdauer – gezählt in realen Arbeitstagen des vorliegenden Kalenders – notwendig. Bei einer *termin*orientierten Zeitvorgabe, zu der die Varianten 4 und 5 gehören, erübrigt sich die explizite Angabe einer Zeitdauer, da diese wegen der Vorgabe von zwei Zeitpunkten bzw. Fixterminen vom Verfahren automatisch ermittelt wird. Bei der Variante 5 werden die vorgegebenen Zeitpunkte nur zum Berechnen der Dauern genutzt, bei der anschließenden Termindurchrechnung werden sie nicht mehr benötigt.

Vorwärtsrechnung

Zum Bestimmen der frühesten Zeitpunkte bzw. Termine dient der erste Rechnungsgang, die Vorwärtsrechnung, auch *progressive Zeitrechnung* genannt. Bei der Vorwärtsrechnung wird von dem Anfangszeitpunkt des Startvorgangs ausgegangen. Durch Addition mit dessen Dauer erhält man den frühesten Endzeitpunkt für diesen Startvorgang, der gleichzeitig – unter Berücksichtigung entsprechender Zeitabstände – die frühesten Anfangszeitpunkte für die Nachfolger-Vorgänge des Startvorgangs bestimmt. Addiert zur jeweiligen Vorgangsdauer ergeben sich die zugehörigen frühesten Endzeitpunkte dieser Nachfolger-Vorgänge. Diese bestimmen wiederum die frühesten Anfangszeitpunkte von deren Nachfolger-Vorgängen usw., bis diese Durchrechnung, die aufgrund der vernetzten Struktur iterativ abläuft, zu einem frühesten Endzeitpunkt für den Zielvorgang führt. Bild 3.56 zeigt ein einfaches Beispiel für die Vorwärtsrechnung bei einem Sammelknoten, wobei mehrere Vorgänge einen gemeinsamen Nachfolger haben.

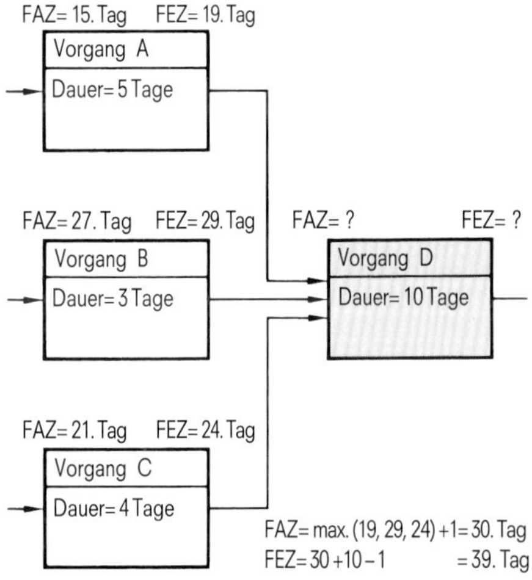

Bild 3.56 Vorwärtsrechnung

Das Ergebnis einer derartigen iterativen Vorwärtsrechnung ist die Bestimmung aller frühesten Zeitpunkte nach folgendem Formelpaar:

Vorwärtsrechnung

$$FAZ_\chi = \max(FEZ_\upsilon) + 1 \qquad (37)$$
$$FEZ_\chi = FAZ_\chi + T_\chi - 1$$

υ Vorgänger von χ
T_χ Dauer von χ

Rückwärtsrechnung

In einem zweiten Rechnungsgang, der Rückwärtsrechnung – auch *retrograde Rechnung* genannt – werden die spätesten Zeitpunkte bzw. Termine bestimmt. Bei der Rückwärtsrechnung ist von dem spätesten Endzeitpunkt des Zielvorgangs auszugehen; dieser kann entweder als Fixtermin oder durch die Projektdauer vorgegeben sein. Ist beides nicht der Fall, so wird der durch die Vorwärtsrechnung ermittelte früheste Endzeitpunkt gewählt und mit dem spätesten Endzeitpunkt gleichgesetzt. Durch Subtraktion der Dauer des Zielvorgangs vom Endzeitpunkt ergibt sich der späteste Anfangszeitpunkt dieses Vorgangs, der gleichzeitig unter Berücksichtigung eventueller Zeitabstände der Anordnungsbeziehungen die spätesten Endzeitpunkte seiner Vorgänger bestimmt. Deren späteste Anfangszeitpunkte ergeben sich wiederum durch Subtraktion der jeweiligen Vorgangsdauern von diesen Endzeitpunkten. Auch hier läuft der Rechnungsgang wegen der vernetzten Struktur iterativ ab und wird so lange fortgeführt, bis der Startvorgang er-

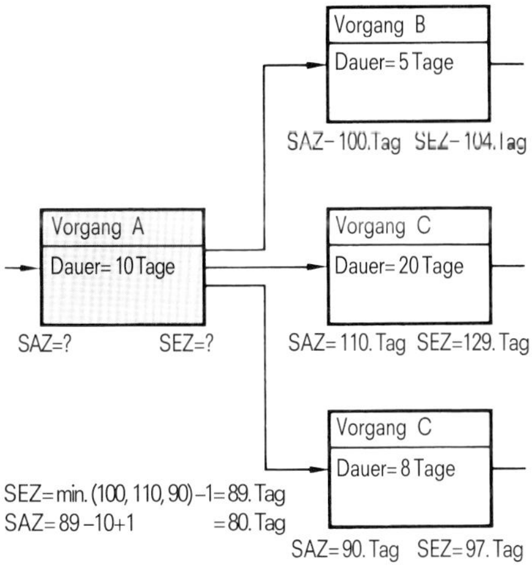

Bild 3.57 Rückwärtsrechnung

reicht, d. h. dessen spätester Anfangszeitpunkt bestimmt worden ist.

Bild 3.57 zeigt ein Beispiel für die Rückwärtsrechnung bei einem Verzweigungsknoten, bei dem mehrere Vorgänge von einem einzigen Vorgänger ausgehen.

Ergebnis der Rückwärtsrechnung ist die Bestimmung aller spätesten Zeitpunkte nach dem folgenden Formelpaar:

Rückwärtsrechnung

$$SEZ_\chi = \min(SAZ_n) - 1 \qquad (38)$$

$$SAZ_\chi = SEZ_\chi - T_\chi + 1$$

n Nachfolger von χ
T_χ Dauer von χ

Konsistenz eines Netzplans

Nach Abschluss der Vorwärts- und der Rückwärtsrechnung liegt für jeden Vorgang das bereits erwähnte Termin-Quadrupel vor,

Zeitpunkte:
FAZ, SAZ, FEZ, SEZ bzw.

Termine:
FAT, SAT, FET, SET.

Ist der Netzplan »zeitkonsistent«, treten also keine negativen Puffer auf, so muss die Terminrechnung folgende Zeitbeziehungen für alle Vorgänge ergeben haben:

Zeitkonsistenter Netzplan:
$SAZ \geq FAZ$
$SEZ \geq FEZ.$

Andernfalls ist der Netzplan nicht zeitkonsistent, d. h. es gibt Vorgänge, deren Dauer nicht mehr in die Zeitspanne der errechneten Termine für Anfang und Ende passen. Der Netzplan muss in einem solchen Fall überarbeitet werden, sei es durch Verändern von Vorgangsdauern, durch Ändern von Anordnungsbeziehungen oder durch Ändern von Fixterminen. Negative Puffer entstehen allein durch die Vorgabe von Fixterminen. Sind solche Fixtermine nicht vorhanden, ergibt sich immer ein zeitkonsistenter Netzplan.

Gesamte und freie Pufferzeit

Als Puffer werden bei einem Netzplan die Zeitintervalle bezeichnet, in denen die Vorgänge unter bestimmten Voraussetzungen verschoben werden können.

Die *gesamte Pufferzeit TGP,* eines Vorgangs wird definiert als Differenz der spätesten und frühesten Zeitpunkte (entweder Anfangs- oder Endzeitpunkte), d. h.:

$$T_{GP,\chi} = SAZ_\chi - FAZ_\chi = SEZ_\chi - FEZ_\chi \qquad (39)$$

Diese Gesamtpufferzeit muss bei jedem Vorgang eines Netzplans stets größer oder gleich Null sein, sonst ist der Netzplan zeitinkonsistent. Ist die gesamte Pufferzeit eines Vorgangs gleich Null, so ist dieser *kritisch,* d. h. die tatsächlich eintretende Zeitdauer für diesen Vorgang darf auf keinen Fall die einmal geschätzte Dauer überschreiten, weil es sonst zu einem mehr oder weniger großen »Terminplatzen« im gesamten Entwicklungsablauf kommt. Eine positive gesamte Pufferzeit kennzeichnet eine Zeitreserve für die Tätigkeitsdauer eines Vorgangs, die allerdings nicht grundsätzlich voll ausschöpfbar ist, weil es bei einem vollständigen Verschieben des Vorgangs innerhalb seiner gesamten Pufferzeit zu einer Kettenreaktion von Verschiebungen seiner Vorgänger oder Nachfolger kommen kann.

Dieser Sachverhalt ist in dem Bild 3.58 beispielhaft veranschaulicht. Wird hier der Vorgang A, der rechnerisch über eine T_{GP} von sechs Tagen verfügt, voll auf seinen spätesten Endzeitpunkt gelegt, so kann der Vorgang C erst kurz vor sei-

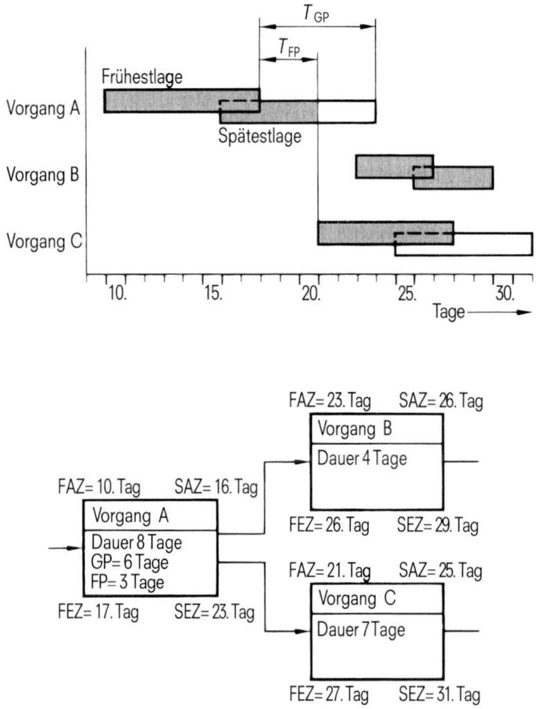

Bild 3.58
Gesamte und freie Pufferzeit

nem spätesten Anfangszeitpunkt begonnen werden; er ist damit fast zu einem kritischen Vorgang geworden. Der Vorgang A kann also unbedenklich, d. h. ohne Auswirkungen auf seine Nachfolger, nur bis zum Zeitpunkt des frühesten Anfangs einer seiner Nachfolger verschoben werden. Diese Zeitdifferenz, die als Zeitreserve für einen Vorgang frei zur Verfügung steht, wird als *freie Pufferzeit* T_{FP} bezeichnet und errechnet sich nach der Formel

$$T_{FP,\chi} = \min (FAZ_n) - FEZ_\chi - 1 \qquad (40)$$

n Nachfolger von χ

Da die freie Pufferzeit mit Hilfe der frühesten Zeitpunkte einer Vorwärtsrechnung bestimmt wird, findet man auch die Bezeichnung freie Vorwärtspufferzeit T_{FVP}.

Die freie Pufferzeit ist immer kleiner als die gesamte Pufferzeit. Das Ausnützen der freien Pufferzeit für einen Vorgang tangiert also nicht seine Nachfolger; dagegen zwingt das Ausnützen der gesamten Pufferzeit diese teilweise in deren Spätestlage und macht sie daher »kritisch«.

Kritischer Pfad

Werden keine Fixtermine gesetzt, so gibt es bei jedem Netzplan – beginnend bei einem Startvorgang und endend bei einem Zielvorgang – einen geschlossenen Weg von Vorgängen, die alle kritisch sind, bei denen also die gesamten und damit auch die freien Pufferzeiten gleich Null sind; diesen Weg bezeichnet man als kritischen Pfad.

Werden allerdings Fixtermine gesetzt, so können insgesamt drei Fälle auftreten:

▷ Nicht kritischer Pfad → Positive Puffer
▷ Kritischer Pfad → Puffer gleich Null
▷ Überkritischer Pfad → Negative Puffer

Ein überkritischer Pfad kann nur als ein temporärer Planungszwischenstand angesehen werden, da er irreale Planvorgaben enthält.

Es können natürlich auch mehrere kritische Pfade auftreten, auch Teilketten von kritischen Vorgängen sind möglich; man spricht dann von kritischen Unternetzen. Besondere Aufgabe eines DV-gestützten Netzplanverfahrens ist das Ausweisen dieser kritischen Vorgänge und Pfade.

Neuerdings wird eine strengere Form des kritischen Pfads empfohlen, die so genannte »Critical Chain«. Die Critical-Chain-Methode wurde 1997 von Goldratt vorgestellt [35]. Beim kritischen Pfad werden nur die zeitlichen Abhängigkeiten zwischen den Vorgängen des Netzplans berücksichtigt, dagegen bezieht die Critical-Chain-Methode zusätzlich die Verfügbarkeit der Ressourcen, vornehmlich des Personals, in die Netzplandurchrechnung mit ein. Auf diese Weise wird eine effektivere Auslastung des Personals erzwungen, so dass die Fertigstellung von Projekten in deutlich kürzeren Zeiten als bei der Kritischen-Pfad-Methode möglich sein soll.

Weitere Pufferzeiten

Außer den beiden vorgenannten gängigen Pufferzeiten gibt es noch weitere Pufferzeiten, die zum differenzierten Beurteilen einer Netzplan-Konfiguration herangezogen werden können:

- ▷ Unabhängige Pufferzeit (T_{UP})
- ▷ Freie Rückwärtspufferzeit (T_{FRP})
- ▷ Bedingte Pufferzeit (T_{BP})
- ▷ Bedingte Rückwärtspufferzeit (T_{BRP})

Die *unabhängige Pufferzeit* eines Vorgangs kennzeichnet den möglichen Verschiebungszeitraum, wenn alle Vorgänger ihre spätesten Zeitpunkte und alle Nachfolger ihre frühesten Zeitpunkte einnehmen. Sie berechnet sich nach der Formel

$$T_{UP,\chi} = \min(FAZ_n) - \max(SEZ_\upsilon) - (T_\chi + 1) \qquad (41)$$

n Nachfolger von χ
υ Vorgänger von χ
T_χ Dauer von χ.

Die *freie Rückwärtspufferzeit* ist die Zeitspanne, in der ein Vorgang, bezogen auf seine späteste Lage, in die späteste Lage seiner Vorgänger verschoben werden kann; sie ist das Pendant zur freien (Vorwärts-)Pufferzeit, welche sich ja aus den frühesten Lagen ergeben hat. Die freie Rückwärtspufferzeit berechnet sich nach der Formel

$$\begin{aligned} T_{FRP,\chi} &= SEZ_\chi - \max(SEZ_\upsilon) - (T_\chi - 1) \\ &= SAZ_\chi - \max(SEZ_\upsilon) - 1 \end{aligned} \qquad (42)$$

Die *bedingte (verfügbare) Pufferzeit* wird aus der Differenz der gesamten und der freien Pufferzeit gebildet und kennzeichnet den über den freien Puffer hinausgehenden Verschiebungszeitraum, wenn alle Nachfolger eines Vorgangs ihre späteste Lage einnehmen. Diese Größe gibt also die Zeitdifferenz zwischen dem theoretischen Maximalpuffer T_{GP} und dem »auf jeden Fall zur Verfügung stehenden« Puffer T_{FP} an, die damit dem Terminplaner eventuell noch zur Disposition steht. Die bedingte verfügbare Pufferzeit leitet sich ab wie folgt:

$$T_{BP,\chi} = T_{GP,\chi} - T_{FP,\chi} \qquad (43)$$

Als *bedingte Rückwärtspufferzeit* eines Vorgangs wird die Differenz zwischen gesamter Pufferzeit und der freien Rückwärtspufferzeit dieses Vorgangs bezeichnet. So wie die freie Rückwärtspufferzeit symmetrisch zur freien (Vorwärts-)Pufferzeit steht, so ist die bedingte Rückwärtspufferzeit symmetrisch zur bedingten (Vorwärts-)Pufferzeit zu sehen. Sie kennzeichnet den über den freien Rückwärtspuffer hinausgehenden Verschiebungszeitraum, wenn alle Vorgänger eines Vorgangs x ihre früheste Lage einnehmen. Die bedingte Rückwärtspufferzeit leitet sich ab wie folgt:

$$T_{BRP,\chi} = T_{GP,\chi} - T_{FRP,\chi} \qquad (44)$$

Bild 3.59 verdeutlicht die Lagen der unabhängigen Pufferzeiten sowie der Vorwärts- und Rückwärtspufferzeiten.

Alle hier aufgeführten Formelzusammenhänge zum Ableiten der unterschiedlichen Pufferzeiten beziehen sich auf Vorgänge, deren Abhängigkeiten in einem Netzplan *Normalfolgen* sind. Eine transparente Darstellung der einzelnen Puffer bei Vorgängen mit anderen Anordnungsbeziehungen ist auf die gezeigte Weise nicht mehr möglich.

3.3.6 Einsatzmittelberechnung

Die Netzplantechnik hat außer ihrer Aufgabe als grafisches Planungsinstrument vor allem das Ziel – unter Zuhilfenahme eines DV-gestützten Verfahrens – den Netzplan nach bestimmten Planungsgrößen »durchzurechnen«. Neben einer Termindurchrechnung, wie sie im vorangegangenen Kapitel beschrieben wurde,

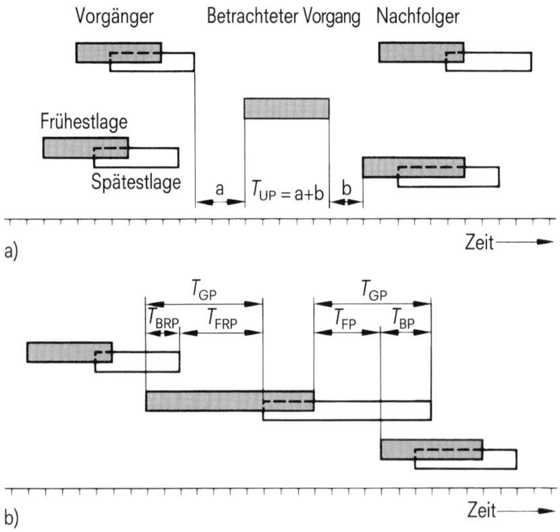

Bild 3.59
Weitere Pufferzeiten
a) unabhängige Pufferzeit T_{UP}
b) Vorwärts- und Rückwärtspufferzeiten

ermöglicht die Netzplantechnik auch das Durchrechnen des Netzplans nach den Einsatzmitteln.

Zu den Einsatzmitteln gehören:

▷ vorhandene Arbeitskräfte,
▷ budgetierte Finanzmittel und
▷ benötigte Betriebsmittel.

Das Durchrechnen eines Netzplans nach seinen Terminen mit dem Bestimmen des kritischen Pfads ist sicher die häufigste Nutzungsform. Aber auch die Kapazitätsberechnung im Rahmen einer Einsatzplanung anhand eines Netzplans findet immer mehr Anhänger. Der Netzplan bildet damit die Brücke zwischen Terminplanung, Einsatzmittelplanung und Kostenplanung und führt so zu einer integrierten Projektplanung.

Als Einsatzmittel können in diesem Zusammenhang sehr unterschiedliche Komponenten definiert werden. Im Einzelnen hängt dies von den Erfordernissen des jeweiligen Projekts ab. Beispiele für Einsatzmittel sind:

▷ Personal,
▷ Personalbudget,
▷ RZ-Budget,
▷ Rechenzeiten,
▷ Anlagenbelegungszeiten,
▷ Budget für Musterbau,
▷ Material,
▷ Räumlichkeiten.

Es können allerdings als Einsatzmittel auch solche definiert werden, welche sich wohl nicht in der Art aber in der Zugehörigkeit unterscheiden, z. B.:

▷ Personal der Dienststelle A,
▷ Personal der Dienststelle B,
▷ Personal der Dienststelle C.

So kann man eine organisationsbezogene Personalauslastungsberechnung durchführen, auch wenn die einzelnen Netzplanvorgänge nicht jeweils einer einzigen Dienststelle zuordenbar sind, aber ein (unnötiges) dienststellenorientiertes Aufsplitten der Vorgänge vermieden werden soll.

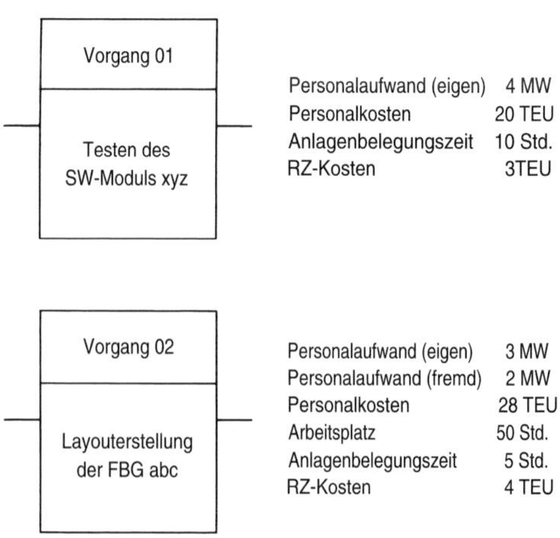

Bild 3.60 Einsatzmittel von Vorgängen (Beispiel)

Bedarfsplanung

Vor Beginn einer Einsatzmittelberechnung werden den einzelnen Arbeitspaketen, den Netzplanvorgängen, die erforderlichen Bedarfsmengen der jeweiligen Einsatzmittel zugeordnet (Bild 3.60).

Eine Plausibilitierung zwischen einzelnen Einsatzmitteln wird vom Netzplanverfahren normalerweise nicht durchgeführt. Es liegt also außerhalb der Einsatzmittelberechnung, ob z. B. das jeweilige Verhältnis zwischen Personalaufwand und Personalkosten *stimmig* ist. Manche Verfahren bieten über die Angabe von Kostenfaktoren die Möglichkeit der impliziten Berechnung der Kosten aus den Leistungen.

Bedarfsaufsummierung

Wenn die Termindurchrechnungen zu einem konsistenten Netzplan geführt haben, werden die einzelnen Bedarfsmengen der Netzplanvorgänge im Rahmen einer Einsatzmittelberechnung zeitgerecht aufaddiert.

Hierbei kann man das Einplanen der jeweiligen Einsatzmittel eines Netzplanvorgangs bezogen auf die Vorgangsdauer unterschiedlich vornehmen. Die Menge des Einsatzmittels fällt entweder an

- ▷ zu Beginn des Vorgangs oder
- ▷ am Ende des Vorgangs oder
- ▷ verteilt über die Vorgangsdauer.

So müssen z. B. Materialien meist in ihrer gesamten Menge bereits zu Beginn eines Vorgangs vorliegen, Rechnungen von Unterauftragnehmern werden dagegen frühestens am Ende eines Vorgangs gestellt und das Personal steht i. Allg. über die gesamte Vorgangsdauer gleichverteilt zur Verfügung.

Außerdem kann für den Zeitpunkt des Bedarfsanfalls noch zwischen frühestem und spätestem Beginn bzw. zwischen frühestem und spätestem Ende unterschieden werden. Damit ergeben sich sechs Einplanungsmöglichkeiten des Bedarfs eines Einsatzmittels. In Bild 3.61 ist mit einem einfachen Beispiel dargelegt, wie die Einzelbedarfsmengen zum Gesamtbedarf aufsummiert werden. Die Bilder 3.61 a) und b) zeigen die Aufsummierung bei Gleichverteilung über die Vorgangsdauern jeweils zu frühester und spätester Terminlage. Die Bildteile c) und d) veranschaulichen die entsprechenden Aufsummierungen, wenn der gesamte Bedarf jeweils zum frühesten Beginn bzw. zum frühesten Ende anfällt. Bei Bedarfsanfall zur spätesten Terminlage gilt eine analoge Darstellung.

Manche Netzplanverfahren, wie z. B. das PC-Verfahren Acos Plus 1 (siehe Kap. 6.3.2), ermöglichen die »Überblendung« der beiden Auslastungsverläufe a) und b) in einer einzigen Darstellung.

Einplanungskalender

Zum Aufsummieren dient ein eigener Einsatzmittelkalender, d. h. für jedes einzelne Einsatzmittel wird – zumindest temporär – ein eigener Kalender eröffnet; dieser umfasst alle realen Arbeitstage, an denen das zugehörige Einsatzmittel benötigt werden *könnte*. Bei der in Bild 3.61 gezeigten Bedarfsaufsummierung wird entsprechend der Bedarfseinplanung sukzessiv für jeden Tag der jeweilige Bedarf an dem betreffenden Einsatzmittel bestimmt. Weiterhin wird in diesem Einsatzmittelkalender je Arbeitstag der (nach Plan) vorhandene Vorrat des betreffenden Einsatzmittels notiert. Aus diesem »Datenkranz« lassen sich dann entweder Auslastungsdiagramme oder Gesamtübersichten des Einsatzmittel*bedarfs* zum Einsatzmittelbestand generieren.

Bedarfsoptimierung

Unter Berücksichtigung der Abhängigkeiten der Netzplanvorgänge kann eine Bedarfsoptimierung nach zwei Gesichtspunkten vorgenommen werden:

- ▷ termintreue Bedarfsoptimierung,
- ▷ kapazitätstreue Bedarfsoptimierung.

Mit der *termintreuen* Bedarfsoptimierung versucht man, die einzelnen Vorgänge innerhalb ihrer jeweiligen Zeitpuffer so zu verschieben, dass eine möglichst gleichmäßige Auslastung erreicht wird. Bei dem oben aufgeführten Beispiel ergibt sich die in Bild 3.62 b) gezeigte Verteilung. Dadurch, dass die beiden ersten Arbeitspakete (APl und AP2) zu ihren frühesten

Terminen beginnen und die beiden anderen (AP3 und AP4) in ihre späteste Terminlage verschoben werden, gelangt man zu einer egalisierten Auslastung, d. h. zu einer Glättung (Smoothing) des Bedarfsverlaufs.

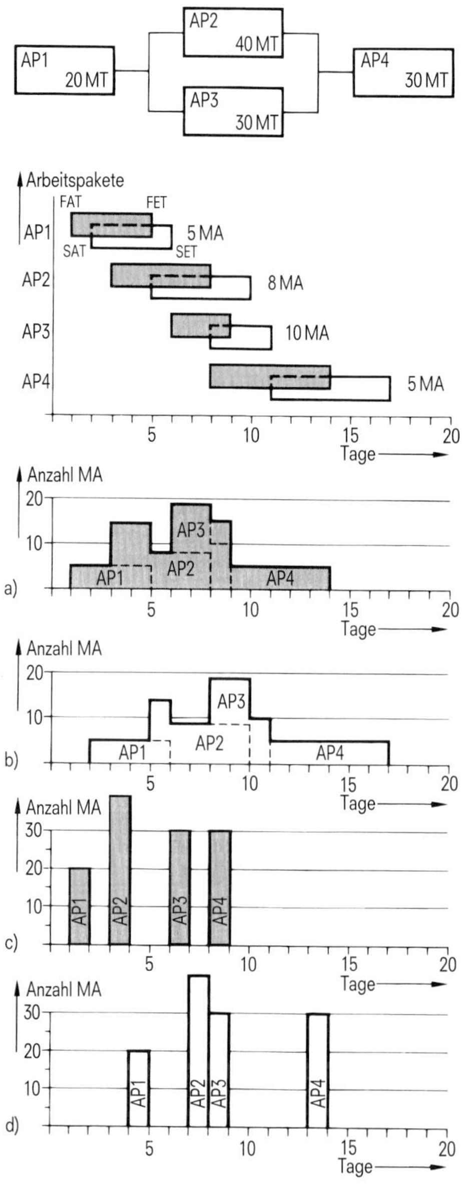

a) bei Gleichverteilung und frühesten Terminen
b) bei Gleichverteilung und spätesten Terminen
c) bei Gesamtanfall zum frühesten Beginn
d) bei Gesamtanfall zum frühesten Ende

Bild 3.61 Bedarfsaufsummierung

Ein weiteres Nivellieren, z. B. auf die 10 MA-Grenze, ist dann nur noch mit der *kapazitätstreuen* Bedarfsoptimierung möglich, bei der allerdings meist die Termine so verändert werden, dass entweder der Anfangs- oder der Endtermin zu verschieben ist. Im Teil c) des Bildes 3.62 ist dies beispielhaft angedeutet. Bei dieser Form der Einsatzmittelberechnung legt man die Termine der Netzplanvorgänge unter Einhaltung aller Anordnungsbeziehungen so fest, dass zu keiner Zeit der Bedarf den Vorrat an Einsatzmitteln übersteigt; gleichzeitig wird eine möglichst kurze Projektdauer angestrebt.

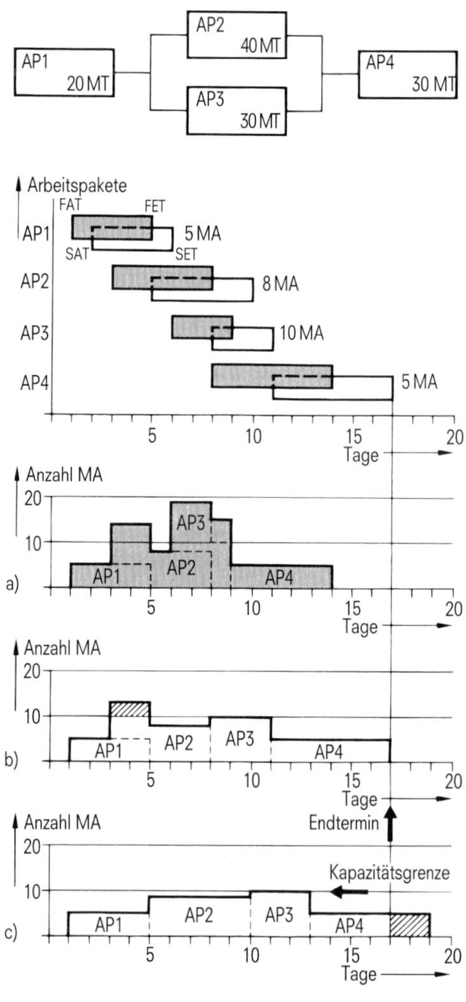

a) ohne Optimierung (früheste Termine)
b) termintreue Optimierung
c) kapazitätstreue Optimierung

Bild 3.62 Bedarfsoptimierung

3.4 Arbeitsplanung

3.4.1 Aufgabenplanung

Voraussetzung für jede Terminplanung ist eine vollständige Aufgabenplanung, in der die durchzuführenden Aufgaben unter Berücksichtigung aller zeitlichen, personellen und fachlichen Randbedingungen festgelegt und spezifiziert werden.

Prozesskette der Arbeitsplanung

Ausgangsbasis für die Aufgabenplanung ist der *Projektstrukturplan.* Die Aufgabenplanung selbst bildet wiederum die Grundlage für die *Ablaufplanung,* welche das Ergebnis der Terminplanung erbringt.

Will man für die Terminplanung einen Netzplan einsetzen, so werden innerhalb der Aufgabenplanung aus den Arbeitspaketen des Projektstrukturplans die Netzplanvorgänge gebildet und in einer *Vorgangssammelliste* zusammengefasst. Von diesen Vorgängen leitet man dann die einzelnen Aufgaben für die Entwicklungsmannschaft ab. Ohne Netzplantechnik entfällt dieser Teil, und die Aufgaben werden unmittelbar von den Arbeitspaketen des Projektstrukturplans abgeleitet.

Auch bei der Ablaufplanung gibt es dieses unterschiedliche Vorgehen – in dem einen Fall mit Hilfe eines Netzplans und in dem anderen Fall mit einem herkömmlichen Balkenplan. In beiden Fällen mündet das Ergebnis in eine Terminliste, die in einer Gesamtaufstellung alle Aufgaben terminlich fixiert.

Projektstrukturplanung, Aufgabenplanung und Ablaufplanung bilden damit eine geschlossene Prozesskette innerhalb der Projektplanung (Bild 3.63).

Um die Schwerpunkte dieser drei Planungsabschnitte für eine Arbeitsplanung zu verdeutlichen, sind deren Hauptinhalte an dieser Stelle noch einmal aufgeführt.

Projektstrukturplanung:

- ▷ Sammeln aller durchzuführenden Aktivitäten,
- ▷ Anordnen in einer hierarchischen Struktur,
- ▷ Definieren der Arbeitspakete.

Aufgabenplanung:

- ▷ Vollständiges Aufzählen aller Aufgaben (bzw. Vorgänge) auf Basis der Arbeitspakete,

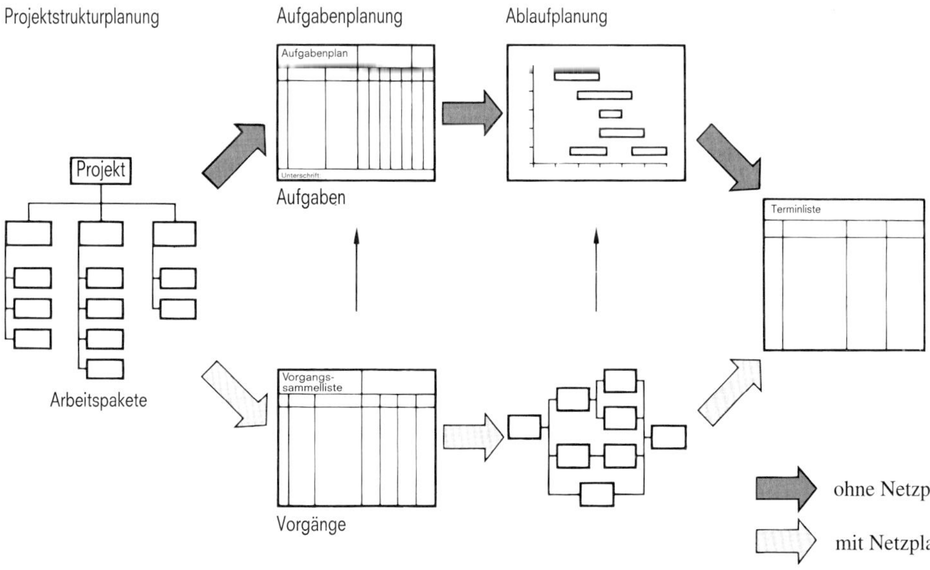

Bild 3.63 Prozesskette der Arbeitsplanung

- ▷ Ermitteln der relevanten Projektdaten dieser Aufgaben (Bearbeiter, Aufwand, Terminvorstellung),
- ▷ Aufzeigen der logischen Abhängigkeiten.

Ablaufplanung:

- ▷ Einplanen der Aufgaben (bzw. Vorgänge) in einen zeitlichen Ablauf,
- ▷ Bestimmen der Beginn- und Endtermine der Aufgaben (bzw. Vorgänge),
- ▷ Festlegen von Zäsurpunkten (z. B. Meilensteine).

Arbeitspaketdefinition

Mit dem Erarbeiten der Projektstruktur wird das Projektvolumen bekanntlich auf eine Detaillierungsebene gebracht, auf der Arbeitspakete in einer »sinnvollen« Größe definierbar sind. Was eine »sinnvolle« Arbeitspaketgröße hierbei ist, hängt natürlich von der Größe des Gesamtprojekts ab. Handelt es sich um Großprojekte von mehreren zigmillionen EUR Entwicklungskosten, so sollten die Arbeitspakete in ihrem Personalaufwand nicht kleiner als 2 Mann-Monate sein; bei kleineren Projekten kann die Größe der Arbeitspakete dagegen schon kleiner sein; aber auch hier sollte möglichst eine Mindestgröße von 1 Mann-Woche eingehalten werden.

Bild 3.64 zeigt den Verlauf der durchschnittlichen Arbeitspaketgröße in MM, abhängig von den Entwicklungskosten in Mio. EUR. Die Werte können im Einzelfall abweichen, je nachdem, wie intensiv die Mitarbeiterbezogenheit bei der Festlegung der Arbeitspakete wirksam ist.

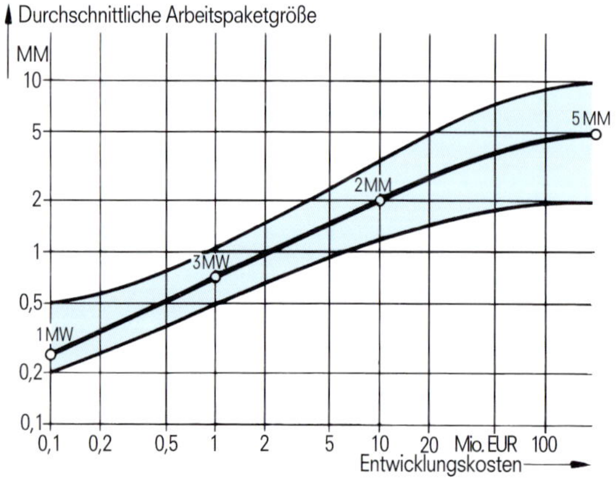

Bild 3.64
Durchschnittliche Arbeitspaketgröße abhängig von den Entwicklungskosten

Beim Projektstrukturplan bleiben i. Allg. terminliche, personelle und organisatorische Gesichtspunkte meist noch unberücksichtigt. Erst mit Aufstellen eines Aufgabenplans werden diese Kriterien in die Überlegungen der Terminplanung einbezogen.

Aufgabenanalyse

Im Rahmen einer *Aufgabenanalyse* werden die einzelnen Aufgaben entweder von den Arbeitspaketen des Projektstrukturplans unmittelbar oder von den hieraus gebildeten Vorgängen abgeleitet. Bei kleineren Projekten und bei Projekten, die ohne Netzplanverfahren laufen, sollte man möglichst wegen der Übersichtlichkeit eine 1:1-Zuordnung zwischen Arbeitspaketen und Aufgaben einhalten. Im Übrigen ist sowohl eine Komprimierung als auch eine weitere Detaillierung gemäß Bild 3.72 denkbar.

Für die Aufgabenanalyse sind folgende Fragenkomplexe zu klären:

- ▷ Welche Aufgaben sind durchzuführen (Ableitung aus dem Projektstrukturplan)?
- ▷ Wer soll diese Aufgaben im Einzelnen durchführen (Mitarbeitereinsatzplanung)?
- ▷ Welcher Aufwand ist für die jeweiligen Aufgaben notwendig (Ergebnis der Aufwandsschätzung)?
- ▷ Wann sollen die einzelnen Aufgaben begonnen werden und wann beendet sein (Angabe von Wunschterminen)?
- ▷ Welche fachlichen Voraussetzungen erfordern die einzelnen Aufgaben und für welche nachfolgenden Aufgaben sind sie selbst fachliche Voraussetzung (prozessimmanente Abhängigkeiten)?

Aufgabenplan

Projekt: *MINKA*
Projektleiter: *Burgert*
Org. Einheit: *K OA*
Stand: *3.4.99*

Nr.	Aufgabe	Mitarbeiter	Dienststelle	Aufwand in MM	Dauer in Monaten	abhängig von	Voraussetz. für	Termine Beginn	Termine Ende
1	Aufbau VORKA-Datei	Hr. Sicker	KOA 13	4	4			1.4.99	
2	EKZ/TKZ-Aufriss PRODAT	H. Rupp, Sicker	KOA 13	5	4	4	8	1.6.99	1.10.99
3	Kostenabzugsprogramm	Hr. Hoffmann	KOA 42	2	2		8	1.4.99	
4	Erweiterung Stundenkontierung	Hr. Bernsdorff	KOA 42	2	2		2	1.6.99	
5	Plandateneingabe	Hr. Sicker	KOA 13	1	1			1.8.99	
6	COCOMO-Transformation	N.N		≈1,5					
7	Dialogerweiterung MINKA	Hr. Hoffmann	KOA 42	2,5	3		7		
8	Liste MINKA	Fr. Krumbholz	KOA 13	2	2	2,3			1.12.99
9	Liste Projektzusammenstellung	N.N.		2		8			31.12.99
10	Liste Messdaten	N.N.		2		8			31.12.99

Unterschrift: (Projektleiter) *Burgert*

Bild 3.65 Aufgabenplan (Muster)

Das Ergebnis einer solchen Aufgabenanalyse fließt in einen *Aufgabenplan* ein; er kann die in Bild 3.65 dargestellte Form haben. Hierin sind in einer sachlich begründeten Folge die einzelnen Aufgaben aufgezählt mit Angabe Mitarbeiter, Zeitdauer, Terminvorstellung und logische Abhängigkeiten. Die endgültigen Termine werden erst in dem Ablaufplanungsschritt der Terminplanung festgeschrieben.

Regeln für die Aufgabenspezifizierung

Beim Spezifizieren der Aufgaben sind einige Regeln zu beachten. Im Wesentlichen sind dies:

Aufgaben sollten nicht phasenüberschreitend definiert werden.

- ▷ Bereichsüberschreitende Aufgaben sind zu vermeiden; besser ist eine zusätzliche Aufgabenteilung.
- ▷ Jede Aufgabe kann wohl mehrere Bearbeiter, sollte aber immer nur einen Verantwortlichen haben.
- ▷ Der Realisierungsaufwand einer Aufgabe sollte nicht kleiner als 1 MW und nicht größer als 5 MM sein. Eine Aufgabenplanung sollte vollständig sein, und sei es mit Hilfe von »Platzhaltern«.
- ▷ Jede Aufgabe muss in ihrem Arbeitsvolumen genau beschrieben werden.
- ▷ Allgemeine projektbegleitende Tätigkeiten, wie Projektverwaltung, Projektdokumentation, Hilfsdienste, sollte man als eigene Aufgabe definieren.

Terminbeschleunigung

Innerhalb einer Aufgabenplanung können bereits die ersten, gezielten Überlegungen für eine Terminbeschleunigung angestellt werden. Hierzu sind die einzelnen Aufgaben einem »Tuning«, d. h. einer Optimierung der Planungsparameter zu unterziehen. Sowohl fachliche und personelle als auch prozessurale Aspekte sollten in einer systematischen Untersuchung berücksichtigt werden. Gerade der prozessurale Aspekt, d. h. das Erkennen von möglichen *parallel* durchzuführenden Aufgaben, ist der große »Geheimtipp« für jede Terminbeschleunigung.

Das Ausreizen von Parallelitäten in der Projektdurchführung wird leider noch viel zu wenig praktiziert. Zu sehr denkt man beim Abarbeiten von Entwicklungsaufgaben in sequenziellen Abläufen. Gerade hier kann ein sehr großer Beitrag zur Reduzierung von Entwicklungsdurchlaufzeiten erbracht werden.

Im Einzelnen sind folgende Möglichkeiten für eine Terminbeschleunigung zu erwägen:

- ▷ paralleles Durchführen von Aufgaben,
- ▷ veränderter Mitarbeitereinsatz,
- ▷ Aufstocken der vorgesehenen Personalkapazität,
- ▷ (zeitlich begrenztes) Ansetzen von Über- bzw. Mehrstunden,
- ▷ Vergabe von Aufgaben an Unterauftragnehmer (intern oder extern),

- ▷ Kaufen von Entwicklungsteilen statt Eigenentwicklung (»make or buy«),
- ▷ Verbessern der Qualifikation des einzusetzenden Personals,
- ▷ sinnvolles Beschränken der Leistung des geplanten Produkts durch eine Wertanalyse (WA) usw.

Damit ein entwickeltes Produkt in einer Fertigung münden kann, muss rechtzeitig eine Produktionsplanung vorgenommen werden. Um auch hier die Überleitung zu beschleunigen, wird häufig bereits während der Produktentwicklung mit der Produktionsplanung begonnen. Bei dieser Parallelisierung spricht man dann von einem „Simultaneous Engineering". Sobald die ersten Vorversionen des Produktes fertig sind, fängt man an, deren Produktion zu planen. Die Entwicklung läuft parallel dazu weiter. Zwischen beiden Tätigkeitsbereichen muss allerdings ein intensiver Informationsaustausch stattfinden.

3.4.2 Terminplanung

Der Balkenplan bzw. das Balkendiagramm (auch als Gantt'sches Balkendiagramm, Balkennetzwerk, Transplan bezeichnet) ist das älteste und verbreiteste grafische Hilfsmittel für das Einplanen von Aufgaben in einen Zeitablauf. Wegen seiner einfachen Erstellbarkeit und Übersichtlichkeit wird der Balkenplan in allen Planungsabschnitten eines Projekts eingesetzt. Zu seinen Vorzügen zählen:

- ▷ universelle Anwendbarkeit,
- ▷ simple technische Voraussetzungen (Papier, Bleistift),
- ▷ leichte Erlernbarkeit,
- ▷ große Übersichtlichkeit,
- ▷ beliebiger Planungshorizont und
- ▷ flexible Einsatzanpassung.

Diesen Vorteilen einer Balkenplanung stehen allerdings bei einer *manuellen* Erstellung auch mehrere Nachteile gegenüber; diese sind u. a.:

- ▷ umständliche Aktualisierungsmöglichkeiten,
- ▷ fehlende Erkennbarkeit von Zeitreserven,
- ▷ bedingt mögliche Anbindung einer Einsatzmittelplanung sowie
- ▷ geringe Möglichkeiten der Darstellung von Abhängigkeiten.

Wegen dieser Nachteile sollte für die Terminplanung mit einem Balkendiagramm immer ein leistungsfähiges PC-Tool genutzt werden (siehe Kap. 6.3).

Gegenüber einer Netzplandarstellung hat ein Balkenplan vor allem den enormen Vorteil, dass er die einzelnen Aktivitäten – bezogen auf die Zeitachse – in eine zeitgerechte Anordnung bringt; dies vermag eine Netzplandarstellung nur in einem sehr eingeschränkten Maße. Balkenplanung und Netzplanung können sich daher sinnvoll ergänzen.

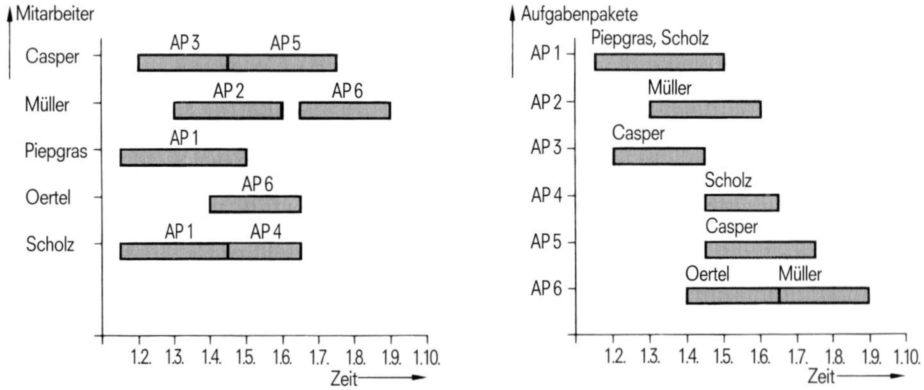

Personenbezogener Balkenplan

Aufgabenbezogener Balkenplan

Bild 3.66 Grundprinzip der Balkenplanung

Darstellungsformen

Balkenpläne bzw. -diagramme sind sowohl für allgemeine Planungszwecke als auch für eine gemeinsame Planung und Kontrolle von Terminen einsetzbar. Hierbei kann man zwei Grundprinzipien im Auftragen der Aufgaben und der ausführenden Personen bzw. Stellen unterscheiden. Es handelt sich um den personenbezogenen Balkenplan und den aufgabenbezogenen Balkenplan (Bild 3.66).

Beim *personenbezogenen Balkenplan* sind alle Mitarbeiter (ohne Doppelaufzählung) auf der Vertikalen aufgeführt, so dass man auf einen Blick erkennt, welche (alle) Aufgaben z. B. der Mitarbeiter Scholz durchzuführen hat. Man erkennt in dieser Darstellungsform allerdings nicht so leicht, wer z. B. alles am Aufgabenpaket API noch mitarbeitet. Hierfür ist dann die inverse Darstellung, nämlich der *aufgabenbezogene Balkenplan* besser geeignet; bei diesem sind auf der Vertikalen die einzelnen Aufgabenpakete aufgetragen und auf dem zugehörigen Balken die ausführenden Personen bzw. Stellen. Hier ist allerdings schwer zu erkennen, an welchen Aufgaben der Mitarbeiter Scholz insgesamt sonst noch beteiligt ist.

Die Wahl der Darstellungsform hängt also davon ab, welches Kriterium das wichtigere ist: die Personenbezogenheit oder die Aufgabenbezogenheit.

In vielen Fällen bietet es sich an, den einzelnen Balken in dem Diagramm weitere Angaben zur Information beizufügen. Solche Zusatzinformationen können sein:

- ▷ Aufwand (z. B. in MW, MM oder MJ),
- ▷ Kosten (z. B. in EUR, TEU),
- ▷ benötigte Einsatzmittel,
- ▷ Kontenzuordnung,
- ▷ zugehörige Organisationseinheit,
- ▷ Teilprojekt-Nr.,
- ▷ Einsatzort usw.

Varianten von Balkenplänen

Ausgehend von den Möglichkeiten in der Balkendarstellung gibt es folgende Varianten von Balkenplänen:

- ▷ Einfacher Balkenplan
- ▷ Kombinierter Balkenplan
- ▷ Vernetzter Balkenplan.

Einfacher Balkenplan

Bei einem »einfachen« Balkenplan ist der Zeitbalken als einfacher Strichbalken mit eindeutigem Anfang und eindeutigem Ende geformt (Bild 3.66).

Kombinierter Balkenplan

Bei einem »kombinierten« Balkenplan enthalten die Balken mehrere kombinierte Aussagen und Informationen, die durch entsprechende Symbolgebung unterscheidbar gemacht werden (Bild 3.67).

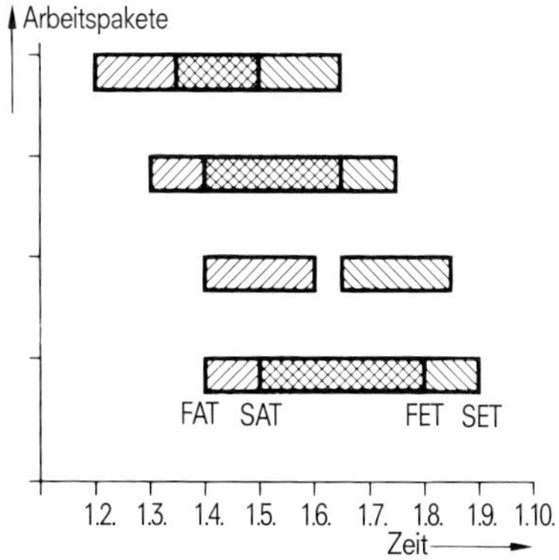

Mit Netzplanterminen

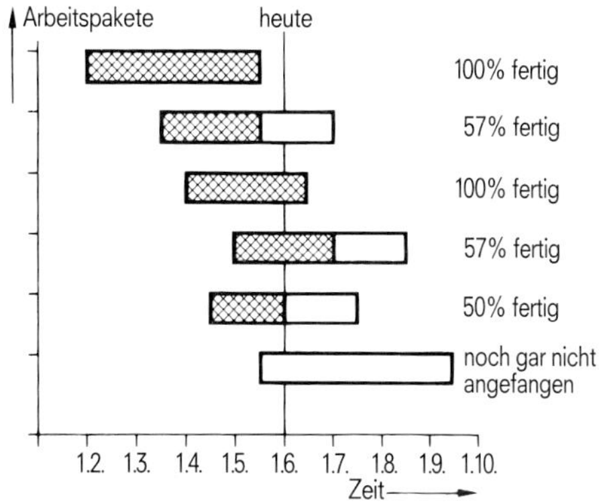

Mit Fertigstellungsgrad

Bild 3.67 »Kombinierte« Balkenpläne

In dem ersten Beispiel sind die Terminangaben der Balken in den Terminkategorien einer Netzplandurchrechnung vorgenommen worden:

FAT frühester Anfangstermin
SAT spätester Anfangstermin
FET frühester Endtermin
SET spätester Endtermin.

Durch entsprechende Strichelung kann ein Balken in mehrere Bereiche gegliedert werden, so dass gut zu erkennen ist, in welchem Zeitintervall die betreffende Aufgabe – unter gewissen Voraussetzungen – im Projektverlauf verschiebbar ist. Die Zeitdifferenz zwischen den beiden Anfangsterminen (FAT, SAT) bzw. den beiden Endterminen (FET, SET) drückt bekanntlich den gesamten Puffer des Arbeitspakets aus.

Das zweite Beispiel enthält die Angabe der Fertigstellungsgrade der einzelnen Arbeitspakete. Hierzu führt man die Balken bei Projektbeginn als leeres, schmales (langes) Rechteck auf, das dann entsprechend dem fortschreitenden Fertigstellungsgrad z. B. geschwärzt wird. Kennzeichnet man durch eine Linie den aktuellen Betrachtungszeitpunkt, so entsteht ein sehr guter Überblick über den momentanen Fertigstellungsgrad und damit über den Projektfortschritt. Inzwischen können viele rechnergestützte Netzplanverfahren (wie z. B. SINET, MS Project) ihre Balkendiagramm-Ausgaben bereits mit derartigen Zusatzschraffuren für die Zeitpuffer bzw. den Fertigstellungsgrad versehen.

Auch sind Kombinationen der beiden vorgenannten Darstellungsformen möglich.

Vernetzter Balkenplan

Bei einem »vernetzten« Balkenplan werden die Abhängigkeiten zwischen den einzelnen Aktivitäten mitaufgenommen, wobei man sich aus Gründen der Übersichtlichkeit meist auf die generellen Abhängigkeiten beschränken muss. Diese Vorgehensweise wird auch als Transplantechnik bezeichnet.

Es gibt mehrere Möglichkeiten, Aufgabenvernetzungen in einen Balkenplan einzubringen. So werden z. B. bei der *PLANNET-Methode* die Balken ähnlich einem CPM-Netzplan angeordnet, allerdings unter strenger Einhaltung des Zeitrasters auf der horizontalen Achse (Bild 3.68). Solche Balkenpläne lassen sich manuell oder mit Hilfe von Netzplanverfahren automatisch erzeugen. Wie in dem aufgeführten Beispiel zu sehen ist, müssen die Balken jener Aufgaben, die in einem parallelen Ablauf zu anderen stehen und früher abgearbeitet werden, durch eine Pufferkennzeichnung (z. B. mit einer gestrichelten Linie) zeitsynchronisiert werden.

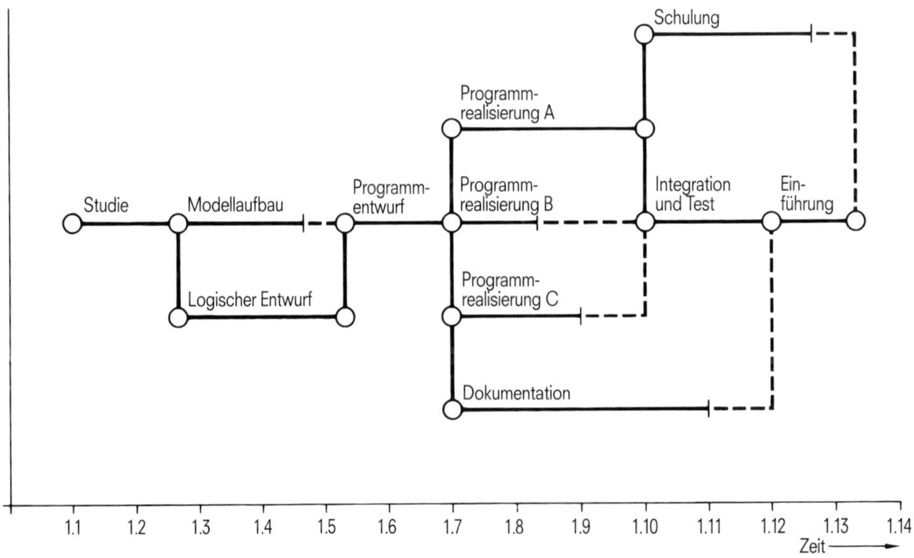

Bild 3.68 PLANNET-Balkenplan

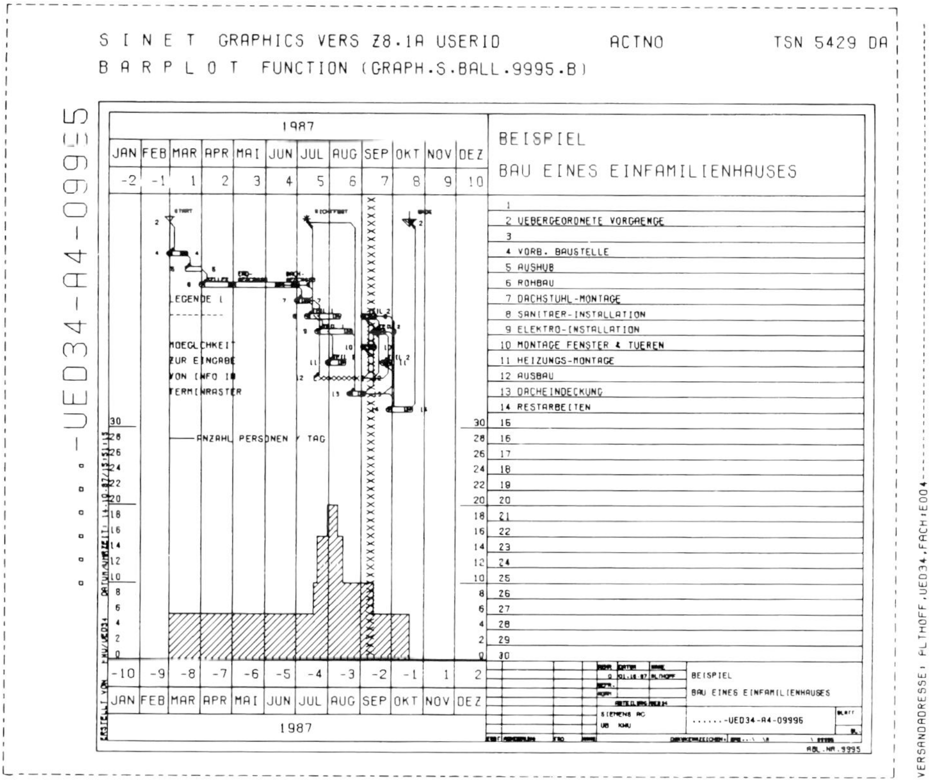

Bild 3.69 Vernetzter Balkenplan (mit BARCAD erstellt)

Aber auch ohne diese Zeitsynchronisierung kann man die logischen Abhängigkeiten der einzelnen Aufgabenpakete bei einem gewöhnlichen Balkenplan angeben, indem die betreffenden Balken mit Strukturlinien verbunden werden.

In Verbindung mit einem Netzplanverfahren wie SINET (Kap. 6.2.1) kann man über den Programmbaustein BARCAD einen solchen vernetzten Balkenplan erstellen. Dieses Programm erstellt entweder über einen Plotter oder über einen grafischen Arbeitsplatz ein Balkendiagramm, welches die Vorgänge als Balken enthält und deren Anordnungsbeziehungen durch entsprechende Verbindungslinien darstellt. Bei Verwendung eines grafischen Arbeitsplatzes ist es auch möglich, interaktiv im Dialog diesen Balkenplan zu modifizieren und die vorgenommenen Änderungen an die SINET-Vorgangsnetzdatei zu leiten. Folgende besondere Merkmale zeichnen dieses Verfahren aus:

- ▷ Einzelne Vorgänge können bei der Balkendiagramm-Ausgabe unterdrückt werden.
- ▷ Meilensteinvorgänge (Dauer gleich Null) werden als Pfeile dargestellt.
- ▷ Der Fertigstellungsgrad kann mit einer geeigneten Schraffur angegeben werden.
- ▷ Vielfältige Verkleinerungen und Vergrößerungen sind möglich.
- ▷ Mehrere Schriftgrößen stehen zur Verfügung.
- ▷ Es kann zwischen einer platzoptimalen und einer termingenauen Balkenanordnung gewählt werden.
- ▷ Beschriftungen sind an allen vier Bildrändern möglich.
- ▷ Der Balken kann mit eigenen Symbolen dargestellt werden.
- ▷ Unwichtige Anordnungsbeziehungen werden unterdrückt.

Bild 3.69 zeigt einen solchen mit BARCAD aufgebauten Balkenplan.

Ein vernetzter Balkenplan vereinigt damit die Vorteile des einfachen Balkenplans – die zeitgerechte Darstellung der Aufgabenpakete – mit denen eines Netzplans, der die Verknüpfung der Aktivitäten aufzeigt.

Erstellen von Balkenplänen

Wie bereits angedeutet, können Balkenpläne bei fast allen DV- und PC-gestützten Netzplanverfahren aus einem vorhandenen Vorgangsnetz abgeleitet werden. Hierbei kann man bei den meisten Verfahren alle drei Varianten eines Balkenplans erzeugen. Es ist also sowohl das automatische Erzeugen einfacher und kombinierter Balkenpläne als auch – mit entsprechender grafischer Zusatz-Software – das Generieren vernetzter Balkenpläne möglich.

Für das manuelle Erstellen von Balkenplänen bietet der Markt eine große Anzahl praktischer Planungshilfsmittel an:

- ▷ Schreibtafeln,
- ▷ Magnettafeln,
- ▷ Stecktafeln.

Bei diesen Hilfsmitteln ist als besonderer Vorteil die leichte Veränderbarkeit hervorzuheben. Nachteilig ist, dass man die Balkenpläne nicht vervielfältigen kann. Deshalb sind so erstellte Balkenpläne nur an Stellen sinnvoll einsetzbar, an denen *generelle* Planungsaktivitäten – wie z. B. in einem Projektbüro – durchgeführt werden.

3.4.3 Einsatz eines Netzplanverfahrens

Das zeitliche Einplanen einer größeren Anzahl Arbeitspakete ist ohne grafisches Instrumentarium nicht möglich. Balkenplan und Netzplan sind hierbei die aussagekräftigsten Darstellungsformen für die terminliche Arbeitspaketeinplanung.

Den Balkenplan bzw. den Netzplan kann man bekanntlich auch immer rein manuell erstellen, d. h. sowohl der Balken- als auch der Netzplan wird – ausgehend von einer »Leer-Unterlage« sukzessiv mit aufgabenbezogenen Eintragungen belegt. Hierbei kann diese Unterlage ein vorbereitetes Leerformular in Form eines Balkenplan- bzw. Netzplanvordrucks oder eine entsprechend ausgelegte Planungstafel oder gleich die Eingabemaske eines PC-Netzplanverfahrens sein. Allen Formen derartiger Erstellungen ist gemeinsam, dass allein der Projektplaner bestimmt, welche Aufgaben in den Plan aufgenommen, geändert oder gelöscht werden. Aktualisierungsgrad und Konsistenz dieses »Datenbestands« werden nur durch ihn bestimmt und verantwortet.

Die *manuelle* Terminplanung ist bei kleineren Entwicklungsprojekten von nicht mehr als 50 Aufgaben i. Allg. ausreichend. Enthält das Projekt erheblich mehr Aufgabenpakete, so gibt es Probleme hinsichtlich einer rationellen Durchführung der Terminplanung:

- ▷ Ein Optimieren der Termine ist nicht möglich; ein unnötig später Endtermin ist die Folge.
- ▷ Der reibungslose Ablauf ist nicht gesichert, da die Abhängigkeiten nicht vollständig berücksichtigt werden können; nicht beabsichtigte Wartezeiten von Tätigkeiten resultieren daraus.
- ▷ Projektrelevante Tätigkeiten werden übersehen; spätere Um- und Neuplanungen sind dann erforderlich.
- ▷ Der Aufwand für das Aktualisieren der Projektpläne steigt so stark an, dass Unterlassungen auftreten können; die Qualität der Projektplanung leidet dadurch.
- ▷ Die Terminplanung veraltet leicht; die Projektführung arbeitet nicht mehr mit »realen« Projektdaten.
- ▷ Die (Plan-)Datenbasis für die nachfolgende Projektkontrolle ist unvollständig und nicht aktuell, so dass die späteren Kontrollmaßnahmen mangelhaft sein werden.

Verfahrensunterstützte Terminplanung

Den Mängeln einer manuellen Terminplanung kann nur mit einem DV- oder PC-gestützten Netzplanverfahren begegnet werden. Erst durch Einsatz eines solchen Verfahrens wird die Netzplantechnik für das Projektmanagement zu einem wirkungsvollen projektbegleitenden Planungs- und Steuerungsinstrumentarium. Allerdings verlangt jedes DV- oder PC-gestützte Verfahren das Einhalten bestimmter Konventionen, die die Projektbeteiligten zur Disziplin beim Abgeben von Plandaten zwingt.

Wegen dieser Zwänge wird von der Entwicklerseite häufig das Netzplanverfahren kritisiert.

Rechnerunterstützte Netzplanverfahren haben – trotz aller Kritik – viele Vorteile:

- ▷ hohe Verarbeitungsgeschwindigkeit in der Termindurchrechnung und Einsatzmittelberechnung,
- ▷ hoher Vermaschungsgrad, d. h. zahlreiche Vorgangsabhängigkeiten sind möglich,
- ▷ optimale Nutzung von Pufferzeiten für frühestmöglichen Endtermin,
- ▷ kaum eine Obergrenze in der Anzahl Netzplanvorgänge,
- ▷ mannigfaltige Netzplanauswertungen und -ausgaben,
- ▷ leichte Modifikation von Netzplänen,
- ▷ automatische Plausibilitierung der Daten.

Art des Verfahrenseinsatzes

Betreibt man die Netzplantechnik nur sehr eingeschränkt, so ist der dezentrale Einsatz auf einem Personal Computer sicherlich die rationellste Art. Wird dagegen die Netzplantechnik bei einem Großprojekt im vollen Umfang genutzt, so bietet sich – bei Vorhandensein eines zentralen Projektbüros – der zentrale Einsatz auf einem Großrechner an. Häufig liegt aber die richtige Lösung in der Mitte, d. h. in der verteilten Datenverarbeitung – in der aufgabenteiligen »Symbiose« Personal Computer und Zentralrechner.

Bei einem solchen integrierten Verfahrensverbund kann man eine Aufgabenteilung zwischen *Zentrale* und *Dezentrale* praktizieren (Bild 3.70). Auf der dezentralen Seite werden in den einzelnen Projektgruppen jeweils gruppeneigene Netzpläne in mehreren Planungsdurchgängen erarbeitet, ohne dass die (doch umständliche) Zentrale benötigt wird. Für diesen allerersten Abschnitt einer Netzplanung bieten sich vornehmlich PC-gestützte Netzplanverfahren (siehe hierzu Kap. 6.3) als die einfacheren und flexibleren Instrumente an. Nach Abschluss dieser dezentralen, gruppenspezifischen Netzplanerstellung müssen die Daten dann in das Zentralverfahren überführt werden, weil nur dort ein terminlicher Gesamtüberblick zu ermitteln ist. Hierbei können sich notwendige Veränderungen in den übernommenen Einzelnetzplänen herausstellen. Die Abwicklung des zentralen Netzplanverfahrens wird – allein wegen der auftretenden Datenmenge – am besten auf einem Großrechner vorgenommen. Die vorstehend beschriebene »föderalistische« Vorgehensweise weist einige besondere Vorteile auf:

- ▷ Der »Vorplanungsprozess« bleibt anonym in der Entwicklungsgruppe.
- ▷ Das »Durchspielen« von mehreren gruppenspezifischen Planungsvarianten läuft aufgrund der PC-Unterstützung besonders schnell und effektiv ab.
- ▷ Das Projektbüro wird vom Bereinigen der vielen anfänglichen »Dateninkonsistenzen« beim Netzplanaufbau entlastet.
- ▷ Der terminliche »Gesamtüberblick« über das Projekt ist durch das zentrale Verfahren weiterhin gesichert. Der Personal- und Betriebsmitteleinsatz wird im Rahmen einer »Multiprojektplanung« durch das zentrale Verfahren optimiert.
- ▷ Teure Programmläufe auf dem Großrechner werden durch den PC-Einsatz erheblich verringert.

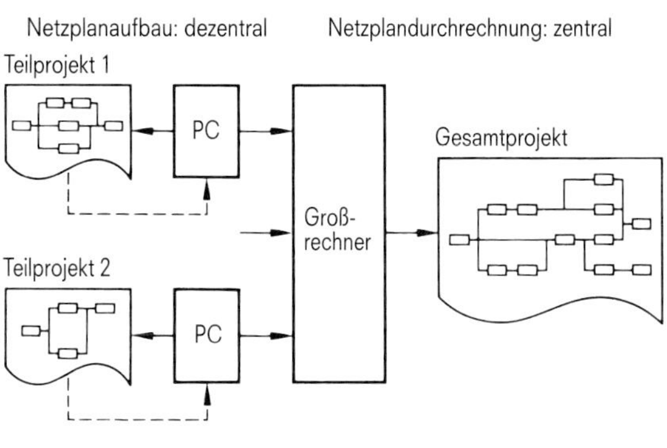

Bild 3.70
Integrierter Verfahrenseinsatz

Tabelle 3.36 Intensität des NP-Verfahrenseinsatzes

Projektgröße	Sehr kleine Projekte < 3 MA	Kleine Projekte 3–10 MA	Mittlere Projekte 10–50 MA	Große Projekte 50–150 MA	Sehr große Projekte > 150 MA
Art des Einsatzes	manuell	manuell oder PC-Verfahren	PC- oder DV-Verfahren	DV-Verfahren	DV-Verfahren
Anzahl der Netzplanvorgänge	< 50	< 200	< 1.000	< 2.000	> 2.000
Termindurchrechnung	sinnvoll	erforderlich	erforderlich	erforderlich	erforderlich
Einsatzmittelberechnung	–	–	sinnvoll	erforderlich	erforderlich
Netzplanstrukturierung	–	sinnvoll	erforderlich	erforderlich	erforderlich
Aktualisierungsintervall – Gesamtnetzplan – Teilnetzpläne	 2 Wochen –	 3 Wochen –	 1 Monat 2 Wochen	 2 Monate 1 Monat	 3 Monate 1 Monat

Intensität des Verfahrenseinsatzes

Die Intensität, mit der ein Netzplanverfahren eingesetzt wird, muss sich natürlich nach den jeweiligen Projektgegebenheiten richten. Ausschlaggebend ist hierbei die Größe des Projekts. In Tabelle 3.36 ist – abhängig von der Projektgröße – aufgezeigt, inwieweit ein Netzplanverfahren genutzt werden sollte. Die Angaben können nur als allgemeine Empfehlungen gelten, die im Einzelfall abweichen mögen, besonders dann, wenn vom Auftraggeber erhöhte Anforderungen an die Projektplanung und -kontrolle gestellt werden.

3.4.4 Netzplanaufbau

Der Aufbau eines Netzplans für eine umfassende Termin- und Einsatzmittelplanung stellt einen wichtigen und kreativen Planungsprozess dar, der i. Allg. rekursiv abläuft. Mitunter sieht man den hierfür erforderlichen, nicht geringen Aufwand allein in der Umständlichkeit und der mangelnden Ergonomie des verwendeten Rechnerverfahrens begründet; dabei wird aber häufig übersehen, dass das vollständige Durchdringen eines geplanten Entwicklungsvorhabens mit der Definition eindeutig beschriebener Arbeitspakete sowie deren richtiger zeitlichen Einordnung immer einen entsprechend hohen Arbeitsaufwand erfordert.

Bild 3.71 veranschaulicht das grundsätzliche Vorgehen beim Aufbau eines Netzplans. In der Praxis und bei Einsatz spezieller DV- oder PC-gestützter Netzplanverfahren sind natürlich manche Arbeitsschritte in abgewandelter bzw. erweiterter Form durchzuführen.

Planungsabschnitt A
Definition der Vorgänge

Arbeitsschritt A1
Projektstrukturplan

Ausgangsbasis für jede Projektplanung sollte bekanntlich der Projektstrukturplan (siehe Kap. 3.1.2) sein. Mit seiner Erstellung sind alle Arbeitspakete definiert, die für das Durchführen des Projekts und damit für die Realisierung der zu entwickelnden Produkte bzw. Systeme notwendig sind. Die Überleitung von den Arbeitspaketen in die Vorgänge ist – abhängig von der Mächtigkeit der Arbeitspakete sowie den beabsichtigten durchschnittlichen Vorgangsgrößen – nach drei Vorgehensweisen möglich. Es handelt sich hierbei um die Detaillierung, Gleichsetzung oder Komprimierung (Bild 3.72).

Bei der *Detaillierung* erreicht man, dass die Netzplanvorgänge feiner unterteilt werden als die Arbeitspakete im Projektstrukturplan. Dies kann erforderlich sein, wenn man ein bestimmtes Arbeitspaket z. B. auf unterschiedliche Organisationseinheiten aufteilen will, um sie netzplantechnisch getrennt behandeln zu können. Eine Arbeitspaket-Detaillierung kann auch angebracht sein, wenn im Rahmen einer

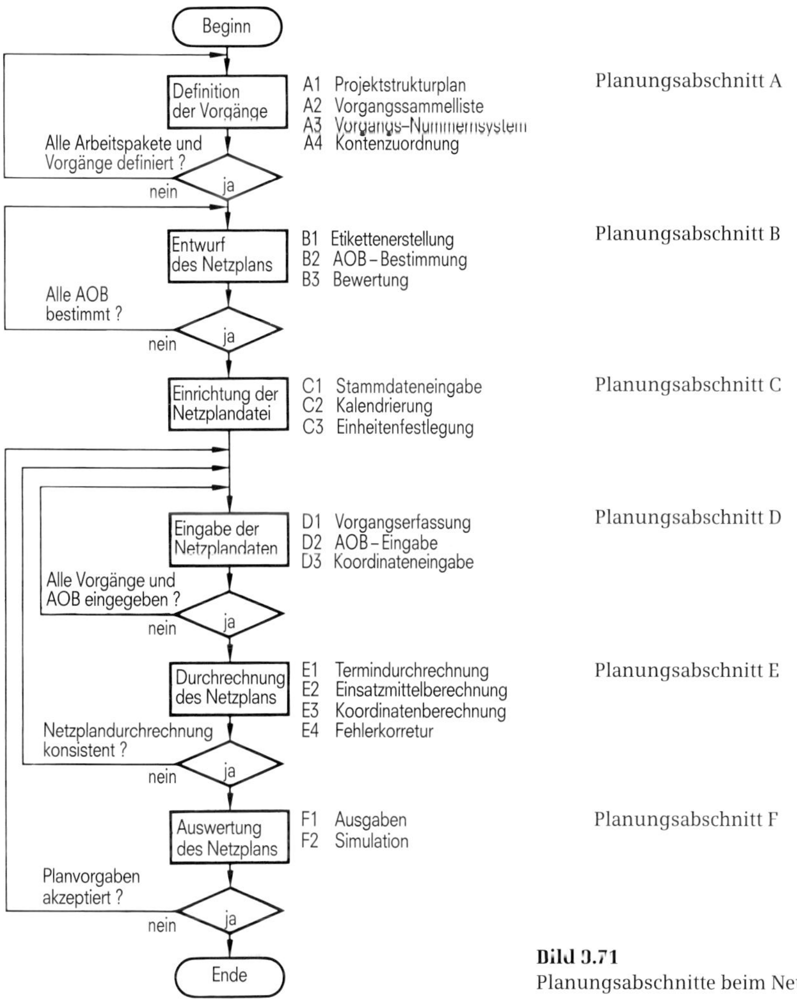

Bild 3.71
Planungsabschnitte beim Netzplanaufbau

Systementwicklung an mehreren Ausbaustufen oder Systemversionen parallel gearbeitet wird.

Mit der *Gleichsetzung* wird jedes Arbeitspaket des Projektstrukturplans zu einem Vorgang im Netzplan überführt. Diese Vorgehensweise ist die übersichtlichste, weil eine eindeutige Verankerung des Projektstrukturplans im Netzplan möglich ist, so dass dieser aus dem Netzplan automatisch abgeleitet werden kann.

Die *Komprimierung* mehrerer Arbeitspakete zu einem Netzplanvorgang wird vorgenommen, wenn man z. B. aus Kostengründen nur eine globale Netzplanüberwachung vornehmen will. Die Terminkontrolle der einzelnen Arbeitspakete des Projektstrukturplans muss dann allerdings »manuell« geschehen.

Gemischte Vorgehensweisen sind nicht empfehlenswert, da sie die Übersichtlichkeit der Zuordnung Projektstrukturplan – Netzplan stark mindern. Vorgänge im Netzplan sind dann in der Projektstruktur nicht zu lokalisieren, und umgekehrt können die Arbeitspakete des Projektstrukturplans häufig nicht mehr vollständig den Netzplanvorgängen zugeordnet werden.

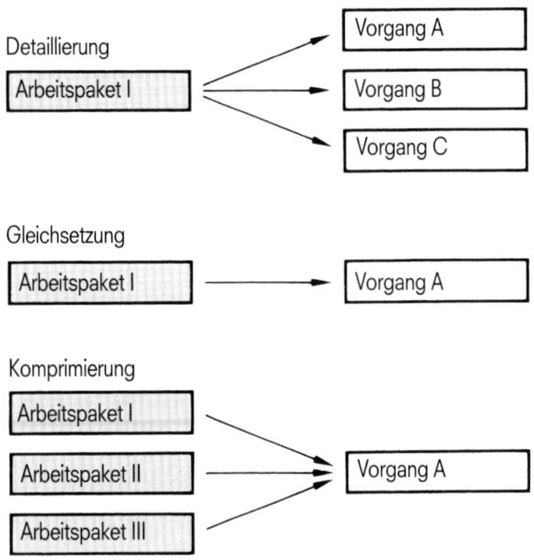

Bild 3.72 Überleitung Arbeitspaket → Vorgang

Arbeitsschritt A2
Vorgangssammelliste

Die aus dem Projektstrukturplan abgeleiteten Vorgänge werden in einer »Vorgangssammelliste« – auch als Vorgangsliste bezeichnet – aufgenommen und mit einer kurzen, informativen Vorgangsbenennung versehen. Diese Liste dient nur für den erstmaligen Aufbau eines Netzplans; sie nimmt auch die noch festzulegende Vorgangsnummer und die Kontenzuordnung der Vorgänge auf. Als erste Angaben enthält eine Vorgangssammelliste je Vorgang:

▷ Vorgangsbezeichnung,
▷ Vorgangsnummer und
▷ Projektstrukturzuordnung.

Weiterhin kann diese Liste noch folgende Angaben aufnehmen:

▷ Kontenzuordnung,
▷ Produktstruktur-Zuordnung,
▷ organisatorische Zuordnung,
▷ Einsatzmitteldaten,
▷ Termine,
▷ Vorgangsdauer und
▷ prozessurale Merkmale.

Die Vorgangssammelliste stellt ein Arbeitspapier während der Aufgabenplanung dar und wird nach Vorliegen des konsistenten Netzplans nicht mehr benötigt. Der Einsatz eines Texteditors, z. B. auf einem PC, kann für den Aufbau und das Verwalten einer Vorgangssammelliste sehr rationell sein.

Arbeitsschritt A3
Vorgangs-Nummernsystem

Bei Anwendung eines rechnergestützten Netzplanverfahrens muss für das Identifizieren den Vorgängen eine eindeutige Nummer zugeordnet werden. Da DV-Verfahren i. Allg. sehr leistungsfähige Selektions- und Sortierfunktionen enthalten, ist es empfehlenswert, ein projektspezifisches *klassifizierendes* Nummernsystem zu definieren, an Stelle einer simplen Zählnummer. So ist man später in der Lage, nach den unterschiedlichsten Auswahlkriterien Auswertungen aus der Netzplan-Datenbasis vorzunehmen. Die Wahl des Nummernsystems hängt natürlich von der Projektart, der Prozessorganisation sowie der gesamten Projektumwelt ab. Deshalb können hier nur Beispiele für die individuelle Definition eines Nummernsystems gegeben werden (Bild 3.73).

Beim Festlegen der Gesamtstellenanzahl müssen einerseits die verfahrensbedingten Grenzen und andererseits die wahrscheinliche Nummern-Inanspruchnahme des jeweiligen Kriteriums berücksichtigt werden. Außerdem geben manche Projektplanungs- und -steuerungsverfahren in ihrem Netzplanteil die Nummernstruktur für die Vorgänge vor (z. B. Abteilung, Projekt, Phase, lfd. Nr.).

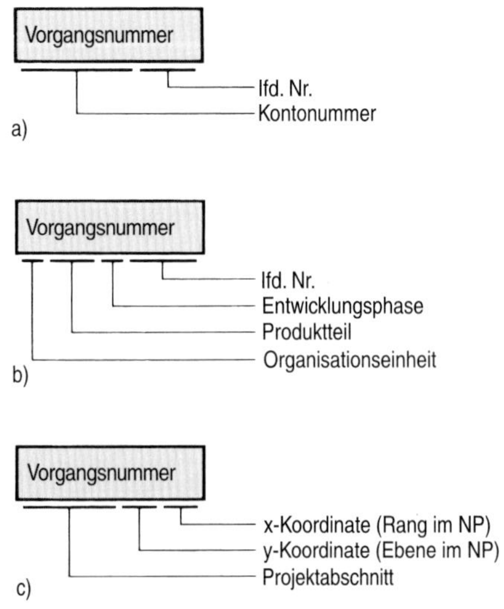

Bild 3.73 Beispiele für Vorgangsnummerung

Arbeitsschritt A4
Kontenzuordnung

Ist mit dem Netzplan auch eine integrierte Aufwands- und Kostenplanung vorgesehen, so müssen die Netzplanvorgänge den vorhandenen Konten zugeordnet werden. Hierdurch erreicht man, dass während der Projektdurchführung Entwicklung und FuE-Kaufmannschaft von »denselben Dingen« sprechen; Plandaten und auch Istdaten sind damit auf dieselben Tätigkeitsobjekte beziehbar. Die Kontenzuordnung, die sogar mehrstufig sein kann (z. B. FuE-Konten und Unterkonten), kann entweder implizit in der Vorgangsnummer enthalten sein (wie bei Beispiel a) in Bild 3.73) oder explizit als Zusatzinformation beigegeben werden. Häufig korrespondieren zugeordnete Unterkonten mit den Produktteilen im Produktstrukturplan und die FuE-Konten mit Teilprojekten. Der Netzplan ist damit die ideale Datenbasis für die Verbindung zwischen Projektstruktur und Produktstruktur.

In Bild 3.74 ist der im ersten Planungsschritt vorgenommene Übergang vom Projektstrukturplan zum Netzplan schematisch dargestellt.

Planungsabschnitt B
Entwurf des Netzplans

Ein Netzplan besteht bekanntlich aus Vorgängen, die in ihrem zeitlichen Ablauf logisch voneinander abhängen. Für das Bestimmen dieser Anordnungsbeziehungen (AOB) hat es sich bei großen Netzplänen in der Praxis als sinnvoll erwiesen, den ersten Entwurf grafisch und manuell auf *Planungswänden* vorzunehmen. Die heute verfügbaren Bildschirme sind meist viel zu klein, um einen Netzplan mit einer großen Anzahl Vorgänge in seiner Gesamtheit darzustellen; allein eine »Fenster-« oder eine »Zoom-Technik« ist hier auch nicht ausreichend. Als praktikables Hilfsmittel bietet sich deshalb – weiterhin – die großflächige Plantafel bzw. Planungswand an.

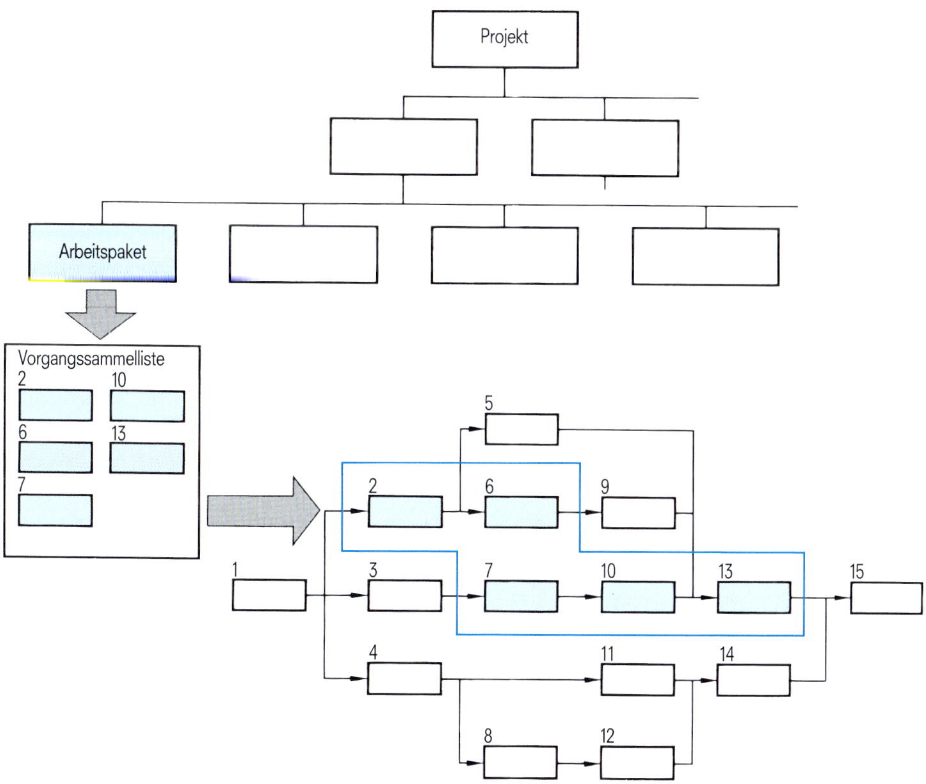

Bild 3.74 Planungsabschnitt Vorgangsdefinition

Arbeitsschritt B1
Etikettenerstellung

In diesem ersten Arbeitsschritt des zweiten Planungsabschnitts müssen die in der Vorgangssammelliste erfassten Vorgänge auf *Etikettträger* übertragen werden; diese können entweder mit einer Magnetschicht bzw. einer wiederverwendbaren Klebschicht versehen oder als normale Papieretiketten an eine entsprechende Wandunterlage angeheftet werden (Bild 3.75).

Vorgangsetiketten dürfen nicht zu groß sein, da sonst beim Entwurf des Vorgangsnetzes die Planungsfläche schnell überladen und unübersichtlich wird. Für das Erstellen derartiger Vorgangsetiketten kann man auch das eingesetzte Netzplanverfahren heranziehen, wenn dieses in der Lage ist, leere »Vorgangskästchen« auszudrucken, die dann als Etiketten verwendet werden können.

Arbeitsschritt B2
AOB-Bestimmung

Liegen schließlich alle Vorgänge als beschriftete Etiketten vor, so werden sie in ihrer ungefähren zeitlichen Anordnung von links nach rechts auf der Planungswand angeordnet. Anschließend rückt man sie unter der »gedanklichen« Berücksichtigung der logischen Abhängigkeiten so hin, dass bei Eintragen der Verbindungspfeile möglichst wenig Überschneidungen auftreten, trotzdem aber thematisch zusammengehörende Vorgänge beisammen bleiben. Auch muss hierbei möglichst der zeitliche Ablauf von links nach rechts erhalten bleiben. Dieser Strukturierungsprozess ist in mehreren Durchgängen durchzuführen, da man i. Allg. die optimale Anordnung der Vorgänge nicht auf Anhieb findet. Was in diesem Zusammenhang als optimal zu gelten hat, hängt entscheidend von den individuellen Ansprüchen der jeweiligen Netzplaner ab. Abhängigkeiten zwischen Vorgängen können dabei aus sehr unterschiedlichen Gründen erforderlich sein:

- ▷ technische Gründe,
- ▷ personelle Zwänge,
- ▷ Kostengesichtspunkte,
- ▷ organisatorische Gegebenheiten oder
- ▷ Auflagen vom Auftragnehmer.

Nach dem grundsätzlichen Festlegen der Anordnungsbeziehungen müssen zu diesen die *Art* der Anordnungsbeziehungen sowie die *Zeitabstände* bestimmt werden. Für das manu-

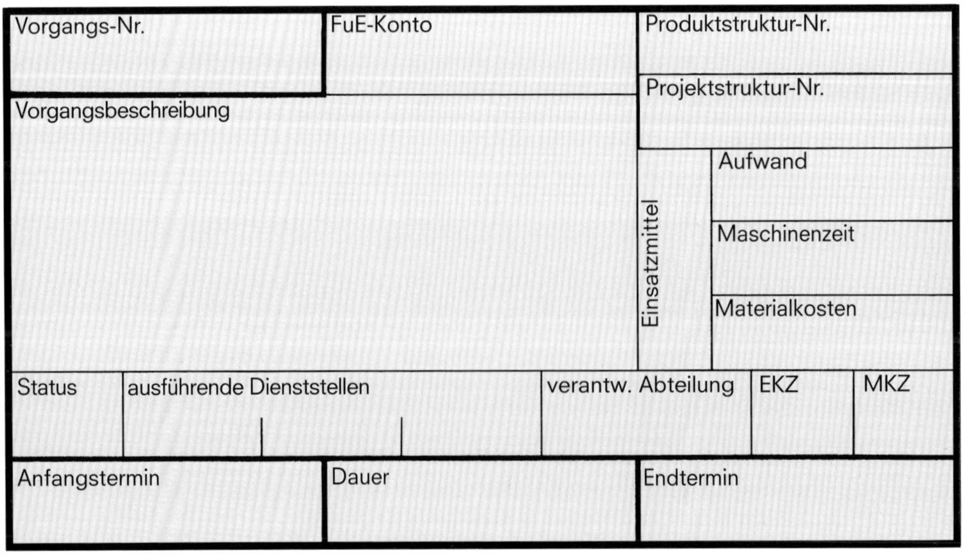

Bild 3.75 Vorgangsetikette (Beispiel)

elle Beschriften der AOB-Pfeile bieten sich folgende Abkürzungen an:

NF	Normalfolge	oder	EA	Ende-Anfang-Beziehung
AF	Anfangsfolge	oder	AA	Anfang-Anfang-Beziehung
EF	Endefolge	oder	EE	Ende-Ende-Beziehung
SF	Sprungfolge	oder	AE	Anfang-Ende-Beziehung

Diesen Abkürzungszeichen werden die jeweiligen Zeitwerte für die Minimal- bzw. Maximalabstände angefügt.

In der Praxis tritt häufig der Konflikt auf, ob ein zeitbestimmendes Geschehen als Vorgang oder als Zeitabstand einer Anordnungsbeziehung deklariert werden soll. Die Darstellung als Vorgang ist dann zu wählen, wenn dem Geschehen Einsatzmittel (Personal, Maschinen, Material) zugeordnet werden sollen. Anderenfalls bietet sich die Verwendung einer Anordnungsbeziehung an, da hierdurch der Netzplan weniger umfangreich wird.

Ziel ist jedenfalls, zu einer Vorgangsanordnung zu kommen, bei der der Netzplan eine starke grafische Aussagekraft besitzt und so zu einem effizienten Planungsinstrument für das Projektmanagement wird. Je besser dieses Ziel erreicht wird, desto leichter hat man es mit der späteren Netzplanaktualisierung.

Arbeitsschritt B3
Bewertung

Die bis jetzt definierten und in einen Entwicklungsablauf eingeordneten Vorgänge müssen nun in diesem Arbeitsschritt *bewertet* werden; hierzu gehört das Bestimmen folgender Angaben:

▷ Entwicklungsaufwand,
▷ Entwicklungsdauer,
▷ Sach- und Betriebsmittel,
▷ Termine.

Die Schätzung des für den einzelnen Vorgang notwendigen Entwicklungsaufwands ist sicher sehr risikobehaftet; sie wird wesentlich verlässlicher, wenn man eine der in den Kapiteln 3.2 aufgeführten Aufwandsschätzmethoden anwendet.

Die Qualität der Schätzung der zugehörigen Entwicklungsdauer – für die von einigen Aufwandsschätzverfahren auch ein Leitwert errechnet wird – hängt entscheidend von dem verfügbaren Personal, von den zur Verfügung stehenden Testanlagen sowie von eventuell notwendigen Materiallieferungen ab. Die (zumindest gedankliche) Zuordnung der einzelnen Personen mit ihrer jeweiligen Qualifikation und Leistungsfähigkeit zu den Vorgängen bestimmt letztendlich die einzuplanende Entwicklungsdauer.

Die Kapazitätsangabe der unterschiedlichen Sach- und Betriebsmittel, wie Rechen- und Maschinenzeiten sowie Materialien, ist auf Grund von Erfahrungsdaten meist leichter vorzunehmen.

Falls der Projektablauf es erfordert, müssen noch für besondere Vorgänge Terminvorgaben gemacht werden, sei es als absolut fixe oder nur als Wunsch-Termine. Die letzteren dienen bei der späteren Termindurchrechnung als Leitwerte, die möglichst einzuhalten sind, aber auch – falls dies aus Konsistenz- oder Optimierungsgründen erforderlich ist – verändert werden können.

Planungsabschnitt C
Einrichtung der Netzplandatei

Arbeitsschritt C1
Stammdateneingabe

Bei Einrichten einer Netzplandatei sind grundsätzliche Angaben zum Projekt zu machen, damit den späteren Netzplanausgaben und -auswertungen informative Angaben beigegeben werden können. Hierzu gehören u. a.:

▷ Name der Netzplandatei,
▷ Projektname,
▷ Benennungen der Teilprojekte,
▷ Name des Planungsverantwortlichen,
▷ Benennung des Netzplans,
▷ Benennungen der Teilnetzpläne,
▷ Organisationszugehörigkeit.

Beschreibende Angaben in der Stammdatei sind meist fakultativ, können daher auch noch später eingegeben werden. Identifizierende Angaben müssen dagegen zu Beginn einer Netzplandurchrechnung vollständig vorliegen, weil anderenfalls Zuordnungsprobleme auftreten können.

Arbeitsschritt C2
Kalendrierung

Ein Netzplanverfahren rechnet intern wohl mit Zeiteinheiten wie Stunden, Tagen, Wochen oder Monaten, allerdings in einer absoluten Zählung. Für den Projektplaner ist aber die Einordnung dieser Zeiteinheiten in den üblichen Kalender wichtig, da er seine Zeitplanung nur in diesem Zeitraster mit seinen Wochenenden, Feiertagen, Urlauben, Betriebsschließungen etc. vornehmen kann. Daher ist es erforderlich, den Rechner von diesen kalenderspezifischen Daten in Kenntnis zu setzen; diesen Arbeitsschritt beim Einrichten einer Netzplandatei nennt man *Kalendrierung*. Das Zuordnen zu einem Kalender kann es sogar erforderlich machen, mehrere unterschiedliche Arbeitskalender zu definieren, z. B. wenn ein Projekt sich auf Aktivitäten im Inland (gregorianischer Kalender) und im Ausland (islamischer Kalender) bezieht oder wenn bei einem inländischen Projekt die in den einzelnen Bundesländern z. T. unterschiedlichen Feiertagsregelungen zu berücksichtigen sind. Im Rahmen einer Kalendrierung werden u. a. folgende Freizeiten festgehalten:

- ▷ Freie Wochentage (z. B. Sonntag)
- ▷ Feste Feiertage (z. B. 3. Oktober)
- ▷ Variable Feiertage (z. B. Ostern)
- ▷ Betriebsschließungstage (z. B. Heiligabend)
- ▷ Betriebsurlaub (z. B. »Fenstertage«).

Das Festlegen derartiger Freizeiten ist meist nicht in einem einmaligen Schritt zu Beginn des Projekts möglich, da z. B. Fenstertage als Betriebsschließungstage für Folgejahre meist noch nicht feststehen.

Arbeitsschritt C3
Einheitenfestlegung

Abhängig von der jeweiligen Projektgröße können bei den späteren Netzplanausgaben und -auswertungen unterschiedliche Einheiten für Zeit, Aufwand und Kosten erwünscht sein:

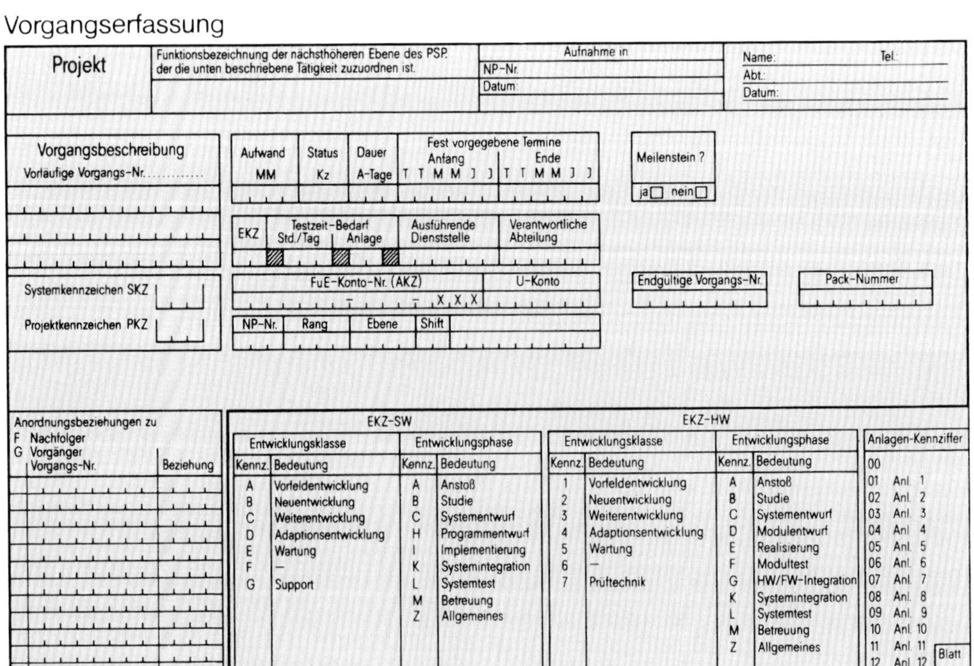
Vorgangserfassung

Projekt | Funktionsbezeichnung der nächsthöheren Ebene des PSP, der die unten beschriebene Tätigkeit zuzuordnen ist. | Aufnahme in NP-Nr. Datum: | Name: Tel.: Abt.: Datum:

Vorgangsbeschreibung
Vorläufige Vorgangs-Nr. ....

Aufwand MM	Status Kz	Dauer A-Tage	Fest vorgegebene Termine Anfang T T M M J J	Ende T T M M J J

Meilenstein ? ja☐ nein☐

EKZ	Testzeit-Bedarf Std./Tag	Anlage	Ausführende Dienststelle	Verantwortliche Abteilung

Systemkennzeichen SKZ
Projektkennzeichen PKZ

FuE-Konto-Nr. (AKZ)	U-Konto
X X X	

NP-Nr.	Rang	Ebene	Shift

Endgültige Vorgangs-Nr.

Pack-Nummer

Anordnungsbeziehungen zu
F Nachfolger
G Vorgänger

Vorgangs-Nr.	Beziehung

EKZ-SW

Entwicklungsklasse Kennz.	Bedeutung	Entwicklungsphase Kennz.	Bedeutung
A	Vorfeldentwicklung	A	Anstoß
B	Neuentwicklung	B	Studie
C	Weiterentwicklung	C	Systementwurf
D	Adaptionsentwicklung	H	Programmentwurf
E	Wartung	I	Implementierung
F	–	K	Systemintegration
G	Support	L	Systemtest
		M	Betreuung
		Z	Allgemeines

EKZ-HW

Entwicklungsklasse Kennz.	Bedeutung	Entwicklungsphase Kennz.	Bedeutung	Anlagen-Kennziffer
				00
1	Vorfeldentwicklung	A	Anstoß	01 Anl. 1
2	Neuentwicklung	B	Studie	02 Anl. 2
3	Weiterentwicklung	C	Systementwurf	03 Anl. 3
4	Adaptionsentwicklung	D	Modulentwurf	04 Anl. 4
5	Wartung	E	Realisierung	05 Anl. 5
6	–	F	Modultest	06 Anl. 6
7	Prüftechnik	G	HW/FW-Integration	07 Anl. 7
		K	Systemintegration	08 Anl. 8
		L	Systemtest	09 Anl. 9
		M	Betreuung	10 Anl. 10
		Z	Allgemeines	11 Anl. 11
				12 Anl. 12

Blatt

Bild 3.76 Vorgangserfassungsformular (Beispiel)

- ▷ Stunden, Tage, Monate für die Zeit
- ▷ Mann-Stunden, Mann-Wochen, Mann-Monate für den Aufwand
- ▷ EUR, TEU für die Kosten.

Es sind stets sinnvolle Einheiten zu wählen, weil sonst falsche Genauigkeiten vorgespiegelt oder wesentliche Zusammenhänge verschleiert werden. So sollte man z. B. für die Wahl einer adäquaten Zeiteinheit 0,5 bis 2% der Projektgesamtdauer wählen. Im Folgenden sind einige Empfehlungen für die Wahl der optimalen Zeiteinheit zusammengestellt:

Projektgesamtdauer	*Gewählte Zeiteinheit*
mehrere Jahre	Monat
ein Jahr	Woche
ein Halbjahr	Tag
einige Wochen	Stunde

Planungsabschnitt D
Eingabe der Netzplandaten

Arbeitsschritt D1
Vorgangserfassung

Die Vorgangserfassung für die Netzplandatei wird von fast allen rechnergestützten Verfahren im Dialog unterstützt, d. h. alle Netzplandaten, die den Vorgang beschreiben, sind in Bildschirmmasken eingebbar. Bei geringen Vorgangsmengen kann diese maskenorientierte Erfassung unmittelbar von Mitarbeitern der Planungsgruppe selbst vorgenommen werden; für sie sind die vollständig ausgefüllten Vorgangsetiketten eine geeignete Eingabeunterlage. Sind dagegen große Mengen von Vorgängen durch Hilfskräfte einzugeben und auch die Vorgangsetiketten nicht vollständig vorhanden bzw. unvollständig ausgefüllt, so ist es angebracht, die Vorgangsdaten nach dem Papierentwurf des Netzplans in spezielle *Erfassungsformulare* zu übertragen, von denen sie dann durch eingespieltes Datenerfassungspersonal in die Netzplandatei überführt werden: Das Bild 3.76 zeigt als Beispiel ein derartiges Vorgangserfassungsformular.

Welche Angaben für jeden Vorgang einzugeben sind, hängt außer von den Projektgegebenheiten vom Funktionsumfang des verwendeten Netzplanverfahrens ab. Die nachstehende Aufstellung kann daher nur Möglichkeiten wiedergeben:

Vorgangstexte	Vorgangsbenennung Zusatzinformationen
Zuordnungen	Vorgangsnummer FuE-Konto Unterkonto Produktstruktur Projektstruktur
Termine/Dauer	möglichst einzuhaltender Anfangs- bzw. Endtermin fixer Anfangs- bzw. Endtermin Vorgangsdauer
Einsatzmittel	Personalaufwand Maschinenbelegungszeiten Materialkosten
Statuskennzeichen	Startvorgang Zielvorgang Alleinvorgang
Organisationsangaben	ausführende Dienststelle verantwortliche Abteilung Auftraggeber
Entwicklungsmerkmale	Entwicklungsart Entwicklungsphase Tätigkeitsart Meilenstein-Kennzeichen Systemkennzeichen

Arbeitsschritt D2
AOB-Eingabe

Anschließend an die vorgangsspezifischen Angaben müssen die durch den Netzplanentwurf definierten Anordnungsbeziehungen mit ihren jeweilig geplanten Zeitabständen eingegeben werden. Im Einzelnen sind hierbei festzulegen:

- ▷ Vorgänger,
- ▷ Nachfolger,
- ▷ Art der Anordnungsbeziehung sowie
- ▷ Minimal- bzw. Maximalabstände.

Verfahrenstechnisch kann die Eingabe der Anordnungsbeziehungen auf zwei unterschiedliche Weisen geschehen:

- ▷ AOB-Eingabe in einem eigenen Modus,
- ▷ AOB-Eingabe bei der Vorgangsdefinition.

Im ersten Fall werden die Anordnungsbeziehungen jeweils als Paar eines Vorgängers und eines Nachfolgers definiert und in das Verfahren eingegeben. SINET-realisierte Verfahren sowie das PC-Verfahren Acos Plus 1 sind Beispiele für diese Vorgehensweise.

Bei einigen Verfahren können dagegen entweder nur die Vorgänger oder nur die Nachfolger zu einem Vorgang explizit angegeben werden; (wie z. B. bei MS Project); bei anderen sind sowohl Vorgänger als auch Nachfolger explizit angebbar.

Arbeitsschritt D3
Koordinateneingabe

Die geografische Anordnung der Vorgangskästchen in dem grafischen Netzplan kann bei den meisten Verfahren automatisch mittels eines Optimierungsalgorithmus vorgenommen werden. Die Praxis zeigt aber, dass die *automatische Platzierung* meist nicht den erwünschten Effekt bringt, besonders wenn nach Netzplanaktualisierungen unveränderte Vorgänge unkontrolliert ihren Platz wechseln. Ein bestimmter Entwickler muss dann immer wieder von neuem »seine« Vorgänge im Netzplan suchen. Deshalb wird meist – falls das DV-Verfahren es erlaubt – eine durch den Projektplaner fest definierte Platzierung der einzelnen Vorgangskästchen gewählt. Hierzu ist für jeden Vorgang die x- und y-Koordinate im künftigen Netzplan anzugeben. Seine x-Koordinate wird als *Rang* und seine y-Koordinate wird als *Ebene* bezeichnet, wie Bild 3.77 verdeutlicht.

Die Nummern für Rang und Ebene sollten bei der Ersteingabe in dekadischen Sprüngen eingegeben werden, damit man später zusätzliche Kästchen leichter einfügen kann.

Weiterhin muss – wenn eine Netzplangliederung beabsichtigt ist – jedem Vorgang eine Teilnetzplan-Nummer zugeordnet werden, die bestimmt, zu welchem Teilnetzplan der betreffende Vorgang bei späteren Netzplanausgaben gehört. Diese Nummer kann ebenfalls klassifizierende Merkmale enthalten, also z. B. den Netzplan in einen HW-, einen SW- und einen Orgware-Anteil gliedern.

Planungsabschnitt E
Durchrechnung des Netzplans

Nach Eingabe aller Vorgangsdaten und Anordnungsbeziehungen ist mit dem eingesetzten Verfahren eine erste Durchrechnung des Netzplans vorzunehmen, um diesen auf seine Konsistenz zu überprüfen. Drei Durchrechnungen sind hierbei zu durchlaufen:

▷ die Termindurchrechnung
▷ die Einsatzmittelberechnung
▷ die Koordinatenberechnung.

Arbeitsschritt E1
Termindurchrechnung

Dieser Arbeitsschritt umfasst die terminliche Vorwärts- und Rückwärtsrechnung des Netzplans. Unter Berücksichtigung der gesetzten Termine, der festgelegten Dauern und der definierten Anordnungsbeziehungen werden die Anfangs- und Endtermine der einzelnen Vorgänge ermittelt (siehe Kap. 3.3.5).

Sind die Netzplandaten formal nicht korrekt, so bricht das Verfahren die Durchrechnung vorzeitig ab oder es gibt eine entsprechende Warnung aus. Dagegen kann die Prüfung der fachlichen Richtigkeit erst mit entsprechenden Netzplan-Ausgaben im nächsten Planungsabschnitt vorgenommen werden.

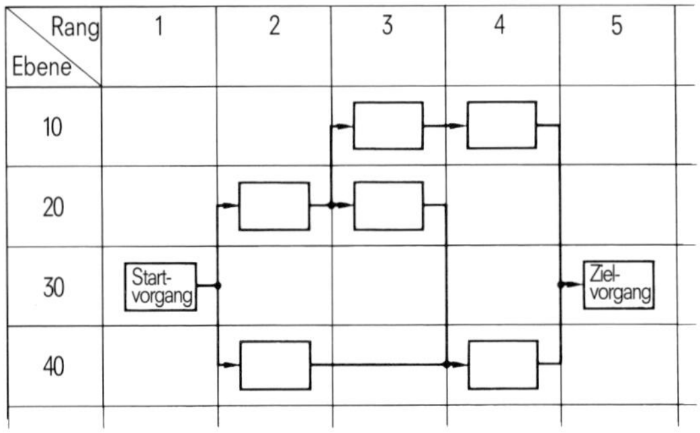

Bild 3.77
Rang und Ebene bei einem Netzplan

Arbeitsschritt E2
Einsatzmittelberechnung

Mit der Einsatzmittelberechnung wird der zeitliche Bedarfsverlauf der jeweiligen Einsatzmittel berechnet. Hierbei sind die den einzelnen Vorgängen zugeordneten Bedarfsmengen in den zugehörigen Einsatzmittelkalender aufzunehmen und dort aufzusummieren. Als Ergebnis erhält man je Einsatzmittelkalender und damit je Einsatzmittel einen Summenverlauf des benötigten Bedarfs (siehe Kap. 3.3.6).

Arbeitsschritt E3
Koordinatenberechnung

Falls man die Platzierung der einzelnen Vorgangskästchen in dem grafischen Netzplan nicht manuell durch Angabe der x- und y-Koordinaten vornimmt, kann in diesem Arbeitsschritt eine automatische Koordinatenberechnung für die grafische Aufbereitung des Netzplans angestoßen werden. Abhängig von Randparametern wird in einem Rechnungslauf eine möglichst optimale Platzierung der einzelnen Vorgangskästchen unter Berücksichtigung aller Anordnungsbeziehungen angestrebt.

Die Optimierungsvorgaben sind hierbei:

- ▷ möglichst »zeitnatürliche« Vorgangsfolge (d. h. von links nach rechts),
- ▷ möglichst wenig Kreuzungen von Anordnungsbeziehungspfeilen und
- ▷ möglichst wenig beanspruchte (Zeichen-)Fläche.

Durch die automatische Platzierung kann allerdings nicht erreicht werden, dass thematisch zusammengehörende Vorgänge im grafischen Netzplan auch örtlich beisammen bleiben, da es für die sachliche »Nähe« von Vorgängen keine Optimierungskriterien gibt. Wegen dieser Nachteile ist eine manuelle Platzierung häufig der automatischen vorzuziehen.

Arbeitsschritt E4
Fehlerkorrektur

Bei allen drei Durchrechnungen können Fehler aufgedeckt werden, und zwar fachliche und formale. Solche Fehler können – wie bereits erwähnt – zu einem Abbruch des Rechnungslaufs führen oder nur eine Warnung zur Folge haben. Hier sind zu erwähnen:

Bei der *Termindurchrechnung:*

- ▷ fehlende Vorgangsdauer,
- ▷ fehlende Terminangabe,
- ▷ Vorgangsstatus entspricht nicht den Anordnungsbeziehungen (z. B. Zielvorgang hat einen Nachfolger),
- ▷ gesetzter Termin führt zu negativem Puffer,
- ▷ Arbeitszeitkalender umfasst nicht den Projektzeitraum,
- ▷ gesetzter Termin ist nicht in dem Arbeitszeitkalender enthalten,
- ▷ Vorgangsnetz enthält Schleife.

Bei der *Einsatzmittelberechnung:*

- ▷ Einsatzmittelkalender enthält nicht alle Projekttage,
- ▷ Summenbedarf bzw. -vorrat übersteigt die zulässige Grenze.

Bei der *Koordinatenberechnung:*

- ▷ mehrere Vorgänge liegen auf demselben Platz,
- ▷ vollständige Darstellung nicht möglich (z. B. nicht ausreichend Platz für mehrere AOB-Pfeile).

Leistungsfähige Netzplanverfahren machen in den Terminlisten und Vorgangsübersichten besondere Hinweise an den Stellen, die noch inkonsistente Sachverhalte enthalten; diese unterstützen den Projektplaner beim Aufdecken auch der sachlogischen Fehler.

Nach entsprechender Korrektur der Netzplan-Eingabedaten ist eine erneute Durchrechnung des Netzplans vorzunehmen. Die Arbeitsschritte E1 bis E4 müssen so lange wiederholt werden, wie noch Inkonsistenzen im Netzplan enthalten sind.

Planungsabschnitt F
Auswertung des Netzplans

Arbeitsschritt F1
Ausgaben

Weisen die einzelnen Netzplandurchrechnungen schließlich keine Inkonsistenz mehr auf, so können die Netzplanauswertungen, die das DV-Verfahren ermöglicht, gestartet und ausgegeben werden. Zu den Netzplanauswertungen gehören vor allem:

- ▷ Terminlisten,
- ▷ Vorgangsdatenübersichten,

▷ Balkendiagramme,
▷ Auslastungsdiagramme,
▷ Projektstrukturpläne,
▷ grafische Teil- und Gesamtnetzpläne sowie
▷ Projektstatuslisten.

Die Projektbeteiligten sollten nun mit den jeweils für sie relevanten Planinformationen aus dem Netzplan versorgt werden. Es ist also für eine gezielte, d. h. selektive Informationsverteilung im Rahmen eines PM-Berichtwesens durch das Projektbüro zu sorgen.

Arbeitsschritt F2
Simulation

Am Ende des Netzplanaufbaus liegt ein sowohl formal als auch sachlogisch richtiger Netzplan vor; trotzdem braucht dieser noch nicht die endgültige Planbasis für die künftige Projektdurchführung zu sein. Einerseits können andere Planvorgaben für das Projekt in verschiedener Hinsicht günstiger sein, andererseits sind andere noch günstigere Ablauffolgen möglich. Gerade an dieser Stelle treten die Vorteile eines rechnergestützten Netzplanverfahrens besonders stark hervor, da man verschiedene Simulationen möglicher künftiger Arbeitsabläufe ohne großen Aufwand durchführen kann.

Bei der ersten Form einer Simulation verändert man einzelne Planvorgaben so, dass gezielt auf ganz bestimmte Projektparameter eingewirkt wird. Beispielsweise ist durch

▷ Aufheben von Fixterminen,
▷ Verändern von Vorgangsdauern,
▷ Herausnehmen von Vorgängen oder
▷ Verschieben von Anordnungsbeziehungen

ein optimaler Ablauf erreichbar, der zu einer besseren Auslastung des eingesetzten Personals oder zu einem früheren Projekt-Endtermin führt. Auch ist auf diese Weise das »Durchspielen« mehrerer kritischer Wege möglich, so dass man zu einem insgesamt weniger kritischen Ablauf gelangt.

Die zweite Simulationsform nutzt die Optimierungsmöglichkeiten durch Verschieben der Vorgänge innerhalb ihrer Zeitpuffer. Das Ergebnis ist eine bessere Auslastung der Einsatzmittel, besonders des Personals. Diese Bedarfsoptimierung kann – wie bereits in Kapitel 3.3.6 kurz erläutert – von zwei unterschiedlichen Vorgaben ausgehen:

termintreue Bedarfsoptimierung,
kapazitätstreue Bedarfsoptimierung.

Bei der termintreuen Bedarfsoptimierung richtet sich der Simulationslauf nach einem fixen Endtermin aus; bei der kapazitätstreuen wird eine maximale Obergrenze (Vorrat) eingehalten.

Die Simulation mehrerer Netzplanvarianten ist auch ein ausgezeichnetes Mittel innerhalb der *Krisenplanung,* die ja das Ziel hat, durch Vorabbetrachtung möglicher Krisen Lösungswege im Voraus aufzuzeigen.

3.4.5 Netzplanstrukturierung

Projekte, die mit Hilfe der Netzplantechnik geplant und überwacht werden sollen, haben meist eine so komplexe Struktur in ihrer fachlichen und organisatorischen Umwelt, dass der Gesamtnetzplan sehr schnell einen für das Projektmanagement nicht mehr überschaubaren Umfang annehmen kann. Solche Netzpläne arten dann bei der grafischen Wiedergabe leicht zu überdimensionalen »Tapetenflächen« aus, die an Aussagekraft stark verlieren. Außerdem erhält ein spezieller Nutzer nicht mehr die für ihn relevanten Ausschnitte, sondern muss sich mit dem gesamten Netzplanumfang abplagen. Ein einzelner Netzplan, der seine Übersichtlichkeit behalten soll, darf daher nicht viel mehr als hundert Vorgänge auf einem Blatt (bzw. Bogen) Papier ausweisen.

Eine ausführliche Untersuchung in den 80er Jahren hat bestätigt, dass die Anzahl Netzplanvorgänge normalerweise mit der Projektgröße ansteigt – trotz größer werdender Arbeitspakete. Ausgehend von dieser Erkenntnis ist in Bild 3.78 dargestellt, wie die Anzahl der Netzplanvorgänge, abhängig von den Projektkosten auf EUR-Basis, für Entwicklungsvorhaben in der Elektrotechnik ansteigt.

Als Durchschnittswert kann hier der Wert von etwa 50 Vorgängen je 1 Mio. EUR Projektkosten angesehen werden; es ergibt sich damit für einen Vorgang ein Durchschnittsaufwand von 2 MM. Wie das Diagramm zeigt, liegt bei kleineren Vorgangsmengen eine »Unterplanung« und bei größeren eine »Überplanung« vor. Der

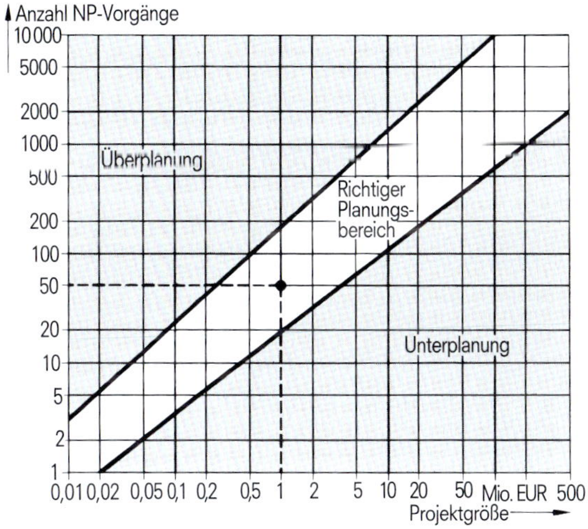

Bild 3.78
Anzahl Netzplanvorgänge abhängig von der Projektgröße

sehr breite Übergangsbereich sagt allerdings aus, dass die Wahl der optimalen Vorgangszahl sehr projektspezifisch ist.

Auch sollte man berücksichtigen, dass die Anzahl Vorgänge eines Netzplans während dessen Lebenszyklus schwankt. Wie weiter unten noch erläutert wird, können geplante Vorgänge aufgespalten oder wieder gelöscht sowie abgeschlossene Vorgänge zusammengefasst werden.

Für das Erreichen einer optimalen Vorgangsanzahl je Einzelnetzplan ist es daher fast immer erforderlich, sich gleich zu Beginn des Netzplanaufbaus eine projektadäquate Netzplanstrukturierung zu überlegen. Hierfür bieten sich, abhängig von den jeweiligen Erfordernissen, mehrere Möglichkeiten an:

- ▷ Netzplanunterteilung
- ▷ Netzplanverdichtung
- ▷ Vorgangsreduktion
- ▷ Meilenstein-Netzpläne
- ▷ Standardnetzpläne.

Netzplanunterteilung

Werden die Entwicklungsaktivitäten in großen Entwicklungsbereichen mit einem Netzplan gesteuert, so können leicht einige tausend Vorgänge entstehen; eine grafische oder listenförmige Gesamtdarstellung dieser Vorgänge ist meist aber nicht erforderlich. Stattdessen muss man Netzplaninformationen nach Gliederungsprinzipien, die vom betreffenden Entwicklungsbereich vorgegeben sind, selektiv ausweisen können. Die Gesamtheit der Vorgänge lässt sich nach mindestens einem der folgenden Gesichtspunkte unterteilen:

- ▷ Organisationsorientierte Unterteilung
- ▷ Projektorientierte Unterteilung
- ▷ Technikorientierte Unterteilung.

Bei einer *organisationsorientierten* Netzplanunterteilung muss der Auszug eines Teilnetzplans aus der gesamten Vorgangsmenge so möglich sein, dass eine bestimmte Organisationseinheit (z. B. eine Laborgruppe) nur die von ihr bearbeiteten Netzplanvorgänge ausgewiesen erhält. Auswahlkriterium wäre hierbei die organisationsbezogene Nummer des Teilnetzplans (siehe hierzu das Bild 3.79).

Werden innerhalb eines Bereichs die Entwicklungsaktivitäten in mehreren Projekten durchgeführt, bietet sich eine *projektorientierte* Gliederung der Vorgangsgesamtmenge an. Unterscheidungsmerkmal ist dann das Projektkennzeichen (PKZ).

Schließlich kann die Vorgangsgesamtmenge auch *technikorientiert* unterteilt werden, weil z. B. die unterschiedlichen Entwicklungsarbeiten eindeutig bestimmten Systemen oder Systemteilen zuzuordnen sind. Hier erhält jeder Vorgang ein bestimmtes Systemkennzeichen (SKZ), wodurch eine systemtechnische Netzplangliederung möglich wird.

Sowohl die organisationsorientierte Unterteilung in Teilnetzen als auch die Verwendung ei-

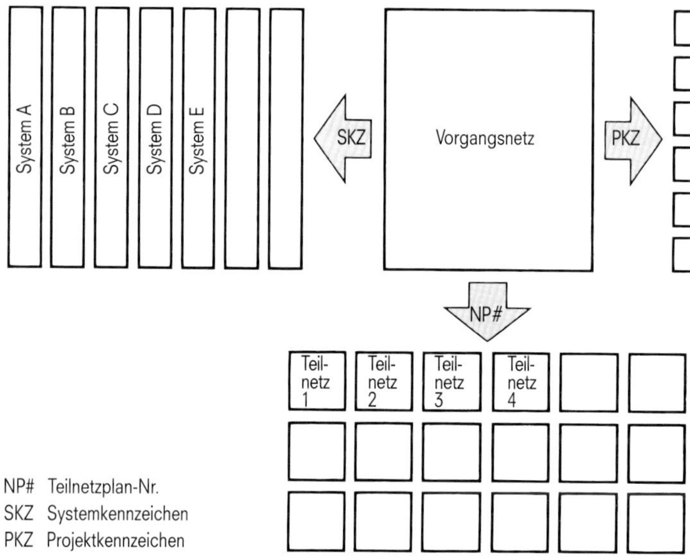

Bild 3.79
Netzplanunterteilung

nes Projektkennzeichens zum projektorientierten Unterteilen ist eine wichtige Voraussetzung für eine *Multiprojektplanung* mit Hilfe der Netzplantechnik. Alle den einzelnen Vorgängen zugeordneten Projektdaten, wie Termine, Aufwände und Kosten können dadurch auf einfache Weise organisations- und projektbezogen, aber auch gesamtbezogen ausgewertet werden.

Wünschenswert ist, dass alle drei Gliederungsgesichtspunkte bei ein und derselben Vorgangsgesamtmenge gleichzeitig anwendbar sind. Dieses wurde z. B. bei dem Projektplanungs- und -steuerungsverfahren REPROPLIK erreicht.

Netzplanverdichtung

Für das Beurteilen des Projektgeschehens anhand von Netzplandaten gibt es bei einem Projekt Informationsnutzer auf allen hierarchischen Ebenen einer Organisation. Sowohl der einzelne Entwickler will wissen, welche Vorgänge er zu bearbeiten hat und zu welchen anderen (fremden) Vorgängen diese in besonderer Abhängigkeit stehen, als auch die Leitung will den Projektstand anhand des Netzplans erfahren und beurteilen können. Der entscheidende Unterschied liegt darin, dass der Entwickler über eine begrenzte Vorgangswahl sehr detaillierte Information erhalten will, dagegen ein Bereichsleiter über die Gesamtheit eine globale Übersicht benötigt.

Es muss daher möglich sein, das Projektgeschehen sowohl auf einer ausführlichen und damit umfangreichen Detailebene darzustellen; zusätzlich aber muss eine *Verdichtung* der Netzplaninformationen nach »oben« erreichbar sein (Bild 3.80).

Auf der Detailebene ist die Gesamtheit der Netzplanvorgänge vorhanden, die in Teilnetzausgaben den Entwicklern zugeführt werden; einen Gesamtauszug erhält höchstens das Projektbüro. Auf den höheren Netzplanebenen müssen diese Vorgänge nach bestimmten Kriterien verdichtet werden können, um sie in kompakteren Netzplandarstellungen den oberen Leitungskreisen zur Verfügung zu stellen. Teilweise werden diese auf höherer Ebene verdichteten Vorgänge auch als »Blockvorgänge« bezeichnet.

Entscheidend bei einer solchen Netzplanhierarchie ist, dass beim Verdichten die logischen Abhängigkeiten, die Termine und die Einsatzmittelangaben für die akkumulierten Vorgänge automatisch ermittelt werden, damit auf jeder Ebene »durchrechenbare« Netzpläne entstehen. Mit vertretbarem Aufwand kann dieses natürlich nur ein DV-gestütztes Netzplanverfahren schaffen. Auch muss das Verfahren das Einhalten der Datenkonsistenz zwischen den

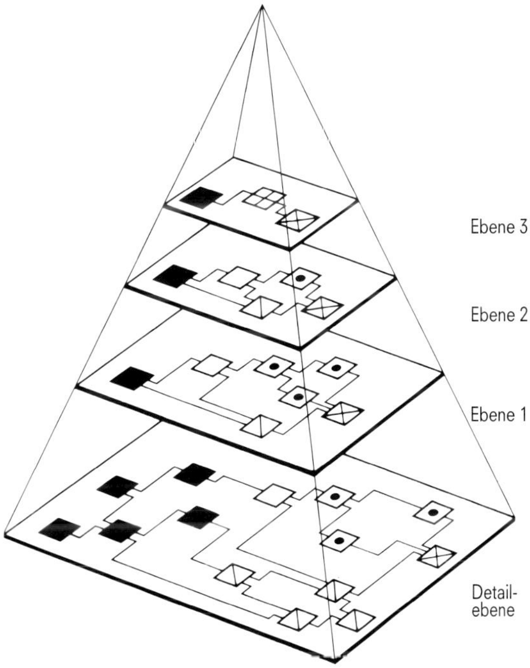

Bild 3.80 Netzplanverdichtung

einzelnen Netzplanebenen bei punktuellen Änderungen gewährleisten, da die Änderungen eventuell Folgeänderungen in anderen Ebenen verursachen.

Vorgangsreduktion

Netzpläne zu Beginn eines Projekts umfassen eine meist noch geringe Anzahl größerer Vorgänge; diese werden normalerweise erst im Laufe des Projektfortschritts aufgespalten. Hierbei kann dann – besonders bei mehrjährigen Großprojekten – das Problem auftreten, dass für die Gesamtmenge der Vorgänge die Speicherkapazität nicht mehr ausreicht, die durch den Adressraum des eingesetzten DV-Verfahrens gegeben ist. Daher ist es wünschenswert, dass abgeschlossene Vorgänge entsprechend höherer Verdichtungsebenen zu Summenvorgängen zusammengefasst werden.

Diese Vorgehensweise bezeichnet man als *Vorgangsreduktion*.

Wie Bild 3.81 zeigt, hat man sowohl in der Projektvergangenheit als auch in der Projektzukunft »umfassendere« Vorgänge, d. h. vergangene Vorgänge sind bereits reduziert und künftige Vorgänge sind noch nicht detailliert worden. Die Summe der Vorgänge auf der Detailebene kann damit in ihrer Gesamtanzahl in etwa konstant gehalten werden; ein »Platzen« des Speichervolumens wird vermieden.

Die Reduktion von Vorgängen ist auch angebracht, wenn die Detailliertheit abgeschlossener Vorgänge nicht mehr von Bedeutung ist und einen unnötigen Datenballast darstellt. Eine Reduktion führt wohl zur Löschung von

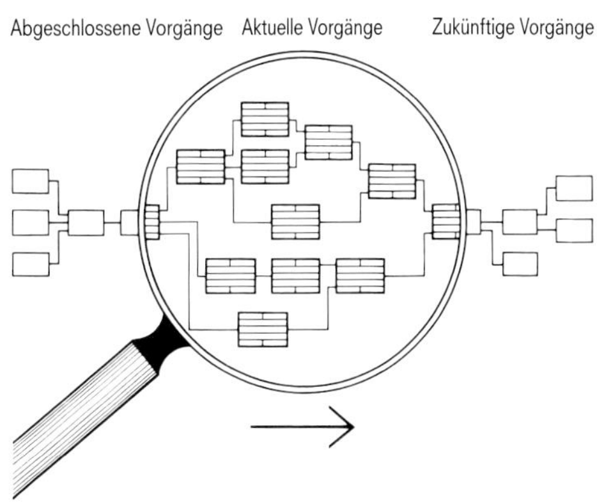

Bild 3.81 Vorgangsreduktion

Einzelinformationen, bewahrt aber wegen der entsprechenden Kumulierung die Gesamtinformation.

Meilenstein-Netzpläne

Bei Entwicklungsvorhaben, die streng nach einem Entwicklungsprozessplan abgewickelt werden, legt man häufig Meilensteine fest, an denen zu festen (Meilenstein-)Terminen klar definierte (Meilenstein-)Ergebnisse vorliegen müssen. Das Projektmanagement kann dann die Projektkontrolle ganz auf diese Meilensteine ausrichten. Das Überwachen von einzelnen Vorgängen tritt hierbei in den Hintergrund; entscheidend ist nur noch die Ergebnisabfrage an den Meilensteinen.

Meilensteine stellen genau genommen keine Vorgänge, sondern Ereignisse dar, die eigentlich in einem Vorgangsknoten-Netzplan nicht vorkommen. Durch Vergabe eines Meilensteinkennzeichens (MKZ) können aber ausgewählte Vorgänge zu »Meilensteinvorgängen« deklariert werden. Da Meilensteinvorgänge die Vorgangsdauer Null haben müssten, wählt man

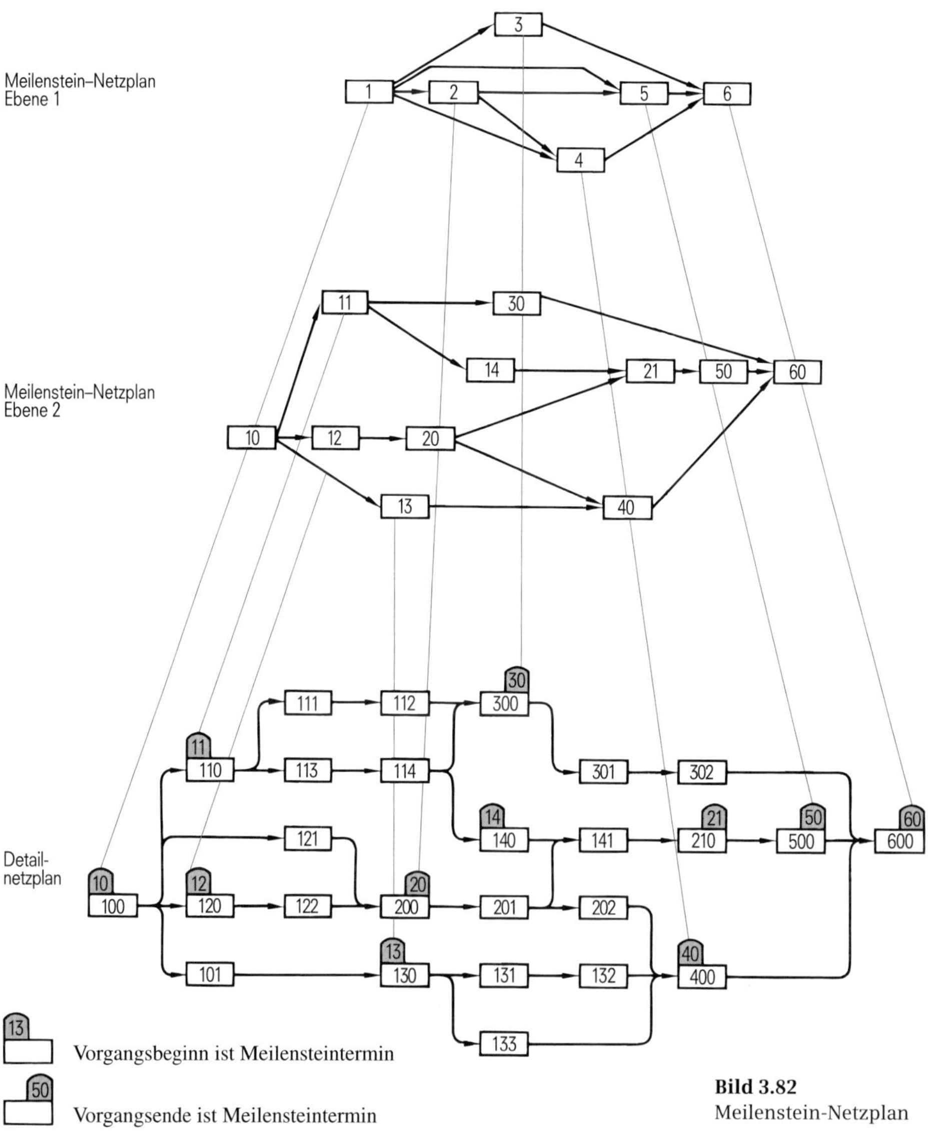

Bild 3.82
Meilenstein-Netzplan

sinnvollerweise die kleinstmögliche Zeiteinheit für die »Meilensteindauer«.

Durch entsprechende Extraktion solcher Meilensteinvorgänge erhält man einen *Meilenstein-Netzplan*, der auch hierarchisch aufgebaut sein kann (Bild 3.82). Ein Meilenstein-Netzplan ist also kein komprimierter Netzplan auf einer höheren Verdichtungsstufe, sondern ein Netzplan mit sinnvollen Einschnürungen an geplanten Zäsurpunkten, eben den Meilensteinen.

Standardnetzpläne

Enthält ein großes Entwicklungsvorhaben mehrere ähnlich verlaufende Entwicklungsabschnitte oder treten in einem Entwicklungsbereich immer wieder ähnliche Entwicklungsabläufe auf, so wäre es nicht rationell, beim Erstellen der einzelnen Netzpläne immer wieder bei »Adam und Eva« anzufangen. Es bietet sich in solchen Fällen an, in einer einmaligen Vorarbeit für diese ähnlichen, sich öfter wiederholenden Entwicklungsabschnitte *Standardnetzpläne* zu entwerfen; diese müssen im aktuellen Fall auf das vorliegende Entwicklungsobjekt angepasst und anschließend zu Gesamtnetzplänen zusammengefasst werden. Bild 3.83 veranschaulicht ein solches Vorgehen.

In einem ersten Schritt trifft man eine Auswahl der für bestimmte Projektteile in Frage kommenden Standardnetzpläne. Im zweiten Schritt werden diese Standardnetzpläne auf die speziellen Projektgegebenheiten adaptiert; hierzu sind nicht zutreffende Vorgänge zu streichen, fehlende Vorgänge hinzuzufügen und die entsprechenden Abhängigkeiten richtig zu stellen. In einem dritten Schritt werden für all die Projektteile, für die kein adäquater Standardnetzplan zur Verfügung steht, eigene spezifische Teilnetzpläne entworfen. Schließlich integriert man im letzten Arbeitsschritt die adaptierten Standardnetzpläne und die spezifischen Teilnetzpläne zu einem *Rahmennetzplan*.

Bekannte Beispiele für solche Vorgehensweisen bei der Netzplanerstellung aus Standardnetzplänen sind die Termin- und Einsatzmittelplanung bei Bauprojekten oder bei produktnahen Entwicklungen in Gerätewerken. In FuE-nahen Bereichen finden – wegen der dort sehr stark ausgeprägten Innovationen – Standardnetzpläne kaum eine breitere Anwendung.

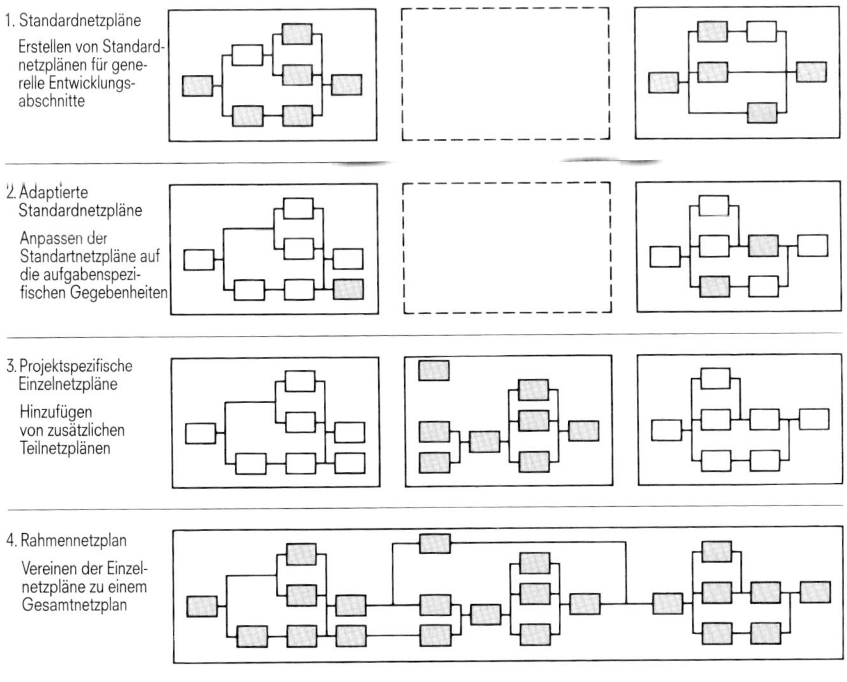

Bild 3.83 Standardnetzpläne

3.5 Einsatzmittelplanung

Die Aktivitäten in einem Projekt beanspruchen in jedem Fall Einsatzmittel. Aufgabe der Einsatzmittelplanung (Ressourcenmanagement) ist nun einerseits eine Bedarfsvorhersage zu geben und andererseits durch Aufzeigen von Engpässen und Leerläufen eine Einsatzoptimierung zu erreichen. Zu den Einsatzmitteln (Ressourcen) gehören im strengen Sinn:

- ▷ Geldmittel,
- ▷ Personal und
- ▷ Betriebsmittel (Maschinen, Materialien).

Das Einsatzmittel *Geld* wird im Rahmen der Kostenplanung (Kap. 3.6) und Kostenkontrolle (Kap. 4.2) behandelt. Das vorliegende Hauptkapitel geht deshalb nur auf die beiden anderen Einsatzmittel, Personal und Betriebsmittel, näher ein.

Zum Einsatzmittel *Personal* gehören alle für das Projekt eingesetzten Personen, sowohl die eigenen Mitarbeiter als auch das Personal fremder Dienststellen bzw. externer Consulting-Häuser. Ihr Einsatz wird innerhalb der »Personaleinsatzplanung« hinsichtlich ihrer personellen Auslastung optimiert.

Das Einsatzmittel *Betriebsmittel* umfasst alle nicht-monetären und nicht-personellen Einsatzmittel, also Rechenanlagen, Testanlagen, Prüfsysteme etc. sowie alle für die Produktrealisierung notwendigen Materialien. Ihr Einsatz wird innerhalb der »Betriebsmitteleinsatzplanung« optimiert.

Weiterhin kann man bei den Einsatzmitteln noch unterscheiden, ob sie

- ▷ »verzehrbar« oder
- ▷ »nicht verzehrbar«

sind. *Verzehrbare* Einsatzmittel sind vor allem Geld und Materialien, die nur einmal genutzt werden können und dann nicht mehr zur Verfügung stehen. Die *nicht verzehrbaren* Einsatzmittel sind wohl zeitlich auch nur einmal verfügbar, können dagegen aber nach einer Nutzung wieder voll verwendet werden. Hier ist allein die zeitliche Beanspruchung die Verfügbarkeitsgrenze. Zu den nicht verzehrbaren Einsatzmitteln gehören neben den Arbeitskräften auch Maschinen und Räumlichkeiten mit ihren jeweiligen Benutzungszeiten.

Besondere Bedeutung im Rahmen einer Einsatzmittelplanung hat die *Multiprojektplanung*, bei der die Einsatzmittel, vor allem Personal und Maschinen, unter mehreren (meist kleineren) Projekten im Zeitablauf optimal aufgeteilt werden müssen. Gerade bei einer durchgängigen Multiprojektplanung kann man projektspezifische Über- und Unterdeckungen von Einsatzmitteln so ausgleichen, dass ein positiver Einfluss auf die gesamte Entwicklungskostenbilanz sowie Entwicklungszeit entsteht. Auch können anhand mehrerer Varianten der Einsatzmittelbelegung *Plansimulationen* durchgeführt werden, um so die günstigste Konstellation herauszufinden.

Selbst wenn Aufgaben- und Terminplanung in einem Projekt funktional und zeitlich in Ordnung sind und auch die Kostenplanung keine Probleme mehr aufwirft, kann dem Projekt trotzdem die Realisierungsbasis fehlen, wenn nämlich die für die Projektdurchführung notwendigen Einsatzmittel nicht zeitgerecht vorhanden sind. Arbeitspakete, die z. B. in einem Netzplan zeitlich nicht kritisch sind, können durch Fehlen eines bestimmten Einsatzmittels *kapazitätskritisch* werden. Es gibt also nicht nur einen zeitkritischen Pfad, sondern auch einen kapazitätskritischen Pfad in einem Ablaufplan. Eine Einsatzmittelplanung – manchmal auch als *Mittelverwendungsplanung* bezeichnet – soll diese kapazitätskritischen Abschnitte im Projektablauf aufzeigen.

Zum optimalen Personaleinsatz gehört ein gezieltes Wissensmanagement, welches die verschiedenen Qualifikationen und Erfahrungen des einzusetzenden Personals differenziert betrachtet. So sind u. a. Operations-, Assignment- und Kompetenzmanagement wichtige Facetten eines Wissensmanagements.

Aufgabe jeder Einsatzmittelplanung ist daher, die erforderlichen Arbeitskräfte, Maschinen und Materialien möglichst auslastungsoptimal auf die einzelnen Projektaufgaben (bzw. Projekte) zu verteilen. Eine umfassende Einsatzmittelplanung ist deshalb auch ein Mittel zur Produktivitätssteigerung insgesamt sowie zur allgemeinen Durchlaufzeitverkürzung im Entwicklungsbereich.

3.5.1 Einsatzplanung des Personals

Innerhalb der Einsatzmittelplanung ist die Personaleinsatzplanung am wichtigsten, da das eingesetzte Personal das wertvollste Einsatzmittel sowohl hinsichtlich Kosten als auch Qualifikation darstellt.

Im Rahmen der Terminplanung eines Projekts werden die einzelnen Arbeitspakete wohl in einen logischen und zeitlich richtigen Ablauf gebracht, aber über die Durchführbarkeit unter Berücksichtigung des zur Verfügung stehenden Personals ist mit diesen Terminplänen keine Aussage möglich. Daher müssen in eine die Terminplanung begleitende Personalplanung folgende Aspekte einbezogen werden:

- ▷ Qualifikation des Personals,
- ▷ verfügbare Personalkapazität,
- ▷ zeitliche Verfügbarkeit,
- ▷ örtliche Verfügbarkeit und
- ▷ organisatorische Zuordnung.

In der Personaleinsatzplanung wird noch immer zu sehr in »Köpfen« gedacht, ohne die jeweils vorhandenen Qualifikationen und Verfügbarkeiten ausreichend zu berücksichtigen. So kann ein sehr guter Prüftechniker nicht von heute auf morgen die Arbeiten eines Systemdesigners übernehmen. Oder ein einzelner Entwickler kann nicht zur selben Zeit zwei Arbeiten gleichzeitig ausführen. Auch ist ein Entwickler am Standort A nicht so ohne weiteres an einem weit entfernt liegenden Standort B einsetzbar. Zudem können organisatorische Abteilungsgrenzen ebenfalls gewisse Hemmnisse beim Personaleinsatz verursachen.

Zur Einordnung der benötigten Qualifikationen im zeitlichen Projektablauf bietet sich das in Bild 3.84 beispielhaft dargestellte Projekt-Anforderungsprofil an. In einer Tabelle werden – bezogen auf Monatsscheiben – die notwendigen Mitarbeiteranzahlen mit entsprechender Qualifikation aufgeführt.

Die Personaleinsatzplanung hat insgesamt die Aufgabe, einen optimalen Personaleinsatz über die gesamte Projektlaufzeit herbeizuführen; es sollen möglichst keine Überlastungen und keine zu geringen Auslastungen einzelner Personengruppen auftreten (Assignment-Management, siehe Kap. 3.5.5). Natürlich müssen hierbei die vom Auftraggeber gewünschten Termine voll berücksichtigt werden. Die Terminanforderungen bilden fast immer die entscheidende Ausgangsbasis aller Überlegungen für das Optimieren des Personaleinsatzes. Man kann dabei zwei Situationen unterscheiden:

1. Der Termin ist von der Auftraggeberseite festgelegt. Die Frage heißt dann: Welche Personalkapazität in welcher zeitlichen Belegung ist erforderlich?
2. Das zur Verfügung stehende Personal liegt auf der Auftragnehmerseite fest. Die Frage heißt hier: Welches ist der früheste Fertigstellungstermin bei optimalem Personaleinsatz?

Phase	Definition		Entwurf			Realisierung			Erprobung		Einsatz
Qualifikation / Projektmonat	1.	2.	3.	4.	5.	6.	7.	8.	9.	10.	11.
Manager	1	1	1	1	2	2	2	2	3	3	1
Systemarchitekt	2	3	4	6	5	3	3	3	2	2	
Anwendungsdesigner	2	3	3	4	5	3	2	1			
HW-Entwickler	1	1	2	4	6	8	10	10	8	6	2
SW-Entwickler	1	1	2	4	6	10	12	12	10	10	3
QS-Experte	1	1	2	2	2	3	3	3	3	3	1
Schulungskraft		1			1					2	4
Gesamte Anzahl	8	11	14	21	27	29	32	31	26	26	11

Bild 3.84 Projekt-Anforderungsprofil

Im ersten Fall spricht man von einer termintreuen, im zweiten Fall von einer kapazitätstreuen Einsatzplanung.

Es gibt aber noch eine weitere – vereinfachte – Vorgehensweise, bei der die Terminbetrachtung nicht explizit einbezogen und das zur Verfügung stehende Personal nur auf die Projektaufgaben verteilt wird. Auf diese Vorgehensweise wird am Schluss des Kapitels noch kurz eingegangen.

Bei der Personaleinsatzplanung werden mehrere Schritte durchlaufen. Es sind dies:

- ▷ Ermitteln des Vorrats,
- ▷ Errechnen des Bedarfs,
- ▷ Gegenüberstellen Bedarf und Vorrat sowie
- ▷ Optimieren der Personalauslastung.

Ermitteln des Vorrats

Beim Bestimmen der (verfügbaren) Personalkapazität, des »Vorrats« befindet man sich häufig in einer Konfliktsituation, da diese Aktivität

- ▷ qualifikationsgerecht,
- ▷ zeitgerecht oder auch
- ▷ pauschaliert

durchgeführt werden kann.

Die *qualifikationsgerechte* Vorratsbetrachtung geht auf die jeweilige Eignung des zur Verfügung stehenden Personals ein, ohne die zeitliche Verfügbarkeit zu berücksichtigen. Dagegen geht man bei der *zeitgerechten* Vorratsbetrachtung von auf die Zeit bezogenen Personalkapazitäten aus, ohne wiederum die jeweiligen Qualifikationen besonders zu betrachten.

Bei der *pauschalierten* Vorratsbetrachtung wird allein die vorhandene Gesamtkapazität zugrunde gelegt – reduziert um statistische Mittelwerte für Fehl- und Ausfallzeiten.

Ziel muss die »ganzheitliche« Vorratsbetrachtung sein, bei der sowohl die Qualifikation des Personals als auch die zeitliche Verfügbarkeit ausreichend in die Einsatzplanung einbezogen wird.

Qualifikationsgerechte Vorratsbestimmung

Bei der qualifikationsgerechten Vorratsbetrachtung teilt man das zur Verfügung stehende Personal in Gruppen gleicher Qualifikation (Skills) ein und ordnet es gemäß dieser Eignungsgruppierung unter Berücksichtigung der geografischen und organisatorischen Gegebenheiten den einzelnen Projektaufgaben zu. Bild 3.85 zeigt eine hierfür verwendbare Zuordnungsmatrix. Eine große Hilfe kann hier auch der Einsatz einer »Skills-Datenbank« sein, in der die Qualifikationsprofile der Mitarbeiter gespeichert sind (siehe Kap. 3.5.5).

Beim Bestimmen des für die einzelnen Projektaufgaben verfügbaren Personals darf man das Personal nicht als »sterile« Kopfzahl sehen, vielmehr muss die individuelle Einbettung in den Projektablauf berücksichtigt werden; auch ist die zeitliche Komponente in die Überlegungen einzubeziehen. So lange ein Mitarbeiter für eine bestimmte Projektaufgabe eingeteilt und dafür tätig ist, kann dieser eben nicht mit einer weiteren Projektaufgabe beschäftigt wer-

Personalvorrat	8	30	40	5	10	
Projektaufgaben / Qualifikation	System-designer	HW-Entwickler	SW-Entwickler	Organi-sator	Hilfs-kraft	Eingeplantes Personal
Systementwurf	7	2	2	4	10	25
Funktionsmuster	2	30	10	2	8	52
Prototyp	2	30	30	2	5	69
Prüfsystem	1	20	15	2	5	43
Vorserienmodell	–	10	10	4	10	34

Bild 3.85 Zuordnung gemäß Qualifikation (Beispiel)

den. Auch aus diesem Grund ist die Nutzung eines Netzplanverfahrens sehr hilfreich, weil der gesamte zeitliche Ablauf des Projektgeschehens dann transparenter dargestellt wird.

Zeitgerechte Vorratsbestimmung

Damit gelangt man zu einer zeitgerechten Vorratsbetrachtung, innerhalb der zuerst festgestellt werden muss, welche Personalkapazität je Zeiteinheit (z. B. je Monat) überhaupt realisierbar ist. Hierbei muss selbstverständlich beachtet werden, dass die Mitarbeiter nicht die theoretische Zeit von 52 Wochen mit fünf Wochentagen je sieben bis acht Arbeitsstunden im Jahr (reduziert um die gesetzlichen Feiertage) zur Verfügung stehen, sondern der gesamte Zeitvorrat reduziert werden muss wegen:

- ▷ Neueinstellungen,
- ▷ Kündigungen, Fluktuation,
- ▷ Pensionierungen, Altersteilzeiten,
- ▷ Versetzungen,
- ▷ Teilzeitarbeit oder
- ▷ Arbeitszeitverkürzungen.

Als Ergebnis erhält man den *Brutto-Vorrat* je Zeiteinheit; hiervon müssen noch bestimmte Fehl- und Ausfallzeiten abgezogen werden; hierzu zählen:

- ▷ krankheits- und unfallbedingte Ausfallzeiten,
- ▷ Mutterschutzzeiten,
- ▷ Elternzeiten,
- ▷ Tarif- bzw. Vertragsurlaube,
- ▷ tarifbedingte Verfügungstage,
- ▷ Sonder- und Jubiläumsurlaube,
- ▷ Bildungsurlaube,
- ▷ Firmenverschickungen sowie
- ▷ Wege- und Sozialzeiten.

Ausbildungszeiten gehören nicht in diese Gruppe der (nicht produktiven) Fehl- und Ausfallzeiten. Ausfallzeiten, die durch Krankheit oder Unfall entstehen, können naturgemäß nicht zeitbezogen sein. Hier muss ein auf die gesamte Zeit verteilter Pauschalwert in die Rechnung eingehen. Bei Abzug all dieser Zeiten von dem Brutto-Vorrat erhält man schließlich den *Netto-Vorrat* je Zeiteinheit (Bild 3.86).

Weiterhin ist bei den o. a. Fehl- und Ausfallzeiten noch zwischen beeinflussbaren und nicht beeinflussbaren Zeiten zu unterscheiden. So sind Mutterschutzzeiten nicht verschiebbar, aber Urlaubszeiten können verlegt werden.

Pauschalierte Vorratsbestimmung

Das Ermitteln des Netto-Vorrats ist bei einfachen Projektumwelten auch in einer pauschalierten Form möglich. Hier werden die Fehl- und Ausfallzeiten als pauschaler Wert von der theoretischen Gesamtarbeitszeit abgezogen. Bewährt hat sich bei dieser Abzugsrechnung entweder das Reduzieren der Arbeitsmonate je Jahr *(Monats-Rechnung: Monat bleibt ganz)* oder das Reduzieren der Arbeitsstunden je Monat *(Jahres-Rechnung: Jahr bleibt ganz)*.

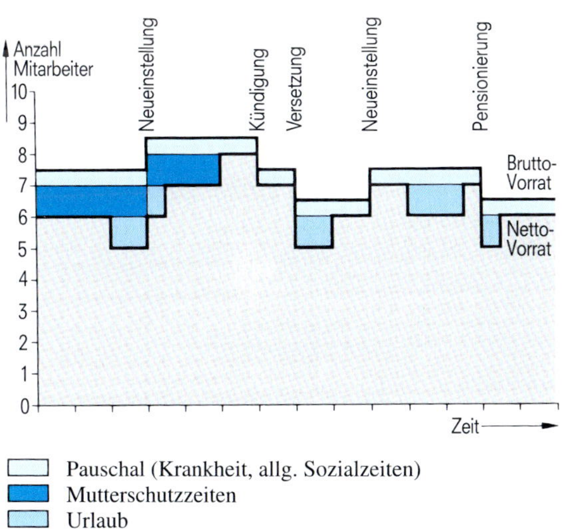

Bild 3.86 Ermittlung des Vorrats

Werden z. B. folgende Zeitabzüge im Durchschnitt angesetzt:

6 Wochen Urlaub sowie
2 Wochen Fehl- und Ausfallzeiten,

so dass im Durchschnitt 10 Monate Arbeitszeit im Jahr übrig bleiben, dann ergibt sich bei einer 37-Stundenwoche für die durchschnittliche »projekt-produktive« Jahresleistung eines Mitarbeiters:

Abzugsrechnung 1 (Monats-Rechnung)

10 MM im Jahr
bei etwa 154 Arbeitsstunden im Monat
d. h. 154 MStd ≙ 1 (Brutto-)MM
1 MJ ≙ 10 (Brutto-)MM;

Abzugsrechnung 2 (Jahres-Rechnung)

12 MM im Jahr
bei etwa 128 Arbeitsstunden im Monat
d. h. 128 MStd ≙ 1 (Netto-)MM
1 MJ ≙ 12 (Netto-)MM.

Bei der ersten Art der Abzugsrechnung ist vorteilhaft, dass durch eine Kommaverschiebung jede Aufwandszahl in die entsprechende Personalzahl umgewandelt werden kann. Dieser Vorteil geht allerdings verloren, wenn für Fehl- und Ausfallzeiten ein größerer Abzug in die Rechnung eingeht. Bei der zweiten Art bleibt der 12-Monat-Bezug auf ein Jahr erhalten. Größere Abzüge für Fehl- und Ausfallzeiten schlagen sich hier in ein Reduzieren der durchschnittlichen Arbeitsstunden je Monat nieder.

In der Praxis können auch Mischformen der beiden vorgenannten Abzugsrechnungen auftreten, wenn z. B. einerseits die Relation 10 MM im Jahr gewünscht ist (Monats-Rechnung), andererseits aber ein weiterer Abzug für nicht direkte projektbezogene Tätigkeiten wie Aus- und Weiterbildung, Sonderaufgaben sowie allgemeine Verwaltungsaufgaben von der monatlichen Bruttostundenanzahl vorgenommen wird (Jahres-Rechnung).

Wenn x die Anzahl MM im Jahr und y die Anzahl Std. im MM ist, ergeben sich folgende grundsätzliche Varianten von Abzugsrechnungen:

1. mit $x = 12$ ist $y <$ durchschn. Std./Monat
2. mit $x = 10$ ist $y \simeq$ durchschn. Std./Monat
3. mit $y =$ durchschn. Std./Monat ist $x < 12$, wobei $x \cdot y =$ Jahresstundenanzahl ist.

Produktive Arbeitstage

Allen Abzugsrechnungen zur pauschalierten Vorratsbestimmung ist gemeinsam das Ableiten der durchschnittlichen Stundenanzahl, die ein Mitarbeiter »produktiv« für das Projekt zur Verfügung steht. Es lässt sich daher ein Produktivanteil (in %) wie folgt definieren:

$$PA = \frac{S_{\text{netto}}}{S_{\text{brutto}}} \times 100 \qquad (45)$$

PA Produktivanteil in %
S_{netto} Netto-Stundenanzahl je Zeiteinheit
S_{brutto} Brutto-Stundenzahl je Zeiteinheit,

wobei sich die Netto-Stundenanzahl je Zeiteinheit aus der Brutto-Stundenanzahl je Zeiteinheit durch Abzug der für den jeweiligen Bereich gültigen Durchschnittswerte für Fehl- und Ausfallzeiten sowie sonstige nicht projektbezogene Zeiten ergibt.

Die Anzahl der produktiven Arbeitstage in einem Jahr C_{prod} errechnet sich zu:

$$C_{\text{prod}} = C_{\text{ges}} - C_{\text{fehl}} + C_{\text{über}} \qquad (46)$$

mit
C_{ges} Gesamtanzahl Arbeitstage im Jahr
C_{fehl} Fehl- und Ausfallzeiten (statistischer Mittelwert in Tagen)
$C_{\text{über}}$ Überstunden (statistischer Mittelwert in Tagen).

Damit ergibt sich – abhängig von der wöchentlichen Arbeitszeit – für die Gesamtstunden in einem Jahr S_{ges}:

$$S_{\text{ges}} = C_{\text{ges}} \times S_{\text{T}} \qquad (47)$$

mit

$$S_{\text{T}} = \frac{S_{\text{W}}}{5} \quad \text{(bei 5-Tage-Woche)}$$

S_{T} Stunden je Arbeitstag
S_{W} Stunden je Arbeitswoche,

sowie für die Anzahl der produktiven Arbeitsstunden in einem Jahr S_{prod}:

$$S_{\text{prod}} = C_{\text{prod}} \times S_{\text{T}} \qquad (48)$$

Tabelle 3.37 enthält – bei Annahme von 250 Arbeitstagen im Jahr und 42 Tagen für Fehl- und Ausfallzeiten – für unterschiedliche Wochenarbeitszeiten die gesamten und die produktiven Stunden in einem Jahr, die monatlichen Brut-

Anzahl Wochenstunden S_W Std./Woche	Anzahl Tagesstunden S_T Std./Tag	Gesamt-Jahresstunden S_{ges} Std./Jahr	Produktiv-Jahresstunden S_{prod} Std./Jahr	mtl. Bruttostundenanzahl (Brutto-MM) Std./Monat	mtl. Netto-Stundenanzahl (Netto-MM) Std./Monat	Anzahl Brutto-MM/Jahr (bez. auf 35-Std.-Wo.)
40	8,0	2000	1664	166	139	11,4
39	7,8	1950	1622	162	135	11,1
38	7,6	1900	1581	158	132	10,9
37	7,4	1850	1539	154	128	10,6
36	7,2	1800	1498	150	125	10,3
35	**7,0**	**1750**	**1456**	**146**	**121**	**10,0**
34	6,8	1700	1414	141	118	9,7
33	6,6	1650	1373	137	114	9,4
32	6,4	1600	1331	133	111	9,1
31	6,2	1550	1290	129	107	8,9
30	6,0	1500	1248	125	104	8,6
29	5,8	1450	1206	121	101	8,3
28	5,6	1400	1165	116	97	8,0
27	5,4	1350	1123	112	94	7,7
26	5,2	1300	1082	108	90	7,4
25	5,0	1250	1040	104	87	7,1
24	4,8	1200	998	100	83	6,9
23	4,6	1150	957	96	80	6,6
22	4,4	1100	915	92	76	6,3
21	4,2	1050	874	87	73	6,0
20	4,0	1000	832	83	69	5,7
19	3,8	950	790	79	66	5,4
18	3,6	900	749	75	62	5,1

Tabelle 3.37
Brutto- und Netto-Stundenanzahl abhängig von der Wochenarbeitszeit
Annahme:
C_{ges} = 250 Tage/Jahr
C_{fehl} = 42 Tage/Jahr
$C_{über}$ = 0

Tabelle 3.38 Anzahl Brutto-MM/Jahr (C_{ges} = 250 Tage)

C_{fehl} [Tage]	38	40	42	44	46	48	50	52	54	56	58
Brutto-MM/Jahr	10,2	10,1	10,0	9,9	9,8	9,7	9,6	9,5	9,4	9,3	9,2

to- und Netto-Stundenanzahlen sowie die jeweils erbringbare Anzahl von Brutto-MM (einer 35-Stunden-Woche) im Jahr. Dieser Wert ist bei Einplanung von Mitarbeitern mit unterschiedlicher Wochenarbeitszeit zu berücksichtigen. Ist eine einheitliche Umrechnung von MStd in MM erforderlich (z. B. innerhalb eines DV-Verfahrens), dann muss ein anteilsbezogener Mittelwert für die mtl. Brutto-Stundenanzahl abgeleitet werden (letzte Spalte der Tabelle 3.37). Tabelle 3.38 gibt in Abhängigkeit der Fehl- und Ausfallzeiten die jeweilige Anzahl der Brutto-MM im Jahr an.

Errechnen des Bedarfs

Im zweiten Schritt der Personaleinsatzplanung muss die benötigte Personalkapazität, d. h. der Bedarf, errechnet werden. Wie in Bild 3.87 vereinfacht gezeigt, steht die für ein bestimmtes Arbeitspaket benötigte Personalkapazität in einem unmittelbaren Verhältnis zu der Dauer, die für diese Projektaufgabe eingeplant wird. So ist z. B. – rein rechnerisch – ein Arbeitsvolumen von 80 MM mit 8 Mitarbeitern in 10 Monaten oder mit 10 Mitarbeitern in 8 Monaten zu bewältigen. Natürlich kann diese *Streckung* bzw. *Stauchung* nicht beliebig groß gemacht

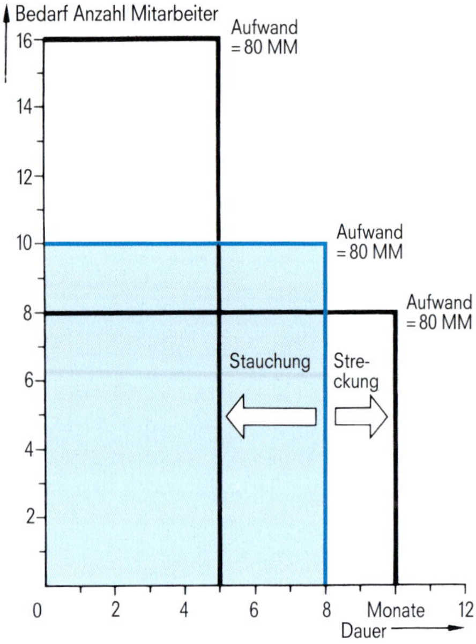

Bild 3.87 Äquivalenz des Bedarfs

werden, da es vom Aufwand her immer eine (theoretisch) optimale Personalstärke für ein Projekt gibt (siehe hierzu Bild 2.14).

Der Personalbedarf jeder Projektaufgabe wird also auf der Basis des geschätzten Gesamtaufwands aus der geplanten Dauer abgeleitet:

$$D = \frac{A}{T} \tag{49}$$

D Bedarf in Anzahl Mitarbeiter (MA)
A Aufwand in Mann-Monaten (MM)
T Dauer in Monaten (M).

Im Hinblick auf die o. a. Abzugsrechnungen ergibt sich die formelmäßige Erweiterung:

Bedarf in MA (nach Monats-Rechnung)

$$D = \frac{A_{brutto}}{T} \times \frac{1}{PA} \tag{50}$$

A_{brutto} Aufwand in Brutto-MM
T Dauer in Monaten
PA Produktivanteil in % gemäß (45);

Bedarf in MA (nach Jahres-Rechnung)

$$D = \frac{A_{netto}}{T} \tag{51}$$

A_{netto} Aufwand in Netto-MM

Dieser Sachverhalt soll an einem einfachen Zahlenbeispiel erläutert werden. Ausgegangen wird von einem in 14 Zeitmonaten (M) zu erbringenden Gesamtaufwand von 20000-Mann-Stunden (MStd). Der Produktivanteil soll gemäß dem Zahlenbeispiel der vorgenannten Abzugsrechnungen bestimmt werden.

Monats-Rechnung:

$$A_{brutto} = \frac{20.000 \text{ MStd}}{154 \text{ Std/M}} = 129{,}87 \text{ Brutto-MM}$$

$$PA = \frac{10 \text{ M/J}}{12 \text{ M/J}} \text{ bzw. } \frac{128 \text{ Std/M}}{154 \text{ Std/M}} = 0{,}831$$

$$D = \frac{129{,}87 \text{ Brutto-MM}}{14 \text{ M}} \times \frac{1}{0{,}831} = 11{,}16 \text{ MA}$$

Jahres-Rechnung:

$$A_{netto} = \frac{20.000 \text{ MStd}}{128 \text{ Std/M}} = 156{,}25 \text{ Netto-MM}$$

$$D = \frac{156{,}25 \text{ Netto-MM}}{14 \text{ MM}} = 11{,}16 \text{ MA}$$

Wie das Beispiel zeigt, ergibt sich bei beiden Rechnungen eine Bedarfskopfzahl, die die Fehl- und Ausfallzeiten gleichermaßen berücksichtigt; bei der Monats-Rechnung geschieht dies durch Einbeziehen der Kennzahl Produktivanteil und bei der Jahres-Rechnung durch Verwenden der Netto-Mann-Monate. (Rundungsungenauigkeiten in der Berechnung des Produktivanteils können zu einer geringfügigen Abweichung der Werte beim Bedarf führen.)

Im Einzelfall kann es auch erforderlich sein, eine Netto-Bedarfskopfzahl zu bestimmen, die die genannten Fehl- und Ausfallzeiten nicht impliziert, weil z. B. diese in einem Ablaufplan explizit ausgewiesen werden.

Wegen dieser einfachen Zusammenhänge erlauben alle gängigen Netzplanverfahren – in denen normalerweise für jedes Arbeitspaket die jeweilige Dauer mit dem zugehörigen Aufwand vorliegt – entsprechende, vollständige Bedarfsberechnungen, die außer der gleichmäßigen Verteilung auch die zeitlich unterschiedliche Inanspruchnahme von Einsatzmitteln ermöglichen (siehe Kap. 3.3.6). Ohne eine derartige Verfahrensunterstützung muss für jede

Projektaufgabe der geschätzte Realisierungsaufwand (bei gleichmäßiger Verteilung) durch die geplante Realisierungsdauer dividiert werden. Der sich ergebende Bedarf ist dann – bezogen auf die zugehörige Dauer – in ein dem Bild 3.86 analoges Zeitdiagramm einzutragen. Durch sukzessives Addieren der einzelnen »Bedarfsblöcke« gelangt man dann zu einer Hüllkurve, die dem über der Zeit aufgetragenen Gesamtbedarf entspricht.

Gegenüberstellen Bedarf und Vorrat

Im nächsten Schritt der Personaleinsatzplanung wird schließlich der ermittelte Bedarf dem Vorrat gegenübergestellt. Hierbei ist die Unterteilung der Kapazitätskurven nach unterschiedlichen Gesichtspunkten möglich, nämlich

- ▷ projektorientiert,
- ▷ organisationsorientiert oder
- ▷ themenorientiert.

In Bild 3.88 sind diese drei Formen der Bedarfsunterteilung in einer Kapazitätsauslastungsübersicht dargestellt.

Eine Auslastungsbetrachtung, die sowohl qualifikations- als auch zeitgerecht ist, erfordert

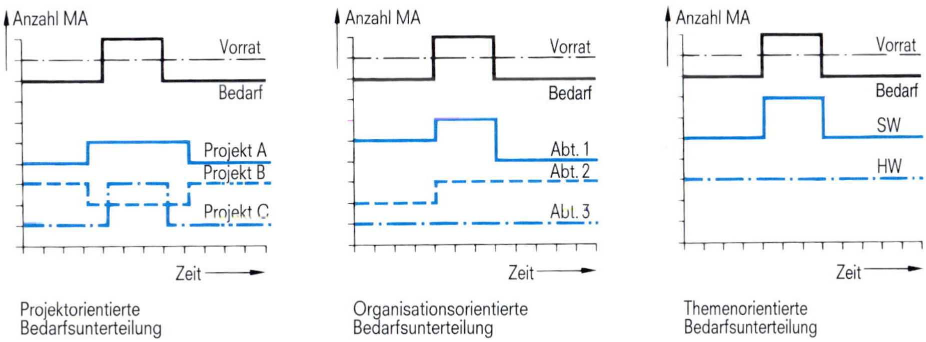

Bild 3.88 Unterteilung des Bedarfs

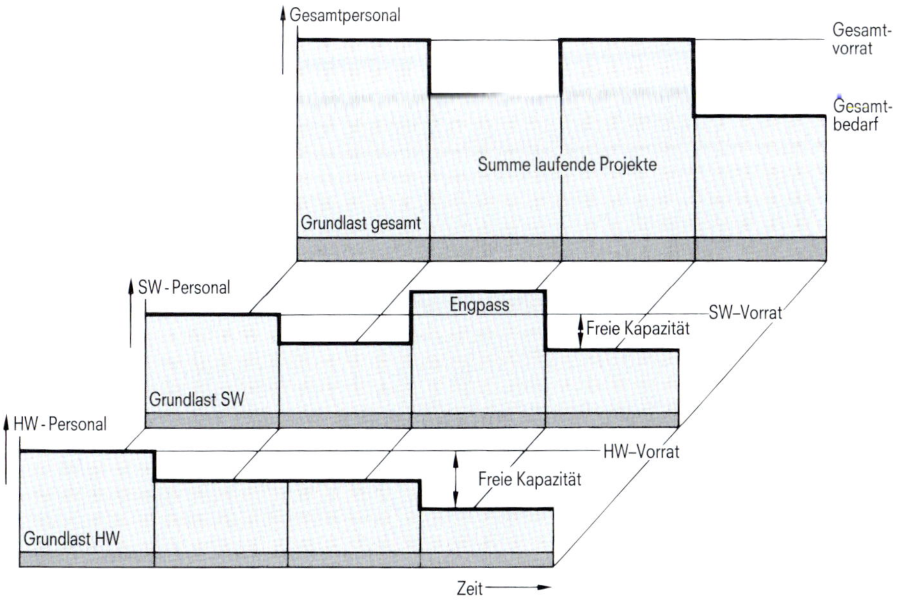

Bild 3.89 Qualiikations- und zeitgerechte Auslastungsbetrachtung

erheblich mehr Vorarbeiten, da die Bedarfsermittlung nicht nur zeitbezogen je Projektaufgabe, sondern auch noch gegliedert nach den einzelnen Tätigkeitsarten vorgenommen werden muss. Bild 3.89 zeigt vereinfacht eine solche *ganzheitliche* Betrachtung für die beiden Qualifikationsgruppen HW-Entwickler und SW-Entwickler. Wie ersichtlich, liegt – obwohl der Gesamtbedarf den Gesamtvorrat zu keiner Zeit überschreitet – doch zeitweise ein *Personalengpass* auf Grund der unterschiedlichen Qualifikationen vor.

In den abgebildeten Einsatzkurven ist unten jeweils eine Grundlastlinie zu sehen. Eine dadurch symbolisierte Grundlast liegt vor, wenn der (nur produktive Arbeitszeiten umfassende) Netto-Vorrat dem Projekt nicht voll zur Verfügung steht. Als Grundlasten sind anzusehen:

▷ Aus- und Weiterbildungszeiten,
▷ Lehrtätigkeiten,
▷ Leitungsaktivitäten,
▷ allgemeine Verwaltungsarbeiten,
▷ »Ausleih«-Arbeiten und
▷ sonstige nicht projektbezogene Arbeiten.

Diese Grundlasten lassen sich teilweise zeitbezogen (z. B. Aus- und Weiterbildungszeiten) und teilweise nur pauschal (z. B. allgemeine Verwaltungsarbeiten) einplanen.

Optimieren der Personalauslastung

Im letzten Schritt der Personaleinsatzplanung bemüht man sich um das Optimieren der ermittelten Personalauslastung. Hierbei wird versucht, nichtkritische Arbeitspakete aus Überlastbereichen in Bereiche mit geringer Auslastung zu verlegen. Dies ist natürlich nur dann möglich, wenn es der Projektablauf technologisch und organisatorisch zulässt. Ob das der Fall ist, kann allein aus dem Belastungsverlauf nicht ersehen werden, denn dazu gehört die genaue Kenntnis der einzelnen Arbeitspakete in ihren fachlichen und personellen Abhängigkeiten. Auch hier kann der Einsatz eines Netzplanverfahrens sehr hilfreich sein, da automatische Optimierungsläufe – mit Wahlmöglichkeit zwischen termin- und kapazitätstreuer Einsatzmittelbelegung – durchgeführt werden können (Bild 3.90).

Bei der *termintreuen* Auslastungsoptimierung werden unter Einhaltung der logischen Abhängigkeiten und der gesetzten Termine die Vorgänge so gelegt, dass ohne Überschreiten des Endtermins ein gleichmäßiger Verlauf der Auslastungskurve erreichbar ist. Bei der *kapazitätstreuen* (oder exakter »vorratstreuen«) Auslastungsoptimierung wird die Summenkurve sogar – falls irgendwie möglich – unter einen vorgegebenen Vorratswert gedrückt, wobei allerdings der Endtermin hinausgeschoben werden kann.

Balken-/Auslastungsdiagramm

Auslastungsdiagramme, wie die weiter oben gezeigten, eignen sich isoliert nur sehr bedingt für eine Aussage über einen optimalen Perso-

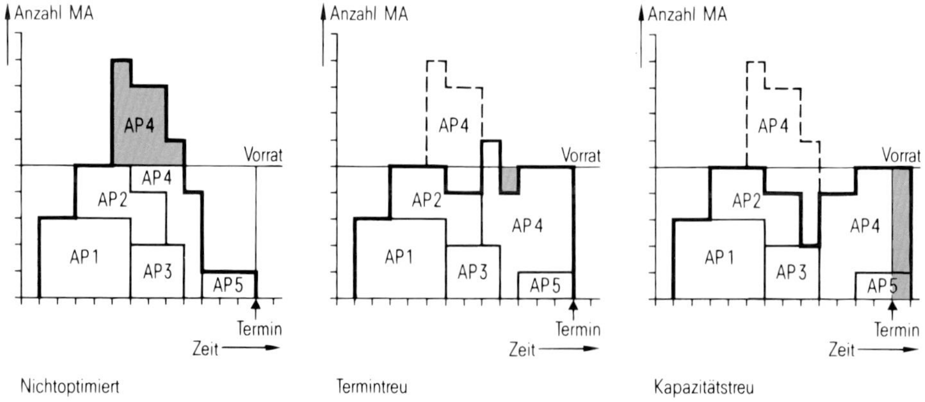

Bild 3.90 Termin- und kapazitätstreue Auslastungsoptimierung

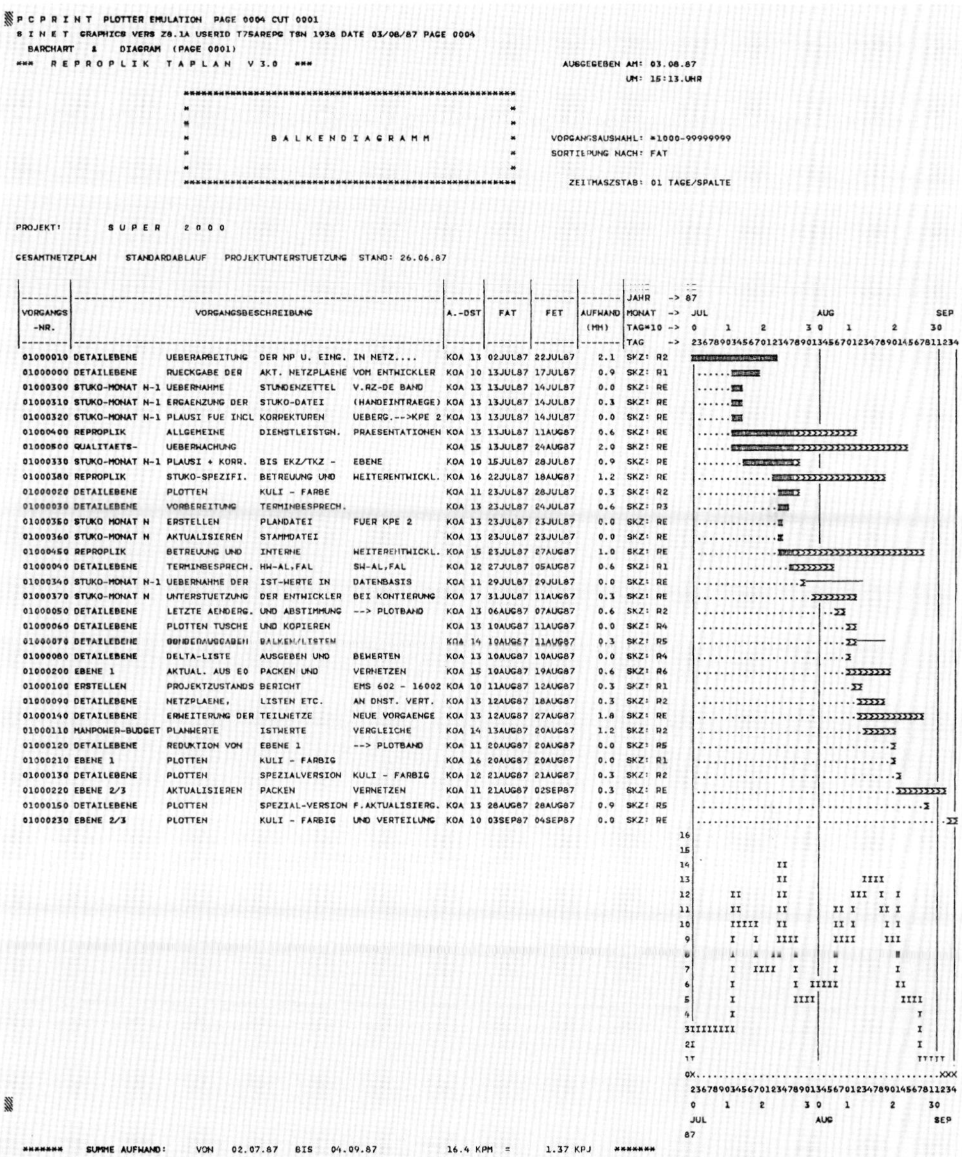

P C P R I N T PLOTTER EMULATION PAGE 0004 CUT 0001
S I N E T GRAPHICS VERS Z8.1A USERID T75AREPG TSN 1938 DATE 03/08/87 PAGE 0004
BARCHART & DIAGRAM (PAGE 0001)
*** R E P R O P L I K T A P L A N V 3.0 ***

AUSGEGEBEN AM: 03.08.87
UM: 15:13.UHR

B A L K E N D I A G R A M M

VORGANGSAUSWAHL: *1000-99999999
SORTIERUNG NACH: FAT
ZEITMASZSTAB: 01 TAGE/SPALTE

PROJEKT: S U P E R 2 0 0 0

GESAMTNETZPLAN STANDARDABLAUF PROJEKTUNTERSTUETZUNG STAND: 26.06.87

VORGANGS-NR.	VORGANGSBESCHREIBUNG				A.-DST	FAT	FET	AUFWAND (MM)	JAHR -> 87 / MONAT -> JUL AUG SEP
01000010	DETAILEBENE	UEBERARBEITUNG	DER NP U. EING.	IN NETZ....	KOA 13	02JUL87	22JUL87	2.1	SKZ: R2
01000000	DETAILEBENE	RUECKGABE DER	AKT. NETZPLAENE	VOM ENTWICKLER	KOA 10	13JUL87	17JUL87	0.9	SKZ: R1
01000300	STUKO-MONAT N-1	UEBERNAHME	STUNDENZETTEL	V.RZ-DE BAND	KOA 13	13JUL87	14JUL87	0.0	SKZ: RE
01000310	STUKO-MONAT N-1	ERGAENZUNG DER	STUKO-DATEI	(HANDEINTRAEGE)	KOA 13	13JUL87	14JUL87	0.3	SKZ: RE
01000320	STUKO-MONAT N-1	PLAUSI FUE INCL	KORREKTUREN	UEBERG.-->KPE 2	KOA 13	13JUL87	14JUL87	0.0	SKZ: RE
01000400	REPROPLIK	ALLGEMEINE	DIENSTLEISTGN.	PRAESENTATIONEN	KOA 13	13JUL87	11AUG87	0.6	SKZ: RE
01000500	QUALITAETS-	UEBERWACHUNG			KOA 15	13JUL87	24AUG87	2.0	SKZ: RE
01000330	STUKO-MONAT N-1	PLAUSI + KORR.	BIS EKZ/TKZ -	EBENE	KOA 10	15JUL87	28JUL87	0.9	SKZ: RE
01000380	REPROPLIK	STUKO-SPEZIFI.	BETREUUNG UND	WEITERENTWICKL.	KOA 16	22JUL87	18AUG87	1.2	SKZ: RE
01000020	DETAILEBENE	PLOTTEN	KULI - FARBE		KOA 11	23JUL87	28JUL87	0.3	SKZ: R2
01000030	DETAILEBENE	VORBEREITUNG	TERMINBESPRECH.		KOA 13	23JUL87	24JUL87	0.6	SKZ: R3
01000350	STUKO MONAT N	ERSTELLEN	PLANDATEI	FUER KPE 2	KOA 13	23JUL87	23JUL87	0.0	SKZ: RE
01000360	STUKO-MONAT N	AKTUALISIEREN	STAMMDATEI		KOA 13	23JUL87	23JUL87	0.0	SKZ: RE
01000450	REPROPLIK	BETREUUNG UND	INTERNE	WEITERENTWICKL.	KOA 15	23JUL87	27AUG87	1.0	SKZ: RE
01000040	DETAILEBENE	TERMINBESPRECH.	HW-AL,FAL	SW-AL,FAL	KOA 12	27JUL87	05AUG87	0.6	SKZ: R1
01000340	STUKO-MONAT N-1	UEBERNAHME DER	IST-WERTE IN	DATENBASIS	KOA 11	29JUL87	29JUL87	0.0	SKZ: RE
01000370	STUKO-MONAT N	UNTERSTUETZUNG	DER ENTWICKLER	BEI KONTIERUNG	KOA 17	31JUL87	11AUG87	0.3	SKZ: RE
01000050	DETAILEBENE	LETZTE AENDERG.	UND ABSTIMMUNG	--> PLOTBAND	KOA 13	06AUG87	07AUG87	0.6	SKZ: R2
01000060	DETAILEBENE	PLOTTEN TUSCHE	UND KOPIEREN		KOA 13	10AUG87	11AUG87	0.0	SKZ: R4
01000070	DETAILEBENE	SONDERAUSGABEN	BALKEN/LISTEN		KOA 14	10AUG87	11AUG87	0.3	SKZ: R5
01000080	DETAILEBENE	DELTA-LISTE	AUSGEBEN UND	BEWERTEN	KOA 13	10AUG87	10AUG87	0.0	SKZ: R4
01000200	EBENE 1	AKTUAL. AUS E0	PACKEN UND	VERNETZEN	KOA 15	10AUG87	19AUG87	0.6	SKZ: R6
01000100	ERSTELLEN	PROJEKTZUSTANDS	BERICHT	EMS 602 - 16002	KOA 10	11AUG87	12AUG87	0.3	SKZ: R1
01000090	DETAILEBENE	NETZPLAENE,	LISTEN ETC.	AN DNST. VERT.	KOA 13	12AUG87	18AUG87	0.3	SKZ: R2
01000140	DETAILEBENE	ERWEITERUNG DER	TEILNETZE	NEUE VORGAENGE	KOA 13	12AUG87	27AUG87	1.8	SKZ: RE
01000110	MANPOWER-BUDGET	PLANWERTE	ISTWERTE	VERGLEICHE	KOA 14	13AUG87	20AUG87	1.2	SKZ: R2
01000120	DETAILEBENE	REDUKTION VON	EBENE 1	--> PLOTBAND	KOA 11	20AUG87	20AUG87	0.0	SKZ: R5
01000210	EBENE 1	PLOTTEN	KULI - FARBIG		KOA 16	20AUG87	20AUG87	0.0	SKZ: R1
01000130	DETAILEBENE	PLOTTEN	SPEZIALVERSION	KULI - FARBIG	KOA 12	21AUG87	21AUG87	0.3	SKZ: R2
01000220	EBENE 2/3	AKTUALISIEREN	PACKEN	VERNETZEN	KOA 11	21AUG87	02SEP87	0.3	SKZ: RE
01000150	DETAILEBENE	PLOTTEN	SPEZIAL-VERSION	F.AKTUALISIERG.	KOA 13	28AUG87	28AUG87	0.9	SKZ: R5
01000230	EBENE 2/3	PLOTTEN	KULI - FARBIG	UND VERTEILUNG	KOA 10	03SEP87	04SEP87	0.0	SKZ: RE

******* SUMME AUFWAND: VON 02.07.87 BIS 04.09.87 16.4 KPM = 1.37 KPJ *******

Bild 3.91 Balken-/Auslastungsdiagramm

naleinsatz, da in diesen keine Angaben über die dahinter stehenden Arbeitspakete und deren Termine enthalten sind. Nur in Verbindung mit weiteren Projektplänen und -berichten bringen diese Diagramme den gewünschten Effekt.

Als besonders nützlich hat sich daher das in Bild 3.91 wiedergegebene, mit einem Netzplanverfahren erstellte Balken-/Auslastungsdiagramm erwiesen. Hier wird neben der Auflistung von Arbeitspaketen – denen noch allgemeine Projektinformationen beigefügt sind – ein Balkendiagramm als Zeitplan angehängt und unter diesem wiederum ist zeitgerecht, d. h. mit derselben Zeitachse, ein Auslastungsdiagramm angeordnet. Der Projektleiter kann damit auf einem Blatt die gesamte Termin- und Auslastungssituation sofort überblicken. Bei jeder im Auslastungsdiagramm angezeigten Überlastung bzw. zu geringen Auslastung kann er leicht in dem darüber stehenden Balkendiagramm die angesprochenen Arbeitspakete mit den betrauten Mitarbeitern herauslesen und daraus entsprechende Schlussfolgerungen ziehen.

Personaleinsatzmatrix

Liegt für die Personaleinsatzplanung kein Netzplan vor und sollen wegen der Vereinfachung die zeitlichen Abhängigkeiten nicht berücksichtigt werden, so lässt sich mit der in Bild 3.92 dargestellten Personaleinsatzmatrix auch eine richtige Verteilung des zur Verfügung stehenden Personals auf die einzelnen Projektaufgaben erreichen.

Die Matrix ist in zwei Felder unterteilt: Das obere Feld nimmt die Ist-Aufwandswerte (in Stunden), das untere Feld die Restplanwerte (in MM) auf. Auf der horizontalen Achse sind die am Projekt beteiligten Dienststellen mit ihrem jeweiligen Personalvorrat aufgetragen. Die Vertikalen beider Felder enthalten die einzelnen Projektaufgaben. Im oberen Feld sind in den Projektzeilen die Gesamt-Planwerte, im unteren Feld sind die Restplanwerte der Projekte aufgeführt. Durch das systematische Aufteilen der Personalkapazitäten auf die Projektaufgaben wird durch iteratives Vorgehen eine möglichst vollständige Personalbelegung angestrebt. Das Ziel ist also, einerseits möglichst eine 100%-Auslastung der verfügbaren Personalkapazitäten, d. h. keine Überlastung bzw.

Personaleinsatzmatrix													
Gruppenleiter:	Oertel							**Berichtsmonat**			**3 .99**		
Dienststelle:	SBS IS 83							**Geschäftsjahr**			99/00		
Projekte	**Cons**		**eigene Mitarbeiter**					**Ist** (in MM)			**Plan**		
	Joswig	Heer	Brosig	Büttner	Kramer	Silken	Sasgen	fremd	eigen	gesamt	akt.	%-abs.	%-ant.
Plan-Vorrat	**9,6**	**0,0**	**4,5**	**9,0**	**9,0**	**6,0**	**9,0**	9,6	37,5	47,1		50,0	100,0
	Istwerte (in Std)												
MORAN			367	350	245			0,0	6,1	6,1	**12,0**	51	101
ELIAS				320	265			0,0	3,7	3,7	**8,5**	44	87
LEIK						174	386	0,0	3,5	3,5	**10,0**	35	71
MARGI	655				85			4,1	0,5	4,7	**7,0**	67	134
PAUS						160	286	0,0	2,8	2,8	**8,5**	33	66
Verwaltung					55	46		0,0	0,6	0,6	**1,0**	64	128
Ausbildung				32	24	40	16	0,0	0,7	0,7	**1,0**	71	142
Summe Ist	4,1	0,0	2,3	4,4	4,3	2,7	4,4	4,1	18,0	22,2	48,0	46	92
Korrektur Vorrat		3,0			−1,5			3,0	−1,5	1,5	Std.satz eigen:		140,0
Rest-Vorrat	**5,5**	**3,0**	**2,2**	**4,6**	**3,2**	**3,3**	**4,6**	8,5	18,0	26,4	Std.satz fremd:		120,0
	Planwerte (in MM)										**Rest**	Diff	**Kosten**
MORAN			2,1	2,0	1,8			0,0	5,9	5,9	**5,9**	0,0	131
ELIAS		2,5		2,3				2,5	2,3	4,8	**4,8**	0,0	98
LEIK	1,8					2,2	2,5	1,8	4,7	6,5	**6,5**	0,0	138
MARGI	1,9				0,4			1,9	0,4	2,3	**2,3**	0,0	45
PAUS	1,8	0,5				0,9	2,0	2,3	2,9	5,2	**5,7**	0,5	108
Verwaltung				0,2		0,2		0,0	0,4	0,4	**0,4**	0,0	9
Ausbildung			0,1	0,1			0,1	0,0	0,3	0,3	**0,3**	0,0	7
Rest	0,0	0,0	0,0	0,0	1,0	0,0	0,0						
				Summe				8,5	16,9	25,4	25,8	0,4	
				Summe Ist + eingeplant				12,6	34,9	47,6			
Anzahl MA								**Cons**	**eigen**	**ges.**	**Bedarf**	**fehlt**	
MM je MA:	9,5		9,4					**1,3**	**3,7**	5,0	5,1	**0,1**	

Bild 3.92 Personaleinsatzmatrix (in EXCEL erstellt)

keine zu geringe Auslastung, andererseits eine möglichst 100%-Deckung im Personalbedarf bei den einzelnen Projektaufgaben zu erreichen.

Da die hier erläuterte Personaleinsatzmatrix i. Allg. nur in mehreren Durchläufen zum gewünschten Ergebnis führt, bietet sich an dieser Stelle eine PC-Unterstützung an. Die für PC vorhandenen Tabellenkalkulationsprogramme (z. B. EXCEL) ermöglichen den leichten Aufbau solcher Personaleinsatzmatrizen mit einer anschließenden, schnellen Datenmanipulation (siehe hierzu Kap. 6.4.1).

RASCI-Matrix

Mit der so genannten RASCI-Matrix kann man Verantwortlichkeiten und Zuständigkeiten in einem Projekt sehr gut darstellen. Der Name leitet sich aus den Anfangsbuchstaben der englischen Begriffe ab:

▷ **R**esponsible – verantwortlich
▷ **A**ccountable – rechenschaftspflichtig
▷ **S**upportive – unterstützend
▷ **C**onsulted – konsultiert
▷ **I**nformed – informiert.

Mit der RASCI-Matrix wird beschrieben, welche Personen für welche Aktivitäten verantwortlich bzw. zuständig sind. Dabei werden die Projektbeteiligen folgenden Kategorien zugeordnet:

▷ Durchführungsverantwortung (Responsible):
Personen, die für die eigentliche Durchführung bestimmter Aktivitäten zuständig sind; ihnen obliegt auch die disziplinarische Verantwortung des eingebundenen Personals.

▷ Kostenverantwortung (Accountable):
Personen, die für die kaufmännischen und rechtlichen Belange des Vorhabens verantwortlich sind; ihnen obliegt auch die gesamte Kostenverantwortung des Vorhabens.

▷ Unterstützung (Supportive):
Personen, die bei einzelnen Aufgabenbereichen unterstützend wirken, sei es durch Mitarbeit oder durch Zurverfügungstellung von Betriebsmitteln.

▷ Fachverantwortung (Consulted):
Personen, die die fachliche Verantwortung des Vorhabens tragen bzw. bei fachlichen Problemen zu Rate gezogen werden.

Tabelle 3.39 RASCI-Matrix (Beispiel)

Aktivitäten	Projektleiter	Mitarbeiter	QS-Manager	Kaufmann	Leitung	Einkauf	Lieferant	Auftraggeber	Stakeholder
Vertrag abschließen	F			K	D			D	
Anforderungskatalog								D	I
Aufgabenplanung	D	F							
Projektstrukturierung	D		U						
Aufwandsschätzung	D	F							
Terminplanung	D	U						I	
Kostenplanung	U			D, K					
Personaleinsatzplanung	D				U				
Beschaffungsplanung	F					D, K	U		
Risikoplanung	D				I			I	
Qualitätsplanung	I		D						
Mitkalkulation	I			D, K					
Qualitätskontrolle	F		D						
Berichtswesen	F	D	I	I	I			I	I
Erfahrungssicherung	F	D			I				
Produktübergabe	F	U	U					D	
Projektabschluss	D			K	I		I	I	I

Legende:
D Durchführungsverantwortung
K Kostenverantwortung
F Fachverantwortung
U Unterstützung
I Informationsrecht

▷ Informationsrecht (Informed):
Personen, die im Rahmen des Projektablaufs über den Verlauf und die Ergebnisse zu informieren sind; sie haben auch das Recht auf eigene Auskunft.

Tabelle 3.39 zeigt ein einfaches Beispiel für die Zuordnung von Projektbeteiligten zu den wesentlichen Projektaktivitäten.

In der Regel sollte pro Aktivität nur eine Person die Durchführungsverantwortung haben; allerdings kann eine Person mit Durchführungsverantwortung auch die Kostenverantwortung übernehmen. Dagegen können mehrere Personen bei einer Aktivität unterschiedliche Kategorien innehaben.

Es gibt noch einige Varianten der RASCI-Matrix, bei denen Kategorien fehlen oder Kategorien hinzukommen:

▷ RACI-Matrix:
eine verkürzte RASCI-Matrix; hier entfällt die Kategorie Unterstützung (Supportive).

▷ VARISC-Matrix:
mit den zusätzlichen Kategorien Verifizieren (V steht für Verify) und Abzeichnen (S steht für Sign-Off): eine Person, die das Ergebnis einer Aktivität gegen bestimmte Akzeptanzkriterien prüft, sowie eine Person, die dieses Ergebnis bestätigt und die Auslieferung genehmigt.

▷ CAIRO- oder RACIO-Matrix:
mit der zusätzlichen Kategorie Nichtbeteiligung (O für Omitted – ausgelassen): eine Person, die bei einer bestimmten Aktivität ausdrücklich nicht beteiligt sein soll.

3.5.2 Einsatzplanung der Betriebsmittel

Die für ein Projekt einzuplanenden Betriebsmittel lassen sich – wie bereits erwähnt – gemäß ihrer »Beständigkeit« in zwei Gruppen unterteilen:

▷ »Nicht verbrauchbare« Betriebsmittel, deren Nutzung zeitlich begrenzt ist; hierzu zählen z. B.
Rechenzentren,
Testanlagen,
CAD-Arbeitsplätze,
SW-Entwicklungsarbeitsplätze,
NC- bzw. CNC-Maschinen,
Prüfsysteme und -automaten, aber auch
Transportmittel,
Räumlichkeiten und
Lagerflächen.

▷ »Verbrauchbare« Betriebsmittel, die nach der Nutzung nicht mehr zur Verfügung stehen; Beispiele hierfür sind
Bauelemente,
Werkstoffe,
Labormaterial,
Werkstattmaterial,
Datenträger und
Büromaterial.

Welche Betriebsmittel für ein Entwicklungsprojekt im Einzelnen wichtig sind, hängt natürlich vom jeweiligen Entwicklungstyp ab.

Beispielsweise sind innerhalb einer Betriebssystem-Entwicklung Betriebsmittel, wie Rechenzentren und SW-Arbeitsplätze, sehr wesentlich und daher vornehmlich einzuplanen; dagegen tritt bei einer Entwicklung im Funk- und Radarbereich das Einplanen der Belegung von mehr HW-bezogenen Betriebsmitteln, wie NC-Maschinen und CAD-Arbeitsplätzen, in den Vordergrund.

Eine Betriebsmitteleinsatzplanung sollte nur dann vorgenommen werden, wenn die Gefahr von Engpässen einzelner, für das Projekt relevanter Betriebsmittel besteht. Anderenfalls sollte man auf sie verzichten, da sie für das Projektmanagement doch eine große, zusätzliche Arbeitsbelastung bedeutet.

Die Methoden und Werkzeuge für die Betriebsmitteleinsatzplanung sind denen für die Personaleinsatzplanung sehr ähnlich, teilweise sogar identisch. Daher wird bei den unterstützenden Rechenverfahren häufig kein Unterschied zwischen diesen beiden Bereichen der Einsatzmittelplanung gemacht.

Bei der Einsatzplanung für Betriebsmittel gibt es unterschiedliche Vorgehensweisen:

▷ Vorratseingeschränkte Einsatzplanung
▷ Bedarfsbezogene Einsatzplanung
▷ Freie Einsatzplanung.

Vorratseingeschränkte Einsatzplanung

Bei der *vorratseingeschränkten* Einsatzplanung liegt ein bestimmter, nicht vergrößerbarer Vor-

Schichtplan				Testwoche: 26 bis 31 Schichtplanung: [illegible]				
Testwoche / Dienststelle	26	27	28	29	30	31		
EK 11	2.	1.	6.	2.	5.	4.		
EK 12	3.	2.	1.	6.	2.	5.		
EK 13	4	3.	2.	1.	6.	2.		
EK 21	5.	4.	3.	2.	1.	6.		
EK 22	2.	5.	4.	3.	2.	1.		
EK 23	6.	2.	5.	4.	3.	2.		
PU	1.	6.	2.	5.	4.	3.		

Nutzungszeiten

1	6 bis 9 Uhr	4	13 bis 15 Uhr
2	9 bis 11 Uhr	5	15 bis 18 Uhr
3	11 bis 13 Uhr	6	18 bis 20 Uhr

Bild 3.93 Schichtplan (Beispiel)

rat eines Betriebsmittels vor, der in einer zeitlichen Folge auf mehrere Nutzer möglichst »gerecht« aufzuteilen ist. Zu vorratseingeschränkten Betriebsmitteln gehören z. B. die vorhandenen Testanlagen, Prüfautomaten, Transportmittel oder Räumlichkeiten, wenn deren Inanspruchnahme von vornherein als stark eingeschränkt angesehen werden muss. Da es günstige und weniger angenehme Nutzungszeiten im Laufe eines Arbeitstags bzw. einer Arbeitswoche gibt, muss die Aufteilung über abwechselnde Nutzungsschichten vorgenommen werden. Hierzu eignet sich am besten ein *Schichtplan* (Bild 3.93). In die Rasterfelder wird ein Kennzeichen für die vorgesehene »Schicht« eingetragen. So kann jeder Projektbeteiligte auf einen Blick erkennen, wer zu welcher Zeit das betreffende Betriebsmittel nutzen wird. Durch die rollierende Zeitversetzung der einzelnen Belegungen wird außerdem eine gerechte Verteilung der günstigen und der weniger günstigen Zeiten erreicht.

Bedarfsbezogene Einsatzplanung

Die *bedarfsbezogene* Einsatzplanung geht primär nicht von einem beschränkten Vorrat aus; bei ihr wird vielmehr zuerst festgestellt, welcher Bedarf an bestimmten Betriebsmitteln zu welchen Zeiten im Einzelnen besteht. Am Anfang steht also die Bedarfsermittlung, die manuell oder DV-gestützt vorgenommen werden kann. Bei der manuellen Bedarfsermittlung ist für jedes Arbeitspaket oder Teilprojekt der entsprechende Bedarf, bezogen auf seinen Einsatzzeitraum, aufzuschreiben und in eine Gesamtdarstellung zu bringen. Hierfür ist bei großen Projekten eine Unterstützung durch ein Netzplanverfahren kaum zu umgehen. Innerhalb eines Netzplans können nämlich den einzelnen Arbeitsvorgängen die Bedarfsmengen der einzelnen Betriebsmittel beigefügt werden. Das Netzplanverfahren kann daraufhin eine Bedarfssummierung über alle Vorgänge, verteilt auf die Zeit, automatisch durchführen. Zudem können alle Varianten einer Selektion nach Organisationseinheiten, Auftragskennzeichen und ähnlichen Ordnungskriterien genutzt werden.

Bei dieser Form der Betriebsmitteleinsatzplanung gelten dieselben Möglichkeiten und Einschränkungen wie bei einer Personaleinsatzplanung mit Hilfe der Netzplantechnik, d. h. es kann auf Wunsch eine termintreue oder eine kapazitätstreue Durchrechnung der Bedarfsmengen mit Anpassung der terminlichen Einordnung der Netzplanvorgänge angestoßen werden.

Die *termintreue* Durchrechnung bedeutet das Einhalten der gesetzten Termine, vor allem der Endtermine; die Vorgänge werden aber innerhalb ihrer Pufferzeiten so verschoben, dass eine Optimierung des Betriebsmittelbedarfsverlaufs zu Stande kommt, also möglichst wenig ausgeprägte Bedarfsspitzen auftreten.

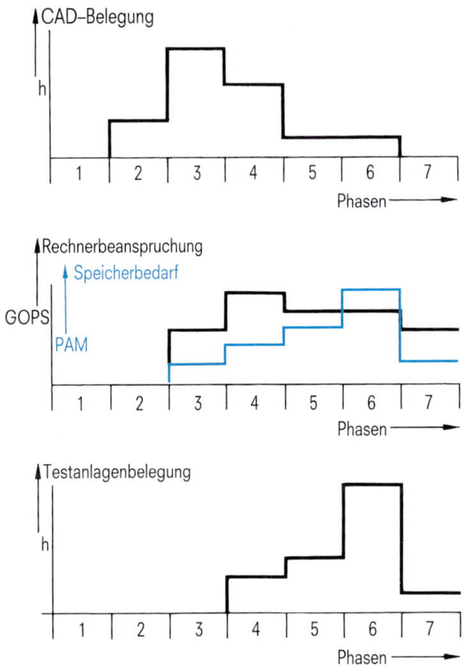

1 Studie
2 Systementwurf
3 Programm-/Schaltungsentwurf
4 Realisierung
5 Systemintegration
6 Systemtest
7 Einsatz

Bild 3.94 Bedarfsbezogene Einsatzplanung

Die *kapazitätstreue* Durchrechnung hat – wie bereits in Kapitel 3.3.6 näher erläutert – dagegen als Prämisse das strikte Einhalten einer obersten Vorratsmenge. Falls erforderlich, können sich hierbei sogar die Endtermine verschieben. Manche Netzplanverfahren, wie z. B. solche, die mit SINET realisiert wurden, ermöglichten eine Einsatzplanung beliebig vieler Betriebsmittel. Bild 3.94 zeigt ein einfaches Beispiel mit drei unterschiedlichen Betriebsmitteln:

▷ CAD-Arbeitsplätze,
▷ Entwicklungsrechner und
▷ Testanlagen.

Sehr deutlich zeigt sich hier die Phasenabhängigkeit der einzelnen Betriebsmittel. In den Anfangsphasen eines Projekts werden die entwurfsorientierten Betriebsmittel wesentlich stärker in Anspruch genommen, in den Endphasen die testorientierten Betriebsmittel.

Die beiden Größen für die erforderliche Rechnerkapazität, die Anzahl Rechenoperationen je Zeiteinheit (GOPS, Giga Operationen pro Sekunde) und der Umfang des Speicherbedarfs (PAM-Seiten) sind außerdem wichtige Planungsgrößen für die Investitionsplanung eines Rechenzentrums, bei der man sich anhand dieser Werte rechtzeitig mit entsprechenden Investitionen auf einen eventuell höheren Bedarf einstellen muss.

Freie Einsatzplanung

Wenn ein Betriebsmittel in einem jederzeit ausreichenden Maß zur Verfügung steht, so besteht keine Gefahr allgemeiner Engpässe, auch nicht einer punktuellen Überlastung. In diesen Fällen ist die Einsatzplanung gemäß einer *freien* Belegung möglich, d. h. jeder Aspirant trägt sich in einen Belegungsplan (Bild 3.95) ein, und zwar zum nächstmöglichen Zeitpunkt.

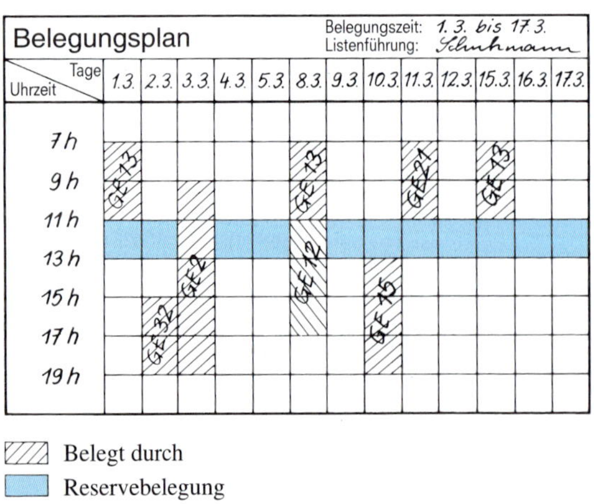

Bild 3.95 Belegungsplan (Beispiel)

Dem Belegungsplan unterliegt das bekannte Warteschlangenprinzip FIFO (First in, First out). Anforderungen an ein Betriebsmittel werden in der Reihenfolge der Beantragungen erfüllt, d. h. wer zuerst kommt, wird auch zuerst bedient. Zusätzlich können noch einige Spielregeln für diese freie Belegung aufgestellt werden, um »Vordrängler« oder »Sicherheitsbeleger« einzuschränken:

▷ Jeder Berechtigte darf nur eine bestimmte Menge belegen.
▷ Jeder Berechtigte darf je Zeiteinheit (z. B. Woche) nur einmal belegen.
▷ Jeder Berechtigte darf beliebig häufig belegen, aber aktuell nur einmal im Belegungsplan eingetragen sein, d. h. erst nach Ablauf darf er wieder belegen.

Hierbei ist es sinnvoll, für besondere »Notfälle« eine gewisse (allgemeine) Reserve im Belegungsplan von vornherein einzuplanen.

3.5.3 Einsatzplanung bei Multiprojekten

Von Multiprojektplanung – auch Mehrprojektplanung genannt – ist dann die Rede, wenn sich mehrere Projekte ein bestimmtes Einsatzmittel (z. B. den Mitarbeiter Saak) oder einen beschränkten Vorrat eines bestimmten Einsatzmittels (z. B. 10 Entwicklungsarbeitsplätze) *teilen* müssen. In beiden Fällen sind die Einsatzplanungen der Projekte nicht mehr unabhängig voneinander möglich; eine Planabstimmung der vorhandenen Ressourcen mit Prioritätenvergabe ist erforderlich. Auch müssen im Rahmen der Multiprojektplanung bei Start eines neuen Projekts dessen (neue) Plandaten mit der bisherigen Projektplanung der laufenden Projekte abgeglichen werden und in diese einfließen.

Beim abgestimmten Einplanen können sehr unterschiedliche Gesichtspunkte bedeutsam sein, wie z. B.:

▷ Ganz bestimmte Personen sollen zeitparallel in mehreren Projekten mitarbeiten.
▷ Eine feste Kopfzahl ist als Summe für mehrere Projekte vorgegeben und soll nun auf diese sinnvoll aufgeteilt werden.
▷ Ein vorgegebenes Budget steht für eine bestimmte Anzahl Projekte zur Verfügung; dieses soll sachgerecht auf die einzelnen Projekte aufgeteilt werden.
▷ Eine beschränkte Menge eines bestimmten Betriebsmittels, z. B. Testanlagen, Arbeitsplätze oder Rechenzeiten ist vorhanden, die unter einer bestimmten Anzahl Projekte »gerecht« verteilt werden soll.

Mitarbeiterbezogene Einsatzplanung

Sind Mitarbeiter gleichzeitig für mehrere Projekte tätig, so wird bei der mitarbeiterbezogenen Einsatzplanung deren Arbeitskraft (100%) prozentual auf die einzelnen Projekte aufgeteilt (Bild 3.96).

Über zeitsynchrones Aufsummieren solcher Mitarbeiter-Kapazitätsaufteilungen erhält man – bezogen auf ein Zeitraster – die für die einzelnen Projekte verfügbaren Personalkapazitäten. Dieser projektspezifische Vorrat kann nun z. B. den aus Einzelnetzplänen der Projekte ableitbaren Bedarfswerten gegenübergestellt werden und dort zu Korrekturen führen.

Eine sehr einfache Methode für eine mitarbeiterbezogene Multiprojektplanung ist auch die in Bild 3.117 angegebene Mitarbeitereinsatzmatrix. Dort werden nämlich namensbezogen die Mitarbeiter auf die einzelnen Projekte aufgeteilt, wobei ebenfalls zu versuchen ist, einen optimalen Abgleich zwischen dem verfügbaren Personalvorrat und dem Personalbedarf der einzelnen Projekte zu erreichen.

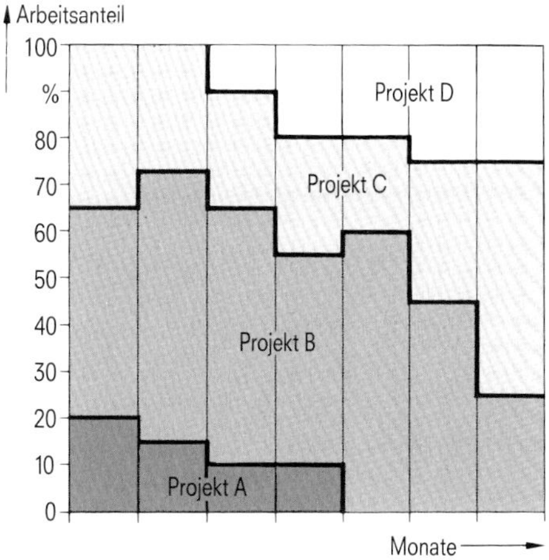

Bild 3.96 Mitarbeiterbezogene Einsatzplanung

Entscheidend ist bei dieser Form der Personaleinsatzplanung, dass primär von der personellen Zuordnung zu den einzelnen Projekten und nicht von deren allgemeinen Personalbedarfswerten (Kopfzahl) ausgegangen wird.

Vorratsbezogene Einsatzplanung

Bei dieser Form der Einsatzplanung steht ein beschränkter Vorrat bestimmter Einsatzmittel für mehrere Projekte zur Verfügung, der möglichst gerecht auf die einzelnen Projekte aufgeteilt werden soll. Hierbei können die Routinen der Einsatzmittelberechnung eines rechnergestützten Netzplanverfahrens gute Dienste leisten.

Als Erstes muss man hier eine *Engpassanalyse* vornehmen, indem die Einzelprojekte einer getrennten Einsatzmittelberechnung (Bild 3.97) unterzogen werden. Die sich ergebenden Einzel-Histogramme des Einsatzmittelbedarfs werden anschließend in eine Summendarstellung überführt. Dem sich hierbei ermittelten Gesamtbedarf kann man nun den verfügbaren Gesamtvorrat in der bekannten Weise einer Einsatzmittelplanung gegenüberstellen. Wichtig ist hierbei, eine »gerechte« Rückführung auf die Einzelprojekte sicherzustellen, falls eine Beschränkung im Vorrat das Reduzieren des Bedarfs erzwingt.

Es stellt sich nun die Frage, welches Projekt in seinem Bedarf gekürzt werden soll. Es ist daher im Rahmen einer Prioritätenbetrachtung abzuwägen, welche Entwicklungsaufgabe den größten geschäftlichen Erfolg verspricht. Themenfremde Aufgaben erfordern längere Einarbeitungszeiten und ergeben möglicherweise Qualitätseinbußen, falls diese Aufgabe ein Erstlingswerk auf dem neuen Gebiet darstellt. Auch ist zu prüfen, ob ein späterer Termin akzeptiert oder eine andere Entwicklungsgruppe beauftragt werden kann, die zwar ausgelastet, aber doch geeigneter für die betreffende Entwicklungsaufgabe ist. Hierbei kann man häufig erst durch mehrmaliges Durchlaufen der obigen Planungsschritte eine optimale Einsatzmittelaufteilung erreichen.

Die in Bild 3.97 vorgestellte Vorgehensweise bei einer Multiprojektplanung lässt sich bei einem rechnergestützten Netzplanverfahren sehr gut mit den Möglichkeiten der *Teilnetzplantechnik* realisieren. Dabei werden die Projekte in getrennten Teilnetzplänen (Low Level Network) durchgeplant und auf einer höheren Netzplanebene (High Level Network) zusammengeführt.

Projektportfolio

In einem rein projektorientierten Unternehmen werden Projekte nicht unabhängig voneinander geplant und gesteuert, sondern auf Grund von Gemeinsamkeiten zu so genannten *Projektportfolios* zusammengefasst und unter

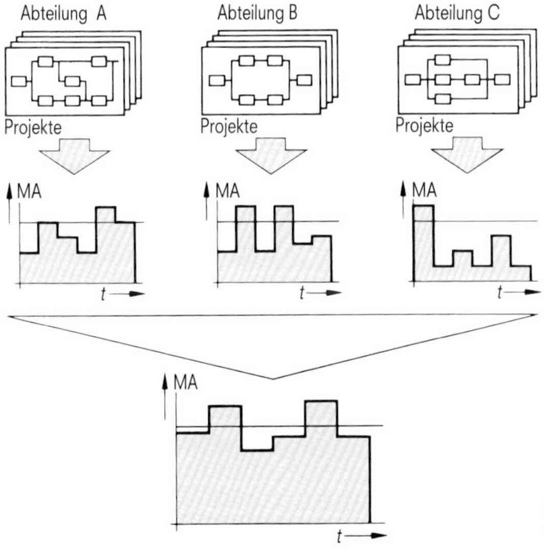

Bild 3.97
Vorratsbezogene Einsatzplanung

gleichen Gesichtspunkten koordiniert. Man spricht hier dann von *Projektportfoliomanagement*. Gemeinsamkeiten von Projekten können hierbei sein:

- alle Projekte eines Geschäftsbereichs,
- inhaltlich vergleichbare Projekte,
- inhaltlich abhängige Projekte,
- ressourcenabhängige Projekte,
- Projekte desselben Auftraggebers,
- Projekte, die Synergien ermöglichen.

Während das Projektmanagement im Allgemeinen mit dem Abschluss des Projektes endet, handelt es sich beim Projektportfoliomanagement um eine permanente Aufgabe, die die fortwährende Planung, laufende Priorisierung, übergreifende Steuerung und Überwachung aller in dem jeweiligen Projektportfolio zusammengefassten Projekte umfasst.

Zu den Aufgaben des Projektportfoliomanagements gehören

- ▷ die Definition von Projekten zur Umsetzung der übergeordneten Unternehmensziele,
- ▷ die Beurteilung von anstehenden neuen Projekten,
- ▷ die Bewilligung oder Ablehnung von Projektanträgen,
- ▷ die laufende Überwachung von Projekten aus der Sicht der Auftraggeber,
- ▷ die Wahrnehmung übergreifender Projekt- und Qualitätsmanagementaufgaben sowie
- ▷ das projektübergreifende Informations- und Wissensmanagement.

Die einzelprojektbezogene Planung und Steuerung obliegt weiterhin den einzelnen Projektleitern mit allen Aufgaben des üblichen Projektmanagements. Ziel eines Projektfoliomanagements ist es, durch die koordinierte Abarbeitung der Projekte in einem Projektportfolio einen größeren Nutzen für das Gesamtunternehmen zu erreichen, als wenn die Projekte getrennt voneinander durchgeführt werden würden.

3.5.4 Beschaffungsmanagement

Gerade bei Multiprojekten sowie im Anlagengeschäft kommen Projekte ohne Leistungen von externen Lieferanten nicht aus. Das Beschaffungsmanagement hat hier die Aufgabe, diese externen Zulieferungen von Sachmitteln und Dienstleistungen so günstig, so sicher und so qualitativ gut wie möglich zu beschaffen. Unter Ausnutzung von Rabatten und der Auswahl von zuverlässigen Lieferanten kann ein großer Kostenvorteil für das Gesamtunternehmen erreicht werden. Deshalb ist in größeren Unternehmen dafür in der Regel ein zentraler Einkauf verantwortlich.

Dieser zentrale Einkauf, im englischen Sprachgebrauch – mit etwas erweitertem Aufgabenumfang bei der Logistikkette – als Supply Chain Management (SCM) bezeichnet, umfasst die Planung und Durchführung aller Aufgaben im Zusammenhang mit der Lieferantenauswahl, Bestellung und Logistik externer Leistungen sowie die Koordinierung aller beteiligten Partner, wie Lieferanten, Händler, Logistik-Dienstleister und Kunden.

Beschaffungsstrategie

Die Beschaffungsstrategie eines Unternehmens unterscheidet sich natürlich von der eines einzelnen Projektes. Projektbezogene Beschaffungsstrategien sind geprägt durch spezielle Projektvorgaben sowie die Verfügbarkeit bestimmter Ressourcen; auch spezifische Kundenanforderungen sind eventuell zu berücksichtigen. Dagegen zielt die Beschaffungsstrategie eines Unternehmens gemeinhin auf den Großeinkauf einzelner Ressourcen (meist Materialien) bei einem günstigen, aber zuverlässigen Lieferanten.

Ziel eines Beschaffungsmanagements ist einerseits das Ausschöpfen von Synergiepotentialen im Unternehmen und andererseits der nachhaltige und langfristige Aufbau von engen Partnerschaften mit Lieferanten. Zu den Synergiepotentialen zählen:

- ▷ Kostenoptimierung beim Einkauf
- ▷ Reduzierung von Prozess- und Personalkosten
- ▷ Kostenreduzierung in der Rechnungsprüfung und Logistik
- ▷ Sicherheit und Beschleunigung der Lieferungen
- ▷ Reduzierung von Lagerbeständen.

Beschaffungsprozess

Der Prozess des Beschaffungsmanagements gliedert sich gemeinhin in folgende Stufen:

1. Bedarfsermittlung
2. Angebotsplanung
3. Angebotseinholung
4. Lieferantenauswahl
5. Vertragsabwicklung
6. Bestellüberwachung
7. Vertragsbeendigung.

Die *Bedarfsermittlung* stellt fest, welche Sachmittel oder Dienstleistungen unternehmensweit bzw. projektbezogen benötigt werden und somit zu beschaffen sind. Hierbei muss unterschieden werden, welche Güter gekauft, geleast oder gemietet werden. Auch muss eruiert werden, inwieweit Materialien im Rahmen des unternehmensweiten „Zentralen Einkaufs" beschafft werden können.

In der *Angebotsplanung* werden die potentiellen Lieferanten identifiziert, wobei zahlreiche Auswahlkriterien hinsichtlich Preisen, Qualität, technischer Kompetenz, Zuverlässigkeit, Liefertreue, Logistik und Verfügbarkeit der Anbieter in die Entscheidungen einfließen. Weiterhin werden die Spezifikationen bzw. Leistungsbeschreibungen für die einzuholenden Angebote der potentiellen Lieferanten erstellt.

Für die *Angebotseinholung* gibt es mehrere Möglichkeiten: das Inserieren in einschlägigen Fachblättern, eine offizielle Ausschreibung auf dem allgemeinen Markt oder eine direkte Angebotsanforderung bei ausgewählten Lieferanten.

Eine genaue Prüfung der so eingegangenen Angebote führt schließlich zur *Lieferantenauswahl*, bei der nicht allein der Preis die Auswahl bestimmt, sondern auch die technischen und wirtschaftlichen Fähigkeiten des Lieferanten in die Beurteilung eingehen. Falls kein geeigneter Lieferant gefunden wird, muss eventuell die Leistungsbeschreibung geändert und eine erneute Angebotseinholung gestartet werden.

Im Rahmen der *Vertragsabwicklung* werden die entsprechenden Verträge mit ihren Modalitäten abgeschlossen (siehe hierzu auch Kap. 2.1.6 Vertragsmanagement).

Mit der *Bestellüberwachung* wird geprüft, ob die Beschaffung in dem vertraglichen Rahmen hinsichtlich Termin, Menge und Preis ordnungsgemäß abgewickelt wird. Treten Mängel bzw. Verzögerungen hinsichtlich der korrekten und rechtzeitigen Lieferung auf, muss der Projektmanager dieses beim Zentralen Einkauf umgehend reklamieren.

Schließlich wird mit der *Vertragsbeendigung* die Lieferbeziehung ordentlich abgeschlossen, d. h. die Abschlussrechnung muss erstellt werden und in einem offiziellen Abschlussgespräch müssen eventuell aufgetretene Diskontinuitäten diskutiert und abgehandelt werden.

Auf dem IT-Markt werden bereits Softwareprodukte zur Automatisierung von Beschaffungsprozessen angeboten. So bietet SAP eine Cloud-basierte Analyseanwendung für das Beschaffungswesen an, mit der Informationen zur Lieferantenleistung über diverse Branchen und Kennzahlen wie Lieferung, Qualität und Kosten gesammelt werden können, die das Unternehmen in die Lage versetzen, das Ausgabenmanagement besser zu überblicken und sogar Lieferantenrisiken vorauszusagen.

3.5.5 Wissensmanagement

Zur optimalen Nutzung der Ressource »Wissen« werden häufig noch viel zu wenig Anstrengungen unternommen, obwohl man mit einem konsequenten Wissensmanagement (Knowledge Management) einen entscheidenden Wettbewerbsvorteil für das Unternehmen erringt. Das hieraus schöpfbare Potenzial lässt sich am besten mit dem alten Satz »*Wenn Siemens wüsste, was Siemens alles weiß ...*« charakterisieren. Wissensmanagement ist mittlerweile zu einer strategischen Aufgabe des Managements geworden; ein Unternehmen kann es sich nicht mehr leisten, das »Rad« zum wiederholten Mal zu erfinden.

Bausteine des Wissensmanagements

Zum Wissensmanagement gehören die unterschiedlichsten Aspekte; auch hat sich hier noch keine einheitliche Nomenklatur und Begriffsdefinition durchgesetzt. Nach [75] kann man Wissensmanagement in folgende Wissenbausteine gliedern:

- ▷ Wissen identifizieren
- ▷ Wissen erwerben

- ▷ Wissen entwickeln
- ▷ Wissen (ver)teilen
- ▷ Wissen nutzen
- ▷ Wissen bewahren.

Wissensidentifikation behandelt die Frage: Wo ist welches Wissen in einem Unternehmen zu finden? Wissenstransparenz erfordert einen beachtlichen Aufwand, schließlich muss durch Abfragen, Interviews, Eingaben in DV-Informationssysteme usw. eine umfangreiche und unternehmensweite Wissenserfassung vorgenommen werden. Beispiele für solche Erfassungsmedien sind Skills-Datenbanken, Expertenverzeichnisse, Wissenskarten und Aufbau von Erfahrungsdatenbanken (engl. Knowledge Base). In Skills-Datenbanken werden detaillierte Qualifikationsprofile der Mitarbeiter gespeichert. Expertenverzeichnisse geben Auskunft über besonders qualifizierte Mitarbeiter mit Angaben über deren spezielles Expertenwissen. Wissenskarten sind grafische Verzeichnisse und Aufstellungen von Wissensträgern, Wissensbeständen, Wissensquellen, Wissensstrukturen oder Wissensanwendungen innerhalb eines Unternehmens. Erfahrungsdatenbanken enthalten die »gemachten Erfahrungen« von abgeschlossenen Projekten. Relevante Projektdaten von erfolgreichen und auch nicht erfolgreichen Projekten sind in ihnen gespeichert.

Ist das im Unternehmen vorhandene Wissen für die erfolgreiche Projektdurchführung nicht ausreichend vorhanden, ist eine *Wissenserwerbung* notwendig. Fehlendes Wissen wird im Wesentlichen durch Einkauf externen Wissens (Experten, Studien etc.) erworben, über Lizenzen anderer Firmen eingekauft oder durch Eingehen von Allianzen (Knowledge Links) eingebracht. Hierbei ist es häufig sehr schwierig, das derart erworbene Wissen ins eigene Unternehmen zu integrieren, weil fremde Experten häufig abgelehnt werden oder Studien ungelesen bleiben.

Wissensentwicklung ist das gezielte Produzieren von bisher intern noch nicht vorhandenen Fähigkeiten; primär wird dieses durch FuE-Aktivitäten in den Forschungs- und Entwicklungsabteilungen erreicht. Aber auch durch eine ganzheitliche Mitarbeiterschulung muss das eigene Wissen im Rahmen einer strategischen Schulungsplanung (siehe weiter unten) gefördert und erweitert werden. Deshalb steht die Steigerung der Kreativität und individueller Problemlösungsfähigkeiten an erster Stelle der Wissensentwicklung.

Vorhandenes bzw. erworbenes Wissen kommt in einem Unternehmen allerdings erst durch eine durchgängige *Wissensverteilung* und *Wissensteilung* zur vollen Wirkung. Arthur Andersen hat hierfür folgenden inhaltlichen Zusammenhang aufgestellt:

$$\text{Wissen} = (\text{Mitarbeiter} + \text{Informationen})^{\text{Wissensteilung}}$$

er meint, dass Wissen sich ergibt als Resultat aus der Summe Mitarbeiter und Informationen potenziert mit der Wissensteilung, d. h. also, Wissen steigt natürlich mit der Anzahl der Mitarbeiter und der Informationen, wird aber erst durch Wissens(ver)teilung entscheidend erhöht.

Wesentliches Element der Wissens(ver)teilung ist der Transfer von »Best Practices« innerhalb eines Unternehmens. Mit einem »Best Practices-Sharing« wird die Übertragung von erfolgreichen Praktiken und Methoden des einen Bereichs eines Unternehmes in andere weniger erfolgreiche Bereiche angestrebt. Auf diese Weise soll das meist sehr kostenaufwändige »Wiedererfinden des Rades« vermieden werden. Informationsinseln und Wissensmonopole müssen in einem Unternehmen so durchlässig sein, dass das gesamte Know-how eines Unternehmens allen Mitarbeitern jederzeit zur Verfügung steht. Erfahrungsdatenbanken sind hierfür eine ausgezeichnete Basis.

Vorhandenes Wissen muss aber auch genutzt werden; deshalb ist *Wissensnutzung* ein wichtiger Aspekt des Wissensmanagements. Möglichkeiten zur Förderung der innerbetrieblichen Nutzung von Wissen sind die Einrichtung von Informationstagungen, von Informationsbörsen, von Diskussionsforen im Intranet sowie der Zugriff über Intranet auf das QM-Handbuch, auf das Entwicklungshandbuch und auf allgemeine Projektinformationen. Überhaupt ist der Einsatz des Intranets auf allen Ebenen der unternehmensinternen Kommunikation ein hervorragendes Mittel zur Wissensnutzung. Das Intranet wird immer mehr zu einem unternehmensweiten Kommunikationsforum, aus dem die Mitarbeiter einerseits alle notwendigen Informationen abrufen und andererseits eigenes Wissen und eigene Erfahrungen absetzen können. Ziel der Wissensnutzung muss die Ausschöpfung des gesamten Synergiepotenzials eines Unternehmens sein.

Wissensbewahrung ist schließlich der abschließende Baustein im Wissensmanagement. Im Rahmen der Projektdurchführung entsteht immer neues Wissen; dieses zu bewahren ist von größter Wichtigkeit. Hilfsmittel und Methoden hierfür sind Erfahrungsdatenbanken (siehe auch Kap. 5.3) sowie das systematische Verfassen und Speichern von Erfahrungsberichten abgeschlossener Projekte (Vorzeigeprojekte, Erzeugen von »Assets«). Eine große Gefahr des Verlusts von Wissen bedeuten heutzutage allerdings die Ausgliederung einzelner Entwicklungsgebiete sowie das Outsourcing von ganzen Aktivitätsbereichen.

Allerdings gibt es beim Wissenstransfer innerhalb eines Unternehmens immer wieder ein sehr menschliches Problem: Viele Menschen neigen dazu, ihr Wissen zu „verstecken", indem sie ihr erworbenes Wissen nicht vollständig anderen Kollegen preisgeben, weil diese als Konkurrenten angesehen werden. Nur eine verstärkte Vertrauensbildung und das Erkennen, dass letztendlich ein „weitergegebenes" Wissen allen hilft, kann diesem Phänomen entgegen wirken.

Wissensmanagement findet man – wie bereits erwähnt – heute in sehr unterschiedlichen Erscheinungsformen und Ausprägungen. Im Folgenden sind einige Komplexe praktizierten Wissensmanagements näher aufgezeigt:

- ▷ Operationsmanagement
- ▷ Assignment-Management
- ▷ Kompetenzmanagement
- ▷ Strategische Schulungsplanung
- ▷ Benchmarking
- ▷ Erfahrungssicherung.

Operationsmanagement

Unter Operationsmanagement versteht man im engeren Sinne das optimierende Management der Personalressourcen zum optimalen Einsatz in einem Multiprojektgeschäft. Zum Beispiel in der Consulting- und Softwarebranche werden – zeitverschoben – laufend eine Vielzahl von unterschiedlich großen Projekten geplant und durchgeführt, die ähnliche oder auch sehr unterschiedliche Personalqualifikationen erfordern. Hier ist es von größter Bedeutung, zu jedem Zeitpunkt (nämlich dann, wenn ein Auftrag ansteht) eine ausreichende Personalkapazität mit der gewünschten Qualifikation umgehend zur Verfügung zu haben; ansonsten ist man gezwungen, den Auftrag abzuweisen.

Primäre Aufgabe eines Operationsmanagements ist dabei das Setzen von Prioritäten bei *konkurrierenden* Personalanforderungen, wenn also besonders qualifizierte Spezialisten gleichzeitig für zwei oder mehrere Projekte benötigt werden. In solchen Konfliktsituationen muss die Kundenbedeutung für das Gesamtgeschäft genau betrachtet werden, um zu einer gesamtunternehmerischen Entscheidung zu kommen. Das kann heißen, dass das weniger priorisierte Projekt weniger qualifizierte Mitarbeiter zugeordnet bekommt oder dass externe Consulting-Kräfte eingekauft werden müssen, es kann aber auch heißen, dass der weniger wichtige Auftrag nicht angenommen werden kann.

Mit einem entscheidungskräftigen Operationsmanagement wird erreicht, dass der Personaleinsatz in Projekten primär nach der jeweiligen Kundenbedeutung für das Unternehmen und nicht nach den Eigeninteressen einzelner Projekte ausgerichtet wird.

Assignment-Management

Das Assignment-Management hat die Aufgabe, unter Berücksichtigung der geforderten Fähigkeiten (Skills) in den anstehenden Projekten einen optimalen Einsatz des zur Verfügung stehenden Personals zu gewährleisten; es unterstützt damit – häufig als Teil eines Operationsmanagements – die qualifikationsgerechte Einsatzplanung im Rahmen einer Multiprojektplanung.

Eine große Hilfe kann hier eine erweiterte Skills-Datenbank (siehe weiter unten) sein, die neben den Qualifikationen der Mitarbeiter auch deren Verfügbarkeit enthält. Allerdings besteht immer das Problem der genügenden Aktualität der gespeicherten Qualifikationsprofile und der Angaben hinsichtlich der personenbezogenen Verfügbarkeiten. Häufig werden auch von den Personalabteilungen »Personalbörsen« eingerichtet, die Auskunft über freie Mitarbeiter geben. Eine weitere Möglichkeit ist die Einrichtung eines Informationsdienstes über E-Mail in Form eines internen Internet-basierten Stellenmarktes, mit dessen Hilfe über Angebot von verfügbaren Mitarbeitern und Nachfrage nach freien Kapazitäten der unternehmensweite Ressourcenausgleich bewerkstelligt wird. Kann auf derartige Tools nicht zurückgegriffen werden, bleibt dem Assignment-Manager nichts anderes übrig, als durch gezielte Abfragen in den Abteilungen nach geeigneten freien Ressourcen zu suchen.

Mit einem Assignment-Management wird ein optimaler Einsatz des Personals in einem projektorientierten Unternehmen unter Berücksichtigung der individuellen Qualifikationen erreicht, was zu einer Vollauslastung und insgesamt zu einer Produktivitäts- und Qualitätssteigerung führt. Vollauslastung bedeutet eben auch durchgehende Verrechenbarkeit des eingesetzten Personals und damit maximales Geschäftsergebnis.

Kompetenzmanagement

Basis eines Kompetenzmanagements, auch als Skills-Management bezeichnet, ist eine »Skills-Datenbank«, die die Qualifikationsprofile (Skills) aller Mitarbeiter nach einem einheitlichen Bewertungsraster enthält. Über diese Qualifikationsprofile kann man bei einer Personalanforderung in der Datenbank gezielt nach Mitarbeitern mit einer gewünschten Qualifikation recherchieren.

Im Qualifikationsprofil werden die Kompetenzen, d. h. alle fachlichen Kenntnisse, Fähigkeiten und Erfahrungen eines Mitarbeiters in ihrer spezifischen Ausprägung festgehalten. In der Tabelle 3.40 sind als Beispiel ausschnittsweise einige wesentliche Qualifikationsbereiche aus der IT-Branche aufgeführt.

Wenn Projektleiter oder Projektmitarbeiter sich einer Zertifizierung nach den ICB-Regeln (siehe hierzu auch Kap. 4.8) unterzogen haben, sollten diese Kompetenz-Kriterien ebenfalls in die Skills-Datenbank mit aufgenommen werden.

Die personenbezogene Ausprägung der jeweiligen Qualifikationskategorie kann z. B. ent-

Tabelle 3.40 Skills-Katalog (Auszug)

Methoden & Tools		
	Prozessorganisation	
	Systementwicklungsmethoden	
		Methoden/konventionell
		Methoden/OO-Technologie
		Tools/konventionell
		etc.
	CAD-, CAM-Verfahren	
Branchenspezifisches Know-how		
	Industrie	
		Grundlagen
		Markt
		Konkurrenz
		Trends
		Produkte
		etc.
	Handel	
	Banken	
	Versicherungen	
	etc.	
Produktkenntnisse		
	Produktgebiet 1	
		Produkt A
		Produkt B
		etc.
	Produktgebiet 2	
		etc.
Berufliche Fachkenntnisse		
	Betreiberdienste	
	Projektmanagement	
		PM-Methoden & Tools
		Vertragsmanagement
		ICB-Kompetenz-Level
		Risikomanagement
		etc.
	Organisationsplanung	
		Projektgröße, -art
	Qualitätsmanagement	
	Personalführung	
	etc.	
Sprachenkenntnisse		
	Englisch	
	Französisch	
	Spanisch	
	Russisch	
	etc.	

sprechend der drei Bewertungsstufen »Grundkenntnisse«, »gute Kenntnisse« und »Experte« vorgenommen werden. Neben diesen Qualifikationen werden vom Mitarbeiter noch Angaben zu seiner Ausbildung und Berufserfahrung sowie Angaben zu Projekten, in denen er bisher mitgearbeit hat, gespeichert.

Folgende Ziele strebt man u. a. mit einer Skills-Datenbank an:

- ▷ gezieltere Personalbeschaffung (Staffing) in einem projektorientierten Unternehmen,
- ▷ Steigerung der Produktivität durch qualifizierteren Personaleinsatz,
- ▷ Informationsbasis für eine strategische Schulungsplanung,
- ▷ Unterstützung bei einer innovationsausgerichteten Personalplanung.

Abfragen in der Skills-Datenbank können zu jeder Zeit von dem dazu autorisierten Personenkreis gestartet werden. Die Abfrage besteht in der üblichen Form einer Aufzählung (booleisches Und) der geforderten Skills mit der gewünschten Ausprägung. Bei einer zu großen Trefferanzahl kann fortsetzend eine entsprechende Einschränkung, d. h. Verschärfung der Suchfrage, vorgenommen werden. Der jeweilige Mitarbeiter erfährt anschließend über ein dann gesetztes Kennzeichen, dass er in eine Skill-Suche einbezogen wurde.

Damit die Einrichtung einer Skills-Datenbank auch den gewünschten Erfolg bringt, müssen einige wesentliche Voraussetzungen gegeben sein:

- Jeder Mitarbeiter muss verpflichtet sein, seine Skills in die Datenbank einzugeben,
- nach jedem Projektabschluss müssen die Skills der Mitarbeiter aktualisiert werden,
- in jeden Personalbeschaffungsprozess ist grundsätzlich die Skills-Datenbank einzubeziehen,
- die Skills-Belegung muss Bestandteil der offiziellen Mitarbeitergespräche sein.

Der Aufbau einer personenbezogenen Skills-Datenbank erfordert auf jeden Fall eine Betriebsvereinbarung mit dem Betriebsrat.

Strategische Schulungsplanung

Die Aus- und Weiterbildung der Mitarbeiter geschieht viel zu häufig auf Grund der momentan anstehenden Erfordernisse in einem Projektablauf, so dass meist die angestrebte Qualifizierung erst sehr spät (teilweise zu spät) Wirkung zeigen kann. Eine effektive Schulungsplanung erfordert deshalb eine vorausschauende Planung der Aus- und Weiterbildungsmaßnahmen der Mitarbeiter gemäß deren persönlichen Qualifizierungspotenzialen.

Ausgehend von den vorhandenen Qualifikationen der Mitarbeiter wird in einer *strategischen Planung* festgelegt, welche Qualifikationen bei den einzelnen Mitarbeitern erweitert bzw. zusätzlich aufgebaut werden sollen (siehe Bild 3.98). In einer strategischen Schulungsplanung wird also das IST dem SOLL der einzelnen Mitarbeiterqualifikationen unter Berücksichtigung der von der Organisation angestrebten Skills gegenübergestellt; auf Basis dieser Planungsgrundlage werden dann konkrete Schulungsmaßnahmen, wie Kurse, Seminare, autodidaktische Weiterbildung, Training-on-the-Job etc. beschlossen. Die strategische Schulungsplanung richtet sich dabei nicht nach dem Qualifikationsbedarf der laufenden Projekte, sondern vornehmlich nach den strategisch zu erwartenden Projekten.

Benchmarking

Eine häufig praktizierte Methode zur Standortbestimmung innerhalb eines Wissensmanagements ist das *Benchmarking*, das «Lernen vom Besten». Nach [12] kann man Benchmarking definieren als den kontinuierlichen Prozess, die eigenen Produkte, Systeme, Dienstleistungen und Praktiken gegen den stärksten Mitbewerber oder die Firmen zu messen, die als Industrieführer angesehen werden. Benchmarking kann aber nicht nur gegenüber fremden Firmen durchgeführt werden, sondern auch gegenüber anderen (erfolgreicheren) Bereichen innerhalb eines Unternehmens. Dabei spielt nicht das Messen an anderen, sondern das Lernen von anderen die entscheidende Rolle.

Ein Benchmarking wird in folgenden Schritten durchgeführt:

- ▷ Festlegung der zu untersuchenden Prozesse bzw. Funktionsbereiche
- ▷ Auswahl der Benchmarking-Partner
- ▷ Festlegung der einzubeziehenden Vergleichsdaten

Strategischer Schulungsplan Abteilung: MHB SIS 44 Datum: 3. Januar 2000

Legende: ✪ Experte ❍ Kenntnisse ☆ Vertiefung ✖ Schulung ? event. Schulung

Skills	BS			Sprachen					Oberflächen						Datenbanken						Datennetze				Standard-SW									Applikationen			
Mitarbeiter	BS2000	UNIX	Windows NT	Assembler	SPL	COBOL	PASCAL	C++	Centura	NewEra	Visual Basic	FHS//DOORS	Diolog-Builder	ADILOS	UDS	SESAM	INFORMIX	ORACLE	SQLBase	ACCESS	UTM	Novell	TCP/IP	Internet/HTML	SAP R/2 allg.	SAP R/3 allg.	SAP CO	SAP PS	SAP HR	SAP MM	SAP SD	SAP Cats	ABAP/4	Word-Form./Dok.	EXCEL-Makros	Lotus-Notes	Doc-To-Help
Gruppe 1																																					
Bindeballe, Fr.	✪		?	❍		✪						✪	✪		✪						✪					?									?		
Gödtel	✪	☆	?		❍	✪		?		✖							✪	?			✪			✖		❍											
Joswig	✪				✪	✪						?	?		❍						✪					?								?			
Mann, Fr.	✪	❍	?		✪	✪									❍	✪					✪					?								?	?		
Gruppe 2																																					
Kasper, Fr.	❍	✪				❍		❍	✪			✪		✪			☆		✪	❍			❍			❍							❍			❍	
Oertel	✪	✖				✪		✖						❍				✖			✪				❍	?	?	?					✪				
Swodinsky		✖						✖	❍								✖					❍	❍	?		☆	☆	☆					☆				
Gruppe 3																																					
Brosig		❍	✖																		✪			✖		✖	✖	✖					❍				
Helm	✪	❍				✪		❍	❍								❍				✪			✖		☆	❍	☆	✖				☆				
Kramer, Fr.	✪	❍				✪									❍		❍				✪			☆		✪	☆	✪		❍	?	✖	☆				
Sasgen		?	✖						☆					❍	❍		?		☆	✖	✪	☆		✖		✖		☆					☆		❍		
Silkenstedt	✪	?	✖			✪					❍	✪				✪	?	?		✪	✪					❍	❍	❍					✖	✪	❍		❍
Abteilungsziel	✪	✪	✪	❍	✪	✪	❍	✪	✪	❍	❍	✪	❍	❍	✪	❍	✪	❍	✪	✪	✪	✪	❍	✪	❍	✪	✪	✪	❍	❍	❍	❍	✪	✪	✪	❍	❍
Maßnahmen		☆	✖				?	✖		✖							☆	✖		☆		☆		☆		☆	☆	☆	✖		?	✖	☆		✖		

Bild 3.98 Strategischer Schulungsplan

▷ Durchführung der Analysephase
▷ Bewertung der Analyseergebnisse
▷ Implementierung der gewonnenen Erkenntnisse.

Letztendlich soll durch ein Benchmarking, also den Vergleich mit einem Besseren, Wissen von anderen «abgeguckt» und in die eigene Organisation eingebracht werden.

Erfahrungssicherung

Die Sicherung von Erfahrungen, die in früheren Projekten gemacht worden sind, ist für ein erfolgreiches Wissensmanagement von entscheidender Bedeutung; denn nur aus dem Lernen und Weiterentwickeln von bereits vorhandenem Wissen gelangt man zu einem verbesserten Know-how-Stand. Erst der Aufbau von Erfahrungsdatenbanken, in denen alle relevanten Projektparameter von abgeschlossenen Projekten in Verbindung mit textlichen Erfahrungsberichten gespeichert sind, führt zu einer wesentlichen Verbreiterung der Wissensbasis und ermöglicht damit eine effizientere Durchführung von neuen Projekten (siehe hierzu auch Kap. 5.3.3). Modernes Wissensmanagement in einem Entwicklungsbereich sollte deshalb bei Abschluss eines jeden Projekts, egal ob dieses erfolgreich oder weniger erfolgreich geführt wurde, die Aufnahme von Erfahrungsdaten in eine Projektdatenbank geradezu erzwingen.

3.6 Kostenplanung

Letzter wesentlicher Abschnitt der Projektplanung ist die Kostenplanung; sie ist ein sehr »kritischer« Abschnitt, weil sie sich einerseits auf Daten aus der technischen Planung und andererseits auf Daten aus der kaufmännischen Planung abstützt, die gemeinhin nicht deckungsgleich sind. Die technische Planung hat vornehmlich das technische Entwicklungsziel im Auge; die kaufmännische Planung betrachtet dagegen die wirtschaftliche Gesamtheit eines Entwicklungsbereichs. Hieraus sich ergebende Konflikte sind im gegenseitigen Anerkennen der jeweiligen Probleme gemeinschaftlich zu lösen.

Auch sollte man verstärkt eine ganzheitliche Kostenbetrachtung durch Einbeziehen aller Kosten des gesamten Produktlebenszyklus – von der Produktidee bis hin zur Produktstreichung – vornehmen. Diese *Lebenszykluskosten* (Life-Cycle-Cost/LCC, Lebenswegkosten) umfassen neben den reinen Anschaffungskosten (Entwicklungs-, Fertigungs- und Vertriebskosten) auch die Folgekosten beim späteren Betriebseinsatz (Betriebs-, Wartungs- und evtl. Stilllegungskosten), wobei die Nachfolgekosten einen beachtlichen Anteil annehmen können (siehe Bild 5.5). Ziel des Konzepts der Lebenszykluskostenbetrachtung ist die kostenwirksame Optimierung der *Produktgesamtkosten*.

Ausgangsbasis für eine transparente Kostenplanung ist in jedem Fall die vollständige Aufgabenplanung der einzelnen Arbeitspakete. Mit einer projektumfassenden *Vorkalkulation* sollten möglichst in einer Vollkostenrechnung alle direkten und indirekten Kosten für das Projekt erfasst werden. Das Einrechnen der unterschiedlichen Formen von Gemeinkosten ist naturgemäß sehr problematisch. Ein Teil dieser Kosten ist bereits in die Stundenverrechnungssätze eingearbeitet; andere Kostenelemente müssen zusätzlich pauschal umgelegt werden. Auch künftige Kostensteigerungen durch Inflation und Gehaltserhöhungen sind zu berücksichtigen.

Die eigentliche Kostenplanung in einem Entwicklungsbereich umfasst zwei Aspekte: die *FuE-Budgetierung* und die *FuE-Planung*. Die FuE-Planung ergibt sich aus der Aufwandsplanung auf der fachlichen Ebene der Projekte; aus ihr entstehen die für das jeweilige Projekt erforderlichen Kosten, d. h. die geforderten Geldmittel. Inwieweit diesen entsprochen werden kann, ergibt sich erst aus der Abstimmung mit der FuE-Budgetierung, bei der – ausgehend von dem Wirtschaftsplan des betreffenden Entwicklungsbereichs – über eine Geschäftsfeldgliederung eine projektbezogene Zuteilung von Budgets abgeleitet wird. Reicht der zugeteilte Budgetrahmen für das Projekt nicht aus, so muss entweder der FuE-Plan zurückgenommen werden oder – falls dies sachlich oder betrieblich nicht möglich ist – sind innerhalb der FuE-Budgetierung die Prioritäten zu verschieben.

3.6.1 Kostenrechnung im Rechnungswesen

Da die Projektkostenüberwachung einerseits einen Großteil ihrer Daten aus dem *Rechnungswesen* erhält und andererseits auch Daten an dieses wieder weiterleitet, soll an dieser Stelle kurz auf die Schnittstellen zum Rechnungswesen eingegangen werden.

Wertefluss zwischen Rechnungswesen und Projektkostenüberwachung

Wie das Bild 3.99 zeigt, werden – außer den Kosten des eigenen Personals – die Istkosten meist aus Abrechnungsverfahren des Rechnungswesens (z. B. SAP R/3) übernommen. Die Kosten des eigenen Personals werden über eine vom Rechnungswesen getrennte Stundenkontierung ermittelt. Auch die Vorgabe von Planwerten findet in der Projektkostenrechnung losgelöst vom Rechnungswesen statt. An das Rechnungswesen werden demgegenüber zur Weiterverrechnung und Buchung ensprechend aufbereitete Daten weitergegeben.

Neben den Teilgebieten Finanzbuchhaltung, Planungsrechnung und betriebswirtschaftliche Statistik umfasst das Rechnungswesen auch eine *Kostenrechnung*. Diese auf ein ganzes Unternehmen ausgerichtete RW-Kostenrechnung hat drei Betrachtungsfelder:

was? → Kostenart
wo? → Kostenstelle
wofür? → Kostenträger

Die Kostenrechnung für die Projektüberwachung ist dagegen primär auf Projekte ausgerichtet und hinsichtlich der Kostenbetrachtung vielschichtiger; sie hat die Fragen zu beantworten:

was? → Kostenelement
wo? → Kostenverursacher
wofür? → Projektaufgabe
woher? → Kostenherkunft

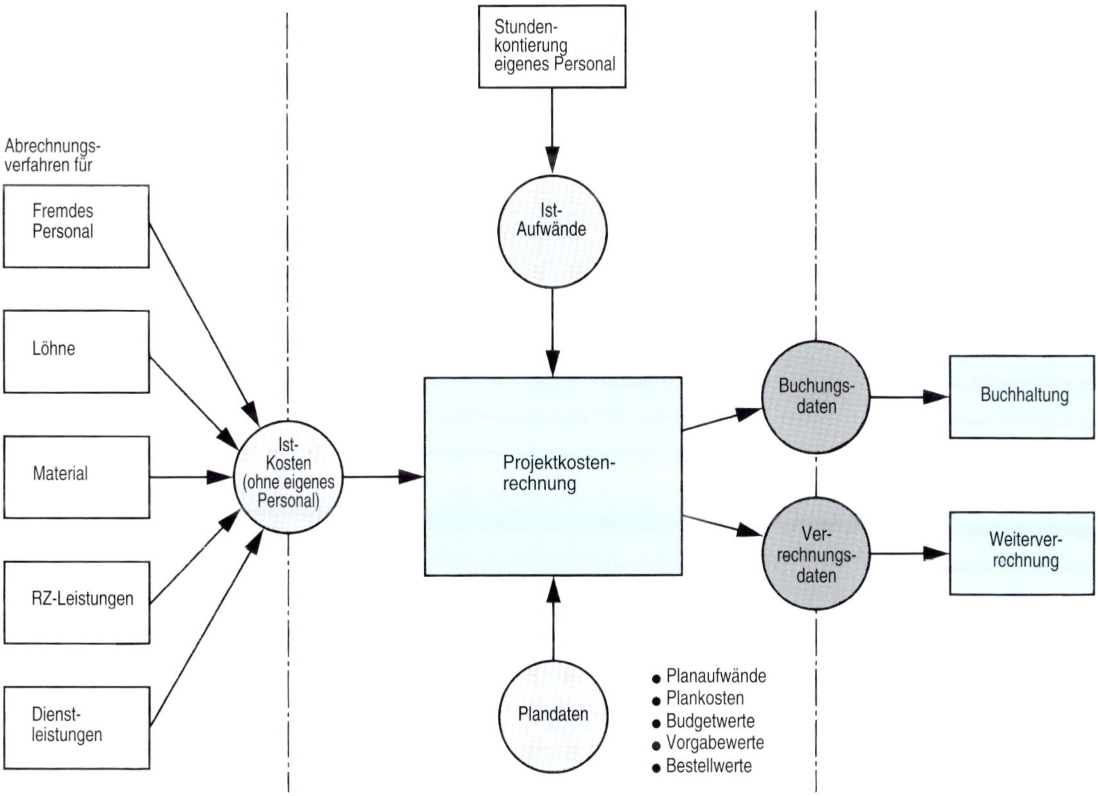

Bild 3.99 Wertefluss zwischen Rechnungswesen und Projektkostenüberwachung

wohin? → Kostenempfänger
wie? → Tätigkeitsart
wann? → Projektphase

RW-Kostenrechnungsmethoden

Die Kostenrechnung im Rechnungswesen hat die Aufgabe, den Wertefluss in einem Unternehmen in seiner Struktur und in seinem Ablauf transparent darzustellen, um durch Gegenüberstellen mit entsprechenden Vorgabewerten aus der Wirtschaftsplanung und Budgetierung zu einer aussagekräftigen Kostenbeurteilung zu gelangen.

Kostentransparenz setzt voraus, dass die Kosten entsprechend einer sinnvollen Gliederung erfasst und ausgewertet werden; dies erfordert natürlich einen mehr oder weniger großen Aufwand. Deshalb ist es wichtig, bestimmte Grundsätze für eine optimale Kostenrechnung einzuhalten; hierzu zählen:

- ▷ Die Kostenrechnung muss wirtschaftlich sein, d. h. die Detaillierung darf nur so fein sein, wie es wirklich notwendig ist.
- ▷ Die Kostenwerte müssen hinsichtlich ihrer Art, ihrer Verursachung und ihres zeitlichen Anfalls zuordenbar sein.
- ▷ Die Kostenwerte müssen hinsichtlich ihres Inhalts und des Betrachtungszeitraums vergleichbar sein.
- ▷ Die Kostenwerte müssen aktuell sein.

Wie oben erwähnt, ist die Kostenrechnung im Rechnungswesen nach den drei Zielkriterien Kostenart, Kostenstelle und Kostenträger ausgerichtet. Entsprechend unterscheidet man drei Methoden der RW-Kostenrechnung:

- ▷ Kostenartenrechnung
- ▷ Kostenstellenrechnung
- ▷ Kostenträgerrechnung.

In Bild 3.100 ist das Zusammenwirken dieser Kostenrechnungsmethoden aufgezeigt.

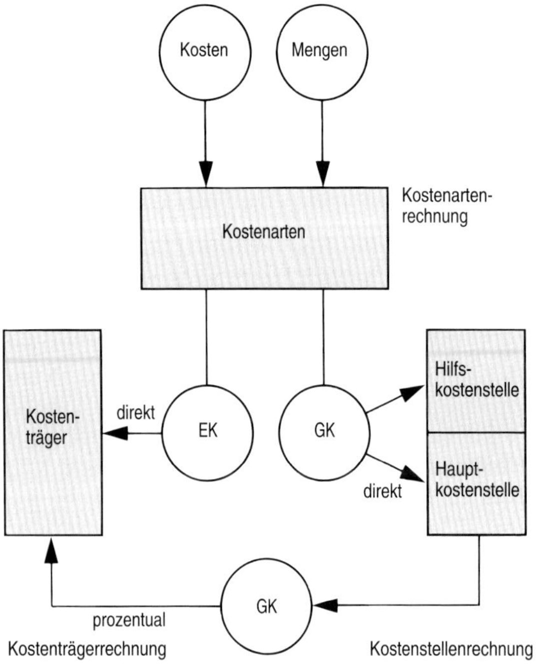

EK Einzelkosten
GK Gemeinkosten

Bild 3.100 Zusammenwirken der drei RW-Kostenrechnungsmethoden

Kostenartenrechnung

Aufgabe der Kostenartenrechnung ist das Planen künftiger Kosten sowie das Erfassen angefallener Kosten nach einem vorgegebenen Kostenartenkatalog. Kostenwerte werden gebildet durch Bewertung von zu leistenden Mengen bzw. geleisteten Mengen in Abhängigkeit der jeweiligen Kostenart:

$$K = M \times u \qquad (52)$$

K Kostenwert
M Menge an Leistungseinheiten
u Preis der Leistungseinheit (Kostenart)

Unabhängig davon, ob es sich dabei um die Analyse von Plankosten oder von Istkosten handelt, bezieht sich hier eine Kostenanalyse immer auf diese vier Grundkomponenten: Art, Menge, Preis und Wert. Eine Veränderung in der einen Komponente kann durch Veränderung einer anderen wieder ausgeglichen werden; z. B. kann ein Kostenwert bei einer größeren Menge durch eine Preisreduzierung erhalten bleiben.

Die Gliederung der Kosten in Kostenarten geschieht nach betriebswirtschaftlichen Gesichtspunkten. Im Folgenden sind die in einem *Kostenstellenblatt* (Bild 3.101) enthaltenen Kostenarten aufgeführt:

Personalkosten

- Gemeinkosten Löhne
- Gemeinkosten Gehälter
- Sozialkosten
- Erfolgsbeteiligung
- Altersversorgung
- Schulungskosten

Sach- und Dienstleistungskosten

- Instandhaltung
- Energiekosten
- Mehrkosten vor/nach Ablieferung
- FuE-Kosten
- Hilfsmaterial
- Reisekosten Inland
- Reisekosten Ausland
- Bewirtung, Geschenke

- Nachrichtenkosten
- Transport-, Umzugskosten
- Büromaterial
- Lichtpauserei, Vervielfältigung
- Werbekosten
- Abwicklung/Pflege interner DV-Verfahren
- Entwicklung bereichsinterner Software
- Pflege bereichsexterner Software
- Einsatzmaterial
- Dienstleistungen von Fremden

Kapitaleinsatzkosten

- Kalkulatorische Abschreibungen
- Kalkulatorische Zinsen
- Kalkulatorische Wagnisse
- Mieten, Pachten
- Steuern, Versicherungen

Das Erfassen der Kosten hängt von der jeweiligen Kostenart ab; so werden z. B. die Personalkosten, wie Löhne, Gehälter und Personalnebenkosten, durch die monatliche Lohn- und Gehaltsabrechnung ermittelt, Materialkosten durch den bewerteten Verbrauch mittels Materialentnahmescheine sowie Energie-, Instandhaltungs- und sonstige Kosten durch entsprechende Rechnungsschreibung. Das Feststellen der kalkulatorischen Kosten ist dagegen schwierig; zu diesen zählen:

▷ kalkulatorische Abschreibungen,
▷ kalkulatorische Zinsen und
▷ kalkulatorische Wagnisse.

Mittels *kalkulatorischer Abschreibungen* wird der Werteverlust der eingesetzten Maschinen und Anlagen in der Kostenrechnung ausgedrückt. Hierbei wird nicht von der handels- und steuerbilanziellen Abschreibung ausgegangen, sondern man verteilt den Anschaffungswert eines technischen Geräts auf die tatsächlich zu erwartende Nutzungsdauer, die wegen der voranschreitenden Innovation kleiner sein kann als die technische Lebensdauer (z. B. beim PC: 3 Jahre). Auch kann es sinnvoll sein, als Basis nicht den ursprünglichen Anschaffungswert, sondern den gegenwärtigen Wiederbeschaffungswert zu nehmen; dazu muss der Anschaffungswert anhand von Preisindizes, die das Statistische Bundesamt offiziell veröffentlicht, hochgerechnet werden.

Mit *kalkulatorischen Zinsen* wird der Zinsverlust des eingesetzten Kapitals berücksichtigt, welches ja anderweitig – z. B. bei einer Bank gut angelegt – beachtliche Zinserträge erbringen würde. Erst wenn das Betriebsergebnis mehr erbringt als diese »möglichen Zinsen«, hat sich die Investition »gelohnt« (siehe hierzu auch Kap. 2.3.4, Geschäftswertbeitrag). Die kalkulatorischen Zinsen ergeben sich durch Multiplikation des betriebsnotwendigen Kapitals, welches zinstragend eingesetzt werden könnte, mit einem kalkulatorischen Zinssatz, der banküblich und langfristig gilt.

Die *kalkulatorischen Wagnisse* stellen einen Durchschnittsbetrag für zu erwartende, nicht durch Versicherungen abgesicherte Verluste dar, die bei Anlagen und Beständen (z. B. Ausfall, Zerstörung, Diebstahl) sowie durch Gewährleistungen und sonstige betriebliche und vertriebliche Mehrkosten (z. B. Ausschuss, Konkurs, Auf- und Abwertung von Geldwährungen) auftreten können. Dieser Durchschnittsbetrag wird auf Basis von Erfahrungswerten bei eingetretenen Wagnissen vergangener Jahre ermittelt.

Kostenstellenrechnung

Die Kostenplanung und -kontrolle der Gemeinkosten in einem Unternehmen wird mit der Kostenstellenrechnung vorgenommen; hierzu ist eine Gliederung des Unternehmens in Kostenbereiche und *Kostenstellen* sowie eine verursachungsgerechte Zuordnung der Gemeinkosten auf diese notwendig. Wie später noch gezeigt wird, ist diese Form der Gemeinkostenbetrachtung Voraussetzung für die nachfolgende Kostenträgerrechnung.

Die Bildung von Kostenbereichen und Kostenstellen kann nach unterschiedlichen Gesichtspunkten vorgenommen werden:

▷ nach organisatorischen Gesichtspunkten,
▷ nach räumlichen Gesichtspunkten sowie
▷ nach verrechnungstechnischen Gesichtspunkten.

Anzustreben ist immer eine Kostenstellengliederung nach organisatorischen Einheiten, wie z. B. nach Verantwortungsbereichen oder Unternehmensfunktionen. Räumliche Gegebenheiten (mehrere Funktionen einer Außenstelle) oder verrechnungstechnische Erfordernisse (Zusammenfassung aller Raumkosten) können dieser Leitlinie entgegenstehen. Für jede

Kostenstelle wird ein Verantwortlicher zum *Kostenstellenleiter* ernannt.

Die Überrechnung der Gemeinkosten aus der Kostenartenrechnung auf die einzelnen Kostenstellen wird mit dem *Betriebsabrechnungsbogen* (BAB) vorgenommen. Im Betriebsabrechnungsbogen sind zeilenweise die Kostenarten (nur Gemeinkosten) und spaltenweise die Kostenstellen angeordnet. Je Kostenstelle kann hieraus eine Kostenübersicht erzeugt werden, die – erweitert mit entsprechenden Vorgabe- und Auflaufwerten – das bekannte Kostenstellenblatt bildet (Bild 3.101).

Man unterscheidet zwei Arten von Kostenstellen:

▷ Hilfskostenstellen und

▷ Hauptkostenstellen.

******* Kostenstellenergebnisbericht ******* **Seite..** 1

Planversion......................... PV Budget
Verantwortl. Kostenstelle/Gruppe...
Verantwortlicher..................
Berichtsmonate.................... 001 - 011 1999 **Stand**....06.09.1999 / 16:37:47

BAB	KoART/Gruppe	Ist (akt. BM)	Ist (kum.)	Plan (kum.)	Abw (%)
01	Umsatz außerhalb	0,00	0,00	0,00	0,00
02	Umsatz innerhalb	0,00	0,00	0,00	0,00
03	**Umsatz gesamt**	**0,00**	**0,00**	**0,00**	**0,00**
04	Energie	0,00	0,00	0,00	0,00
05	Büromat., Vervielfältigung	3.492,30	21.609,46	11.000,00	96,45
06	Werbung	0,00	0,00	8.250,00	100,00-
07	Instandhaltung	1.869,90	14.292,44	4.583,33	211,84
08	RZ-Ablauf	9.104,82	170.246,28	119.166,67	42,86
09	Datenleitungen Telekom Ges.	0,00	0,00	0,00	0,00
10	Software, übr. DV-Kosten	0,00	0,00	27.500,00	100,00-
11	Dienstlstg., Beratung	0,00	43.011,12	14.666,67	193,26
12	Einsatzmat. bei RZ m. LV	0,00	0,00	0,00	0,00
13	sonst.Mat.-u.Diensteistung	187,10	2.247,33	3.666,67	38,71-
14	**Se.Mat.-und Dienstleistungen**	**14.654,12**	**251.406,63**	**188.833,34**	**33,14**
15	Gehälter (Löhne)	187.080,50	1.976.008,39	2.198.166,67	10,11-
16	EB, BGE	23.000,00	208.420,99	249.333,33	16,41-
17	Sozialversicherung	29.904,71	335.430,53	348.333,33	3,70-
18	Altersversorgung	11.826,94	123.613,43	122.833,33	0,64
19	sonstiger Personalaufwand	4.954,71	63.087,30	45.833,33	37,65
20	**Se.Personalkosten**	**256.766,86**	**2.706.560,64**	**2.964.499,99**	**8,70-**
21	Raumkosten	18.836,00	159.723,00	165.000,00	3,20-
22	Mieten für Geräte	0,00	0,00	0,00	0,00
23	Leasing	0,00	0,00	0,00	0,00
24	Steuern, Versicherungen	141,96	212,86	0,00	0,00
25	Handelsrechtl. Abschreib.	6.615,00	78.860,25	72.416,67	8,90
26	Kalkulatorische Zinsen	0,00	0,00	0,00	0,00
27	sonstige Kapitalkosten	25,86-	137,27-	0,00	0,00
28	**Se.Kapitalkosten,Steuern,Ver**	**25.567,10**	**238.658,84**	**237.416,67**	**0,52**
29	Reisekosten	1.677,19	9.436,03	27.500,00	65,69-
30	Bewirtung u. Geschenke	122,71	1.720,44	4.583,33	62,46-
31	Nachrichtenübermittlung	3.357,92	39.881,24	18.333,33	117,53
32	Ant. Kosten v. Anderen	14.378,83	158.167,13	173.250,01	8,71-
33	übrige sonstige Kosten	5.735,00	8.490,95	9.166,67	7,37-
33A	Aus-u.W-bildg./Sonst.Perko	1.250,63	59.499,91	45.833,33	29,82
34	Aufw.verr./Aufw.kürz.aus 69	0,00	544,00-	0,00	0,00
35	**Se.Sonstige Kosten**	**26.522,28**	**276.651,70**	**278.666,67**	**0,72-**
36	**Se.Aufwand 1 -eigenverantw.-**	**323.510,36**	**3.473.277,81**	**3.669.416,67**	**5,35-**
37	Zentralumlagen	5.717,25	68.524,75	62.889,75	8,96
38	**SeGesamtaufwand**	**329.227,61**	**3.541.802,56**	**3.732.306,42**	**5,10-**
39	Umlagen innerh. SL aus	0,00	0,00	0,00	0,00
40	Verr. innerh. SL aus	469.269,60-	4.652.694,53-	4.024.350,00-	15,61
41	Verr. innerh. SL aus	0,00	0,00	0,00	0,00
42	**Se.Aufwand brutto**	**140.041,99-**	**1.110.891,97-**	**292.043,58-**	**280,39**
43	**Se.Aufwand(netto)**	**140.041,99-**	**1.110.891,97-**	**292.043,58-**	**280,39**
44	**Operatives Ergebnis (Kl.5,6,**	**140.041,99-**	**1.110.891,97-**	**292.043,58-**	**280,39**
45	Investitionszulage	0,00	0,00	0,00	0,00
46	Sonst. betriebl. Erträge	0,00	0,00	0,00	0,00
47	Sonst. betriebl. Aufwendung	0,00	16.650,00	11.000,00	51,36
48	Währungsgewinne	0,00	0,00	0,00	0,00
49	Währungsverluste	0,00	0,00	0,00	0,00
50	**Operatives Ergbenis (Kl.8)**	**0,00**	**16.650,00**	**11.000,00**	**51,36**
51	**Operatives Ergebnis gesamt**	**140.041,99-**	**1.094.241,97-**	**281.043,58-**	**289,35**
52	**darin eigenverantw.**	**145.759,24-**	**1.162.766,72-**	**343.933,33-**	**238,08**
53	**Gesamtleistung**	**469.269,60-**	**4.652.694,53-**	**4.024.350,00-**	**15,61**

Bild 3.101
Kostenstellenblatt

Hilfskostenstellen dienen als »Vorkostenstellen« zur Sammlung von nicht unmittelbar zuordenbaren Kosten, wie Raumkosten, Kosten für Personalbüro usw., sie werden in einem nachfolgenden Schritt nach einem vorgegebenen Verteilungsschlüssel auf die Hauptkostenstellen verteilt. Zur Schlüsselung wird entweder ein Wertschlüssel (z. B. Gehaltssumme, Umsatzanteile) oder ein Mengenschlüssel (z. B. Kopfzahl, Raumfläche) herangezogen. Bei den Hilfskostenstellen unterscheidet man noch allgemeine und besondere Hilfskostenstellen. Allgemeine Hilfskostenstellen (z. B. Raumkosten) geben die auf ihr gesammelten Kosten an alle anderen ab, die besonderen Hilfskostenstellen (z. B. Reparaturwerkstatt) nur an einige andere Kostenstellen.

Hauptkostenstellen sind die Kostenstellen, in die letztendlich alle Gemeinkosten – sowohl die direkt als auch die über Hilfskostenstellen mittelbar zuordenbaren – münden; sie sind damit »Endkostenstellen«. Die auf ihnen gesammelten Gemeinkosten werden anschließend über entsprechende Bezugsgrößen auf die einzelnen Kostenträger aufgeteilt.

Kostenträgerrechnung

Mit der Kostenträgerrechnung soll eine verursachungsgerechte Zuordnung der Kosten erreicht werden. Wie in Bild 3.100 gezeigt, werden bestimmte Kosten, die Einzelkosten, den Kostenträgern direkt, dagegen die Gemeinkosten über die Kostenstellenrechnung den Kostenträgern prozentual über geeignete Schlüssel zugeordnet. Als Einzelkosten zählen z. B. die Fertigungslöhne (F1-Lohn) und die Fertigungsmaterialien.

Unter Kostenträgern versteht man hier die erstellten *Leistungseinheiten,* d. h. die erzeugten Produkte, die ausgeführten Aufträge bzw. die erbrachten Dienstleistungen.

Gemäß der Art der Kostenzuordnung gibt es:

- ▷ die Kostenträgerstückrechnung und
- ▷ die Kostenträgerzeitrechnung,

wobei man noch Vollkostenrechnung und Teilkostenrechnung unterscheiden muss.

Bei der *Kostenträgerstückrechnung,* im Rechnungswesen auch kurz als Kalkulation bezeichnet, werden die Selbstkosten eines Erzeugnisses ermittelt und diese Stückkosten dann dem Stückpreis (Preis am Markt) gegenübergestellt, um dadurch Aussagen sowohl zur Preisbildung als auch zu Preisbeurteilung machen zu können. Für das Bestimmen der Selbstkosten gibt es drei Kalkulationsmethoden:

- ▷ Divisionskalkulation,
- ▷ Äquivalenzziffernkalkulation und
- ▷ Zuschlagskalkulation.

Die *Divisionskalkulation* bietet sich an, wenn nur eine Produktart erzeugt wird; hier ergeben sich die Stückkosten durch Division der Gesamtkosten durch die Menge der Erzeugnisse. Die *Äquivalenzziffernkalkulation* wird eingesetzt, wenn es sich um die Herstellung von ähnlichen Produkten (»Sortenfertigung«) handelt. Mit Äquivalenzziffern, die als Verhältniszahlen die Kostenunterschiede der einzelnen Erzeugnisgruppen (»Sorten«) ausdrücken, werden die Gesamtkosten auf die Erzeugnisse verteilt. Die richtige Festlegung dieser Äquivalenzziffern muss man allerdings immer wieder anhand genauer Selbstkostenbetrachtungen überprüfen. Bei Fertigungen mit sehr unterschiedlichen Produkten wird die *Zuschlagskalkulation* herangezogen; bei dieser werden die zuordenbaren Kosten den einzelnen Erzeugnisgruppen direkt und die unterschiedlichen Gemeinkosten über prozentuale Zuschläge zugerechnet. Die Summe aus Materialkosten und Fertigungslohn sowie Material (MGK) und Fertigungsgemeinkosten (FGK) bilden die Herstellkosten (HK); diese wiederum – mit den Vertriebs- (VtrGK), den Verwaltungs- (VGK) und den Entwicklungsgemeinkosten (EGK) beaufschlagt – ergeben die Selbstkosten.

In der *Kostenträgerzeitrechnung* werden – bezogen auf einen Abrechnungszeitraum – die Gesamtkosten eines Kostenträgers den erreichten Umsätzen gegenübergestellt. Hierbei ist von Bedeutung, inwieweit die durch die vorgenannten Zuschlagssätze ermittelten Gemeinkostenarten durch die tatsächlich entstandenen Gemeinkosten abgedeckt sind; man spricht dann von einer GK-Überdeckung oder von einer GK-Unterdeckung. Ein solcher Gemeinkostenunterschied kann sehr verschiedene Gründe haben:

- ▷ Erbrachte Leistung liegt über bzw. unter der Normalleistung,

- ▷ Zuschlagssätze entsprechen nicht der Struktur des Fertigungsprozesses,
- ▷ Preisentwicklung ist nicht wie geplant verlaufen,
- ▷ unvorhergesehene Mengen- und Wertabweichungen sind eingetreten.

In bestimmten Fällen (Ermitteln von Preisuntergrenzen, Optimieren von Herstellprozessen) ist es notwendig, statt einer Vollkostenrechnung eine Teilkostenrechnung vorzunehmen. Bei einer Teilkostenrechnung werden mittels einer Deckungsbeitragsrechnung einem Erzeugnis nur die Kosten zugerechnet, die von diesem unmittelbar verursacht worden sind. Man unterscheidet deshalb die leistungsabhängigen (LAK) von den bereitschaftsabhängigen Kosten (BAK). Als Deckungsbeitrag wird die Differenz zwischen dem Marktpreis und den leistungsabhängigen Kosten bezeichnet.

3.6.2 Projektkalkulation

Die zunehmende Durchdringung aller elektrotechnischer Produktbereiche mit Elektronik hat zu veränderten Entwicklungs- und Fertigungsstrukturen geführt. Einerseits hat dies bekanntlich eine Verschiebung der HW- und SW-Anteile in den Produkten gebracht, andererseits enthalten die Produktkosten durch laufende Rationalisierung bei der Fertigung neuer Produkte ständig steigende Anteile an Entwicklungskosten (siehe Bild 1.1). Hierdurch rückt die »quellengerechte« Kalkulation im Entwicklungsbereich stärker in den Vordergrund. Alle Anstrengungen auf diesem Gebiet münden in ein Konzept der gesamtheitlichen *FuE-Projektkalkulation* – gesamtheitlich deshalb, weil sie vom Entwicklungsbeginn bis hin zum Entwicklungsende den Entwicklungsprozess »kalkulatorisch« begleiten soll. Allerdings ist die FuE-Projektkalkulation keine Lebenszykluskostenbetrachtung, da die Kosten für den späteren Produktiveinsatz außer Betracht bleiben.

Kalkulationsabschnitte

Die Projektkalkulation gliedert sich in drei aufeinander folgende Kalkulationsabschnitte:

- ▷ Vorkalkulation
- ▷ Mitkalkulation
- ▷ Nachkalkulation.

Diese Abschnitte, die in sich mehrfach durchlaufen werden können, bilden zusammen mit einer Aufwandsschätzung und einer Erfahrungsdatensammlung einen geschlossenen Kreislauf (Bild 3.102).

Vorkalkulation

In der Vorkalkulation (VORKA) wird das (Plan-) Mengengerüst hinsichtlich Personalaufwände, Entwicklungskosten und Produktergebnismengen festgelegt. Die voraussichtlichen Produktgrößen (z. B. Anzahl Befehle, Anzahl Logikfunktionen, Gerätegewicht) sind hierbei die Vorgaben für die Aufwandsschätzung, die die Planwerte Aufwand und Kosten für die Vorkalkulation liefert. Dieser Kalkulationsabschnitt wird in der Praxis mehrmals durchlaufen, bevor man sich auf die Zielgrößen des Projekts geeinigt hat.

Handelt es sich um einen externen Auftrag, ist die darauf basierende Angebotskalkulation (AK) die erste Projektkalkulation für die Erstellung eines Angebotes. Nach Eingang des Auftrages führt die Aktualisierung der Angebotskalkulation zur Auftragseingangskalkulation (AEK), die unmittelbar nach Eintreten der Wirksamkeit des Vertrages die Grundlage des nachfolgenden Projektcontrolling-Prozesses darstellt.

Mitkalkulation

Die Mitkalkulation (MITKA), auch als mitlaufende Kalkulation bezeichnet, stellt das kontrollierende Glied dieser meist prozessorientierten Kostenplanung und -überwachung dar. Ihre Aufgabe ist das laufende Gegenüberstellen der eingetretenen Aufwands- und Kostenwerte mit den entsprechenden vorkalkulierten Planwerten. Die Mitkalkulation entspricht damit dem bekannten Plan/Ist-Vergleich innerhalb der Projektkontrolle mit der Konsequenz, dass diese in derselben Struktur wie die Vorkalkulation vorgenommen wird.

Nachkalkulation

Die Nachkalkulation (NACHKA) ist quasi die letzte Mitkalkulation, die damit die endgültigen Istwerte der kalkulierten Projektgrößen festschreibt. Hierzu kommt jetzt allerdings die Gegenüberstellung mit den erreichten Pro-

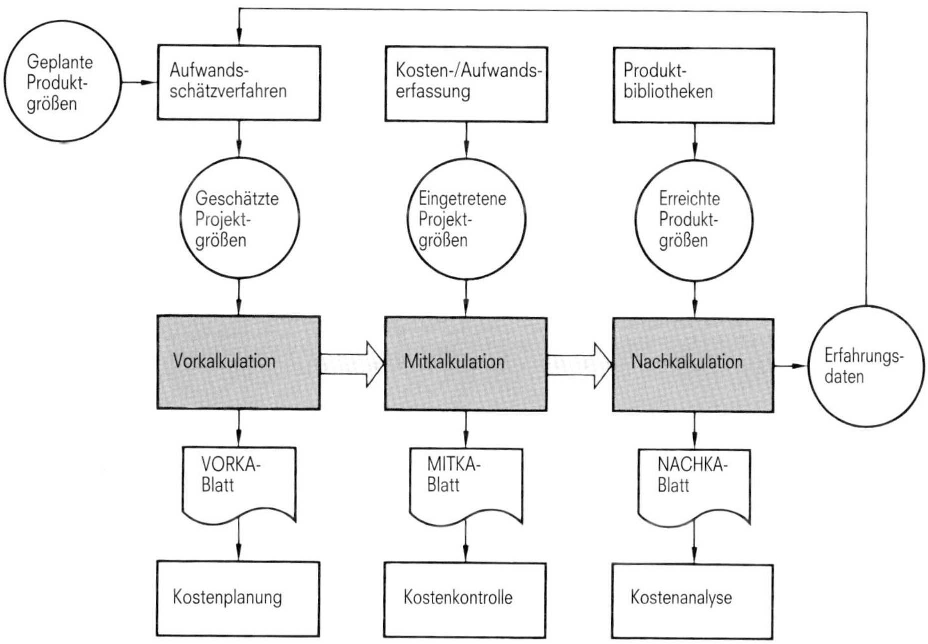

Bild 3.102 Kreislauf der Projektkalkulation

duktgrößen, die mit Hilfe von Zählroutinen aus Produktbibliotheken o. ä. zu ermitteln sind (siehe auch Kap. 5.2.1). Innerhalb der Nachkalkulation werden also alle kalkulationsrelevanten Produkt- und Projektgrößen in einem einheitlichen Schema gegenübergestellt und einer *Projektkostenanalyse* unterzogen; gleichzeitig leiten sich aus der Nachkalkulation Erfahrungsdaten ab, die – falls vorhanden – in eine Erfahrungsdatenbank einfließen. Erfahrungsdaten selbst bilden wiederum die Basis für eine Kalibrierung der bei Projektbeginn verwendeten Aufwandsschätzverfahren, so dass diese bei künftigen Projekten bessere Schätzergebnisse liefern. Hiermit schließt sich der Kreislauf der Projektkalkulation.

Werden die Vor-, Mit- und Nachkalkulation nach einem gemeinsamen Kalkulationsschema gemäß einer einheitlichen Kalkulationsstruktur durchgeführt, so spricht man von einer *strukturierten* Kalkulation bzw. einer *integrierten* Kalkulation. Der große Vorteil einer solchen strukturierten Kalkulation ist, dass alle Projekte in einem Entwicklungsbereich zu Beginn (Vorkalkulation), während (Mitkalkulation) und am Ende (Nachkalkulation) kostenmäßig nach demselben Muster »durchleuchtet« werden. Auf diese Weise ist ein berechtigter Kostenvergleich sowohl zwischen einzelnen Projektteilen als auch zwischen einzelnen Projekten möglich.

Kalkulationsstruktur

Ziel der Vorkalkulation bzw. einer Angebotskalkulation ist, schon in frühen Entwicklungsstadien eines Projekts fundierte Kostenaussagen als Grundlage für die Preisbildung und die Planung der Entwicklungskapazitäten und der Entwicklungskosten eines Bereichs zu erhalten; d. h., für die vertraglichen Vereinbarungen sollen die betriebswirtschaftlichen Rahmendaten (Angebotswert, Projektergebnis etc.) ermittelt werden.

Voraussetzung für eine solche, aussagekräftige Vorkalkulation ist allerdings das transparente produkt- und prozessorientierte Strukturieren des geplanten Entwicklungsvorhabens.

Einerseits müssen überschaubare *kalkulationsrelevante Teileinheiten* gebildet werden, die weder zu groß noch zu klein sind. Die optimale

Größe hängt hierbei natürlich sehr entscheidend von der Entwicklungsstruktur ab. Handelt es sich um Entwicklungsgroßprojekte, wie z. B. in der Anlagen- und Systemtechnik, so gelten andere Kostengrenzen für eine vernünftige Teileinheitenbildung als in Entwicklungsbereichen mit vielen und kleinen Entwicklungsvorhaben, wie z. B. im Gerätebau. Als Leitgröße für kalkulationsrelevante Teileinheiten kann aber gelten:

200 TEU bei großen Projekten und

50 TEU bei kleinen Projekten.

Andererseits muss eine Struktur gewählt werden, die einen rechenbaren Zusammenhang zwischen Kalkulationsstruktur und Mengengerüst herstellt. Nur so ist ein kostenmäßiges Bewerten von Produktergebnismengen in der späteren Nachkalkulation möglich.

Die Gliederung der kalkulationsrelevanten Teileinheiten sollte sich daher weitgehend nach der Produktstruktur richten, weil auch hier die Produktstruktur den gemeinsamen Zuordnungsrahmen für die angebundene Verfahrenswelt darstellt. In der späteren Projektdurchführung werden ja schließlich die Istwerte der Entwicklungskosten durch eingehende Rechnungen bzw. Weiterverrechnungen und durch eine Stundenkontierung ermittelt. Beide Erfassungsquellen beziehen sich dabei meist auf die jeweilige Produktstruktur. Soll also bei der nachfolgenden Mitkalkulation ein Plan/Ist-Vergleich möglich sein, so muss die Teileinheitenbildung der Vorkalkulation bereits die Strukturierung der künftigen Kosten- und Stundenerfassung berücksichtigen.

Neben dem Strukturieren nach Teileinheiten sind häufig Strukturierungen nach weiteren Gesichtspunkten gewünscht; hierzu zählen:

- ▷ Kostenelemente,
- ▷ Kostenverursacher,
- ▷ Entwicklungsphasen,
- ▷ Tätigkeitsarten etc.

Bild 3.103 zeigt das Beispiel eines solchen »Kalkulationswürfels«, der eine weitere Untergliederung der Teileinheiten nach Kostenelementen und Entwicklungsphasen veranschaulicht. Hierbei sind die einzelnen Kostenelemente bereichsspezifisch festzulegen und die Phasenkennzeichen müssen entsprechend der eingeführten Entwicklungsprozesspläne definiert werden.

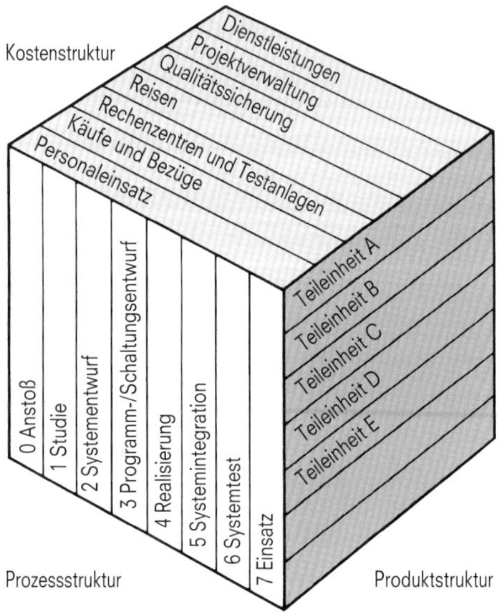

Bild 3.103 Kalkulationswürfel (Beispiel)

Kalkulationsschema

Nach dem Festlegen der Teileinheiten sind diese entsprechend der Prozessstruktur zu kalkulieren. Mit Unterstützung geeigneter Aufwandsschätzmethoden und -verfahren werden die für einzelne Teileinheiten notwendigen Personalaufwände – strukturiert nach Phase und (eventuell) nach Tätigkeitsart – geschätzt und in ein einheitliches *Kalkulationsschema* aufgenommen. Hierbei bewertet man die in MM oder MJ geschätzten Aufwände mit den entsprechenden Kostensätzen und rechnet sie in Kostenwerte (TEU) um. In dem Kalkulationsschema werden neben den phasen- und tätigkeitsartbezogenen Personalkosten noch weitere Kostenelemente aufgenommen. Hierzu gehören phasenbeziehbare Kostenanteile wie

- Musterbaukosten,
- SW-Käufe und
- Rechenzeitkosten.

Weiterhin gibt es Kostenanteile, die nicht auf eine einzelne Entwicklungsphase beziehbar sind:

- allgemeine Projektverwaltungskosten,
- Reisekosten,
- Zusatzkosten für Consultants,
- Qualitätssicherungskosten und
- allgemeine auftragsspezifische Dienstleistungen.

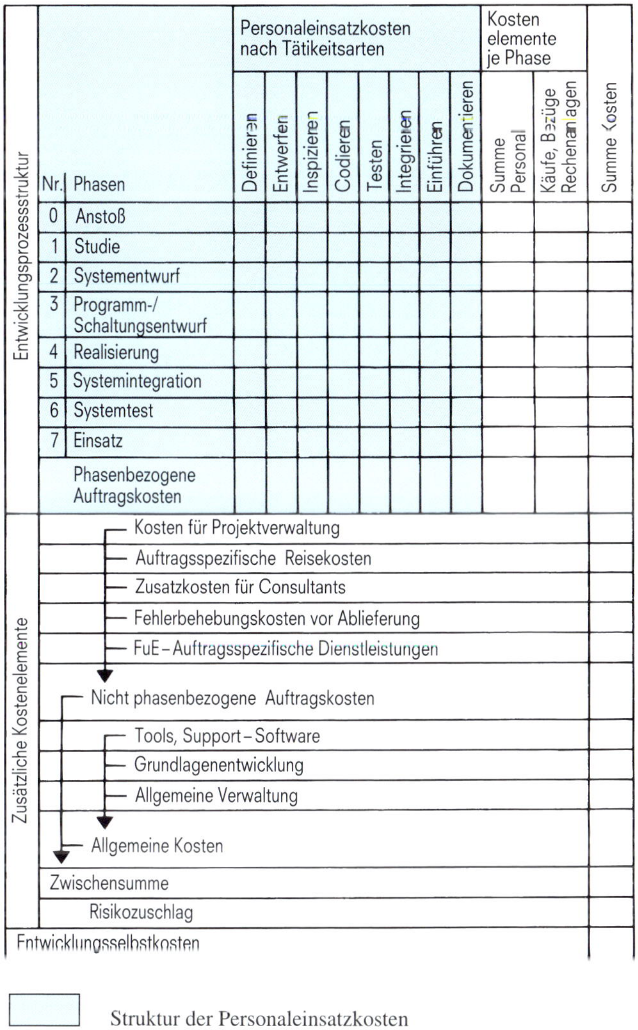

Struktur der Personaleinsatzkosten

Bild 3.104
Kalkulationsschema

Soll für die entsprechende kalkulationsrelevante Teileinheit eine *Vollkostenrechnung* vorgenommen werden, so sind neben den auftragsspezifischen Kostenanteilen auch noch Kostenanteile hinzuzurechnen, die nicht auftragsspezifisch anfallen. Hierzu gehören u. a.

- Kostenanteil für allgemeine Toolentwicklung,
- Kostenanteil für die Grundlagenentwicklung und
- allgemeine Gemeinkostenanteile.

Schließlich kann für das Ermitteln der gesamten *Entwicklungsselbstkosten* noch ein Risikozuschlag berücksichtigt werden. In Bild 3.104 ist beispielhaft ein Kalkulationsschema aufgeführt, wie es in seiner Grundstruktur Anwendung in Entwicklungsbereichen der Kommunikations- und Nachrichtentechnik gefunden hat.

Verfahrensunterstützung

Da Vorkalkulationen in einer interaktiven und »rollierenden« Vorgehensweise erstellt werden, bietet sich für das Arbeiten mit dem Kalkulationsschema eine Verfahrensunterstützung auf einem PC an. Dabei wird im ersten Schritt eine Aufstellung aller zu einem Projekt gehörenden Teileinheiten vorgenommen. An-

Kalkulationsblatt								**GJ: 99/00**	
Allgemeine Angaben	**Projektname:**			**JTW2000-Umstellung**					
	Angebots-Nr.: 40942					**PSP: D-4712-01**			
Leistungsinhalt	**Menge Normal Std.**	**Menge Über-Std.**	**Reise-zeit**	**Plan-Kosten-satz**	**Listen-preis *)**	**Kunden-preis Normal-Std.**	**Kunden-preis Über-Std.**	**Summe Aufwand Normal- und Über-Std.**	**Summe Angebot/ Auftrag**
Festpreis 0,00	Std.	Std.	Std.	Euro/Std.	Euro/Std.	Euro/Std.	Euro/Std.	Euro	Euro
Eigenes Personal									
o S1 Assistenz	0	0	0	38,00	41,00	0,00	0,00	0	0
o S2 Programmierung/Abwicklung	500	0	0	60,00	65,00	64,00	0,00	30.000	32.000
o S3 Fachberatung/SW-Entwicklung	750	50	30	75,00	83,00	79,00	83,00	61.125	64.585
o S4 Org-Beratung/SW-Engineering	200	30	20	85,00	95,00	91,00	95,00	20.400	21.960
o S5 Projektleit./Prozessberatung	150	20	20	95,00	108,00	103,00	103,00	17.100	18.540
o S6 IT-Projektleitung	0	0	0	120,00	132,00	0,00	0,00	0	0
	0	0	0	0,00		0,00	0,00	0	0
Summe Eigenpersonal:	**1.600**	**100**	**70**					**128.625**	**137.085**
Consultant-Leistung									
o C1 Assistenz	0	0	0	0,00	41,00	0,00	0,00	0	0
o C2 Programmierung/Abwicklung	0	0	0	0,00	65,00	0,00	0,00	0	0
o C3 Fachberatung/SW-Entwicklung	0	0	0	0,00	83,00	0,00	0,00	0	0
o C4 Org-Beratung/SW-Engineering	350	0	50	74,00	95,00	91,00	95,00	27.750	34.125
o C5 Projektleit./Prozessberatung	0	0	0	0,00	108,00	0,00	0,00	0	0
o C6 IT-Projektleitung	0	0	0	0,00	132,00	0,00	0,00	0	0
	0	0	0	0,00		0,00	0,00	0	0
Summe Consulting-Leistung	**350**	**0**	**50**					**27.750**	**34.125**
Zuleistung anderer Abteilungen						**PSP:**			
o S1 Assistenz	0	0	0	0,00	41,00	0,00	0,00	0	0
o S2 Programmierung/Abwicklung	0	0	0	0,00	65,00	0,00	0,00	0	0
o S3 Fachberatung/SW-Entwicklung	830	0	0	75,00	83,00	79,00	83,00	62.250	65.570
o S4 Org-Beratung/SW-Engineering	0	0	0	0,00	95,00	0,00	0,00	0	0
o S5 Projektleit./Prozessberatung	0	0	0	0,00	108,00	0,00	0,00	0	0
o S6 IT-Projektleitung	0	0	0	0,00	132,00	0,00	0,00	0	0
	0	0	0	0,00		0,00	0,00	0	0
Summe Kalkulation Zuleistungen						0,00	0,00	0	0
Summe Zuleistungen anderer Abtlg.	**830**	**0**	**0**					**62.250**	**65.570**
Leistungen Consulting (Gesamtpreis)				Zuschlag in %		0		0	0
Fremdleistung		Zuschläge für		Zuschlag in %		0		0	0
RZ-Kosten		Sonstige Kosten		Zuschlag in %		0		5.000	5.500
Lizenzkosten		und		Zuschlag in %		10		900	900
sonst. projektspez. Leistung		projektspezifische		Zuschlag in %		0		0	0
sonst. projektsp. Leistungszuschlag		Leistungen		verrechenbar: j/n		j		0	0
Reisekosten				verrechenbar: j/n		j		1.500	1.500
Zwischensumme								226.025	244.680
Zuschläge für (nur bei Festpreis)								0	
o Gewährleistung								0	
o Generalunternehmer								10	
o sonst. Risiken								0	
o Finanzierung/Währung								0	
G e s a m t (1)								**226.035**	**244.680**
Preisnachlass				Abzug in %		2			–4.894
G e s a m t (2)	2.780	100	120	Summe n. Listenpreis:	**254.800**			**226.035**	**239.786**

***) Preise gemäß Preisliste vom:** **3. Januar 2000**

Kapazitätsermittlungen sind getrennt hiervon zu erstellen
Zuschläge für Teamassistenten, QB etc. sind in der Leistungsart (s. o.) zu berücksichtigen

kalkuliertes Projektergebnis	in Euro	**13.751**
in % vom geplanten Umsatz		**5,7%**
Abweichung vom Listenpreis in %:		**–5,9%**

erstellt:	**freigegeben:**
Datum/Unterschrift/ Projektleiter	Datum/Unterschrift kaufm. Controller

Bild 3.105 Kalkulationsblatt (mit Zahlenbeispiel)

schließend bietet der PC für jede kalkulationsrelevante Teileinheit ein leeres Kalkulationsblatt an. Dieses kann entsprechend dem Planungsfortschritt nach und nach mit den einzelnen Daten der Vorkalkulation gefüllt, durchgerechnet und jeweils bei Bedarf wieder ausgedruckt werden (Bild 3.105).

Bei Entwicklungsbeginn werden die Vorkalkulationswerte aus dem PC-Verfahren in die vorhandenen Kostenüberwachungsverfahren, die gemeinhin auf Großrechner oder als Client/Server-Anwendungen ablaufen, als Plandaten übernommen. Nimmt man nun die einsetzende Istdatenerfassung (Rechnungsschreibung, Stundenkontierung etc.) entsprechend der vorliegenden Kalkulationsstruktur vor, so ist es möglich, die anfallenden Istdaten den Vorkalkulationswerten in einem Plan/Ist-Vergleich direkt gegenüberzustellen.

Bei Projektabschluss wird schließlich das Nachkalkulationsblatt erzeugt, welches ähnlich dem Mitkalkulationsblatt aufgebaut ist, zusätzlich aber noch positionsgerecht die Produktergebnismengen aufnehmen kann.

3.6.3 FuE-Budgetierung und -Planung

Jedes auf technischem Gebiet arbeitende Unternehmen wird je nach seinen Geschäftszielen und seiner Ertragskraft zur Zukunftssicherung einen bestimmten Etat je Geschäftsjahr für Forschung und Entwicklung (FuE) zur Verfügung stellen. Die marktstrategisch richtige Verteilung dieser zur Verfügung stehenden Entwicklungsgelder auf die unterschiedlichen FuE-Projekte ist Aufgabe der FuE-Budgetierung und FuE-Planung.

Hierbei stehen sich FuE-Budgetierung und FuE-Planung diametral gegenüber. Während die FuE-Budgetierung eine »Top-down«-Planvorgabe aus Sicht des Entwicklungsmanagements darstellt, ist die FuE-Planung am jeweiligen Bedarf der Entwickler orientiert und damit »bottom-up« ausgerichtet (Bild 3.106).

FuE-Budgetierung

Unter Budgetierung versteht man die zweckgebundene Zuweisung von Etats und Ressourcen für einen definierten Zeitraum. Die Notwendigkeit der Budgetierung resultiert letztlich aus dem Grundprinzip des Wirtschaftens in einem Unternehmen, wonach – um Verluste zu vermeiden – die Kosten nicht größer werden dürfen als die Erlöse. Diese Maxime kommt auch beim Erstellen des *Wirtschaftsplans*, der die Basis für die Budgetierung ist, zur Anwendung.

Als Teil der Geschäftspolitik ist es Aufgabe der Unternehmensleitung, für die FuE-Vorhaben

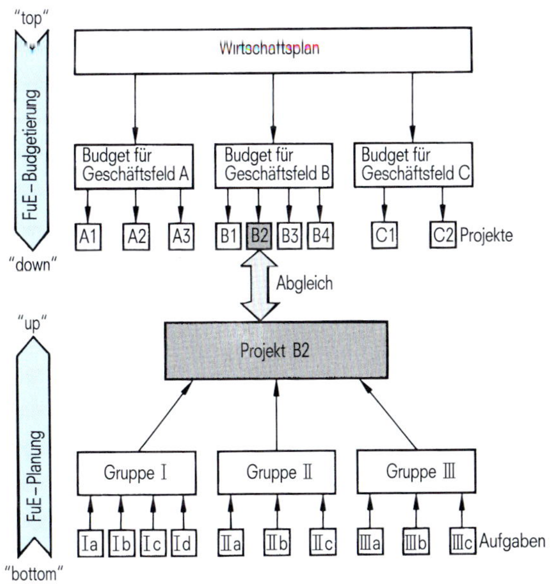

Bild 3.106
FuE-Budgetierung und FuE-Planung

die Höhe der verfügbaren Budgets als Vorgaben festzulegen. Die FuE-Budgetierung erfolgt »top-down« in mehreren Schritten. Zuerst wird unter Berücksichtigung der Geschäfts-, Markt- und Wettbewerbsituation im Rahmen der jährlichen Wirtschaftsplanung festgelegt, wie hoch das Gesamt-Budget für den FuE-Bereich sein soll; dieses wird dann auf die einzelnen Geschäftsfelder entsprechend der marktstrategischen Erfordernisse aufgeteilt. Bei entsprechender Unternehmensgröße können weitere Budgetaufteilungen notwendig sein, z. B. nach Geschäftsgebieten oder Entwicklungsbereichen.

Das Budget besteht i. Allg. aus vorgegebenen Finanzmitteln und Personalkopfzahlen für das laufende und eventuell für das darauf folgende Geschäftsjahr. Eine Budgetvorgabe gilt somit für einen Zeitraum von höchstens zwei Jahren, ist also kurz- bis mittelfristig angelegt.

Je nachdem, ob die FuE-Aufgaben primär einer Organisationseinheit oder organisationsüberschreitend einem Projekt zugeordnet werden können, werden die Budgets auf unterster Ebene

- ▷ organisationsbezogen (Kostenstellen) oder
- ▷ projektbezogen (Kostenträger)

vorgegeben.

Organisationsbezogene Budgets werden häufig vorgesehen, wenn es sich um kleinere Entwicklungsaufgaben handelt, die in ihrer Gesamtheit innerhalb einer Organisationseinheit durchgeführt werden, und vor allem sind sie für allgemeine und projektübergreifende Aufgaben gebräuchlich, wie

- ▷ FuE-Budgetierung und FuE-Planung
- ▷ Administrationsaufgaben (z. B. Verfahrensabwicklung, Netzplan-Büro),
- ▷ Dienstleistungsaufgaben (z. B. Qualitätssicherung) und
- ▷ Stabsfunktionen (z. B. Berichterstattung, FuE-Controlling).

Projektbezogene Budgets kommen dagegen bei größeren Entwicklungsaufgaben zur Anwendung, bei denen die unterschiedlichen Ressourcen und Aktivitäten in einem Projekt zusammengefasst und organisationsüberschreitend durchgeführt, koordiniert und terminlich abgestimmt werden müssen.

Fehlt für die Planung und Ausführung eines neuen Entwicklungsvorhabens ein Budget, so muss in Form eines Budgetantrages die Möglichkeit bestehen, ein solches nachträglich zu beantragen. Fehlen dabei Budgetmittel für ein dringendes Vorhaben, so müssen gegebenfalls die bereits für andere Entwicklungsvorhaben zugewiesenen Budgetmittel unter Änderung der Prioritäten umgeschichtet werden; ansonsten muss bis zum Erstellen des nächsten Wirtschaftsplanes mit dem Vorhaben gewartet werden.

Die zugeteilten Budgets bilden den Rahmen für die nachfolgende FuE-Planung. Für die FuE-Planer müssen die Budgets so weit aufgeteilt werden, dass sie die Grenzen für ihre Planung erkennen können. »Projektbudgets« sind dafür besonders gut geeignet.

Eine wichtige Voraussetzung der Wirksamkeit jeder Budgetierung ist die Möglichkeit, das Einhalten der Budgets jederzeit überprüfen zu können. Ziel einer guten Budgetsteuerung muss sein, dass zu jedem Zeitpunkt sofort ablesbar ist, wie weit die vorgegebenen Teilbudgets bereits ausgeschöpft bzw. noch Reserven enthalten sind. Um diesen Überblick und genügend Beweglichkeit innerhalb des Gesamtbudgets zu haben, benötigt man ein transparentes, flexibles und rechnergestütztes Budgetierungs- und Planungssystem.

Transparent heißt hier, dass dieses System rasch in der Lage sein muss, den jeweiligen Stand der Budgetierung, Budgetausschöpfung und Planung in Form einer geschlossenen Darstellung zu zeigen; unter flexibel ist hier zu verstehen, dass es auf einen veränderten Mittelbedarf rasch angepasst werden kann. Die Ausgabenkontrolle muss bereits bei der (externen) Auftragserteilung einsetzen, da nur zu diesem Zeitpunkt eine Einflussnahme möglich ist. Der alleinige Vergleich zwischen Plankosten und den angefallenen Kosten ist dafür nur bedingt geeignet; er versagt besonders bei diskontinuierlichem Kostenanfall, z. B. bei Musterbauaufträgen und in Fällen, bei denen zwischen Auftragserteilung und dem Kostenzugang ein längerer Zeitraum liegt. Aus diesen Gründen stellt eine geschlossene Fortschreibung der *Bestellwerte* eine notwendige Unterstützung für eine wirksame Budgetkontrolle dar (siehe hierzu Kap. 4.2.4).

FuE-Planung

Unter der FuE-Planung versteht man das Beplanen von Aufwänden und Kosten der einzelnen Projekte im FuE-Bereich eines Unternehmens. Entsprechend seiner Projektstruktur wird das geplante Entwicklungsprojekt in seine einzelnen Aufgabenpakete zerlegt, für die dann genaue Aufwands- und Kostenschätzungen durchgeführt werden. Auf Projektebene werden die ermittelten Schätzwerte zum (erforderlichen) FuE-Plan zusammengeführt. Hierbei ist es erforderlich, Reserven z. B. für Innovationsinitiativen vorzusehen.

Die FuE-Planung ist an den Rahmen der vorgegebenen Budgets gebunden. Im Idealfall entspricht der benötigte FuE-Plan dem zur Verfügung stehenden Projektbudget (Bild 3.106). Meist steht allerdings weniger Geld als benötigt zur Verfügung, d. h. der FuE-Plan ist größer als das vorgegebene FuE-Budget. In diesem Fall muss entweder der »bottom-up« geplante Bedarf gekürzt oder der »top-down« vorgegebene Etat – eventuell zu Lasten anderer Projektbudgets – erhöht werden. Wenn Budgetmittel für neue Entwicklungsvorhaben ganz fehlen, sind entsprechende Budgetanträge zu stellen, die im Rahmen der verfügbaren Ressourcen und unter Berücksichtigung der Prioritäten bedient werden.

Die FuE-Planung umfasst alle geplanten FuE-Projekte, deren Entwicklung gerade läuft oder im Planungszeitraum begonnen werden soll.

Abgleich zwischen FuE-Budgetierung und FuE-Planung

Wie in Bild 3.106 dargestellt, muss die FuE-Budgetierung mit der FuE-Planung abgeglichen werden, d. h. die für die einzelnen Projekte vorgesehenen Budgets müssen den Werten aus der Bedarfsplanung, d. h. der FuE-Planung entsprechen. Allerdings stimmen im ersten Planungsdurchgang die Projektbudgets meist nicht mit den durch die Bedarfsplanung ermittelten Kosten- und Aufwandswerten überein. Nur im Idealfall ist die FuE-Bedarfsplanung eines Projekts kleiner oder gleich dem verfügbaren Budget, in der Regel aber übertrifft die Bedarfsplanung die vorgesehenen Budgets. Ein Abgleich zwischen FuE-Budgetwert und FuE-Planwert kann dann nur erreicht werden entweder durch Senkung des erforderlichen Bedarfs auf Grund geeigneter Rationalisierungs- und/oder Produktivitätssteigerungsmaßnahmen oder durch eine Budgeterhöhung über eine Prioritätenveränderung zu Lasten anderer Budgets; anderenfalls muss eine Streckung des Entwicklungsaufwandes mittels einer entsprechenden Terminverschiebung oder eine

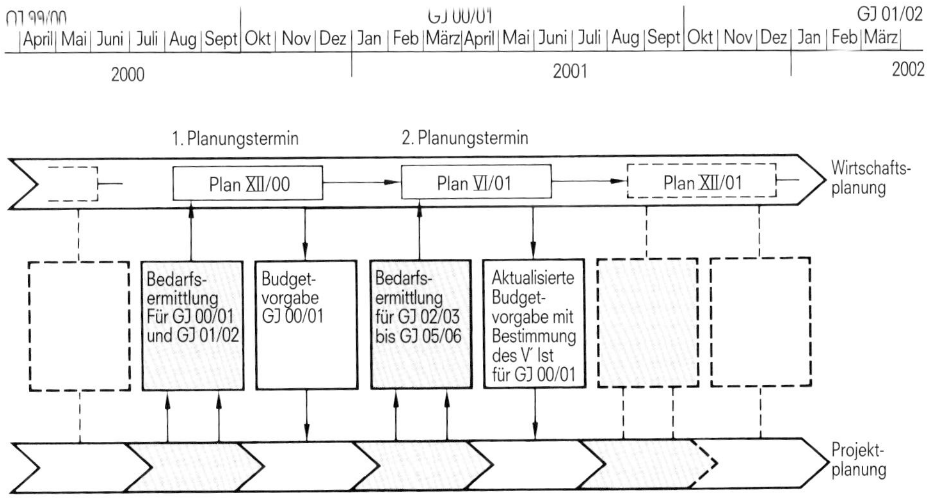

Bild 3.107 FuE-Jahresplanungsablauf

Rücknahme des gesetzten Entwicklungsziels vorgenommen werden.

Der beschriebene Budgetierungsvorgang erfordert in der Praxis häufig mehrere Planungsdurchläufe, bis schließlich ein stimmiger Abgleich zwischen den FuE-Budgetwerten und den FuE-Planwerten erreicht worden ist.

Planungsablauf

In Bild 3.107 ist der zeitliche Ablauf der Wirtschaftsplanung, aus der die FuE-Budgetierung abgeleitet wird, und der FuE-Planung veranschaulicht; zu erkennen ist die Wechselwirkung zwischen der Wirtschaftsplanung und den daraus abgeleiteten FuE-Budgets einerseits sowie der Projektplanung und dem ermittelten Bedarf (= FuE-Plan) andererseits.

Der FuE-Jahresplanungsablauf orientiert sich an den Terminen der Wirtschaftsplanung. Rechtzeitig vor dem Überarbeiten der Wirtschaftsplanung wird die abgestimmte Bedarfsermittlung der Entwicklungsstellen im Rahmen der Projektplanung abgegeben. Der Wirtschaftsplan weist die für die Entwicklung verfügbaren Mittel in den einzelnen Planjahren aus. Damit ist die Vorgabe eines Entwicklungsbudgets für das laufende und das nachfolgende Geschäftsjahr möglich.

3.6.4 Zielkostenrechnung

Die Zielkostenrechnung kehrt die traditionelle Fragestellung „Wie hoch muss der Verkaufspreis eines Produktes sein, um die Herstellkosten plus einer Marge zu decken?“ um und fragt: „Wie hoch dürfen die Kosten eines Produktes bei einem marktüblichen Preis sein?" Ausgangspunkt der Zielkostenrechnung ist also der am Markt erzielbare Preis anstatt der durch eine klassische Kostenkalkulation ermittelten Standardkosten.

Prinzip der Zielkostenrechnung

Das Konzept der Zielkostenrechnung (englisch Target Costing) wurde in den 70er Jahren von den Japanern Sakurai, Hiromoto und Tanaka formuliert und in vielen japanischen Unternehmen, u. a. bei Toyota, konsequent eingeführt. Eine Fortentwicklung des Konzepts ist das Kaizen Costing.

Die Zielkostenrechnung beantwortet die Frage „Was darf ein Produkt kosten?“ anhand einer retrograden Kalkulation. Um „retrograd“ kalkulieren zu können, steht am Anfang des Prozesses meist eine Marktanalyse einschließlich einer Kundenbefragung, mit der ein wettbewerbsfähiger Marktpreis ermittelt wird. Von diesem Zielpreis wird die angestrebte Gewinnmarge abgezogen und man erhält die „erlaubten“ Kosten, die das geplante Produkt kosten darf.

Die im Unternehmen prognostizierten Standardkosten für ein neues Produkt liegen meist über diesen erlaubten Kosten, so dass durch geeignete Kostensenkungsmaßnamen im Entwicklungs- und Fertigungsprozess Zielkosten festgelegt werden müssen, die dem vom Markt bestimmten Preis nahe kommen.

Der Prozess des Zielkostenmanagements gliedert sich in die folgenden drei Phasen:

- ▷ Zielkostenfindung
- ▷ Zielkostenspaltung
- ▷ Zielkostenerreichung.

Phase Zielkostenfindung

In der Zielkostenfindungsphase werden die Gesamtkosten eines Produktes ermittelt, die im Unternehmen verursacht werden dürfen. Dabei hängt die Festlegung der Höhe dieser Zielkosten von der Marktsituation und der Unternehmensstrategie ab. Bei der Zielkostenfindung werden die folgenden Kostenwerte ermittelt:

- ▷ Potentieller Marktpreis (Target Price)
- ▷ Vorgesehene Gewinnmarge (Target Margin)
- ▷ Erlaubte Kosten (Allowable Costs)
- ▷ Prognostizierte Standardkosten (Drifting Costs)
- ▷ Festgelegte Zielkosten. (Target Costs)

Der potentielle Marktpreis eines neuen Produkts kann auf unterschiedlichen Wegen ermittelt werden: durch Kundenbefragungen hinsichtlich der Kundenwünsche an die Funktionen eines Produktes, über ein Benchmarking mit Konkurrenzprodukten, durch Marktanalysen zur Preisfindung von Neuprodukten oder durch die Beobachtung von Testmärkten.

Auch zur Festlegung der Zielkosten sind unterschiedliche Vorgehensweisen möglich:

- *Market-into-Company-Ansatz*
  Hier wird zunächst der potentielle Marktpreis ermittelt. Durch Subtraktion des geplanten Gewinns von diesem Zielpreis gelangt man zu den Zielkosten (Target Costs). Für das Unternehmen ergibt sich damit die Notwendigkeit, seine Standardkosten durch Optimieren seiner Entwicklungs- und Fertigungsprozesse den erlaubten Kosten anzupassen.
- *Out-of-Company-Ansatz*
  Die Zielkosten werden anhand der technischen und betriebswirtschaftlichen Möglichkeiten des Unternehmens ermittelt und liegen damit häufig nahe an den eigenen Standardkosten.
- *Into-and-out-of-Company-Ansatz*
  Dieser Ansatz kombiniert die beiden vorangegangenen Vorgehensweisen. Allerdings wird bei dieser Methode nicht ein vom Markt abgeleiteter Zielkostenwert festgelegt, sondern dieser wird in einem internen Zielvereinbarungsprozess festgelegt.
- *Out-of-Standard-Costs-Ansatz*
  Von den Standardkosten werden Senkungsabschläge vorgenommen; dieser reduzierte Kostenwert wird dann als Zielkostenwert angesetzt.
- *Out-of-Competitor-Ansatz*
  Die Zielkosten werden z. B. durch ein Benchmarking aus den Standardkosten der Konkurrenz abgeleitet.

Auf diese Weise erhält man einen so genannten *Zielkostenindex*, der die Abweichung der Produktstandardkosten von den Zielkosten kennzeichnet. Ein Zielkostenindex von Eins bezeichnet den Fall, wo Standard- und Zielkosten gleich hoch sind; liegt er unter Eins – sind also die Produktstandardkosten größer als die Zielkosten – müssen weitere Anstrengungen zur Reduzierung der Standardkosten unternommen werden; liegt er darüber, so ist man auf dem richtigen Weg. Eine Kosteneinsparung kann z. B. erreicht werden durch eine Optimierung der Bestellmenge, durch eine Vereinfachung der Aufbaustruktur, durch eine effizientere Prozessorganisation, durch einen Wechsel der Lieferanten oder durch Verwendung billigerer Materialien.

Phase Zielkostenspaltung

In der Phase Zielkostenspaltung werden die Gesamtzielkosten anhand der ermittelten Kundenpräferenzen auf die vom Produkt zu erfüllenden Funktionen und seine Komponenten heruntergebrochen. Hierbei gibt es zwei Vorgehensweisen:

Komponentenmethode

Die Komponentenmethode eignet sich in erster Linie für die Weiterentwicklung bereits existierender Produkte und ist leicht durchzuführen. Anhand der Produktstruktur des Vorgängermodells (oder auch eines Konkurrenzproduktes) werden die Zielkosten auf die einzelnen Baugruppen und Teile aufgeteilt. Die Komponentenmethode ist nur dann auch nutzenorientiert, wenn zu den einzelnen Baugruppen Teil-Nutzenbewertungen aus Kundensicht existieren, also eine Befragung hinsichtlich der Einzelkomponenten eines Produkts durchgeführt werden konnte.

Funktionsmethode

Die Funktionsmethode wird vor allem bei neu zu entwickelnden Produkten angewandt und ist wegen der Notwendigkeit einer Kundenbefragung aufwändiger, insbesondere bei Produkten mit vielen verschiedenen Funktionen. Im Vordergrund steht die Definition der Funktion und nicht deren technische Umsetzung; sinnvoll ist es dann, zwischen den harten, also technischen Funktionen und den weichen Funktionen, die durch Anforderungen zur Benutzerfreundlichkeit bestimmt werden, zu unterscheiden. Nachdem die Funktionsstruktur des zu entwickelnden Produkts erstellt wurde, werden die Funktionen gemäß der Kundenwünsche gewichtet. Anschließend wird ermittelt, welchen Beitrag jede einzelne Komponente zur Funktionserfüllung leistet. Daraufhin wird jeweils das Gewicht einer Funktion mit dem jeweiligen Erfüllungsgrad der dazugehörigen Komponente multipliziert. Schließlich wird der prozentuale Anteil jeder Komponente an den ermittelten Kosten errechnet.

Die durch eine Funktionsanalyse ermittelten Nutzenanteile aus Kundensicht werden den einzelnen Kostenanteilen der Komponenten gegenübergestellt. Der Quotient Nutzenanteil zu Kostenanteil ergibt die (Einzel-)Zielkostenindizes. Auch hier gilt: Ist der Zielkostenindex kleiner Eins, d. h. ist der Kostenanteil größer als der Nutzenanteil, dann ist die betreffende Komponente – aus Sicht des Kunden – zu aufwändig. Bei einem Index von größer Eins ist die Komponente zu einfach. Optimal ist ein Index von genau Eins, dann nämlich, wenn der Nutzenanteil gleich dem Kostenanteil ist.

Phase Zielkostenerreichung

In der Phase Zielkostenerreichung wird die planmäßige Umsetzung der Zielkosten bei einer neuen Produktentwicklung vorangetrieben. Die in der vorangegangenen Phase ermittelte Kostenverteilung legt die einzelnen Budgets für die Entwicklung und Fertigung der einzelnen Produktkomponenten eindeutig fest. Durch diese konsequente Kostenbegrenzung der Einzel-Budgets wird die Einhaltung des Gesamt-Zielkostenwertes sichergestellt; hierbei sollten entsprechende Instrumente und Methoden zum Erreichen der Kostenvorgaben zur Verfügung stehen; als solche sind zu nennen: Benchmarking, Wertanalyse, Zuliefermanagement, kontinuierlicher Verbesserungsprozess (KVP), entwicklungsbegleitende Mitkalkulation.

Gegenüberstellung klassische und retrograde Kalkulation

Nachfolgend wird die klassische Zuschlagskalkulation der retrograden Kalkulation, die die Basis der Zielkostenrechnung ist, gegenübergestellt.

Klassische Zuschlagskalkulation, bei der man durch Aufsummieren aller anfallenden Entwicklungs-, Vertriebs- und Fertigungskosten zu einem „möglichen" Verkaufspreis kommt:

Materialkosten
+ Materialgemeinkosten
+ Fertigungskosten
+ Fertigungsgemeinkosten
+ Sondereinzelkosten der Fertigung

= Herstellkosten
+ Vertriebsgemeinkosten
+ Sondereinzelkosten des Vertriebs
+ Verwaltungsgemeinkosten
+ Entwicklungsgemeinkosten
+ Sondereinzelkosten der Entwicklung

= Selbstkosten
+ Gewinnzuschlag

Möglicher Verkaufspreis

Retrograde Kalkulation, bei der man von dem Marktpreis ausgehend über eine Rückwärtsrechnung zu den „erlaubten" Herstellkosten kommt:

Marktpreis
– Ziel Marge

= Erlaubte Selbstkosten
– Ziel Vertriebsgemeinkosten
– Ziel Sondereinzelkosten des Vertriebs
– Ziel Verwaltungsgemeinkosten
– Ziel Entwicklungsgemeinkosten
– Ziel Sondereinzelkosten der Entwicklung

= Erlaubte Herstellkosten

Vorteile und Risiken

Der entscheidende Vorteil der Zielkostenrechnung ist die frühzeitige Kostenbeeinflussung im Produktlebenszyklus sowie die gezielte Erfüllung der Kundenansprüche bei meist sinkenden Kosten, weil sie durch das strenge Ausrichten auf die Kundenanforderungen zu systematischen Kostensenkungsmaßnahmen im Entwicklungs- und Fertigungsprozess drängt.

Schwierigkeiten zeigen sich bei Produktinnovationen, da die Definition eines Marktpreises bzw. die Marktabfrage der Funktionalitäten bei hochinnovativen Neuprodukten schwierig ist. Soll dazu noch eine Aufteilung der Zielkosten auf die Funktionalitäten durch den Kunden erfolgen, ist dies nahezu unmöglich bzw. mit ganz erheblichen Unsicherheiten behaftet. Treffen die Nutzungswerte der Produktmerkmale nämlich nicht zu, kommt es leicht zu einer falschen Berechnung der Zielkosten.

Außerdem besteht die Gefahr einer zu übertriebenen Kostensenkung, die leicht zu Nachteilen der technischen Produkteigenschaften führen kann.

3.6.5 Lebenszykluskosten

Ausgelöst durch die intensive Diskussion der Problematik der hohen Nachfolgekosten bei militärischen sowie bei luft- und raumfahrttechnischen Projekten in den Sechzigerjahren wurde in den USA im verstärkten Maße die Forderung einer ganzheitlichen Lebenszykluskosten-Betrachtung erhoben. Mit Lebenszykluskosten (LZK), auch als *Lebenswegkosten* oder *Life-Cycle-Cost* (LCC) bekannt, bezeichnet man die Summe aller Kosten, die in dem gesamten Lebenszyklus eines Produkts, eines Systems bzw. einer Anlage anfallen [93]. Hierzu zählen also nicht nur die reinen Anschaffungskosten, sondern auch die häufig viel größeren Nutzungskosten, zu denen die Einführungs-, die Betriebs-, die Instandhaltungs- und die Stilllegungskosten gehören. Z. B. bei militärischen Systemen verhalten sich die Anschaffungskosten zu den Nutzungskosten vielfach wie 1:3, ähnlich verhält es sich auf anderen, zivilen Produktgebieten. Innerhalb der Nutzungskosten können die als Letztes anfallenden Stilllegungskosten sogar beachtliche Ausmaße annehmen; der Lebenszyklus von Kernkraftwerken ist hierfür ein bekanntes Beispiel.

Für einen Kunden sind daher bei seiner Kaufentscheidung nicht mehr allein die einmaligen Kosten für die Anschaffung ausschlaggebend, sondern auch die später anfallenden Kosten für die Nutzung; ihm geht es vor allem um eine Gesamtwirtschaftlichkeit (User Economics).

Die Betrachtung der Lebenszykluskosten eines Produkts wird als *Konzept der Lebenszykluskosten* bezeichnet und hat das Ziel, eine Optimierung der Gesamtkosten im Lebensweg eines Produkts zu erreichen. Gesucht sind (meist technische) Maßnahmen an geeigneten Stellen (z. B. in der Entwicklung), deren direkter Kostenmehraufwand geringer ist als die damit erreichte Kostenreduzierung an anderen Stellen (z. B. im Einsatz). So kann mit einer Lebenszykluskosten-Betrachtung z. B. die Wirtschaftlichkeit einer Entwicklungsmaßnahme zur Zuverlässigkeitserhöhung wegen niedrigerer Instandhaltungskosten nachgewiesen werden. In der Kostenplanung geht man daher gegenwärtig weg von der isolierten Preisminimierung hin zur Kostenoptimierung im Gesamtlebenslauf eines Produkts durch Steigerung der Anfangskosten mit dem Ziel, die Folgekosten stärker zu senken.

Innerhalb der Produktplanung können Lebenszykluskosten-Betrachtungen alternativer Produktlösungen eine große Hilfe sein, da man durch Aufzeigen des Kostenverlaufs über den gesamten Lebenszyklus das zu präferierende Produkt treffsicherer auswählen kann (Break-Even-Analyse). Häufig ist das in der Entwicklung billigere Produkt in der Gesamtkostenbilanz das teuere Produkt.

Phasen des Lebenszyklus

Der Lebenszyklus umfasst neben den Erstellungsphasen, wie Definition, Entwurf, Realisierung, Erprobung und Produktion, auch die Einsatzphasen, wie Einführung, Betrieb und Stilllegung (siehe hierzu auch Bild 2.4).

In Anlehnung an den im Bild 3.1 gezeigten Sachverhalt kann auch für die Lebenszykluskosten gesagt werden, dass die Kostenfestlegung zu einem viel früheren Zeitpunkt stattfindet als der wirklich eingetretene Kostenanfall. Deshalb muss zur effektiven Reduktion der Lebenszykluskosten schon frühzeitig – möglichst in den ersten Planungsphasen eines Entwicklungsvorhabens – eine gezielte LZK-Planung vorgenommen werden. Zu späteren Zeitpunkten bieten sich natürlich weitere Maßnahmen an, wie z. B. entsprechende LZK-Reviews bei Änderungen von Rahmenbedingungen.

Kostenbestandteile

Die Kostenbestandteile in diesem Lebenszyklus unterscheiden sich je nach Sicht des Kunden und des Herstellers (siehe Bild 3.108). Mit den Anschaffungskosten müssen alle Kosten für Planung, Entwicklung, Fertigung und Vertrieb (mit angemessenem Gewinn) abgedeckt werden; die Instandhaltung umfasst die Kosten für Inspektion (Feststellung und Beurteilung des Istzustands), Wartung (Bewahrung des Sollzustands) und Instandsetzung (Wiederherstellung des Sollzustands). Für den Kunden kommen die Kosten für die Planung seiner Infrastruktur, für den Produktivbetrieb und für die spätere Beseitigung hinzu.

Weiterhin muss man zwischen den Lebenszykluskosten eines Produkts (als Menge von einzelnen Exemplaren) und den Lebenszykluskos-

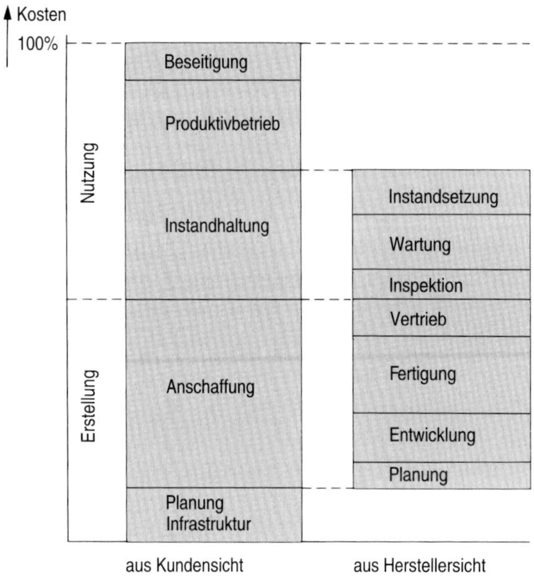

Bild 3.108
Kostenbestandteile im Lebenszyklus eines Produkts

ten eines Exemplars eines solchen Produkts unterscheiden. Im ersten Fall sind alle Kosten zu betrachten, die mit der Planung, Entwicklung, Fertigung und Vertrieb aller voraussichtlich oder tatsächlich abgesetzten Exemplare eines Produkts anfallen; im zweiten Fall betrachtet man nur die Kosten, die bei der Erstellung und Verwendung eines einzigen Exemplars des Produkts auftreten. In einer gesamtheitlichen Lebenszyklusbetrachtung sind sowohl die produktspezifischen als auch die exemplarspezifischen Lebenszykluskosten einzubeziehen.

Kosteneinflussgrößen

Grundlage für die Optimierung von Lebenszykluskosten ist die genaue Kenntnis der Kosteneinflussgrößen sowohl in der Erstellungsphase als auch in der Nutzungsphase eines Produkts. Zu den Kosteneinflussgrößen, auch als Kostentreiber bezeichnet, zählen neben technologischen auch soziale Einflussgrößen.

Technologische Einflussgrößen:

- Stückzahl (Lernkurve)
- Einfachheit bzw. Komplexität des Systems
- Verfügbarkeit
- Qualität der Bauteile
- Mittlerer Ausfallabstand *(MTBF)*
- Mittlere Ausfalldauer *(MTTR)*
- Testaufwand (HW/SW)
- Anzahl SW-Fehler
- Eingangsprüfung der Bauteile
- Endprüfung des Produkts
- Diagnoseeinrichtungen
- Redundanz im System (aktiv, passiv)
- Montierbarkeit.

Soziale Einflussgrößen:

- Qualifikation der Entwickler
- Schulung des Bedienungspersonals
- Qualifikation des Wartungspersonals
- Motivation des Bedienungs- und Wartungspersonals
- Verbesserungsvorschlagswesen.

Die gegenseitigen Abhängigkeiten der einzelnen Einflussgrößen und deren Auswirkungen auf die unterschiedlichen Kostenelemente sollten mittels eines Wirkungsdiagramms transparent dargestellt werden.

LZK-Maßnahmen

Mit dem Aufzeigen der unterschiedlichen Wirkungsketten »Einflussgröße – Kostenelement« lassen sich geeignete Maßnahmen zum Optimieren der Lebenszykluskosten ableiten; diese sollten so früh wie möglich eingeleitet werden. Hierbei kann es sogar von Vorteil sein, die Mittel für frühe Phasen zu erhöhen, um eine entsprechende Kostenreduktion in den teueren Folgephasen zu erreichen.

LZK-Maßnahmen lassen sich nach ihrer Wirkungsweise in drei Gruppen unterteilen:

▷ *Deterministischer Zusammenhang*
Wirkung auf LZK als exakter Zahlenwert vorhersagbar, z. B. durch Verwenden von Baugruppen mit geringerer Ausfallrate

▷ *Stochastischer Zusammenhang*
Wirkung auf LZK als Zahlenwert nur ungefähr vorhersagbar, z. B. durch Erhöhen der Anzahl der Prototypen

▷ *Tendenzieller Zusamenhang*
Wirkung auf LZK nur qualitativ vorhersagbar, z. B. durch Verbessern der Ablauforganisation.

Das PM-Merkblatt 20 enthält einige Beispiele für mögliche Maßnahmen zum Reduzieren der Lebenszykluskosten. Wie dort ersichtlich, kann es zum Senken der Lebenszykluskosten von Vorteil sein, auch »negative« technische Maßnahmen vorzusehen, wie z. B. die Verminderung der Bauteilequalität oder das Einschränken von Leistungsmerkmalen.

3.7 Risikomanagement

Nach dem Gesetz zur Kontrolle und Transparenz im Unternehmensbereich (KonTraG, seit 1.5.98 in Kraft) ist die Leitung eines jeden Unternehmens verpflichtet, ein Überwachungssystem zur Früherkennung gefährdeter Entwicklungen einzurichten (§ 91), welches auch auf die Risiken künftiger Entwicklungen eingeht (§ 289). Unter Risikomanagement ist in diesem Sinne die systematische Vorgehensweise zu verstehen, um potenzielle Risiken zu identifizieren, zu bewerten sowie hierauf aufbauend entsprechende Maßnahmen zur Risikoverhütung bzw. -minderung zu ergreifen. Ziel des Risikomanagements ist dabei nicht die Vermeidung aller potenziellen Risiken, sondern die Schaffung von Handlungspielräumen, die ein bewusstes Eingehen von Risiken auf Grund einer umfassenden Kenntnis der Risiken und Risikozusammenhänge ermöglichen. Risikomanagement ist zugleich auch Chancenmanagement.

Inzwischen ist mit der ISO 31000 eine Norm für das Risikomanagement vorgelegt worden.

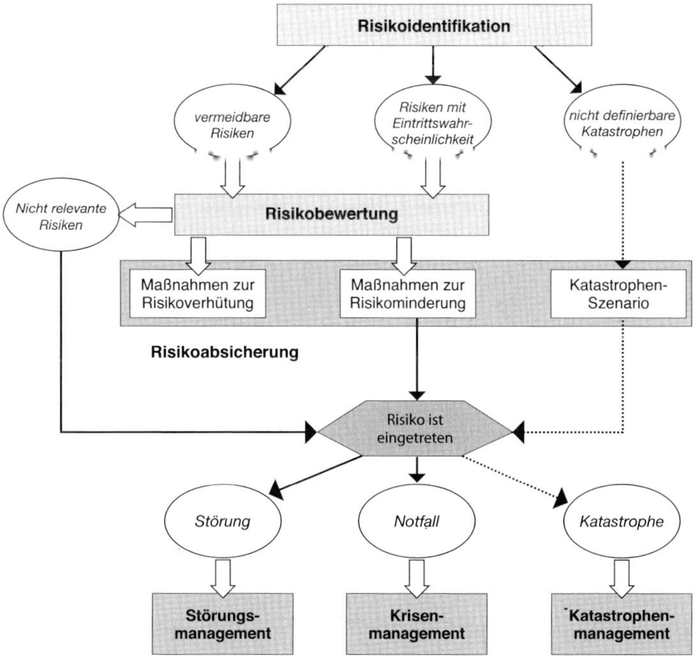

Bild 3.109 Prozess des Risikomanagements

3.7.1 Risikomanagement-Prozess

Der Risikomanagement-Prozess gliedert sich in folgende Abschnitte (Bild 3.109):

- ▷ Risikoanalyse
  - Risikoidentifikation
  - Risikobewertung
- ▷ Risikoabsicherung
  - Maßnahmenplanung
  - Maßnahmenbewertung
  - Risiko-Controlling
- ▷ Risikoeintrittsmanagement
  - Störungsmanagement
  - Krisenmanagement
  - Katastrophenmanagement.

Wie das Bild 3.109 zeigt, liegen die Prozessschritte Risikoidentifikation, Risikobewertung und Risikoabsicherung vor dem eigentlichen Risikoeintritt. Erst nach Eintritt eines Risikos tritt ein Störungsmanagement, ein Krisenmanagement oder ein Katastrophenmanagement in Aktion, je nachdem, ob es sich um eine leicht zu behebende Störung (z. B. SW-Fehler), um einen schwerwiegenden Notfall (z. B. Total-Rechnerausfall) oder sogar um eine Katastrophe handelt (z. B. Brand). Katastrophenfälle werden allerdings i. Allg. im Rahmen des Projekmanagements nicht betrachtet. Für das Krisenmanagement von möglichen Notfällen muss dagegen im Rahmen des Projektmanagements eine eigene Notfallplanung erarbeitet werden.

3.7.2 Risikoanalyse

Risikoidentifikation

Im ersten Schritt des Risikomanagements müssen die möglichen Risiken für das Projektumfeld identifiziert werden, d. h. in einer Risikoanalyse wird untersucht, was alles im Projektverlauf »schief« gehen kann. Unter einem Risiko ist hierbei das Ausmaß zu verstehen, mit dem die Erreichung geschäftlicher und technischer Ziele und die Umsetzung geschäftlicher Strategien durch negative Ereignisse oder Handlungen bzw. Unterlassungen innerhalb und außerhalb des Projektumfeldes gefährdet sind. Da die geschäftlichen Ziele bereits einen gewissen Teil des Chancenpotenzials vorwegnehmen, umfasst die Risikodefinition somit nicht nur ein reines Verlustrisiko, sondern auch die Nichtausnutzung des Chancenpotenzials (Chancenmanagement).

Bei der Risikoidentifikation in großen Organisationsbereichen muss häufig zuallererst eine Einschränkung des Untersuchungsfeldes vorgenommen werden. Zur Auswahl der relevanten Organisationseinheiten bietet sich die Fehlerbaumanalyse (FTA, Failure Tree Analysis) an; mit ihr wird – bezogen auf die einzelnen Organisationseinheiten – die Frage »Wie lange dauert es, bis der Prozess in dieser Einheit bei einer Störung still steht?« beantwortet. Organisationseinheiten, bei denen ein bestimmter Schwellwert überschritten wird, kommen in die engere Wahl.

Zur systematischen Auflistung aller potenziellen Risikoquellen bieten sich unterschiedliche Methoden an:

- ▷ Fragebogen bzw. Risiko-Checkliste,
- ▷ Prozess-Mapping,
- ▷ Risikomatrix oder
- ▷ Risikoanalyse-Workshop.

Eine sehr einfache Methode ist die Verwendung von vorbereiteten *Fragebögen* bzw. *Risiko-Checklisten*, die für den untersuchten Bereich alle möglichen Risiken auflistet. Die meist mehreren Befragten bestimmen dann unabhängig voneinander, welche Risiken zutreffen und von welcher Relevanz diese sind. Durch Zusammenführen der einzelnen Fragebögen erhält man so einen Gesamtüberblick der potenziellen Risiken. Im Beiheft ist als PM-Merkblatt 21 eine solche Checkliste aufgeführt.

Mit einem *Prozess-Mapping* sollen die kritischen Geschäftsprozesse gezielt herausgearbeitet werden. Bei dieser Methode werden mittels eines Relationengitters (siehe Kap. 3.8.1) zu den einzelnen Prozessschritten die Beteiligten, die benötigten Ressourcen, die genutzten Systeme mit ihren Datenein- und -ausgaben einzeln aufgeführt. Auf diese Weise kann man einen Geschäftsprozess sehr transparent darstellen, so dass der Gesamtprozess einer detaillierten Risikobetrachtung zugänglich gemacht wird.

Als sehr hilfreich hat sich auch die Identifikation von Risiken mittels einer *Risikomatrix* erwiesen. In einer solchen Matrix werden die für das betrachtete Problemumfeld benötigten Ressourcen und Leistungen (x-Achse) den vorhandenen Prozessen (y-Achse) gegenübergestellt. In den Kreuzungsfeldern der Matrix werden die möglichen Risiken mit einer ersten Gewichtung eingetragen.

Besonders gut haben sich *Risikoanalyse-Workshops* zur Identifikation von Risiken bewährt, da hier im gemeinschaftlichen Vorgehen eines Teams – ähnlich einem Brainstorming – die potenziellen Risiken eines Bereichs ermittelt und ihre Relevanz herausgearbeitet werden können. Dabei bietet es sich an, zuerst eine Risiko-Abfrage über Fragebögen oder Risikomatrix durchzuführen, um dann in einem anschließenden Workshop die relevanten Risiken eingehender zu behandeln.

Abhängig von ihrem jeweiligen Wirkungsbereich lassen sich die möglichen Risiken in *Risikokategorien* einordnen:

▷ Markt- und Branchenrisiken,
▷ Management-Risiken,
▷ Prozessrisiken,
▷ Produktrisiken,
▷ Personalrisiken,
▷ finanzielle und rechtliche Risiken.

Die folgende Auflistung von speziellen *Risikoarten* verdeutlicht das breite Spektrum von Risiken, die in eine Risikoanalyse einbezogen werden müssen:

Markt- und Branchenrisiken, d. h. Risiken durch

- Technologiewandel bzw. Produktinnovationen,
- Einbruch des Marktwachstums bzw. Preisverfall,
- verändertes Kundenverhalten,
- neue oder geänderte Gesetze bzw. Vorschriften.

Management-Risiken, d. h. Risiken durch

- ungenügende Verfügbarkeit von Entwicklungstools und Technologien,
- nicht produktgerechte bzw. ineffiziente Produktionsstruktur,
- Unter-/Überauslastung der eigenen Kapazitäten,
- nicht marktorientierte Geschäftsfeldplanung,
- ungeeignete Vertriebskanäle,
- unklar gegliederte Aufbauorganisation,
- fehlendes Wissensmanagement.

Produktrisiken, d. h. Risiken durch

- ungenügende Produktqualität,
- fehlerhafte Funktionen,
- falsche oder fehlerhafte Ergebnisse,
- zeitaufwandige Fehlerbehebung.

Prozessrisiken, d. h. Risiken durch

- nicht zeit- und marktgerechte Produktentwicklung,
- mangelnde Effizienz der FuE-Aktivitäten,
- ungenügende Produktivität in der Fertigung,
- unzureichende Definition, Steuerung und Organisation der Geschäftsprozesse,
- ungeeignete Prozesse zur Analyse des Kundenverhaltens,
- zu langsame Entscheidungsstrukturen und -abläufe,
- ungenügende IuK-Infrastruktur,
- ineffizientes Kostenmanagement,
- unzureichendes Projektmanagement,
- Verlust oder Manipulation von Daten bzw. Datensystemen (IT-Risiko).

Personalrisiken, d. h. Risiken durch

- Nichtverfügbarkeit qualifizierter Mitarbeiter,
- Verlust von wichtigen Mitarbeitern,
- gestörtes Verhältnis zwischen Mitarbeitern und Vorgesetzten (mangelndes Konfliktmanagement),
- die Haftung gegenüber Mitarbeitern bzw. Dritten (Arbeitsunfälle, Umweltschäden).

Finanzielle und rechtliche Risiken, d. h. Risiken durch

- Wechselkursschwankungen (Währungsrisiko),
- Veränderung der Kapitalmarktzinsen (Zinsrisiko),
- verspätete Erfüllung von Forderungen bzw. eines Forderungsausfalls (Kreditrisiko),
- ungeeignete Lieferantenauswahl,
- unklare Vertragsausgestaltung (Vertragsrisiken),
- Garantie- oder Gewährleistungsansprüche,
- ungenügenden Schutz von Know-how (Patentschutz),
- Änderung des rechtlichen/bilanziellen/steuerlichen Umfelds.

Risikobewertung

Die im Rahmen der Risikoidentifikation aufgelisteten Risiken müssen dann entsprechend der Auswirkung des möglichen Schadens (Sachschaden, Personenschaden, Image-Schaden, Produktschaden etc.) unterschieden und abhängig von der Höhe des möglichen Schadens *priorisiert* werden. Eine Priorisierung kann geschehen durch:

▷ Rangfolge nach Relevanz,
▷ relative Gewichtung,
▷ Gefährdungskategorie,
▷ potenzielle Schadenshöhe,
▷ Eintrittswahrscheinlichkeit in Prozent.

Bei der ersten Priorisierungsart werden die erkannten Risiken entsprechend ihrer Bedeutung in eine zahlenmäßige Reihenfolge (1, 2, 3, usw. oder hoch, mittel, niedrig) gebracht, bei der *relativen Gewichtung* wird versucht, die Risiken in einer Skala z. B. von 1 bis 10 gegenseitig zu gewichten. Mit Angabe einer *Gefährdungskategorie* werden Risiken entsprechend dem Grad des möglichen Schadens (wie z. B. Schaden für Leben und Gesundheit, Image-Schaden, nur finanzieller Schaden etc.) klassifiziert. Unter der *potenziellen Schadenshöhe* versteht man den möglichen finanziellen Schaden, der bei Eintritt des Notfalls zu verzeichnen ist. Die Multiplikation aus *Eintrittswahrscheinlichkeit* und potenzieller Schadenshöhe bildet einen Wert, der besonders gut als Maßstab zur Bewertung von Risiken genommen werden kann.

Zur Risikobewertung werden sehr unterschiedliche Methoden herangezogen:

- Fehlerbaum-Methode,
- Ausfalleffektanalyse,
- ABC-Analyse,
- Entscheidungsmatrix,
- Entscheidungsbaum,
- Monte-Carlo-Simulation.

Bei der bereits erwähnten *Fehlerbaum-Methode* werden Risikoidentifikation und Risikobewertung in einem gemeinsamen Arbeitsschritt durchgeführt. Der zu betrachtende Gesamtprozess wird entsprechend seiner organisatorischen Struktur bis auf seine Basis-Prozesse unterteilt (z. B. Produktion in Lagerhaltung/Fertigungssteuerung/Montage und Auslieferung in Warenannahme / Eingangsprüfung etc.). Auf allen Ebenen dieses Baums ist nun die Frage zu beantworten, welche Zeit bei einem Fehlerfall verstreichen kann, bis es zum Totalausfall für den jeweiligen Prozessknoten kommt (Überlebenszeit). Alle Prozessknoten, deren Überlebenszeit einen bestimmten Schwellwert unterschreiten, werden einer näheren Risikobeurteilung unterzogen.

Die *Ausfalleffektanalyse* (FMEA-Failure-Mode Effect Analysis) ermöglicht einerseits eine Risikoidentifikation bei Prozessabweichungen in technischen Verfahren und andererseits eine Bewertung der damit verbundenen technischen Risiken. Potentielle Abweichungen werden nach Eintrittswahrscheinlichkeit, Bedeutung und Wahrscheinlichkeit der Fehlerentdeckung gemäß einem strukturierten Schema bewertet. Die sich daraus bildende Kennzahl »Risiko-Prioritätszahl« wird dann zur Priorisierung von Vorsorge- bzw. Fehlerbehebungsmaßnahmen herangezogen.

Die in Kapitel 6.6.4 beschriebenen Entscheidungstechniken, wie *ABC-Analyse, Entscheidungsmatrix* und *Entscheidungsbaum*, können auch sehr gut zur Auswahl der wichtigsten Risiken eingesetzt werden.

Zur Risikobewertung kann auch eine *Monte-Carlo-Simulation* herangezogen werden; mit dieser wird versucht, mittels einer Wahrscheinlichkeitsverteilung für potenzielle Risiken eine Risikobewertung zu entwickeln. So verwendet z. B. das PC-Tool @Risk der Firma Palisade Corporation für die Risikoanalyse die Monte-Carlo-Simulation. Nach [50] kann eine solche Monte-Carlo-Simulation z. B. für eine Kosten- und Terminplanschätzung in folgenden fünf Schritten geschehen:

1. Festlegung der Ebene im Projektstrukturplan, auf der sich eine Wahrscheinlichkeitsverteilung erstellen läßt.
2. Entwicklung von Referenzpunktschätzwerten für die PSP-Elemente des Modells.
3. Identifikation der PSP-Elemente, die eine Einschätzung des Risikos bieten.
4. Auswahl einer geeigneten Wahrscheinlichkeitsverteilung für jedes PSP-Element.

5. Aggregation der Wahrscheinlichkeitsverteilungsfunktionen für die PSP-Elemente mit Hilfe eines Monte-Carlo-Simulationsprogramms.

Die Analyse der Ergebnisse zeigt Kosten- und Terminplanrisiken auf und ermöglicht Rückschlüsse auf besondere Kostenverursacher bzw. spezifische Einflussfaktoren für Terminverschiebungen.

Alle bewerteten Risiken werden schließlich mit ihrem ermittelten Risikopotenzial in eine Risikotabelle aufgenommen. Eine Risikotabelle enthält im einfachsten Fall die Spalten: Risikoquelle, zuständiger Bereich, Eintrittswahrscheinlichkeit, potenzielle Schadenshöhe, vorhandene Vorsorgestrategie und kann wie der in Kapitel 3.7.4 (Bild 3.112) gezeigte Risikomanagement-Plan aufgebaut sein.

Um das Risikopotential *ganzer* Projekte miteinander vergleichen zu können, muss man einen allgemein gültigen Abfragekatalog möglicher Risikoquellen zur Verfügung haben; dieser kann ähnlich dem in Bild 3.40 für eine Risikoanalyse aufgeführten Fragenkatalog oder dem PM-Merkblatt 21 zur Analyse von Entwicklungsrisiken aufgebaut sein. Bei entsprechender Bewertung bzw. Gewichtung (0 = kein Risiko, höhere Zahl = höheres Risiko) kann gemäß Formel (32) die *Risikoklasse* eines Projektes bestimmt werden. Projekte in einer höheren Risikoklasse sind risikobehafteter.

Risikogehalt RG

Im Rahmen des Risikomanagements und der Notfallplanung bei der Jahrtausend-Umstellung 2000 wurde in einem SW-Bereich der Siemens AG eine empirisch gefundene Kenngröße zur überschlägigen Abschätzung des Risikogehalts einzelner SW-Verfahren formuliert:

$$RG = \sqrt{\frac{w^2 + K_{pot}^2}{2}} \qquad (53)$$

RG	Risikogehalt (ohne Dimension)
w	Eintrittswahrscheinlichkeit in %
K_{pot}	potenzielle Schadenshöhe in TEU

Wie man aus dem Formelaufbau ersieht, haben die Wurzel-Glieder unterschiedliche Dimensionen. Die Größe RG ist daher nur als ein empirisches dimensionsloses Bewertungskriterium für eine Schnellabschätzung anzusehen. Zudem kann diese Kenngröße nur in einem engen Bereich von potentiellen Schadenshöhen von etwa 1 bis 1000 TEU und Eintrittswahrscheinlichkeiten von 20 bis 80% sinnvoll eingesetzt werden (Bild 3.110).

Fazit: Bei kleineren potenziellen Schadenshöhen z. B. von 1 TEU steigt der Risikogehalt RG mit der Eintrittswahrscheinlichkeit stark an. Bei größeren Schadenshöhen, z. B. 1000 TEU, ist der Risikogehalt schon so groß, dass er fast unabhängig von der Eintrittswahrscheinlichkeit ist.

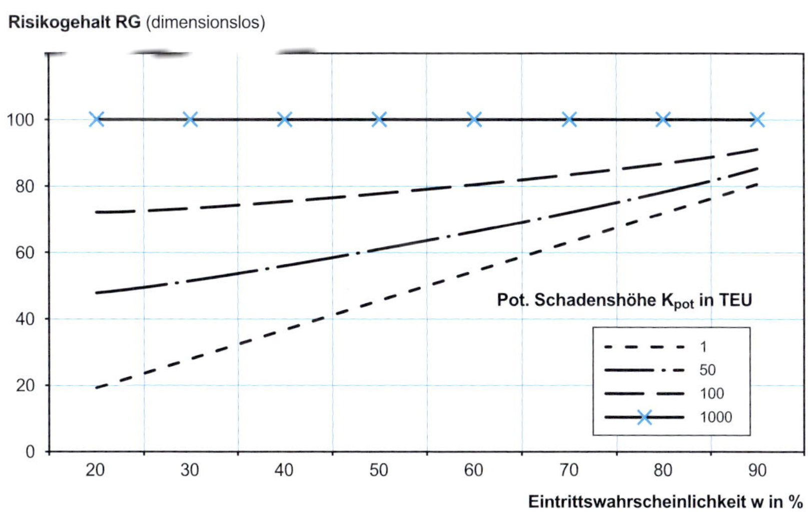

Bild 3.110 Risikogehalt RG

3.7.3 Risikoabsicherung

Die Risikoabsicherung umfasst die Schritte:

▷ Maßnahmenplanung,

▷ Maßnahmenbewertung,

▷ Risiko-Controlling.

Maßnahmenplanung

Unter Berücksichtigung ihrer Relevanz (Eintrittswahrscheinlichkeit, Schadenshöhe etc.) müssen im Rahmen einer Maßnahmenplanung für die einzelnen Risiken Maßnahmen zur Beseitigung von erkannten Defiziten (Risikoverhütung) sowie Vorsorgemaßnahmen (Risikominderung) erarbeitet werden. Solche Vorsorgemaßnahmen können technischer, personeller oder logistischer Natur sein.

Technische Vorsorgemaßnahmen:

- Ersatzgeräte, Standby-Ressourcen beschaffen,
- Notstromaggregate installieren,
- vollständige Datensicherungen (Recovery) vornehmen,
- Notbetriebsverfahren vorbereiten,
- Qualitätssicherung intensivieren.

Personelle Vorsorgemaßnahmen:

- erhöhter Bereitschaftsdienst,
- durchgängige Vertreterregelungen,
- zusätzlicher Personaleinsatz.
- Abstimmung mit Kunden und Lieferanten.

Logistische Vorsorgemaßnahmen:

- vorzeitige Erhöhung der Produktbestände,
- Erhöhung der Lieferbestände (Fertigungsmaterial, Ersatzteile u. Ä.),
- Erhöhung der Lieferantenzahl (Second Source),
- Absicherung der Kommunikationswege (E-Mail, Handy u. Ä.),
- alternative Transportwege.

Zwei Stoßrichtungen (*Risikostrategie*) sind bei der Maßnahmenplanung zu unterscheiden:

▷ Risikoverhütung

▷ Risikominderung.

Risikoverhütungs-Maßnahmen sind präventive Maßnahmen zum Reduzieren der Eintrittswahrscheinlichkeit von Störungen, z. B. durch verstärktes Testen der eingesetzten Hard- und Software oder durch Ausbau der verfügbaren Ressourcen. *Risikominderungs-Maßnahmen* sind korrektive Maßnahmen zum Reduzieren der negativen Auswirkungen bei eingetreten Störungen, z. B. durch vorübergehend veränderte Arbeitsabläufe, durch erhöhten Bereitschaftsdienst oder durch Bereitstellung von Ersatzverfahren (Notbetrieb).

Wie weiter unten näher erläutert wird, gehört die Notfallvorsorge im Rahmen einer Notfallplanung auch zu dieser Maßnahmengruppe. Spezielle Notfallplanungen sind für unternehmensbedeutsame Verfahrens- und Systemeinführungen bzw. bei Inbetriebnahmen von Großanlagen oder bei großräumigen Dienstleistungs- und Betreiberaktivitäten durchzuführen.

Maßnahmenbewertung

Die Wirtschaftlichkeit ist bei der Maßnahmenauswahl ein wichtiges Entscheidungskriterium, da z. B. eine Vorsorgemaßnahme genauso viel kosten kann wie die Beseitigung des nur eventuell verursachten Schadens. Es ist daher erforderlich, vor Durchführung von Maßnahmen zur Risikoverhütung bzw. -minderung eine genaue monetäre Abwägung der vorgeschlagenen Maßnahmen vorzunehmen.

Zur Maßnahmenbewertung sind unterschiedliche Vorgehensweisen möglich. Eine sehr gute Methode zur Maßnahmenbewertung ist die SHA-Methode (Siemens-Hazard-Analyse). Bild 3.111 zeigt das Rechenschema zu dieser Methode. In diesem Rechenblatt, auch als *Risikoregister* bezeichnet, werden zu allen aufgeführten Risikoquellen die möglichen Schadensauswirkungen mit ihrer Eintrittswahrscheinlichkeit und ihren eventuellen Schadenshöhen eingetragen. Anschließend werden je Risikoquelle die möglichen Maßnahmen zur Risikoabsicherung mit ihren Durchführungskosten der erreichbaren Gesamtwirkung in der Schadensminimierung gegenübergestellt. Die Maßnahme mit dem größten »Effekt«, d. h. diejenige mit den geringsten Vorsorgekosten im Vergleich zu dem potenziellen Schaden, wird ausgewählt; in dem gezeigten Beispiel wäre das

Maßnahmen-Bewertung			Projekt: Notfallplan:				Verantwortlicher: Datum:		Seite: 1
Nr.	Risikoquelle	Auswirkung	Bewertung		Potentiel. Schaden	Mögliche Maßnahmen	Kosten für Maßn.	Restschaden	Gesamtwirkung
			Eintrittswahrscheinlichkeit	Kosten für Total Ausfall				Restkosten x Eintrittswahrsch.	
			% (1)	in TEU (2)	in TEU (1)*(2)=(3)		in TEU (4)	in TEU (5)	in TEU Σ (3)−(4)−(5)
1	Störung der Steuerung	reduzierte Ausbringung	5,0	30,0	1,5	rasche Instandsetzung sicherstellen (Personalvorhalt)	3,0	1,0	11,5
		Maschinen-/ Anlagenschaden	5,0	200,0	10,0	Crash-sichere Anlage ausführen	130,0	1,5	−116,0
		Produktschaden, Verwurf	5,0	80,0	4,0	erste Inbetriebnahme überwachen	1,0	1,5	13,0
						Ersatzsteuerung bereitstellen	25,0	2,0	−11,5
	Summe				15,5				
2	Ausfall der Materialzufuhr								

Bild 3.111 Maßnahmen-Bewertungsmatrix (Ausschnitt)

die Maßnahme zur gezielten Überwachung der Erst-Inbetriebnahme.

Nach Einschätzung des Restrisikos und der Kostenschätzung für die Maßnahmen ist dann eine Entscheidung zu treffen, welche Maßnahmen letztendlich zur Risikoabsicherung durchzuführen sind.

Bei alternativen bzw. konkurrierenden Vorsorgemaßnahmen kann die Auswirkung auf Eintrittswahrscheinlichkeit und potenzielle Schadenshöhe auch mit einer Sensitivitätsanalyse dargestellt werden. Hierzu werden an den Achsen einer Sensitivitätsmatrix (ähnlich wie in Bild 3.33) die möglichen Vorsorgemaßnahmen mit ihren Kosten aufgeführt und in den Matrixfeldern werden die erreichbaren Schadensreduktionen mit ihren veränderten Eintrittswahrscheinlichkeiten aufgetragen.

Risiko-Controlling

Zur Überwachung der durchzuführenden Maßnahmen und ihrer Wirksamkeit hinsichtlich Risikoverhütung und Risikominderung sollte eine Kontroll- und Steuerungsinstanz eingerichtet werden. Mit der Einrichtung eines »Risk Review Boards« (RRB) wird ein *präventives* Risikomanagement erreicht, indem die Risiken eines Projektes – zu Beginn oder auch während des Projekts – systematisch hinsichtlich Prozesskonformität, technischer Machbarkeit, Wirtschaftlichkeit, Realisierungsrisiken etc. untersucht werden. Ziel ist es, die ursprünglich geplanten Projektparameter (Zeit, Kosten, Qualität) konsequent abzusichern.

Eine Risikoanalyse sollte daher bereits in der Angebotsphase im Rahmen der Vertragsprüfung beginnen und während des gesamten Projekts weiterlaufen. In Kapitel 4.1.4 ist eine spezielle Form der Termin-Risikoanalyse aufgeführt, die während der Projektdurchführung zum Einsatz kommt. Insbesondere bei Großprojekten, die für das Unternehmen von großer Bedeutung sind, sollte das Risikomanagement während der gesamten Projektlaufzeit wirksam sein.

Weiterhin ist eine regelmäßige Risikoberichterstattung, die alle Leitungsebenen anspricht, einzuführen, da mit ihr eine wesentliche Verbesserung der Entscheidungsqualität und Verkürzung der Reaktionszeiten bei auftretenden Störungen erreicht wird.

Nach Inkrafttreten des KonTraG-Gesetzes wurden SW-Tools entwickelt und werden jetzt auf dem Markt angeboten, die ein durchgängiges Risikomanagement in all seinen Abschnitten beginnend bei der Risikoidentifikation bis hin zum Risiko-Controlling gewährleisten. Diese Tools verwalten die identifizierten Business- und Projektrisiken in einer Risiko- und Wissensdatenbank, zeichnen die jeweilige Risikoentwicklung auf und unterstützen die Kommunikation beim Risikomanagement.

European Risk Management Award

Die renommierte englische Risikomanagement-Zeitschrift „Strategic Risk“ zeichnet seit 2002 Personen und Unternehmen aus, die besondere Erfolge beim Risikomanagement aufweisen können. Preise werden für die unterschiedlichen Aktionsfelder auf dem Gebiet des Risikomanagements verliehen:

- ▷ European Risk Manager of the Year
- ▷ European Risk Management Team of the Year
- ▷ Enterprise-wide Risk Programme of the Year
- ▷ Best Risk Communication of the Year
- ▷ Most Innovative Use of IT or Other Technology
- ▷ Best Business Continuity Approach of the Year
- ▷ Best Risk Training Programme
- ▷ Best Risk Management Approach in the Public Sector
- ▷ Risk Management Product of the Year
- ▷ Risk Management Young Achiever of the Year

Die Nominierung kann von Einzelpersonen oder von Verbänden angestoßen werden.

3.7.4 Notfallplanung

Als Notfall wird ein Störungsfall bezeichnet. der das Ausmaß einer normalen Störung erheblich überschreitet, so sehr, dass bei Eintritt der Störung mit einem erheblichen finanziellen Schaden oder einem großen Image-Schaden für das Unternehmen gerechnet werden muss.

Im Rahmen einer umfassenden Notfallplanung müssen daher Vorsorgen getroffen werden, um den Schaden bei einem eingetretenen Notfall zu minimieren und den fehlerfreien Betriebszustand so schnell wie möglich wiederherzustellen.

Notfalldefinition

Mögliche Notfälle (*Notfallszenarien*), für die eigene Notfallplanungen vorzunehmen sind, werden auf Basis einer kombinierten Risiko- und Maßnahmenbewertung definiert. Als Entscheidungsunterlage hat sich das in Bild 3.112 gezeigte Tableau bewährt. Dieser Risikomanagement-Plan wird teilweise auch als *Risikoregister, Risikokatalog* oder *Risikoinventar* [65] bezeichnet.

Wie aus dem dargestellten Beispiel zu ersehen ist, sind für minder bewertete Risiken keine Notfallplanungen, häufig sogar keine Vorsorgemaßnahmen notwendig. Nur bei höher bewerteten Risiken, d. h. bei einer entsprechend hohen potenziellen Schadenshöhe sind Vorsorgemaßnahmen und eine Notfallplanung vorzusehen. Es kann allerdings auch angebracht sein, eine Notfallplanung vorzunehmen, obwohl Vorsorgemaßnahmen aus Kostengründen nicht eingeleitet wurden.

Bei zeitgleich auftretenden Risiken kann es sinnvoll sein, mehrere generisch typische Risikofälle in gemeinsame Notfallszenarien zu bündeln; auf diese Weise können diverse Notfallmaßnahmen in einem gemeinsamen Notfallplan aufgenommen werden.

Ferner muss untersucht werden, bei welchen Notfällen fremde Kompetenzen zuständig sind und eingebunden werden müssen (z. B. Strom, Verkehr, Telefon). Auch muss erkannt werden, in welcher Vernetzung Störungen zueinander stehen können, da sich einfache Störfälle über einen »Domino-Effekt« zu großen Notfällen aufschaukeln können: z. B. ein PC fällt aus, der einen Fertigungsautomaten ansteuert, dieser bleibt daraufhin stehen, so dass schließlich die ganze Fertigung gestoppt werden muss.

Notfallorganisation

Die Notfallorganisation bildet die organisatorische Rahmenplanung für den Fall eines eingetretenen Notfalls; sie umfasst die Komplexe:

- ▷ Notrufzentrale,
- ▷ Bereitschaftsdienst,
- ▷ Notfallmanagement-Team.

Für den Zeitraum des möglichen Auftretens von Notfällen muss eine *Notrufzentrale* eingerichtet werden, diese kann eine einfache Tele-

Risikomanagement-Plan						Ansprechpartner: Zellner Telefon: 4796			Abt.: SBS SIS 44 Datum 07.12.99		
Risikoidentifizierung			Risikoeinschätzung vor Maßnahmen			Vorsorgemaßnahmen		Risikoeinschätzung nach Maßnahmen		Entscheidung	
Nr	Risikoquelle	Gefährdungskategorie	Auswirkung in TEU	Eintrittswahrscheinlichkeit in %	Risikokosten in TEU	Maßnahmen	Kosten der Maßnahmen in TEU	Eintrittswahrscheinlichkeit in %	Risikokosten in TEU	Maßnahmen ja/nein	Notfallplan ja/nein
1	Programmfehler, die im Systemtest nicht erkannt worden sind	d	200	10%	20	zusätzlicher Pilottest	80	5%	10	nein	nein
2	Totalausfall des Rechenzentrums	c, d	2'000	4%	80	Ausweich-RZ einrichten	50	1%	20	ja	nein
3	Zerstörung der gesamten Datenbank	b, c, d	10'000	3%	300	Aufbau einer Schatten-Datenbank	300	0,5%	50	ja	ja
4	plötzliche Krankheit von Know-how-Trägern	d	800	8%	64	Einsatz und Einarbeitung zusätzlichen Personals	500	2%	16	nein	nein
5	Ausfall von eingeplanten Lieferungen (Fremdprodukte)	c, d	3'000	5%	150	Einbindung von alternativen Lieferanten	100	1%	30	ja	nein
6											
		a Schaden für Leben und Gesundheit b existenzieller bzw. Image-Schaden c Schaden für ganzen Geschäftsprozeß d finanzieller Schaden									

Bild 3.112 Risikomanagement-Plan

fon-Hotline oder bei größeren Verfahrens-/Systemeinführungen sogar ein richtiges Call Center mit entsprechend kompetentem Beratungspersonal sein. Notfallszenarien können sogar die Einrichtung eines Lagezentrums für ein zentral gesteuertes Krisenmanagement erforderlich machen.

Für das Zeitfenster von eventuell eintretenden Notfällen muss ein *Bereitschaftsdienst* organisiert werden; dieser muss eventuell auch an Sonn- und Feiertagen bereit stehen und kann z. B. Urlaubssperren für die einzelnen Wissensträger zur Folge haben, vielfach genügt aber auch nur eine generelle häusliche Bereitschaft (abrufbar über Handy). Mit diesem Bereitschaftsdienst soll erreicht werden, aufgetretene Störungen oder Schadensfälle umgehend zu beseitigen bzw. entsprechende Notverfahren (Notbetrieb) einzurichten.

Das *Notfallmanagement-Team* nimmt als Krisenstab die Aufgabe des Krisenmanagements wahr, d. h. interne und externe Dienste bei der Beseitigung des Notfalles zu koordinieren, die betroffenen Stellen (Kunden, Geschäftspartner, Mitarbeiter, Führungskräfte, Öffentlichkeit) im Rahmen eines Eskalationsmanagements zu informieren, eigenverantwortlich Entscheidungen zu treffen und ggf. betroffenen Mitarbeitern Weisungen zu erteilen.

Notfallvorsorge

Für die fixierten Notfälle sollten Vorsorgemaßnahmen rechtzeitig eingeplant werden; mit ihnen soll der verursachte Schaden beim Auftreten des Notfalls so gering wie möglich gehalten werden. Da Notvorsorgemaßnahmen präventive Maßnahmen sind, erscheint deren Kostenaufwand bei Nichteintreten des Notfalls im Nachhinein als unnötig. Es ist also auch hier eine genaue Kostenabwägung zwischen erforderlichem Aufwand und erreichbarer Verringerung der Risikohöhe vorzunehmen.

Zu den Notvorsorgemaßnahmen gehören neben dem Aufbau einer Notfallorganisation, dem Erstellen eines Notfallhandbuchs und der prophylaktischen Vorbereitung eines Notbetriebs alle im Rahmen der Maßnahmenplanung priorisierten Vorsorgemaßnahmen technischer, personeller und logistischer Natur.

Für besonders unternehmenskritische Notfall-Szenarien empfiehlt es sich, entsprechende *Notfallübungen* mit dem eingeplanten Personal unter Einbindung in die vorgesehene Notfallorganisation durchzuführen. Ziel solcher Notfallübungen ist es, festzustellen, inwieweit die festgelegten Maßnahmen funktionieren und ausreichen, um eventuell noch Verbesserungen an diesen vornehmen zu können.

Bei großer Eintrittswahrscheinlichkeit von besonders kritischen Notfällen kann es zudem erforderlich sein, buchhalterisch ausreichende *Rückstellungen* für eine eventuelle spätere Schadensdeckung einzustellen.

Notfalldurchführungspläne

Für jeden priorisierten Notfall muss eine eigene Notfallplanung erarbeitet und in einem Notfalldurchführungsplan (oder kurz Notfallplan) dokumentiert werden. Notfalldurchführungspläne enthalten detallierte Informationen zu dem einzelnen Notfall mit genauen Maßnahmen, die bei Eintritt des betreffenden Notfalls vorzunehmen sind.

Ein Notfalldurchführungsplan enthält i. Allg. folgende Abschnitte:

- Notfallbeschreibung,
- Geltungs- und Wirkungsbereich,
- Inventarisierung,
- Übersicht spezieller Vorsorgemaßnahmen,
- Übersicht möglicher Fehlerszenarien,
- Maßnahmenkataloge,
- Eskalationsregeln.

Die *Notfallbeschreibung* enthält Angaben zur Störungserkennung und -verifizierung; hier wird genau beschrieben, bei welchen Anzeichen und Merkmalen der betreffende Notfall als »eingetreten« zu bezeichnen ist. Ferner muss der *Geltungs- und Wirkungsbereich* des erstellten Notfalldurchführungsplans festgelegt werden.

Häufig ist auch eine genaue *Inventarisierungsübersicht* hilfreich, die alle HW- und SW-Komponenten des für einen Notfall betrachteten Systems oder Verfahrens auflistet. Des Weiteren sind alle für den betrachteten Notfall speziell durchgeführten *Vorsorgemaßnahmen* aufzulisten.

Da der Eintritt des betreffenden Notfalls unterschiedliche Ursachen haben kann und damit unterschiedliche Maßnahmen zur Beseitigung erforderlich sind, ist es notwendig, alle möglichen *Fehlerszenarien* durchzudenken und hierfür entsprechende Maßnahmenkataloge zu erstellen. Diese *Maßnahmenkataloge* enthalten Anweisungen, wie man sich bei Eintritt des Notfalls zu verhalten hat und welche Maßnahmenschritte zur Notfallbehandlung, -umgehung und -beseitigung vorzunehmen sind.

Hier muss z. B. auch festgehalten werden, unter welchen Umständen externe Hilfen, wie Polizei oder Feuerwehr einbezogen werden müssen.

Die *Eskalationsregeln* haben die Aufgabe, die Informations- und Meldewege festzulegen, die nach Eintritt eines Notfalls zu bedienen sind. Mit ihnen wird festgelegt, welche Toleranzzeiten für welche Fehler akzeptierbar sind und welche Meldeschwellen existieren, d. h. wer muss wann in der Hierarchie bei welchem eingetretenen Notfall informiert werden. Bei kleineren, schnell zu behebenden Fehlern genügt es meist, die zuständigen Wissensträger für die sofortige Fehlerbeseitigung einzuschalten; bei Notfällen, die vielleicht das gesamte Image eines Unternehmens beschädigen können, muss dagegen die Geschäftsführung umgehend informiert werden, damit diese eine entsprechende Meldung an die Presse und Medien veranlassen kann.

Notfallhandbuch

Das Notfallhandbuch ist die zentrale Planungsunterlage einer durchgängigen Notfallvorsorge. Im Notfallhandbuch wird zum einen festgelegt, wie die Zuständigkeiten und Verantwortungen bei einem eingetretenen Notfall geregelt sind, ab wann ein Notfall eintritt und mit welcher Priorität Systeme und Anlagen im Notfall zu behandeln sind, zum anderen enthält das Notfallhandbuch alle durchgeführten Notfallvorsorgemaßnahmen und erstellten Notfalldurchführungspläne. Ein Notfallhandbuch umfasst damit folgende Kapitel:

▷ Notfallkonzept
▷ Notfallorganisation
▷ Notfallvorsorgemaßnahmen
▷ Notfalldurchführungspläne
▷ Anlagen.

Das erste Kapitel beschreibt ganz allgemein das *Notfallkonzept*; es legt den Geltungs- und Wirkungsbereich des Notfallhandbuchs fest, weiterhin enthält es allgemeine Angaben zum Vorgehen bei der Risikoanalyse sowie eine Auflistung der priorisierten Notfälle mit grundsätzlichen Überlegungen zu den vorgesehenen Notfallmaßnahmen. Schließlich werden der Verteilerkreis und die Lagerorte des Notfallhandbuchs festgelegt.

Das Kapitel *Notfallorganisation* enthält – wie oben beschrieben – eine detaillierte Zusammenstellung aller Instanzen und Personen, die für die Erstellung und Aktualisierung der Notfallpläne sowie deren Abwicklung bei Eintreten eines Notfalls benötigt werden, einschließlich Beschreibung von Rolle, Verantwortung und Befugnissen sowie Angaben zur Verfügbarkeit und Erreichbarkeit des involvierten Personenkreises. Weiterhin sind in diesem Kapitel die für den eingetretenen Notfall vorgesehenen Kommunikations- und Meldewege ausführlich zu beschreiben.

Das Kapitel *Notfallvorsorgemaßnahmen* enthält die detaillierte Zusammenstellung aller technischen und organisatorischen Vorsorgemaßnahmen, die im Rahmen der allgemeinen Notfallplanung getroffen worden sind.

Das Kapitel *Notfalldurchführungspläne* enthält die einzelnen Notfalldurchführungspläne für die im Notfallhandbuch definierten Notfälle.

In den *Anlagen* werden diverse Übersichten, wie Formulare, Personen-/Adressverzeichnisse, Organisations-/Arbeitspläne, Terminlisten und Einsatzpläne beigefügt.

Das Notfallhandbuch muss im Notfall leicht zugänglich und immer auf aktuellem Stand sein, deshalb ist es wichtig, einen offiziellen Pflegeverantwortlichen zu benennen. Auch sollte es unbedingt in Papierform vorliegen, da im Notfall die verwendeten elektronischen Geräte nicht funktionsfähig sein könnten.

3.7.5 Krisenmanagement

Ist eine Krise bereits eingetreten und liegt für diesen Notfall ein Notfallhandbuch sowie ein Notfalldurchführungsplan vor, so wird nach dem dort niedergelegten Vorgehen gehandelt. Trotz aller gewissenhaften Notfallplanung können aber immer wieder nicht vorherzusehende Krisen auftreten, die sich entweder schleichend abzeichnen oder plötzlich offenbar werden.

Zu den sich langsam entwickelnden Krisen zählen:

▷ Falsches Produkt kommt am Markt nicht an (zu teuer, mangelnde Funktionalität, etc.),
▷ verändertes Kundenverhalten (neue Modetrends, veränderter „Mainstream"),
▷ Anstieg von Billigangeboten aus fernen Schwellenländern,
▷ Änderungen in den politisch vorgegebenen Rahmenbedingungen.

Als plötzlich auftretende Krisensituationen sind z. B. zu nennen:

▷ Totalausfall einer Fertigungsanlage aufgrund eines Brandes,
▷ wichtiger Lieferant ist insolvent,
▷ Naturkatastrophe in einem ausländischen Markt,
▷ politischer Umsturz in einem Auftraggeberland.

Sollte ein solcher nicht vorhergesehener Krisenfall eingetreten sein, so muss umgehend ein Krisenmanagement aktiv werden. Handelt es sich um die Bewältigung einer plötzlich eingetretenen großen Krise, spricht man vielfach auch von einem „Crash-Management".

Als erstes ist eine eingehende Analyse der eingetretenen Krisensituation durchzuführen. Diese Krisenanalyse gliedert sich nach [68] in folgende drei Schritte:

1. Situationsanalyse
2. Problemanalyse
3. Entscheidungsanalyse.

Mit der *Situationsanalyse* ist die Frage „Was ist geschehen?" zu beantworten. Sich abzeichnende besorgniserregende Abweichungen von Projektplandaten oder plötzlich aufgetretene eklatante Störungen im Projektablauf sind zu benennen. Die Fakten, die die Krise beschreiben, müssen genauestens identifiziert werden, um zu einer Priorisierung der festgestellten Abweichungen zu kommen. Mit der *Problemanalyse* werden die aufgetretenen Probleme genauer untersucht und hinsichtlich Örtlichkeit, Zeitpunkt und Ausmaß beschrieben. Weiterhin sind die Ursachen für diese Probleme mit Bezug auf den Projektablauf zu analysieren. Auf Basis von Lösungsalternativen werden in der *Entscheidungsanalyse* die Lösungsansätze nach Muss- und Wunschzielen bewertet und gewichtet sowie eine Risikoabwägung dieser Lösungsansätze vorgenommen.

Häufig wird im Rahmen eines Krisenmanagements ein „Krisenzentrum" oder eine „Task Force" eingerichtet, welche als zentrale Anlaufstelle zur Krisenbewältigung fungieren; zu ihren Aufgaben zählen:

- ▷ Sammeln von Fakten und Informationen,
- ▷ Informationsauswertung und Einschätzen der Situation,
- ▷ Beurteilen der Lösungsalternativen,
- ▷ Festlegen der Maßnahmen zur Krisenbewältigung,
- ▷ Ausgabe von Durchführungsanweisungen,
- ▷ Überwachen des Krisenbewältigungsablaufs,
- ▷ Berichterstattung an die Betroffenen (intern und extern).

Für einen Projektleiter, der eine Krise in seinem Projekt zu bewältigen hat, ist eine solche Krisensituation eine besondere Herausforderung. Er muss häufig wie ein „Fels in der Brandung" stehen, während um ihn herum oft Angst und vielleicht auch Panik herrscht. Mit ruhiger Hand muss er die Maßnahmen zur Krisenbewältigung vorantreiben; dies erfordert ein hohes Maß an Sozialkompetenz zu seinen Mitarbeitern und zu den anderen Projektbeteiligten.

Speziell auf das Crash-Management in Projekten geht [68] eingehender ein; auch werden dort Maßnahmen zur Vorbeugung und Verhinderung von Crashs näher diskutiert.

3.8 Projektpläne

Die gesamte Planung eines Projekts schlägt sich letztendlich in Projektplänen nieder; sie dokumentieren die Projektplanung. Da Projektpläne stets den aktuellen und gültigen Planungsstand des Projekts widerspiegeln müssen, unterliegen sie einem unterschiedlich starken Änderungsgeschehen. Dies bedeutet natürlich nicht, dass die Pläne bei jeder geringfügigen Abweichung vom Ist-Stand zu ändern sind; eine Anpassung ist nur angebracht, wenn der betreffende Plan in einem größeren Umfang nicht mehr den Realitäten entspricht.

Es gibt zahlreiche Projektpläne, die sich in Informationszusammenstellung und -komprimierung sehr unterscheiden. Der Versuch, allgemein gültige Standard-Projektpläne zu schaffen, ist bisher gescheitert. Die Anforderungen aus den unterschiedlichen Entwicklungen an Struktur und Inhalt der Projektpläne variieren zu stark. Formell können die verwendeten Projektpläne aber folgenden drei Teilbereichen der Projektplanung zugeordnet werden:

- ▷ Projektpläne für Organisation und Strukturierung
- ▷ Projektpläne für Durchführung
- ▷ Projektpläne für Termine, Aufwände und Kosten.

In Tabelle 3.41 sind die wichtigsten Projektpläne mit Angabe der jeweils betrachteten Plangrößen sowie den möglichen Darstellungsformen alphabetisch aufgeführt. (Reine *Produktpläne*, wie Anforderungskatalog, Spezifikation, etc. sind nicht mit aufgenommen worden.) Die Aufstellung enthält neben einigen Synonymen auch Pläne, die mehr einem Überbegriff für eine (nicht festlegbare) Anzahl von einzelnen Projektplänen entsprechen; diese sind dann nicht näher erläutert.

Wie ersichtlich, können fast alle Projektpläne u. a. als Liste dargestellt werden. Die grafische Darstellung dient meist nur dem besseren, visuellen Eindruck und einer dadurch erreichbaren, vergrößerten Übersichtlichkeit des Planungsfeldes; dagegen umfasst die Liste i. Allg. ein größeres Zahlenvolumen je Flächeneinheit. Liste und Grafik sollten also nicht als konkurrierende Alternativen, sondern als sich ergänzende Darstellungsformen angesehen werden. In Fällen, in denen eine transparente Darstellung der Plansituation erforderlich ist, sollte die grafische Form gewählt werden; kommt es dagegen auf die exakte Werteinformation an, sollte die Listenform zur Verfügung stehen.

Als Varianten der Darstellungsform werden hier gesehen:

- Liste (auch Tabelle)
- Diagramm (auch Kurvenverlauf)
- Balkendarstellung (bzw. Balkendiagramm)
- Baum(-struktur)
- Netz(-struktur)
- Matrixdarstellung
- Relationengitter
- Graph (freie grafische Darstellung)
- Text (verbale Beschreibung).

3.8.1 Projektpläne für Organisation und Strukturierung

Als erste grundlegende Aktivität innerhalb der Projektplanung gilt das Organisieren und Strukturieren der verschiedenen Planinhalte und Planobjekte. Die Ergebnisse dokumentieren sich wiederum in entsprechenden Projektplänen.

Folgende Projektpläne finden innerhalb dieses Teilbereichs der Projektplanung Anwendung:

▷ Arbeitsplan
▷ Kontenplan
▷ Produktstrukturplan
▷ Projektorganisationsplan
▷ Projektsteckbrief
▷ Projektstrukturplan
▷ Prozessorganisationsplan
▷ Qualifikationsplan
▷ Zuordnungsplan.

Die Projektpläne dieser Gruppe legen die Projekt- und Prozessorganisation sowie die technische, aufgabenmäßige und kaufmännische Strukturierung fest.

Arbeitsplan

Der Arbeitsplan ist eigentlich ein Linienorganisationsplan; er zeigt alle Mitarbeiter in ihrer linienorganisatorischen Einordnung. Zusätzlich zu einem normalen Organisationsplan enthält aber ein Arbeitsplan noch in detaillierter Aufzählung die einzelnen Aufgabengebiete und Zuständigkeiten der Mitarbeiter sowie Angaben für die Kommunikation mit diesen (z. B. Ortsangaben, Telefon, Telefax, E-Mail, etc.).

Wegen der häufigen Änderungen der Aufgabenzuordnungen und der Kommunikationswege unterliegen Arbeitspläne einem kürzeren Aktualisierungsturnus als die offiziellen Organisationspläne.

Kontenplan

Unter einem Kontenplan – teilweise auch *Kontenkatalog* genannt – versteht man die Aufstellung aller FuE-Konten für ein oder mehrere Entwicklungsvorhaben. Hierbei ist eine lineare Kontenaufteilung, aber auch eine hierarchisch gegliederte Kontenstruktur mit Ober- und Unterkonten möglich.

Jedes im Kontenplan definierte FuE-Konto präsentiert ein fest umrissenes Auftragsvolumen und besitzt eine eindeutige Identifikationsnummer, häufig als Auftragskennzeichen (AKZ) bezeichnet. Alle Personalaufwände, die bei dem eigenen Personal durch die bekannten Stundenkontierungsbelege erfasst werden, sowie alle anfallenden Kosten, die durch Rechnungsschreibung oder interne Verrechnung ausgewiesen werden, sind diesen FuE-Konten zugeordnet. Sie stellen damit gewissermaßen die Konten einer »internen Buchhaltung« für das FuE-Vorhaben dar. Kapitel 3.1.3 geht auf die Kontenstrukturierung näher ein.

Produktstrukturplan

Der Produktstrukturplan (PdSP) enthält – hierarchisch angeordnet – alle Teile, aus denen das zu entwickelnde Produkt bestehen wird. Hierzu gehören sowohl die neu zu entwickelnden Teile als auch solche, die aus früheren Entwicklungen stammen oder zugekauft werden müssen. Hierbei muss eindeutig geklärt sein, wer für die Beistellung der jeweiligen Produktteile verantwortlich ist – sei es durch Entwicklung, Übernahme oder Kauf. Der Produktstrukturplan fungiert als eine Art »Architekturplan« für die gesamte Produktentwicklung.

Für die Aufbereitung von Produktstrukturplänen gibt es die grafische Darstellung und die Listenform. Die grafische Darstellung wird meist unmittelbar aus ersten Übersichtsbildern des zu entwickelnden Produkts bzw. Systems übernommen, wobei die einzelnen Produktteile i. Allg. als Kästchen in einer Baumstruktur angeordnet sind. Schon bei kleineren

Tabelle 3.41 Projektpläne

Bezeichnung	Plangrößen	Darstellung	Beschreibung	Erläuterung in
Ablaufplan			Überbegriff für Projektablaufpläne wie Balkenplan, Balkendiagramm, Netzplan etc.	
Aktionsplan			(siehe Projektdurchführungsplan)	
Anlagenstrukturplan	– Anlagenteile – Anzahlen	– Liste – Matrix – Baum	Zeigt auf, welche technischen Komponenten innerhalb eines Systems bzw. einer Anlage bezogen auf die technologischen Abschnitte wie oft vorkommen; entspricht etwa der Produktstruktur.	
Arbeitsplan	– Mitarbeiter – Aufgaben	– Liste – Baum	Umfasst alle Mitarbeiter in ihrer linienorganisatorischen Einordnung mit ihren Aufgabenverantwortlichkeiten; ähnlich einem Organisationsplan.	Kap. 3.8.1
Auditplan	– Audits – Termine – Teilnehmer	– Liste	Aufstellung aller in einem festen Zeitraum geplanten Audits. (auch Inspektionsplan genannt)	Kap. 4.4.5
Aufgabenplan	– Aufgaben – Mitarbeiter – Aufwände – Termine – Abhängigkeiten	– Liste	Zählt alle Aufgaben mit den zugehörigen Projektdaten auf, wobei einige Angaben noch nicht endgültig sind (z. B. Wunschtermine).	Kap. 3.4.1; Bild 3.65
Aufwandsplan	– Aufwände – Arbeitspakete – Organisationseinheiten	– Liste – Diagramm	Enthält arbeitspaket- oder organisationsbezogen die einzelnen Planaufwände.	Kap. 3.8.3; Bild 3.118
Ausbildungsplan	– Mitarbeiter – Kurse – Termine – Orte	– Liste – Balken	Enthält die für die einzelnen Mitarbeiter vorgesehenen Ausbildungsmaßnahmen (z. B. Kurse) mit Zeitangaben.	Kap. 3.8.2; Bild 3.115
Balkenplan/-diagramm	– Mitarbeiter – Arbeitspakete – Zeitangaben	– Diagramm	Enthält über die Zeit aufgetragen die einzelnen Mitarbeiter oder Arbeitspakete.	Kap. 3.4.2; Bild 3.66
Bedarfsplan			(siehe Einsatzmittelplan)	
Belegungsplan	– Beleger – Termin	– Tabelle	Ordnet Termine den belegenden Einheiten zu	Bild 3.95
Berichtsplan	– Projektberichte – Verteiler – Termine	– Liste	Legt die Informationswege der Projektberichterstattung fest.	Kap. 3.8.2; Bild 4.79
Beschaffungsplan	– Lieferungen	– Liste	Enthält alle Lieferungen von Sachmitteln und Dienstleistungen	Kap. 3.5.4

Tabelle 3.41 Projektpläne (Fortsetzung)

Bezeichnung	Plangrößen	Darstellung	Beschreibung	Erläuterung in
Dokumentationsplan	– Dokumente – Termine – Verfasser	– Liste	Legt die geplanten Projekt- und Produktdokumente mit Terminangaben fest.	Kap. 3.8.2
Einsatzmittelplan	– Mitarbeiter – Maschinen – Kosten – Zeit	– Liste – Diagramm	Enthält über die Zeit aufgetragen alle für das Projekt notwendigen Einsatzmittel (z. B. Personal, Maschinen, Kosten).	Kap. 3.5.1; Kap. 3.5.2; Bilder 3.93 bis 3.95
Erfahrungssicherungsplan	– Erfahrungen – Erfahrungsträger – Adressaten	– Liste – Text	Zeigt die zu dokumentierenden Erfahrungen mit den Erfahrungsträgern und den künftigen Adressaten auf.	Kap. 5.3
Inbetriebnahmeplan	– Maßnahmen – Kümmerer – Termine	– Liste – Text	Umfasst die Betriebsplanung und listet alle erforderlichen Maßnahmen für die Inbetriebnahme auf (Anlagenkonfiguration, Anwenderschulung, Einführungsplanung etc.).	
Informationsplan			(siehe Berichtsplan)	
Inspektionsplan	– Inspektionsobjekte – Termine – Teilnehmer	– Liste – Balken	Enthält mit Angabe der Termine und der Teilnehmer alle zu inspizierenden Ergebnisobjekte.	Kap. 3.8.2
Kapazitätsplan			(siehe Einsatzmittelplan)	
Katastrophenplan	– Katastrophen – Maßnahmen – Kümmerer	– Liste – Text	Ein dem Krisenplan benachbarter Projektplan, mit dem die bei Katastrophen durchzuführenden Maßnahmen untersucht werden.	Kap. 3.8.2
Know-how-Sicherungsplan			(siehe Erfahrungssicherungsplan)	
Kommunikationsplan	– Projektbeteiligte – Kommunikationsarten – Intensitäten	– Liste – Relationsgitter – Graph	Zeigt die Kommunikationsbeziehungen der am Projekt Beteiligten auf.	Kap. 3.8.2
Konfigurationsmanagementplan	– KM-Methoden – KM-Verfahren – Maßnahmen	– Matrix – Text	Zeigt alle Methoden, Verfahren und Maßnahmen auf, die für das Konfigurationsmanagement geplant sind.	Kap. 6.1
Kontaktplan			(siehe Kommunikationsplan)	
Kontenplan	– Konten – Unterkonten – Verantwortliche	– Liste – Baum	Enthält in geordneter Form alle Konten und Unterkonten eines Projekts oder mehrerer Projekte.	Kap. 3.1.3; Bild 3.18

Tabelle 3.41 Projektpläne (Fortsetzung)

Bezeichnung	Plangrößen	Darstellung	Beschreibung	Erläuterung in
Kostenplan	– Kostenelemente – Kosten – Zeit	– Liste – Diagramm	Zeigt über die Zeit aufgetragen die geplanten Kosten für bestimmte Kostenelemente geordnet nach Arbeitspaketen, Verursachern, Organisationseinheiten etc.	Kap. 3.6.3; Bild 3.118
Krisenplan	– Krisen – Maßnahmen – Kümmerer	– Liste – Text	Weist die bei angedachten Krisen durchzuführenden Maßnahmen aus.	Kap. 3.7.4; Kap. 3.8.2
Meilensteinplan	– Meilensteine – Termine – Verantwortliche	– Liste – Balken – Netz	Enthält die Projektmeilensteine mit deren Terminen.	Kap. 3.5.5; Bild 3.82
Mitarbeitereinsatzplan	– Mitarbeiter – Arbeitspakete	– Liste – Matrix	Zeigt den Einsatz der einzelnen Mitarbeiter bezogen auf die Arbeitspakete auf.	Kap. 3.8.2; Bilder 3.92, 3.117, 6.17
Netzplan	– Vorgänge – Abhängigkeiten – Termine	– Liste – Netz	Enthält alle Vorgänge und deren Abhängigkeiten im zeitlichen Ablauf.	Kap. 3.3.1; Bilder 3.50, 3.51, 3.54
Notfallplan	– Notfälle – Maßnahmen – Beteiligte	– Liste – Text	Enthält Angaben zur Notfalldefinition, -organisation, -vorsorge und -durchführung	Kap. 3.7.4
Personaleinsatzplan	– Personal – Teilprojekte – Zeit	– Liste – Diagramm – Balken – Matrix	Zeigt – bezogen auf die Teilprojekte – den Personaleinsatz über die Projektzeit auf und ist damit ein Einsatzmittelplan.	Kap. 3.5.1; Bilder 3.91, 3.92
Personalplan			(siehe Personaleinsatzplan)	
Phasenplan			Überbegriff für alle Planungsinformationen, die zu einer bestimmten Phase vorliegen.	
Produktstrukturplan	– Produktteile	– Liste – Baum – Graph	Enthält alle Teile des geplanten Produkts bzw. Systems in einer hierarchischen Anordnung.	Kap. 3.1.1; Bilder 3.4, 3.6
Projektdurchführungsplan			Überbegriff für alle der Projektdurchführung dienenden Planungsinformationen.	
Projektmanagementplan	– alle Projektdaten	– Liste – Diagramm – Graph – Text	Gesamtheit aller Projektpläne (PM-Guide)	Kap. 2.6.6
Projektorganigramm			(siehe Projektorganisationsplan)	
Projektorganisationsplan	– Organisationseinheiten – Projektbeteiligte – Gremien	– Liste – Baum – Matrix	Enthält alle Projektbeteiligten bzw. am Projekt beteiligten Organisationsstellen in einer (meist) hierarchischen Anordnung.	Kap. 2.4.1; Bilder 2.46 bis 2.49

Tabelle 3.41 Projektpläne (Fortsetzung)

Bezeichnung	Plangrößen	Darstellung	Beschreibung	Erläuterung in
Projektplan			Überbegriff für alle Planungs-Informationen, die über das gesamte Projekt bzw. Teile des Projekts vorliegen.	
Projekt-steckbrief	– Projekt-parameter – Projekt-beteiligte – Termine	– Liste	Enthält alle wesentlichen Angaben zu einem Projekt in Kurzform.	Kap. 5.3.3
Projekt-strukturplan	– Arbeitspakete	– Liste – Baum	Enthält alle Arbeitspakete eines Projekts in einer hierarchischen Anordnung.	Kap. 3.1.2; Bilder 3.10 bis 3.14
Projektzeitplan			(siehe Terminplan)	
Prozessorgani-sationsplan	– Phasen – Meilensteine – Tätigkeitsarten – Baselines – Zäsuren	– Liste – Graph	Gliedert den Entwicklungsablauf in einzelne Phasen und Prozessschritte mit Definition von Tätigkeitsarten und Standard-Meilensteinen.	Kap. 2.5.1; Bilder 2.63 bis 2.65; Tabelle 2.13
Prozessplan			(siehe Prozessorganisationsplan, wird teilweise auch synonym zum Ablaufplan verwendet)	
Qualifikations-plan	– Personal – Qualifikationen	– Liste – Balken – Matrix	Stellt eine Erweiterung zum Personaleinsatzplan dar, der zu dem benötigten Personal noch die jeweils benötigten Qualifikationen aufzeigt.	Kap. 3.5.1; Bild 3.84, 3.85
Qualitätsmana-gementplan		– Liste – Text	Beschreibt die Organisation, die Standards, Verfahren und Werkzeuge, die Prozesse und Indikatoren des Qualitätsmanagements; ähnlich dem Qualitätssicherungsplan.	Kap. 4.4.1
Qualitätssiche-rungsplan			Überbegriff für alle Planungsinformationen im Rahmen der Qualitätssicherung.	Kap. 3.8.2; Tabelle 3.42
Qualitäts-prüfplan			(siehe Inspektionsplan und Testplan)	
Reviewplan			(siehe Inspektionsplan)	
Risikomana-gementplan	– Risiken – Bewertung – Maßnahmen	– Liste – Matrix	Auflistung aller möglichen Projektrisiken mit Nennung geeigneter Vorsorgemaßnahmen.	Kap. 3.7.4; Bild 3.112
Schulungsplan	– Anwender – Kurse – Termine – Orte	– Liste – Balken – Matrix	Enthält die für die Anwender vorgesehenen Schulungsmaßnahmen (z. B. Kurse) mit Zeitangaben.	Kap. 3.8.2; Bilder 3.115, 3.98

Tabelle 3.41 Projektpläne (Fortsetzung)

Bezeichnung	Plangrößen	Darstellung	Beschreibung	Erläuterung in
Terminplan	– Arbeitspakete – Termine – Verantwortliche	– Liste – Balken	Enthält die durchzuführenden Arbeitspakete mit Angaben von Termin, Zeitdauer und Zuständigkeit.	Kap. 3.8.3; Bild 3.119
Testplan	– Testfall – Termine	– Liste – Balken	Enthält mit Angabe der Termine alle geplanten Testfälle.	Kap. 3.8.2
Vertragsmanagementplan	– Verträge – Änderungsanträge – Lieferungen	– formell – informell	Umfasst alle Vorgänge zur Vertragsabwicklung während der gesamten Vertragslaufzeit.	Kap. 2.1.6
Zeitplan			(siehe Terminplan)	
Zulieferungsplan	– Leistungen – Zulieferer – Zeit	– Liste – Balken – Matrix	Zeigt über die Zeit aufgetragen alle geplanten Projektzulieferungen (z. B. Consultant-Leistungen, Dienstleistungen von anderen Dienststellen).	Kap. 3.8.2
Zuordnungsplan	– Objekte	– Matrix – Relationengitter	Mit ihm können beliebige Objekte in ihrer gegenseitigen Zuordnung dargestellt werden.	Kap. 3.8.1; Bild 3.114
Zuständigkeitsplan			(siehe Aufgabenplan)	

Systemen kann jedoch die benötigte Fläche über das übliche Kopiermaß hinausreichen und dann schwerfällig in der Vervielfältigung und Verbreitung werden. Die Listenform ist wesentlich hantierungs- und auch änderungsfreundlicher; außerdem bietet sie die Möglichkeit, Zusatzinformationen für unterschiedliche Anwendungszwecke mitaufzunehmen.

In Kapitel 3.1.1 wurde das Thema Produktstruktur näher behandelt, wo auch in Bild 3.4 ein grafisches Beispiel für einen Produktstrukturplan aus dem Entwicklungsbereich für Nebenstellen-Vermittlungssysteme aufgeführt ist.

Projektorganisationsplan

Der Projektorganisationsplan (POP) – auch als *Projektorganigramm* bezeichnet – stellt den Organisationsplan für das Projekt dar; er enthält alle internen und externen Projektbeteiligten in ihrer jeweiligen Zuordnung. Da ein Projekt in seiner Laufzeit begrenzt ist, hat der Projektorganisationsplan ebenfalls einen temporären Charakter.

In diesem Plan sind neben den fachlichen auch die weisungsbedingten Zuordnungen enthalten; nicht berücksichtigt werden i. Allg. die disziplinarischen Abhängigkeiten. Daher kann er in der hierarchischen Rangfolge von dem (statischen) Organisationsplan des Unternehmensbereichs erheblich abweichen, sowohl bezüglich der Ebenenzuordnung als auch bezüglich der Bereichszuordnung der einzelnen Mitarbeiter. Der Projektorganisationsplan enthält damit auch Mitarbeiter, die – außerhalb des Projekts – zu völlig unterschiedlichen Organisationseinheiten gehören oder rangmäßig auf völlig anderer Stufe stehen.

Der Projektorganisationsplan zeigt unmissverständlich auf, wer im Rahmen eines Projekts wofür zuständig und verantwortlich ist, und verdeutlicht damit die unterschiedlichen Kommunikations- und Entscheidungspfade innerhalb eines Projekts.

In Kapitel 2.4.1 werden die einzelnen Formen der Projektorganisation anhand einiger Bilder (2.46 bis 2.49) vorgestellt.

Projektsteckbrief

Der Projektsteckbrief enthält alle wesentlichen Angaben zu einem Projekt, d. h. eine Kurzbeschreibung des Projekts, eine Aufstellung aller wichtigen Projektbeteiligten auf Auftraggeber- und Auftragnehmerseite (Projektleiter, Kunde), den Leistungsumfang des zu erstellenden Produkts bzw. Systems, eventuell eine grobe Auflistung der Produkt-/Systemteile, die entscheidenden Projektparameter Budget und Termine, besondere Vertragsmodalitäten (Gewährleistung) sowie grundsätzliche Angaben zur Projektdurchführung (Prozessorganisation, Risikomanagement, Qualitätssicherung, Konfigurationsmanagement). Die äußere Form kann tabellarischer oder auch textlicher Natur sein.

Projektstrukturplan

Der Projektstrukturplan (PjSP bzw. PSP) stellt in grafischer oder in listenmäßiger Form die Projektstruktur dar; er enthält – meist in hierarchischer Anordnung – alle Arbeitspakete eines Projekts, deren Abarbeiten für die Projektrealisierung und zur Erfüllung des Projektziels notwendig ist. Der Projektstrukturplan ist der zentrale Projektplan für den gesamten Projektablauf. Alle anderen Projektpläne und späteren Projektberichte müssen auf die Strukturelemente dieses Plans mehr oder weniger beziehbar sein.

In Kapitel 3.1.2 ist eingehend die Projektstrukturierung behandelt. Dort sind mit den Bildern 3.10 bis 3.13 die verschiedenen Typen von Projektstrukturplänen aufgezeigt; Bild 3.14 gibt darüber hinaus einen Projektstrukturplan in Listenform wieder.

Zum leichteren visuellen Unterscheiden eines Projektstrukturplans von einem Produktstrukturplan bietet es sich an, die in Bild 3.113 angedeutete Zeichenkonvention für die grafische Darstellung der genannten Strukturpläne einzuhalten. Bei dieser Darstellungsregel wird die Produktstruktur immer mit schrägen Verbindungslinien und die Projektstruktur immer mit waagerechten bzw. senkrechten Verbindungslinien gezeichnet. Der Vorteil besteht darin, dass man allein von der äußeren Form her sofort erkennen kann, ob es sich um einen Produktstrukturplan oder um einen Projektstrukturplan handelt.

Prozessorganisationsplan

Der Prozessorganisationsplan – auch als *Prozessplan* (PP) bezeichnet – verdeutlicht, wie der für das Projekt zu durchlaufende Entwicklungsprozess organisiert werden soll. Der Prozessorganisationsplan enthält neben der Beschreibung der einzelnen Entwicklungsphasen und der Definition von Tätigkeitsarten auch die Festlegung von Zäsurpunkten, wie z. B. Phasenabschnittsprüfungen, Meilensteine und Ent-

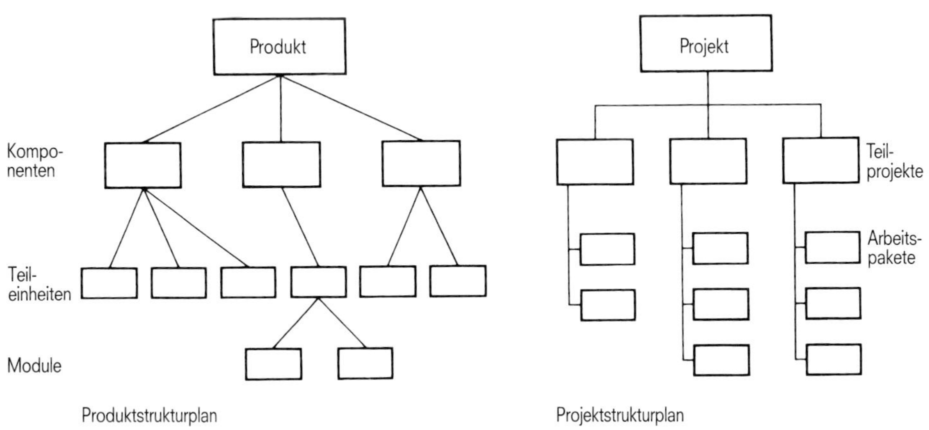

Bild 3.113 Zeichenkonvention für Produkt- und Projektstruktur

wicklungslinien. Weiterhin legt er die an den einzelnen Zäsurpunkten vorzulegenden Entwicklungsergebnisse fest und bestimmt die Entscheidungsinstanzen für den Entwicklungsablauf. Die gesamte Planung und Durchführung des Projekts ist nach diesem Prozessorganisationsplan auszurichten.

Mitunter wird der Prozessorganisationsplan fälschlicherweise auch als Phasenplan oder Meilensteinplan bezeichnet; Letztere haben aber andere Planinhalte. So ist der *Phasenplan* eigentlich als Überbegriff zu sehen für alle in einer bestimmten Phase vorhandenen Planungsinformationen; dabei kann er z. B. Termin- und Kostenpläne, Qualitätssicherungspläne, Aufgabenpläne etc. umfassen. Der *Meilensteinplan* enthält dagegen i. Allg. den Terminplan für die einzelnen Meilensteine eines Projekts.

Auf die Formen einer Prozessorganisation wird in den Kapiteln 2.5.1 bis 2.5.4 ausführlich eingegangen. Dort sind auch einige Beispiele für die grafische Darstellung von Prozessorganisationsplänen mit den zugehörigen Definitionen wiedergegeben.

Qualifikationsplan

In einem Qualifikationsplan wird mit einem tabellarischen Schema aufgeführt, welche personellen Qualifikationen für eine geplante Projektdurchführung benötigt werden. Hierzu werden in der Waagerechten einer Tabellendarstellung die verschiedenen erforderlichen Qualifikationen und in der Senkrechten die einzelnen Projektkomponenten oder Prozessabschnitte aufgetragen. In den Schnittpunkten der Tabelle werden dann die benötigten Personenanzahlen eingetragen. In Bild 3.84 ist beispielhaft ein solcher Qualifikationsplan aufgeführt.

Zuordnungsplan

In jedem Abschnitt einer Projektplanung ist es immer wieder notwendig, unterschiedliche Projekt- und Produktparameter in ihrer gegenseitigen Zuordnung darzustellen. Hierzu dienen Zuordnungspläne, in denen diese Zuordnungen definiert werden, wie z. B.:

- ▷ Welche Produktteile werden in welchen Teilprojekten von welchen Dienststellen realisiert?
- ▷ Welche Unterauftragnehmer sind in welcher Entwicklungskategorie für welche Teilprojekte tätig?
- ▷ Wie arbeiten die einzelnen Abteilungen in welchen Teilprojekten den verschiedenen Produktvarianten zu?
- ▷ Welche Auftragskennzeichen werden von welchen Abteilungen für welche Aufgabengebiete in Anspruch genommen?

Die herkömmliche Darstellungsform solcher Zuordnungspläne ist die Tabellen- bzw. Matrixform; mit ihr lassen sich sehr gut zwei bis drei Zuordnungsparameter darstellen. Sind mehr als drei Parameter zuzuordnen – was in der Personaleinsatzplanung und in der Multiprojektplanung häufig vorkommt –, so ist dies nicht mehr in einer gewöhnlichen zweidimensionalen Matrix möglich. Für diese Fälle kann eine Darstellungsform aus der SW-Technologie genutzt werden: das *Relationengitter* (Bild 3.114). In einer geeigneten Anordnung werden die einzelnen Parameterobjekte durch ein Liniennetz verbunden. Bei zutreffender Zuordnung wird der Linienkreuzungspunkt markiert; dabei kann diese Markierung noch Zusatzinformationen aufnehmen, wie in dem gezeigten Beispiel die Angabe der Projektverantwortung.

Ein Relationengitter bringt also mehrere Objektmengen in eine relationale grafische Darstellung. Der Zeichenaufwand für ein Relationengitter ist allerdings nicht unerheblich, deshalb eignet es sich auch nur in freier Skizzenform oder bei Zuordnungsdarstellungen, die von zentraler Bedeutung sind und nicht laufend geändert werden müssen.

3.8.2 Projektpläne für Durchführung

Die Projektdurchführungsplanung befasst sich mit den einzuplanenden Maßnahmen, die für das optimale Durchführen des Projekts erforderlich sind; sie baut auf den Projektplänen für Organisation und Strukturierung auf und legt die personellen, informationstechnischen und qualitätssichernden Voraussetzungen für die Zielerreichung der Termine, Aufwände und Kosten fest.

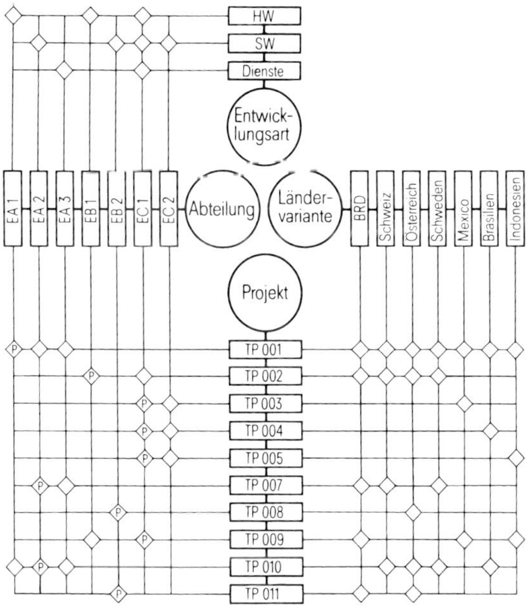

◇ Zutreffende Zuordnung
Ⓟ Projektverantwortung

Bild 3.114
Relationengitter (Beispiel)

Für die Projektdurchführung können folgende Projektpläne erstellt werden:

- ▷ Ausbildungsplan
- ▷ Berichtsplan
- ▷ Dokumentationsplan
- ▷ Einsatzmittelplan
- ▷ Inspektionsplan
- ▷ Kommunikationsplan
- ▷ Krisenplan
- ▷ Mitarbeitereinsatzplan
- ▷ Notfallplan
- ▷ Qualitätssicherungsplan
- ▷ Risikomanagementplan
- ▷ Schulungsplan
- ▷ Testplan
- ▷ Zulieferungsplan.

Ausbildungsplan

In einen Ausbildungsplan werden alle Ausbildungsmaßnahmen aufgenommen, die in dem Projekt für die einzelnen Mitarbeiter vorgesehen sind. Neben den Mitarbeiternamen enthält er die Kurse, Seminare, Messebesuche etc., die jeweiligen Termine, die Zeitdauern sowie weitere administrative Angaben.

Bild 3.115 zeigt als Beispiel einen solchen, auf einem PC erstellten Ausbildungsplan.

Die Gestaltung solcher Ausbildungspläne kann sich natürlich voll auf die projektspezifischen Erfordernisse ausrichten. Ein Ausbildungsplan sollte aber stets aktuell sein. Hierzu muss er in größeren Zeitabständen – in einer offiziellen Planungsrunde – neu überdacht und ggf. überarbeitet werden; denn neue Erkenntnisse im Laufe des Projekts führen evtl. auch zu neuen Wissensanforderungen an die Mitarbeiter, die z. T. durch zusätzliche Ausbildungsmaßnahmen erfüllt werden können. Mangelnde Wissensbasis kann leicht zu einer (unnötigen) Terminverzögerung führen.

Berichtsplan

Der Berichtsplan legt die im Rahmen des Projekts vorgesehene Form und Verteilung der Berichterstattung fest; er bestimmt einerseits die Auswahl der künftigen Projektberichte und – falls von den eingesetzten DV-Verfahren nicht vorgegeben – deren Inhalt und äußere Form; andererseits enthält er den jeweiligen Verteilerkreis der einzelnen Projektberichte mit Angabe der Verteilhäufigkeit. Hierbei kann die

Länge der Berichtszeiträume stark variieren und hängt wesentlich von der Art der Projektberichte ab; manche müssen mindestens einmal monatlich (z. B. Terminlisten), andere dagegen – die auf einer höheren Ebene komprimierte Informationen enthalten – nur alle hal-

Kursplanung **SBS IS 83** **Stand:20.07.97**

Name	Kurs	Gebiet	Termin	Tage	Status	GJ 94/95	GJ 95/96	GJ 96/97	GJ 97/98
Heer	Basis1	Org	28.10.-31.10.96	4					
	ADILOS	BS2000	17.02.-19.02.97	3	-				
	R/3-B-SA	SAP	15.07.-16.07.97	2	-			9	
					-				
Schmidt	UTM-GEA	BS2000	29.06.-02.07.93	4	-				
	UDS-SQL	BS2000	15.11.-16.11.95	2	-				
	UDS-AWL-DML	BS2000	25.04.-06.05.95	10	-	12			
	FHS-DOORS	BS2000	10.07.-11.07.96	2	-		2		
	R/3-B-SA	SAP	15.07.-16.07.97	2	-				
	R/3-B-DD	SAP	22.07.-24.07.97	3	b				
	R/3-B-ABAP	SAP	16.09.-20.09.97	5	a			10	
Döding	SINIX-AW	SINIX	05.11.-09.11.94	5	-				
	R/3-B-SA	SAP	16.01.-17.01.95	2	-	7			
	UNIX-KOMP	BS2000	13.02.-17.02.95	5	-				
	R/3-B-DD	SAP	15.05.-17.05.96	3	-				
	RS010	SAP	28.08.-01.09.96	5	x				
	RS310	SAP	25.09.-29.09.96	5	-		12		
	RS311	SAP	26.02.-01.03.97	5	-			5	
Kuhlmann	UTM-AW	BS2000	17.04.-27.04.95	9	-	9			
	UTM-UPD 3.1	BS2000	05.03.-07.03.96	3	-				
	WSE-B52	BS2000	15.04.-19.04.96	5	-		8		
	SQL-EIN	BS2000	15.02.-16.02.97	2	-				
	EMB-SQL	BS2000	26.05.-27.05.97	2	-			4	
	Centura	PC	21.03.-23.03.98	3	p				3
Feil	ADILOS	BS2000	02.06.-04.06.94	3	-				
	BS2SDF-P	BS2000	21.07.-23.07.94	3	-				
	LEASY	BS2000	21.03.-25.03.95	5	-	5			
	SQL Windows	PC	10.01.-13.01.96	4	-		4		
	R/3-B-SA	SAP	15.04.-16.04.97	2	-				
	R/3-B-DD	SAP	24.04.-26.04.97	3	-				
	R/3-PS-EIN	SAP	26.08.-29.08.97	4	b				
	R/3-PS-KO	SAP	09.09.-11.09.97	3	b				
	R/3-B-ABAP	SAP	16.09.-20.09.97	5	a			17	
	R/3-CO-KST	SAP	14.10.-16.10.97	3	a				
	R/3-CO-IA	SAP	17.10.-18.10.97	2	p				5
Tippner	COBOL-ERG	BS2000	26.04.-27.04.94	2	-2				
	UDS-AW-DML	BS2000	25.04.-06.05.95	10	-	10			
	FHS-DOORS	BS2000	10.07.-11.07.96	2	-		2		
	R/3-B-SA	SAP	15.07.-16.07.97	2	-				
	R/3-PS-EIN	SAP	26.08.-29.08.97	4	b				
	R/3-PS-KO	SAP	09.10.-11.10.97	3	a			6	3

Gruppenleiter: .... Dienststellenleiter : ....

Status: p = geplant, a = angemeldet, b = bestätigt, - = besucht, x = storniert

Bild 3.115 Ausbildungsplan

be Jahre verteilt werden. Mit dem Erstellen eines Berichtsplans will man erreichen, dass möglichst keine Informationslücken bei der späteren Projektberichterstattung auftreten. Es soll sichergestellt werden, dass die Projektberichte nur derjenige bekommt, der sie im Rahmen einer erfolgreichen Projektdurchführung wirklich benötigt, dabei ist zu vermeiden, dass Personen mit unnötigen, d. h. zu vielen Informationen belastet werden.

Eine standardisierte äußere Form eines Berichtsplans gibt es nicht; als Anregung kann aber das in Bild 4.79 gezeigte Beispiel eines Berichtsplans dienen.

Dokumentationsplan

Der Dokumentationsplan ist der Gesamtplan für die zu erstellende technische Dokumentation; er enthält Angaben über:

- ▷ die Dokumentationsordnung (wie),
- ▷ die Dokumentationsobjekte (was),
- ▷ die Dokumentationsersteller (wer),
- ▷ das Dokumentationsmedium (womit) und
- ▷ die Termine (wann).

Die *Dokumentationsordnung* legt bekanntlich fest, in welcher äußeren Form und in welcher Struktur Dokumente zu erstellen sind. Normalerweise sind solche Dokumentationsordnungen in den zuständigen Entwicklungshandbüchern vorgegeben und ausführlich beschrieben. Liegt ein solches Entwicklungshandbuch nicht vor, dann muss die Festlegung der Dokumentationsordnung innerhalb des Dokumentationsplans nachgeholt werden.

Das Festlegen der *Dokumentationsobjekte* führt zur Aufstellung der für die einzelnen Produktteile auszuarbeitenden Dokumentationen, wie Leistungsbeschreibung, Spezifikationen, Hantierungsvorschrift usw.

Als *Dokumentationsersteller* müssen in dem Dokumentationsplan neben den Autoren, die späteren »Reviewer« sowie ein evtl. einzuschaltender Übersetzerdienst festgehalten werden.

Der Dokumentationsplan sollte möglichst auch das zu verwendende *Dokumentationsmedium* festlegen, d. h. welches PC-System, welches Textsystem mit Versionsangabe, welche Dokumentationsvorlagen (Templates) und welche Dateienordnung.

Existiert für die Dokumentation kein eigener *Terminplan*, so kann der Dokumentationsplan die eingeplanten Fertigstellungstermine der einzelnen Dokumentationsobjekte mitaufnehmen.

Einsatzmittelplan

Aus dem Einsatzmittelplan – manchmal auch als *Bedarfsplan* bezeichnet – ist der geplante Einsatz der Einsatzmittel ersichtlich. Hierbei werden unter Einsatzmittel bekanntlich das einzusetzende Personal, die für die Entwicklung notwendigen Betriebsmittel sowie die verfügbaren Finanzmittel verstanden. Der Einsatzmittelplan berücksichtigt allerdings meist nur die ersten beiden Einsatzmittel (siehe hierzu die Kap. 3.5.1 und 3.5.2), da die Finanzmittel in einem eigenen Budget- oder Kostenplan abgehandelt werden; er enthält also das geplante Personal bzw. die benötigten Betriebsmittel (-zeiten) bezogen auf ein definiertes Arbeitsvolumen (z. B. Teilprojekt, Arbeitspaket) in einer zeitlichen Zuordnung.

Der Einsatzmittelplan kann in seiner äußeren Ausprägung sehr unterschiedlich gestaltet sein. Als Liste enthält er im Wesentlichen eine Aufstellung der geplanten Einsatzmittel mit Zeitpunkt und Dauer. Als Treppenkurve gestaltet, kann darüber hinaus die jeweilige Auslastung mit Bezug auf einen Vorratswert ausgewiesen werden (siehe Bild 3.88).

Der Personaleinsatzplan wird häufig mit dem *Mitarbeitereinsatzplan* vermischt. An dieser Stelle soll kurz eine Unterscheidung dieser beiden Projektpläne gegeben werden. Der Mitarbeitereinsatzplan enthält, wie später noch näher erläutert wird, die namentliche Zuordnung der Mitarbeiter zu den einzelnen Projektaufgaben; der Personaleinsatzplan ist dagegen ein Einsatzmittelplan und zeigt allein die zeitliche Zuordnung des Personals insgesamt zu den Projektaufgaben sowie die personelle Auslastung in ihrem zeitlichen Gesamtverlauf. Mit einem Mitarbeitereinsatzplan wird im Hinblick auf die anstehenden Aufgaben vornehmlich eine mitarbeiterbezogene Zuordnung vorgenommen; der Personaleinsatzplan strebt – ebenfalls im Hinblick auf die durchzuführenden Aufgaben – dagegen zeitbezogen eine Personalauslastungsoptimierung an.

Ein Personaleinsatzplan sollte auch die Qualifikation des Personals berücksichtigen. Hierfür kann ein *Qualifikationsplan* nützlich sein, in dem die zur Verfügung stehenden Qualifikationen den geforderten gegenübergestellt werden (siehe auch Bild 3.84).

Inspektionsplan

Der Inspektionsplan – auch als Auditplan bezeichnet – enthält alle Inspektionen, die im Lauf der Durchführung des Projekts für die Sachfortschrittskontrolle und die Qualitätssicherung vorgenommen werden sollen. Zu jeder geplanten Inspektion – und hierzu gehören auch die bekannten »Reviews« – sind folgende Angaben zu machen:

- ▷ Untersuchungsobjekte,
- ▷ Inspektionsteilnehmer,
- ▷ Termine,
- ▷ Berichtsempfänger.

Kapitel 4.4.2 befasst sich ausführlich mit dem Durchführen von Inspektionen, d. h. mit dem Prüfen der Entwurfsdokumente.

Eine standardisierte äußere Form des Inspektionsplans gibt es nicht; meistens verwendet man die tabellarische Aufstellung der durchzuführenden Inspektionen.

Kommunikationsplan

Bei großen, bereichsüberschreitenden Entwicklungsprojekten kann der Kreis der Kontaktpartner so umfangreich werden, dass für eine optimale Kommunikation eine eigene Planung (Projektumfeldanalyse) notwendig ist. Die Kommunikation darf hier nicht dem Zufall überlassen bleiben, stattdessen muss mit Erstellen eines Kommunikationsplans – auch als *Kontaktplan* bezeichnet – bereits in der Projektplanung die Basis für einen lückenlosen Informationsaustausch innerhalb und außerhalb des Projekts geschaffen werden.

Der Kommunikationsplan umfasst die (offiziellen) Kommunikationswege zwischen den einzelnen internen und externen Projektbeteiligten. Im Gegensatz zum Berichtsplan enthält er auch all die Informationskanäle, auf denen (ohne spezielle Projektberichte) nur benachrichtigt und informiert werden muss. Ansonsten kann er diesem ähnlich aufgebaut sein.

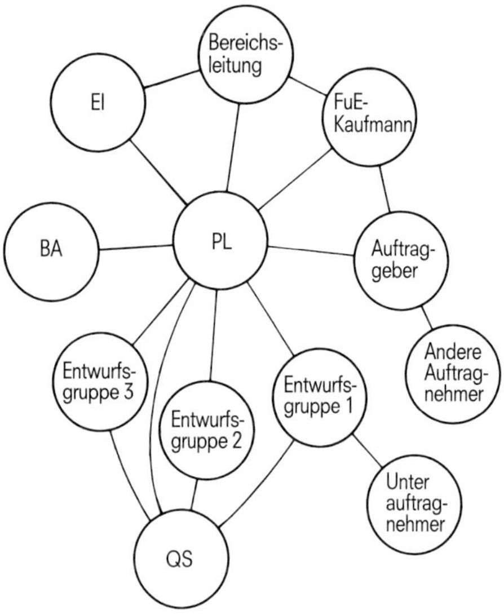

PL Projektleitung
EI Entscheidungsinstanz
BA Beratungsausschuss
QS Qualitätssicherung

Bild 3.116 Kommunikationsgraph

Wie beim Berichtsplan soll mit Erstellen eines Kommunikationsplans ein gezielter und organisierter Informationsfluss erreicht werden, um so das häufig verhängnisvolle »Ich hab' nichts gewusst« zu vermeiden.

Eine standardisierte Darstellungsform für einen Kommunikationsplan gibt es nicht; es bietet sich das einfache listenmäßige Aufschreiben der Kommunikationspartner mit der jeweiligen Informationsart an. Sollen nur die Zusammenhänge der einzelnen Kommunikationspartner aufgezeigt werden, kann man auch eine Graphendarstellung verwenden. In Bild 3.116 ist ein derartiger *Kommunikationsgraph* wiedergegeben, der auch als *Kommunigramm* bezeichnet wird.

Krisenplan

Der Krisenplan – auch als *Krisenmanagementplan* bekannt – enthält alle vorstellbaren Krisen und Notfälle, die während der Projektdurchführung auftreten könnten, sowie die für die jeweiligen Krisen vorgesehenen Maßnahmen zur Krisenbewältigung.

Bei manchen Projekten wird hierbei noch zwischen Krisenplan und *Katastrophenplan* unterschieden, wobei Krise als »vorhersehbares« und damit einkalkulierbares Negativereignis und Katastrophe als »nicht vorhersehbares« Ereignis auf Grund höherer Gewalt definiert ist. Im Gegensatz zu einer Krise kennzeichnet eine Katastrophe eine Wende zum Schlechten, nach der es nicht mehr so ist, wie es vorher war. Katastrophenpläne haben für das Projektmanagement normaler Entwicklungsprojekte in der Industrie nur geringe praktische Bedeutung, können aber z. B. bei der Sicherung der Produktdokumentation von Bedeutung sein.

Zu jeder im Krisenplan aufgeführten Krisensituation sollten neben den dann vorzusehenden Maßnahmen die möglichen Ursachen sowie eine Wahrscheinlichkeitsaussage für das Auftreten des betreffenden Notfalls angegeben werden. Vor allem muss die Krisenplanung die Stellvertretungsfrage beantworten, damit von vornherein geklärt ist, wer im Notfall (»Ziegelstein«-Frage) für wen einspringt (siehe auch Kap. 3.7.4).

Insgesamt leistet die Krisenplanung, manchmal auch als Crash-Management bezeichnet, einen Beitrag zur Planabsicherung und zur Risikobewertung, weil durch das Erstellen eines Krisenplans systematisch untersucht wird, an welchen Stellen in einem Projektablauf etwas schief gehen kann und wie dem dann beizukommen ist. Wer auf eine Krise vorbereitet ist, meistert sie sicher wesentlich leichter, als derjenige, der von einer solchen überrascht wird. Jedes größere Projekt sollte daher in seiner Projektplanung als Vorbeugungsmaßnahme auch eine Krisenplanung im Rahmen eines Risikomanagements (Kap. 3.7) enthalten.

Mitarbeitereinsatzplan

Der Mitarbeitereinsatzplan enthält die namentliche Zuordnung der Mitarbeiter zu den Teilaufgaben eines Projekts. Als darstellerisches Hilfsmittel kann hierfür die *Mitarbeitereinsatzmatrix* (kurz MA-Einsatzmatrix) genutzt werden; diese stellt das eingeplante Personal namentlich den einzelnen Projektteilen mit den zugehörigen Planaufwänden gegenüber.

Die zur Verfügung stehende Kapazität wird individuell je Mitarbeiter ermittelt: Mitarbeiterbezogen wird die vertraglich vereinbarte Gesamtarbeitszeit durch die nicht produktiven Zeiten, wie »Sozialzeiten« (Kuren, durchschnittliche Krankheitszeiten) und Weiterbildungszeiten (Schulungskurse, Bildungsurlaub) vermindert. Auf diese Weise können in einer sehr übersichtlichen Form die wirklich verfügbaren Kapazitäten auf die geplanten Tätigkeiten unter besonderer Berücksichtigung der persönlichen Arbeitszeiten der einzelnen Mitarbeiter (halbtags, 30-Stunden-Woche etc.) zugeteilt werden.

In Bild 3.117 ist eine einfache Mitarbeitereinsatzmatrix dargestellt. Eine detaillierte, mit einem PC-Tabellenkalkulationsprogramm (Excel) erstellte Mitarbeitereinsatzmatrix ist im Bild 3.92 wiedergegeben.

Mitarbeitereinsatzmatrix				Personal-Netto-Vorrat	10	5	10	8	10	
Planungszeitraum: GJ 99/00 Dienststelle: F GE 13 Datum: 04.09.99 (Aufwandszahlen in MM)				eingeplant	7	5	9	8	10	
				Auslastung	–3		–1			
Plan	genehmigt	eingeplant	Deckung	Mitarbeiter / Projekte	Hr. Adam	Fr. Eva	Hr. Huber	Hr. Maier	Hr. Theobald	
15	15	15		Projekt A	4		5		6	
20	18	12	–6	Projekt B		5		7		
10	10	10		Projekt C	3		2	1	4	
5	5	2	–3	Projekt D			2			
				⋮						

Bild 3.117
Mitarbeitereinsatzmatrix

Tabelle 3.42
Produkt-QS-Plan

Produkteigenschaften und ihre Ausprägungen	Entwicklungsphasen: Spezifikation	Systementwurf	Prinzipmuster	HW/SW-Entwurf	Funktionsmuster	Komponententest	HW-/SW-Implementierung	Integration Prototyp	Systemtest Prototyp	Vorserienfertigung	Systemtest Vorserie	Feldtest	Serienfertigung	Q-Nachweisart: Review/Gutachten	Analyse/Berechnung	Test/Messung	Statistische Auswertung
1 Grundsätzliche Systemmerkmale																	
1.1 Produktstruktur (Versionen, Varianten)	A	P				N1			N2			N3		N1		N2, 3	
1.2 Design		A	P	N1				N2						N1, 2			
1.3 Ergonomie	A		P			N1		N2			N3	N4		N1–3		N2–4	
1.4 Leistungsmerkmale	A	P				N1			N2		N3	N4				N1–4	
1.5 Funktionsabläufe	A	P				N1			N2		N3	N4		N1		N2–4	
1.6 Technologie		A	P				N							N			
2 Funktionsfähigkeit																	
2.1 Toleranzen mechanisch			A	P	N1		N2				N3				N1,2	N2, 3	N3
2.2 Toleranzen elektrisch			A	P	N1		N2				N3				N1,2	N3	N3
2.3 Schaltungsregeln			A		N1		N2								N1,2	N2	
2.4 Belastung der Bauelemente			A		N1			N2			N3				N1–3	N1–3	N3
2.5 Beständigkeit von Einstellungen			A	P		N1		N2			N3				N1–3	N1–3	N3
2.6 Qualifizierte Bauelemente		A	P	N1			N2			N3							
2.7 Lebensdauer der Bauelemente		A	P			N1		N2			N3				N1	N2, 3	N2, 3
2.8 Qualifiziertes Verbrauchsmaterial		A	P	N1			N2			N3							
2.9 Kompatibilität		A	P			N1		N2			N3					N1–3	
2.10 Fehlerfortpflanzung		A				N1		N2							N1, 2	N1, 2	
2.11 Wärmehaushalt		A	P			N1		N2			N3				N1–3	N1–3	
2.12 Umwelteinflüsse	A	P				N1		N2			N3		N4			N1–4	
2.13 Elektromagnetische Verträglichkeit	A	P				N1		N2			N3		N4			N1–4	
2.14 SW-Korrektheit		A				N1	N2	N3	N4		N5	N6		N1–4		N3–6	N1–6
2.15 SW-Effizienz		A	P			N1		N2	N3					N1–3		N1–3	
2.16 Programm- und Arbeitsspeicherreserve		A	P					N							N		
2.17 Datensicherung		A	P			N1		N2			N3					N1–3	
2.18 Störungsverhalten (HW +SW)		A	P			N1			N2		N3			N1		N1–3	
3 Erfüllung gesetzlicher/normativer Auflagen																	
3.1 Produktsicherheit	A	P				N1		N2			N3		N4	N1		N2–4	
3.2 Emissionswerte	A	P				N1		N2			N3		N4			N1–4	
3.3 Anwendungs-Arbeitsplatzgerechtheit	A	P				N1		N2					N3	N1		N2–3	
4 Serienfertigungsreife																	
4.1 Wirtschaftliche Fertigbarkeit			A		N1			N2		N3			N4	N1	N2–4	N2–4	N2–4
4.2 Automatisierungsgerechtheit			A		N1		N2			N3				N1	N2–3		
4.3 Prüfbarkeit			A	P		N1				N2			N3	N1	N1–2	N3	N3
5 Transport und Lagerfähigkeit																	
5.1 Klimatische Bedingungen	A	P1				P2		N1			N2		N3			N1–3	
5.2 Mechanische Beanspruchung	A	P1				P2		N1			N2		N3			N1–3	
5.3 Lager- und Transportzeit	A					P		N1			N2		N3			N1–3	
6 Zuverlässigkeit																	
6.1 Beanspruchungsprofile	A	P			N										N		
6.2 Brauchbarkeitsdauer	A	P			N1		N2		N3						N1–3		
6.3 Ausfallraten (HW)	A	P			N1		N2		N3		N4	N5	N6		N1–3	N4–6	N4–6
6.4 Störungsraten (HW + SW)	A	P										N					N
7 Auspackqualität																	
7.1 Prüfschlupf	A	P											N			N	N
7.2 Ausfälle beim Transport	A	P1				P2		N1			N2		N3		N1–3	N1–3	
7.3 Alterungsbedingte Ausfälle	A	P			N1		N2		N3		N4		N5		N1–3	N4, 5	N4, 5
8 Servicefreundlichkeit																	
8.1 Kunden-Service-Dokumentation		A	P				N1		N2			N3		N1,2		N3	
8.2 Service-Konzept		A	P					N1				N2		N1	N1	N2	

Zuständigkeit											
Vertrieb			Entwicklung			Fertigung			Kundendienst		
Anforderung	Planung	Nachweis	Anforderung	Planung	Nachweis	Anforderung	Planung	Nachweis	Anforderung	Planung	Nachweis
D	M		M	D	D1, 2		M			M	D3
M	M	M1, 2	D	M	D1, 2						
D	M	M1–4	M	D	D1–3						D4
D	M		M	D	D1–3						D4
D	M		M	D	D1–3						D4
M			D	D	D		M				
			D	D	D1,2	M	M	D3			
			D	D	D1,2	M	M	D3			
			D		D1,2						
			D		D1–3						
			D	D	D1 2			D3			
			D	D	D1,M	M	M	D2, 3			
			D	D	D1–3						
			D	D	D1,M	M	M	D2, 3			
			D	D	D1, 2			D3			
			D		D1, 2						
			D	D	D1–3						
D			M	D	D						
D			M	D	D						
			D		D1–5						D6
			D	D	D1–3						
			D	D	D						
M			D	D	D1–3						
			D	D	D1–3				M		
D			M	D	D1, M					M	D2–4
D			M	D	M1–4					M	D1–4
M			D	D	D1, 2						D3
			M		D1, M	D		D2–4			
			M		D1, M	D		D2, 3			
			M	D	D1, M	D	M	D2, 3			
D			M	D1	D1, M		D2	D2, D3			
D			M	D1	D1, M		D2	D2, D3			
D			M	M	M1–3		D	D1–D3,			
D			M	D	D						
D			M	D	D1–3						
D			M	D	D1–3			D4, 6			D5
D			M	D	M						D
D			M	D	M		M	D			
D			M	D1	D1, 2		D2	D3			
D			M	D1	D1–3			D4,5			
D			M	D	M1–3				M	M	D1–3
D			M	D	D1, M				M	M	D2

Q-Nachweisstufen

A Anforderung
P… Planung (Detaillierung der Anforderung)
N… Nachweis der Realisierung von Anforderungen

Aufgabenzuweisung

D Durchführung bei Nachweisstufen
M Mitarbeit bei Nachweisstufen

Aufwandsplan

Unter einem Aufwandsplan versteht man die Aufstellung aller Aufgabenpakete mit der jeweiligen Angabe des geplanten Personalaufwands in MStd, MW, MM oder MJ. Der Aufwandsplan gibt damit eine Gesamtübersicht über die einzelnen »Aufwandspositionen« eines Projekts. Die Aufgabenpakete können hierbei nach unterschiedlichen Ordnungskriterien angeordnet werden, d. h. nach ausführenden Dienststellen, nach Teilprojekten, nach Auftragnehmern usw. Häufig erstellt man den Aufwandsplan auch in Verbindung mit dem Terminplan, so dass zu den einzelnen Aufgabengruppen gleich die Beginn- und Endtermine angegeben sind. Weiterhin können je Aufgabenpaket zusätzliche Informationen, wie organisatorische Zuständigkeit und kontenmäßige Zuordnung, in den Aufwandsplan aufgenommen werden. Bei entsprechender Anordnung der Tabellenspalten kann Platz reserviert bleiben für das spätere Eintragen der Istaufwände, so dass man den Aufwandsplan dann als Projektbericht für den Plan/Ist-Vergleich der Personalaufwände nutzen kann. Als Darstellungsform für einen Aufwandsplan wird i. Allg. die Listenform gewählt. Bild 3.118 zeigt einen über mehrere Jahre gehenden Aufwandsplan, der zu den Personalaufwänden noch die zusätzliche Kostenpositionen für Rechenzeiten und Materialkäufe enthält. Dieser kombinierte Aufwands- und Kostenplan ist einem bei Siemens eingesetzten Projektkostenverfahren entnommen.

Balkenplan

Die grafische Darstellung des Termin- und Aufwandsplans wird am besten mit einem Balkenplan – häufig als *Balkendiagramm* bezeichnet – vorgenommen. Mit der Länge der einzelnen Balken sind die Zeiten für das Abarbeiten der Aufgaben, also deren Beginn- und Endtermine festgelegt. Mit einer entsprechenden Zusatzinformation auf den Balken kann der geplante Mitarbeiter- oder Personaleinsatz angegeben werden, entweder durch die explizite Namensangabe von Mitarbeitern oder durch Angabe des notwendigen Aufwands.

Aufwands- und Kostenplan

Entwicklungsbereich: *GE 13* Anlagenprojekt: *Anlage B* Datum: *13.04.2002* Seite: *3*

Teilprojekt	Auftragnehmer		Gesamt	Geschäftsjahre (Planwerte) 01/02	02/03	03/04	04/05	05/06
19071979-11	SOF A1	MJ	14,4	1,4	3,4	4,5	2,8	2,3
RDB Steuerwerk	MB E1	MJ	11,3	2,4	4,4	2,6	1,5	0,4
	MB E2	MJ	21,0	3,4	4,7	5,1	4,5	3,3
	MB E3	MJ	15,3	2,5	3,4	4,6	3,4	1,4
	Personaleinsatz	TEU	6.200	970	1.590	1.680	1.220	740
	Rechenkosten	TEU	771	45	134	253	164	175
	Material	TEU	1.359	256	375	375	255	98
	Gesamtkosten	TEU	8.330	1.271	2.099	2.308	1.639	1.013
07121976-09	SOF A1	MJ	6,4	0,7	1,3	2,6	1,4	0,4
MSB Peripherie	SOF A2	MJ	14,7	2,1	4,4	2,6	2,4	3,2
	MB E1	MJ	13,4	2,4	2,4	3,6	2,4	2,6
	MB E4	MJ	5,4	1,3	1,6	1,1	0,9	0,5
	Personaleinsatz	TEU	3.990	650	970	990	710	670
	Rechenkosten	TEU	624	143	134	157	105	85
	Material	TEU	541	96	125	127	95	98
	Gesamtkosten	TEU	5.155	889	1.229	1.274	910	853
04121941-09	SOF A2	MJ	3,2	0,5	0,8	0,9	1,0	0
JJB Adapter	MB E2	MJ	4,7	1,3	1,4	1,6	0,4	0
	MB E3	MJ	9,5	3,5	3,4	2,6	0	0

Fortsetzung nächste Seite

Bild 3.118 Aufwands- und Kostenplan (Beispiel)

Der Balkenplan ist wohl das meistverbreitete und genutzte grafische Planungsmittel im Rahmen der Projektplanung. Obwohl die gegenseitigen Abhängigkeiten im Balkendiagramm nur schwer darstellbar sind, zieht man den Balkenplan wegen seiner Übersichtlichkeit und strengen zeitlichen Einordnung häufig einem Netzplan vor. Netzplanverfahren erlauben allerdings fast immer das Generieren eines (informationsgleichen) Balkenplans.

Wird ein solches Netzplanverfahren aber nicht eingesetzt und sollen Daten aus vorgelagerten Verfahren trotzdem in einem Balkendiagramm dargestellt werden, so bieten sich vielfältige Grafikhilfsmittel auf Personal Computer an (siehe Kap. 6.4.3).

Kapitel 3.4.2 beschäftigt sich näher mit der Balkenplanung; dort sind auch einige grafische Beispiele für Balkenpläne bzw. -diagramme aufgezeigt.

Kostenplan

In der äußeren Struktur dem Aufwandsplan recht ähnlich, werden in einem Kostenplan den einzelnen Arbeitspaketen – allerdings meist aggregiert zu entsprechenden Kontenpositionen – die geplanten Kosten zugeordnet. Die Konten können alphanumerisch, nach Organisationseinheiten oder nach Aufgabengebieten bzw. Teilprojekten gegliedert sein. Die Kosten werden hierbei meist nach den vorliegenden Kostenelementen (wie z. B. eigene und fremde Personalkosten, Material- und RZ-Kosten etc.) unterteilt.

Auf die Kostenplanung und die unterschiedlichen Kostenelemente wird in dem Kapitel 3.6 näher eingegangen.

Meilensteinplan

In einem Meilensteinplan sind alle relevanten Planinformationen zu den Meilensteinen eines Projekts aufgeführt; hierzu gehören vor allem:

- ▷ Meilensteinbezeichnung,
- ▷ Meilensteintermin,
- ▷ Phasenzuordnung,
- ▷ organisatorische Zuständigkeit und
- ▷ (evtl.) Zuordnung zu Netzplanvorgängen.

Der Meilensteinplan ist genau genommen der Terminplan für die aus der Arbeitspaketmenge besonders ausgewählten Meilensteine; daher bietet sich auch hier als Darstellungsform die Liste oder das Balkendiagramm an. Die Anordnung der Reihenfolge der einzelnen Meilensteine kann sehr unterschiedlich vorgenommen werden, nämlich entweder nach einem alphanumerischen Sortierkriterium oder nach der Phasenzugehörigkeit oder aber nach der zeitlichen Reihenfolge der Meilensteintermine. Im letzteren Fall erhält man eine Art »Fahrplan« für die spätere Terminkontrolle.

Will man auch die projektbedingten Abhängigkeiten in den Meilensteinplan mit einbeziehen, so ist die Netzplantechnik einzusetzen. Der Meilensteinplan wird dann ähnlich einem Netzplan aufgebaut, wobei bei einem Vorgangsknotennetz die Meilensteine als (zeitverbrauchende) Vorgänge und bei einem Vorgangspfeilnetz diese als Ereignisse definiert werden. Mit Bild 3.82 ist ein derartiger *Meilenstein-Netzplan* wiedergegeben.

Wird das Projekt vornehmlich nach Meilensteinen gesteuert, stellt der Meilensteinplan den Generalplan für das Projektmanagement dar.

Netzplan

Der Netzplan umfasst bekanntlich alle Aufgaben (≙ Vorgänge) bzw. Meilensteine (≙ Ereignisse) in einer grafischen Darstellung, wobei die einzelnen Aufgaben bzw. Meilensteine entsprechend ihren fachlichen und personellen Abhängigkeiten bzw. Zuordnungen miteinander vernetzt sind. Hierbei ist in horizontaler Richtung etwa die Zeitachse zu sehen, d. h. ganz links steht der Startvorgang bzw. das Startereignis und ganz rechts der Zielvorgang bzw. das Zielereignis.

In den Symbolen der Ablaufelemente eines Netzplans werden alle für dieses Element vorhandenen Plandaten angegeben, also z. B. für den einzelnen Vorgang

- ▷ die Plantermine (Beginn und Ende),
- ▷ der Planaufwand,
- ▷ die organisatorische Zuordnung sowie
- ▷ die fachliche Zuordnung zur Produkt- und Projektstruktur.

Der Netzplan umfasst die gesamten Planinformationen eines Projekts; er ist Termin-, Aufwands- und Balkenplan in einem, enthält zusätzlich aber noch die logischen Abhängigkeiten zwischen den einzelnen Aufgaben.

In den Hauptkapiteln 3.3 und 3.4 wird die Netzplanung ausführlich behandelt. Dort sind auch grafische Beispiele für Netzpläne aufgeführt.

Terminplan

Der Terminplan enthält alle Aufgaben (und/oder Meilensteine) mit ihren Planterminen; er gibt detailliert darüber Auskunft, welche Aufgaben aktuell zu welchem Termin von wem erledigt werden müssen. Im Einzelnen sollte ein Terminplan enthalten:

- ▷ Aufgabenbezeichnung,
- ▷ Meilensteinkennzeichnung,
- ▷ Termin (evtl. ursprünglich und aktuell),
- ▷ organisatorische Zuständigkeit und
- ▷ kontenmäßige Zuordnung.

Als Terminplan versteht man im engeren Sinne die listenförmige Aufstellung obiger Plandaten; natürlich hat ein Balkenplan bzw. -diagramm und ein Meilensteinplan auch den Charakter eines Terminplans.

Wird die Terminplanung mit der Netzplantechnik durchgeführt, so kann die Listenform eines Terminplans sehr einfach aus dem Netzplan unmittelbar generiert werden, wobei numerisches Sortieren nach der Vorgangsidentifikation oder Ordnen nach organisatorischen und kontenmäßigen Kriterien leicht möglich ist. Auch bietet sich eine Anordnung entsprechend der »Terminnähe« an, d. h. die unmittelbar bevorstehenden Termine stehen zuerst und die späteren sind am Ende der Liste angeordnet. Im Rahmen der Terminkontrolle können dann beim Gegenüberstellen zum aktuellen Zeitpunkt die kritischen Termine leichter herausgesehen werden.

In Bild 3.119 ist eine aus einem Netzplanverfahren generierte Terminliste wiedergegeben.

*** R E P R O P L I K   T A P L A N   V 3.0 ***   SEITE: 0001

T E R M I N L I S T E

AUSGEGEBEN AM: 03.08.87
UM: 15:11 UHR

VORGANGSAUSWAHL: *
SORTIERUNG NACH: VORGANGS-NR.

PROJEKT: S U P E R 2 0 0 0

GESAMTNETZPLAN STANDARDABLAUF PROJEKTUNTERSTUETZUNG STAND: 26.06.87

VORGANGS-NR.	VORGANGSBESCHREIBUNG	UNTERKONTO	A.-DST	V.-ABT	FAT	FET	PUFFER	NP#	KOORDIN. X	Y
1000000	DETAILEBENE RUECKGABE DER AKT. NETZPLAENE VOM ENTWICKLER	1000000	KOA 10	KOA1	13JUL87	17JUL87	0	099	0010	0040
1000010	DETAILEBENE UEBERARBEITUNG DER NP U. EING. IN NETZ....	1000000	KOA 13	KOA1	02JUL87	22JUL87	0	098	0020	0040
1000020	DETAILEBENE PLOTTEN KULI - FARBE	1000200	KOA 11	KOA1	23JUL87	28JUL87	0	099	0030	0040
1000030	DETAILEBENE VORBEREITUNG TERMINBESPRECH.	1000000	KOA 13	KOA1	23JUL87	24JUL87	0	098	0040	0040
1000040	DETAILEBENE TERMINBESPRECH. HW-AL,FAL SW-AL,FAL	1000000	KOA 12	KOA1	27JUL87	05AUG87	0	099	0050	0040
1000050	DETAILEBENE LETZTE AENDERG. UND ABSTIMMUNG --> PLOTBAND	1000200	KOA 13	KOA1	06AUG87	07AUG87	0	098	0060	0040
1000060	DETAILEBENE PLOTTEN TUSCHE UND KOPIEREN	1000200	KOA 13	KOA1	10AUG87	11AUG87	0	098	0070	0060
1000070	DETAILEBENE SONDERAUSGABEN BALKEN/LISTEN	1000000	KOA 14	KOA1	10AUG87	11AUG87	5	098	0070	0050
1000080	DETAILEBENE DELTA-LISTE AUSGEBEN UND BEWERTEN	1000000	KOA 13	KOA1	10AUG87	10AUG87	0	098	0070	0070
1000090	DETAILEBENE NETZPLAENE, LISTEN ETC. AN DNST. VERT.	1000000	KOA 13	KOA1	12AUG87	18AUG87	0	098	0080	0055
1000100	ERSTELLEN PROJEKTZUSTANDS BERICHT EMS 602 - 16002	1000000	KOA 10	KOA1	11AUG87	12AUG87	0	099	0080	0070
1000110	MANPOWER-BUDGET PLANWERTE ISTWERTE VERGLEICHE	1000000	KOA 14	KOA1	13AUG87	20AUG87	0	098	0090	0080
1000120	DETAILEBENE REDUKTION VON EBENE 1 --> PLOTBAND	1000200	KOA 11	KOA1	20AUG87	20AUG87	0	099	0080	0040
1000130	DETAILEBENE PLOTTEN SPEZIALVERSION KULI - FARBIG	1000200	KOA 12	KOA1	21AUG87	21AUG87	0	099	0090	0040
1000140	DETAILEBENE ERWEITERUNG DER TEILNETZE NEUE VORGAENGE	1000000	KOA 13	KOA1	12AUG87	27AUG87	0	098	0100	0040
1000150	DETAILEBENE PLOTTEN SPEZIAL-VERSION F.AKTUALISIERG.	1000000	KOA 13	KOA1	28AUG87	28AUG87	0	099	0110	0040
1000200	EBENE 1 AKTUAL. AUS E0 PACKEN UND VERNETZEN	1000000	KOA 15	KOA1	10AUG87	19AUG87	0	099	0070	0030
1000210	EBENE 1 PLOTTEN KULI - FARBIG	1000000	KOA 16	KOA1	20AUG87	20AUG87	0	099	0080	0030
1000220	EBENE 2/3 AKTUALISIEREN PACKEN VERNETZEN	1000000	KOA 11	KOA1	21AUG87	02SEP87	0	099	0090	0030
1000230	EBENE 2/3 PLOTTEN KULI - FARBIG UND VERTEILUNG	1000000	KOA 10	KOA1	03SEP87	04SEP87	0	099	0100	0030
1000300	STUKO-MONAT N-1 UEBERNAHME STUNDENZETTEL V.RZ-DE BAND	1000100	KOA 13	KOA1	13JUL87	14JUL87	0	099	0020	0080
1000310	STUKO-MONAT N-1 ERGAENZUNG DER STUKO-DATEI (HANDEINTRAEGE)	1000100	KOA 13	KOA1	13JUL87	14JUL87	0	099	0030	0080
1000320	STUKO-MONAT N-1 PLAUSI FUE INCL KORREKTUREN UEBERG.-->KPE 2	1000100	KOA 13	KOA1	13JUL87	14JUL87	0	099	0040	0080
1000330	STUKO-MONAT N-1 PLAUSI + KORR. BIS EKZ/TKZ - EBENE	1000100	KOA 10	KOA1	15JUL87	28JUL87	0	099	0050	0080
1000340	STUKO-MONAT N-1 UEBERNAHME DER IST-WERTE IN DATENBASIS	1000100	KOA 11	KOA1	29JUL87	29JUL87	10	099	0060	0080
1000350	STUKO MONAT N ERSTELLEN PLANDATEI FUER KPE 2	1000100	KOA 13	KOA1	23JUL87	23JUL87	0	099	0030	0055
1000360	STUKO-MONAT N AKTUALISIEREN STAMMDATEI	1000100	KOA 13	KOA1	23JUL87	23JUL87	0	099	0030	0070
1000370	STUKO-MONAT N UNTERSTUETZUNG DER ENTWICKLER BEI KONTIERUNG	1000100	KOA 17	KOA1	31JUL87	11AUG87	0	099	0040	0060
1000380	REPROPLIK STUKO-SPEZIFI. BETREUUNG UND WEITERENTWICKL.	1000100	KOA 16	KOA1	22JUL87	18AUG87	0	099	0060	0090
1000400	REPROPLIK ALLGEMEINE DIENSTLEISTGN. PRAESENTATIONEN	1000000	KOA 13	KOA1	13JUL87	11AUG87	0	099	0020	0030
1000450	REPROPLIK BETREUUNG UND INTERNE WEITERENTWICKL.	1000000	KOA 15	KOA1	23JUL87	27AUG87	0	099	0030	0030
1000500	QUALITAETS- UEBERWACHUNG	1000000	KOA 15	KOA1	13JUL87	24AUG87	0	099	0020	0020

Bild 3.119 Terminplan, erstellt durch Netzplanverfahren

4 Projektkontrolle

Ohne planungskonforme Kontrolle ist ein zielorientiertes Vorgehen nicht möglich. Erst das laufende Überwachen des Projektstands führt zu Erkenntnissen, auf Grund derer man projektsteuernde Maßnahmen zum Optimieren des Entwicklungsablaufs ergreifen kann.

Im Rahmen der Projektkontrolle werden daher die einzelnen Projektparameter in ihren angefallenen Istwerten den durch die Projektplanung vorgegebenen Planwerten – in einem regelmäßigen Beobachtungsturnus – gegenübergestellt und unter Berücksichtigung der abgelaufenen Projektzeit beurteilt. In die Kontrolle sind alle quantifizierbaren Projektgrößen wie Zeit, Aufwand und Kosten, wenn möglich auch quantifizierbare Leistungsmerkmale einzubeziehen. Je kleiner dabei die zu betrachtenden Arbeitseinheiten sind, desto größer wird wohl der Kontrollaufwand, aber desto gezielter – und damit frühzeitiger – kann eine Abweichung von bestehenden Planvorgaben erkannt werden. *Frühzeitiges* Erkennen von Planabweichungen und Aufzeigen von Abweichungstendenzen ist die Voraussetzung für eine wirkungsvolle Projektsteuerung.

Bild 4.1 veranschaulicht die Bedeutung des rechtzeitigen Erkennens einer sich abzeichnenden Planabweichung der jeweiligen Kontrollgröße; es zeigt: Je früher man Planabweichungen erkennt und steuernde Maßnahmen einleitet, desto größer sind die Chancen, dass diese Maßnahmen noch rechtzeitig, d. h. ohne Plankorrekturen, wirksam werden.

Mit der Projektplanung wurde die Plandatenbasis für alle Abschnitte der Projektkontrolle geschaffen; adäquat hierzu muss nun die Istdatenbasis gestaltet werden. So ist für die Terminkontrolle ein umfassendes *Rückmeldewesen* und für die Aufwands- und Kostenkontrolle eine detaillierte *Stundenkontierung* und *Kostenerfassung* notwendig. Innerhalb der *Sachfortschrittskontrolle* steht das Ermitteln des Fertigstellungsgrads im Vordergrund; mit ihm kann ein »Arbeitswert« berechnet werden, der ein Maß für die erbrachte Arbeitsleistung darstellt und eine Schätzung der Restaufwände und -kosten sowie der Restzeiten ermöglicht. Das anforderungsgerechte Einhalten des technischen Inhalts einer Entwicklung erreicht man durch eine projektbegleitende *Qualitäts-*

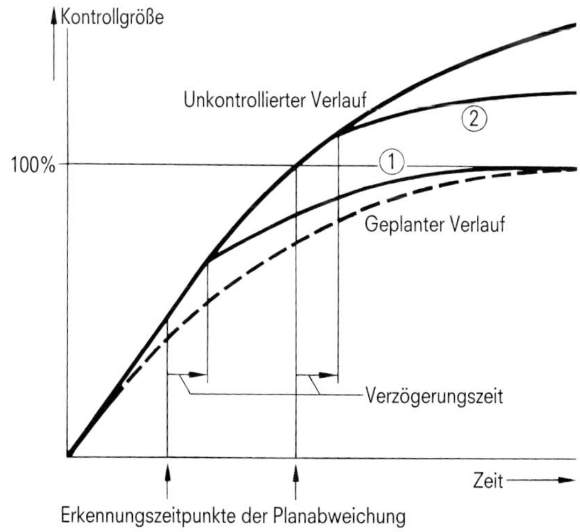

Bild 4.1 Rechtzeitiges Erkennen einer Planabweichung
① rechtzeitig ② zu spät

sicherung, die bei der Prüfung der ersten Entwurfsdokumente einsetzt und sich bis hin zur Prüfung der endgültigen Realisierungsergebnisse erstreckt.

Eine allgemeine Absicherung der Projektkontrolle wird durch Systematik und Durchgängigkeit der *Projektdokumentation* erreicht; hierbei ist eine (offiziell eingeführte) Dokumentationsordnung sehr hilfreich. Die Ergebnisse der Projektkontrolle fließen schließlich in Projektberichte ein, die zielgenau und aktuell mit Hilfe eines nutzerorientierten *PM-Berichtswesens* zu verteilen sind.

Voraussetzung für eine erfolgreiche Projektdurchführung ist natürlich das Vorhandensein des „richtigen" Personals. Dem *Personalmanagement* zur Auswahl des geeigneten PM-Personals (einschließlich eines fähigen Projektleiters), zur Förderung der Teamarbeit sowie zur rechtzeitigen Lösung von Konflikten kommt eine große Bedeutung für das Gelingen eines Projekts zu. Hierbei kann ein rechtzeitiges Stakeholder-Management sehr hilfreich sein.

Die Analyse der durch die Projektkontrolle aufgedeckten Abweichungen bzw. erkannten Abweichungstendenzen führt zum Ausarbeiten geeigneter Maßnahmen für die Projektsteuerung; diese können sehr unterschiedlich sein. Die einfachste – für das Erreichen des Projektziels aber immer ungünstigste – Maßnahme ist das simple Anpassen der Planvorgaben an die neue Projektsituation, also z. B. Verschieben der Termine, Heraufsetzen des Budgets, Ausweiten des Mitarbeiterstandes oder Reduzieren des Aufgaben- bzw. Leistungsvolumens. Es muss aber innerhalb der Projektsteuerung dem allgemeinen Gesetz von Parkinson »Work expands to fill the available volume« entgegengewirkt werden. Anzustreben sind daher immer Steuerungsmaßnahmen, die die Planerreichung ohne Änderung der Planeckdaten sichern. Dies ist z. B. durch verbesserte Motivation der Mitarbeiter, durch Anheben der Qualifikation oder durch Ändern der Prozessablauffolgen möglich; Letzteres führt allerdings leicht zu einer Risikoerhöhung, da ja i. Allg. vom optimalen Arbeitsablauf abgewichen werden muss.

Projektkontrolle bedeutet letztendlich immer das Vergleichen einer vorliegenden Projektsituation – dokumentiert durch Istwerte der einzelnen Projektparameter – mit einem früher geplanten Zustand – dokumentiert durch entsprechende Planwerte. Abweichungen können begründet sein einerseits durch Mängel im Projektablauf (Planwerte sind richtig) oder durch falsche Prämissen bei der Planvorgabe (Istwerte sind richtig). Ist also ein Aktualisieren der Durchführungsplanung im Rahmen der bestehenden Zielvereinbarung nicht möglich, so muss man diese den Erfordernissen anpassen; hierbei muss aber die Projektsteuerung die Auswirkung der getroffenen Maßnahmen auf andere Projekte berücksichtigen.

4.1 Terminkontrolle

Innerhalb der Projektplanung zeigt der *Terminplan* den gesamten Terminaufriss des Projekts; dort hat er die Aufgabe, alle Einzelaktivitäten eines Projektvorhabens im terminlichen Zusammenwirken transparent und konsistent darzustellen.

Der Terminplan hat aber auch in dem darauf folgenden Projektabschnitt, in der Projektdurchführung, eine weitere entscheidende Aufgabe und zwar für die *Terminkontrolle*. Durch laufendes Beobachten der Terminsituation und Vergleichen der Planwerte mit den Istwerten wird die Entscheidungsgrundlage für eine wirksame terminliche Projektsteuerung geschaffen. Voraussetzung für eine wirkungsvolle Terminkontrolle ist aber die konsequente Aktualisierung der Plantermine. Ohne regelmäßiges und rechtzeitiges Rückmelden der aktuellen Terminsituation durch den Entwickler an das Projektmanagement ist keine effiziente Terminkontrolle in Form von terminlichen Plan/Ist-Vergleichen und Termintrendanalysen möglich.

4.1.1 Rückmeldewesen

Im Rahmen eines (Termin-)Rückmeldewesens sollen die Projektmitarbeiter dem Projektmanagement den unmittelbaren, aktuellen Terminstand der laufenden Realisierungsaktivitäten berichten. Für jedes noch nicht abgeschlossene Arbeitspaket muss in einem festen Turnus angegeben werden, ob

- ▷ der Termin gehalten wird,
- ▷ der Termin nicht gehalten werden kann,
- ▷ der Termin vorverlegt werden kann.

Solche Aussagen dürfen natürlich noch nicht automatisch zu einer Terminkorrektur führen, sondern das Projektmanagement kann erst auf Grund der Gesamtsicht der Einzelterminaussagen aller Arbeitspakete des Projekts zu einer Terminentscheidung gelangen. Meist können Terminverzögerungen *einzelner* Arbeitspakete leicht aufgefangen werden, ohne dass der Termin des gesamten Projekts gefährdet wird. Auch kann man Terminengpässe häufig noch durch zusätzliches Personal mildern, so dass die Plantermine nicht verändert werden müssen. Nur wenn alle Möglichkeiten einer *termininvarianten* Projektsteuerung ausgeschöpft sind, muss – als letztes Mittel – zu einer Terminanpassung, d. h. meist zu einer Terminverschiebung für das Gesamtprojekt, gegriffen werden.

Rückmeldeablauf

Das Erfassen der Terminsituation darf allerdings nicht ein Zufallsprozess sein, sondern die Rückmeldung des aktuellen Terminstandes muss in geregelten Bahnen ablaufen. Daher ist das Installieren eines offiziellen Rückmeldewesens so notwendig; es muss sicherstellen, dass *alle* Tätigkeitsbereiche eines Projekts erfasst werden und keine Lücken in der Terminberichterstattung entstehen. Als wesentliche Punkte müssen in einem Rückmeldewesen definiert sein:

- ▷ Wer meldet wem?
- ▷ In welchem Zeitrhythmus muss gemeldet werden?
- ▷ Welche Daten zu welchen Arbeitspaketen müssen gemeldet werden?
- ▷ Wie werden die gemeldeten Daten aufbereitet?

Bild 4.2 veranschaulicht das Schema für den Rückmeldeablauf bei einer Terminkontrolle mit Netzplan.

Wie hier zu ersehen ist, wird ein Änderungswunsch bez. eines Plantermins (z. B. eine Terminverschiebung) nicht gleich in den Netzplan übernommen, sondern bei einer Projektdurchsprache in die Gesamtterminbetrachtung des Projekts einbezogen. Erst das abgestimmte Ergebnis dieser Terminbesprechung findet Eingang in den Netzplan. Auch kann das Ergebnis der Netzplandurchrechnung eine erneute Projektdurchsprache erforderlich machen.

Häufig wird es von Nutzen sein, Terminengpässe oder – bei Netzplänen – sogar *negative* Zeitpuffer für eine gewisse Zeit bestehen zu lassen, um nicht durch zu frühes Aufheben des Termindrucks einem *Aktivitätsnachlassen* der Realisierer Vorschub zu leisten. Das Projektmanagement muss allerdings in solchen Fällen die bestehenden kritischen (z. T. sogar irrealen) Termine ganz besonders aufmerksam im Auge behalten. Eine Terminaktualisierung wird erst im allerletzten Augenblick vorgenommen, wenn eine Termineinhaltung durch keine irgendwie gestaltete Maßnahme mehr erreichbar erscheint.

Rückmeldeliste

Es liegt nahe, das Berichtswesen – z. B. durch Formulare – zu »institutionalisieren«, so dass auf persönliche und telefonische Abfragen, die selten vollständig sind, verzichtet werden kann. Eine solche *Rückmeldeliste* sollte folgende Angaben enthalten:

- ▷ Projekt- bzw. Teilprojektbezeichnung,
- ▷ Arbeitspakete (Benennung, Identifikation),
- ▷ Dienststelle und Verantwortlicher,
- ▷ Berichtsdatum,
- ▷ aufgetretene Terminänderungen,
- ▷ Grund der Terminänderungen,
- ▷ evtl. Restaufwandsschätzungen.

Es bietet sich an, in die Liste die notwendigen Fertigmeldungen von Arbeitspaketen aufzunehmen. Ein gesondertes Formular für die Meldung von Fertigstellungsterminen erübrigt sich dann.

Die Rückmeldelisten können auch Angaben für die angefallenen Aufwände der Arbeitspakete aufnehmen. Diese erweiterte Nutzung ist dann angebracht, wenn im betreffenden Entwicklungsbereich keine separate Aufwandserfassung über ein eigenes Stundenkontierungsverfahren im Einsatz ist.

Wird die Terminplanung von einem DV- bzw. PC-Verfahren unterstützt, so können Rückmeldelisten mit Vorab-Informationen vom Rechner erzeugt werden. Auf diese Weise erhält jede Projektgruppe eine nur sie betreffende Arbeitspaketliste mit entsprechenden Zusatzinformationen, in die der Mitarbeiter nur noch seine Terminvorstellungen und evtl. Aufwandszahlen einzutragen hat. Bei entspre-

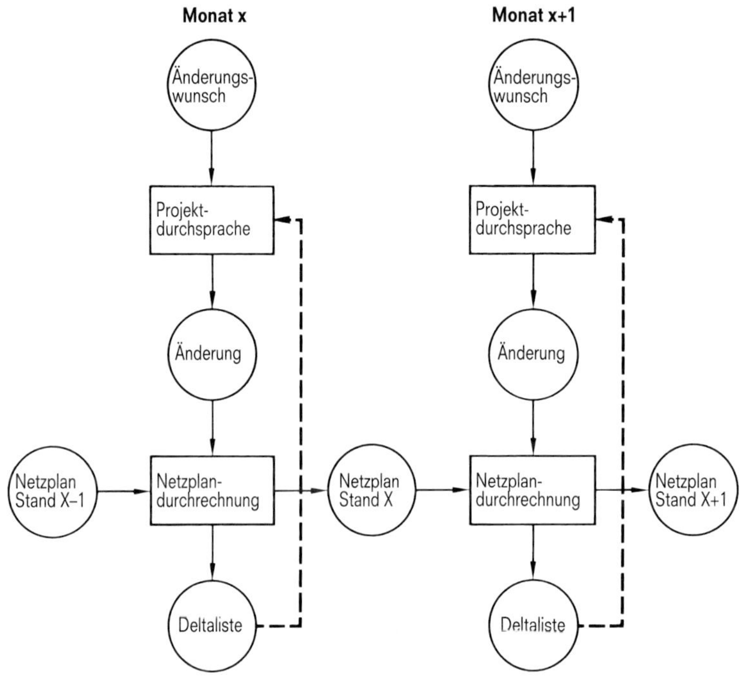

Bild 4.2 Aktualisierungsrhythmus

chender Rechnerunterstützung können diese Eingaben auch „online" geschehen. Durch ein solches Rückmeldewesen erreicht man einen hohen Grad an Vollständigkeit, da alle Mitarbeiter in einem festen Rhythmus bez. aller Arbeitspakete regelmäßig abgefragt werden. Bild 4.3 zeigt das Beispiel einer rechnererstellten Berichtsliste.

Eines der ersten Projektplanungs- und -steuerungsverfahren, das die Terminkontrolle mit der Netzplantechnik in einen festen Monatsrhythmus eingebettet hat, war das Verfahren REPROPLIK, welches für die Projektsteuerung im Kommunikationsbereich von Siemens eingesetzt war. Die Netzplanaktualisierung wurde hier nicht in beliebigen (meist viel zu großen) Zeitabständen, sondern in vom Projektmanagement fest vorgegebenen Zeitabständen vorgenommen.

4.1.2 Aktualisierung des Netzplans

Wenn in einem Projekt die Netzplantechnik eingesetzt wird, dann darf das Projekt nicht *neben* dem Netzplan, sondern muss *mit* ihm geführt werden. Grundvoraussetzung ist hierfür, dass der Netzplan für das gesamte Projekt immer aktuell gehalten wird; d. h. möglichst in einem festen Rhythmus (z. B. monatlich) sollte man die Daten des Netzplans auf den neuesten Stand bringen. So wie es in allen Entwicklungsbereichen bereits selbstverständlich geworden ist, monatlich eine Stundenaufschreibung durchzuführen, so sollte es auch selbstverständlich sein, die Terminerfassung in einen festen Turnus einzubinden. Nicht-aktuelle Netzpläne sind Makulatur und haben keinen Wert als Führungsinstrumentarium.

Terminbesprechungen

Liegen alle Änderungswünsche der Entwickler zum Netzplanstand vor, so sind diese in einen Gesamtzusammenhang zu bringen und in Projektstatusbesprechungen zu diskutieren. Nicht jedem Wunsch – besonders dem nach Terminverschiebung – darf automatisch entsprochen werden, da sonst der Endtermin des gesamten Projekts schnell umgestoßen ist.

Schlüsselfrage bei Terminbesprechungen ist immer die Überlegung bzw. Entscheidung, ob

Rückmeldeliste	Werk: WG E Empfänger: PMO 1 erstellt: 03.01.00	Projektbezeichnung: Steuerelement für B57-Aggregat Projektleiter: Dr. Joswig Dienststelle: E GE 13	Seite: 1

Bezeichnung Ansprechpartner Gerät/Baugr./U-Baugr. FuE-Antrag	Dauer Plan (in Wochen)	Dauer Rest (in Wochen)	Plan-Termine FAT	Plan-Termine FET		Rückmeldedaten der beteiligten Dienststellen (Aufwand in MT)					
3008 Schaltungsentw. B57					Dienststelle	E ST 13	E ST 15	E ST 16	....	....	....
Dr. Joswig	5	*F*	15.11.99	17.12.99	Soll-Aufwand	10	6	12	....	....	....
01 / 57 / 00					Ist-Aufwand	11	6	11	....	....	....
334					Rest-Aufwand	***0***	***0***	***0***	....	....	....
3010 Schaltkreis B13					Dienststelle	E GE 11	E GE 12	....	....	....	....
Hr. Oertel	4	....	06.12.99	13.01.00	Soll-Aufwand	20	10	....	....	....	....
01 / 57 / 13					Ist-Aufwand	15	7	....	....	....	....
334					Rest-Aufwand	***5***	***4***	....	....	....	....
3020 Schaltkreis B18		....			Dienststelle	E GE 11	E GE 12	....	....	....	....
Hr. Oertel	6		06.12.99	28.01.00	Soll-Aufwand	25	20	....	....	....	....
01 / 57 / 18					Ist-Aufwand	17	15	....	....	....	....
334					Rest-Aufwand	***10***	***8***	....	....	....	....
3020 FM-Entwurf B13					Dienststelle	E GE 13	E GE 15	E GE 16	....	....	....
Hr. Zellner	7	....	10.01.00	25.02.00	Soll-Aufwand	50	25	30	....	....	....
01 / 57 / 13					Ist-Aufwand	0	0	0	....	....	....
334					Rest-Aufwand	***50***	***25***	***30***	....	....	....
3030 Simulation B13					Dienststelle	E TF 13	E GE 11	E GE 12	E GE 13	....	....
Hr. Scholz	4	....	17.02.00	15.03.00	Soll-Aufwand	10	5	5	5	....	....
01 / 57 / 13					Ist-Aufwand	0	0	0	0	....	....
334					Rest-Aufwand	***10***	***5***	***5***	***5***	....	....
					Dienststelle	....	....	....	....	....	....
		....			**Soll-Aufwand**	....	....	....	....	....	....

Bild 4.3 Rückmeldeliste

ein Einzeltermin in jedem Fall gehalten werden *muss* oder aber verschoben werden *kann*.

Ein gefährdeter Termin kann gehalten werden z. B. durch

▷ Einsatz von zusätzlichem Personal,
▷ temporäres Erhöhen der Arbeitszeit (Mehr- oder Überstunden, Urlaubsverschiebung),
▷ verbesserten Tool- und Methodeneinsatz,
▷ Optimieren der Arbeitsabläufe oder
▷ Abstriche im Leistungsumfang.

Das Verschieben eines Termins wird entweder durch Verlängern von Vorgangsdauern oder durch unmittelbares Verlegen von gesetzten Terminen erreicht und kann notwendig sein, wenn

▷ Personalmangel (Krankheit, Fluktuation) entstanden ist,
▷ sich qualitative Schwächen des Entwicklungspersonals zeigen,
▷ unvorhergesehene Schwierigkeiten bei der Lösung der Entwicklungsaufgabe aufgetreten sind,
▷ sich die Aufwandsschätzung als unrealistisch herausgestellt hat,
▷ neue, nicht bedachte Abhängigkeiten zu berücksichtigen sind oder
▷ zusätzliche Funktions- und Leistungsanforderungen zu erfüllen sind.

Ergebnis solcher regelmäßig abzuhaltender Terminbesprechungen ist schließlich das Herausstellen derjenigen Arbeitspakete, deren Planvorgaben in irgendeiner Weise zu ändern sind. Zu derartigen Planänderungen, die eine terminliche Auswirkung haben können, zählen bei einem Netzplanvorgang die Änderungen

▷ des Beginn- und Endtermins,
▷ der Vorgangsdauer,
▷ des Personalaufwands,
▷ der Personalzuordnung,
▷ der Zuordnung von Betriebsmitteln,
▷ der Abhängigkeiten und
▷ der Zuständigkeit und Verantwortung.

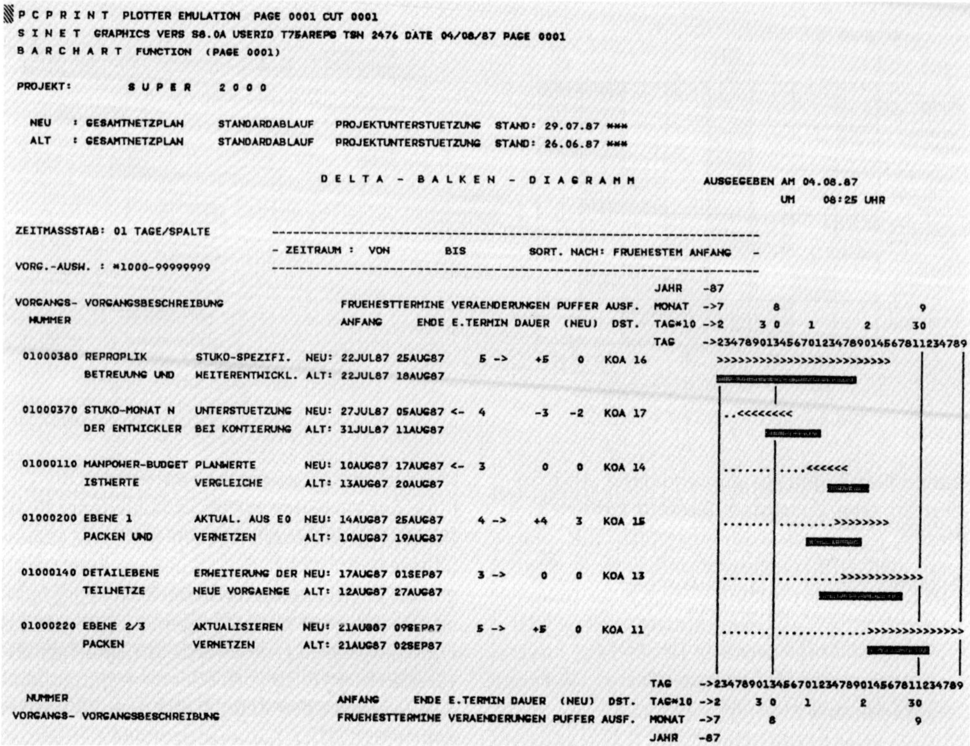

```
P C P R I N T  PLOTTER EMULATION  PAGE 0001 CUT 0001
S I N E T  GRAPHICS VERS S8.0A USERID T75AREPS TSN 2476 DATE 04/08/87 PAGE 0001
B A R C H A R T  FUNCTION  (PAGE 0001)

PROJEKT:        S U P E R   2 0 0 0

  NEU   : GESAMTNETZPLAN    STANDARDABLAUF   PROJEKTUNTERSTUETZUNG  STAND: 29.07.87 ***
  ALT   : GESAMTNETZPLAN    STANDARDABLAUF   PROJEKTUNTERSTUETZUNG  STAND: 26.06.87 ***

                    D E L T A  -  B A L K E N  -  D I A G R A M M      AUSGEGEBEN AM 04.08.87
                                                                             UM    08:25 UHR

ZEITMASSSTAB: 01 TAGE/SPALTE     ------------------------------------------------------------
                                 - ZEITRAUM :  VON       BIS      SORT. NACH: FRUEHESTEM ANFANG  -
VORG.-AUSW. : *1000-99999999     ------------------------------------------------------------
                                                                         JAHR    -87
VORGANGS- VORGANGSBESCHREIBUNG             FRUEHESTTERMINE VERAENDERUNGEN PUFFER AUSF.  MONAT   ->7      8           9
 NUMMER                                    ANFANG     ENDE E.TERMIN DAUER (NEU) DST.   TAG*10  ->2    3 0  1    2   30
                                                                         TAG     ->234789013456701234789014567811234789
 01000380 REPROPLIK       STUKO-SPEZIFI.  NEU: 22JUL87 25AUG87    5 ->   +5    0  KOA 16    >>>>>>>>>>>>>>>>>>>>>>>>
          BETREUUNG UND   WEITERENTWICKL. ALT: 22JUL87 18AUG87

 01000370 STUKO-MONAT N   UNTERSTUETZUNG  NEU: 27JUL87 05AUG87 <- 4      -3   -2  KOA 17    ..<<<<<<<<
          DER ENTWICKLER  BEI KONTIERUNG  ALT: 31JUL87 11AUG87

 01000110 MANPOWER-BUDGET PLANWERTE       NEU: 10AUG87 17AUG87 <- 3       0    0  KOA 14    .......|....<<<<<<
          ISTWERTE        VERGLEICHE      ALT: 13AUG87 20AUG87

 01000200 EBENE 1         AKTUAL. AUS E0  NEU: 14AUG87 25AUG87    4 ->   +4    3  KOA 15    .......|........>>>>>>>>
          PACKEN UND      VERNETZEN       ALT: 10AUG87 19AUG87

 01000140 DETAILEBENE     ERWEITERUNG DER NEU: 17AUG87 01SEP87    3 ->    0    0  KOA 13    .......|.........>>>>>>>>>>>
          TEILNETZE       NEUE VORGAENGE  ALT: 12AUG87 27AUG87

 01000220 EBENE 2/3       AKTUALISIEREN   NEU: 21AUG87 09SEP87    5 ->   +5    0  KOA 11    .......|.............>>>>>>>>>>>>>
          PACKEN          VERNETZEN       ALT: 21AUG87 02SEP87

                                                                         TAG     ->234789013456701234789014567811234789
 NUMMER                                    ANFANG     ENDE E.TERMIN DAUER (NEU) DST.   TAG*10  ->2    3 0  1    2   30
VORGANGS- VORGANGSBESCHREIBUNG             FRUEHESTTERMINE VERAENDERUNGEN PUFFER AUSF.  MONAT   ->7      8           9
                                                                         JAHR    -87
```

Bild 4.6 Termindifferenz-Darstellung (Beispiel SINET)

chen Plan/Ist-Vergleichs bei den Istwerten eigentlich um *voraussichtliche* Istwerte. Dies ist auch der Grund dafür, dass das Feststellen der Terminsituation im Rahmen einer Terminkontrolle so viele Unsicherheitsfaktoren in sich birgt. Im Allgemeinen werden die (voraussichtlichen) Isttermine in bestimmten Zeitabständen abgefragt; dabei gibt es die in Bild 4.7 aufgeführten Fälle.

Terminzustand	Abfragezeitpunkt	
	nach Plantermin	vor Plantermin
Termin-unter-schreitung	▶ Fertigmeldung vor Plantermin erfolgt.	▶ Fertigmeldung erfolgt. ▶ Fertigmeldung noch nicht erfolgt, aber voraussichtlich wird Fertigstellung vor Plantermin liegen.
Termin-einhaltung	▶ Fertigmeldung zum Plantermin erfolgt.	▶ Fertigmeldung noch nicht erfolgt, aber voraussichtlich wird Fertigtermin zum Plantermin vorliegen.
Terminüber-schreitung	▶ Fertigmeldung noch nicht erfolgt. ▶ Fertigmeldung erfolgt, aber Fertigtermin liegt nach Plantermin.	▶ Fertigmeldung noch nicht erfolgt, aber voraussichtlich wird Fertigtermin nach Plantermin vorliegen

Plantermin ≙ gepl. Fertigtermin

Bild 4.7 Terminvergleich

Terminübersichten

Da eine detaillierte Projektstruktur zwangsläufig dazu führt, dass in einem Projekt sehr viele Einzeltermine (der einzelnen Arbeitspakete) zu überwachen sind, müssen für eine praktikable Terminkontrolle klare Terminübersichten mit den für die Projektleitung relevanten Terminen zur Verfügung stehen. Neben allgemeinen Terminübersichtslisten, die die Termine aller Arbeitspakete enthalten, sind daher *Rückstandsübersichten* bzw. *Negativlisten* sehr vorteilhaft, die nur Arbeitspakete mit kritischen Terminen enthalten. Zu diesen zählen:

- ▷ Termine, die bereits überschritten sind und
- ▷ Termine, die wahrscheinlich nicht eingehalten werden können.

Neben der Übersicht aller überschrittenen Einzeltermine ist also auch das explizite Kennzeichnen gefährdeter Termine in Form einer »Frühwarnung« notwendig.

Sehr nützlich für das Erstellen solcher Rückstandsübersichten im Rahmen des Plan/Ist-Vergleichs von Projektterminen ist auch hier ein netzplangestütztes Projektführungssystem. Hier liegen alle Einzeltermine und Fertigmeldungen in einer zentralen Datenbasis vor, so dass durch einfaches Auswerten alle aktuellen Terminabweichungen aufgezeigt werden können. So enthielt z. B. die Projektstatusliste des Projektplanungs- und -steuerungsverfahrens REPROPLIK, welches in Entwicklungsbereichen der Kommunikationstechnik sehr erfolgreich im Einsatz war, solche Kennzeichnungen bereits überschrittener Termine sowie Frühwarnvermerke bei gefährdeten Terminen (Bild 4.8).

Bei einer »manuellen« Terminüberwachung ist es kaum zu vermeiden, dass man kritische Terminsituationen zu spät als solche erkennt und dann nicht mehr rechtzeitig in das Projektgeschehen steuernd eingreifen kann. Ein Verzug des Gesamttermins oder eine besondere »Crash-Aktion« ist dann häufig die Folge.

Liegt kein Netzplan zur Terminkontrolle vor, so müssen zumindest in einem regelmäßigen Berichtsturnus die voraussichtlichen Fertigstellungstermine aller Arbeitspakete systematisch notiert und aufmerksam beobachtet werden. Nur auf diese Weise besteht eine Chance, sich anbahnende Terminverzüge noch so rechtzeitig zu erkennen, dass diese durch geeignete Steuerungsmaßnahmen (Personalaufstockung, Überstunden, Funktionsabstriche etc.) wirkungsvoll eingeschränkt werden können.

Plantreue

Bekanntlich wird im Rahmen einer Entwicklungsplanung- und -steuerung für die »Leistungsgrößen«, d. h. für Ergebnisgrößen wie Funktionsumfang,Verfügbarkeit, Qualität etc. eine *Maximierung* angestrebt, wogegen man für die »Lastgrößen«, wie Termin, Kosten und Aufwand eine *Minimierung* erreichen möchte. Für die aktuelle Planerfüllung dieser Größen während des Projektablaufs bieten sich zwei unterschiedliche Kennzahlen beim Gegenüberstellen der Istwerte (bzw. voraussichtlichen Istwerte) zu den Planwerten an.

Bei *Leistungsgrößen* (Maximierung):

$$PT_{\text{Leistung}} = \frac{Y_{\text{V'Ist}}}{Y_{\text{Plan}}} \times 100 \qquad (54)$$

PT_{Leistung} Plantreue einer Leistungsgröße in %
$Y_{\text{V'Ist}}$ Voraussichtlicher Istwert
Y_{Plan} Planwert

Projektstatusliste

Blatt: 1

Projekt: Verfahrenseinführung LIMON
Stichtag: 12. April 2002
Druckdatum: 14. April 2002

Abteilung: K OA 13
Projektleiter: Kabicenko
Controller: Haase

Vorgangs-Nr.	Vorgangsbesschreibung	Terminvorgabe FAT	FET	Puffer	Aktuell FET	Terminstatus	Plan-Aufwand	Delta-Aufwand	Ist aufgel.	Ist vorauss.	Abweich. %
0047110	Planung und Vorbereitung	30.07.01	21.12.01		21.12.01	Fertig in Plan	78	0	77	77	-1
0047120	Vorbereitung im SAP-Testsystem	15.10.01	04.12.01		14.12.01	Fertig mit Verzug	35	3	40	40	5
0047130	Realisierung im SAP-System	05.12.01	31.05.02	0	28.06.02	Verzug !!!	122	20	145	156	10
0047140	Systemtest	03.05.02	31.07.02		31.07.02	in Plan	62	2	0	64	0
0047160	Dokumentationserstellung	02.01.02	31.07.02	10		offen !!!	65	0	40		
0047150	Abnahme durch QMS	01.08.02	08.08.02		08.08.02	in Plan	5	0	0	5	0
0047170	Anwenderschulung	05.08.02	30.08.02	10		offen !!!	18	2	0		
0047180	Umstellung vor-/nachgel. Verfahren	01.08.02	01.10.02		01.10.02	in Plan	42	10	0	52	0
0047190	Umsetzung Produktivdaten	16.09.02	18.10.02		18.10.02	in Plan	20	5	0	25	0
0047200	Produktivbetrieb auf Basis LIMON	28.10.02	31.12.02		31.12.02	in Plan	45	0	0	45	0
0047210	Projektabschlussarbeiten	02.12.02	31.12.02		31.12.02	in Plan	10	0	0	10	0

Bild 4.8 Projektstatusliste

	Voraussichtlicher Istwert kleiner als Planwert	Voraussichtlicher Istwert größer als Planwert
Plantreue bei Leistungsgrößen	unter 100%	über 100%
Plantreue bei Lastgrößen	über 100%	unter 100%

Bild 4.9
Wertebereich der Plantreue

bei *Lastgrößen* (Minimierung):

$$PT_{\text{Last}} = \left(2 - \frac{Y_{\text{V'Ist}}}{Y_{\text{Plan}}}\right) \times 100 \tag{55}$$

PT_{Last} Plantreue einer Lastgröße in %

Erreicht wird durch diese unterschiedliche Quotientenbildung, dass angestrebte Planüberschreitungen bei zu maximierenden Leistungsgrößen und angestrebte Planunterschreitungen bei zu minimierenden Lastgrößen in beiden Fällen zu »Plantreue«-Werten von über 100% führen; entsprechend umgekehrte Plannichterfüllungen führen zu Werten unter 100% (Bild 4.9).

Termintreue

Als hilfreicher Kontrollindex zum Beurteilen der Terminsituation eines Projekts eignet sich daher der arithmetische Durchschnittswert der terminlichen Plantreue-Quotienten aller Aufgabenkomplexe bzw. Teilprojekte. Dieser Index wird als Termintreue des Gesamtprojekts bezeichnet und leitet sich ab wie folgt:

$$TT_{\text{TP}} = \frac{T_{\text{Plan}} - T_{\Delta}}{T_{\text{Plan}}} \times 100 \tag{56}$$

TT_{TP} Termintreue eines Teilprojekts in %
T_{Plan} Geplante Dauer
T_{Δ} Terminverzug nach (58)

und damit

$$TT_{\text{ges}} = \frac{\sum TT_{\text{TP}}}{n_{\text{TP}}} \tag{57}$$

TT_{ges} Termintreue des Gesamtprojekts in %
n_{TP} Anzahl Teilprojekte;

hierbei gilt für den Terminverzug:

$$T_{\Delta} = T_{\text{V'Ist}} - T_{\text{Plan}} \tag{58}$$

$T_{\text{V'Ist}}$ Voraussichtliche Dauer

In Bild 4.10 ist der Verlauf der Termintreue bezogen auf das Verhältnis der voraussichtlichen Dauer zur geplanten Dauer aufgetragen.

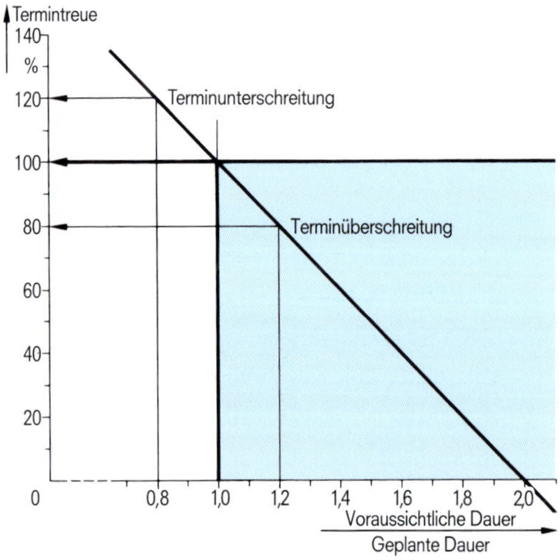

Bild 4.10
Diagramm Termintreue

Nimmt die voraussichtliche Dauer Werte in Richtung einer Verdoppelung an, so verliert dieser Kurvenverlauf seine Aussagekraft.

Die Termintreue nimmt hiernach einen Wert > 100% an, wenn die voraussichtlichen Dauern (durchschnittlich) kleiner als die geplanten Dauern sind, wenn also eine Terminunterschreitung vorliegt. Bei einer (durchschnittlichen) Terminüberschreitung nimmt die Termintreue Werte < 100% an. Ziel der Projektführung muss damit sein, den Wert 100% zu erreichen, wenn möglich zu überschreiten.

4.1.4 Termintrendanalysen

Der Plan/Ist-Vergleich von Projektterminen darf besonders bei mehrjährigen Entwicklungsvorhaben nicht das alleinige Hilfsmittel zur Terminkontrolle bleiben. Das statisch betrachtete Ereignis einer einmaligen Terminverzögerung eines bestimmten Arbeitspakets ist häufig nicht sehr aussagekräftig, da bei mehrjährigen Vorhaben eine singuläre Terminverschiebung i. Allg. den Gesamttermin nicht gefährden sollte. Anderenfalls ist von Anbeginn terminlich zu eng geplant und es sind zu kleine Zeitpuffer in den Terminplan eingebaut worden.

Handelt es sich dagegen um ein Arbeitspaket, das bereits häufiger in seinem Plantermin verschoben werden musste, so ist mit Recht zu befürchten, dass weitere Terminverzögerungen folgen werden, die in ihrer Kumulierung tatsächlich zu einem Gesamtterminverzug führen können. Es ist also sehr wichtig, einen *Plan/Plan-Vergleich* einzelner Arbeitspakettermine vorzunehmen, um so zu einer allgemeinen Termintrendaussage zu gelangen.

Meilenstein-Trendanalyse

Trendanalysen lassen sich im Grunde für jedes mit einem Termin belegte Arbeitspaket durchführen; am besten eignen sich hierfür hervorhebenswerte und projektentscheidende Arbeitsvorgänge bzw. -ereignisse, wie z. B. die Meilensteine in einem Entwicklungsablauf. Solche »Meilenstein-Trendanalysen« (MTA) setzt man bereits in vielen Entwicklungsbereichen sehr erfolgreich ein; allerdings werden sie auch heute noch meist nur manuell erstellt und nicht von den eingesetzten Projektführungssystemen erzeugt. Als sehr übersichtliche grafische Form hat sich die in Bild 4.11 gezeigte Darstellungsart durchgesetzt.

Auf der waagerechten Achse des Dreiecksrasters wird der Berichtszeitraum von links nach rechts aufgetragen, der mindestens die Zeitspanne vom Aufgabenbeginn bis einiges über den spätesten Endtermin der zu betrachtenden

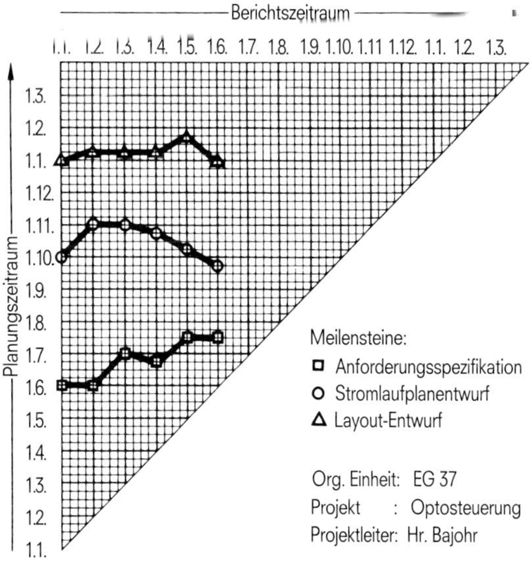

Bild 4.11
Meilenstein-Trendanalyse als Dreiecksraster

Arbeitspakete umfassen muss (es gibt auch MTA-Diagramme, bei denen der Berichtszeitraum auf der Diagonale aufgetragen wird). Die senkrechte Achse enthält dieselbe Zeiteinteilung von unten nach oben als Planungszeitraum. Wie aus dem Bild zu erkennen ist, werden nun die Termine für bestimmte Meilensteine, die durch Symbole unterschieden sind, laufend und möglichst in periodischer Folge aktualisiert. Jede Aktualisierung führt zu einer neuen Eintragung, so dass für jeden betrachteten Meilenstein ein Polygonzug entsteht, der so zu bewerten ist:

Waagerechter Verlauf:	Termin wird eingehalten.
Ansteigender Verlauf:	Termin wird überschritten.
Fallender Verlauf:	Termin wird unterschritten.

Jede Abweichung vom waagerechten Verlauf stellt eine Terminabweichung dar, die in einem Beiblatt näher zu erläutern und zu begründen ist.

Aus dem Beispiel nach Bild 4.11 kann also abgelesen werden, dass

- ▷ das Arbeitspaket Anforderungsspezifikation (□) voraussichtlich eine Terminverschiebung erfahren wird,
- ▷ das Arbeitspaket Stromlaufplanentwurf (○) wahrscheinlich früher fertig wird und
- ▷ das Arbeitspaket Layout-Entwurf (△) fast im Plan ist.

Hat der Kurvenzug die 45°-Begrenzungslinie erreicht, so ist das Arbeitspaket abgeschlossen und der entsprechende Meilenstein damit erreicht.

Beispiele vom MTA-Kurvenverläufen

Im praktischen Einsatz der MTA-Diagramme können typische Kurvenverläufe beobachtet werden, die gewisse Grundaussagen zur Terminsituation eines Projekts zulassen. In Bild 4.12 sind einige solche markante MTA-Kurvenverläufe dargestellt.

Die gezeigten MTA-Kurvenverläufe lassen folgende Interpretationen zu:

a) Normaler Verlauf

Dies ist ein typischer Kurvenverlauf bei »normaler« Projektdurchführung. Geringen Terminverschiebungen nach oben stehen auch solche nach unten gegenüber. Mit großer Wahrscheinlichkeit wird der Gesamttermin gehalten.

b) Extrem ansteigender Verlauf

Hier wurden laufend viel zu optimistische Terminaussagen gemacht – sei es bewusst oder auf Grund einer generellen Unterschätzung des Aufgabenvolumens. Der Endtermin des Projekts wird sich ganz erheblich verzögern.

c) Trendwende-Verlauf

Bis kurz vor den jeweils geplanten Fertigstellungsterminen wurde bei allen Aufgaben eine Terminerfüllung prognostiziert. Erst gegen Ende werden fast schlagartig erhebliche Terminverschiebungen angekündigt. Es mangelt hier an einer frühzeitigen realistischen Terminaussage; ein rechtzeitiger Steuerungseingriff wurde damit unmöglich gemacht.

d) Divergierender Verlauf

Verlaufen unterschiedliche, aber fachlich voneinander abhängige Arbeitspakete in ihren Terminaussagen stark divergierend, so liegt der Verdacht nahe, dass eine der Tendenzen nicht realistisch ist. Die Trendanalyse muss daher insgesamt überarbeitet werden.

e) Gleichmäßig fallender Verlauf

Weisen alle Arbeitspakete laufend eine Terminvorverlegung auf, so muss angenommen werden, dass von Anbeginn mit zu großen Sicherheitspuffern geplant wurde. Die zuständigen Terminplaner müssen angehalten werden, künftig realistischere Aussagen zu machen.

f) Zickzack-Verlauf

Verlaufen alle Kurvenzüge in einem sich wiederholenden Zickzack, so zeugt dies von einer erheblichen Unsicherheit in den jeweiligen Terminaussagen. Damit ist auch die Aussage zum Gesamttermin als äußerst unsicher anzusehen.

Aus dem Verlauf der MTA-Kurvenzüge kann also ein *Trend* für die weitere Terminentwick-

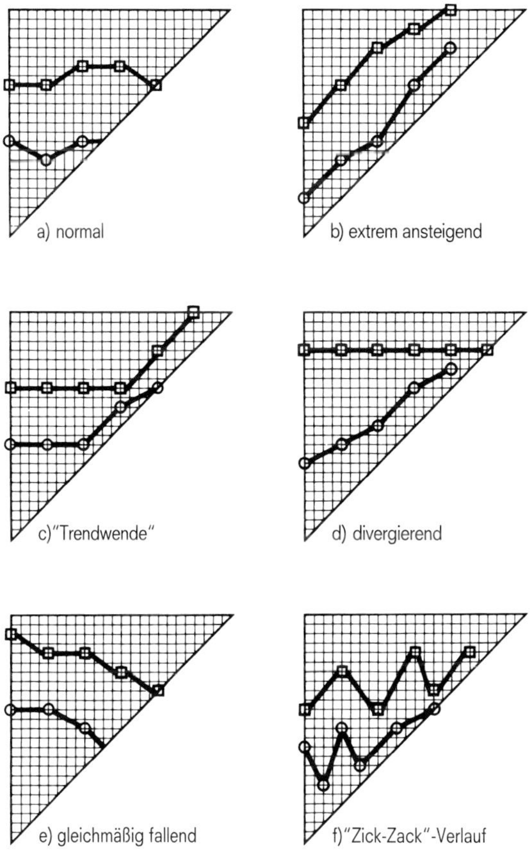

Bild 4.12
Beispiele von MTA-Kurvenverläufen

lung abgelesen werden, der im Rahmen der Terminkontrolle ein rechtzeitiges Eingreifen des Projektmanagements ermöglicht.

Als besondere Vorteile einer grafisch unterlegten Termin-Trendanalyse haben sich herausgestellt:

- ▷ manuell durchführbare Methode einer terminlichen Trendanalyse,
- ▷ übersichtliche Darstellung der Terminentwicklung von Arbeitspaketen und Meilensteinen,
- ▷ rechtzeitiges Erkennen von Terminengpässen bei periodisch durchgeführter Aktualisierung,
- ▷ geringer Aufwand für Erlernen und Anwenden der Methode,
- ▷ Erhöhung des Terminbewusstseins, da die MTA unmittelbar von den Entwicklern selbst ausgefüllt wird sowie
- ▷ gutes Kommunikationsmittel zwischen allen Projektbeteiligten.

Neben dieser grafischen Dreieck-Matrixform der MTA ist natürlich auch eine listenförmige Darstellung möglich.

Meilenstein-Signalliste

Auch die im Rahmen eines SINET-basierten Netzplanverfahrens erzeugte Meilenstein-Signalliste (Bild 4.13) ist eigentlich eine Meilenstein-Trendanalyse, da hier ebenfalls Plantermine gegenübergestellt werden, allerdings nur der *ursprüngliche* Plantermin und der *aktuelle* Plantermin. Zu einer Linie werden auch nicht die Plantermine *eines* Meilensteins, sondern die Plantermine *aller* Meilensteine zu einem bestimmten Zeitpunkt zusammengefasst. Auf diese Weise kann sehr schön die Tendenz einer eventuellen Planabweichung des Gesamtprojekts verdeutlicht werden.

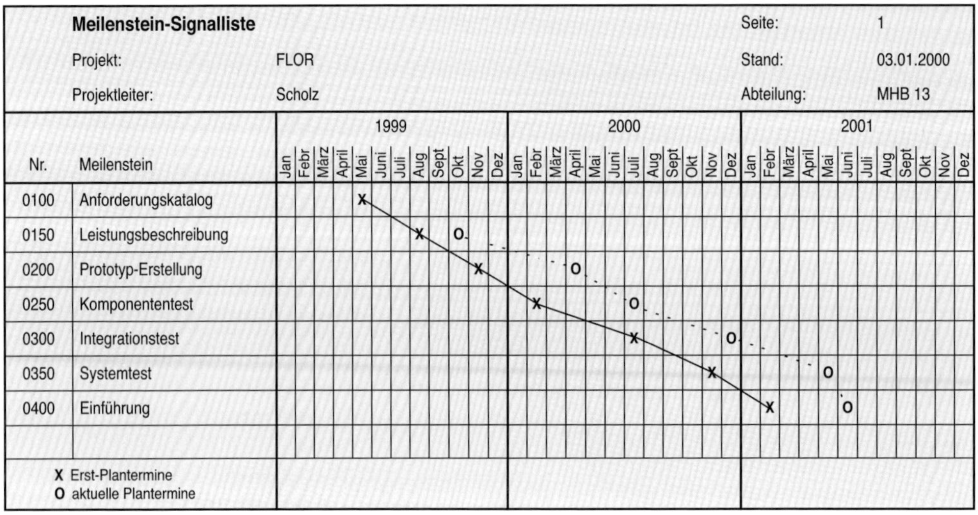

Bild 4.13 Meilenstein-Signalliste

Bietet sich die Möglichkeit, eine Meilenstein-Trendanalyse über ein eingesetztes Projektführungssystem automatisch zu erzeugen, nicht an (wie z. B. beim Verfahren PPMS), so kann man zur grafischen Darstellung auch das Punktediagramm eines PC-Grafikprogramms (z. B. Excel) heranziehen.

Bei dieser Diagrammdarstellung müssen lediglich die beiden Koordinaten mit demselben Zeitraster belegt und die aus einer Wertedatei erzeugten Punkte manuell durch entsprechende Linienzüge verbunden werden.

Termin-Risikoanalyse

Um dem steigenden Termindruck im Entwicklungsbereich begegnen und die Terminrisiken im gesamten Projektablauf besser beurteilen zu können, ist eine Methode zur Analyse komplexer Terminrisikosituationen entwickelt worden. Ziele dieser Termin-Risikoanalyse sind

- ▷ das Verbessern der *Termintreue* bei risikobehafteten Projekten,
- ▷ das rechtzeitige Erkennen und richtige Bewerten von *Terminrisiken* sowie
- ▷ das Festlegen von geeigneten Maßnahmen zur *Terminsicherung*.

Ausgehend von einem Ablaufplan der einzelnen Arbeitspakete – möglichst in Form eines Netzplans – werden Arbeitspakete mit hohem Terminrisiko fixiert und eingehend beschrieben. Für diese Risikoschwerpunkte bewertet man dann die Einzelrisiken mit ihrem möglichen Terminverzug (bezogen auf das Arbeitspaket und auf das Gesamtprojekt) sowie der Eintrittswahrscheinlichkeit. In einem »Extremszenario« wird der günstigste sowie der ungünstigste Fall für die Termineinhaltung herausgearbeitet.

Anschließend werden für alle möglichen Kombinationen von Einzelrisiken die Eintrittswahrscheinlichkeit und die Endterminverschiebung für das Gesamtprojekt berechnet. Die erhaltenen Werte sind in ein Koordinatensystem einzutragen und ergeben das »statische Terminrisikoprofil« des Projekts zu einem bestimmten Berichtszeitpunkt. Die Fläche unter der Kurve ist ein Maß für die Höhe des momentanen Gesamtterminrisikos. Das statische Terminrisikoprofil dient also dem Beurteilen der Terminrisikosituation eines Projekts zu einem bestimmten Berichtszeitpunkt und unterstützt dadurch das Festlegen geeigneter Maßnahmen für den Risikoabbau.

Werden außerdem zu einer bestimmten Eintrittswahrscheinlichkeit über die einzelnen Berichtszeitpunkte hinweg die entsprechenden Werte der Endterminverzüge als Kurve aufgetragen, so erhält man das »dynamische Terminrisikoprofil«. Der Anstieg oder der Abfall der Kurve zeigt an, inwieweit die prognostizierten (bzw. nicht prognostizierten) Risiken eingetreten sind und die eingeleiteten Maßnahmen erfolgreich waren. Das dynamische Terminrisikoprofil dient zum Verfolgen der Terminrisikoentwicklung über den gesamten Projektverlauf und ist damit ein weiteres Hilfsmittel für eine effiziente Terminkontrolle.

4.2 Aufwands- und Kostenkontrolle

Neben der Terminkontrolle ist im Rahmen der Projektkontrolle das Überwachen der Personalaufwände und der Entwicklungskosten von großer Bedeutung. Hierbei richtet der Projektleiter sein Augenmerk mehr auf den Aufwand, der Entwicklungskaufmann dagegen mehr auf die Kosten. Beide Kontrollfunktionen müssen sich ergänzen. Voraussetzung dafür ist ein gemeinsames Erfassen der Aufwände und der Kosten. Die Aufwandserfassung wird gemeinhin durch eine Stundenaufschreibung der einzelnen Entwickler erreicht und die Kostenerfassung durch die eingesetzten Kostenüberwachungsverfahren, die auch die Weiterverrechnung von Kosten vornehmen. Werden Entwicklungsbereiche als Ertragszentren (Profit Center) geführt, dann kommt der Ergebnisermittlung eine besondere Bedeutung zu.

Für beide Überwachungsorgane – Projektleitung und FuE-Kaufmannschaft – bilden die Plan/Ist-Vergleiche auf den unterschiedlichen Gliederungs- und Betrachtungsebenen die Grundlage für eine effektive Projektsteuerung. Hierbei sollten auch die Möglichkeiten der Trendanalysen auf Basis von Plan/Plan-Vergleichen genutzt werden.

4.2.1 Aufwandserfassung

Voraussetzung für jede Aufwands- und Kostenkontrolle ist das »entwicklungsadäquate« Erfassen des Personalaufwands, d. h. eine regelmäßige und vollständige Stundenaufschreibung entsprechend der Produkt- und Projektstruktur und – wenn möglich – auch entsprechend der Prozessstruktur. Dieser Stundenkontierung kommt gerade in personalintensiven Entwicklungsbereichen große Bedeutung zu, da die Projektkosten hier in erster Linie von den bekanntlich hohen Personalkosten bestimmt werden.

Wegen des großen Datenumfangs, der insgesamt bei einer Stundenkontierung anfällt, ist eine praktikable Aufwandserfassung i. Allg. nur mit Hilfe eines DV-Verfahrens möglich. Schon bei mehr als 50 kontierenden Mitarbeitern bedeutet die »manuelle Buchführung« über die aufgewendeten Stunden einen nicht zu vertretenden Verwaltungsaufwand.

Aufgabe eines jeden Stundenkontierungsverfahrens ist das Erfassen des Personalaufwands bezogen auf ein bestimmtes Arbeitspaket. Kontieren müssen i. Allg. alle Entwickler und projektzuarbeitenden Hilfskräfte, die in einem Angestelltenverhältnis stehen. Fremdkräfte, wie Consultants, Praktikanten etc., können unter gewissen Voraussetzungen und unter Berücksichtigung des Arbeitnehmerüberlassungsgesetzes (AÜG) auch in die Stundenaufschreibung einbezogen werden; sie sind allerdings getrennt auszuweisen. Bei Führungskräften und allgemeinen Bürokräften verzichtet man meist auf eine Stundenaufschreibung, da eine unmittelbare Aufwandszuordnung zu den einzelnen Projekten und Konten nur schwer möglich ist. Ihr Stundenaufwand wird dann in den Stundenverrechnungssatz der betreuten Entwickler eingearbeitet (siehe Kap. 4.2.2).

Für eine aussagekräftige *Projektkalkulation* besteht zudem die Forderung einer Detaillierung des Personalaufwands nach

- ▷ Arbeitspaketen,
- ▷ Meilensteinen,
- ▷ Entwicklungsphasen und
- ▷ Tätigkeitsarten.

Auch sollte über die Zuordnung der Arbeitspakete einerseits im Projektstrukturplan bzw. – falls ein solcher eingesetzt wird – im Netzplan und andererseits im Produktstrukturplan eine Differenzierung des Aufwands möglich sein nach

- ▷ Organisationseinheiten (ausführende und verantwortliche Stellen),
- ▷ Projekten bzw. Teilprojekten,
- ▷ Konten bzw. Unterkonten sowie
- ▷ Produktteilen.

Stundenkontierungsbeleg

Unabhängig vom verwendeten DV-Verfahren kann ein allgemein gültiger Stundenkontierungsbeleg definiert werden, der alle o. a. Anforderungen erfüllt und noch Raum für weitere Projektinformationen lässt.

Der in Bild 4.14 dargestellte Beleg enthält – neben den im Kopf und Fuß enthaltenen administrativen Angaben – Kontierungsdaten in der Gruppierung:

▷ Aufgabenhierarchie,
▷ Stundenaufteilung und
▷ Statusinformationen.

Die Aufgabenhierarchie umfasst die meist monohierarchische Unterteilung der Entwicklungsobjekte in mehrere Ebenen wie z. B. in

▷ FuE-Konten,
▷ Unterkonten und
▷ Arbeitspakete.

Bezogen auf das einzelne Arbeitspaket müssen die Stunden in einem festen Berichtsrhythmus notiert werden. Hierbei ist die Stundenaufteilung nach Entwicklungsphasen (EKZ) und Tätigkeitsarten (TKZ) für eine tragfähige Erfahrungssicherung sehr vorteilhaft. Zur allgemeinen Information der einzelnen Entwickler bietet es sich schließlich an, jeder Aufgabenposition in dem Stundenkontierungsbeleg gezielt einige Projektdaten wie

▷ Plantermin,
▷ Planaufwand und
▷ (aufgelaufener) Istaufwand

als Zusatzinformation beizugeben.

Der ausgefüllte Stundenkontierungsbeleg ist vom Mitarbeiter zu unterschreiben und von dessen unmittelbarem Fachvorgesetzten – i. Allg. dem zuständigen Gruppenleiter – gegenzuzeichnen. Diese Unterschriften sind notwendig einerseits, weil besonders bei öffentlichen Auftraggebern der unmittelbare Aufwandsnachweis aus originalen Stundenkontierungsbelegen häufig gefordert wird, und andererseits, weil während der Belegübernahme bei einer fehlerhaften Eintragung der Urheber eventuell direkt angesprochen werden muss.

Netzplangesteuerte Stundenkontierung

Damit für den einzelnen Entwickler das detaillierte Aufteilen seines Aufwands bei der (meist)

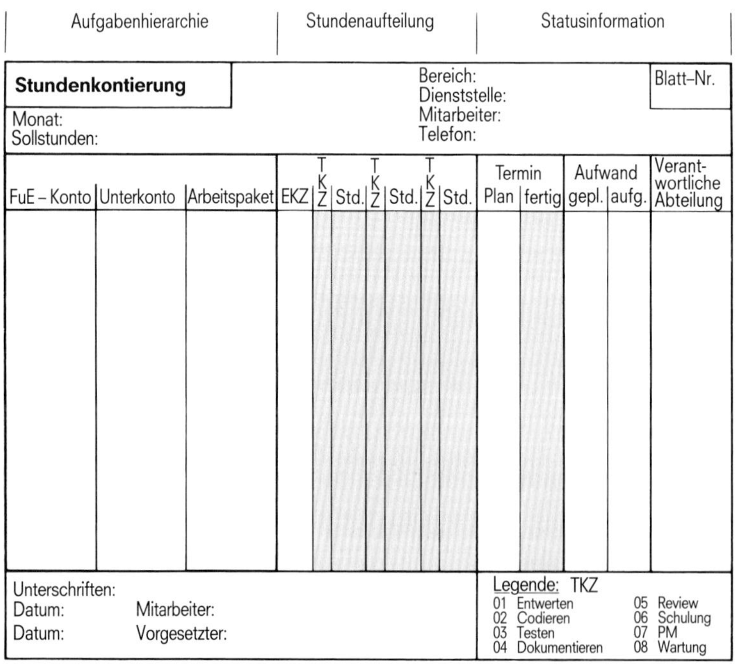
Aufgabenhierarchie | Stundenaufteilung | Statusinformation

Stundenkontierung
Bereich:
Dienststelle:
Mitarbeiter:
Telefon:
Blatt-Nr.
Monat:
Sollstunden:

FuE – Konto	Unterkonto	Arbeitspaket	EKZ	TKZ	Std.	TKZ	Std.	TKZ	Std.	Termin Plan	Termin fertig	Aufwand gepl.	Aufwand aufg.	Verantwortliche Abteilung

Unterschriften:
Datum: Mitarbeiter:
Datum: Vorgesetzter:

Legende: TKZ
01 Entwerten
02 Codieren
03 Testen
04 Dokumentieren
05 Review
06 Schulung
07 PM
08 Wartung

Bild 4.14
Stundenkontierungsbeleg

monatlichen Stundenaufschreibung nicht zu einer unnötigen Mehrbelastung ausartet, sollten wesentliche Zuordnungen bereits vorher in seinem Stundenkontierungsbeleg automatisch vorgegeben sein; dies ist vor allem dann möglich, wenn die Stundenkontierung mit einem Netzplanverfahren verbunden wird.

Die hierfür notwendigen Informationen liegen nämlich im Wesentlichen alle in einem Netzplan vor:

- ▷ An welchen Arbeitspaketen der Entwickler nach Plan tätig sein müsste,
- ▷ in welchen Entwicklungsphasen die Arbeitspakete abgearbeitet werden,
- ▷ welcher Organisationseinheit die Arbeitspakete zugeordnet sind,
- ▷ zu welchen Teilprojekten die Arbeitspakete gehören,
- ▷ auf welche Konten bzw. Unterkonten die Arbeitspakete sich beziehen und
- ▷ für welche Produktteile die Arbeitspakete notwendig sind.

Deshalb hat es sich in Entwicklungsbereichen, in denen die Netzplantechnik eingesetzt wird, bewährt, die Stundenkontierung »netzplangesteuert« vorzunehmen mit dem Ziel, den kontierenden Mitarbeiter von allen mühseligen Überlegungen der richtigen Kontenwahl, Arbeitspaketauswahl und Phasenzuordnung zu entlasten (Bild 4.15).

Bei einer netzplangesteuerten Stundenkontierung braucht der einzelne Entwickler in seinem – vom Verfahren generierten – Kontierungsbeleg nur noch die von ihm aufgewendeten Stunden den aufgeführten Arbeitspaketen beizufügen; diese Stunden brauchen dann – falls gewünscht – vom Entwickler nur noch gemäß den vereinbarten Tätigkeitsarten unterteilt zu werden.

Es ist darüber hinaus auch möglich, Stundenaufwände für Arbeitspakete einzutragen, an denen nach Plan nicht gearbeitet hätte werden dürfen, weil sie entweder schon abgeschlossen sein sollten oder noch gar nicht eingeplant sind. Der erste Fall eröffnet die Möglichkeit des automatischen Erfassens von Qualitätskosten; denn jede Aktivität für bereits abgeschlossene Vorgänge entspricht einem Aufwand für Fehlerbehebung. Der zweite Fall löst eine Nachfrage beim Entwickler durch das Projektbüro aus, das über die endgültige Datenübernahme zu entscheiden hat.

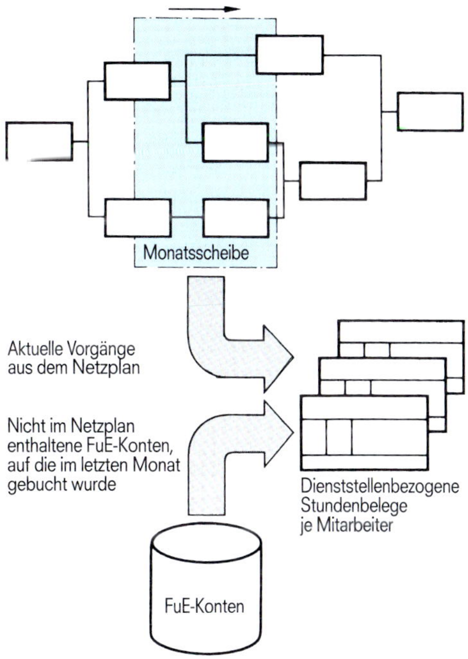

Bild 4.15 Netzplangesteurte Stundenkontierung

Bei einer Netzplananbindung erübrigt sich auch die explizite Angabe der Entwicklungsphasenkennzeichen (EKZ) durch den Entwickler, da man diese bereits den Arbeitspaketen beim Netzplanaufbau vorgeben kann. Werden außerdem die Arbeitspakete so detailliert, dass sie nicht nur einer Phase sondern auch noch eindeutig einem Tätigkeitskennzeichen (TKZ) zuordenbar sind, könnte auch das TKZ im Stundenkontierungsbeleg ebenfalls automatisch angedruckt werden. Die Tätigkeitsart entspräche dann einer Vorgangsart.

Da ein Entwickler häufig auch an Projekten arbeitet, die wegen ihrer geringen Größe nicht mit einem Netzplan geführt werden, muss es möglich sein, im Kontierungsbeleg Entwicklungskonten anzugeben, die zu nicht netzplanüberwachten Projekten gehören. Zur Erleichterung können dabei all die Konten aus der Projektdatenbasis »angedruckt« werden, auf die bereits im vergangenen Monat gebucht wurde.

Dialogorientierte Stundenkontierung

Unabhängig von der Nutzung von Netzplanverfahren wird in Bereichen, die eine hohe Durchdringung mit netzfähigen Endgeräten (z. B. Großrechner-Terminals, PCs, Arbeitsplatzsysteme) aufweisen, bereits eine *dialogorientierte* Stundenkontierung vorgenommen. Nicht mehr das Belegformular, sondern die Bildschirmmaske eines entsprechenden DV- bzw. PC-gestützten Verfahrens ist dann das Eingabemedium für die Aufwandserfassung (siehe Bilder 4.16 und 6.9).

Im Gegensatz zur *Belegkontierung,* die normalerweise in einem monatlichen Rhythmus abgewickelt wird, ist eine *Dialogkontierung* täglich möglich. Hierbei muss allerdings durch das Verfahren gesichert sein, dass möglichst keine fehlerhaften und unsinnigen Daten aufgenommen werden – eine leistungsfähige »Sofortplausibilitierung« ist daher für eine solche (permanente) Dialogkontierung Grundvoraussetzung. Der Übergang von der Belegkontierung zur Dialogkontierung hat wesentliche Vorteile:

- ▷ genauere Stundenkontierung wegen täglicher Eingabemöglichkeiten,
- ▷ kürzere Durchlaufzeiten und damit aktuellere Projektinformationen,
- ▷ weniger Rückfragen durch das Projektbüro wegen der Sofortplausibilitierung bei der Eingabe,
- ▷ allgemeine Entlastung des Projektbüros auf Grund vereinfachter Kontierungsabläufe sowie
- ▷ bessere Einbindung der Entwickler in die Projektberichterstattung.

Ein Stundenkontierungsverfahren, das diese dezentrale Aufwandserfassung im Dialog ermöglicht, kann natürlich auch dahin ausgebaut werden, dass es für diejenigen Mitarbeiter, die über kein eigenes Eingabegerät verfügen, die Stundenbelege in üblicher Form ausdruckt und nach entsprechender Ausfüllung wieder aufnimmt.

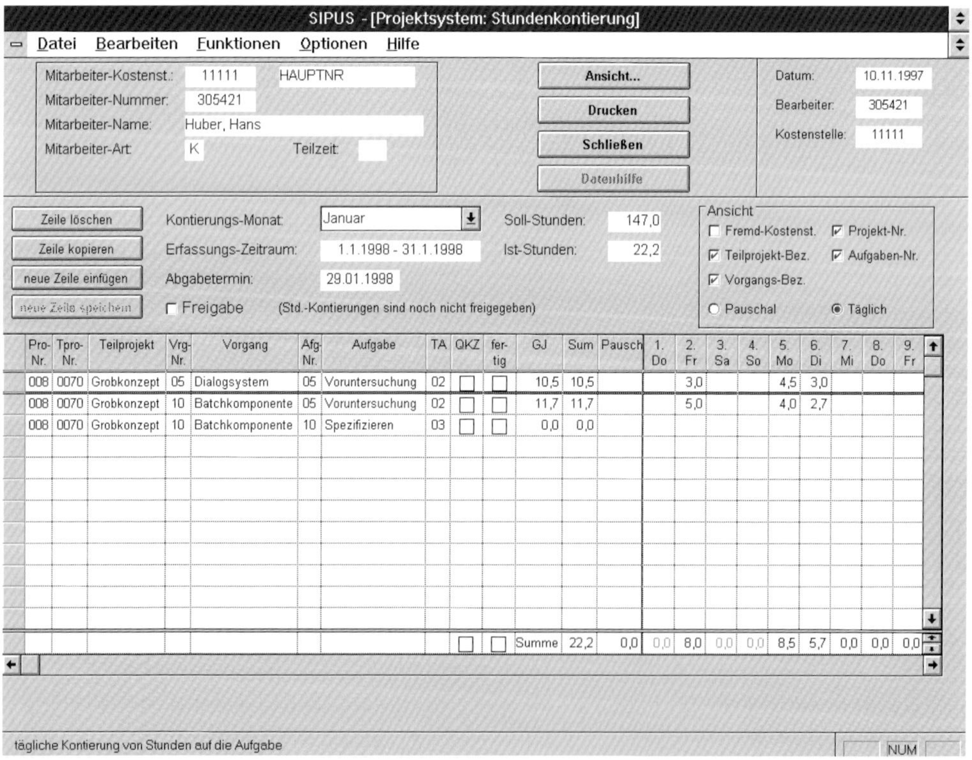

Bild 4.16 Dialog-Kontierungsmaske (Verfahren SIPUS)

Auch in Entwicklungsbereichen, in denen – aus rechtlichen Gründen (z. B. Preisprüfung bei öffentlichen Auftraggebern) – der *unterschriebene* Stundenbeleg unverzichtbar ist, kann man eine dialogorientierte Stundenkontierung einführen, wenn vom Verfahren in einem festgelegten Turnus mitarbeiter- oder gruppenbezogene Stundenbelege mit den im Dialog erfassten Kontierungen automatisch erzeugt und den Betreffenden zur Unterschrift vorgelegt werden können.

Vielfach wird bereits die Dialogstundenkontierung über Internet bzw. Intranet durchgeführt, wie z. B. bei dem Projektsteuerungsverfahren SIPUS (siehe Kap. 6.2.2).

Qualität der Stundenaufschreibung

Die Stundenaufschreibung sollte generell der einzelne Entwickler selbst vornehmen und nicht der Vorgesetzte; dieses Vorgehen gewährleistet eine genauere und vollständigere Aufwandserfassung.

Nicht selten wird seitens der Entwickler über den hohen Aufwand für das monatliche Ausfüllen des Stundenkontierungsbelegs geklagt. Dem muss man gegenüberstellen, dass es bei dieser Tätigkeit um das richtige aufgaben- und kontenmäßige Aufteilen von monatlichen Personalkosten in der Größenordnung von 10 bis 15 TEU je Mitarbeiter geht – und dafür kann ein Zeitaufwand von 10 bis 20 min im Monat nicht zu hoch erscheinen.

Die Qualität der Stundenaufschreibung wird von drei Kriterien bestimmt:

▷ Genauigkeit
▷ Vollständigkeit
▷ Ehrlichkeit.

Die *Genauigkeit* der Eintragungen wird wesentlich verbessert durch Einbinden der Kontenstruktur in einen Netzplan, weil dadurch eine Plausibilitierung der kontierten Arbeitspakete mit den Netzplandaten möglich ist und als Folge Kontierungen auf falsche Arbeitspakete und damit auf falsche Konten erheblich verringert werden. Ohne eine solche Netzplananbindung ist normalerweise ein beachtlicher Aufwand für die manuelle fachliche Prüfung der Stundenkontierungsbelege erforderlich.

Die *Vollständigkeit* wird ebenfalls durch eine netzplangesteuerte Kontierung erheblich verbessert; sehr vorteilhaft wäre hierbei auch der verfahrenstechnische Anschluss an ein Zeiterfassungsverfahren (mit den bekannten Chipkarten), weil hierdurch eine automatische Plausibilitierung der eingegebenen Stunden mit der mitarbeiterspezifischen Sollstundenzahl erreicht werden kann. Anderenfalls können sich über einen längeren Zeitraum und über einen größeren Bereich doch bemerkenswerte Stundendifferenzen aufbauen, deren Fehlerursachen nachträglich nicht mehr oder nur sehr schwer lokalisierbar sind. Allerdings hat die Anbindung an ein Gleitzeitverfahren auch seine Probleme, da dieses zu den vereinbarten Übergabezeitpunkten nicht zwangsläufig den aktuellen Stundensaldo der Mitarbeiter enthält – häufig stehen individuelle Meldungen wie Kernzeitentnahmen, Korrekturstunden und Urlaubstage noch aus.

Eine gewisse Unsicherheit bei der Stundenkontierung liegt naturgemäß in der *Ehrlichkeit* der Aufschreibung; sie wird ganz entscheidend vom Verhalten der Leitung beeinflusst. Da die aufgeschriebenen Stunden die Basis für jeden Plan/Ist-Vergleich darstellen, könnte man meinen, dass dieser Vergleich vom Vorgesetzten außer zur Projektbeurteilung auch zur Mitarbeiterbeurteilung herangezogen wird. Obwohl die Aufwandszahlen keine Leistungs- und Verhaltensdaten darstellen, sollte man immer daran denken:

> Wo Sanktionen wegen einer Planabweichung drohen, besteht zwangsläufig die Gefahr der Manipulation.

Hat also der einzelne Entwickler auf Grund des zahlenmäßigen Plan/Ist-Vergleichs nicht mit persönlichen Nachteilen zu rechnen, dann wird insgesamt ehrlicher kontiert. Es sollten also die »magischen 100%« nicht die Messlatte für eine Personalbeurteilung sein, sonst erhält die Projektleitung nur »geschönte« Daten, und es kann nicht gesteuert werden, wo gesteuert werden müsste.

Häufig kann man auch ein bewusstes »Zu viel Kontieren« auf einzelne, noch nicht ausgeschöpfte Projektkonten beobachten; dieses Kontieren nach dem »Tragfähigkeitsprinzip« beeinträchtigt natürlich jede zielorientierte Projektkontrolle.

4.2.2 Kostenerfassung

Kosten des eigenen Personals

Das vorangegangene Kapitel hat gezeigt, wie durch Stundenkontierung der Arbeitsaufwand der Mitarbeiter den einzelnen Projekten bzw. deren Konten zuzuordnen ist. Die so erfassten Stunden werden nach Eingabe, Plausibilitierung und evtl. Berichtigung zunächst je Auftragskonto zusammengefasst. In einem weiteren Verfahrensschritt werden dann die kontierten Stunden mit *internen Stundenverrechnungssätzen* multipliziert; man nennt diesen Vorgang auch »Bewertung«. Auf diese Weise werden die Kosten des eigenen Personals gebildet.

Interner Stundenverrechnungssatz

Kostenstellen sind strukturell an die Organisation angepasste »Abrechnungsbezirke«, auf denen man die Kosten des Eigenpersonals einschließlich deren Arbeitsplatzkosten sammelt (siehe auch Kap. 3.6.1).

Welche Kostenarten auf Kostenstellen gesammelt werden, wird in jedem Unternehmen durch das Rechnungswesen einheitlich festgelegt.

Typische Kostenstellen der Entwicklung enthalten z. B. folgende Kostenarten:

- ▷ Personalkosten,
- ▷ Sozialkosten (Urlaubsgeld, Sozialbeiträge etc.),
- ▷ Arbeitsplatzkosten inkl. Abschreibungen für Investitionen (Räume, Möbel, Büromaschinen, Heizung, Strom etc.), Reise-/Bewirtungskosten,
- ▷ Kommunikationskosten (Telefon, Hauspost etc.) und
- ▷ arbeitsplatzbezogene Dienstleistungskosten (Instandhaltung, Reinigung etc.).

Diese Kosten der Kostenstellen, sie werden auch Dienststellengemeinkosten (DGK) genannt, müssen nun möglichst verursachungsgerecht den einzelnen Projekten zugeordnet werden. Als einfachste Lösung hat sich hier eine statistische *Überrechnung* mit Hilfe der geleisteten Stunden ergeben, mit der man die Kosten der Kostenstellen in die *Kostenträgerrechnung* überträgt, ohne die Kosten auf den Kostenstellen zu verändern. Für die Überrechnung ist je Kostenstelle – oder für mehrere Kostenstellen gemeinsam – ein Stundenverrechnungssatz zu bilden. Manchmal bildet man auch, um unterschiedliche Personalqualifikationen vor allem beim Verkauf von Ingenieurleistungen berücksichtigen zu können, mehrere Stundenverrechnungssätze.

Eine solche Verteilung mit einem Stundenverrechnungssatz ist naturgemäß weniger verursachungsgerecht als eine direkte Kostenzuordnung zu den Projekten. Beispielsweise sind Kosten für die Rechnernutzung bei Entwicklungsarbeiten prinzipiell über Kostenstellen oder direkt über die Projekte erfassbar. Es wäre falsch, würde man Rechenkosten, die einem Projekt eindeutig zurechenbar sind, primär auf einer Kostenstelle erfassen, da man davon ausgehen darf, dass diese Kosten nur in seltenen Fällen proportional sind zu den »Produktivstunden«, die als Schlüssel für die Überrechnung auf Projekte verwendet werden.

Für das Errechnen der Stundenverrechnungssätze gilt der Zusammenhang:

$$VS_{\text{Std}} = \frac{\sum B_{\text{i}}}{S_{\text{prod}}} \qquad (59)$$

VS_{Std} interner Stundenverrechnungssatz
B_{i} Jahresbudget einer Kostenstelle
S_{prod} produktiv geleistete Stunden im Jahr.

Im Nenner stehen die für Projekte je Jahr geleisteten (produktiven) Stunden der kontierenden Mitarbeiter, die den Kostenstellen angehören, deren Budgets im Zähler stehen. Die für Projekte je Jahr geleisteten Stunden, die *Jahresstundenanzahl,* nennt man gelegentlich auch »Netto-Stundenschlüssel«; Ausfallzeiten und Stunden, die für allgemeine (nicht projektspezifische) Arbeiten aufgewendet wurden, enthält er nicht. Der Quotient aus den gesamten Kostenstellenkosten und den »Produktivstunden« ergibt damit den internen Stundenverrechnungssatz, häufig auch als Plankostensatz bezeichnet (siehe hierzu auch Kap. 4.2.6).

Kalkulationsschema

Die mittlere Kopfzahl der kontierenden Mitarbeiter (ausgedrückt in Mann-Jahren bzw. KP-Jahren) errechnet sich aus der geplanten durchschnittlichen Anzahl Mitarbeiter abzüglich dem Anteil von nicht kontierenden Mitarbeitern, z. B. Führungskräfte und Sekretariatskräfte. In der Zurechnung zu den nicht kontierenden Mitarbeitern gibt es in der Praxis große Unterschiede; dies sollte bei einem Vergleich von Stundensätzen beachtet werden.

Die durchschnittlich geleisteten Stunden/Jahr ohne Ausfallzeiten und allgemeine Arbeiten errechnen sich unter Berücksichtigung tarif- und arbeitsvertraglicher Regelungen aus den kalendarisch möglichen Jahresarbeitsstunden nach dem im Bild 4.17 angegebenen Kalkulationsschema.

Auf Grund der unterschiedlichen tarifvertraglichen Regelungen variieren die auf Projekte verrechenbaren Stunden/Jahr in einzelnen Ländern ganz beachtlich; so ist bei Entwicklungsaufträgen im Ausland von folgender durchschnittlicher *Produktiv-Jahresstundenanzahl* je kontierender Mitarbeiter auszugehen (Quelle: OECD, Stand 2008):

- ▷ Griechenland 2120 Stunden/Jahr
- ▷ Italien 1802 Stunden/Jahr
- ▷ USA 1792 Stunden/Jahr
- ▷ UK 1653 Stunden/Jahr
- ▷ Schweden 1625 Stunden/Jahr
- ▷ Frankreich 1544 Stunden/Jahr

zum Vergleich:

- ▷ Deutschland 1430 Stunden/Jahr
- ▷ OECD-Durchschnitt 1764 Stunden/Jahr

Tabelle 3.37 in Kapitel 3.5.1 enthält in Abhängigkeit der Wochenarbeitszeit die unterschiedlichen Gesamt- und Produktiv-Jahresstundenanzahlen für Deutschland.

Stand Dezember 2007	Vorraussichtliches ist 2008	Plan 2009
Kalendertage	366 Tage	365 Tage
– Sonntage und Samstage	104 Tage	104 Tage
– Feiertage	10 Tage	10 Tage
Vertragliche Arbeitszeit	252 Tage	251 Tage
– Fehlzeiten (Urlaub)	30 Tage	30 Tage
Anwesenheitszeit netto	222 Tage	221 Tage
Anwesenheitszeit netto [1]	1643 Std.	1635 Std.
+ Überstunden/Jahr	16 Std.	14 Std.
Anwesenheitszeit brutto	1659 Std.	1649 Std.
– Ausbildung	40 Std.	38 Std.
– Weiterbildung	40 Std.	40 Std.
– Sonstiges (Krankheit, Gemeinkosten-Aufträge)	100 Std.	100 Std.
Produktivzeit/kont. Mitarbeiter	1479 Std.	1471 Std.
x durchschnittlich kontierende Mitarbeiter	1000 MA	1000 MA
Produktivzeit gesamt	1479000 Std.	1471000 Std.
Brutto-Gemeinkosten des Kalkulationsbereichs	145 Mio. EUR	150 Mio. EUR
– direkt verrechenbare Kosten	14 Mio. EUR	17 Mio. EUR
+ Risikozuschlag (3% der Netto-Gemeinkosten)	4 Mio. EUR	4 Mio. EUR
Im Stundensatz abzudeckende Kosten	135 Mio. EUR	137 Mio. EUR
Im Stundensatz abzudeckende Kosten / Produktivzeit gesamt	= 85 EUR	93 EUR
	Stundenverrechnungssätze	

[1] Bei einer 37-Stunden-Woche

Bild 4.17
Kalkulationsschema für Stundenverrechnungssätze (Beispiel)

Kosten des fremden Personals

Bei großen Projekten ist der Anteil der Kosten für fremde Mitarbeiter (z. B. Consultantkräfte) im Vergleich zu den Kosten des eigenen Personals oft erheblich. In diesen Fällen ist es besonders wichtig, auch den externen Kostenzugang ständig zu analysieren.

Kosten für fremdes Personal werden i. Allg. durch eingehende Rechnungen wirksam; diese müssen einer genauen Prüfung unterzogen werden. Man unterscheidet dabei die sachliche und die rechnerische Prüfung. Die rechnerische bzw. kaufmännische Prüfung der Rechnungsbeträge, die heute überwiegend nur noch stichprobenartig gemacht wird, ist eine einfache Nachrechnung. Bei der sachlichen Prüfung müssen alle eingehenden Rechnungen vom Auftraggeber inhaltlich geprüft werden, ob die Verrechnungshöhe – verglichen mit den erbrachten Leistungen – angemessen, plausibel und auftragsgemäß ist.

Die zu prüfenden Rechnungen unterscheiden sich nach der Art des zugrunde liegenden Vertragsverhältnisses:

▷ Abrechnung nach Aufwand (Stunden- oder Aufwandsabrechnung) oder
▷ Abrechnung auf Grund von Werkverträgen.

Abrechnung nach Aufwand

Bei der Abrechnung nach Aufwand wird der Stundenverbrauch des Auftragnehmers, so wie er durch Stundenschreibung der dortigen Mitarbeiter anfällt, direkt (meist monatlich) dem Auftraggeber in Rechnung gestellt. Reisekosten und die Kosten für die Nutzung von Rechnern werden ebenso an den Auftraggeber verrechnet.

Der Stand der vom Auftragnehmer erbrachten Leistungen kann dabei zu den entstandenen Kosten nicht immer in Beziehung gebracht werden; jedoch ist eine Aussage zur Plausibilität meist möglich. Eine gesicherte Sachfortschrittskontrolle (siehe Kap. 4.3) ist hier besonders schwierig, weil es dem Auftraggeber kaum möglich ist, gezielt in die beim Auftragnehmer laufenden Projektarbeiten Einblick zu nehmen.

Diese Methode der Abrechnung nach Aufwand wird deshalb vor allem innerbetrieblich und zwischen verbundenen Unternehmen praktiziert.

Abrechnung auf Grund von Werkverträgen

Bei dieser Abrechnungsform wird eine vorher definierte Leistung zu einem Festpreis im Rahmen eines *Werkvertrags* abgerechnet. Unter »Werk« versteht man in diesem Zusammenhang die zu liefernde Gesamtleistung.

Die Abrechnung bei Werkverträgen ist bezüglich der gelieferten Leistung zwar einfacher nachvollziehbar, das Definieren eines »Werks« ist bei technisch-wissenschaftlicher Zusammenarbeit im Bereich der Forschung und Entwicklung jedoch oft schwierig. Das kommt daher, dass solche Arbeiten, vor allem hinsichtlich der Resultate, häufig nur unzureichend beplant werden können.

Entwicklungsarbeiten kann man heute über Unternehmensgrenzen hinweg nur noch in Form von Werkverträgen vergeben, weil die erlaubte max. 12-monatige Beschäftigung auf Grund des Arbeitnehmerüberlassungsgesetzes (AÜG) gemessen an der Einarbeitungszeit häufig zu kurz wäre. Um ein Werk, also einen Auftrag, der zur Lieferung eines konkreten Arbeitsergebnisses verpflichtet, an einen Dritten erteilen zu können, bedarf es einer sehr präzisen Aufgabendefinition.

Zusätzliche Entwicklungskosten

Unter den zusätzlichen Entwicklungskosten sind alle »Nicht-Personalkosten« zu verstehen; zu ihnen zählen Kosten für:

▷ Rechner- und Maschinennutzung,
▷ Formen- und Musterbau,
▷ Materialbezüge und
▷ sonstige Dienstleistungen.

Kosten für Rechner- und Maschinennutzung

Für technische Entwicklungen werden zahlreiche maschinelle Einrichtungen eingesetzt, deren Nutzung man häufig mit einer entsprechenden Miete abgelten wird. Vor allem bei der Entwicklung von HW/SW-Systemen ist der intensive Einsatz von Rechnern und Testanlagen notwendig.

Diese Anlagen besitzen häufig technische Hilfsmittel, mit deren Hilfe die verbrauchte Rechenleistung automatisch erfasst wird (z. B. Rechner-Abrechnungsverfahren RAV). Bei Großrechnern sind dies Abrechnungsverfahren, die mit Hilfe von Arbeitsschlüsseln (die der Bearbeiter in das System eingibt) die Kosten für die Nutzung automatisch auf dem Wege der Weiterverrechnung den Projekten belasten.

Kosten für Formen- und Musterbau

Der Aufwand für Formen- und Musterbau ist gerade in der Entwicklung hochwertiger Produkte zu einem wesentlichen Kostenfaktor geworden. Als Aufwand fallen vor allem Lohn- und Maschinenkosten ins Gewicht. Sie werden, wie in Werkstätten üblich, durch Lohn- und Abrechnungsbelege, die mit entsprechenden Gemeinkostenzuschlägen noch beaufschlagt sind, erfasst.

Kosten für Materialbezüge

Bei der Entwicklung elektronischer Komponenten werden sowohl Materialien benötigt, die direkt in das Produkt eingehen, als auch Hilfsmaterialien, damit Programme, Daten und die Dokumentation gespeichert werden können. Damit solche Materialien schnell verfügbar sind, sind sie in »Handlägern« mit *Materialbezugszettel* sofort abholbar. Die Materialbezugszettel bewertet man mit den Kosten der bezogenen Materialien und belastet sie den Konten bzw. der Kostenstelle des Empfängers.

Kosten für sonstige Dienstleistungen

Elektronische Geräte müssen auch unter extremen Klima- und Umweltbedingungen fehlerfrei und ausfallsicher funktionieren. Um dies zu gewährleisten, ist das Produkt im Entwicklungsstadium zahlreichen Tests zu unterwerfen. Für diese Prüfungen gibt es auf dem Markt oder in größeren Unternehmen spezielle Testlabors und Erprobungsstellen, deren Dienstleistungen in Anspruch genommen werden können.

4.2.3 Weiterverrechnung von Kosten

In hochtechnologischen Entwicklungen ist ein hohes Maß an Arbeitsteilung erforderlich. Ingenieure und Naturwissenschaftler unterschiedlicher Fachrichtungen müssen kooperieren, damit neue Technologien und die darauf basierenden Produkte entwickelt werden können. Um diese breit gefächerte Zusammenarbeit effizient zu gestalten, müssen die Kosten für die einzelnen Arbeitsbeiträge in den Projekten verursachungs- bzw. nutzungsgerecht belastet werden. Hierzu wird in größeren Unternehmen – als Teil des Rechnungswesens – eine Weiterverrechnung von Kosten über Organisationsgrenzen vorgenommen.

Die auf einer Kostenstelle originär auflaufenden Kosten – z. B. Gehälter der Angestellten – werden durch die Weiterverrechnung entlastet und den Projekten, für die die Leistung erbracht wurde, in gleicher Höhe wieder belastet.

Ertragszentren verrechnen »echte« – meist beaufschlagte – Kosten an den jeweiligen Auftraggeber; es handelt sich hier um eine Umsatzverrechnung, bei der möglichst ein Ergebnis auf der Auftragnehmerseite erzielt werden muss.

Kostenzentren werden von den auf einen Entwicklungsauftrag aufgelaufenen Kosten durch Weiterverrechnung entlastet und die Projekte, für die die Leistung erbracht wurde, werden in gleicher Höhe wieder belastet; es handelt sich hier also um eine reine Weiterverrechnung von Kosten, bei der kein Ergebnis zu erwirtschaften ist.

In beiden Fällen werden im Rahmen der Verrechnung bzw. Weiterverrechnung Kosten nach bestimmten Verrechnungsmodalitäten von einer abgebenden Auftragsnummer auf eine oder mehrere empfangende Auftragsnummern umgebucht. Hierbei handelt es sich nicht um eine Buchung im Sinne des Rechnungswesens; Letztere erfolgt durch Weitergabe der Daten an die zuständigen Rechnungswesen-Verfahren.

Verrechnungsarten

Folgende Verrechnungsarten kann man unterscheiden:

- ▷ die Verrechnung fester Kostenbeträge (Einzel- oder Festpreisverrechnung),
- ▷ die Verrechnung nach angefallenen Aufwänden (Aufwandsverrechnung),
- ▷ die Verrechnung nach anteiligen Planwerten (Planverrechnung).

Bei einer *Einzelverrechnung* wird ein einzelner EUR-Betrag, der unabhängig vom angefallenen

Aufwand ist, gezielt an einen Kostenempfänger verrechnet. Einzelverrechnungen können zusätzlich zu einer Aufwands-, Plan- bzw. Festpreisverrechnung vorgenommen werden.

Bei einer *Aufwandsverrechnung* werden den einzelnen Kostenempfängern in einem regelmäßigen – meist monatlichen – Turnus die jeweils angefallenen Kosten (Personal- und sonstige Kosten) verrechnet.

Diese Verrechnungsarten können als *Saldenverrechnung* durchgeführt werden. Im Rahmen einer Saldenverrechnung werden hierbei immer gemäß der seit dem letzten Verrechnungslauf angefallenen Aufwände verrechnet, d. h. bei der monatlichen Weiterverrechnung wird jedes Mal geprüft, was der jeweilige Empfänger gemäß Verteilungsschlüssel zu diesem Zeitpunkt insgesamt zu tragen hat und wie viel ihm bereits verrechnet worden ist; nur der Differenzbetrag zu diesem Saldo – und das kann ggf. auch eine Gutschrift sein – wird dem Empfänger belastet bzw. gutgeschrieben. Die Saldenverrechnung erlaubt es daher, dass der zugrunde liegende Verteilungsschlüssel während des Geschäftsjahres in seiner Zusammensetzung bzw. Aufteilung geändert und mit Gültigwerden des neuen Schlüssels eine Verrechnung mit veränderten Modalitäten durchgeführt wird.

Eine *Planverrechnung* ist nur in Organisationseinheiten sinnvoll, die als Kostenzentren und nicht als Ertragszentren geführt werden. Bei einer Planverrechnung wird nicht nach dem angefallenen Aufwand und den aufgetretenen Kosten verrechnet, sondern der jeweilige Verrechnungsbetrag wird nach einem anteiligen Planwert ermittelt. Die Planverrechnung kann sich wie bei der Aufwandsverrechnung über einen Kostenverteilungsschlüssel (KVS) auf mehrere Empfänger beziehen; auch hier wird sie als Saldenverrechnung durchgeführt.

Bei einer *Festpreisverrechnung* werden den einzelnen Kostenempfängern in einem regelmäßigen – meist monatlichen – Turnus der monatliche Anteil des vereinbarten Gesamt-Festpreises verrechnet. Die Festpreisverrechnung wird als Saldenverrechnung durchgeführt.

Verrechnungsschlüssel

Werden die angefallenen Projektkosten nur an einen Auftraggeber verrechnet, spricht man von einer *direkten* Weiterverrechnung; werden sie dagegen mittels eines bestimmten Verteilungsschlüssels an mehrere Auftraggeber bzw. Kostenverursacher verrechnet, so handelt es sich um eine *anteilige* (indirekte) Weiterverrechnung.

Anwender		Anzahl Entwickler		Nutzungsanteil		Nutzerschlüssel	
Bereich	Installation	absolut	prozentual	Installation %	Entwickler %	Installation %	Anwender %
A	A 1	270	6,2	4,0	3,7	7,7	
	A 2	420	9,7	4,0	5,8	9,8	24,3
	A 3	200	4,6	4,0	2,8	6,8	
B	B 1	730	16,9	4,0	10,1	14,1	
	B 2	120	2,7	4,0	1,6	5,6	28,1
	B 3	320	7,4	4,0	4,4	8,4	
C	C 1	1700	39,3	4,0	23,6	27,6	33,4
	C 2	130	3,0	4,0	1,8	5,8	
D	D 1	350	8,1	4,0	4,9	8,9	14,2
	D 2	90	2,1	4,0	1,3	5,3	
Summe		4330	100,0	40,0	60,0	100,0	100,0

Bild 4.18
Ableitung eines Nutzerschlüssels (Beispiel)

Die Verteilerschlüssel für diese Weiterverrechnungen sind entsprechend der Nutzungsverhältnisse festzulegen. In der Praxis verwendet man Verteilerschlüssel, die z. B. nach einem (oder mehreren) der folgenden Kriterien abgeleitet werden:

- Anzahl Installationen,
- Anzahl Benutzer,
- Anzahl Transaktionen,
- Anzahl Terminals,
- Umfang des Datenvolumens,
- Umlage nach Wertschöpfungsanteilen, usw.

Auch Mischformen sind möglich. Wenn diese Aufteilung nach logischen Prinzipien versagt, bleibt oft als einfache und unbürokratische Methode nur eine Schätzung.

Ein Beispiel für solche Verteilungsschlüssel ist die Verrechnung der Grundlagen- und Vorfeldentwicklung an die geschäftsführenden Bereiche in einem Unternehmen. Dort kommt dann vielfach ein *Wertschöpfungsschlüssel* zur Anwendung. Als Wertschöpfung bezeichnet man die Differenz zwischen erbrachter Leistung und Zukauf. Dieser Verteilungsschlüssel geht von der Annahme aus, dass ein Geschäftsbereich mit einer großen Wertschöpfung auch an der Grundlagenentwicklung wesentlich mehr partizipiert.

In Bild 4.18 ist als Beispiel die Ableitung eines solchen Nutzerschlüssels für ein intern eingesetztes Anwenderverfahren aufgezeigt. Hierbei werden zwei Kriterien herangezogen; ein Anteil (im Beispiel 40%) wurde in gleichen Teilen auf die einzelnen Installationen umgelegt, und der Rest (im Beispiel 60%) wurde in Relation zur Anzahl der vom Verfahren bedienten Entwickler auf die Anwender verteilt.

Verrechnungswege

Bei DV-gestützter Kontenführung und Buchung läuft der Prozess der Weiterverrechnung prinzipiell ebenso ab wie bei manuellen Buchungen. Die Weiterverrechnungen werden beleglos und über DV-Verfahren abgewickelt. Der schematische Ablauf der Weiterverrechnung ist im Bild 4.19 dargestellt. In der Praxis bedeutet dies, dass Kostenpositionen, die weiterzuverrechnen sind, in Form von Datensät-

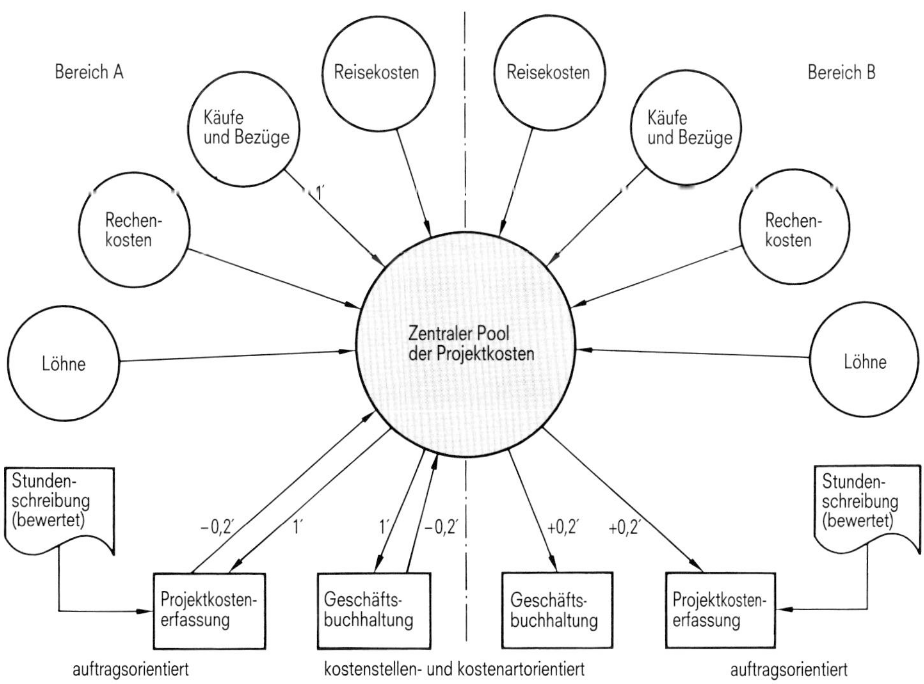

Bild 4.19 Schematischer Ablauf der Weiterverrechnung (mit Zahlenbeispiel)

Kostenwerte bieten sich nämlich mehrere Möglichkeiten der Gegenüberstellung an:

▷ Absoluter Plan/Ist-Vergleich
▷ Linearer Plan/Ist-Vergleich
▷ Aufwandskorrelierter Plan/Ist-Vergleich
▷ Plankorrigierter Plan/Ist-Vergleich.

Absoluter Plan/Ist-Vergleich

Beim absoluten Plan/Ist-Vergleich wird der aktuelle Istwert dem (absoluten) Endplanwert gegenübergestellt, also der aktuelle Istwert mit den 100% des geplanten Endzustandes verglichen. Man liegt damit naturgemäß über einen längeren Zeitraum grundsätzlich unter dem 100%-Plan. Dieses »unter Plan« kann aber irrtümlich sein, da ein eventuelles Überschreiten der 100%-Planlinie immer erst gegen Projektende eintritt und die Planüberschreitung kurvenmäßig erst dann erkennbar wird (Bild 4.22, a). Dieses lange »unter 100% Liegen« führt meist zu einer falschen Sicherheit in der Kostenbeobachtung. Besonders wenn man dem Plan/Ist-Vergleich in der Listenform ausweist, kann eine drohende Kostenüberschreitung leicht zu spät erkannt werden. Deshalb bietet es sich an, den Istwert nicht nur dem Gesamtplanwert, sondern einem *anteiligen* Planwert gegenüberzustellen.

Linearer Plan/Ist-Vergleich

Man kommt zu einem linearen Plan/Ist-Vergleich, wenn der anteilige Planwert in einem linearen Verlauf über die Zeit dargestellt wird (Bild 4.22, b). Dies ist dann möglich, wenn man davon ausgehen kann, dass die Kosten gleichmäßig über die Zeit verteilt anfallen werden. Der in Bild 4.21 gezeigte (verkürzte) Plan/Ist-Vergleich eines FuE-Budgets nutzt z. B. diese Gegenüberstellung zum anteiligen Plan. Fallen

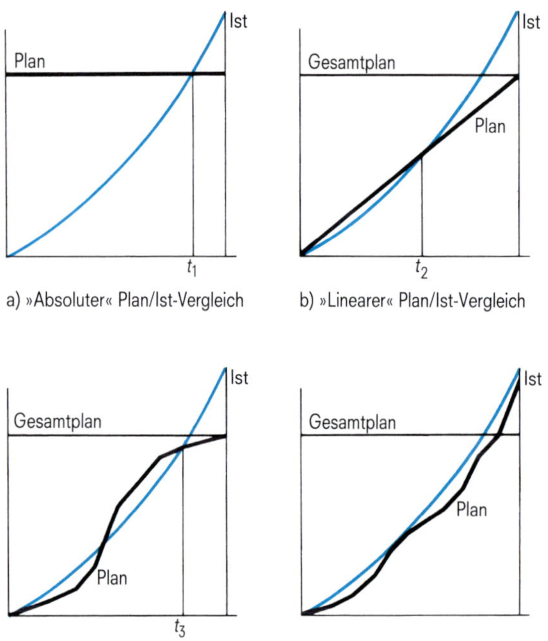

a) »Absoluter« Plan/Ist-Vergleich
b) »Linearer« Plan/Ist-Vergleich
c) »Aufwandskorrelierter« Plan/Ist-Vergleich
d) »Plankorrigierter« Plan/Ist-Vergleich

Bild 4.22
Formen des Plan/Ist-Vergleichs

▷ Bis zum Zeitpunkt t_1 hat man das sichere Gefühl, dass man »im Plan« ist, da man ja unter 100% liegt.
▷ Bis zum Zeitpunkt t_2 glaubt man, auch anteilig »unter Plan« zu sein – und fängt eventuell an, großzügiger zu werden.
▷ Bis zum Zeitpunkt t_3 glaubt man, dass man den Plan eingefangen hat, und übersieht den großen Nachlauf der Rechnungsstellungen.

aber die Kosten vermehrt erst in der zweiten Projekthälfte an – wie es häufig in der Praxis wegen des verstärkten Personaleinsatzes in der Realisierungsphase und wegen der zeitverschobenen Rechnungsschreibung der Fall ist –, so sieht der Plan/Ist-Vergleich auch in dieser Form in der Anfangszeit des Projekts viel positiver aus, als er in Wirklichkeit ist. Ein hieraus resultierendes zu »großzügiges« Kostenverhalten kann dann die Ursache für eine spätere Kostenüberschreitung sein (Bild 4.22, b).

Aufwandskorrelierter Plan/Ist-Vergleich

Liegt ein Netzplan vor, so ist eine »Aufwandskorrelierung« des Plan/Ist-Vergleichs möglich. Hierbei wird – angelehnt an eine aus dem Netzplan errechenbare Aufwandsverteilung – der Gesamtplanwert über die Zeit verteilt (Bild 4.22, c). Man erhält so eine realistischere Plankostenverteilung, die häufig nach einer leichten S-Kurve verläuft, da zu Projektbeginn – während der Planungsphase – noch nicht so viel Aufwand beansprucht wird, mit Projektfortschritt aber ein überproportionaler Anstieg des Aufwands zu verzeichnen ist. Der »beschönigende« Einfluss einer verzögerten Rechnungsschreibung, die bekanntlich zu einem vermehrten Kostenanfall gegen Projektende führt, wird allerdings auch mit dieser Form des Plan/Ist-Vergleichs nicht abgefangen.

Plankorrigierter Plan/Ist-Vergleich

Beim plankorrigierten Plan/Ist-Vergleich werden nicht nur die Istwerte laufend erfasst, sondern auch die Planwerte durch eine laufende Restaufwands- bzw. Restkostenschätzung korrigiert (Bild 4.22, d). Zu jedem Istwert sind die geschätzten Restkosten in Differenz zu dem ursprünglichen Gesamtplan aufzutragen. Auf diese Weise erhält man sicherlich den besten Überblick über die tatsächliche Kostensituation des Projekts. Laufende Restaufwands- bzw. Restkostenschätzungen sind aber in der Praxis sehr aufwendig, so dass diese Form des Plan/Ist-Vergleichs selten angewendet wird.

Neben der *grafischen* Darstellung des Plan/Ist-Vergleichs wird in der Praxis vor allem die *Liste* zum Gegenüberstellen der einzelnen Plan- und Istwerte verwendet; sie hat den Vorteil des besonders großen Informationsumfangs (viel Zahlenmaterial je Flächeneinheit) und der großen Exaktheit der Einzelwerte. Auch können einige Zusatzinformationen und unterstützende Auswertungen aufgenommen werden. Hierzu gehört vor allem der prozentuale Abweichungswert Ist zu Plan in %. Wie schon gezeigt, hat es sich als vorteilhaft erwiesen, wenn dieser Wert einerseits als prozentuale Abweichung vom absoluten Plan und andererseits als prozentuale Abweichung vom anteiligen Plan ausgewiesen wird.

Als ein einfaches Beispiel für einen solchen tabellarischen Plan/Ist-Vergleich ist in Bild 4.23 der Kostenbericht eines DV-gestützten Kosteninformationssystems gezeigt; er wird in der Berichterstattung für das Entwicklungsmanagement eingesetzt.

Hierarchie des Plan/Ist-Kostenvergleichs

Die Plan- und Istkosten sollten besonders bei großen Entwicklungsvorhaben nicht auf *einer* Detaillierungsebene allein gegenübergestellt werden; vielmehr sind diese gemäß der Produktstruktur auf mehreren Ebenen unterteilt gegenüberzustellen. Die Kostenkontrolle beginnt an der Basis; d. h. bereits auf der unteren Teileinheitenebene ist eine Kostenbetrachtung erforderlich. Diese einzelnen Plan/Ist-Kostenvergleiche müssen dann bis auf die oberste Ebene akkumulierbar sein, so dass man auf der Produktebene eine Gesamtaussage zu den Projektkosten machen kann. Eine derartige *»Bottom-up«-Kostenkontrolle* ist die beste Basis für eine gezielte *»Top-down«-Kostensteuerung*. Bild 4.24 zeigt einen solchen hierarchischen Aufbau von Plan/Ist-Vergleichen.

Bestellwertfortschreibung

In den bestehenden Kostenüberwachungs- und -verrechnungsverfahren werden die Kosten vornehmlich aus der Stundenkontierung, der Rechnungsschreibung und der Kostenübernahme (z. B. Reisekosten, Rechenzeitkosten) aus vorgelagerten Verfahren ermittelt. Sowohl die Stundenkontierung als auch das »Accounting« der Rechenzeiten geschieht in einem relativ aktuellen Rhythmus; dagegen unterliegt die Sammlung von Kosten, die durch die Abrechnung externer Entwicklungsleistungen entstehen, häufig einer erheblichen Zeitverschiebung. Finanzielle Verpflichtungen, die

FuE - Kostenbericht Bereich: MH 42

Gesamtübersicht

Geschäftsjahr: 99/00

Berichtszeitraum: Okt 99 Feb 00

Produktlinie	von / bis	Bisherige Kosten (Anfang / Feb 00)	cost to complete (Mrz 00 / Planende)	laufendes Geschäftsjahr: Ist	laufendes Geschäftsjahr: Plan	Ist in % vom Plan
RAV	TDM	14.381,1	13.330,1	1.435,0	2.643,0	54,3%
	MJ / MM	58 / 7	54 / 4	5 / 9	10 / 8	
KENIA	TDM	1.425,3	4.627,0	3.470,0	4.627,0	75,0%
	MJ / MM	5 / 9	18 / 9	14 / 2	19 / 0	
NERAM	TDM	20.074,2	1.498,2	586,0	1.498,2	39,1%
	MJ / MM	82 / 0	6 / 1	2 / 5	6 / 1	
EKUAH	TDM	5.591,8	2.546,1	735,0	1.577,1	46,6%
	MJ / MM	23 / 0	10 / 5	3 / 0	6 / 5	
AGNI	TDM	80,0	0,0	0,0	0,0	0,0%
	MJ / MM	0 / 4	0 / 0	0 / 0	0 / 0	
REKLOV	TDM	8.842,2	20.419,8	2.190,5	6.033,2	36,3%
	MJ / MM	36 / 1	83 / 3	9 / 0	24 / 7	
NELLE	TDM	637,0	256,0	245,0	92,0	266,3%
	MJ / MM	2 / 7	1 / 0	1 / 0	0 / 5	
AMRI	TDM	1.671,4	0,0	550,0	0,0	
	MJ / MM	7 / 3	0 / 3	2 / 7	0 / 0	
AGLEH	TDM	42.468,9	44.266,1	4.498,5	12.341,9	36,4%
	MJ / MM	173 / 4	180 / 9	18 / 5	50 / 5	
PAUS	TDM	3.063,0	153,0	0,0	40,0	0,0%
	MJ / MM	12 / 6	0 / 7	0 / 0	0 / 3	
Gesamt	TDM	98.234,9	87.096,3	13.710,0	28.852,4	47,5%
	MJ / MM	404 / 5	359 / 0	58 / 4	120 / 7	

Bild 4.23 FuE-Kostenbericht

bei einem Projekt bereits eingegangen worden sind, für die aber noch keine Rechnungen vorliegen, bleiben in den meisten Kostenüberwachungsverfahren bis zum endgültigen Rechnungseingang unberücksichtigt. Ergebnis dieses verspäteten Einbuchens von Rechnungen ist, dass häufig in der ersten Projekthälfte schon beachtliche Kosten durch entsprechende Auftragsvergaben verursacht werden, diese aber in den aktuellen Plan/Ist-Kostenvergleichen überhaupt nicht erscheinen. Erst gegen Projektende gehen die einzelnen Rechnungen vermehrt ein und zum Schluss entsteht ein »Rattenschwanz« von Kostenbelastungen. In ähnlicher Form wirkt das »September- bzw. Dezemberwunder« der Verrechnung von Gemeinkosten gegen Ende eines Geschäftsjahres. Der Projektleitung wird zu Beginn eine zu positive Kostensituation vorgetäuscht, so dass der übliche Plan/Ist-Vergleich zu einer Farce werden kann.

Abhilfe kann eine *Bestellwertfortschreibung* – häufig auch Obligo-Fortschreibung genannt – schaffen. Bei dieser registriert man die einzelnen Aufträge kostenmäßig nicht erst nach Eingang der Rechnung, sondern notiert sie bereits zum Zeitpunkt der Vergabe als »Obligo«, d. h. als Kosten, die eigentlich schon aufgetreten sind. Das Projektmanagement erhält mit einer derartigen Bestellwertfortschreibung immer einen vollständigen Überblick über den Stand der bereits angefallenen Kosten sowie der eingegangenen Verpflichtungen, die noch zu Kosten führen. Z. B. kann in einem SAP R/3-System mittels des Bestellwesen-Moduls MM eine Aus-

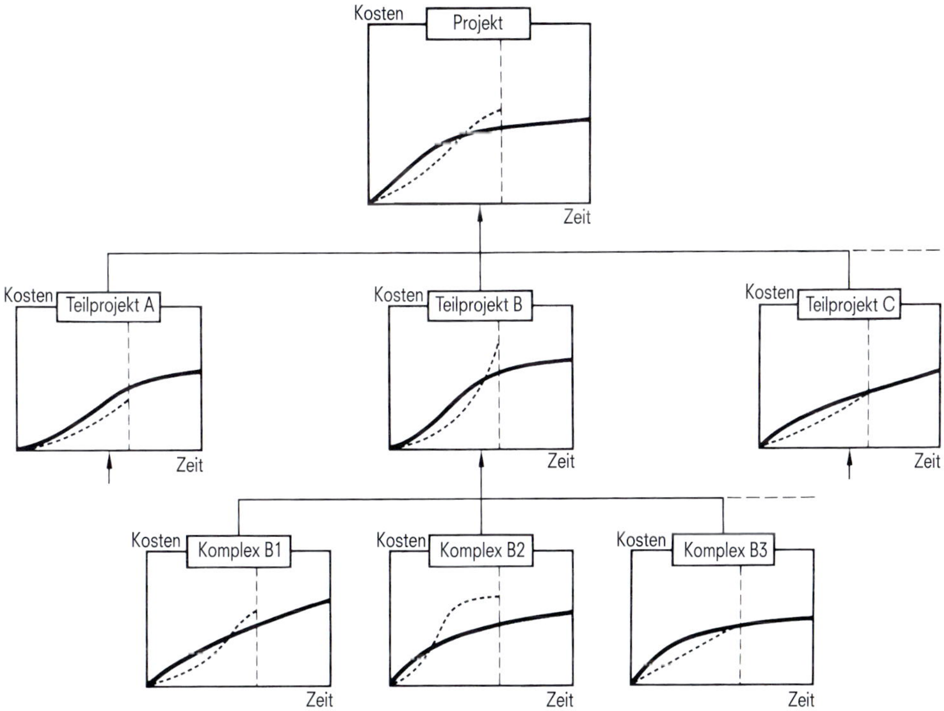

Bild 4.24 Hierarchie des Plan/Ist-Kostenvergleichs

weisung des Obligos auf PSP-Elemente der Projektstruktur erreicht werden.

In Bild 4.25 ist ein Kostenverlauf mit und ohne Bestellwertfortschreibung vereinfacht dargestellt. Hieraus geht hervor, dass eine Planabweichung bei einer Bestellwertfortschreibung viel eher erkannt wird (Zeitpunkt t_1) als eine solche ohne Bestellwertfortschreibung (Zeitpunkt t_2). Das gemeinsame Aufzeigen der Plan- und Istkosten mit dem Bestellwert und dem freigegebenen Budget führt dabei zu einer erheblich besseren Transparenz der Kostenkontrolle.

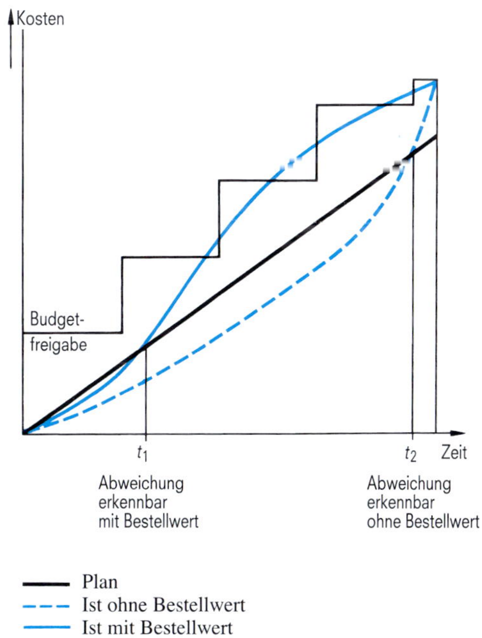

Bild 4.25 Bestellwertfortschreibung

Terminorientierte Kostenkontrolle

Der Kostenverlauf darf in einem Projekt nicht isoliert von den anderen Projektparametern betrachtet werden, d. h., er ist im Zusammenhang mit der gesamten Terminsituation und dem Fertigstellungsgrad zu sehen. Eine von der Terminsituation losgelöste Kostenkontrolle kann nämlich leicht zu falschen Aussagen führen, z. B. wenn eine Kostenüberschreitung (durch einen vorgezogenen Sachfortschritt) bewusst in Kauf genommen wurde, um eine Terminunterschreitung zu erreichen, oder wenn eine Kostenunterschreitung durch definierten Wegfall von Leistungsmerkmalen entstanden ist. Deshalb sollte sich die Kostenüberwachung auch an den *Terminen* und dem erreichten *Sachfortschritt* orientieren.

Kosten-Termin-Diagramm

Für eine solche »kombinierte« Kostenkontrolle, die also terminorientiert vorgeht, bietet sich das in Bild 4.26 dargestellte »Kosten-Termin-Diagramm« an, welches eine *Kosten-Termin-Analyse* zu ausgewählten Meilensteinen und damit zu definierten Sachfortschrittspunkten ermöglicht.

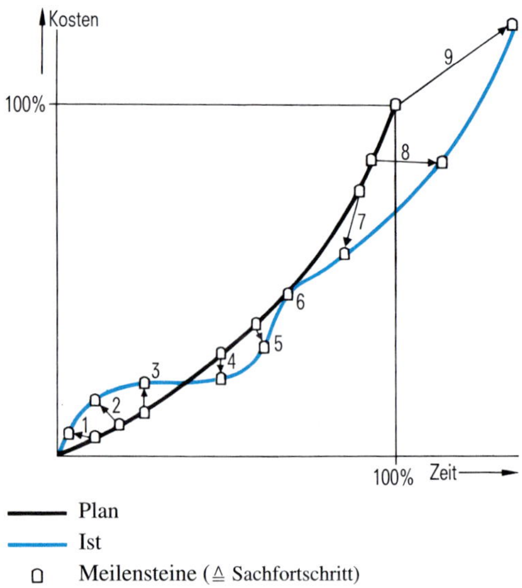

Bild 4.26 Kosten-Termin-Diagramm

In dem gezeigten Kurvenverlauf sind alle Kombinationen von Kosten- und Terminsituationen, die in einem Projekt an den einzelnen Meilensteinen auftreten können, beispielhaft angegeben. Hierbei sind folgende »Wanderungsrichtungen« der Meilensteine denkbar:

1 Planmäßige Kosten bei Terminunterschreitung
2 Kosten über Plan bei Terminunterschreitung
3 Kosten über Plan bei Termineinhaltung
4 Kosten unter Plan bei Termineinhaltung
5 Kosten unter Plan bei Terminverzug
6 Kosten und Termin plangerecht
7 Kosten unter Plan bei Terminunterschreitung
8 Planmäßige Kosten bei Terminverzug
9 Kosten- und Terminüberschreitung.

Das Kosten-Termin-Diagramm muss normalerweise manuell auf der Basis von Daten erstellt werden, die aus den projektunterstützenden Verfahren abzuleiten sind. Wird allerdings ein integriertes Projektführungssystem eingesetzt, bei dem also Termin- und Kostenüberwachung verfahrenstechnisch gemeinsam ablaufen, dann ist auch das automatische Erstellen einer Kosten-Termin-Analyse in der aufgezeigten Form möglich.

Termin-Kosten-Barometer

Zur Kurzdarstellung der Termin-Kosten-Situation für die Teilkomplexe eines Projekts kann man in einer Projektberichterstattung das in Bild 4.27 skizzierte Piktogramm eines »Termin-Kosten-Barometers« verwenden.

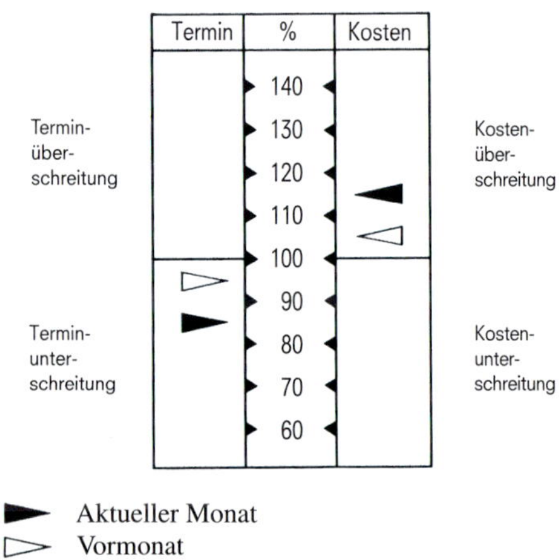

Bild 4.27 Termin-Kosten-Barometer

In dieser Darstellung werden die aktuellen und die vorangegangenen Termin- und Kostenabweichungen auf den Wert 100% »normalisiert« und einander gegenübergestellt. Die beiden

Kennzahlen für den Termin- und den Kostenvergleich sind wie folgt definiert:

$$T_V = \frac{T_{V'Ist}}{T_{Plan}} \times 100 \qquad (60)$$

T_V	Terminvergleich in %
$T_{V'Ist}$	Voraussichtliche Gesamtdauer
T_{Plan}	Plandauer;

$$K_V = \frac{K_{V'Ist}}{K_{Plan}} \times 100 \qquad (61)$$

K_V	Kostenvergleich in %
$K_{V'Ist}$	Voraussichtliche Istkosten
K_{Plan}	Plankosten.

Das in Bild 4.27 enthaltene Zahlenbeispiel drückt im Gegenüberstellen zum Vormonat bez. der Termine eine Verbesserung und bez. der Kosten eine Verschlechterung aus.

Sachfortschrittsorientierte Kostenkontrolle

Soll der Sachfortschritt in die Kostenkontrolle einbezogen werden, so ist eine Bewertung des jeweils erreichten Fortschrittstands erforderlich.

Der Wert einer erbrachten Arbeit wird durch den »Arbeitswert« – in Kapitel 4.3.3 näher erläutert – ausgedrückt. Unter dem Arbeitswert versteht man den geplanten Kostenwert für die tatsächlich erbrachte Arbeitsleistung; d. h., definierten Arbeitsergebnissen (z. B. zu einem bestimmten Meilenstein) ordnet man die äquivalenten Plankosten zu. Wird diese Größe in den Plan/Ist-Vergleich einbezogen, so erhält man eine Bewertungsgrundlage für die jeweils angefallenen Istkosten (Bild 4.28).

Abweichungsanalyse

Größere Abweichungen im Plan/Ist-Vergleich sind auf ihre Ursachen hin zu analysieren. Hierbei können Informationen aus anderen Projektplänen und -berichten, wie z. B. Terminpläne, Funktionsmerkmallisten und Fehlermeldungen, die eventuell bereits die »Schieflage« des Projekts aufzeigen, sehr hilfreich sein. In anderen Fällen können Abweichungen auch völlig unvorbereitet auftreten.

Wichtiges Qualitätsmerkmal eines Kosteninformationssystems ist, dass eine Abweichungsanalyse schnell und mit geringem personellen Aufwand durchführbar ist. Hierbei bieten sich mehrere Wege an:

▷ *Telefonische Rückfrage beim PM-Büro*; dort wird ein DV-Liste über einen Dialog angestoßen, deren Ausdruck an den Projektleiter (mit der Hauspost) gesandt wird.
Dieser Weg ist schlecht, da die Wartezeit mehrere Tage beträgt.

▷ *Einsichtnahme in eine detaillierte Projektliste*, die alle wichtigen Kostenelemente enthält und die dem Projektleiter als Information zu seinem Projekt regelmäßig geliefert wird.
Dies ist der bessere Weg. Die Analyse ist mit vorhandenen Unterlagen schnell möglich,

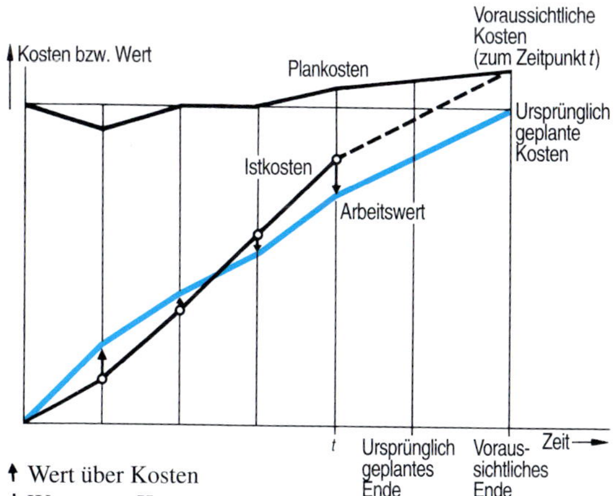

↑ Wert über Kosten
↓ Wert unter Kosten

Bild 4.28
Arbeitswert-Kosten-Verlauf

es besteht aber ein hoher Aufwand an Listenerzeugung und -verteilung.

▷ Der Projektleiter kann am *Bildschirm im Dialog* den Ursachen der Abweichung nachgehen.
Hier handelt es sich um den optimalen Weg; allerdings erfordert er ein umfassendes Kosteninformationssystem mit entsprechender Dialogabfrage.

Steuernde Maßnahmen und Planänderungen

Werden beim Plan/Ist-Vergleich von Aufwand und Kosten eines Projekts Abweichungen festgestellt, so kann man zunächst über steuernde Maßnahmen versuchen, die Projektsituation zu verbessern. Auf die möglichen *korrektiven Maßnahmen*, wie z. B. Erhöhen der Motivation, Beseitigen von Konflikten oder Verbessern der Qualifikation, soll an dieser Stelle nicht näher eingegangen werden, da sie bei fast jedem Projekt anders zu bewerten sind.

Greifen korrektive Maßnahmen im Projektablauf nicht, dann besteht als letzte Möglichkeit zum Korrigieren einer Plan/Ist-Abweichung das *Ändern der Planwerte* selbst. Hierdurch können allerdings die ursächlichen Probleme, die zur Abweichung führten, nicht gelöst werden.

Minderkosten kommen häufig dadurch zustande, dass wegen fehlender oder an einem anderen Projekt noch gebundener Ressourcen die Arbeiten am Projekt nicht planmäßig begonnen werden konnten.

Mehrkosten sollten nur dann zulässig sein, wenn der Projektinhalt sich erhöht hat, z. B. durch einen Zusatzauftrag des Kunden im Rahmen des bestehenden Projekts, oder wenn auf Grund falscher Vorgaben ein zu geringer Ansatz in der Vorkalkulation gemacht wurde. Erwartete Mehrkosten, die bei Aktualisierung der Planung zu Planerhöhungen führen, müssen sehr genau begründet, d. h. die Ursachen für die Mehrkosten genannt werden. Dies ist vor allem bei Kundenprojekten leicht einzusehen, weil Mehrkosten das Projektergebnis um einen Betrag in gleicher Höhe verschlechtern, wenn durch die Mehrkosten der Umsatz nicht gleichzeitig gesteigert werden kann.

Planerhöhungen im Budget sollten nur in bestimmten zeitlichen Abständen zulässig sein. Üblich ist ein jährlicher, halbjährlicher oder aber auch vierteljährlicher Turnus. Deshalb bietet es sich in Plan/Ist-Vergleichslisten auch an, *zwei* Planwerte, nämlich den (beständigeren) Budgetplanwert neben dem aktuellen Arbeitsplanwert – mit entsprechender Angabe der prozentualen Abweichungen –, gemeinsam auszuweisen.

4.2.5 Trendanalysen für Aufwand/Kosten

Wie weiter oben bereits erläutert, werden bei der Aufwands- und Kostenkontrolle mit Hilfe eines Plan/Ist-Vergleichs den ursprünglichen oder auch den aktualisierten Planwerten die angefallenen Istaufwände bzw. Istkosten gegenübergestellt. Ziel dieses Vergleichs ist, Rückschlüsse hinsichtlich der Aufwands- und Kostensituation des Projekts zu ziehen. Im Gegensatz zu einem solchen, mehr *statischen* Vergleich stehen die Trendanalysen, die einem »Plan/Plan-Vergleich« entsprechen und damit einen mehr *dynamischen* Vergleich darstellen. Nicht die momentane Istgröße ist hier das entscheidende Vergleichskriterium, sondern aus dem wertmäßigen Verlauf der regelmäßig aktualisierten Plangrößen wird eine Extrapolation in die Projektzukunft unternommen, die Antwort auf die Frage »Wohin geht das Projekt?« geben soll. Grundgedanke dieser anderen Betrachtungsweise ist die Überlegung, dass eine punktuelle Plan/Ist-Abweichung normalerweise noch keine Gefährdung der Projektrahmendaten darstellen darf, dagegen eine immer wieder auftretende – wenn auch geringfügige – Planverschiebung in ihrer Summierung eine erhebliche Projektgefährdung bedeuten kann.

Daher sollte man neben einem Plan/Ist-Vergleich immer auch eine *Trendanalyse*, also einen Plan/Plan-Vergleich der relevanten Projektgrößen vornehmen.

Für eine Trendanalyse sind allerdings zwei Voraussetzungen notwendig:

▷ Alle Planstände in einem Projektablauf müssen aufbewahrt und
▷ die Planwerte müssen laufend – möglichst in periodischer Folge – aktualisiert werden.

Im letzteren Fall ist also in regelmäßigen Abständen eine *Restaufwands- bzw. Restkostenschätzung* durchzuführen. Hierbei kann – besonders bei einer Restaufwandsschätzung – das konsequente Anwenden der Netzplantechnik eine große Hilfe sein. Gibt es nämlich einen Netzplan in einem DV-gestützten Verfahren für das gesamte Projekt und wird dieser regelmäßig in seinen einzelnen Planaufwänden aktualisiert, so lassen sich die Gesamtplanaufwände für eine Trendanalyse sehr leicht aus den verschiedenen Netzplanständen ableiten. Beispielsweise erlaubte die Projektdatenbasis des Verfahrens REPROPLIK das automatische Generieren einer *Aufwandstrendanalyse* (ATA), allerdings nur in einer tabellarischen Darstellung.

Aufwands- bzw. Kostentrendanalyse

Da die eigentliche Analyse des Trends, d. h. die Extrapolation in die Zukunft naturgemäß der Mensch selbst übernehmen muss, ist es am besten, den Verlauf der einzelnen Planwerte grafisch darzustellen. Verbreitet ist die Matrixform nach Bild 4.29, die sowohl für eine *Aufwands-* (ATA) als auch für eine *Kostentrendanalyse* (KTA) verwendet werden kann. Wie in dem Bild zu erkennen ist, gibt es drei grundsätzliche Trendaussagen, die aus dem extrapolierten Kurvenverlauf einer Aufschreibung laufend aktualisierter Planwerte abgeleitet werden können:

Ansteigender Trend, d. h. mit einem weiteren Anstieg des Aufwands bzw. der Kosten ist im weiteren Projektverlauf zu rechnen (○),

Haltender Trend, d. h. die Aufwands- bzw. die Kostenziele werden im weiteren Projektverlauf wahrscheinlich eingehalten (△),

Abfallender Trend, d. h. die ursprünglich gemachten Planansätze für Aufwand bzw. Kosten werden voraussichtlich unterschritten (□).

Kosten-/Meilenstein-Trendanalyse

Wird auch bei dem Plan/Plan-Vergleich eine »integrierte« Kosten-Terminkontrolle beabsichtigt, so bietet es sich an, die grafische Darstellung der Kostentrendanalyse mit der einer Termintrendanalyse zu verbinden. Voraussetzung ist hierbei, dass ein gemeinsamer Maßstab für die Zeitachse gewählt wird. Bild 4.30 zeigt eine solche gemeinsame Darstellung der Kostentrendanalyse mit einer Meilenstein-Trendanalyse.

Bei dieser kombinierten *Kosten-/Meilenstein-Trendanalyse* (KMTA) werden die einzelnen Meilensteine sowohl in ihren sich verändernden Planterminen als auch den zugehörigen Plankosten verfolgt. In dem gezeigten Beispiel konnte der Aufgabenkomplex 1 wohl kostengerecht fertig gestellt werden, aber mit einer Terminüberschreitung. Der Aufgabenkomplex 3 entwickelt sich in beiden Projektparametern

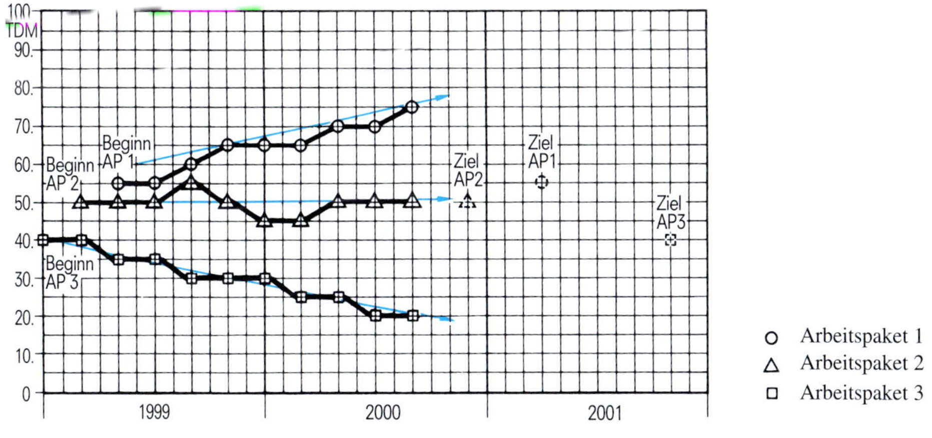

Bild 4.29 Matrixform einer Kostentrendanalyse

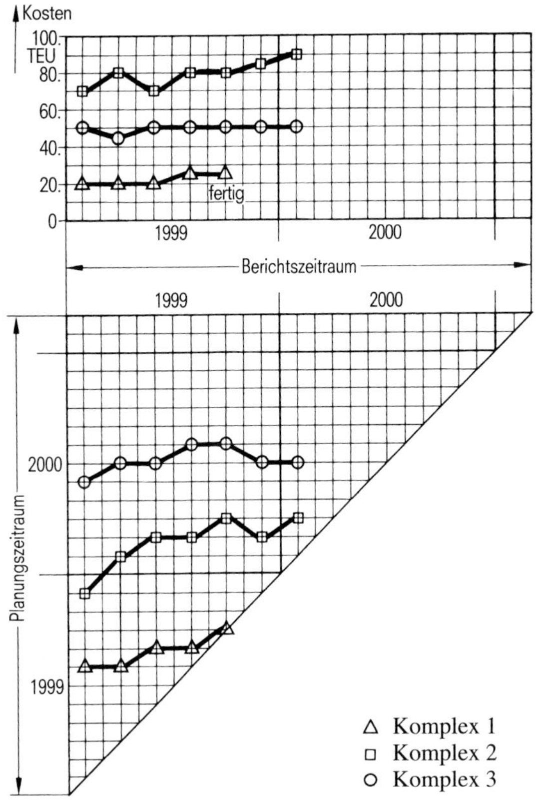

Bild 4.30 Kombinierte Kosten-/Meilenstein-Trendanalyse

plangerecht, dagegen ist für den Komplex 2 sowohl eine Kosten- als auch Terminüberschreitung zu erwarten. In der Praxis hat es sich häufig als schwierig herausgestellt, einem bestimmten Meilenstein – zu dem wohl der jeweils aktuelle Plantermin bekannt ist – auch alle geplanten Kosten zuzuordnen. Der Grund hierfür liegt darin, dass die Kostenstrukturierung meist keinen Bezug auf die Meilensteingliederung nimmt. Dieses Problem kann dadurch beseitigt werden, indem sowohl die Kostenstrukturierung als auch die Meilensteinplanung die *Produktstruktur* als gemeinsame Grundlage nehmen.

»Prozentuale« Kostentrendanalyse

Wie bereits erwähnt, ist eine regelmäßige Aufwands- bzw. Kostenschätzung (Gesamt oder Rest) Voraussetzung für die Planverfolgung innerhalb einer Trendanalyse. Sind in einem Entwicklungsprojekt solche Schätzungen nicht durchführbar, so ist eine Trendüberwachung auch in einer anderen Form möglich. Hierzu sind zumindest die Istwerte regelmäßig zu erfassen, die mit dem vorgegebenen Planwert einen prozentualen *Auflauf* des Aufwands bzw. der Kosten ergeben.

$$AA \text{ bzw. } KA = \frac{Y_{\text{V'Ist}}}{Y_{\text{Plan}}} \times 100 \qquad (62)$$

AA Aufwandsauflauf
KA Kostenauflauf
Y_{Ist} Istwert der Projektgröße
Y_{Plan} Planwert der Projektgröße.

Dieser Wert, über der Zeit aufgetragen, ergibt bei entsprechender Extrapolation ebenfalls eine Trendaussage. Es müssen hierbei allerdings eventuelle Plankorrekturen des Aufwands bzw. der Kosten sowie auch Terminkorrekturen entsprechend berücksichtigt werden.

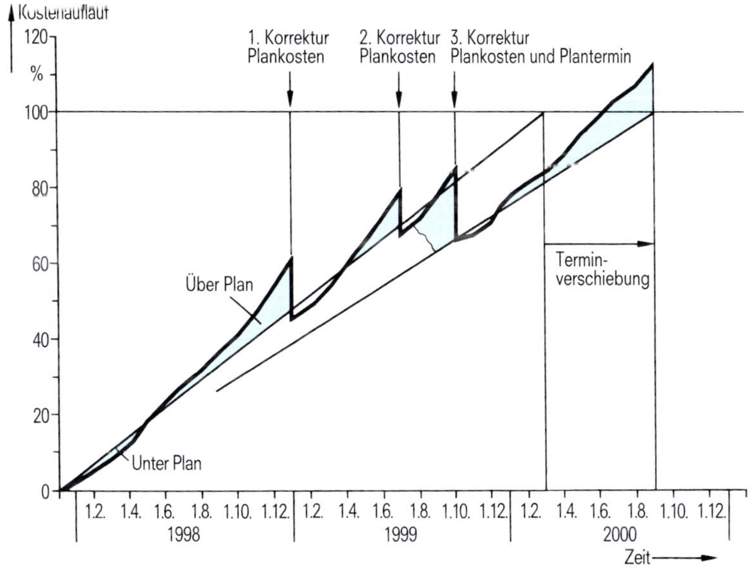

Bild 4.31
»Prozentuale«
Kostentrendanalyse

In Bild 4.31 ist eine solche »prozentuale« Kostentrendanalyse gezeigt.

4.2.6 Ergebnisermittlung

Große Entwicklungsprojekte werden meist im Rahmen eines FuE-Budgets des Entwicklungsbereichs eines Unternehmens abgewickelt und nach den Vorgaben eines *Kostenzentrums* geführt. Hier werden bei einer Betriebe-Organisation, wie in Kapitel 2.4.1 bereits erläutert, allein die Kosten gemäß ihren Plan- und Istwerten betrachtet und auf Planerfüllung überwacht. Der Gewinn der erbrachten Produkte, Systeme oder Anlagen wird in den Vertriebsabteilungen (z. B. im Account Office) ausgewiesen, die dafür die in den Entwicklungsabteilungen entstandenen Kosten zu tragen haben.

In verstärktem Maße, besonders im IT-Geschäft, werden die Entwicklungsabteilungen bereits als eigene *Ertragszentren* (Profit Center) organisiert. Hier wird jede organisatorisch eigenständige Entwicklungsabteilung betriebswirtschaftlich als separate Kostenstelle mit einer Haben- und einer Sollseite geführt. Da die Projekte aber meist wegen des verteilten Knowhows über mehrere Abteilungen und damit über mehrere Kostenstellen abgewickelt werden, arbeiten Mitarbeiter, die zu verschiedenen Kostenstellen gehören, häufig an ein und demselben Projekt. Aus diesem Grunde wird die Kosten-/Ergebnisdarstellung »zweidimensional« vorgenommen (siehe Bild 4.32).

Einerseits werden die *Gemeinkosten* (GK) der Abteilungen auf deren Kostenstellen-Konten zusammengeführt und andererseits werden die projektbezogenen Kosten auf »Projektkonten«, z. B. den Elementen der Projektstrukturen, gesammelt. Zu den Gemeinkosten zählen die Gehälter und die damit verbundenen Sozialkosten aller zur Abteilung bzw. Kostenstelle gehörenden Mitarbeiter, unabhängig davon in welchem Projekt sie mitarbeiten, sowie die »materiellen« Kosten der Abteilung, wie Raummieten, Telefon, Investitionen, allgemeine Umlagen etc.

In die *allgemeinen Umlagen* fließen anteilig die Kosten für den »Overhead« eines Unternehmens, also die Kosten für das Top-Management, für die Personalabteilung, für die Finanzbuchhaltung, für die Kantinenbewirtschaftung und für alle anderen Zentralabteilungen. Es können auch die Kosten für die so genannten *Fehlleistungen* einfließen, soweit sie einem Projekt oder einer Kostenstelle nicht direkt zuordenbar sind; hierzu zählen z. B. die Fehlerbehebungskosten nach Ablieferung von Produkten bzw. Systemen, Kosten für unentgeltliche Nachbesserungen, sonstige Gewähr-

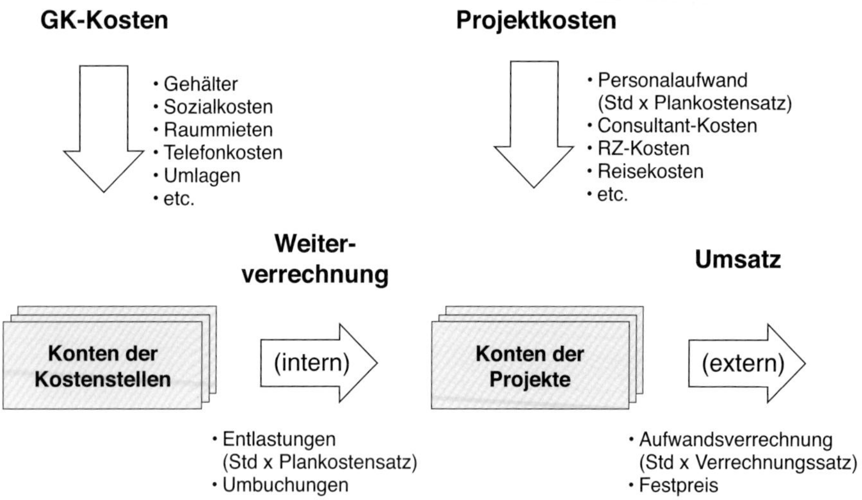

Bild 4.32 Gemeinkosten und Projektkosten

leistungskosten, Konventionalstrafen, Aufwendungen für nicht produktiv eingesetztes Personal, Angebotskosten für entgangene Aufträge sowie Kosten für abgebrochene Entwicklungs- oder Vorleistungsprojekte.

Als *Projektkosten* gelten alle für dieses Projekt angefallenen Personalleistungen, unabhängig von der Kostenstellenzugehörigkeit der Projektmitarbeiter sowie alle sonstigen projektbeziehbaren Kosten, wie Consultant-Kosten, RZ-Kosten, Reisekosten. Der projektbezogene Personalaufwand wird durch die mitarbeiterbezogene Stundenkontierung ermittelt, indem die Stundenanzahl mit dem so genannten Plankostensatz multipliziert wird.

Mit diesem Wert wird nun nicht nur das jeweilige Projektkonto *belastet*, sondern auch die Kostenstelle des betreffenden Mitarbeiters *entlastet*. Auf diese Weise der internen Weiterverrechnung werden alle Kosten, die einen »produktiven Gegenwert« haben, von den Kostenstellen auf die Projekte übergerechnet. Kostenstellen von Abteilungen, deren Mitarbeiter alle gemäß ihrer Sollstundenzahl produktiv in Projekten – egal ob in Projekten der eigenen Abteilung oder fremder Abteilungen – arbeiten, entlasten sich damit auf Null; es bleiben dann keine Kosten auf der Kostenstelle stehen. Teilweise können auch Kostenumbuchungen von einer Kostenstelle auf andere Kostenstellen stattfinden, wie z. B. bei der gemeinsamen Nutzung von Räumen und Sekretariaten. Entlastet sich die Kostenstelle insgesamt höher, kann dies sogar zu einem Ergebnis der Kostenstelle führen, dem *GK-Ergebnis*.

Der Plankostensatz einer Kostenstelle wird gemeinhin zu Beginn eines Geschäftsjahres ermittelt und zwar mittels Division der geplanten Gemeinkostensumme der Kostenstelle einer Abteilung mit den geplanten produktiven Stunden der zur Abteilung gehörenden Mitarbeiter.

$$KS_{\text{Plan}} = \frac{K_{\text{GK}}}{S_{\text{prod}}} \qquad (63)$$

KS_{Plan} Plankostensatz
K_{GK} Gemeinkosten einer Kostenstelle
S_{prod} Produktivstunden aller Mitarbeiter.

Die Verrechnung an den externen Auftraggeber, die *Umsatzlegung*, wird direkt von den Projektkonten vorgenommen; dies geschieht entweder über eine Aufwandsverrechnung oder über einen vorab vereinbarten Festpreis. Bei der Aufwandsverrechnung werden die auf das Projekt kontierten Stunden, unabhängig der Kostenstellenzugehörigkeit, mit einem Verrechnungsssatz, der normalerweise über dem (gemittelten) Plankostensatz der beteiligten Kostenstellen liegt, multipliziert und dem Auftraggeber mit eventuellen Zusätzen, wie RZ-Kosten und Reisekosten, in Rechnung gestellt. Ein Festpreis muss so kalkuliert sein, dass er höher liegt als die angefallenen Projektkosten. Die Differenz zwischen dem in Rechnung gestellten Umsatzwert und den Projektkosten bildet dann das *Projektergebnis*. Sowohl die Plankostensätze als auch die Verrechnungssätze können je nach Leistungskategorie (Assistenzkraft, Sachbearbeiter, Projektleiter, Berater etc.) unterschiedlich hoch kalkuliert werden, was natürlich die Ergebnisermittlung etwas komplizierter macht.

Für die Ergebnisermittlung einer Abteilung werden deren GK-Ergebnis und die Projektergebnisse aller zur Abteilung gehörenden Projekte zum Gesamtergebnis der Abteilung addiert. Liegt der ehemals ermittelte Plankostensatz nahe bei dem letztendlich vorhandenen

Aufwandserfassung

Mitarbeiter	Kostenstelle	Plan-kostensatz EUR/Std.	Kontierte Stunden Projekt A	Projekt B	Projekt C	Mehr/Minder Stunden
Meier	8105	80,–	300 Std.	800 Std.	600 Std.	+ 100 Std.
Huber	8105	80,–	200 Std.	1400 Std.	–	
Schmidt	8105	80,–	–	400 Std.	1200 Std.	
Scholz	4796	90,–	–	600 Std.	1000 Std.	
Weber	4796	90,–	400 Std.	–	1000 Std.	./. 200 Std.

Ergebnisrechnung Kostenstelle 8105

Gehälter	210.000
Mieten	24.000
Sonstiges	150.000
Summe GK	384.000
Entlastung	392.000
GK-Ergebnis	+ 8.000 ☺

Projekt A	
Umsatz	90.000
Kosten	76.000
Ergebnis	+ 14.000 ☺

Projekt B	
Umsatz	260.000
Kosten	262.000
Ergebnis	./. 2.000 ☹

GK-Ergebnis	+ 8.000
Proj.-Erg. A	+ 14.000
Proj.-Erg. B	./. 2.000
Abt.-Ergebnis	+ 20.000 ☺

Ergebnisrechnung Kostenstelle 4796

Gehälter	150.000
Mieten	18.000
Sonstiges	120.000
Summe GK	288.000
Entlastung	270.000
GK-Ergebnis	./. 18.000 ☹

Projekt C	
Umsatz	343.000
Kosten	324.000
Ergebnis	+ 19.000 ☺

GK-Ergebnis	./. 18.000
Proj.-Erg. C	+ 19.000
Abt.-Ergebnis	+ 1.000 😐

☺ positives Ergebnis
😐 schwaches Ergebnis
☹ negatives Ergebnis

Bild 4.33 Rechenmodell

Personalkostensatz, so wird das Abteilungsergebnis im Wesentlichen auf den Projekten ausgewiesen.

$$\begin{aligned} E_{GK} &= U_{int} - K_{GK} \\ E_P &= U_{ext} - K_P \\ E_{ges} &= E_{GK} + E_P \end{aligned} \qquad (64)$$

E_{GK} Gemeinkosten-Ergebnis
E_P Projektergebnis
E_{ges} Gesamtergebnis
K_{GK} Gemeinkosten
K_P Projektkosten
U_{int} Weiterverrechnung (intern)
U_{ext} Umsatz (extern).

Der Grundgedanke dieser »zweidimensionalen« Kosten-/Ergebnisausweisung ist der, einerseits die *Produktivität* einer Kostenstelle und andererseits die *Profitabilität* der Projekte transparent darzustellen. Es ist also zum einen klar zu erkennen, ob in einer Kostenstelle alle Mitarbeiter produktiv in Projekten, d. h. kontierend mitarbeiten, und zum anderen zeigt sich sehr deutlich, welche Projekte gewinnbringend sind und welche nicht.

Das Rechenmodell in Bild 4.33 soll dieses anhand eines einfachen Zahlenbeispiels nochmal veranschaulichen. Wie aus dem Beispiel zu ersehen ist, haben die Mitarbeiter der Kostenstelle 4796 einen recht hohen Plankostensatz von 90,– EUR/Std. und bei der produktiven Auslastung der Mitarbeiter dieser Kostenstelle (Sollstundenzahl 1600 Std.) fehlen zudem 200 Stunden; dies führt dazu, dass das gute Projektergebnis des Projekts C durch das negative GK-Ergebnis der Kostenstelle wieder aufgezehrt wird.

Dagegen kann die Kostenstelle 8105 das negative Projektergebnis im Projekt B durch ein gutes GK-Ergebnis und ein gutes Projektergebnis im Projekt A voll ausgleichen, so dass noch ein akzeptables Gesamtergebnis erreicht wird. Quintessenz bei dieser Ergebnisbetrachtung müssen Überlegungen zur Kostensenkung in der Kostenstelle 4796 sein, und es muss angestrebt werden, künftig keine Projektaufträge mit Renditeaussichten wie beim Projekt B anzunehmen.

Für einen Projektleiter, der Projekte in einem ertragsorientierten Entwicklungsbereich zu leiten hat, entsteht damit eine zusätzliche wichtige Projektmanagement-Aufgabe, die Aufgabe des Ergebnis-Controllings. Projekte müssen hier nicht nur in dem vorgesehenen Kostenrahmen liegen, die geplanten Termine einhalten, die vereinbarte Leistung und Qualität bringen, sondern die Projekte müssen auch ein ausreichendes Ergebnis erwirtschaften.

4.3 Sachfortschrittskontrolle

Neben den beiden Hauptpfeilern der Projektsteuerung, der Terminkontrolle und der Aufwands-/Kostenkontrolle, steht die Sachfortschrittskontrolle. Obwohl sie für eine effiziente Projektführung eigentlich die zentrale Kontrollmaßnahme darstellt, ist eine solche im Entwicklungsbereich häufig nur schwer erreichbar.

Dies liegt daran, dass im Gegensatz zur Termin-, Aufwands- und Kostenkontrolle für die Sachfortschrittskontrolle keine geeigneten Messgrößen vorliegen; es gibt eben keine »Maßeinheit« für den Sachfortschritt. Eine Überwachung des Sachfortschritts ist daher auch nur auf *mittelbarem* Weg möglich. Kernfrage bei einer Sachfortschrittskontrolle ist immer, ob zu den aufgewendeten Kosten die äquivalente Leistung vorliegt, also ob z. B. bei 50%-Kosten- bzw. Aufwands-»Verbrauch« auch 50%-Leistung erbracht worden ist.

Bei einer Sachfortschrittskontrolle ist – streng genommen – zu unterscheiden zwischen der

- ▷ Kontrolle des *Produkt*fortschritts und der
- ▷ Kontrolle des *Projekt*fortschritts.

Produktfortschritt und Projektfortschritt hängen zwar eng zusammen, unterscheiden sich aber in ihrem Betrachtungsfeld und ihren Kenngrößen; auch ist eine Berührung mit der Qualitätssicherung gegeben.

Mit *Produktfortschritt* wird der voranschreitende Grad der Zielerreichung technischer Daten angesprochen, also inwieweit man z. B. die geplante Speicherdichte eines Speichermediums oder die angestrebte Bandbreite eines Übertragungssystems erreicht hat. Daneben wird im Rahmen der Qualitätssicherung geprüft, ob einerseits bestimmte Entwurfsdokumente zu ausgewählten Zeitpunkten vollständig und richtig vorliegen (Inspektion) und andererseits die erbrachten Realisierungsergebnisse den geforderten Leistungsmerkmalen entsprechen (Test).

Beim *Projektfortschritt* betrachtet man dagegen den Verlauf typischer Projektparameter, wie Termine, Aufwände und Kosten in ihrer jeweiligen Planerfüllung; hier steht also die Frage nach dem Fertigstellungsgrad im Vordergrund. Ein sehr guter Ansatz zur Projektfortschrittskontrolle stellt eine *Arbeitswertbetrachtung* dar; bei dieser wird zu einem Stichtag der Wert der erbrachten Arbeit, der Arbeitswert, in seinem Verhältnis zu den anteiligen Plankosten und den zum Stichtag aufgelaufenen Istkosten analysiert.

Jede Fortschrittskontrolle setzt letztendlich fundierte *Restschätzungen* voraus, also Aufwands- bzw. Kostenschätzungen für den noch zu leistenden »Entwicklungsrest« sowie Schätzungen für die noch erforderliche Entwicklungszeit. Hierbei treten allerdings zwei signifikante Probleme auf, nämlich die eindeutige Definition des »Entwicklungsrests« und die treffsichere Schätzung des hierfür notwendigen Aufwands, der Kosten und der Dauer. Trotz fehlender messbarer Größen für den Sachfortschritt bieten sich einige (sekundäre) *Kontrollindizes* für die Projektkontrolle an.

Das Überwachen des Produkt- und Projektfortschritts dient insgesamt zur Feststellung des jeweiligen Produkt- bzw. Projektstatus und bildet damit eine wichtige Voraussetzung für eine wirkungsvolle Qualitätssicherung.

4.3.1 Produktfortschritt

Das Überwachen des Produktfortschritts stellt im Gegensatz zur Projektfortschrittsüberwachung und Qualitätssicherung eine inhaltliche Kontrolle des erreichten Entwicklungsstandes dar. Es stehen also nicht die Fragen »wie viel ist fertig« bzw. »ist es fehlerfrei realisiert worden« im Vordergrund, sondern die Frage »wieweit sind die Leistungsmerkmale *schon* erreicht«. Das Feststellen des Produktfortschritts, d. h. des Entwicklungsfortschritts, ist damit nur auf Basis des genauen technischen Wissens der bestehenden Leistungs- und Funktionsanforderungen und der inneren Struktur des zu entwickelnden Produkts bzw. Systems möglich; es liegt deshalb i. Allg. auch nicht im direkten Aufgabenbereich des Projektmanagements, sondern in der Entwicklung selbst. Trotzdem wird an dieser Stelle kurz auf Aspekte und Möglichkeiten der Produktfortschrittskontrolle eingegangen.

Messbare Produktgrößen

Wie bei jeder Sachfortschrittskontrolle ist auch beim Überwachen des Produktfortschritts die *Messbarkeit* aussagerelevanter Produktgrößen entscheidend. Leistungsmerkmale können sich einerseits in eindeutigen physikalischen oder statistisch bestimmbaren Größen niederschlagen, wie z. B.:

- Frequenzbandbreite von Funk- und Radargeräten,
- elektrische Leistung von Motoren,
- Verlustleistung bei elektronischen Schaltungen,
- Durchsatzrate bei Schaltgeräten,
- Zugriffszeiten bei SW-Programmen,
- »Fehlerfreiheit« einer Software,
- Durchsatzrate bei Datenbanksystemen,
- Verfügbarkeit von HW/SW-Systemen usw.

Andererseits drücken sich Leistungsmerkmale auch in nicht exakt bestimmbaren Eigenschaften aus, wie z. B.

- Ergonomie,
- Wartbarkeit,
- Portabilität,
- Langlebigkeit,
- Sicherheit usw.

Die Letzteren können natürlich nicht in ihrem »Fortschritt« gemessen werden; sie sind im Rahmen der Qualitätssicherung auf ihren *Erfüllungsgrad* zu prüfen.

Produktfortschritt-Diagramm

Leistungsmerkmale, die als Produktgrößen eindeutig messbar sind, können also hinsichtlich ihres technischen Fortschritts projektbegleitend kontrolliert werden. Ein sehr einprägsames Beispiel kann die Raumfahrt liefern; so stellen bei der Entwicklung einer Rakete die Größen Schubkraft und Nutzlast wichtige, aber konkurrierende Leistungsmerkmale dar (Bild 4.34).

Wie das Bild verdeutlicht, ist es nicht selten, dass aus technischen Gründen die Stärke der tigt – oder noch nicht fertig ist. Wie weit ein bereits begonnenes Arbeitspaket schon fertig ist, interessiert hierbei nicht mehr. Ist das Projekt in genügend kleine Arbeitspakete unterteilt und verfügen diese in etwa über gleich große Arbeitsvolumina, so kann durch Gegenüberstellen der (ganz) fertigen und der noch nicht fertigen Arbeitspakete ein absoluter Fertigstellungsgrad des Projekts ermittelt werden (Beispiel b)).

Beispiel b)

n Arbeitspakete	20 MM fertig	→ 29%
m Arbeitspakete	50 MM nicht fertig	→ 71%
Projekt	70 MM 29% fertig	↵

Beispiel c)

10 Arbeitspakete	*x* MM fertig	→ 25%
30 Arbeitspakete	*y* MM nicht fertig	→ 75%
Projekt	$x + y$ MM 25% fertig	↵

Bei Beispiel b) wurden für das Bestimmen des absoluten Fertigstellungsgrades die Arbeitsvolumina der Arbeitspakete zu Grunde gelegt, wobei genau genommen noch zwischen Ist- und Planwerten zu unterscheiden wäre. In Beispiel c) ist die Unsicherheit der Planwerte herausgenommen, da für den Rechnungsgang die reine Anzahl fertiger Arbeitspakete herangezogen wurde. In dem letzteren Fall müssen allerdings genügend viele Arbeitspakete in etwa gleicher Größe vorhanden sein, weil sonst ein falscher Bezug entstehen kann.

Liegt ein Netzplan vor, in welchem die Arbeitspakete als Vorgänge definiert sind, so kann der absolute Fertigstellungsgrad auch automatisch vom Netzplanverfahren ermittelt werden. Da ein Netzplanverfahren zwischen abgeschlossenen, in Arbeit befindlichen und noch nicht begonnenen Vorgängen unterscheiden kann, ist darüber hinaus auch eine gemischte Bestimmung des Fertigstellungsgrades möglich, wie Beispiel d) zeigt.

Beispiel d)

n Arbeitspakete	50 MM	100% fertig	→ 33%
m Arbeitspakete	20 MM	32% fertig	→ 4%
l Arbeitspakete	80 MM	0% fertig	→ 0%
Projekt	150 MM	37% fertig	↵

Hierin ist der Fertigstellungsgrad für die in Arbeit befindlichen Vorgänge relativ bestimmt und dem Prozentwert der bereits fertigen Arbeitspakete hinzugerechnet worden.

Prozessbezogener Fertigstellungsgrad

Ein *prozessbezogener* Fertigstellungsgrad wird nicht durch einen Prozentwert ausgedrückt, sondern durch eine prozessbezogene Aussage hinsichtlich der erreichten und offiziell abgenommenen Meilensteine. Bei dieser Vorgehensweise ist es allerdings unerlässlich, den gesamten Entwicklungsprozess in klar definierte Standard-Meilensteine zu untergliedern, wie es z. B. bei der in Kapitel 2.5.4 behandelten Prozessorganisation der Fall ist. Hier besitzt jeder Standard-Meilenstein eine allgemein gültige Bezeichnung mit einem eindeutig definierten Sachinhalt, wie z. B.

- ▷ A30 Leistungsbeschreibung,
- ▷ T34 Integrationsgetestetes Funktionsmuster,
- ▷ B70 Lieferfreigabe Serie.

Im Projektfortschrittsbericht ist dann nicht mehr der numerische Wert für den Fertigstellungsgrad von Bedeutung, sondern die Auflistung der erreichten (und abgenommenen) Meilensteine des Entwicklungsprozesses.

Als ein sehr praktisches und doch einfaches Hilfsmittel hat sich bei einer meilensteinorientierten Sachfortschrittskontrolle die Meilenstein-Trendanalyse erwiesen (siehe hierzu Kap. 4.1.4); bei dieser wird in einer grafischen Darstellung systematisch der terminliche Trend in der Fertigstellung der einzelnen Meilensteine aufgezeigt, aus dem dann auf den weiteren Projektfortschritt geschlossen werden kann.

Grafische Darstellung

Für das grafische Darstellen des Fertigstellungsgrades einzelner Arbeitspakete bietet sich das Balkendiagramm an, in dem die einzelnen Balken für die Arbeitspakete entsprechend ihrer Fertigstellung z. B. »geschwärzt« sind (Bild 4.36). So erhält man mit Orientierung an einer aktuellen Tageslinie (Stichtag, Zeitlot) einen guten Überblick über den Projektfortschritt.

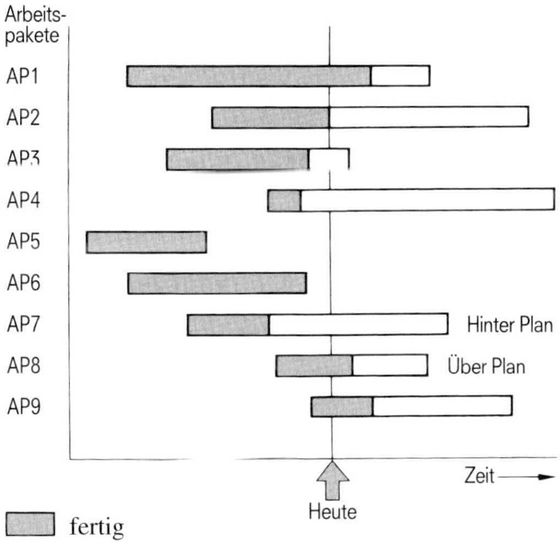

Bild 4.36
Angabe des Fertigstellungsgrades im Balkendiagramm

Verfügt das Projektführungssystem über eine Eingabemöglichkeit des Fertigstellungsgrades, dann kann die Schwärzung der Balken auch das Verfahren übernehmen, wie z. B. bei MS Project (siehe Kap. 6.3.3). Hierbei sind zwei Varianten, wie im Bild 4.4 gezeigt, möglich, nämlich ohne und mit Änderung der Plantermine; bei der zweiten Variante werden die Balken so verschoben, dass die »Schwärzungen« alle genau am Stichtag enden.

4.3.3 Arbeitswertbetrachtung

Der Sachfortschritt in einem Projekt lässt sich wesentlich genauer durch die Betrachtung des »Wertes« einer geleisteten Arbeit, den *Arbeitswert*, beurteilen; rechnerisch entspricht er den geplanten Kosten der bis zum Stichtag tatsächlich erbrachten Arbeitsleistung, das sind die Kosten, die z. B. beim Erreichen eines bestimmten Meilensteins laut Plan dafür hätten anfallen dürfen.

Der Arbeitswert ist die monetäre Bewertung des Fertigstellungsgrades; im Englischen entspricht es dem „Earned Value“. Nach DIN 69903 ist es der Fertigstellungswert, auch als Leistungswert bezeichnet.

Bestimmen des Arbeitswerts

Der Verlauf des Arbeitswerts wird am besten durch das definierte Erreichen einzelner Meilensteine oder durch die Fertigstellung einer festgelegten Anzahl Arbeitspakete bestimmt. Der Schnittpunkt der Horizontalen durch die Planposition eines Meilensteins bzw. einer Arbeitspaketmenge mit der Vertikalen durch den Fertigstellungszeitpunkt des Meilensteins bzw. der Arbeitspaketmenge ergibt den zugehörigen Arbeitswert (Bild 4.37).

Hierbei sind die einzelnen Größen wie folgt definiert:

Anteilige Plankosten $K_{A'Plan}$ =
geplante Kosten für die geplante Arbeitsleistung

Aufgelaufene Istkosten K_{Ist} =
angefallene Kosten für die tatsächliche Arbeitsleistung

Arbeitswert W =
geplante Kosten für die tatsächliche Arbeitsleistung.

Beim gezeigten Kurvenverlauf des Arbeitswerts wird davon ausgegangen, dass keine neuen Aufgaben auf Grund zusätzlicher Anforderungen hinzugekommen sind und der angesetzte Gesamtplanwert realistisch erscheint. Der Arbeitswert überschreitet daher auch nicht den Wert des Gesamtplans (Budget); der Endpunkt des voraussichtlichen Arbeitswertverlaufs kann allerdings den geplanten Endtermin sowohl unter- als auch überschreiten.

Der Arbeitswert wird also allein von der terminlichen Situation, d. h. vom Fertigstellungsgrad definierter Arbeitsmengen, bestimmt.

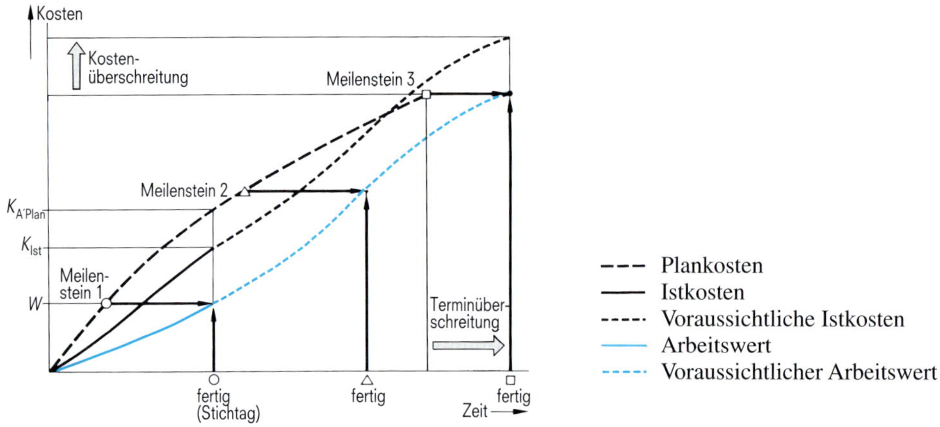

Bild 4.37 Bestimmen des Arbeitswerts

Der Verlauf der Istkosten hat unmittelbar keinen Einfluss auf den Arbeitswert; diese müssen für das Bestimmen des Arbeitswerts daher auch nicht bekannt sein, wohl aber für das Beurteilen des Projektfortschritts.

Für die (voraussichtlichen) Istkosten ist ab dem Stichtag natürlich jeder Verlauf denkbar, am naheliegendsten ist allerdings ein paralleler Verlauf zur Arbeitswertkurve. In diesem Fall werden die bestehenden Restarbeiten gemäß ihren ursprünglichen Plankosten nur terminlich neu eingeordnet; d. h. für den weiteren Verlauf ist von der bisher bestehenden Kostenabweichung auszugehen.

Der in Bild 4.37 gezeigte Kurvenverlauf führt an dem eingetragenen Stichtag zu folgender Aussage: Bezogen auf den geplanten Kostenverlauf liegt eine (momentane) Kostenunterschreitung vor; bezogen auf den Arbeitswert dagegen eine Überschreitung.

Bewertungszahlen

Mit Hilfe des Arbeitswerts können *Bewertungszahlen* abgeleitet werden, die einerseits eine Aussage über die prozentuale Kostenabweichung (Cost Variance) und andererseits eine Aussage über die prozentuale Terminabweichung (Schedule Variance) ermöglichen; sie sind wie folgt definiert:

Kosten-Bewertungszahl in %:

$$Q_K = \frac{W - K_{Ist}}{K_{Ist}} \times 100 \qquad (66)$$

Termin-Bewertungszahl in %:

$$Q_T = \frac{W - K_{A'Plan}}{K_{A'Plan}} \times 100 \qquad (67)$$

Beide Bewertungszahlen können einen positiven wie auch einen negativen Wert annehmen. Ein positiver Wert kennzeichnet einen guten Projektfortschritt (Kosten unter Plan bzw. Termin vor Plan), wogegen ein negativer Wert einen schlechten Projektverlauf (Kosten über Plan bzw. Termin hinter Plan) andeutet. In dem ersten Fall ist eine größere Arbeitsleistung erbracht worden, als diese den aufgelaufenen Istkosten bzw. den anteiligen Plankosten entspricht; im anderen Fall ist eine geringere Arbeitsleistung zu verzeichnen.

Hinsichtlich einer eventuellen Kostenüber- oder -unterschreitung bzw. einer möglichen Terminverkürzung oder -verlängerung zeigt

Tabelle 4.1
Vorzeichen der Bewertungszahlen Q_K und Q_T

Termin / Kosten	Vor Plan		In Plan		Hinter Plan	
Unter Plan	+	+	+	0	+	–
In Plan	0	+	0	0	0	–
Über Plan	–	+	–	0	–	–
	↑ Q_K	↑ Q_T				

\+ Positiver Wert
0 Wert gleich Null
– Negativer Wert

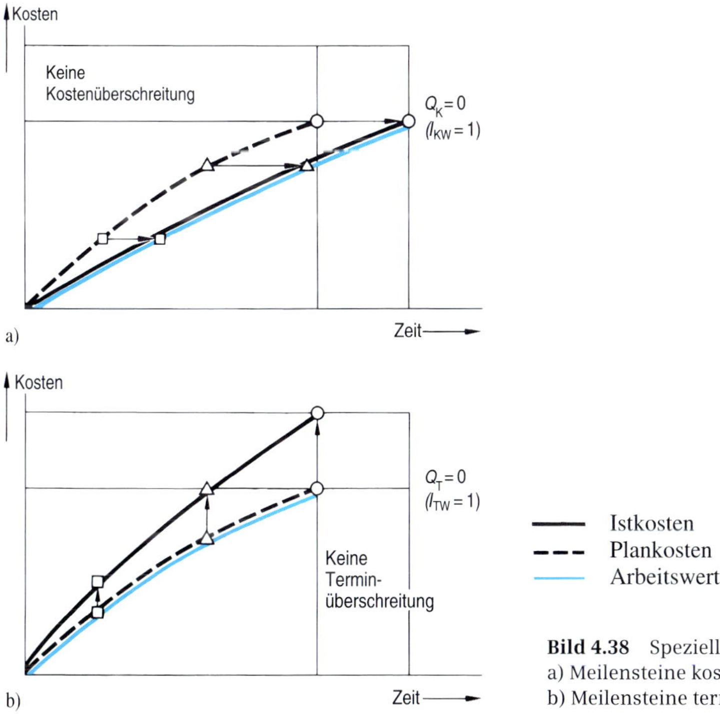

Bild 4.38 Spezielle Verläufe des Arbeitswerts
a) Meilensteine kostengerecht
b) Meilensteine termingerecht

Tabelle 4.1 alle Varianten der Vorzeichen dieser beiden Bewertungszahlen.

Als zwei besonders interessante Sonderfälle seien die in Bild 4.36 gezeigten Konstellationen näher erläutert. Weicht der Arbeitswert von den Istkosten nicht ab, nimmt also die Kosten-Bewertungszahl Q_K den Wert Null an, dann tritt keine Kostenunter- oder -überschreitung auf; höchstens eine Terminkorrektur kann erforderlich werden. In diesem Fall sind alle bisherigen Meilensteine bzw. Arbeitspakete kostengerecht abgewickelt worden (Bild 4.38, a).

Verläuft dagegen der Arbeitswert gemäß den Plankosten – nimmt die Termin-Bewertungszahl Q_T den Wert Null an – dann liegt Termineinhaltung bei eventueller Kostenunter- oder -überschreitung vor. Hier sind dann die Meilensteine bzw. Arbeitspakete termingerecht abgearbeitet worden (Bild 4.38, b).

Leistungsindizes

Für das Beurteilen des Sachfortschritts auf Basis des Arbeitswerts können außerdem zwei Leistungsindizes (zu einem bestimmten Stichtag) definiert werden:

Kosten-Leistungsindex

$$I_{KW} = \frac{K_{Ist}}{W} \qquad (68)$$

Termin-Leistungsindex

$$I_{TW} = \frac{K_{APlan}}{W} \qquad (69)$$

Diese Leistungsindizes bezeichnet man auch – in reziproker Form – als »Cost Performance Index« und »Schedule Performance Index«.

Der Kosten-Leistungsindex sagt aus, inwieweit der (bisher erbrachte) Arbeitswert die (bisher aufgelaufenen) Istkosten unter- oder überschreitet; er ist damit ein Maß für die Kostentreue. Demgegenüber ist der Termin-Leistungsindex ein Maß für die Termineinhaltung, indem der Quotient Plankosten/Arbeitswert gebildet wird. Dies ist deshalb möglich, weil eine Kostenüberschreitung bei gleichem Leistungsvolumen und gleichen Einsatzmitteln eine adäquate Terminverschiebung zur Folge hat. Auch hierzu sei auf das Bild 4.38 verwiesen, das diesen Sachverhalt verdeutlicht.

Nehmen die Leistungsindizes Werte < 1 an, so handelt es sich um einen guten Projektfortschritt; bei Werten > 1 liegt ein schlechter Projektverlauf vor.

Die Leistungsindizes werden immer zu einem Stichtag festgelegt; gewisse Schwankungen können dabei von einem zum anderen Stichtag auftreten. Unterzieht man mehrere nacheinander gemessene Werte einer Regressionsanalyse, so ergibt sich eine Werteglättung und damit aussagekräftigere Leistungsindizes.

Rechenblatt zur Arbeitswertbetrachtung

In der Praxis nimmt man die Arbeitswertbetrachtung nicht unmittelbar für das gesamte Projekt vor, sondern es werden i. Allg. die Arbeitswerte mit den zugehörigen Bewertungszahlen und Leistungsindizes für einzelne Aufgabenkomplexe – eventuell in einer zusätzlichen Strukturierung – bestimmt und dann auf Projektebene entsprechend verdichtet. Bild 4.39 zeigt ein Rechenblatt zur Arbeitswertbetrachtung, wie es auf einem Personal Computer mit Hilfe eines Tabellenkalkulationsprogramms leicht zu erstellen ist. Die Arbeitswerte werden hier durch Multiplikation der Gesamtplankosten mit den Fertigstellungsgraden der einzelnen Arbeitspakete (siehe Kap. 4.3.2) errechnet.

Aus dem Rechenblatt sind einige Erkenntnisse leicht abzulesen:

- ▷ Das zu 10% fertige Arbeitspaket AP 3 ist wohl terminlich in Plan ($Q_T = 0$), weist aber bereits eine sehr hohe Kostenüberschreitung ($Q_K = -25{,}0$) auf.
- ▷ Das Arbeitspaket AP 5 ist mit einer Kosten- sowie einer Terminunterschreitung (beide Bewertungszahlen positiv) fertig geworden.
- ▷ Beim Arbeitspaket AP 6 ist eine beachtliche Kostenunterschreitung ($Q_K = +20{,}0$), allerdings eine voraussichtliche Terminüberschreitung ($Q_T = -14{,}3$) zu verzeichnen.
- ▷ Das Arbeitspaket AP 8 konnte nicht kostengerecht fertig gestellt werden ($Q_K = -10{,}7$).
- ▷ Das Arbeitspaket AP 9 hat seinen Endtermin bereits erreicht, obwohl es erst zu 90% fertig ist.
- ▷ Das gesamte Projekt weist sowohl eine Kostenüberschreitung ($Q_K = -5{,}6$) als auch eine Terminüberschreitung ($Q_K = -6{,}2$) auf.

Anzumerken ist bei diesem Beispiel, dass die Kosten-Bewertungszahl Q_K im Prinzip jeden negativen und positiven Wert bei Abschluss eines Aufgabenkomplexes annehmen kann. Die Termin-Bewertungszahl Q_T kann dagegen nur einen von Null ungleichen Wert annehmen, so lange der Aufgabenkomplex noch nicht abgeschlossen ist (Stichtag liegt vor Zeitpunkt der Fertigstellung). Ist der Aufgabenkomplex dann

Aufgaben-komplex	Gesamt-Plankosten in TEU	Fertigstel-lungsgrad in %	Arbeits-wert in TEU	Aufgelauf. Istkosten in TEU	Anteilige Plankosten in TEU	Bewertungszahlen Q_K in %	Q_T in %	Leistungsindizes I_{KW}	I_{TW}
AP 1	20	100	20	22	20	– 9,1	0	1,10	1,00
AP 2	50	70	35	40	38	– 12,5	– 7,9	1,14	1,09
AP 3	30	10	3	4	3	– 25,0	0	1,33	1,00
Teilprojekt A	100	58	58	66	61	– 12,1	– 4,9	1,14	1,05
AP 4	30	0	0	0	0	–	–	–	–
AP 5	14	100	14	13	13	+ 7,7	+ 7,7	0,93	0,93
AP 6	20	30	6	5	7	+ 20,0	– 14,3	0,83	1,17
AP 7	26	50	13	15	16	– 13,3	– 18,8	1,15	1,23
Teilprojekt B	90	37	33	33	36	0	– 8,3	1,00	1,09
AP 8	25	100	25	28	25	– 10,7	0	1,12	1,00
AP 9	40	90	36	34	40	+ 5,9	– 10,0	0,94	1,11
Teilprojekt C	65	94	61	62	65	– 1,6	– 6,2	1,02	1,07
Projekt	255	60	152	161	162	– 5,6	– 6,2	1,06	1,07

Ermittelte Werte zu einem bestimmten Stichtag

Bild 4.39 Rechenblatt Arbeitswertbetrachtung (mit Zahlenbeispiel)

aber fertig, so nimmt die Bewertungszahl Q_T den Wert Null an, falls eine Terminüberschreitung vorliegt – unabhängig von deren Größe (siehe im Beispiel das AP 8); bei einer Terminunterschreitung bleibt allerdings Q_T auf seinem letzten (positiven) Wert stehen (im Beispiel das AP 5). Diese gewisse Inkonsequenz liegt darin begründet, dass die anteiligen Plankosten und der jeweilige Arbeitswert den ursprünglichen Gesamtplan gemäß Definition nicht überschreiten können. Die Bewertungszahl Q_T macht also primär eine Aussage über die noch zu erwartende Terminerfüllung und nicht über die eingetretene Termintreue.

Das Vorgesagte gilt in gleicher Weise für den Termin-Leistungsindex; auch hier wird bei Fertigstellung höchstens ein Wert von Eins eingenommen.

4.3.4 Restschätzungen

Drei Möglichkeiten von Restschätzungen im Rahmen der Sachfortschrittskontrolle gibt es:

- ▷ Restaufwandsschätzung
- ▷ Restkostenschätzung
- ▷ Restzeitschätzung.

Restaufwands-/Restkostenschätzung

Mit einer Restaufwandsschätzung soll während des Projekts der am Ende des Projekts zu erwartende Gesamtaufwand prognostiziert werden. Kaum zu trennen von einer Restaufwandsschätzung ist die Restkostenschätzung, da – bei sonst unveränderten Projektparametern – Aufwandsänderungen i. Allg. unmittelbar in Kostenänderungen übertragbar sind; deshalb werden diese beiden Restschätzungen hier gemeinsam behandelt.

Für das Bestimmen des Restaufwands bzw. der Restkosten sind zwei Vorgehensweisen möglich:

- ▷ Zukunftsbezogene Aufwands- bzw. Kostenbestimmung
- ▷ Vergangenheitsbezogene Aufwands- bzw. Kostenbestimmung.

Zukunftsbezogene Aufwands- bzw. Kostenbestimmung

Bei der *zukunftsbezogenen* Bestimmung werden ohne unmittelbare Berücksichtigung der vergangenen Gegebenheiten und Vorkommnisse die Aufwände bzw. Kosten für die noch nicht erledigten, in der Zukunft liegenden Entwicklungsaufgaben ermittelt. Voraussetzung ist hierbei das klare und eindeutige Definieren des *noch abzuarbeitenden* Arbeitsvolumens; dieses ist naturgemäß am genauesten an Zäsurpunkten, wie Phasen- und Meilensteinabschlüssen einzugrenzen. Diese Form der Restaufwandsschätzung kommt damit im Endeffekt einer Aufwandsschätzung gleich, wie sie in der Frühphase der Projektplanung bereits stattgefunden hat, nur dass jetzt genauere und gesichertere Grunddaten für die Schätzung vorliegen.

Restaufwandsschätzungen dürfen sich aber nicht darin erschöpfen, dass die Entwickler »schnell mal« abgefragt werden, vielmehr ist eine vollständige und detaillierte Aufwandsschätzung durchzuführen. Hierbei sollte man dieselben Methoden und Verfahren wie zu Projektbeginn einsetzen. Auch kann es sinnvoll sein – besonders bei größeren Entwicklungsabschnitten –, erneut Schätzklausuren durchzuführen.

Beim Einsatz von Aufwandsschätzverfahren ist es allerdings für das Bestimmen des Restaufwands meist praktischer, die Schätzung auf das Gesamtvolumen auszudehnen und von dem ermittelten Gesamtaufwand einfach den bisher aufgelaufenen Aufwand abzuziehen, als die Schätzung allein auf die noch nicht fertigen Aufgabenkomplexe anzusetzen. Der Restaufwand A_{Rest} ergibt sich dann aus der Subtraktion des geschätzten (voraussichtlichen) Gesamtaufwands $A_{V'Ist}$ und des bereits aufgelaufenen Aufwands A_{Ist}:

$$A_{Rest} = A_{V'Ist} - A_{Ist} \quad (70)$$

Die Restaufwandsschätzung kann auch als reine Restkostenschätzung (cost-to-complete) vorgenommen werden, wenn die Kosten die aussagekräftigere Größe für den Sachfortschritt darstellen. Dort, wo z. B. ein erheblicher Anteil für den Musterbau anfällt, ist die Betrachtung der Restkosten also sinnvoller.

Vergangenheitsbezogene Aufwands- bzw. Kostenbestimmung

Bei der *vergangenheitsbezogenen* Bestimmung wird nicht das künftige, sondern das *vergangene* Arbeitsvolumen betrachtet und von diesem auf das noch zu bewältigende Volumen extrapoliert. Hier steht die Frage im Vordergrund: Welchen »Wert« stellt die bisher erbrachte Arbeit dar, also die Bestimmung des Arbeitswertes (siehe Kap. 4.3.3). Weil jeder Extrapolation eines ermittelten Kurvenverlaufs eine Annahme hinsichtlich des zu erwartenden weiteren Verlaufs der Größen zugrunde liegt, kann es keine allgemein gültige Formel für die Restaufwands- bzw. Restkostenschätzung geben.

In der Praxis geht man von den in Bild 4.40 gezeigten, vereinfachten Kostenverläufen aus, d. h., sowohl für die Plan- und Istkosten als auch für den Arbeitswert wird ein linearer Anstieg angenommen.

In dem gezeigten Kosten-Zeit-Diagramm sind zum Stichtag drei kumulierte Kostenwerte eingetragen:

▷ aufgelaufene Istkosten K_{Ist},
▷ anteilige Plankosten $K_{A'Plan}$ sowie
▷ der bisher erbrachte Arbeitswert W.

Wie leicht nachvollziehbar ist, kann für die (voraussichtlichen) Restkosten folgender Zusam-

$$\frac{K_{Rest} + K_{Ist}}{K_{Ist}} = \frac{K_{Plan}}{W}$$

$$K_{Rest} = \frac{K_{Ist}}{W} \times K_{Plan} - K_{Ist}$$

$$K_{Rest} = I_{KW} \times (K_{Plan} - W) \qquad (71)$$

wobei I_{KW} der *Kosten-Leistungsindex* ist:

$$I_{KW} = \frac{K_{Ist}}{W}$$

Die Differenz aus Gesamtplankosten und dem zum Stichtag vorliegenden Arbeitswert multipliziert mit dem Kosten-Leistungsindex ergibt somit die Restkosten. Durch weitere Addition der aufgelaufenen Istkosten erhält man die voraussichtlichen Istkosten (Estimated Cost at Completion):

$$K_{V'Ist} = I_{Ist} + I_{Rest}$$

$$K_{V'Ist} = I_{Ist} + I_{KW} \times (K_{Plan} - W)$$

$$K_{V'Ist} = I_{KW} \times K_{Plan} \qquad (72)$$

Die voraussichtlichen Gesamtkosten ergeben sich damit aus den (ursprünglichen) Gesamtplankosten multipliziert mit dem Kosten-Leis-

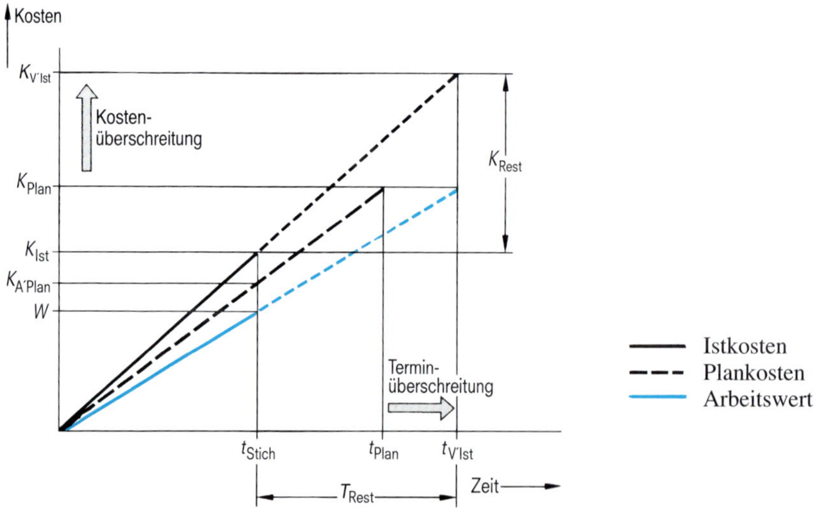

Bild 4.40 Restschätzung bei linearem Kostenverlauf

tungsindex. Nimmt z. B. der Kosten-Leistungsindex Werte > 1 an – sind also die Istkosten zum Stichtag größer als der zugehörige Arbeitswert –, so ist mit einer Kosten*über*schreitung zu rechnen; bei Werten < 1 tritt voraussichtlich eine Kosten*unter*schreitung ein.

Anzumerken ist hier, dass sich in dem linearen strahlenförmigen Verlauf der Istkosten und des Arbeitswerts bis hin zum Arbeitsende die Annahme eines Beibehaltens des Kosten-Leistungsindex (konstanter »Schlamperei-Faktor«) verbirgt.

Restzeitschätzung

Für *Restzeitschätzungen* gilt Ähnliches wie für Restaufwands- und Restkostenschätzungen, weil in den meisten Fällen beide Projektgrößen eng zusammenhängen. So führt z. B. das Nichtausschöpfen eines vorgegebenen Budgets – bei sonst unveränderten Projektparametern – zwangsläufig zu einer Terminverschiebung. Auch kann bekanntlich eine Terminverkürzung durch einen vermehrten Geldmitteleinsatz erzwungen werden. Allerdings gibt es keinen generellen Zusammenhang zwischen diesen beiden Projektgrößen. Deshalb muss man i. Allg. eine Restzeitschätzung getrennt von der Restkosten- bzw. Restaufwandsschätzung vornehmen. Manche Aufwandsschätzverfahren unterstützen auch die Restzeitschätzung; so ermöglichen z. B. PRICE (Kap. 3.2.3) und SICOMO (Kap. 6.4.2) das zeitliche Zuordnen des geschätzten Entwicklungsaufwands und damit das Bestimmen der Entwicklungszeit.

Linearer Kostenverlauf

Bei entsprechenden Annahmen der künftigen Kostenverläufe in einem Projekt kann ein formelmäßiger Zusammenhang für die restliche Entwicklungszeit eines definierten Aufgabenkomplexes abgeleitet werden. Bei gleichen Annahmen, wie sie dem Bild 4.40 zu Grunde liegen, ergibt sich die voraussichtliche Restzeit T_{Rest} aus den folgenden beiden Beziehungen:

$$\frac{T_{Rest} + t_{Stich}}{t_{Stich}} = \frac{K_{Plan}}{W}$$

$$\frac{t_{Plan}}{t_{Stich}} = \frac{K_{Plan}}{K_{A'Plan}}$$

und dem *Termin-Leistungsindex:*

$$I_{TW} = \frac{K_{A'Plan}}{W}$$

$$T_{Rest} = I_{TW} \times t_{Plan} - t_{Stich} \qquad (73)$$

Die voraussichtliche Restzeit T_{Rest} ist also die Differenz aus dem geplanten, mit dem Termin-Leistungsindex multiplizierten Endtermin und dem Stichtag.

Bei Addition der bisher vergangenen Zeit erhält man den voraussichtlichen Endtermin $t_{V'Ist}$:

$$t_{V'Ist} = t_{Stich} + T_{Rest}$$

$$t_{V'Ist} = I_{TW} \times t_{Plan} \qquad (74)$$

Die voraussichtliche Entwicklungszeit ist damit formelmäßig ähnlich zu beschreiben wie die voraussichtlichen Entwicklungskosten, nämlich Planwert mal Leistungsindex. Nimmt der Termin-Leistungsindex Werte > 1 an – sind also die anteiligen Plankosten zum Stichtag größer als der zugehörige Arbeitswert –, so ist mit einem Terminverzug zu rechnen; bei Werten < 1 stellt sich wahrscheinlich eine Terminunterschreitung in entsprechender Höhe ein.

Beliebiger Kostenverlauf

Kann man für den bisherigen Verlauf nicht von den in Bild 4.40 gemachten (linearisierenden) Voraussetzungen ausgehen, sondern liegt ein unbekannter Verlauf der Plan- und Istkosten sowie der Arbeitswerte bis zum Stichtag vor, dann bietet sich die in Bild 4.41 dargestellte Betrachtungsweise an.

Hier ermittelt man zum Stichtag einen Termin-Leistungsindex, ohne eine Aussage über den bisherigen Verlauf der den Index bestimmenden Arbeitswerte machen zu müssen. Für den weiteren Verlauf, d. h. für den Rest sowohl der anteiligen Plankosten als auch des Arbeitswerts, wird ein linearer Verlauf mit gleich bleibendem Termin-Leistungsindex angenommen, so dass für diesen Teil derselbe formelmäßige Ansatz wie im vorangegangenen gemacht werden kann. Es ergibt sich daher:

$$T_{Rest} = I_{TW} \times (t_{Plan} - t_{Stich}) \qquad (75)$$

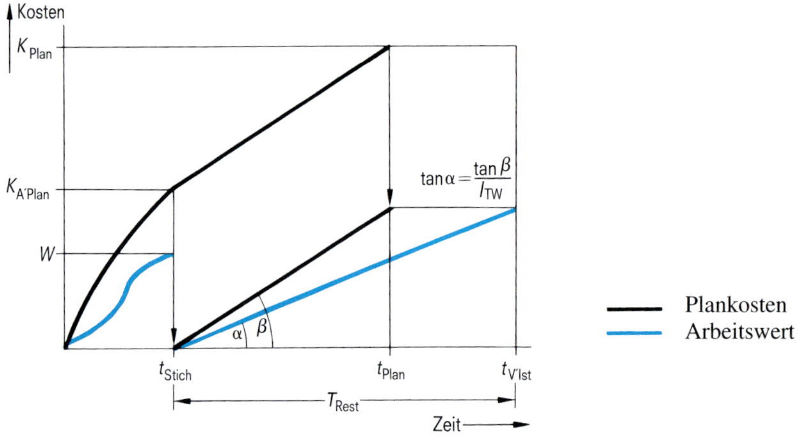

Bild 4.41 Restzeitbestimmung bei (bisher) beliebigem Kostenverlauf

und für den voraussichtlichen Endtermin:

$$t_{V'Ist} = t_{Stich} + T_{Rest}$$

$$t_{V'Ist} = t_{Stich} + I_{TW} \times (t_{Plan} - t_{Stich}) \qquad (76)$$

Im Vergleich zu den Formeln (73) und (74) bei von Anbeginn linearem Verlauf ergeben sich hier kleinere Werte für die voraussichtliche Restzeit und den Endtermin. Dies ist darin begründet, dass alle terminverändernden Dinge nach dem Stichtag unberücksichtigt bleiben (weil über diese ja keine Aussage möglich ist), sondern nur angenommen wird, dass ab Stichtag mit demselbem terminlichen Leistungsindex der Rest der Arbeiten abläuft.

Pauschalierte Schätzung des Fertigstellungsgrades

Ist das Projektvolumen in genügend viele, möglichst gleich große Arbeitspakete zerlegt, kann man eine sehr einfache Methode zur Ermittlung des ungefähren Fertigstellungsgrades anwenden.

- ▷ 20/80-Methode
  Das fertig erstellte Gesamt-Arbeitsvolumen ermittelt sich aus 100% der abgeschlossenen Arbeitspakete plus 20% der angefangenen Arbeitspakete. Erst wenn angefangene Arbeitspakete als fertig gemeldet sind, werden sie in die Gesamtrechnung einbezogen. Die 20/80-Methode eignet sich besonders bei SW-Entwicklungsprojekten.
- ▷ 50/50-Methode
  Das fertig erstellte Gesamt-Arbeitsvolumen ermittelt sich aus 100% der abgeschlossenen Arbeitspakete plus 50 % der angefangenen Arbeitspakete. Die 50/50-Methode wird gerne bei kleineren Projekten angewendet.
- ▷ 0/100-Methode
  Das fertig erstellte Gesamt-Arbeitsvolumen ermittelt sich aus 100% der abgeschlossenen Arbeitspakete, angefangene Arbeitspakete werden nicht berücksichtigt. Diese Methode ist anzuwenden, wenn die Vorgänge in ihrem Fertigstellungsgrad nur schwer zu beurteilen sind.

Soll/Ist-Vergleich von Restschätzungen

Restaufwands-, Restkosten- und Restzeitschätzungen greifen in ihrer Kontrollwirkung erst im fortgeschrittenen Stadium eines Projekts; sie sollten deshalb erst dann vorgenommen werden, wenn entweder bereits

- ▷ 50% des Gesamtaufwands oder
- ▷ 50% der Gesamtkosten oder
- ▷ 50% der Projektdauer

erreicht sind. Zu einem wesentlich früheren Zeitpunkt wäre der notwendige Aufwand für eine Restschätzung in Hinblick auf die dann noch geringe Aussagekraft nicht zu rechtfertigen.

Da Restschätzungen allerdings nur Prognosen und damit Planaussagen sind, müssen diese zu gegebener Zeit überprüft werden, d. h. also,

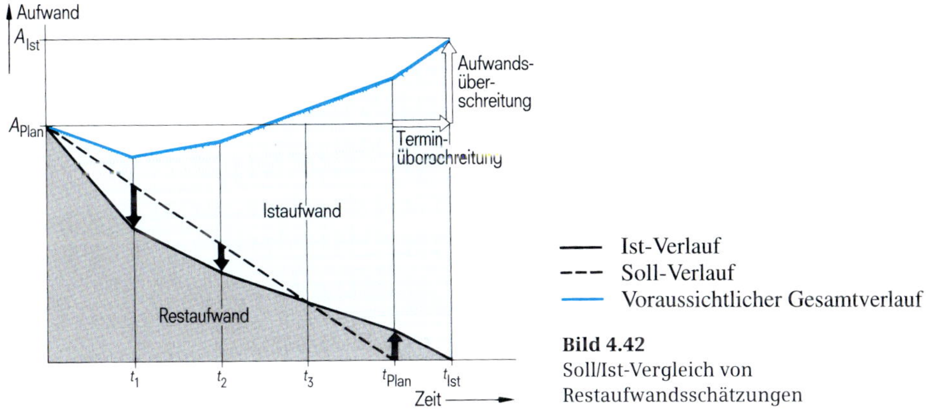

Bild 4.42
Soll/Ist-Vergleich von Restaufwandsschätzungen

dass dann eine erneute Restschätzung erforderlich ist. Es empfiehlt sich daher, Restschätzungen – natürlich nur in einem vertretbaren Umfang – während der Restlaufzeit des Projekts *wiederholt* durchzuführen. Hierbei ist es sinnvoll, einen Soll/Ist-Vergleich der abgegebenen Restschätzungen vorzunehmen. Bild 4.42 zeigt beispielhaft einen Verlauf von zu verschiedenen Zeitpunkten durchgeführten Restaufwandsschätzungen. Als Sollverlauf für den jeweiligen Restaufwand wird ein linearer Verlauf angenommen.

Wie ersichtlich, wird durch jede neue Restaufwandsschätzung zwangsläufig auch die Schätzung für den voraussichtlichen Gesamtaufwand aktualisiert:

$$A_{\text{V'Ist},n} = A_{\text{Rest},n} + A_{\text{Ist},n} \qquad (77)$$

$A_{\text{V'Ist},n}$ voraussichtlicher Gesamtaufwand zum Zeitpunkt t_n
$A_{\text{Ist},n}$ aufgelaufener Aufwand zum Zeitpunkt t_n
$A_{\text{Rest},n}$ geschätzter Restaufwand zum Zeitpunkt t_n

Aus der Aufzeichnung der Plankorrekturwerte $A_{\text{V'Ist},n} - A_{\text{V'Ist},n-1}$ ist schließlich ein Trend der Restaufwandsschätzungen abzulesen, der eine Sicherheitsaussage hinsichtlich weiterer Restaufwandsschätzungen ermöglicht.

4.3.5 Kontrollindizes

Für das objektive Beurteilen des Projektfortschritts hat es sich als zweckmäßig erwiesen, die Hauptprojektgrößen durch entsprechende Quotientenbildung zu relativieren, um dadurch aussagekräftige »Kontrollindizes« zu erhalten. Einerseits kann das Verhältnis des Quotienten der Istwerte zweier Projektgrößen zu dem Quotienten der zugehörigen Planwerte gebildet werden; es stellt dann einen »Abweichungsindex« dar. Andererseits kann auch ausschließlich der Quotient einer einzigen Projektgröße zur Bildung eines Kontrollindex herangezogen werden. Betrachtet man hierbei die Projektgröße in ihren unterschiedlichen Aktualitätsständen (z. B. alter Plan, neuer Plan), so handelt es sich um einen »Vergleichsindex«. Wird schließlich eine der beiden Projektgrößen zur Indexbildung eigens neu bewertet, so wird von einem »Leistungsindex« gesprochen.

Im Gegensatz zu Kennzahlen (Erfahrungsdaten) werden Kontrollindizes aus sich noch verändernden Projektgrößen – also während der Projektdurchführung – gebildet. Zu jedem neuen Stichtag nehmen daher die Kontrollindizes i. Allg. andere Werte an.

Bei einem Indexwert < 1 liegt ein guter Projektfortschritt vor, das Projekt ist also »in Plan« bzw. »über Plan«. Dagegen ist bei einem Indexwert > 1 ein schlechter Projektfortschritt gegeben, das Projekt ist also »unter Plan«.

Nachstehende Kontrollindizes bieten sich an:

Abweichungs-indizes	– Termin/Aufwand-Index – Termin/Kosten-Index
Vergleichs-indizes	– Planaufwand-Index – Plankosten-Index – Plantermin-Index – Fertigstellungs-Index
Leistungs-indizes	– Kosten-Leistungsindex – Termin-Leistungsindex

In Hinblick auf die Gegebenheiten realer Projektumwelten lassen sich natürlich weitere Indizes bilden, die den Projektfortschritt vielleicht sogar besser und genauer kennzeichnen können. Wichtig ist nur, dass überhaupt Kontrollindizes formuliert und genutzt werden. Als *Frühwarnindikatoren* sind Kontrollindizes für den Projektleiter von großem Vorteil, da sie eine rechtzeitig einwirkende Projektsteuerung unterstützen.

Abweichungsindizes

Abweichungsindizes setzen die Plan/Ist-Abweichungen zweier Projektgrößen ins Verhältnis und ermöglichen so eine Aussage zum Projektfortschritt.

Termin/Aufwand-Index

Der Termin/Aufwand-Index bildet sich aus dem Verhältnis des Quotienten für die aufgelaufenen Istwerte von Aufwand und Zeit zu dem Quotienten der voraussichtlichen Gesamtwerte; er drückt damit aus, wie viel des nach Plan zur Verfügung stehenden Aufwands wirklich benötigt worden ist.

$$I_{TA} = \frac{A_{Ist}/T_{Ist}}{A_{Plan}/T_{V'Ist}} \qquad (78)$$

I_{TA} Termin/Aufwand-Index
A_{Ist} aufgelaufener Istaufwand
A_{Plan} geplanter Gesamtaufwand
T_{Ist} aufgelaufene Zeit
$T_{V'Ist}$ voraussichtliche Gesamtdauer

Die Maßeinheiten müssen natürlich korrespondieren, so dass sich diese herauskürzen und der Index dimensionslos wird.

Die Größe »voraussichtliche Gesamtdauer« ist beim Berechnen dieses Kontrollindex jedes Mal neu zu bestimmen – ist also nicht mit der ursprünglich geplanten Gesamtdauer gleichzusetzen. Genau genommen steckt in dem Verhältnis Ist-Dauer zu voraussichtliche Gesamtdauer das Verhältnis Ist-Sachfortschritt zu Plan-Sachfortschritt.

Termin/Kosten-Index

Der Termin/Kosten-Index wird ähnlich wie der Termin/Aufwand-Index gebildet, nur dass an Stelle des Personalaufwands die Kosten zu betrachten sind; er ist also das Verhältnis des Quotienten für die aufgelaufenen Istwerte von Zeit und Kosten zu dem Quotienten der voraussichtlichen Gesamtwerte und drückt damit aus,

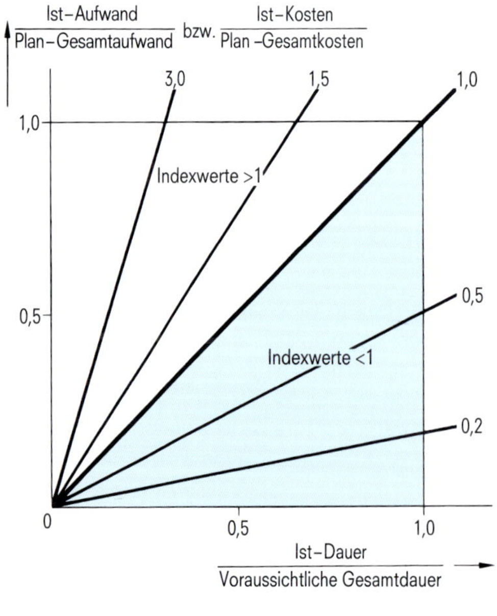

Bild 4.43
Abweichungsindizes Termin/Aufwand und Termin/Kosten

wie viel von den nach Plan zu verbrauchenden Kosten wirklich verbraucht worden sind.

$$I_{TK} = \frac{K_{Ist}/T_{Ist}}{K_{Plan}/T_{VIst}} \qquad (79)$$

I_{TK} Termin/Kosten-Index
K_{Ist} aufgelaufene Istkosten
K_{Plan} geplante Gesamtkosten

Auch hier muss die Größe »voraussichtliche Gesamtdauer« aktuell bestimmt werden, da sich in ihr der jeweilige Projektfortschritt verbirgt.

Bild 4.43 zeigt grafisch die mögliche Wertebelegung dieser beiden Kontrollindizes.

Wie aus dem Diagramm zu ersehen ist, liegt ein »guter« Verlauf des Projektfortschritts bezogen auf das Verhältnis Aufwand/Zeit bzw. Kosten/Zeit vor, wenn der entsprechende Kontrollindex unterhalb der Diagonale liegt. Liegt er darüber, so ist der Projektverlauf kritisch und es besteht die Gefahr, dass das Projekt in den Projektgrößen Aufwand bzw. Kosten bezogen auf den Sachfortschritt eine Planüberschreitung erfährt.

Beispiele

50% der geplanten Gesamtdauer sind verstrichen und

a) 70% des geplanten Gesamtaufwands sind bereits verbraucht, d. h.

$$I_{TA} = \frac{0,7}{0,5} = 1,4$$

▷ Schlechter Projektfortschritt.

b) 50% des geplanten Gesamtaufwands sind verbraucht, d. h.

$$I_{TA} = \frac{0,5}{0,5} = 1$$

▷ Projekt ist »in Plan«, guter Projektfortschritt.

c) 30% des geplanten Gesamtaufwands sind erst verbraucht, d. h.

$$I_{TA} = \frac{0,3}{0,5} = 0,6$$

▷ Sehr guter Projektfortschritt.

Vergleichsindizes

Vergleichsindizes setzen, wie bereits erwähnt, die Plan- und Istwerte nur jeweils eines Projektparameters ins Verhältnis. Eine Aussage zum Sachfortschritt kann – mit Ausnahme des Fertigstellungs-Index – daher auch nur im Verbund mit anderen Vergleichsindizes gemacht werden.

Planaufwand-Index

Der Planaufwand-Index setzt einen neu ermittelten (Gesamt-)Planaufwand zu dem vormals ermittelten (Gesamt-)Planaufwand ins Verhältnis; er ist ein Maß für die »Planfestigkeit« und bringt den Trend bei einer revolvierenden Aufwandsschätzung zum Ausdruck.

$$I_A = \frac{A_{Plan,\,neu}}{A_{Plan,\,alt}} \qquad (80)$$

Bei Indexwerten < 1 liegt ein positiver Trend vor, bei Werten > 1 ist ein Ansteigen in der Schätzung und damit eine Planunsicherheit festzustellen.

Dieser Vergleichsindex enthält nur eine mittelbare Aussage hinsichtlich des Sachfortschritts, d. h. so lange der ausgewiesene Aufwand in unmittelbarer Relation zur erbrachten Arbeit steht.

Plankosten-Index

Ähnlich dem vorgehenden ist der Plankosten-Index definiert; er gibt den Trend in der Kostenschätzung und damit die Plansicherheit in der Kostenbetrachtung wieder.

$$I_K = \frac{K_{Plan,\,neu}}{K_{Plan,\,alt}} \qquad (81)$$

Bei diesem Vergleichsindex wird der »Kostenverbrauch« in einem unmittelbaren Verhältnis zur erbrachten Arbeit gesehen, so dass dieser ebenfalls nur eine mittelbare Aussage zum Sachfortschritt bringt.

Plantermin-Index

Auch für die Terminaussage kann ein Vergleichsindex gebildet werden, der Plantermin-

Index; er drückt den Trend in der Terminentwicklung aus.

$$I_T = \frac{T_{\text{Plan, neu}}}{T_{\text{Plan, alt}}} \quad (82)$$

Kann die vergangene Zeitdauer als Äquivalent der erbrachten Arbeit gesehen werden, so eignet sich dieser Vergleichsindex für eine (mittelbare) Aussage zum Sachfortschritt.

Fertigstellungs-Index

Der Fertigstellungs-Index ist definiert als Verhältnis des geplanten zum tatsächlichen Fertigstellungsgrads. Hierbei kann z. B. die Anzahl fertig gestellter Arbeitspakete oder Vorgänge eines Netzplans als Maßgröße dienen, wenn die Arbeitspakete bzw. Netzplanvorgänge von etwa gleicher Größe, d. h. Arbeitsumfang sind. Dann gilt:

$$I_{\text{fertig}} = \frac{n_{\text{Plan}}}{n_{\text{fertig}}} \quad (83)$$

n_{Plan} Anzahl geplant fertige Arbeitspakete
n_{fertig} Anzahl wirklich fertige Arbeitspakete

Auch hier liegt bei Werten < 1 ein guter, und bei Werten > 1 ein schlechter Projektfortschritt vor.

Weist das Projekt eine sehr detaillierte Aufgabenteilung auf – sind also die Arbeitspakete relativ klein –, so hat dieser Kontrollindex sicher die größte Aussagekraft zum jeweils erreichten Sachfortschritt.

Leistungsindizes

Bei einer Projektkostenbetrachtung kann neben dem Ermitteln der aufgelaufenen (Ist-)Kosten auch das Bewerten der bisher erbrachten Arbeit von Bedeutung sein.

Der Arbeitswert *W* entspricht – wie in Kapitel 4.3.3 näher erläutert – den geplanten Kosten der tatsächlichen Arbeitsleistung und ist ein Maß für den Wert der zu einem Stichtag erbrachten Arbeit. In seinem jeweiligen Verhältnis zu den am betreffenden Stichtag anteiligen Plankosten bzw. aufgelaufenen Istkosten können Leistungsindizes formuliert werden, die Kontrollindizes für den Sachfortschritt des Projekts darstellen.

Kosten-Leistungsindex

Der Kosten-Leistungsindex wird nach (68) definiert:

$$I_{KW} = \frac{K_{\text{Ist}}}{W} \quad (68)$$

Beide Größen, aufgelaufene Istkosten und Arbeitswert müssen naturgemäß in derselben Einheit angegeben werden. Werte < 1 kennzeichnen einen guten Projektfortschritt, da der »Wert« der erbrachten Arbeit die aufgelaufenen Kosten übersteigt. Entsprechend umgekehrt verhält es sich bei Werten > 1; hier sind mehr Kosten verbraucht, als Arbeit erbracht worden ist.

Der Kosten-Leistungsindex wird auch in seinem reziproken Verhältnis verwendet und dann als *Cost Performance Index* (CPI) bezeichnet.

Termin-Leistungsindex

Der Termin-Leistungsindex wird nach (69) definiert:

$$I_{TW} = \frac{K_{\text{A'Plan}}}{W} \quad (69)$$

Dieser allein von Geldwerten bestimmte Kontrollindex macht eine Aussage über die aktuelle Terminabweichung, indem von der Erkenntnis ausgegangen wird, dass eine kostenmäßige Planabweichung – bei unveränderten Projektgegebenheiten – zwangsläufig zu einer entsprechenden Terminabweichung führt.

Ist also der Arbeitswert geringer als die anteiligen geplanten Kosten anzusetzen, so nimmt dieser Kontrollindex Werte > 1 an, was einen schlechten Projektfortschritt kennzeichnet und umgekehrt.

Der Termin-Leistungsindex wird in seinem reziproken Verhältnis als *Schedule Performance Index* (SPI) bezeichnet.

4.3.6 Earned-Value-Analyse

Die „Earned-Value-Analyse“ (EVA) zur Ermittlung des Arbeitswerts wurde in den 60er-Jahren vom US-Verteidigungsministerium parallel zu dem Netzplanverfahren PERT entwickelt;

sie wird seitdem in den USA als bevorzugtes Controllingwerkzeug bei Projekten im öffentlichen Bereich eingesetzt [90]. Inzwischen ist diese Analysemethode auch in den PMBoK-Guide (Project Management Body of Knowledge, siehe Kap. 2.6.7) aufgenommen worden. Als deutscher Begriff wird häufig „Fertigstellungswertanalyse" gewählt

Kennzahlen der Earned-Value-Analyse

Für die Bewertung des wahren Arbeitsfortschritts werden ähnliche Kennziffern genutzt, wie sie im vorangegangenen Kapitel beschrieben wurden. Nachfolgend wird allerdings die Nomenklatur der Kenngrößen so verwendet, wie sie von der PMI in ihren PMBoK-Guide aufgenommen wurde.

Folgende Projektgrößen bilden die Grundlage der Earned-Value-Analyse:

- ▷ BAC (Budget at Completion)
  Gesamtbudget, ursprünglich geplante Gesamtkosten eines Projekts.
- ▷ PV (Planned Value)
  Plankosten, Planwert zum gegenwärtigen Zeitpunkt. Weitere Bezeichnung: BCWS (Budgeted Cost of Work Scheduled).
- ▷ AC (Actual Cost)
  Istkosten, zum Stichtag angefallene Kosten. Weitere Bezeichnung: ACWP (Actual Cost of Work Performed).
- ▷ EV (Earned Value)
  Arbeitswert, Wert der aufgrund des Fertigstellungsgrads geleisteten Arbeit. Weitere Bezeichnung: BCWP (Budgeted Cost of Work Performed).

Der Earned Value errechnet sich aus der Multiplikation des gesamten (geplanten) Projektbudgets BAC mit dem prozentualen Fertigstellungsgrad PC (Percent Complete) zum Berichtszeitpunkt TN (Time Now). Er kann maximal den Wert von BAC erreichen:

$$EV = BAC * PC$$

Mit diesem Wert für den Earned Value werden folgende EVA-Kennzahlen abgeleitet:

1. Planabweichung SV (Schedule Variance)	SC = EV − PV
2. Kostenabweichung CV (Cost Variance)	CV = EV − AC
3. Zeiteffizienz-Index SPI (Schedule Performance Index)	SPI = EV/PV
4. Kosteneffizienz-Index CPI (Cost Performance Index)	CPI = EV/AC
5. Kostenplanindex API (Actual Performance Index)	API = AC/PV
6. Entwicklungsindex TCPI (To Complete Performance Index)	TCPI = (BAC − EV)/(BAC − AC)

Projektbeispiel

Ein kleines Beispiel soll das Zusammenspiel dieser Kennzahlen verdeutlichen:

Ein Projektvorhaben mit einem Personalaufwand von 100 Manntagen und einem Gesamtbudget von 100.000 Euro hat nach der Hälfte der Projektdauer 55.000 Euro an Kosten verbraucht. Die Abschätzung der erbrachten Arbeit hat einen Fertigstellungsgrad von 40% ergeben.

Folgende Kennzahlen lassen sich daraus errechnen:

Earned Value EV	EV = BAC × PC = 100.000 × 0,4 = 40.000 Euro
Planabweichung SV	SV = EV − PV = 40.000 − 50.000 = −10.000 Euro
Kostenabweichung CV	CV = EV − AC = 40.000 − 55.000 = −15.000 Euro
Zeiteffizienz-Index SPI	SPI = EV/PV = 40.000/50.000 = 0,80
Kosteneffizienz-Index CPI	CPI = EV/AC = 40.000/55.000 = 0,73
Kostenplanindex API	API = AC/PV = 55.000/50.000 = 1,10
Entwicklungsindex TCPI	TCPI = (BAC − EV)/(BAC − AC) = (100.000 − 40.000)/(100.000 − 55.000) = 1,33

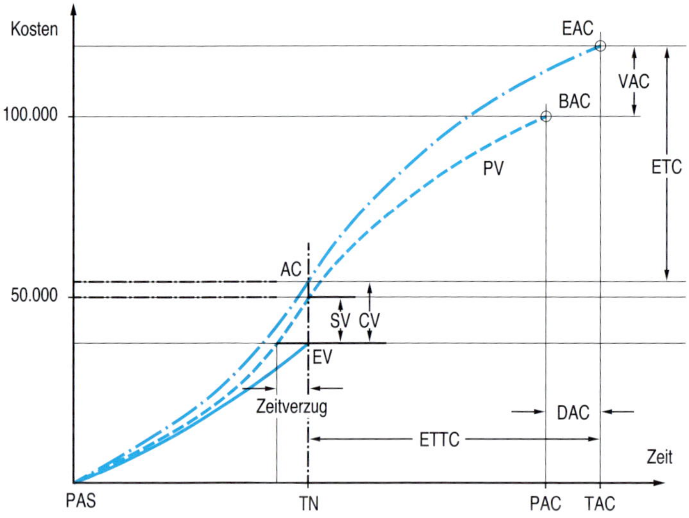

Bild 4.44 Earned-Value-Analyse (Beispiel). Die Abkürzungen sind im Text erläutert.

Sowohl die Planabweichung SV als auch die Kostenabweichung CV ergeben einen negativen Wert, was eine voraussichtliche Terminverschiebung als auch eine Kostenüberschreitung des Projektvorhabens prognostiziert. In Bild 4.44 ist dieser Sachverhalt grafisch dargestellt.

Neben den beiden Abweichungsindizes SV und CV in dem in Bild 4.44 gezeigten Kostenverlauf geben die beiden Kontrollindizes SPI und CPI Aufschluss über den weiteren Verlauf des Projekts.

Der SPI (Schedule Performance Index) beschreibt, inwieweit das Projekt zeitlich im Plan ist.

SPI > 1 bedeutet: Der Projektfortschritt ist schneller als geplant.

SPI < 1 bedeutet: Es gibt einen zeitlichen Verzug im Projekt.

Der CPI (Cost Performance Index) beschreibt, inwieweit das Projekt aus Kostensicht im Plan ist.

CPI > 1 bedeutet: Das Projekt verläuft kostengünstiger als geplant.

CPI < 1 bedeutet: Das Projekt wird vermutlich teurer als geplant.

Ist das Projekt sowohl in der Kosten- als auch in der Terminbetrachtung in Plan, liegen beide Indizes bei 1. Dadurch weiß der Projektleiter, wann zusätzliche Mittel (CPI < 1) erforderlich sind oder freiwerdende Mittel (CPI > 1) bzw. Ressourcen (SPI > 1) zur Disposition stehen.

Es bietet sich an, in regelmäßigen Abständen die beiden Kontrollindizes SPI und CPI auf Basis einer Restaufwandsschätzung zu ermitteln, um so immer eine aktuelle Aussage zu dem Status des Projekts machen zu können. Man erreicht auf diese Weise eine Trendanalyse hinsichtlich der Kosten- und Terminsituation. In Bild 4.45 ist beispielhaft der zeitliche Verlauf der beiden Indizes in einem Projekt aufgezeigt. Aus der Grafik kann man entnehmen, dass in dem Beispiel die Kostensituation des Projekts immer sehr günstig war (CPI > 1), das Projekt aber zeitlich im Rückstand ist (SPI < 1).

Der Entwicklungsindex TCPI (To Complete Performance Index) ist ein Maß, wie hoch die Effizienz der Projektarbeit für den Rest der Projektlaufzeit sein muss, um das Projektergebnis innerhalb des geplanten Budgets zu erreichen. Rechnerisch ergibt sich der TCPI-Wert aus dem Verhältnis des noch zu erbringenden Fertigstellungswerts (Earned Value) zu dem zur Verfügung stehenden Restbudget. Bei dem o. a. Zahlenbeispiel heißt das: Da für den betrachteten Zeitraum der halben Projektdauer der CPI-Index nur 0,73 beträgt, fehlen 27% des für diesen Zeitraum geplanten Fertigstellungswertes. Dieses Arbeitsvolumen müsste in der restlichen Projektlaufzeit zusätzlich hereingearbei-

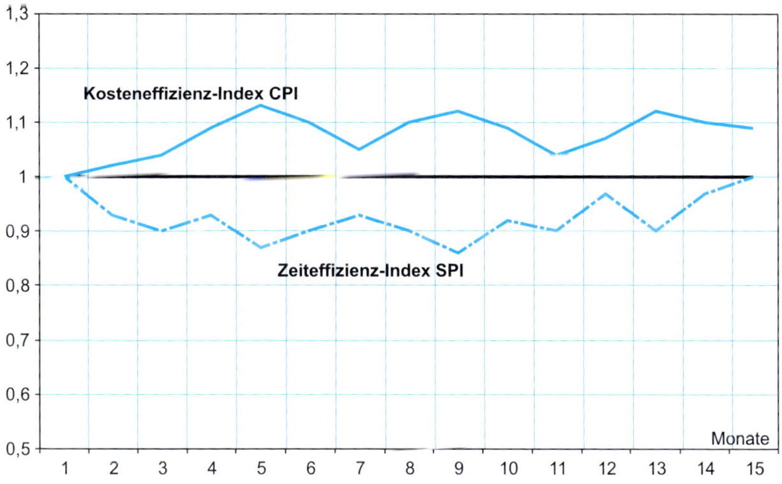

Bild 4.45 Verlauf der beiden Kontrollindizes CPI und SPI (Beispiel)

tet werden, wenn dieser Rückstand im Rahmen des geplanten Budgets eingeholt werden soll. Der Entwicklungsindex TCPI beträgt dabei 1,33, was eine Überschreitung von 33% bedeutet. Fällt der CPI unter den TCPI, müssen Maßnahmen eingeleitet werden, damit das Budget eingehalten werden kann. Bei einem TCPI-Wert von 1 wäre das Projekt sowohl hinsichtlich des Arbeitswerts als auch der Kosten in Plan. Durch einen Vergleich von TCPI und CPI kann damit beurteilt werden, wie realistisch eine Budgeteinhaltung ist.

Weitere Kennzahlen der Earned-Value-Analyse

In Tabelle 4.2 sind weitere Prognose-Kennzahlen, die in der Earned-Value-Analyse Anwendung finden, mit ihrer Berechnungsgrundlage aufgeführt.

Tabelle 4.2 Kennzahlenübersicht der Earned-Value-Analyse

EVA-Kennzahl		Bedeutung	Berechnung
BAC	Budget At Completion	ursprünglich geplantes Projektbudget	
EAC	Estimate At Completion	prognostizierte Endkosten am Projektende	EAC = AC + (BAC − EV)/CPI
ETC	Estimate To Completion	geschätzte Restkosten ab Stichtag	ETC = EAC − AC
VAC	Variance At Completion	Kostenabweichung am Projektende	VAC = BAC − EAC
PAC	Plan At Completion	ursprünglich geplantes Projektende	
PAS	Plan At Start	geplanter Projektstart	
TN	Time Now	aktueller Berichtszeitpunkt	
TAC	Time At Completion	prognostizierter Projekt-Fertigstellungszeitpunkt	TAC = PAS + (PAC − PAS)/SPI
DAC	Delay At Completion	zeitliche Abweichung am Projektende	DAC = TAC − PAC
ETTC	Estimated Time to Completion	prognostizierte Restlaufzeit	ETTC = TAC − TN

Für das obige Beispiel ergeben sich damit folgende Schlussfolgerungen.

- Der prognostizierte Projekt-Fertigstellungszeitpunkt TAC verschiebt sich nach vorne.
- Die Projektdauer (PAC – PAS) weitet sich bei einem SPI = 0,8 um 25%.
- Die Kennzahl DAC ist größer als Null und signalisiert eine Projektverzögerung.
- Die Kennzahl VAC ist negativ und signalisiert damit eine Kostenüberschreitung.

Vorgehensweise bei der Earned-Value-Analyse

Damit man die Earned-Value-Analyse sinnvoll einsetzen kann, müssen bestimmte Voraussetzungen erfüllt sein. Im Rahmen einer durchgängigen Aufgaben-, Aufwands- und Zeitplanung sind folgende Aktivitäten vorab durchzuführen:

▷ Projektumfang genau festlegen,
▷ Projektstrukturplan detailliert in Arbeitspakete untergliedern,
▷ Aufwand und Ergebnisse der Arbeitspakete bestimmen,
▷ Abhängigkeiten und Abfolge der Arbeitspakete ermitteln,
▷ Kosten- und Terminplan erstellen.

Weiterhin ist es während der Projektdurchführung erforderlich, dass die Projektmitarbeiter ihre Aufwände regelmäßig und bezogen auf die Arbeitspakete melden; auch dürfen die Arbeitspakete nicht zu umfangreich sein und sich z. B. über die gesamte Projektlaufzeit erstrecken.

In folgenden Schritten wird dann eine Earned-Value-Analyse durchgeführt:

1. Den Stichtag TN anhand eines Meilenplans festlegen,
2. den Planwert PV zum aktuellen Stichtag aus dem Kostenplan entnehmen,
3. zum Stichtag angefallene Kosten AC (Zahlungsplan, Aufwandserfassung) ermitteln,
4. den Fertigstellungsgrad PC (Restaufwandsschätzung) ermitteln,
5. den Earned Value EV errechnen.

Entscheidendes Glied in der Earned-Value-Analyse ist eine genaue Restaufwandsschätzung, die nur möglich ist, wenn das Projektvolumen in genügend viele Arbeitspakete untergliedert ist und damit einer genauen Restaufwandsschätzung zugängig wird. Gemeinhin gibt es mehrere Vorgehensweisen bei der Schätzung des Restaufwandes (siehe Kap. 4.3.4), wobei die pauschalierte Methode nach dem Muster 20/80% oder 50/50% bei der Earned-Value-Analyse häufig vorgezogen wird.

In Tabelle 4.3 wird an einem Beispiel gezeigt, wie der Gesamt-Fertigstellungsgrad bei mehreren einzeln geschätzten Arbeitspaketen ermittelt wird.

Die Earned-Value-Analyse sollte immer „projektbegleitend" eingesetzt werden, d. h. in regelmäßigen Zeitabständen sind die EVA-Kennzahlen zu ermitteln, damit sie in das Projekt-

Tabelle 4.3 Ermittlung des Fertigstellungsgrads (Beispiel)

Arbeitspaket	Einzel-budget BAC	Plankosten (Stichtag) PV	Ist-Kosten AC	Fertigst. grad (%) PC	Arbeitswert EV
AP 1	500	500	600	100	500
AP 2	1.000	800	700	70	700
AP 3	1.000	500	600	50	500
AP 4	500	0	0	0	0
AP 5	500	400	400	100	500
Gesamt	3.500	2.200	2.300	63	2.200

Controlling einfließen können (siehe auch Bild 4.45). Wird das Projektplanungsverfahren MS Project eingesetzt, so kann die Earned-Value-Berechnung damit unterstützt werden.

Der entscheidende Vorteil der Earned-Value-Analyse liegt darin, dass sie die drei elementaren Elemente des PM-Dreiecks, nämlich Kosten, Zeit und Leistung miteinander verknüpft (Bild 2.8). Zudem zwingt die Anwendung zu einer strukturierten Vorgehensweise in der Projektplanung und -verfolgung.

Als weitere Vorteile der EVA-Methode sind hervorzuheben:

- Transparente Definition der zu erledigenden Arbeit, der Termine und der Aufwände,
- objektive und realistische Messung des erledigten Arbeitsvolumens,
- frühzeitiges Erkennen von Problemen und potenziellen Risiken,
- Aufzeigen von Kostenauswirkungen anstehender Probleme,
- quantitative Messung und Bewertung von Zeitplan-Abweichungen,
- verbesserter Rechenschaftsbericht gegenüber dem Management,
- Ansatz für ein unternehmensweit einheitliches Beurteilungssystem für Projekte,
- bessere Kommunikation in internationalen Projekten dank weltweit anerkannter und bewährter Methoden und Techniken,
- die EVA unterstützt die Transparenz, die der Sarbanes-Oxley Act fordert.

4.4 Qualitätssicherung

Bei der Entwicklung von HW- und SW-Produkten mit hohen Zuverlässigkeitsanforderungen ist die *Sicherung der Produktqualität* über den ganzen Entwicklungsprozess hinweg von größter Bedeutung und ist ein wichtiger Bestandteil des Projektmanagements. Vielfach wird heute die Effizienz der Qualitätssicherung für ein Produkt in einem Unternehmen vom Kunden bereits als Bewertungskriterium für die spätere Produktqualität herangezogen. Bei Produkten mit hohem Risiko für Umwelt und Menschenleben (Kernkraftwerke, Flugzeuge) nimmt die Qualitätssicherung einen beträchtlichen Umfang am gesamten Entwicklungsaufwand ein.

Die Qualitätseigenschaften werden in der Fachsprache *Qualitätsmerkmale* genannt. Jedes Produkt besitzt entsprechend seinem Verwendungszweck, seinen Anforderungen und seinem Einsatzrisiko Qualitätsmerkmale mit entsprechender Ausprägung. Für technische Produkte gelten folgende wichtige Qualitätsmerkmale:

- ▷ Zuverlässigkeit
- ▷ Funktionserfüllung
- ▷ Benutzungsfreundlichkeit
- ▷ Wartungsfreundlichkeit
- ▷ Umweltfreundlichkeit
- ▷ Übertragbarkeit
- ▷ Effizienz.

Diese Qualitätsmerkmale kann man nach bestimmten Ausprägungen weiter untergliedern; so kann das Qualitätsmerkmal Zuverlässigkeit z. B. unterteilt werden in

- ▷ Korrektheit,
- ▷ Robustheit,
- ▷ Verfügbarkeit usw.

Aus dieser Betrachtung ist ersichtlich, dass je Produkt entsprechende Qualitätsmerkmale und ihre Ausprägungen festzulegen sind. Unterstützend wirken dabei die Standarddefinitionen nach DIN 55350, Teil 11 [100] und weitere betrieblich orientierte Festlegungen wie z. B. die Siemens-Norm SN 77350, Teil 1.

Mit der Prüfung der Qualitätsmerkmale hinsichtlich der vorgegebenen Ausprägung wird die Qualität gesichert. Die Sicherung der Produktqualität muss schon von Beginn eines Entwicklungsprozesses an erfolgen, weil nur so ihre Effektivität gewährleistet ist. Dabei ist das Sichern nach folgenden beiden Blickwinkeln vorzunehmen:

- ▷ Validation – entwickle ich das *richtige* Produkt?
- ▷ Verifikation – entwickle ich das Produkt *richtig*?

Beim Sichern der Qualität eines Produkts müssen sich diese beiden Betrachtungsweisen gegenseitig abwechseln. Einmal müssen die Anforderungsdefinition und der Entwurf in ihren Zielen bestätigt (Validation), zum anderen muss die Vollständigkeit der Ziele geprüft werden (Verifikation). Wie wichtig Planungs- und Ausführungsqualität in jeder Phase der Ent-

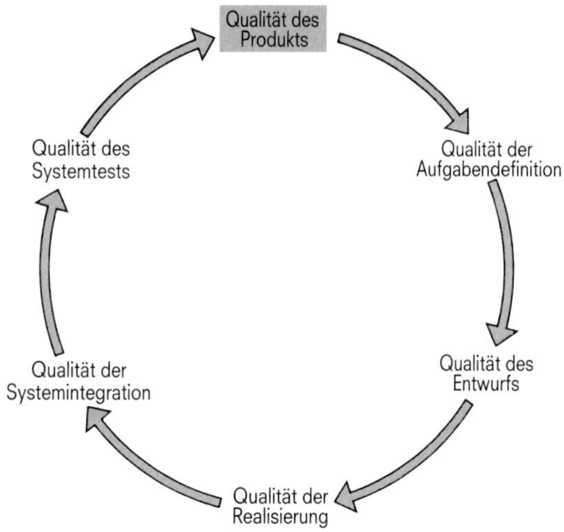

Bild 4.46 Qualitätskreis

wicklung sind, verdeutlicht Bild 4.46. Der dort dargestellte »Qualitätskreis« bringt zum Ausdruck, dass in allen Folgephasen nur maximal die Qualität erreicht werden kann, die in den vorausgegangenen Phasen erzielt wurde. Dies ist leicht zu verstehen, denn was nützt ein guter Entwurf, wenn die Verfügbarkeit des Produkts unzureichend definiert war, die evtl. eine Doppelung der Hardware voraussetzt.

Der Begriff Qualität bezieht sich daher nicht nur auf einsetzbare Produkte, sondern auch auf die Zwischenprodukte. DIN 55350, Teil 11, definiert den Begriff Qualität wie folgt:

> Beschaffenheit einer Einheit bezüglich ihrer Eignung, festgelegte und vorausgesetzte Erfordernisse zu erfüllen.

Bei Qualitätsbetrachtungen können solche *Einheiten* sein:

- ▷ Ergebnisse von Tätigkeiten und Prozessen (materielle und immaterielle Produkte) sowie
- ▷ Tätigkeiten oder Prozesse selbst (z. B. Dienstleistungen, Consulting).

Bild 4.47 zeigt die wesentlichen Bestandteile der Qualitätssicherung im Rahmen eines durchgehenden Qualitätsmanagements.

Die Aufteilung verdeutlicht, dass die Qualitätssicherung für ein Produkt nicht von einer Stelle aus betrieben werden kann, sondern dass sich alle an der Entwicklung Beteiligten mit Qualität zu befassen haben. Dabei muss der Grundsatz gelten: Qualität kann nicht *erprüft*, sondern muss *entwickelt* werden. Die Qualitätssicherung ist ferner in jedem Bereich auf dessen Erfordernisse auszulegen und zu betreiben. Es wird daher nicht *eine* Qualitätssicherung im Unternehmen geben, sondern es wird eine Qualitätssicherung z. B. für die Entwicklung, für die Fertigung, für den Vertrieb und für den Kundenservice geben. Jeder derartige Bereich hat seine eigene Qualitätssicherung festzulegen und durchzuführen.

Wegen der schwerwiegenden Unregelmäßigkeiten und Bilanzfälschungen, die in der Vergangenheit bei amerikanischen Firmen im Rahmen der Finanzbuchhaltung aufgetreten sind, wurde 2002 mit Verabschiedung des *Sarbanes-Oxley Acts* (SOA) eine bedeutende Änderung des US-Wertpapiergesetzes auf den Weg gebracht. Dieses Gesetz, welches zwangsläufig auch Auswirkungen auf europäische Unternehmen hat, verpflichtet alle an US-Börsen notierten Unternehmen zur lückenlosen Dokumentation, so dass das interne Kontrollsystem (IKS) die Anforderungen des Sarbanes-Oxley Acts erfüllt. Demnach müssen Unternehmen Prozesse und Kontrollen, die die *Qualität der Finanzberichterstattung* beeinflussen, dokumentieren. Darüber hinaus verlangt das Gesetz, die Abläufe auf ihre Wirksamkeit zu testen und dies auch nachzuweisen. Damit soll erreicht werden, dass Unternehmen mithilfe einer detaillierten Dokumentation ihrer Finanzpolitik und Compliance-Maßnahmen sowie

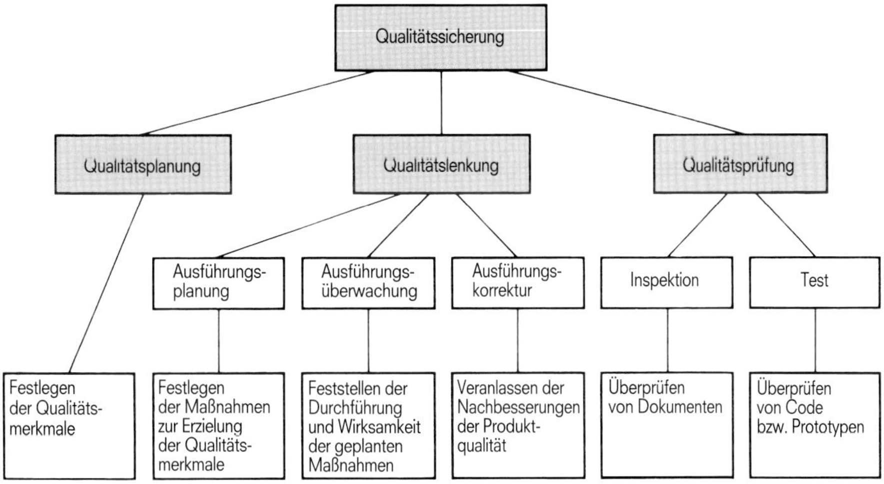

Bild 4.47 Bestandteile der Qualitätssicherung

durch schnellere finanzielle Berichterstattung eine klare Zuteilung von Verantwortlichkeiten schaffen.

In den folgenden Kapiteln werden die Themen

▷ Qualitätsplanung und -lenkung,
▷ Prüfung der Entwurfsdokumente und
▷ Prüfung der Realisierungsergebnisse

eingehend behandelt.

4.4.1 Qualitätsplanung und -lenkung

Die Qualitätssicherung beginnt mit dem Festlegen der Qualitätsmerkmale (Qualitätsplanung) und der organisatorischen Maßnahmen für das Erreichen der Qualitätsziele (Qualitätslenkung). Beide Aspekte bilden die Voraussetzungen für die Prüfung der Qualität, wobei die Qualitätsmerkmale das »was« und die organisatorischen Maßnahmen das »wie« der Prüfung darstellen.

Qualitätsplanung

Die Qualitätsplanung umfasst das Festlegen von Qualitätsmerkmalen für das Produkt bzw. System; sie ist Voraussetzung für die spätere Qualitätsprüfung.

Bei der Anforderungsdefinition für ein Produkt sind die Qualitätsmerkmale mit ihren Ausprägungen gleichberechtigt mitzubetrachten und im Pflichtenheft aufzuführen. Bei größeren Systemen kann für die übergreifenden Qualitätsmerkmale sogar ein eigenes Pflichtenheft notwendig sein.

Auch bei den Qualitätsmerkmalen gibt es Verfeinerungen und Aufteilungen auf niedrigere Konfigurationseinheiten, wie z. B. Prozessoreinheit oder Programmkomplex. Entsprechend der Entwurfsverfeinerung des Systems sind daher die jeweils relevanten Qualitätsmerkmaldetails mit einzubeziehen. Häufig sind die Qualitätsmerkmale zu verfeinern, die sich auf das Verbrauchs- und Zeitverhalten auswirken. Aus der Summe der Einzelverhalten muss dann auf das Gesamtverhalten geschlossen werden.

Für das Festlegen der Qualitätsziele sind zu den früher genannten Qualitätsmerkmalen entsprechende quantitative Aussagen zu ermitteln. Wo dies nicht exakt möglich ist, müssen qualitative Erläuterungen gegeben werden, die eine klare Aussage über das Verhalten wiedergeben. Die Unterschiede zwischen *qualitativen* und *quantitativen* Qualitätsmerkmalen sollen zwei Beispiele verdeutlichen:

Beispiel 1: Quantitatives Qualitätsmerkmal

Qualitätsmerkmal »Zuverlässigkeit«

- Verfügbarkeit: max. Ausfallzeit 30 min/Jahr
- Prozessdauer je Aufgabe: max. 2 s
- automatische Wiederanlaufdauer: max. 30 s.

Beispiel 2: Qualitatives Qualitätsmerkmal

Qualitätsmerkmal »Übertragbarkeit«

Es ist geplant, das SW-System auf den drei Betriebssystemen A, B und C sowie in verschiedenen Sparten einzusetzen.

- Betriebssystemspezifische Anteile sind in eigenen Modulen unterzubringen.
- Das System wird in den Sparten X, Y, Z eingesetzt. Die spartenorientierten Aufgaben sind herauszuarbeiten und in jeweils spezifischen SW-Anteilen zu realisieren.

In Beispiel 1 sind die Werte bereits exakt für die Qualitätsziele vorgegeben. Anders im Beispiel 2; hier müssen die system- und einsatzorientierten Anteile erst ermittelt werden, das in den weiteren Analysen und Entwurfstätigkeiten möglich wird. Jedoch ist die Vorgabe eindeutig und verständlich.

Qualitätslenkung

Die Qualitätslenkung befasst sich mit den organisatorischen Festlegungen für das Erreichen qualitativ hochwertiger Produkte. Es handelt sich hierbei um drei Abschnitte, nämlich (Bild 4.47):

▷ Ausführungsplanung,
▷ Ausführungsüberwachung und
▷ Ausführungskorrektur.

Ausführungsplanung

Unter diesem Begriff verbirgt sich eine Vielfalt von Entwicklungskonventionen, z. B. für

▷ Prozessorganisation,
▷ Entwicklungsorganisation und Zuständigkeiten,
▷ Qualitätssicherungsplan,
▷ Qualitätsziele,
▷ Produktdokumentation,
▷ Inspektionen (Reviews),
▷ Qualitätsaudits,
▷ Konfigurationsmanagement,
▷ Fehlermeldungswesen und Fehlerbehebung,
▷ Änderungsverfahren (Change-Request-Verfahren),
▷ Qualitätsbericht-Erstellung,
▷ Werkzeuge und Entwicklungsmethoden.

Je nach Größe der Entwicklungsabteilungen und -bereiche sind dafür ausführliche Richtlinienwerke nötig. Häufig existieren für den Gesamtbereich Rahmenrichtlinien für die Qualitätssicherung, die durch spezifische Richtlinien für die bestimmten Entwicklungsprojekte zu detaillieren und zu ergänzen sind (QS- bzw. QMS-Handbuch).

Darüber hinaus sind in der Projektdokumentation alle wichtigen Festlegungen und QS-Informationen projektspezifisch zu führen.

▷ Prozessorganisation

Der Entwicklungsprozessplan stellt, wie im Kapitel 2.5 beschrieben, den phasenorientierten Ablauf der Entwicklung dar. Jeder Phase sind entsprechende Tätigkeiten und Ergebnisse zugeordnet (Meilensteine). »Baselines« an jedem Phasenende erlauben eine Synchronisation der einzelnen Entwicklungstätigkeiten.

▷ Entwicklungsorganisation und Zuständigkeiten

Meist wird die Entwicklungsorganisation durch den Organisationsplan dargestellt (z. B. Aufteilung in Entwicklung, Projektmanagement, Qualitätssicherung, Prüf- und Testabteilungen, kaufmännische Aufgaben). Die Zuständigkeiten für ein Projekt sowie alle projektspezifischen Beziehungen werden im Rahmen der Projektorganisation festgelegt und geregelt (siehe Kap. 2.4).

▷ Qualitätssicherungsplan

Der Qualitätssicherungsplan (QS-Plan) bildet die aktuelle Festlegung der Zuständigkeiten, Maßnahmen und Verfahren zur Qualitätssicherung für ein Projekt (siehe Beispiel in Tabelle 3.42 auf Seite 380).

▷ Qualitätsziele

Der Aufbau eines Qualitätssicherungssystems im Sinne eines TQM erfordert die Definition von Qualitätszielen sowohl auf bereichsübergreifender Ebene als auch im einzelnen Projekt. Auch die ISO 9001 verlangt das Aufstellen von Qualitätszielen auf allen Ebenen eines Unternehmens (siehe Kap. 4.4.5). Qualitätsziele können sehr unterschiedlich ausgerichtet sein, sollten aber immer quantifizierbar und damit »messbar« sein; im Folgenden einige Beispiele für solche Qualitätsziele:

- Die Kundenzufriedenheit soll sich um 2 Punkte verbessern.
- Die Fehlererkennungsrate soll in der Testphase um 8% gesteigert werden.
- Die Produktivität soll in der Fertigung um 5% erhöht werden.
- Die Ausfallzeit der Baugruppe XYZ soll im Jahr eine Stunde kleiner sein.
- Die durchschnittliche DLZ soll um 25% verkürzt werden.
- Die Anzahl der Reviews soll sich verdoppeln.

▷ Richtlinien für Produktdokumentation

Dazu gehören die Dokumentationsregeln und das Gliederungsschema für die Produktdokumentation. Im Entwicklungsbereich haben sich für die Produktdokumentation u. a. folgende Dokumente, teilweise aufeinander aufbauend, etabliert:

- Anforderungskatalog
- Pflichtenheft (Requirement Specification)
- Leistungsbeschreibung (Functional Specification)
- Entwurfsspezifikation
- Inline-Dokumentation der Primärprogramme
- HW-Spezifikationen
- HW-Fertigungs- und Prüfunterlagen
- Anwenderdokumentation

Die ersten drei der o. a. Dokumente zur Produktdefinition (Anforderungskatalog, Pflichtenheft, Leistungsbeschreibung) sind in den Kapiteln 2.2.1 bis 2.2.3 näher erläutert.

▷ Inspektionen (Reviews)

Inspektionen bzw. Reviews bilden statische Prüfverfahren für Produktdokumente. Diese werden in Kapitel 4.4.2 ausführlicher behandelt.

▷ Qualitätsaudits

Mit Hilfe von Qualitätsaudits werden die ordnungsgemäßen Anwendungen der Qualitätssicherungs-Richtlinien überprüft. Weitere Einzelheiten siehe Kapitel 4.4.5.

▷ Konfigurationsmanagement

Das Konfigurationsmanagement dient dem Ziel, während der gesamten Lebensdauer eines Produkts dessen Aufbau und dessen Bestandteile überschaubar und kontrollierbar zu halten. I. Allg. gehört zum Konfigurationsmanagement auch das Fehlermeldungswesen (Näheres siehe Kap. 6.1).

▷ Fehlermeldungswesen und Fehlerbehebung

Zwischen dem Anwender (Kunden) und Hersteller ist ein Verfahren festzulegen, das die Fehlermeldungen und Stellungnahmen seitens des Herstellers sowie die Fehlerbehebung regelt. In diesem Verfahren sollte auch eine Unterscheidung der Fehler in der Priorität ihrer Behebung enthalten sein. Dadurch ist eine bessere vertragliche Regelung möglich, wie schnell die Fehler jeweils behoben werden müssen, z. B. kurzfristig in der eingesetzten Version oder in einer Folgeversion. Häufig reichen dafür zwei Prioritätseinstufungen: kritische und einfachere Fehler (siehe hierzu auch Kap. 6.1.2).

▷ Änderungsverfahren

Neben dem Beseitigen von Fehlern wünscht sich der Anwender im Allgemeinen laufend Verbesserungen im Betriebsablauf oder auch funktionale Erweiterungen. Für diese Anforderungen ist zwischen Anwender und Hersteller ein Vorgehen festzulegen, wie der Anwender solche Anforderungen anmelden kann, wie sie beim Hersteller bewertet werden und wie das Einplanen für die Realisierung erfolgt (siehe hierzu auch Kap. 2.2.6). In den kundenspezifischen Verträgen ist dafür dann auch die Behandlung der Verrechnung von solchen Anforderungen zu definieren.

▷ Qualitätsbericht-Erstellung

Ein Qualitätsbericht sollte innerhalb eines Entwicklungsprojekts regelmäßig erstellt werden; er dient der laufenden Information der Projektleitung über die durchgeführten QS-Maßnahmen und die erreichte Qualität des Produkts (Soll/Ist-Vergleich).

▷ Werkzeuge und Entwicklungsmethoden

Für jedes Projekt sind die einzusetzenden Werkzeuge (Arbeitsplatzsysteme, SW-Tools, CAD-Verfahren, Testsysteme etc.) festzulegen. Da in der Entwicklung großer Systeme die Support-Software (einschl. CAD-Software) eine wichtige Stellung einnimmt, ist es notwendig, auch dafür die zu verwendenden Versionen für die einzelnen Projekte festzulegen. Ein ungeplanter Versionswechsel der Support-Software kann zu erheblichen Irritationen in der Entwicklung führen. Bei Entwicklungen von Folgeversionen eines Produkts sind diesen jeweils eigene Support-SW-Versionen zuzuordnen (Toolset-Version).

Bezüglich der Entwicklungsmethoden müssen klare Vorgaben vorhanden sein. Es sind hierbei die grafischen Darstellungsmethoden festzulegen, die zur Dokumentation benutzt werden. Ferner sind Prinzipien für die Produktentwicklung einzuführen, z. B. Structured Analysis (SA), Structured Design (SD), Information Hiding bei Software, Modul- und Prozedurgrößen, Dokumentation in den SW-Modulen und Generierungsprinzipien. Ähnliche Festlegungen müssen für die HW-Entwicklung geschaffen werden, wobei die Fertigungsmöglichkeiten und eine Reihe weiterer Standards zu berücksichtigen sind.

Ausführungsüberwachung

Wie bei den übrigen Projektvorgängen ist auch für die Qualitätsprüfung eine Überwachung nach folgenden Gesichtspunkten vorzunehmen:

▷ Sind alle geplanten qualitätssichernden Maßnahmen durchgeführt worden?
▷ Sind bei der Durchführung der QS-Maßnahmen Probleme entstanden, die noch eine Leitungsentscheidung erfordern?
▷ Haben sich in der Durchführung der qualitätssichernden Maßnahmen Schwächen gezeigt, die für die Zukunft beseitigt werden sollen; welche Korrekturmaßnahmen sind daraus abzuleiten?

Ausführungskorrektur

Als Reaktion der Überwachungsergebnisse sind bei Bedarf *Korrekturmaßnahmen* einzuleiten. Solche können z. B. sein:

▷ Es ist für die konsequentere Durchführung der QS-Maßnahmen zu sorgen bzw. sind ausstehende nachzuholen.
▷ Ausstehende Leitungsentscheidungen müssen herbeigeführt werden.
▷ Für ein bestimmtes Thema ist eine »Qualitätsgruppe« mit definierten Zielen einzurichten.
▷ Standardformulare für die Projektdokumentation sind zu überarbeiten.

4.4.2 Prüfung der Entwurfsdokumente

Das ingenieurmäßige Entwickeln von HW- und SW-Systemen erfordert eine laufende Prüfung der jeweils zu den entsprechenden Meilensteinen vorgegebenen Zwischenergebnisse. Voraussetzung für das Vermeiden von Realisierungsfehlern sind naturgemäß fehlerfreie Entwurfsunterlagen. Diese auf Richtigkeit und Vollständigkeit zu prüfen, ist die erste Aufgabe der Qualitätsprüfung. Dieses gilt nicht nur für Hardware, sondern auch im selben Maße für Software. Bild 4.48 zeigt das rapide Ansteigen von SW-Fehlerkosten, wenn Fehler nicht früh genug entdeckt werden. Ein analoger Verlauf gilt naturgemäß auch bei HW-Fehlerkosten.

Wie in dem Bild ersichtlich, hängt die Höhe der Fehlerbehebungskosten – kurz Fehlerkosten genannt – vom Zeitpunkt der Fehlererkennung ab. Die Fehlerkosten steigen dabei exponentiell an, so dass eine Fehlerbeseitigung in der Einsatzphase »4 bis 100«-mal mehr kostet als zu Beginn der Analysephase. Bei der Entwicklung von HW- und SW-Systemen sind daher entsprechende Prüfungen in Form von Inspektionen bzw. Reviews (Vieraugenprinzip) der Zwischenergebnisse vorzunehmen. Dabei müssen neben den festgelegten Qualitätsmerkmalen auch interne Herstellungsmethoden mit berücksichtigt werden.

Die Wirksamkeit der Inspektionen z. B. bei einer SW-Entwicklung zeigt Bild 4.49; hier können also $^2/_3$ der Fehler gefunden werden. Damit ist auch die Forderung erfüllt, Fehler frühzeitig zu entdecken, um die Fehlerkosten niedrig zu halten.

Formen für die Prüfung von Entwurfsdokumenten

Für die Prüfung von Entwurfsdokumenten werden in der Literatur und im allgemeinen Sprachgebrauch unterschiedliche Begriffe verwendet:

▷ Inspektion
▷ Review
▷ Structured Walk Through (SWT)
▷ Development Design Control (DDC).

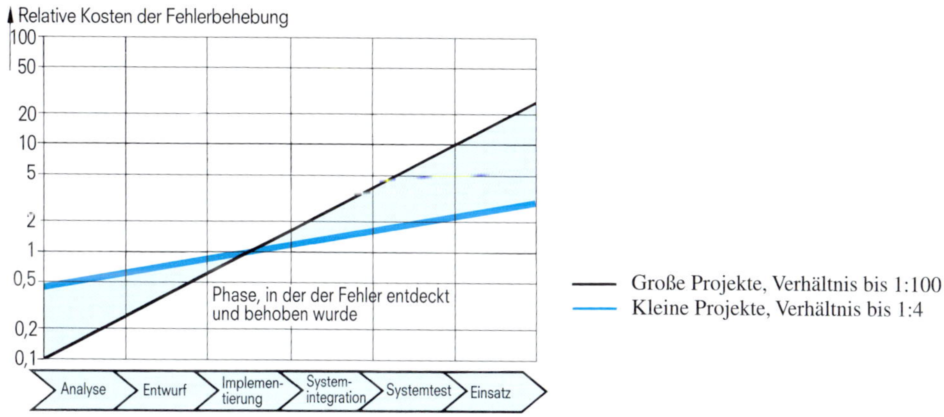

Bild 4.48 SW-Fehlerkosten, abhängig vom Entdeckungszeitpunkt (nach Boehm)

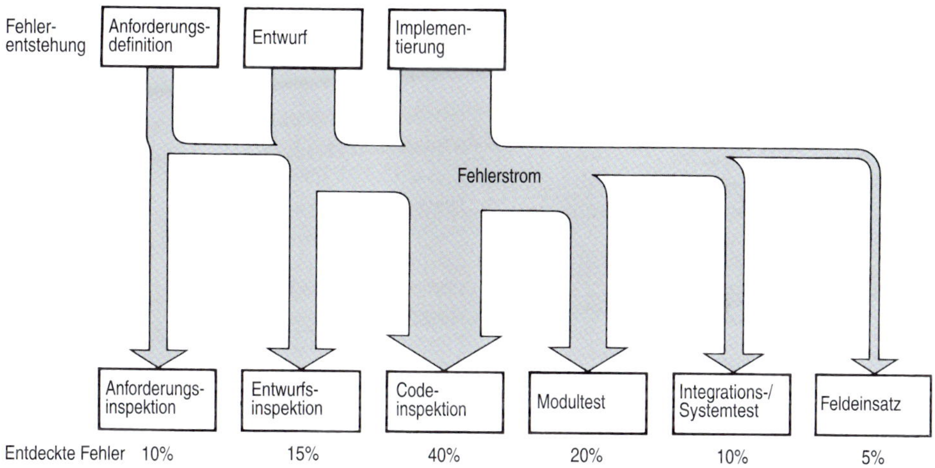

Bild 4.49 Entdeckung von Fehlern durch Inspektionen

Diese Begriffe haben im Wesentlichen dasselbe Ziel, wobei in der organisatorischen Vorgehensweise Unterschiede bestehen:

Inspektion/Review

Die Begriffe Inspektion und Review sind weitgehend synonym und in der Vorgehensweise gleich. Gegebenenfalls verbirgt sich hinter dem Begriff Review eine geringere Teilnehmerzahl, wie z. B. beim »Code Review«. Ausschlaggebend ist dabei, dass die Inspektion eine offizielle Bestätigung des Inhalts des Prüfobjekts darstellt, die sowohl für den zuständigen Entwickler bzw. Projektleiter gilt. Deshalb müssen als Inspektionsteilnehmer kompetente Personen eingeladen werden, um bei Einwendungen über deren Relevanz entscheiden zu können.

Structured Walk Through

Ein Structured Walk Through oder kurz Walk Through soll dem Entwickler ein fachliches Gespräch unter gleichgestellten Kollegen, womöglich auch aus anderen Dienststellen, ermöglichen. Aus psychologischen Gründen sollten bei diesem Gespräch keine Vorgesetzten beteiligt sein. Solche Gespräche sind für den Entwickler sicher von großem Nutzen und sollten in der Regel vor einer offiziellen Inspektion stattfinden.

Development Design Control

Hinter diesem Begriff verbirgt sich eine Vorgehensweise, in der Prüfergebnisse in Form von Kommentaren eingeholt werden; sie wird daher auch »Inspektion in Kommentartechnik« genannt. Der Vorteil dieser Form einer Inspektion liegt in der erweiterten Teilnehmerzahl, von der Kommentare eingeholt werden können. Das gemeinsame Gespräch entfällt hierbei.

Bei größeren Entwicklungsprojekten und bestimmten Entwurfsunterlagen (z. B. Pflichtenheft, Leistungsbeschreibung) hat sich eine kombinierte Vorgehensweise als zweckmäßig erwiesen. Dabei wird zuerst das Prüfobjekt in Kommentartechnik über einen erweiterten Teilnehmerkreis geprüft; an die Auswertung dieser Ergebnisse schließt dann ein Inspektionsgespräch in einem ausgewählten kleineren Kreis an.

Durchführung von Inspektionen

Inspektionen bzw. Reviews laufen nach einem festgelegten Schema ab mit folgenden Schritten:

- ▷ Einladung
- ▷ Vorbereitungsgespräch
- ▷ Vorbereitungszeitraum
- ▷ Inspektionsgespräch
- ▷ Nachbearbeitung.

Bei der Inspektion in Kommentartechnik ist statt dem Inspektionsgespräch die Auswertung der eingegangenen Kommentare durch den Entwickler und den verantwortlichen Veranstalter (Moderator) der Inspektion durchzuführen.

Die auf die einzelnen Schritte bezogenen Tätigkeiten werden nachstehend erläutert:

Einladung

Der Entwickler bestimmt mit seinem Vorgesetzten bzw. dem zuständigen Qualitätsbeauftragten den Moderator, die Teilnehmer der Inspektion sowie Ort, Zeit und das Prüfobjekt. Die zu überprüfenden Unterlagen werden dem Einladungsschreiben beigefügt. Die Inspektionsteilnehmer für die einzelnen Prüfobjekte sind bei kleineren Projekten i. Allg. namentlich schon bei Projektbeginn festgelegt. Bei größeren Projekten können anfangs nur die einzuladenden Abteilungen oder Bereiche festgelegt werden. Innerhalb dieser Abteilungen bzw. Bereiche sind für die einzelnen Prüfobjekte dann die Inspektionsteilnehmer zu benennen.

Vorbereitungsgespräch

Bei Einladung von Inspektionsteilnehmern, die wenig Kenntnisse von dem Sachthema des Prüfobjekts haben, ist vorab eine Einweisung in das Thema zu empfehlen. Hierbei sind Funktionen, externe Schnittstellen, Entwurfsentscheidungen, Logik und Abhängigkeiten darzustellen.

Vorbereitungszeitraum

Die eingeladenen Teilnehmer versuchen – jeder für sich – das Prüfobjekt zu verstehen und nach den Prüfkriterien zu untersuchen. Fehler oder mögliche Missinterpretationen sind dabei zu kennzeichnen und mit den nötigen Anmerkungen oder Korrekturen zu versehen. Eindeutige Fehler oder eindeutigere Formulierungen sind dem Entwickler außerhalb des Inspektionsgesprächs mitzuteilen. Diskussionswürdige Aspekte sind bei dem Inspektionsgespräch vorzubringen, um über deren Relevanz entscheiden zu können.

Inspektionsgespräch

Der Entwickler oder Moderator erläutert zu Beginn des Inspektionsgesprächs kurz die wesentlichen Aspekte des Prüfobjekts und versucht, darüber mit den Teilnehmern Einverständnis herbeizuführen. Anschließend wird das zu prüfende Entwicklungsdokument Seite für Seite nach wesentlichen Anmerkungen der Teilnehmer abgefragt. Diese Anmerkungen werden bei Bedarf kurz auf Relevanz diskutiert und ggf. in das Inspektionsprotokoll aufgenommen. Dabei empfiehlt sich, die Einträge im Inspektionsprotokoll nach folgenden Gesichtspunkten zu kennzeichnen:

- ▷ *Beschluss*, Einigung auf die alternative Vorgehensweise.
- ▷ *Auflage*, den beschriebenen Punkt weiter zuuntersuchen und erneut einer Beschlussfassung vorzulegen (durch wen, bis wann).
- ▷ *Feststellung* oder *Anregung*, die für die laufende Phase nicht relevant ist, zu einem späteren Zeitpunkt jedoch eine Aussage erwartet wird (wo, wann).

Bei einer Inspektionssitzung ist es nicht zweckmäßig, Lösungsvorschläge im Detail zu diskutieren; dies ist Angelegenheit der Nachbearbeitung. Entstehen dabei Lösungsvorschläge, die in Richtung Konzeptänderung oder -erweiterung tendieren und eine Entscheidung einer höheren Kompetenzebene erfordern, so ist das im Inspektionsprotokoll besonders zu vermerken.

Als Hilfe für die Prüfer sind Checklisten für die einzelnen Prüfobjekte zu erstellen, nach deren Gesichtspunkten diese zu betrachten sind. Ein Beispiel hierfür ist im Beiheft zu finden.

Inspektionssitzungen sollten zwei bis drei Stunden nicht überschreiten. Bei Bedarf ist ein neuer Termin für die Fortsetzung zu vereinbaren.

Das Inspektionsprotokoll sollte von den Reviewteilnehmern unterschrieben werden.

Werden in der Inspektionssitzung auf Grund besonderer Vorschläge neue Untersuchungen von Lösungen gefordert, so kann eine Wiederholung der Inspektion notwendig sein.

Bei einem *Structured Walk Through* erläutert der Entwickler den Inhalt des Prüfobjekts durchgehend, und die Review-Teilnehmer stellen dazu kritische Fragen. Ansonsten gilt das für Inspektion Ausgeführte.

Bei einer *Inspektion in Kommentartechnik* sind durch den Entwickler und den Quasi-Moderator die eingegangenen Stellungnahmen auszuwerten. Dabei muss wiederum zwischen relevanten und unwesentlichen Kommentaren unterschieden werden. Die relevanten Kommentare sind in einem Protokoll niederzulegen und es ist jeweils anzugeben, wie dieser Kommentar in das Prüfobjekt einfließt. Den Prüfern ist dieses Protokoll als Ergebnis der Inspektion zukommen zu lassen. Ergeben sich bei der Auswertung Kommentare, die einer weiteren Klärung bedürfen, so gilt das erstellte Protokoll mit als Inspektionsgegenstand für eine neu durchzuführende Inspektionssitzung.

Nachbearbeitung

Auf Grund der im Inspektionsprotokoll festgehaltenen Fehler und Anmerkungen überarbeitet der Entwickler die geprüften Unterlagen. Diese Überarbeitung ist durch den Projektleiter oder einen anderen Verantwortlichen zu prüfen. Danach muss die Unterlage durch Unterschrift des Verantwortlichen freigegeben werden. Bei maschineller Abspeicherung ist der Verantwortliche zu nennen.

Bei dieser Nachbearbeitung sind evtl. entsprechende Vorschläge mit Sachkennern zu diskutieren und abzustimmen. In einigen Situationen kann sich dafür eine Wiederholung der Inspektion ergeben, sofern eine solche nicht von vornherein geplant war.

Aufwand für Inspektionen

Die Höhe des für Inspektionen notwendigen Aufwands kann sehr unterschiedlich sein; er hängt ab von den Erfahrungen der Teilnehmer mit Inspektionen, vom Vertrautheitsgrad mit dem Prüfobjekt sowie von Art und Umfang des Prüfobjekts. In der Literatur wird ein Aufwand zwischen 5 und 10% für Qualitätssicherung vom Gesamtaufwand der Entwicklung geschätzt.

Überschlägig kann für Inspektionen folgender Aufwand veranschlagt werden:

- Review eines Pflichtenhefts oder einer Spezifikation mit etwa 50 Seiten Text einschl. Grafikanteilen
  - Vorbereitung der Prüfer je drei bis vier Stunden
  - Inspektionssitzung etwa zwei bis drei Stunden.

  Bei einem Inspektionsteam von zehn Personen ergibt sich dafür ein Gesamtaufwand von 50 bis 60 Mannstunden.
- Für *Code Review* sind etwa 100 bis 125 loc/Std. ohne Kommentare (Noncommentary Source Statements) anzusetzen; beim Code Review sind drei bis vier Personen beteiligt.

Das Bild 4.50 zeigt, dass der gesamte Entwicklungsaufwand für ein SW-Projekt bei einer systematischen Qualitätssicherung niedriger bleibt als bei fehlender. Für ein HW-Projekt gilt ein ähnlicher Sachverhalt.

Methoden- und Verfahrensunterstützung

Ein wichtiger Aspekt beim Durchführen der Qualitätssicherung ist – auch aus wirtschaftlicher Hinsicht – die Unterstützung durch Werkzeuge. Obwohl für das Erstellen der Spezifika-

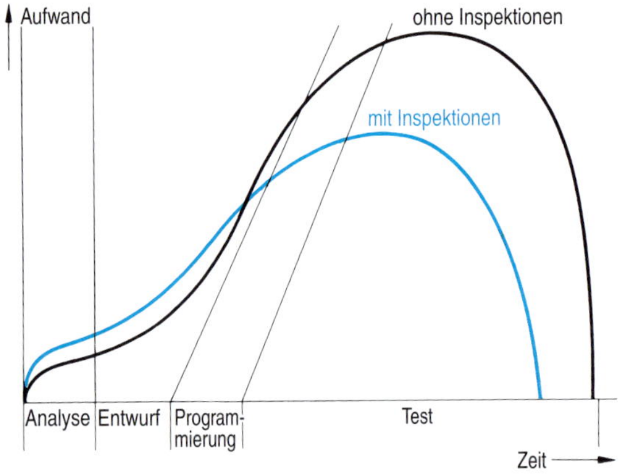

Bild 4.50
Verlauf des Entwicklungsaufwands mit und ohne Inspektionen

tionen z. Z. nur wenige Werkzeuge verfügbar sind, stellt ihr Einsatz, z. B. GRAPES, ProMod oder Chestra (Kap. 2.6.2), doch eine hilfreiche Unterstützung dar. Günstig wirkt sich schon aus, wenn die Spezifikationen mit Grafiken stärker durchsetzt sind. Dafür kommen vor allem Datenfluss-, Hierarchie-Diagramme, SDL-Prozessdiagramme, Struktogramme und Entscheidungstabellen in Betracht. Diese Diagramme können dann im Rahmen einer Inspektion auf formale Richtigkeit überprüft werden.

Weitgehend mehr ist die Unterstützung durch Werkzeuge dort gegeben, wo formale Sprachen und Programmiersprachen eingesetzt werden können. So erlaubt bei der SW-Entwicklung besonders die Anwendung von Pseudo-Code schon frühzeitig in den Entwurfsphasen, einen Teil der Entwurfsergebnisse in eine formale Spezifikation zu überführen. Der besondere Vorteil von Pseudo-Code liegt darin, dass das jeweilige Ergebnis in demselben Dokument immer weiter verfeinert werden kann bis hin zum vollständigen Code. Damit ergibt sich auch eine aktuellere und vollständigere Dokumentation. In der vorgelagerten Entwurfsspezifikation kann sich bei dieser Vorgehensweise die Dokumentation auf die Schnittstellen, die über die betrachtete Entwurfseinheit hinausreichen, und die wesentlichen Struktur (Prozess, Modul, Prozedur) beschränken. Eine ähnliche Vorgehensweise bieten die SDL-Prozessdiagramme, wenn dafür ein Generator für das Umsetzen in Programmcode existiert.

In der HW-Entwicklung bieten CAD-Tools zahlreiche Unterstützungen beim Erstellen von Schaltplänen mit anschließender Simulation und Umsetzung in Leiterplatten-Layouts sowie beim Erstellen von Fertigungsunterlagen. Das Verwenden von Standardbauteile-Bibliotheken und Makroeinheiten (wiederkehrende geometrische Elemente) bildet weitere qualitätssichernde Unterstützung.

4.4.3 Prüfung der Realisierungsergebnisse

Das dynamische Testen – Prüfen des Objekts unter Simulations- oder realer Umgebung – dient zum Aufdecken von Fehlern und zum Nachweis für das richtige Einbringen der Anforderungen in das System.

Die Tests sind bei größeren Produkt- und Systementwicklungen in folgende Testphasen eingeteilt:

▷ Komponententest
▷ Integrationstest
▷ Systemtest
▷ Akzeptanztest (Abnahmetest).

Außerdem werden die Tests je nach Testobjekt in *Detailtest, Funktions- und Aufgabentest* unterteilt. Der Detailtest (White-Box-Test) bezieht sich bei Software auf Module, Prozeduren und Ablaufstrukturen, in denen der Test der einzelnen Zweige und Pfade das Testziel darstellt. Bei Hardware ist dies der Test der Funktionsmodule (eine Baugruppe oder mehrere Baugruppen) ggf. mit Firmware. Der Funktions- und Aufgabentest (Black-Box-Test) konzentriert sich auf Funktionen und Aufgaben (Leistungsmerkmale) des Gesamtsystems.

Komponententest

Eine Komponente umfasst in der Software Module oder Modulgruppen. Ein Modul besteht bei höheren Programmiersprachen, wie C++, PASCAL, CHILL und PL/I, aus einer Reihe Prozeduren. In der Hardware ist es meist eine Baugruppe (Module).

SW-Komponententest

Im Komponententest gilt es für die Software, die Funktionen der ausgewählten Einheiten zu testen. Als Qualitätsmaße für den Modultest gelten die Grade der Testabdeckung bezüglich *Ablauftest* (Anweisungs-, Zweig-, Pfadtest), *Bedingungstest* und *Datentest* (Normal-, Grenz- und Falschwerte).

Eine *Testabdeckung* nach den folgend beschriebenen Testabdeckungsgraden erbringt nur dann eine Qualitätsaussage, wenn sie auf bestimmte Programmeinheiten bezogen wird und über die Programmwege dieser Einheiten die Tests ausgeführt werden. Eine solche Einheit kann einen Prozess, eine Hauptprozedur mit hierarchischer Unterordnung von Elementarprozeduren oder eine Elementarprozedur darstellen (siehe Bild 4.52).

Anweisungstest

Der *Anweisungstest* bezieht sich auf den Test der Anweisungen (Statements), die bei den Testläufen (akkumulativ für mehrere Tests) tatsächlich ausgeführt worden sind (Anweisungsabdeckung).

Zweigtest

Der *Zweigtest* bezieht sich auf Tests von Programmwegen (-pfaden) der ausgewählten Einheit, womit die einzelnen Zweige (akkumulativ für mehrere Tests) erreicht werden (siehe Bild 4.51, durchgezogene Linien). Ein Zweig stellt den jeweiligen Ausgang einer IF-Anweisung dar. Bei Schleifenkonstruktionen sind es der Durchlauf durch den Schleifenkörper und der Negativfall, wo der Schleifenkörper nicht durchlaufen wird. Bei vielen Schleifenkonstruktionen wird eine Schleife mindestens einmal durchlaufen (z. B. DO M = 1 UNTIL N), dann besitzt der Test des Negativfalles keine Bedeutung, da durch einen Test bereits die Schleifenend-Bedingung mitgetestet wird.

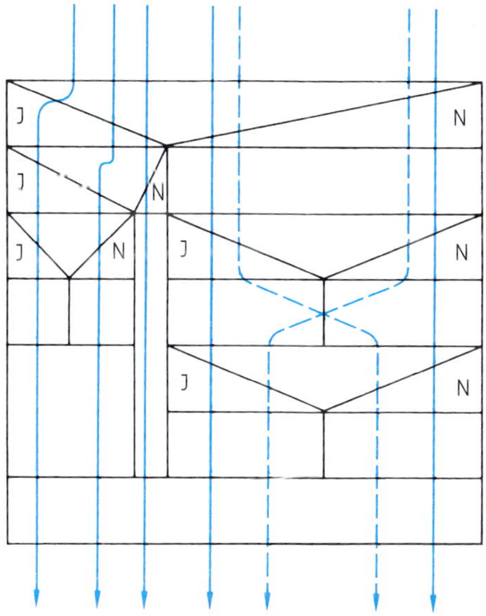

Bild 4.51 Schema für Zweig- und Pfadtest

Pfad- oder Allwegetest

Der *Pfadtest* stellt eine Erweiterung des Zweigtests für eine Testeinheit dar, wo die Kombinationen von Ausgängen als Testweg miteinbezogen werden (siehe Bild 4.51, gestrichelte Linien). In einfachen Konstruktionen kann dieser Test auch den Pfadtest abdecken. Der Pfadtest wird jedoch in der Literatur auf gesamte Programmeinheiten bezogen und bei Schleifen stellt jeder Durchlauf einen Pfad dar. Dadurch ist ein Pfadtest in der Praxis nie erreichbar. Aus diesem Grund kann hierfür der Begriff *Allwegetest* benutzt werden.

Bedingungstest

Mit dem Zweigtest werden die Einfachbedingungen (z. B. IF A = 1) abgedeckt. Wenn jedoch die Bedingungen UND- oder OR-Verknüpfungen enthalten (z. B. IF A = 1 AND B = 10), dann müssen die Bedingungskombinationen zusätzlich berücksichtigt werden. Diese *Bedingungstests* gelten in gleicher Weise für Schleifenbedingungen.

Datentest

Der *Datentest* dient zum Prüfen der Beziehungen der Daten untereinander, unabhängig davon, wie die Daten physisch oder datentechnisch angeordnet sind. Im Gegensatz zum Ablauftest, bei dem die Struktur des Programms durchleuchtet wird, ist beim Datentest der Datenfluss zu verfolgen. Dieses erfolgt mit repräsentativen Werten sowie mit Grenz- und Falschwerten.

HW-Komponententest

In der Hardware umfasst der Komponententest meist eine Baugruppe und beim Chip-Entwurf einen Baustein. Eine solche Einheit wird bei Einsatz von CAD/CAE in zwei Stufen getestet, nämlich durch Simulation auf dem CAD-Arbeitsplatz und später durch Test mit der realen Einheit. Für die Simulation der Baugruppe liegt der Stromlaufplan zugrunde. Die Bauteile auf der Baugruppe werden entsprechend simuliert. Hierzu gibt es unterschiedliche Leistungsstufen der Simulationsprogramme, die im Einzelnen für ihren Einsatzzweck geprüft und ausgewählt werden müssen. Mikroprozessor-Bausteine erfordern für die Simulation der Baugruppe ein eigenes Simulationsverfahren, wofür die Bausteinhersteller z. T. »HW-Modellierer« bereitstellen.

Diese CAD-Simulationen bilden eine wirtschaftliche Testmethode, da die Simulation vor dem Layout-Auflösen durchführbar ist und somit Fehler im Stromlaufplan frühzeitig erkannt werden können. Entwurf und Simulation ergänzen sich dabei.

Der Baugruppentest in realer Umgebung erfordert den Aufbau einer Testumgebung und/oder den Einbau in den originalen Baugruppenrahmen mit entsprechender Funktionsumgebung. Entsprechend der Testplanung sind die erforderlichen Tests durchzuführen, um alle Funktionen und Umgebungseigenschaften zu erproben. Wird die reale Baugruppe nach einem vorausgegangenen Simulationstest getestet, so kann man hier auf die eingehenden Logiktests teilweise verzichten. Wesentliche Testfälle bilden hier Schnittstellen, Zeitverhalten, Umgebungsbeeinflussung u. Ä. Enthalten die Baugruppen Firmware, so wird diese durch Test-Firmware ersetzt oder es wird die Original-Firmware verwendet.

Die Entwicklung von Bauteilen erfordert neben ihrer Funktionsabdeckung eine entsprechende Berücksichtigung der Belastbarkeit in ihrer Umwelt und Erfüllung einer bestimmten Lebensdauer. Zum Test dieser Merkmale werden die Bauelemente entsprechenden *Stresstests* (auch *Qualifikationstests* genannt) unterzogen, mit denen mechanische und thermische Grenzwerte des Bauteils ermittelt werden (Burn-in). Systematische Fehler von Bauteilen müssen dadurch mit einem i. Allg. zerstörenden Qualifikationstest erkannt werden. Je nach Technologie und Komplexität des Bauteils sowie vorhandenen Erfahrungen werden die Tests dafür festgelegt. Um zufälligen Fertigungsschwankungen bei Bauteilen vorzubeugen, müssen solche Tests stichprobenweise wiederholt werden.

Integrationstest

Beim Integrationstest werden die einzelnen SW-Module, Modulgruppen (Subsysteme) und HW-Funktionseinheiten zu einem Gesamtsystem zusammengebaut. Dieser Zusammenbau verläuft von der Produktstruktur her »bottom-up«, bei einer Schalenkonzeption von der inneren Schale ausgehend fortschreitend zum Gesamtsystem. Zur Durchführung des Integrationstests ist bei großen Systemen ein *Integrationsverantwortlicher* zu benennen, der diese Testphase steuert und koordiniert. Der Integrationstest erfolgt auf dem Zielsystem. Ist das Zielsystem nicht gleichzeitig Entwicklungssystem, so ist bis zu einem gewissen Grad eine Vorintegration auf dem »Host-System« ratsam. Neue oder geänderte Hardware wird in HW-Funktionseinheiten vorintegriert und dann in das Gesamtsystem mitintegriert.

Bei größeren Systemen empfiehlt es sich, den Integrationstest in mehreren festgelegten Schritten mit einem jeweils zugeordneten Funktionsumfang vorzunehmen. Jeder Integrationsschritt umfasst:

- ▷ den Hochlauf des jeweiligen Integrationsumfangs,
- ▷ die Schnittstellentests,
- ▷ die Funktionstests der Normalfälle,
- ▷ ggf. die Regressionstests bei Entwicklungserweiterungen sowie
- ▷ die Funktionstests der Sonderfälle.

Nach den jeweiligen *Funktionstests* der Normalfälle für einen Integrationsschritt können die Tests für den nächsten Integrationsschritt eingeleitet werden. Parallel dazu können *Regressionstests* und Tests für die Sonderfälle durchgeführt werden. Regressionstests dienen zum

Funktionsnachweis nicht geänderter Funktionen.

Neben den oben erwähnten Integrationsschritten sind in nötigen Abständen »Korrektur-Versionen« für die einzelnen Integrationsschritte zu planen, bei denen jeweils die bisher gefundenen Fehler in den einzelnen Komponenten beseitigt sind.

Nach vollständiger Integration des Systems und mit hinreichenden Funktions- und Aufgabentests wird das System an das Systemtestteam – durch *Nachweistests* über hinreichende Funktionserfüllung und Stabilität – übergeben. Solche Nachweistests gibt das Systemtestteam vor und führt sie zusammen mit den Entwicklern durch. Die Software und Hardware wird dann in den Systemtest übernommen, wenn die Übernahmetests erfolgreich verlaufen sind.

Systemtest

Der Systemtest ist möglichst von einem Team durchzuführen, welches vom Entwicklungsteam unabhängig ist. Im Systemtest wird das System vornehmlich aus Anwendersicht getestet. Die Testkonfiguration muss qualitativ der HW/SW/FW entsprechen, wie sie beim Kunden zum Einsatz gelangt. Vor allem ist darauf zu achten, dass die funktional erweiterte HW/FW mit dem aktuellen Ausgabestand im Testgeschehen vertreten ist. Es erweist sich als zweckmäßig, die geänderte Firmware (FW) aus den Primärprogrammen für den Systemtest erneut zu produzieren, damit volle Übereinstimmung zwischen Primärprogrammen und Objektcode im Mikroprozessor-Speicher (z. B. EPROM) gewährleistet wird.

Für den Systemtest ist ferner eine unerlässliche Voraussetzung, dass alle Primärprogramme und HW-Teile in der Verwaltung des Konfigurationsmanagements liegen, um so die Komponenten vor einer undefinierten Änderung zu schützen.

Der Systemtest umfasst vom Ziel her alle Leistungsmerkmale aus Anwendersicht mit folgenden Schwerpunkten:

- ▷ Test der Funktionen und Leistungsmerkmale,
- ▷ Test der Betreibbarkeit (Systemzugriffszeiten, Reaktionszeiten von Prozessen, Prozessverdrängung, Übereinstimmung mit der Kommandoliste),
- ▷ Test der Wartbarkeit (Einbringen von SW-Korrekturen, neuen Versionen oder HW-Änderungen),
- ▷ Überprüfung der Leistungskennwerte,
- ▷ Test der Stabilität des Systems (Dauer-, Last-, Abbruchtest) und
- ▷ Überprüfung der Anwenderdokumentation.

Das Ergebnis des Systemtests ist die hinreichende Funktionsfähigkeit des Systems zur Freigabe an den Anwender für den *Akzeptanztest*. Der Akzeptanztest kann sich aus zeitlichen Gründen mit dem fortgeschrittenen Systemtest überlappen.

Bei großen HW- und SW-Systemen ist zur zeitlichen Beschleunigung des Systemtests eine funktionale Unterteilung des Systems vorzunehmen und Systemtestgruppen verantwortlich zuzuordnen. Diese *Systemtestgruppen* können ihre Tests somit gleichzeitig durchführen. Ein *Systemtestkoordinator* sorgt dafür, dass das Testsystem in bestimmten Abständen aktualisiert wird und evtl. kritische Fehler rasch beseitigt werden.

Im Idealfall sollten beim Systemtest die gefundenen Fehler bei der Software auf Primärprogrammebene alle beseitigt werden. Bei der Hardware kann man in diesem Zeitrahmen nur vorübergehende Änderungen einbringen. Bei der Software lässt sich die Fehlerbeseitigung auf Primärprogrammebene leider in der Praxis aus zeitlichen Gründen nicht vollständig erreichen. Es muss daher eine mindestens zweistufige Fehlerqualifizierung für in jedem Fall sofort zu beseitigende und später zu beseitigende Fehler stattfinden (siehe auch Bild 5.2). Diese Fehlerqualifizierung soll nicht bedeuten, dass die weniger priorisierten Fehler während des Systemtests nicht zu beheben sind, sondern es soll den Systemtestern Schwerpunkte vorgeben, welche Fehler für die bevorstehende Kundenfreigabe auf jeden Fall zu beheben sind.

Damit die Projektleitung den Fortschritt des Systemtests beurteilen kann, ist mindestens monatlich ein *Fortschrittsbericht* durch den Systemtestkoordinator zu erstellen. Dieser Bericht enthält im Wesentlichen:

- ▷ Korrekturversion des Systems,
- ▷ Anzahl gefundene und behobene Fehler,
- ▷ Anzahl hochpriorisierte gefundene und behobene Fehler,
- ▷ Trendanalyse über gefundene und behobene Fehler,
- ▷ Umfang erfolgreich abgearbeiteter Testfälle,
- ▷ Testaufwandsbilanz und
- ▷ sonstige wesentliche Ereignisse und Risiken.

Ist der Systemtest von den einzelnen Systemtestgruppen erfolgreich durchgeführt, so werden die betroffenen Konfigurationselemente freigegeben. Anschließend daran wird das SW-System meist kundenorientiert produziert (aus den Primärprogrammen übersetzt) und mit festgelegten Regressionstests auf Funktionstüchtigkeit überprüft.

Daran schließt die Anwenderfreigabe an, die durch eine Freigabemitteilung (siehe auch Kap. 5.1.2) dokumentiert wird; diese enthält im Wesentlichen folgende Angaben:

- ▷ Systembezeichnung und Auflistung der enthaltenen HW- und SW-Komponenten (ggf. Verweis auf entsprechende Stücklisten),
- ▷ Art der Freigabe (Neufreigabe, Erweiterungsversion, behobene Fehler, neue Leistungsmerkmale),
- ▷ bestehende Einschränkungen,
- ▷ spezielle Bedienungshinweise zum Umgehen von noch bestehenden Fehlern und
- ▷ sonstige Hinweise zum Einsatz des Systems.

Zur besonderen Prüfung von Baugruppen und Geräten über ihre Einhaltung der Spezifikation bezüglich Umweltbelastung sind zusätzliche Testaufwendungen unter Stressbedingungen (Run-in) nötig. Diese Tests können umfassen: mechanische Beanspruchungen, elektromagnetisches Verhalten (EMV), Klimatests (Verändern der Umgebungstemperatur), Verhalten bei Erdbeben u. Ä. Solche Tests werden bei einer weitgehenden Neuentwicklung von Baugruppen und Geräten durchgeführt oder wenn von Kunden der Nachweis der Spezifikationswerte gefordert wird. Das Testobjekt muss bei diesen Tests entsprechende Funktionsfähigkeit besitzen und die Funktionen dabei ausführen. Klimatests mit entsprechenden Belastungen der Baugruppen und Geräte, z. B. durch An- und Abschalten, sind bei der Fertigung stichprobenweise oder generell vorzunehmen, um somit Fertigungsfehler rechtzeitig vor Kundenauslieferung zu erkennen.

Akzeptanztest (Abnahmetest)

Der *Akzeptanztest* liegt zeitlich in der Projektabschlussphase und wird vom Anwender verantwortet (siehe Kap. 5.1.1). Die Vorbereitung des Akzeptanztests unterstützt der Hersteller (Entwickler oder Service-Abteilung), der auch für ein schnelles Beheben kritischer Fehler sorgt.

Testfälle und Testdaten sind i. Allg. vom Anwender zu erstellen; dasselbe gilt für die Testplanung.

Nach Abschluss des Akzeptanztests ist vom Anwender ein Testbericht zu erstellen; dieser enthält auch Aussagen über die Übernahme durch den Anwender und ggf. mit welchen Auflagen für den Hersteller dies möglich ist.

Testplanung

Die Testplanung dient zum Festlegen nachstehend aufgeführter Aufgaben, Vorgehensweisen und Ziele bei der Testdurchführung in den einzelnen Testphasen:

- ▷ erforderliche Testkonfiguration Hardware und Software,
- ▷ Stufen der Testphase,
- ▷ jeweilige Voraussetzungen an getesteten Funktionen für die Teststufen,
- ▷ zu testende Leistungsmerkmale einschließlich aller Qualitätsanforderungen,
- ▷ zu testende Funktionen,
- ▷ zeitlicher Testablaufplan.

Das Ergebnis dieser Testplanung wird in einer *Testspezifikation* beschrieben. Solche Testspezifikationen sind normalerweise ab Integrationstest zu erstellen. Für die Komponententests kann sie entfallen, da hier das Testobjekt relativ klein ist.

Testspezifikation für Integrationstest

Für den Integrationstest entsteht eine Testspezifikation unter Leitung eines Integrationsverantwortlichen in Zusammenarbeit mit den zuständigen Verantwortlichen für die Leistungsmerkmale. Nachstehend wird ein Gliederungsbeispiel für den Integrationstest gegeben.

1. Aufgabenstellung
   - Projektbezeichnung,
   - Projektvarianten,
   - Testziele (z. B. Test der neuen Leistungsmerkmale, Regressionstest, Lasttest, Wartbarkeit).

2. Testplan
   - Integrationsschritte (allgemeine Beschreibung),
   - Integrationsplan (zeitlicher Verlauf des Integrationstests).

3. HW- und SW-Konfigurationen
   - HW-Konfiguration,
   - SW-Konfiguration.

4. Allgemeine Testhinweise
   - Einsatz von Support-SW-Version,
   - Hinterlassen des Systems nach dem Test.

5. Ziele der einzelnen Integrationsschritte
   - Voraussetzungen,
   - Endzustand,
   - Testabschnitte mit beteiligten Konfigurationseinheiten (Subsysteme).

6. Funktions-, Aufgaben- und Regressionstests
   Je Testaufgabe sind folgende Angaben aufzuführen:
   - Beschreibung der Testaufgabe,
   - Funktionen (Testfälle),
   - Kommandos und Masken,
   - besondere Testvoraussetzungen,
   - Testteam,
   - Testzeitbedarf.

Testspezifikation für Systemtest

Beim Systemtest werden bei großen Systemen die Testaktivitäten nach unterschiedlichen Aufgaben und Funktionen auf Gruppen aufgeteilt; hier ist je Testgruppe eine Testspezifikation zu erstellen. Auch ist ein verantwortlicher Systemtestkoordinator zu installieren, der die Belange für die einzelnen Systemtestgruppen koordiniert und für einen vollständigen Systemtest sorgt. Für das Installieren des Systems ist eine *Installationsanleitung* zu erstellen, die während des Systemtests mitgetestet werden muss. Diese Anleitung ist von der Entwicklung oder einer Service-Abteilung zu erstellen. Nachstehend wird ein Gliederungsbeispiel für eine Systemtestspezifikation aufgezeigt:

1. Aufgabenstellung
   - Projektbezeichnung,
   - Projektvarianten,
   - Testziele (z. B. neue Leistungsmerkmale, Lasttests, Wartbarkeit, Betreibbarkeit).

2. Testplan
   - Aufteilung in Funktionseinheiten,
   - zeitliche Darstellung der Testfolgen, nach Funktionseinheiten (Systemtestplan).

3. HW- und SW-Voraussetzungen
   - Konfigurationselemente,
   - Installationsparameter,
   - verwendete Testanlagen.

4. Zuständigkeiten
   - Systemtestkoordinator,
   - Produktionsstelle,
   - Systemtestgruppe.

5. Allgemeine Testhinweise
   - besonderer Einsatz von Support-Software,
   - Systemzustand nach den Tests,
   - Vorgehen bei Fehlern,
   - Testberichterstellung.

6. Unterlagen
   - bereitgestellte Bedienungsanleitungen,
   - Dateien,
   - Projektunterlagen.

7. Funktions-, Aufgaben- und Regressionstests
   Je Testaufgabe sind folgende Angaben aufzuführen:
   - Beschreibung der Testaufgaben,
   - Funktionen (Testfälle),
   - Kommandos und Masken,
   - besondere Testvoraussetzungen,
   - Testzeitbedarf.

Die *Testspezifikation für den Akzeptanztest* ist vom betreffenden Anwender, ggf. unter Mitwirkung der Entwickler bzw. der Service-Abteilung, zu erstellen.

Die Testspezifikationen müssen frühzeitig im Entwicklungsprozess erarbeitet werden, damit das Beschaffen der nötigen Testressourcen auch rechtzeitig möglich ist. Dies gilt besonders für den Integrations- und Systemtest. Testspezifikationen müssen ebenfalls einem Review unterzogen werden.

Testdurchführung

Die Testdurchführung umfasst die Aktivitäten

▷ Testvorbereitung
▷ Testausführung
▷ Testauswertung.

Die *Testvorbereitung* schließt alle Testaktivitäten zum Vorbereiten der Testausführung ein.

Die *Testausführung* umfasst die Testaktivitäten, die zum dynamischen Testablauf am Testobjekt erforderlich sind (Ablaufprotokollierung, Ausführung am Testobjekt, Simulation der Testumgebung).

Zur *Testauswertung* zählen alle Testaktivitäten, die im Anschluss an die Testausführung zur Auswertung der Testergebnisse erforderlich sind (z. B. Ergebnisprüfung, Teststatistik erstellen, Fehlermeldungen erfassen, Fehler klären).

Auf die Testvorbereitung soll im Nachfolgenden näher eingegangen werden; zu ihr gehören im Wesentlichen:

▷ Testfallermittlung,
▷ Testdatenerstellung,
▷ Vorbereiten des Testobjekts.

Testfallermittlung

Ein Testfall ist wie folgt definiert:

> Ein Testfall stellt die Menge der Eingabedaten dar, die bei der Testausführung eines Testobjekts zu genau festgelegten, gleichen Wirkungen führen.

Da eine Testfallermittlung sehr stark von dem Testobjekt abhängt, wird nach folgenden Testfallermittlungen unterschieden:

▷ aufgabenorientiert (Leistungsmerkmale),
▷ funktionsorientiert (Funktionseinheiten des Systems),
▷ testobjektorientiert (Modul, Prozedur).

Um ein Testobjekt weitgehend vollständig zu testen, muss das System entsprechend der Testphase und dem ihr zugeordneten Testfalltyp in die entsprechenden Hierarchieteile (Bild 4.52) zerlegt werden. Für die drei Testfalltypen

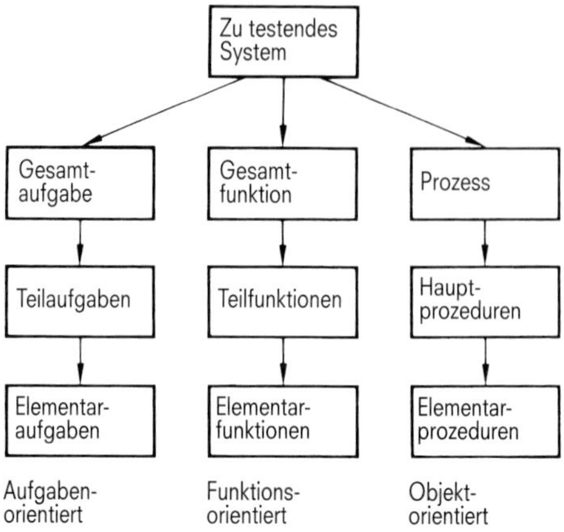

Bild 4.52 Hierarchie für Testfallermittlung

sind in jeder Hierarchiestufe die erforderlichen Testfälle zu finden und zu definieren.

Diese Aufteilung der Testfallermittlung läßt sich nun vorzugsweise bestimmten Testphasen zuordnen (Tabelle 4.4).

Aufgabenorientierte Testfallermittlungen werden auf der Basis des Pflichtenhefts erstellt. Diese Ebene nimmt keine Rücksicht auf die Realisierung des Systems.

Funktionsorientierte Testfallermittlungen basieren auf den Inhalten der Leistungsbeschreibung. Neben problembezogenen Aspekten werden hier auch konstruktive Belange der Lösung mit einbezogen (z. B. Schnittstellen zwischen Funktionseinheiten, Test von spezifischen Elementarfunktionen).

Testobjektorientierte Testfallermittlungen leiten sich von der Struktur des Testobjekts ab. Daher muss die Struktur des Testobjekts, z. B. das Modul mit seinen Prozeduren, bekannt sein. Testfälle in diesem Sinn sind z. B. bei SW der Durchlauf eines Zweigs bzw. Pfads

Tabelle 4.4 Testfallermittlung in den Testphasen

Testphase	Testfallermittlung		
	Aufgaben-orientiert	Funktions-orientiert	Testobjekt-orientiert
Komponententest		×	×
Integrationstest	×	×	
Systemtest	×	×	
Akzeptanztest	×		

oder mehrerer Zweige bzw. Pfade einer Programmeinheit, eine Ablauffolge bestimmter Programmeinheiten oder die Ausführung einer Prozesskommunikation.

Testdatenerstellung

Testdaten sind Voraussetzung für das Durchführen von Tests. Beim Erstellen von Testdaten können folgende Methoden angewandt werden:

▷ Konstruktion von Testdaten auf Grund der Testfallerstellung und/oder
▷ Auswahl aus Originaldatenbeständen.

Die *Konstruktion* von Testdaten basiert, wie vorher beschrieben, auf dem Erstellen von Testfällen. Dabei sind Normal-, Grenz- und Falschwerte zu berücksichtigen. Die Testdaten erstellt man heute meist mit maschineller Abspeicherung, die durch geeignete Testdaten-, Erstellungs- und Verwaltungswerkzeuge unterstützt wird oder wofür allgemein verfügbare »Editoren« verwendet werden. Damit sind die Testdaten jederzeit für Testwiederholungen und Regressionstests heranzuziehen und auch einfach zu erweitern. Mit entsprechend verfügbaren Auswertungswerkzeugen lassen sich die Testergebnisse maschinell mit den Sollergebnissen vergleichen. Zu einem konstruktiv erstellten Testdatum gehört jeweils

- das »Anreizdatum« (Daten, Kommando, manuelle Systemeingriffe) und
- das daraus resultierende Soll-Ergebnis.

Die so erstellten Testdaten werden in einzelnen Dateien für bestimmte Testaufgaben zusammengefasst. Eine solche Datei ist mit einem Namen und einer Versions-Nr. zu versehen; sie sollte ein Element im Konfigurationsmanagement darstellen. Damit können Testdatendateien erweitert und auch entsprechenden Entwicklungsversionen des Systems zugeordnet werden. Ein »Testdaten-Dateinormkopf« soll folgende Einträge enthalten:

- Dateiname und Version,
- Aufgabenbereich der Testdatei,
- Testvoraussetzungen und
- Bedienungshinweise für die Testdurchführung.

Danach folgen die Testfalldefinitionen mit den jeweils zugeordneten Testdaten.

Bei *Auswahl* von Testdaten aus vorhandenen Originaldatenbeständen muss ebenfalls ein Ergebnisvergleich möglich sein. Da diese Ergebnisprüfungen manuell meist zu aufwändig werden, ist für einen maschinellen Vergleich zu sorgen.

Vorbereiten des Testobjekts

Das Vorbereiten des Testobjekts hängt in Art und Umfang von der Testphase ab. Erforderliche Ressourcen dafür müssen schon bei der Testplanung in den frühen Entwicklungsphasen ermittelt und ihre Bereitstellung geplant werden.

Für den Modultest ist vor allem auf den Entwicklungsrechnern die nötige Support-Software bereitzustellen. Diese umfasst z. B. das Generieren der Testumgebung, die Simulation, das Verwalten von Testdaten, das Auswerten von Testergebnissen u. Ä.

Für den Verbund- und Systemtest muss die jeweils nötige HW- und SW-Konfiguration bereitgestellt werden. Die selbstentwickelte Software und Firmware ist in den nötigen Umfängen jeweils zu produzieren (Übersetzen und Binden) und die übrige System-Software ggf. zu generieren.

4.4.4 Zuverlässigkeitsbetrachtung

Für den Anwender eines Produkts bzw. Systems bildet die Zuverlässigkeit im Sinne *Verfügbarkeit* eine wichtige messbare Größe. Beeinflusst wird die Verfügbarkeit eines Systems, bestehend aus Hardware und Software, von einer Reihe Faktoren. Bei der Hardware spielt die Lebensdauer der Bauelemente eine wesentliche Rolle. Aber auch konstruktive Maßnahmen, z. B. Doppelsysteme von HW-Einheiten, Wiederanlaufmaßnahmen, Führung von gedoppelten Dateien auf unterschiedlichen Peripherieeinheiten usw., tragen wesentlich zur Minderung der Ausfallzeiten bei.

Bei der Hardware gibt es bereits standardisierte Berechnungsgrundlagen für die Ausfallzeiten bzw. Lebensdauer von Bauteilen und Baugruppen. Jedoch sind bei komplexen Systemen jeweils zusätzliche Vereinbarungen nötig, um zwischen Hersteller und Kunden gleiche Maßstäbe ansetzen zu können.

4.4.4.1 Ausfallberechnungen bei Hardware

Charakteristisch bei der konventionellen Ermittlung von HW-Ausfällen ist, dass sich das Ausfallverhalten im Wesentlichen auf die Lebensdauer (Verschleiß) der Bauteile und damit Baugruppen bezieht, die man durch entsprechende Algorithmen auf Produkte bzw. Systeme hochrechnen kann. Nicht betrachtet werden dabei logische Fehler oder Entwurfsfehler. Hierbei geht man davon aus, dass nach einer Einschwingphase in der Anwendung diese Fehler auch mit beseitigt sind. Statistisch wird hier die Ausfallrate mit der »Badewannenkurve« ausgedrückt (Bild 4.53).

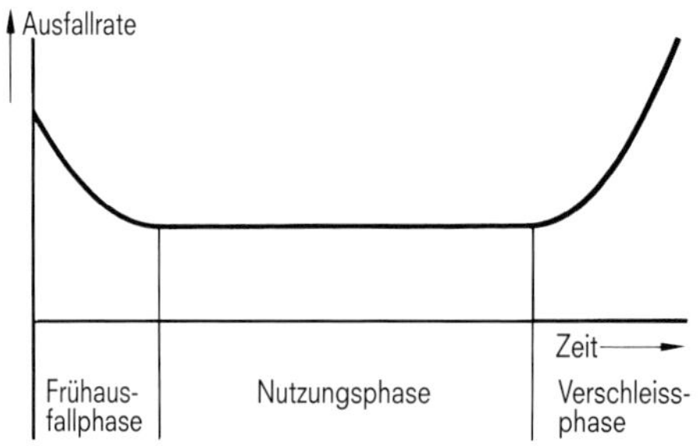

Bild 4.53 Badewannenkurve

Frühausfallphase

In dieser »Anfangsphase« weist die Ausfallrate eine fallende Tendenz auf. Grund dafür ist, dass in dieser Zeit konstruktive Fehler rasch erkannt und durch Korrekturen solche Ausfälle zukünftig vermieden werden. Mit Hilfe spezieller Vorbehandlungen der Bauteile durch »Burn-in-Tests« und der Baugruppen und Geräte durch »Run-in-Tests« lässt sich die Frühausfallphase wesentlich verkürzen.

Nutzungsphase

In dieser Phase kann die Ausfallrate als annähernd konstant angenommen werden. Eine Vermeidung dieser Ausfälle durch konstruktive Veränderungen ist kaum möglich.

Verschleißphase

In der Verschleißphase wird das Lebensdauerende der Bauelemente bzw. Baugruppen allmählich erreicht. Ausfälle kann man durch geeignete Wartungsstrategien eine Zeit lang verringern.

Ausfallrate

Die Zuverlässigkeit eines Bauteils wird durch die Ausfallrate (Failure Rate) ausgedrückt; sie bedeutet die Wahrscheinlichkeit, mit der ein zum Betrachtungszeitpunkt funktionierendes Element in der nächsten Zeiteinheit ausfällt. Die Einheit ist fit (Failure in Time), wobei

$1\,\text{fit} = 10^{-9}\,\text{h}^{-1}$ ist,

d. h. ein Ausfall in 10^9 Stunden. Ermittelt wird die Ausfallrate nach der Formel:

$$\lambda_{\text{test}} = \frac{r}{n \times t_b} \qquad (84)$$

λ_{test} im Test ermittelte Ausfallrate
r Anzahl Ausfälle
n Stichprobenumfang
t_b Testdauer.

Beispiel:

Bei einem Lebensdauerversuch über 500 h mit zwei Ausfällen unter 4000 Bauelementen beträgt die im Test ermittelte Ausfallrate:

$$\lambda_{\text{test}} = \frac{2}{4000 \times 500\,\text{h}} = 10^{-6}\,\text{h}^{-1}$$

Umgerechnet in fit ergibt dies

$$\lambda_{\text{test}} = \frac{10^{-6}}{10^{-9}\,\text{h}^{-1}}\,\text{fit} = 1000\,\text{fit}$$

Beim Ermitteln der Ausfallrate λ ist ein Zuschlag Δr anzusetzen, der zu einer »Vertrauensgrenze« führt:

$$\lambda = \frac{r + \Delta r}{n \times t_b} \qquad (85)$$

Der Wert Δr hängt vom Wert r ab und wird über Faktoren festgelegt.

Mittlerer Ausfallabstand (MTBF)

Die Größe *MTBF* (Mean Time Between Failures) wird für reparierbare Geräte (Baugruppen und

Geräteeinheiten) angesetzt. Sie gibt die mittlere Zeit zwischen zwei Geräteausfällen an.

$$MTBF = \frac{1}{\sum \lambda_i} \qquad (86)$$

Beispiel:

Für einen Fernsehempfänger mit 500 Bauelementen, deren Ausfallrate im Mittel 30 fit beträgt, ergibt sich:

$$MTBF = \frac{1}{500 \times 30} \times 10^9 \text{ h} \approx$$

$$\approx 67\,000 \text{ h oder}$$

$$\approx 7{,}6 \text{ Jahre } (1 \text{ Jahr} = 8760 \text{ h})$$

Verfügbarkeit und Nichtverfügbarkeit

Wichtig beim Bestimmen der Ausfälle ist die Zeit, in der ein Produkt bzw. System nichtverfügbar ist, wozu das Schema nach Bild 4.54 gilt.

Unter *Verfügbarkeit V* versteht man die Wahrscheinlichkeit, eine Baugruppe oder Einrichtung zu einem vorgegebenen Zeitpunkt in einem funktionsfähigen Zustand anzutreffen (Definition nach DIN 40 042). Es gilt:

$$V = \frac{MTBF}{MTBF + MDT} \qquad (87)$$

MDT Mean Down Time (mittlere Ausfallzeit)
MTBF Mean Time Between Failures (mittlerer Ausfallabstand).

Als *Nichtverfügbarkeit I* bezeichnet man die Wahrscheinlichkeit, dass eine Baugruppe oder Einrichtung im Betrachtungszeitpunkt gerade ausgefallen ist. *I* errechnet sich nach folgender Formel:

$$I = 1 - V = 1 - \frac{MTBF}{MTBF + MDT}$$

$$I = \frac{MDT}{MTBF + MDT} \qquad (88)$$

Mit $MDT = d$ und $MTBF = \frac{1}{\lambda}$ ergibt sich

$$I = \frac{d}{\frac{1}{\lambda} + d}$$

und mit $d \ll MTBF$ bzw. $\frac{1}{\lambda}$

ergibt sich für die Nichtverfügbarkeit vereinfacht

$$I \approx \frac{d}{\frac{1}{\lambda}} = \lambda \times d \qquad (89)$$

I Nichtverfügbarkeit
λ Ausfallrate
d mittlere Ausfallzeit

Die mittlere gesamte Ausfalldauer T_a ist die aufsummierte Ausfallzeit (Mean Accumulated Time of Unavailability), in der eine Baugruppe oder Einrichtung während einer festen Zeitspanne T_b (z. B. 1 Jahr, 10 Jahre) ausgefallen ist.

$$T_a = T_b \times \sum(\lambda_i \times d_i) = T_b \times \sum I_i \qquad (90)$$

Beispiele:

$T_{a1} = I \times 8.760$ h für 1 Jahr;
$T_{a10} = I \times 87.600$ h für 10 Jahre.

In redundanten Systemen können sich mehrere Elemente (Baugruppen, Einrichtungen) ge-

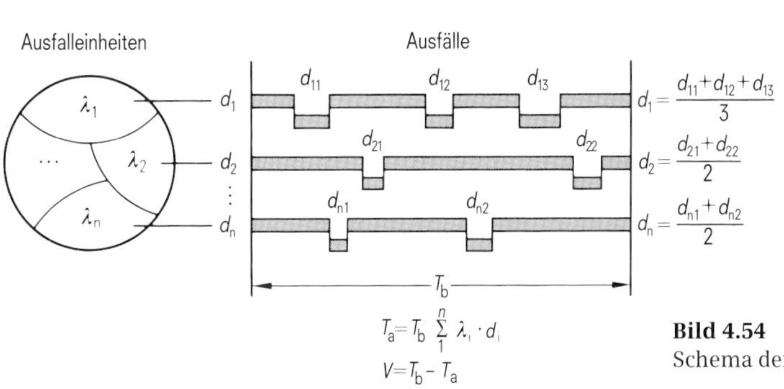

Bild 4.54
Schema der Ausfallzeit-Ermittlung

genseitig aushelfen. Hier gilt für die Gesamtausfallzeit bzw. gesamte Nichtverfügbarkeit L:

$$L = \prod_{1}^{n} l_i \quad \text{oder} \tag{91}$$

$$L = l^n$$

wenn alle $l_i = l$ sind.

Bei einfachen redundanten Systemen helfen sich zwei gleiche Einrichtungen gegenseitig aus. Für diesen Fall gilt:

$$L = l^2 \quad \text{oder} \quad \lambda_g \times D = (\lambda \times d)^2$$

wobei λ_g für *Ausfallrate je redundante Systemeinheit* gilt und für die *Ausfalldauer* D bei redundanten Systemen $d/2$ anzusetzen ist,

somit ergibt sich für

$$\lambda_g = 2d \times \lambda^2. \tag{92}$$

Berechnungsbeispiel für die in Bild 4.55 dargestellte Geräteanordnung:

$$\lambda_{g1} = 2d \times (\lambda_1 + \lambda_2)^2$$

$$\lambda_{g2} = 2d \times (\lambda_3 + \lambda_4)^2$$

$$\lambda_{ges} = \lambda_{g1} + \lambda_{g2}$$

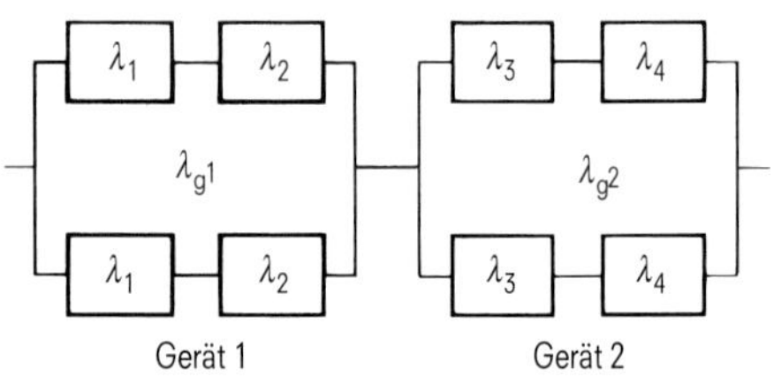

Bild 4.55 Berechnungsbeispiel

Berechnung von realen Ausfallzeiten

Für das Ermitteln von Ausfallzeiten und damit letztlich das Bestimmen der Verfügbarkeit eines Systems gelten üblicherweise folgende Festlegungen:

Ausfalldauer:

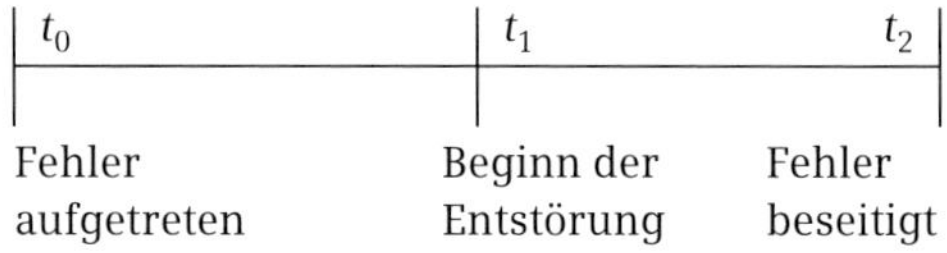

für die Ausfalldauer gilt:

$$T_a = t_2 - t_0 \tag{93}$$

T_a Ausfalldauer
t_0 Ausfallbeginn
t_2 Ausfallende.

Die Ausfalldauer setzt sich zusammen aus der *Wegezeit* (Herbeiholen des Technikers) und der eigentlichen *Reparaturzeit*. Für die Wegezeit werden meist Regelzeiten festgelegt, um einheitliche Berechnungsmaßstäbe zu ermöglichen.

Ermitteln der gewichteten Ausfalldauer

Bei einem Totalausfall steht das gesamte System nicht mehr zur Verfügung. Teilausfälle beeinträchtigen jedoch nur den betroffenen Teil des Systems (z. B. bei Dialogsystemen, Vermittlungssystemen u. Ä.). Für die Berechnung der mittleren Verfügbarkeit wird daher der Anteil der ausgefallenen Einheiten zum Gesamtsystem berücksichtigt.

Für die *gewichtete Ausfalldauer* T_{ag} ergibt sich:

$$T_{ag} = T_a \times \frac{m_a}{m_g} \tag{94}$$

T_{ag} gewichtete Ausfalldauer
T_a Ausfalldauer des anteiligen Bereiches
m_a Anzahl ausgefallene Einheiten
m_g Anzahl Einheiten des Gesamtsystems.

Die Verfügbarkeit eines Systems im realen Einsatz wird über die gewichtete Ausfalldauer ermittelt:

$$V = \frac{T_b - \sum_{i=1}^{n} T_{agi}}{T_b} \tag{95}$$

V Verfügbarkeit
T_b Beobachtungsdauer (Betriebszeit)
$\sum T_{agi}$ Summe der gewichteten Ausfalldauer
n Anzahl bewerteter Ausfälle.

Beispiel:

Ein Terminalsystem mit 100 Terminals ist über Konzentratoren mit je 10 Terminals zusammengefasst. Der Regelbetrieb beträgt täglich 10 Stunden. Es sind in einem Monat vier Konzentratoren je 2 h ausgefallen. Für den Monat werden durchschnittlich 21 Arbeitstage angesetzt. Wie groß ist die Verfügbarkeit?

Rechnung:

$$V = \frac{(21 \times 10\ \text{h}) - \left(4 \times 2\ \text{h} \times \frac{10}{100}\right)}{21 \times 10\ \text{h}}$$

$$V = \frac{209{,}2}{210} = 0{,}996 \quad \text{oder } 99{,}6\%$$

4.4.4.2 Ausfallberechnung bei Software

Bei Software kann man für die Ausfallermittlung nicht nach dem gleichen Schema wie bei Hardware vorgehen. Ausfälle der Hardware werden bei der Voraussage ihrer Verfügbarkeit über ihre Verschleißerscheinungen gemessen. Bei Software gibt es solche Verschleißerscheinungen selbstverständlich nicht. Man berücksichtigt hier die Ausfälle, die durch logische Fehler zu Stande kommen.

Fehlerkategorien

Es ist zweckmäßig, für Software mindestens zwei Fehlerkategorien einzuführen, nämlich:

▷ Fehlerkategorie a)

Hier handelt es sich um Fehler, die zu einem Ausfall der Benutzung führen, wobei durch Wiederanlaufverfahren der Betrieb wiederhergestellt werden muss.

▷ Fehlerkategorie b)

Hierunter fallen Fehler, die die Anwendung einschränken oder im Betrieb hinderlich sind (z. B. ein Kommando arbeitet nicht in allen Einzelheiten richtig, durch andere Parameterkombination wird jedoch derselbe Effekt erzielt).

Ermitteln der SW-Ausfalldauer

Die Fehlerkategorie a) kann bei Software nicht so einfach als Voraussage ermittelt werden wie bei Hardware, da solche Dauerversuche nur in beschränktem Maße möglich sind. Außerdem werden solche Fehler bei Auftreten in Tests auch schnellstens beseitigt. Eine Aussage über die Verfügbarkeit lässt sich daher erst ermitteln, wenn statistische Werte über Ausfälle im echten Einsatz vorliegen oder von Erfahrungen ähnlicher Systeme ausgegangen werden kann. Das entbindet jedoch nicht davon, dass Zielwerte für eine derartige Verfügbarkeit festgelegt sein müssen. Die Berechnung dieser Ausfälle kann in einem einfachen Modell nach Formel (89) vorgenommen werden, wobei gilt:

$$L = \sum(\lambda_i \times d_i) \qquad (96)$$

L (Gesamt-)Nichtverfügbarkeit

λ_i stellt dabei die unterschiedlichen Ausfallklassen dar, z. B. Recovery-Stufe 1 oder 2 usw.; λ_i kann dabei nach Formel (84) ermittelt werden.

d_i ist die zu λ_i zugehörige mittlere Ausfallzeit der Ausfallklasse.

Die Ausfalldauer T_a innerhalb eines Zeitraumes T ergibt sich mit

$$T_a = T \times L \quad \text{oder}$$

$$T_a = \sum(\lambda_i \times d_i) \qquad (97)$$

Bei einem hierarchisch aufgebauten System ist die gewichtete Ausfallzeit T_{ag} nach Formel (94) zu ermitteln.

Beispiel für Ausfallberechnung:

An zwei vergleichbaren Systemen ($n = 2$) traten in einem Jahr ($\widehat{=}$ 8760 h) folgende Ausfälle auf:

Fehlerklasse 1: 30 Ausfälle mit $d = 3$ s
Fehlerklasse 2: 20 Ausfälle mit $d = 5$ s

$$\lambda_1 = \frac{30}{2 \times 8.760\ \text{h}} = 0{,}00171\ \text{h}^{-1}$$

$$\lambda_2 = \frac{20}{2 \times 8.760\ \text{h}} = 0{,}00114\ \text{h}^{-1}$$

$$T_{a,\,jahr} = 8.760\ \text{h} \times$$

$$\times \left(\frac{30 \times 3\ \text{s}}{2 \times 8.760\ \text{h}} + \frac{20 \times 5\ \text{s}}{2 \times 8.760\ \text{h}}\right) = 95\ \text{s}$$

Ein System hat somit eine Ausfalldauer von 95 s/Jahr.

Ermitteln der Restfehler

Die Fehlerkategorie b) wird durch das Maß für Restfehler bewertet. Restfehler sind die Fehler, die in der Software bei Auslieferung an den Kunden voraussichtlich noch vorhanden sind. Dies können bekannte und noch nicht erkannte Fehler sein.

Als Durchschnittswerte für Restfehler sind bei größeren Software-Systemen zu sehen:

Einsatz im 1. Jahr	1 Fehler/kloc,
davon bekannte Fehler	
bei Auslieferung	0,2 bis 0,5/kloc.

Bei den bekannten Fehlern dürfen keine Fehler der Kategorie a) enthalten sein. Die Forderung für diese Fehlerwerte tendiert nach niedrigeren Werten.

Die Restfehlerzahlen werden auf Grund der Fehlerstatistiken aus den Entwicklungsphasen Systemintegration und Systemtest ermittelt. Besser ist allerdings, die Fehlererfassung ab Beginn des Modultests vorzunehmen, weil damit zuverlässigere Restfehlerermittlungen möglich sind. Nach durchgeführten Fehlerstatistiken enthält Software nach fehlerfreier Kompilierung durchschnittlich 15 bis 25 Fehler je kloc (Anweisungen ohne Kommentarzeilen). Bei Softwareerweiterungen sind diese Werte auf die »Delta-loc« anzuwenden. Auf Grund dieser Erkenntnis wäre daher eine Fehlerzählung ab Code-Inspektion und Modultest sehr zweckmäßig, um nicht nur Restfehler genauer zu ermitteln, sondern auch den Grad des Austestens damit besser beurteilen zu können.

Ermitteln der Restfehler nach Vorausberechnung

Beim Ermitteln der Restfehlerzahl geht man davon aus, dass in einem SW-System während der Testphasen mehr Fehler beseitigt werden, als neue hinzukommen. Damit erhöht sich also die Zuverlässigkeit der Software ständig. Die mathematischen Modelle, mit denen diese Verbesserung der Zuverlässigkeit errechnet wird, bezeichnet man deshalb als *Zuverlässigkeits-Wachstums-Modelle* (Reliability Growth Models). Mit Hilfe dieser Modelle lassen sich bezüglich der Fehlerentdeckungsrate Extrapolationen vornehmen und damit Voraussagen für die Gesamtfehlerzahl des SW-Systems gewinnen. Einschränkend dazu ist zu erwähnen, dass diese mathematischen Modelle erst vertrauenswürdige Aussagen erbringen, wenn eine entsprechende Anzahl entdeckter Fehler über eine gewisse Zeit vorliegt. Wie später in den Modellen dargestellt wird, enthalten diese Modelle keine Faktoren über Umfang des SW-Produktes (kloc) oder über Volumen des geplanten Testaufwands; sie gehen im Wesentlichen von entdeckten Fehlern über einen bestimmten Zeitraum aus. Für die Zeit können unterschiedliche Einheiten gelten, wie z. B.

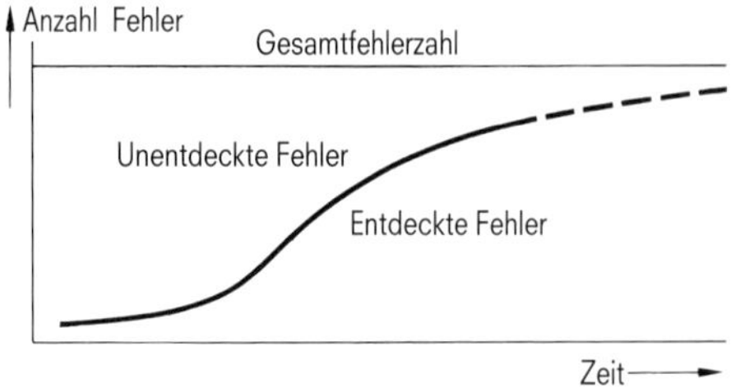

Bild 4.56 Prinzipbild für Restfehlerprognose

- Kalenderzeit (Wochen, Monate),
- Testaufwand nach Personalaufwand,
- Anlagenteststunden,
- CPU-Zeit.

Nach bisheriger Erfahrung hat sich die Kalenderzeit als einfache Erfassungsgröße und auch als gut brauchbarer Berechnungsfaktor erwiesen.

In Bild 4.56 wird das Prinzip der Restfehlerermittlung verdeutlicht, bei der gemäß eines vorgegebenen Kurvenverlaufs die Restfehleranzahl zu einem gegebenen Zeitpunkt prognostiziert werden kann.

4.4.4.3 Mathematische Modelle

In der Literatur lässt sich eine Reihe von Prognose-Modellen über Restfehler-Ermittlung finden. Nachfolgend werden zwei Modelle gegenübergestellt, um einen Einblick in das Verhalten dieser Modelle zu geben. Vom Prinzip her gehen die Modelle von einer exponentiellen *Fehlerentdeckungsrate* aus. Die Fehlerentdeckungen verlaufen meist S-förmig. Deshalb enthalten diese mathematischen Modelle zusätzlich zu den Hauptparametern (wie Fehlerzahl und Zeit) noch ein bis zwei weitere Parameter, die eine bessere Kurvenanpassung erreichen lassen. Je nach gegebenem Kurvenverlauf für Fehlerentdeckung und Zeit korreliert daher das eine Modell besser als das andere.

Weibull-Modell (WEI)

Die Fehlerfunktion für das Weibull-Modell lautet:

$$H(t) = N \times \left(1 - e^{-\left(\frac{t}{t_b}\right)^c}\right) \quad (98)$$

$H(t)$ Fehlerfunktion
N Gesamtfehlerzahl
t_b Zeitpunkt t, zu dem im Mittel 63% der vorhandenen Fehler N gefunden sein werden
c Parameter; für $c = 1$ erhält man als Spezialfall das reine exponentielle Modell; für $c > 1$ verläuft die Fehlerfunktion S-förmig.

Dieses Modell wird Weibull-Modell genannt, weil die Fehlerfunktion bis auf den multiplikativen Faktor N die Verteilungsfunktion der Weibull-Verteilung darstellt.

Zuverlässigkeitsmodelle, die auf Poisson-Prozessen beruhen, unterscheiden sich durch ihre Fehlerrate $h(t)$. Die Fehlerrate $h(t)$ bildet die Ableitung von $H(t)$ nach der Zeit t. Sie wird auch »Fehlerentdeckungsrate«, »Fehlerdichte« oder »Rate of Occurrence« genannt.

Die Fehlerrate $h(t)$ multipliziert mit einem Zeitintervall Δt gibt die Wahrscheinlichkeit an, dass in dem Zeitintervall mindestens 1 Fehler entdeckt wird.

Für das Weibull-Modell ist somit:

$$h(t) = N \times \frac{c}{t_b} \times \left(\frac{t}{t_b}\right)^{c-1} \times e^{-\left(\frac{t}{t_b}\right)^c}$$

$$N, t_b, c > 0 \quad (99)$$

Delayed-S-Shaped Modell (DSS) bei Weibull-Modell

Die Fehlerfunktion für das zweite Prognose-Modell, das Delayed-S-Shaped-Modell, lautet:

$$H(t) = N \times \left(1 - \left(1 + \frac{t}{t_b}\right) \times e^{-\left(\frac{t}{t_b}\right)}\right) \quad (100)$$

Parameterbeschreibung wie Weibull-Modell; jedoch:

t_b Zeitpunkt t, zu dem im Mittel 27% der Fehler gefunden sind. Für $t = t_b$ besitzt die Fehlerrate ein Maximum; die Fehlerfunktion $H(t)$ ist S-förmig.

$$h(t) = N \times \frac{t}{t_b^2} \times e^{-\left(\frac{t}{t_b}\right)} \qquad N, t_b > 0 \quad (101)$$

Für die Anwendung der Modelle ist eine numerische Approximation nötig, die nur maschinell unterstützt möglich ist.

Gegenüberstellung der beiden Modelle

In der Praxis hat sich gezeigt, dass bei größeren SW-Systemen nach einem Kollektiv der Fehler ab 10 Monaten bei dem DSS-Modell vertrauenswürdige Prognoseergebnisse entstanden sind. Das Weibull-Modell flacht zu zeitig ab und unterbietet daher die reale Gesamtfehlerzahl zu früh. Bei einem Kollektiv von ca. 15 Monaten ergeben beide Modelle brauchbare Fehlerprognosen. Bei mittleren SW-Systemen entstehen etwa bei einem Kollektiv von Fehlern nach fünf bis sieben Monaten vertrauenswürdige Prognoseergebnisse. Von den Bildern 4.57 und 4.58, deren Ergebnisse aus einem größeren SW-System stammen, hat die Prognose über die Kalenderzeit mit dem DSS-Modell die realere Restfehlerzahl erbracht. Bei der Betrachtung dieser beiden Bilder wird auch deutlich, dass erhebliche Erfahrungen dazu beitragen müssen, um eine vertrauenswürdige Prognose auszuwählen. Dazu zählen auch Kenntnisse über den weiteren geplanten Testaufwand und sonstige Teststrategien, die in die Berechnungsmodelle nicht eingehen.

Restfehlerprognosen dienen dazu, sich zu vergewissern, ob die geplante Grenze von Fehlern im SW-Produkt erreicht ist; sie geben keine Aussage, ob nicht doch noch kritische Fehler der Kategorie a) oder sonstige, besonders hinderliche Fehler enthalten sind. Je günstiger aber die Restfehlerzahl für das System liegt, desto wahrscheinlicher ist ein erfolgreicher Kundeneinsatz.

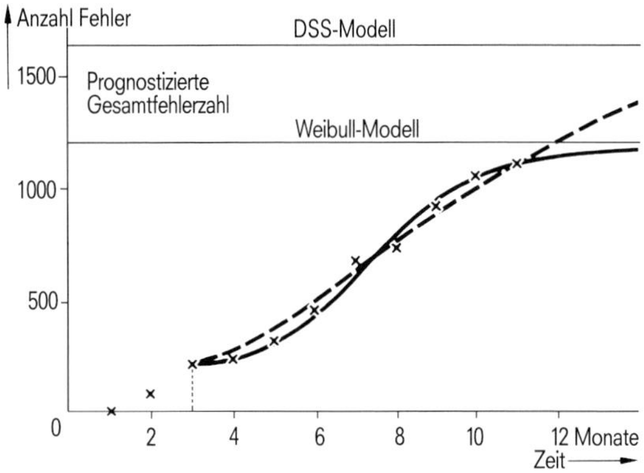

Bild 4.57
Restfehlerprognose nach Monaten

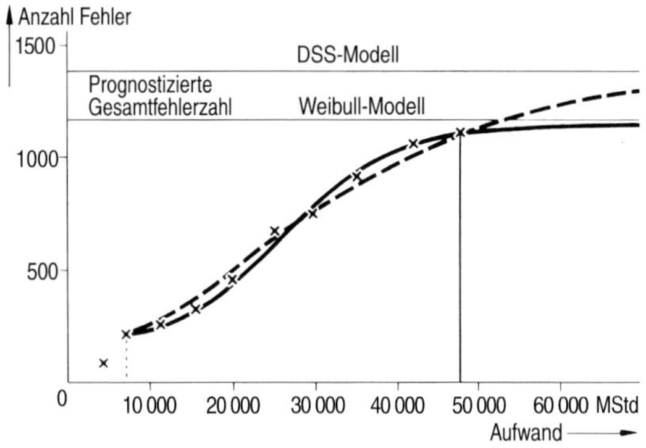

× Gemessene Werte
—— Weibull
– – – DSS

Bild 4.58
Restfehlerprognose nach Mann-Stunden

4.4.4.4 Six-Sigma-Methodik

Six Sigma kennzeichnet im Kern eine systematische Qualitätssicherungs-Methodik, die unter anderem auf statistisch-wissenschaftlichen Verfahren basiert; sie zielt daraufhin, Produkte und Dienstleistungen und die entsprechenden Prozesse möglichst fehlerfrei durchzuführen und damit eine so genannte „Nullfehlerproduktion" zu erreichen.

Die Six-Sigma-Methodik entstand bei Motorola als eine strategische Initiative im Jahre 1987. Der Grundgedanke war, dass in Prozessketten die Gesamtausbeute klein sein kann, obwohl die Ausbeute einzelner Prozessschritte bei 99% liegt. Seit Ende der 90er Jahre wird die Six-Sigma-Methodik zunehmend auch in europäischen Firmen eingesetzt. Im Vergleich zu amerikanischen Firmen steht in Europa eher die systematische Vorgehensweise bei dieser Form der Qualitätssicherung im Vordergrund.

Nicht jedes Projekt eignet sich für den Einsatz der Six-Sigma-Methodik. Ein gutes Six-Sigma-Projekt ist vor allem durch sich wiederholende Abläufe gekennzeichnet, außerdem sollten entsprechende Messgrößen oder Messungen vorhanden sein, auf die schnell zurückgegriffen werden kann. Auch sollte das Projekt von besonderer Wichtigkeit für das Unternehmen hinsichtlich der Kundenorientierung und der damit verbundenen Fehlerfreiheit von Produkten sein.

Der Begriff „Six Sigma"

Jedes Qualitätsmerkmal unterliegt bei jedem Entwicklungs- und Produktionsprozess naturgemäß einer gewissen unerwünschten Streuung in seinen Merkmalswerten. Auch der Durchschnitts- oder Mittelwert liegt oft nicht genau auf dem Zielwert. Diese Streuung der Merkmalswerte wird gemeinhin mit einer Gaußschen Normalverteilung dargestellt.

Six Sigma ist eigentlich ein Begriff aus der Statistik und bezeichnet die Standardabweichung bei einer Gaußschen Normalverteilung um den Mittelwert (Bild 4.59). Die Standardabweichung σ misst die Streubreite des Merkmals, also wie stark die Merkmalswerte voneinander abweichen. Je größer die Standardabweichung ist, also je breiter die Verteilungskurve der Merkmalswerte ist, desto wahrscheinlicher ist eine Überschreitung der akzeptierbaren Toleranzgrenzen (im Bild USL und LSL). Ebenso gilt, je weiter sich der Mittelwert vom Zentrum des Toleranzbereichs entfernt und damit an eine der Toleranzgrenzen heranrückt, desto größer ist der Überschreitungsanteil des Qualitätsmerkmals.

Der Name „Six Sigma" (als Symbol 6σ) unterstreicht die Forderung, dass die nächstgelegene Toleranzgrenze mindestens sechs Standardabweichungen vom Mittelwert entfernt liegen soll. Nur wenn diese Forderung erfüllt ist, kann man davon ausgehen, dass praktisch eine Nullfehlerproduktion erzielt wird, die Toleranzgrenzen also so gut wie nie überschritten werden. Die Größe 6σ kennzeichnet damit einen Prozess, der zu 99,9996 % fehlerfrei ist. Bei einem solchen Prozess treten bei einer Million Ereignissen nur 3,4 Fehler auf; dies gilt als statistisch fehlerfrei. Verfügt ein Prozess nur über eine Standardabweichung von drei oder vier Sigma – was bei den meisten Produktionen gängige Praxis ist –, so treten zwangsläufig mehr Fehler auf.

Bild 4.59 zeigt eine Normalverteilung, auf der die statistischen Grundannahmen des Six-Sigma-Modells beruhen. Der griechische Kleinbuchstabe σ (Sigma) steht für den horizontalen Abstand zwischen dem arithmetischen Mittelwert μ (Gipfelpunkt der Normalverteilungskurve) und dem Wendepunkt der Kurve. Je größer dieser Abstand ist, desto breiter sind die Werte des gemessenen Merkmals gestreut. In der hier gezeigten Abbildung sind die Spezifikationsgrenzen (USL, LSL) 6σ vom Mittelwert entfernt. Werte jenseits der Spezifikationsgrenzen sind extrem unwahrscheinlich, selbst wenn sich die Verteilungskurve später um 1,5σ nach links oder rechts verschieben sollte.

Six-Sigma-Kernzyklus

Das Six-Sigma-Verfahren beruht auf zwei Grundpfeilern: Zum einen der Durchführung eines Verbesserungsprozesses der Qualitätssicherung nach einem streng einzuhaltenden Six-Sigma-Kernzyklus und zum anderen der Nutzung von speziellen Six-Sigma-Werkzeugen zur genauen Messung und Prüfung von Abweichungen der Qualitätsmerkmale.

Six-Sigma-Verbesserungsmodelle folgen letztendlich immer dem gleichen Schema. Bei der Anwendung der Six-Sigma-Methodik werden die Geschäftsprozesse in fünf Phasen zerlegt. Diese Vorgehensweise wird als *DMAIC-Zyklus* der Six Sigma-Methodik bezeichnet:

▷ ***D**efine* – Definition
  Leitfrage: Was ist das Problem?
  Aktion: Das Problem und das Projektziel müssen klar definiert werden.

▷ ***M**easure* – Messen
  Leitfrage: Wie groß ist das zu beseitigende Problem?
  Aktion: Sämtliche prozessrelevanten Größen sind zu messen.

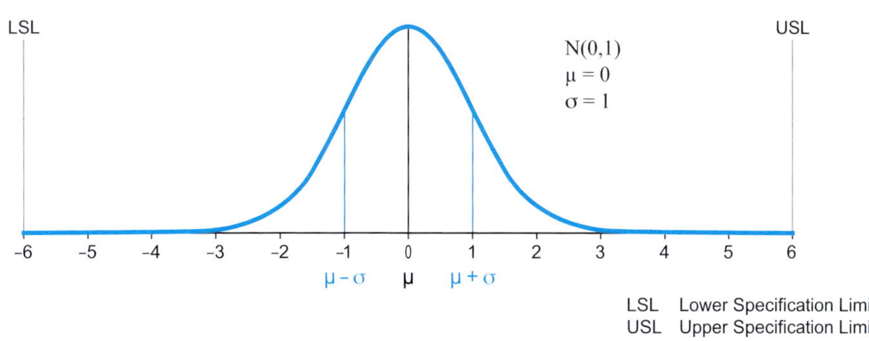

Bild 4.59 Normalverteilung Six Sigma

- ▷ Forum für Unternehmen mit Black Belts, Master Black Belts, Champions,
- ▷ Erfahrungsaustausch bei der Umsetzung von Six Sigma (Best Practice Sharing),
- ▷ Bereitstellung und Weiterentwicklung der neuesten Six-Sigma-Werkzeuge,
- ▷ Erarbeitung einheitlicher Kriterien zur Zertifizierung von Black Belts und Master Black Belts,
- ▷ Erarbeitung eines einheitlichen Modells zur Selbstbewertung der Six-Sigma-Unternehmen,
- ▷ Förderung der Kontakte zwischen Hochschulen und Unternehmen.

Erfolgsfaktoren

In Bild 4.60 ist das Ergebnis einer Umfrage der Fachhochschule Koblenz aus dem Jahr 2009 dargestellt, in welchen Bereichen der Einsatz der Six-Sigma-Methodik in den Geschäftsprozessen zu Verbesserungen geführt hat.

Der Erfolg des Six-Sigma-Konzepts erklärt sich auch dadurch, dass es eine Integration vieler bekannter Konzepte wie Business Process Reengineering (BPR), Benchmarking, Total Quality Management (TQM), klassischer Qualitätsmethoden und von Change-Management erlaubt.

Meistens arbeiten die Unternehmen auf einem Niveau von drei oder vier Sigma. Im Vergleich zum Sechs-Sigma-Niveau verursachen die reduzierten Fehler nach Schätzungen der Six-Sigma-Experten ungefähr 20 bis 25 Prozent höhere Kosten, die aber durch bessere Fehlerfreiheit und die damit verbundene höhere Kundenzufriedenheit aufgewogen wird. Allerdings ist eine extrem niedrige Fehlertoleranz aus Sicht der Rentabilität nicht immer sinnvoll, es sei denn in besonderen Bereichen wie z. B. in der Flug- und Verkehrstechnik, in denen höhere Standards bezüglich der Fehlerfreiheit gefordert werden.

4.4.5 Überprüfung der Qualitätssicherung

Das Durchführen der organisatorischen Festlegungen zur Qualitätssicherung und ihre Wirksamkeit auf die Produktqualität ist von Zeit zu Zeit zu prüfen. Dabei sollen nicht nur die wesentlichen Unterschiede des realisierten Qualitätssicherungssystems (QSS) zu den organisatorischen Festlegungen ermittelt werden, sondern auch die Schwachstellen, die in dem Verfahren zur Qualitätssicherung liegen. Je nach Umfang solcher Untersuchungen kann dafür ein *Qualitätsaudit* – kurz Audit genannt – durchgeführt oder eine *Qualitätsgruppe* eingesetzt werden. Mit einem Qualitätsaudit wird das ordnungsgemäße Anwenden der eingesetzten Qualitätsverfahren überprüft; es dient also *nicht* zum Nachweis der Produktqualität, sondern allein der Überprüfung des Qualitätssicherungssystems. Qualitätsgruppen haben darüber hinaus auch die Aufgabe, die Produktqualität durch Optimierung der Prozessabläufe zu verbessern.

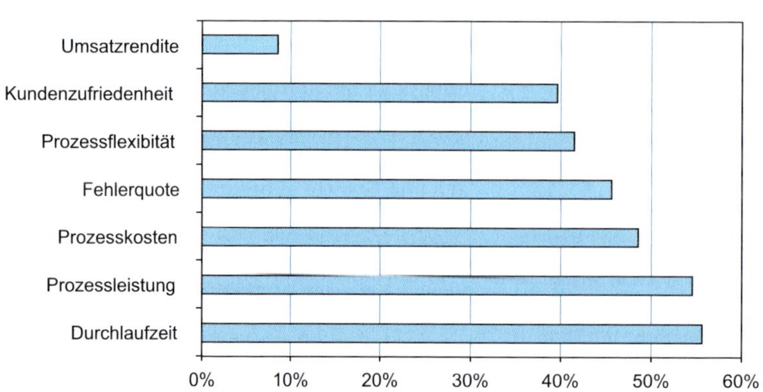

Bild 4.60 Verbesserungen durch den Einsatz von Six Sigma (Quelle: Fachhochschule Koblenz)

Weiterhin rückt der Aspekt der *Nachhaltigkeit* der unternehmerischen Tätigkeit verstärkt in den Vordergrund; das macht ein effizientes und zertifiziertes *Umweltmanagement* erforderlich.

4.4.5.1 Zertifizierung nach ISO 9001

Im Rahmen der EU ist mit der Normengruppe ISO 9001 bis 9003 vor rund 20 Jahren eine Richtlinie entstanden, die eine Vorgabe für die zu prüfenden Qualitätsmerkmale gibt. Diese Normengruppe wurde im Dezember 2000 zur Norm EN ISO 9001:2000 zusammengefasst und aktualisiert (die Normen ISO 9000 und ISO 9004 blieben davon unberührt). Entspricht das Qualitätssicherungssystem eines Unternehmens diesen Vorgaben und wird dieses durch einen unabhängigen Prüfer, z. B. durch die DQS (Deutsche Gesellschaft zur Zertifizierung von Qualitätssicherungssystemen) bestätigt, erhält das betreffende Unternehmen für eine bestimmte Zeit (i. Allg. für drei Jahre) ein entsprechendes »ISO-Zertifikat«. Mit einem Zertifikat nach ISO 9001 wird bestätigt, dass ein Lieferant die vertraglich festgelegte Qualität seiner Produkte sicherstellen kann.

Für ein Unternehmen ist der Besitz eines solchen Zertifikats von sehr großer Bedeutung. So verpflichtet eine Richtlinie der EU-Kommission die öffentlichen Auftraggeber, in bestimmten Marktsektoren von ihren Lieferanten einen solchen Nachweis zu verlangen. Da die Norm die Lieferanten verpflichtet, von ihren Zulieferern den gleichen Nachweis zu fordern, wird der Besitz eines Zertifikats zur Vorbedingung für eine Vielzahl von Aufträgen und damit zur Voraussetzung, als Anbieter erfolgreich am Markt tätig sein zu können. Die Einführung und Durchsetzung eines QM-Systems in einer Organisation wird damit zu einer strategischen Aufgabe der Unternehmensleitung.

Die Norm ISO 9001 legt Anforderungen an das Qualitätssicherungssystem bzw. Qualitätsmanagementsystem (QM-System, QMS) eines Lieferanten von Produkten fest, deren Erfüllung der Lieferant gegenüber einem Auftraggeber oder einem Dritten (z. B. Zertifizierungsstelle) nachweisen können muss. Die Forderungen in der bisherigen Norm [109] waren nach den folgenden 20 Themen geordnet:

1. Verantwortung der Leitung
2. Qualitätssicherungssystem
3. Vertragsprüfung
4. Designlenkung
5. Lenkung der Dokumente und Daten
6. Beschaffung
7. Lenkung der vom Kunden beigestellten Produkte
8. Kennzeichnung und Rückverfolgbarkeit
9. Prozesslenkung
10. Prüfungen
11. Prüfmittelüberwachung
12. Prüfstatus
13. Lenkung fehlerhafter Einheiten
14. Korrektur- und Vorbeugungsmaßnahmen
15. Handhabung, Lagerung, Verpackung, Konservierung und Versand
16. Lenkung von Qualitätsaufzeichnungen
17. Interne Qualitätsaudits
18. Schulung
19. Wartung
20. Statistische Methoden.

Die inzwischen revidierte Norm ISO 9001:2008 [110] hat die Forderungen an das Qualitätsmanagementsystem in eine andere, hierarchisch aufgebaute Ordnung gebracht, wobei die *Prozessbezogenheit* und der *Bezug zum Kunden* stärker heraus gearbeitet worden ist. Die Vorteile eines prozessorientierten Vorgehens in der Entwicklung sind bereits in Kapitel 2.5 ausführlich behandelt worden; der prozessorientierte Ansatz kann aber auch auf die gesamte Organisation eines Unternehmens ausgeweitet werden und muss dann in dem eingesetzten Qualitätsmanagementsystem seinen Niederschlag finden – und genau dies ist das Anliegen der ISO 9001:2008. In Bild 4.61 ist das in der ISO-Norm vorgestellte Modell eines prozessorientierten QM-Systems dargestellt; es hebt sowohl die entscheidende Rolle des Kundens bei der Festlegung der Anforderungen an ein Produkt hervor als auch die Wichtigkeit der Rückkopplung durch die Feststellung der Kundenzufriedenheit.

Die neue ISO 9001:2000 gliedert sich in folgende 23 Unterpunkte:

1. Qualitätsmanagementsystem
   - 1.1 Allgemeine Anforderungen
   - 1.2 Dokumentationsanforderungen

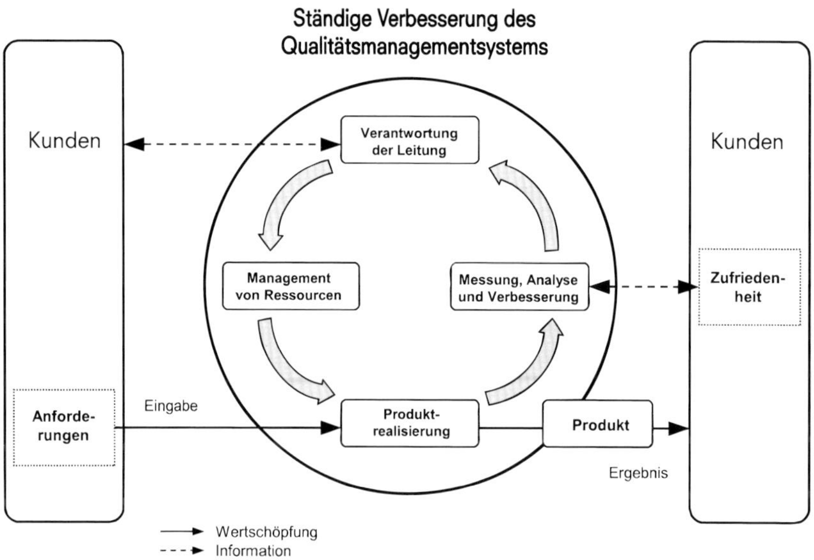

Bild 4.61 Modell eines prozessorientierten QM-Systems (nach ISO 9001:2000)

2. Verantwortung der Leitung
   2.1 Verpflichtung der Leitung
   2.2 Kundenorientierung
   2.3 Qualitätspolitik
   2.4 Planung
   2.5 Verantwortung, Befugnis und Kommunikation
   2.6 Managementbewertung
3. Management von Ressourcen
   3.1 Bereitstellung von Ressourcen
   3.2 Personelle Ressourcen
   3.3 Infrastruktur
   3.4 Arbeitsumgebung
4. Produktrealisierung
   4.1 Planung der Produktrealisierung
   4.2 Kundenbezogene Prozesse
   4.3 Entwicklung
   4.4 Beschaffung
   4.5 Produktion und Dienstleistungserbringung
   4.6 Lenkung von Überwachungs- und Messmitteln
5. Messung, Analyse und Verbesserung
   5.1 Allgemeines
   5.2 Überwachung und Messung
   5.3 Lenkung fehlerhafter Produkte
   5.4 Datenanalyse
   5.5 Verbesserung

Die vorgenannten Aspekte behandeln – in verkürzter und teilweise vereinfachter Form beschrieben – die im Folgenden aufgeführten Aktivitäten und Maßnahmen. Der in der ISO-Norm häufig verwendete Begriff »Organisation« umfasst alle mit der Erstellung von Produkten, Systemen und Anlagen sowie mit der Erbringung von Dienstleistungen befassten Bereiche eines Unternehmens. Des Weiteren stehen besonders die Aktivitäten Aufbau, Verwirklichung, Lenkung, Aufrechterhaltung, Verbesserung und Dokumentation im Vordergrund.

1. Qualitätsmanagementsystem

1.1 Allgemeine Anforderungen

Die Organisation muss entsprechend den Anforderungen der ISO-Norm ein Qualitätsmanagementsystem (QM-System) aufbauen, dokumentieren, verwirklichen, aufrechterhalten und dessen Wirksamkeit ständig verbessern; hierbei muss sie die für das QM-System erforderlichen Prozesse und deren Anwendung festlegen, absichern, überwachen und ständig verbessern.

1.2 Dokumentationsanforderungen

Die Organisation muss einerseits ein QM-Handbuch erstellen und aktuell halten und andererseits müssen vom QM-System geforderte Dokumente sowie alle sonstigen Q-Aufzeichnungen gelenkt, d. h. gesichert verwaltet werden. Die Dokumentation muss die Qualitätspolitik, die Qualitätsziele, das QM-Handbuch, alle prozessbestimmenden Dokumente sowie alle weiteren von dieser Norm geforderten Dokumente und Aufzeichnungen enthalten. Zudem ist ein Verfahren zur Dokumentationsverwaltung festzulegen, damit der fehlerfreie Umgang mit den Dokumenten und Aufzeichnungen (Kennzeichnung, Freigabe, Aktualität, Änderungen, Lesbarkeit, Verfügbarkeit, Verteilung etc.) sichergestellt ist.

2. Verantwortung der Leitung

2.1 Verpflichtung der Leitung

Die oberste Leitung muss ihre Verpflichtung zur Entwicklung und Realisierung des QM-Systems und zur ständigen Verbesserung der Wirksamkeit des QM-Systems nachweisen, indem sie die Wichtigkeit der Kundenzufriedenheit der Belegschaft vermittelt, eine einheitliche Qualitätspolitik vorgibt, die Festlegung von Qualitätszielen sicherstellt, Bewertungen und damit Verbesserungen des QM-Systems initiiert und für ausreichende Ressourcen sorgt.

2.2 Kundenorientierung

Die oberste Leitung muss sicherstellen, dass die Kundenanforderungen mit dem Ziel der Steigerung der Kundenzufriedenheit ermittelt und erfüllt werden (z. B. über Kundenbefragungen).

2.3 Qualitätspolitik

Die oberste Leitung muss sicherstellen, dass die Qualitätspolitik der Organisation angemessen ist, zur Erfüllung der Anforderungen und ständigen Verbesserung des QM-Systems verpflichtet, einen Rahmen zum Festlegen und Bewerten von Qualitätszielen vorgibt, der Organisation verständlich vermittelt wird und ständig auf ihre Angemessenheit überprüft wird.

2.4 Planung

Die oberste Leitung muss sicherstellen, dass einerseits messbare und mit der Qualitätspolitik übereinstimmende Qualitätsziele festgelegt werden und andererseits eine Planung des QM-Systems gemäß der ISO-Norm erfolgt und dessen Funktionsfähigkeit bei Änderungen aufrechterhalten wird.

2.5 Verantwortung, Befugnis und Kommunikation

Die oberste Leitung muss sicherstellen, dass die Verantwortungen und Befugnisse innerhalb der Organisation festgelegt und kommuniziert werden. Desweiteren muss ein Mitglied der Leitung zum QM-Beauftragten ernannt werden, der für die Realisierung der vom QM-System vorgegebenen Prozesse sorgt, die oberste Leitung ausreichend über den aktuellen Stand des QM-Systems (Verbesserungsmaßnahmen) informiert, das Bewusstsein hinsichtlich der Kundenzufriedenheit in der Organisation fördert und eine dauerhafte betriebsinterne Kommunikation hinsichtlich des QM-Systems anregt.

2.6 Managementbewertung

Die oberste Leitung muss das QM-System regelmäßig bewerten, um dessen fortdauernde Eignung, Angemessenheit und Wirksamkeit sicherzustellen. Bewertungseingaben sind Audit-Ergebnisse, Kundenrückmeldungen, Prozessleistung und Produktkonformität, Stand der Vorbeugungs- und Korrekturmaßnahmen, Verbesserungsvorschläge und Änderungen am QM-System sowie Folgemaßnahmen aus vorangegangenen Managementbewertungen.

3. Management von Ressourcen

3.1 Bereitstellung von Ressourcen

Die Organisation muss die erforderlichen Ressourcen ermitteln und bereitstellen, um das QM-System zu realisieren und zu verbessern sowie die Kundenanforderungen zufriedenstellend zu erfüllen.

3.2 Personelle Ressourcen

Personal, das die Produktqualität beeinflussende Tätigkeiten ausführt, muss auf Grund einer angemessenen Ausbildung und Schulung dazu befähigt sein sowie über ausreichende Fertigkeiten und Erfahrungen verfügen. Hierzu muss die Organisation für eine genaue Bedarfsermittlung, für ausreichende Schulung und Weiterbildung und für entsprechende

Kontrollmaßnahmen hinsichtlich der Wirksamkeit sorgen.

3.3 Infrastruktur

Die Organisation muss die zur Erfüllung der Produktanforderungen notwendige Infrastruktur (Gebäude, Versorgungseinrichtungen, Hard- und Software, unterstützende Dienstleistungen) in ausreichendem Maße zur Verfügung stellen.

3.4 Arbeitsumgebung

Die Organisation muss die zur Erfüllung der Produktanforderungen notwendige Arbeitsumgebung bereitstellen.

4. Produktrealisierung

4.1 Planung der Produktrealisierung

Die Organisation muss die Prozesse planen und entwickeln, die für die Produktrealisierung erforderlich sind. Hierbei müssen die Qualitätsziele, die Produktanforderungen, projekt- und prozessspezifische Notwendigkeiten, produktspezifische Kontroll- und Prüfkriterien sowie erforderliche Nachweisaufzeichnungen festgelegt werden.

4.2 Kundenbezogene Prozesse

Die Organisation muss alle Anforderungen an das Produkt ermitteln; hierzu zählen neben den primären Anforderungen seitens des Kunden auch solche, die aus anderen Gründen (Sicherheit, Vorschriften, Gesetzen etc.) notwendig sind. Weiterhin müssen diese Anforderungen vor dem Eingehen einer Lieferverpflichtung bewertet werden, um sicherzustellen, dass die Produktanforderungen eindeutig definiert sind, kein Dissenz zwischen Vertragstext und vorher gemachten Vereinbarungen besteht und die Organisation auch in der Lage ist, alle Anforderungen zu erfüllen. Diese Vertragsprüfung muss dokumentiert sein. Schließlich muss die Organisation wirksame Regeln für die Kommunikation mit dem Kunden festlegen.

4.3 Entwicklung

Die Organisation muss die Entwicklung des Produkts planen und lenken (Entwicklungsphasen, prozessbezogene Kontrollmaßnahmen, Verantwortungen etc.). Des Weiteren müssen die Entwicklungseingaben (Funktions-, Leistungs- und andere wesentliche Anforderungen) geprüft und dokumentiert werden, die Entwicklungsergebnisse zu deren Verifizierung geeignet bereitgestellt werden, systematische Entwicklungsbewertungen vorgenommen werden und es muss eine Entwicklungsverifizierung (Entsprechen die Entwicklungsergebnissse den Entwicklungsvorgaben?) sowie eine Entwicklungsvalidierung (Erfüllt das Produkt die Kundenanforderungen?) durchgeführt werden. Bewertungen, Verifizierungen und Validierungen müssen dokumentiert werden, auch müssen Entwicklungsänderungen gekennzeichnet, beurteilt und aufgezeichnet werden.

4.4 Beschaffung

Die Organisation muss sicherstellen, dass die beschafften Produkte die festgelegten Beschaffungsanforderungen erfüllen, dazu muss sie die Lieferanten auf Grund deren Fähigkeiten auswählen und eine Verifizierung der beschafften Produkte festlegen und durchführen. Beschaffungsangaben müssen das zu beschaffende Produkt beschreiben hinsichtlich der Anforderungen an die Prozesse beim Lieferanten, an die Qualifikation des Lieferantenpersonals sowie an das beim Lieferanten eingesetzte QM-System.

4.5 Produktion und Dienstleistungserbringung

Die Organisation muss die Produktion und die Dienstleistungserbringung planen und durchführen (Produktmerkmale, Arbeitsanweisungen, Ausrüstung, Überwachungs- und Messmittel, Produktfreigabe) sowie die hierfür notwendigen Prozesse validieren. Die Prozessvalidierung muss die Fähigkeit der Prozesse zur Erreichung der geplanten Ergebnisse darlegen. Weiterhin muss das Produkt während der gesamten Produktrealisierung für Kontrollzwecke und zur Rückverfolgbarkeit mit geeigneten Mitteln (z. B. mit einem Konfigurationsmanagement) gekennzeichnet werden. Schließlich muss die Organisation sorgfältig mit dem in ihrem Lenkungsbereich befindlichen Eigentum des Kunden (hierzu zählt auch geistiges Eigentum) umgehen; sie muss für die Produkterhaltung bis zum Einsatz beim Bestimmungsort des Kunden sorgen.

4.6 Lenkung von Überwachungs- und Messmitteln

Die Organisation muss Prozesse einführen, um sicherzustellen, dass Überwachungen und Messungen durchgeführt werden können. Die Messmittel müssen regelmäßig kalibriert, verifiziert, ggf. nachjustiert und gegen Verstellungen und Beschädigungen gesichert werden; hierüber sind entsprechende Aufzeichnungen zu führen.

5. Messung, Analyse und Verbesserung

5.1 Allgemeines

Die Organisation muss die Überwachungs-, Mess-, Analyse- und Verbesserungsprozesse planen und verwirklichen, die für die Darlegung der Konformität des Produkts, für die Sicherstellung der Konformität des QM-Systems und für die ständige Verbesserung des QM-Systems notwendig sind.

5.2 Überwachung und Messung

Die Organisation muss die Kundenzufriedenheit als ein Maß für die Leistung des QM-Systems ständig überwachen. Hierzu müssen in geplanten Abständen interne Audits zur Feststellung der Konformität des QM-Systems stattfinden; weiterhin müssen geeignete Maßnahmen zur Überwachung und Messung der Prozesse und der Produktmerkmale durchgeführt werden. Gegebenenfalls müssen angemessene Korrekturmaßnahmen ergriffen werden.

5.3 Lenkung fehlerhafter Produkte

Die Organisation muss sicherstellen, dass ein Produkt, das die Anforderungen nicht erfüllt, entsprechend gekennzeichnet und gelenkt wird, um seinen unbeabsichtigten Gebrauch oder seine Auslieferung zu verhindern. Bei fehlerhaften Produkten müssen die Fehler entweder beseitigt oder es muss eine Sonderfreigabe vorgenommen werden. Aufzeichnungen über die Art von Fehlern und die erfolgten Behebungs- bzw. Folgemaßnahmen sind zu führen.

5.4 Datenanalyse

Die Organisation muss geeignete Daten ermitteln, erfassen und analysieren, um die Eignung und Wirksamkeit des QM-Systems nachzuweisen. Die Datenanalyse muss Angaben liefern über Kundenzufriedenheit, Erfüllung der Produktanforderungen, Prozess- und Produktmerkmale, Vorbeugungsmaßnahmen und Lieferanten.

5.5 Verbesserung

Die Organisation muss die Wirksamkeit des QM-Systems durch Einsatz der Qualitätspolitik, Qualitätsziele, Auditergebnisse, Datenanalyse, Korrektur- und Vorbeugungsmaßnahmen sowie Managementbewertung ständig verbessern. Hierzu ist ein Verfahren notwendig, welches die Bewertung aufgetretener Fehler, die Ermittlung von Fehlerursachen und potentiellen Fehlern, die Verhinderung eines neuen bzw. wiederholten Fehlerauftretens, die Ergebnisaufzeichnung und die Bewertung der ergriffenen Vorbeugungs- und Korrekturmaßnahmen ermöglicht.

4.4.5.2 Qualitätsaudits und Qualitätsgruppen

Ein Qualitätsaudit dient dem Beurteilen der Einhaltung organisatorischer Festlegungen zur Qualitätssicherung sowie der Wirksamkeit dieser Festlegungen anhand objektiver Nachweise. Die ISO 19011 stellt eine Anleitung für das Auditieren von Qualitäts- und Umweltmanagementsystemen bereit. Man unterscheidet hierbei zwischen *internen* und *externen* Audits.

Internes Audit

Das interne Audit ist ein Qualitätsaudit, das in Organisationseinheiten eines Betriebs für ein ausgewähltes Prüfobjekt unter Anleitung des Qualitätsbeauftragten von Mitarbeitern anderer Organisationseinheiten vorgenommen wird; es soll den objektiven Nachweis bringen, dass nach den gültigen Richtlinien des vorliegenden QMH gearbeitet wird, und es soll vorhandene Schwachstellen aufzeigen. Die Behebung der erkannten Mängel muss terminiert und dokumentiert werden.

Innerbetrieblich hat es sich bewährt, einen Bewertungskatalog für Audits aufzustellen, nach dem die Ergebnisse von durchgeführten internen Audits bewertet werden. Auf diese Weise können – im Vergleich zu früheren Audits –

Verbesserungen (oder auch Verschlechterungen) in den einzelnen Entwicklungsbereichen aufgezeigt werden.

Die ISO-Norm schreibt als Teil des QSS die Durchführung solcher unternehmensinterner Audits vor; sie sind daher in regelmäßigen Abständen gemäß eines Audit-Plans durchzuführen und die entsprechenden Audit-Berichte beim nächsten externen Audit vorzulegen.

Externes Audit

Ein externes Qualitätsaudit wird in der Regel durch einen neutralen Prüfer einer staatlich anerkannten Zertifizierungsstelle vorgenommen; hierbei ist zu unterscheiden, mit welchem Ziel ein externes Audit durchgeführt werden soll:

- ▷ Zertifizierungs-Audit
- ▷ Überwachungs-Audit
- ▷ Re-Zertifizierungs-Audit.

Das Zertifizierungs-Audit wird zum Ersterwerb eines ISO-Zertifikats vorgenommen, das weniger aufwändige Überwachungs-Audit wird i. Allg. einmal im Jahr während der Laufzeit eines Zertifikats durchgeführt und das Re-Zertifizierungs-Audit dient zur Erneuerung der Gültigkeitsdauer eines Zertifikats und entspricht im Umfang dem anfänglichen Zertifizierungs-Audit.

Die Vorgehensweise ähnelt der eines internen Audits mit dem Unterschied, dass der Prüfer die zu auditierenden Projekte stichprobenweise *selbst* auswählt. Der Schwerpunkt je Projekt liegt dabei auf ebenfalls von dem Auditor ausgewählten Themen der Norm; es werden also nicht grundsätzlich alle 23 Punkte der ISO-Norm 9001:2000 einer Prüfung unterzogen. Die Arbeitsweise im Rahmen der Qualitätssicherung wird von dem Auditor im Gespräch mit Vorgesetzten und Mitarbeitern erfragt; sie muss auf Anforderung stets durch Projektunterlagen, z. B. Pläne, Berichte, Protokolle belegt werden können. Von Vorgesetzten und Mitarbeitern wird außerdem die Kenntnis der Qualitätsstrategie des Unternehmens, des für die jeweiligen Aufgaben relevanten Teiles des Regelwerks und der Voraussetzungen und Auswirkungen der eigenen Tätigkeit erwartet. Abweichungen und Unkenntnisse werden von dem Auditor für den Auditbericht dokumentiert und bewertet. Gravierende Mängel können zur Verweigerung des Zertifikats führen.

Planung des Audits

Interne Audits werden durch die Qualitätsstelle oder den Qualitätsbeauftragten des Bereichs geplant. Nach entsprechenden Terminplanungen werden diese mindestens vier Wochen vor dem beabsichtigten Durchführungstermin mit der Bereichsleitung abgestimmt.

Die Durchführung externer Audits ist mit einer angemessenen Frist anzukündigen.

Audit-Team

Die für ein Audit notwendige Anzahl mitwirkender Personen und ihre Auswahl hängt vom Umfang des Audits und von der Breite des erforderlichen Fachwissens ab. Meist setzt sich das *Audit-Team* aus drei bis fünf Personen zusammen. Bei internen Audits wird das Team aus Personen der Qualitätsstelle und aus Mitarbeitern anderer Organisationseinheiten gebildet. Bei externen Audits setzt sich das Team aus dem externen Prüfer, dem zuständigen Qualitätsbeauftragten sowie Mitarbeitern, die in den zu auditierenden Themenkomplexen involviert sind, zusammen.

Die Mitglieder des Audit-Teams sollen folgende Voraussetzungen mitbringen:

- ▷ Vertrautheit mit der Methodik des Audits (ggf. vorherige Einweisung),
- ▷ Kenntnisse der QS-Richtlinien,
- ▷ Kenntnisse und Erfahrungen hinsichtlich der angewandten Arbeitsverfahren und Arbeitsmittel.

Das Audit-Team wird vom Qualitätsbeauftragten zusammengestellt und koordiniert; er bereitet das Audit vor, nimmt aktiv am Audit teil und ist für das Erstellen des Audit-Berichts verantwortlich.

Audit-Programm

Der Teamleiter stimmt das *Audit-Programm*, das vom Audit-Team zusammengestellt wurde, mit dem Leiter der einem Audit zu unterziehenden Organisationseinheit ab. Das Audit-Programm enthält:

- ▷ die Zusammensetzung des Audit-Teams,
- ▷ einen groben Zeitplan,

- ▷ die zugrunde liegenden Unterlagen,
- ▷ die zu »auditierenden« Themenkomplexe, die den sachlichen Rahmen des Audits vorgeben.

Durchführung des Audits

Einführungsgespräch

Das Einführungsgespräch dient zur Information aller am Audit beteiligten Personen über:

- ▷ Zielsetzung des Audits und die dem Audit zugrunde liegenden Unterlagen,
- ▷ zu »auditierende« Arbeitsabläufe, Arbeitsplätze und Unterlagen,
- ▷ mögliche Ergänzungen des Audit-Programms durch Festlegung weiterer anzusprechender Personen.

Allgemeine Überprüfung der QS-Maßnahmen

Die allgemeine Überprüfung der QS-Maßnahmen mit den betroffenen Personen soll den objektiven Nachweis erbringen, dass

- ▷ die zutreffenden QS-Maßnahmen bekannt sind und durchgeführt werden,
- ▷ die einzelnen Tätigkeiten übereinstimmend mit den QS-Richtlinien ausgeführt werden,
- ▷ die vorgeschriebenen QS-Maßnahmen lückenlos und zweckmäßig sind,
- ▷ formulierte Korrekturmaßnahmen durchgeführt sind.

Stichprobenartig werden zusätzlich zum allgemeinen Überprüfen der QS-Maßnahmen einzelne Arbeitsplätze, Arbeitsabläufe oder Unterlagen zur Untersuchung ausgewählt.

Als Ergebnisse der Befragungen sind *Abweichungen* vom Soll der QS-Anforderungen festzuhalten und möglichst präzise zu formulieren. Sind Feststellungen nicht eindeutig als Abweichung zu definieren, so sind sie als *Beobachtung* festzuhalten.

Audit-Bericht

Der Audit-Bericht soll die wesentlichen Punkte des Audits enthalten; er gilt vor dem Abschlussgespräch als Entwurf, nach dem Abschlussgespräch, ggf. nach Einbringen bestimmter Korrekturen, als verbindlich.

Ein Audit-Bericht enthält vor allem:

- ▷ Zusammenfassung mit den Angaben: einbezogene Organisationseinheit, Zeitraum des Audits, Audit-Teammitglieder, Grundlage des Audits, Bezugsobjekt, wesentliche Audit-Ergebnisse, Unterschriften der Teammitglieder,
- ▷ Einzelheiten der Abweichungen und Empfehlungen mit fortlaufender Nummerierung,
- ▷ sonstige Beobachtungen, die nicht eindeutig als Abweichung zu definieren sind,
- ▷ Zuständigkeiten für das Beseitigen der Abweichungen; diese Angaben müssen mit dem Leiter der »auditierten« Organisationseinheit vereinbart werden.

Abschlussgespräch

Das Abschlussgespräch informiert den Leiter und die Verantwortlichen der »auditierten« Organisationseinheit über die Ergebnisse des Audits. Als Unterlage zum Abschlussgespräch dient der Entwurf des Audit-Berichts; er ist schon vor dem Abschlussgespräch dem Leiter der betroffenen Organisationseinheit auszuhändigen.

Das Abschlussgespräch soll enthalten:

- ▷ Durchsprache des Audit-Berichts,
- ▷ Diskussion zu den Abweichungen und Empfehlungen,
- ▷ Festlegung der Termine und Verantwortlichen für die Durchführung der Korrekturmaßnahmen,
- ▷ Festlegung eines Termins für ein Folgegespräch über die eingeleiteten Korrekturmaßnahmen durch die »auditierte« Organisationseinheit.

Kritische Themenbereiche bei einem Audit

In einem System- oder Produktaudit werden Personen sowohl aus den Führungsebenen als auch aus den operativen Ebenen einbezogen und zu den unterschiedlichen Themenbereichen des vorliegenden Qualitätsmanagementsystems auditiert (befragt). Vorgesetzte werden vornehmlich zu den Themenbereichen Verantwortung der Leitung und des Qualitätssicherungssystems, sowie Schulung befragt; dagegen Projektleiter mehr zu Themenbereichen wie Vertragsprüfung und Design- und Prozesslenkung. Mitarbeiter der Sachbearbeiterebene werden häufig zu Themen wie Prüfmittel, Prüfstatus, Qualitätsaufzeichnungen u. dgl. hinterfragt.

Folgende Punkte haben sich bei durchgeführten Audits als besonders »kritikanfällig« und »mängelbehaftet« gezeigt:

1. Qualitätsmanagementsystem

Allgemeine und Dokumentationsanforderungen

- Hat jeder Mitarbeiter Zugang zum QM-Handbuch? Wird dieses auch genutzt?
- Ist eine Projektakte in Papierform oder in Dateiform aktuell vorhanden?
- Sind alle relevanten Entwicklungsdokumente eindeutig identifizierbar (Titel, Version, Status, Ersteller bzw. Verantwortlicher mit Unterschrift)?
- Liegt für diese Dokumente ein definierter Verteilerkreis vor? Ist dieser aktuell?
- Werden Datenschutz und Datensicherheit berücksichtigt? Wie?

2. Verantwortung der Leitung

Verpflichtung der Leitung

- Auf welche Weise hat die Leitung die Bedeutung eines QM-Systems propagiert?
- Sind von der Leitung quantifizierbare Qualitätsziele vorgegeben? Welche?
- Wird die Zielerreichung von der Leitung konsequent überprüft? Wie?

Kundenorientierung

- Werden Kundenbefragungen durchgeführt? Wann war die letzte?
- Welche Reaktionen bzw. Maßnahmen haben sich daraus ergeben?

Qualitätspolitik

- Auf welche Weise hat die Leitung die Qualitätspolitik des Unternehmens kommuniziert?
- Entsprechen die von der Leitung vorgegebenen Qualitätsziele der offiziellen Qualitätspolitik?

Planung

- Welche Qualitätsziele liegen seitens der Leitung vor? Sind diese quantifizierbar?

Verantwortung, Befugnis und Kommunikation

- Ist der QM-Beauftragte der Leitung bekannt?
- Gibt es Unklarheiten hinsichtlich der Projektverantwortungen?
- Erhalten die Mitarbeiter alle notwendigen Informationen rechtzeitig? Wie wird dieses abgesichert?

Managementbewertung

- Werden interne Audits durchgeführt? Wie häufig?
- Werden aus diesen Korrekturmaßnahmen abgeleitet?
- Wird die Prozessleistung und Produktkonformität gemessen? Und wie?

3. Management von Ressourcen

Bereitstellung von Ressourcen

- Stehen für das Projekt ausreichende Ressourcen (Personal, Geld, Material, Geräte) zur Verfügung?

Personelle Ressourcen

- Gibt es ein Skills-Management?
- Treten Qualifizierungsmängel beim eingesetzten Personal auf?
- Findet regelmäßig eine Weiterbildungsplanung für alle Mitarbeiter statt?
- Wie wird die Durchführung der Qualifizierungsmaßnahmen überwacht?

Infrastruktur

- Ist das IT-Umfeld (PC, Internet, Speicher etc.) ausreichend ausgestattet?
- Wie alt sind die eingesetzten PC?
- Welche reinen Verwaltungsarbeiten muss die Entwicklungsmannschaft ausführen?

Arbeitsumgebung

- Gibt es hinsichtlich der Arbeitsorte hindernde Einschränkungen bzw. Mängel?

4. Produktrealisierung

Planung der Produktrealisierung

- Sind Entwicklungsdokumente wie Leistungsbeschreibung, QS-Plan, Testplan, Designänderungen vorhanden und aktuell?
- Welche Kontroll- und Prüfkriterien sind festgelegt worden?

Kundenbezogene Prozesse

- Ist der Angebotsprozess für alle Beteiligten eindeutig festgelegt?
- Werden – vor Abschluss – Verträge und Vereinbarungen gezielt auf Machbarkeit, Ergebnisstärke und Terminsicherheit geprüft?
- Ist der kaufmännische Controller in die Vertragsprüfung einbezogen?
- Wird vor Vertragsabschluss immer eine Risikoanalyse vorgenommen?

Entwicklung

- Welche Kontrollmechanismen sind in der Prozessorganisation eingebunden?
- Finden Reviews statt? Für welche Entwicklungsabschnitte?
- Sind die Projektstammdaten angelegt, vollständig und aktuell?
- Ist ein aktueller Projektplan mit Terminen, Meilensteinen, Zuständigkeiten und Verantwortungen vorhanden?

Beschaffung

- Findet eine Verifizierung der beschafften Produkte statt?
- Wie geschieht die Abnahme von zugelieferten Produktteilen (Hard- und Software)?

Produktion und Dienstleistungserbringung

- Gibt es Arbeitsanweisungen für die Produktion? Wie sind diese dokumentiert?
- Ist ein Konfigurationsmanagement-Tool im Einsatz? Für alle Entwicklungsobjekte?
- Wird für alle Entwicklungsobjekte eine lückenlose Versionszählung praktiziert?
- Wie wird sichergestellt, dass geistiges Eigentum des Kunden nicht unbefugt verwendet wird?

Lenkung von Überwachungs- und Messmitteln

- Welche Überwachungs- und Messmittel sind im Einsatz?
- Wie oft werden diese – falls vorhanden – auf Korrektheit geprüft?

5. Messung, Analyse und Verbesserung

Allgemeines

- Gibt es Mechanismen zur Überwachung, Messung, Analyse und Verbesserung der Produktkonformität? Wo und wie werden diese eingesetzt?
- Gibt es welche für die Beurteilung der Prozesskonformität?

Überwachung und Messung

- Werden Kundenbefragungen durchgeführt? Für alle Produkte?
- Was wird bei internen Audits geprüft?
- Wird geprüft, ob die durch das QM-System vorgegebenen Prozesse effizient sind?
- Mit welchen Mitteln wird die Einhaltung der geplanten Produktmerkmale überwacht?

Lenkung fehlerhafter Produkte

- Werden alle gemeldeten Fehler eindeutig mit Datum, meldender Person etc. registriert?
- Wird eindeutig zwischen Fehlern und Änderungswünschen (Change Request) unterschieden?
- Wird die Fehlerbeseitigung lückenlos überwacht? Wie wird dieses dokumentiert?

Datenanalyse

- Werden Daten gesammelt, um die Wirksamkeit des QM-Systems zu prüfen? Welche?

Verbesserung

- Werden Korrektur- und Vorbeugemaßnahmen regelmäßig erarbeitet? Wo dokumentiert?
- Wird die Durchführung von Korrektur und Vorbeugemaßnahmen konsequent kontrolliert?

Qualitätsgruppen

Qualitätsgruppen (Quality Action Teams) stellen ein wirksames Mittel dar, innerhalb einer Organisationseinheit Abläufe, Arbeitsplätze, Methoden und Werkzeuge auf ihre Wirksamkeit zu untersuchen und daraus Verbesserungen zu erarbeiten. Auch ein in Entwicklung befindliches Produkt kann ein Objekt der Qualitätsgruppenarbeit sein, das es gilt, in seiner Struktur, Ausfallhäufigkeit, Einsatzvielfalt und dgl. zu optimieren.

Qualitätsgruppen bestehen im Allgemeinen aus vier bis acht Mitarbeitern, die zusammenkommen, um Schwachstellen aus dem eigenen

Bereich zu analysieren und Korrekturmaßnahmen zu erarbeiten.

Vorgehen beim Einführen

Themen für Qualitätsgruppen können anlässlich einer Abteilungs- bzw. Dienststellenbesprechung festgelegt werden. Dazu ist je Thema ein Ansprechpartner zu benennen, der sich um geeignete Teilnehmer bemüht und die Gruppe zum Zusammentreffen der dazu gewonnenen Mitarbeiter führt. Beim ersten Treffen der Gruppe wird mit dem Vorgesetzten des Bereichs u. a. festgelegt:

▷ Zielsetzung, Aufgabenstellung und nötige Abgrenzung,
▷ Strukturierung von Teilaufgaben zur Vorbereitung für die nächsten Treffen,
▷ Häufigkeit der Treffen und Dauer,
▷ Auswahl der einzubeziehenden Fachexperten,
▷ Sprecher der Qualitätsgruppe.

Arbeitsweise

Bei den regelmäßigen Treffen arbeiten die Qualitätsgruppen selbstständig, wobei sich folgende methodische Vorgehensweise empfiehlt:

1. Probleme erkennen und aufgreifen,
2. Ursachen der Probleme ermitteln,
3. eigene Einflussmöglichkeiten feststellen,
4. Lösungen suchen und bewerten,
5. Korrekturmaßnahmen zielgerichtet festlegen sowie
6. Ergebnisse dokumentieren.

Das Ergebnis eines Zusammentreffens der Qualitätsgruppe ist in einem Protokoll festzuhalten. Hierdurch können sich Vorgesetzte und andere Stellen über den jeweiligen Arbeitsfortschritt informieren.

4.4.5.3 Umweltmanagement

Ein durchgängiges Umweltmanagement in einem Unternehmen gewinnt im Rahmen der Qualitätssicherung immer mehr an Bedeutung. Wer nachweisen kann, dass seine Entwicklungs-, Produktions- und Vertriebsprozesse *umweltschonend* und *nachhaltig* geführt werden, gewinnt bei Kunden, Lieferanten und staatlichen Stellen großes und damit geschäftsförderndes Vertrauen. Umweltmanagement ist damit heutzutage zu einem unverzichtbaren Bestandteil eines unternehmerischen Nachhaltigkeitsmanagements geworden.

Nachhaltigkeit und ihre Bewertung

Nachhaltigkeitsbetrachtungen basieren auf den drei bekannten Säulen:

▷ ökonomische Nachhaltigkeit,
▷ ökologische Nachhaltigkeit und
▷ soziale Nachhaltigkeit.

Die Gewichtung dieser drei Dimensionen von Nachhaltigkeit wird in den verschiedenen Weltregionen allerdings sehr unterschiedlich gesehen, wie eine Stakeholder-Umfrage der Siemens AG ergeben hat (siehe Bild 4.62). So steht die wirtschaftliche Dimension von Nachhaltigkeit in China weit vorne, dagegen tritt in Deutschland die ökologische Dimension mehr in den Vordergrund. Zwangsläufig müssen weltweit agierende Unternehmen ihre Geschäftsstrategie hierauf ausrichten.

Der „Dow Jones Sustainability Index" (DJSI) ist seit 1999 der weltweit anerkannte Index zur Nachhaltigkeitsbeurteilung, der aus jeder Wirtschaftsbranche die Unternehmen mit den besten Nachhaltigkeitsleistungen herausfiltert. Die Bewertung der Nachhaltigkeits-Performance eines Unternehmens nimmt die Schweizer Rating-Agentur SAM (Sustainable Asset Management) im Auftrag des Index-Anbieters Dow Jones vor. Aus 2500 Unternehmen des Dow Jones Global Index analysiert SAM die größten Unternehmen nach dem Best-in-Class-Ansatz, d. h. die besten 10 Prozent jeder Branche, gemessen an deren Nachhaltigkeits-Performance, werden in den DJSI aufgenommen. Die besten 20 Prozent der 600 größten börsennotierten europäischen Unternehmen wiederum qualifizieren sich für den DJSI Europe. Sodann kürt SAM in den 19 wichtigsten Branchen je einen Branchenführer in Sachen Nachhaltigkeit.

Darüber hinaus gibt es zum DJSI World noch fünf Unterindizes sowie weitere Indizes für den europäischen Raum. SAM überprüft einmal pro Jahr die Zusammensetzung der Indizes und nimmt neue Unternehmen in sein Beurteilungsschema auf, während andere ausschei-

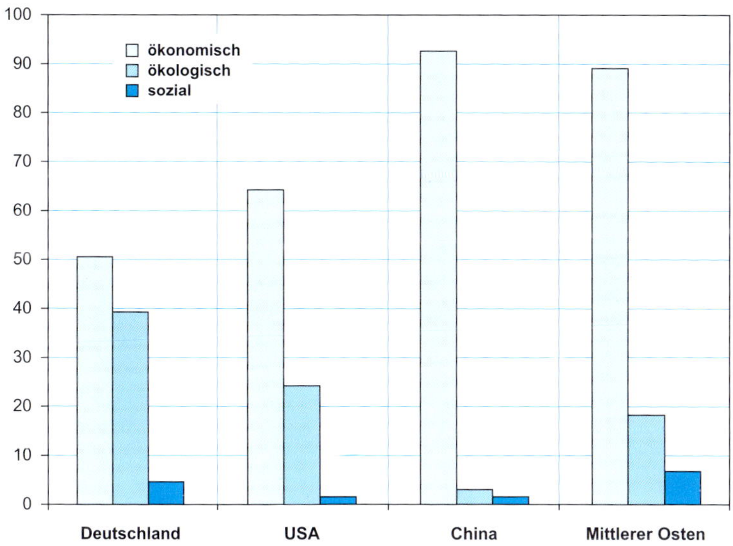

Bild 4.62 Länderspezifischer Schwerpunkt bei Nachhaltigkeit (Quelle: Siemens AG)

den müssen. Der DSJI gilt als prominentestes Gütesiegel unter den Nachhaltigkeitsindizes.

Bei der Nachhaltigkeitsbewertung nach dem DJSI-Schema werden je Nachhaltigkeits-Dimension mehrere unterschiedlich gewichtete Kriterien beurteilt. *Branchenspezifische* Kriterien werden für jede der 58 Branchen gesondert ermittelt und insgesamt mit 57% gewichtet. Dabei werden besondere Chancen und Risiken jeder Branche einzeln berücksichtigt. Diese unterscheiden sich zum Teil stark und haben auch einen Einfluss auf die Gewichtung der Dimensionen Wirtschaft, Ökologie und Soziales. Als Branchen zählen z. B. Industrie, Automobil, Handel, Banken, Tourismus etc. Die nachfolgend aufgeführten *branchenübergreifenden* Kriterien machen 43% des gesamten Kriterienkatalogs aus:

Ökonomische Nachhaltigkeit hinsichtlich
- Unternehmensführung (6%)
- Risiko- und Krisenmanagement (6%)
- Verhaltens-/Antikorruptionsregeln (6%)

Ökologische Nachhaltigkeit hinsichtlich
- Umweltberichterstattung (3%)

Soziale Nachhaltigkeit hinsichtlich
- Personalentwicklung (5,5%)
- Anwerbung und Bindung von Talenten (5,5%)
- Arbeitspraxis (5%)
- gesellschaftliches Engagement (3%)
- Sozialbilanz (3%).

Damit werden die Kriterien für ökonomische Nachhaltigkeit mit 18%, Kriterien für ökologische Nachhaltigkeit mit 3% und Kriterien für soziale Nachhaltigkeit mit 22% gewichtet. Die zu beurteilenden Unternehmen werden immer im Vergleich zu ihren Wettbewerbern jeweils in ihrer Branche betrachtet. So haben z.B. schon die Siemens AG in der Branche Industrie, BMW in der Branche Automobil und BASF in der Branche Chemie mehrmals erste Plätze belegt.

Es gibt allerdings auch Kritik an den DJSI, die sich hauptsächlich gegen die Auswahl der Unternehmen richtet. Durch die Beschränkung auf die größten Unternehmen der relevanten Aktienindizes (etwa 2500 in der Anzahl) werden kleine und mittlere Unternehmen stark benachteiligt. Durch diese Vorgehensweise fallen viele kleinere Unternehmen, die möglicherweise nachhaltiger als die Großen wirtschaften, von vornherein aus der Betrachtung.

Die oekom research AG ist eine der führenden Rating-Agenturen, die auf dem Gebiet des Finanzinvestment die Nachhaltigkeit von Firmen beurteilt.

Umweltmanagementsystem

Mit der Einrichtung eines Umweltmanagementsystems (UMS) soll sichergestellt werden, dass die gewünschte Umweltleistung erzielt wird. Ein vorsorgender, betriebsspezifischer Umweltschutz hilft z. B. – auf der Basis der Analyse von Stoff- und Energieströmen – Vorkehrungen zur Reduktion von Abfällen, Abwasser und Emissionen zu treffen. Durch regelmäßige Überprüfung solcher gesetzten Umweltziele des Unternehmens soll eine kontinuierliche Verbesserung vorangetrieben werden.

Das Umweltmanagement eines Unternehmens muss für ein „nachhaltiges Handeln" in allen Bereichen des Unternehmens und damit auch in allen Projekten sorgen. Als Zielsetzung und Nutzen eines Umweltmanagementsystems sind hier zu nennen:

- ▷ Systematisierung des Umweltschutzes im Unternehmen,
- ▷ Minimierung der Risiken und der Umweltbelastung im Unternehmen,
- ▷ Notfallvorsorge für eventuelle Umweltunfälle,
- ▷ Steigerung der Konkurrenzfähigkeit aufgrund umweltbewussten Wirkens,
- ▷ Imagepflege und besseres Abschneiden bei externen Bewertungen,
- ▷ Nachweis der Zertifikatsgültigkeit.

In einem Projekt übernimmt in der Regel der Qualitätsbeauftragte die Verantwortung für die Sicherung der Nachhaltigkeit im eigenen Projektvorhaben. Im Unternehmen selbst sollte möglichst ein eigener „Umweltschutzbeauftragter" installiert sein, der für das einwandfreie Funktionieren des gesamten Umweltmanagementsystems verantwortlich ist.

Umweltmanagement-Norm ISO 14001

1996 wurden mit der Norm ISO 14001 weltweit gültige Kriterien zum Umweltmanagement festgelegt; diese Norm wurde im Jahre 2004 nochmals überarbeitet. Anwendbar ist die Norm für alle Organisationen unabhängig von deren Größe und Branchenzugehörigkeit und

Tabelle 4.5 Aufbau der ISO 14001

Kapitel	Inhalt
1	Anwendungsbereich
2	Normative Verweisungen
3	Begriffe
4	Anforderungen an ein Umweltmanagementsystem
4.1	Allgemeine Anforderungen
4.2	Umweltpolitik
4.3	Planung
4.3.1	Umweltaspekte
4.3.2	Rechtliche Verpflichtungen und andere Anforderungen
4.3.3	Zielsetzungen, Einzelziele und Programm(e)
4.4	Verwirklichung und Betrieb
4.4.1	Ressourcen, Aufgaben, Verantwortlichkeit und Befugnis
4.4.2	Fähigkeit, Schulung und Bewusstsein
4.4.3	Kommunikation
4.4.4	Dokumentation
4.4.5	Lenkung von Dokumenten
4.4.6	Ablauflenkung
4.4.7	Notfallvorsorge und Gefahrenabwehr
4.5	Überprüfung
4.5.1	Überwachung und Messung
4.5.2	Bewertung der Einhaltung von Rechtsvorschriften
4.5.3	Nichtkonformität, Korrektur- und Vorbeugungsmaßnahmen
4.5.4	Lenkung von Aufzeichnungen
4.5.5	Internes Audit
4.6	Managementbewertung

sie kann auf allen Gebieten der Industrie und der Wirtschaft sowie bei sozialen Einrichtungen und öffentlichen Verwaltungen eingesetzt werden.

Wie die ISO 9001 legt die ISO 14001 ihren Schwerpunkt auf einen „Kontinuierlichen Verbesserungsprozess“, der mit den folgenden vier Prozessschritten beschrieben werden kann:

▷ Planen (Festlegen der Zielsetzungen und Prozesse)
▷ Ausführen (Umsetzen der Prozesse)
▷ Kontrollieren (Überwachen der Prozesse)
▷ Optimieren (eventuelles Anpassen der Prozesse).

Die ISO 14001 ist ähnlich der ISO 9001 aufgebaut und umfasst die in Tabelle 4.5 aufgeführten Kapitel.

In Deutschland ist die Norm als DIN EN ISO 14001:2009-11 eingeführt. Die Zertifizierung nach der ISO 14001 erfolgt durch akkreditierte Zertifizierer; in Deutschland durch Institutionen wie Bureau Veritas, DEKRA, DQS, SGS oder TÜV. Das erteilte Zertifikat gilt für drei Jahre, anschließend muss die Organisation neu überprüft werden. In Deutschland sind bis 2007 knapp 4.900 der weltweiten 150.000 Zertifikate ausgestellt worden. Zum Vergleich: In China wurden mehr als 30.000 Zertifikate vergeben.

EMAS

Die Europäische Union hat 1993 mit EMAS (Eco-Management and Audit Scheme) ebenfalls einen Bewertungsstandard für ein nachhaltiges Umweltmanagement geschaffen, ein Regelwerk für *Umweltmanagement* und *Umweltbetriebsprüfung* für Unternehmen, die ihre Umweltleistung verbessern wollen. Eine überarbeitete Version wurde Januar 2010 als EMAS III von der EU herausgegeben. Dieses Validierungssystem, auch als EU-Öko-Audit oder Öko-Audit bekannt, baut auf die ISO 14001 auf und definiert zusätzlich besondere Anforderungen an ein Umweltmanagementsystem hinsichtlich:

▷ Einhaltung von Umweltrechtsvorschriften,
▷ ständige Verbesserung der Umweltleistung,
▷ Kommunikation mit der Öffentlichkeit,
▷ Einbeziehung der Arbeitnehmer.

An EMAS teilnehmende Unternehmen haben eine *Umwelterklärung* zu veröffentlichen, in der sie u. a. über ihre Auswirkungen auf die Umwelt, ihre Umweltleistung und ihre Umweltziele berichten. Bei erfolgreicher Registrierung dürfen die Unternehmen das EMAS-Logo verwenden. In Deutschland tragen bereits 1400 Organisationen das EMAS-Logo (Stand 2010), so viele wie in keinem anderen Land der EU.

Die ISO 14001 ist das Ergebnis privatwirtschaftlicher Normung und ist international ausgerichtet; dagegen basiert EMAS auf einer gesetzlichen EG-Verordnung. Das Registrierungsverfahren ist etwas umfangreicher als bei ISO 14001 und wird nach dem deutschen Umweltauditgesetz (UAG) von staatlich zugelassenen und beaufsichtigten Umweltgutachtern geprüft. EMAS gilt als das anspruchsvollere, aber auf Europa bzw. sogar den deutschsprachigen Raum ausgerichtete System, während die ISO 14001 über die EU hinausgehende, internationale Akzeptanz erfährt.

Der wirtschaftliche Nutzen für ein Unternehmen ist bei EMAS gleich oder sogar höher als bei der ISO 14001 zu bewerten, da die EMAS-Validierung bei öffentlichen Beschaffungsvorhaben berücksichtigt wird und quasi automatisch eine ISO 14001-Zertifizierung beinhaltet.

4.4.6 EFQM-Bewertungsmodell

Zur Würdigung und Auszeichnung der Leistungen von Unternehmen, die sich in ihrer Unternehmensführung besonders für die Förderung der Qualität engagieren, hat die EFQM (European Foundation for Quality Management) 1991 gemeinsam mit der EU-Kommission und der Europäischen Organisation für Qualität (EOQ) einen Europäischen Qualitätspreis – ähnlich dem Malcolm Baldridge National Quality Award in den USA – geschaffen. Mit diesem »European Quality Award« (EQA), der inzwischen in EFQM Excellence Award (EEA) umbenannt wurde, werden sich bewerbende europäische Unternehmen ausgezeichnet, die entsprechend dem EFQM-Bewertungsmodell die höchste Qualitätsbewertung erreichen. Ziel der EFQM ist es, die Wettbewerbsfähigkeit seiner derzeit über 800 Mitglieder aus den Bereichen Handel, Industrie und Öffentlicher Dienst zu steigern und durch die Auszeichnung Vorbilder für andere Unternehmen zu setzen [http://www. efqm.org].

Konzeption des EFQM-Modells

Das »EFQM-Modell für Excellence« umfasst eine offene Grundstruktur, da es zwangsläufig sehr unterschiedliche Vorgehensweisen gibt, um nachhaltig *Excellence* für ein Unternehmen zu erreichen. Im Rahmen dieses offen gehaltenen Ansatzes gibt es einige grundlegende Aspekte, auf denen die EFQM-Konzeption beruht und deren Erfüllung Vorausetzung für ein effizientes Managementsystem ist [117].

Folgende acht Grundprinzipien wurden dem EFQM-Ansatz hinterlegt:

Ergebnisorientierung

Zur Ergebnisorientierung als Haupt-Maxime eines jeden Unternehmens ist es erforderlich, dass die Interessen aller relevanten Interessengruppen in ein ausgewogenes Verhältnis gebracht werden; zu diesen gehören alle Mitarbeiter, die Kunden, die Lieferanten, all diejenigen, die ein finanzielles Interesse an dem Unternehmen (z. B. Aktionäre) haben und schließlich die Gesellschaft im Allgemeinen.

Kundenorientierung

Über die Qualität von Produkten und Dienstleistungen entscheidet schlussendlich immer die Meinung des Kunden; daher müssen Kundenloyalität, Kundenbindung und damit der Marktanteil optimal auf die Bedürfnisse der bestehenden und der potentiellen Kunden ausgerichtet sein.

Führung und Zielkonsequenz

Nur wenn die Führungskräfte eines Unternehmens mit ihrem eigenen Verhalten in der Organisation Klarheit und Zielkonsequenz praktizieren, schaffen sie ein Umfeld, in dem die Organisation mit ihren Mitarbeitern überragende Leistungen erbringen kann.

Management mittels Prozessen und Fakten

Organisationen funktionieren effektiver, wenn alle im Unternehmen miteinander verknüpften Prozesse einheitlich verstanden und systematisch gemanagt werden und Entscheidungen über gegenwärtige Aktivitäten sowie geplante Verbesserungen auf Grund einer zuverlässigen Information und Kommunikation getroffen werden.

Mitarbeiterentwicklung und -beteiligung

Das volle Potential von Mitarbeitern wird am besten durch gemeinsame Werte und eine Kultur des Vertrauens und der Selbstverantwortung freigesetzt.

Kontinuierliches Lernen, Innovation und Verbesserung

Die Leistung eines Unternehmens wird maximiert durch ein konsequentes Wissensmanagement, das auf dem Management und dem Austausch von Wissen beruht und in eine Kultur kontinuierlichen Lernens, Innovation und Verbesserung eingebettet ist. Der kontinuierliche Verbesserungsprozess (KVP) wird durch den PDCA-Zyklus erreicht.

Aufbau von Partnerschaften

Ein Unternehmen arbeitet effektiver, wenn mit allen Partnern (Kunden, Lieferanten, Geldgebern etc.) dauerhafte Beziehungen aufgebaut und gepflegt werden, die auf Vertrauen, Wissensaustausch und Integration beruhen.

Verantwortung gegenüber der Gesellschaft

Den langfristigen Interessen des Unternehmens und ihrer Mitarbeiter ist am besten gedient, wenn es ein ethisch korrektes Vorgehen praktiziert und die Erwartungen und Vorschriften der Gesellschaft im weitesten Sinne übertrifft.

In dem EFQM-Bewertungsmodell sind Kriterien zur »Messung« der Qualität definiert worden, die die Effizienz des im Unternehmen eingesetzten Qualitätsmanagementsystems (QMS) im Sinne eines »Total Quality Management« (TQM) bewerten.

TQM wird in der ISO 8402 wie folgt definiert: Total Quality Management ist eine auf der Mitwirkung aller ihrer Mitglieder beruhende Führungsmethode einer Organisation, die Qualität in den Mittelpunkt stellt und durch Zufriedenstellung der Kunden auf langfristigen Geschäftserfolg sowie auf Nutzen für die Mitglieder der Organisation und für die Gesellschaft zielt. TQM ist damit auf die Gesamtheit eines Unternehmens ausgerichtet, d. h. in das Qualitätsmanagement sind sowohl die einzelnen Unternehmensprozesse als auch die Mitarbeiter und Kunden einschließlich aller Interessenpartner eingebunden.

Überarbeitete Grundprinzipien

Seit 2010 gilt ein leicht überarbeitetes EFQM-Modell. Die grundlegenden Konzepte und die acht Grundprinzipien wurden umformuliert (Bild 4.63):

- ▷ Ausgewogene Ergebnisse erzielen,
- ▷ Nutzen für Kunden schaffen,
- ▷ mit Vision, Inspiration und Integrität führen,
- ▷ mit Prozessen managen,
- ▷ durch Mitarbeiter erfolgreich sein,
- ▷ Innovation und Kreativität fördern,
- ▷ Partnerschaften aufbauen,
- ▷ Verantwortung für eine nachhaltige Zukunft übernehmen.

Bewertungsmodell

Das EFQM-Bewertungsmodell gliedert sich in neun Bewertungsbereiche, die mit unterschiedlicher Gewichtung den Qualitätsmaßstab für ein Unternehmen setzen (siehe Bild 4.64). Es wurde 1999 hinsichtlich der Kriterieninhalte überarbeitet. 2002/2003 wurden leichte Anpassungen bei den beiden ersten Kriterien und bei den Formulierungen zu den Ansatzpunkten gemacht. 2010 wurden in der Überarbeitung des EFQM-Modells die Bezeichnungen in einigen Blöcken der Modellstruktur (Bild 4.64) leicht verändert und die zugehörige Punkteverteilung wurde modifiziert.

Die fünf Kriterien *Führung, Politik/Strategie, Mitarbeiter, Partnerschaften/Ressourcen* und *Prozesse* bilden die »Befähiger«-Kriterien und befassen sich damit, WIE das Unternehmen im Rahmen seines Qualitätsmanagements bei jedem Unterpunkt eines Kriteriums vorgeht; dagegen bilden die vier Kriterien *kundenbezogene, mitarbeiterbezogene* und *gesellschaftsbezogene Ergebnisse* sowie *wichtige Ergebnisse der Organisation* die »Ergebnisse«-Kriterien und betrachten, WAS das Unternehmen mit seinen QM-Aktivitäten erreicht hat bzw. gegenwärtig erreicht. Zu den Unterpunkten der Befähiger-Kriterien sind Angaben über die Exzellenz des Vorgehens und das Ausmaß der Umsetzung des Vorgehens sowohl vertikal, d. h. quer durch alle Ebenen des Unternehmens, als auch horizontal, in allen Bereichen und Tätigkeiten zu machen. Für die Ergebnis-Kriterien sind Trend-Informationen zu den Leistungen des eigenen Unternehmens und denen der Kon-

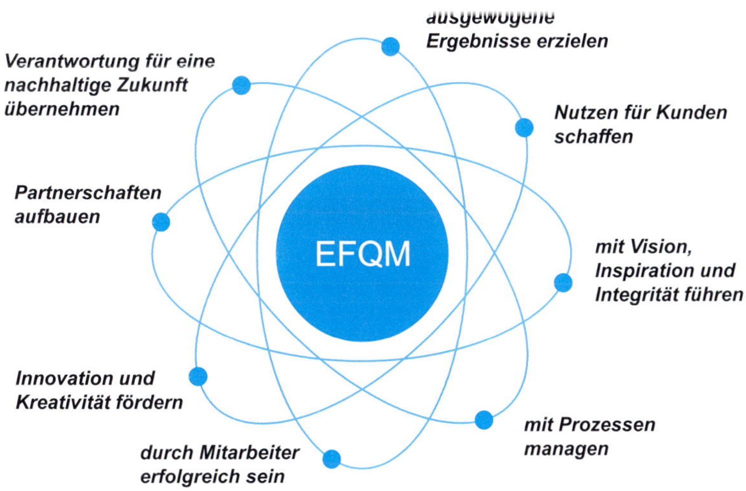

Bild 4.63 Grundprinzipien des EFQM-Modells (2010 umformuliert)

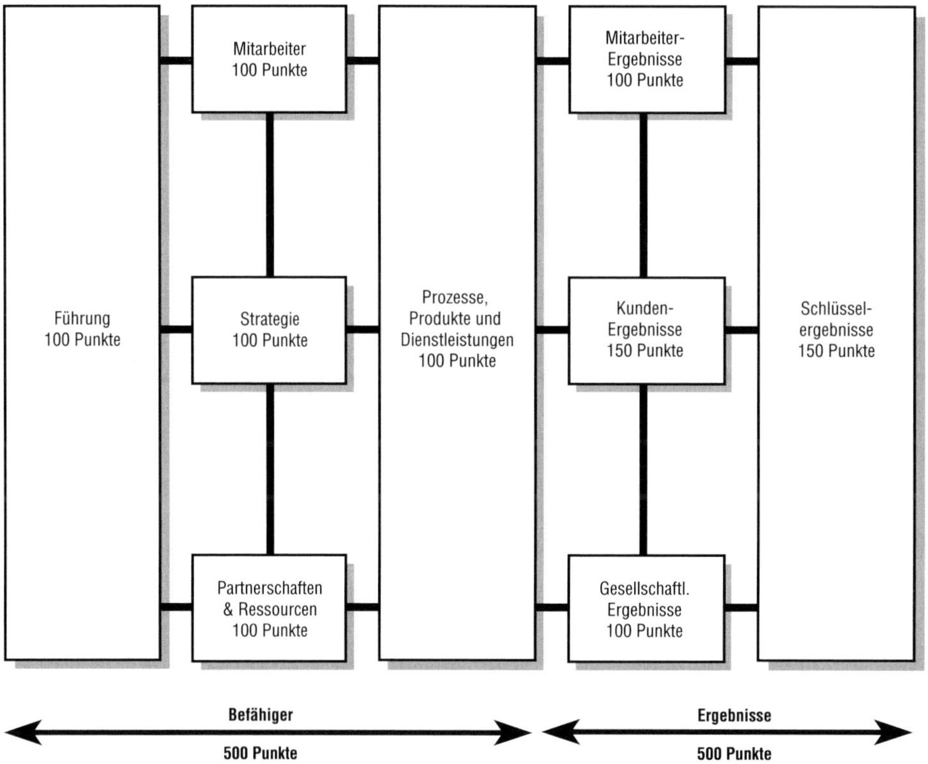

Bild 4.64 EFQM-Excellence-Modell

kurrenten sowie zu den eigenen Zielen anzugeben.

Kriterium 1: Führung (Leadership)

Das Befähiger-Kriterium *Führung* unterteilt sich in die Unterkriterien:

1a: Zweck und Ausrichtung des Unternehmens
1b: Persönliche Mitwirkung
1c: Bemühen um Kunden, Lieferanten und andere Organisationen
1d: Anerkennen von Mitarbeitererfolgen
1e: Wandel der Organisation.

Bei diesem Bewertungskriterium wird die Frage gestellt, wie sehr die Führungskräfte die Mission, die Vision und die Werte des Unternehmens erarbeiten und fortentwickeln und damit als Vorbilder für eine »Kultur der Excellence« agieren, wie weit die Führungskräfte durch persönliche Mitwirkung sicherstellen, dass das Managementsystem des Unternehmens entwickelt, eingeführt und kontinuierlich verbessert wird, wie weit die Führungskräfte sich um Kunden, Partner und Vertreter der Gesellschaft bemühen, um damit einen Beitrag für die Gesellschaft zu leisten, und in welchem Umfang die Führungskräfte einerseits die Mitarbeiter des Unternehmens motivieren und unterstützen und andererseits Anstrengungen und Erfolge der Mitarbeiter anerkennen und würdigen.

Kriterium 2: Strategie (Strategy)

Das Befähiger-Kriterium *Strategie* unterteilt sich in die Unterkriterien:

2a: Berücksichtigung von Interessengruppen
2b: Grundlagen und Quellen der Information
2c: Entwicklung, Überprüfung und Aktualisierung
2d: Kommunikation und Einführung.

Hier stehen die Fragen im Vordergrund, wie weit die Politik und Strategie des Unternehmens (Daseinszweck, Wertesystem, Leitbild etc.) den gegenwärtigen und zukünftigen Bedürfnissen und Erwartungen der verschiedenen Interessengruppen entsprechen und wie weit sie auf Informationen von Leistungmessungen, Marktuntersuchungen sowie lernorientierten und kreativen Aktivitäten beruhen. Weiterhin wird gefragt, wie die Politik und Strategie entwickelt, überprüft und nachgeführt wird, durch welche Strukturen der Schlüsselprozesse Politik und Strategie umgesetzt und wie diese kommuniziert und eingeführt werden.

Kriterium 3: Mitarbeiter (People)

Das Befähiger-Kriterium *Mitarbeiter* unterteilt sich in die Unterkriterien:

3a: Mitarbeiterressourcen planen, managen und verbessern

3b: Wissen und Kompetenzen ermitteln, ausbauen und aufrechterhalten

3c: Beteiligung und selbstständiges Handeln

3d: Dialog zwischen Mitarbeiter und Organisation

3e: Entlohnung, Anerkennung und Fürsorge für Mitarbeiter.

Hier wird der Umgang des Unternehmens mit seinen Mitarbeitern betrachtet, d. h. wie effektiv das Unternehmen das vorhandene Potential der Mitarbeiter freisetzt, um seine Geschäftstätigkeit ständig zu verbessern. Ansatzpunkte sind bei diesem Kriterium, wie die Mitarbeiterressourcen geplant, eingesetzt und verbessert werden, wie das Wissen und die Kompetenzen der Mitarbeiter festgestellt und weiterentwickelt werden (Skills-Management), wie stark die Mitarbeiter in Verbesserungsaktivitäten eingebunden sind und zum selbstständigen Handeln angehalten werden, wie effektiv mit den Mitarbeitern kommuniziert wird und auf welche Weise das Unternehmen Mitarbeiter entlohnt, anerkennt und in sozialer Hinsicht für die Mitarbeiter Vorsorge (Pensionen, Gesundheitsfürsorge, Kinderbetreuung etc.) leistet.

Kriterium 4: Partnerschaften und Ressourcen (Partnerships & Resources)

Das Befähiger-Kriterium *Partnerschaften und Ressourcen* unterteilt sich in die Unterkriterien:

4a: Externe Partnerschaften
4b: Finanzielle Ressourcen
4c: Gebäude, Einrichtungen und Material
4d: Technologie
4e: Informationen und Wissen.

Bei diesem Bewertungskriterium wird betrachtet, wie wirksam das Unternehmen seine Ressourcen zur Unterstützung der Unternehmenspolitik und -strategie einsetzt. Ansatzpunkte sind hier z. B., wie konsequent externe Partnerschaften strategisch und wertschöpfend in die Geschäftspolitik eingebunden werden, wie das Finanzmanagement zur Unterstützung von Politik und Strategie eingesetzt wird, wie effizient die vorhandenen Gebäude und Einrichtungen, das gesamte Anlagevermögen und die Lagerbestände optimiert und genutzt werden, wie die Zulieferkette verbessert wird, wie gut der ökologische Umgang mit Ressourcen (Wasser, Energie etc.) und das Recycling von Abfällen ist, wie neue Technologien zur Verbesserung von Prozessen und Systemen genutzt werden.

Kriterium 5: Prozesse, Produkte und Dienste (Processes, Products and Services)

Das Befähiger-Kriterium *Prozesse* unterteilt sich in die Unterkriterien:

5a: Gestaltung und Management der Prozesse
5b: Kundenorientierte Verbesserung
5c: Entwurf und Entwicklung der Produkte und Dienstleistungen
5d: Herstellung, Lieferung und Wartung
5e: Management und Vertiefung der Kundenbeziehungen.

Bei diesem Kriterium wird bewertet, wie intensiv und systematisch das Unternehmen seine Geschäftsprozesse identifiziert, überprüft und optimiert, um eine kontinuierliche Verbesserung der Geschäftstätigkeit zu gewährleisten. Ansatzpunkte sind hier u. a., wie konsequent ein Prozessmanagement arbeitet, wie wirkungsvoll externe Erkenntnisse und Innovationen in die Verbesserung der eigenen Prozessabläufe (Change-Management) einfließen, um

Kunden und andere Interessengruppen in vollem Umfang zufriedenzustellen und die Wertschöpfung für diese zu steigern, inwieweit die Produkte und Dienstleistungen des Unternehmens anhand der Bedürfnisse und Erwartungen der Kunden entworfen und entwickelt werden, auf welche Weise die Produkte und Dienstleistungen hergestellt, geliefert und gewartet werden und wie intensiv die Kundenbeziehungen zur Förderung der Kundenzufriedenheit gepflegt werden (direkte Kundenkontakte, Beschwerdewesen, Kundenumfragen).

Kriterium 6: Mitarbeiterbezogene Ergebnisse (People Results)

Das Ergebnisse-Kriterium *Mitarbeiterbezogene Ergebnisse* unterteilt sich in die beiden Unterkriterien:

6a: Messergebnisse aus Sicht der Mitarbeiter
6b: Leistungsindikatoren.

Hier wird betrachtet, was das Unternehmen im Hinblick auf die Zufriedenheit seiner Mitarbeiter leistet. Ansatzpunkte sind in den Bereichen Motivation (Aufstiegsmöglichkeiten, Mitwirkung, Anerkennung etc.) und Zufriedenheit (Zufriedenheit mit der Unternehmensführung, der Entlohnung, dem Betriebsklima etc.) zu sehen. Auch hier stehen die Beurteilung durch die Mitarbeiter sowie die Anwendung von Messgrößen im Vordergrund (erreichte Leistungen, Motivation und Beteiligung, Zufriedenheit, Dienstleistungen für die Mitarbeiter).

Kriterium 7: Kundenbezogene Ergebnisse (Customer Results)

Das Ergebnisse-Kriterium *Kundenbezogene Ergebnisse* unterteilt sich in die beiden Unterkriterien:

7a: Messergebnisse aus Sicht der Kunden
7b: Leistungsindikatoren.

Bei diesem Kriterium wird untersucht, welche Zufriedenheit die Kunden mit den Leistungen des Unternehmens haben. Ansatzpunkte ergeben sich hierbei einerseits durch die Beurteilung durch die Kunden selbst sowie andererseits durch die Anwendung von Messgrößen zu Aspekten wie allgemeines Image, Loyalität, Produkte und Dienstleistungen, Verkaufs- und Kundendienstleistungen.

Kriterium 8: Gesellschaftsbezogene Ergebnisse (Society Results)

Das Ergebnisse-Kriterium *Gesellschaftsbezogene Ergebnisse/Verantwortung* unterteilt sich in die Unterkriterien:

8a: Messergebnisse aus Sicht der Gesellschaft
8b: Leistungsindikatoren.

Bei diesem Kriterium wird betrachtet, was das Unternehmen im Hinblick auf die Erfüllung der Bedürfnisse und Erwartungen der Öffentlichkeit insgesamt leistet und wie die Gesellschaft das Unternehmen wahrnimmt. Ansatzpunkte sind hier z. B. das Verhalten als verantwortungsbewusster »Mitbürger«, die Mitwirkung in der Gemeinschaft des Standorts, Maßnahmen zur Vermeidung bzw. Verminderung von Belästigungen und Schäden infolge der Geschäftstätigkeit und während der Lebensdauer ihrer Produkte sowie Maßnahmen zur Schonung und nachhaltigen Bewahrung der Ressourcen (ökologische Aspekte).

Kriterium 9: Schlüsselergebnisse (Key Results)

Das Ergebnisse-Kriterium *Schlüsselergebnisse* unterteilt sich in die beiden Unterkriterien:

9a: Ergebnisse bei den Schlüsselleistungen
9b: Indikatoren für die Schlüsselleistungen.

Bei diesem Kriterium wird betrachtet, was das Unternehmen im Hinblick auf seine geplanten Betriebs- und Unternehmensergebnisse und die Bedürfnisse und Erwartungen aller finanziell am Unternehmen Beteiligten sowie bei der Verwirklichung seiner geplanten Geschäftsziele leistet. Messergebnisse für die Schlüsselleistungen des Unternehmens können abgeleitet werden aus Daten der Gewinn- und Verlustrechnung, der Bilanz, der Mittelflussrechnung oder anderer relevanter kaufmännischer Größen (Marktanteil, Entwicklungszeiten, Erfolgsraten). Weitere operationelle Messergebnisse können für den Fertigungsbereich, für das Informationsmanagement, für das Lieferanten- und Materialwesen, für die Vermögensverwaltung oder für die Technologieförderung gebildet werden (u. a. Leistung, Durchlaufzeiten, Fehlerraten, Produktivität, Wertschöpfung aus Partnerschaften, Cash-Flow, Innovationsrate) und dienen als leistungsbezogene Indikatoren dazu, die erwarteten Ergebnisse der Leistungen des Unternehmens zu überwachen, zu verstehen, vorherzusagen und zu verbessern.

Durchführung der Bewertung

Wie in Bild 4.64 zu erkennen ist, werden den einzelnen Bewertungskriterien gemäß ihrem jeweiligen Erfüllungsgrad Punkte zugeteilt; wobei für die Befähiger-Kriterien insgesamt max. 500 Punkte und für die Ergebnisse-Kriterien ebenfalls max. 500 Punkte vergeben werden können, insgesamt also 1000 Punkte. Das unterschiedliche Punktekontingent der einzelnen Kriterien bestimmt deren Wichtigkeit. So wird also der Kundenzufriedenheit mit max. 200 Punkten die größte Bedeutung beigemessen, demgegenüber ist das Kriterium Politik und Strategie mit maximal 80 Punkten von geringerer Bedeutung. Die Gewichtung der einzelnen Kriterien wurde 1991 als Ergebnis eines breit angelegten Abstimmungsprozesses in ganz Europa festgelegt. Diese Gewichtungen sind mittlerweile auf breiter Front akzeptiert und werden von der EFQM von Zeit zu Zeit überprüft.

Die weitere Bewertung der Unterkriterien wird nach der RADAR-Beurteilungsmethode vorgenommen (Bild 4.65). Die Elemente von RADAR sind Results (Ergebnisse), Approach (Vorgehen), Deployment (Umsetzung), Assessment and Refine (Bewertung und Überprüfung). Grundsätzlich hat jedes Teilkriterium innerhalb eines Kriteriums (bis auf wenige Ausnahmen) dieselbe Gewichtung. Jedes Unterkriterium eines Befähiger-Kriteriums wird – getrennt nach den beiden Aspekten *Vorgehen* und *Umsetzung* – in einer Skala von 0% bis 100% bewertet. Die Unterkriterien der Ergebnisse-Kriterien werden gleichermaßen allerdings nach den Aspekten *Gütegrad* und *Umfang* bewertet. Jedes Unterkriterium erhält damit (als Mittelwert der beiden Aspekte Vorgehen/Umsetzung bzw. Gütegrad/Umfang) einen Punktewert, der sich anteilig zur maximalen Punktezahl des betreffenden Hauptkriteriums ergibt. Wird z. B. das Unterkriterium *Anerkennen der Mitarbeitererfolge* des Hauptkriteriums *Führung* in seinem Vorgehen mit 30% und in der Umsetzung mit 40% bewertet, so ergibt sich für dieses Unterkriterium ein Mittelwert von 35%. Da das betreffende Hauptkriterium vier Unterkriterien besitzt, fallen maximal auf jedes Unterkriterium $^1/_4$ der für dieses Hauptkriterium angesetzten 100 Punkte; also entspricht die vorgenommene Bewertung von 35% einer anteiligen Punktezahl von 8,75.

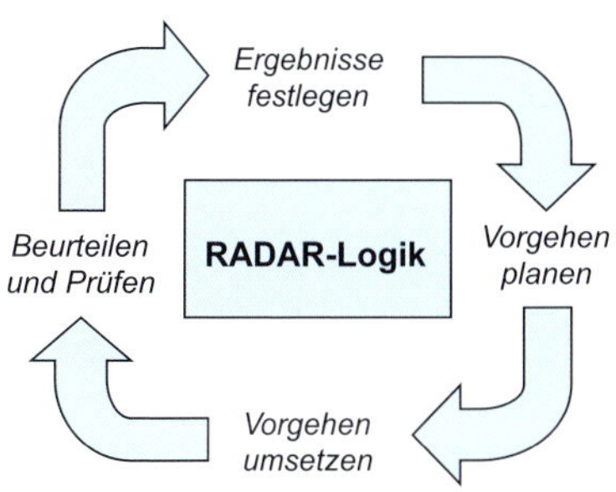

Bild 4.65 RADAR-Logik

Zur Unterstützung bei der Bewertung eines Kriteriums stehen häufig Bewertungstabellen (Scoring Guidelines) zur Verfügung; in diesen sind zu den Prozentbereichen 0%, 25%, 50%, 75%, 100% verbale Formulierungen für die jeweiligen Ausprägungen der Aspekte Vorgehen und Umsetzung bzw. Gütegrad und Umfang aufgeführt. Aus diesen Tabellen kann man also entnehmen, welche inhaltlichen Voraussetzungen gegeben sein müssen, damit für ein betrachtetes Kriterium ein bestimmter Erfüllungsgrad, d. h. Prozentwert, anzusetzen ist.

Die Bewertung wird im Allgemeinen durch speziell ausgebildete Assessoren und/oder ein Team von einzelnen Bewertern durchgeführt. Nehmen mehrere Personen getrennte Bewertungen vor, so werden diese Bewertungen in einem *Konsensgespräch* gemittelt. Neben der Bewertung im Rahmen einer EFQM-Bewertung durch offizielle Assessoren kann auch eine unternehmensinterne Bewertung durch eigene entsprechend qualifizierte Kräfte im Rahmen eines »Self Assessments« durchgeführt werden.

Selbstbewertung (Self Assessment)

Eine Selbstbewertung ermöglicht einem Unternehmen, seine Stellung bezüglich eines TQM selbst zu überprüfen. Dazu wird eine Ist-Aufnahme des Unternehmens durchgeführt, die den Stand der Qualität an den EFQM-Kriterien misst und eventuelle Defizite aufzeigt. Folgende Schritte werden dabei durchlaufen:

1. Auswahl und Festlegen des Kriterienmodells, d. h. welche Kriterien in das »Assessment« einbezogen werden sollen.
2. Sammeln und Sichten der Nachweise.
3. Herausarbeiten von Unternehmenskennzahlen für die einzelnen Kriterien.
4. Feststellen von Stärken zu den einzelnen Kriterien.
5. Feststellen von Verbesserungsbereichen zu den einzelnen Kriterien.
6. Selbstbewertung für jeden zutreffenden Unterpunkt der Befähiger- und Ergebnisse-Kriterien.
7. Maßnahmen zur Absicherung der Stärken und Umsetzung von Verbesserungen.
8. Vergleiche mit »Best Practice«-Fällen.
9. Verfolgung der eingeleiteten Maßnahmen.

Das wichtigste Element einer Selbstbewertung ist das Herausarbeiten der Stärken und Schwächen in den durch das EFQM-Modell angesprochenen Geschäftsprozessen und den daraus abgeleiteten Korrektur- und Verbesserungsmaßnahmen. EFQM zur Selbstbewertung ist damit eine Analysemethode, um herauszufinden, wo ein Unternehmen steht, inwieweit es seine Ziele erreicht hat, wo seine Stärken liegen und was noch verbessert werden muss. Bei einer Bewerbung um den EQA werden derartige Selbstbewertungen durch die EFQM-Assessoren zur weiteren Analyse und Bewertung herangezogen.

Maßnahmen für »Best Practice» und »Excellence« eines Unternehmens können z. B. folgende Ansätze sein:

Führung:
Entwicklung einer transparenten und überzeugenden Unternehmenspolitik mit einem Change-Management bis auf Mitarbeiter-Ebene.

Strategie:
Einführung eines unternehmensweiten strategischen Planungsprozesses mit Performance-Bewertung aller Geschäftsfelder (Baselining).

Mitarbeiter:
Einsetzen von Personalinstrumenten, die auf die besonderen Spezifika des eigenen Geschäfts ausgerichtet sind (Skills-Management).

Partnerschaften und Ressourcen:
Optimierter Personaleinsatz mittels eines Wissensmanagements (Knowledge-Management).

Prozesse:
Prozessorientiertes Qualitätsmanagement auf Basis eines einheitlichen Methodenrahmens für Vertrieb, Entwicklung, Fertigung und Betreuung.

Kundenbezogene Ergebnisse:
Einrichtung von Kundenzentren (Customer Support Center) mit begleitender projektspezifischer regelmäßiger Kundenbefragung.

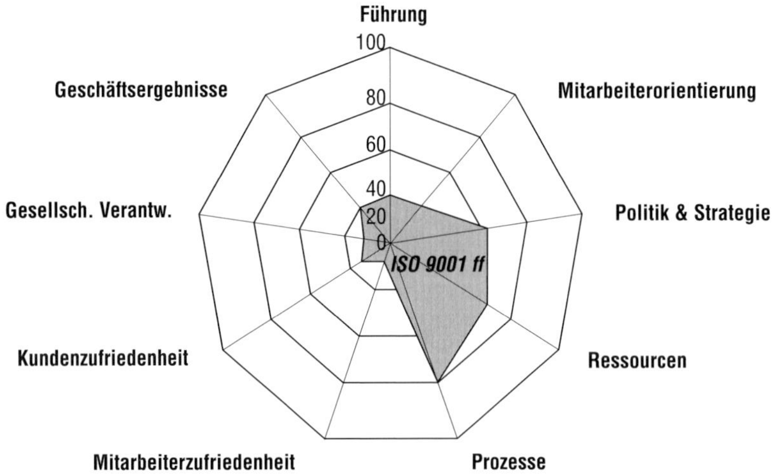

Bild 4.66 Abdeckung EFQM durch ISO 9001 ff

Mitarbeiterbezogene Ergebnisse:
Wiederholende Mitarbeiterbefragungen mit konsequenter Verfolgung von eingeleitenen Verbesserungsmaßnahmen.

Gesellschaftsbezogene Ergebnisse:
Einrichtung einer Kontrollstelle für innerbetriebliche ökologische Sicherungsmaßnahmen (Umweltschutz, Recycling, Energiesparmaßnahmen etc.).

Wichtige Ergebnisse der Organisation:
Regelmäßige Performance Reviews mit instrumentalisiertem Kennzahlensystem (Scorecards).

Der Aufwand für die Durchführung einer regelmäßigen Selbstbewertung ist nicht unerheblich; die erreichbaren Leistungssteigerungen durch die abgeleiteten Verbesserungen für die Geschäftsprozesse des Unternehmens wiegen diesen investierten Aufwand aber voll auf, zudem ist eine Selbstbewertung nach dem EFQM-Modell eine ausgezeichnete Review-Maßnahme im Rahmen der ISO-Zertifizierung, welche ja regelmäßige Reviews bzw. interne Audits des QM-Systems vorschreibt. Die ISO-Norm 9000 hat ähnliche Zielsetzungen wie das EFQM-Modell, deckt aber nicht alle Kriterien ab und ist in einigen Kriterien nicht so weitreichend (siehe Bild 4.66). Für eine Bewerbung um den europäischen Qualitätspreis EEA (bis 2006 EQA) ist die erfolgreiche Durchführung von solchen Selbstbewertungen unbedingte Voraussetzung.

Methoden der Selbstbewertung

Es bieten sich mehrere Methoden der Selbstbewertung an, die sich in dem zu erbringenden Arbeitsaufwand, der Gesamtdauer und dem Ergebnis unterscheiden:

- Selbstbewertung mittels Simulation einer Bewerbung um den EQA,
- Selbstbewertung mittels Standardformularen,
- Selbstbewertung mittels Matrixdiagrammen,
- Selbstbewertung in einem Workshop,
- Selbstbewertung mit Fragebögen,
- Selbstbewertung unter Einbezug von Kollegen.

Bei der *Selbstbewertung mittels Simulation einer Bewerbung um den EEA* wird unter der Leitung eines Teams geschulter Assessoren eine vollständige Bewerbungsdokumentation gemäß den Vorgaben des EFQM durchgeführt; d. h. alle Ebenen des Unternehmens werden in das Assessment eingebunden. Diese Vorgehensweise ist wohl die zeitaufwendigste und ressourcenintensivste, liefert allerdings auch das genaueste Bewertungsprofil.

Bei der *Selbstbewertung mittels Standardformularen* wird z. B. für jedes der 32 Unterkriterien ein Formular verwendet, welches im oberen Teil eine Beschreibung des Unterkriteriums enthält und relevante Ansatzpunkte auflistet und im unteren Teil die Angaben zu Stärken, Verbesserungsbereiche und Nachweise aufnimmt. Mit dieser Methode können sehr effektiv Verbesserungspotenziale aufgezeigt werden; sie liefert aber kein umfassendes Bild des Unternehmens im EFQM-Sinne.

Bei einer *Selbstbewertung mit Matrixdiagrammen* wird eine unternehmensspezifische Leistungsmatrix im Rahmen des EFQM-Modells für »Business Excellence« erstellt. Diese Leistungsmatrix besteht meist aus einer Reihe von Aussagen über erzielte Leistungen zu den neun EFQM-Beurteilungskriterien. Auf Basis dieser Matrix wird in einem vierstufigen Workshop-Ansatz (mit den Schritten Briefing, Einzelbeurteilung, Konsensfindung und Planung der Maßnahmen) eine Selbstbewertung durchgeführt. Diese Methode ist einfach in der Anwendung, liefert aber keine Liste der Stärken und Verbesserungsbereiche.

Bei der *Selbstbewertung in einem Workshop* ist das Führungsteam voll in die Bewertung eingebunden, d. h. neben ihrer Verantwortung für die Datenerhebung führt es die Bewertungsdiskussion im Workshop, vereinbart die Verbesserungsmaßnahmen und kontrolliert deren Umsetzung. Der Vorteil dieser Methode liegt in der gemeinsamen Meinungsbildung über die aktuelle Situation des Unternehmens und der besseren Identifikation des Managements mit den Ergebnissen der Selbstbewertung, allerdings ist eine unrealistische Punktebewertung nicht auszuschließen.

Eine *Selbstbewertung mit Fragebögen* ist – vorausgesetzt, dass entsprechende Fragebögen vorhanden sind – mit wenig Aufwand und sehr schnell durchzuführen. Einfache Fragebögen enthalten nur simple Ja/Nein-Abfragen zu den einzelnen Unterkriterien des EFQM-Kriterienkatalogs, ausführlichere gehen dagegen näher auf die vorhandenen Stärken und möglichen Verbesserungspotenziale ein. Die EFQM bietet einen Multiple-Choice-Fragebogen zur Bestimmung der »Business Excellence« an. Ein Problem kann allerdings sein, dass mitunter nicht alle Fragen von den Mitarbeitern richtig verstanden werden.

Bei einer *Selbstbewertung unter Einbezug von Kollegen* werden geschulte Assessoren anderer Unternehmensbereiche in die Selbstbewertung einbezogen, so dass ein hohes Maß an Genauigkeit und Objektivität erreicht wird. Auch liefert diese Vorgehensweise eine umfassende Liste der Stärken und Verbesserungsbereiche, erfordert aber einen ähnlich hohen Aufwand wie eine Selbstbewerbung für eine EEA-Bewerbung.

Bewerbung um den EEA, vormals EQA

Ein Unternehmen, welches sich um den Qualitätspreis EEA bewirbt, muss eine schriftliche Ausarbeitung (max. 75 Seiten) einreichen, welche u. a. eine Selbstbeurteilung nach den neun Kriterien des EFQM-Modells bedingt. Dieses Bewerbungsdokument wird der EFQM vor dem offziellen Abgabetermin (gegen Ende März jeden Jahres) übergeben. Maximal 3 Bereiche aus einem Unternehmen können sich gleichzeitig bewerben.

Die Bewertung, d. h. die Prozentvergabe wird von Managern und Qualitätsexperten aus ganz Europa vorgenommen, die durch die EFQM entsprechend ausgebildet worden sind. Es werden Teams von ca. sechs Assessoren gebildet, wobei sehr darauf geachtet wird, dass keine Interessenkonflikte zwischen den Assessoren und der einem bestimmten Team zugewiesenen Bewerbung auftreten. Innerhalb von 2 bis 3 Wochen wird die Bewerbung nach dem EFQM-Modell bewertet; die Assessoren berücksichtigen das Vorgehen des Bewerbers bei jedem Kriterium im Hinblick auf Stärken und Verbesserungspotenziale und vergeben schließlich eine Prozentpunktezahl. Während einer eintägigen Sitzung wird eine Team- und Konsens-Sichtweise bezüglich der Bewertung erarbeitet. Basierend auf dieser Konsens-Sichtweise entscheidet ein weiteres Team von sieben *Juroren* über die Besten unter den Bewerbern, den *Finalisten*. Die Juroren sind herausragende Persönlichkeiten aus allen Bereichen der europäischen Wirtschaft: ehemalige Generaldirektoren, Vorstandsdirektoren, Abteilungsleiter und Wirtschaftsprofessoren. Bei den Finalisten unter den Bewerbern erfolgt dann ein Vor-Ort-Besuch, bei dem geprüft wird, ob die Arbeitsvorgänge und deren Umsetzung innerhalb des Unternehmens mit dem Bewerbungsdokument

Tabelle 4.6 Bewertungsergebnisse der EQA-Bewerber der Jahre 1992, 1993 und 1994

Führung			9	27	28	20	11	4		
Politik & Strategie			10	13	36	17	16	5	1	
Mitarbeiterorientierung			6	13	35	27	11	6		
Ressourcen			4	10	31	22	22	7		
Prozesse			5	20	35	20	13	3	1	
Kundenzufriedenheit			14	20	25	14	19	4		
Mitarbeiterzufriedenheit			16	22	28	11	10	2		
Gesellsch. Verantwortung			10	29	22	18	5	4		
Geschäftsergebnisse			9	20	19	22	16	9		
Bewertung %	10	20	30	40	50	60	70	80	90	100

Tabelle 4.7 Länderbezogene Aufteilung der EQA-Platzierten (1992-2011)

Land	Award Winners	Prize Winners	Finalisten (bis 2005)
Belgien	2	1	3
Dänemark	2	4	2
Deutschland	4	15	12
Estland	1		1
Frankreich	2	5	9
Finnland	1		
Griechenland	2	4	2
Irland	4		1
Italien	2	5	4
Luxemburg		2	
Niederlande			5
Österreich		2	1
Polen		1	
Portugal		1	
Russland		1	
Schweden		1	
Schweiz	1	3	4
Slowenien		1	1
Spanien	2	17	14
Ukraine			3
United Kingdom	10	20	15
Ungarn	1	3	9
Türkei	8	10	6

übereinstimmen. Zudem will man die »Atmosphäre« in dem Unternehmen kennen lernen; dies ist von großer Bedeutung, falls diese Organisation als künftiger Modellbetrieb angesehen werden soll. Nach Abschluss des Vor-Ort-Besuchs erstellt das Team einen Abschlussbericht, auf dessen Basis die Juroren die endgültige Entscheidung treffen, wem eine Europäische Qualitätsauszeichnung (Prize) vergeben werden soll. Der Beste unter diesen erhält dann den Europäischen Qualitätspreis; man unterscheidet also drei »Rangstufen«: *Finalist, Qualitätsauszeichnung* und *Award*. Bei den Finalisten wird noch unterschieden zwischen Prize Winner (Zweitplatzierter) und Award Winner (Erstplatzierter). Die Bekanntgabe und das Überreichen der Auszeichnungen findet auf dem jährlichen EFQM-Forum statt.

Jeder Bewerber erhält einen Feedback-Bericht, der die vom Team identifizierten Stärken und Verbesserungspotenziale priorisiert auflistet. Dieser Bericht ist für das jeweilige Unternehmen ein wertvoller Beitrag für anstehende Verbesserungsmaßnahmen, da er uneigennützig und von unabhängiger Seite erstellt worden ist.

In der Tabelle 4.6 sind die erreichten Werte der Kandidaten, die sich im Zeitraum 1992 bis 1994 um den EQA beworben haben, aufgeführt. (Lesebeispiel: Bei dem Kriterium Führung haben nur 4% der Bewerber eine Bewertung zwischen 70% und 80% erreicht.)

1997 wurde zum ersten Mal auch für kleine und mittlere Unternehmen ein Qualitätspreis (SME-Award, Small and Medium Enterprises) vergeben, für den ein reduziertes Bewertungsspektrum zu erfüllen ist. Inzwischen unterscheidet man bereits vier Kategorien:

- ▷ Großunternehmen,
- ▷ Selbstständige Einheiten von Großunternehmen,
- ▷ Organisationen im Öffentlichen Dienst,
- ▷ Kleine und mittlere Unternehmen.

In Tabelle 4.7 sind die Anzahlen der Award Winners, Prize Winners und Finalisten in den einzelnen europäischen Staaten im Zeitraum 1992 bis 2005 aufgeführt (Winners' History), wobei der Qualitätspreis Prize Winner teilweise für mehrere einzelne Kriterien, wie z. B. Customer Focus oder Leadership vergeben worden sind. Auch werden nicht jedes Jahr in allen Kategorien Preise vergeben.

EFQM Levels of Excellence

2001 hat die EFQM das europäische Anerkennungsprogramm „Levels of Excellence" ins Leben gerufen, welches einen durchgängigen europäischen Qualitätsstandard für Firmen und Organisationseinheiten aller Größen und Branchen unter Berücksichtigung ihrer unterschiedlichen TQM-Durchdringung bietet. Dieses Programm gliedert sich in drei Reifegrad-Stufen, die so genannten *Levels of Excellence:*

1. Verpflichtung zu Excellence (Committed to Excellence)
2. Anerkennung für Excellence (Recognised for Excellence)
3. Bewerbung um den European Excellence Award (EEA)

Die erste Stufe stellt eine *Verpflichtung* zum Erreichen von Excellence dar und ist für Organisationen bzw. Organisationseinheiten vorgesehen, die am Anfang ihres Weges zu Excellence stehen. Der Schwerpunkt liegt hier darauf, die Organisation dabei zu unterstützen, ihren gegenwärtigen Reifegrad, gemessen an den EFQM-Kriterien, zu erkennen, Prioritäten für Verbesserungen zu setzen und geeignete Verbesserungsmaßnahmen in die Wege zu leiten. Ein Bewerber durchläuft in dieser Stufe mehrere Abschnitte, die insgesamt nicht länger als 6 bis 9 Monate dauern sollten. Am Anfang steht eine Selbstbewertung und eine daraus resultierende Identifizierung von Verbesserungspotenzialen. Anschließend müssen ausgewählte Verbesserungsvorhaben in der Organisation umgesetzt werden. Ein entsprechend ausgebildeter *Validator* prüft in einem 1- bis 2-tägigen Vor-Ort-Besuch die erreichten Ergebnisse. Bei positivem Bescheid erhält der Bewerber die Urkunde „Committed to Excellence", die für zwei Jahr gültig ist.

Die zweite Stufe unterstreicht die volle *Anerkennung* für Excellence und ist für Organisationen bzw. Organisationseinheiten vorgesehen, die bereits eingehende Erfahrungen mit Selbstbewertungen nach dem EFQM-Modell haben und dabei einen Prozess durchlaufen, der der Bewerbung nach dem Europäischen Qualitätspreis – allerdings in abgeschwächter Form – gleicht. Im Gegensatz zur EEA-Bewerbung ist die Vorgehensweise in dieser Stufe nicht so zeitkritisch und kann bis zu 12 Monaten dauern. Ein Team von drei bis fünf autorisierten Assessoren analysiert die Unterlagen eines Bewerbers und prüft in einem 3-tägigen Vor-Ort-Besuch die vorgelegten Angaben. In einem Statusbericht werden die Verbesserungspotentiale und eine Bewertung nach dem 1000-Punkte-Schema des EFQM-Modells festgehalten. Bei mehr als 400 erreichten Punkten wird dem Bewerber die Urkunde „Recognised for Excellence" verliehen.

Die letzte Stufe dieses EFQM-Anerkennungsprogramms entspricht dem oben beschriebenen Prozess zur Bewerbung um den Europäischen Qualitätspreis EEA.

4.4.7 Qualitätspreise

Neben dem Qualitätspreis EEA, der nach dem EFQM-Bewertungsmodell ausgerichtet ist, werden von privaten und nationalen Institutionen weitere Qualitätspreise nach ähnlichen Regeln wie denen des EFQM vergeben.

Ludwig-Erhard-Preis

Der Ludwig-Erhard-Preis ist ein deutscher Qualitätspreis, der dem EEA auf europäischer Ebene entspricht und seit 1997 jährlich an Firmen mit Sitz in Deutschland verliehen wird, die den entsprechenden Nachweis nach *Excellence* in ihrer Organisation erbracht haben. Er dient dazu, Organisationen in Deutschland zu motivieren und zu fördern, Spitzenleistungen im Sinne Ludwig Erhards anzustreben und zu erreichen.

Dem Ludwig-Erhard-Preis liegt der umfassend verstandene Qualitätsgedanke zugrunde, wie er im Excellence-Modell der EFQM festgelegt wurde. Aus deutscher Sicht geht es dabei um soziale Marktwirtschaft im Sinne von Ludwig Erhard, d. h. um Wirtschaftsleistungen, die Verbrauchern nutzen, mit denen sich Mitarbeiter identifizieren, die die Umwelt schonen, und um gesellschaftliche Leistungen, die den sozialen Frieden fördern.

Der Ablauf der Bewerbung um den Ludwig-Erhard-Preis sieht wie folgt aus:

- ▷ Anmeldung der Bewerberorganisation
- ▷ Diskussion des Reifegrades
- ▷ Auswahl der Assessoren
- ▷ Abgabe der Bewerberunterlagen
- ▷ Briefing der Assessoren
- ▷ Durcharbeitung der Unterlagen
- ▷ Vor-Ort-Besuch der Assessoren
- ▷ Festlegung der Preisträger
- ▷ Feedbackbericht und Preisverleihung.

Assessoren des Ludwig-Erhard-Preises sind Führungskräfte aus über 130 Firmen, die sich aufgrund ihrer Kompetenzen als ehrenamtliche Gutachter in den Bewertungsprozess einbringen. Seit 2003 werden drei Unternehmenskategorien unterschieden:

- ▷ Kleinunternehmen mit weniger als 100 Mitarbeitern
- ▷ Mittelständische Unternehmen mit 101 bis 500 Mitarbeitern

▷ Großunternehmen mit mehr als 500 Mitarbeitern.

Mit der jährlichen Verleihung des Preises ist die „Initiative Ludwig-Erhard-Preis – Auszeichnung für Spitzenleistungen im Wettbewerb e.V. (ILEP)" beauftragt (siehe http://www.ilep.de). Schirmherr bei der Preisverleihung ist der Bundesminister für Wirtschaft.

Deutscher Project Excellence Award

Die GPM (Gesellschaft für Projektmanagement) hat auf der Basis des EFQM-Excellence-Modells ein eigenes Bewertungsmodell erstellt und verleiht seit 1997 einen PM-Award, den Deutschen Project Excellence Award (www.pe-award.de). Dieses so genannte „Project-Excellence-Modell", das sich an den TQM-Modellen für Business Excellence in Unternehmen orientiert, gliedert sich in zwei Bewertungsblöcke, deren Unterkriterien etwas anders gewichtet werden als beim EFQM-Modell:

1. Projektmanagement (500 Punkte)
   – Zielorientierung (140 Punkte)
   – Prozesse (140 Punkte)
   – Führung (80 Punkte)
   – Ressourcen (70 Punkte)
   – Mitarbeiter (70 Punkte).
2. Projektergebnisse (500 Punkte)
   – Zielerreichung (180 Punkte)
   – Kundenzufriedenheit (180 Punkte)
   – Mitarbeiterzufriedenheit (80 Punkte)
   – Zufriedenheit bei sonstigen Interessengruppen (60 Punkte).

Jede Firma, jedes Unternehmen, jede projektführende Organisation kann sich um den Project Excellence Award bewerben; je Unternehmen, Organisation oder selbständiger Organisationseinheit sind maximal zwei Bewerbungen möglich. Projektteams können sich ebenfalls um den Award bewerben, wenn sie die folgenden Voraussetzungen erfüllen:

▷ Das Projekt muss mindestens drei Mitarbeiter umfassen.
▷ An dem Projekt müssen mindestens drei voneinander unabhängige Organisationseinheiten beteiligt sein.
▷ Die Projektlaufzeit muss mindestens sechs Monate betragen.
▷ Der entstandene Zeitaufwand muss mindestens 100 MT betragen.
▷ Das Projekt muss entweder abgeschlossen oder es müssen mindestens drei definierte Projektphasen abgeschlossen sein.
▷ Das Projekt muss die Definitionskriterien der IPMA Competence Baseline erfüllen.
▷ Das Projekt muss für eine Veröffentlichung zugelassen sein.

Die Bewerber werden einem intensiven Assessment durch das GPM-Assessoren-Team unterzogen, welches die PM-Excellence des Bewerbers nach dem vorgenannten Bewertungsmuster untersucht und bewertet. Finalisten werden nach erfolgreichem Assessment mit dem GPM-Award ausgezeichnet, welcher jedes Jahr vergeben wird. Zu den Finalisten der vergangenen Jahre gehören u. a. Lufthansa, Merck, Siemens, Deutsche Telekom und die DLR.

Weitere Qualitätspreise

Es gibt noch etliche weitere nationale und regionale Qualitätspreise, die sich in der Grundstruktur nach dem EFQM-Modell ausrichten, dabei aber nationale bzw. regionale Besonderheiten einbeziehen.

Nationale Qualitätspreise in Europa:
– The Austrian Quality Award (AQA) (Staatspreis Unternehmensqualität)
– ESPRIX (Schweizer Qualitätspreis für Business Excellence)
– The Iceland Association for Quality Inspiration Award
– The Irish Quality Associations Supreme Quality Award
– The UK Quality Award
– Belgian Quality Award
– Dutch Quality Award
– Danish Quality Prize
– Norwegian Quality Award
– The Swedish Quality Award
– Finnish Quality Award
– Prix Francais de la Qualité
– Italian Quality Award
– The Prince Felipe Industrial Quality Award
– The Polish Quality Award
– The Award of the Slovak Republik for Quality.

Regionale Qualitätspreise in Deutschland:

– Qualitätspreis Schleswig-Holstein
– Qualitätspreis Berlin-Brandenburg
– Qualitätspreis Nordrhein-Westfalen

– Qualitätspreis Sachsen-Anhalt
– Thüringer Staatspreis für Qualität
– Sächsischer Staatspreis für Qualität
– Bayrischer Qualitätspreis.

Darüberhinaus vergeben viele außereuropäische Industrieländer ebenfalls ähnliche Qualitätspreise an Unternehmen; bei uns ist vor allem der Deming Prize von Japan bekannt.

4.4.8 Qualitätskosten

Die Angabe der Qualitätskosten ist eine wichtige Information für die Unternehmensführung. Das klare Definieren der Qualitätskostenelemente und deren eindeutiges Erfassen sind Voraussetzung für eine aussagefähige Analyse von Schwachstellen, um so die Entwicklungs- und Produktionskosten zu optimieren. Jedes Unternehmen strebt danach, die Qualität seiner Produkte oder sonstiger Marktleistungen mit minimalen Kosten zu erreichen. Die Anforderungen an Umweltschutz, hohe Verfügbarkeit der Produkte, Produkthaftpflicht u. Ä. stellen nicht nur Forderungen an die Produkte, sondern an alle unternehmerischen Tätigkeiten dar.

Bei den Qualitätsinformationen sind zwar Fehlerzahlen, Zuverlässigkeitswerte, Verfügbarkeit usw. vorherrschend, für kostenoptimale Entscheide müssen auch Kosteninformationen verfügbar sein, also auch Informationen über die Qualitätskosten.

Arten und Definition der Qualitätskosten

Die Qualitätskosten werden in

▷ Fehlerverhütungskosten,
▷ Prüfkosten sowie
▷ Fehler- und Ausfallkosten

unterteilt. Bild 4.67 zeigt den typischen Verlauf der einzelnen Qualitätskosten bezogen auf den Vollkommenheitsgrad eines Produkts.

Je mehr in die Fehlerverhütung investiert wird, desto geringer fallen die (späteren) Fehler- und Ausfallkosten aus. Wegen ihrer gegenläufigen Kostenverläufe ergibt sich ein Minimum in den Gesamtkosten.

Das Zuordnen der einzelnen Kostenelemente zu diesen drei Kostenkategorien ist nicht immer unstrittig. Es gibt Fälle, bei denen das Kostenelement einmal der einen und einmal der anderen Kostenkategorie zugeordnet werden kann. Die nachfolgend beschriebenen Zuordnungen stellen daher eine allgemeine Orientierung dar.

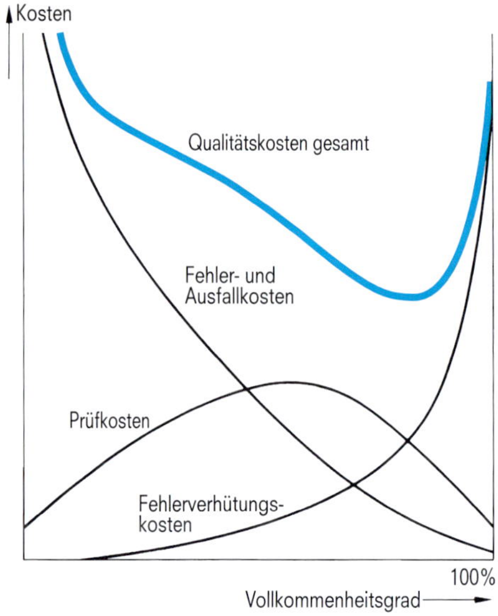

Bild 4.67
Aufteilung und Verlauf der Qualitätskosten

Fehlerverhütungskosten

Unter Fehlerverhütungskosten fallen alle *fehlerverhütenden* und *vorbeugenden* Maßnahmen zur Sicherung der Produktqualität. Die Kosten entstehen im gesamten Betrieb, angefangen von der Entwicklung über Fertigung und Vertrieb bis hin zur Inbetriebnahme. Folgende Kostenelemente können der Fehlerverhütung üblicherweise zugeordnet werden:

▷ Qualitätsplanung,
▷ Qualitätslenkung,
▷ Reviews von Entwurfsdokumenten,
▷ Prüfplanung,
▷ Kontrolle von Konstruktions- und Fertigungsunterlagen,
▷ Lieferantenbeurteilung,
▷ Erstellung technischer Liefer- und Abnahmebedingungen,
▷ Qualitätsaudits,
▷ Qualitätsvergleiche mit Wettbewerbern,
▷ Maßnahmen zur Qualitätsförderung.

Prüfkosten

Prüfkosten fallen beim *Durchführen von Qualitätsprüfungen* an Produkten an. Im HW-Fertigungsbereich ist diese Zuordnung weitgehend eindeutig, anders ist dies bei der Entwicklung Hier herrscht z. T. Unsicherheit, inwieweit das Testen von HW-Prototypen oder von Software zu den Prüfkosten und damit zu den Qualitätskosten zu rechnen sind. Es versteht sich von selbst, dass zur Entwicklung Tests notwendig sind und im Allgemeinen auch vom Entwickler oder in seinem Auftrag durchgeführt werden. Daher empfiehlt es sich, Tests dann als Qualitätskosten zu betrachten, wenn sie den Kompetenzbereich der Entwicklung verlassen. Als sinnvolle Trennung erscheint hierfür, den Systemtest als Grenze für die Zuordnung zu Qualitätskosten zu sehen. Alle Tests, die vor dem Systemtest durchgeführt werden, zählen damit nicht zu den Qualitätskosten. Den Prüfkosten sind folgende Kostenelemente zuzuordnen:

- ▷ Systemtests,
- ▷ Akzeptanztests,
- ▷ Wareneingangsprüfungen,
- ▷ Fertigungsprüfungen,
- ▷ Kundenabnahmeprüfungen,
- ▷ Laboruntersuchungen,
- ▷ Qualitätsgutachten,
- ▷ Mess- und Prüfmittelkosten,
- ▷ Instandhaltungskosten für Mess- und Prüfmittel,
- ▷ Dauer-, Last- und Wärmetests.

Fehler- und Ausfallkosten

Fehler- und Ausfallkosten entstehen durch Aufwendungen für das *Beseitigen von Fehlern*, für *Gewährleistungen* und *Erlösschmälerungen;* sie können nach dem Entdeckungsort in externe und interne Kosten aufgeteilt werden. Neben den Aufwendungen in Entwicklung und Fertigung gehören dazu auch die zuordenbaren Aufwendungen in Vertrieb und Service. Zu den Fehler- und Ausfallkosten sind folgende Kostenelemente zu rechnen:

- ▷ Fehlerbeseitigungen mit Beginn der Systemphase,
- ▷ Fehleranalysen,
- ▷ Einbringen von Korrekturversionen oder »Patches« beim Kunden,
- ▷ Wiederholungsprüfungen,
- ▷ Gewährleistungskosten,
- ▷ Produzentenhaftungskosten,
- ▷ Ausschusskosten,
- ▷ Nacharbeitskosten,
- ▷ Wertminderungen,
- ▷ Verwürfe,
- ▷ qualitätsbedingte Produktionsausfallzeiten.

Bei den Fehlerbeseitigungskosten muss noch unterschieden werden zwischen der Fehlerbehebung *vor* Auslieferung und der Fehlerbehebung *nach* Auslieferung.

Qualitätskostenerfassung

Für das Erfassen von Qualitätskosten wird vorausgesetzt, dass im Unternehmen eine Kostenarten-, Kostenstellen- und Kostenträgerrechnung vorhanden ist. Die Möglichkeit der Untergliederung der Kostenarten in weitere Kostenelemente ist die Voraussetzung für eine aussagefähige Qualitätskostenerfassung.

Qualitätskosten als Lenkungsinstrument erfordern eine andere Gliederung als die betrieblichen Kosten. In der Praxis liegen nur wenige Qualitätskostenelemente isoliert vor. In einigen Bereichen ist daher eine Verteilung mit Hilfe eines Schlüssels auf die Qualitätskosten nötig.

Als oberster Grundsatz sollte auch hier gelten, die Qualitätskosten in solcher Genauigkeit zu ermitteln, dass sie als Lenkungsinstrument verwendet werden können. Dazu ist eine Planung nötig, welche Erwartungen an die Analyse der Qualitätskosten zu stellen sind.

Im Entwicklungsbereich können mit Hilfe zusätzlicher Angaben über die Entwicklungsphasen und Tätigkeitsarten genauere Aufschlüsselungen erreicht werden. Aufgeteilt auf die einzelnen Qualitätskostenkategorien ergibt sich die in Tabelle 4.8 gezeigte Qualitätskostenzuordnung in den einzelnen Entwicklungsphasen.

Für die einzelnen qualitätssichernden Tätigkeiten sind jeweils klare Definitionen nötig, damit von den kontierenden Mitarbeitern die Zuordnung hinreichend genau möglich ist.

Unter *Wartung* wird im Entwicklungsbereich das Beseitigen von Definitions-, Entwurfs- und Programmier- bzw. Logikfehlern verstanden. Zur Wartung zählen nicht Leistungsmerkmalerweiterungen oder betriebliche und gesetzli-

Tabelle 4.8
Qualitätskostenzuordnung im Entwicklungsbereich

Kostenkategorie \ Entwicklungsphase	Analyse	Entwurf	Implementierung	Integration	Systemtest	Einsatz
Fehlerverhütungskosten (Inspektion)	×	×	×	×	×	
Prüfkosten (Test)					×	×
Fehler- und Ausfallkosten (Wartung)					×*	×

* Fehleranalyse und -beseitigung durch Entwicklung

che Anpassungen; diese sind den Entwicklungskosten hinzuzurechnen. Die übrigen Qualitätskosten im Entwicklungsbereich, wie z. B. Prüfplanung und Prüfmittelentwicklung für die Fertigung, Aufwendungen zur Qualitätslenkung, sind meist direkt über die Kostenstellen erfassbar.

Ungenau bleiben die Kostenzuordnungen hierbei für Rechnerkosten und sonstige Betriebsmittel, da bei der Entwicklung diese sowohl für Entwicklungsarbeiten als auch für Wartung benutzt werden. Hierfür ist im Allgemeinen eine anteilige Umrechnung vorzunehmen.

Im Fertigungsprozess ist das Zuordnen der Qualitätskosten für die wesentlichen Teile über Kostenstellen erreichbar. Aber auch dort gibt es überschneidende Tätigkeiten, die einmal mehr der Fehlerverhütung als der Prüfung zuzuordnen sind. Auch bei den Fehlerkosten ergibt sich eine Überschneidung mit den Prüfkosten, weil Fehleranalyse und Prüfung nicht immer von unterschiedlichen Personen vollzogen werden. Soweit das betriebliche Geschehen es erfordert, hinreichende Differenzierungen für die Qualitätskosten zu erreichen, ist die Angabe der Tätigkeitsart wirksam genug, um genauere Aufschlüsselungen zu erhalten (siehe auch Kap. 2.5.5).

Als Qualitätskosten in Vertriebs- und Serviceabteilungen sind besonders die Fehler- und Ausfallkosten eine wichtige Größe für die Lenkung der Produktqualität. Hierfür sind Erfassungsdaten ggf. nach Produktgruppe, Bauteil-Nr., SW- oder HW-Störung zu unterscheiden.

Qualitätskostenanalyse

Periodische Zusammenstellungen der Qualitätskosten bilden die Grundlage für die *Qualitätskostenanalyse*. Hiermit kann man Schwerpunkte und Ursachen der Qualitätskosten feststellen. Zunächst sind die Schwerpunkte der Qualitätskosten für die einzelnen Kostenelemente zu ermitteln. Davon ausgehend müssen die wesentlichen Ursachen für diese Kosten erforscht werden. Dazu sind weitere Statistiken über Fehlerzahlen, Systemausfälle, Anzahl Ausschussprodukte und dgl. mit heranzuziehen. Mit entsprechenden Analysemethoden, z. B. der ABC-Analyse, können die Kostenschwerpunkte rasch ermittelt werden, um die Ursachenanalyse gezielt vorzunehmen.

Von Fall zu Fall ist für die Ursachenanalyse eine »Qualitätsgruppe« einzusetzen. Dadurch werden auch gleichzeitig Vorschläge für Verbesserungen und Korrekturmaßnahmen erarbeitet.

Qualitätskostenkennzahlen

Als *Qualitätskostenkennzahlen* bezeichnet man Verhältniszahlen, die die Qualitätskosten mit betrieblichen Leistungskennzahlen in Beziehung bringen. Solche Zahlen, die im Zusammenhang mit den qualitätssichernden Maßnahmen betrachtet werden müssen, können für Kunden einen Maßstab für die Produktqualität ergeben. Gerade bei der Entwicklung größerer Systeme oder im Anlagenbau haben solche Werte mehr und mehr Bedeutung hinsichtlich der Produktqualität. Da der Kunde minimale *Lebenszykluskosten* (LCC) will, muss der Hersteller auch Kosten, die beim Kunden anfallen, mitbetrachten.

Qualitätskennzahlen sind z. B.:

- ▷ Verhältnis von Qualitätskosten bestimmter Qualitätskostenelemente zum Umsatz
- ▷ Verhältnis von Fehlerkosten zu Fertigungskosten

- ▷ Verhältnis von Fehlerkosten zu Entwicklungskosten
- ▷ Verhältnis von Wareneingangs-Prüfkosten zum Einkaufsvolumen.

Innerhalb eines Periodenvergleichs können Kostenverschiebungen gegenüber Vorperioden sichtbar gemacht werden; sie ermöglichen eine rasche Analyse der Auswirkungen eingeleiteter Verbesserungen oder sonstiger Maßnahmen.

Optimieren der Qualitätskosten

Wie bereits in Kapitel 4.4.2 ausgeführt, sind Fehler um so teurer, je später sie gefunden werden. Das Senken der Fehlerkosten muss durch Mehraufwand für die Fehlerverhütung und Prüfung erkauft werden. Es sind daher auch qualitätssichernde Maßnahmen auf ihre Wirtschaftlichkeit zu prüfen.

In der heutigen Betrachtung der Lebenszykluskosten sind für den Kunden nicht mehr nur niedrige Anschaffungskosten wichtig, sondern der Kunde will bei Berücksichtigung seiner Anforderungen minimale Gesamtkosten; somit betrachtet er gesamtheitlich die Kosten für Bereitstellung, Wartung, Betrieb und für die spätere Fehlerbeseitigung. Ihm geht es also um eine hohe *Gesamtwirtschaftlichkeit* der eingesetzten Produkte bzw. Systeme; diese kann in großem Umfang der Hersteller beeinflussen, weil er bei vorgegebenen Rahmenbedingungen Optimierungen in der Produktplanung und -entwicklung vornehmen kann. Bild 4.68 zeigt die Änderung der Gesamtkosten eines Produkts bzw. Systems abhängig von dem Qualitätsmerkmal Verfügbarkeit.

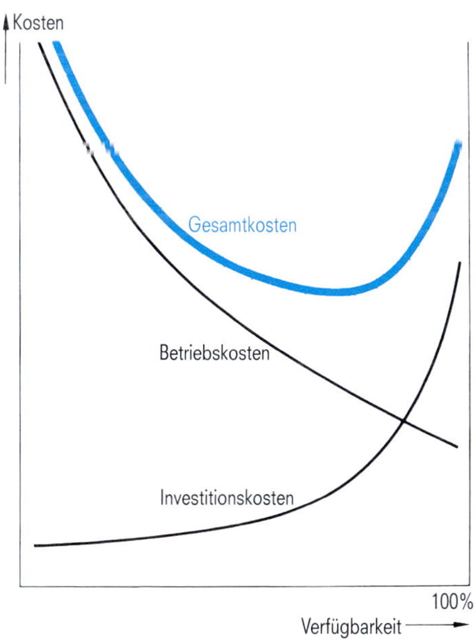

Bild 4.68 Gesamtkosten eines Produkts bzw. Systems in Abhängigkeit von der Verfügbarkeit

Diese Kostenbetrachtung veranschaulicht wiederum, wie wichtig es ist, in den frühen Entwicklungsphasen die Weichen für die Produkt- bzw. Systementwicklung richtig zu stellen. Ähnliches gilt für die Prüfungen bei der Fertigung, damit Fehler z. B. auf einer Baugruppe schon frühzeitig entdeckt werden.

4.5 Projektdokumentation

So wie die *Produkt*dokumentation die gesamten Arbeitsergebnisse einer Entwicklung präsentiert, so spiegelt die *Projekt*dokumentation das gesamte Projektgeschehen wider. Ohne eine vollständige, durchgängige und aktuelle Projektdokumentation – die alle Projektpläne und Projektberichte umfasst – kann ein Projektmanagement nicht wirkungsvoll arbeiten.

Voraussetzung für ein zielorientiertes Nutzen der Projektdokumentation ist aber eine praktikable *Dokumentationsordnung*. Neben dem Führen eines *Projekttagebuchs* bieten sich hierbei für den Aufbau von *Projektakten* – je nach Projektgröße und Einsatzbreite der Dokumentation – sehr unterschiedliche Ordnungsschemata an, die alle dieselbe Aufgabe haben, nämlich das Einordnen von Dokumenten und das Suchen nach Informationen zu erleichtern sowie den Verlust von Informationen zu verhindern.

4.5.1 Dokumentationsordnungen

Das Ergebnis einer Entwicklung umfasst neben dem Erstellen von Prinzipmustern, Funktionsmustern und Prototypen auf der HW-Seite sowie von fertig ausgetesteten Programmen und Modulen auf der SW-Seite auch das Dokumentieren dieser Entwicklungsobjekte. Hierbei ist

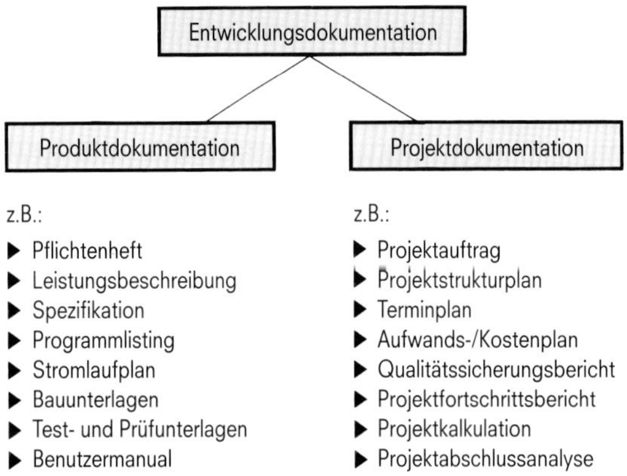

Bild 4.69
Entwicklungsdokumentation

– wie bereits erwähnt – zu unterscheiden zwischen der Produktdokumentation und der Projektdokumentation. Neben einer vollständigen und konsistenten Dokumentation des Produkts gewinnt die Dokumentation des Projektgeschehens immer mehr an Bedeutung, da die Projektdokumentation ganz eindeutig eine wichtige Voraussetzung für ein effizientes Projektmanagement ist.

Die *Produktdokumentation* enthält alle technischen Unterlagen des herzustellenden Produkts, die zur Entwicklung und Fertigung sowie zum Einsatz und zur Betreuung des Erzeugnisses notwendig sind. Bei den technischen Unterlagen kann unterschieden werden, ob sie mehr *definierenden* oder mehr *beschreibenden* Charakter haben. Definierende technische Unterlagen dokumentieren das noch nicht existente Erzeugnis; hierzu zählen z. B. alle Entwicklungsunterlagen, die mit CAD-Verfahren erstellt worden sind. Beschreibende technische Unterlagen dokumentieren dagegen das mehr oder weniger bereits existente Erzeugnis; aufbauend auf den definierenden Unterlagen werden diese vornehmlich auf Bürosystemen – meist mit Grafikunterstützung – erstellt. Insgesamt muss bei der Produktdokumentation die größtmögliche Vollständigkeit angestrebt werden. Absolute Aktualität sollte hier selbstverständlich sein. Zur Produktdokumentation gehören Pflichtenhefte, Leistungsbeschreibungen, Spezifikationen, Programmlistings, Stromlaufpläne, Prüfunterlagen, Bauunterlagen, Arbeitsanweisungen, Bedienungsanleitungen und ähnliche von der Entwicklung erstellte Unterlagen.

Zur *Projektdokumentation* gehören demgegenüber Unterlagen für die Projektdefinition, für die Projektplanung, für die Projektkontrolle sowie für den Projektabschluss – also Unterlagen, die mehr das Projektgeschehen und den Projektablauf als das zu entwickelnde Produkt beschreiben. Wie in Bild 4.69 angedeutet, umfasst die Projektdokumentation alle erstellten Projektpläne und Projektberichte.

Es gibt natürlich auch Unterlagen, die beiden Gruppen zugeordnet werden können, z. B. der Produktstrukturplan.

Dokumentationsnormen

Für die Entwicklungsdokumentation, besonders für den SW-Entwicklungsbereich, hat der Normenausschuss Informationsverarbeitung (NI) im DIN bereits einige Dokumentationsnormen verabschiedet und herausgebracht. Hierzu zählen:

DIN 66230	Programmdokumentation
DIN 66231	Programmentwicklungsdokumentation
DIN 66232	Datendokumentation
DIN 6789	Dokumentationssystematik, Aufbau Technischer Erzeugnis-Dokumentationen.

DIN 66230 [101] beschreibt den Inhalt der Dokumentation von SW-Programmen. In sehr ausführlicher Form werden hier die einzelnen Positionen einer *Programmdokumentation* definiert und durch Beispiele erläutert. Ein Anhang stellt die systematische Gliederung eines Anwendungshandbuchs und eines datenverarbeitungstechnischen Handbuchs (DV-Handbuch) vor. Die Programmdokumentation nach dieser Norm entspricht damit einer vollständigen SW-Produktdokumentation.

Demgegenüber enthält die in DIN 66231 [102] beschriebene *Programmentwicklungsdokumentation* auch Teile aus einer Projektdokumentation. In dieser Norm werden Aufbau und Inhalt der einzelnen Bestandteile einer Programmentwicklungsdokumentation aufgezeigt, die in die vier Unterlagengruppen Auftrag, Systemunterlagen, Bewertungsunterlagen und Entscheidungsprotokoll eingeordnet werden. Auch hier ist der jeweilige Dokumentationsinhalt anhand von Beispielen sehr ausführlich erläutert.

DIN 66232 [103] beschreibt Aufbau und Inhalt einer *Datendokumentation* in Ergänzung zu den beiden vorstehenden Normen. Neben Begriffsdefinitionen enthält sie ein Formular für die Beschreibung von Datenobjekten.

DIN 6789 [104] hat das Ziel, den formalen Aufbau technischer Dokumentationen für Erzeugnisse zu vereinheitlichen. Es werden einerseits die einzelnen Teile einer Erzeugnisdokumentation definiert und ausführlich erläutert; andererseits wird ein Vorschlag für den strukturellen Aufbau der Dokumentation gemacht.

Ordnungsschemata

Die einzelnen Bestandteile einer Projektdokumentation können nach mehreren Gesichtspunkten geordnet werden. So bietet sich für die freie Beschreibung des Projektgeschehens das Führen eines »Projekttagebuchs« an; andererseits sind für die mehr formale Beschreibung in Form einer »Projektakte« zwei grundsätzlich verschiedene Ordnungsprinzipien möglich, die *hierarchische* Ordnung sowie die *Auswahl*ordnung. Bei einem hierarchischen Ordnungsschema kann außerdem das Nummernsystem entweder frei gewählt werden oder fest vorgegeben sein. In Bild 4.70 sind die Möglichkeiten einer Dokumentationsordnung zusammengestellt.

Dokumentationsschlüssel

Neben einem Nummernsystem für das gewählte Ordnungsschema, welches die »Registernummern« der Dokumentation vorgibt, ist meist noch ein eindeutiges Identifikationskriterium für jedes einzelne Dokument notwendig. Hierfür muss dann ein »Dokumentationsschlüssel« definiert werden; dieser kann sehr unterschiedlich aufgebaut sein und folgende Angaben enthalten:

- ▷ Dokumentationsart,
- ▷ Projektzugehörigkeit,
- ▷ Kennzeichen für die Entwicklungsphase,
- ▷ Zuordnung zum Projektstrukturplan,
- ▷ Zuordnung zum Produktstrukturplan,
- ▷ laufende Nummer,
- ▷ Dokumentationsstatus.

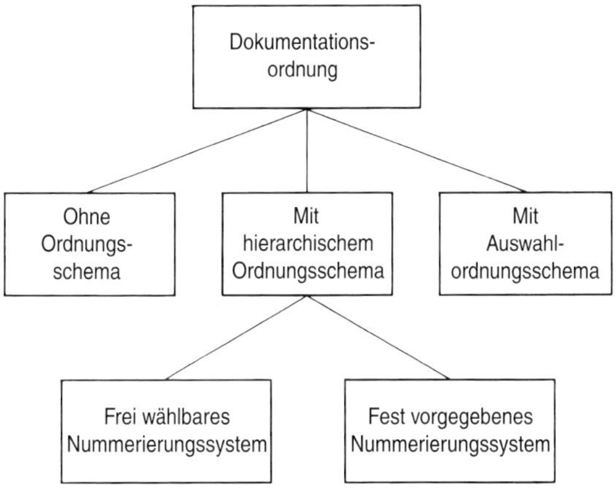

Bild 4.70
Möglichkeiten für die Dokumentationsordnung

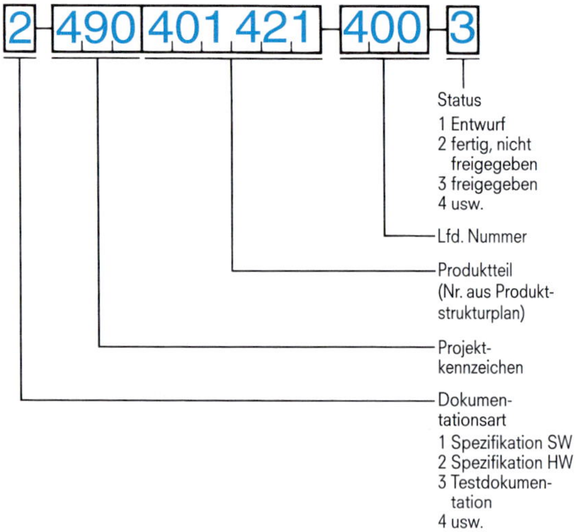

Bild 4.71
Dokumentationsschlüssel (Beispiel)

In Bild 4.71 ist ein aus der Entwicklungspraxis gewähltes Beispiel für die Definition eines Dokumentationsschlüssels wiedergegeben.

Wird in einem Entwicklungsbereich bereits ein genormtes Sachnummernsystem für die Benummerung von Erzeugnissen und Unterlagen verwendet, so sollte man dieses auch als Dokumentationsschlüssel einsetzen. Die Ausarbeitung eines zusätzlichen Nummernsystems sollte also möglichst vermieden werden.

Für die Identifikation von umfangreichen Dokumentationsobjekten wie z. B. Kundendokumentationen, Verfahrensbeschreibungen, Wartungshandbüchern hat sich in einigen Bereichen bereits die Verwendung eines Strichcodes (SC) gemäß dem bekannten »Barcode« durchgesetzt. Diese Unterlagenidentifikation ist aber nur angebracht, wenn ein maschinell optisches Lesen des Dokumentationsschlüssels gewünscht wird, wie z. B. in Fachbibliotheken. Als Leitlinie für eine vollständige und nicht überladene Projektdokumentation sollte aber in allen Fällen gelten:

▷ so aktuell wie möglich,
▷ so umfangreich wie notwendig und
▷ stets mit identifizierbarem Stand.

Bei sehr großen Entwicklungsprojekten kann die Dokumentation einen solch großen Umfang annehmen, dass ein eigenes *Dokumentationsmanagement* eingerichtet werden muss; dieses umfasst dann ähnliche Funktionen für die Dokumentationen wie ein Konfigurationsmanagement für die Entwicklungsergebnisse – es kann sogar in diesem eingebunden sein.

Im Anhang 2 ist eine Projektdokumentation für SW-Projekte in Form einer *Projektakte* mit allen relevanten Projektdokumenten dargestellt.

Insgesamt darf die Projektdokumentation nicht zum Selbstzweck werden, sondern es ist nur der Grad Projektdokumentation zu erzeugen, der für eine effiziente Projektführung unerlässlich ist.

4.5.2 Projekttagebuch

Bei vielen durchgeführten Projekten hat es sich als sehr vorteilhaft erwiesen, das gesamte Projektgeschehen in einem »Projekttagebuch« festzuhalten. Hierbei ist das Aufschreiben relevanter Projektereignisse an keine äußere Form gebunden.

Die Eintragungen in das Projekttagebuch geschehen handschriftlich, am besten mit Kugelschreiber o. ä., wobei auch beliebige manuelle Zeichnungen und Skizzen aufgenommen werden können. Es sollte alles, was für das Projekt irgendwie erwähnenswert ist, enthalten. Das Projekttagebuch hat die Funktion eines »Projekt-Logbuchs«.

Im Wesentlichen sollte eine Eintragung enthalten:

- ▷ Thema bzw. Ereignis als Stichwort und Überschrift,
- ▷ Datum (mit Wochentag),
- ▷ Uhrzeit (falls sinnvoll),
- ▷ Ortsangabe (falls sinnvoll),
- ▷ Namen von Beteiligten,
- ▷ ausführliche Beschreibung,
- ▷ eventuell Skizzen.

Das Projekttagebuch muss aber auch einige formale Grundvoraussetzungen erfüllen: So sollte es gebunden (als Buch) vorliegen, um das Herausnehmen oder spätere Einfügen von Seiten zu verhindern. Zusätzlich bietet es sich an, die Seiten durchzunummerieren. Das Projekttagebuch soll also »nicht löschbare« Informationen enthalten, auch wenn sie sich später

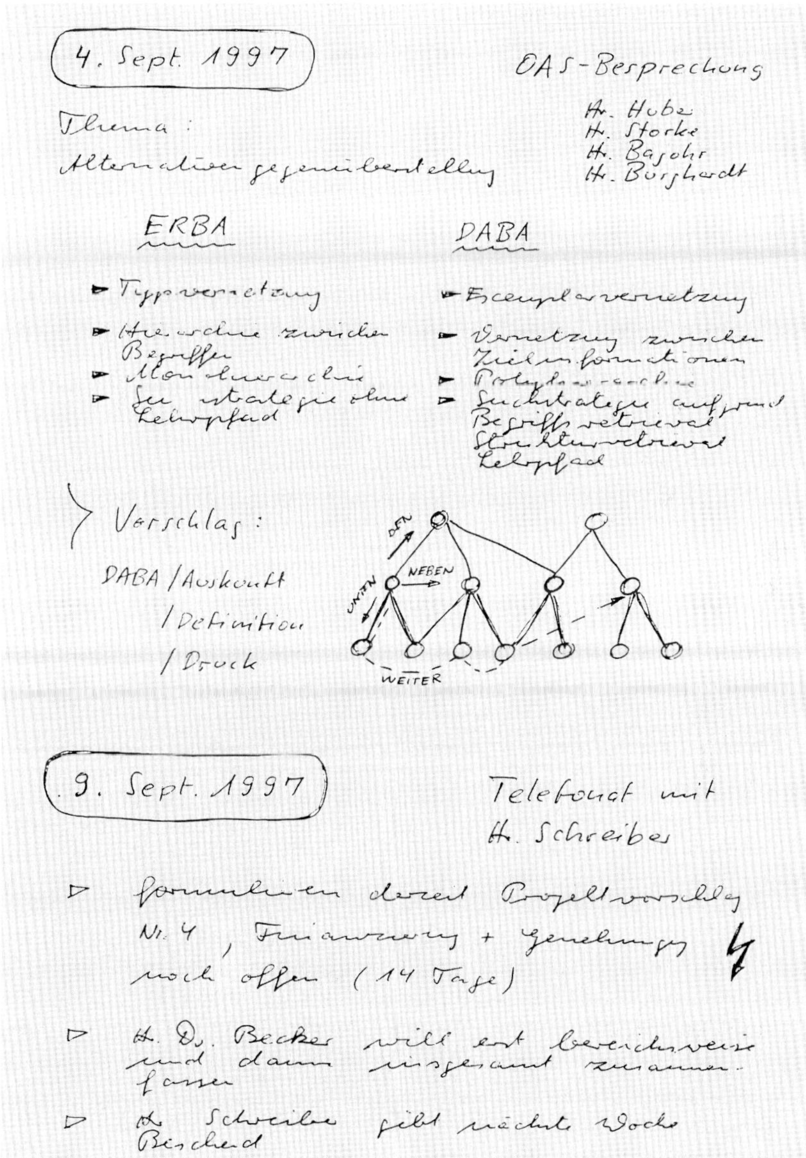

Bild 4.72 Projekttagebuch (Auszug)

als wenig relevant, nicht aussagekräftig oder sogar unzutreffend erweisen.

Für das Führen eines Projekttagebuchs ist ein Mitglied der Projektgruppe zu ernennen; dieses nimmt dann die Eintragungen in das Tagebuch vor. Anderen Projektbeteiligten ist das eigenständige Eintragen auch erlaubt, wobei aber der Urheber der Eintragung zu vermerken ist. Das Projekttagebuch muss für jeden Interessierten einsehbar sein. Zurückhalten von Informationen ist nicht zulässig.

Als Beispiel ist in Bild 4.72 ein Seitenauszug aus einem solchen Projekttagebuch wiedergegeben.

Vieles, was zwischen Auftraggeber und Auftragnehmer abgesprochen werden muss und seinen Niederschlag nicht in irgendwelchen formalen Projektdokumenten und Protokollen findet, kann man in einem derartigen Projekttagebuch aufnehmen. Wenn später Unklarheiten oder Missverständnisse beim Beurteilen bestimmter Projektgegebenheiten auftreten, so kann das Projekttagebuch eine gute Unterstützung bieten beim Klären früher gemachter Vereinbarungen, die z. B. nur mündlich und telefonisch getroffen worden sind.

4.5.3 Projektakte mit hierarchischer Ordnung

Die Projektakte dient als zentrale Sammeleinrichtung für alle Projektdokumente; sie nimmt alle Projektpläne und Projektberichte in ihrem jeweils aktuellen Stand gemäß einem festen Ordnungsschema auf. Hierbei kann die Projektakte in Form von Büroordnern vorliegen oder als Datei(en) auf einem PC oder zentralen Server gespeichert sein. Nicht die Aufbewahrungsform ist ausschlaggebend, sondern das klar vorgegebene Ordnungsschema, nach dem die einzelnen Projektdokumente eindeutig abgelegt und schnell wiederauffindbar gemacht werden können. Natürlich ist auch die leichte Reproduzierbarkeit abgelegter bzw. abgespeicherter Projektdokumente sehr wichtig.

Für das Festlegen eines hierarchischen Ordnungsschemas gibt es zwei Vorgehensweisen: Entweder wird das Nummernsystem für die Dokumentationsordnung projektspezifisch frei gewählt oder es ist ein (hierarchisch aufgebautes) Nummernsystem vorgegeben, in das die Dokumente einzuordnen sind. Hierbei hat es sich bewährt, die Kapiteleinteilung in einer Standard-Dokumentationsvorlage (Template) eines Textverarbeitungsprogramms, wie MS Word, abzulegen.

Fest vorgegebene Dokumentationsstruktur

In Bild 4.73 ist ein Auszug aus einer fest vorgegebenen Dokumentationsstruktur wiedergegeben, wie sie in einem Entwicklungsbereich für Anwendersoftware entworfen worden ist.

Bei einer fest vorgegebenen Dokumentationsstruktur sind die einzelnen Kapitel bzw. Register *vorab* – häufig in einer eigenen Dokumentationsrichtlinie – festgelegt und dabei auf einen theoretisch möglichen Maximalausbau ausgerichtet. Hierbei kommt es natürlich vor, dass ein Register (≙ Klassifikationsnummer) keine Dokumente enthält und leer bleibt. Durch den Maximalanspruch kann ein solches Nummerngebäude leicht überladen und damit unüber-

Klassifikations-Nr.	Dokumentationskomplex	Seite
1	**Auftragsdokumentation**	
1.1	**Auftragsunterlagen**	
1.1.1	Entwicklungsanträge/Änderungsanträge	
1.1.2	Anforderungen/Pflichtenheft	
1.1.3	Anregungen/Vorschläge	
1.1.4	Untersuchungsberichte	
1.2	**Produktbetreuungsunterlagen**	
1.2.1	Einführungsplan	
1.2.2	Schulungsplan	
1.2.3	Betreuungsplan	
1.2.4	Konfigurationsplan	
1.2.5	Überlassungsvereinbarungen	
1.2.6	Schriftverkehr	
1.2.7	Besprechungsprotokolle	
1.3	**Freigabe- und Änderungsunterlagen**	
1.3.1	Freigabemitteilung	
1.3.2	Freigabeprotokoll	
1.3.3	Übergabeprotokoll	
1.3.4	Änderungsmitteilung	
1.3.5	Programmänderungsprotokoll	
1.3.6	Programmnummernverzeichnis	
1.3.7	Abschlussberichte	
1.3.7.1	Prüfpass der Revision	
1.3.7.2	Testergebnis Abnahmetest	
1.3.7.3	Testergebnis Probebetrieb	

Bild 4.73
Fest vorgegebene Dokumentationsstruktur (Auszug)

sichtlich werden, da viele Nummern wegen des Ordnungsprinzips »mitgeschleppt« werden müssen.

Die wesentlichen Vorteile einer fest vorgegebenen und hierarchischen Dokumentationsstruktur sind einerseits die Möglichkeit der *unmittelbaren Anwendung* – irgendein zusätzlicher Anpassungsaufwand ist also nicht notwendig –, andererseits die Gewähr der *Vollständigkeit* in der Dokumentation. In Entwicklungsbereichen mit vielen gleichartigen und gleichgroßen Projekten ist daher eine solche Dokumentationsstruktur empfehlenswert, da bei einer gleichförmigen Projektewelt nur vereinzelt überflüssige Kapitelnummern mitgeführt werden müssen.

Projektdatenbank

In Entwicklungsbereichen, in denen gleichzeitig eine Vielzahl von unterschiedlichen Projekten durchgeführt werden, bietet es sich im Rahmen eines Wissensmanagement-Konzepts an, alle relevanten Projektdaten der Projekte gemeinsam in eine bereichsübergreifende Projektdatenbank (Project Base) nach einheitlichem Ordnungsschema zu speichern und zur gegenseitigen Information und Kommunikation dem Projektmanagement und der Entwicklungsleitung zur Verfügung zu stellen. Die Aufbaustruktur der Projektdatenbank richtet sich streng nach den Vorgaben einer Standardprojektablage, d. h. alle Projektinformationen werden nach dem gleichen Muster in der Datenbank abgelegt. Auf diese Weise kann ein überzeugender Projektvergleich vorgenommen werden. Die Standardprojektablage kann z. B. für Software-Projekte ähnlich der im Anhang 2 aufgeführten Projektakte aufgebaut sein.

Als SW-Tool wird in einem Siemens-Bereich das Verfahren LiveLink sehr erfolgreich eingesetzt, welches in das unternehmensweite Intra-

1 Projektdefinition
1.1 Projektsteckbrief
1.2 Produktblatt
1.3 Projektorganisation
1.4 Antragsunterlagen
  1.4.1 Projektauftrag
  1.4.2 Aufwandsschätzung
  1.4.3 Wirtschaftlichkeitsnachweis
  1.4.4 Änderungsanträge
1.5 Entscheidungsunterlagen
  1.5.1 EI-Präsentationsunterlagen
  1.5.2 EI-Protokolle
  1.5.3 Prioritätenliste

2 Projektplanung
2.1 Arbeitspaketplanung
  2.1.1 Projektstrukturplan
  2.1.2 Arbeitspaketbeschreibung
  2.1.3 Phasen-/Meilensteinplanung
2.2 Terminplanung
2.3 Kostenplanung
  2.3.1 Kostenstruktur
  2.3.2 Kostenverteilung
2.4 Personalplanung
  2.4.1 Mitarbeitereinsatzplanung
  2.4.2 Aus- und Weiterbildung
2.5 Betriebsmittelplanung
  2.5.1 Investitionen
  2.5.2 Test-/Prüfanlagen
  2.5.3 Eingesetzte Werkzeuge/Verfahren
  2.5.4 Richtlinien/Auflagen
2.6 Qualitätsplanung
2.7 Krisenplanung

3 Projektkontrolle
3.1 Aufwands- und Kostenüberwachung
3.2 Terminüberwachung
3.3 Qualitätsüberwachung

4 Projektdurchführung
Projektberichte
  4.1.1 Monatsberichte
  4.1.2 Projektstatusberichte
  4.1.3 Inspektions-/Testberichte
4.2 Aufgabenbeschreibungen
  4.2.1 Mitarbeiterbezogene Aufgabenbeschreibung
  4.2.2 Unteraufträge
4.3 Projektunterlagen
  4.3.1 Präsentationsunterlagen
  4.3.2 Aufwandserfassungsbelege
  4.3.3 Rechnungen
  4.3.4 Projekttagebuch
  4.3.5 Bibliotheksverzeichnis
  4.3.6 Verteilerkreise
4.4 Schriftwechsel
  4.4.1 Entscheidungsisntanz
  4.4.2 Bertaterausschuss
  4.4.3 Anwender
  4.4.4 Sostiger Schriftwechsel

5 Projektabschluss
5.1 Abnahme
  5.1.1 Freigabemitteilung
  5.1.2 Betreuungsvereinbarung
5.2 Abweichungsanalyse
5.3 Erfahrungsdaten
5.4 Projektauflösung

Bild 4.74 Freie hierarchische Dokumentationsstruktur (Beispiel) net eingebunden ist. Als Vorteile einer derartigen Datenbank-gestützten Projektablage sind u. a. aufzuzählen:

- Aufbau und Inhalt sind für alle Projekte einheitlich,
- sie fördert die Vollständigkeit und Aktualität der Projektdaten,
- die Projektdokumentation kann rationell erstellt werden,
- sie ist konform mit Norm ISO 9001:2008,
- sie vermittelt Professionalität gegenüber Kunden.

Freie hierarchische Dokumentationsstruktur

In vielen Fällen bietet es sich an, das Nummernsystem projektbezogen zu wählen, d. h. projektspezifisch nur die wirklich benötigten Dokumentationskapitel zu definieren und dann in eine eigene hierarchische Ordnung zu bringen. Für diese Vorgehensweise ist in Bild 4.74 ein Beispiel wiedergegeben, wie es in der Praxis für die Durchführung kleinerer Entwicklungsprojekte verwendet wird.

Bei der freien hierarchischen Dokumentationsstruktur werden für jedes Projekt individuell die einzelnen Dokumentationskapitel definiert; es gibt also keine überflüssigen »Leer-Kapitel«.

Sehr vorteilhaft bei dem freien hierarchischen Nummernsystem sind Übersichtlichkeit und gute Anpassungsmöglichkeit an benutzerspezifische Strukturierungswünsche. Dies führt natürlich zwangsläufig dazu, dass jedes Projekt seine eigene Dokumentationsstruktur für die Projektakte hat. Beim Gegenüberstellen mehrerer Projekte ist dadurch der schnelle Vergleich einzelner Projektdokumente aus unterschiedlichen Projektakten schwierig. Auch können auf Grund der freien Wahl der hierarchischen Struktur leicht relevante Punkte bei der Projektakte übersehen werden. Das nachträgliche Einarbeiten fehlender Kapitel ist dann bei der hierarchischen Struktur immer unerfreulich.

DIN-Dokumentationssystematik

Schließlich sei noch auf DIN verwiesen. In der bereits weiter oben erwähnten DIN 6789 [100] wird eine Dokumentationssystematik für den

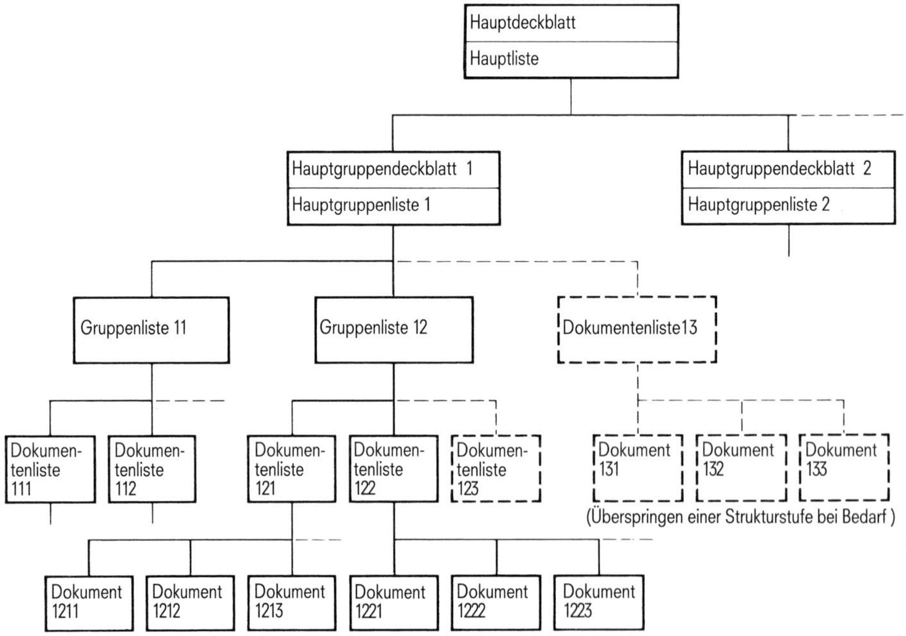

Bild 4.75 DIN-Dokumentationssystematik

Aufbau technischer Erzeugnis-Dokumentationen vorgeschlagen, die eine hierarchisch aufgebaute Dokumentationsgliederung im Sinn einer *Stücklistenordnung* vorgibt. Als Gliederungsebene enthält sie:

- ▷ Dokumenten-Hauptgruppe
- ▷ Dokumenten-Gruppe
- ▷ Dokument.

Dokument-Hauptgruppen sind innerhalb einer technischen Dokumentation z. B. die Bedienungsanleitungen, die Einzelteil- und Gruppenzeichnungen sowie die Schaltpläne. In Bild 4.75 ist das Strukturbild für diese DIN-Dokumentationssystematik wiedergegeben. Wie aus dem Bild ersichtlich, liegt jeder Dokumentationsebene eine *Dokumentenliste* vor, in der die einzelnen Dokumentationsobjekte der nächsten Ebene (Dokumente, Gruppen bzw. Hauptgruppen) explizit aufgeführt sind; sie fungiert als Art Inhaltsverzeichnis und stellt gewissermaßen die »Packliste« für die in ihr aufgeführten Dokumente dar. Das Überspringen einzelner Strukturstufen ist ausdrücklich vorgesehen.

Bei Großprojekten ist das hierarchische Ordnungsprinzip sicherlich der einzig sinnvolle Weg, um zu einer transparenten Strukturierung der Projektakte zu gelangen, die wegen der Projektgröße in diesen Fällen meist auch einen beachtlichen Umfang annimmt.

Handelt es sich dagegen um den Aufbau von Projektakten kleinerer Projekte und wird außerdem eine bequeme Vergleichbarkeit der unterschiedlichen Projektdokumentationen gewünscht, so bietet sich das Prinzip der Auswahlordnung an, wie sie im folgenden Kapitel beschrieben wird. Hier ist wohl ein festes Grundschema vorgegeben, aus dem aber durch gezieltes Ankreuzen eine »normierte« Kapitelauswahl für die Projektakte vorgenommen werden kann.

4.5.4 Projektakte mit Auswahlordnung

In Entwicklungsbereichen, in denen mehr kleinere Projekte durchgeführt werden, hat es sich i. Allg. als zu aufwändig erwiesen, für jedes Projekt (und Produkt) ein eigenes Ordnungsschema für die Projektdokumentation (und für die Produktdokumentation) zu definieren. Bei den immer wiederkehrenden Überlegungen zum richtigen Gliedern einer Dokumentation wurden häufig einzelne Dokumentationspunkte übersehen, deren nachträglicher Einbau in ein hierarchisches Ordnungsschema dann kaum mehr möglich war. Auch war es ein Ärgernis, dass bestimmte Dokumentationsbestandteile in den einzelnen Dokumentationskompendien, wie Pflichtenhefte, Leistungsbeschreibungen und Benutzerbeschreibungen, unter unterschiedlichen Kapitelnummern in fast identischer Ausprägung aufgenommen werden mussten.

Für die vorgenannten Fälle bietet es sich an, die Projektakte nicht nach einem hierarchischen Ordnungsschema, sondern nach einer »Auswahlordnung« aufzubauen.

Prinzip der Auswahlordnung

Auswahlordnung bedeutet in diesem Zusammenhang, dass ein Grundschema als Maximalmenge der zu erstellenden Dokumentation für alle Projekte in einem abgeschlossenen Entwicklungsbereich vorgegeben ist. Zu den einzelnen Abschnitten einer Projektdokumentation, wie:

- ▷ Projektorganisation,
- ▷ Projektanforderungen,
- ▷ Projektplanung,
- ▷ Projektdurchführung,
- ▷ Qualitätssicherung,
- ▷ Schriftverkehr und
- ▷ Sonstiges (Anregungen, Präsentation, Schulung, Literatur)

werden alle (theoretisch) möglichen Dokumente in einem listenförmigen Verzeichnis aufgezählt. Aus dieser Maximalmenge wird durch Ankreuzen in einem zugehörigen *Auswahlverzeichnis* eine projektadäquate Untermenge gebildet. Dieses Auswahlverzeichnis übernimmt gleichzeitig die Funktion einer Checkliste, mit der die Vollständigkeit der spezifischen Dokumentationsauswahl überprüft werden kann; anhand des Übersichtsblatts erkennt man auf einen Blick, welche Dokumente für das vorliegende Projekt relevant sind und welche ausgespart wurden bzw. noch fehlen.

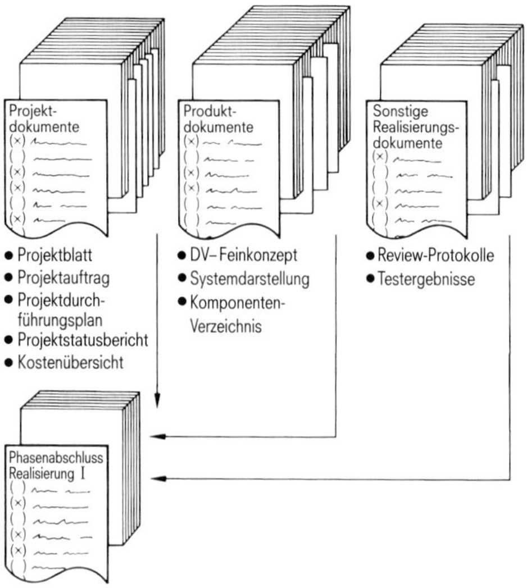

Bild 4.77
Zusammenstellen einer Einzeldokumentation

punkt – gemäß dem zugehörigen Auswahlverzeichnis aus diesem Dokumentenpool *zusammengestellt* werden. In Bild 4.77 ist ein Beispiel für die Zusammenstellung einer Dokumentation zum Phasenabschluss »Realisierung I« dargestellt. Diese Phasenabschlussdokumentation enthält sowohl einige für den Phasenabschluss relevante Projektdokumente als auch Produkt- und Realisierungsdokumente, die zur Projektbeurteilung auf der Phasenentscheidungssitzung herangezogen werden.

Der Vorteil der Einheitlichkeit bei Projektakten mit solchen Auswahlordnungen wird natürlich mit einem Mangel an Übersichtlichkeit bei einer realen Ausprägung einer zielgruppenorientierten Dokumentation erkauft. Die Einzeldokumente müssen schließlich ohne gesonderte Anpassungen in jede Dokumentationszusammenstellung (z. B. Leistungsbeschreibung, Verfahrensbeschreibung, Benutzerbeschreibung) »hineinpassen«.

4.6 Projektberichterstattung

Grundvoraussetzung für eine optimale Projektdurchführung ist das transparente Aufbereiten der Projektinformationen und das gezielte Verteilen an alle Projektbeteiligten. Das Zuleiten der Projektinformationen darf nicht dem Zufall überlassen bleiben; in einem Projekt haben die Projektmitarbeiter und -beteiligten i. Allg. kaum Zeit für eine Informationssuche und geduldige Informationssammlung. Das jeweilige Informationsbedürfnis muss vielmehr möglichst automatisch – und vollständig – befriedigt werden, d. h. innerhalb der Informationshierarchie sind die strategische, die dispositive und die operative Ebene gleichermaßen nutzungsadäquat mit Informationen zu versorgen. Man spricht hier von *Informationsmanagement*. Die einzelnen Informationswege sind also sorgfältig zu planen und während der Projektdurchführung gezielt mit Projektinformationen zu beliefern. Das Informationssystem kann zwar personell betrieben werden; eine DV-Unterstützung ist aber sehr vorteilhaft, wenn man bei größeren und komplexen Projekten aus zahlreichen Daten und Fakten schnell eine benutzergerechte Informationsauswahl treffen und eine große Anzahl Projektbeteiligter beliefern muss. Auch die Möglichkeiten des Intranets eignen sich sehr gut zum aktuellen Bereitstellen von Projektinformationen.

Leider wird gerade bei der Projektberichterstattung noch viel zu viel manuell getätigt. Der Grund kann nicht darin liegen, dass geeignete Instrumentarien fehlen, sondern darin, dass man teilweise die einfache Veränderbarkeit von Projektinformationen bei manueller Berichterstattung nicht aufgeben möchte. Nur ein DV-gestütztes Projektführungssystem mit einer umfassenden Projektdatenbasis gewährleistet einen vollständigen, objektiven und nicht manipulierbaren Informationsfluss im Projekt.

4.6.1 PM-Berichtswesen

Das PM-Berichtswesen regelt und sichert den nutzungsgerechten Informationsfluss während der gesamten Projektdurchführung; in diesen sind alle Projektbeteiligten und Projektinteressierten, die so genannten Stakeholder, gemäß ihrer individuellen Informationsbedürfnisse einzubeziehen. Dieses *Informationsmanagement* muss damit:

▷ Informationswege aufzeigen,
▷ Informationsbedürfnisse feststellen,
▷ Informationskanäle festlegen und
▷ Berichtszeiträume bestimmen.

Mit dem PM-Berichtswesen wird i. Allg. das Projektbüro beauftragt, weil dort alle relevanten Informationen zusammenfließen und das Projektbüro die Informationen am rationellsten verteilen kann.

Informationswege

Es gibt interne und externe Projektbeteiligte, die als Informationsempfänger auf jeweils unterschiedliche Art an den Projektinformationen partizipieren wollen (Bild 4.78).

Zu den *projektinternen* Informationsempfängern gehören die Projektleitung und die Projektmitarbeiter, wobei die Letzteren nicht nur über ihren eigenen Projektausschnitt, sondern auch über den Gesamtprojektstand informiert werden sollten. Gute Informationen gerade in diesem Bereich fördern die Motivation ganz erheblich und steigern auch die Kooperationsbereitschaft.

Den *projektexternen* Projektbeteiligten gegenüber besteht eine besondere Informationspflicht, da einerseits beim Auftraggeber und bei der Bereichsleitung die endgültige Projektentscheidung liegt und andererseits die Partner und Unterauftragnehmer sowie die zentralen Dienstleistungsstellen nur auf Grund ausreichender Information dem Projekt effizient zuarbeiten können. Auch hier können sich Mängel in der Berichterstattung sehr nachteilig auf das Gesamtprojekt auswirken.

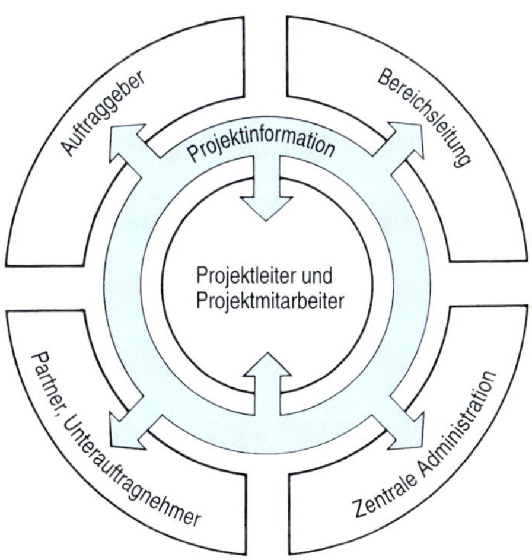

Bild 4.78 Informationsempfänger eines Projekts

Informationsbedürfnisse

Das Informationsbedürfnis der Empfänger unterscheidet sich entsprechend ihrer Funktion im Projekt ganz erheblich voneinander und zwar in der

- ▷ Detaillierung,
- ▷ Vollständigkeit,
- ▷ Aktualität,
- ▷ Häufigkeit und
- ▷ Darstellungsform.

Die einzelnen Projektmitarbeiter benötigen z. B. viel detailliertere Projektinformationen als der obere Führungskreis, allerdings über einen kleineren Projektausschnitt als jener. Dem oberen Führungskreis müssen dagegen – stark verdichtete – Informationen über das Gesamtprojekt zur Verfügung stehen. Eng mit dem Detaillierungsgrad hängt die Vollständigkeit der Berichterstattung zusammen. Der Projektleiter benötigt eine lückenlose Aufzeichnung aller Projektparameter; demgegenüber genügen dem Auftraggeber z. B. einige globale Projektdaten. Auch in der Aktualität und Häufigkeit hat die Projektleitung die höchsten Ansprüche an die Projektberichterstattung. Die Form der Informationsdarstellung hängt ebenfalls stark von dem jeweiligen Nutzerkreis ab. Für mehr planerische Tätigkeiten auf höherer Ebene eignen sich besonders grafische Darstellungsformen; auf administrativen Ebenen sind ausführliche Listen und Tabellen wichtiger.

Eine effiziente Projektberichterstattung muss auf diese Informationsanforderungen eingehen können; d. h. den Informationsempfänger soll die Information bereichern, nicht belasten.

Um dieses Ziel zu erreichen, muss bereits zu Projektbeginn für ein PM-Berichtswesen das jeweilige Informationsbedürfnis in einem *Berichtsplan* untersucht und festgelegt werden. Hierbei sind folgende Fragen zu klären:

- ▷ Wer benötigt Informationen?
- ▷ Welche Informationen werden benötigt?
- ▷ Wann werden diese benötigt?

Für die Definition eines solchen Empfängerkreises bietet sich der in Bild 4.79 dargestellte Berichtsplan an, in dem – bezogen auf die einzelnen Projektberichte und Empfängerkreise – der jeweilige Berichtszeitraum aufgeschrieben

4.7 Personalmanagement

4.7.1 Personalführung

Personalauswahl

Da Projekte in der Regel immer nur für einen definierten Zeitraum angelegt sind, wird das Projektteam meist auch nur für eine begrenzte Zeit zusammengestellt. Neben der Benennung eines geeigneten Projektleiters (siehe hierzu Kap. 2.4.3) kommt der richtigen Auswahl des Projektpersonals eine große Bedeutung zu. Hierbei spielen vielschichtige Faktoren eine entscheidende Rolle: Qualifikation und Fachkompetenz, Berufs- und Projekterfahrung, Motivation und Leistungsbereitschaft, Team- und Kommunikationsfähigkeit.

Erleichtert wird die Personalauswahl, wenn das zur Verfügung stehende Projektpersonal einer Zertifizierung nach den ICB-Regeln unterzogen worden ist (siehe Kap. 4.8). Anhand dieses Kompetenz-Bewertungsmodells kann sehr gut entschieden werden, wer für eine bestimmte Projektführung bzw. Projektmitarbeit am besten geeignet ist.

Die Beschaffung des notwendigen Personals wird üblicherweise zu allererst unternehmensintern angestrebt; eine externe Beschaffung kann in Teilbereichen aber häufig auch erforderlich sein. Man muss dann allerdings berücksichtigen, dass der Betriebsrat das Recht hat, stets zuerst eine innerbetriebliche Ausschreibung zu verlangen. In beiden Fällen ist es sinnvoll, für die einzelnen Projektpositionen aussagekräftige Stellenbeschreibungen aufzustellen, die die geforderten Qualifikationen genau aufzeigen. Stellenbeschreibungen müssen geschlechtsneutral und neuerdings auch EU-nationalitätsneutral formuliert sein; sie umfassen folgende Aspekte:

- ▷ Beschreibung der Aufgabenstellung
- ▷ Art und Funktion der Tätigkeit
- ▷ Anforderungen (Kenntnisse, Berufserfahrung)
- ▷ gehaltliche Eingruppierung.

Das Vorstellungsgespräch sollte immer vom Projektleiter selbst durchgeführt werden, wobei es empfehlenswert ist, dass bereits vorhandene Projektmitglieder beim Gespräch mit anwesend sind, um so die Personalentscheidung auf eine breitere Basis zu stellen.

Häufig wird die Personalauswahl im Rahmen eines *Assessment Centers* (AC) vorgenommen. In einem solchen Personalauswahlverfahren wird der Bewerber oder werden die Bewerber von mehreren Beobachtern anhand von Verhaltensausprägungen beobachtet und beurteilt. Entscheidend ist hierbei, dass die Kandidaten nicht in einem klassischen Bewerbungsgespräch eingeschätzt und bewertet werden, sondern über einen längeren Zeitraum werden ihre Fähigkeiten, Fertigkeiten und Kompetenzen mit den gewünschten Anforderungen verglichen und beurteilt. Folgende Verhaltenssimulationen und Arbeitsproben kommen hierbei zur Anwendung:

- ▷ Einführungsinterview,
- ▷ Gruppendiskussionen,
- ▷ Fallstudien (Projektstart, Notfall),
- ▷ Rollenspiele (Mitarbeiter-, Verkaufsgespräche),
- ▷ Präsentationsaufgaben,
- ▷ Fragebögen (Persönlichkeits-, Leistungstests).

Aufgrund der verschiedenen Beurteilungsebenen eines Assessment Centers ermöglicht dieses eine erheblich bessere Personaleinschätzung als es der »erste Eindruck« bei einem einzigen Bewerbungsgespräch erlaubt. Es besteht allerdings die Gefahr, dass ein sprachlich gewandterer Bewerber („Schwätzer") einem fachlich kompetenteren Bewerber vorgezogen wird. Ein Assessment Center kann nicht nur bei einer externen Bewerbung auf eine Arbeitsstelle, sondern auch unternehmensintern, z. B. im Rahmen einer Potentialanalyse, vorgenommen werden.

Führungsprinzipien

Die Führung eines Projektteams unterliegt in Abhängigkeit der Komplexität und Größe des Projekts sowie der Qualifikation und Projekterfahrung des Projektteams unterschiedlichen Führungsprinzipien. Führungsstile können mehr autoritär oder mehr demokratisch ausgerichtet sein, sie können patriarchalisch sein oder nach dem Prinzip »Laissez-faire« handeln. Modernes Projektmanagement tendiert natürlich zu mehr demokratischen Führungsstilen, allerdings können besondere Ausnahmesituationen, wie Krisen oder Notfälle andere strengere Führungsformen erfordern. Das Führungsverhalten des Projektleiters kann mehr beziehungsbezogen oder mehr aufgabenbezogen sein. *Beziehungsbezogenes* Verhalten ist charakterisiert durch Delegation von Kompetenzen und Zuständigkeiten sowie durch ein ausgeprägtes Handeln im Team. Dagegen wird ein *aufgabenbezogenes* Verhalten durch klare Anweisungen und statische Vorgaben des Projektleiters gekennzeichnet.

Ein sehr bekanntes Führungskonzept unterteilt die Form der Führung wie folgt:

- ▷ Management by Objectives
- ▷ Management by Decision Rules
- ▷ Management by Exception
- ▷ Management by Delegation
- ▷ Management by Systems
- ▷ Management by Results.

Management by Objectives ist eine Führungsform, bei der die Projektaufgaben und Verantwortlichkeiten gemeinschaftlich in einer Zielvereinbarung zwischen Projektleitung und Mitarbeiter vereinbart werden. Im Rahmen der Projektdurchführung wird von der Projektleitung nicht der Weg, sondern nur die Zielerreichung einer Aufgabe kontrolliert. Diese Führungsform erfordert ein hohes Maß an beiderseitigem Vertrauen, insbesondere wenn Konflikte oder Krisen im Projektverlauf auftreten.

Management by Decision Rules bedeutet Führen anhand von Entscheidungsregeln; hier werden Entscheidungsaufgaben delegiert, die nach festgelegten Regeln vorzunehmen sind. Diese Regeln dienen hauptsächlich bei Koordinierungsproblemen.

Beim *Management by Exception* handeln die Mitarbeiter eigenständig innerhalb eines vorgegebenen, genau definierten Aufgabenrahmens; nur bei außerordentlichen Entscheidungen oder bei größeren Abweichungen im Projektfortschritt greift die Projektleitung ein.

Management by Delegation ist ausgerichtet auf das Delegieren ganzer Aufgabenbereiche und Verantwortungsbereiche auf Mitarbeiter oder Mitarbeitergruppen. Dadurch wird die Projektleitung entlastet und kann sich intensiver den Hauptproblemen des Projektes widmen. Auch fördert es das eigenständige Handeln und die Eigenverantwortlichkeit der Projektmitarbeiter.

Für ein *Management by Systems* ist ein betriebswirtschaftlich-computergestütztes System notwendig, welches eine hohe Selbstregulierung in der Durchführung der delegierten Projektarbeiten ermöglicht.

Beim *Management by Results* wird die Führung durch eine konsequente Leistungskontrolle wahrgenommen, d. h. die den Mitarbeitern vorgegebenen Einzelziele werden mit den jeweils erreichten Leistungen verglichen und beurteilt; eine Mitbestimmung bei den Zielvereinbarungen seitens der Mitarbeiter ist bei dieser Führungsform, die auch als *Management by Direction und Control* bezeichnet wird, normalerweise nicht gegeben. Neben diesen Führungsformen gibt es weitere „Management by ...“-Methoden.

Bei allen Führungsformen muss aber hoher Wert auf die Motivation der Mitarbeiter gelegt werden. Mit demotivierten Mitarbeitern ist der Misserfolg eines Projekts vorprogrammiert.

Während eines langjährigen Projekts kann sich die Führungsform der Projektleitung auch ändern, da sich im Laufe der Zeit die Projekterfahrung der Mitarbeiter steigern und sich die Zusammenarbeit zwischen Projektleitung und Projektteam erheblich verbessert haben kann, so dass in einem höheren Maße Projektarbeiten in die Eigenverantwortung der Projektmitarbeiter übertragen werden können und nur noch Kontrollen in der jeweiligen Zielerreichung vorgenommen werden müssen. Das aufgabenbezogene Führungsverhalten des Projektleiters kann dann zu einem mehr beziehungsbezogenen Verhalten übergehen.

Work-Life-Balance

Dem Wunsch nach Vereinbarkeit von Familie, Privatleben und Beruf (Work-Life-Balance) muss vermehrt Rechnung getragen werden. Auch Spezialisten und Experten möchten einen Freiraum für das eigene Familienleben haben und vom Beruf nicht völlig erdrückt werden. In der heutigen Berufswelt mit ihren wechselnden Einsatzorten führt die tägliche Arbeit häufig zu einem erheblichen psychischen Druck auf die Mitarbeiter, der nicht selten in Depressionen oder Burn-out mündet;

diesem muss in einer auf Gleichgewicht ausgerichteten Führungskultur begegnet werden.

Eine Untersuchung der Universität Duisburg-Essen hat den hohen Anteil von Stress-Symptomen insbesondere bei Mitarbeitern in der IT-Branche festgestellt; fünf Risikogruppen wurden dabei identifiziert:

- ▷ Karriere-Aufsteiger im Projektgeschäft,
- ▷ Berufsanfänger, die ohne Erfahrung sofort in Projekten eingesetzt werden,
- ▷ Mitarbeiter, die ohne eigenen Arbeitsplatz bei wechselnden Kunden eingesetzt sind,
- ▷ Mitarbeiter, die an mehrere (eventuell konkurrierende) Führungskräfte berichten müssen,
- ▷ Führungskräfte, die mehrere Projekte gleichzeitig verantworten müssen.

Coaching

Die personenbezogene fachliche und organisatorische Betreuung von neuen Projektmitarbeitern und deren reibungslose Einbindung in ein Projektteam ist für das Gelingen einer erfolgreichen und effizienten Projektarbeit von zentraler Bedeutung. Daher hat sich in Anlehnung sportlicher Trainingsmethoden das so genannte *Coaching* im Projektmanagement etabliert. Unter Coaching versteht man in diesem Zusammenhang die professionelle Beratung und Begleitung eines neuen Mitarbeiters (*Coachee*) durch einen erfahrenen Projektexperten (*Coach*) bei der Übernahme und Durchführung von Projektarbeiten mit dem Ziel, dass der Mitarbeiter möglichst schnell optimale Ergebnisse hervorbringt. Ein Coaching wird auch bei der Einführung von neuem Führungspersonal, also z. B. von Teilprojektleitern oder Projektmanagern, in ihre neuen Aufgaben vorgenommen. Häufig kann auch der direkte Vorgesetzte die Aufgabe des Coachs übernehmen. Das Coaching-Konzept als zielgerichtete und entwicklungsorientierte Mitarbeiterförderung ist neben den bekannten Führungsseminaren zu einem weiteren Instrument der Personalentwicklung von Mitarbeitern und Führungskräften geworden.

Schulung und Weiterbildung

Personalführung heißt auch gezielte Verbesserung der Qualifikation der Mitarbeiter durch Schulung und Weiterbildung. Hierbei wirken zwei Effekte konträr zu einander: Wissenszuwachs und Wissensverlust (Bild 4.95).

Der Wissenszuwachs wird getragen durch drei wichtige Bereiche: dem persönlichen Erfahrungszuwachs im Laufe der Projektarbeit (On-the-Job-Training), der individuellen oder auch kollektiven Schulung und Weiterbildung bei Einführung und Nutzung neuer Technologien (z. B. beim Übergang von der analogen zur digitalen Kommunikationstechnik) und dem gesteuerten unternehmensinternen Wissenstransfer von anderen erfolgreichen Projekten (Lessons learned). Demgegenüber steht ein kontinuierlicher Wissensverlust durch das Vergessen der einzelnen Mitarbeiter, durch Fluktuation, d. h. Weggang von Fachexperten (Kündigung, Ruhestand), und durch überholtes Wissen, Wissen also, welches nicht mehr benötigt wird (z. B. beim Technologieübergang von der Elektronenröhre über den Transistor zum integrierten Schaltkreis).

Dem unweigerlichen Wissensverlust muss konsequent durch gezielten Wissenszuwachs entgegengearbeitet werden; so konsequent, dass auf keinen Fall eine Minderung des Wissensbestands auftritt, sondern vielmehr eine Steigerung erreicht wird. Auch im Rahmen der Personalführung muss die Schulung und Weiterbildung der Mitarbeiter aktiv vorangetrieben

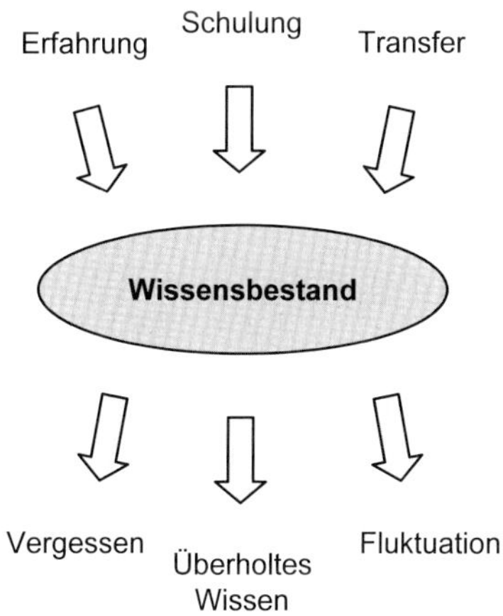

Bild 4.95 Wissensbestand

werden, wobei der PM-Schulung eine besondere Bedeutung zukommt (siehe hierzu auch die Kap. 3.5.5 und Kap. 6.5.3).

Personalförderung

Da die Tätigkeit der Projektmitarbeiter in einem Projekt zwangsläufig zeitlich immer terminiert ist, gibt es natürlich gravierende psychologische Probleme, gutes Personal für Projektarbeiten zu bekommen bzw. zu halten. Besonders gegen Ende eines Projekts kann die Motivation erheblich zurückgehen, weil die weitere Zukunft häufig für den Einzelnen noch unklar ist. Die Angst vor einem »Karriereknick« ist dann sehr groß. Ein Job in einer normalerweise recht dauerhaften Linienorganisation ist eben viel sicherer und berechenbarer als ein Job in einer stark fluktuierenden Projektorganisation. Deshalb ist es wichtig, neben einer guten Bezahlung auch ausreichende Möglichkeiten einer individuellen Personalförderung zu schaffen.

In projektorientierten Unternehmen mit ihren vielen, unterschiedlich großen und unterschiedlich komplexen Projekten werden inzwischen Karrieremodelle entwickelt, die einen beachtlichen Anreiz für den Einstieg ins Projektmanagement geben und damit eine echte Alternative zu einer Linien-Karriere bieten.

Wie in dem Bild 4.96 schematisch dargestellt ist, beginnt die PM-Karriere mit der Übernahme einer Leitungsverantwortung als *Teamleiter* innerhalb eines Projekts. Bei ausreichender Qualifizierung kann dieser nach Erreichen eines breiteren Erfahrungsstandes als *Projektmanager* die Gesamtverantwortung für ein eigenständiges kleineres Projekt mit mehreren Projektteams übernehmen. Bei weiterer erfolgreicher Tätigkeit ist der Aufstieg zu einem *Senior-Projektmanager* mit der Führung größerer Projekte, bei denen die Ergebnisverantwortung wesentlich stärker in den Vordergrund tritt, möglich. Hat ein solcher Senior-Projektmanager im Laufe der Zeit mehrere größere Projekte sowohl in fachlicher als auch in betriebswirtschaftlicher Hinsicht erfolgreich durchgeführt, ist der Aufstieg zu einem *Projektdirektor* möglich, dem dann überbereichliche Großprojekte, die für das Unternehmen von großer strategischer Bedeutung sind, übertragen werden.

Die in Bild 4.96 dargestellten vier Projektleiterstufen entsprechen den in der ICB (IPMA Comptence Baseline) definierten vier Levels, nach denen das PM-Personal zertifiziert werden kann (siehe hierzu auch Kap. 4.8).

4.7.2 Arbeiten im Team

Komplexe Problemlösungen, technologisch schwierige Konzipierungen, innovative Planungen werden in der Regel in interdisziplinär zusammengestellten Projektteams durchgeführt. In einem solchen Team finden sich Mit-

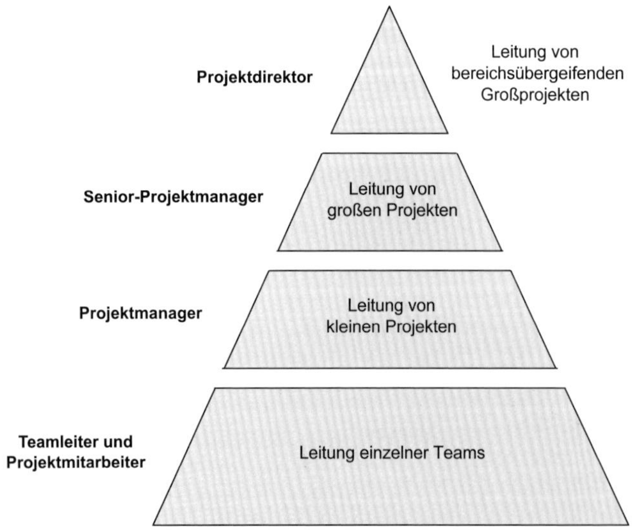

Bild 4.96
PM-Karrieremodell

arbeiter zu einer einmaligen Aufgabe mit unterschiedlichem Wissen, unterschiedlicher Erfahrung und unterschiedlicher Sichtweite zusammen. Häufig kennen sich die Mitglieder nur sehr wenig oder gar nicht; sie stammen meist aus unterschiedlichen Abteilungen und Standorten. Weil jedes Teammitglied seine speziellen Stärken hat und seine eigenen Ideen einbringt, kommt man auf bessere Lösungen. Zudem zeigt die Erfahrung, dass Entscheidungen, die im Team getroffen werden, von den Einzelnen überzeugter getragen werden. Von einem Team getroffene Entscheidungen werden auch von Außenstehenden viel eher akzeptiert, weil hinter diesen eben eine ganze Gruppe steht; sie lassen sich damit wirkungsvoller durchsetzen,

Die Vorzüge einer Teamarbeit sind:

- breitere Wissensbasis (Know-how-Vorteil),
- Nutzung von Synergien,
- gesicherter Informationsfluss,
- stärkere Leistungsbereitschaft (Motivation),
- bessere Durchsetzungsfähigkeit,
- tragfähigere Entscheidungen.

Entwicklungsphasen eines Teams

Voraussetzung für ein effektives Arbeiten in einem Team ist das Schaffen einer gemeinsamen Beziehungswelt. Bevor Menschen zum Team werden, müssen sie Erfahrungen im Umgang miteinander machen: das Team muss erst »zusammenwachsen«. Das erfordert eine gewisse Zeit; aber diese Zeit ist nicht verloren, sondern eine notwendige Entwicklungsphase.

Das Zusammenwachsen eines Teams verläuft im Wesentlichen in vier typischen Phasen (siehe Bild 4.97):

- ▷ Abtastphase (Forming)
- ▷ Konfrontationsphase (Storming)
- ▷ Organisationsphase (Norming)
- ▷ Arbeitsphase (Performing)

In der *Abtastphase* tasten sich die Teammitglieder erst einmal gegenseitig ab; man ist höflich zueinander, vorsichtig beim Argumentieren, aber auch sehr gespannt auf die Meinungen der neuen Partner. In dieser ersten Phase sollten das Aufgabenziel klar definiert und die eigenen Aufgaben einvernehmlich festgelegt werden, außerdem ist die Zusammenarbeit (Termine, Örtlichkeiten, Kommunikation etc.) untereinander abzusprechen. In der Abtastphase werden die Beziehungen zwischen den Teilnehmern aufgebaut; hierbei ist es wichtig, dass jeder seinen Platz innerhalb der Gruppe findet. In dieser Phase ist meist ein hoher Grad an Begeisterung und Kreativität des Teams vorhanden.

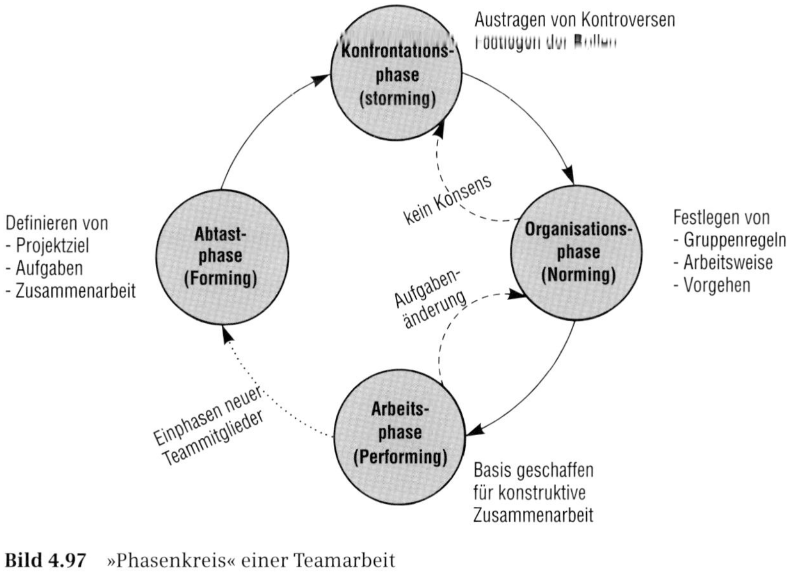

Bild 4.97 »Phasenkreis« einer Teamarbeit

Nach den ersten Diskussionen und Durchsprachen treten im Allgemeinen die ersten unterschwelligen Konflikte auf und können sich zu offenen Konfrontationen aufbauen. Das Team befindet sich jetzt in der *Konfrontationsphase*. Die unterschiedlichen Sicht- und Vorgehensweisen der Mitglieder prallen mehr oder weniger hart aufeinander. Häufig probieren einige Mitglieder sogar aus, wie weit sie gehen können; so schafft sich der Einzelne seinen Raum in der Gruppe. In der Konfrontationsphase werden die Rollen im Team geklärt. Es ist wichtig, dass die zwangsläufig bestehenden Unterschiede in den Einstellungen und Meinungen der Teilnehmer klar hervortreten und Kontroversen – ohne falsche Kompromisse – ausdiskutiert werden können. Große Gefahr besteht, dass die Teammitglieder ihre anfängliche Begeisterung verlieren und sich ein allgemeiner Frust breit macht und die Erreichbarkeit des gesteckten Ziels angezweifelt wird.

In der anschließenden *Organisationsphase* entwickelt die Gruppe zur gestellten Aufgabe gemeinsam akzeptierte Standpunkte, Betrachtungsweisen und Begriffswelten; sie legt weiterhin allgemeine Umgangsformen, Sprachregeln und Informationswege für das weitere Arbeiten im Team fest. In der Organisationsphase werden die Gruppenregeln festgelegt und eine gemeinsame Arbeitsbasis verabredet. Jetzt wird erkennbar, wie gut und zielorientiert das Team zusammenarbeiten wird. Werden vereinbarte Gruppenregeln – z. B. durch äußere Einflüsse – in Frage gestellt, dann tritt die Gruppe eventuell wieder in die Vorphase, die Konfrontationsphase ein. Auf jeden Fall muss vermieden werden, dass es zu einer »Cliquenbildung« kommt.

Ist schließlich ein allgemeiner Konsens hinsichtlich des Arbeitsziels und der Vorgehensweise erreicht worden, beginnt die *Arbeitsphase*. Man hat inzwischen Erfahrungen gesammelt, wie man am besten miteinander umgeht, so dass eine gute Basis für eine konstruktive Zusammenarbeit geschaffen worden ist. Im Idealfall ist das Team *offen* gegenüber neuen Gedanken und Ideen, *flexibel* gegenüber auftretenden Schwierigkeiten, *leistungsfähig* in Hinblick auf das gesteckte Ziel und *solidarisch* in der Zusammenarbeit. Treten neue Mitglieder in das Team ein oder ändert sich die Aufgabenstellung, so kann es erforderlich werden, die Organisationsphase (oder sogar auch die Konfrontationsphase) noch einmal zu durchlaufen. Im Allgemeinen hat das Team mit Eintritt in diese Phase einen hohen Grad der Reife und Produktivität erreicht.

Grundregeln der Teamarbeit

Für eine konstruktive Teamarbeit gelten folgende acht Grundregeln:

1. Anerkennung geben.
2. Beiträge fordern.
3. Gemeinsam handeln.
4. Eigene Meinung offen äußern.
5. Ziel im Auge behalten.
6. Konflikte ausdiskutieren.
7. Aufmerksam zuhören.
8. Kritik akzeptieren.

Als Anregungen sind hierzu im Einzelnen zu nennen:

- ▷ Man sollte öfters mal seine Anerkennung gegenüber einem Teamkollegen zum Ausdruck bringen; derartige Wertschätzungen verbessern das Klima ganz entscheidend.
- ▷ Schweigsame Teammitglieder sollten gezielt angesprochen werden; häufig haben die Ruhigen die besten Ideen und können einen wichtigen Beitrag zur Teamarbeit leisten.
- ▷ Auf jeden Fall sollte eine Cliquenbildung oder eine Gruppenspaltung innerhalb des Teams verhindert werden; dies führt meist nur zu unnötigen und unproduktiven Auseinandersetzungen.
- ▷ Jedes Teammitglied sollte seine Meinung klar und direkt vertreten können; ein Taktieren sollte unbedingt vermieden werden.
- ▷ Jedes Teammitglied sollte bestrebt sein, sich voll auf das Ziel der Arbeitsgruppe zu konzentrieren und davon ablenkende Beiträge zu vermeiden.
- ▷ Genaues Zuhören ist die beste Grundlage für eine erfolgreiche Teamarbeit; alle Teilnehmer sollen sich äußern können, aber eben nicht alle auf einmal.
- ▷ Kritik sollte nicht als Angriff, sondern als etwas Positives angesehen werden; konstruktive Kritik ist schließlich der direkte Weg zum Besseren.

Eine erfolgsorientierte Arbeitsweise des Projektteams ist wegen des Nichtvorhandenseins einer hierarchischen Ordnung nur dann zu erwarten, wenn die Teammitglieder ein stark ausgeprägtes kooperatives Verhalten zeigen. Erfahrungen, Einstellungen und Engagement des Einzelnen sind entscheidende Erfolgsfaktoren.

Dabei sollte der Unterschied im Wissens- und Erfahrungsstand der Teammitglieder nicht zu groß sein. Auch die Teamgröße muss in einer vernünftigen Relation zum Umfang der gestellten Aufgabe stehen. Bei einem für die Aufgabe zu kleinen Team können die Mitglieder mit den zu lösenden Problemen leicht überfordert sein; bei einem relativ zu großen Team muss häufig ein unnötiger Zeitaufwand für vermehrte Kommunikation und Koordination betrieben werden.

In jedem Fall empfiehlt es sich, einen Teamsprecher (Primus inter Pares) auszuwählen, der als Moderator kraft seiner Persönlichkeit und Fachkompetenz eine Führung des Teams schafft. Zu seinen Aufgaben gehört es, das gesteckte Ziel nicht aus den Augen zu verlieren und das Team entsprechend zu lenken; er muss in der Lage sein, die Mitarbeiter zu motivieren und zu inspirieren. Von seinen Führungsqualitäten hängt es im entscheidenden Maße ab, wie gut die Gruppe zu einem Team geformt wird.

Leitung eines Teams

Nach dem Konzept des situativen Führens (von Hersey und Blanchard [8]) hängt das optimale Führen eines Teams vom »Reifegrad« eines Teams ab, wobei folgende vier Reifegrade unterschieden werden:

Reifegrad 1: Team ist noch unfähig, die gestellten Aufgaben befriedigend zu lösen.
Reifegrad 2: Team ist bereits innerlich darauf eingestellt, die gestellten Aufgaben zu lösen.
Reifegrad 3: Team ist bereits fähig, aber noch unsicher oder unwillig, die gestellten Aufgaben zu lösen.
Reifegrad 4: Team ist fähig und bereit, die gestellten Aufgaben zu lösen.

Entsprechend des vorhandenen Reifegrades eines Teams muss ein Teamleiter sein Führungsverhalten ausrichten:

Verhaltensweise 1: unterweisend, anordnend
Verhaltensweise 2: anbietend, erläuternd
Verhaltensweise 3: teilhabend, unterstützend
Verhaltensweise 4: delegierend, Verantwortung übertragend

In Bild 4.98 ist veranschaulicht, in welcher Form ein Teamleiter durch sein sich wandelndes Führungsverhalten das Team konsequent in einen höheren Reifegrad lenken kann. Im geringsten und im höchsten Reifegrad muss der Teamleiter am wenigsten Zeit in die Mitarbeiterführung investieren; in dem ersten Fall ordnet er nur an, im letzten Fall braucht er nur noch zu delegieren, da das Team bereits vollständig selbstständig arbeitet. Dagegen in den beiden Zwischenabschnitten muss der Teamleiter sehr viel Zeit aufbringen für das Anleiten und das »Coaching« der Mitarbeiter. Richtet der Teamleiter seine Verhaltensweise nicht nach dem vorhandenen Reifegrad aus, kann dies leicht zu einem Misserfolg des Teams führen: Entweder ist das Team noch überfordert oder die Leistungskraft des Teams kann sich nicht optimal entfalten, da der Teamleiter dem Team nicht genügend Freiraum lässt.

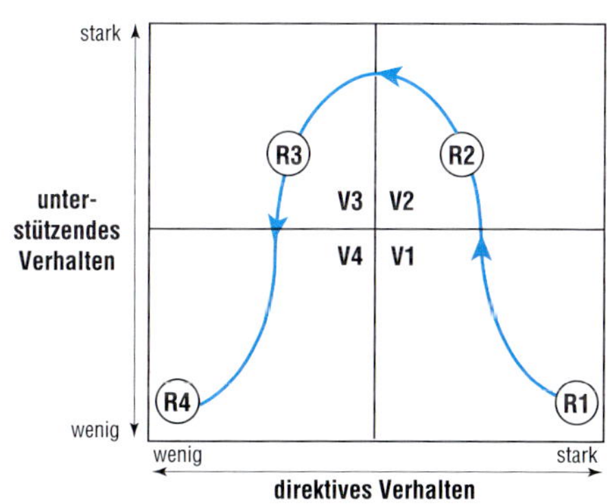

Bild 4.98 Situatives Führen

Virtuelle Teams

Mit Hilfe der verschiedenen Kommunikationsmöglichkeiten moderner IT-Technologien können auch Teams als *virtuelle* Teams gebildet werden. Diese virtuellen Teams setzen sich aus Personen zusammen, die meist an weit entfernten Arbeitsplätzen tätig sind, aber an gemeinsamen Aufgaben arbeiten. Über E-Mails im Internet mit entsprechendem Team-Verteivorschlägen zu einer gemeinsamen Lösung zusammengefasst; für beide Seiten ist es ein Nehmen und Geben. Häufig besteht hier allerdings die Gefahr der Einigung auf den „gemeinsamen kleinsten Nenner", so dass der wahre Konflikt nicht wirklich gelöst, sondern nur durch einen teilweise faulen Kompromiss verdrängt wird.

Greift eine übergeordnete Hierarchie auf die Konfliktparteien ein, weil diese sich nicht einigen können, so kann eine Einigung auch durch entsprechenden Druck von oben herbeigeführt werden. Hinsichtlich der Akzeptanz in einer Projektgruppe ist eine solche *Hierarchieentscheidung* natürlich die schlechteste, aber in einer Notsituation die wirksamste Methode einer Konfliktlösung. Besteht keine Aussicht auf eine einvernehmliche Lösung und soll auch keine einseitige Entscheidung getroffen werden, so bleibt nur der Ausweg einer *Deeskalation*, d. h. die Problemlösung wird offen gelassen und auf eine spätere Zeit vertagt, in der Hoffnung, dass sich das Problem vielleicht von selbst löst.

Konfliktbereinigung

Natürlich sollte bereits im Vorfeld angestrebt werden, dass Konflikte gar nicht erst auftreten. So sollte in einem Projekt eine dauernde Beurteilung möglicher Konfliktpotentiale durch die Projektleitung wahrgenommen werden. Eine durchgehend transparente Kommunikations- und Informationskultur ist eine der besten Vorbeugungsmaßnahmen gegen das Auftreten von Konflikten. Allerdings kann ein Konflikt auch die Chance einer grundsätzlichen Verbesserung in sich bergen. Häufig kommen erst durch ein „klärendes Gewitter" markante Projektmängel an die Oberfläche und können so beseitigt werden.

Nachdem die Ursachen, die zu einem Konflikt geführt haben, klar identifiziert und analysiert worden sind und daraufhin die richtige Vorgehensweise zur Konfliktlösung eingeschlagen worden ist, sind in jedem Fall behandelnde Maßnahmen zur Konfliktbereinigung zu ergreifen, um einerseits die eingetretene Situation umgehend zu verbessern und andererseits einer späteren Wiederholung des Konflikts entgegenzuwirken. Solche zu ergreifende Maßnahmen sind z. B.:

- Personal aufstocken,
- Aufgabenvolumen reduzieren,
- Termindruck verringern,
- Arbeitsabläufe optimieren,
- Zuständigkeiten eindeutiger definieren,
- Arbeitsbedingungen verbessern,
- Arbeitsklima im Team harmonisieren.

Die Durchführung von Konfliktseminaren im Rahmen von Personalförderungsmaßnahmen stärkt das Wirken eines Konfliktmanagements. In solchen Seminaren werden anhand von Fallstudien und Rollenspielen verschiedene Konfliktsituationen durchgearbeitet, um insgesamt zu einem besseren Konfliktverhalten der Beteiligten zu gelangen. Auch hat es sich bewährt, bei komplizierten Konfliktsituationen externe Coaches bzw. Mediatoren in eine Konfliktlösung einzubeziehen.

Mediation

Mediation ist eine bewährte Methode zur gewaltfreien Konfliktbearbeitung; sie führt mittels eines strukturierten Vorgehens zu einer konstruktiven Beilegung eines Konfliktes. Zur Mediation wird eine neutrale Person benötigt, die zwischen den streitenden Personen bzw. Personengruppen vermittelt, um zu einer gemeinschaftlich akzeptierten Lösung zu kommen. Dieser Mediator macht normalerweise keine Vorschläge und darf auch für keine Konfliktseite und deren Meinung Partei ergreifen.

Mediation ist vornehmlich eine verbale Methode. Das bedeutet, dass das „Sich-Mitteilen" von Fakten und Meinungen sowie das gegenseitige Zuhören im Vordergrund stehen. Mediatoren müssen darauf achten, dass dies in richtiger Weise geschieht und dabei die relevanten Konfliktpunkte klar herausgearbeitet werden.

Nach [77] kann man den Prozess der Mediation in folgende fünf Abschnitte gliedern:

1. Auftragsklärung:
   Erläuterung des Mediationsverfahrens und der Rolle des Mediators.
2. Themensammlung:
   Welche Streitpunkte sollen behandelt werden? Welche sollen außen vor bleiben?
3. Problembearbeitung:
   Positionen, Interessen und Sichtweisen der Kontrahenten werden erkundet.

4. Lösungsfindung:
   Mögliche Lösungen werden gesammelt und bewertet.
5. Abschlussvereinbarung:
   Niederschrift der Ergebnisse sowie des weiteren Vorgehens und der vereinbarten Umsetzungsfristen.

Während der Mediation können alle Techniken und Hilfsmittel der Kommunikation und Problemlösung, wie sie im Kapitel 6.6 Arbeitstechniken beschrieben sind, eingesetzt werden. Voraussetzung einer erfolgreichen Mediation sind die vier Grundprinzipien:

▷ Freiwilligkeit der Konfliktparteien

▷ Ergebnisoffenheit der Mediation

▷ Verschwiegenheit des Mediators

▷ Meinungsneutralität des Mediators.

Mediation prägt eine neue Konfliktkultur in unserer Gesellschaft; so wird sie in allen Bereichen des gesellschaftlichen Lebens zunehmend angewandt, sowohl in engen Bereichen (Berufs- und Privatleben), als auch auf größeren Gebieten (Gerichtsverfahren, Bürgerproteste).

4.7.4 Stakeholder-Management

Zu den Stakeholdern eines Projekts zählen alle Personen und Institutionen, die unmittelbar oder mittelbar von den Projektereignissen in irgendeiner Weise betroffen sind. ISO 10006 definiert Stakeholder wie folgt.

> Stakeholder eines Projekts sind alle (natürlichen und juristischen) Personen, die ein Interesse am Projekt haben oder vom Projekt in irgendeiner Weise betroffen sind.

Die Definition des Begriffes Stakeholder deckt sich auch in etwa mit der Definition der „Projektbeteiligten" nach DIN 69905.

Arten von Stakeholdern

Man unterscheidet interne und externe Stakeholder. Zu den internen Stakeholdern zählen alle Personengruppen auf der Auftragnehmerseite, also die Projektmitarbeiter, die Unternehmensleitung, eventuell der Betriebrat; teilweise werden sie auch als Key-Stakeholder bezeichnet. Externe Stakeholder sind dagegen Vertreter der Auftraggeberseite sowie andere externe Gruppen, die einen relevanten Bezug zum Projekt haben (siehe Bild 4.99).

Darüber hinaus kann man nach aktiven und passiven Stakeholdern unterscheiden. Zu den aktiven Stakeholdern zählen neben den internen Stakeholdern die Lieferanten und die Auftraggeber. Zu den passiven Stakeholdern gehören neben staatlichen Stellen (z. B. Zulassungsstellen, Umweltschutzamt) auch solche, die nur indirekt betroffen sind, wie z. B. Inter-

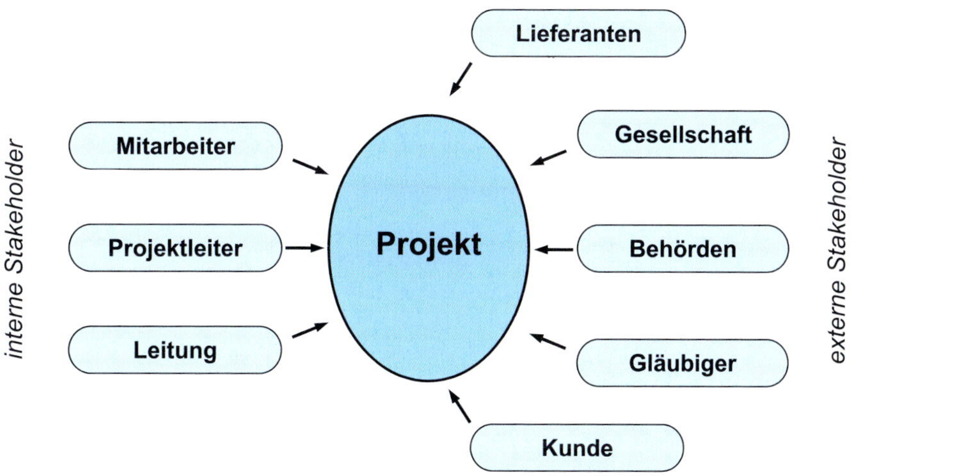

Bild 4.99 Stakeholder eines Projekts

essenvertreter, Verbände, Medien, Anrainer oder auch Familienmitglieder der Mitarbeiter.

Stakeholder-Analyse

Mittels einer Stakeholder-Analyse werden die potenziellen Stakeholder bei Projektbeginn gemäß ihrer Bedeutung und Wichtigkeit für das Projekt identifiziert, um innerhalb des Stakeholder-Managements in das Projektgeschehen eingebunden zu werden.

Die Stakeholder-Analyse hat folgende Fragen zu klären:

▷ Welche Personen innerhalb des Unternehmens gehören zu den unmittelbaren Projektbeteiligten?
▷ Welche Personen, Gruppen, Organisationen und Interessenvertreter sind potenzielle Stakeholder?
▷ In welcher Verantwortung stehen diese zu dem Projekt (fachlich, finanziell, gesellschaftlich)?
▷ Welche Einflussnahme können die einzelnen Stakeholder auf das Projekt ausüben?
▷ Welche Stakeholder haben eine kritische Einstellung zu dem Projekt (z. B. Umweltverbände)?

In einer derartigen Analyse können die folgenden Kriterien potenzieller Stakeholder mit so genannten „Identity Matrix Cards“ für eine grafische Darstellung festgehalten werden [37]:

- Name des Stakeholders,
- Position in dessen Unternehmen,
- Rolle im bzw. zum Projekt,
- Einstellung zum Projekt,
- Arbeitssitz,
- Verbindung zu ...

In einem Kommunikationsgraphen werden diese Stakeholder-Karten dann zueinander in Beziehung gebracht, um deren Relevanz darzustellen. Hierbei wird untersucht, welche Einflüsse die einzelnen Stakeholder auf das Projekt ausüben können, welche Konfliktsituationen zwischen Stakeholdern und dem Projekt auftreten könnten und zu welchen Stakeholdern eine besonders intensive Kommunikation vorzusehen ist. In Folge einer solchen Analyse werden letztendlich die ins Projekt einzubeziehenden Stakeholder festgelegt.

Während der Projektdurchführung sollte die Stakeholder-Analyse sinnvollerweise immer wieder überprüft werden, da die relevanten Stakeholder sowie ihre Macht und Verbindungen sich im Laufe des Projekts verändern können. Die Stakeholder-Analyse mit den darin formulierten Informationsbedürfnissen findet Eingang in den Kommunikationsplan (siehe Kap. 3.8.2 Projektpläne).

Das Stakeholder-Management ist Teil des Projektmanagements und gehört zum unmittelbaren Verantwortungsbereich des Projektleiters, der die Kommunikationsabläufe so steuern muss, dass einerseits die Informationsbedürfnisse der Stakeholder erfüllt und andererseits auftretende Probleme während des Projektgeschehens mit diesen gemeinsam gelöst werden. Ein funktionierender Kommunikationsfluss mit den Stakeholdern ist insbesondere bei schweren Projektdiskontinuitäten eine wichtige Voraussetzung für eine befriedigende Problemlösung.

4.8 Zertifizierung von PM-Personal

Erfolgreiches Projektmanagement stellt hohe Anforderungen an die PM-Kompetenz des eingesetzten PM-Personals, wobei die geforderte *„Kompetenzstärke“* natürlich sehr stark von der Projektgröße und der Projektkomplexität abhängt. Zur Bewertung der Kompetenz von Projektleitern und Projektmitarbeitern hat die IPMA (International Project Management Association) einen allgemeingültigen Beurteilungsrahmen geschaffen. Die IPMA ist eine internationale Vereinigung für Projektmanagement von mehr als 40 nationalen PM-Organisationen. Deutschland ist durch die GPM (Gesellschaft für Projektmanagement) vertreten.

In Zusammenarbeit mit den nationalen Organisationen hat die IPMA einen englischsprachigen Leitfaden zur Zertifizierung von PM-Personal erstellt [122, 123]. Diese IPMA Competence Baseline ist in ihrer Version 3 (kurz ICB 3.0 genannt) ein gemeinsames Rahmendokument, an das sich alle IPMA-Mitgliedsorganisationen und Zertifizierungsstellen halten, um die Anwendung einheitlicher und harmonisierter Normen zu gewährleisten. Die ICB definiert 46 *Kompetenzelemente*, die für ein professionelles Projektmanagement ausschlaggebend sind und nach denen eine personenindividuelle Zertifizierung durchgeführt werden kann; sie können aber auch für die Erstellung von PM-Schulungsmaterial genutzt werden. Von der GPM ist eine deutsche Übersetzung angefertigt worden [124] sowie ein Handbuch zur Anwendung der ICB [138]. Bis 2008 war der von der GPM herausgegebene PM-Kanon die nationale Competence Baseline für Deutschland.

Sowohl für den einzelnen Projektmitarbeiter und Projektleiter als auch für PM-Dienstleister und deren Kunden hat eine Zertifizierung nach dem Zertifizierungsschema der IPMA große Vorteile:

- ▷ Nach erfolgreicher Zertifizierung erhält der Projektmitarbeiter bzw. der Projektleiter ein international anerkanntes Zertifikat zur Bestätigung seiner Projektmanagement-Kompetenz.
- ▷ Der Anbieter von Projektmanagement-Dienstleistungen kann einen Nachweis über die Projektmanagement-Kompetenzen seiner Mitarbeiter erbringen.
- ▷ Der Kunde erhält eine höhere Sicherheit für das Gelingen seines Projekts, wenn dieses mit zertifiziertem PM-Personal durchgeführt wird.

Die Teilnahme an ein solches Zertifizierungsverfahren stellt zudem einen großen Ansporn für alle Projektmitarbeiter dar, sei es, dass sie in einer Projektleiter-Funktion oder als einfache Mitarbeiter im Projektteam tätig sind. Es dient zur allgemeinen Erweiterung des Projektmanagement-Wissens und führt damit zur Qualitätsverbesserung des Projektmanagements.

In der ICB wird das Management von *Projekten*, von (Projekt-)*Programmen* und von (Projekt-) *Portfolios* bei einigen Kompetenzbereichen getrennt behandelt. In der ICB-Bedeutung wird ein *Programm* eingesetzt, um ein strategisches Ziel eines Unternehmens zu erreichen; es besteht daher aus mehreren verwandten Projekten, die für die Verwirklichung des strategischen Zieles nötig sind. Ein *Portfolio* umfasst dagegen eine Reihe von Projekten oder auch Programmen, die nicht unbedingt miteinander verwandt sein müssen, sondern nur aus Kontrollzwecken bzw. aus Optimierungsgründen zu einer Projektgruppe zusammengefasst wurden. Projekte und Programme haben eine definiert endende Laufzeit; ein Portfolio dagegen kann dauerhaft bestehen, da aus dem Portfolio ausscheidende Projekte in der Regel durch neue wieder ersetzt werden. Ein Portfoliomanager muss über eine besonders hohe Kompetenz im Projektmanagement verfügen.

4.8.1 IPMA-Zertifizierungssystem

Grundlage für die Verleihung eines PM-Zertifikats ist die Beurteilung der Kompetenzen des Kandidaten, die dieser hinsichtlich Erfahrungen und Kenntnisse in seiner bisherigen Projektmanagement-Tätigkeit gezeigt hat. Die IPMA Competence Baseline unterscheidet vier *Kompetenzstufen* im PM-Personal (siehe auch Bild 4.96):

Level A	Zertifizierter Projekt-Direktor
Level B	Zertifizierter Senior-Projektmanager
Level C	Zertifizierter Projektmanager
Level D	Zertifizierter Projektmanagement-Fachmann/-frau

Folgende Anforderungen werden für den Kandidaten einer Zertifizierung nach den Kriterien der IPMA Competence Baseline gestellt (aus [123] in etwas gekürzter Form):

IPMA-Zertifizierungslevel A
(Projekt-Direktor)

Zugangsvoraussetzungen:
: Mindestens 5-jährige Erfahrung im Portfolio-, Programm- oder Multiprojektmanagement, davon 3 Jahre in verantwortlicher Führungsfunktion im Portfoliomanagement einer Organisation oder im Management wichtiger Projekte.

Kernkompetenz:
: Der Kandidat muss in der Lage sein, Projektportfolios und Projektprogramme zu managen.

Zusätzliche Anforderungen:
: Er ist u. a. für ein wichtiges Projektportfolio einer Organisation bzw. für das Management mehrerer Projektprogramme verantwortlich, leistet Beiträge zum strategischen Manage-

ment, bildet PM-Personal aus und hat entscheidend mitgewirkt bei der Einführung von Projektmanagement-Methoden und -verfahren.

IPMA-Zertifizierungslevel B (Senior-Projektmanager)

Zugangsvoraussetzungen:
Mindestens 5-jährige Erfahrung im Projektmanagement, davon mindestens 3 Jahre in verantwortlicher Führungsposition bei komplexen Projekten.

Kernkompetenz:
Der Kandidat muss in der Lage sein, komplexe Projekte zu managen.

Zusätzliche Anforderungen:
Er ist für alle PM-Kompetenzbereiche in einem komplexen Projekt verantwortlich, nimmt als Manager eines großen PM-Teams eine allgemeine Managementfunktion ein und bedient sich angemessener Projektmanagementprozesse, PM-Methoden und PM-Werkzeugen.

IPMA-Zertifizierungslevel C (Projektmanager)

Zugangsvoraussetzungen:
Mindestens 3-jährige Erfahrung im Projektmanagement, ist bei Projekten mit begrenzter Komplexität in Führungspositionen tätig.

Kernkompetenz:
Der Kandidat muss in der Lage sein, Projekte begrenzter Komplexität bzw. ein Teilprojekt eines komplexen Projekts unter Erfüllung aller PM-Kompetenzelemente zu managen.

Zusätzliche Anforderungen:
Er ist für das Management eines Projekts von begrenzter Komplexität verantwortlich bzw. managt ein Teilprojekt eines komplexen Projekts und bedient sich dem Einsatz üblicher Projektmanagementprozesse, PM-Methoden und PM-Werkzeugen.

IPMA-Zertifizierungslevel D (Projektmanagement-Fachmann/-frau)

Zugangsvoraussetzungen:
Erfahrung in den PM-Kompetenzelementen wird nicht vorausgesetzt; von Vorteil ist aber, wenn der Kandidat seine Grundkenntnisse im Projektmanagement schon zur Anwendung bringen konnte.

Kernkompetenz:
Der Kandidat sollte über Kenntnisse im Projektmanagement unter Berücksichtigung aller Kompetenzelemente verfügen.

Zusätzliche Anforderungen:
Er arbeitet als Mitglied eines Projektteams, verfügt über breit gefächerte Kenntnisse im Projektmanagement und kann jedes Kompetenzelement zur Anwendung bringen.

Diese Zertifizierungslevels der IPMA Competence Baseline können von den nationalen Organisationen im Rahmen eines eigenen Projektmanagement-Kompetenzmodells auf die jeweilige Landeskultur und die gegebenen PM-Praktiken im betreffenden Land angepasst werden (NCB, National Competence Baseline).

4.8.2 Beschreibung der Kompetenzelemente

PM-Kompetenz basiert auf dem Wissen und den Kenntnissen im Projektmanagement, auf der allgemeinen Anwendungserfahrung sowie auf dem persönlichen Verhalten im Projektgeschehen. In der ICB sind dazu grundlegende PM-Aufgaben und Fähigkeiten, Prozesse und Funktionen, Methoden und Techniken aufgeführt und näher erläutert.

Das gesamte Kompetenz-Spektrum des Projektmanagements wird in die drei folgenden ICB-Bereiche gegliedert:

- ▷ PM-technische Kompetenzen (Technical Competences)
- ▷ Soziale und personale Kompetenzen (Behavioural Competences)
- ▷ PM-kontextbezogene Kompetenzen (Contextual Competences)

In der Tabelle 4.12 sind die in der ICB behandelten Einzelkompetenzen in ihrer englischen Benennung und deren deutschen Entsprechung aufgeführt.

Nachfolgend werden die Inhalte der einzelnen Kompetenzelemente kurz beschrieben (siehe auch [124]):

1. PM-technische Kompetenzen

Diese Kompetenzelemente beschreiben die methodischen und relevanten fachlich-technischen PM-Kompetenzen. Die Kandidaten müs-

Tabelle 4.12 Übersicht der Beurteilungselemente ICB 3.0 mit ihrer deutschen Entsprechung

Beurteilungselemente ICB 3.0		**entspricht folgender Kompetenz**
Technical competences		
1.01	Project management success	Projektmanagementerfolg
1.02	Interested parties	Interessengruppen, Projektbeteiligte
1.03	Project requirements & objectives	Projektanforderungen und Projektziele
1.04	Risk & opportunity	Projektrisiken und Projektchancen
1.05	Quality	Qualitätsmanagement (Projekt- und Produktqualität)
1.06	Project organisation	Projektorganisation
1.07	Teamwork	Arbeiten im Team
1.08	Problem resolution	Problemlösung
1.09	Project structures	Projektstrukturen
1.10	Scope & deliverables	Leistungsumfang und Lieferobjekte
1.11	Time & project phases	Termine und Projektphasen
1.12	Resources	Einsatzmittel (Ressourcen)
1.13	Cost & finance	Kosten und Finanzmittel
1.14	Procurement & contract	Beschaffung und Verträge
1.15	Changes	Änderungswesen
1.16	Control & reports	Controlling und Berichtswesen
1.17	Information & documentation	Information und Dokumentation
1.18	Communication	Kommunikation
1.19	Start-up	Projektstart
1.20	Close-out	Projektabschluss
Behavioural competences		
2.01	Leadership	Führungseigenschaften
2.02	Engagement & motivation	Engagement und Motivation
2.03	Self-control	Selbststeuerung, Selbstkontrolle
2.04	Assertiveness	Durchsetzungsvermögen
2.05	Relaxation	Stressbewältigung und Entspannung
2.06	Openness	Offenheit
2.07	Creativity	Kreativität
2.08	Results orientation	Ergebnisorientierung
2.09	Efficiency	Effizienz
2.10	Consultation	Beratungsbereitschaft
2.11	Negotiation	Verhandlungsführung
2.12	Conflict & crisis	Konflikt- und Krisenbewältigung
2.13	Reliability	Verlässlichkeit
2.14	Values appreciation	Wertschätzungsfähigkeit
2.15	Ethics	Ethische Aspekte (Loyalität, Solidarität etc.)
Contextual competences		
3.01	Project orientation	Projektorientierung
3.02	Programme orientation	Programmorientierung
3.03	Portfolio orientation	Portfolioorientierung
3.04	Project, programme & portfolio implementation	Projektmanagement-Einführung
3.05	Permanent organisation	Stammorganisation (Linienorganisation)
3.06	Business	Geschäftsprozesse
3.07	Systems, products & technology	Produkt- und Systemmanagement
3.08	Personnel management	Personalmanagement
3.09	Health, security, safety & environment	Sicherheits- und Umweltbewusstsein
3.10	Finance	Finanz- und Rechnungswesen
3.11	Legal	Rechtliche Aspekte

sen in den einzelnen Kompetenzbereichen entsprechende *Erfahrungen* und *Kenntnisse* aufweisen können.

1.01 *Projektmanagementerfolg*
Der Projektmanagementerfolg ist die Anerkennung der Projektergebnisse durch die maßgeblichen Interessengruppen. Wichtig ist hier, die wesentlichen Kriterien zur Messung des Projektmanagementerfolgs zu kennen und anhand professioneller PM-Methoden und -Werkzeuge konsequent das Projektmanagement optimieren zu können.

1.02 *Interessengruppen, Projektbeteiligte*
Der Umgang mit den an dem Projekt interessierten Parteien (unmittelbar Projektbeteiligte, Stakeholder, Kunden etc.) muss durch eine offene Informationspolitik und Kommunikation aktiv gefördert werden. Interessen und Erwartungen dieser Parteien müssen in die Definition der Projektanforderungen einbezogen werden.

1.03 *Projektanforderungen und Projektziele*
Die vom Auftraggeber aufgestellten Projektanforderungen müssen einer Machbarkeitsanalyse unterzogen werden und münden dann nach Erstellen einer Kostenschätzung in eine mit dem Auftraggeber abgestimmte Definition des Projektziels.

1.04 *Projektrisiken und Projektchancen*
Das Risikomanagement zur Abwägung der Projektrisiken und der Projektchancen ist ein fortlaufender Prozess während des gesamten Projekts. Risiken müssen entsprechend ihrer Bedeutung, ihrer Eintrittswahrscheinlichkeit und ihres eventuellen Schadenaufkommens bewertet werden, um adäquate Maßnahmen zur Vermeidung oder Verminderung treffen zu können.

1.05 *Qualitätsmanagement (Projekt- und Produktqualität)*
Einerseits muss ein effizientes Qualitätsmanagement die Qualität der Projektdurchführung sichern und andererseits muss die Qualitätskontrolle die Qualität des herzustellenden Projektgegenstandes gewährleisten. Die Projekt- und die Produktqualität ist projektbegleitend u. a. über Projektaudits und Produkttests zu überprüfen.

1.06 *Projektorganisation*
Die Projektorganisation muss der Art des Projekts (FuE, Investition, Projektierung etc.), der Einbettung in das Projektumfeld (unternehmensintern, extern, Konsortium etc.) sowie den spezifischen Erfordernissen des Unternehmens angepasst sein; sie sollte dabei auch personale und kulturelle Gegebenheiten berücksichtigen.

1.07 *Arbeiten im Team*
Ein förderliches Lenken und Steuern der Gruppenbildungsprozesse in einem Team durch die Projektleitung sind wichtige Voraussetzung für eine effiziente Teamarbeit, die geprägt ist von einer hohen Motivation der Mitarbeiter, einem harmonischen Arbeitsklima sowie einer gemeinsamen Zielorientierung im Projekt.

1.08 *Problemlösung*
Das Ergebnis der Problemlösung in einem Projekt schlägt sich nieder in der Definition der zu tätigenden Projektaufgaben zusammen mit dem hierfür erforderlichen Zeitrahmen, den Kosten und den damit verbundenen Risiken. Unterschiedliche Methoden zur Problemanalyse stehen hier zur Verfügung: Kreativitäts-, Istanalyse-, Problemlösungs- und Entscheidungstechniken.

1.09 *Projektstrukturen*
Projektstrukturen schaffen durch klare Festlegung der Teilaufgaben, Arbeitspakete und Aktivitäten in einer hierarchischen Gliederung die erforderliche Ordnung in einem Projekt. Durch Zuordnung der Zuständigkeiten und Verantwortlichkeiten sowie der terminlichen und aufwandsmäßigen Parameter gelangt man zu einer transparenten Darstellung des gesamten Projektgeschehens.

1.10 *Leistungsumfang und Lieferobjekte*
In der Leistungsbeschreibung müssen der Leistungsumfang des zu erstellenden Projektgegenstandes sowie die auszuliefernden Lieferobjekte (Deliverables) genau beschrieben werden.

1.11 *Termine und Projektphasen*
Die zeitliche Ablaufplanung der in einem Projekt durchzuführenden Aufgaben wird in einem Prozessablauf mit definierten Projektphasen festgelegt; in diesem sind die Beginn- und Fertigstellungstermine der einzelnen Arbeitspakete niedergelegt. Mittels Terminplanungsinstrumentarien wie z. B. Balkendiagrammen oder Netzplänen, muss ein zeitoptimaler Projektablauf hinsichtlich der abzuarbeitenden Arbeitspakete angestrebt werden.

1.12 *Einsatzmittel (Ressourcen)*
Zu den Einsatzmitteln zählen das einzusetzende Personal, die zu verarbeitenden Materialien sowie die zu verwendenden sonstigen Betriebsmittel. Im Rahmen eines Ressourcenmanagements muss ein optimaler Einsatz der zur Verfügung stehenden Einsatzmittel – sowohl in Hinblick der Verfügbarkeit als auch der Kosten – erreicht werden.

1.13 *Kosten und Finanzmittel*
Das Projektkostenmanagement umfasst die Kosten- und Budgetplanung zu Projektbeginn wie auch das Kostencontrolling während der Projektdurchführung. Das Finanzierungsmanagement muss sicherstellen, dass während der Projektdurchführung immer die erforderlichen Finanzmittel ausreichend zur Verfügung stehen.

1.14 *Beschaffung und Verträge*
Das Beschaffungswesen muss für die rechtzeitige und kostengünstige Beschaffung der für das Projekt notwendigen Zulieferungen sorgen. Das Vertragsmanagement ist für die korrekte und juristisch abgesicherte Vertragsformulierung und Vertragsprüfung zuständig.

1.15 *Änderungswesen*
Das Änderungsmanagement muss die geordnete und geregelte Übernahme von während der Projektdurchführung erhobenen Änderungsanforderungen und deren Einbindung in das Konfigurationsmanagement und damit in den laufenden Erstellungsprozess des Projekts sicherstellen.

1.16 *Controlling und Berichtswesen*
Mit dem Projekt-Controlling wird erreicht, dass Planabweichungen im Projektablauf frühzeitig erkannt werden und man durch entsprechende Maßnahmen gegensteuern kann. Hierzu ist das Berichtswesen eine wichtige Informations- und Beurteilungsbasis für das Projektmanagement.

1.17 *Information und Dokumentation*
Das Informations- und Dokumentationsmanagement sammelt und gestaltet die projektbegleitende Aufbereitung der gesamten Projektinformationen sowie die nutzungsorientierte Informationszuführung zu den Projektbeteiligten.

1.18 *Kommunikation*
Eine reibungslose Kommunikation innerhalb und außerhalb des Projekts ist wichtige Voraussetzung für einen erfolgreichen Projektfortgang, dabei kann die Kommunikation auf unterschiedlichen Wegen stattfinden (schriftlich, mündlich, elektronisch, bringend, holend etc.)

1.19 *Projektstart*
Der Projektstart muss mit einer klaren Projektdefinition beginnen; hierzu gehören ein formell korrektes Vereinbarungsdokument (Projektauftrag, Kundenvertrag etc.), eine vollständige Aufgabenbeschreibung (Anforderungskatalog, Lastenheft etc.), eine durchgängige Projektorganisation (Zuständigkeiten, Verantwortlichkeiten) und eine vorgegebene Prozessorganisation.

1.20 *Projektabschluss*
Der Projektabschluss ist die Beendigung der Projektarbeit bei Fertigstellung des Projektgegenstandes. Vier Prozessschritte kennzeichnen diese letzte Phase eines Projekts: Produktabnahme (Übergabe des Projektgegenstandes durch den Auftragnehmer und Übernahme durch den Auftraggeber nach einer entsprechenden Abnahmeprüfung), Projektabschlussanalyse (Abweichungsanalyse, Kundenbefragung), Erfahrungssicherung (Kennzahlen, Erfahrungsdatenbank) und Projektauflösung (Projektabschlusssitzung, Personalüberleitung, Ressourcenauflösung).

2. Soziale und personale Kompetenzen

Diese Kompetenzen beschreiben die sozialen und personalen Kompetenzen, die die persönlichen Beziehungen zwischen den in Projekten, Programmen und Portfolios tätigen Einzelpersonen und Gruppen behandeln und über die die Kandidaten verfügen müssen.

2.01 *Führungseigenschaften*
Anleitung und Motivation der Mitarbeiter sowie überzeugende Vertretung des Projekts nach außen gehören zu den wichtigsten Aspekten der Führungseigenschaft eines Projektleiters.

2.02 *Engagement und Motivation*
Persönliches Engagement und hohe Motivation zeichnen den erfolgreichen Projektleiter aus und sind Ansporn für das gesamte Projektteam.

2.03 *Selbststeuerung, Selbstkontrolle*
Die Selbststeuerung führt zu einem disziplinierten und systematischen Vorgehen beim Abarbeiten der täglichen Arbeit; sie festigt auch die Selbstkontrolle in kritischen Projektsituationen.

2.04 *Durchsetzungsvermögen*
Die Fähigkeit, seine Standpunkte mit Überzeugung und Autorität vorzubringen, kennzeichnet das Durchsetzungsvermögen eines Projektleiters.

2.05 *Stressbewältigung und Entspannung*
Eine starke Fähigkeit in der Stressbewältigung ist wichtig, wenn Spannungen im Team oder im Projektumfeld abgebaut werden müssen. Auch die Fähigkeit, sich nach stressreichen Ereignissen wieder zu entspannen und diese Entspannung auf das Team zu übertragen, ist eine wichtige Kompetenz für einen Projektleiter.

2.06 *Offenheit*
Offenheit gibt anderen das Gefühl, dass deren Ideen und Vorschläge willkommen sind und deren Probleme ernst genommen werden. Offenheit ist Voraussetzung für einen gedeihlichen Informationsfluss zwischen den Organisationsebenen und fördert im starken Maße das Arbeitsklima in einem Projekt.

2.07 *Kreativität*
Kreativität ermöglicht ein Denken und Handeln auf originelle und einfallsreiche Weise. Häufig können Problemlösungen nur mit einem kreativen Ansatz gefunden werden.

2.08 *Ergebnisorientierung*
Ergebnisorientierung bedeutet konsequentes Ausrichten aller Handlungen und Entscheidungen auf das vorgegebene Projektziel hinsichtlich Qualität, Kosten und Termine.

2.09 *Effizienz*
Effizienz in einem Projekt zeigt sich in der kostengünstigen Nutzung der zur Verfügung stehenden Zeit, der erforderlichen Ressourcen und der vorhandenen Methoden und Verfahren zur Erstellung des kundengerechten Projektgegenstandes. Effizienz zeigt sich auch im persönlichen Verhalten des Projektleiters durch Klarheit in seinen Anweisungen, durch sein rationelles Zeitmanagement und durch sein kontinuierliches Streben nach Verbesserungen im Projektmanagement.

2.10 *Beratungsbereitschaft*
Die Bereitschaft, im Meinungsaustausch mit anderen Ratschläge, Argumente, kritische Anmerkungen zu übernehmen und in die eigene Betrachtung aufzunehmen, ist eine große Bereicherung für die Projektrealisierung.

2.11 *Verhandlungsführung*
Beim Auftreten von Meinungsverschiedenheiten mit den externen Projektbeteiligten (Kunde, Lieferant etc.) hilft eine gute Verhandlungsfähigkeit des Projektleiters, Konflikte zu vermeiden.

2.12 *Konflikt- und Krisenbewältigung*
Konflikte und Krisen können sowohl innerhalb als auch außerhalb eines Projekts das Projektgeschehen stark beeinträchtigen. Kompetenz im Konflikt- und Krisenmanagement ermöglicht eine frühzeitige Wahrnehmung und ein energisches Eingreifen zur Bewältigung.

2.13 *Verlässlichkeit*
Verlässlichkeit umfasst korrektes und konsequentes Verhalten, Verantwortungsbewusstsein und Aufrichtigkeit; sie erzeugt Vertrauen bei anderen zu den eigenen Handlungen.

2.14 *Wertschätzungsfähigkeit*
In der Akzeptanz der Eigenschaften anderer Menschen und deren Gewohnheiten

sowie dem gegenseitigen Respekt zeigt sich die Fähigkeit in der Wertschätzung.

2.15 *Ethische Aspekte*
Ethische Werte wie Loyalität, Solidarität, Ehrlichkeit und Hilfsbereitschaft sind einerseits in der Gesellschaft verankert (Leitkultur) und andererseits in Regeln des Unternehmens festgeschrieben. Ihre Einhaltung fördert nicht nur eine konfliktfreie Durchführung der Projekte, sondern ist auch für die gesellschaftliche Anerkennung des Unternehmens von großer Bedeutung.

3. PM-kontextbezogene Kompetenzen

Diese Kompetenzelemente beschreiben Kompetenzen, die benötigt werden, um ein Projekt zu initiieren und zu starten, seine Durchführung zu managen und es zum Abschluss zu bringen

3.01 *Projektorientierung*
Der Kandidat hat die grundsätzlichen Konzepte des Projektmanagements voll verstanden und hat bei der Entwicklung und Einführung dieser Konzepte in Projekten mitgewirkt.

3.02 *Programmorientierung*
Ein Projektprogramm besteht aus mehreren, miteinander verbundenen Projekten. Der Kandidat hat die grundsätzlichen Konzepte eines Programmmanagements voll verstanden und hat bei der Umwandlung von Geschäftsstrategien in Projektprogramme mitgewirkt.

3.03 *Portfolioorientierung*
Ein Projektportfolio umfasst eine Reihe von Projekten bzw. Programmen, die nicht zwangsläufig inhaltlich miteinander verbunden, sondern nur aus Kontroll- oder Koordinierungsgründen zusammengefasst sind. Der Kandidat hat die grundsätzlichen Konzepte eines Portfoliomanagements voll verstanden und hat in einem solchen Management bereits erfolgreich mitgearbeitet.

3.04 *Projektmanagement-Einführung*
Der Kandidat hat aktiv bei Einführungsplänen und bei Verbesserungsprozessen von Projekt-, Programm- bzw. Portfoliomanagement mitgewirkt.

3.05 *Stammorganisation*
Der Kandidat war an den Schnittstellen zwischen der Stammorganisation (Linienorganisation) und der Projektorganisation erfolgreich koordinierend tätig.

3.06 *Geschäftsprozesse*
Der Kandidat ist mit seinem Projekt, Programm bzw. Portfolio in die Geschäftsprozesse des Unternehmens eingebunden und hat beim Abgleich zwischen Projekt- und Geschäftsangelegenheiten entscheidend mitgewirkt.

3.07 *Produkt- und Systemmanagement*
Der Kandidat hat Entwicklungen von Produkten, Systemen und Technologien sowie deren Anwendung erfolgreich geleitet.

3.08 *Personalmanagement*
Der Kandidat hat an Personalentwicklungsaktivitäten in der Linienorganisation teilgenommen und hat in seinen Projekten erfolgreich Personalentwicklungsmaßnahmen durchgeführt.

3.09 *Sicherheits- und Umweltbewusstsein*
Der Kandidat hat in seinem Projektbereich für eine angemessene Managementkultur im Umgang mit Gesundheits-, Arbeitsschutz- und Umweltfragen gesorgt.

3.10 *Finanz- und Rechnungswesen*
Das Finanzierungsmanagement ist für die rechtzeitige und ordnungsgemäße Bereitstellung der erforderlichen Finanzmittel verantwortlich. Das Rechnungswesen umfasst die Kostenkalkulation und die Finanzbuchhaltung. Der Kandidat verfügt über ausreichende Kenntnisse und Erfahrung auf diesen Gebieten.

3.11 *Rechtliche Aspekte*
Der Kandidat verfügt über ausreichende Kenntnisse und Erfahrung zu Gesetzen und Vorschriften, die Auswirkungen auf sein Projekt, Programm oder Portfolio haben.

In Tabelle 4.13 ist aufgezeigt, welche Kompetenzniveaus ein Aspirant auf jedem der vier IPMA-Levels nach dem Zertifizierungsschema PM-ZERT der GPM haben muss [138]. Die (ebenfalls vier) Kompetenzniveaus wurden wie folgt spezifiziert:

- ▷ Niveau „Kennen"
  Der Aspirant hat von dem Kompetenzelement gehört und weiß, wo er es in der Literatur finden kann.
- ▷ Niveau „Wissen"
  Der Aspirant versteht das Thema und kann Zusammenhänge nachvollziehen und erläutern.
- ▷ Niveau „Können"
  Der Aspirant kann das Erlernte zur Aufgabenlösung in der Praxis anwenden.
- ▷ Niveau „Managen"
  Der Aspirant führt die Aufgaben in der Regel nicht mehr selbst aus, sondern delegiert diese, begleitet die Mitarbeiter bei der Durchführung und kann das Ergebnis überprüfen.

Tabelle 4.13 Anforderungen an IPMA-Kompetenzlevel (Quelle: PM-ZERT der GPM)

Kompetenzelemente		**IPMA Level D**	**IPMA Level C**	**IPMA Level B**	**IPMA Level A**
PM-technische Kompetenzen					
1.01	Projektmanagementerfolg	Wissen	Können	Können	Managen
1.02	Interessengruppen, Projektbeteiligte	Können	Können	Können	Managen
1.03	Projektanforderungen und Projektziele	Können	Können	Können	Können
1.04	Projektrisiken und Projektchancen	Können	Können	Können	Managen
1.05	Qualitätsmanagement	Wissen	Wissen	Können	Managen
1.06	Projektorganisation	Können	Können	Können	Managen
1.07	Arbeiten im Team	Können	Können	Können	Managen
1.08	Problemlösung	Wissen	Können	Managen	Managen
1.09	Projektstrukturen	Können	Können	Können	Managen
1.10	Leistungsumfang und Lieferobjekte	Wissen	Wissen	Können	Managen
1.11	Termine und Projektphasen	Können	Können	Können	Managen
1.12	Einsatzmittel (Ressourcen)	Können	Können	Können	Managen
1.13	Kosten und Finanzmittel	Können	Können	Können	Managen
1.14	Beschaffung und Verträge	Wissen	Wissen	Können	Managen
1.15	Änderungswesen	Wissen	Wissen	Können	Managen
1.16	Controlling und Berichtswesen	Wissen	Können	Können	Managen
1.17	Information und Dokumentation	Wissen	Können	Können	Managen
1.18	Kommunikation	Können	Können	Managen	Managen
1.19	Projektstart	Können	Können	Können	Managen
1.20	Projektabschluss	Wissen	Können	Können	Managen
Soziale und personale Kompetenzen					
2.01	Führungseigenschaften	Wissen	Können	Können	Managen
2.02	Engagement und Motivation	Können	Können	Managen	Managen
2.03	Selbststeuerung, Selbstkontrolle	Kennen	Können	Managen	Managen
2.04	Durchsetzungsvermögen	Kennen	Können	Können	Können

Tabelle 4.13 Anforderungen an IPMA-Kompetenzlevel (Fortsetzung)

Kompetenzelemente		IPMA Level D	IPMA Level C	IPMA Level B	IPMA Level A
2.05	Stressbewältigung und Entspannung	Kennen	Können	Können	Managen
2.06	Offenheit	Kennen	Können	Können	Können
2.07	Kreativität	Wissen	Können	Managen	Managen
2.08	Ergebnisorientierung	Wissen	Können	Können	Managen
2.09	Effizienz	Kennen	Können	Können	Managen
2.10	Beratungsbereitschaft	Kennen	Können	Können	Können
2.11	Verhandlungsführung	Wissen	Wissen	Können	Managen
2.12	Konflikt- und Krisenbewältigung	Wissen	Können	Managen	Managen
2.13	Verlässlichkeit	Wissen	Können	Können	Können
2.14	Wertschätzungsfähigkeit	Kennen	Können	Können	Können
2.15	Ethische Aspekte (Loyalität, Solidarität etc.)	Können	Können	Können	Können
PM-kontextbezogene Kompetenzen					
3.01	Projektorientierung	Wissen	Können	Können	Managen
3.02	Programmorientierung	Kennen	Wissen	Können	Managen
3.03	Portfolioorientierung	Kennen	Wissen	Können	Managen
3.04	Projektmanagement-Einführung	Kennen	Wissen	Wissen	Managen
3.05	Stammorganisation (Linienorganisation)	Wissen	Können	Können	Managen
3.06	Geschäftsprozesse	Wissen	Können	Können	Managen
3.07	Produkt- und Systemmanagement	Kennen	Können	Können	Wissen
3.08	Personalmanagement	Wissen	Können	Können	Managen
3.09	Sicherheits- und Umweltbewusstsein	Wissen	Können	Können	Managen
3.10	Finanz- und Rechnungswesen	Wissen	Können	Können	Managen
3.11	Rechtliche Aspekte	Kennen	Wissen	Können	Managen

4.8.3 Zertifizierungsverfahren

Zertifizierungsablauf

Das Zertifizierungsverfahren wird in mehreren Schritten und je nach Zertifizierungslevel mit unterschiedlichen Inhalten durchgeführt (siehe Tabelle 4.14). So muss in den Level A und B ein ausführlicher Projektbericht vorgelegt werden; in den Phasen C und D findet dafür eine schriftliche Prüfung statt. Bis auf den Level D wird bei all den anderen Level zum Abschluss ein Prüfungsgespräch geführt. Auch wird beim Projektfachmann (Level D) nur auf das vorhandene Wissen und noch nicht auf eine entsprechende Erfahrung geprüft.

Bestandteile des Zertifizierungsverfahrens

Die Bestandteile bzw. Aktionen, die bei der Zertifizierung nach der IPMA Competence Baseline vorliegen müssen bzw. durchgeführt werden, sind folgende:

- ▷ Bewerbungsformular und Lebenslauf
- ▷ Projektliste
- ▷ Selbstbewertung

Tabelle 4.14 IPMA-Zertifizierungssystem (aus [124])

Level	Kompetenz	Zertifizierungsschritte			Gültigkeit
		Phase 1	Phase 2	Phase 3	
Projekt-Direktor Level A	Wissen und Erfahrung	Bewerbung, Lebenslauf, Projektliste, Referenzen, Selbstbewertung	Projekt-Direktor-Bericht	Prüfungsgespräch	5 Jahre
Senior-Projektmanager Level B			Projekt-Bericht		
Projektmanager Level C			schriftliche Prüfung optional: Workshop, Projektbericht		
Projektfachmann Level D	Wissen	Bewerbung, Lebenslauf, Selbstbewertung	schriftliche Prüfung		unbegrenzt, optional 10 Jahre

▷ Schriftliche Prüfung
▷ Workshop
▷ 360-Grad-Bewertung
▷ Projektbericht
▷ Prüfungsgespräch.

Mit dem *Bewerbungsformular* und dem beigefügten Lebenslauf identifiziert sich der Bewerber für eine Zertifizierung nach den IPMA-Grundsätzen; dabei sollte er zwei Personen als Referenz vorweisen können.

In einer *Projektliste* listet der Bewerber alle Projekte, Programme bzw. Portfolios auf, an denen er mitgearbeitet hat. Für jeden Listeneintrag sollten detaillierende Informationen, wie Projektgröße, erstellte Lieferobjekte, Kosten, Komplexität etc. hinzugefügt werden.

Ebenfalls sollte eine *Selbstbewertung* nach den allgemeinen Anforderungen der IPMA-Zertifizierungssystematik vorgenommen worden sein und das Formular mit der Selbsteinschätzung den Bewerbungsunterlagen beigefügt werden.

Die *schriftliche Prüfung*, die nur bei den beiden Level C und D durchgeführt wird, dauert im Allgemeinen mehrere Stunden und besteht aus Prüfungsfragen nach dem Multiple-Choice-Prinzip, dem Verfassen einer freien Abhandlung z. B. über einen Projektvorschlag oder einer Projektkalkulation und schließlich aus Problemstellungen, wie z. B. einer kleinen Fallstudie.

Workshops sind optionale Bestandteile des Zertifizierungsverfahrens und werden auf Wunsch des Bewerbers und des Prüfungsausschusses vorgenommen. Die Dauer eines solchen Workshops beträgt in der Regel einen Tag. Ausgehend von einer skizzenhaften Projektbeschreibung werden in einer Gruppe von nicht mehr als 5 Teilnehmern die entsprechenden Projektpläne entworfen und ausgearbeitet.

Bei einer *360-Grad-Bewertung*, die ebenfalls optional ist, wird ein computergestützter Fragebogen mit etwa 100 Fragen zu Projektmanagement-Kompetenzen von vier verschiedenen Personen (der Bewerber, sein übergeordneter Projektleiter, ein Mitarbeiter aus seinem Team sowie ein Projektkunde) ausgefüllt. Die 360-Grad-Bewertung ist dann Bestandteil des Prüfungsgesprächs.

Im *Projektbericht* beschreibt der Kandidat u. a. seine bisherigen Aufgaben, Aktivitäten und Ergebnisse, die er im Rahmen seiner bisherigen Projekttätigkeit in Projekten, Programmen bzw. Portfolios wahrgenommen hat, sowie seine Funktion in diesen Projekten und die dabei eingesetzten PM-Methoden und Werkzeuge. Der Projektbericht ist eine wichtige Grundlage für das Prüfungsgespräch.

Das *Prüfungsgespräch* wird anhand eines Fragenkatalogs geführt, welcher Bezug auf die vorgenannten Zertifizierungsbestandteile (Projektbericht, Selbstbewertung, schriftliche Prüfung, Workshop, 360-Grad-Bewertung) nimmt und eine ausgewählte Untermenge der ICB-Kompetenzelemente anspricht. Die Dauer des Prüfungsgesprächs variiert in Abhängigkeit der zu zertifizierenden Levels von 1 bis zu 2,5 Stunden. Kandidaten des Level D werden keinem Prüfungsgespräch unterzogen, dort genügt die schriftliche Prüfung.

Zertifizierungsentscheid

Die Bewertung erfolgt in der Regel durch zwei unabhängige Assessoren, die selbst über eine reiche Erfahrung im Projektmanagement verfügen und mindestens auf demselben Level zertifiziert worden sind. Auf Basis der im Prüfungsgespräch mit dem Kandidaten gewonnenen Erkenntnisse und der in den vorgelegten Unterlagen wird von den Assessoren ein Zertifizierungsbescheid ausgesprochen, der nur die Aussage *„Zertifizierung erteilt"* oder *„Zertifizierung nicht erteilt"* enthält. Bei einem nicht einstimmigen Urteil wird ein weiterer Gast-Assessor zur Klärung hinzugezogen.

Für die drei ersten Level A, B und C hat der Zertifizierungsbescheid eine Gültigkeitsdauer von 5 Jahren und muss nach dieser Zeit in einem Re-Zertifizierungsverfahren wiederholt werden. Für den Level D kann eine unbegrenzt lange Gültigkeitsdauer ausgesprochen werden.

4.8.4 Zertifizierungsschema

Die Assessoren beurteilen die Kandidaten aufgrund der Projektmanagement-Kompetenz, die diese in den Prüfungen, Workshops, Projektberichten und Interviews gezeigt haben.

Bewertungsskala

Unterteilt nach Wissen und Erfahrung wird auf einer elfwertigen kontinuierlichen Skala für jede der in der ICB aufgeführten Einzelkompetenzen eine entsprechende Bewertung vorgenommen. In Tabelle 4.15 sind in (gekürzter Form) die inhaltlichen Erläuterungen für diese Wertstufen der ICB-Bewertungsskala aufgeführt. Im ersten Schritt stufen die Assessoren die Kompetenz des Kandidaten je einzelnes Element in einer der Hauptgruppen dieser Bewertungsskala ein, anschließend wird diese erste grobe Einschätzung innerhalb der jeweiligen Dreiergruppe verfeinert (niedriger, mittel, höher).

Tabelle 4.15 ICB-Bewertungsskala

Werte	Stufe	Wissen	Erfahrung
0	keine Kompetenz	Der Kandidat verfügt über kein Wissen auf dem Gebiet des Projektmanagements.	Der Kandidat hat keine Erfahrung auf dem Gebiet des Projektmanagements.
1 bis 3	geringe Kompetenz	Der Kandidat kennt das Element und kann es in seinem Inhalt erläutern.	Der Kandidat verfügt über eine gewisse Erfahrung, die er in einer PM-Funktion in wenigen Projekten erworben hat.
4 bis 6	mittlere Kompetenz	Der Kandidat verfügt über solide Kenntnisse und kann das Element anwenden.	Der Kandidat verfügt über durchschnittliche Erfahrung, die er in verschiedenen Projekten und über die meisten Projektphasen erworben hat.
7 bis 9	große Kompetenz	Der Kandidat versteht die Funktion in allen Einzelheiten und kann das Element entsprechend gut anwenden.	Der Kandidat verfügt über eine breit gefächerte Erfahrung, die er in vielen verschiedenen Projekten und über alle Projektphasen erworben hat.
10	höchste Kompetenz	Der Kandidat beherrscht alle Elemente.	Der Kandidat ist ein außerordentlicher Experte.

Tabelle 4.16 Einstufung der ICB-Level (Taxonomie)

ICB-Element	Wissen											Erfahrung										
	0	1	2	3	4	5	6	7	8	9	10	0	1	2	3	4	5	6	7	8	9	10
Technical competences																						
1.01 Project management success					D		C	B	A								C		B	A		
1.02 Interested parties					D	C		B	A								C		B	A		
1.03 Project requirements & objectives						D	C	B	A							C		B	A			
1.04 Risk & opportunity						D;C		A;B								C		B	A			
1.05 Quality						D;C		A;B								C		B	A			
1.06 Project organisation						D	C	B	A							C		B		A		
1.07 Teamwork						D	C;B	A									C	B;A				
1.08 Problem resolution							D;C	B	A								C	B	A			
1.09 Project structures						D;C	B	A								C		B	A			
1.10 Scope & deliverables						D	C	B	A							C	B		A			
1.11 Time & project phases						D	C	B	A								C	B	A			
1.12 Resources						D;C	B	A								C		B	A			
1.13 Cost & finance						D	C	B	A								C	B	A			
1.14 Procurement & contract					D	C		B	A							C	B	A				
1.15 Changes						D;C		A;B								C		B	A			
1.16 Control & reports						D	C	B	A							C		B		A		
1.17 Information & documentation					D	C	B	A								C		B	A			
1.18 Communication						D	C	B	A								C	B		A		
1.19 Start-up						D	C	B	A								C	B	A			
1.20 Close-out						D	C	B	A								C	B	A			
Behavioural competences																						
2.01 Leadership				D	C		B	A								C		B		A		
2.02 Engagement & motivation				D		C		B	A								C	B;A				
2.03 Self-control				D		C	B	A								C		B	A			
2.04 Assertiveness					D	C	B	A								C		B		A		
2.05 Relaxation				D	C		B	A								C		B	A			
2.06 Openness				D	C	B	A									C		B	A			
2.07 Creativity				D		C	B	A									C		B	A		
2.08 Results orientation					D	C		B	A							C			B	A		
2.09 Efficiency					D	C	B	A								C		B	A			
2.10 Consultation					D	C	B		A							C		B;A				
2.11 Negotiation						D;C	B	A								C			B;A			
2.12 Conflict & crisis					D	C	B	A									C		B	A		
2.13 Reliability				D		C		B;A										C	B	A		
2.14 Values appreciation				D	C	B	A									C			B;A			
2.15 Ethics					D	C	B	A								C		B	A			
Contextual competences																						
3.01 Project orientation					D	C		B	A								C		B	A		
3.02 Programme orientation			D	C		B		A							C	B			A			
3.03 Portfolio orientation			D		C		B		A						C		B			A		
3.04 Project, programme & portfolio impl.					D	C	B	A							C		B		A			
3.05 Permanent organisation					D	C	B	A							C	B		A				
3.06 Business				D		C		B	A							C		B	A			
3.07 Systems, products & technology				D	C	B		A							C	B		A				
3.08 Personnel management				D	C	B	A								C	B		A				
3.09 Health, security, safety & environment					D;C		B;A									C	B	A				
3.10 Finance				D	C	B	A								C		B	A				
3.11 Legal				D;C		B	A								C	B		A				

Mindestanforderungen (Taxonomie)

Die Beurteilung der Projektmanagement-Kompetenz wird in der Gegenüberstellung von Soll-Werten der einzelnen Kompetenzen zu den zugehörigen Ist-Werten vorgenommen:

- ▷ Die Soll-Werte für die einzelnen Level werden durch die Mindestanforderungen der ICB-Zertifizierung festgelegt.
- ▷ Die Ist-Werte werden aufgrund der Beurteilung eines Kandidaten durch die Assessoren bzw. durch eine Selbstbewertung ermittelt.

Bezogen auf die ICB-Zertifizierungslevel A bis D ist für jede Einzelkompetenz ein Soll-Wert vorgegeben, der mindestens auf dieser Kompetenzstufe erreicht werden sollte. In Tabelle 4.16 sind bezogen auf die ICB-Kompetenzelemente diese Sollwerte eingetragen. Für den Level D sind nur in der Rubrik Wissen Soll-Werte festgelegt, da in der Rubrik Erfahrung für den Level D noch keine längere Erfahrung vorausgesetzt wird.

Als Lesebeispiel soll Folgendes herausgegriffen werden:

> Für die Durchsetzungsfähigkeit (2.04 Assertiveness) wird für einen Projekt-Direktor ein Mindestwert in der Beurteilung des Wissens von 7 und der Erfahrung von 8 erwartet, dagegen für einen einfachen PM-Fachmann genügt eine Beurteilung von 4 auf dem Wissensgebiet; Erfahrungen muss dieser zwangsläufig nicht aufweisen.

Zur Vereinfachung können mehrere Einzelkompetenzen zu Kompetenzbereichen zusammengefasst werden, die dann als Ganzes bewertet werden. Bei mehreren Assessoren werden die Einzelbewertungen in einem abschließenden Abstimmungsgespräch zu einer gemeinsamen Bewertung zusammengeführt. Abschließend ist lediglich zu entscheiden, ob das Zertifikat erteilt werden soll oder nicht. Voraussetzung zur Erteilung des Zertifikats ist auf jeden Fall das Erreichen der Mindestanforderungen des zu zertifizierenden Levels.

Re-Zertifizierungsverfahren

Die Zertifizierungsstelle überwacht das Ablaufdatum von Zertifikaten und informiert den Inhaber des Zertifikats rechtzeitig über das Datum einer Re-Zertifizierung sowie den möglichen Wechsel in einen höheren Zertifizierungs-Level. Das Re-Zertifizierungsverfahren unterscheidet sich vom Erst-Zertifizierungsverfahren dadurch, dass es sich vor allem auf die Projektmanagementaktivitäten und Weiterbildungsmaßnahmen des Kandidaten seit seiner letzten Zertifizierung konzentriert.

Der Zertifizierungskandidat hat im Rahmen des Re-Zertifizierungsverfahrens folgende Unterlagen vorzulegen:

- ▷ Bewerbungsformular mit aktualisiertem Lebenslauf,
- ▷ aktualisierte Liste seiner durchgeführten Projekte, Programme bzw. Projektportfolios,
- ▷ erneute Selbstbewertung nach der IPMA-Zertifizierungssystematik,
- ▷ eventuell eine aktualisierte 360-Grad-Bewertung,
- ▷ Tätigkeitsbericht über die PM-Aktivitäten seit seiner letzten Zertifizierung,
- ▷ wahrgenommene PM-Weiterbildungsmaßnahmen,
- ▷ Liste von Personen, die als Referenz für seine PM-Kompetenz befragt werden können.

Falls Zweifel an der Erneuerung seines Zertifikats bestehen, bereiten die Assessoren entsprechende Fragen vor, deren Klärung zur Entscheidung hinsichtlich einer Re-Zertifizierung beitragen kann. Die endgültige Entscheidung, ob ein Zertifikat verlängert werden kann oder nicht, trifft die Zertifizierungsstelle auf Grundlage der Gesamtbeurteilung durch die Assessoren.

In Bild 4.100 ist die Anzahl der seit dem Jahr 2000 durchgeführten Zertifizierungen nach dem IPMA-Schema aufgetragen. Bemerkenswert ist die hohe Zertifizierungsanzahl beim niedrigsten Level D (Projektfachmann) und die kaum vorhandenen Zertifizierungen nach dem höchsten Level A (Projekt-Direktor). Anscheinend sieht gerade der Projektleiter-Nachwuchs eine Karriere-Chance im Nachweis einer IPMA-Zertifizierung.

In Deutschland werden die Zertifizierungen von der PM-ZERT, der Zertifizierungsstelle der

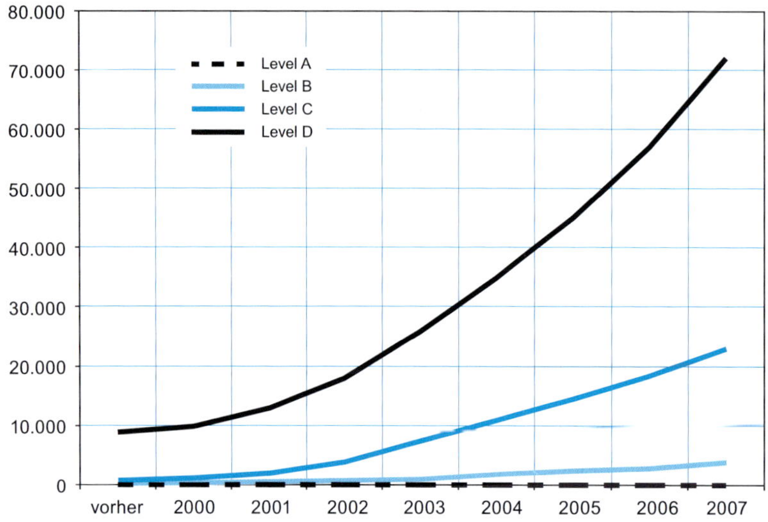

Bild 4.100 Anzahl der Zertifizierungen seit 2000 (Quelle: IPMA, Febr. 2009)

GPM, durchgeführt. Bis März 2011 hat die PM-ZERT bereits mehr als 22.500 Zertifikate vergeben:

- ▷ 19.300 Zertifikate auf Level D
- ▷ 2.350 Zertifikate auf Level C
- ▷ 850 Zertifikate auf Level B
- ▷ 45 Zertifikate auf Level A.

Auch hier zeigt sich der große Zertifikatanteil der niedrigeren Kompetenzlevel.

4.8.5 PMP-Zertifizierung nach PMBoK

Neben der IPMA (International Project Management Association) hat auch das Project Management Institute (PMI) mit Hauptsitz in den USA ein weltweit anerkanntes Zertifizierungsprogramm zur Professionalisierung im Projektmanagement entwickelt. Die PMI hat über 340.000 Mitglieder in mehr als 185 Ländern und ist zentrale Anlaufstelle für die PM-Zertifizierungen in den USA. Sie vergibt u. a. den Titel PMP (Project Management Professional), der die wichtigste Zertifizierungsstufe des PMI-Konzepts darstellt.

Die PMI hat mehrere Zertifizierungsstufen definiert:

- ▷ Project Management Professional (PMP®)
- ▷ Certified Associate in Project Management (CAPM™)
- ▷ Program Management Professional (PgMP®)
- ▷ PMI Scheduling Professional (PMI-SP®)
- ▷ PMI Risk Management Professional (PMI-RMP®)
- ▷ PMI Agile (in Vorbereitung).

Als Grundlage für die Zertifizierungsprüfung zum PMP sowie die anderen Zertifizierungen hat die PMI den PM-Leitfaden PMBoK (Project Management Body of Knowledge) herausgebracht (siehe Kap. 2.6.7).

Voraussetzungen für eine Zertifizierung

Das PMI hat zwei Kategorien von Prüfungskandidaten definiert, die sich hinsichtlich Bildungsgrad und Erfahrung im Projektmanagement unterscheiden; hierbei werden die folgenden Voraussetzungen für eine Zertifizierung zum PMP verlangt:

Voraussetzungen für Kandidaten der Kategorie 1:

- Fachhochschulabschluss oder höher,
- Erfahrung in leitender Funktion im Projektmanagement,
- mind. 36 Monate Tätigkeit im Projektmanagement,

- mind. 4.500 Stunden (3 Jahre) Erfahrung,
- mind. 35 Stunden PM-Ausbildung.

Voraussetzungen für Kandidaten der Kategorie 2:

- kein Fachhochschulabschluss, aber Abitur oder Lehrabschluss,
- Erfahrung in leitender Funktion im Projektmanagement,
- mind. 60 Monate Tätigkeit im Projektmanagement,
- mind. 7.500 Stunden (5 Jahre) Erfahrung,
- mind. 35 Stunden PM-Ausbildung.

Kategorie 1 zielt auf Kandidaten mit einer akademischen Ausbildung, wogegen Kategorie 2 auf Kandidaten ausgerichtet ist, die keine solche Ausbildung haben, dafür aber über eine entsprechend größere Praxiserfahrung im Projektmanagement verfügen. Grundvoraussetzung für eine erfolgreiche Beantwortung der Prüfungsfragen ist in beiden Fällen das im PMBoK-Guide niedergelegte Wissen.

Ablauf der PMP-Prüfung

Die Prüfung für die PMP-Zertifizierung wird von der PMI als Computertest durchgeführt und dauert vier Stunden, während der die Kandidaten nach dem Multiple-Choice-Verfahren 200 Fragen zu beantworten haben. Zu jeder Frage gibt es vier mögliche Antworten, von denen genau eine richtig ist, es gibt keine Mehrfachantworten. Die Fragen und deren Beantwortung haben zwangsläufig aufgrund der Urheberschaft teilweise einen amerikanischen „touch", insbesondere bei Themen, die die Unternehmens-Ethik behandeln. Eine deutsche Prüfungsvorbereitung bietet sich unter [97] an.

25 Fragen im Fragenpool sind so genannte Pretest-Fragen, die nicht in die Bewertung eingehen, da deren Relevanz für eventuell spätere Testfragenpools noch geprüft werden muss. Zum Zeitpunkt der Prüfung erfährt der Kandidat allerdings nicht, um welche es sich handelt – alle 200 Fragen müssen daher beantwortet werden. Von den 200 Fragen werden also nur 175 gewertet; von diesen müssen für eine erfolgreiche Prüfung 140 Fragen richtig beantwortet werden.

Die Aufteilung der Examensfragen auf die verschiedenen Prozessgruppen des PMBoK ergibt sich in etwa wie folgt:

Initiierung	12%
Planung	23%
Ausführung	27%
Überwachung und Steuerung	21%
Abschluss	8,5%
Persönliche Verantwortung	8,5%

Das Prüfungsergebnis wird den Teilnehmern sofort nach Abschluss der Prüfung bekannt gegeben. Teilnehmer, welche die Prüfung nicht auf Anhieb bestehen, erhalten die Möglichkeit zu einem Wiederholtest ohne erneutes Zulassungsverfahren.

Nach erfolgreicher Durchführung des Tests sind die Absolventen berechtigt, das Kürzel PMP hinter ihrem Namen zu tragen. Zertifizierte PMPs unterwerfen sich einem beruflichen „Verhaltenskodex" des PMI (Code of Ethics and Professional Conduct). Dieser Verhaltenskodex spricht die ethischen Werte Verantwortung, Respekt, Fairness und Ehrlichkeit (Compliance) an und legt die Pflichten des PMP gegenüber seinem Berufsstand und gegenüber den Kunden und der Öffentlichkeit fest.

Re-Zertifizierung

Der Status als PMP wird für einen Zeitraum von 3 Jahren verliehen; danach verliert das PMP-Zertifikat seine Gültigkeit. Zur Re-Zertifizierung (CCR – Continuing Certification Requirements) ist es notwendig, entweder die PMP Prüfung zu wiederholen oder nachzuweisen, dass man sich kontinuierlich weitergebildet bzw. entsprechende Projekte geleitet hat. Das letztere erreicht man durch das Sammeln von so genannten PDUs (Professional Development Units). PDUs erwirbt man durch den Besuch von speziellen, von der PMI anerkannten Seminaren (1 Stunde = 1 PDU) oder auch mit entsprechenden Publikationen auf dem Gebiet des Projektmanagements. Z. B erlangt man durch den Besuch eines zweitägigen Intensivseminars über Microsoft Project Server 14 PDUs. Das Studium einschlägiger Literatur reicht dabei nicht aus. Für eine Re-Zertifizierung müssen in dem dreijährigem Zeitraum 60 PDUs nachgewiesen werden. Zu viele in diesem Zeitraum erbrachte PDUs werden bei einer zweiten Re-Zertifizierung angerechnet.

Mit einer erfolgreichen Re-Zertifizierung verlängert sich die Gültigkeit des PMP-Zertifikats um weitere drei Jahre. Mit dieser Re-Zertifizierung stimmt der Kandidat dem Verhaltenskodex auch erneut zu.

Bis Juli 2009 wurden weltweit ca. 360.000 PMPs zertifiziert. Die meisten zertifizierten PMPs in Europa gibt es in Deutschland.

Zertifizierungs-Programm der PMI

Neben der Zertifizierung zum PMP gibt es noch weitere Zertifizierungs-Stufen, die von der PMI und ihren nationalen Vertretungen durchgeführt werden, wobei die CAPM (Certified Associate in Project Management) eine Zertifizierung mit geringeren Voraussetzungen hinsichtlich des PM-Wissens ist, die PgMP-Zertifizierung (Program Management Professional) hingegen umfangreichere Kenntnisse auf dem Gebiet des Projekt- und Programm-Managements verlangt. Die beiden anderen Zertifizierungen PMI-SP (Scheduling Professional) und PMI-RMP (Risk Management Professional) sprechen spezielle Arbeitsgebiete des Projektmanagements an.

CAPM-Zertifizierung

Die CAPM-Zertifizierung richtet sich an Mitglieder eines Projektteams, an Neueinsteiger oder an Projektmanager, die ihr Wissen noch mal testen wollen. Mindest-Voraussetzungen für dieses Zertifikat sind

- ▷ Abitur oder ein ähnlicher Abschluss,
- ▷ 1500 Stunden (1 Jahr) Erfahrung als Projektmanager

oder stattdessen

- ▷ 23 Stunden spezielles PM-Trainingsseminar.

PgMP-Zertifizierung

Die PgMP-Zertifizierung richtet sich an Programm-Manager, die mehrere Projekte im Rahmen eines Programms zu verantworten haben. Programm-Manager müssen bekanntlich Kontakte zu Stakeholdern herstellen können sowie über weitreichende Kenntnisse in den Bereichen Finanzen, Internationales Management, Führung, Kommunikation, Verhandlungsführung und Konfliktlösung verfügen. Mindest-Voraussetzungen für dieses Zertifikat sind:

- ▷ Hochschulabschluss,
- ▷ 6.000 Stunden (4 Jahre) Erfahrung als Projektmanager,
- ▷ 6.000 Stunden (4 Jahre) Erfahrung als Programm-Manager

oder stattdessen

- ▷ Abitur oder ein ähnlicher Abschluss,
- ▷ 6.000 Stunden (4 Jahre) Erfahrung als Projektmanager,
- ▷ 10.500 Stunden (7 Jahre) als Programm-Manager.

PMI-SP-Zertifizierung

Die PMI-SP-Zertifizierung richtet sich an Projektmanager, die vornehmlich in der Ablauf- und Terminplanung von Projekten arbeiten. Mindestvoraussetzungen für dieses Zertifikat sind:

- ▷ Hochschulabschluss
- ▷ 3.500 Stunden ($2^1/_3$ Jahre) Erfahrung in der Projektablauf- und Terminplanung,
- ▷ 30 Stunden Ausbildung in der Projektablauf- und Terminplanung

oder stattdessen

- ▷ Abitur oder ein ähnlicher Abschluss,
- ▷ 5.000 Stunden ($3^1/_3$ Jahre) Erfahrung in der Ablauf- und Terminplanung von Projekten,
- ▷ 40 Stunden Ausbildung in der Ablauf- und Terminplanung von Projekten.

PMI-RMP-Zertfizierung

Die PMI-RMP-Zertifizierung richtet sich an Projektmanager, die vornehmlich im Risikomanagement tätig sind. Mindest-Voraussetzungen für dieses Zertifikat sind:

- ▷ Hochschulabschluss,
- ▷ 3.000 Stunden (2 Jahre) Erfahrung im Projekt-Risikomanagement,
- ▷ 30 Stunden Ausbildung im Risikomanagement

oder stattdessen

- ▷ Abitur oder ein ähnlicher Abschluss
- ▷ 4.500 Stunden (3 Jahre) Erfahrung im Projekt-Risikomanagement,
- ▷ 40 Stunden Ausbildung im Risikomanagement.

Seit Anfang 2011 arbeitet PMI an einer weiteren Zertifizierung für Agiles Projektmanage-

Tabelle 4.17 Gegenüberstellung der Zertifizierungsgrade

Funktion	GPM	IPMA	PMI	PRINCE2
Projektmitarbeiter	PM-Fachmann	Level D	CAPM	Foundation
Projektleiter	Projektmanager	Level C	PMP	Practitioner
Senior-Projektleiter	Senior-Projektmanager	Level B	PMP	Practitioner
Programm-Manager	Projekt-Direktor	Level A	PgMP	

ment, ab Mai 2011 läuft dazu ein internationales Pilotprojekt. Das gesamte PMI-Zertifizierungs-Programm entspricht dem Qualitätsstandard ISO 9001.

Tabelle 4.17 zeigt eine Gegenüberstellung der Zertifizierungsgrade von GPM, IPMA, PMI und PRINCE2.

Tools der PMI

Die PMI, die kommerziell ausgerichtet ist, vertreibt einige kostenpflichtige Tools auf Basis des PMBoK-Konzepts:

▷ *Project Management Survey:*
Dieses Tool ermittelt das Leistungsvermögen von Projekten und zeigt Verbesserungsmöglichkeiten auf (siehe www.PMIStandardsBenchmark.com).

▷ *Program Management Survey:*
Dieses Tool ermittelt das Leistungsvermögen von Projekt-Programmen und zeigt Verbesserungsmöglichkeiten auf (siehe www.PMIStandardsBenchmark.com).

▷ *PMI Standards Navigator:*
Dieses Tool ist eine Datenbank mit den PMI-Standards und diversen Wissensgebieten. Mit ihr können Unternehmen vergleichen, inwieweit sich die eigenen PM-Methoden an den Standards des PMI orientieren und mit diesen konform sind (siehe www.PMIStandardsNavigator.com).

4.9 Reifegradmodelle

Im europäischen und amerikanischen Ausland sind einige moderne Modelle und Methoden zur Optimierung von Prozessabläufen anhand von „Best Practice"-Untersuchungen entworfen worden, die teilweise sogar in internationale Normen aufgenommen worden sind. Da diese Modelle die Qualität von Prozessabläufen mit so genannten *Reifegraden* bewerten, werden sie auch als Reifegradmodelle bezeichnet. Im Folgenden soll auf drei dieser Reifegrad-Modelle näher eingegangen werden.

▷ Prozessmodell CMMI

▷ Assessment-Modell SPICE

▷ Reifegradmodell OPM3

4.9.1 Prozessmodell CMMI

Das Software Engineering Institute (SEI) der Carnegie Mellon University (Pittsburgh, USA) hat 1991 ein Prozessmodell zur Beurteilung und Verbesserung der Qualität und Reife von Produkt-Entwicklungsprozessen in seiner ersten Version CMM 1.0 (Capabilitiy Maturity Model) entwickelt. Die erweiterte Version CMMI (Capabilitiy Maturity Model Integration) hat insbesondere in den USA eine breite Anwendung gefunden und findet vermehrt auch in Europa seine Anhänger.

Das Modell hilft, die Effektivität und Effizienz von Entwicklungsorganisationen entscheidend zu verbessern, indem die Stärken und Schwächen einer Produktentwicklung nach einheitlichen Regeln analysiert werden und daraus gezielt Verbesserungsstrategien abgeleitet werden können. CMMI ist nicht auf eine spezielle Entwicklungsart ausgerichtet, sondern fungiert als allgemeines *Prozessoptimierungsmodell* sowohl für Software- und Systementwicklungen als auch für Hardwareentwicklungen [52]. Da der Anwendungsbereich von CMMI erweitert wird, wurde der Name in CMMI-DEV (CMMI for Development) geändert; weitere Varianten für Beschaffung (CMMI-ACQ) und Dienstleistungen (CMMI-SVC) sind in Vorbereitung.

Aufbau und Struktur

Wie das Bild 4.101 zeigt, sind in diesem Modell unterschiedliche Prozessgebiete (Process Areas) einer Organisation definiert, die verschiedene Reifegrade vorweisen können. Mit dem Modell werden Ziele und Aufgaben je Prozessgebiet aufgezeigt, mit deren Verwirklichung und deren Etablierung ein höherer Reifegrad und damit eine entsprechende Prozessoptimierung erreicht werden kann.

Prozessgebiete

CMMI definiert 22 Prozessgebiete (Process Areas), die in die vier Kategorien Projektmanagement, Entwicklung, Unterstützung und Prozessmanagement eingeteilt sind. Ein Prozessgebiet legt die Anforderungen an einen professionellen Prozessablauf in dem betreffenden Prozessgebiet durch eine Anzahl vorgegebener *Praktiken* fest, mit deren Ausführung bestimmte Ziele erreicht werden, die für die entsprechende Prozessverbesserung von Bedeutung sind.

In der Tabelle 4.18 sind die CMMI-Prozessgebiete mit ihrer Kategorien-Zuordnung und ihrer englischen Bezeichnung aufgeführt

Die Prozessgebiete der beiden Kategorien Projektmanagement und Entwicklung sind innerhalb der jeweiligen Projekte umzusetzen, die Prozessgebiete des Prozessmanagements stellen eine organisationsweite Aufgabe dar und die Prozessgebiete des Supports können sowohl als eine Projektaufgabe als auch eine allgemeine Organisationsaufgabe angesehen werden.

Ziele und Praktiken

In dem CMMI-Modell sind für jedes Prozessgebiet bestimmte Ziele aufgeführt, die bei Durchführung einer definierten Menge von vorgegebenen *Praktiken* erreicht werden können.

Z. B. beim Prozessgebiet „Projektplanung“ sind Ziele aufgeführt wie:

- Schätzungen aufstellen,
- einen Projektplan entwickeln,
- Verpflichtung auf den Plan herbeiführen,
- etc.

Als Praktiken für das Ziel „Schätzungen aufstellen“ kommen infrage:

- Umfang des Projekts schätzen,
- Attribute der Arbeitsergebnisse und Aufgaben schätzen,
- Projektlebenszyklus definieren,
- Schätzungen von Aufwand und Kosten aufstellen,
- etc.

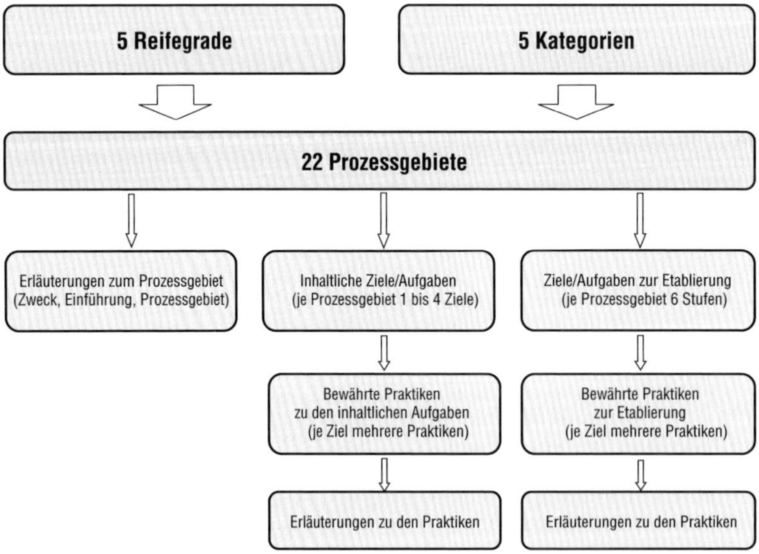

Bild 4.101 Aufbau und Struktur von CMMI (Quelle: Wibas IT Maturity Services GmbH)

Tabelle 4.18 CMMI-Prozessgebiete

▷ Projektmanagement (Project Management)	
– Projektplanung	Project Planning
– Projektverfolgung und -steuerung	Project Monitoring and Control
– Risikomanagement	Risk Management
– Zulieferungsmanagement	Supplier Agreement Management
– Integriertes Projektmanagement	Integrated Project Management
– Quantitatives Projektmanagement	Quantitative Project Management
▷ Entwicklung (Engineering)	
– Anforderungsentwicklung	Requirements Development
– Anforderungsmanagement	Requirements Management
– Technische Umsetzung	Technical Solution
– Produktintegration	Product Integration
– Validation	Validation
– Verifikation	Verification
▷ Unterstützung (Support)	
– Ursachenanalyse und Problemlösung	Causal Analysis and Resolution
– Entscheidungsanalyse und -findung	Decision Analysis and Resolution
– Konfigurationsmanagement	Configuration Management
– Prozess- und Produkt-Qualitätssicherung	Process and Product Quality Assurance
– Messung und Analyse	Measurement and Analysis
▷ Prozessmanagement (Process Management)	
– Innovationsmanagement	Organizational Innovation and Deployment
– Organisationsweite Prozessdefinition	Organizational Process Definition
– Organisationsweite Prozessausrichtung	Organizational Process Focus
– Organisationsweites Aus- und Weiterbildung	Organizational Training
– Prozessfähigkeits-Management	Organizational Process Performance

CMMI gibt ausführliche Erläuterungen zu den Zielen und den damit verbundenen Praktiken. Jede Praktik wird durch einen Erklärungstext, durch erreichbare Arbeitsergebnisse und durch typische Arbeitschritte näher erläutert; diese Beschreibungen dienen als Anhaltspunkte für die angestrebte Verbesserung.

Fähigkeitsgrade

Die von CMMI vorgeschlagenen Praktiken zur Prozessverbesserung werden in sechs *Fähigkeitsgrad*-Stufen, die Capability Levels eingeteilt; mit diesen wird der Grad der „Institutionalisierung", d. h. der Etablierung der jeweiligen Praktiken in einem bestimmten Prozessgebiet beschrieben.

Folgende Fähigkeitsgrade unterscheidet CMMI:

Capability Level 0: Incomplete
: Die fachlichen Praktiken werden nicht vollständig umgesetzt.

Capability Level 1: Performed
: Die fachlichen Praktiken werden alle umgesetzt.

Capability Level 2: Managed
: Die Umsetzung der fachlichen Praktiken findet unter Führung statt.

Capability Level 3. Defined
: Die Umsetzung der fachlichen Praktiken wird auf Basis eines Standardprozesses geführt und verbessert.

Capability Level 4: Quantitatively Managed
Die Umsetzung der fachlichen Praktiken wird mit Hilfe einer statistischen Prozesskontrolle geführt.

Capability Level 5: Optimizing
Die Umsetzung der fachlichen Praktiken wird mit Hilfe der Daten aus der statistischen Prozesskontrolle verbessert.

Die Levels 4 und 5 erfordern eine quantitative Prozessauswertung zur statistischen Prozesskontrolle.

Reifegrade

CMMI definiert fünf mögliche *Reifegrade* (Maturity Levels) einer Organisation. Ein Reifegrad umfasst eine ausgewählte Menge von Prozessgebieten, die zu einem bestimmten Fähigkeitsgrad umgesetzt sein müssen.

Reifegrad 1: Initial
Anfangsstufe, auf der alle Prozessgebiete Lücken und die Projekte eine Schwankung hinsichtlich Schätzgenauigkeit, Termintreue und Qualität aufweisen. Diesen Reifgrad hat jede Organisation automatisch.

Reifegrad 2: Managed
Stufe, auf der die Projekte unter Leitung geführt und gesteuert werden und ein ähnliches Projekt erfolgreich wiederholt werden kann, ohne dass es bereits eine standardisierte Vorgehensweise gibt.

Reifegrad 3: Defined
Stufe, auf der die Projekte nach einem angepassten Standardprozess mit einer kontinuierlichen Prozessverbesserung durchgeführt werden.

Reifegrad 4: Quantitatively Managed
Stufe, auf der die Prozesse mit Hilfe einer statistischen Prozesskontrolle durchgeführt werden.

Reifegrad 5: Optimizing
Höchste Stufe, auf der die kontinuierliche Prozessverbesserung mit den Daten aus der statistischen Prozesskontrolle vorgenommen wird.

Tabelle 4.19 Den CMMI-Reifegraden zugeordnete Prozessgebiete

Reifegrad	Prozessgebiete
Initial	keine Prozessgebiete
Managed	Integriertes Projektmanagement Anforderungsmanagement Entscheidungsanalyse und -findung Projektplanung Projektverfolgung und -steuerung Zulieferungsmanagement Risikomanagement Messung und Analyse Prozess- und Produkt-Qualitätsmanagement Konfigurationsmanagement
Defined	Anforderungsentwicklung Technische Umsetzung Produktintegration Validation Verifikation Organisationsweite Prozessdefinition Organisationsweite Prozessausrichtung Organisationsweite Aus- und Weiterbildung
Quantitatively Managed	Quantitatives Projektmanagement Prozessfähigkeits-Management
Optimizing	Innovationsmanagement Ursachenanalyse und Problemlösung

Die Zuordnung der Prozessgebiete zu den Reifegraden ist in der Tabelle 4.19 aufgezeigt und entspricht der Reihenfolge der vorzunehmenden Verbesserungsaktivitäten. So werden z. B. beim höchsten Reifegrad Optimizing nur die beiden Prozessgebiete „Innovationsmanagement“ und „Ursachenanalyse und Problemlösung“ behandelt und bewertet.

Assessment-Verfahren SCAMPI

Die Bewertung einer Organisation nach den CMMI-Vorgaben wird als *„Appraisal“* bezeichnet und geschieht mit der von der SEI entworfenen SCAMPI-Methode (Standard CMMI Appraisal Method for Process Improvement). SCAMPI ist eine einheitliche und normative Abschätzungsvorgehensweise zur Bewertung der Reifegrade und Fähigkeitsgrade einer Prozessorganisation.

Mit einem solchen Assessment und einer Zertifizierung nach SCAMPI wird einerseits die „CMMI-Fähigkeit“ der Produktentwicklung einer Organisation nachgewiesen und andererseits wird eine organisationsinterne Ausrichtung auf das gemeinsame Ziel einer allgemeinen Prozessoptimierung erreicht.

Ein „Appraisal“ nach SCAMPI wird direkt durch die SEI durchgeführt oder aber durch offizielle SEI-Partner (Lead Appraiser), die von der SEI zur Durchführung einer SCAMPI-Abschätzung autorisiert worden sind, wie in Deutschland z. B. die Wibas IT Maturity Services GmbH.

4.9.2 Assessment-Modell SPICE

SPICE (Software Process Improvement and Capability Determination) ist ein internationaler Standard zur Durchführung von Bewertungen (Assessments) von Unternehmensprozessen in der Software-Entwicklung und ist als ISO/IEC 15504 festgeschrieben worden.

Kernpunkte der Norm sind einerseits die Verbesserung von Prozessen der eigenen Organisation (Process Improvement) sowie anderseits die Bestimmung der Prozessfähigkeit von Lieferanten (Capability Determination). Als Prozesse werden hier „Zusammenhängende Aktivitäten zur Transformation von Eingangsprodukten in Ausgangsprodukten“ definiert.

Aufbau und Struktur

SPICE besteht aus fünf Teilen, wobei nur der zweite Teil normativen Charakter hat; die anderen Teile dienen lediglich als Beispiele und zur Erläuterung.

Teil 1: *Konzepte und Vokabular*
Allgemeine Einführung in die Konzepte von Prozess-Assessments und ein Glossar für assessmentbezogene Terminologie.

Teil 2: *Durchführung eines Assessments*
Mindestanforderungen zur Durchführung eines Assessments, um konsistente und wiederholbare Bewertungen zu erhalten.

Teil 3: *Leitfaden zur Durchführung von Assessments*
Leitfaden zur Interpretation der in Teil 2 definierten Anforderungen bei der Durchführung eines Assessments.

Teil 4: *Leitfaden zur Nutzung bei Prozessverbesserung und Prozessbewertung*
Leitfaden zur Nutzung von Prozess-Assessments innerhalb eines Prozess-Verbesserungsprogramms oder zur Prozess-Reifegradbestimmung.

Teil 5: *Ein exemplarisches Prozess-Assessmentmodell*
Beispiel eines Prozess-Assessmentmodells zur Durchführung von Assessments nach den Anforderungen von Teil 2.

Zurzeit sind zwei weitere Teile der Norm in Arbeit. Teil 6 (ISO/IEC 15504-6) wird ein Prozess-Assessmentmodell für Systemprozesse auf Basis der ISO 15288 (siehe Kap. 2.6.8) sein. Teil 7 (ISO/IEC 15504-7) wird die Prozessreife von ganzen Organisationen – wie bei der CMMI – behandeln.

Prozesse

Die in SPICE festgelegten Prozesse einer Software-Entwicklung stützen sich auf die in der Norm ISO/IEC 12207 (Prozesse im Software-Lebenszyklus) beschriebenen Prozesse (siehe Kap. 2.6.8). Diese Prozesse sind in Anlehnung an diese Norm drei Prozesskategorien zugeordnet:

- ▷ Primary Life-Cycle Processes,
- ▷ Supporting Life-Cycle Processes und
- ▷ Organisational Life-Cycle Processes.

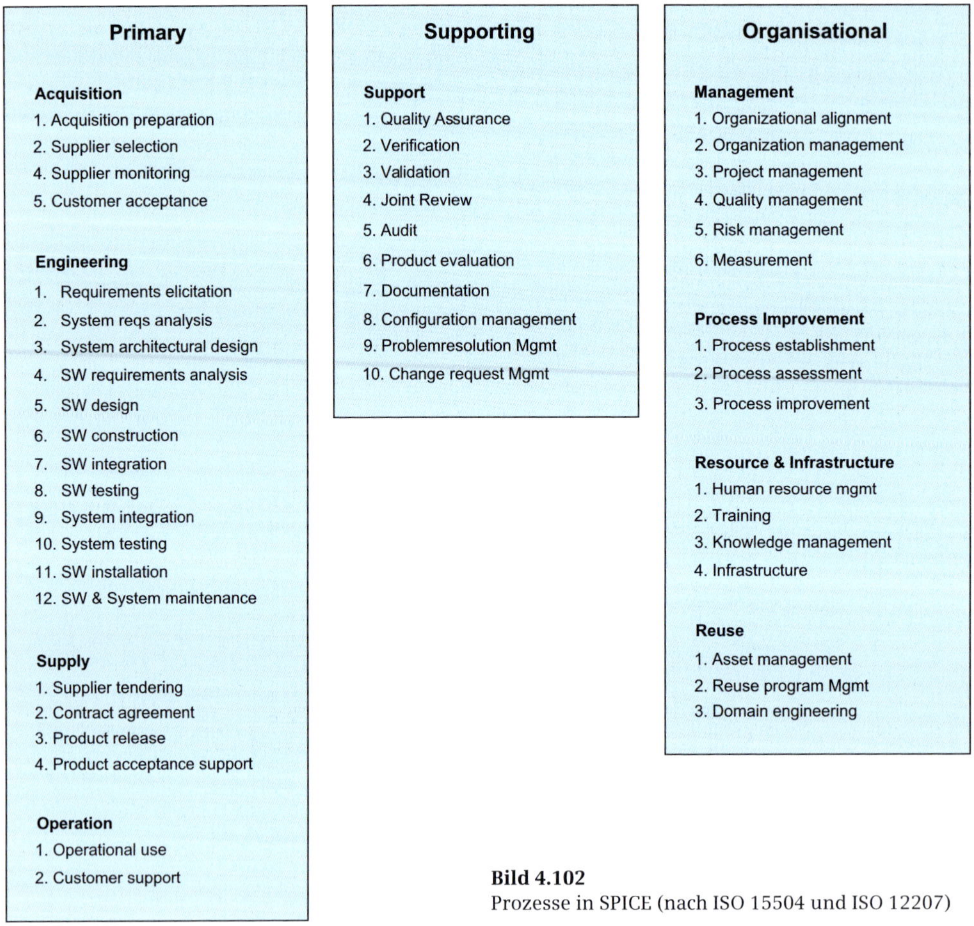

Bild 4.102
Prozesse in SPICE (nach ISO 15504 und ISO 12207)

Weiterhin sind die Software-Prozesse in neun Prozessgruppen eingeteilt (siehe hierzu Bild 4.102).

Reifegradstufen

SPICE definiert sechs *Reifegradstufen*, um die Qualität der zu untersuchenden Prozesse zu bewerten. Den Reifegradstufen sind so genannte *Prozessattribute* zugeordnet, welche jeweils durch zugeordnete Managementaktivitäten beschrieben werden und zur Beurteilung der Prozessreife dienen. Prozessattribute umfassen im Einzelnen wichtige Projektaktivitäten, die für eine exzellente Projektdurchführung Voraussetzung sind.

In Tabelle 4.20 sind diese Prozessattribute den sechs Reifegraden zugeordnet. Jedes Prozessattribut definiert einen bestimmten inhaltlichen Aspekt der Prozessreife, z. B. ist Stufe 2 durch die Attribute „Management der Prozesse“ (d. h. Planung, Zuweisung von Verantwortlichkeiten und Ressourcen, Überwachung etc.) und „Management der Produkte“ (d. h. Sicherstellung, dass die Anforderungen an Arbeitsprodukte erfüllt werden) definiert [40]. In Stufe 3 kommt die Bewertung der Prozessattribute Prozessdefinition und Prozessanwendung hinzu, usw.

Der *Reifegrad* wird für jeden untersuchten Prozess einzeln bestimmt, wobei nicht nur die Existenz einer Prozessaktivität, sondern auch die adäquate Durchführung der Aktivität beur-

Tabelle 4.20 Den SPICE-Reifegraden zugeordnete Prozessattribute

Stufe	Reifegrad	Prozessattribute
Stufe 0	unvollständig (incomplete)	keine Prozessattribute
Stufe 1	durchgeführt (performed)	Durchführung der Prozesse
Stufe 2	gemanagt (managed)	Management der Prozesse, Management der Produkte
Stufe 3	etabliert (established)	Definition der Prozesse, Anwendung der Prozesse
Stufe 4	vorhersagbar (predictable)	Messung der Prozesse, Steuerung der Prozesse
Stufe 5	optimierend (optimising)	Innovation der Prozesse, Optimierung der Prozesse

Tabelle 4.21 Reifegrad-Bewertung der Prozessattribute

Prozessattribute je Stufe	Reifegradstufen				
	Stufe 1	Stufe 2	Stufe 3	Stufe 4	Stufe 5
Durchführung der Prozesse	> L	F	F	F	F
Management der Prozesse	----	> L	F	F	F
Management der Produkte	----	> L	F	F	F
Definition der Prozesse	----	----	> L	F	F
Anwendung der Prozesse	----	----	> L	F	F
Messung der Prozesse	----	----	----	> L	F
Steuerung der Prozesse	----	----	----	> L	F
Innovation der Prozesse	----	----	----	----	> L
Optimierung der Prozesse	----	----	----	----	> L

teilt wird. Die Bewertung jedes einzelnen Prozess-Attributs wird dabei anhand einer vierstufigen Skala vorgenommen:

- ▷ N nicht erfüllt (not achieved)
  Erfüllung 0% bis 15%
- ▷ P teilweise erfüllt (partially achieved)
  Erfüllung 15% bis 50%
- ▷ L weitgehend erfüllt (largely achieved)
  Erfüllung 50% bis 85%
- ▷ F vollständig erfüllt (fully achieved)
  Erfüllung 85% bis 100%

Assessment

Im Rahmen eines Prozess-Assessments nach dem SPICE-Modell werden für die zu untersuchenden Prozesse die jeweiligen Erfüllungsgrade der Prozess-Attribute ermittelt, woraus sich der Gesamt-Reifegrad des betrachteten Prozesses ergibt. Im Gegensatz zu dem CMMI-Prozessmodell wird also nicht ein Reifegrad für die gesamte Organisation bestimmt, sondern es werden Reifegrade für jeden einzelnen Prozess ermittelt.

In Tabelle 4.21 ist die Reifegrad-Bewertung der Prozessattribute eines zu untersuchenden Prozesses veranschaulicht. Um eine bestimmte Reifegradstufe für einen Prozess zu erreichen, müssen die Prozessattribute der betreffenden Stufe mit mindestens „weitgehend erfüllt“ (L = largy achieved) und alle Prozessattribute der darunter liegenden Reifegradstufen müssen „vollständig erfüllt“ (F = fully achieved) sein.

Soll z. B. eine Organisation mit dem Reifegrad der Stufe 3 bewertet werden, so müssen die Prozessattribute Prozessdurchführung, Prozessmanagement und Produktmanagement „vollständig erfüllt“ und die Prozessattribute Prozessdefinition und Prozessanwendung mindestens „weitgehend erfüllt“ sein.

In der Gesamtsicht der so ermittelten Reifegrade aller so untersuchten Prozesse ergibt sich ein *Stärken-Schwächen-Profil* der Prozessorganisation. Anhand dieses Profils sowie den Beschreibungen der jeweils nächst höheren (künftig anzustrebenden) Reifegradstufen können geeignete Verbesserungsmaßnahmen abgeleitet werden.

Die Teile 2 und 3 der ISO/ICE 15504 beschreiben Verantwortlichkeiten und Grundsätze zur Ausbildung von Assessoren. Für die Assessorenausbildung haben sich in den letzten Jahren zwei Qualifizierungsschemata herausgebildet, die zunehmend zum Standard werden: das iNTACS-Schema (International Assessor Certification Scheme) und das INTRSA-Schema (International Registration Scheme for Assessors). Die Zertifizierungsstelle für den deutschsprachigen Raum ist das International Software Quality Institute (iSQI).

4.9.3 Reifegradmodell OPM3

Das Reifegradmodell OPM3 (Organizational Project Management Maturity Model) wurde von dem Project Management Institute (PMI) mit Hilfe von 800 Projektmanagern aus mehr aus 35 Ländern entwickelt und Ende 2003 in seiner ersten Ausgabe herausgegeben. Anfang 2009 lag OPM3 in seiner neuesten Ausgabe vor. Mit seinen Begriffsdefinitionen lehnt es sich an dem ebenfalls von der PMI herausgegebenen Vorgehensmodell PMBoK (Project Management Body of Knowledge) an (siehe Kap. 2.6.7). Weiterhin flossen in das OPM3-Modell die Erkenntnisse der PMI-Werke „The Standard for Program Management“ und „The Standard for Portfolio Management“ ein.

Ziel des Reifegradmodells OPM3 ist das Erreichen und das Optimieren eines „organisationsweiten“ Projektmanagements; es baut damit eine Brücke zwischen Projektmanagement und der Unternehmensstrategie.

Das Reifegradmodell ist vornehmlich in den USA sehr verbreitet und findet teilweise auch in Asien Anwendung; in Europa wird dagegen zur Reifegradbestimmung das CMMI-Modell (siehe Kap. 4.9.1) bevorzugt.

Reifegrad-Entwicklung bei OPM3

OPM3 betrachtet das Verbesserungspotential auf drei Projektmanagementstufen eines Unternehmens:

- ▷ Projekt,
- ▷ Programm und
- ▷ Projektportfolio.

Ein Programm wird definiert als eine Gruppe von inhaltlich zusammenhängenden Projekten, die in einer gemeinsamen Koordinierung gemanagt werden. Projekte und Programme bilden das Projektportfolio einer Organisation, welches aus einer Gruppe von Projekten oder Programmen besteht und unter einer gemeinsamen Unternehmensstrategie geführt wird. Die im Projektfolio enthaltenen Projekte und Programme müssen allerdings nicht miteinander in einem inhaltlichen Zusammenhang stehen.

Eine weitere Kategorisierung liefert die Unterscheidung in vier aufeinander folgende Reifegrad-Ebenen eines organisationsweiten Projektmanagementsystems:

- ▷ Standardisierung (Standardize),
- ▷ Messung (Measure),
- ▷ Steuerung (Control) und
- ▷ kontinuierliche Verbesserung (Continuously Improve).

Hat ein Unternehmen seine Praktiken vereinheitlicht und unternehmensweit eingeführt, befindet es sich auf der Reifegrad-Stufe „Standardisierung“. Ab diesem Zeitpunkt kann es Prozessergebnisse messen (Reifegrad-Stufe „Messung“) und Prozesse effektiv steuern (Reifegrad-Stufe „Steuerung“). Hat das Unternehmen die höchste Reifegrad-Stufe erreicht, ist es in der Lage, seine Geschäftsprozesse kontinuierlich zu verbessern.

OPM3 hat keine klar abgegrenzten Reifegrad-Stufen, wie sie z. B. bei dem Prozessmodell CMMI mit seinen fünf Reifegraden definiert werden. Bild 4.103 veranschaulicht die Steigerung des Reifegrades bei OPM3 von der unters-

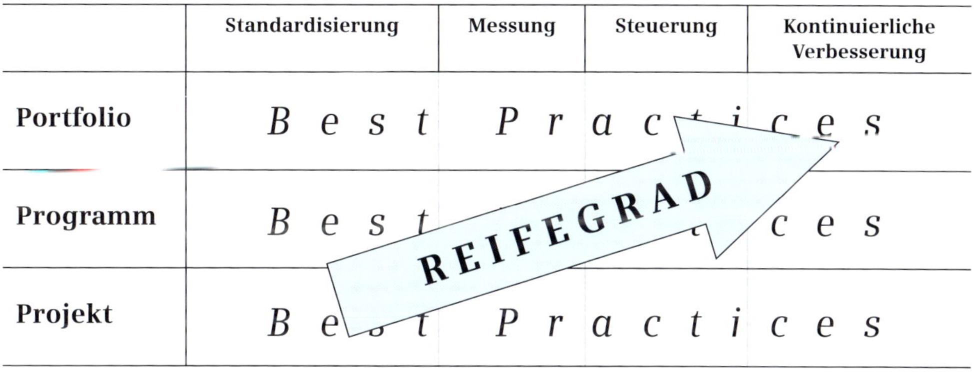

Bild 4.103 Reifegrad-Stufen bei OPM3

ten Stufe bei einem (Einzel-)Projektmanagement mit (nur) einer Standardisierung der Projektmanagement-Abläufe bis hin zum höchsten Reifegrad bei einer Portfolio-Organisation, die sich bereits in der Phase der kontinuierlichen Verbesserung befindet.

Unternehmen können anhand der im Modell enthaltenen „Best Practices“ feststellen, wie sie ihren Reifegrad im Projektmanagement erhöhen und damit eine erfolgreiche Projektumgebung schaffen können.

Prozessgruppen im OPM3-Modell

Entsprechend der Terminologie des PMBoK-Guides durchläuft die Reifegrad-Verbesserung von OPM3 die folgenden fünf Prozessgruppen (Bild 4.104):

1. Initiierung (Initiate)
2. Planung (Plan)
3. Durchführung (Execute)
4. Überwachung und Steuerung (Control)
5. Abschluss (Close).

Das Reifegrad-Modell OPM3 umfasst damit drei Dimensionen der Beurteilung:

- ▷ 3 Projektmanagementstufen PPP (Project, Program, Portfolio),
- ▷ 4 Reifegrad-Ebenen SMCI (Standardize, Measure, Control, Continuously Improve) und
- ▷ 5 Prozessgruppen IPECC (Initiate, Plan, Execute, Control, Close).

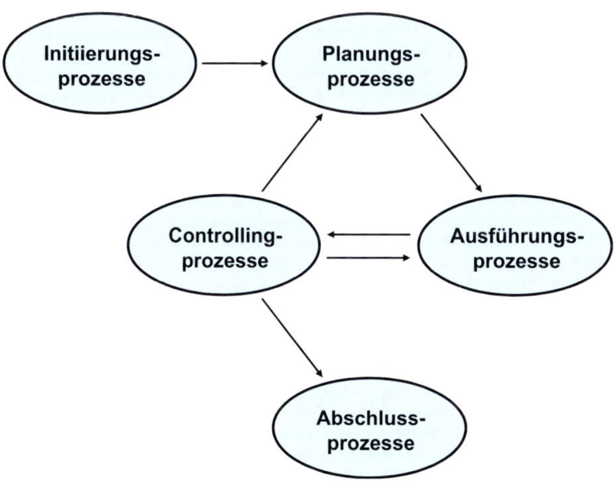

Bild 4.104 Prozessgruppen des OPM3-Modells

OPM3-Wisssensbasis

OPM3 umfasst eine Sammlung von Projektmanagementpraktiken, -konzepten und -methoden, die miteinander vernetzt sind. Die Wissensbasis besteht aus der detaillierten Auflistung von bewährten Praktiken (Best Practices), hierfür erforderlichen Fähigkeiten und daraus resultierenden Verbesserungen sowie Werkzeugen zur Umsetzung des Verbesserungsprozesses.

Es werden rund 600 Praktiken (Best Practices) – eingeteilt in 10 Cluster – angeboten, die für ein organisationsweites Projektmanagement von Bedeutung sind. Praktiken sind erprobte und anerkannte Verfahren und Vorgehensweisen, die zum dauerhaften und wiederholbaren Projekterfolg beitragen.

Beispiele für derartige Praktiken sind:

- Standardisierte Prozesse für die Terminplanung,
- Prozessvorgaben für die Aufwands- und Kostenschätzung,
- Prozessvorgaben für die Ressourcenplanung,
- Bewertung von Projektrisiken,
- Entwicklung geeigneter Aufbau- und Ablaufstrukturen,
- Entwicklung von personellen Projektmanagementkompetenzen,
- Ermittlung von Qualitätskennzahlen,
- Kennzahlenermittlung zur Feststellung der Kundenzufriedenheit,
- Verbesserung von Teamwork,
- Ausschöpfen von Leistungspotenzialen,
- Förderung von Einsatzbereitschaft in Projektmanagement.

Bevor eine Organisation diese Praktiken allerdings bei sich einsetzen kann, muss sie erst über entsprechende Fähigkeiten verfügen.

Das Verzeichnis der über 3000 Fähigkeiten (Capabilities) zeigt solche auf, die es zu beherrschen gilt, um die damit verknüpfte Best Practice zu erreichen. Die aufgeführten Fähigkeiten sind detailliert beschrieben sowie der Reifestufe und Prozessgruppe entsprechend den Vorgaben des PMBoK zugeordnet. Auch sind allen Fähigkeiten die Resultate beigefügt, die vorliegen müssen, um den entsprechenden Fähigkeitsnachweis zu erbringen.

Das Verzeichnis der Verbesserungen zeigt Maßnahmen auf, die zum Erlangen von Fähigkeiten notwendig sind. Ebenso werden Abhängigkeiten zwischen Fähigkeiten aufgezeigt, welche insbesondere in der Verbesserungsphase zu berücksichtigen sind.

OPM3 ermittelt die besten Verbesserungsschritte aufgrund der in den Verzeichnissen aufgeführten Abhängigkeiten zwischen den Praktiken und den Fähigkeiten. Praktiken können erst zum Einsatz kommen, wenn die entsprechende Fähigkeit vorhanden ist. So braucht z. B. eine Organisation keine Verbesserung von Qualitätskennzahlen, wenn noch keine Qualitätsmanagementprozesse definiert worden sind.

Den Zusammenhang „Praktiken und Fähigkeiten“ soll folgendes Beispiel verdeutlichen (Auszug aus ProjektMagazin 3/2004).

Um die OPM3-Praktik „Bewertung von Projektrisiken“ erfolgreich umsetzen zu können, müssen im Unternehmen folgende Fähigkeiten entwickelt sein:

1. Die Organisation überlässt es den Projektleitern, individuelles Risikomanagement zu betreiben.
2. Die Organisation hat einen standardisierten Risikomanagementprozess und erreicht dadurch glaubwürdige Risikoabschätzungen.
3. Die Organisation untersucht Risiken während des Projektselektionsprozesses.
4. Die Organisation identifiziert Risiken und deren Auswirkungen auf die Projektziele.

An diesem Beispiel ist zu erkennen, dass die Fähigkeiten innerhalb einer Praktik aufeinander aufbauen. Zunächst muss die Organisation grundsätzlich dazu bereit sein, Risikomanagement zu akzeptieren und ernst zu nehmen (1). Erst dann kann sie ein erfolgreiches Risikomanagement einsetzen (2). Die Standardisierung mit Hilfe von OPM3 ermöglicht es dann, die Risiken projektübergreifend zu untersuchen (3) und schließlich die Erkenntnisse bei der zukünftigen Projektauswahl zu berücksichtigen (4).

Allerdings: In der Vielfalt der Praktiken mit den zugeordneten Fähigkeiten zeigt sich auch eine Schwäche des sehr umfangreichen OPM3-Reifegrad-Modells, weil es nicht immer leicht ist, die richtigen Praktiken für eine Reifegrad-Erhöhung herauszufinden.

Der OPM3-Zyklus

Die Einführung von OPM3 in einer Organisation verläuft in drei Phasen:

Wissensaufbereitung (Knowledge)

Die im Unternehmen beteiligten Mitarbeiter machen sich mit dem in OPM3 beschriebenen Wissen vertraut. In Anlehnung an den PMBoK-Guide werden die einzelnen Begriffe definiert und die grundlegenden Prozesse beschrieben. Diese Phase liefert damit die theoretischen Grundlagen, die für die Durchführung der folgenden Phasen „Selbsteinschätzung" und „Verbesserung" benötigt werden.

Selbsteinschätzung (Assessment)

Die Organisation führt eine Selbsteinschätzung durch, mit der diejenigen Kompetenzen gefunden werden sollen, die verbessert werden können, um einen höheren Reifegrad der Organisation zu erreichen. Zur Unterstützung einer solchen Bewertung bietet das PMI ein Bewertungstool an, welches die Stärken und Schwächen der bisherigen Organisation dem Profil der Best Practices gegenüber stellt. Ergebnis dieser Phase ist eine Liste von Kernkompetenzen, die in der Organisation noch nicht voll entwickelt sind.

Die Selbsteinschätzung kann auf zwei Arten vorgenommen werden:

▷ Self Assessment über die OPM3-Webseite oder die von der PMI vertriebene CD,
▷ Assessment mit Hilfe eines OPM3-Assessors und dessen Bewertungstool ProductSuite.

Bei dem sogenannten Self Assessment Modul (SAM) werden nur 28% des gesamten Modells hinsichtlich der Best Practices abgefragt; eine detaillierte Überprüfung der Fähigkeiten und Ergebnisse ist damit nicht möglich. Ein mit dem Modell vertrauter Assessor kann so nur eine grobe Positionsbestimmung vornehmen. Die Durchführung kann entweder manuell anhand der Frageliste im Anhang der OPM3-Knowledge Foundation (siehe unten) oder mit Hilfe des einfachen Online-Werkzeugs OPM3-Online erfolgen.

Der Durchführungsweg OPM3 ProductSuite® baut auf dem gleichnamigen Werkzeug auf und bildet das OPM3-Modell vollständig ab, d. h. es werden auch die vorhandenen Fähigkeiten und Ergebnisse in die Beurteilung einbezogen. Die ProductSuite stellt hierfür Auswertungs- und Analysemöglichkeiten für das Assessment zur Verfügung. Allerdings können nur PMI-zertifizierte OPM3-Assessoren die Lizenz für dieses Werkzeug erwerben.

Zwei zusammenhängende Kennziffern kennzeichnen den Reifegrad einer Organisation hinsichtlich eines organisationsweiten Projektmanagements:

▷ OPM3 Continuum Score und
▷ OPM3 ProductSuite Score.

Der „OPM3 Continuum Score" ist das Verhältnis der umgesetzten Best Practices zu den insgesamt möglichen Best Practices. Der „OPM3 ProductSuite Score" kennzeichnet die noch erforderlichen Arbeiten, die für die vollständige Umsetzung notwendig sind.

Die Ergebnisse des Assessments werden in einem Assessment-Report zusammengefasst, der die wesentlichen Ergebnisse im Überblick darstellt:

▷ derzeit umgesetzte Best Practices und ihr Umsetzungsgrad,
▷ die zugrunde liegenden Fähigkeiten (Capabilities) und Prozessergebnisse (Outcomes),
▷ sonstige Erkenntnisse und Schlussfolgerungen des Assessors,
▷ den OPM3 Continuum Score und
▷ den OPM3 ProductSuite Score.

Verbesserung (Improvement)

Die Liste der bewerteten Kernkompetenzen bildet die Arbeitsvorlage für die Verbesserungsphase, in der der eigentliche Verbesserungsprozess stattfindet. Zwei Abschnitte kennzeichnen diese Phase: Aufstellung eines Verbesserungsplans sowie Implementierung von neuen Fähigkeiten und Kompetenzen. Die Ergebnisse des Verbesserungsprozesses (Outcomes), gemessen mit dem KPI-Index (Key Performance Indicator), sollten anschließend durch eine erneute Selbsteinschätzung validiert werden.

OPM3-Tools

Die PMI, die kommerziell ausgerichtet ist, vertreibt OPM3 als Produkt, bestehend aus drei Komponenten:

1. Die „OPM3-Knowledge Foundation" enthält das OPM3-Wissen und liegt als Buch bzw. als pdf-Datei für PMI-Mitglieder vor.
2. Die käufliche zu erwerbende Software ProductSuite, mit deren Hilfe eine Selbstbewertung des eigenen Unternehmens durchgeführt werden kann.
3. Best-Practices-Verzeichnisse auf der CD mit Beschreibungen der dazugehörigen Fähigkeiten und Abhängigkeiten.

Der große Vorteil von OPM3, das auch als ein Vorgehensmodell angesehen werden kann, liegt in folgenden Eigenschaften begründet:

- ▷ Alle notwendigen Praktiken und Fähigkeiten für ein erfolgreiches Projektmanagement stehen in einem einzigen Modell zur Verfügung.
- ▷ Die Fortentwicklung von einem operativen Projektgeschäft bis hin zu einem strategischen Projektportfolio-Management wird konsequent unterstützt.
- ▷ Mit einem fertigen Assessment-Tool kann der Reifegrad eines Unternehmens objektiv bewertet werden.
- ▷ Genau beschriebene Verbesserungspotenziale werden aufgezeigt.
- ▷ Der PMBoK-Guide gibt eine einheitliche Begriffswelt und Standards vor.
- ▷ Standardisierte Methoden und Tools werden für ein organisationsweites Projektmanagement zur Verfügung gestellt.

4.9.4 Weitere Reifegradmodelle

Im Folgenden werden in der Reihenfolge ihrer zeitlichen Entstehung einige weitere nationale und internationale Reifegradmodelle kurz aufgeführt.

Project Excellence Modell

Das Project Excellence Modell ist ein von der GPM entwickeltes Bewertungsmodell für Projekte, das auf dem Business Excellence Modell der EFQM basiert (siehe Kap. 4.4.6). Das Modell dient sowohl zur Selbstbewertung eines Projektteams, um Stärken und Verbesserungspotentiale aufzuzeigen, als auch zur externen Beurteilung im Rahmen einer Bewerbung um den Deutschen Project Excellence Award, der von der GPM verliehen wird.

Das Project Excellence Modell gliedert die Bewertungskriterien – ähnlich dem EFQM-Modell – in zwei Beurteilungsbereiche:

- ▷ Projektmanagement: Wie verhält sich das Projekt? Wie wird es gemanagt?
- ▷ Projektergebnisse: Was leistet das Projekt? Was kommt dabei heraus?

PM Delta

PM Delta wurde von der GPM als Assessmentmodell für Projektmanagement entwickelt und 1999 eingeführt. Nach diesem Modell werden Projekte und Projektmanagementsysteme von jeweils zwei Assessoren vor Ort nach einem Katalog offener Fragen systematisch begutachtet. Die Stärken und Schwächen des Projektmanagements werden dabei dokumentiert, um gemeinsam Ansätze für sinnvolle Verbesserungen auszuarbeiten.

PMMM

Das PMMM-Prozessmodell wurde von dem Software Engineering Institute der Universität Carnegy Mellon entwickelt; es hat den CMMI-Ansatz auf den Bereich des Projektmanagements übertragen und beschreibt in fünf Stufen den PM-Reifegrad eines Unternehmens:

Stufe 1: Alltagssprache, Grundwissen (Common Language)

Stufe 2: Eingeführte Prozesse, Prozessdefinition (Common Processes)

Stufe 3: Einheitliche Methodik, Prozesssteuerung (Singular Methodology)

Stufe 4: Benchmarking, Prozessverbesserung (Benchmarking)

Stufe 5: Kontinuierliche Verbesserung (Continuous Improvement).

Das PMMM enthält Vorschläge für Verbesserungsmaßnahmen im Projektmanagement und für ein Benchmarking von Projektmanagementmethoden sowie einen Leitfaden mit Fragenkatalogen zur Durchführung eines Assessments von Projektmanagementprozessen.

P3M3

Das P3M3 (Portfolio, Programme and Project Management Maturity Model) wurde von dem Office of Government Commerce (OGC) als Referenz-Guide für Best Practices entwickelt. Dieses Reifegradmodell besteht aus den drei Teilmodellen:

- PfM3 Portfolio Management Maturity Model
- PgM3 Programme Management Maturity Model
- PjM3 Project Management Maturity Model.

P3M3 basiert auf dem CMMI-Modell, das durch das Software Engineering Institute (SEI) in den USA entwickelt wurde. Es folgt denselben fünf Reifegradstufen (siehe Kap. 4.9.1). Der große Vorteil von P3M3 ist, dass der Standard frei verfügbar ist, im Gegensatz z. B. zu OPM3 vom PMI. Insofern eignet sich P3M3 hervorragend zur Begleitung der Einführung oder Weiterentwicklung von Portfolio-, Programm- und Projektmanagement.

P2MM

Das Reifegradmodell P2MM (PRINCE2 Maturity Model) orientiert sich am PRINCE2-Standard des britischen Office of Government Commerce (OGC) (siehe Kap. 2.6.3).

GPM3

Auch die GPM (Deutsche Gesellschaft für Projektmanagement e.V.) entwickelt ein Reifegradmodell, das Referenz- und Assessmentmodell GPM3 (General Project Management Maturity Model); es ist angelehnt an andere internationale Referenz-Standards wie ICB 3.0, ISO 21500, ISO 17021 und CMMI. Das Reifegradmodell bildet die Grundlage zur Zertifizierung von Organisationen. Mit dem Modell wird die Fähigkeit einer Organisation untersucht, Projekte erfolgreich abzuwickeln, um so Verbesserungsmöglichkeiten aufzuzeigen.

5 Projektabschluss

Mit dem Projektabschluss tritt das Projekt in seine Endphase. So wie es wichtig war, dass das Projekt in einer »definierten« Form begonnen und systematisch in der Projektplanung angegangen wurde, so wichtig ist auch ein geregelter und eindeutiger *Abschluss* des Projekts. Je nach Entwicklungsart stellt das Projektergebnis entweder ein an den Kunden auslieferbares Produkt bzw. eine Anlage oder auch eine realisierte Lösung (bei Software) bzw. ein in die Serienfertigung einmündendes Vorserienprodukt dar (bei Hardware).

Unabhängig davon sind bei Abschluss eines Entwicklungsprojekts folgende Aktivitäten erforderlich:

- ▷ Übergeben des Produkts an den Auftraggeber,
- ▷ Durchführen einer Projektabschlussanalyse,
- ▷ Absichern der gesammelten Erfahrungen sowie
- ▷ Auflösen der Projektorganisation.

Mit der *Produktübergabe* an den Auftraggeber bzw. dessen Beauftragten soll die Übergabeprozedur geregelt werden, d. h. die Form des Abnahmetests, die Erstellung von Übergabe-/Übernahmeprotokollen (Produktabnahmebericht) sowie die Vereinbarung von Nachfolgeverpflichtungen, wie Unterstützung bei einem Piloteinsatz bzw. bei einer Serienfertigungseinführung oder Übernahme von künftigen Wartungsaufgaben.

Eine *Projektabschlussanalyse* sollte einerseits eine gesamtheitliche Nachkalkulation, in der eine abschließende Gegenüberstellung der ursprünglichen Planvorgaben und der eingetretenen Istwerte ausgewählter Projekt- und Produktgrößen vorgenommen wird, umfassen und andererseits eine Abweichungsanalyse, die die Ursachen aufgetretener Abweichungen untersucht und mögliche Abhilfen (bei künftigen Projekten) aufzeigt. Sind zu Projektbeginn Wirtschaftlichkeitsuntersuchungen vorgenommen worden, so sind diese in einer analogen Wirtschaftlichkeitsanalyse nachzuprüfen.

Anschließend müssen die gesammelten *Erfahrungen gesichert* werden, damit das während des Projekts aufgebaute Wissen und die Erkenntnisse nicht verloren gehen. Hierzu sind projekt- und produktrelevante Erfahrungsdaten abzuleiten, die entweder in Kennzahlensysteme oder Erfahrungsdatenbanken einfließen. Außerdem ist auch eine Kalibrierung der verwendeten Schätzverfahren anzustreben.

Schließlich muss das Projekt mit der *Projektauflösung* zu seinem definierten Ende gebracht werden; hierbei muss man es in einer Projektabschlusssitzung für abgeschlossen erklären.

5.1 Produktabnahme

Am Ende einer Entwicklung steht die Produktabnahme.

Als Produkt ist das im Projektauftrag formulierte Entwicklungs- bzw. Projektierungsergebnis zu verstehen; dieses kann sein:

- ▷ ein ausgetestetes Anwender-SW-Programm,
- ▷ ein pilotzutestendes DV-Verfahren,
- ▷ eine integrierte, ausgetestete Betriebssystemversion,
- ▷ ein Anwenderprogrammsystem für ein landesspezifisches Vermittlungssystem,
- ▷ ein fertigungsreifer HW-Prototyp,
- ▷ ein abgeschlossener Untersuchungsbericht,
- ▷ eine in Betrieb gehende Anlage,
- ▷ eine durchgeführte Projektierung oder
- ▷ ein dokumentierter Forschungsbericht.

Der erste Schritt der Produktabnahme ist der *Abnahmetest*. Hierbei kann es sich – abhängig von der Entwicklungsart – um einen Produkt-, einen Abschluss-, einen Akzeptanz- oder einen

Pilottest handeln. Im Baugewerbe spricht man von *Endabnahmen*. Bei Großanlagen können auch *Zwischenabnahmen* vorgesehen werden, wenn vertraglich vereinbarte Zwischenstufen festgelegt wurden. Die Ergebnisse dieser Abnahmetests sind in Abnahmetest-Protokollen festzuhalten (Testbericht).

Nach dem Abnahmetest wird die Übergabe durch den Auftragnehmer und die Übernahme vom Auftraggeber ebenfalls durch entsprechende Protokolle geregelt, die in einen *Produktabnahmebericht* einfließen.

Schließlich sind Vorkehrungen und Vereinbarungen zu treffen, um eine eventuelle *technische Betreuung* des übergebenen Produkts während der künftigen Einsatzphase durch einzelne Entwicklungsstellen sicherzustellen. Bei DV-Verfahren für den internen Einsatz empfiehlt es sich, nach einer bestimmten Betriebszeit in einer »Nachkontrolle« zu prüfen, ob die in der Projektdefinition formulierten Anforderungen auch voll eingehalten worden sind (Post-Installation-Review).

5.1.1 Abnahmetest

Am Ende eines Entwicklungsvorhabens steht der Abnahmetest. Mit ihm stellt man fest, ob bzw. wie weit das geplante Entwicklungsziel erreicht worden ist. Entsprechend den sehr unterschiedlichen Arten der Entwicklungsvorhaben und ihrer unterschiedlichen Anbindung an Vertrieb und Fertigung kann man vier Formen des Abnahmetests unterscheiden:

Produkttest
Abnahmetest bei SW-Produktentwicklungen ohne anschließende Fertigung

Abschlusstest
Abnahmetest bei HW-Produktentwicklungen *mit* anschließender Fertigung

Akzeptanztest
Abnahmetest für fertig entwickelte *und* gefertigte HW/SW-Systeme bzw. Anlagen

Pilottest
Abnahmetest bei DV-Verfahrensentwicklungen.

In Bild 5.1 ist – stark vereinfacht – bei den o. a. Arten von Abnahmetests die Anbindung der Entwicklung an den Vertrieb und an die Fertigung sowie den Einsatzpunkt des Abnahmetests dargestellt.

Entwicklungen von *SW-Produkten* erfordern natürlich keine anschließende Fertigung, abgesehen vom Kopieren der Programmdateien; die SW-Produkte müssen allerdings meist noch »verkauft« werden. Am Ende solcher Entwicklungen steht der Produkttest, nach dem dann der Kundeneinsatz möglich ist.

Bei der Herstellung von *HW-Produkten* (eventuell mit geringen SW-Anteilen) stellen Entwicklung, Fertigung und Vertrieb exakt hintereinander ablaufende Prozessketten dar, die relativ klare Schnittstellen haben. An der Schnittstelle von Entwicklung zur Fertigung wird der (Entwicklungs-)Abschlusstest durchgeführt, dem anschließend die Fertigungsfreigabe folgt.

Bei der Entwicklung von *Anlagen* und *HW/SW-Systemen* verlaufen Entwicklung und Fertigung mehr oder weniger parallel, d. h. mit sinkendem Entwicklungs- und steigendem Fertigungsanteil gegen Ende des Erstellungsprozesses. Hier steht – nach Durchführung eines umfassenden Systemtests – als Abschluss der Akzeptanztest. Auch hier ist der Vertrieb dem

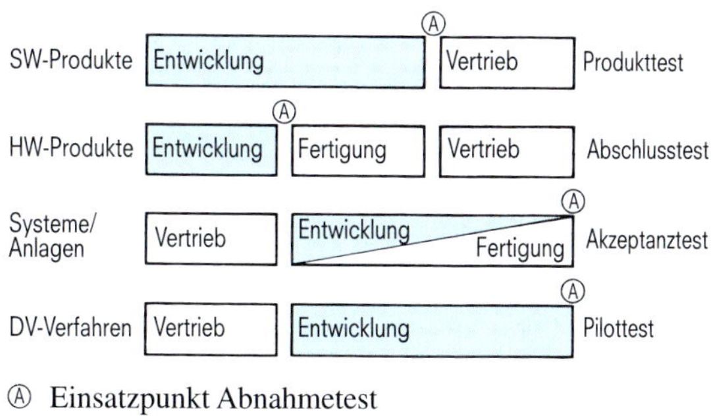

Bild 5.1
Arten von Abnahmetests

Entwicklungs- und Fertigungsabschnitt vorgeschaltet, d. h. die Anlage bzw. das HW/SW-System ist i. Allg. bereits bei Entwicklungsbeginn bestellt und damit verkauft worden.

Der Pilottest steht am Ende von *DV-Verfahrensentwicklungen*, die ebenfalls keine explizite Fertigung mehr benötigen; sie brauchen aber nicht mehr vertrieben zu werden, da sie bereits zu Projektbeginn »verkauft« worden sind.

Produkttest

Wie bereits erwähnt, ist bei Entwicklungen von SW-Produkten eine anschließende Fertigung nicht notwendig, da das Entwicklungsergebnis selbst das verkaufbare Erzeugnis darstellt. Meist ist ein vielfacher Einsatz des Produkts bei unterschiedlichen Kunden beabsichtigt – bei Kunden, deren spezifische Einsatzumgebung man oft gar nicht kennt. Daher sind für den Produkttest – als letztem Test in der langen Reihe vorausgegangener Tests (Modultest, Komponententest, Integrationstest) mit unterschiedlichen Testumgebungen – besonders strenge Maßstäbe anzusetzen. Im Produkttest müssen alle erdenklichen Kombinationen von Datentransfers und Transaktionen, die später irgendwo bei irgendeinem Anwender auftreten können, erprobt und geprüft werden.

Für das Simulieren dieser »Universalumwelt« ist für jedes Produkt ein leistungsfähiger *Testrahmen* erforderlich. Die hierin eingebundenen Testprogramme werden häufig als »Antiprodukt« bezeichnet. Das Antiprodukt hat dabei die Aufgabe, das eigentliche Produkt möglichst »aufs Kreuz zu legen«, um dadurch im Produkt noch enthaltene Fehler aufzudecken. Entwurf und Realisierung solcher Antiprodukte sollten sinnvollerweise organisatorisch getrennte Entwicklungsmannschaften übernehmen.

Folgende Fehlerbereiche müssen bei einem SW-Produkttest angesprochen werden:

- Funktionsvollständigkeit
- Belastbarkeit
- Ausfallsicherheit
- Erfüllung der SW-Qualitätsmerkmale
- Plausibilitierungsvollständigkeit
- Dokumentationsvollständigkeit
- Datenkonsistenzsicherheit.

Abschlusstest

Der Abschlusstest – auch als Device Verification Test (DVT) bezeichnet – ist am Ende einer Entwicklung durchzuführen, wenn ein HW-Produkt (eventuell mit SW-Anteilen) als *Prototyp* fertig ist und dieses in die Serienfertigung übergeleitet werden soll; er stellt den *Produkteignungstest* dar und entscheidet über die Fertigungsüberleitung, d. h. die Fertigungsfreigabe.

Dieser Test stellt neben der allgemeinen Funktionsfähigkeit auch die Leistungsgrenzen des entwickelten Produkts fest. Es wird aber nicht nur die Erfüllung der Kundenanforderungen, sondern auch die Herstellbarkeit und Wartbarkeit des Produkts untersucht.

Nachstehende Einzeltests werden dabei durchgeführt:

Leistungsmerkmaltest
Es wird geprüft, ob das Produkt die spezifizierten Leistungsmerkmale erbringt.

Geräteanschlusstest
Es wird untersucht, ob das Produkt an seinen Nahtstellen mit fremden anzuschließenden Produkten bzw. Systemen einwandfrei arbeitet.

Umwelttest
Es wird der gegenseitige Einfluss zur Umwelt auf der Basis von klimatischen, elektrischen, mechanischen, akustischen u. ä. Prüfungen untersucht und geprüft, ob die Umwelt nicht über zulässige Werte hinaus sowie umgekehrt das Produkt von der Umwelt nicht funktionsstörend beeinflusst wird.

Stresstest
Durch »Stresstests« werden die Leistungsgrenzen des Produkts ermittelt, um den Sicherheitsabstand zu den spezifizierten Werten erkennbar zu machen (Schockprüfung).

Typtest
Anhand des ersten Geräts, welches nach Serienunterlagen gefertigt wurde, wird der gesamte geplante Fertigungsprozess überprüft.

Fertigungsfreigabetest
Es wird überprüft, ob das Produkt überhaupt in der geforderten Funktions- und Fertigungsqualität wirtschaftlich gefertigt werden kann.

Alle während des Abschlusstests festgestellten Fehler, auch wenn sie nur vereinzelt aufgetreten sind, werden systematisch erfasst und hinsichtlich ihrer Ursachen und Auswirkungen untersucht. Fertigungsfreigabe ist nicht möglich, so lange nicht Maßnahmen zum Beseitigen der Ursachen eines funktionsstörenden Mangels veranlasst sind. Der Abschlusstest stellt sicher, dass nur ausgereifte Produktentwicklungen in die Fertigung übergeleitet werden.

Akzeptanztest

Der Akzeptanztest wird dann durchgeführt, wenn es sich um ein HW/SW-System handelt, das in seiner spezifischen Ausprägung »einmalig« ist, d. h., für einen einzelnen Kunden entwickelt und gefertigt wurde, oder durch geringe Anpassungen auch bei verschiedenen Kunden eingesetzt werden kann. Hierzu gehören z. B. das Erstellen eines landesweiten Vermittlungssystems oder einer Walzstraßen-Steuerungsanlage. Die Bestandteile stammen wohl aus einer Serienfertigung, in seiner Gesamtheit stellt ein derartiges System oder eine solche Anlage aber eine maßgeschneiderte Entwicklung dar.

Bei diesem Test handelt es sich um den Abnahmetest eines fertigen Systems bzw. einer fertigen Anlage unter *kundenspezifischen* Bedingungen. Dem Akzeptanztest vorgeschaltet – allerdings noch auf der Seite des Herstellers – ist der System- bzw. Anlagentest, der als Abschluss des gesamten Erstellungsprozesses zu sehen ist.

Der Akzeptanztest liegt in der Verantwortung des Kunden bzw. künftigen Anwenders (Auftraggeber); er wird natürlich mit Unterstützung des Herstellers (Entwickler oder Kundendienstabteilung) vorbereitet; hierbei hat der Kundendienst die besondere Aufgabe der direkten Betreuung des Kunden und der schnellen Behebung kritischer Fehler.

Die Testfülle und Testdaten sollten vom Anwender erstellt werden. Dies gilt auch für die Testplanung.

Nach Abschluss des Akzeptanztests ist ein Testbericht vom Anwender zu erstellen und in den Produktabnahmebericht (Kap. 5.1.2) aufzunehmen; dieser enthält auch Aussagen zur Übernahme durch den Kunden, z. B. welche Auflagen für den Hersteller gelten.

Pilottest

Unter dem Pilottest versteht man vornehmlich einen Gesamttest bei größeren DV-Verfahren unter (echten) Einsatzbedingungen, der die volle Einsatzreife des Verfahrens bestätigen soll. Da kein besonderer Testrahmen und keine speziell hergerichteten Testdaten mehr zu Grunde gelegt werden, stellt der Pilottest den Probebetrieb und damit den *ersten Produktivlauf* des Verfahrens dar.

Für diesen ersten Einsatz muss ein Anwender ausgewählt werden, dessen Einsatzumfeld einerseits repräsentativen Charakter hat und andererseits auch möglichst viele Funktionsteile des zu »pilotierenden« Verfahrens anspricht.

Hierbei sind Vorkehrungen zu treffen, dass der Piloteinsatz bei noch vorhandenen und erst während des Testlaufs sichtbar werdenden Fehlern keine irreversiblen Schäden in der bestehenden Ablauforganisation des Anwenders anrichten kann. Bei Auftreten eines Fehlers muss sofortiges Rücksetzen in den (fehlerfreien) Vorzustand möglich sein. Mit entsprechendem Mehraufwand kann aber auch ein vollständiger Parallellauf des Verfahrens vorgenommen werden. Auftretende Fehler berühren dann den produktiven Ablauf nicht.

Der Pilottest dient weniger zum Aufzeigen von Programm- und Systemfehlern – diese sollten ja bereits im vorausgegangenen Systemtest eliminiert worden sein; er hat vielmehr die wichtige Aufgabe, das Verfahren in seiner künftigen Umwelt unter realistischen Bedingungen auf seine allgemeine »Performance« zu testen. Zeitverhalten und Benutzungsfreundlichkeit sind schließlich nicht in einer sterilen Testumwelt, sondern nur im echten Produktiveinsatz zu verifizieren.

Zuständigkeit für den Abnahmetest

Der Abnahmetest für ein Entwicklungsergebnis sollte möglichst von einer *entwicklungsunabhängigen* Stelle durchgeführt werden. Nur eine solche Stelle kann – neutral genug – das Entwicklungsergebnis auf seine Zielerfüllung ausreichend prüfen. Hier gilt der Grundsatz:

Niemand sollte für die Abnahme seiner eigenen Arbeit zuständig sein!

Als zuständige Stelle bietet sich die in den meisten Entwicklungsbereichen bestehende Qualitätssicherungsstelle an. Zu den Aufgaben einer *Abnahmeteststelle* gehören neben der ordnungsgemäßen Durchführung der o. a. Tests auch die daraus sich ergebenden Aktivitäten wie z. B. das systematische Dokumentieren aller aufgetretenen Fehler. Folgende Tätigkeiten müssen hierbei wahrgenommen werden:

▷ Erfassen aller Fehler (auch nur einmal aufgetretener),

▷ Bewerten aller Fehler bez. ihrer Funktionsbeeinflussung,

▷ ausführliches Erläutern aller Fehler,

▷ Einleiten von Maßnahmen zur Fehlerursachenbeseitigung sowie

▷ Kontrolle der Fehlerbeseitigung.

Abnahmetest-Protokoll

Nach Durchführung des Abnahmetests ist ein *Protokoll* über die durchgeführten Einzeltests und die dabei gewonnenen Ergebnisse zu erstellen. Neben der ausführlichen Beschreibung der installierten Testumwelt und der vorgenommenen Testläufe müssen die aufgezeigten Fehler mit Ursachenanalyse vollständig aufgezählt werden.

Einzeltest		Erkannte Probleme		
		korrigiert	offen Prior.=1	offen Prior.>1
Lasttest				
01	Statischer Test	7		1
02	Dynamischer Test	2	1	1
03	Test Fehlerreaktionen	4	1	2
04	Geräteanschlusstest	1		1
05	Speichertest	2	1	
Fehlertest				
11	Ladetest	2		1
12	CPU-Testprogramme	1	1	2
13	Speicher-Testprogramme	3		2
Toleranzuntersuchung				
21	Baugruppentausch	1		
22	Temperaturtest	1		
23	Spannungstest			1
24	Frequenztest	1	1	2
Summe		25	5	13

Bild 5.2 Fehlerprotokoll (Beispiel)

Ein Beispiel für das Protokollieren und Bewerten der Fehler gibt Bild 5.2 für eine HW/SW-Produktentwicklung. Dort werden die erkannten Fehler (≙ Probleme) nach ihrer Bedeutung gruppiert und zwar nach

▷ bereits korrigierten Fehlern,

▷ bestehenden Fehlern der höchsten Priorität sowie

▷ bestehenden Fehlern geringerer Priorität.

Mit dieser Klassifizierung ist ein gezieltes Abarbeiten bei der anschließenden Fehlerbehebung möglich.

5.1.2 Produktabnahmebericht

Für die Produktabnahme ist ein Produktabnahmebericht zu erstellen; er regelt die *Übergabe* des Produkts durch den Auftragnehmer sowie die *Übernahme* durch den Auftraggeber. Im Allgemeinen gliedert sich der Produktabnahmebericht daher in zwei Teile:

▷ Produktübergabe und

▷ Produktübernahme.

Mit dem *Übergabeprotokoll* übergibt der Auftragnehmer das Produkt dem Auftraggeber; dieser überprüft es daraufhin nach seinen Erfordernissen auf Auftragserfüllung in Form einer Produktbegutachtung. Bei positivem Ergebnis dokumentiert der Auftraggeber dies mit einem *Übernahmeprotokoll*. Übergabe- und Übernahmeprotokoll können dabei jeweils in getrennten Papieren oder auch in einem gemeinsamen Papier enthalten sein. So wie der Projektantrag quasi den »juristischen Anfang« des Entwicklungsvorhabens darstellt, so ist der Produktabnahmebericht als das »juristische Ende« des Projekts anzusehen (Bild 5.3).

Übergabeprotokoll

Mit dem Übergabeprotokoll werden die Inhalte und Modalitäten der Produktübergabe für beide Auftragspartner verbindlich dokumentiert.

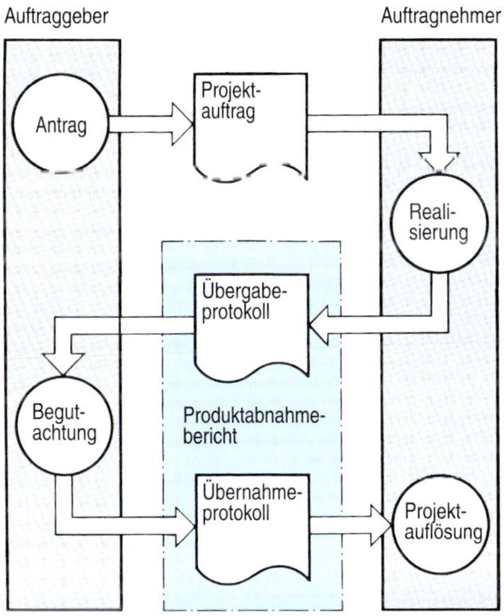

Bild 5.3 Produktübergabe

Das Übergabeprotokoll enthält Angaben zu den Punkten:

Übergabeobjekte wie

- ▷ Programme, Module,
- ▷ Systemdateien,
- ▷ Prototypen, Funktionsmuster,
- ▷ Baugruppen, Schaltkreise,
- ▷ CAD-Dateien mit Angaben zu Versionen bzw. Varianten.

Dokumentation wie

- ▷ Entwurfs- und Konstruktionsunterlagen,
- ▷ Bau- und Fertigungsunterlagen,
- ▷ Verfahrens- und Systembeschreibungen,
- ▷ Benutzerbeschreibungen sowie
- ▷ Wartungsunterlagen.

Leistungsmerkmale hinsichtlich

- ▷ Funktionsumfang,
- ▷ Qualitätseigenschaften,
- ▷ Einsatzumwelt und
- ▷ Prüfmöglichkeiten.

Übergabemodalitäten, d. h.

- ▷ Form der Produktübergabe,
- ▷ Verantwortlichkeiten,
- ▷ Abnahmefristen,
- ▷ Abnahmeunterstützung.

Produktbegutachtung

Mit Vorliegen des Übergabeprotokolls muss vom Auftraggeber das entwickelte Produkt begutachtet, d. h. es muss festgestellt werden, ob das gelieferte Produkt den im Auftrag (Produktvereinbarung, Projektauftrag, FuE-Antrag etc.) formulierten Anforderungen entspricht.

Der Inhalt solcher Produktbegutachtungen hängt natürlich von der Art des Entwicklungsobjekts ab. Bei der Prüfung von SW-Programmen sind völlig andere Kriterien von Bedeutung als bei reinen HW-Produkten. So werden in Produktbegutachtungen Untersuchungsfelder einbezogen wie:

- ▷ Vollständigkeit des Leistungsumfangs,
- ▷ Zweckmäßigkeit des konstruktiven Aufbaus,
- ▷ Zweckmäßigkeit der Bedienoberfläche,
- ▷ Fragen der Wartbarkeit (Zugänglichkeit, Unterlagen, Werkzeuge),
- ▷ Qualität der Dokumentation.

Alle nicht voll erfüllten Leistungsmerkmale werden in einer »Liste offener Mängel« festgehalten und bilden die Basis für vorzunehmende Korrekturen und Nachbesserungsarbeiten.

Auch hier zeigt es sich als sehr vorteilhaft, wenn der Auftraggeber (z. B. der Kunde oder der Vertrieb) möglichst eng in die Produktdefinition eingebunden war und laufend die Produktrealisierung verfolgen konnte. So ist er mit dem fertiggestellten Produkt bereits vertraut, wodurch die Produktbegutachtung zügig und sachbezogen ablaufen kann.

Übernahmeprotokoll

Zeigt die Produktbegutachtung keine gravierenden Mängel (Blocking Points) auf, so wird vom Auftraggeber bzw. von der abnehmenden Stelle (z. B. QS-Stelle) ein gesondertes Übernahmeprotokoll erstellt, welches die Funktion eines Freigabeprotokolls hat.

Das Übernahmeprotokoll sollte folgende Punkte ansprechen:

Übernahmeobjekte wie

- ▷ Programme, Module,
- ▷ Prototypen, Funktionsmuster,
- ▷ Baugruppen, Schaltkreise,
- ▷ CAD-Dateien,

▷ Bauunterlagen, Schaltpläne,
▷ allgemeine Beschreibungen usw.

Durchgeführte Prüfungen an

▷ Produktteilen und
▷ Dokumentationsteilen.

Festgestellte Mängel bei

▷ Produktteilen und
▷ Dokumentationsteilen.

Nachforderungen an den Auftragnehmer, z. B.

▷ offene Mängel,
▷ Fehlerbereinigungen,
▷ technische Änderungen,
▷ Dokumentationserweiterungen,
▷ Preiskorrekturen.

Abnahmeentscheidung mit

▷ Abnahmekommentar und
▷ Nachbesserungsfristen.

Je eindeutiger die Produktübergabe bzw. -übernahme in den begleitenden Protokollen beschrieben ist, desto geringer ist später die Gefahr von Missverständnissen und gegenseitigen Forderungserhebungen. Nach gängiger Rechtssprechung gilt ein Vereinbarungsgegenstand bereits als abgenommen, sobald der Kunde diesen *produktiv* nutzt – auch wenn der Kunde das Abnahmeprotokoll noch nicht unterschrieben hat (siehe hierzu auch Kap. 2.1.6).

Sollten – auf Grund aufgedeckter Mängel – Nachbesserungen durch den Auftragnehmer erforderlich sein, so kann eine *Teil-Übernahme* vereinbart werden. Für die (nachzuliefernden) Korrekturen und Zusätze gibt es dann eine weitere Übergabe-/Übernahmeprozedur.

5.1.3 Technische Betreuung

Rechtzeitig vor Projektende sind Überlegungen anzustellen, welche speziellen Vorkehrungen für die technische Betreuung des fertig gestellten Entwicklungsprodukts nach der Projektauflösung getroffen werden müssen. Mit Abschluss der Entwicklung ist bekanntlich der Lebenszyklus des entwickelten Produkts nicht zu Ende; vielmehr tritt es in einen neuen Lebensabschnitt ein. Häufig müssen für diesen Abschnitt technische Aufgaben auch von Teilen der bisherigen Entwicklungsgruppen übernommen werden; neben einer Einsatzunterstützung, einer Schulung des künftigen Einsatzpersonals oder der Einrichtung einer Beratungsstelle (Hotline) hängen die nachfolgenden Betreuungsaufgaben stark von der Art des Entwicklungsprojekts ab (Bild 5.4).

Entwicklungsart	Betreuungsaufgaben
SW-Produktentwicklung	▶ Übernahme von Wartungsverpflichtungen ▶ Vertriebsunterstützung
HW-Produktentwicklung	▶ Feldtest ▶ Überleitung in die Serienfertigung ▶ Variantenentwicklung
System-/Anlagenentwicklung	▶ Feldeinführung ▶ Modifikationsentwicklung ▶ System-/Anlagenbetreuung
DV-Verfahrensentwicklung	▶ Verfahrenspflege ▶ Weiterentwicklung ▶ Anwenderunterstützung

Bild 5.4
Aufgaben der Entwicklung nach Entwicklungsende

SW-Produktentwicklung

Bei Abschluss einer SW-Produktentwicklung liegt i. Allg. ein ausgetestetes, fast fehlerfreies SW-Produkt vor, das nun auf den Markt gebracht wird. Die primäre Verantwortung geht daher auf eine Serviceabteilung über, die meist über eigene SW-Fachleute verfügt. Allerdings können diese oft die technische Verantwortung nicht voll übernehmen. Deshalb wird in vielen Fällen mit der (früheren) Entwicklungsabteilung ein (entgeltpflichtiger) interner *Wartungsvertrag* abgeschlossen. Hierin ist genau geregelt, welche Aufgaben im Vertragsfall zu übernehmen sind, also z. B.:

▷ Fehlerbehebung nach Ablieferung,
▷ Anpassung an neue Betriebssystemversionen,
▷ Einbindung neuer Versionen von implementierter Standard- und Basissoftware,
▷ Optimierung der Benutzeroberfläche,
▷ Verbesserung der Ablaufeigenschaften,
▷ Anpassung an veränderte Ablauforganisationen.

In einem solchen Wartungsvertrag muss auch festgehalten werden, welche Mitarbeiter für die Ausführung der Arbeiten zur Verfügung stehen; dies ist besonders wichtig, da der Hauptteil der Projektmitarbeiter normalerweise nach Projektauflösung andere Aufgaben in neuen Projekten übernimmt.

Neben der Übernahme von Wartungsaufgaben wird von der SW-Entwicklung häufig auch eine gewisse Vertriebsunterstützung übernommen; besonders wenn das produktspezifische Fachwissen beim Vertrieb nicht voll vorhanden ist.

HW-Produktentwicklung

Eine reine HW-Produktentwicklung schließt im Gegensatz zur SW-Produktentwicklung mit einem ausgereiften Prototyp ab, der nun in die *Serienfertigung* übergeleitet werden muss. Zwischen Prototypenentwicklung und Serienfertigung liegt meist noch die *Vorserienfertigung;* sie stellt den eigentlichen Übergang von der Entwicklung zur Fertigung dar. In der Vorserie werden alle fertigungstechnischen Abläufe und Verfahren festgelegt und erprobt. Bei erfolgreichem Abschluss eines Feldtests, bei dem man mehrere Vorserienprodukte in echter Arbeitsumgebung testet, braucht dann nur noch auf den »Knopf gedrückt« zu werden, um das Produkt in Serie zu fertigen.

Der Übergang von der Entwicklung in die Fertigung kann nicht nur von Fertigungsfachleuten getragen werden; hier muss auch der Entwickler helfend miteingreifen. Für den Entwickler war das primäre Ziel das Erreichen der *Funktionsfähigkeit* des geplanten Produkts; beim Fertigungsfachmann dagegen steht die *Reproduzierbarkeit* des Produkts im Vordergrund. Der Prototyp muss daher häufig noch in einigen Punkten geändert werden. Dabei verändert er wohl nicht seine Funktion, er wird aber »fertigungsgerechter« gestaltet. Diese (notwendige) Zuarbeit durch die Entwicklung ist ebenfalls vertraglich klar zu regeln. Zum Beispiel kann man die erforderlichen Maßnahmen für die Fertigungseinführung innerhalb einer PV-F (Produktvereinbarung-Fertigung, siehe Kap. 2.1.4) festlegen.

Wird die Produktionsplanung bereits während der Entwicklung aufgenommen, spricht man von „Simultaneous Engineering", also einem Parallel-Arbeiten beider Tätigkeitsbereiche.

Im weiteren Produktlebenszyklus können Weiterentwicklungsmaßnahmen zum Erstellen nachträglich gewünschter Produktvarianten erforderlich sein, die dann ebenfalls von der Entwicklung übernommen werden müssen.

System- bzw. Anlagenentwicklung

Eine System- bzw. Anlagenentwicklung enthält i. Allg. sowohl HW- als auch SW-Anteile und ist – bis auf bestimmte Basiskomponenten – kundenspezifisch. Besonders der SW-Teil ist in seiner Endausprägung auf einen ganz bestimmten Anwender ausgerichtet; z. B. in Bereichen der Vermittlungssystemtechnik wird dieser Teil als Anlagenprogrammsystem (APS) bezeichnet.

Gerade bei solchen anwenderspezifischen Entwicklungen sind die Entwicklungsarbeiten mit Abschluss des Projekts keineswegs zu Ende. Einerseits muss das Entwicklungspersonal die Feldeinführung intensiv unterstützen, andererseits ergeben sich nach einer gewissen Einsatzzeit weitergehende Modifikationsentwicklungen auf Grund neuer Anforderungen und Erweiterungswünsche des Anwenders.

Auch diese unerlässliche Einsatzunterstützung durch Personal der Entwicklung muss in Umfang, Aufwand und Dauer zwischen Vertrieb und Entwicklung vertraglich vor Auflösung des Projekts vereinbart werden und z. B. in einen *Inbetriebnahmeplan* einmünden.

Speziell im Großanlagenbau kann die den Lebenszyklus abschließende Stilllegungsphase von großer Bedeutung sein, da für diese rechtzeitig besondere Vorkehrungen zur Beseitigung und Entsorgung getroffen werden müssen.

DV-Verfahrensentwicklung

Bei dieser Entwicklungsart handelt es sich um die Entwicklung von DV-Verfahren vornehmlich für den internen Einsatz im Rahmen von Rationalisierungsprojekten. Gerade die in einem Unternehmen intern eingesetzten DV-Verfahren unterliegen einem steten Wandel, der immer wieder Anpassungsentwicklungen zur Folge hat. Solche Verfahrensänderungen sind z. B. erforderlich bei:

- Veränderungen in der Aufbauorganisation,
- Veränderungen in der Ablauforganisation,
- neuen Betriebssystemversionen,
- zusätzlichem Anschluss (neuer) benachbarter Verfahren,
- Schnittstellenänderungen bei vorgelagerten bzw. nachgelagerten Verfahren,
- Optimierung von Bedienungs- und Ablaufeigenschaften,
- Funktionserweiterungen,
- neuen Auswertungen,
- Richtlinien- und Gesetzesänderungen.

Bei der Verfahrensbetreuung ist zu unterscheiden zwischen

- Wartung,
- Weiterentwicklung und
- Anwenderunterstützung.

Zur *Wartung* eines Verfahrens – d. h. zur Verfahrenspflege – gehören im Wesentlichen die Tätigkeitsfelder Fehlerbehebung und Umweltanpassung. Hierbei umfasst die Fehlerbehebung das unmittelbare Beseitigen von Programmfehlern, Hantierungs- und Dokumentationsmängeln. Zur Umweltanpassung gehören einerseits die Verfahrensanpassung an neue Versionen des Betriebssystems sowie der implementierten Standardsoftware (z. B. Datenbanksysteme, Maskengeneratoren, SAP-Module) und andererseits geringfügige Funktionsanpassungen, die durch Veränderungen in der Ablauforganisation des jeweiligen Anwenders notwendig geworden sind.

Eine umfassende *Weiterentwicklung* ist durchzuführen, wenn das Verfahren insgesamt ablauftechnisch oder technologisch verbessert werden soll oder gewichtige zusätzliche Anforderungen seitens der Anwender entstanden sind. Naturgemäß erfordert jedes »lebende« DV-Verfahren – wegen der Innovation in allen Bereichen eines Unternehmens – zwangsläufig eine laufende Weiterentwicklung. Ohne eine gezielte Weiterentwicklung »stirbt« ein DV-Verfahren langsam.

Zur *Anwenderunterstützung* zählen sowohl der Betrieb einer »Hotline« oder eines »Help Desk« bei auftretenden Problemen im Verfahrenseinsatz als auch die (sporadisch) notwendige Unterstützung der Anwender »vor Ort«. Da der eigentliche Verfahrensanwender häufig ein DV-Laie ist, ist er im besonderen Maß von den Verfahrensentwicklern im Anwenden des Verfahrens zu unterstützen. Alle notwendigen Aktivitäten zur Verfahrensbetreuung müssen zwischen der Anwenderabteilung und der verfahrensbetreuenden Stelle (meist der zuständigen OI-Stelle) entweder mit einem Wartungs- bzw. Pflegeauftrag oder einem neuen Projektauftrag für eine Weiterentwicklung vereinbart werden.

Schätzung des Wartungsaufwands

Die Schätzung des Entwicklungsaufwands für ein geplantes Entwicklungsvorhaben ist an sich schon nicht einfach; das Schätzen des Wartungsaufwands für die technische Betreuung eines Produkts ist noch viel schwieriger. Deshalb können häufig Wartungsverträge nur nach *Aufwandsverrechnung* und nicht auf der Basis eines *Festpreises* abgeschlossen werden.

Bei repräsentativen Untersuchungen in amerikanischen Firmen verschiedener Branchen wurden für den »Wartung/Entwicklungs-Quoti-

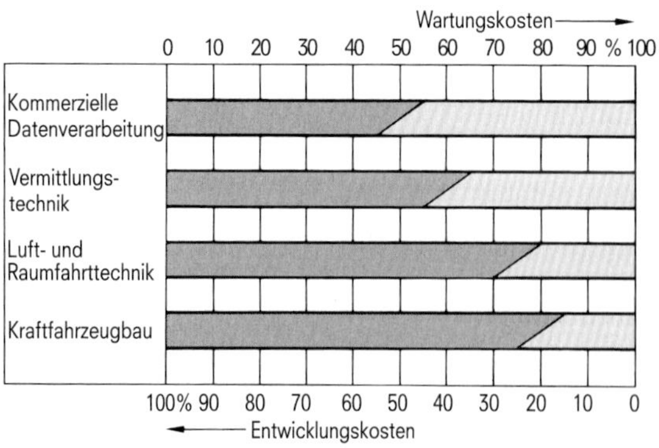

Bild 5.5
Wartung/Entwicklungs-Quotient

enten«, d. h. für das Verhältnis der gesamten, im Lebenszyklus anfallenden Wartungskosten zu den ursprünglichen Entwicklungskosten, die in Bild 5.5 aufgeführten Durchschnittswerte ermittelt.

So ergab sich z. B. für die kommerzielle EDV ein durchschnittliches Verhältnis der Wartungs- zu den Entwicklungskosten von 1 : 1. Dieser Wert kann aber nur als grober Richtwert für die Aufwandsschätzung der SW-Wartung dienen.

Für eine genauere entwicklungsspezifische Aufwandsschätzung des gesamten Lebenszyklus eines HW- oder eines SW-Produkts bieten sich Tools an, die ähnlich den Komponenten HL und SL von PRICE (siehe Kap. 3.2.3) funktionieren.

Das Verfahren PRICE HL dient zur Kostenschätzung des gesamten Lebenszyklus eines HW-Produkts. Mit ihm können die Kosten für die Instandhaltung von Hardware ermittelt werden.

Das Verfahren PRICE SL wurde für die Lebenszyklus-Kostenschätzung bei SW-Produkten eingesetzt und ist jetzt in dem Verfahren PRICE S integriert.

5.2 Projektabschlussanalyse

Im Rahmen der Projektabschlussanalyse werden die ursprünglichen und die während des Projektablaufs aktualisierten Planvorgaben sowie die am Projektende erreichten Ergebnisse einander gegenübergestellt. Zu betrachten und zu bewerten sind hierbei im Wesentlichen die folgenden Projekt- und Produktgrößen:

- ▷ Aufwände und Kosten,
- ▷ Termine und Zeiten (Dauer),
- ▷ technische Leistungsgrößen,
- ▷ Wirtschaftlichkeitszahlen,
- ▷ Funktionsanforderungen,
- ▷ Qualitätsmerkmale.

Alle zahlen- und mengenmäßigen Größen sind innerhalb einer *Nachkalkulation* zu behandeln, die Wirtschaftlichkeitszahlen sollten in einer *Wirtschaftlichkeitsanalyse* auf ihre Zielerreichung geprüft werden und alle technischen und kaufmännischen Ergebnisse sind in einer *Abweichungsanalyse* einem Soll/Ist-Vergleich zu unterziehen.

Bei Vorhandensein einer Erfahrungsdatenbank besteht im Rahmen eines unternehmensweiten Wissensmanagements die Auflage und Verpflichtung, grundsätzlich für jedes abgeschlossene Projekt die formalen Eingabeblätter für die Erfahrungsdatenbank auszufüllen – kein Projektende ohne Eingabe der gesammelten Erfahrungen in die EDB sollte die Regel sein.

Die Ergebnisse der Projektabschlussanalyse (Nachkalkulation, Abweichungsanalyse, Wirtschaftlichkeitsanalyse, Kundenbefragung) sollten zu einem *Projekterfahrungsbericht* zusammengefasst werden; dieser stellt dann den Abschlussbericht des Projekts dar.

5.2.1 Nachkalkulation

In der Nachkalkulation werden alle wesentlichen kaufmännischen Istdaten des Projekts zusammengetragen und den in der Vorkalkulation geschätzten Plandaten sowie den erreichten Produktergebnisgrößen gegenübergestellt. Hierzu gehören einerseits die Aufwands- und Kostenwerte der einzelnen Produktteile und andererseits die jeweils erbrachten (technischen) Ergebnismengen.

Kosten- und Leistungszuordnung

Eine sinnvolle Gegenüberstellung der Plan- und Istgrößen der angefallenen Kosten zu denen der erbrachten Leistung muss allerdings einen ausreichenden Detaillierungsgrad haben und in derselben Struktur der beiden vorangegangenen Kalkulationsabschnitte (Vorkalkulation, Mitkalkulation) erfolgen; anderenfalls würde eine Nachkalkulation stark an Aussagekraft verlieren. Die Detaillierung einer Projektkalkulation richtet sich üblicherweise nach der

- ▷ Kontenstruktur,
- ▷ Produktstruktur,
- ▷ Projektstruktur und
- ▷ Prozessstruktur.

Da sich die Kosten nach der Kontenstruktur gliedern und diese wiederum entweder der Produkt- oder der Projektstruktur angelehnt ist, können gravierende Probleme bei der Kosten- und Aufwandszuordnung zu den erbrachten Ergebnismengen auftreten. Der Grund liegt darin, dass die Aufwandserfassung vornehmlich nach der Projektstruktur und die Ergebnismengenbestimmung nach der Produktstruktur ausgerichtet sind. Dieser Umstand sollte aber keineswegs dazu führen, dass man die Projektstruktur zwanghaft der Produktstruktur angleicht; stattdessen ist eine sinnvolle Zuordnung der einzelnen Arbeitspakete (der Projektstruktur) zu den Produktteilen (der Produktstruktur) von Anbeginn anzustreben.

Auch das Zuordnen der vorgenannten Projektgrößen zur Prozessstruktur mit ihrer Unterscheidung nach Entwicklungsphasen und Tätigkeitsarten kann Schwierigkeiten aufwerfen; vor allem dann, wenn keine durchgängige, prozessorientierte Stundenaufschreibung vorgenommen werden konnte. Dies kann dazu führen, dass man auf den Tätigkeits- oder Phasenaufriss in einer Nachkalkulation ganz verzichten muss.

Kalkulationsstruktur

Insgesamt sollte man – wie bereits erwähnt – die Nachkalkulation analog der bei Vor- und Mitkalkulation verwendeten Kalkulationsstruktur erstellen. Die Unterteilung der dem Projekt direkt zuordenbaren Kostenelemente, wie

- ▷ Personalaufwände (eigen/fremd),
- ▷ Testanlagenkosten,
- ▷ Musterbaukosten,
- ▷ Consultantkosten und
- ▷ sonstige Käufe/Bezüge,

sollte daher die gleiche sein. Bei den zusätzlichen Kostenelementen, besonders den durch Gemeinkosten-Umlagen hinzukommenden Kostenanteilen, kann eine abweichende Gliederung sinnvoll sein. Zu ihnen gehören

- ▷ Reisekosten,
- ▷ Fehlerbehebungskosten nach Ablieferung,
- ▷ Kosten für allg. Tool- und Supportentwicklung,
- ▷ Kosten für Grundlagenentwicklung und
- ▷ Verwaltungskosten.

Die für eine Nachkalkulation notwendigen Formulare sollten bez. der Datenzuordnung im Druckbild ähnlich dem Vorkalkulationsblatt (siehe Beispiel in Bild 3.105) aussehen, da das gleiche Kalkulationsschema bei Vor-, Mit- und Nachkalkulation ganz erheblich die Transparenz und das Verständnis innerhalb einer durchgängigen Projektkalkulation fördert. Beim Nachkalkulationsblatt kommen allerdings weitere Spalten für die Angabe der entsprechenden Ergebnismengen (z. B. kloc, DIN-A4-Seiten) hinzu. Die Aufnahme dieser Ergebnisgrößen bildet die Grundlage für das Bilden projektbezogener *Kennzahlen*.

Aufgaben der Nachkalkulation

Bild 5.6 zeigt die der Nachkalkulation vorgelagerten und nachgelagerten Aufgabenbereiche.

Wie ersichtlich, gibt es drei Datenquellen für die Nachkalkulation:

- ▷ Aufwandsschätzung bzw. Vorkalkulation für die Ermittlung der *Plandaten*,
- ▷ Aufwands- und Kostenüberwachungsverfahren für die Erfassung der *Istdaten* sowie
- ▷ Auswertungsverfahren für die Ermittlung von *Ergebnisdaten*.

Je DV-gestützter hierbei die einzelnen Planungs-, Erfassungs- und Auswertungsverfahren sind, desto leichter und vollständiger erhält man den »Datenkranz«, der für eine aussagekräftige Nachkalkulation notwendig ist.

Die primäre Aufgabe von Nachkalkulationen liegt im Liefern von Daten für

- ▷ die *Projektbewertung* anhand der Plan/Ist-Vergleiche,
- ▷ die *Qualitätskostenauswertung* zum Bestimmen der einzelnen QS-Positionen und
- ▷ die *Messdatenermittlung* zur Erfahrungssicherung.

Nachkalkulationen abgeschlossener Entwicklungsvorhaben sind vor allem für das Überprüfen der wirtschaftlichen Tragfähigkeit der entwickelten Produkte notwendig. Nur durch ein vollständiges Einbeziehen aller Entwicklungskosten im Rahmen einer *Vollkostenrechnung* kann festgestellt werden, ob ein angebotener Produktpreis zu einer Unter- oder Überdeckung der Entwicklungskosten geführt hat. Die Nachkalkulation stellt damit auch eine Art Projektergebnisrechnung dar.

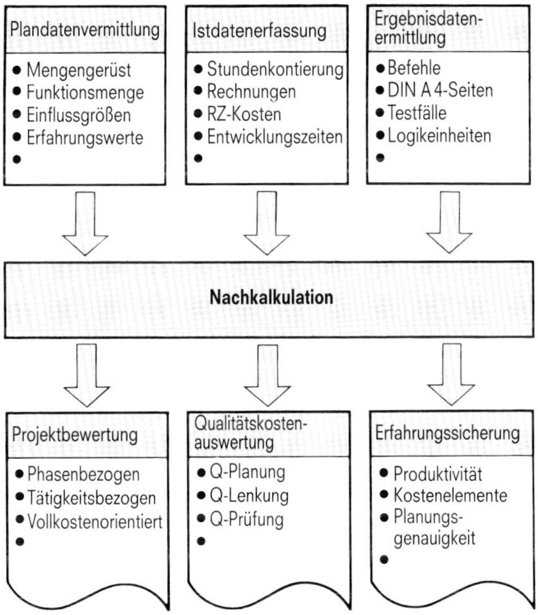

Bild 5.6
Umfeld der Nachkalkulation

Mit Hilfe *prozessbezogener* Nachkalkulationen ist darüber hinaus auch leicht zu analysieren, in welchen Phasen und bei welchen Tätigkeiten der Entwicklung Ressourcen und Kapazitäten in starkem Maße gebunden waren. Die Daten der Nachkalkulation machen es dann möglich, zu erkennen, an welchen Stellen durch verbesserte Werkzeuge oder durch vermehrte Geräteinvestitionen die Entwicklungsleistung bei künftigen Projekten gesteigert werden kann, ohne den Mitarbeitern dabei ein größeres Arbeitsvolumen aufzubürden. Bei diesen Überlegungen – Entwicklungsarbeiten mit intelligenten Mitteln besser und leichter zu bewältigen – sind die strukturierten Daten von Nachkalkulationen sehr hilfreich.

5.2.2 Abweichungsanalyse

Meist ergeben sich bei jeder Projektdurchführung Abweichungen von den ursprünglichen Annahmen. Eine exakt 100%ige Planerfüllung in *allen* Projekt- und Produktparametern ist sogar sehr unwahrscheinlich und kann kaum eine realistische Grundlage haben. Auftretende Planabweichungen sind i. Allg. die Folge nicht vorhersehbarer Ereignisse auf Grund personeller, technischer und organisatorischer Probleme. Der plötzliche Ausfall eines Mitarbeiters oder eine sich als nicht ausreichend erweisende Prüftechnik für eine neuartige Technologie oder eine von der Unternehmensleitung ausgelöste Umorganisation sind nicht im Voraus planbar. Untersuchungen von Planabweichungen dürfen also nicht allein unter dem Gesichtspunkt der Projektqualität gesehen werden, sondern vor allem auch als Lerneffekt, als Anregung zum »Bessermachen beim nächsten Mal«.

Deshalb sollte jeder Projektabschluss eine umfassende *Abweichungsanalyse* enthalten; in dieser werden alle aufgetretenen Plan/Ist-Abweichungen der relevanten Projekt- und Produktparameter festgestellt, untersucht und entsprechend bewertet. Normalerweise steht hierbei die Frage an erster Stelle, warum die ursprünglichen Planvorgaben nicht eingehalten wurden; es kann sich aber auch herausstellen, dass die festgestellten Istwerte berechtigt, dagegen die vorgegebenen Planwerte illusorisch gewesen sind. Das Ziel ist insgesamt das Ableiten von Maßnahmen und Lösungsansätzen für das *künftige* Vermeiden (bzw. Verringern) wesentlicher Abweichungen von Planvorgaben (Lessons learned). Die Abweichungsanalyse stellt also als kritischer Rückblick eine Art »Manöverkritik« für das abgelaufene Entwicklungsprojekt dar.

Analyseablauf

Der Ablauf einer systematischen Abweichungsanalyse gliedert sich in die fünf Hauptschritte:

- ▷ Aufschreiben des Soll
- ▷ Aufschreiben des Ist
- ▷ Feststellen von Abweichungen
- ▷ Ermitteln der Ursachen
- ▷ Ausarbeiten von Maßnahmen.

Dabei erstreckt sich die Abweichungsanalyse im Wesentlichen auf die Parameter gemäß Bild 5.7.

	Soll	Ist
Projekt-bezogen	Geplante Termine Geplante Aufwände Geplante Kosten Geplante Projektqualität	Eingetretene Termine Benötigte Aufwände Aufgelaufene Kosten Festgestellte Projektqualität
Produkt-bezogen	Geplante Ergebnismengen Spezifizierte Leistungsmerkmale Gesetzte Qualitätsziele	Vorliegende Ergebnismengen Realisierte Leistungsmerkmale Erreichte Qualitätseigenschaften

Bild 5.7 Abweichungsparameter

Nach Aufschreiben der Soll- und Ist-Werte der in die Abweichungsanalyse einbezogenen Projekt- und Produktparameter und nach Feststellen markanter Abweichungen muss untersucht werden, welche personellen, technischen und organisatorischen Ursachen hierfür ausschlaggebend waren. Außerdem ist zu prüfen, inwieweit die jeweilige Abweichung vermeidbar oder nicht vermeidbar gewesen wäre. Hierbei muss man unterscheiden zwischen singulär aufgetretenen Abweichungen und solchen, die auf Grund eines grundsätzlichen Mangels im Projektablauf entstanden sind. Im ersten Fall hätte der Abweichung mit einer einzigen Maßnahme begegnet werden können; im zweiten Fall wären eventuell generelle Veränderungen in der Prozess- oder Projektorganisation notwendig gewesen. Die Frage nach der Vermeidbarkeit liefert den ersten Ansatz zum Ausarbeiten von Maßnahmen für eine verbesserte Projektqualität bei künftigen Projekten.

Die Übersicht nach Bild 5.8 enthält – gegliedert nach den vorgenannten Kriterien – einige typische Ursachen für Abweichungen von Projekt- und Produktparametern.

Abweichungsanalysebericht

Alle bei einer Abweichungsanalyse festgestellten Abweichungen werden mit ihren Ursachen und möglichen Vermeidungsmaßnahmen in einem *Abweichungsanalysebericht* zusammengefasst. Dieser sollte wie folgt aufgebaut sein:

	Personelle Ursachen	Technische Ursachen	Organisatorische Ursachen
Vermeidbar	► Demotivation ► Mangelnde Ausbildung ► Missverständnisse ► Überlastung	► Planungsfehler ► Fehleranfälligkeit ► Unvollständige Testdaten ► Mangelnde Toolnutzung	► Engpässe bei RZ und Testanlagen ► Kompetenzgerangel ► Personelle Engpässe ► Probleme bei der Fertigungseinführung
Kaum Vermeidbar	► »Problemfälle« ► Fluktuation ► Mangelnde Fähigkeiten	► Performance-Probleme ► Überforderte Prüftechnik ► Neue Anforderungen ► Unsichere Systembasis (z. B. Betriebssystemmängel) ► Fehlender Support	► Wechselnder Zulieferant ► Prioritätenveränderungen ► Räumliche Aufteilung ► Termindruck
Nicht vermeidbar	► Krankheit ► Schwangerschaft ► Kündigung	► Technologische Grenzen ► Fehlerhafte Fremdteile ► Fehlende Bauteile	► Umorganisation auf höheren Geheiss ► Änderung der Verträge ► Konkurs eines Lieferanten

Bild 5.8 Ursachen für Planabweichungen

Festgestellte Abweichungen, gegliedert nach

- ▷ projektbezogenen Parametern und
- ▷ produktbezogenen Parametern.

Ermittelte Ursachen, unterteilt nach

- ▷ personellen Ursachen,
- ▷ technischen Ursachen und
- ▷ organisatorischen Ursachen.

Abgeleitete Maßnahmen (Vorschläge), begründet durch

- ▷ falsche Vorgaben (d. h. Ist-Werte sind berechtigt) bzw.
- ▷ mangelnde Erfüllung (d. h. Soll-Werte sind berechtigt).

Der Abweichungsanalysebericht bildet ein wichtiges Beurteilungsdokument bei der Projektabschlusssitzung für die Projektauflösung; ggf. können aus diesem noch erforderliche Abschlussarbeiten abgeleitet werden. Ist im betreffenden Entwicklungsbereich eine Erfahrungsdatenbank vorhanden, so sollten die Kernaussagen der Abweichungsanalyse auf jeden Fall in dieses Informationssystem mit aufgenommen werden. Ausführliche Abweichungsanalysen sind sehr wertvoll innerhalb einer umfassenden Erfahrungssicherung.

5.2.3 Wirtschaftlichkeitsanalyse

Die Wirtschaftlichkeitsbetrachtung zu Beginn eines Projekts ist in vielen Bereichen schon ein fester Bestandteil der Projektdefinition geworden. Ohne Erfolg versprechende Ergebnisrechnung mit Nachweis einer ausreichenden Rendite bzw. ohne ausreichende Nutzenanalyse wird ein geplantes Vorhaben gar nicht erst begonnen. Eine Kontrolle der dort gemachten Angaben – im Rahmen einer offiziellen Wirtschaftlichkeitsanalyse zu Projektabschluss – fehlt dagegen in den meisten Fällen. Der Grund dafür liegt oft in der Befürchtung, dass die Zusagen und Annahmen, die in der bei Projektbeginn durchgeführten Wirtschaftlichkeitsprüfung gemacht worden sind, nicht eingehalten worden sind. Dabei ist jede Wirtschaftlichkeitsbetrachtung ohne spätere Ergebnisanalyse eigentlich sinnlos; sie hätte nur die Funktion einer »Augenwischerei«. Eine nachträgliche Kontrolle soll ja nicht das Ziel haben, irgendjemandem den »schwarzen Peter aufzuhalsen«, sondern Projektkontrollen haben die Aufgabe, eine Ursachenanalyse der meist begründeten Fehlplanungen und Projektfehler vorzunehmen mit dem alleinigen Ziel, diese bei späteren Projekten zu vermeiden (Lessons learned).

Abweichungen von Wirtschaftlichkeitsprognosen haben daher auch sehr vielfältige und berechtigte Ursachen wie z. B.:

- ▷ erhöhte Entwicklungskosten auf Grund zusätzlicher Änderungswünsche,
- ▷ unvorhergesehene Preissteigerungen bei den Investitionen,
- ▷ geringere Personaleinsparung,
- ▷ geringer ausgefallene Materialeinsparungen,
- ▷ nicht erreichter Umsatz wegen erhöhten Konkurrenzdrucks,
- ▷ Preisverfall,
- ▷ verspätete Einsatzphase und dadurch verzögerter Beginn des Finanzmittelrückflusses.

Zudem müssen auch die im Zusammenhang mit dem Projekt entstandenen *Fehlleistungen* mit berücksichtigt werden; zu diesen zählen neben den Mehrkosten für zusätzliche Fehlerbehebungen vor und nach Ablieferung auch Aufwendungen für nicht eingeplante Crash-Aktionen beim Kundeneinsatz, für nicht vorhergesehene Nachbesserungen oder für nachträglich aufgetretene Mängel der Zulieferungen.

Eine Wirtschaftlichkeitsanalyse hat also vor allem die Aufgabe, derartige Abweichungsursachen aufzuzeigen und diese für künftige Wirtschaftlichkeitsbetrachtungen zu dokumentieren. Die Verpflichtung zur Wirtschaftlichkeitsanalyse bei Projektabschluss soll die Projektplaner natürlich auch dazu bewegen, bei Projektbeginn realistischere und weniger »geschönte« Wirtschaftlichkeitsrechnungen vorzulegen. Wirtschaftlichkeitsanalysen lassen sich allerdings nur dann vernünftig durchführen, wenn von Anbeginn des Projekts die entsprechenden Projektdaten zielgerichtet aufgeschrieben werden. Anderenfalls müssten sie wieder auf freie und damit manipulierbare Annahmen aufsetzen.

Die Möglichkeiten einer Wirtschaftlichkeitsanalyse hängen natürlich sehr stark von der

Projektart ab. Im Wesentlichen bieten sich hierbei als Vorgehensweisen an:

- ▷ Analyse einer Rationalisierung
- ▷ Analyse einer Produktivitätssteigerung
- ▷ Nachrechnung der Wirtschaftlichkeit.

Analyse einer Rationalisierung

Können die wesentlichen Rationalisierungseffekte einer Wirtschaftlichkeitsbetrachtung in Kennzahlen ausgedrückt werden, so ist die Methode des *Kennzahlenvergleichs* für die Wirtschaftlichkeitsanalyse einfach und praktikabel zugleich. Es sollte sich hierbei allerdings um »harte« Kennzahlen handeln, d. h. die Messdaten für die Kennzahlenbildung sollten möglichst exakt messbar sein. Die »Anzahl SW-Funktionen« ist z. B. begrifflich nicht genau definierbar, daher auch nicht eindeutig zählbar. Dagegen ist die »Anzahl Befehle eines Programms« bei Definition einiger Randbedingungen sicher exakt feststellbar.

Als Kennzahlen für zu analysierende Einsparungseffekte sind nachstehend einige aufgeführt:

- ▷ erstellte loc je Mitarbeiter im Jahr,
- ▷ Zeitaufwand für Stromlaufplanerstellung je Flachbaugruppe,
- ▷ Bearbeitungszyklen je Komponente,
- ▷ Papiermenge im RZ je Monat,
- ▷ Belegmenge je Zeiteinheit,
- ▷ Personalstand je Monat,
- ▷ Wartungs- und Betreuungsaufwand im GJ.

Rationalisierungselemente					SDL-Grafik	SDL-Analyse	Grafischer Texteditor	KM/Verwaltungssupport	Testfallsupport	Diagnosesupport für CHILL/SDL	Standard-DEBUD-Support	Testautomat für Sprachleistungsmerkmale	Einsparung	
Entwicklungsphase	EKZ	Tätigkeit	TKZ	Gewicht									gewichtet	relativ
Systementwurf 10%	SE	PD-Entwurf/Test	A	0,6	10%	10%							12%	
		KM/Verwaltung	B	0,1				20%					2%	
		Verbale Spezifikation	C	0,3			10%						3%	1,7%
Programmentwurf 40%	PE	ZD-Entwurf/Test	D	0,6	10%	10%							10%	
		KM/Verwaltung	B	0,1				10%					1%	
		CHILL-Entwurf	E	0,3			20%						6%	
		Verbale Spezifikation	C	0,1			10%						1%	7,2%
Implementierung 35%	IM	Testfallentwurf und Testrahmen	F	0,4					30%				12%	
		Fehlerkorrektur	G	0,4					10%		10%		8%	
		Testauswertung	H	0,1						10%			1%	
		KM/Verwaltung	B	0,1				10%					1%	7,7%
Systemintegration und -test 15%	ST	Testfallentwurf und Testrahmen	F	0,4					30%	15%			18%	
		Fehlerkorrektur	G	0,3					10%	10%	30%		15%	
		KM/Verwaltung	B	0,1			10%			10%			1%	
		Testdurchführung	J	0,2								30%	6%	6,0%

PD Prozedurdiagramm ZD Zustandsdiagramm

Bild 5.9 Analyseschema (Beispiel)

Als Erstes sind zu Beginn eines Vorhabens, welches einer Wirtschaftlichkeitsprüfung unterzogen worden ist, die relevanten Kennzahlen in ihren Anfangswerten (Vorgabewerte) festzuhalten. Mit Abschluss des Vorhabens werden diese Kennzahlen in ihren eingetretenen Werten (Ergebniswerte) bestimmt und den Anfangswerten gegenübergestellt. Aus der Differenz kann man schließlich ermitteln, inwieweit anfänglich die Wirtschaftlichkeitsprognose richtig war. Die Wertebestimmung der Kennzahlen kann natürlich auch im Laufe des Vorhabens – eventuell sogar mehrmals – geschehen, um auf diese Weise eine frühzeitige Trendaussage hinsichtlich Erfüllung des Wirtschaftlichkeitsziels machen zu können. Wird also z. B. bei einem Investitionsvorhaben rechtzeitig durch einen entsprechenden Kennzahlenvergleich erkannt, dass der gewünschte Rationalisierungseffekt nicht erreichbar ist, so ist ein vorzeitiger Projektabbruch zum Vermeiden weiterer (unnützer) Kosten ratsam.

Analyse einer Produktivitätssteigerung

Basiert eine Wirtschaftlichkeitsprognose im Wesentlichen auf Steigerungseffekten der *Produktivität,* die durch die eingesetzten Mittel für Tool-, Support- oder Verfahrensentwicklungen erreicht werden sollen, so bietet sich zur Wirtschaftlichkeitskontrolle eine Vorgehensweise der *prozessorientierten* Analyse der Produktivitätssteigerung an. Zuerst muss für die Wirtschaftlichkeitsbetrachtung ein Analyseschema entworfen werden, in dem die prozentualen Einsparungseffekte geplanter Rationalisierungselemente auf die jeweiligen Tätigkeiten in den einzelnen Entwicklungsphasen aufgeführt sind. Bild 5.9 zeigt ein Beispiel für ein solches Analyseschema, wie es in ähnlicher Form in einigen Entwicklungsbereichen der Kommunikationstechnik verwendet wurde.

In diesem Beispiel handelt es sich um geplante Tool- und Support-Unterstützungen (Rationalisierungselemente) für die SW-Entwicklung von Vermittlungssystemen. Das Tätigkeitsprofil je Entwicklungsphase sollte unabhängig von der möglichen Tool- und Support-Unterstützung definiert werden; es sollten also auch solche Tätigkeiten enthalten sein, für die keine zusätzliche Unterstützung angeboten werden kann. Weiterhin ist die einzelne Tätigkeitsart mit einem Gewicht entsprechend ihrem Aufwandsverhältnis zum Gesamtaufwand in der betrachteten Entwicklungsphase zu belegen – gemessen an den zum Betrachtungszeitraum (ohne die vorgesehene Rationalisierung) gültigen Kennzahlen.

In den Matrixfeldern werden die geplanten Aufwandseinsparungen für die jeweiligen Tätigkeiten bei Verwenden der entsprechenden neuen Entwicklungsunterstützung angegeben. Unter Berücksichtigung der Gewichtung der Tätigkeitsarten und der prozentualen Phasenaufwandsverteilung gelangt man schließlich zu einer relativen Einsparungsverteilung.

Zur Verdeutlichung sei folgendes Zahlenbeispiel aus dem Schema in Bild 5.9 herausgegriffen:

> Für den Einsatz eines grafischen Texteditors zum Spezifizieren in der Systementwurfsphase wird ein Einsparungspotenzial von 10% angenommen. Da die Spezifikationstätigkeit in dieser Phase im Verhältnis zu den anderen mit einem Gewicht von 0,3 belegt wird (Gesamtgewicht je Phase immer 1), ergibt sich eine gewichtete Einsparung von 3%. Diese geht mit 0,3% in die Gesamteinsparung ein, weil die Phase Systementwurf wiederum nur 10% vom Gesamtprozess darstellt.

In einer projektbegleitenden Aufwandsanalyse muss nun seitens der Entwickler die Stundenkontierung phasen- und tätigkeitsartbezogen vorgenommen werden. Für das Kennzeichnen der Entwicklungsphasen muss ein EKZ (Entwicklungskennzeichen) und für die Tätigkeitsarten ein TKZ (Tätigkeitskennzeichen) vergeben sein. Im Vergleich zu bereits abgeschlossenen, vergleichbaren Entwicklungsvorhaben, deren Aufwände in gleicher Weise (EKZ- und TKZ-bezogen) erfasst sein müssen, ist schließlich feststellbar, ob die prognostizierten Einsparungen auch wirklich realisiert werden konnten.

Abweichungen von ursprünglich geplanten Produktivitätssteigerungen kann man dann sehr zielgerichtet einer Abweichungsanalyse unterziehen. Es kann also herausgefunden werden, warum z. B. eine bestimmte (neue) Tool-Unterstützung den gewünschten Rationalisierungseffekt gebracht und eine andere nicht zum erwünschten Erfolg geführt hat.

Nachrechnung der Wirtschaftlichkeit

Stehen zutreffende Kennzahlen nicht zur Verfügung oder ist eine prozessorientierte Analyse der Produktivitätssteigerung nicht möglich bzw. angebracht, so sollte wenigstens versucht werden, bei Abschluss von Projekten – für die zu Projektbeginn eine Renditerechnung vorgenommen worden ist – eine *Kontrollrechnung* der Wirtschaftlichkeit durchzuführen. Darin müssen allen ursprünglich gemachten Planzahlen entsprechende Istzahlen gegenübergestellt werden. Enthält das vorliegende Berichtssystem allerdings die in der Wirtschaftlichkeitsrechnung angegebenen Parameter nicht, so ist ein objektiver Nachweis von Istzahlen nur schwer zu erbringen. Die Gefahr der »planangepassten« Zahlenmanipulation ist dann sehr groß. Schwierigkeiten bereitet naturgemäß der Nachweis von

- ▷ eingesparten »anteiligen« Mitarbeitern,
- ▷ kürzeren Durchlaufzeiten in nachgeordneten Bereichen,
- ▷ gesteigerter Produktivität in »Kreativbereichen« sowie
- ▷ vermiedenen Mehrkosten beim nicht realisierten Alternativvorhaben.

Insgesamt müssen alle definierten Positionen des Finanzmittelbedarfs und des Finanzmittelrückflusses des wirtschaftlichen Produktplans bzw. der ursprünglichen Marginalrenditerechnung GJ-orientiert mit den eingetretenen Werten in die Kontrollrechnung einfließen; man muss also eine vollständige Wirtschaftlichkeitsrechnung – in derselben Struktur wie die ursprüngliche – vornehmen.

5.2.4 Kundenbefragung

Im Rahmen von qualitätssichernden Maßnahmen gemäß der ISO-Zertifizierung oder einer Selbstbewertung nach dem EFQM-Modell wird immer mehr die Befragung der Kunden hinsichtlich ihrer Kundenzufriedenheit gefordert. Eine solche Kundenbefragung sollte spätestens zum Projektabschluss durchgeführt werden.

Einer möglichst repräsentativen Auswahl aus dem Kundenkreis werden allgemeine und projektbezogene Fragen zur Kundenzufriedenheit gestellt. Solche Fragen können z. B. sein:

- ▷ Wie zufrieden sind Sie mit der Leistungserbringung?
- ▷ Wie zufrieden sind Sie mit der Einhaltung des vereinbarten Kostenrahmens?
- ▷ Wie zufrieden sind Sie mit der Einhaltung der vereinbarten Termine?
- ▷ Wie zufrieden sind Sie mit der Kompetenz unserer Mitarbeiter?
- ▷ Wie zufrieden sind Sie mit der Freundlichkeit unserer Mitarbeiter?
- ▷ Wie zufrieden sind Sie mit den Reaktionszeiten und der Flexibilität des Projektteams?
- ▷ Wie zufrieden sind Sie mit der Qualität?
- ▷ Wie ist Ihr Gesamturteil?
- ▷ Werden Sie uns weiterempfehlen?
- ▷ Würden Sie uns wieder einen Auftrag erteilen?

Die Beantwortung der Befragung geschieht i. Allg. nach einer Bewertungsskala von 5 bis 10 Stufen (»trifft voll zu« bis »trifft nicht zu« oder »sehr zufrieden« bis »sehr unzufrieden«).

Die Ergebnisse der Einzelbefragungen sind dann zusammenzuführen und einer kritischen Analyse zu unterziehen. Hierbei sind zum einen die Durchschnittswerte von Bedeutung und zum anderen müssen die »Ausreißer« einer genauen Analyse unterzogen werden. In Bild 5.10 ist eine solche Ergebnisdarstellung in einem Beispiel grafisch dargestellt; wie aus diesem Beispiel abzulesen ist, wurden die Aspekte Freundlichkeit, Hilfsbereitschaft, Absprachen, Leistungserbringung sehr gut bewertet, dagegen die Aspekte Kosteneinhaltung und Kommunikation mit dem Kunden eher weniger gut. Auch schneidet die Abteilung a insgesamt im Vergleich zum Gesamtbereich schlechter ab.

Wichtig ist es, herauszufinden, worin die Ursachen für weniger zufriedende Meldungen begründet sind; dies kann beim Kunden oder bei einem selbst liegen. Für Verbesserungspotenziale, die in die eigene Zuständigkeit fallen, sind zielorientierte Maßnahmenkataloge zu erstellen, deren Abarbeitung auf eine Verbes-

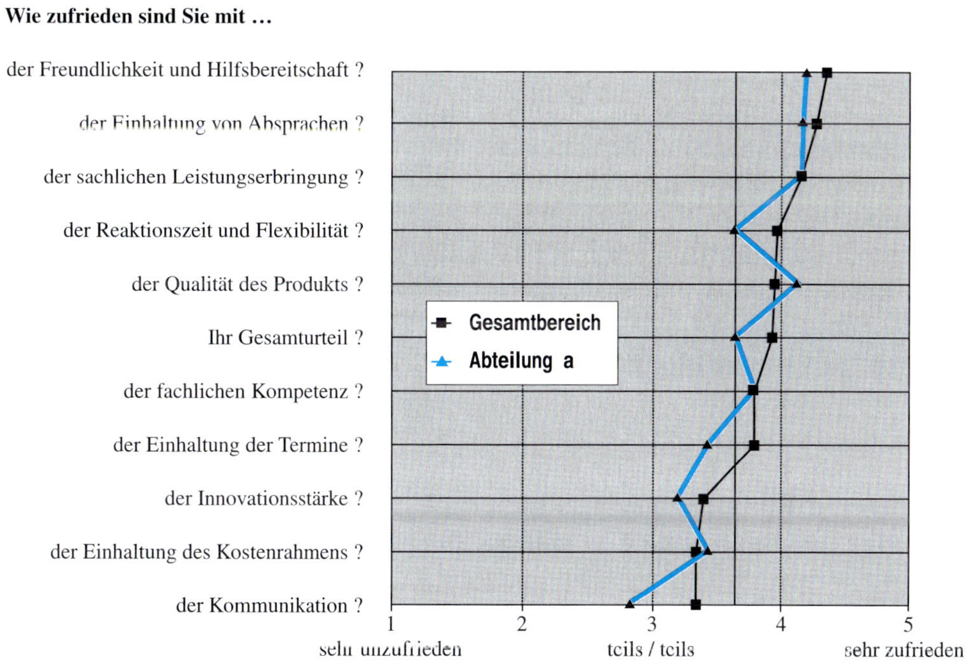

Bild 5.10 Ergebnisdarstellung Kundenbefragung (Beispiel)

serung der Kundenzufriedenheit abzielt. Dies ist in einer späteren Wiederholung der Kundenbefragung zu verifizieren.

Mit der systematischen Wiederholung von Kundenbefragungen und der konsequenten Durchführung von Verbesserungsmaßnahmen wird eine kontinuierliche Steigerung der Kundenzufriedenheit angestrebt. Hohe Kundenzufriedenheit ist schließlich die Voraussetzung für ein prosperierendes Unternehmen.

5.3 Erfahrungssicherung

Wie in der Einführung erläutert, nehmen die Entwicklungskosten im Vergleich zu den reinen Fertigungskosten in hochtechnologischen Produktgebieten der Elektrotechnik einen immer größeren Betrag an. Bei der Software bestehen die Herstellkosten fast ausschließlich aus Entwicklungskosten, und bei der Hardware nehmen die Fertigungskosten auf Grund leistungsfähigerer CAM-Verfahren stetig ab. Möglichkeiten, in der Entwicklung die Effizienz zu erhöhen, müssen also vermehrt ausgeschöpft werden. Hierzu gehören neben den Fortschritten auf dem CAD-Gebiet in Richtung eines integrierten CIM-Konzepts auch das verstärkte Aktivieren vorhandenen Wissens und erworbener Erkenntnisse. Gerade in großen Entwicklungsbereichen, bei denen das Gesamtwissen nicht mehr in einem einzelnen Kopf vorhanden, sondern auf Grund der interdisziplinären Arbeitsteilung sehr verteilt ist, muss ein besserer verfahrensunterstützter *Wissenstransfer* erreicht werden. Ziel muss also die verstärkte Erfahrungssicherung in der Entwicklung sein (siehe auch Kap. 3.5.5).

Grundlage jeder Erfahrungssicherung innerhalb eines Wissensmanagements ist das Sammeln von Erfahrungsdaten. Diese Erfahrungsdatensammlung findet ihre Nutzung auf den drei Anwendungsfeldern der Erfahrungssicherung:

- ▷ Aufwandsschätzverfahren,
- ▷ Kennzahlensysteme und
- ▷ Erfahrungsdatenbanken.

Tabelle 5.5 Projektorientierte Kennzahlen

Kennzahlen				Einheit	Art
B1	Produktivität	=	$\frac{\text{Ergebnismenge}}{\text{Gesamtaufwand}}$	kloc/MJ	h
B2	Planabweichung	=	$\frac{\text{Istwert} - \text{Planwert}}{\text{Planwert}} \cdot 100$	%	h
B3	Plantreue (Leistungsgröße)	=	$\frac{\text{Istwert}}{\text{Planwert}} \cdot 100$	%	h
B4	Plantreue (Lastgröße)	=	$\left(2 - \frac{\text{Istwert}}{\text{Planwert}}\right) \cdot 100$	%	h
B5	Fremdanteil	=	$\frac{\text{Fremde Mitarbeiter}}{\text{Gesamtanzahl Mitarbeiter}} \cdot 100$	%	h
B6	Kostenanteil	=	$\frac{\text{Kosten eines Elements}}{\text{Gesamtkosten}} \cdot 100$	% je Kosten-element	h
B7	Produktivanteil	=	$\frac{\text{Produktivstunden}}{\text{Gesamtstunden}} \cdot 100$	%	h
B8	Betriebsmittel-verbrauch	=	$\frac{\text{Verbrauchsmenge}}{\text{Zeit}}$	GOPS/Monat	h
B9	Betriebsmittel-kostenbedarf	=	$\frac{\text{Betriebsmittelkosten}}{\text{Gesamtaufwand}}$	TEU/MM	h
B10	Fehlerbehebungs-laufzeit	=	$\frac{\text{Summe Fehlerlaufzeiten}}{\text{Gesamtanzahl Fehler}}$	MT/Fehler	h
B11	QS-Kostenanteil	=	$\frac{\text{QS-Kosten}}{\text{Gesamtkosten}} \cdot 100$	%	h
B12	Tooleinsatz	=	$\frac{\text{Tool-Investitionen}}{\text{Gesamtanzahl Mitarbeiter}}$	TEU/MA	h
B13	Overhead-Anteil	=	$\frac{\text{Nichtprojektbezogene Kosten}}{\text{Gesamtkosten}} \cdot 100$	%	w
B14	PM-Anteil	=	$\frac{\text{Mitarbeiter für Projektmanagement}}{\text{Gesamtanzahl Mitarbeiter}} \cdot 100$	%	h
B15	Fluktuationsquote	=	$\frac{\text{Anzahl der Ab- und Zugänge}}{\text{Durchschnittlicher Mitarbeiterstand}} \cdot 100$	% je Jahr	h
B16	Qualifikationsstand	=	$\frac{\text{Summe aller Ausbildungszeiten}}{\text{Gesamtanzahl Mitarbeiter}}$	Jahre/MA	h
B17	Erfahrungsstand	=	$\frac{\text{Summe aller Praxiszeiten}}{\text{Gesamtanzahl Mitarbeiter}}$	Jahre/MA	w

Tabelle 5.6 Prozessorientierte Kennzahlen

Kennzahlen				Einheit	Art
C1	Aufwandsmäßiger Phasenaufriss	=	$\frac{\text{Aufwand einer Phase}}{\text{Gesamtaufwand}} \cdot 100$	% je Phase	h
C2	Aufwandsmäßiger Tätigkeitsaufriss	=	$\frac{\text{Aufwand einer Tätigkeit}}{\text{Gesamtaufwand}} \cdot 100$	% je Tätigkeitsart	h
C3	Zeitlicher Phasenaufriss	=	$\frac{\text{Dauer einer Phase}}{\text{Gesamtdauer}} \cdot 100$	% je Phase	h
C4	Zeitlicher Tätigkeitsaufriss	=	$\frac{\text{Dauer einer Tätigkeit}}{\text{Gesamtdauer}} \cdot 100$	% je Tätigkeitsart	h
C5	LCC-Struktur	=	$\frac{\text{Kosten eines LCC-Abschnitts}}{\text{Kosten eines anderen LCC Abschnitts}}$	dimensionslos	h
C6	Phasenbezogene Fehlerquote	=	$\frac{\text{Fehlermeldungen in einer Phase}}{\text{Ergebnismenge in der Phase}}$	$\frac{\text{Anz. Fehler B30-B70}}{\text{kdloc}}$	w

Tabelle 5.7 Netzplanorientierte Kennzahlen

Kennzahlen				Einheit	Art
D1	Aufgliederung	=	$\frac{\text{Anzahl Vorgänge}}{\text{Projektkosten}} \cdot 100$	Anzahl/TEU	h
D2	Netzdichte (Verflechtungszahl)	=	$\frac{\text{Anzahl Abhängigkeiten}}{\text{Netzplanvorgänge} - 1}$	Anzahl/Vorgang	h
D3	Terminenge	=	$\frac{\text{Anzahl zeitkritischer Vorgänge}}{\text{Gesamtanzahl Vorgänge}} \cdot 100$	%	h
			$\frac{\text{Dauer zeitkritischer Vorgänge}}{\text{Gesamtdauer Vorgänge}} \cdot 100$	%	h
D4	Pufferweite	=	$\frac{\text{Gesamtdauer Puffer eines NP-Pfads}}{\text{Gesamtdauer des NP-Pfads}}$	dimensionslos	h

Tabelle 5.8 Betriebswirtschaftliche Kennzahlen

Kennzahlen				Einheit	Art
E1	FuE-Umsatz-Anteil	=	$\frac{\text{FuE-Kosten}}{\text{Umsatz}} \cdot 100$	%	h
E2	Umsatzeinbuße	=	$\frac{\text{Umsatzminderung}}{\text{Terminverschiebung}}$	TEU/Monat	w
E3	Kosten/Leistungs-Verhältnis (Kosteneinheitswert)	=	$\frac{\text{FuE-Kosten}}{\text{Ergebnismenge}}$	TEU/kloc	h
E4	Kosten/Nutzer-Verhältnis	=	$\frac{\text{Kosten}}{\text{Anzahl Nutzer}}$	TEU/Kontierende	h

Tabelle 5.8 Betriebswirtschaftliche Kennzahlen *(Fortsetzung)*

E5	Änderungskosten-anteil	=	$\frac{\text{Änderungskosten}}{\text{Gesamtkosten}} \cdot 100$	%	w
E6	Wartungs-/Entwicklungs-Quotient	=	$\frac{\text{Wartungskosten}}{\text{Entwicklungskosten}}$	dimensionslos	h
E7	Marginalrendite (Interner Zinsfuß)			%	w
E8	Wirtschaftlichkeits-kennzahl	=	$\frac{\text{Umsatz}}{\text{Selbstkosten}}$	dimensionslos	h
E9	Betreuungsdichte	=	$\frac{\text{Mitarbeiter Betreuungsstelle}}{\text{Mitarbeiter Betreuungsbereich}}$	dimensionslos	h
E10	Personalkosten-produktivität	=	$\frac{\text{Personalkosten} + \text{Ergebnis}}{\text{Personalkosten}}$	dimensionslos	h
E11	Billability	=	$\frac{\text{verrechnete Leistung}}{\text{produktiv kontierte Leistung}}$	dimensionslos	h
E12	Produktivierungs-faktor	=	$\frac{\text{produktiv kontierter Aufwand}}{\text{Anzahl MA (rechn. Durchschnitt)}}$	MM/MA	h
E13	Earned Value	=	Gesamtkosten · Fertigstellungsgrad	TEU	h

ßen« beziehen sich dagegen auf einen breiten Zeitraum, z. B. erbrachte Ergebnismenge in einem bestimmten Geschäftsjahr. Es sollte bei einer Kennzahlenbildung möglichst keine Mischung dieser beiden Messgrößentypen vorkommen.

Wie bereits angedeutet, kann eine einzelne Kennzahl für sich allein eine verzerrende Aussage haben, wie z. B. der bloße Zahlenwert 100 DIN-A4-Seiten des Mitarbeiters Meier. Kennzahlen führen nur dann zu einer sinnvollen Aussage, wenn sie als »Datenkranz«, d. h. auf einer höheren, kumulierten Ebene betrachtet werden. So kann z. B. der Vergleich der beiden Kennzahlen »x DIN-A4-Seiten je Mitarbeiter im Organisationsbereich A« gegenüber »y DIN-A4-Seiten je Mitarbeiter im Organisationsbereich B« bei vergleichbaren Entwicklungsaktivitäten zu einer relevanten Aussage führen.

Erfahrungsaussagen können also nur durch mehrere Kennzahlen gestützt werden; anderenfalls werden Einseitigkeit und damit Fehlinterpretation und falsche Schlussfolgerungen riskiert.

Echte Kennzahlen müssen über bestimmte Eigenschaften verfügen; hierzu zählen:

- ▷ Quantifizierbarkeit,
- ▷ Erhebbarkeit,
- ▷ Vergleichbarkeit,
- ▷ Relevanz und
- ▷ Aktualität.

Kennzahlen, für die es keinen »Maßstab« gibt, oder Kennzahlen, die nicht erhoben werden können oder keine vergleichenden Gegenüberstellungen zulassen oder keine Aussagekraft mehr besitzen, weil sie einen überholten Stand kennzeichnen, sind für eine Projektauswertung oder -beurteilung nutzlos, wenn nicht sogar schädlich. »Schein-Kennzahlen« haben schon zu so manchem Fehlurteil in einem Unternehmen geführt.

In den Tabellen 5.9 und 5.10 sind für den SW-Entwicklungsbereich einige Produktivitätskennzahlen bzw. Kennzahlen des Betriebsmittelkostenbedarfs für Rechenzeiten angegeben. Die aufgeführten Werte können nur als grobe Leitwerte dienen; im Einzelnen kommt es immer auf die spezielle Entwicklungsumgebung an, die geprägt wird durch die Qualifikation der Mitarbeiter, die Durchdringung mit Methoden und Werkzeugen sowie die Komplexität der Entwicklungsvorhaben.

Tabelle 5.9
Betriebsmittelkostenbedarf für Rechenzeiten

SW-Gebiet	RZ-Kosten je Mann-Jahr (Stand: 2000)	Anteil Personal-kosten
Entwicklung von		
Produktsoftware	20 TEU/MJ	18%
Vermittlungssoftware	26 TEU/MJ	23%
Interne DV-Verfahren	17 TEU/MJ	15%
Pflege von		
Techn. DV-Verfahren	12 TEU/MJ	10%
Betriebswirtschaftl. DV-Verfahren	13 TEU/MJ	12%

Tabelle 5.10 Produktivitätskennzahlen (SW-Entwicklung bei 100 kloc)

Allgemeine Erfahrungswerte für	
Anwenderprogramme	5,0 kloc/MJ (COBOL)
Betriebssysteme	1,0 kloc/MJ (SPL)
Vermittlungssysteme	1,3 kloc/MJ (CHILL) 0,8 kloc/MJ (Assembler)
Luft- und Raumfahrt	1,0 kloc/MJ (SPL)
COCOMO (Kostentreiber → nominal)	
Einfache SW-Entwicklung	2,7 kloc/MJ
Mittelschwere SW-Entwicklung	2,1 kloc/MJ
Komplexe SW-Entwicklung	1,5 kloc/MJ
ARON-Untersuchung (Projektdauer → mittellang)	
Leichte SW-Entwicklung	6,0 kloc/MJ
Mittelschwere SW-Entwicklung	3,0 kloc/MJ
Schwere SW-Entwicklung	1,5 kloc/MJ

5.3.2 Kennzahlensysteme

Um sicherzustellen, dass ermittelte Kennzahlen auch voll nutzbar sind, dürfen sie nicht willkürlich und abhängig von temporären Intentionen Einzelner festgelegt und gesammelt werden. Dies erreicht man am besten dadurch, dass sie in ein definiertes und fest umrissenes Kennzahlensystem eingeordnet werden.

Kennzahlensysteme sind die Basis für jedes FuE-Bewertungssystem. Durch das eindeutige Definieren von Kennzahlen und deren klares Einbetten in eine Systematik wird ein aussagekräftiger Vergleich über die einzelnen Bereichsgrenzen eines Unternehmens hinaus möglich. Hat dagegen jeder Bereich seinen eigenen »Topf« von willkürlich festgelegten Kennzahlen, so sind Gegenüberstellungen von Entwicklungsdaten und überbetriebliche Strukturvergleiche mit der Absicht, gezielte Verbesserungen in den Prozessabläufen vorzunehmen, natürlich nicht mehr möglich.

Bei Kennzahlensystemen unterscheidet man

- ▷ Kennzahlen-Netzsysteme,
- ▷ Kennzahlen-Hierarchiesysteme und
- ▷ Kennzahlen-Ordnungssysteme.

Kennzahlen-Netzsysteme

In Kennzahlennetzen sind die Kennzahlen durch Rechenvorschriften miteinander *vernetzt*, d. h. ausgehend von einer vorgegebenen Ergebnis- oder Leistungsmenge (exogene Variable) werden über Kennzahlen andere Größen (abhängige Variable) abgeleitet. Entsprechend definierten Rechenvorschriften für solche »Input-Output-Beziehungen« können dabei abhängige Variable auch von mehreren exogenen Variablen bestimmt werden.

Da Kennzahlen-Netzsysteme für das Projektmanagement im FuE-Bereich derzeit keine Bedeutung haben, sei hier auf die Literatur verwiesen.

Kennzahlen-Hierarchiesysteme

In Kennzahlen-Hierarchiesystemen – auch als »Rechensysteme« oder arithmetische Kennzahlensysteme bezeichnet – sind die Kennzahlen ebenfalls durch definierte Rechenvorschriften voneinander ableitbar; sie sind allerdings nicht in einer vernetzten Struktur, sondern als

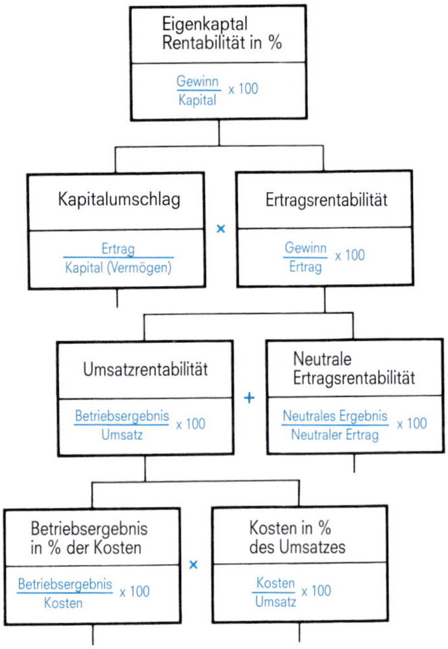

Bild 5.14
Kennzahlen-Hierarchiesystem (Beispiel Du Pont)

Hierarchie angeordnet. Ihr Vorteil liegt darin, dass durch die streng monohierarchische Abhängigkeit eine eventuell unberechtigte Abgrenzung von Kennzahlen verhindert wird. Als eine der bekanntesten Kennzahlenhierarchien gilt das von Du Pont vorgeschlagene Kennzahlensystem (Bild 5.14).

Dieses Kennzahlensystem ist für den betriebswirtschaftlichen Bereich definiert worden. Andere, wie z. B. Diebold oder ZVEI, haben – aufsetzend auf diesem System – eigene Kennzahlenhierarchien abgeleitet.

Das Du-Pont-Kennzahlensystem geht von einer Hauptkennzahl »Eigenkapital-Rentabilität in %« aus, die als *Spitzenkennzahl* bezeichnet wird. Die untergeordneten Kennzahlenebenen werden nach festen Auflösungsregeln bestimmt. So wird die vorgenannte Spitzenkennzahl in die beiden Kennzahlen »Kapitalumschlag« und »Ertragsrentabilität« aufgelöst; umgekehrt ergibt die Multiplikation dieser beiden Kennzahlen wiederum die Spitzenkennzahl »Eigenkapital-Rentabilität in %«.

Als rein formale Auflösungsregeln bei solchen Kennzahlen-Hierarchiesystemen bieten sich alle gängigen Rechenvorschriften an, so die Addition, Subtraktion, Multiplikation und Division. Die Gliederung auf den unteren Ebenen sollte sinnvollerweise nach organisatorischen und funktionalen Gesichtspunkten geschehen, wie es in dem von Diebold [129] vorgeschlagenen Kennzahlensystem (Bild 5.15) praktiziert wird.

Das Diebold-Kennzahlensystem ist ein Instrument zur Analyse der Wirkungen des Einsatzes informationstechnischer Mittel und Verfahren.

Auch vom ZVEI ist ein derartiges hierarchisch aufgebautes Kennzahlensystem für den betriebswirtschaftlichen Bereich definiert worden [147]; es enthält im Wesentlichen Kennzahlen zu den Themenbereichen:

- ▷ Wachstumsanalyse,
- ▷ Analyse der Eigenkapital-Rentabilität,
- ▷ Analyse der Ertragskraft und
- ▷ Analyse des Risikos.

Das ZVEI-Kennzahlensystem umfasst etwa 87 Kennzahlen; weitere werden als Hilfskennzahlen für die mathematische Verknüpfung benötigt.

Alle Kennzahlen-Hierarchiesysteme erwecken den Eindruck, analytisch aussagekräftiger und treffsicherer zu sein als nicht derart aufgebaute Systeme; dies ist allerdings nur teilweise richtig. Hierarchische Kennzahlensysteme zwingen zwar zu strenger Logik und arithmetischer Ordnung und verbessern damit die formale Transparenz; sie bleiben jedoch relativ starr, d. h. mehr rückschauend und registrierend. Die Extrapolationsmöglichkeit zum Ableiten künftiger wirtschaftlicher bzw. organisatorischer Veränderungen kann nur mit einer Methode erreicht werden, die Funktions- und fachliche Ablaufkenntnisse voraussetzt.

Kennzahlen-Ordnungssysteme

In Kennzahlen-Ordnungssystemen sind die einzelnen Kennzahlen nicht mehr auf Grund eines geschlossenen Schemas vorgegebener Rechenvorschriften voneinander ableitbar; vielmehr sind sie hier nach einem *gemeinsamen* Aspekt zusammengestellt worden. Solche Gruppierungen von Kennzahlen können – wie die folgenden Beispiele es zeigen – funktions- oder problembezogen sein:

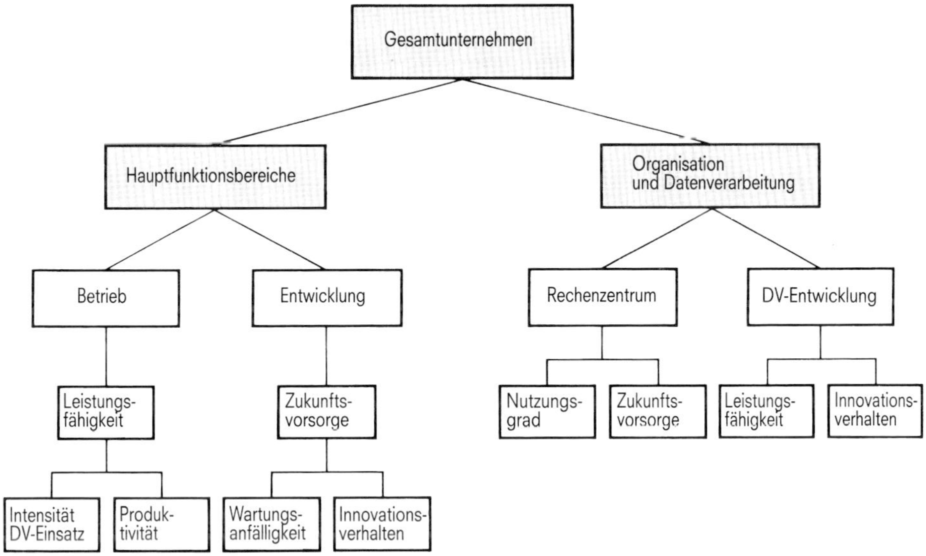

Bild 5.15 Struktur und Aussagebereiche des Diebold-Kennzahlensystems (DKS)

Funktionsbezogene Ordnungssysteme für

- ▷ FuE-Projektkalkulation,
- ▷ Qualitätssicherung im FuE-Bereich,
- ▷ FuE-Bereich,
- ▷ Fertigungsvorbereitung,
- ▷ Personalwesen.

Problembezogene Ordnungssysteme für

- ▷ Effizienzbetrachtung der OI-Arbeit,
- ▷ DLZ-Reduzierung,
- ▷ Lagerbestandsoptimierung,
- ▷ Optimierung der Lieferbereitschaft (Logistik).

Bei Siemens sind mehrere Konzepte erarbeitet worden, die Kennzahlen zur Funktions- und Prozessanalyse in den einzelnen Bereichen des Unternehmens enthalten. Darüber hinaus hat man ein Modell für ein Kennzahlensystem in der SW-Entwicklung vorgestellt, welches auf Grund einer Expertenbefragung im Hause entstanden ist; es umfasst Kennzahlen für die einzelnen Funktionsbereiche einer SW-Projektentwicklung:

- ▷ Projektleitung,
- ▷ Projektplanung,
- ▷ Projektüberwachung,
- ▷ Projektsteuerung,
- ▷ Produktplanung,
- ▷ Produktüberwachung und -steuerung.

Die Erhebbarkeit eindeutiger und aktueller Daten bei vertretbarem Aufwand zur Kennzahlenbildung sowie die Aussagefähigkeit bzw. Analysekraft der so gebildeten Kennzahlen bedürfen allgemein noch einer Erprobung in der Praxis.

Als Beispiel für ein Kennzahlen-Ordnungssystem ist nachstehend ein Kennzahlensystem für die FuE-Projektkalkulation angegeben, bei dem einzelne Messgrößen aus der SW-Entwicklung in eine Zuordnung zu den Entwicklungsphasen und den verschiedenen Tätigkeitsarten gebracht worden sind (Bild 5.16).

Werden die Ergebnismengen aus diesem Ordnungssystem mit den zugehörigen Kosten und Aufwänden korreliert, können projektspezifisch und auch projektübergreifend für die FuE-Projektkalkulation sehr unterschiedliche Kennzahlen abgeleitet werden, die sich in drei Kategorien einordnen lassen:

Aufwandsverteilungen

- ▷ phasenorientierte Aufteilung der Kosten bzw. Aufwände,
- ▷ phasenorientierte Aufteilung der Entwicklungsdauer,
- ▷ tätigkeitsorientierte Aufteilung der Aufwände.

Phasen	Produktmessgrößen (Anzahl)	Tätigkeitsarten							
		Definieren	Entwerfen	Inspizieren	Codieren	Produzieren	Testen	Dokumentieren	Nacharbeiten
Analyse	Anforderungen	x	x	x					
	DIN-A4-Seiten des Anforderungskatalogs							x	
Entwurf	Subsysteme	x		x		x			
	Prozedurdiagramme		x	x	x				
	Zustandsdiagramme		x	x	x				
	DIN-A4-Seiten der Systemspezifikation							x	
Implementierung	Befehle				x				
	Funktionen					x			
	Testfälle						x		
	DIN-A4-Seiten der Benutzerdokumentation							x	
Verbundtest	Subsysteme			x		x			
	Testfälle						x		
	Fehler								x
Systemtest	Anforderungen			x			x		
	Testfälle						x		
	Fehler						x		
Einsatz	DIN-A4-Seiten der Kundendokumentation							x	
	Fehler								x

Bild 5.16 Kennzahlen-Ordnungssystem (Beispiel FuE-Projektkalkulation)

Kostenrelationen

▷ Verhältnis RZ-Kosten zu Gesamtkosten
▷ Verhältnis QS-Kosten zu Gesamtkosten
▷ Verhältnis PM-Kosten zu Gesamtkosten

Produktivitäten

▷ Aufwand bzw. Kosten je Programmbefehl
▷ Aufwand bzw. Kosten je Dokumentationsseite,
▷ Aufwand bzw. Kosten je Fehlerbehebung
▷ Aufwand bzw. Kosten je Testfall
▷ erzeugte Programmbefehle je Mitarbeiter
▷ erstellte Dokumentationsseiten je Mitarbeiter
▷ Anzahl Logikfunktionen je Mitarbeiter.

Aufbau eines Kennzahlensystems

Der Aufbau eines in sich schlüssigen Kennzahlensystems ist ein nicht leichtes Unterfangen.

Einerseits muss vorher geklärt sein, für wen und für was die Kennzahlen genutzt werden sollen, andererseits muss gleichzeitig auch die Erhebbarkeit der betreffenden Kennzahlen gesichert sein. Aus einem umfassenden Zeit- und Quervergleich in repräsentativen Bereichen müssen deshalb Leitwerte abgeleitet werden, die ein »Wertemodell« des betrachteten Funktions- bzw. Aufgabengebiets ergeben.

Im Einzelnen sind zum Aufbau eines Kennzahlensystems mehrere Arbeitsschritte zu durchlaufen; hierzu gehören:

Festlegen der Ziele des geplanten Kennzahlensystems

▷ Art des Aufgabenbereichs
▷ Art des Nutzerkreises.

Ausarbeiten der Kennzahlenkonzeption

▷ Art der Messgrößen und -einheiten
▷ Art der Kennzahlensystematik
▷ Art der Ableitungsregeln.

Realisieren des Kennzahlensystems

▷ Klären der Zuständigkeiten
▷ Festlegen der Datenquellen
▷ Ermitteln der Basisgrößen
▷ Ableiten der Kennzahlen
▷ Sicherstellen der Eindeutigkeit.

Nach Aufbau eines solchen Kennzahlensystems muss man für laufende Aktualisierung der Kennzahlen sorgen, weil diese sonst auf Grund der hohen Innovationsrate vieler Entwicklungsbereiche schnell ihre Aussagekraft verlieren. Auch müssen die ausgewählten Kennzahlen kommentierbar sein, damit sie nicht nur als nackte Zahlen verwendet werden.

Nutzung der Kennzahlen

Der Nutzungsgrad der Kennzahlen eines Kennzahlensystems ist naturgemäß für die einzelnen Anwender sehr unterschiedlich. Jeder spezielle Anwenderbereich hat zudem nur ein Interesse an bestimmten Ausschnitten bzw. Untermengen des Gesamtkennzahlensystems.

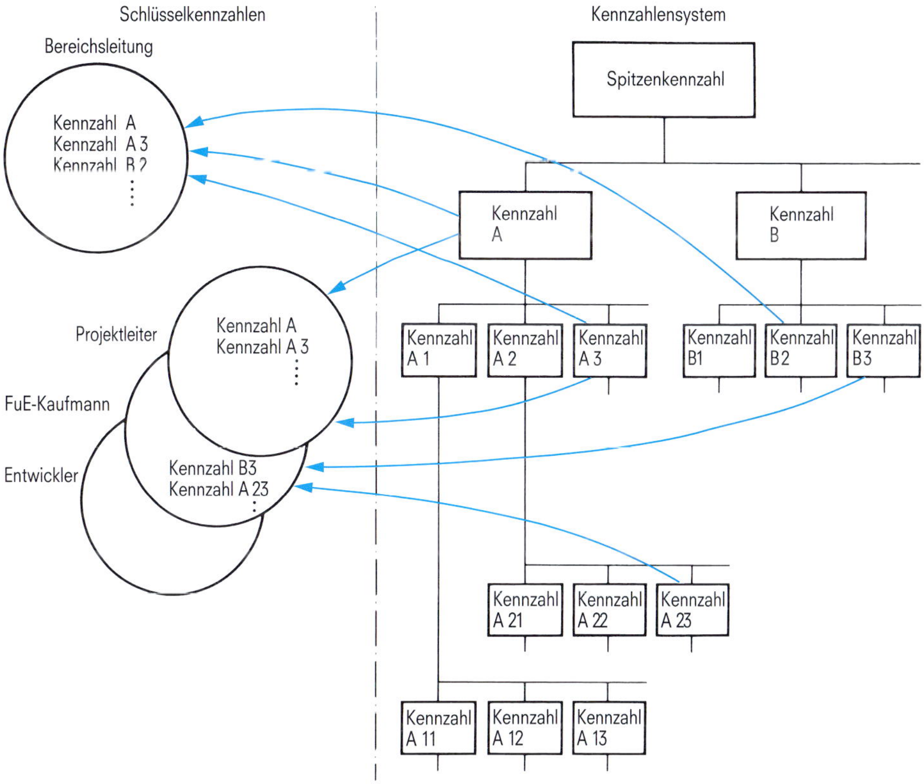

Bild 5.17 Kennzahlennutzung durch die unterschiedlichen Anwender

Bild 5.17 veranschaulicht dies am Schema eines Kennzahlen-Hierarchiesystems.

Die Bereichsleitung hat z. B. ein besonderes Interesse an »generellen« Kennzahlen (Score cards), einschließlich der Spitzenkennzahlen des Systems; dagegen sind die ausführenden Bereiche eines Unternehmens mehr an Einzelkennzahlen der tieferen Ebenen interessiert. Diese anwenderspezifisch ausgewählten Kennzahlen werden als *Schlüsselkennzahlen* oder Key Performance Indicators bezeichnet.

5.3.3 Erfahrungsdatenbank

Eine systematische Erfahrungsdatensammlung, die auch über ein genügend umfangreiches Datenvolumen verfügt, erfordert eine eigene Datenbank und damit ein DV-gestütztes System zur Speicherung von Erfahrungsdaten. Zurzeit gibt es noch wenige Realisierungsfälle von Erfahrungsdatenbanksystemen. Der Grund hierfür liegt meist nicht in der mangelnden DV-technischen Verfahrensrealisierung; vielmehr liegt das Hauptproblem in der Schaffung einer adäquaten *Infrastruktur* im Entwicklungsbereich, die für eine gezielte Erfahrungssicherung notwendig ist. Dort müssen nämlich sowohl die Möglichkeiten als auch die Bereitschaft in allen zuständigen Bereichen (Entwicklung, Projektmanagement und FuE-Kaufmannschaft) vorhanden sein, die erforderlichen Daten zur Verfügung zu stellen. Das bedeutet eine gewisse Offenbarung, besonders dann, wenn aus den Daten auch Effizienz- und Produktivitätsaussagen abgeleitet werden können.

Aus pragmatischen Gründen ist es nicht sinnvoll, die für ein Projekt vorliegenden Daten und Unterlagen in ihrer Gesamtheit in der Datenbank abzuspeichern; man sollte zusätzlich immer auch das Medium *Aktenordner* nutzen. So ist es z. B. nicht notwendig, umfangreiche

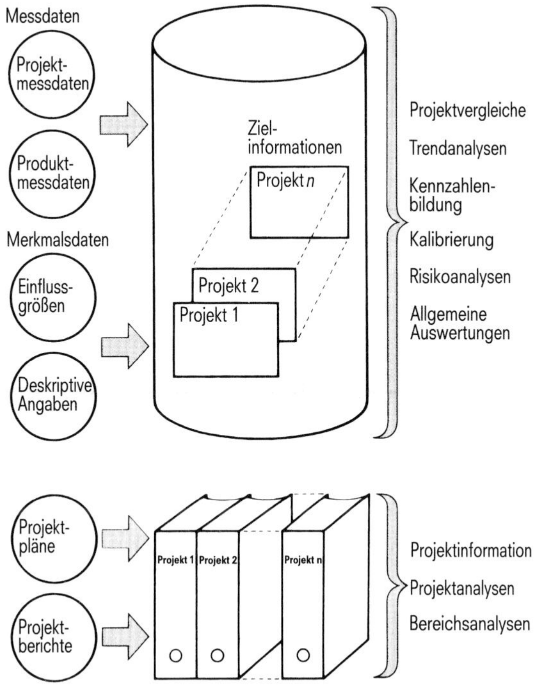

Bild 5.18
Erfahrungsdatenbank
mit Ordnersystem

Projektpläne und ausführliche Projektberichte digital zu speichern; ein übersichtliches Ablagesystem mit Aktenordnern für diese Unterlagen ist völlig ausreichend.

Bild 5.18 zeigt die Struktur einer Erfahrungsdatenbank in Verbindung mit einem solchen Ordnersystem.

Eine Erfahrungsdatenbank (engl. Knowledge Base) hat im Rahmen der Erfahrungssicherung und des Wissensmanagements mehrere Aufgaben:

- ▷ Aufwandsschätzung
- ▷ Produktivitätsbetrachtung
- ▷ Projektbeurteilung
- ▷ Wissenstransfer.

Die *Aufwandsschätzung* wird dadurch unterstützt, dass der Vergleich eines geplanten Entwicklungsvorhabens mit abgeschlossenen, in der Erfahrungsdatenbank gespeicherten Projekten eine Aussage bez. der voraussichtlichen Kosten und des einzuplanenden Personalaufwands erlaubt. Eine Erfahrungsdatenbank kann daher – in Form eines Vergleichsverfahrens – auch direkt als Aufwandsschätzverfahren genutzt werden (siehe Kap. 3.2.6), wobei von den Projektdaten abgeschlossener Projekte auf die künftigen Projekte geschlossen wird.

Produktivitätsbetrachtungen werden durch das Gegenüberstellen von Produktergebnisgrößen (z. B. Anzahl Dokumentationsseiten, Befehle, Logikeinheiten) und dem jeweils dafür angefallenen Entwicklungsaufwand erreicht. Auf diese Weise können Kennzahlen zur Effizienzbeurteilung im Entwicklungsbereich abgeleitet werden. Produktivitätskennzahlen sind immer eine gute Basis für das Erarbeiten von Maßnahmen zur Produktivitätssteigerung.

Mit den gespeicherten Erfahrungsdaten sind darüber hinaus auch allgemeine *Projektbeurteilungen* nach unterschiedlichsten Gesichtspunkten, wie

- ▷ Projektqualität,
- ▷ Projektrisiken und -fehler,
- ▷ Methoden- und Tooleinsatz,
- ▷ Planungsgenauigkeit,
- ▷ Realisierungsprobleme und
- ▷ Güte der Qualitätssicherung

möglich. Ziel solcher Projektbeurteilungen ist das Gewinnen von Erkenntnissen, die helfen, die Qualität einer (künftigen) Projektführung zu verbessern und die Durchlaufzeiten in der Entwicklung zu verkürzen.

Schließlich wird durch die umfangreiche Sammlung projekt- und produktbezogener Daten in der Erfahrungsdatenbank der notwendige *Wissenstransfer* innerhalb eines Unternehmens (Synergieeffekt) entscheidend gefördert und der Nachweis von Know-how-Trägern unterstützt. Voraussetzung hierfür ist allerdings die leichte Zugänglichkeit der für die Entwickler relevanten Informationen, die u. a. durch den dezentralen Online-Zugriff in einem Kommunikationsverbund möglich wird.

Ausgehend von diesen Aufgaben gibt es sehr unterschiedliche *Nutzer* einer Erfahrungsdatenbank:

- ▷ Projektleiter
- ▷ Entwickler
- ▷ FuE-Kaufleute
- ▷ Bereichsleiter
- ▷ Spezialisten für Aufwandsschätzmethoden usw.

Klassen von Erfahrungsdatenbanken

Man kann zwei Klassen von Erfahrungsdatenbanken unterscheiden:

- ▷ Technische Erfahrungsdatenbanken
- ▷ Betriebswirtschaftliche Erfahrungsdatenbanken.

Technische Erfahrungsdatenbanken

Eine technische Erfahrungsdatenbank enthält im Wesentlichen Informationen, die die rein *technischen* Aspekte von Entwicklungsvorhaben beleuchten – neben allen messbaren Ergebnisgrößen der entwickelten Produkte gehören dazu auch allgemeine entwicklungstechnische und technologische Merkmale. Sowohl Produktmessgrößen wie z. B. Anzahl Gatterfunktionen, Anzahl Programmbefehle und Anzahl Dokumentationsseiten sind hier von Bedeutung als auch deskriptive Angaben zur Entwurfs- und Realisierungsmethodik, zur Qualitätssicherung sowie zum geplanten und zum realisierten Anforderungs- und Funktionsprofil der Entwicklungsvorhaben. Empfehlenswert für eine standardisierte Vorgehensweise in der technischen Beschreibung von Erfahrungsobjekten ist der Aufbau einer allgemein gültigen Merkmalsliste, die alle möglichen Merkmalskriterien auf die relevanten Begriffe beschränkt.

Für die kaufmännische Beurteilung sind den gespeicherten Erfahrungsobjekten i. Allg. die hauptsächlichen Projektmessdaten, wie Termin-, Aufwands- und Kostendaten, beigegeben; sie ermöglichen – in ihrer Gegenüberstellung zu den wichtigsten Produktmessgrößen – das Gewinnen aussagekräftiger Produktivitätskennzahlen.

Der Schwerpunkt der Anwendung technischer Erfahrungsdatenbanken liegt naturgemäß im Entwicklungsbereich, dort, wo man – durch Rückgriff auf vergangene Entwicklungsprobleme – schneller zu Lösungskonzepten von neuen Entwicklungsaufgaben kommen will. Technische Erfahrungsdatenbanken sind daher ein wichtiges Instrument zur Steigerung der Synergie in einem Großunternehmen.

Betriebswirtschaftliche Erfahrungsdatenbanken

Im Gegensatz zur technischen Erfahrungdatenbank enthält die betriebswirtschaftliche Erfahrungsdatenbank vor allem *kaufmännische* Informationen. Ausschlaggebend sind hier die Aufwands- und Kostendaten in ihrem zeitlichen Ablauf (z. B. Geschäftsjahres- oder Quartalsscheiben) sowie in der thematischen Aufteilung, d. h. in ihrer Zuordnung zu den einzelnen Kostenelementen und Kostenverursachern. Häufig ist auch eine Zuordnung der Aufwände und Kosten zu den Entwicklungsphasen und den unterschiedlichen Tätigkeitsarten von Bedeutung.

Für eine entwicklungsbezogene Interpretation der gespeicherten betriebswirtschaftlichen Daten sollten die einzelnen Erfahrungsobjekte möglichst mit einem datenbankeinheitlichen Katalog von Einflussparametern bewertet werden, um so eine Vergleichbarkeit unterschiedlicher Entwicklungsinhalte zu erreichen. Ein solcher Parameterkatalog umfasst Angaben sowohl zum Projekt- als auch zum Produktumfeld und ähnelt darin den Parameterkatalogen der einschlägigen Aufwandsschätzverfahren.

Technische Angaben finden sich in einer betriebswirtschaftlichen Erfahrungsdatenbank nur wenige; es bietet sich an, einige wesentliche Produktmessdaten, wie z. B. Programmumfang bei Software oder eine Messzahl für den Funktionsumfang bei Hardware in die Datenbank aufzunehmen. Mit Hilfe dieser Ergebnisgrößen und der zugehörigen Aufwandsgrößen können dann auch hier Angaben zur Entwicklungsproduktivität gemacht werden.

Betriebswirtschaftliche Erfahrungsdatenbanken finden ihre hauptsächliche Nutzung sinngemäß im Bereich der FuE-Kaufmannschaft. Die Daten in einer solchen Datenbank unterstützen den FuE-Kaufmann sowohl beim Erstellen des Wirtschaftsplans als auch beim FuE-Controlling, können aber auch für die Projektleitung bei der Projektplanung sehr hilfreich sein.

Informationsstrukturen

Sehr wichtig beim Realisieren einer DV-gestützten Erfahrungsdatenbank ist neben der technischen bzw. betriebswirtschaftlichen Ausrichtung das Festlegen einer anwendungsgerechten *Informationsstruktur*, da diese Struktur die Auswahl des zu verwendenden Datenbanksystems entscheidend mitbestimmt. Die Informationsstruktur kann hierbei

▷ projektorientiert,
▷ produktorientiert oder
▷ teileorientiert

sein.

Projektorientiert heißt, dass in einem Informationsobjekt der Datenbank, dem Erfahrungsobjekt (EO), alle relevanten Daten eines abgeschlossenen Projekts zusammengefasst sind, wohingegen bei einer *Produktorientierung* das Erfahrungsobjekt auf das Produkt selbst ausgerichtet ist, und zwar unabhängig von der vorhandenen Projektegliederung. Projektorientiert sind in erster Linie die betriebswirtschaftlichen Erfahrungsdatenbanken, produktorientiert dagegen meist die technischen Erfahrungsdatenbanken.

Bei einer *teileorientierten* Informationsstruktur entsprechen die Erfahrungsobjekte den einzelnen Produktteilen (Module, Baugruppen etc.). Der Zusammenhang mit dem Produkt bzw. dem Projekt wird über datenbanktechnische Verkettungsmöglichkeiten (z. B. relationale Beziehungen) vorgenommen. Die teileorientierte Informationsstruktur ist sicher nicht nur für die Verfahrensrealisierung wie auch die Erfahrungsdatensammlung die aufwändigste, sondern für die Erfahrungssicherung insgesamt auch die anspruchsvollste und aussagekräftigste Form einer Erfahrungsdatenbank.

Schwierig bei einem funktionierenden EDB-System ist das Feststellen der *Ähnlichkeit* von Projekten bzw. von Projektteilen, also das Finden von ähnlichen Erfahrungsobjekten. Einerseits muss die gewählte Informationsstruktur dieser Ähnlichkeitsbestimmung entgegenkommen und andererseits muss das verwendete Datenbanksystem über entsprechende Auswahlmechanismen für die Ähnlichkeitssuche verfügen. Als besonders geeignet haben sich hierfür Informations-Retrieval-Systeme, wie z. B. GOLEM, gezeigt, die in einem gewissen Maße relationale Datenstrukturen zulassen und über leistungsfähige Suchalgorithmen verfügen.

Es gibt Ansätze, eine Erfahrungsdatenbank auch als *Expertensystem* zu entwerfen, aber von einer Realisierung ist man hier noch weit entfernt. Auch existieren Überlegungen, eine Erfahrungsdatenbank in ein übergreifendes Management-Information-System (MIS) einzubinden; aber hier ist man ebenfalls über die konzeptionelle Phase nicht hinausgekommen.

Beispiel einer betriebswirtschaftlichen Erfahrungsdatenbank

Nachstehend wird die teileorientierte Informationsstruktur einer betriebswirtschaftlichen Erfahrungsdatenbank vorgestellt, wie sie im Rahmen der FuE-Projektkalkulation konzipiert worden ist.

Das Beispiel in Bild 5.19 zeigt zwei Ebenen von Erfahrungsobjekten, deren Abschnitte sich in Inhalt und Format stark unterscheiden. Die erste Ebene umfasst die allgemeinen Projektinformationen (Projekt-EO), die zweite die Informationen der zugehörigen Teileinheiten (Teileinheit-EO). Durch gegenseitigen Vermerk der Identifizierungsbegriffe (Projektnummer bzw. Teileinheitennummer) wird der strukturelle Zusammenhang in der Datenbank hergestellt.

Das Erfahrungsobjekt auf der Projektebene (Projekt-EO) gliedert sich in:

▷ Projektsteckbrief
▷ Mess- und Kenndaten
▷ Projekteinflussparameter.

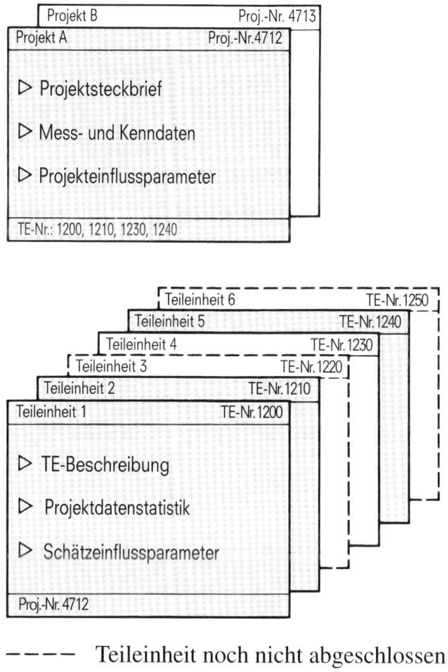

Bild 5.19 Teileorientierte Informationsstruktur

Projektsteckbrief

Der Projektsteckbrief enthält die wesentlichen projektbeschreibenden Angaben, wie z. B.

▷ Projektnummer
▷ Projektname
▷ Projektkurzbeschreibung
▷ Projektstatus
▷ Projektbeginn und -ende
▷ Projektleiter
▷ Entwicklungsverantwortung
▷ Entwicklungsart
▷ Liste der HW- und SW-Kategorien
▷ Ablageverweis Projektakte
▷ Liste der Teileinheiten.

Mess- und Kenndaten

Alle Mess- und Kenndaten dieses Abschnitts der Projekt-EO sind projektbezogen, bilden damit Durchschnittswerte für die untergeordneten Teileinheiten. Folgende Auswahl zu Mess- und Kenndaten wurde getroffen:

▷ Plan- und Istaufwand des Projekts
▷ Plan- und Istkosten des Projekts
▷ Plan- und Istdauer des Projekts
▷ Plan- und Istkosten je Kostenelement
▷ Zeitlicher Phasenaufriss (Prozentverteilung)
▷ Aufwandsmäßiger Phasenaufriss (Prozentverteilung)
▷ Aufwandsmäßiger Tätigkeitsaufriss (Prozentverteilung).
▷ Prozentualer Anteil Qualitätsaufwand
▷ Prozentualer Anteil PM-Aufwand
▷ Prozentualer Anteil Dokumentationsaufwand
▷ Durchschnittliche Mitarbeiterzahl.

Projekteinflussparameter

Für die Vergleichbarkeit bewertet man die unterschiedlichen Projekte nach einem allgemeinen Katalog von Einflussparametern. Als Skala wurden fünf Stufen vorgeschlagen mit Begriffen ähnlich denjenigen der COCOMO-Methode (siehe Kap. 3.2.2) von »sehr niedrig« bis »sehr hoch«. Folgende Parameter wurden ausgewählt:

Projekteigenschaften:
▷ Stabilität des Anforderungsprofils
▷ Anzahl projektbeteiligte Stellen
▷ Enge der Entwicklungszeit
▷ Enge des Entwicklungsetats
▷ Verfügbarkeit des Personals
▷ Arbeitsteiligkeit der Projektstruktur
▷ Einsatz von PM-Methoden und -Verfahren

Produkteigenschaften:
▷ Benötigte Zuverlässigkeit
▷ Komplexität des Produkts
▷ Anzahl externer Schnittstellen
▷ Kompatibilität
▷ Modifikationsanteil
▷ Gewünschter Benutzerkomfort
▷ Einsatzbedingungen
▷ Dokumentationsanforderungen
▷ Qualitätsanforderungen

Produktionseigenschaften:
▷ Nutzung von Entwicklungsmethoden
▷ Vorhandensein von Entwicklungstools
▷ Bearbeitungszyklus
▷ QS-Durchdringung
▷ Technologiestand
▷ Verfügbarkeit Test- und Prüfanlagen
▷ Restriktionen der Entwicklungsbasis

Personaleigenschaften:

- ▷ Analysefähigkeit der Mitarbeiter
- ▷ Erfahrung in dem Aufgabengebiet
- ▷ Programmierfähigkeit der SW-Entwickler
- ▷ Realisierungsfähigkeit der HW-Entwickler
- ▷ Erfahrung in der Entwicklungsumgebung.

Das Erfahrungsobjekt auf der Teileinheitenebene (Teileinheit-EO) gliedert sich in:

- ▷ Teileinheitbeschreibung
- ▷ Projektdatenstatistik
- ▷ Schätzeinflussparameter.

Als Erfahrungsobjekt auf der Teileinheitenebene in dem hier verwendeten Sinn ist jede in sich abgeschlossene Schätzeinheit eines Entwicklungsvorhabens zu sehen, wie

- ▷ Elemente einer Produktstruktur (Produktteile),
- ▷ Elemente einer Projektstruktur (Projektaufgaben) oder
- ▷ Elemente einer Kontenstruktur (kalkulationsrelevante Einheiten).

Teileinheitbeschreibung

Dieser Kopfabschnitt der Teileinheit-EO umfasst Begriffe, die die jeweilige Teileinheit vor allem in ihrem technischen Aspekt beschreibt; als solche sind hier enthalten:

- ▷ Teileinheitnummer
- ▷ Bezeichnung der Teileinheit
- ▷ Kurzbeschreibung der Teileinheit
- ▷ Status der Teileinheit
- ▷ Strukturmerkmale
- ▷ Übergeordnetes Projekt
- ▷ HW/SW-Kategorie
- ▷ Verwendete Entwicklungswerkzeuge
- ▷ Freie Deskriptoren.

Projektdatenstatistik

Der Abschnitt Projektdatenstatistik nimmt in formatierter Form alle projekt- und produktspezifischen Messdaten für die Teileinheit auf, wobei die Projekt- und Produktmessdaten am besten in einem Matrixschema angeordnet werden (Bild 5.20). Zu den Messdaten in einer Projektdatenstatistik gehören – entsprechend detailliert – vor allem:

- ▷ phasen- und tätigkeitsbezogener Aufriss des Personalaufwands,
- ▷ Entwicklungskosten, gegliedert nach Kostenelementen,
- ▷ Abweichungsanalyse (Plan/Ist-Vergleich),
- ▷ Entwicklungstermine sowie
- ▷ Mengenangaben zu Ergebnisgrößen.

Wie die Darstellung zeigt, werden hier die Istwerte des Personalaufwands sowohl phasen- als auch tätigkeitsbezogen angegeben, die Planwerte als Richtwerte dagegen nur phasenbezogen. Die Kosten – gegliedert nach Kostenelementen – sind für das Erfahrungsobjekt summarisch enthalten, weil eine phasenbezogene Aufgliederung in der Praxis nur sehr schwer möglich und auch von geringer Relevanz ist.

Die produktspezifischen Messdaten sind als Mengengerüst vorangestellt. Die Projekttermine (Plan und Ist) sind ebenfalls enthalten.

Schätzeinflussparameter

In dem Abschnitt Schätzeinflussparameter werden – falls eine Aufwandsschätzmethode eingesetzt wurde – die zugehörigen methodenspezifischen Einflussparameter für die betrachtete Teileinheit niedergelegt, möglichst in ihren Plan- und Istausprägungen, d. h., die Ausprägungen der Einflussparameter *vor* Entwicklungsbeginn und *nach* Entwicklungsabschluss. Da die Wahl der Einflussparameter von der jeweiligen Aufwandsschätzmethode abhängt, ist die Datenformatierung dieses Informationsabschnitts an die verwendete Aufwandsschätzmethode gebunden. Zudem muss dieser Abschnitt auch mehrfach auftreten dürfen, da eventuell mehrere Aufwandsschätzungen nach unterschiedlichen Methoden durchgeführt worden sind.

An dieser Stelle ist als Beispiel die Formatierung der Parameter bei Verwenden der COCOMO-Methode angegeben (Tabelle 5.11). Die Ausprägungen der Kostentreiber sind der Einfachheit halber in eine positionsgerechte Ziffernleiste (1 ≙ very low, 6 ≙ extra high) verschlüsselt worden.

Projektdatenstatistik Berichtsmonat April

Projekt-Nr.:	41241	Anfangstermin		Projektleiter:	Hr. von der Helm
Projekt-Bez.	Modul JMR	Endetermin		Abteilung:	MHB SIS 44
FuE-Auftrags-Nr.	JJ-19475				

Mengengerüst				
	Ist-Werte:	Anzahl loc: - - - -	Anzahl Dokumentationsseiten: - - - -
	Plan-Werte:	Anzahl loc: - - - -	Anzahl Dokumentationsseiten: - - - -

Personal (in Std.) Phase	Analyse		Entwurf		Implementierung		Verbundtest		Systemtest		Systembetreuung		Gesamt	
Tätigkeitsarten	eigen	fremd	eigen	fremd	eigen	fremd	eigen	fremd	eigen	fremd	eigen	fremd	in Std.	%
Konzipieren	150												150	3%
Spezifizieren			250										250	5%
Bauunterlagen erstellen			350	250									600	13%
Inspizieren	15		80		50								145	3%
Prototyp erstellen					850	450	100						1400	30%
Prüfunterlagen erstellen			80		160	250							490	11%
Testen			60				350	100	250	50			810	17%
Einführen											50	200	250	5%
Dokumentieren	20		60	40	70	50	30	20	30	10	20	10	360	8%
Koordinieren	20		20		50		40		30		20		180	4%
Summe Ist in Std.	205	0	900	290	1180	750	520	120	310	60	90	210	4635	100%
in %	4%		26%		42%		14%		8%		6%			
Richtwert	5%		25%		35%		15%		10%		10%			

Kosten (in TEU)	Eigenes Personal	Fremdes Personal	Reisekosten	Testanlagen-Kosten	Löhne	Käufe und Bezüge	Gesamtkosten
Istkosten in TEU	272.425	107.250	35.000	125.000	28.000	48.000	615.675
Plankosten in TEU	280.000	100.000	40.000	130.000	30.000	40.000	620.000
Abweichung	– 3%	7%	– 13%	– 4%	– 7%	20%	– 1%

Bild 5.20 Projektdatenstatistik

Mit Hilfe des Abspeicherns solcher (methodenspezifischer) Daten und durch das anschließende Gegenüberstellen von ursprünglich angenommenen zu eingetretenen Größen sollen Erfahrungen in der Beurteilungsgenauigkeit von Einflussparametern, wie Produktkomplexität, Projektqualität, Mitarbeiterqualifikation etc. gesammelt werden.

Alle Angaben in den vorgenannten Informationsabschnitten sind »aspektiert«, d. h. sie alle stehen mit Angabe eines Aspektnamens im Direktzugriff des Datenbanksystems, können damit in eine logisch verknüpfte Suchfrage einbezogen werden. Es sind so Suchfragen möglich, wie z. B. »Suche alle Erfahrungsobjekte, die mit PRICE H geschätzt wurden und zum Entwicklungsgebiet Radartechnik gehören und Neuentwicklungen sind«. Durch die relationale Verknüpfung der Erfahrungsobjekte beider Ebenen sind auch Suchstrategien von einer Ebene zur anderen möglich.

Tabelle 5.11 Einflussparameter bei der Methode COCOMO 1 (Beispiel)

	Entwicklungsanfang	Entwicklungsende
Schätzaufwand Schätzdauer	45 MM 15 M	50 MM 19 M
Kostentreiber	424 5532 23333 522	434 5543 23333 532

Verfahrenseinbettung

Erfahrungsdatenbanken werden mit den notwendigen projekt- und produktspezifischen Daten i. Allg. aus sehr unterschiedlichen Entwicklungsplanungs- und -steuerungsverfahren gespeist, d. h. aus

▷ Verfahren für die Projektführung,
▷ Kostenverrechnungsverfahren,
▷ Konfigurationsmanagement-Systemen,
▷ Aufwandsschätzverfahren usw.

Hinzu kommen noch rechnerunabhängige Informationsquellen, wie Projektdokumentationen in Form von Projektplänen und Projektberichten.

Soll eine Erfahrungsdatenbank als Datenbanksystem auf einem Rechner realisiert werden, so sind zwei Vorgehensweisen der Verfahrenseinbettung möglich:

▷ Separiertes EDB-System
▷ Integriertes EDB-System.

Das *separierte EDB-System* steht eigenständig neben allen anderen Entwicklungsplanungs- und -steuerungsverfahren und erhält über personelle oder DV-technische Schnittstellen die erforderlichen Daten. Der Vorteil liegt in der Unabhängigkeit von den datenliefernden Verfahren; auf diese Weise können die unterschiedlichsten Entwicklungs- und Verfahrens-Umwelten ohne Anpassungsprobleme und ohne »Automatismen« – also rein intellektuell überwacht – Erfahrungsdaten in das EDB-System einspeisen.

Das *integrierte EDB-System* wird nicht als eigenständiges Datenbanksystem realisiert, sondern in das Bibliothekensystem eines der vorhandenen PM-Verfahren eingebunden. So kann z. B. die Projektbibliothek eines Projektplanungs- und -steuerungsverfahrens oder die Objektbibliothek eines KM-Systems um die entsprechende Erfahrungsdatenbasis erweitert werden. Vorteilhaft sind hier die einfache Verfahrensrealisierung und die gesicherte Datenkonsistenz; man ist allerdings voll abhängig von dem vorgelagerten Verfahren. Verfahrensfremde Erfahrungsdaten sind nur schwer – wenn überhaupt – in ein so realisiertes EDB-System einzubringen.

Ein nicht zu unterschätzendes Problem bei einer Erfahrungsdatenbank ist die *Aktualität*. Einerseits werden z. B. gespeicherte Kostenwerte normalerweise nicht inflationsbereinigt, andererseits veralten – gerade in hoch innovativen Entwicklungsbereichen – die gesammelten Erfahrungen auf Grund neuer Entwicklungsmethoden, neuer Entwicklungswerkzeuge und neuer Technologien mitunter sehr schnell und können für den Erfahrungsaustausch dann nachteilige Folgen haben; rechtzeitiges Aussondern überholter Erfahrungsobjekte ist daher sehr wichtig. Hier bietet sich der Aufbau von »Schattendatenbanken« an, in die alle über einen längeren Zeitraum nicht angesprochenen Erfahrungsobjekte transferiert werden; dort können sie einer besonderen Beurteilung hinsichtlich der weiteren Verwendung unterzogen werden.

5.3.4 Kalibrierung

Für eine aussagekräftige Erfahrungsdatensammlung ist es unerlässlich, die Erfahrungsdatenbasis ständig zu erneuern und für die spezifischen Belange des jeweiligen Entwicklungsbereichs anzupassen. Das zeit- und projektadäquate Anpassen von Erfahrungsdaten bezeichnet man als »Kalibrierung«; sie ist bei jeder Art Erfahrungsdatensammlung durchzuführen, unabhängig davon, ob es sich um ein Aufwandsschätzverfahren, ein Kennzahlensystem oder um eine Erfahrungsdatenbank handelt (Bild 5.21).

Das Kalibrieren der Erfahrungsdatenbasis hat die Bedeutung eines »Eichens« von Mess- und Kenndaten, also eines Angleichen an die aktuellen und realen Gegebenheiten des betreffenden Entwicklungsbereichs.

Kalibrierung von Aufwandsschätzverfahren

Das Kalibrieren einer Erfahrungsdatenbasis ist sehr wichtig bei Aufwandsschätzverfahren, besonders bei denen, die auf einer algorithmischen Methode basieren. Streng genommen sollte ein Aufwandsschätzverfahren ohne Kalibrierung der Datenbasis gar nicht angewendet werden, da die Schätzergebnisse zu ungenau sein können.

Das Kalibrieren bei einem Aufwandsschätzverfahren kann man auch als Umkehrung des Schätzablaufs ansehen (Bild 5.22).

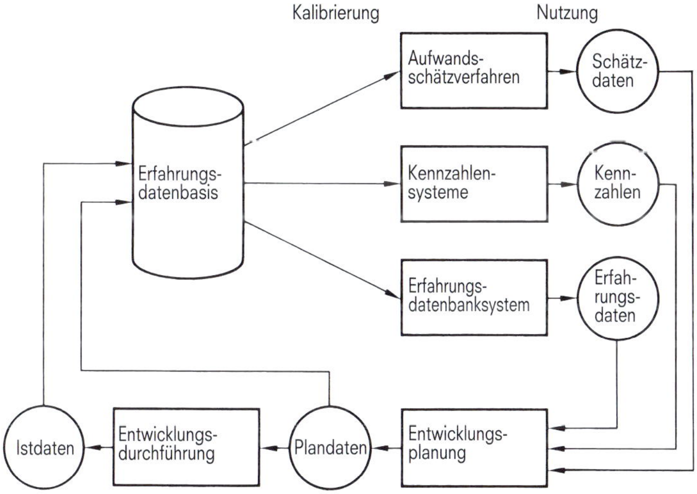

Bild 5.21 Kalibrieren der Erfahrungsdatenbasis

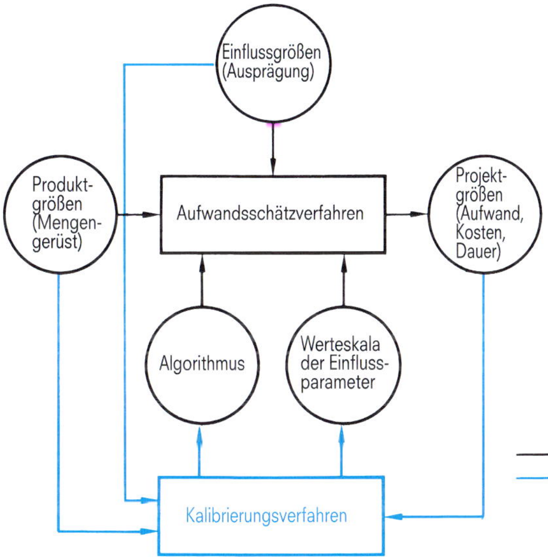

Bild 5.22 Kalibrieren eines Aufwandsschätzverfahrens

Eingegeben werden bei einer *Schätzung* bekanntlich die geplanten Produktgrößen (d. h. das Mengengerüst) und die angenommenen Ausprägungen ausgewählter Einflussgrößen. Als Ergebnis erhält man die voraussichtlichen Projektgrößen für Aufwand, Kosten oder Dauer. Demgegenüber wird bei einer *Kalibrierung* umgekehrt verfahren. Eingegeben werden die Ergebniswerte, also Aufwands-, Kosten- bzw. Zeitangaben, sowie die erreichten Produktgrößen abgeschlossener Entwicklungsvorhaben, und weiterhin die bestehenden Ausprägungen der zugehörigen Einflussparameter. Mit entsprechenden Routinen eines Kalibrierungsverfahrens (z. B. Regressionsanalysen) gleicht man sowohl den verwendeten Algorithmus (Formel, Kurvenverlauf) des Aufwandsschätzverfahrens als auch die Werteskalen der einzelnen Einflussparameter an die neuen Erfahrungsdaten an. Mit jedem neuen Kalibrierungslauf werden die entsprechenden Aufwandsverfahren »erfahrener«, d. h. treffsicherer bei künftigen Schätzungen.

Nur wenige Schätzverfahren bieten von vornherein eigene Kalibrierungsverfahren an, wie

PRICE (Kap. 3.2.3) und SICOMO (Kap. 6.4.2). Bei Vorliegen von Erfahrungsdaten werden z. B. bei PRICE mit der Kalibrierungsroutine ECIRP (PRICE rückwärts) die einzelnen HW- und SW-Schätzverfahren an die anwenderspezifischen Gegebenheiten der vorliegenden Entwicklungsumgebungen angepasst. Nur so sind projektadäquate Schätzungen durchführbar.

Bei anderen Verfahren ist das verwendete Modell ganz auf einen speziellen Entwicklungsteilbereich ausgerichtet, wie z. B. das ZKP-Verfahren (Kap. 3.2.5), so dass sich dort spezielle Kalibrierungen erübrigen. Einige Verfahren, wie z. B. das in Kapitel 6.4.2 beschriebene Funktionswertverfahren, benötigen wohl eine Kalibrierung, bieten hierfür aber keine eigene Unterstützung.

Kalibrierung von Kennzahlensystemen

Kennzahlensysteme müssen naturgemäß laufend aktualisiert und an die Gegebenheiten des jeweiligen Entwicklungsgebiets angepasst werden. Produktivitätszahlen, qualifikationsbezogene Stundensätze, Phasenkostenaufteilungen etc. ändern sich bekanntlich im Laufe der Zeit. So muss z. B. die Kennzahl RZ-Kosten/MA jedes Jahr neu ermittelt werden, da sich häufig die Entwicklungsumgebung inzwischen verbessert hat.

Nur durch konsequentes und regelmäßiges wiederholtes Ermitteln der für die Kennzahlenbildung nötigen Messdaten ist die Aussagekraft von Kennzahlen aufrechtzuerhalten.

Zum Kalibrieren von Kennzahlen dienen dieselben Algorithmen und Routinen wie für die Bildung der Kennzahlen selbst.

Kalibrierung von Erfahrungsdatenbanksystemen

Bei einer Erfahrungsdatenbank erfolgt die Kalibrierung in Form einer Aktualitätspflege der zu speichernden Projektdaten. Auf Grund einer gezielten Projektauswahl wird erreicht, dass in die Erfahrungsdatenbank nur Daten einfließen, die für den Anwendungskreis auch zeit- und projektadäquat sind. Bereichsfremde Erfahrungsdaten werden gar nicht in die Datenbank aufgenommen und überholte Daten zu gegebener Zeit wieder eliminiert oder in eine Schattendatenbank überführt. Aus dieser Sachlage heraus ist es vorteilhaft, zwischen dem Erfahrungsdatenbanksystem und den vorgelagerten Projektplanungs- und -steuerungsverfahren eine personelle Schnittstelle (Erfahrungsdatenbank-Beauftragter) einzurichten, damit Erfahrungsdaten vor Eingabe in die Erfahrungsdatenbank entsprechend selektiert werden. Die Qualität einer Erfahrungsdatenbank wird also von der Informationsfülle *und* der Aktualität des Datenbestands bestimmt.

Beispiel der Kalibrierung eines Aufwandsschätzverfahrens

An dieser Stelle soll als Beispiel für die Kalibrierung von Aufwandsschätzverfahren auf das Kalibrieren des bei Siemens eingesetzten Verfahrens SICOMO – welches auf dem Boehmschen Modell COCOMO 1 aufbaut (siehe auch Kap. 6.4.2) – näher eingegangen werden. Die Erfahrungsumwelt des Modellansatzes von Boehm ist bekanntlich gekennzeichnet durch:

- ▷ Projektumwelt des Softwarehauses TRW (Thompson-Ramo-Wolldridge),
- ▷ Spezifika der amerikanischen Arbeitsumwelt sowie
- ▷ SW-Technologiestand der »Siebzigerjahre«.

Es ist leicht einzusehen, dass die von Boehm abgeleiteten Werte für heutige, für deutsche und für eigene SW-Projekte nicht die besten Erfahrungsdaten darstellen. Eine anwendungsbezogene Kalibrierung auf Grundlage des von Boehm vorgeschlagenen Algorithmus ist also erforderlich. Zum Kalibrieren des SICOMO-Verfahrens bietet sich die Änderung folgender Parameter an:

- ▷ Konstanten der Schätzgleichungen
- ▷ Quantifizierung der Einflussgrößen
- ▷ Auswahl der Einflussgrößen
- ▷ Einteilung in Entwicklungsphasen
- ▷ Definition der Projekttypen.

Zum Kalibrieren der ersten beiden Parameter muss eine repräsentative Menge eigener Projekte vorhanden sein. Mit deren Projektdaten wird eine Regressionsanalyse durchgeführt und eine neue Wertebelegung der Konstanten- und Einflussgrößen abgeleitet. Als Werkzeug wurde die PC-Kalibrierungsroutine SIKAL (SICOMO-Kalibrierungsprogramm) verwendet.

Die drei weiteren Parameter müssen auf »intellektuellem« Wege an die Anwenderspezifika angepasst werden. Einerseits kann eine andere Auswahl der von Boehm vorgeschlagenen Einflussgrößen opportun sein; so könnte z. B. die Einflussgröße »Änderungshäufigkeit der Systembasis« von untergeordneter Bedeutung, dagegen der »Motivationsgrad« der Mitarbeiter von erheblich höherer Relevanz für den anzusetzenden Projektaufwand sein. Weiterhin ist es sicher für jeden Entwicklungsbereich vorteilhaft, wenn das verwendete Aufwandsschätzverfahren den bereichseigenen Prozessplan »kennt« und nicht eine unscharfe Transformation von den Boehmschen Phasen durchgeführt werden muss. Und schließlich ist auch eine andere Projekttyp-Definition als die von Boehm vorgenommene denkbar.

Das erwähnte SIKAL-Kalibrierungsverfahren benötigte für jedes abgeschlossene Projekt folgende Angaben:

- ▷ Anzahl der kloc
- ▷ Aufwand in MM
- ▷ Entwicklungszeit in Monaten
- ▷ Ausprägungen der 15 Einflussgrößen
- ▷ Projekttyp (Mode).

Neben diesen Projektdaten ist dem Verfahren eine *Erstquantifizierung* der Einflussgrößen vorzugeben. In dem sich anschließenden SIKAL-Kalibrierungslauf wird dann eine Neubestimmung der Konstanten der sechs SICOMO Schätzgleichungen (für die drei Projekttypen jeweils eine Aufwands- und eine Zeitgleichung) sowie eine *Neuquantifizierung* der Einflussgrößen vorgenommen. Das Neubestimmen der Gleichungskonstanten und das Quantifizieren läuft unter Nutzung der Regressionsanalyse in einem interaktiven Prozess ab. Das Ergebnis der Quantifizierung kann wegen des (häufig) beschränkten Bestands an Projektdaten zu widersinnigen Sachverhalten führen; so könnte z. B. der Aufwandsmultiplikator bei steigender Analysefähigkeit der Mitarbeiter nicht kleiner – wie es logisch wäre –, sondern größer sein. Diese sachlich begründeten »Wertetrends« kann man allerdings in einer nachfolgenden Behandlung in die Wertetabelle einarbeiten. In Tabelle 5.12 ist – mit Ausweisung der relativen Abweichung des Schätzwertes

Tabelle 5.12 Ergebnisbetrachtung einer Kalibrierung (auf Basis von 60 Projekten)

Rel. Abweichung des Schätzaufwands vom Istaufwand in %	Anteil der Projekte in %		
	COCOMO nach Boehm	SICOMO kalibriert (ohne Zwang)	SICOMO kalibriert (mit Zwang)
± 0,05	7,14	41,07	30,36
± 0,10	23,21	71,43	60,71
± 0,15	32,14	85,71	80,36
± 0,20	42,86	94,64	96,43
± 0,30	75,00	100,00	100,00
± 0,40	87,50	100,00	100,00
± 0,50	92,86	100,00	100,00

vom Istwert – das mit SIKAL erreichbare Ergebnis für eine Projektdatenbasis mit 60 Projekten aus dem Anwendersoftware-Bereich angegeben.

Wie aus der Darstellung zu ersehen ist, ergibt sich für ein kalibriertes SICOMO eine erheblich höhere Treffergenauigkeit als bei einem ausschließlich auf Projektdaten von Boehm basierenden Verfahren. Diese Treffergenauigkeit sinkt allerdings bei einer nachträglichen Korrektur der Quantifizierung (mit Zwang) auf Grund sachlich begründeter »Wertetrends« wieder etwas.

5.4 Projektauflösung

Zu einem definierten Projektabschluss gehört die »Auflösung« des Projekts. *Projektgründung* und *Projektauflösung* bestimmen damit die beiden Begrenzungszeitpunkte der Projektlebensdauer.

Zu den für eine Projektauflösung erforderlichen Aktivitäten zählen:

- ▷ das Durchführen offizieller Abschlusssitzungen aller Projektgremien,
- ▷ das Verteilen des Projektabschlussberichts an die projektbeteiligten Stellen sowohl auf der Auftragnehmer- als auch Auftraggeberseite,
- ▷ das Überleiten des Projektpersonals auf neue Aufgaben sowie
- ▷ das Auflösen aller projekteigenen Ressourcen.

chen für Änderungen als formale Änderungsanforderungen eindeutig benannt und beschrieben werden, d. h., dass sie selbst als Objekte des Konfigurationsmanagements zu behandeln sind.

Änderungsüberwachung

Einen wichtigen Beitrag zur Qualitätssicherung in einem Projekt leistet die Änderungsüberwachung; sie schließt formale wie auch inhaltliche qualitätssichernde Maßnahmen ein.

Als formale Maßnahmen gelten das Feststellen der Vollständigkeit der zu behandelnden Änderungsanforderungen, der herzustellenden Konfigurationen und der zugehörigen Dokumentation.

Inhaltliche Maßnahmen umfassen den Nachweis der Übereinstimmung von Arbeitsergebnissen mit den spezifizierten Vorgaben und die Kontrolle der Genauigkeit der zu den Konfigurationen gehörenden Dokumentation.

Inhaltliche qualitätssichernde Maßnahmen erfordern i. Allg. erheblichen Prüfaufwand, verbunden mit hohen Anforderungen an die technischen Prüfeinrichtungen sowie an das Know-how der Prüfer. Um sicherzugehen, dass sie nicht unterbleiben, sollten sie daher aus der Änderungsüberwachung ausgeschlossen werden und Aufgabe anderer Entwicklungsfunktionen, z. B. Systemtest oder Prüffeld, bleiben, die dafür bessere Voraussetzungen bieten. Das Konfigurationsmanagement kann jedoch für diese Entwicklungsfunktionen auf Basis von Konfigurationen eine gesicherte Arbeitsgrundlage zur Verfügung stellen.

Änderungsverwaltung

Für ein wirksames Konfigurationsmanagement ist eine möglichst DV-unterstützte Änderungsverwaltung erforderlich. Innerhalb eines Projekts hat sie die Aufgabe, nach den Prinzipien des Konfigurationsmanagements alle anfallenden Arbeitsergebnisse aufzuzeichnen und daraus die für Planungs-, Entscheidungs- und Durchführungsprozesse notwendigen Informationen abzuleiten und in geeigneter Weise darzustellen.

Zu den Grundsätzen einer ordnungsgemäßen Änderungsverwaltung gehören die eindeutige *Identifikation* und die *Unverletzlichkeit* der aufgezeichneten Daten. Daher sind Arbeitsergebnisse vom Zeitpunkt ihrer Gültigkeit an so festzuhalten, dass sie weder unabsichtlich noch absichtlich geändert werden können. Gültige Arbeitsergebnisse können somit nur durch Erzeugen einer neuen, d. h. weiteren Version der gespeicherten Daten geändert werden. Dieser Grundsatz erlaubt nicht nur, das gesamte Änderungsgeschehen jederzeit nachzuvollziehen, er sichert auch die Revisionssicherheit von Arbeitsergebnissen.

Ordnung ist bei einer komplexen Produkt- bzw. Systementwicklung nur mit einem leistungsfähigen Werkzeug zum Archivieren der Arbeitsergebnisse sicherzustellen. Soweit möglich, sollten alle Arbeitsergebnisse in einer DV-geführten *Objektbibliothek* abgelegt werden. Arbeitsergebnisse, die sich dieser Art der Speicherung entziehen, z. B. HW-Teile, komplexe technische Zeichnungen oder Dokumente von Zulieferern, sind durch einen Platzhalter mit beschreibenden Informationen in der Objektbibliothek zu vertreten.

6.1.2 Beispiel eines KM-Tools

Das im Folgenden – als Beispiel – dargestellte PC-Tool unterstützt alle Aktivitäten, die im Rahmen eines durchgehenden Konfigurationsmanagements für Projekte zur Pflege und Weiterentwicklung von DV-Verfahren erforderlich sind, und deckt die in der ISO 9001 festgelegten KM-Maßnahmen (siehe Kap. 4.4.5) ab. Es gewährleistet die Konsistenz im Änderungsmeldungswesen und sichert die Überleitung in eine konsequente Versionsplanung.

Die hier vorgestellte KM-Methode ist für andere Arten von Entwicklungs- und Projektierungsprojekten in gleicher Weise einsetzbar.

Bild 6.1 zeigt den Eröffnungsbildschirm des KM-Tools, über den die verschiedenen Funktionen eines Konfigurationsmanagements aufgerufen werden können; er enthält die Funktionskomplexe:

- ▷ Problemmeldung
- ▷ Beantragung von Change Requests
- ▷ Fehlermeldung
- ▷ Definition und Verwaltung von Arbeitspaketen
- ▷ Erstellung der Testunterlagen

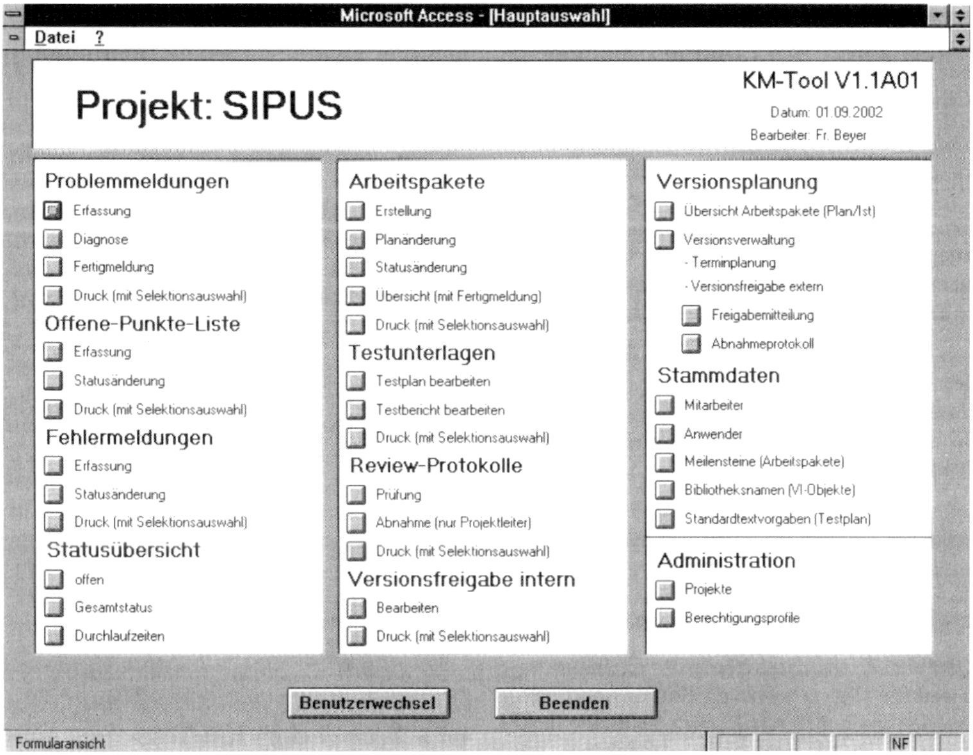

Bild 6.1 Eröffnungsbildschirm des KM-Tools

▷ Verwaltung der Review-Protokolle
▷ Versionsplanung
▷ Versionsfreigabe
▷ Stammdatenverwaltung.

Bei Pflege- und Weiterentwicklungsprojekten ist die lückenlose Registrierung und kontrollierte Abarbeitung von Problemmeldungen, die während des Betriebes eines DV-Verfahrens auf Anwenderseite entstehen, von größter Bedeutung für eine möglichst reibungslose Verfahrensabwicklung. Problemmeldungen können drei unterschiedliche Ursachen haben; sie können begründet sein in:

▷ Bedienungsfehlern,
▷ Programmfehlern oder
▷ Funktionsmängeln bzw. -lücken.

Bei einem *Bedienungsfehler* (seitens des Anwenders) kann das Problem meist durch einen »klugen Hinweis« des Verfahrensbetreuers behoben werden. Bei einem *Programmfehler* muss dagegen immer ein Eingriff in die bestehende Software gemacht werden; dieser kann u. U. erhebliche Aufwände verursachen, da häufig nach der Fehlerfindung und -behebung zwangsläufig eine umfangreiche Testfolge (Komponenten-, System- und Integrationstest) durchlaufen werden muss. Ein erkannter *Funktionsmangel* bzw. eine aufgedeckte *Funktionslücke* kann nur durch eine Weiterentwicklungsmaßnahme, einen »Change Request«, beseitigt werden; auch dieser kann einen großen Entwicklungsaufwand erfordern, deshalb ist ein solcher Änderungsantrag immer einer besonderen Genehmigungsprozedur zu unterziehen.

In Bild 6.2 ist der prinzipielle Ablauf von der Problemmeldung bis zur (eventuell notwendigen) Überarbeitung der Versionsplanung dargestellt.

Nachdem eine Problemmeldung in das KM-Tool aufgenommen worden ist und eine automatisch vergebene Registriernummer erhalten hat, muss das angemeldete Problem einer Diagnose im Rahmen der *Problemanalyse* un-

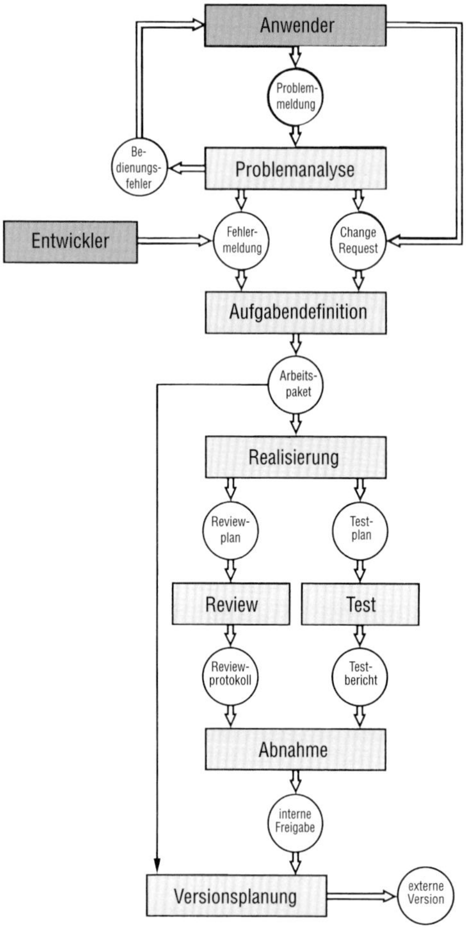

Bild 6.2 Problemmeldungsprozess

terzogen werden; hierbei sind folgende Diagnosefälle möglich:

- ▷ Fehler nicht nachvollziehbar
- ▷ Fehler in Anwenderdaten (Bedienungsfehler)
- ▷ Programm-/Systemfehler
- ▷ Funktionserweiterung (Change Request)
- ▷ Sonstige Ursache.

Ist der *Fehler nicht nachvollziehbar,* so muss die Problemmeldung zurückgestellt werden. Handelt es sich um einen *Fehler in den Anwenderdaten,* so liegt er in einem Bedienungsfehler begründet, der künftig durch eine fehlerfreie Bedienung seitens des Anwenders zu vermeiden ist. Beim Diagnosefall *Programm-/Systemfehler* wird automatisch eine Fehlermeldung erzeugt, beim Diagnosefall *Funktionserweiterung* wird ein Change Request für die Offene-Punkte-Liste mit Status »Vorschlag« generiert. Das KM-Tool vergibt hierbei den Fehlermeldungen bzw. Change Requests eindeutige Identifikationsnummern.

So wie Fehlermeldungen von den Entwicklern direkt eingegeben werden dürfen, können Change Requests auch von den Anwendern direkt beantragt werden.

Fehlermeldungen müssen von der Projektleitung, Change Requests von der Entwicklungsleitung zur Realisierung genehmigt werden. Im Rahmen der *Aufgabendefinition* werden zu einer freigegebenen Fehlermeldung bzw. einem genehmigten Change Request die notwendigen Arbeitspakete definiert; hierzu gehören

- ▷ Aufgabenbeschreibung,
- ▷ Detaillierung in Teilaufgaben (Meilensteine),
- ▷ Beginn- und Endetermine für die Teilaufgaben,
- ▷ Verantwortlichkeiten für die Teilaufgaben und
- ▷ Versionszuordnung.

Fehlermeldungen haben den Status: erfasst, genehmigt, in Arbeit oder fertig. Change Requests haben den Status: vorgeschlagen, genehmigt, in Arbeit, zurückgestellt oder fertig. Wie zu erkennen ist, können nur Change Requests zurückgestellt werden; Fehlermeldungen müssen naturgemäß auf jeden Fall bearbeitet werden.

Im Laufe der *Arbeitspaket-Realisierung* werden bei Erreichen einzelner Meilensteine vom KM-Tool die entsprechenden Reviews initiiert sowie ggf. eine Testplanung angestoßen. In den einzelnen Reviews werden die Ergebnisse der fertig gestellten Teilaufgaben (Meilensteinergebnisse) auf Fehlerfreiheit, Vollständigkeit und Konsistenz abgefragt; dabei festgestellte Abweichungen sind in den Review-Protokollen festzuhalten. Geprüfte Review-Protokolle müssen vom Projektleiter abgenommen werden; hierbei besteht die Möglichkeit der Abnahme oder der Anforderung auf Nachkorrektur. Sind Nachkorrekturen notwendig, wird vom System automatisch ein wiederholendes Review initiiert, das wieder den Zyklus Prüfung/Abnahme durchlaufen muss.

Soll das Ergebnis einer Teilaufgabe einem Test unterzogen werden, wird ein Testplan generiert, in dem allgemeine und objektbezogene Testvorgaben für alle zu testenden Testobjekte einzutragen sind. Häufig verwendete Formulierungen für die allgemeinen Testvorgaben, wie z. B. Testumgebung, können über die Stammdatenverwaltung in einer Tabelle abgelegt werden. Nach Testdurchführung jedes im Testplan definierten Testobjektes muss die Beseitigung des Fehlers vom zuständigen Bearbeiter im KM-Tool bestätigt werden. Nach erfolgreichem Testabschluss wird der Testbericht erstellt.

Review-Protokolle und Testberichte bilden dann die Basis für die *Abnahme* der Arbeitspaket-Ergebnisse. Ein Arbeitspaket kann nur als fertig gemeldet werden, wenn

- ▷ alle zugehörigen Teilaufgaben (Meilensteine) fertig gemeldet,
- ▷ alle Testobjekte freigegeben und
- ▷ alle Review-Protokolle abgenommen sind.

Die *Versionsplanung* beginnt mit dem Planen der Arbeitspakete, dem Bestimmen der zu bearbeitenden Software-Komponenten und dem Festlegen von Meilenstein-Terminen. Nach Fertigmeldung der Arbeitspakete werden die zugehörigen Komponenten *intern* freigegeben; nach Freigabe aller betroffenen Komponenten wird die *externe* Freigabe von neuen Programm bzw. Systemversionen vorgenommen und die entsprechende Freigabemitteilung und das Abnahmeprotokoll automatisch ausgegeben. Bild 6.3 zeigt eine vom KM-Tool erstellte Übersicht der geplanten Versionen mit den zugehörigen Fehlermeldungen (FNR) bzw. Change Requests (OPL) sowie den geplanten und den eingetretenen Terminen.

Auf Wunsch können Statistiken ausgegeben werden, so z. B. die Anzahl aller noch anstehender offener Problem- und Fehlermeldungen oder die erreichten Durchlaufzeiten, d. h. die durchschnittlichen Bearbeitungszeiten für die Problem- und Fehlermeldungen.

Das hier beschriebene KM-Tool arbeitet mit einer Windows-Oberfläche in Access-Technologie. Die verwendeten Begriffe, wie Change-Request, Offene-Punkte-Liste, usw. können in einem Customizing anwenderspezifisch festgelegt werden. Das gezielte Einschränken des KM-Funktionsumfangs ist mittels gestaffelter Zugriffsrechte für den Administrator, die Projektleiter und Mitarbeiter möglich.

Versionsplanung Projekt: SIPUS

Register 6: Arbeitsplanung
Verteiler:

Seite 1 von 1

Version	Status	Inhalt	T50 Plan Ist	B70 Plan Ist
V7.0A	F	OPL-103	31.05.2006 31.05.2006	30.09.2006 10.06.2006
V7.0B	F	OPL-120, OPL-121, OPL-122, OPL-123, OPL-128, OPL-129, OPL-130, OPL-131	27.09.2006 27.09.2006	01.10.2006 01.10.2006
V7.0C	F	OPL-132, OPL-134, OPL-136	24.10.2006 24.10.2006	30.10.2006 30.10.2006
V7.0D	F	OPL-124, OPL-135, OPL-137, OPL-141, OPL-142, OPL-144,OPL-145, OPL-146, OPL-148, OPL-149, OPL-150, FNR-45, FNR-46, FNR-47, FNR-48, FNR-49, FNR-50, FNR-51, FNR-52, FNR-53	13.12.2006 13.12.2006	17.12.2006 17.12.2006
V7.1	A	OPL-133, OPL-138, OPL-139, OPL-151, FNR-54, FNR-55	06.03.2007	10.03.2007

Bild 6.3 Versionsplanung

6.1.3 Organisatorische Voraussetzungen

Das Einführen eines Konfigurationsmanagements muss projektadäquat geplant werden, da die Randbedingungen für die Projekte sehr unterschiedlich ausfallen. Solche Randbedingungen werden durch die Projektziele, das Projektumfeld und die verfügbaren Mittel gesetzt.

Akzeptanz und Funktionsfähigkeit des Konfigurationsmanagements setzen klare Begriffsdefinitionen voraus:

- ▷ Was sind Entwicklungsobjekte, welche Objekttypen gibt es?
- ▷ Wie werden Versionen bezeichnet?
- ▷ Was sind Konfigurationen, wie werden sie gebildet?
- ▷ Was sind Fehlermeldungen, Änderungsmeldungen und Funktionsanforderungen?

Zudem müssen die Abläufe und Aufgaben in einem Konfigurationsmanagement für alle Projektbeteiligten eindeutig festgelegt werden, d. h.:

- ▷ Es ist die Wirkungsweise des Konfigurationsmanagements in den unterschiedlichen Entwicklungsphasen festzulegen, z. B. in welchen Phasen wirken die Konfigurationsbestimmung, die Änderungssteuerung, die Änderungsüberwachung und die Änderungsverwaltung?
- ▷ Es sind alle Arbeitsergebnisse zu bestimmen, die der Änderungsverwaltung des Konfigurationsmanagements unterliegen sollen. Hierbei muss ebenfalls festgelegt werden, wie externe Zulieferungen in das Konfigurationsmanagement einzubeziehen sind.
- ▷ Es sind die Aufgaben zu definieren, die die unterschiedlichen Entwicklungsfunktionen im Rahmen des Konfigurationsmanagements wahrzunehmen haben. Hierbei sollte auch der Auftraggeber sowie externe Zulieferer in das Konfigurationsmanagement einbezogen werden.

Legt man eine Aufbauorganisation gemäß Bild 6.4 zu Grunde – sie ist in der versionsorientierten Systementwicklung häufig anzutreffen –, so lassen sich die KM-Funktionen etwa wie folgt einordnen:

Projektleitung

Die Projektleitung steuert im Rahmen des Konfigurationsmanagements die Entwicklung mit Hilfe des Change Control Board (CCB).

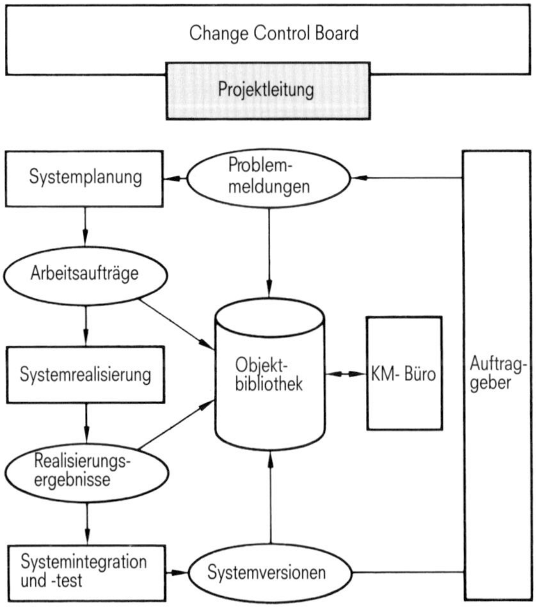

Bild 6.4
KM-Funktionen im Entwicklungsablauf

Systemplanung

Die Systemplanung legt im Rahmen der Konfigurationsbestimmung die Grundstrukturen für Konfigurationen fest und nimmt die Änderungssteuerung wahr.

Systemrealisierung

Die Systemrealisierung verantwortet im Rahmen der Konfigurationsbestimmung die versionsgenauen Inhalte der Konfigurationen. Im Übrigen wird die Systemrealisierung durch die Änderungssteuerung gesteuert.

Systemintegration und -test

Die Instanz Systemintegration und -test nimmt die Rolle der Änderungsüberwachung wahr.

KM-Büro

Das KM-Büro ist der Sachwalter des Konfigurationsmanagements und untersteht direkt der Projektleitung, um notwendige KM-Maßnahmen verbindlich verabreden zu können. Seine Schwerpunktaufgabe ist die Änderungsverwaltung.

Qualitätssicherung

Die Qualitätssicherung ist kein Träger von KM-Funktionen. Sie ist jedoch Nutznießer der durch das Konfigurationsmanagement verfügbaren Informationen, die Qualitätsstände und Schwachstellen erkennen lassen.

In Tabelle 6.1 werden in Abhängigkeit von den (in Kap. 1.3 definierten) Projektklassen Empfehlungen für das Einführen von KM-Verfahren gegeben.

Es ist wünschenswert, das Konfigurationsmanagement bereits mit Projektbeginn als eine der ersten Maßnahmen einzuführen, vor allem, um die Vollständigkeit der Projektinformationen sicherzustellen. Nachträgliches Einführen von KM-Maßnahmen erfordert immer einen höheren Aufwand.

Konfigurationsmanagement verändert die Arbeitsgewohnheiten des Entwicklungspersonals, wobei grundsätzlich Akzeptanzschwellen zu überwinden sind. Die Projektleitung muss daher durch eindeutige Entscheidungen die Einführung des Konfigurationsmanagements fördern.

Tabelle 6.1 Einsatz von KM-Maßnahmen

Projektklasse		1	2	3	4	5
	Projektgröße / Projekttyp	sehr klein (<3MA)	klein (3 bis 10 MA)	mittel (10 bis 50 MA)	groß (50 bis 150 MA)	sehr groß (>150 MA)
A	Grundlagen-entwicklung	○	◔	◑	●	
B	Entwicklung von Mustern	○	◔	◑		
C	Entwicklung von Produkten	◑	◑	◕	●	
D	Entwicklung von Systemen	◑	◑	◕	●	●
E	Betreuung von Verfahren	◑	◑	◕		
F	Modifikations-entwicklung	◑	◑	◕	●	●

○ Einführen Objektbibliothek
◔ Zusätzlich Einführen von Konfigurationen
◑ Zusätzlich Melde- und Berichtswesen
◕ Zusätzlich Auftragssteuerung und -überwachung
● Vollständiges Konfigurationsmanagement

6.2 Verfahren für die Projektführung

6.2.1 Überblick

Tabelle 6.2 zeigt in einer Gesamtübersicht bei Siemens eingesetzte Verfahren für die Projektführung mit einer Klassifizierung, für die folgende Merkmalsgruppen herangezogen wurden:

▷ Plandaten
▷ Istdaten
▷ Funktionen
▷ Techniken.

Bei den »Plandaten« und »Istdaten« wurde unterschieden, inwieweit Termine, Personalaufwände und Betriebsmittel, wie Maschinenzeiten und Materialien, sowie Kosten gemäß ihrer Plan- und Istwerte jeweils bearbeitet werden können.

Bei den »Funktionen« sind fünf Funktionsbereiche herausgestellt, die für die Verfahren besondere Bedeutung haben.

Bei den »Techniken« sind ebenfalls einige relevante Merkmale herausgegriffen, nämlich ob das Verfahren eine Eigenentwicklung ist, ob es überwiegend batch- oder dialogorientiert ist, ob es auf einem Großrechner oder als Client/Server-Anwendung läuft und ob es in einen Verfahrensverbund einbezogen werden kann.

Um den Rahmen des Buches nicht zu sprengen, wird auf die einzelnen Verfahren, die adaptiert auch in anderen Unternehmen eingesetzt werden könnten, nur in komprimierter Form eingegangen; wegen ihres exemplarischen Charakters werden die beiden anwenderspezifischen Verfahren SIPUS (Kap. 6.2.2) und PAUS (Kap. 6.2.3) sowie die beiden Standardverfahren SAP R/3 PS (Kap. 6.2.4) und MS Project (Kap. 6.3.3) ausführlicher behandelt.

EPISTEL

EPISTEL (Erfassungs-, Planungs- und Informationssystem für Entwicklungsleistungen) wurde in Entwicklungsbereichen der *Kommunikations- und Nachrichtentechnik* eingesetzt zum Erfassen, Überwachen und Weiterverrechnen der Entwicklungskosten mit detaillierter Gliederung nach leistenden Stellen. Als Kostenelemente wurden ausgewiesen: der eigene und der fremde Personaleinsatz, die Rechenkosten, die Löhne und das Material bzw. die gekauften Leistungen.

Zum Erfassen des eigenen Personalaufwands dienten sowohl verfahrensgenerierte Stundenkontierungsbelege als auch Erfassungsmasken im Dialog, wobei nach der Dateneingabe eine

Tabelle 6.2 Verfahren für die Projektführung

Merkmale	Plandaten				Istdaten				Funktionen					Techniken				
Verfahren für die Projektführung	Termine	Personalaufwand	Betriebsmittel	Kosten	Termine	Personalaufwand	Betriebsmittel	Kosten	Netzplanung	Einsatzmittelplanung	Multiprojektplanung	Kosten/Umsatz	Weiterverrechnung	Verfahrensverbund	Eigenentwicklung	dialogorientiert	Mainframe	Client/Server
EPISTEL		×		×		×		×		(×)			×	×	×	×	×	
MINIPLAN	×	×	×		×	×			×	×	×					×		×
MS Project	×	×	(×)	(×)	×				×	×	(×)	(×)				×		×
PAC	×	×	×	×	×	×	×	×	×	×	×			(×)		×	×	
PAUS	(×)	×		×		×		×				×	×	×	×	×		×
SAP R/3 PS	×	(×)	×	×	×	(×)	×	×	×			×	×	×		×		×
SINET-STD.	×	×	×		×				×	×				(×)		×	×	
SIPUS	×	×			×	×			×	×	(×)			×	×	×		×

(×) teilweise

automatische kostenmäßige Bewertung der Stunden vorgenommen wurde. Direkt zu übernehmen waren die monatlichen Kosten für fremdes Personal und alle weiteren Sachkosten aus vorgelagerten Arbeitsgebieten, wie z. B. des Rechnungswesens. Die Weiterverrechnung an fremde Kostenträger lief innerhalb eines Verfahrensverbunds automatisch ab.

Die auf Auftragsebene (AKZ, FuE-Konto) erfassten Kosten ermöglichten unterschiedliche Auswertungen der Entwicklungskosten nach Organisationseinheiten, Projekten und Projektgruppen, Entwicklungsaufgaben und leistenden Stellen. Eine große Anzahl von Listenauswertungen standen dem Anwender fakultativ zur Verfügung, d. h. die Listenausgabe konnte jederzeit, entsprechend den spezifischen Bedürfnissen, angestoßen werden.

EPISTEL verfügte über eine dialogorientierte Auskunftskomponente, die nach unterschiedlichen Auswahl- und Suchkriterien Informationen über alle Plan- und Istdaten aus der Datenbasis dem Benutzer am Terminal zur Verfügung stellte. Auch der gesamte Prozess der FuE-Planung wurde mit einer eigenen Planungskomponente im Dialog unterstützt. EPISTEL berücksichtigte besonders die Belange einer projektorientierten Entwicklungsplanung und -steuerung.

MINIPLAN

MINIPLAN ist *branchenneutral* und dient zur Planung und Steuerung von Projekten hinsichtlich der Termine und der Kapazitäten auf Basis der Netzplantechnik; es läuft auf einem Rechner der mittleren Datentechnik.

Alle Eingaben, wie Plan- und Rückmeldedaten, sind im Dialog möglich. Hierfür ist eine einfach aufgebaute Bedienerführung verfügbar; allerdings kann man Rückmeldedaten auch über eine Dateischnittstelle übernehmen. Rückgemeldet werden können neben Terminen und Kapazitäten auch Ist- und Reststunden; dies ermöglicht einen Plan/Ist-Vergleich und Aussagen über den aktuellen Restaufwand der Projekte. Der Planungshorizont umfasst vier Jahre.

Die Vergabe von Prioritätsstufen auf Auftragsebene erlaubt es, die Abarbeitungsreihenfolge der einzelnen Projekte zu beeinflussen. MINIPLAN kann als Client/Server-System eingesetzt werden. Über Berechnungscodes wird dem Anwender eine (individuelle) Benutzermatrix mit den nutzbaren Funktionen zugeordnet. An diese Berechtigungscodes lassen sich auch Aufträge und Aufgaben koppeln. Auf diese Weise können die einzelnen Nutzer ihre Planung auf eigenen Terminals nicht nur überwachen, sondern auch selbstständig durchführen (dezentrale Planung). Für Planspiele steht eine Simulationsfunktion zur Verfügung, die es ermöglicht, vor dem Hintergrund der aktuellen Kapazitätsbelegung Änderungen vorzunehmen oder neue Projekte einzugeben, ohne dabei die bestehenden Plandaten zu verändern (Multiprojektplanung).

Die Auswertungen können wahlweise im Dialog- oder im Batch-Betrieb angefordert werden. Es gibt neben Balkenplänen und Kapazitätsauslastungsdiagrammen Termin- und Aufwandsüberwachungslisten. Die Listen können nach unterschiedlichen Kriterien über Schlüsselfelder sortiert, selektiert und verdichtet werden. Auch zum Archivieren stehen entsprechende Funktionen zur Verfügung.

PAC

PAC (Project-Analysis and -Control) ist ein integriertes Verfahren zur Planung, Kontrolle und Steuerung von Terminen, Kosten und Einsatzmitteln für *Projekte unterschiedlicher Ausprägung;* es ermöglicht das Überwachen einer unbegrenzten Anzahl Projekte auf bis zu vier Projektebenen; hierdurch ist eine Multiprojektplanung möglich. Der Planungshorizont umfasst fünf Jahre.

Das enthaltene Netzplanverfahren basiert auf der MPM-Methode. Die Planung geht bis auf Mitarbeiterebene herunter.

Mit Hilfe leistungsfähiger Selektier- und Sortierungsmöglichkeiten kann man Standardberichte und individuelle Ausgaben als Listen, Diagramme oder Managementgrafiken erstellen. Auswertungen sind nach unterschiedlichsten Gesichtspunkten möglich (Mitarbeiter, Mitarbeitergruppen, Abteilungen, Projekt, Teilprojekt, Kapazitätsgruppen etc.). Für Planungs- und Steuerungsaufgaben sind Alternativberechnungen möglich, z. B. welche terminlichen Auswirkungen ergeben sich bei veränderten Kapazitätszuordnungen. Der Benutzerdialog wird durch eine einfache Bedienerführung in Menütechnik unterstützt.

SINET

SINET (System für interaktive Netzplantechnik) ist ein Netzplan-Implementierungsverfahren der Siemens AG [141], welches auf Großrechnern läuft und in vielen Großprojekten sehr erfolgreich eingesetzt wurde; so z. B. bei der HICOM-Entwicklung oder beim ICE-Bahnstreckenbau.

SINET umfasst eine sehr leistungsfähige Implementierungsprache von mehr als 70 Funktionsanweisungen, mit der man entwicklungsspezifische Netzplanverfahren realisieren kann. SINET ist also im eigentlichen Sinne kein eigenständiges Netzplan-Standardverfahren sondern ein »Interpreter« zur Erstellung von netzplangestützten Projektplanungs- und -steuerungsverfahren. Allerdings sind mit der SINET-Anweisungssprache mehrere Netzplan-Standardverfahren implementiert worden, so z. B. die Verfahren SINET STANDARD.EST und REPROPLIK.

Das Spektrum der Funktionsanweisungen umfasst Anweisungen für die Termindurchrechnung, die Netzplanauswertung und die Einsatzmittelberechnung. Für die Termindurchrechnung gibt es Anweisungen zur Vor- und Rückwärtsrechnung, Pufferbestimmung, Vorgangsabarbeitung sowie zur Wege- und Schleifensuche; für die Netzplanauswertung Anweisungen zum Bearbeiten von Balkendiagrammen, Terminlisten und Netzplänen; für die Einsatzmittelberechnung Anweisungen zum Ein- und Ausplanen von Einsatzmitteln und zur Optimierung und Nivellierung. Weiterhin stellt SINET vielfältige Funktionsanweisungen für den Aufbau der Netzplan-Datenbasis sowie für die Datenverwaltung und -manipulation.

Die Kapazitätsgrenzen solcher SINET-Verfahren sind sehr weit gesteckt. In einer Termindurchrechnung können bis zu 5000 Vorgänge mit bis zu 1000 Vorgängern und Nachfolgern je Vorgang einbezogen werden. Darüber hinaus gibt es praktisch keine weiteren Einschränkungen.

Alle erforderlichen Planungsschritte, wie das Ermitteln der Anfangs- und Endtermine jeder einzelnen Tätigkeit, das Aufzeigen von Zeitreserven (Pufferzeiten), das Einplanen von Bedarf und Vorrat an Einsatzmitteln (Sach- und Geldmittel) sowie das Berichtswesen werden von SINET voll abgedeckt. Die Leistungsmerkmale sind wie folgt gekennzeichnet:

- ▷ alle Formen der Vorgangsverknüpfung,
- ▷ kapazitäts- und termintreue Einsatzmittelplanung,
- ▷ Planunterlagen als Balkendiagramm, Auslastungsdiagramm und grafischer Netzplan,
- ▷ zentrale Projektdatenbasis für beliebige Auswertungen.

Das SINET-Verfahren ist als Standard-Anwendung auf PC migriert worden (Verfahren SIPRO).

6.2.2 Projektplanungs- und -steuerungsverfahren SIPUS

Als Beispiel für ein größeres Projektplanungs- und -steuerungsverfahren soll hier das anwenderspezifische Verfahren SIPUS (Siemens Planungs- und Steuerungssystem) vorgestellt werden [143], welches in mehreren Entwicklungsabteilungen für SW-Großprojekte sehr erfolgreich zum Einsatz gekommen war. Als Client/Server-Anwendung war es dem Projektsystem von SAP R/3 für die Stundenkontierung und das Aufwands-Controlling vorgeschaltet (siehe Bild 6.5); es konnte aber auch als Standalone-Verfahren eingesetzt werden. SIPUS unterstützt:

- ▷ die personenbezogene Stundenkontierung der eigenen und fremden Mitarbeiter,
- ▷ eine Projekt- und Aufgabenstrukturierung unterhalb der PSP-Elemente des SAP-Projektsystems,
- ▷ die mitarbeiter- und aufgabenbezogene Aufwandsplanung sowie
- ▷ die Stundenauswertung nach auftrags-, personen- und prozessbezogenen Kriterien.

Im Projektsystem PS (siehe Kap. 6.2.4) laufen im Rahmen eines gesamtheitlichen Projektkosten-Controllings auf Basis der in PS definierten Projektstrukturen (PSP) alle projektbezogenen Kosten zusammen. Die aus dem SIPUS-Verfahren übernommenen Personalstunden des eigenen Personals werden mit den Kostenstelleneigenen Stundensätzen bewertet und als Per-

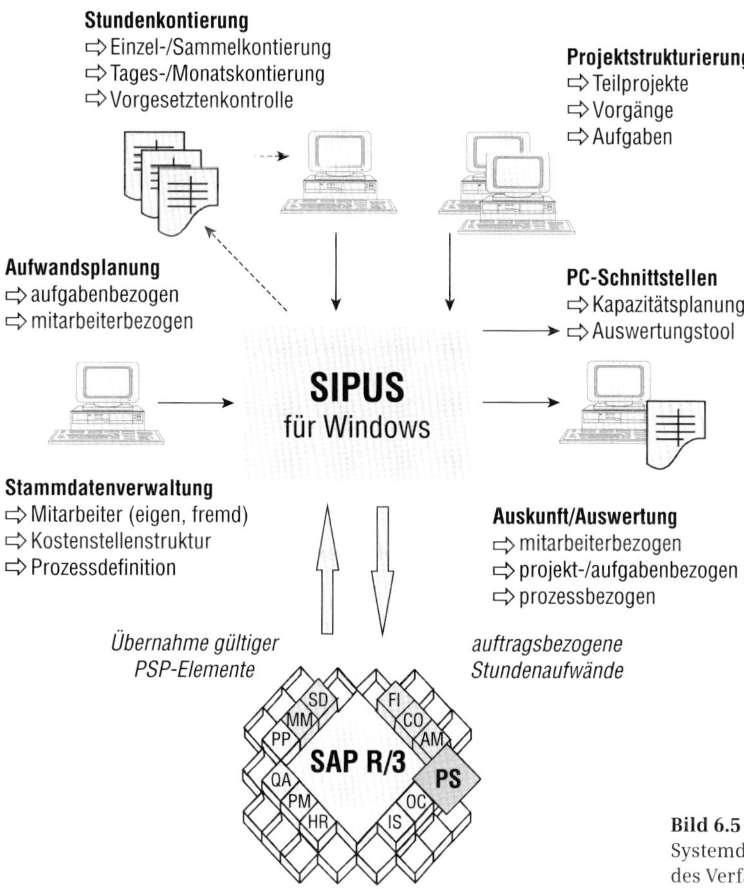

Bild 6.5
Systemdarstellung
des Verfahrens SIPUS

sonalkosten ausgewiesen. Die sonstigen Kosten für Fremdpersonal, Material, Käufe und sonstige Bezüge werden über die in der SAP-Komponente FI verbuchten Rechnungen ausgewiesen.

Projekt- und Aufgabenstrukturierung

Im SAP-Projektsystem ist eine Strukturierung bis auf beliebig viele Ebenen möglich; allerdings erfordern der Aufbau eines PSP-Elements und die Pflege der zugehörigen Stammdaten sowie die notwendigen Angaben im Customizing einen nicht unerheblichen Aufwand, so dass es – im Verbund mit SIPUS – nicht ratsam ist, in dem SAP-Verfahren Projektstrukturen mit Tausenden von PSP-Elementen aufzubauen. Stattdessen ist es von Vorteil, im SAP-Projektsystem PSP-Elemente nur auf der kaufmännischen Ebene der Kostensammlung zu definieren, auf der die Rechnungen eingehen. Weitere Projektuntergliederungen werden deshalb – direkt durch den Projektleiter – in dem vorgeschalteten SIPUS-Verfahren vorgenommen.

In SIPUS ist eine vierstufige Projekt- und Aufgabenstrukturierung möglich. Ein SIPUS-Projekt untergliedert sich zunächst in Teilprojekte; den Teilprojekten werden Vorgänge zugeordnet, die wiederum aus Aufgaben bestehen. Auf unterster Ebene werden die Mitarbeiter den Aufgaben zugeordnet. Auf Ebene der Teilprojekte kann der Projektleiter erlauben, dass auch andere Mitarbeiter weitere Unterstrukturen (Vorgänge und Aufgaben) aufbauen und ändern dürfen. Ein oder mehrere SIPUS-Teilprojekte werden dem Auftrag in SAP (= PSP-Element) zugeordnet. In SIPUS können Teilprojekte, die in SAP noch keinem PSP-Element zugerte Verfahren, wie z. B. das Projektsystem von SAP, übergeben werden oder nicht.

Aufwandsplanung

Bei SIPUS kann sowohl eine aufgabenbezogene als auch eine mitarbeiterbezogene Aufwandsplanung vorgenommen werden. Die aufgabenbezogene Planung der Stundenaufwände orientiert sich an der in SIPUS definierten Projektstruktur. Auf Ebene der Aufgaben, der Vorgänge und der Teilprojekte können Planwerte für Stundenaufwände eingegeben werden, die dann den angefallenen Istwerten in einem Plan/Ist-Vergleich für das Projektcontrolling gegenüberstehen.

Berichtswesen

In SIPUS ist eine Vielzahl von Dialogauskünften und Reports möglich:

- ▷ kostenstellenbezogene Auswertungen,
- ▷ projektbezogene Auswertungen,
- ▷ mitarbeiterbezogene Auswertungen.

Das Verfahren SIPUS unterstützt im besonderen Maß ein Multiprojektcontrolling, indem es klar unterscheidet zwischen eigenen und zuleistenden Mitarbeitern sowie zwischen Projekt-Inhabern und Projekt-Zuleistern. Auf diese Weise ist jederzeit darstellbar, welche Leistungen einer Kostenstelle aus eigener oder aus fremder Quelle entstanden ist.

Bild 6.7 veranschaulicht dieses anhand eines einfachen Beispiels. In der Projektauswertung für die »projektbesitzende« Kostenstelle 9090 erscheinen alle am Projekt tätigenden Mitarbeiter, auch die fremder Kostenstellen (im Beispiel 4712, 4713). Dagegen werden in der Projektauswertung für die zuleistenden Kostenstellen nur die jeweils eigenen Mitarbeiter ausgewiesen. Der Projektleiter verfügt also über die gesamte Projektinformation; ein Zuleister nur über seinen Ausschnitt des Projekts.

Die Vorteile eines Stundenkontrollsystems, welches einem Zentralverfahren wie SAP R/3 vorgeschaltet und nicht in diesem integriert ist, sind:

- ▷ Aufgabenstrukturierung »vor Ort«, d. h. ohne Abhängigkeit von einer zentralen Stammdatenverwaltung,

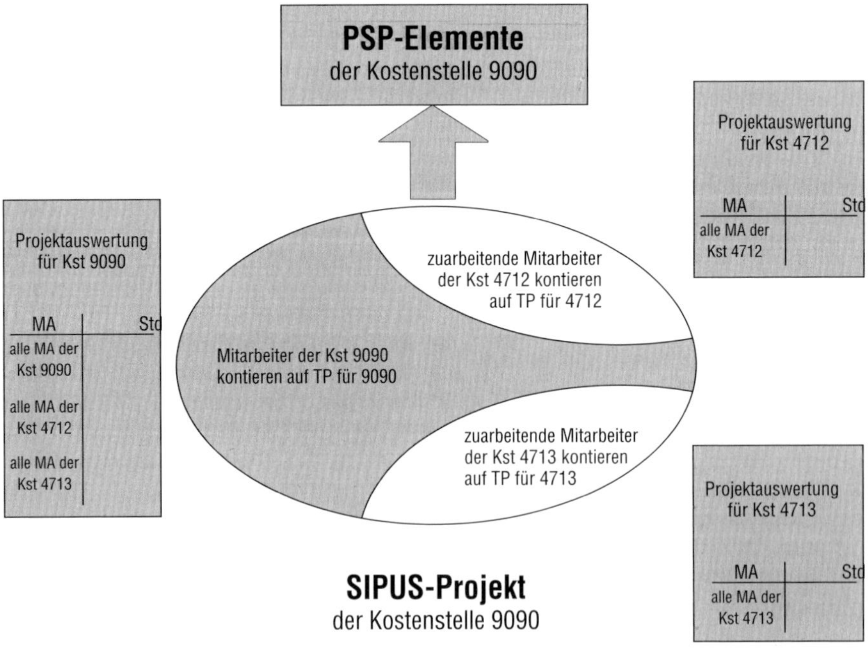

Bild 6.7 Eigene und zuleistende Projektmitarbeit

- ▷ entwicklungsindividuelle Ausprägung der Stundenkontierung,
- ▷ projekteigene Kostensimulation im Planungsvorfeld und
- ▷ unproblematischer Datenaustausch zu entwicklungsspezifischen PM-Tools.

SIPUS ist auch in einer Version mit englischsprachiger Oberfläche im Einsatz.

6.2.3 Projekt-Controlling-Verfahren PAUS

Als Beispiel für ein kleines autarkes Projektplanungs- und -steuerungsverfahren auf MS Windows-Basis soll das Verfahren »PAUS für Windows« vorgestellt werden; es unterstützt das Projektmanagement in all seinen Projektphasen beim Controlling von Projektaufwänden und -kosten und deckt nutzungsadäquat das Informationsbedürfnis sowohl der entwickelnden Stellen als auch der betreuenden kaufmännischen Abteilungen ab. Auf Basis einer relationalen Datenbank wurde es als Client/Server-Verfahren realisiert. Der Client läuft unter MS-Windows; der Server arbeitet in MS-Windows mit SQLBase oder auch im Unix mit Informix oder Windows NT mit Oracle.

Anhand dieses Verfahrenbeispiels kann sehr gut gezeigt werden, welche Funktionalität und Nutzungsoberfläche ein modernes Projektführungssystem haben sollte.

Informationsstruktur

In PAUS können drei Informationsstrukturen, die für ein zielgerichtetes und prozessorientiertes Projektkosten-Controlling von Bedeutung sind, definiert werden:

- ▷ Projektstruktur
- ▷ Organisationsstruktur
- ▷ Kostenstruktur.

Projektstruktur

Der *Auftrag* stellt in PAUS das zentrale Planungs- und Kostenobjekt dar. Die einzelnen Planwerte für Personalaufwände und Kosten werden innerhalb der Projektplanung je Auftrag vorgegeben und dann während der Projektdurchführung in den jeweils anfallenden Istwerten überwacht. Mehrere Aufträge können dabei einem Projekt zugeordnet werden; entsprechend komprimiert können dann die Plan- und Istwerte auf Projektebene ausgewiesen werden. Auf Projektebene können Budgetwerte festgelegt werden. Die Aufträge selbst können wiederum in Aufgaben unterteilt werden, auf die man die Istaufwände erfassen kann.

Darüber hinaus können benutzerindividuell weitere Projekt-, Auftrags- bzw. Aufgabenstrukturierungen mittels klassifizierender Merkmale der jeweiligen Identifikationsbegriffe vorgenommen werden. So kann man z. B. die ersten Ziffern der Projektnummer zur Klassifizierung von Hauptprojekten und die letzten Ziffern zur Unterscheidung von Teilprojekten heranziehen. In ähnlicher Weise können die Auftragsnummern bzw. Aufgabennummern genutzt werden. Auswertungen hierüber sind in PAUS zwangsläufig anwenderspezifisch vorzunehmen. Aufträge können zu Vertriebsgebieten bzw. Kundengruppen zusammengefasst werden, die wiederum mit Planwerten belegt werden können.

Organisationsstruktur

PAUS unterstützt eine dreistufige Organisationsstruktur: Abteilungen, Dienststellen und Mitarbeiter. Unterste Ebene stellen die Mitarbeiter dar, die allgemeine Bezugsbasis aller Personalaufwände sind. Die Mitarbeiter sind Dienststellen zugeordnet, die wiederum zu Abteilungen zusammengefasst sind.

Versetzungen von Mitarbeitern sind unter Beibehalten der Personalnummer während des Geschäftsjahres möglich, ohne dass Umbuchungen von bereits kontierten Stunden vorgenommen werden müssen. Mittels der »Versetzungsfunktion« ist sichergestellt, dass auch nachträglich kontierte Stunden organisationsgerecht zugeordnet werden.

Kostenstruktur

Die in PAUS verwalteten Kosten sind nach zwei aufeinander aufbauenden Ordnungskriterien ausgerichtet: Kostenarten und Kostenherkünfte. Kostenarten fassen gleichartige Kostenelemente zu Gruppen zusammen und können in PAUS z. B. wie folgt definiert sein:

- eigene Personalkosten,
- fremde Personalkosten,

– RZ-Kosten,
– Löhne,
– Käufe und Bezüge,
– Reisekosten.

Die ersten drei Kostenarten sind in PAUS obligatorisch vorgegeben, weil das Verfahren für diese drei allgemein gültigen Kostenarten gesonderte Darstellungen in den Auskünften und Reports anbietet.

Des Weiteren gliedern sich die Kostenarten in Kostenherkünfte, welche die Kostenelemente nach ihrer Herkunft unterscheiden; typische Beispiele von Herkünften sind:

– eigene Personalkosten,
– fremde Personalkosten der Firma abc,
– Rechnerkosten des Rechenzentrums xyz,
– Manualkosten,
– Musterbaukosten,
– SW-Einkäufe.

Systemdarstellung

Das Verfahren gliedert sich in folgende Teilsysteme (siehe Bild 6.8):

▷ Stammdatenverwaltung
▷ Plandatenverwaltung
▷ Stundenkontierung
▷ Kostenübernahme
▷ Verrechnung
▷ Auskünfte und Auswertungen
▷ Abwicklungsdienste.

Stammdatenverwaltung

Die Stammdatenverwaltung von »PAUS für Windows« umfasst das Verwalten folgender Stammdatenbereiche:

▷ Auftragsstammdaten
▷ Personalstammdaten
▷ Kostenstammdaten
▷ allgemeine Stammdaten.

Zu den *Auftragsstammdaten* gehören einerseits die Stammdaten zu den Projekten, Aufträgen und Aufgaben und andererseits die Verrechnungsstammdaten. Auftragsstammdaten sind z. B. die Auftragsnummern, die Auftragsbezeichnungen, Ansprechpartner, Zuordnungen zu unterschiedlichen Auftragsarten, Terminangaben, Steuerungsangaben zur Stundenkontierung und Kostenübernahme.

Die *Personalstammdaten* umfassen die Stammdaten zu den Mitarbeitern und zur Organisationshierarchie, also Angaben zu den Mitarbeitern selbst, wie Name, Titel, Telefon, Sollstundenzuordnung etc. sowie Angaben zur Organisation, wie Bezeichnungen für die Abteilungen, Dienststellen und Zuständigkeiten.

Zu den *Kostenstammdaten* gehören die Festlegungen zu den Kostenarten und -herkünften, die Angaben zu den Kostenstellen, die Stundensätze des eigenen und des fremden Personals sowie die Definitionen der Kostenverteilungsschlüssel mit ihren Prozentwerten und Auftraggeberkennzeichen.

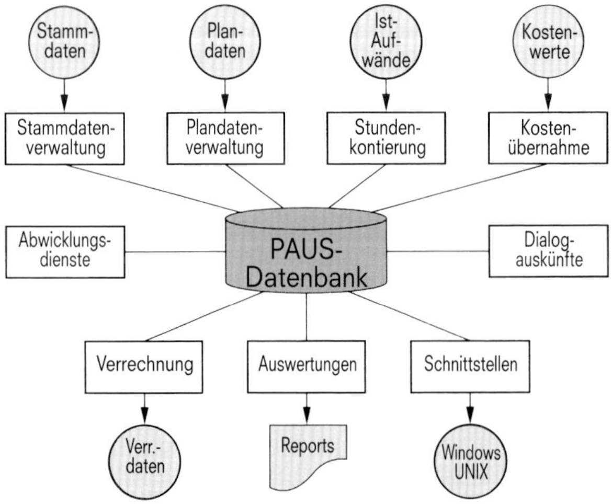

Bild 6.8
Systemdarstellung PAUS

Zu den *allgemeinen Stammdaten* gehören u. a. die Festlegungen zu den monatsbezogenen Sollstunden, den Meilensteinbezeichnungen, den Tätigkeitsarten und den Auftragsarten.

Plandatenverwaltung

»PAUS für Windows« ermöglicht die Aufwands- und Kostenplanung auf unterschiedlichen Ebenen:

▷ Planung auf Auftragsebene
▷ Planung auf Aufgabenebene
▷ Budgetplanung von Projekten
▷ Beplanung von Vertriebsgebieten.

Der Planhorizont bei der Auftragsplanung erstreckt sich in »PAUS für Windows« auf bis zu fünf Geschäftsjahre, also das aktuelle Geschäftsjahr mit vier darauf folgenden Planjahren. Hierbei kann noch zwischen zwei getrennten Planhorizonten unterschieden werden, wie z. B. XII-Plan und VI-Plan oder Wirtschaftsplan und aktueller Plan. Bei allen Plan/Ist-Vergleichen kann explizit angegeben werden, welchem Planhorizont die Istwerte gegenüber-gestellt werden sollen.

In einer Steuertabelle kann festgelegt werden, ob ein bestimmter Planhorizont (z. B. der Wirtschaftsplan) für die weitere Bearbeitung gesperrt werden soll.

▷ Auftrags- und Aufgabenplanung

Das Beplanen von Personalaufwänden kann sowohl auf der Auftrags- als auch auf der Aufgabenebene vorgenommen werden. Innerhalb eines Auftrages bzw. einer Aufgabe kann je Dienststelle der geplante eigene oder fremde Personalaufwand angegeben werden. Eine »mitarbeiterbezogene« Aufwandsbeplanung ist z. B. bei Siemens im Rahmen der gültigen Betriebsvereinbarung nicht gestattet.

Die Beplanung der Kosten wird i. Allg. nur auf der Auftragsebene vorgenommen werden, da die vorgelagerten Rechnungswesen-Verfahren Kosten nur auf dieser Ebene behandeln.

Plan-Personalkosten werden sowohl für das eigene als auch für das fremde Personal mittels der zugehörigen Stundenkostensätze automatisch von PAUS ermittelt. Die Planwerte der sonstigen Projektkosten (Rechnerkosten, Material/Bezüge etc.) sind innerhalb eines Auftrages je Kostenherkunft manuell einzugeben.

▷ Budgetplanung

Im Rahmen einer Budgetierung auf Projektebene können für das laufende Geschäftsjahr und für bis zu vier nachfolgende Geschäftsjahre Budgetwerte je Projekt eingegeben werden.

Diese Budgetwerte können dann den auf Auftragsebene kumulierten Planwerten gegenübergestellt und im Rahmen einer Budgetierung abgeglichen werden. Hierbei können zur vollständigen Wertegegenüberstellung Werte für noch offene Aufträge vorgegeben werden.

▷ Vertriebsgebietplanung

Aufträge können Vertriebsgebieten zugeordnet werden; Vertriebsgebiete können eine Einteilung nach Branchen, nach Kundenbereichen oder auch nach einzelnen Kunden sein. Diese Einteilung ist unabhängig sowohl von der Projekt- als auch der Organisationsstruktur.

Es können je zwei Planwerte in dem Planhorizont von fünf Geschäftsjahren zu diesen Vertriebsgebieten eingegeben werden. In einer entsprechenden Auswertung können diese Vertriebsplanwerte den Planwerten aus der Auftragsplanung gegenübergestellt werden.

Stundenkontierung

Das Erfassen der Personalaufwände erfolgt sowohl beim eigenen als auch beim fremden Personal in Form einer personenindividuellen Dialog- oder Belegkontierung oder als Sammelkontierung durch eine Assistenzkraft.

▷ Dialogkontierung

Je Monat muss der einzelne Mitarbeiter bzw. Fremdleister seine aufgewendeten Stunden je Auftrag und bei Bedarf je Aufgabe in seine Kontierungsmaske (siehe Bild 6.9) eingeben. Hierbei kann er seine zu kontierenden Stunden noch zusätzlich nach Tätigkeitsarten aufteilen. Die Tätigkeitsarten bestimmen sich auf Grund der bestehenden Prozessorganisation. Beim erstmaligen Aufruf ist die Kontierungsmaske mit den Aufträgen/Aufgaben/Tätigkeitsarten des Vormonats (mit Null-Stundenwerten) vorbelegt.

Die Dialog-Eingabe durch den Mitarbeiter kann täglich oder auch in unregelmäßigem Turnus geschehen. Gegen Ende eines Berichtsmonats muss der Mitarbeiter seine Stundenkontierung

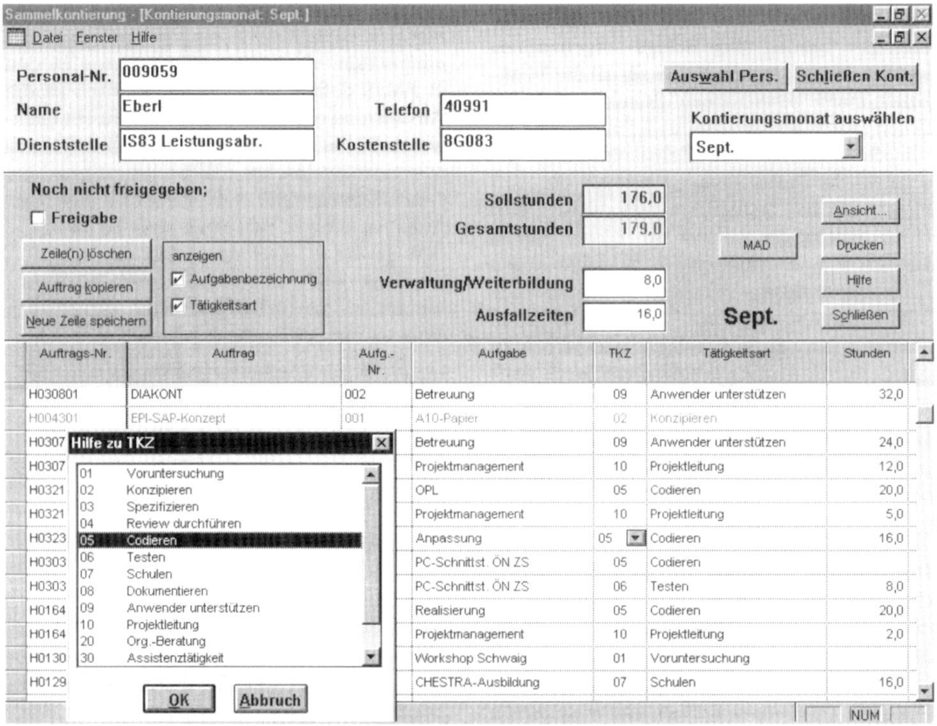

Bild 6.9 Stundenkontierungsmaske

für die Kontrolle durch den Vorgesetzten und zur Übernahme in die PAUS-Datenbank freigeben. An einem von der Abwicklung bestimmten Stichtag werden alle freigegebenen Stundenkontierungen in die zentrale Datenhaltung von PAUS übernommen.

Sowohl bei der Einzelkontierung durch die Mitarbeiter bzw. Fremdleister als auch bei der Sammelkontierung durch einen Teamassistenten wird eine Sofortplausibilisierung der eingegebenen Kontierungsdaten vorgenommen. Es wird damit verhindert, dass beim monatlichen Stundenübernahme-Lauf noch Fehler in den Kontierungsdaten vorliegen.

Der Vorgesetzte kann in einer – nur ihm zugänglichen – Übersicht erfahren, welche Mitarbeiter seiner Dienststelle ihre Stundenkontierungen bereits freigegeben haben; diese freigegebenen Stundenkontierungen kann er dann auch im Detail einsehen. Nachträgliche Änderungen kann nur der jeweilige Mitarbeiter durchführen, aber auch nur dann, wenn die Stundenkontierung noch nicht in die PAUS-Datenbank übernommen worden ist.

▷ Belegkontierung

Neben einer Stundenkontierung im Dialog kann bei »PAUS für Windows« auch eine Stundenerfassung über Belege vorgenommen werden. Hierzu erstellt PAUS für all die Mitarbeiter einen persönlichen Stundenzettel, bei denen in den Personalstammdaten das Kontierungskennzeichen auf Belegkontierung gesetzt ist. In diesen Belegen sind all die Aufträge/Aufgaben aufgeführt, auf die der einzelne Mitarbeiter bereits im letzten Monat kontiert hat. Er muss nur noch seine neuen Aufwandsstunden – eventuell gegliedert nach Tätigkeitsarten – diesen Aufträgen/Aufgaben zuordnen oder er muss, falls er inzwischen an einem neuen Auftrag arbeitet, eine neue Auftragsnummer manuell eintragen.

Die Belege werden dann im Dialog von einer Assistenzkraft als Sammelkontierung eingegeben.

▷ Sammelkontierung

Die Sammelkontierung geschieht auf die gleiche Weise wie die Dialogkontierung, nur dass die Eintragungen nicht durch den einzelnen Mitarbeiter, sondern von einem dazu autorisierten Teamassistenten vorgenommen wird. Wie der Vorgesetzte darf er zur Information die Kontierungsübersichten einsehen. Die Zuständigkeit eines Teamassistenten erstreckt sich – entsprechend seiner Befugnis – auf die Mitarbeiter einer einzelnen Dienststelle oder einer ganzen Abteilung oder auf den gesamten Bereich.

Kostenübernahme

(Ist-)Kosten werden i. Allg. aus vorgelagerten Verfahren des Rechnungswesens (z. B. SAP R/3) über entsprechende anwenderspezifische Schnittstellen automatisch übernommen, oder die Kostenwerte können auch manuell in PAUS eingegeben werden.

Die Istkosten des eigenen Personals werden in PAUS automatisch mit Hilfe von Stundensätzen (Kostensätze) ermittelt. Die Istkosten des fremden Personals ergeben sich demgegenüber auf Grund der eingehenden Rechnungen (die Plankosten des Fremdpersonals werden allerdings wie beim eigenen Personal aus den zugehörigen Kostensätzen bestimmt). Die sonstigen Istkosten für Rechnerleistungen, für Käufe und Bezüge, für Manualerstellung usw. ergeben sich ebenfalls auf Grund der eingehenden Rechnungen.

Für das eindeutige Zuordnen der im Rechnungswesen verwendeten Kostenarten zu den in PAUS definierten Kostenherkünften ist die Auswertung eines entsprechenden Rechnungswesen-Codes notwendig. So werden z. B. nach anwenderspezifischen Bildungsgesetzen die PAUS-Kostenarten und -herkünfte aus den Angaben einiger Felder der RW-Schnittstelle (RW-Kostenart, Lieferanten-Nr. etc.) abgeleitet. Dank dieser Möglichkeit ist ein PAUS-Anwender in der Definition seiner Kostenarten nicht an die des Rechnungswesens gebunden.

In »PAUS für Windows« können auch manuell Kostenwerte eingegeben werden, entweder weil keine vorgelagerten Rechnungswesen-Verfahren zur Verfügung stehen oder weil zusätzlich »statistische« Kostenwerte in die PAUS-Datenbank aufgenommen werden sollen. Im letzteren Fall weicht die Kostendarstellung in PAUS allerdings von der im Rechnungswesen ab.

Im Falle einer Falschbuchung können übernommene Kosten jederzeit in der Datenbank umgebucht werden. Hierzu können einzelnen Aufträgen monatsgerecht Kosten weggenommen und entsprechend anderen Aufträgen zugeordnet werden.

Verrechnung

Im Verfahren können die Kostenwerte auftraggeberbezogen weiterverrechnet werden, entweder durch eine statistische Ausweisung innerhalb des Verfahrens oder durch Erstellen von Verrechnungssätzen an einer Schnittstelle zu nachgeschalteten Rechnungswesen-Verfahren (z. B. SAP R/3). Hierbei sind sowohl eine Verrechnung nach angefallenem Aufwand als auch eine Einzel- bzw. Festpreisverrechnung möglich; die Aufwandsverrechnung geschieht als Saldenverrechnung (siehe Kap. 4.2.3).

»PAUS für Windows« kann den Aufwand von erbrachten Leistungen nicht nur an einen einzigen, sondern auch – prozentual aufgeteilt – an mehrere Kostenempfänger verrechnen; hierzu muss ein Kostenverteilungsschlüssel (KVS) festgelegt werden. Im Kostenverteilungsschlüssel ist hinterlegt, welchen prozentualen Anteil vom Gesamtbetrag der jeweilige Kostenempfänger zu tragen hat.

Die Summe der einzelnen Prozentwerte eines Kostenverteilungsschlüssels braucht nicht 100% zu ergeben; es ist eine Unter- oder auch eine Überdeckung möglich. In PAUS können je Auftrag bis zu drei Kostenverteilungsschlüssel mit zugehörigem Gültigkeitsdatum angegeben werden, daher kann man während der Projektdauer den Kostenverteilungsschlüssel eines Auftrags (z. B. andere Prozentaufteilung oder zusätzliche Empfänger) ändern.

Da zwischen den durch die Kostenstellenrechnung festgelegten Stundensätzen (Kostensätze) des eingesetzten Personals und den mit den Auftraggebern vereinbarten Verrechnungssätzen unterschieden werden kann, erlaubt »PAUS für Windows« eine Kosten/Umsatz-Betrachtung.

Auskünfte und Auswertungen

PAUS liefert mehrere detaillierte Dialogauskünfte aus der Projektdatenbasis. Auskünfte über die verschiedenen Stammdaten stehen im Rahmen der Stammdatenverwaltung zur Verfügung. Die Dialogauskünfte aus der Projektdatenbasis unterteilen sich in folgende Gruppen:

▷ Plan/Ist-Vergleiche
▷ Plan/Plan-Vergleiche
▷ Budget/Plan-Gegenüberstellungen
▷ Umsatz/Kosten-Gegenüberstellungen
V'Ist-Berechnungen (Forecast)
▷ auftragsbezogene Auswertungen
▷ personenbezogene Auswertungen
▷ kostenherkunftsbezogene Auswertungen
▷ Verrechnungsübersichten
▷ Terminübersichten
▷ prozessorientierte Auswertungen.

Die einzelnen *Plan/Ist- bzw. Plan/Plan-Vergleiche* unterscheiden sich darin, auf welcher Darstellungs- bzw. Komprimierungsebene die Plan- und Istwerte ausgewiesen werden. So werden z. B. beim »Plan/Ist-Vergleich eines Auftrags« die Aufwände (eigen/fremd) und Kosten eines Auftrags in ihren Plan- und Istwerten absolut und prozentual gegenübergestellt. Die Plan/Ist- und die Plan/Plan-Vergleiche können ausgerichtet sein nach

- einem Projekt,
- einem Auftrag,
- den einzelnen Aufgaben eines Auftrags,
- einer Abteilung,
- einer Dienststelle oder
- einem Vertriebsgebiet.

Bei allen Plan/Ist-Vergleichen kann zwischen den beiden Planhorizonten gewechselt werden.

Budget/Plan-Gegenüberstellungen stellen auf Projektebene die Budgetwerte den von der Auftragsebene kumulierten Planwerten, inklusiv eines Planwertes für noch offene Aufträge, gegenüber. Die Budget/Plan-Gegenüberstellungen stellen die Basisinformation für eine Budgetierung, d. h. dem Abgleich zwischen der Top-down- und der Bottom-up-Planung dar; hierbei ist es möglich, für einen Auftrag die zugehörige Planerfassungsmaske zusätzlich einzublenden. Änderungen in dieser Maske haben dann unmittelbar eine entsprechende Auswirkung in der Budget/Plan-Gegenüberstellung.

Umsatz/Kosten-Gegenüberstellungen stellen von einzelnen Aufträgen die geplanten und getätigten Umsätze (= Verrechnungen) den Plan- und Ist-Kosten gegenüber und weisen die Differenz als geplantes bzw. erzieltes Ergebnis aus. In *V'Ist-Berechnungen* werden die bisher aufgelaufenen Kosten, die bisher getätigten Umsätze (= Verrechnungen) und das sich daraus abgeleitete Ergebnis gegenübergestellt und bis zum GJ-Ende als voraussichtliche Ist-Werte hochgerechnet.

Auftragsbezogene Auswertungen können auf Aufwands-, Kosten- oder Umsatzsebene in einem Monatsraster vorgenommen werden; d. h. die Ist-Aufwände, die Ist-Kosten bzw. die Verrechnungen ausgewählter Aufträge werden als Monatsscheiben (1. bis 12. Berichtsmonat) des aktuellen Geschäftsjahres tabellarisch ausgewiesen. Die Aufwandsübersichten können darüber hinaus nach Personal, nach Tätigkeitsarten und nach Aufgaben strukturiert sein.

Folgende *personen- bzw. herkunftsbezogene Auswertungen* können – im Monatsraster – gezeigt werden:

- Aufwandsnachweis eines Mitarbeiters bzw. Fremdleister,
- Aufwands- und Kostennachweis eines Fremdleisters,
- Kostennachweis nach Herkünften,
- Verrechnungsnachweis eines Empfängers.

Beim personenbezogenen Aufwandsnachweis eines Mitarbeiters bzw. Fremdleisters werden dessen Stundenaufwände in einem 12-Monatsraster mit entsprechenden Aufsummierungen und Umrechnungen von MStd in MM aufgezeigt. Der Aufwandsnachweis kann entweder auftrags- oder aufgabenbezogen sein.

Die *Verrechnungsnachweise* listen alle Verrechnungen auf, die auf einen bestimmten Empfänger getätigt worden sind.

Terminübersichten zeigen zu den Aufträgen eines ausgewählten Projekts die geplanten Beginn- und Endetermine sowie eventuell bereits bekannt gemachte Fertig-Termine. Bezogen auf die Laufzeit des jeweiligen Auftrags werden die verbrauchte und die verbleibende Zeit in Tagen angezeigt. Eventuelle Termin-

PAUS für Windows

Seite: 1
Geschäftsjahr: 98/99
Druckdatum: 23.07.99

Auftragsübersicht

Auftrag:	**H-4712-01**	Verantwortlich:	Burghardt	Termin-Anfang: 01.10.98	**Berichtsmonat: Juli**
Bezeichnung:	**KEPI-Projekt**	Kostenstelle:	A2YT9	Termin-Ende: 30.10.99	
Status:	in Durchführung	Planart:	Wipla	Fertig-Datum:	

Stundenübersicht in Std	Okt	Nov	Dez	Jan	Feb	März	April	Mai	Juni	Juli	Aug	Sept	Ist Std	Ist MM	Plan MM	Plan %
Brosig, Konrad	145	136	125			96	112	119					733	4,7		
Burghardt, Manfred F A2YT4				84	104	120	112	80					500	3,2		
Büttner, Ulrich	90	85	140	125	136	144	140	154					1014	6,5		
FLOR GmbH (Huber) C	160	155	125	156	152	168	140	148					1204	7,8		
Joswig, Jutta	140	120	85	96	88	88	72	78					767	4,9		
Kramer, Mechthild		160	140	142	146	160	154	161					1063	6,9		
Peschke, Peter				65	72	77	70	84					368	2,4		
Sasgen, Karl-Heinz			135	145	112								392	2,5		
Personal eigene Kst	375	501	625	573	554	565	548	596	0	0	0	0	4.337	28,0	50,0	56,0
Personal fremde Kst	0	0	0	84	104	120	112	80	0	0	0	0	500	3,2	5,0	64,5
Consultants	160	155	125	156	152	168	140	148	0	0	0	0	1.204	7,8	8,0	97,1
Gesamtstunden: Std	535	656	750	813	810	853	800	824					6.041			
Gesamtstunden: MM	3,5	4,2	4,8	5,2	5,2	5,5	5,2	5,3	0,0	0,0	0,0	0,0		39,0	63,0	61,9

Kostenübersicht in TDM	Okt	Nov	Dez	Jan	Feb	März	April	Mai	Juni	Juli	Aug	Sept	Ist TDM	Plan TDM	Plan %
Personal eigene Kst	52,5	70,1	87,5	80,2	77,6	79,1	76,7	83,4	0,0	0,0	0,0	0,0	607,2	1.085,0	56,0
Personal fremde Kst	0,0	0,0	0,0	13,4	16,6	19,2	17,9	12,8	0,0	0,0	0,0	0,0	80,0	124,0	64,5
Consultants		20,0	19,4	15,6	19,5	19,0	21,0	17,5					132,0	155,0	85,2
Rechenkosten	2,0	2,0	2,0	2,5	2,7	2,2	1,7	1,9					17,0	23,0	73,9
Sonstige Kosten				10,0									10,0	15,0	66,7
Gesamtkosten	54,5	92,1	108,9	121,8	116,4	119,5	117,3	115,6	0,0	0,0	0,0	0,0	846,2	1.402,0	60,4
Verrechnungen			270,5	126,7	120,9	124,0		242,5					884,6	1.550,0	57,1
Ergebnis	-54,5	-92,1	161,7	4,9	4,5	4,5	-117,3	126,9	0,0	0,0	0,0	0,0	38,4	148,0	26,0

Bild 6.10 Report Auftragsübersicht

überschreitungen werden dabei farblich gekennzeichnet. Auch der jeweilige Status des Auftrages wird ausgewiesen.

Prozessorientierte Auswertungen sind statistische Auswertungen der kontierten Stundenaufwände, die auf Meilensteine oder auf Tätigkeitsarten bezogen sind. In einer Matrixdarstellung werden die kumulierten Aufwände zu den einzelnen Aufträgen eines ausgewählten Projekts aufgezeigt.

Auswertungen, die umfassender und zeitaufwendiger sind, werden als *Reports* erzeugt. Als Beispiel eines solchen Reports ist in Bild 6.10 die Auftragsübersicht dargestellt.

Die Auftragsübersicht enthält auf einem Blatt alle relevanten Aufwands- und Kostenwerte zu einem ausgewählten Auftrag. In einem 12-Monats-Raster werden mitarbeiterbezogen die Personalaufwände (eigen/fremd) in MStd und zu MM komprimiert ausgewiesen. Im selben Monatsraster werden die Kosten – nach Kostenarten unterschieden – sowie die Verrechnungen und die daraus resultierenden Ergebnisse aufgeführt. Alle drei Projektgrößen (Personalaufwände, Projektkosten, Verrechnungen) werden in ihren aufsummierten Istwerten den zugehörigen Planwerten gegenübergestellt.

Abwicklungsdienste

Zu den Abwicklungsdiensten gehören der Monatsabschluss mit Stundenübernahme, Kostenübernahme und Verrechnungslauf, der Geschäftsjahresabschluss, das Umbuchen von Aufwänden und Kosten sowie die Bearbeitung der Vorjahresdaten. Das Geschäftsjahr ist auf den 12-Monats-Zeitraum von Oktober bis September ausgerichtet.

Befugnisberechtigung

Jeder Teilnehmer von PAUS bedarf einer gesonderten Zulassung durch die Verfahrensbetreuung bzw. den Verfahrensadministrator. Die zugeteilte Berechtigung ist an die Personalnummer und ein zusätzliches Passwort gebunden. Die Personalnummer wird immer einer Organisationseinheit, d. h. einer Dienststelle zugeordnet; hierdurch ist gewährleistet, dass organisationsbezogene Auswertungen nur über Daten der eigenen Organisationseinheit erstellt werden.

Acht verschiedene Befugnisgruppen sind vorgesehen:

- ▷ MA Mitarbeiter / keine Zusatzrechte
- ▷ DL Dienststellenleiter
- ▷ AL Abteilungsleiter

- ▷ PL Projektleiter
- ▷ AA Auftragsansprechpartner
- ▷ TA Teamassistent
- ▷ BC Betriebswirtschaftlicher Controller
- ▷ AD Administrator.

Mitarbeiter ohne besondere Zusatzrechte können nur ihre eigenen monatlichen Stundenkontierungen eingeben, überarbeiten und freigeben. Im Auskunftsteil können sie sich ihre Personalaufwände im 12-Monats-Aufriss zeigen lassen. Der Dienststellenleiter hat Zugang zu den Stamm-, Plan- und Istdaten für alle seiner Dienststelle zugeordneten Aufträge, Mitarbeiter und Fremdleister; der Befugnishorizont eines Abteilungsleiters ist entsprechend größer.

Die Befugnis der Projektleiter bzw. der Auftragsansprechpartner bezieht sich auf die ihnen zugeordneten Aufträge. Der Teamassistent hat nur im Rahmen der Stundenkontierung eine erweiterte Befugnis (Sammelkontierung, Vorgesetztenübersicht).

Der betriebswirtschaftliche Controller nimmt vornehmlich – definierbar für eine Dienststelle, für eine Abteilung oder für den ganzen Bereich – kaufmännische Controlling-Funktionen wahr; hierzu zählen u. a. das Verwalten der Kostenstrukturen sowie das Erfassen und Überwachen von Kosten und Verrechnungen. Entsprechend der ihm zugeteilten Befugnisbreite (DL, AL oder AD) hat er ähnliche Befugnisse wie ein Dienststellenleiter oder ein Abteilungsleiter bzw. in etwas eingeschränkter Form wie der Administrator. Dieser hat grundsätzlich alle Befugnisse; hierzu zählen insbesondere das allgemeine »Customizing« in der Stammdatenverwaltung sowie die Funktionsaufrufe für die Verfahrensabwicklung und Schnittstellenversorgung.

Funktionsaufrufe, für die im jeweiligen Fall keine Befugnis vorliegt, sind in den Menüs grau ausgewiesen und sind damit nicht aufrufbar.

6.2.4 SAP-Projektsystem PS

Das Projektsystem PS als integrierte Komponente des SAP R/3-Systems stellt eine branchenneutrale Lösung für alle wesentlichen Projektcontrolling-Aufgaben des Projektmanagements dar und unterstützt mit unterschiedlichen Funktionen die Projektdurchführung in all ihren Phasen [26]. Wird es im Rahmen eines integrierten Einsatzes der SAP-Standardsoftware genutzt, so ist es mit den anderen SAP-Bausteinen und dadurch mit den Belangen des Rechnungswesens (SAP-Baustein FI), des Vertriebs (Baustein SD), der Materialwirtschaft (Baustein MM) und der Produktionsplanung und -steuerung (Baustein PP) voll eingebunden. Ein isolierter Einsatz des Projektsystems, d. h. ohne die zentralen RW-Module des SAP-Systems FI und CO, ist nicht möglich.

Die zentralen Ordnungsstrukturen des Projektsystems sind *Projektstrukturpläne* und zugehörige *Netzpläne*. Beide Strukturformen können gemeinsam oder auch getrennt eingesetzt werden. Projekte können entweder als reine »Kostenprojekte« nur mit Hilfe des Projektstrukturplans abgewickelt werden oder sie werden – wenn sie einen Bezug im Fertigungsbereich haben, bei dem Termine und Ressourcen im Vordergrund stehen – sinnvollerweise mit Netzplänen und Vorgängen abgebildet.

Customizing

Anwenderspezifische Ausprägungen des Projektsystems werden durch das so genannte *Customizing* in SAP R/3 vorgenommen; hierbei ist zwischen *modulübergreifenden* und *PS-bezogenen* Customizing-Einstellungen zu unterscheiden.

Modulübergreifende Customizing-Einstellungen beziehen sich auf das Festlegen von Angaben zu den vorgesehenen Buchungskreisen, den Kostenrechnungskreisen, den Werken eines Unternehmens, den einzelnen Kostenstellen, den im Rechnungswesen gewünschten Kostenarten, dem gemeinsamen Kontenplan und den vorgesehenen Leistungsarten.

Darüber hinaus müssen für den PS-Modul vielfältige eigene Customizing-Einstellungen vorgenommen werden; hierzu zählen die Einstellungen für

- Projektprofile,
- Projektarten,
- Projektverdichtung,
- PSP-Terminierung,
- Standardstrukturpläne,
- Standardmeilensteine,
- Standardnetzpläne,

- Netzplanprofil,
- Anwenderstatusschema,
- Versionsprofil,
- Plantafelprofil,
- Abrechnungsprofil,
- Abrechnungsschema,
- Planprofil,
- Budgetprofil,
- Strukturberichte,
- Projektcodierung,
- Verantwortliche,
- Feldschlüssel.

Projektprofile enthalten Vorschlagswerte und Steuerungsparameter (z. B. Fabrikkalender, Grafikeinstellungen) für die spätere Bearbeitung der einzelnen Projekte.

Mit der *Projektart* können PSP-Elemente in bestimmte Kategorien (z. B. Entwicklungs-, Rationalisierungs-, Vertriebsprojekte) eingeordnet und später entprechend ausgewertet werden.

Mit der *Projektverdichtung* kann man projektübergreifende Auswertungen vornehmen; zum Bestimmen der Verdichtungsstufen werden freie oder Referenzmerkmale aus den Stammdaten herangezogen.

Mit der *PSP-Terminierung* werden Steuerungsparameter für die Terminierung (z. B. Vorwärts-, Rückwärtsrechnung im Netzplan) festgelegt.

Mit speziellen Customizing-Einstellungen lassen sich *Standardstrukturpläne*, *Standardnetzpläne* und *Standardmeilensteine* definieren.

Das *Netzplanprofil* enthält Vorschlagswerte und Parameter für den Aufbau bzw. für die Bearbeitung des Netzplans.

In einem *Anwenderstatusschema* werden die benutzereigenen Anwenderstatus definiert, an die betriebswirtschaftliche Vorgänge gebunden sind.

In einem *Versionsprofil* wird festgelegt, welche Daten im Rahmen einer festzuhaltenden Projektversion abgespeichert bzw. archiviert werden sollen (z. B. Projektdefinition, PSP-Elemente, Netzpläne, Kosten etc.).

Mit dem *Abrechnungsprofil* und dem *Abrechnungsschema* werden die Verechnungsmodalitäten (z. B. Festpreis, Aufwandsverrechnung) festgelegt.

Mit dem *Plantafelprofil* kann die Ausprägung des wichtigsten PS-Projektplans, der Projektplantafel, beeinflusst werden; z. B. können die Zeitskalen des Balkendiagramms und des Datenblatts bestimmt oder Vorschlagswerte vorgegeben werden.

Das *Planprofil* enthält die Steuerungsparameter (Startjahr, Zeithorizont) und Vorschlagswerte für die Planung.

Das *Budgetprofil* enthält die Steuerungsparameter und Vorschlagswerte für die Budgetierung, hierbei können auch Einstellungen hinsichtlich der Kostenarten, der Verfügbarkeitskontrolle sowie des Ausschöpfungsgrades vorgenommen werden.

Angaben für den Aufbau von *Strukturberichten* können allgemein festgelegt werden. Die *Projektcodierung* ist ein Schlüssel, der die Maske für die Codierung der Projektdefinition und der PSP-Elemente festlegt.

Die Namen der *Projektverantwortlichen* werden im Projektsystem nicht als Stammdaten, sondern ebenfalls im Customizing festgelegt.

Über den *Feldschlüssel* können Benutzerfelder zu den PSP-Elementen und Vorgängen definiert werden.

Projektstrukturplan

Der Projektstrukturplan bildet das zentrale Projektmodell und stellt die operative Basis im Projektsystem dar; auf seine Elemente (PSP-Elemente) werden die Aufwände, Kosten und Termine bezogen. Die PSP-Elemente enthalten damit alle für die Projektdurchführung relevanten Daten und Informationen. Entsprechend ihrer operativen Aufgabe unterscheidet man:

▷ Planungselemente,
▷ Kontierungselemente,
▷ Fakturierungselemente.

Planungselemente sind solche, auf denen die einzelnen Kosten geplant werden; *Kontierungselemente* sind Elemente, auf denen die anfallenden Istkosten gebucht werden, und auf *Fakturierungselemente* können Erlöse gebucht werden.

Weiterhin sind den PSP-Elementen die Zuständigkeiten (Projektleiter, anfordernde und verantwortliche Kostenstelle) sowie weitere anwenderspezifische Informationen zugeordnet.

Im Projektsystem können für die Projekte system- und benutzerdefinierte Statusangaben vergeben werden; folgende Systemstati sind u. a. standardmäßig vorgegeben:

- *eröffnet* (Eingabe von Planwerten aber keine Ist-Buchungen sind möglich),
- *freigegeben* (Bestellungen und Buchungen sind möglich),
- *technisch abgeschlossen* (Planwerte können nicht mehr verändert werden),
- *abgeschlossen* (kostenrelevante Vorgänge sind nicht mehr möglich),
- *sperren* (Stammdaten, Termine, Plan-, Budgetwerte oder Kontierungen können nicht mehr eingegeben werden).

Zu jedem Status ist festgelegt, welche betriebswirtschaftlichen Vorgänge erlaubt bzw. verboten sind; zu solchen Vorgängen zählen: Element löschen, Abrechnung Ist bzw. Plan durchführen, Budget umbuchen, Ecktermine setzen oder Beplanung vornehmen.

Netzplan

Die wesentlichen Bestandteile der Netzpläne im Projektsystem sind die bekannten Vorgänge und Anordnungsbeziehungen.

Bei den Vorgängen kann man zwischen eigenbearbeiteten Vorgängen, fremdbearbeiteten Vorgängen und Kostenvorgängen unterscheiden; eine weitere Unterteilung in Vorgangselemente ist zusätzlich möglich. Eigenbearbeitete Vorgänge sind solche für die Aufgabenabwicklung mit firmeneigenen Kapazitäten (Personal, Maschinen etc.). Fremdbearbeitete Vorgänge dienen zur Abwicklung von Aufgaben über Fremdfirmen; hier ist eine Anbindung an das SAP-Einkaufssystem notwendig. Kostenvorgänge werden zur Steuerung von sonstigen Kosten, wie z. B. allgemeine Reise- und Beraterkosten, verwendet.

Als Anordnungsbeziehungen sind die gängigen vier Folgen möglich: Normal-, Anfangs-, End- und Sprungfolge. Zu den Anordnungsbeziehungen können unterschiedliche Zeitabstände definiert werden. Über Anordnungsbeziehungen können auch benachbarte Netzpläne miteinander verbunden werden.

Die Vorgänge im Netzplan stellen eine weitere Detaillierung des Projektstrukturplans dar, deshalb können die Informationen zu den Kosten, Terminen und Kapazitäten über die PSP-Elemente hinausgehend bis auf die Ebene der Vorgänge integriert ausgewertet werden. Netzpläne können einzelnen PSP-Elementen oder

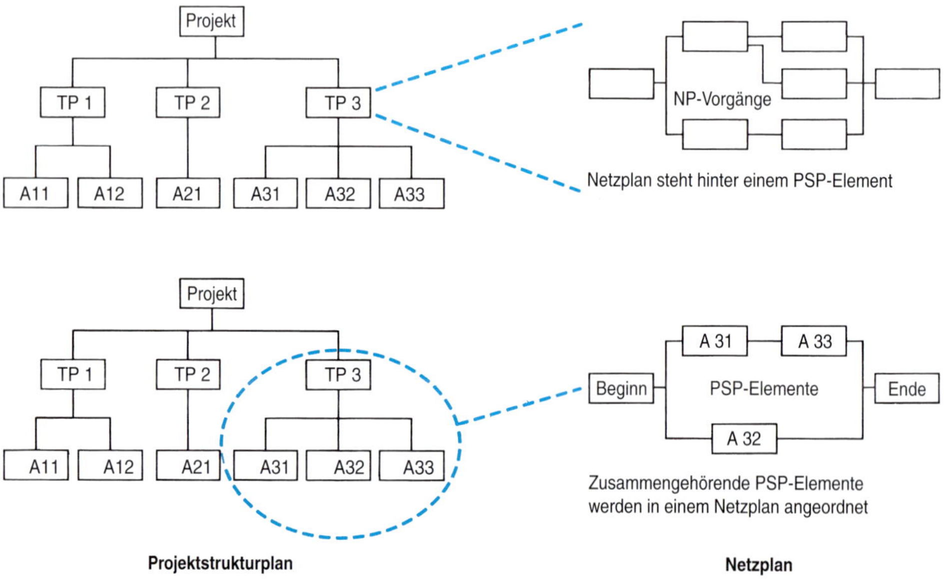

Bild 6.11 Verbindung von Projektstrukturplan und Netzplänen

auch ganzen Bereichen des Projektstrukturplans zugeordnet werden, wobei dann jeder Vorgang zu einem PSP-Element gehört (siehe Bild 6.11). Es werden damit alle drei Möglichkeiten der Zuordnung von Aufgaben zu Vorgängen unterstützt: Detaillierung, Gleichsetzung und Komprimierung (wie in Kap. 3.4.4 beschrieben). Eine Unterteilung von Netzplänen in Teilnetzpläne ist auch möglich.

Das Projektsystem unterscheidet folgende Terminarten:

- ▷ Ecktermine,
- ▷ Prognosetermine,
- ▷ Isttermine,
- ▷ terminierte Termine.

Ecktermine sind manuell festgelegte Plantermine im Projektstrukturplan. *Prognosetermine* können für zukünftig zu erwartende Abweichungen im Netzplan und Projektstrukturplan hinterlegt werden. Mit *Istterminen* wird der aktuelle Stand in der Projektdurchführung festgehalten. *Terminierte Termine* sind berechnete Termine aus der Netzplan-Terminierung der Vorgänge.

Neben den gängigen Funktionen der Termindurchrechnung, wie Vorwärts- und Rückwärtsrechnung können weitere Terminierungsarten, z. B. Tagesdatum-Terminierung, Termineinschränkungen, Gesamtnetz-Terminierung durchgeführt werden.

Kostenplanung

Das Projektsystem unterstützt eine Kostenplanung sowohl bottom-up als auch top-down. Bei der Bottom-up-Planung, z. B. bei einer FuE-Planung (siehe Kap. 3.6.3), werden die Planwerte zu den untersten PSP-Elementen eingegeben und bis auf Projektebene aufsummiert. Bei der Top-down-Planung, wie sie z. B. bei einer FuE-Budgetierung vorliegt, werden die Planwerte auf oberster Ebene eingeben und anschließend manuell auf die unteren PSP-Elemente verteilt.

Je nach Planungszeitpunkt (Vorkalkulation, Mitkalkulation) können im Projektsystem die Projektkosten nach unterschiedlichen Detaillierungsgraden geplant werden:

- ▷ kostenartenunabhängige Strukturplanung,
- ▷ Detailplanung
- ▷ Einzelkalkulation,
- ▷ Kostenplanung im Netzplan.

Die *kostenartenunabhängige Kostenplanung* setzt im frühen Projektstadium ein, wenn noch keine genaueren Informationen über die Einzelkostenaufteilung vorliegen; es werden die Kostenwerte pauschal – ohne Differenzierung nach unterschiedlichen Kostenarten – auf PSP-Elemente entweder top-down oder bottom-up im Projektstrukturplan geplant. Hierbei kann eine Gesamt- oder eine Jahresplanung vorgenommen werden.

Die *Detailplanung* umfasst bereits eine Kostenplanung nach einzelnen Kostenarten, also z. B. die Planung nach Personal, Consultant-Leistungen, Käufe und Bezüge; bei den Letzteren wird allerdings noch nicht nach Kostenherkünften differenziert.

Liegen bereits Informationen über Bezugsquellen, Mengen und Preise vor, kann eine *Einzelkalkulation* vorgenommen werden; bei dieser werden die Kosten nicht nur auf Kostenartenebene, sondern schon auf Material und Eigen- bzw. Fremdleistung bezogen geplant.

Schließlich ist auch eine *Kostenplanung im Netzplan* auf Ebene der einzelnen Vorgänge möglich.

Budgetierung

Budgets können auf PSP-Elemente als Gesamt- oder Jahreswerte eingeplant werden, indem entweder die Kostenwerte aus der Kostenplanung übernommen oder manuell vergeben werden. Im Laufe der Projektdurchführung können die Einzelbudgets sukzessiv freigegeben werden; dabei dürfen auf einem budgettragenden PSP-Element nicht mehr Mittel freigegeben werden als Budgetvolumen vorhanden ist.

Es sind mehrere Budget-Aktualisierungen möglich:

- ▷ Budgetnachträge,
- ▷ Budgetrückgaben und
- ▷ Budgetumbuchungen.

Reichen die zur Verfügung stehenden Finanzmittel nicht aus, dann können *Budgetnachträge* vorgenommen werden; diese erfolgen top-down, d. h. die Mittel werden von übergeordneten auf untergeordnete PSP-Elemente vergeben. Wurden dagegen die Mittel eines PSP-Elementes nicht ausgeschöpft, dann können auch *Rückgaben von Budgets* getätigt werden; diese erfolgen bottom-up, d. h. die Mittel werden an das übergeordnete PSP-Element gegeben. Bei *Budgetumbuchungen* werden Budgets von einem PSP-Element, auf dem vielleicht überschüssige Mittel stehen, auf ein anderes PSP-Element übertragen, weil dort die Mittel eventuell zu knapp sind.

Innerhalb des Projektsystems steht eine *Budget-Verfügbarkeitskontrolle* zur Verfügung, die abhängig von der Höhe der Budgetüberschreitung und der Größe der eingestellten Toleranzgrenzen entsprechende Warnungen bzw. Fehlermeldungen abgibt.

Abrechnung (Weiterverrechnung)

Nach Abschluss des Projekts oder in einem regelmäßigen Turnus, z. B. im Monats-Rhythmus, werden die angefallenen Kosten an einen oder mehrere Empfänger verrechnet; hierbei werden automatisch entsprechende Gegenbuchungen zur Entlastung des Projekts erzeugt. Die Kosten auf einem Projekt können an Kostenstellen, an andere Projekte, an Innenaufträge (im CO), an Kundenaufträge (in SD), an Anlagen, an Sachkonten oder an andere Ergebnisobjekte abgerechnet werden; es stehen folgende Abrechnungsmöglichkeiten zur Verfügung:

- Abrechnen nach Beträgen,
- Abrechnen von Einzelposten,
- Abrechnen im Plan,
- kostenartengerechtes Abrechnen.

Projektplantafel

Die Projektplantafel ist das zentrale Planungstableau des Projektsystems und vereinigt grafisch die Informationen des Projektstrukturplans und des Netzplans. Die Plantafel besteht aus zwei Teilen, der rechte Teil umfasst ein klassisches Ganttsches Balkendiagramm mit den Vorgangsbalken und ihren Vernetzungen, im linken Teil ist ein Datenblatt mit frei wählbaren Angaben (Aufwände, Dauern, Termine, Kosten, Zuständigkeiten etc.) zu den einzelnen Vorgängen aufgeführt. Auf Basis der Projektplantafel werden die Projektstruktur mit ihren Vorgängen aufgebaut und gepflegt, die Anordnungsbeziehungen vorgenommen, die Fertigstellungsgrade angegeben, die Termine für die Vorwärts- und Rückwärtsterminierung berechnet und Anpassungen an Plantermine durchgeführt.

Projektberichte

Für die Projektberichterstattung bietet das Projektsystem einige Berichte:

- ▷ Strukturberichte,
- ▷ Kostenartenberichte,
- ▷ Verdichtungsberichte,
- ▷ Einzelpostenberichte.

In den *Strukturberichten* werden alle Projektdaten zu den PSP-Elementen in tabellarischer Form ausgewiesen; so können z. B. die Plan- und Istkosten, die Budgets und Obligos, die Abweichungen und Restwerte dargestellt werden. In den *Kostenartenberichten* werden für die einzelnen Projekte, PSP-Elemente bzw. Netzpläne die Plan- und Istkosten in ihrer Differenzierung nach Kostenarten (Personal-, Material-, Kapitalkosten etc.) aufgeführt. Über Verdichtungsmerkmale, die in den Projektstammdaten definiert sind, können in *Verdichtungsberichten* über mehrere Projekte hinweg aggregierte Informationen dargestellt werden. *Einzelpostenberichte* enthalten in Listenform Informationen zu den einzelnen Buchungen für Plan, Ist, Budget und Obligo.

Werden darüber hinaus weitere individuelle Projektauswertungen benötigt, so können diese mittels der SAP-Programmiersprache ABAP/4 relativ leicht erstellt werden.

Stundenkontierung mit CATS

Mit dem SAP-Modul CATS (Cross Application Time Sheet) ist eine Stundenkontierung möglich, die mitarbeiterbezogen oder auch als Sammelkontierung für eine Anzahl von Mitarbeitern vorgenommen werden kann. Die Stundenkontierung geschieht im Tagesraster auf einzelne PSP-Elemente; eine monatsbezogene Kontierung ist nicht vorgesehen. Eine Prüfungsroutine der kontierten Stunden durch den Teamleiter ist nicht möglich.

Das SAP-Projektsystem ermöglicht keine Aufwandsplanung und -betrachtung auf Organisationseinheiten (z. B. Projektgruppen), die von Kostenstellenstrukturen abweichen. Das SAP-Modul CATS ist nicht auf die spezifischen

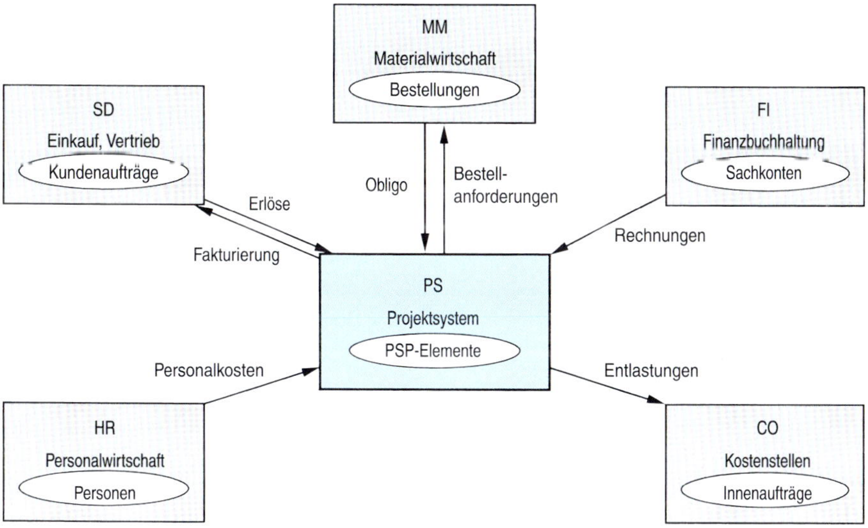

Bild 6.12 Einbettung des Projektsystems im SAP-Gesamtsystem

Belange eines Projektcontrollings in einem technischen Entwicklungsbereich, sondern mehr auf die kaufmännischen Belange optimiert.

Integration im SAP-Gesamtsystem

Durch die Integration des Projektsystems in das SAP-Gesamtsystem erhält der Projektstrukturplan eine außerordentliche zentrale Bedeutung; über ihn können nämlich entsprechende Verbindungen z. B. zu den Kundenaufträgen im Vertrieb, zu den Fertigungsaufträgen in der Produktion, zu den Materialanforderungen in der Materialwirtschaft, zu den Zahlungen in der Finanzdisposition, zu den Planungsdaten in der Kostenrechnung vorgenommen werden (siehe hierzu Bild 6.12). Die Abläufe im Projektsystem sind eindeutig den Vorgaben des Rechnungswesens (Kostenrechnungskreis, Buchungskreis, Geschäftsbereich, Kostenstelle usw.) zugeordnet.

Auch kann die Integration im Gesamtverband des SAP-Systems insbesonders beim Verwenden von termingeführten Netzplänen eine Fessel für ein individuelles und flexibles Projektmanagement sein; in einem vollintegrierten Verfahren sind – trotz vielfältiger Möglichkeiten eines Customizing – zwangsläufig die Freiheiten für individuelle Verfahrensabläufe sehr eingeschränkt.

6.3 PC-gestützte Projektmanagement-Verfahren

6.3.1 Überblick

Für das Projektmanagement werden auf dem Markt inzwischen eine Vielzahl von PC-gestützten Projektmanagement-Verfahren angeboten; sie unterscheiden sich teilweise ganz erheblich in ihrem Funktionsumfang; einige stellen nur einfache Programme zur Termin- und Aufwandsplanung von Projekten dar, andere haben einen so großen Funktionsumfang, dass es bereits an Großrechner-Verfahren heranreicht. Auch gibt es immer neue Applikationen, so dass es nicht möglich ist, einen auch nur in etwa vollständigen Überblick über die angebotenen SW-Pakete aufzuzeigen.

Auch werden im Internet bereits kostenlose Downloads von Open-Source-Programmen angeboten, die für einfache Projekte eine ausreichende PM-Funktionalität haben; hierzu zählen Programme wie Open Workbench, Task Juggler und PH Projekt (siehe Internet-Verzeichnis im Anhang).

Mit Angaben ihrer Kernfunktionen sind in Tabelle 6.3 einige gängige leistungsstarke Projektmanagement-Verfahren aufgeführt, die einen größeren Verbreitungsgrad in Deutschland erreicht haben und in dem nachfolgenden

Tabelle 6.3 Projektmanagement-Verfahren (Auswahl)

Verfahren	Anbieter	Projektplanung								Projektkontrolle									Schnittstellen					Technologie				
		Aufgabenplanung	*Netzplantechnik*	*Kostenplanung*	*Risikomanagement*	*Ressourcenmanagement*	*Skills-Management*	*Planungs-Simulation*	*Multiprojektmanagement*	*Zeit-, Aufwandserfassung*	*Sachfortschrittskontrolle*	*Kostenkontrolle*	*Terminkontrolle*	*Trendanalysen*	*Abrechnung, Fakturierung*	*Qualitätssicherung*	*Berichtserstattung*	*Dokumentenmanagement*	*MS Office-Programme*	*MS Project-Anschluss*	*SAP R/3*	*ORACLE*	*ERP-Schnittstelle*	*Windows-Betriebssystem*	*Client/Server-Anwendung*	*Web-basierte Anwendung*	*Intranet / Internet-Eingabe*	*Customizing*
Acos Plus.1	ACOS PM GmbH	x	x	x		x			(x)	x	(x)	x	x	x			x		x	x		x	x	x	x		x	
Alpha Project Line	HISC AG	x		x						x		(x)				x	x	x	x	x			x	x		x	x	
ANTILOPE	Intermet-Projects	x		x		x			x	x		x	x				x	(x)	x	x	x			x				
ARTEMIS Views	Artemis International	x	x	x		x		x	x	x			x				x			x	x			x			x	
Intelligent Planner	Augeo Software	x	x	x		x	(x)			x		x	x		(x)		x			x		x	x	x	x		x	
MS Project	Microsoft	x	x	x		x			(x)	(x)		x	x				x		x	x	x		x	x			x	
Open Time	Vescon (Freeware)	(x)		x		x				x		x	(x)		x		x		x					x			(x)	
OPX2	Le Bihan Consulting	x	x	x		x		x	x	x		x	x		(x)		x		x	x	x	x	x	x	x		x	x
PAVONE Group Project	Pavone AG	x	(x)	x		x			(x)	x	(x)	x	x					x	x	x	x			x	x	x	x	
PLANTA Project	PLANTA GmbH	x	x	x	x	x		x	x	x		x	x	x			x	x	x	x			x	x	x		x	(x)
PONTE.project	PONTE	x	(x)	x		x	x		x	x	(x)	x	x			x	x	x		x			x		x		x	
Powerproject	ASTA Development	x	x	x		x	x		x	x		x	x		(x)		x		(x)			x		x	x			x
PQM	PUS GmbH	x	x	x	x	x	x	x	x	x		x	x	(x)	(x)	x	x	x	x		(x)				x		x	
Primavera Enterprise	Primavera Systems	x	x	x	x	x	x		x	x	x	x	x		(x)		x				x	x	x	x	x		x	x
Projectile	Info. Desire Software GmbH	x	(x)	x		x			(x)	x	x	x	x	x	x		x	(x)		x		x	(x)	x	x	x	x	
Project Scheduler	Sciforma / Le Bihan Cons.	x	x	x		x		x	x	x	(x)	x	x				x		x		x			x	x	x	x	
Projektron BCS	Projektron GmbH	x	(x)	x		x	x		x	x	(x)	x	x		x	(x)	x	x	x	x						x	x	(x)
PSI PM	GSI mbH	x	x	x		x			x	(x)	x	x	x				x						x	x	x	x	x	
Result Management	ABT Corporation	x	x	x		x	x	(x)	x	x		x	x				x		x	x					x		x	
Sciforma	Sciforma / Le Bihan Cons.	x	(x)	x		x	x		x	x	(x)	x	x	x			x	x								x	x	x
SuperProject	Computer Associates	x	x	x		x				x		x	x				x			x				x	x	x	x	

(x) nur teilweise

Kapitel 6.3.2 kurz beschrieben werden. Kapitel 6.3.3 befasst sich etwas ausführlicher mit dem PM-Verfahren MS Project. In Kapitel 6.7.4 sind weitere PM-Verfahren aufgelistet, die webbasiert sind und in einem „Cloud Computing" eingesetzt werden.

Die Tabelle ist nach den wesentlichen Funktionsbereichen in die Abschnitte Projektplanung, Projektkontrolle, Schnittstellen und Verfahrenstechnologie gegliedert.

6.3.2 Kurzbeschreibungen

Nachfolgend sind die in Tabelle 6.3 aufgeführten PM-Verfahren kurz beschrieben. Detailliertere Informationen kann man teilweise im Internet über die Homepages der jeweiligen Anbieter einholen.

Acos Plus.1

Acos Plus.1 ist ein Produkt der ACOS PM GmbH und wird von der Firma Tampier Software vertrieben; es ist auf PC unter den Betriebssystemen Windows sowie unter UNIX und VMS ablauffähig.

Das Programmsystem ist dialogorientiert und menügesteuert und dient – auf Basis der MPM-Netzplanmethode – zur Termin-, Kapazitäts- und Kostenüberwachung von Projekten. Dank seines modularen Aufbaus kann es in unterschiedlichen (preislich gestaffelten) Ausbaustufen eingesetzt werden.

Projektuntergliederung ist mit Hilfe einer unbegrenzten Teilnetzbildung möglich. Weiterhin kann man mehrere Vorgänge zu »Blockvorgängen« zusammenfassen. Diese können auf einer eigenen Netzplanebene betrachtet werden, wobei die Dauern und Abhängigkeiten sich automatisch errechnen. Eine solche »Blockbildung« kann iterativ geschehen, so dass eine Netzplanung auf mehreren Planungsebenen durchführbar ist. Je Projekt kann der Netzplan bis zu 40 000 Knoten umfassen. Nachteilig ist, dass man keine Vorgänge ohne explizite Angaben der Dauer, also nur mit Angabe des Anfangs- und Endtermins eingeben kann. Die Anzahl Anordnungsbeziehungen ist nicht begrenzt. Zusätzlich zu den vier bei der MPM-Methode üblichen Typen von Anordnungsbeziehungen kennt Acos Plus.1 noch eine weitere: die Annäherung.

Die Anzahl Einsatzmittel ist praktisch unbegrenzt. Mit Hilfe entsprechender Kostenfaktoren ist ein unmittelbares Umrechnen in Kostenwerte möglich. Der Finanzbedarf eines Vorgangs kann sich über seine Dauern kontinuierlich oder in Sprüngen verändern; Kostenvor- und Kostennachläufe sind möglich. Jedes Einsatzmittel kann dabei seinen eigenen Arbeitszeitkalender (Kapazitäten) bzw. Etatkalender (Kosten) haben (max. 255 Ressourcenkalender). Ein Etatkalender enthält den jeweils zeitlich unterschiedlich zur Verfügung stehenden Finanzstock.

Für die Termindurchrechnung können bis zu 255 Vorgangskalender definiert werden, mit denen man Feiertage, gesetzte Termine und Meilensteine berücksichtigen kann. Die Termindurchrechnung zeigt die kritischen und verspäteten (überkritischen) Vorgänge, die Pufferzeiten sowie die kritischen und überkritischen Anordnungsbeziehungen auf. Acos Plus.1 verfügt über eine »Delta-Funktion« für den Plan/Plan-Vergleich, mit der die Differenz zwischen zwei Netzplanständen gebildet werden kann.

Acos Plus.1 liefert eine große Anzahl Auswertungen, die z. T. in grafischer Form angeboten werden:

Listenausgaben

- ▷ Strukturplan,
- ▷ Terminlisten,
- ▷ Vorschauliste,
- ▷ kritische und bestimmende Wege,
- ▷ kritische und verspätete Vorgänge,
- ▷ Liste der Anordnungsbeziehungen,
- ▷ Arbeitszuteilungsliste,
- ▷ Betriebs- und Etatauslastungen,
- ▷ Meilensteinliste,
- ▷ Liste der Blockvorgänge,
- ▷ Einsatzmittelliste.

Grafische Ausgaben

- ▷ Balkenplan (ein-, mehrzeilig),
- ▷ Histogramme für Kapazitäts- und Kostenverläufe, Einsätze, Auslastungen und Vergleiche,
- ▷ Gegenüberstellung frühestel/späteste Lage,
- ▷ Netzplan.

Weiterhin ist es möglich, auf Grund einer eingegebenen Begriffsauswahl freie, d. h. benutzerindividuelle Listenbilder aufzubauen. Neben der freien Definition der Tabellenspalten kann man auch Tabellenkalkulationsfunktionen, wie z. B. Summenbildung, Multiplikation und Kommunikation in diese Listen einbinden. Die unterschiedlich definierten Listenbilder können für spätere Auswertungen gesondert gespeichert und bei Bedarf wieder abgerufen werden.

Bei der Ausgabe grafischer Netzpläne zeigt es sich nachteilig, dass man die Vorgangskästchen nicht durch eine Koordinatenangabe (Rang, Ebene) festhalten kann, stattdessen werden sie bei jeder erneuten Durchrechnung durch das Verfahren eventuell anders platziert.

Acos Plus.1 verfügt über Schnittstellen zu SQL-Datenbanken, wie Oracle Informix und Ingre's sowie ODBC, weiterhin Möglichkeiten des Imports/Exports über ASCII, MS Access, MS Project und HTML.

Alpha Project Line

Alpha Project Line (APL) der Schweizer Firma HISC AG ist ein aus der Praxis entstandenes, erprobtes Projektführungssystem zur professionellen Abwicklung von Projekten (siehe Beitrag unter http://www.hisc.ch/downloads/0902_alphaprojline.pdf).

Folgende Funktionsbereiche im Projektmanagement werden unterstützt:

- ▷ Projektführungsmodell
- ▷ Projektstrukturierung
- ▷ Projektcontrolling
- ▷ Kommunikationsmanagement
- ▷ Qualitäts- und Konfigurationsmanagement
- ▷ PM-Portal im Internet.

Das Projektführungsmodell teilt den Projektlebenszyklus in sechs Phasen ein: Evaluation, Konzeption, Realisierung, Abnahme, Einführung und Konsolidierung; parallel zu diesen laufen die beiden Grundprozesse Führung/Management und Ausführung/Produktion ab. Für dieses einheitliche Phasenraster stellt APL eine Bibliothek von Projekt-Referenzmodellen zur Verfügung, welche adaptierte Prozessmodelle für Projekte mit wiederkehrendem Charakter sind und Erfahrungen aus früheren Projekten enthalten.

Schwerpunkt der Projektplanung ist bei APL die Definition der Aktivitäten und ihrer Ergebnisse. Die Aktivitäten lassen sich innerhalb einer Phase und eines Prozesses in bis zu vier Ebenen strukturieren. Jeder Aktivität wird ein „Lieferobjekt" zugewiesen. Erst wenn das Lieferobjekt abgenommen ist, gilt die Aktivität als abgeschlossen. Innerhalb einer Aktivität werden Aufgaben definiert, die für die Erstellung des Lieferobjekts erforderlich sind und den Mitarbeitern des Projekts zugewiesen werden.

APL stellt einen integrierten „Online-Ratgeber" zur Verfügung; er führt die Projektbeteiligten durch die Phasen des Projekts. Der Ratgeber ist ein umfangreiches Nachschlagewerk in Form eines integrierten Projektmanagementkurses, der alle Schritte im Projektablauf erläutert und mit Checklisten und Tipps eine verlässliche Hilfestellung gibt.

Das Verfahren enthält keine grafischen Planungswerkzeuge wie Netzplantechnik oder Balkendiagramme. Über eine Schnittstelle können aber Terminplanungen und -durchrechnungen aus vorgelagerten Projektmanagementverfahren, wie Project Scheduler und MS Project übernommen werden.

Die Kostenplanung beruht auf einer einfachen Aufwandsschätzung und der Multiplikation des Aufwands mit dem für diese Ressource gültigen Umrechnungsfaktor. Zusätzlich können Fixkosten eingegeben werden. Die Projekt-Budgetierung ist sehr einfach gehalten. Eine Anbindung an Buchhaltung oder Rechnungswesen des Unternehmens ist nicht vorgesehen. Auch die Controlling-Funktionen sind sehr einfach. Die von den Projektmitarbeitern gemeldeten Aufwands- und Prognosezahlen werden den Planzahlen in einem Soll-Ist-Vergleich gegenüber gestellt.

Im Rahmen des Kommunikationsmanagements verwaltet das Verfahren Besprechungen frei definierbaren Typs (Teamsitzungen, Workshops, Reviews etc.). Während einer Besprechung können die Ergebnisse und Entscheidungen direkt erfasst werden; die daraus resultierenden Aufgaben werden als Offene Punkte unmittelbar in die Aufgabenlisten der zuständigen Mitarbeiter aufgenommen.

Jedes bei der Projektplanung definierte Lieferobjekt wird automatisch Bestandteil der Prüfliste im Qualitätsmanagement. Bei der nachfolgenden Prüfung wird ein Prüfbericht mit einer eigenen Mängelliste generiert, die dann automatisch dem zuständigen Mitarbeiter zur Nachbesserung zugeführt wird. Das Projektführungssystem erfüllt die Qualitätssicherungsnormen nach ISO 9001.

Den Lieferobjekten werden Spezifikationen zugeordnet, die versionsgerecht im Konfigurationsmanagement verwaltet werden Das Änderungsmanagement als Kern des Konfigurationsmanagements wird durch einen vorgegebenen Prozess mit den Änderungsanforderungen realisiert; hierbei sind neben der Beschreibung vor allem ein Schätzwert für Aufwand und Termin einzugeben. Nach einem entsprechenden Genehmigungsvorgang mündet der Änderungsprozess schließlich in der Vorgabe eines Offenen Punktes.

Alpha Project Line ist dem Schweizer Vorgehensmodell HERMES angelehnt, aber auch dem deutschen V-Modell und dem PMBoK des Project Management Instituts (siehe Kapitel 2.6.7). Der konsequente Einsatz von Alpha Project Line in Software-Projekten entspricht mindestens dem Level 2 des Capability Maturity Models (CMM Level II).

ANTILOPE

ANTILOPE ist ein kompaktes Client-/Server-Softwarepaket der Firma Intermet-Projects GmbH für die gesamte Projektabwicklung von der Projektidee bis zum Projektabschluss. Sowohl das Einzel-Projektmanagement als auch ein Multiprojektmanagement werden unterstützt.

Um ein Projekt zu starten, ist zu Beginn in einem formellen Verfahren ein Projektantrag zu stellen. Die Umsetzung erfolgt durch eine *Laufwegzuweisung* mit dem Ziel der Genehmigung des Projektantrags. Die Daten werden zentral in der Projektdatenbank gespeichert. Die Prozessschritte Projektidee, Projektplanung, Ausführungsvorbereitung, Projektdurchführung und Projektabschluss lassen sich dynamisch definieren und sind beliebig zu- und abschaltbar.

Die *Strukturplanung* umfasst die inhaltliche und methodische Festlegung der Arbeitspakete mit Zuordnung des Personalbedarfs. Die vorhandenen Ressourcen können als Einzelperson oder als Team auf die Projektaufgaben verteilt werden. Ihre Verfügbarkeiten sind in einem *Ressourcenkalender* niedergelegt. In Verbindung mit einer aktuellen und der geplanten Kapazitätsauslastung kann der Personalverantwortliche den Einsatz der einzelnen Mitarbeiter für die Arbeitspakete bzw. Projekte in den einzelnen Bereichen entsprechend steuern.

Die Aktivitäten können je nach Umfang in ANTILOPE oder in MS Project geplant und strukturiert werden. Die netzplanbasierte Terminedurchrechnung ist nur über MS Project möglich. Es kann jederzeit ein Termin- und Aufwandsvergleich auf Projektphasenebene und den Auftragsplänen angestellt werden, um Abweichungen zu erkennen. Die Definition von Meilensteinen wird für die Ergebnissteuerung empfohlen.

Ein flexibles *Kostenberechnungsverfahren*, bei dem die Kosten wahlweise über Ressourcen- oder Vorgangskategorien erzeugt werden, steht zur Verfügung. Für die Einzel- und Multiprojekte können Budget- bzw. Aufwandsvorgaben festgelegt werden.

Neben der *Erfassung von Aufwänden* wird auch der *Statusfortschritt* regelmäßig erfasst. Jeder Mitarbeiter erfasst den Arbeitsfortschritt (Aufwand und Fertigstellungsgrad) der von ihm zu bearbeitenden Arbeitspakete. Sind weitere Kosten angefallen, können diese direkt auf Ebene der Kostenarten eingegeben werden.

Das *Projektcontrolling* wird anhand der Plan- und Istdaten mit Hilfe von Plan/Ist-Vergleichen durchgeführt. Die Steuerung geschieht durch Freigabemechanismen für Arbeitspakete und Projektphasen sowie durch ergebnisbezogene Meilensteine.

Projektstatusberichte liefern Informationen über den aktuellen Projektstand als Zusammenfassung der wichtigsten Faktoren für den Entscheidungsprozess. Neben vorhandenen Vorlagen können erforderliche eigene Berichte integriert werden. Durch die zentrale Ressourcenverwaltung und die Projektdaten-Hierarchie können Auswertungen projektübergreifend auf jeder Ebene verdichtet werden. Der Datenzugriff erfolgt mittels eines Benutzerkonzepts, das über Berechtigungsebenen einstellbar ist.

ANTILOPE bietet einen Anschluss an SAP R/3. Erzeugt man im CO-Modul von SAP R/3 (Stammdaten) entsprechende Innenaufträge, dann werden regelmäßig die Daten aus der Aufwandserfassung den Aufträgen in SAP R/3 automatisch übergeben.

ARTEMIS Views

Artemis Views ist ein Toolset für das Management von Terminen, Ressourcen und Kosten auf Basis einer Client/Server-Technologie im Rahmen eines unternehmensweiten Projektmanagements; es wird von der Firma Artemis International vertrieben. Das Verfahren läuft in der Systemumgebung von MS Windows, Unix oder Open VMS. Im Einzelnen besteht es aus vier Programmkomplexen in enger funktionaler Verbindung mit MS Project.

Artemis ProjectView ist das Werkzeug für den Projektmanager. Es verarbeitet Referenzdaten aus MS Project, welches in Artemis View voll integriert ist; weiterhin verdichtet es Informationen über beliebig viele Projekte, berechnet Ressourcenauslastungen, führt Ressourcenabgleiche über alle Projekte im Rahmen einer Multiprojektplanung durch und erstellt Simulationen für den Vergleich verschiedener Projektplanungsvarianten.

Artemis ResourceView ist die Komponente für die Ressourcen-Einsatzplanung. Projektaufgaben und projektunabhängige Aufgaben werden in Abstimmung mit den Ressourcen und unter Berücksichtigung der Verfügbarkeit und Einsatzmöglichkeiten optimiert. Der Personalanforderungsprozess wird überschaubar dargestellt und ermöglicht so eine durchgängige Koordination und damit eine optimale Auslastung der verfügbaren Ressourcen.

Artemis TrackView ist die Aufwandserfassungs- und Zeitverfolgungskomponente innerhalb dieses Projektmanagementsystems. Der geleistete Aufwand sowie der voraussichtliche Restaufwand wird aufgaben- und zeitorientiert von den einzelnen Mitarbeitern erfasst. Mit entsprechender Datenverdichtung erhält das Management einen genauen Überblick über den Projektstand hinsichtlich Aufwand, Kosten und Zeit.

Artemis CostView bildet die Controlling-Komponente für die Projektkostenverfolgung. Der gesamte Projektzyklus, ausgehend von der Angebotserstellung über die Detailplanung der Aufwände, Kosten und Termine bis hin zum projektbegleitenden Controlling, wird abgedeckt. Dem Projektmanagement stehen eine Vielzahl von Standardberichten und Trendanalysen zur Verfügung.

Intelligent Planner

Das PM-Tool Intelligent Planner der Firma AUGEO Software GmbH ist ein Ressourcen- und Projektmanagementsystem, mit dem die Arbeitspakete einer mehrstufigen Projektstruktur zusammen mit den benötigten Ressourcen in ein Ganttsches Balkendiagramm eingeplant werden; hierbei wird bei einem unternehmensweiten Einsatz die Multiprojektplanung durch aussagekräftige Auslastungsdiagramme im besonderen Maße unterstützt. Das Verfahren ist als Client/Server-Lösung konzipiert und arbeitet mit einer SQL-Datenbank (z. B. Oracle), Eingabemöglichkeiten über Internet sind vorgesehen, zu MS Project ist eine Schnittstelle vorhanden.

Die Elemente der Projektstrukturierung werden als Planungselemente bezeichnet; auf oberster Ebene können dies z. B. einzelne Projekte sein, darunter können dann die Projektphasen und die jeweiligen Arbeitspakete angeordnet werden. Den Planungselementen werden benutzerdefinierbare Detailmerkmale zugeordnet; Detailmerkmale sind z. B. Projektleiter, Kostenstelle, Kunde etc. Weiterhin können an die Planungselemente unterschiedliche Zugriffsberechtigungen sowie die Ausgabeform von Projektberichten gebunden sein. Werden die Detailmerkmale Planungselementen höherer Ebene zugewiesen, »vererben« sich die Angaben auf die unteren Elemente; wo sie jederzeit wieder geändert werden könnnen.

Die einzelnen Planungselemente werden durch Angabe von Beginn- und Endeterminen in ein Ganttsches Balkendiagramm eingebettet; hierbei kann die Terminzuweisung entweder durch direkte Datumsangabe oder durch grafische Verschiebung des entsprechenden Balkens im Diagramm geschehen. Mit unterschiedlicher Farbgebung der Balken wird zwischen fertigen, noch nicht fertigen, terminlich kritischen und vorläufig eingeplanten Abschnitten unterschieden.

Auf allen Ebenen der Projektstrukturen können Ressourcen, vornehmlich Mitarbeiter, zugeordnet werden. Die Mitarbeiter selbst sind in einer frei definierbaren Organisationsstruktur eingeordnet. Wie bei den Planungselementen können den Ressourcen Detailmerkmale zugewiesen werden, Detailmerkmale wie Skills, Arbeitsplatz etc. Auf diese Weise können die Mitarbeiter entsprechend ihrer Skills (Skills-Management) für die verschiedenen Projektaufgaben eingeplant werden.

Die Mitarbeiter können bei der Ressourcenzuteilung außer für projektbezogene Tätigkeiten auch für Routinetätigkeiten, wie x%-Hotline-Tätigkeit, Weiterbildung, Urlaub etc. eingeplant werden. In einem Auslastungsdiagramm wird dann je Mitarbeiter genau die jeweilige Aufwandsverteilung auf die Aufgaben grafisch dargestellt.

Für die Zeiterfassung und Fortschrittskontrolle steht eine einfache Stundenmaske zur Verfügung, über die die Mitarbeiter tätigkeitsbezogen ihre Aufwandsstunden eingeben. Eine Detaillierung nach Tätigkeitsarten, Phasen, Meilensteinen u. Ä. ist nicht möglich.

Für das Kostenmanagement können Kostenwerte sowohl für eine Top-down-Planung (Budgetierung) als auch Bottom-up-Planung (Schätzung) eingegeben werden. Über Schnittstellen können Verbindungen zu voroder nachgeschalteten RW-Verfahren geschaffen werden.

MS Project

Auf das Projektsteuerungsverfahren MS Project wird in Kapitel 6.3.3 näher eingegangen.

Open Time

OpenTime ist ein von der Firma Vescon entwickeltes Projektcontrolling-Verfahren mit integrierter Aufwands- und Kostenerfassung; es bildet den kompletten Prozess der Projektabwicklung von der Definition und Planung über das Controlling bis hin zur Rechnungslegung ab. Die Benutzeroberfläche lehnt sich dem Stil von MS Outlook an.

In Open Time wird der Projektablauf in Phasen und Meilensteine gegliedert. Allerdings ist eine Termindurchrechnung der einzelnen Vorgänge (= Tätigkeiten) im klassischen Sinne nicht vorgesehen. In OpenTime lassen sich sowohl Personaleinsätze wie auch Kosten planen. Bereits in der Projektdefinition wird pro Vorgang ein Kostenbudget festgelegt. Diese Einzelbudgets ergeben dann das geplante Projekt-Gesamtbudget.

OpenTime kann sehr komplexe Entlohnungsstrukturen in einem Unternehmen abbilden. In verschiedenen *Arbeitszeitmodellen* und Kostenklassen werden jedem Mitarbeiter individuelle Angaben zu den Arbeitszeiten, Überstunden, Urlaubstagen, Stundensätzen und Gehaltszuschlägen zugeordnet. In der Mitarbeiterverwaltung wird darüber hinaus festgelegt, ob der Mitarbeiter Aufwandsdaten in ein Projekt einbuchen, Rechnungen einsehen und Projektauswertungen verfolgen darf. Mitarbeiter buchen ihren Zeitaufwand im Allgemeinen auf einzelne Vorgänge im Projekt, hierbei vereinfacht eine *Favoritenliste* die Hantierung.

OpenTime ermöglicht, die Rechnungstermine genau zu planen und die erwarteten Zahlungseingänge vorzugeben und so eine *Liquiditätsplanung* aufzubauen. Für die Rechnungsstellung und -verfolgung ist eine definierte Reihenfolge von Arbeitsschritten im Programm abgebildet. Zuerst plant der Projektleiter auf Grundlage der vertraglichen Regelungen die Abrechnungstermine für sein Projekt und stellt zu den gegebenen Terminen die Abrechnungsanforderungen zusammen. Dann werden diese freigegeben und die Rechnung wird erstellt. Der letzte Schritt besteht darin, den Zahlungseingang zu überwachen. Mit der Projektabrechnung ist die Einnahmenseite eines Projekts vollständig erfasst und eine Ertragsbetrachtung des Projekts damit möglich.

Bei der Auswertung wird Schwerpunkt auf die *Zeitstundenanalyse* gelegt. Außer Wochenberichten mit Tätigkeitsnachweisen lassen sich auch Monatsberichte und komplette Projektübersichten erstellen. In diesen sind alle Projekte einschließlich der daran beteiligten Mitarbeiter und deren Arbeitsstunden aufgelistet. Plan- und Iststunden pro Projekt lassen sich ebenso auswerten wie der Auslastungsgrad der Mitarbeiter.

Neben einer detaillierten Ist- und Plankostenübersicht stehen zur Kostenermittlung Projektberichte zur Verfügung, in denen die monatlichen Aufwände und Plankosten sowie deren Differenz über den Projektverlauf hinweg dargestellt werden. In einem *Projektkostenbewertungsbericht* werden die kalkulierten Kosten mit den erfassten und noch geplanten Kosten verglichen und in Relation gestellt; auf diese Weise lässt sich der Fertigstellungsgrad eines Projekts recht gut ermitteln.

OPX2

Das von der Thomson-CSF entwickelte und von Le Bihan Consulting vertriebene Projektmanagement-Verfahren OPX2 (Operational Planning eXpert) ist auf die Anforderungen von projektorientierten Großunternehmen mit anspruchsvollen Projektportfolios zugeschnitten. OPX2 ist ein Mehrbenutzersystem zur Planung und Steuerung von Einzel- und Multiprojekten; es vereint die Planung und Kontrolle von Kosten, Terminen und Ressourcen in einem einzigen integrierten Werkzeug.

Die *Projektportfolios* können nach Abteilungen, Niederlassungen, Geschäftsbereichen oder anderen Organisationseinheiten strukturiert werden. So genannte *Bubble-Charts* ermöglichen die mehrdimensionale Darstellung der Portfolios und deren Gruppierung z. B. nach Ertragserwartung, Terminverzögerung und Budgetabweichung. Anhand der Analyse unterschiedlicher Strategien können dadurch Ressourcenauslastung, Kapitalbedarf und Ertragserwartungen optimiert werden.

Neben den klassischen PM-Funktionen wie Projektplanung, Ressourcenmanagement und Projektcontrolling ermöglicht OPX2 die Einbindung von Organisationsstrukturen, indem es mithilfe von *Breakdown Structures* sowohl die Linien- als auch die Projektorganisation im Verfahren abbildet. Die Projektplanung selbst wird nach Kostenstrukturen und Projektstrukturen ausgerichtet; in die Personaleinsatzplanung können Mitarbeiterqualifikationen (Skills) einbezogen werden. Es können mehr als 1000 Projekte mit über 10.000 Vorgängen verwaltet werden. Die Terminplanung wird grafisch in Form von Ablaufplänen mit Balkendiagrammen vorgenommen.

Jedem Nutzer wird in OPX2 eine Rolle mit definierbaren Zugriffsrechten und spezifischen Benutzeransichten zugeordnet; solche *Rollen* können z. B. sein: Portfoliomanager, Projektleiter, Ressourcenmanager, Projektmitarbeiter oder Systemadministrator. Jede Nutzerrolle verfügt über eine eigene Arbeitsoberfläche, auf der dem Anwender gemäß seinen Anforderungen die jeweils benötigten Daten zur Verfügung gestellt werden. So sieht der Projekt-Controller z. B. die Daten nach Kostenstellen und der Projektleiter dieselben Daten nach Arbeitspaketen geordnet.

OPX2 gewährleistet eine vollständige *Durchgängigkeit* der Daten von der Stammdatenverwaltung (Organisationseinheiten, Kostenstellen, -arten, etc.) in einem ERP-System, wie SAP R/3 oder Baan IV bis hin zu den eigenen Projektdaten mit seinen einzelnen Arbeitspaketen. Der Datenaustausch geschieht über eine bidirektionale Schnittstelle zu Oracle-Anwendungen oder zu SAP R/3 PS. Die Kosten eines Arbeitspakets können somit dargestellt werden aus den buchhalterisch erfassten Kosten der entsprechenden Kostenstelle, dem Bestellobligo oder der nur dem Projektverantwortlichen bekannten Prognose für die Restkosten. Umgekehrt fließen die Daten der projektbezogenen Aufwandserfassung direkt in die Kostenrechnung des Unternehmens ein.

Weitere hervorhebenswerte Leistungsmerkmale von OPX2 sind die abteilungsübergreifenden Koordinierungsmöglichkeiten von Projekten, das projektübergreifende *Ressourcenmanagement* mit Einbindung eines *Skills-Managements*, ein projektorientiertes *Dokumentenmanagement* mit Versionsangaben, automatische Benachrichtigungsfunktionen bei Projekt-Diskontinuitäten sowie Funktionen zur *Earned-Value-Analyse*.

OPX2 besteht aus fünf Programmmodulen:

1. OPX2 Pro regelt im Client/Server-Betrieb den gesamten Datenbankzugriff und enthält alle Funktionen für Planung, Ressourcenmanagement, Terminmanagement, Controlling usw.
2. OPX2 TimeCard dient zur Zeiterfassung für die Projektmitarbeiter über das Intranet.
3. OPX2 Intranet Server erlaubt den Zugriff auf die Funktionen von OPX2 über das Intranet.
4. OPX2 Voyager ermöglicht es, ohne Netzwerkverbindung auf einem lokalen Rechner (z. B. Laptop) am Projekt zu arbeiten.
5. OPX2 Server stellt die Verbindung zu anderen Planungstools (z. B. Project Scheduler, MS Project) über eine bidirektionale Schnittstelle her.

PAVONE Project Management

Das Verfahren „PAVONE Project Management“ der Firma PAVONE AG ist eine skalierbare, branchenunabhängige Lösung für ein ganzheitliches Projektmanagement.

Das Verfahren kann in zwei Ausprägungen eingesetzt werden:

1. Aktivitätenmanagement (PAVONE Activity Management)
2. Projektstrukturierung und -planung (PAVONE Project Management) mit den Komponenten
   - ▷ Organisationsverzeichnis (Organization Directory)
   - ▷ Prozessdefinitionsverzeichnis (Process Directory)
   - ▷ Schnittstelle zu MS Project (ProjectConnect)
   - ▷ grafische Modellierungswerkzeuge (ProjectBuilder)
   - ▷ Aufwandserfassung (TimeTracking)
   - ▷ Gruppenterminkalender (GroupCalendar)
   - ▷ Berichtswesen (Activity Manager)

Die erste Ausprägung „PAVONE Activity Management“ umfasst eigentlich nur das klassische Aufgabenmanagement unabhängig von einer Projektstrukturierung und Terminplanung. Im Aktivitätenmanagement werden Aktivitäten aller Art mit maximal 3 Tagen Dauer je einem Mitarbeiter zugeordnet, in einer Ordnerstruktur verwaltet und über Angaben des Fertigstellungsgrades überwacht. Mit der Definition von „Serienaktivitäten“ können sich wiederholende Aktivitäten in der Datenbank angelegt werden. Den Aktivitäten können weitere Kriterien und Informationen beigefügt werden, wie z. B. Status, Priorität, Beteiligte. Mit der Aufwandserfassung werden die angefallenen Aufwände – eventuell mit Angabe des aktuellen Fertigstellungsgrades – zu den Aktivitäten erfasst. Dieser Verfahrensteil von PAVONE eignet sich im besonderen Maße zur Unterstützung von Vertriebs-, Marketing- und Bürotätigkeiten.

In der zweiten Ausprägung „PAVONE Project Management“ wird das eigentliche Projektmanagement behandelt; hierbei erfolgt die Projektstrukturierung und -planung in den folgenden Schritten:

1. Stellen eines Projektantrags (optional)
2. Einrichtung des Projekts mit seinen Projekt-Einstellungen
3. Strukturierung des Projekts durch Anlegen von Vorgängen und Berichten
4. Definition der Vorgänger- und Nachfolgerbeziehungen zwischen den Vorgängen
5. Zuweisen von Personen und/oder Materialressourcen zu den einzelnen Vorgängen
6. Terminplanung mit einem Gantt-Diagramm und Übernahme aus MS Project.

Ausgehend vom Aufbau eines Projektstrukturplans werden die Vorgänge mit ihrer Zuordnung der Verantwortlichkeiten, der Aufwände, der Dauern und der Ressourcen in eine terminliche Abfolge mit entsprechenden Abhängigkeiten gebracht; dieses kann innerhalb des Verfahrens selbst mit Hilfe eines Gantt-Diagramms geschehen oder man kann den Planungsprozess im vorgeschalteten Verfahren MS Project vornehmen. Im Ablaufplan können Meilensteine definiert werden.

Für die Projektstrukturierung und -planung stehen mehrere grafische Modellierungstools zur Verfügung, mit denen auch während des Projektablaufs Änderungen leicht vorgenommen werden können. Für das Ressourcen- und Kapazitätsmanagement steht ein „Multi-Histogramm“ zur Verfügung, welches projektübergreifend grafische Auswertungen für die Auslastung von Mitarbeitern und Projektteams liefert.

Im Berichtswesen können Berichte und Besprechungen zu allen Elementen des Projekts (Vorgänge, Altivitäten) mit Hilfe der MS Office-Tools (MS Word, MS Excel und MS PowerPoint) angelegt werden.

PONTE.project

Das von der Münchner PONTE GmbH entwickelte Projektmanagement-Verfahren PONTE.project (auch unter dem Namen OCTO-Project bekannt) nutzt die Vorteile der Groupware Lotus Notes und stellt dem Benutzer in seiner gewohnten Arbeitsoberfläche alle Funktionen für Planung, Überwachung und Steuerung von Projekten zur Verfügung. PONTE.project benötigt als Basis Lotus Notes ab Version 5.05, für den Einsatz über Intranet/ Internet den Lotus Domino Server ab Version 5.05.

PONTE.project verwendet vier Datenbanken. Die *Projekt-Datenbank* enthält alle Informationen des Projektplans und alle Dokumente. Die *Ressourcen-Datenbank* ist Datenbasis für ein projektübergreifendes Ressourcenmanagement. Projekt- und Ressourcen-Datenbank können in Einzel-Datenbanken aufgeteilt werden; dies erlaubt eine höhere Datensicherheit, eine nahezu beliebige Skalierbarkeit bei großen Projektportfolios sowie die Bildung von Ressourcen- und Projektpools. Die *Aufwandserfassung* und das *Reporting* erfolgen gemeinsam für alle Projekte und Ressourcen in jeweils einer eigenen Datenbank. Diese Datenbankstruktur erleichtert die Anbindung an ERP-Systeme und die gesamtheitliche Sicht über alle Projekte und Ressourcen.

PONTE.project erlaubt, *gestufte Zugriffsrechte* auf allen Ebenen von der Datenbank (Projektpool, Ressourcenpool) über das einzelne Projekt bis hinunter zum einzelnen Projektdokument zu definieren. Diese Berechtigungen können für einzelne Personen oder Gruppen individuell festgelegt werden; sie vererben sich auf die jeweils darunter liegenden Objekte. Für die Projektbeteiligten definiert PONTE.project die Rollen »Manager«, »Editor« und »Leser«, mit denen es die Benutzerrechte regelt.

Bewährte Projekt- und Dokumentenstrukturen werden im Rahmen eines fünfstufigen *Project Management Maturity Models* in so genanntenn »Schablonen« festgehalten und für einen erneuten Einsatz bereitgestellt. Aus solchen Projektschablonen, die das Erfahrungswissen der bisher durchgeführten Projekte speichern, können dann leicht neue Projekte mit Vorgängen und Untervorgängen, mit Dokumenten und anderen Elementen generiert werden; mit ihnen kann man vollständige Projektstrukturen wie beispielsweise ein Software-Entwicklungsprojekt oder ein Marketingprojekt erstellen.

Schablonen stehen auf allen Integrationsebenen zur Verfügung: Auf der obersten Ebene enthalten Projektschablonen alle Strukturen des Projekts (Ablauf-, Rechte-, Dokumentationsstruktur usw.). Aber auch für die kleinsten Projektelemente bieten so genannte *Kapitelschablonen* die Möglichkeit, vordefinierte Formulare wie zum Beispiel ein Abnahmeprotokoll oder eine Kosten-Kalkulationstabelle vorzugeben. Ihre besondere Stärke erhalten die Schablonen durch die Kombination mit ereignisgesteuerten Arbeitsabläufen (Workflows). Sobald eine Schablone abgearbeitet ist, erscheint die Vorlage für den nächsten Schritt. So können sich Anwender durch das ganze Projekt führen lassen, indem sie aufeinanderfolgende Schablonen staffeln.

Die *Terminplanung* wird grafisch mit einem interaktiven Gantt-Diagramm vorgenommen; in diesem können Zeitdauern, Termine und Anordnungsbeziehungen der Vorgänge grafisch bearbeitet werden. Über eine Schnittstelle zu MS Project können im Netzplan durchgerechnete Termindaten übernommen werden.

Im *Ressourcenmanagement* wird jeder Mitarbeiter mit einem oder mehreren *Qualifikationsprofilen* beschrieben; der Ressourcenbedarf eines Arbeitspakets wird analog mit einem *Anforderungsprofil* versehen. In der Vorschau kann der Planer dann überprüfen, ob für den entsprechenden Zeitraum eine ausreichende Personalkapazität für die Aufgabe zur Verfügung steht. In das Skills-Management können auch die Kostensätze integriert werden, so dass aus der Schätzung des Arbeitsaufwands gleichzeitig eine Kostenschätzung entsteht. Die Vorschau auf die Auslastung der Ressourcen lässt freie Kapazitäten und Überlastungen sofort erkennen.

Das *Dokumentenmanagement* und die *Kommunikationsfunktion* zählen zu den stärksten Leistungsmerkmalen von PONTE.project. Die gesamte Projektdokumentation, wie Informationen über die Arbeitspakete, Termine und Ressourcen ist am selben Ort abgelegt. Die automatische Versionsführung, die Gestaltung der Zugriffsberechtigungen und das Check-in/Check-out-Verfahren für die externe Bearbeitung von Daten sind tragende Funktionen. Der Benutzer kann jedes Dokument kategorisieren, deskribieren, indizieren und mit automatischen Benachrichtigungsfunktionen versehen. So entsteht ein leistungsfähiges *Knowledge-Management-System* für die Projektarbeit.

Vordefinierte Arbeitsabläufe (Workflows) sorgen dafür, dass vereinbarte Entscheidungswege eingehalten werden; sie sind damit ein wichtiger Baustein für das Qualitätsmanagement im Projekt. An jedes Dokument kann ein Workflow mit den beiden vordefinierten Arbeitsabläufen Review und Freigabe angebunden werden.

Für die zeitnahe Erfassung der tatsächlichen Aufwände stehen Eingabemasken für die tägliche und die wöchentliche *Aufwandserfassung* zur Verfügung. Zusätzlich zu den Arbeitsaufwänden können auch externe Kosten angegeben werden. Mit ihrer Rückmeldung schätzen die Mitarbeiter einen eventuell erforderlichen Mehr- oder Minderaufwand. Diese Restaufwandsschätzungen und die erfassten Ist-Aufwände bilden eine gute Beurteilungsgrundlage zur Kontrolle des *Projektsachfortschritts.*

Neben den einfachen Projektberichten, wie der Aufstellung der Ist-Aufwände und der Ressourcenauslastungen, sind für die Projektsteuerung die Plan/Ist-Vergleiche und die Darstellung der Kostenentwicklung über die Zeit besonders wichtig. Durch die Kombination der vordefinierten Berichte mit Filterfunktionen (nach Projekt, Kunde, Zeitbereich usw.) können alle notwendigen Aussagen über den weiteren Projektverlauf gewonnen werden.

Powerproject

Powerproject ist ein besonders im Bauwesen sehr verbreitetes Projektmanagement-Verfahren der Firma ASTA Development GmbH; es wurde konzipiert sowohl für die Projektplanung und -steuerung einzelner Großprojekte als auch für das unternehmensweite Projektmanagement mit größeren Projektportfolios und wird zunehmend auch bei mittelständischen Anlagenbauern, Maschinenbauern und Beratungsunternehmen zur Auftrags- und Projektabwicklung eingesetzt.

Das Verfahren ist modular aufgebaut: Die Einzelplatzanwendung *Asta Easyplan* umfasst lediglich die Netzplantechnik. Zur Client-Server-Anwendung *Asta Powerproject* gehören darüber hinaus ein ausgefeiltes Ressourcen- und Kostenmanagement, umfassende Ausgabe- und Berichtsfunktionen und alle Leistungsmerkmale eines Multiprojektmanagements; ergänzt durch *Asta Enterprise* wird sie zur unternehmensweiten Projektmanagement-Umgebung.

Das Verfahren unterstützt ein durchgängiges *Multiprojektmanagement* in mehrfachen Strukturen; d. h. das Projektportfolio ist hierarchisch z. B. in Programme oder Unterportfolios organisiert. Jedes Projekt kann wiederum in beliebig viele Teilprojekte unterteilt werden, die im darüber liegenden Hauptprojekt in einem Diagramm nur mit ihren Rahmendaten (Anfangs- und Endtermin) als Balken erscheinen. Auch wenn alle Projekte in einer durchgängigen Struktur abgebildet sind, behalten sie ihre Eigenständigkeit. Zugriffsrechte, Ressourcenzuweisung, Kostenrechnung, Ansichten usw. lassen sich für jedes Projekt unabhängig gestalten. Ebenso kann der Anwender Projekte oder Teilprojekte aus der zentralen Datenbank ausbuchen, um sie auf einem lokalen Rechner (z. B. auf einem Laptop beim Kunden) zu bearbeiten und anschließend aktualisiert wieder einzubuchen.

Powerproject bietet für die Terminplanung neben den Funktionen klassischer *Netzplantechnik* auch ereignisgesteuerte Varianten des Ablaufplans, indem Vorgängen mehrere alternative Anordnungsbeziehungen zugeordnet werden können. Projekte, Vorgänge und Ressourcen erhalten jeweils eigene Kalender. Der Netzplan-Algorithmus beherrscht sowohl Vorwärts- und Rückwärtsrechnung als auch Kombinationen mit unterschiedlich festgelegten Fixterminen. Terminkonflikte, wie negative Pufferzeiten und Konflikte mit den Vorgaben anderer Benutzer, werden angezeigt und in einem Projektbericht entsprechend ausgewiesen.

Im Rahmen des *Ressourcenmanagements* werden die Mitarbeiter sowie die technischen Einsatzmittel mit ihren jeweiligen Fähigkeiten bzw. Kapazitäten in die Organisationsstrukturen eingeordnet. In einer *Ressourcenbibliothek* werden die Skills der einzelnen Mitarbeiter den dort definierten fachlichen Kriterien für Ausbildung, Fachrichtung und Qualifikation zugeordnet. Zu jeder Ressource können ein eigener Kalender, die Verfügbarkeit und die Kostensätze abgespeichert werden. Die Arbeitsleistungen der verschiedenen Einsatzmittel lassen sich in beliebig definierbare Einheiten (wie loc pro Tag, qm Beton pro Std, MOPs pro sec) hinterlegen.

Sind Leistungsfähigkeiten und spezifische Kosten der Einsatzmittel hinterlegt, so unterstützt Powerproject den Projektplaner bei der Bedarfs- und Kostenplanung aufgrund der in der Vorgangsplanung vorgegebenen Leistungsanforderungen. Eine zeit- und vorhabensanteilige Abschreibung für Abnutzung (AfA) oder Fixkosten ist dann genauso berechenbar wie leistungsproportionale Material- oder Betriebskosten. Die auf diese Weise ermittelten Kosten aggregiert Powerproject in der Kostenträgerrechnung aus Projektsicht (Vorgänge, Arbeitspakete, Teilprojekte usw.) und in der Kostenarten- und Kostenstellenrechnung aus Sicht des Unternehmers. Weil interne und externe Kostensätze differenziert berechnet werden können, kann der jeweilige Projektertrag ausgewiesen werden.

Sowohl die den Vorgängen zugeordneten Ressourcen als auch eventuelle Ressourcenengpässe oder Auslastungslücken werden in übersichtlichen *Zeitdiagrammen* aufgezeigt. Histogramme visualisieren in Echtzeit Bedarf, Zuordnung und Auslastung aller Ressourcen, gegebenenfalls über die Hierarchie verdichtet. Viele Formatierungs- und Beschriftungsmöglichkeiten steigern die Aussagekraft der Balkenplandarstellungen. Der Anwender kann z. B. die Höhe des Balkens proportional zum zugeordneten Ressourcenbedarf wählen, so dass intuitiv nicht die längsten, sondern die arbeitsintensivsten Vorgänge am stärksten beachtet werden.

Powerproject beschränkt sich beim *Kosten-Controlling* nicht auf die Ermittlung und Darstellung des Kostenplans, sondern erlaubt auch eine wirtschaftliche Bewertung des Projekts. Erwartete Zahlungseingänge und Projekterträge ordnet das Verfahren den Vorgängen zu; dabei berücksichtigt es zum Beispiel Zahlungsfristen und erlaubt damit Prognosen über Liquidität und Erträge.

Auf einem *Timesheet* werden dem Mitarbeiter die Vorgänge aufgezeigt, auf die er buchen darf. Die rückgemeldeten Arbeitsaufwände und Restschätzungen durchlaufen eine Freigabeprozedur, bei der ein Vorgesetzter korrigierend eingreifen kann.

Kosten, Erträge, Aufwände und Ressourceneinsätze visualisiert Powerproject in Histogrammen parallel zum Terminplan oder in Tabellenform; die Daten können zur weiteren Analyse beispielsweise nach MS Excel exportiert werden. Für die *Projektberichterstattung* stehen ein Berichtsgenerator sowie Vorlagen mit über 30 vordefinierten Berichten zur Verfügung. Die Bedienungsoberfläche ist so aufgebaut, dass sie der Anwender über ein Customizing seinen Bedürfnissen entsprechend gestalten kann.

PPMS/PLANTA Project

PPMS ist ein Multiprojektmanagement-System der Firma PLANTA GmbH, welches die Planung und Steuerung von Projekten und Programmen mit umfassender Funktionalität in den Bereichen Terminplanung, Ressourcenmanagement und Kosten-Controlling unterstützt. Das Nachfolgeprodukt trägt jetzt den Namen PLANTA Project. Die besonderen Stärken des Verfahrens liegen dabei im Bereich des Projektportfoliomanagements. PLANTA Project verwendet ein eigenes Datenbanksystem, kann aber auch auf Oracle oder MS SQL aufsetzen; es besteht aus insgesamt sieben verschiedenen Modulen, die einzeln verfügbar sind.

Ein *Projektportfolio* ist bei PLANTA Project eine auf ein Geschäftsjahr bezogene Zusammenstellung von Projektideen, Projektstudien (= Vorhaben) und Projekten. Es kann mehrere Projektportfolios gleichzeitig geben, und ein Projekt kann mehreren Portfolios angehören. Projektportfolios sollen das Management in die Lage versetzen, gezielt solche Projekte auszuwählen, deren Ergebnisse die Unternehmensziele optimal erfüllen.

Für die Ausrichtung der Projekte an der Unternehmensstrategie verwendet PLANTA Project einen gewichteten und hierarchisch strukturierten *Zielkatalog*, den die Geschäftsführung oder der Portfoliomanager erstellt und pflegt. Eine *Zieldefinition* besteht aus deren Beschreibung, einer Prioritätenangabe, die seine Bedeutung für die Unternehmensstrategie angibt, sowie detaillierten Angaben zu Terminen und Budgets. In einer *Risiko-Checkliste* werden die erfolgsgefährdenden Projektrisiken festgehalten. PLANTA Project verfügt über ein eigenständiges *Risikomanagement* für die Projektplanung und -steuerung.

Im Modul »Projekt-Portfoliomanagement« läuft die Planung und Überwachung von Projektportfolios in fünf Abschnitten ab:

1. Definition von Unternehmenszielen,
2. Beschreibung und klassifikation von Projektideen,
3. Bewertung hinsichtlich Zielbeitrag, Risiko und Wirtschaftlichkeit,
4. Priorisierung der Projektideen und Bildung der Projektportfolios,
5. Überwachung der aktiven Projektportfolios mit Statusanzeigen.

Die *Portfolios* unterliegen einem Definitions- und Freigabeprozess. In einem neu angelegten Portfolio kann der Bearbeiter frei die einzelnen Elemente aktivieren oder deaktivieren und so die Gesamtleistung des Portfolios hinsichtlich Zielbeitrag, Risiko, Kosten und Erträgen optimieren. PLANTA Project unterstützt ihn dabei mit zahlreichen Listen und grafischen Darstellungsmöglichkeiten, wie z. B. Bubble-Charts mit den Kennzahlen zu den Projekten bzw. Projektideen.

Die Definitionsphase beginnt bei PLANTA Project mit der Definition von *Projektideen*. Der Antragsteller einer Projektidee erläutert und begründet den Projektgegenstand, macht ausführliche Angaben zum möglichen Projektbeitrag für die Zielerreichung und zeigt in einer Risiko-Checkliste die Risiken auf, die in der Projektdurchführung liegen. Anschließend wird eine *Projektstudie* (Vorhaben) durchgeführt. PLANTA Project dokumentiert alle im Lauf der Projektdefinition anfallenden Ergebnisse, so dass die Bearbeiter aus der Projektidee ein startfähiges Projekt mit allen erforderlichen Plänen (Terminplan, Ressourceneinsatz, Projektdokumente usw.) entwickeln können. Nach der endgültigen Bewertung werden die Zielbeiträge in der Projektidee mit ihren Gewichtungen im Zielkatalog für jedes Projekt multipliziert. Hieraus ergibt sich ein Gesamtbeitrag zu den Unternehmenszielen und entsprechend ein Gesamtrisiko. Zusammen mit den prognostizierten Wirtschaftlichkeitszahlen verfügt der Projektportfoliomanager nun über aussagekräftige Kennzahlen, die ihm die Priorisierung der Projektideen ermöglichen.

Sobald das Projektportfolio in seiner endgültigen Zusammensetzung vorliegt, kann es der verantwortliche Portfoliomanager freigeben und damit aktivieren. Im Portfolio enthaltene Projektideen und Projektstudien muss er jedoch noch eigens bewilligen – die Finanzmittelfreigabe für Projekte erfolgt nicht automatisch, sondern bleibt eine bewusste Entscheidung der Verantwortlichen.

Die *Terminplanung* geschieht auf Basis eines Netzplans, mit dem die Vorgänge der Projekte terminiert und der Kapazitätsbedarf mit Pufferzeiten und Abweichungskennzahlen berechnet werden. Mit PLANTA Project können mehrere Varianten der Projektplanung »durchgespielt« werden.

Aufwands- und Zeiterfassung erfolgt mit einer komfortablen *Vorgangszeit-Matrix* und erfasst auch Tätigkeiten außerhalb des Projekts. Zusätzlich zur Ist-Datenerfassung ermöglicht PLANTA Project eine *Meilensteintrendanalyse*. Für jeden Projektbericht kopiert PLANTA Project automatisch die für das Reporting vorgesehenen Meilensteine in eine eigene Tabelle. Damit kann es den Verlauf der Meilensteinverschiebungen in Form des bekannten MTA-Diagramms darstellen und zusätzliche Informationen für die Beurteilung des Projektstatus liefern.

PLANTA Project bietet umfangreiche Auswertungs- und Berichtsmöglichkeiten sowohl auf Projektebene als auch auf projektübergreifender Ebene. *Ampelindikatoren*, deren Farben sich nicht durch automatische Berechnungen, sondern ausschließlich aus den individuellen Beurteilungen der jeweils Verantwortlichen ergeben, dienen zur besseren Beurteilung des Projektstatus. In PLANTA Project können *Benutzerrollen* für die verschiedenen Projektbeteiligten (Portfoliomanager, Projektleiter, Projektbüro etc.) mit entsprechend ausgewählten Informationsspektren vordefiniert werden.

PQM

Das von der Firma PUS Prozess- und Systemtechnik GmbH entwickelte PQM (Projekt- & Qualitätsmanagement) vereint Projektplanung, Projektcontrolling und Qualitätsmanagement in einem gemeinsamen Multiprojektmanagement-System; es eignet sich besonders für Dienstleistungsunternehmen, wie z. B. Unternehmensberatungen, Banken, Versicherungen, SW-Entwickler sowie für produzierende Unternehmen mit hohem Projektanteil, wie z. B. Automobilzulieferer, Medizintechnik etc. Die große Funktionsvielfalt, leichte Bedienung und schnelle Erlernbarkeit des Systems ermöglichen eine effektive und wirtschaftliche Projektabwicklung und damit deutliche Arbeitserleichterungen.

PQM unterstützt die Planung von Arbeitspaketen in der bekannten Balkendiagramm- und Netzplandarstellung über ein vorab definiertes Phasenmodell (*Phasenbaum*) und eine projektorientierte Objektstruktur (*Systembaum*). Jede Projektaufgabe (Planungsunterlage, SW-Modul, HW-Element, Reviews etc.) wird gleichzeitig einer Phase und einem Knoten in der Objektstruktur zugewiesen. Die Mitarbeiter werden in Abgleich mit den in einer Skills-Datenbank niedergelegten Fähigkeiten und Verfügbarkeiten (*Ressourcenbaum*) ausgewählt und den Aufgaben zugeordnet. Die zeitliche Einordnung der Aufgaben mit ihren gegenseitigen Abhängigkeiten wird grafisch in einem Gantt-Balkendiagramm sowie in einer Netzplandarstellung vorgenommen; Balkendiagramm und Netzplan sind dabei fest miteinander verbunden; mit einer Zoom-Funktion kann auf jede Ebene des Systembaums zentriert werden.

Anhand einer farblich differenzierenden *Ressourcenübersicht* können Überlastungen bzw. Unterlastungen der Mitarbeiter aufgezeigt werden; aufgrund dessen kann eine ausgewogene Personalauslastung herbeigeführt werden. Individuelle Kostensätze können für jede Tätigkeit und für jeden Mitarbeiter festgelegt werden, so dass mit diesen Daten Aufwands- und Kostenanalysen durchgeführt werden können. Werden zu den Arbeitspaketen Risiken definiert, können sogar Prognosen und Analysen im Sinne eines *Bestcase-/Worstcase-Szenarios* vorgenommen werden.

Über die Nutzung von Projektvorlagen, die z. B. aus bereits abgeschlossenen Projekten generiert sind, ist es möglich, neue Projekte ohne großen Aufwand zu initialisieren und wiederkehrende Projektabläufe schnell und effizient zu planen.

Über von PQM generierte *To-do-Listen* geben die Projektmitarbeiter ihre aufgewendeten Arbeitsstunden mit entsprechender Fortschrittsangabe in das System ein. Die erfassten Stunden werden zur Erstellung von Plan/Ist-Vergleichen herangezogen und können bereits im Verfahren fakturiert werden. Anhand der eingegebenen Daten werden automatisch die Kosten des Projekts und der wahrscheinliche Endtermin aufgezeigt. Aufwände, Fertigstellungsgrade und Kosten können in einer *Forecast-to-Complete-Analyse* (FTC) bewertet werden.

PQM unterstützt eine qualitätsorientierte Projektabwicklung auf Basis eines unternehmensindividuellen Phasenmodells (Meilensteine, Audits, Reviews). Die Auswertungen der Planabweichungsanalyse mit Kategorisierung häufig auftretender Fehler liefern entscheidende Erkenntnisse für die qualitative Optimierung zukünftiger Projekte. QM-Reports können direkt in MS Word oder Excel erstellt werden, zusätzlich ist eine komplette Dokumentenverwaltung mit integrierter Versionsverwaltung implementiert. Auswertungen und Berichte werden individuell für die einzelnen Unternehmensbereiche aufbereitet und zur Verfügung gestellt.

Primavera Enterprise

Primavera Enterprise der von Oracle übernommenen US-Firma Primavera ist modular aufgebaut und besteht aus einer Gruppe von Verfahrensmodulen für den unternehmensweiten Projektmanagement-Einsatz. Es ist speziell für Multiprojektumgebungen in mittleren und großen Unternehmen konzipiert worden; von der Netzplantechnik über die kapazitätstreue Terminplanung bis zum Portfoliomanagement bietet es alle klassischen Funktionen eines Projektmanagements, wobei das Ressourcenmanagement und das Risikomanagement einbezogen sind. Projektmanager, Linienmanager, Portfoliomanager und Geschäftsführung planen und entscheiden auf einer gemeinsamen, aktuellen Projekt-Datenbasis.

Im Rahmen des *Portfoliomanagements* kann der Portfoliomanager Projekte zu Programmen und Projektgruppen zusammenfassen und die Verantwortung für diese Bereiche einzelnen Organisationseinheiten zuweisen. Jedem Knoten der unternehmensweiten Projektstrukturen – vom gesamten Portfolio bis zum einzelnen Vorgang eines Projekts – kann neben einem Budget ein eigener Kostenplan zugeordnet werden. Primavera Enterprise erfasst auch alle anderen Elemente wie Projekte, Vorgänge, Ressourcen, Budgets und Organisationseinheiten in ihrer hierarchischen Struktur (Projektstrukturplan, Organisationsstruktur etc.) und ermöglicht so eine vollständige Abbildung von Zuständigkeiten, Ressourcen und Budgets.

Primavera Enterprise teilt jedem Nutzer eine *Benutzerrolle* mit entsprechenden Zugriffsrechten und Handlungsoptionen zu; neben einer primären Rolle (z. B. Projektleiter, Fachplaner, Designer) kann dieser weitere Rollen haben. Auf diese Weise erhält ein Projektleiter detaillierte Informationen über die einzelnen Arbeitspakete und der kaufmännische Controller die betriebswirtschaftlichen Daten eines Projekts.

Im besonderem Maße wird ein unternehmensweites *Ressourcenmanagement* unterstützt. Neben Rollen, Verfügbarkeit, individuellem Kalender, spezifischen Arbeitszeitkosten und der Zuordnung zur Linienorganisation bietet das Programm eine Verfeinerung des Ressourcenmanagements durch Einsatz einer Skills-Datenbank, in der die Fähigkeiten der Mitarbeiter gespeichert sind.

Das *Risikomanagement* ermöglicht die Zuordnung von Risiken und Maßnahmen zu den einzelnen Vorgängen derart, dass beim Eintreten eines Risikos automatisch Meldung erstattet und ein vorbereitetes Alternativ-Szenario angeboten wird. In der Gesamtsicht wird so eine integrierte Betrachtung des Gesamtrisikos eines Projekts oder eines Projektbereichs gewährleistet.

Für einen aktuellen Datenbestand dient eine zeitnahe *Aufwandserfassung* und Rückmeldung der Statusinformationen (Fertigstellungsgrad) in Verbindung mit einer Kontrollmöglichkeit durch den Vorgesetzten. Web-Komponenten ermöglichen den Benutzern browserbasierend einen externen Zugang auf die zentrale Datenbank.

Primavera Enterprise bietet schließlich ein umfassendes *Earned-Value-Management* (Kennzahlen wie Earned Value und Schedule Performance Index, SPI) und berechnet den Return on Invest (ROI) der Projekte. Über 100 Standardberichte ermöglichen für jede Nutzerrolle eine entsprechende Sichtweise auf das

Projekt. Nutzerspezifische Berichte können mit Hilfe eines *Berichte-Assistenten* erstellt werden. In Verbindung mit der Möglichkeit zur projektübergreifenden Auswertung kann ein kontinuierlicher Verbesserungsprozess in der Projektarbeit stattfinden (Best Practice).

Projectile

Projectile ist eine webbasierte Softwarelösung für dienstleistungsorientierte Unternehmen zur Unterstützung aller Geschäftsprozesse mit Schwerpunkt auf dem Projektmanagement. Im Einzelnen umfasst das Verfahren folgende Funktionsbereiche:

- ▷ Kontakt- und Vertriebsmanagement
- ▷ Angebots und Auftragsmanagement
- ▷ Projektdefinition und Projektplanung
- ▷ Kalkulation und Budgetierung
- ▷ Personalmanagement
- ▷ Ressourcenmanagement
- ▷ Leistungs- und Kostenerfassung
- ▷ Projekt-Controlling
- ▷ Projektauswertungen
- ▷ Rechnungsstellung.

Der Angebotserstellung geht eine erste Projektplanung voraus. Mittels so genannter Projekt-Schablonen werden die grundsätzlichen Projektdaten (Bezeichnungen, Kosten, Zeiten, Ressourcen etc.) ins Verfahren eingegeben. Im Rahmen einer Projektstrukturierung werden die Aufgaben mit ihren Aufwands- und Zeitschätzwerten in eine Ablaufplanung eingearbeitet; hierbei können Termindurchrechnungen von MS Project übernommen werden. Diese Aufgabenplanung führt dann mit den entsprechenden Kostensätzen zu einer Gesamtkalkulation und Budgetierung im Projekt. Die dabei ermittelten Daten bilden die Grundlage für die Angebotserstellung. Bei Auftragserteilung werden die Projektdaten dann fixiert.

Zum Personalmanagement gehört einerseits die organisationsbezogene Verwaltung der Personal-Stammdaten einschließlich der Mitarbeiterverträge und andererseits – im Rahmen der Projektplanung – die Mitarbeiter-Einsatzplanung in den Projekten. Das Ressourcenmanagement zielt auf einen optimalen Einsatz des zur Verfügung stehenden Personals ab; Kapazitätsauswertungen und Auslastungsberichte sind hierbei wichtige Planungs- und Steuerungsunterlagen.

Die Leistungserfassung wird mit Stundenzettel-Aufschreibungen der Mitarbeiter vorgenommen. Eine gesonderte Abwesenheitsverwaltung gibt eine Übersicht über Abwesenheitsbeantragungen. Weiterhin sind Reisekostenerfassung und -abrechnung in die Kostenerfassung integriert.

Eine effiziente Projektüberwachung wird erreicht durch die regelmäßigen Arbeitszeit- und Kostenerfassungen sowie periodische Abfragen zum Fertigstellungsgrad und benötigten Restaufwand. Für das Controlling stehen zahlreiche Projektauswertungen zur Verfügung:

- Plan/Ist-Vergleiche (Listen und Portfolio-Darstellung),
- Gantt-Diagramm zur Darstellung der Terminsituation,
- Earned-Value-Analyse,
- Meilenstein-Trendanalyse,
- Leistungsnachweise (Stundenzettel),
- An- und Abwesenheitsübersichten,
- Kostenauswertungen,
  Faktura Auswertungen.

Unterschiedliche Möglichkeiten der Rechnungsstellung werden von Projectile unterstützt:

- Zahlungspläne,
- Einzelrechnung nach Aufwand,
- periodische Zahlungen,
- Abschlagszahlung,
- Festpreis und Abschlussrechnung.

Project Scheduler

Das Verfahren Project Scheduler der Firma Sciforma ist ähnlich MS Project ein Projektsteuerungsverfahren auf Basis der Netzplantechnik. Mit Hilfe von Projektstrukturplänen und Netzplänen kann ein Projekt sauber strukturiert und hinsichtlich Aufwände, Kosten, Ressourcen und Termine korrekt durchplant werden. Die übersichtliche grafische Oberfläche ermöglicht ein leichtes Durchspielen und Simulieren von verschiedenen Planungsvarianten. Alle üblichen Abhängigkeitsarten zwischen Netzplanvorgängen sind einsetzbar. Mitarbeiter und sonstige Ressourcen sind den Vorgängen leicht zuordenbar. Die Durchrechnung der Netzpläne geschieht hierbei nach der »Critical Chain«-Methode, bei der in die Berechnung des kritischen Pfads nicht nur die Abhängigkeiten zwischen den Vorgängen, sondern auch die Verfügbarkeit der Ressourcen einbezogen werden.

Die Kostenplanung und -kontrolle kann nach einem unternehmenseigenen skalischen Kalender ausgerichtet werden. Ein Inflationsmodell gestattet es, die Projektkosten automatisch an den Plan anzupassen.

Vielfältige Projektpläne und -berichte können generiert werden: Projektübersichten, Ressourcenaufstellungen, Vorgangstabellen, Balken- und Netzpläne, Strukturbäume sowie beliebig konfigurierbare Linien- und Balkendiagramme zur Darstellung von zeitbezogenen Projektdaten. Ein eigener Berichtegenerator ermöglicht eine Vielzahl von Projektberichten in freier, tabellarischer oder zeitverteilter Form.

Mittels Projektportfolios wird eine Multiprojektplanung unterstützt; man sieht z. B. die Auslastung eines Mitarbeiters nicht nur bei dem aktuellen Projekt, sondern im Kontext aller laufenden Projekte. Ebenfalls können die Projekte und ihre Unterprojekte in einer Gesamtsicht gruppiert und zusammengefasst werden.

Project Scheduler hat Tools für den Internet-Anschluss, so können z. B. verfahrensgenerierte Balkenpläne nahtlos in Webseiten integriert und dort automatisch aktualisiert werden. Auch wird eine Schnittstelle zum Projektsystem PS von SAP R/3 angeboten. Schließlich kann Project Scheduler von der Einzellösung bis zur Unternehmenslösung ausgebaut werden.

Projektron BCS

Projektron BCS der Berliner Firma Projektron GmbH ist eine vollständig webbasierte Projektmanagement-Software zur Überwachung und Steuerung einer Projektabwicklung. Das Verfahren deckt das Funktionsspektrum von Aufgabenplanung, Personaleinsatzplanung, Aufwandserfassung und Projektüberwachung sehr gut ab; außerdem stellt es Standardprozesse u. a. für das Qualitätsmanagement und das Änderungsmanagement zur Verfügung. Der Anwender kann aber auch selbst Arbeitsabläufe definieren. Voraussetzung für die Modellierung von eigenen Geschäftsprozessen ist, dass sich die Projektorganisation und die damit verbundene Verwaltung der Zugriffsberechtigungen im Tool abbilden lassen.

Die *Terminplanung* wird mit der Netzplantechnik durchgeführt; es können sowohl Terminrechnungen durchgeführt als auch der kritische Pfad bestimmt werden. Wegen der begrenzten Möglichkeiten der grafischen Darstellung bei einer Web-Oberfläche lassen sich die Netzpläne nur eingeschränkt bearbeiten; Textinformationen lassen sich nicht einbetten, auch kann der Benutzer die Anordnungsbeziehungen nicht mit einem »Maus-Ziehen« verändern.

Allerdings werden die Kommunikationsmöglichkeiten innerhalb des Teams und die mit dem Kunden aufgrund der Stärken der Web-Technologie effizient unterstützt. Eine Besonderheit stellt dabei die Kundenverwaltung mit integriertem *Kontaktmanagement* dar.

Die *Aufwandsplanung* und die *Ressourcenzuordnung* können bei Projektron BCS sowohl bottom-up als auch top-down vorgenommen werden. Beide Vorgehensweise werden funktional unterstützt. So können Mitarbeiter einem Projekt bereits vor der detaillierten Aufgabenplanung mit einer bestimmten Kapazität pauschal zugeteilt werden; für andere Projekte steht diese Ressource damit automatisch in entsprechend geringerem Umfang zur Verfügung. Auch für Projekte oder Teilprojekte können die Planer vorläufige Aufwandsschätzungen unabhängig von über- oder untergeordneten Ebenen eintragen. Auf jeder Planungsebene wird angezeigt, welcher Arbeitsaufwand aus der darüber liegenden Ebene noch nicht verplant ist.

Die wichtigste Kundenanforderung an Projektmanagement-Software ist nach wie vor das Controlling. Dazu gehört die Erfassung aktueller Aufwandsdaten genauso wie ein flexibles und aussagekräftiges Berichtswesen. Entsprechend intensiv sind in Projektron Funktionen entwickelt, die diesen Anforderungen gerecht werden. Die projektbezogene *Aufwandserfassung* unterscheidet bei Projektron BCS zum Beispiel zwischen internen und fakturierbaren Aufwänden und verfügt über eine eigene Freigabeprozedur.

Auf Basis des erfassten Projektfortschritts nimmt Projektron BCS die *Rechnungsstellung* automatisch vor und unterscheidet dabei zwischen Aufwandsrechnungen und Festpreisrechnungen. Individuelle Anforderungen an die Fakturierung lassen sich mit Hilfe diverser Optionen (Umrechnungen, Konditionen etc.) umsetzen. Ein Assistent führt den Anwender durch die einzelnen Schritte der automatisierten Rechnungsstellung. Wenn der Anwender nach der letzten Überprüfung den Befehl zur Rechnungsstellung gibt, erzeugt die Software einen nicht mehr löschbaren Rechnungsdatensatz. Anstatt selbst Rechnungen zu erzeugen, kann das Programm die Informationen zur Rechnungsstellung auch an eine Buchhaltungssoftware übergeben.

Die Dokumente selbst werden nicht in der Datenbank abgelegt, sondern in einem Dateisystem, das bei der Installation entsprechend konfiguriert werden muss. In der *Projektdatenbank* speichert das Programm alle Metadaten, die für das Dokumentenmanagement von Belang sind. Der Anwender kann eigene Attribute für die Dokumente definieren, um diese zu kategorisieren. Das Dokumentenmanagement sichert die Versionsführung und die Bearbeitungssperrung.

PSI PM

PSI PM ist ein netzfähiges Multiprojekt- und Multiressourcenmanagement-System zur Planung und Kontrolle von Terminen, Ressourcen und Kosten paralleler, tief strukturierter Projekte mit einer Vielzahl von Abhängigkeiten zwischen Vorgängen und Ressourcen. Zusammen mit dem webbasierten Fortschrittsmeldesystem FMS und der webbasierten Personaleinsatzplanung PEP bildet es ein Projekt- und Personalmanagement-System.

Der Aufbau von Projektstrukturen wird über Projekttabellen oder Gantt-Diagramme erreicht. Die Planung und das Controlling der Vorgangstermine wird mit der Netzplantechnik vorgenommen; auf der Basis von Projektkalendern wird die Berechnung von Anfangs- und Endterminen durch eine kombinierte Vorwärts- und Rückwärtsterminierung mit paralleler Ermittlung von Puffern und kritischem Weg durchgeführt. Einem Vorgang können beliebig viele Ressourcen oder Ressourcengruppen zugeordnet werden, wobei die kapazitätstreue Einplanung von Ressourcen durch spezielle Funktionen sichergestellt wird.

Über das webbasierte *Rückmeldesystem* können Beginn- und Fertigmeldungen auf Vorgänge und Ressourcen abgegeben werden. Restaufwände und Restdauern können vom Projektleiter modifiziert werden. Der Fortschrittsgrad von Vorgängen und Ressourcenzuordnungen wird ermittelt und in Abhängigkeit von der gewählten Planungsstrategie wird von PSI PM eine Projektprognose erstellt.

Im Rahmen des *Projektcontrollings* können Termine, Kosten, Budgets und Ressourcenauslastungen permanent verfolgt werden, um rechtzeitig die richtigen Entscheidungen zur Sicherstellung der Projektziele treffen zu können.

Konfigurierbare, von einem *Reportgenerator* erstellte Projektansichten, Kostendiagramme, Projektübersichten und Auslastungsdiagramme stehen zur weiteren Auswertung zur Verfügung. Der Vergleich von Plan- und Istdaten sowie das Aufzeigen von Restwerten für Termine, Dauern, Kosten und Aufwände kann sowohl in Projektansichten als auch in projektübergreifenden Ansichten vorgenommen werden.

PSI PM kann auch mit ERP-Systemen gekoppelt werden.

PSNext/Sciforma

PSNext von der Firma Sciforma ist eine webbasierende Komplettlösung für unternehmensweites Projektmanagement und wird von der Le Bihan Consulting GmbH vertrieben. Das Verfahren wurde in Sciforma umbenannt.

Sciforma ist auf eine typische *Projekt-Matrixorganisation* in einem projektorientierten Unternehmen ausgerichtet. Das Projektportal von Sciforma ermöglicht die gezielte Einbeziehung aller Projektbeteiligten vom Mitarbeiter bis hin zum Vorstandsmitglied. Mit vordefinierten *Benutzerrollen*, wie z. B. Projektmanager, Ressourcenmanager oder Financial Manager stehen typische Konstellationen von Zugriffs- und Ausführungsrechten zur Verfügung. Individuelle Rollendefinitionen z. B. für einzelne Projektmitarbeiter sind ebenfalls möglich. Zehn Arbeitssichten organisieren die Funktionen in typische Aufgabenbereiche wie z. B. Planung, Projektcontrolling oder Berichtswesen.

Ausgabemedien sind Bildschirm und Drucker. Für das Drucken von überlangen, formatüberschreitenden Darstellungen (z. B. Netzplan) steht das Hilfsprogramm SIDEWAYS zur Verfügung, welches eine 90°-Drehung des Ausdrucks ermöglicht.

Auch existiert ein einfacher Übergang zum Tabellenkalkulationsprogramm SuperCalc, ein Produkt derselben Firma. Daten von MS Projekt können importiert werden.

6.3.3 PM-Verfahren MS Project

MS Project ist ein Projektsteuerungsverfahren auf Basis der Netzplanmethode (derzeitige Produktbezeichnung Microsoft Office Project Professional 2010) [54, 55]; es ermöglicht die Planung und Steuerung der Arbeits- und Zeitabläufe in einem Projekt einschließlich der Einsatzplanung des Personals und der Betriebsmittel (Ressourcen) sowie der Budgetierung der Projektkosten.

Neben der Einzelplatzversion Project Standard gibt es eine Netzwerkversion Project Professional. Letztere Version ist für einen professionellen Einsatz für das Enterprise Resource Planning (ERP) gedacht.

Zentrale Planungsunterlage ist in MS Project der Projektplan, der als *Ganttsches Balkendiagramm* (Bild 6.13) oder als Netzplan (Bild 6.14) dargestellt werden kann.

Projektstruktur und Netzplan

Ein in MS Project definiertes Projekt kann in mehrere Unterprojekte gegliedert werden, wobei deren Teilnetzpläne miteinander verkettet bleiben. Ein Netzplan kann bis zu 200 Vorgänge aufnehmen. Vorgänge können als Sammelvorgänge in weitere Vorgänge unterteilt werden. Für jeden Arbeitsvorgang können bis zu 16 Vorgänger bzw. Nachfolger bestimmt werden, wobei nur Normalfolgen als Ende-Anfang-Beziehungen mit positven oder negativen Zeitabständen möglich sind. Auch kann man periodische Vorgänge, die regelmäßig (täglich, wöchentlich, monatlich, jährlich) erscheinen sollen, definieren.

Praktisch beliebig viele Betriebsmittel (Personal, Maschinen, Räumlichkeiten etc.) können definiert werden. In diese Einsatzmittelplanung kann man auch eine Kostenplanung einbeziehen.

Neben drei Standardkalendern kann man benutzereigene Kalender aufbauen, die außer den üblichen Wochenenden weitere arbeitsfreie Zeiten (wie Feiertage, Betriebsschließungen, Betriebsferien) aufnehmen können. Für jedes Betriebsmittel können ebenfalls eigene Ressourcenkalender definiert werden, in de-

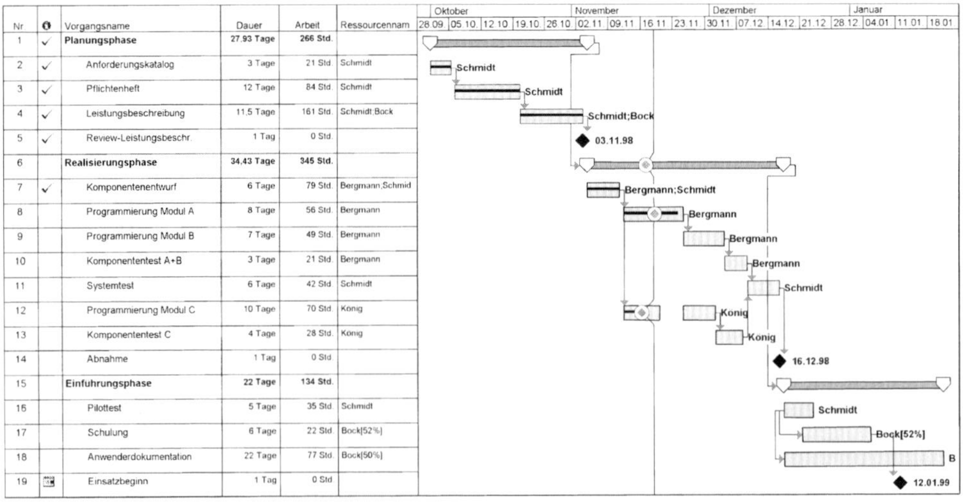

Nr.		Vorgangsname	Dauer	Arbeit	Ressourcennam
1	✓	**Planungsphase**	**27,93 Tage**	**266 Std.**	
2	✓	Anforderungskatalog	3 Tage	21 Std.	Schmidt
3	✓	Pflichtenheft	12 Tage	84 Std.	Schmidt
4	✓	Leistungsbeschreibung	11,5 Tage	161 Std.	Schmidt;Bock
5	✓	Review-Leistungsbeschr.	1 Tag	0 Std.	
6		**Realisierungsphase**	**34,43 Tage**	**345 Std.**	
7	✓	Komponentenentwurf	6 Tage	79 Std.	Bergmann;Schmid
8		Programmierung Modul A	8 Tage	56 Std.	Bergmann
9		Programmierung Modul B	7 Tage	49 Std.	Bergmann
10		Komponententest A+B	3 Tage	21 Std.	Bergmann
11		Systemtest	6 Tage	42 Std.	Schmidt
12		Programmierung Modul C	10 Tage	70 Std.	König
13		Komponententest C	4 Tage	28 Std.	König
14		Abnahme	1 Tag	0 Std.	
15		**Einführungsphase**	**22 Tage**	**134 Std.**	
16		Pilottest	5 Tage	35 Std.	Schmidt
17		Schulung	6 Tage	22 Std.	Bock[52%]
18		Anwenderdokumentation	22 Tage	77 Std.	Bock[50%]
19		Einsatzbeginn	1 Tag	0 Std.	

Bild 6.13 Balkendiagramm in MS Project

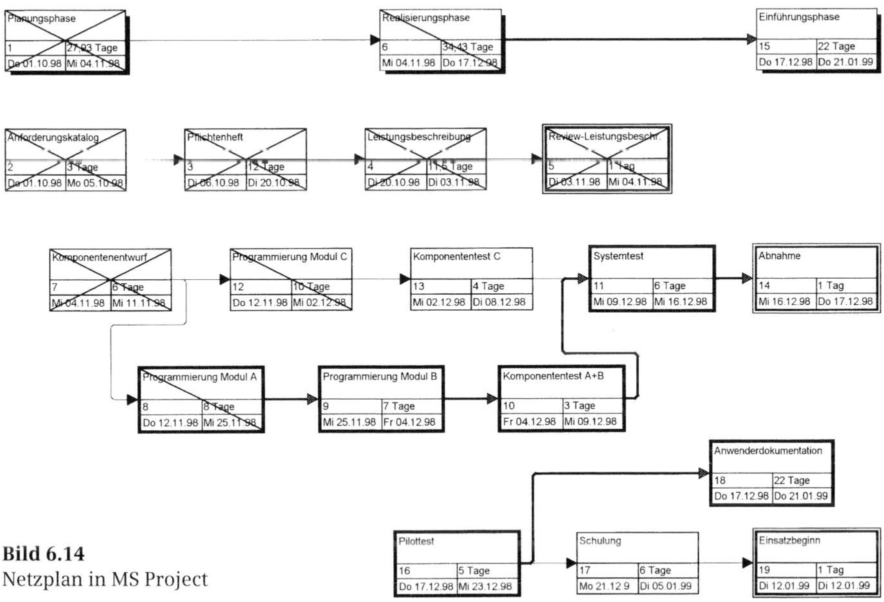

Bild 6.14
Netzplan in MS Project

nen die individuelle Verfügbarkeit (wie Urlaub, Kurse, Fremdarbeiten) festgehalten wird. Auch kann die tägliche Arbeitszeit ressourcenbezogen, d. h. personenbezogen festgelegt werden. Der Planungshorizont dieser Basiskalender reicht bis ins Jahr 2049.

Der Netzplan arbeitet nach der CPM-Methode; die Netzplandarstellung entspricht allerdings der MPM-Methode. Bei der Netzplandurchrechnung ist sowohl die Vorwärts- als auch die Rückwärtsrechnung möglich, mit der eine automatische Berechnung der kritischen Wege vorgenommen wird.

Zum Erstellen eines Projektstrukturbaums kann das Grafikprogramm MS Visio genutzt werden.

Balkendiagramm

Das Balkendiagramm von MS Project (Bild 6.13) kann je Vorgangsposition nur einen Balken aufnehmen; dieser kann allerdings »pausieren«, d. h. mehrfach unterbrochen sein. Mit der Maus kann der Balken beliebig verlängert und verschoben werden; die daraus resultierenden Veränderungen von Dauern, Terminen und Auslastungen werden von MS Project automatisch angepasst. Bei Eingabe eines Fertigstellungsgrades wird dieses durch einen weiteren, innen liegenden Balken veranschaulicht. Anordnungsbeziehungen werden im Diagramm durch Pfeilverbindungen dargestellt. Teilvorgänge können im Dialog beliebig ein- und ausgeblendet werden. Zusätzliche Informationen wie Ressourcenname oder Fertigstellungsgrad können den Vorgangsbalken beigefügt werden. Die Zeitskala des Balkendiagramms kann sehr flexibel variieren; folgende Unterteilungen können für die Ober- und Unterskala gewählt werden: Minuten, Stunden, Tage, Wochen, Monate, Quartale, Halbjahre, Jahre. Ebenfalls sind unterschiedliche Datumsbeschriftungen, Teilstriche und Vergrößerungen (Zoom) möglich.

Der gesamte im Balkendiagramm dargestellte Terminplan kann auch als grafischer Netzplan ausgegeben werden (siehe Bild 6.14). Die Vorgänge sind in klassischer Kästchenform dargestellt und enthalten Angaben zur Dauer und zu den Terminen. Abgeschlossene Vorgangskästchen und solche auf dem kritischen Pfad sind besonders gekennzeichnet. Die Kästchen können durch »Drag & Drop« (Ziehen mit der Maus) frei verschoben werden; die Verbindungspfeile richten sich entsprechend neu aus.

Planungsablauf

Den klassischen Planungsablauf in MS Project kann man in sieben Prozessschritte mit folgenden Aktivitäten gliedern:

1. *Projektplan einrichten*

- Projektstammdaten anlegen,
- Anfangs- und Endtermin des Projekts setzen.

2. *Arbeitspakete als Vorgänge festlegen*

- Arbeitspakete sammeln,
- Vorgänge der Reihe nach in das Ganttsche Balkendiagramm eingeben,
- Vorgänge in Sammel- und Teilvorgänge gliedern,
- Vorgangsbalken auf Grund von Arbeitspausen (Urlaub, Kurse, etc.) unterteilen,
- Meilensteine einfügen.

3. *Vorgänge spezifizieren*

- Vorgangsdauer eingeben,
- Termineinschränkungen (so früh/spät wie möglich, Anfang/Ende nicht früher/später als) eingeben,
- Vorgangsart (feste Arbeit, feste Dauer oder feste Ressource) festlegen,
- eventuell PSP-Codes, die die hierarchische Einordnung in einer Projektstruktur ausdrücken, zuordnen, eventuell Notizen zu den Vorgängen hinzufügen.

4. *Ressourcen und Kosten zuordnen*

- Ressourcen (Personen, Betriebsmittel) definieren,
- Ressourcen den Vorgängen zuordnen,
- Kosten direkt oder durch Stundensätze zuordnen.

5. *Vorgänge terminlich einordnen*

- Anordnungsbeziehungen zwischen den Vorgängen festlegen,
- positive bzw. negative Zeitabstände bestimmen,
- kritischen Weg ermitteln, dabei überkritische Abschnitte bereinigen,
- Auslastung von Ressourcen optimieren, dabei Überlastungen beseitigen,
- Optimieren des Projektplans durch Nutzen von Puffern und Veränderung von Anordnungsbeziehungen und Ressourcen.

6. *Grafische Pläne formatieren*

- Balkendiagramm formatieren (Hervorheben von einzelnen Vorgangsbalken, spezielle Informationen hinzusetzen, unterschiedliche Schriftarten verwenden),
- Vorgangsplatzierung im Netzplan optimieren.

7. *Arbeiten mit dem Projektplan*

- Erstplanung als Basisplan abspeichern,
- Fertigstellungsgrade der Vorgänge eingeben,
- bei Bedarf neue Vorgänge aufnehmen, Anordnungsbeziehungen verändern, Ressourcen-Zuordnung aktualisieren,
- eventuell Zwischenpläne abspeichern,
- Übersichten mit Nutzung verschiedener Filter erzeugen,
- Projektpläne verschiedener Stände miteinander vergleichen.

Projektberichte

Folgende Berichte können bei Vorhandensein eines konsistenten Projektplans in MS Project erzeugt werden:

- *Übersichtsberichte*, wie Projektübersicht, Auflistungen der Vorgänge höchster Ebene, der kritischen Vorgänge, der Meilensteine oder der Arbeitstage
- *Vorgangsstatusberichte* über die nicht angefangenen, die bald anzufangenden, die abgeschlossenen, die verspäteten, die verzögerten oder die in Arbeit bendlichen Vorgänge
- *Kostenberichte* über Vorgangskosten, Kostenrahmen, überschrittenen Vorgangskostenrahmen, überschrittenen Ressourcenkostenrahmen oder Kostenanalyse
- *Ressourcenberichte* mit der Frage Wer-macht-was, Wer-macht-was-wann oder Auflistungen der Vorgangszuordnungen oder überlasteten Ressourcen
- *Arbeitsauslastungsberichte* wie Arbeitsauslastung nach Vorgängen bzw. Arbeitsauslastung nach Ressourcen
- *Benutzerdefinierte Berichte*, deren Inhalt man sich aus den im Projektplan enthaltenen Informationen benutzerindividuell zusammenstellen kann.

Die Arbeitsvorgänge können hierbei alphabetisch, nach kritischem Pfad, den Dauern oder den Terminen sortiert werden. Bei den Betriebsmitteln ist das Sortieren nach Art, Kosten und Auslastung sowie auch alphabetisch möglich.

Arbeiten innerhalb MS Office

Mit den anderen Microsoft-Produkten ist ein vielfältiger Informationsaustausch möglich:

- ▷ Austauschen von Informationen zwischen MS Project und MS Excel
- ▷ Austauschen von Informationen zwischen MS Project und MS Access
- ▷ Austauschen von Informationen zwischen MS Project und MS PowerPoint
- ▷ Einfügen von Audio- bzw. Videodateien
- ▷ Einfügen von Gleichungen, Grafikobjekten (z. B. Organisationsplan)
- ▷ Grafische Darstellung der Projektstruktur mit MS Visio.

Felder, Zellen, Datensätze oder Zeilen, Excel-Diagramme oder ganze Dateien können verknüpft oder eingebettet werden. Man kann Excel- oder Access-Daten in MS Project importieren, oder umgekehrt MS Project-Daten nach Excel bzw. Access exportieren. Man kann sogar die gesamten Projektdaten als Datenbank im Access-Datenformat speichern.

Notizen, Folien, eine Gliederung oder die gesamte Präsentation können von PowerPoint nach Word exportiert und danach die ausgewählten Informationen aus Word in MS Project kopiert, eingebettet oder verknüpft werden. Bei einem verknüpften Objekt wird es in MS Project automatisch mitgeändert, wenn es in der Quelldatei (z. B. einer Excel-Tabelle) geändert wird. Bei einem eingebetteten Objekt bleibt es in MS Project unverändert, wenn es in der Quelldatei verändert wird.

Über E-Mail oder das Internet können Arbeitsgruppen gebildet und Informationen mit den im Projektplan aufgeführten Personen ausgetauscht werden (z. B. dass die Ressource Meier für einen Vorgang länger tätig sein muss). Darüber hinaus können MS Project-Dateien als E-Mail an andere oder an einen öffentlichen Ordner auf einem MS Exchange-Server gesendet werden.

In MS Project erfasste Aufwände können über eine Schnittstelle an ERP-Systeme wie SAP übermittelt werden.

MS Office Project Server

In der Einzelplatzversion MS Project Standard werden die Projekte dezentral verwaltet. Für eine zentrale Verwaltung von Projekten und deren Ressourcen ist MS Office Project Server erforderlich, welches die MS-SQL-Datenbank zur zentralen Datenhaltung nutzt.

Die webbasierte SW-Lösung „Enterprise Project Management“ von Microsoft besteht aus den Komponenten MS Office Project Professional (für Projektleiter), MS Project Web Access (für Projektmitarbeiter, Projektcontroller, Ressourcenmanager und andere Projektbeteiligte) und dem MS Office Project Server. Kombiniert ermöglichen diese Komponenten ein effizientes Management von Terminen, Personal, Kosten und Risiken. Die erforderlichen Informationen werden jedem Mitarbeiter genau so zur Verfügung gestellt, wie er sie für seine Projektarbeit braucht:

- ▷ Ein Projektmitarbeiter sieht die eigenen Aufgaben über alle Projekte hinweg.
- ▷ Ein Ressourcenmanager sieht – grafisch aufbereitet – die gesamte Auslastung seiner Abteilung.
- ▷ Ein Projektcontroller sieht die aktuelle Budgeteinhaltung seiner Projekte.
- ▷ Ein Portfoliomanager sieht neue Projektanträge und Kennzahlen der laufenden Projekte in seinem Portfolio.

6.4 PM-Hilfen auf PC

Für das Projektmanagement bei kleineren und mittleren Projekten bieten sich besonders Hilfsmittel an, die nicht auf Großrechnern, sondern auf Personal Computern ablaufen. Der teilweise bestehenden Notwendigkeit eines Datenverbunds kann bei vielen Personal Computern mit einer Rechnerkopplung entsprochen werden. Häufig ist bereits der Trend zum »semidezentralen« Einsatz zu beobachten – mit zentraler Speicherung und dezentraler Bearbeitung. Hierfür werden »Server« eingesetzt, die allen angeschlossenen Arbeitsplatzsystemen zur Verfügung stehen (Client/Server-Anwendung).

Tabelle 6.4
Einsatz PC-gestützter Hilfsmittel

Aufgabenbereich \ PM-Hilfsmittel	Textverarbeitungs-programme	Grafikprogramme	Datenbanksysteme	Tabellenkalkulations-programme	Netzplanverfahren	Spezielle PM-Standardprogramme
Projektantrag und Änderungsanträge	●		○			
Wirtschaftlichkeits-betrachtung						●
Strukturplanung	○	●	○			
Aufwandsschätzung				○		●
Terminüberwachung	○	○			●	
Aufwands- und Kostenüberwachung	○	○		●	○	
Einsatzmittelplanung				●	●	
Projektdokumentation	●	○	○			
Erfahrungssicherung	○		●			

● geeignet
○ bedingt geeignet

Als PM-Hilfsmittel sind hier zu nennen:

▷ Textverarbeitungsprogramme,
▷ Grafikprogramme,
▷ Datenbanksysteme,
▷ Tabellenkalkulationsprogramme,
▷ Netzplanverfahren sowie
▷ spezielle PM-Standardprogramme.

Spezielle PM-Standardprogramme sind z. B. solche für die Aufwandsschätzung oder für die Marginalrenditerechnung. In Tabelle 6.4 ist aufgezeigt, in welchen Fällen man PC-gestützte Hilfsmittel einsetzen sollte.

6.4.1 Tabellenkalkulationsprogramme

Im Rahmen der Projektplanung und -steuerung haben sich die auf PC verfügbaren Tabellenkalkulationsprogramme als sehr leistungsfähige Hilfsmittel erwiesen. Hiermit kann man komplex aufgebaute, zweidimensionale Tabellenstrukturen definieren und PC-unterstützt durchrechnen lassen. Jedes Planungsrechenschema oder Kalkulationsformular ist in Form einer Tabellenmatrix (Spreadsheet) mit einer definierten Zeilen- und Spaltenzahl darstellbar. Die einzelnen Tabellenfelder, die durch eine Zeilen- und eine Spaltennummer zu identifizieren sind, können drei Arten von Inhalten haben:

▷ Texte (Textfelder)
▷ numerische Werte (Wertefelder) oder
▷ Formeln und Funktionen (Formelfelder).

Jedes Formular kann in Felder unterteilt werden, so dass jedes Feld genau eine dieser drei Inhaltsarten aufnimmt. Die *Textfelder* entsprechen im Wesentlichen Überschriften für die Zeilen und Spalten oder auch für einzelne Felderbereiche. *Wertefelder* nehmen die Eingabedaten auf, und die *Formelfelder* stellen die Ergebnisfelder dar. Formelfelder enthalten Formeln, die beliebige andere Wertefelder in eine arithmetrische Funktion einbeziehen und nach Durchrechnung der Tabelle das Zahlenergebnis ausweisen. Formelfelder sind damit die Ausgabefelder einer Tabellenkalkulation.

Das Grundprinzip ist in Bild 6.15 dargestellt, welches ein sehr einfaches, in Excel erstelltes Rechenblatt in seiner aufbereiteten Form und ausschnittsweise in seiner formelmäßigen Speicherung zeigt.

Wie das Beispiel verdeutlicht, sind nur die originären Zahlenwerte für Eigen- und Fremdleistung sowie für Musterbau, SW-Kauf und Rechenzeit einzugeben. Die Summenwerte für

	A	B	C	D	E	F	G
1	**Plan/Ist-Vergleich**						
2				**aufgelaufen**	**lfd. GJ**	**Plan**	**Abweichung**
3							
4		Stunden	Std.		250		
5		Stundensatz	EUR/Std		80		
6		Eigenleistung	EUR	35.000	20.000	70.000	79%
7		Fremdleistung	EUR	9.800	5.500	20.000	77%
8	**Summe Personalkosten**		EUR	44.800	25.500	90.000	78%
9							
10		Musterbau	EUR	9.600	7.500		
11		SW-Kauf	EUR	1.500	4.800		
12		Rechenzeit	EUR	1.200	900		
13	**Summe Sachkosten**		EUR	12.300	13.200	20.000	128%
14							
15		GK-Anteil	%	3	4		
16	**Gemeinkosten**		EUR	1.713	1.548	2.000	163%
17							
18	**Gesamtkosten**		EUR	58.813	40.248	112.000	88%
19							

	A	B	C	D	E	F	G
1	**Plan/Ist-Vergleich**						
2				**aufgelaufen**	**lfd. GJ**	**Plan**	**Abweichung**
3							
4		Stunden	Std.		250		
5		Stundensatz	EUR/Std		80		
6		Eigenleistung	EUR	35.000	=E4*E5	70.000	=100*(D6+E6)/F6
7		Fremdleistung	EUR	9.800	5.500	20.000	=100*(D7+E7)/F7
8	**Summe Personalkosten**		EUR	=D6+D7	=E6+E7	=F6+F7	=100*(D8+E8)/F8
9							
10		Musterbau	EUR	9.600	7.500		
11		SW-Kauf	EUR	1.500	4.800		
12		Rechenzeit	EUR	1.200	900		
13	**Summe Sachkosten**		EUR	=SUMME(D10:D12)	=SUMME(E10:E12)	20.000	=100*(D13+E13)/F13
14							
15		GK-Anteil	%	3	4		
16		**Gemeinkosten**	EUR	=(D8+D13)*D15/100	=(E8+E13)*E15/100	2.000	=100*(D16+E16)/F16
17							
18	**Gesamtkosten**		EUR	=D8+D13+D16	=E8+E13+E16	=F8+F13+F16	=100*(D18+E18)/F18
19							

Bild 6.15 Beispiel einer Excel-Rechentabelle
(Oben: Rechentabelle in aufbereiteter Form Unten: Rechentabelle mit Formeln)

Tabelle 6.5 Tabellenkalkulationsprogramme (Auswahl)

	Betriebssystem	Datenbankanschluss	eingebettet in
Excel	MS-Windows	Access	MS Office
Lotus 1-2-3	MS-Windows	Lotus-Datenbank	SmartSuite
Quattro Pro	MS-Windows	Paradox	Word Perfect Office
Numbers	Mac	–	iWork-Suite
Plan Maker	MS-Windows, Linux	–	SoftMaker Office
Gnumeric	MS-Windows, Linux	–	–

Personal-, Sach-, Gemein- und Gesamtkosten sowie die Plan/Ist-Abweichungen werden bei jeder Veränderung eines einzigen Einzelwertes vom Programm automatisch neu berechnet.

In den Formeln einer Tabellenkalkulation kann man alle gängigen arithmetrischen Operationen wie

- ▷ Addition,
- ▷ Subtraktion,
- ▷ Multiplikation,
- ▷ Division,
- ▷ Potenzierung und
- ▷ Prozentbildung

nutzen. Weiterhin sind zahlreiche Funktionen möglich, wie

- ▷ Absolutwertbildung,
- ▷ trigonometrische Funktionen,
- ▷ logarithmetrische Funktionen,
- ▷ Mittelwertbildung,
- ▷ Restwertbildung bei einer Division,
- ▷ Zinswertrechnungen,
- ▷ Exponentialfunktionen,
- ▷ Wurzelbildung und
- ▷ logische Funktionen.

Alle Tabellenkalkulationsprogramme haben sehr benutzerfreundliche Dialogoberflächen, so dass leichter Aufbau, aber auch schnelle Werte- und Strukturveränderungen der Rechentabellen möglich sind. Darüber hinaus können auch unterschiedliche Planungstabellen über definierte Felder miteinander verknüpft werden.

In Tabelle 6.5 sind einige auf dem Markt angebotene Tabellenkalkulationsprogramme aufgeführt.

Tabellenkalkulationsprogramme sind so vielfältig einsetzbar, dass an dieser Stelle nur auf einige typische Anwendungsbeispiele im Rahmen der Entwicklungsplanung und -steuerung eingegangen werden kann. Dies sind:

- ▷ Vor- und Nachkalkulation
- ▷ Budgetplanung
- ▷ Mitarbeitereinsatzplanung
- ▷ Marginalrenditerechnung.

Vorkalkulation

Innerhalb der FuE-Projektkalkulation bildet die Vorkalkulation den ersten Planungsabschnitt, an den bekanntlich die Mitkalkulation und Nachkalkulation anschließen. Mit der Vorkalkulation wird für kalkulationsrelevante Teileinheiten eines Projekts das aufwands- und kostenmäßige Mengengerüst aufgestellt, das häufig nach Entwicklungsphasen und Tätigkeitsarten strukturiert ist. Die Vorkalkulation umfasst also die Aufwands- und Kostenschätzung gemäß einem vorgegebenen Kalkulationsschema. Da solche Vorkalkulationen in der Frühphase eines Projekts üblicherweise in mehreren Iterationen durchlaufen werden und erst die Plandaten der letzten, freigegebenen Vorkalkulation in die (zentralen) Kostenüberwachungsverfahren einfließen, hat es sich als sinnvoll erwiesen, diese Vorkalkulation auf einem (dezentralen) Personal Computer mit Hilfe von Tabellenkalkulationsprogrammen durchzuführen. In Bild 3.105 ist ein Beispiel für ein derartiges Kalkulationsschema gezeigt, das mit dem Tabellenkalkulationsprogramm Excel erstellt worden ist. Bei diesem Formular sind die einzelnen Aufwands- und Kostenwerte manuell im Dialog einzutragen, wogegen die Summierungen und die prozentuale Kostenberechnung automatisch vorgenommen wird.

Budgetplanung

Tabellenkalkulationsprogramme eignen sich auch für alle Formen einer Budgetplanung hervorragend, unabhängig davon, ob es sich um eine Einjahres- oder eine Mehrjahresplanung handelt.

Als Beispiel für eine Budgetplanung sei hier das Excel-Rechenschema für eine OI-Jahresplanung angeführt, wie es in einer Organisations- und Automatisierungsabteilung für das Einplanen von Rationalisierungsprojekten angewendet wird (Bild 6.16).

Auf der waagerechten Achse sind die Personalaufwände sowie die RZ- und Consultant-Kosten aufgetragen. In der Senkrechten werden die einzelnen Teilprojekte mit Zwischensummierungszeilen aufgeführt. Alle Zeilen- und Spaltensummierungen übernimmt das Tabellenkalkulationsprogramm. Liegt eine solche Jahresplanung als Rechenschema in einem Personal Computer vor, so lassen sich die während einer Plandurchsprache immer wieder notwendigen Korrekturen leicht einbringen, ohne dass »per Hand« jedes Mal umfangreiche Rechnereien notwendig werden.

OI-Jahresplanung GJ 99/00			Abteilung: MHB OI 13			Stand: 03.01.2001	
Kostensatz in TEU/MM:		12,5					
Proj.-Nr.	**Projekt**	**Vorjahr** MM	**Personal** MM	**RZ-Kosten** TEU	**Kauf** TEU	**Gesamt** TEU	**Anteil**
H197370	PAUS-Entwicklung	10	7	8		96	
H197380	MEKA-Pflege	5	6	4		79	
H197390	KEPI-Entwicklung	18	16	10	25	235	
H197391	EPISTEL-Pflege	5	6	3	15	93	
H197400	KENIA2-Überleitung	5	8	7		107	
H197410	SAP-Einführung	4	21	4		267	
FUE-Steuerungsverfahren		47	64	36	40	876	41%
H121296	Projektkalkulation	12	8	9	10	119	
H121297	Aufwandsschätzung	6	6			75	
H121298	EDB	2	5	6		69	
H121299	NP-Verfahren	3	3	1		39	
PM-Verfahren		23	22	16	10	301	14%
H170190	Technisches Archiv	3	1			13	
H170201	TEDOK	2	1			13	
H170210	Koord. tech. Verfahren	3	3			38	
H170220	OI-Arbeitskreise	10	10			125	
H170230	Technische Richtlinien	4	7			88	
Allgemeine OI-Aufgaben		22	22	0	0	275	13%
H190023	EDSBELI	2	1	2		15	
H190123	PVZ419	7	3	4		42	
H190124	FWT1000D	1	3	3		41	
H190135	Dämpfung	2	3	3		41	
H190136	POFIN	9	5	6		69	
H190137	GERBADIN	2	14	11		186	
H200742	MAREN	13	15	17	20	225	
H201560	PROM	9	6	8		83	
Technische Programme		45	50	54	20	699	32%
	Summe	137	158	106	70	2.151	100%

Bild 6.16 Beispiel für eine OI-Jahresplanung (mit Excel)

Mitarbeitereinsatzplanung

Auch das Einplanen der einzelnen Mitarbeiter von Entwicklungsgruppen mit ihrer verfügbaren Kapazität auf die einzelnen Projektteile lässt sich sehr gut mit einem Tabellenkalkulationsprogramm durchführen. Als Strukturschema für einen Mitarbeitereinsatzplan bietet sich das in Bild 3.117 Gezeigte an. Da allerdings Anzahl und Namen der Mitarbeiter wie auch der Projekte gruppenspezifisch sind, kann eine solche Mitarbeitereinsatzmatrix nur auf die eigenen Erfordernisse zugeschnitten sein. In Bild 6.17 ist eine mit MS Excel aufgebaute Mitarbeitereinsatzmatrix dargestellt.

Das Beispiel zeigt, dass ein Mitarbeiter (Storke) nicht ausgelastet, ein anderer (Eisert) überlastet ist, alle anderen aber zu 100% eingeplant werden konnten. Dem steht eine nicht volle MA-Belegung bei einem Projekt (EPISTEL)

Gruppe:	GSSE 13		Kapazität	10,0	10,0	5,0	8,0	10,0	10,0
Datum:	04.09.10		Auslastung	10,0	10,5	5,0	8,0	10,0	7,9
			%	100	105	100	100	100	79
Plan	Ist	%	Projekt	Bajohr	Eisert	Fuchs	Lincke	Müller	Storke
9,0	8,8	98	REPROPLIK	2,8	5,5			0,5	
8,0	5,5	69	EPISTEL	5,5					
5,0	5,2	104	PAUS	1,7				3,5	
8,0	8,0	100	TEPRO		3,5				4,5
5,0	5,0	100	PROM				4,5		0,5
3,0	2,9	97	POFIN						2,9
6,0	6,0	100	STRUKA		1,5			4,5	
8,0	8,0	100	RTU			4,5	3,5		
2,0	2,0	100	TEDOK			0,5		1,5	

Bild 6.17 Mitarbeitereinsatzmatrix (mit MS Excel)

gegenüber; alle weiteren Projekte sind in etwa zu 100% belegt.

Änderungen in der persönlichen Auslastung oder der verfügbaren Kapazitäten kann man leicht in eine erneute Durchrechnung der Einsatzmatrix überführen, so dass sich diese Form der Mitarbeitereinsatzplanung sehr gut für Simulationsläufe eignet.

Marginalrenditerechnung

Das in Kapitel 2.3.5 wiedergegebene Formular (Bild 2.34) für die Wirtschaftlichkeitsprüfung von Rationalisierungsinvestitionen bzw. von Organisations- und Automatisierungsvorhaben entspricht ebenfalls einem zweidimensionalen Rechenschema, das deshalb auch mit einem Tabellenkalkulationsprogramm aufgebaut und bearbeitet werden kann.

Sowohl mit Excel im MS-Windows als auch mit SIPLAN in SINIX sind Tabellenkalkulationsprogramme für die Marginalrenditerechnung (z. B. MARGI) entwickelt worden. Mit diesem Programm können auf der Basis des o. g. Formulars am Bildschirm die notwendigen Daten für den Finanzmittelbedarf und den Finanzmittelrückfluss eingegeben werden. Alle horizontalen und vertikalen Summierungen laufen hierbei wieder automatisch ab. Da das Formular erheblich mehr Zeilen und Spalten als der Bildschirm hat, muss der Bildschirmausschnitt mit entsprechenden Kommandos bei der Eingabe über das Formular geführt werden. Hierbei kann man sowohl Positionierungskommandos für den Direktansprung als auch Cursortasten für das kontinuierliche Verschieben benutzen.

Nach der vollständigen Dateneingabe werden die entsprechende Marginalrendite und die voraussichtliche Amortisierungszeit berechnet. Die Ausgabe geschieht in Form des Formulars auf dem angeschlossenen Drucker. Die gesamten Daten eines Berechnungsgangs können in einer Excel- bzw. SIPLAN-Datei gesichert und bei späteren Datenänderungen mit anschließender Neudurchrechnung wieder aufgerufen werden.

6.4.2 Aufwandsschätzverfahren

Für den Einsatz auf Personal Computern sind in der Vergangenheit bereits einige Aufwandsschätzverfahren realisiert worden. Durch die stete Verfügbarkeit auf einem PC und die damit verbundene leichte Hantierbarkeit und die individuellen Anwendungsmöglichkeiten wird viel eher eine breite Nutzung von Aufwandsschätzverfahren erreicht als durch irgendeine andere Maßnahme. Gerade in den ersten Planungsschritten ist das Schätzen des Entwicklungsaufwands etwas sehr »Persönliches«; deshalb ist der Einsatz von PCs an dieser Stelle besonders vorteilhaft.

Tabelle 6.6 PC-Aufwandsschätzverfahren (Auswahl)

Verfahren	Methode	Anbieter
SCHATZ	ZKP	PSE
FPM	Funktionswertmethode	Brainware GmbH
SICOMO	COCOMO	Siemens
KnowledgePLAN	u. a. EDB, FPM	SPR

Tabelle 6.6 enthält vier bei Siemens eingesetzte Verfahren, die auf unterschiedlichen Methoden basieren.

Nachstehend soll auf diese exemplarisch näher eingegangen werden.

Aufwandsschätzverfahren SCHATZ

SCHATZ umfasst zwei Verfahren mit unterschiedlichen Methoden, die sich in ihrem Prinzip allerdings gleichen [140]. Die beiden Verfahren wurden zu unterschiedlichen Zeitpunkten im Projektablauf eingesetzt und dienten schwerpunktmäßig zum Schätzen von Entwicklungsaufwänden bei der SW-Anwenderprogrammierung. Betriebssystemnahe Software konnte teilweise ebenfalls mit SCHATZ geschätzt werden.

Schätzverfahren 1

Das erste Verfahren (SCHATZ 1) konnte bereits in der Vorschlagsphase eines SW-Projekts eingesetzt werden. Es lieferte dort natürlich nur sehr grobe Werte. Einzugeben sind allgemeine Daten hinsichtlich des Anwenders, der zu entwickelnden Lösung und des Projektteams; hieraus werden zu erwartender Aufwand je Entwicklungsphase, Aufwand für Projektleitung und Inspektion sowie der Gesamtaufwand errechnet.

Dem Verfahren liegt die Methode zu Grunde, dass, ausgehend von einem empirisch gefundenen Grundaufwand für die klassischen Aufgabenkomplexe (Dateien, Verarbeitung) einer Anwenderprogrammierung – variiert durch aufwandsbeeinflussende Einflussfaktoren –, der voraussichtliche Gesamtaufwand bestimmt wird; sie stellt damit auch eine Faktorenmethode dar.

Das Verfahren verlangt hierbei Informationen zu:

- ▷ Zielvorstellungen und Randbedingungen für die zu entwickelnde Software,
- ▷ Komplexität der zu entwickelnden Software,
- ▷ Projektumfeld (intern und extern).

Bild 6.18 zeigt den »Ergebnisbildschirm« für eine mit SCHATZ 1 durchgeführte Schätzung. Durch (komfortables) Vor- und Zurückblättern zwischen den einzelnen Eingabemasken konnten sehr leicht Schätzvarianten durchgespielt werden, wobei sich geänderte Eingaben unmittelbar ersichtlich auf das Gesamtergebnis auswirkten.

Schätzverfahren 2

Das zweite Verfahren (SCHATZ 2) basiert auf der Methode Zeit-Kosten-Planung (ZKP) und stellt eine Dialogisierung des formulargestützten Verfahrens ZKP (siehe Kap. 3.2.5) dar. Das ZKP-Verfahren wurde erst nach Abschluss des Systementwurfs eingesetzt und führte auf Grund detaillierter Entwurfs- und Realisierungsangaben natürlich zu genaueren Schätzwerten.

Aus Anzahl und Gewichtung der zu verarbeitenden Dateien sowie abhängig von Komplexität und Schwierigkeitsgrad des Programms wird – je SW-Baustein – ein Grundaufwand für die Dateien (Dateiaufwandswert) und für die Verarbeitung (Verarbeitungsaufwandswert) ermittelt. Zusätzlich werden Faktoren errechnet, die die Problemkenntnisse und Programmierungserfahrung der Bearbeiter berücksichtigen. Weitere Faktoren wirken über einen prozentmäßigen Zuschlag auf den Gesamtaufwand ein:

- ▷ Zeitaufwand für Organisation,
- ▷ Zeitaufwand für Verlustzeiten innerhalb des Projekts,
- ▷ Zeitaufwand für Programmänderung.

Entsprechend der ZKP-Methode errechnet das Verfahren den Entwicklungsaufwand von Be-

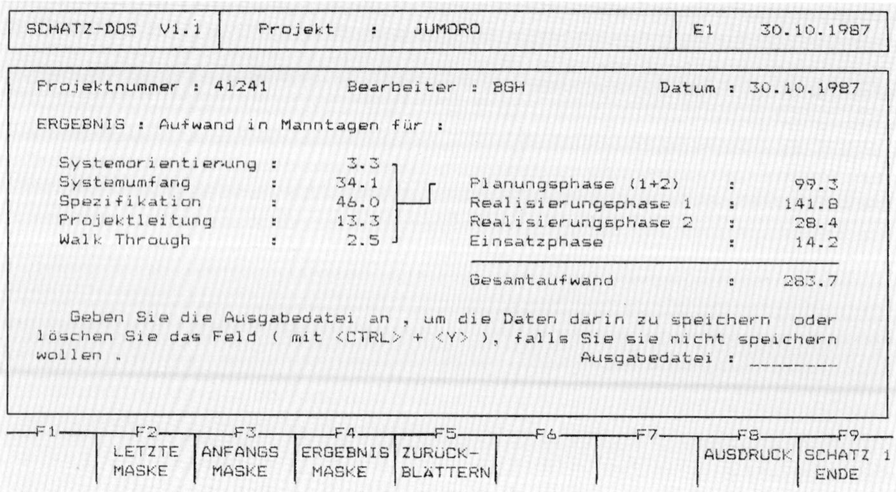

Bild 6.18 SCHATZ-Ergebnisblatt (SCHATZ 1)

ginn des DV-Grobkonzepts bis Ende des Systemtests. Die darüber hinaus erforderlichen Aufwände für Anwenderschulung, Probebetrieb und Übergabe sind mit 5% zu extrapolieren.

Bei SCHATZ 2 werden die einzelnen Abfragetabellen am Bildschirm angeboten, vom Schätzer entsprechend markiert und mit Mengenangaben versehen. Nach Übernahme dieser Eingabedaten laufen dann alle notwendigen Wertebestimmungen und Aufwandsberechnungen automatisch ab. Die Daten jeder einzelnen Schätzung können abgespeichert und jederzeit modifiziert werden. Eine einfache Maskenfolgesteuerung durch Funktionstasten erleichtert die Handhabung.

Die Ergebnisse der Schätzungen können von den jeweiligen Ergebnismasken aus auf Drucker ausgegeben werden. Übersichtliche Protokolle dokumentieren die Schätzungen mit Mengengerüst und allen Einflussfaktoren.

Aufwandsschätzverfahren FPM

FPM (Function Point Project Management System) wurde als Verfahren zur Aufwandsschätzung für SW-Entwicklungen konzipiert; es ist auf einem SINIX-Rechner, unter Verwendung des Produkts FACET (Facility for easy window technic), implementiert worden. Das Verfahren baut auf der Funktionswertmethode (Kap. 3.2.4) auf und wurde bei der Entwicklung von DV-Verfahren auf dem Rationalisierungsgebiet (OI-Bereich) eingesetzt.

Eingabedaten

Entsprechend der Funktionswertmethode wird die zu realisierende Software in ihre Funktionen (»Geschäftsvorfälle«) zerlegt und den fünf Funktionsbereichen:

▷ Eingabedaten,
▷ Ausgabedaten,
▷ Abfragedaten,
▷ Datenbestände und
▷ Referenzdaten

zugeordnet. Daran schließt nach Gewichtung gemäß ihrem jeweiligen Komplexitätsgrad die Eingabe in das Verfahren an.

Außerdem werden die Ausprägungen von mehreren vorgegebenen Einflussparametern festgelegt.

Anhand dieser Angaben errechnet FPM den zugehörigen Funktionswert (Function-Points) und ermittelt mit Hilfe einer verfahrensintern gespeicherten Funktionswerttabelle (Erfahrungsdatensatz) den geschätzten Entwicklungsaufwand in Mann-Monaten. Die voraussichtliche Entwicklungszeit wird hierbei allerdings nicht ermittelt.

Benutzeroberfläche

FPM hat eine dialogorientierte Benutzeroberfläche und verfügt über einen maskengesteuerten Ablauf; dieser gliedert sich in einen nicht allgemein zugänglichen Teil zur Erfahrungsdatenpflege und in den eigentlichen Benutzerteil der Projektbearbeitung auf.

Die Erfahrungsdatenpflege umfasst im Wesentlichen die Behandlung von Tabellen für die

- ▷ Gewichte,
- ▷ Einflussfaktoren und
- ▷ Funktionswerte.

Im Rahmen der Projektbearbeitung wird die zu schätzende Software definiert und bewertet; hierbei sind folgende Aufgaben zu erfüllen:

- ▷ die Definition der Funktionen,
- ▷ deren Einordnung in einen der fünf Funktionsbereiche,
- ▷ deren Gewichtung entsprechend der Komplexität sowie
- ▷ die Bestimmung der einzelnen Einflussfaktoren.

Nach Eingabe der vorgenannten Daten macht FPM einen Rechnungslauf zur Ermittlung der Funktionswerte. Als Ergebnis erhält der Benutzer den Gesamtfunktionswert und den dafür (von FPM) geschätzten Entwicklungsaufwand; im Weiteren wird ihm eine Auflistung der einzelnen Projektteile mit einer prozentualen Aufteilung des vorgenannten Entwicklungsaufwands ausgegeben.

Sensitivitätsanalysen

Das Verfahren FPM eignet sich gut für das Simulieren verschiedener Schätzvarianten, wobei die anfangs definierten Funktionsanzahlen oder die vorgenommenen Gewichtungen »probeweise« variiert werden. So kann man Sensitivitätsanalysen (ähnlich Bild 3.33) erstellen.

Aufwandsschätzverfahren SICOMO

SICOMO (Siemens Software Cost Model Tool) ist ebenfalls ein Verfahren zur Aufwandsschätzung und Kalkulation von SW-Entwicklungen. Dem Verfahren liegt die COCOMO 1-Methode (Kap. 3.2.2.1) zu Grunde.

Eingabedaten

Ausgehend von einer definierbaren Produktstruktur ist dem Verfahren lediglich die Größe der zu entwickelnden SW-Komponenten, d. h. deren Befehlsanzahl in loc zu übergeben. Weiterhin müssen die einzelnen Ausprägungen der 15 von Boehm vorgeschlagenen Kostentreiber angegeben werden – die bekanntlich die Einflussgrößen der COCOMO-Aufwandsschätzmethode darstellen.

Aus diesen Angaben leitet SICOMO folgende Schätzdaten ab:

- ▷ Entwicklungsaufwand in Mann-Monaten
- ▷ Kosten der Entwicklung in DM
- ▷ Entwicklungszeit in Monaten.

SICOMO selbst arbeitet mit einem erweiterten »Detailmodell« und nützt damit die COCOMO 1-Methode in ihrer umfassendsten Form.

Entwicklungsumfeld

SICOMO kennt die drei Entwicklungsmodi:

»ORGANIC MODE«	für einfache SW-Entwicklungen,
»SEMIDETACHED MODE«	für mittelschwere SW-Entwicklungen und
»EMBEDDED MODE«	für komplexe SW-Entwicklungen.

Die Angabe des Entwicklungsmodus wird bei einer mehrteiligen Produktstruktur nur für das Gesamtprodukt (»Root-Komponente«) gemacht. Alle Komponenten auf unterer Ebene übernehmen (»erben«) automatisch diese Modus-Angabe.

Zu jeder zu schätzenden Komponente eines SW-Produkts legt man einzeln die jeweiligen Ausprägungen der Einflussparameter fest. Die zugehörigen Kostentreiberwerte sind von COCOMO 1 übernommen worden; diese Wertebelegung kann z. B. mit dem in Kap. 5.3.4 erwähnten Kalibrierungsprogramm SIKAL an anwenderspezifische Gegebenheiten angepasst werden. Auch ist eine Änderung der Begriffsinhalte einzelner Kostentreiber möglich, wenn man über entsprechende Erfahrungsdaten abgeschlossener SW-Projekte verfügt.

Wie beim COCOMO 1-Modell wird bei SICOMO der SW-Entwicklungsprozess in die dort definierten Entwicklungsphasen gegliedert, wobei die Aufwands- und Zeitschätzung die Studienphase ausklammert, da in dieser ja erst die notwendigen Schätzvorgaben erarbeitet werden.

SICOMO ermöglicht die phasenorientierte Angabe der Personalkostensätze.

Zur Kalkulation geht man von einer 40-Stunden-Woche aus. Nach Abzug eines Durchschnittswerts für Ausfallzeiten und nicht projektbezogenen Zeiten ergibt sich für einen Monat der Wert von 136 (produktiven) Arbeitsstunden. Soll eine andere Arbeitszeit je Monat zur Kalkulation herangezogen werden, so kann man in einer Parameterdatei den entsprechenden Wert modifizieren.

Bei SICOMO ist eine beliebig große Unterstrukturierung des geplanten SW-Produkts möglich (dagegen sieht COCOMO 1 nur max. drei Stufen einer Produktstruktur vor).

Die Aufwandsbeeinflussung von Modifikationsentwicklungen kann bei SICOMO ebenfalls berücksichtigt werden. Hierzu sind die Angaben der im Kapitel 3.2.2.1 erläuterten Modifikationsanteile für den Entwurf, die Programmierung und die Integration zu machen.

Benutzerkommandos

SICOMO verfügt über einen komfortablen Benutzerdialog. Die verfügbaren Benutzerkommandos gliedern sich in:

- ▷ Datei- und Steuerkommandos,
- ▷ Strukturkommandos,
- ▷ Eingabekommandos,
- ▷ Kostentreiberkommandos und
- ▷ Ausgabekommandos.

Datei- und Steuerkommandos sind einerseits für die Datenverwaltung begonnener und abgeschlossener Aufwandsschätzungen notwendig, andererseits sind sie für den Ablauf des Dialogs erforderlich. Die Strukturkommandos umfassen alle Kommandos, die für die Definition, Manipulation und Abarbeitung der Produktstruktur notwendig sind. Mit den Eingabekommandos werden alle für die jeweiligen Aufwands- und Kostenschätzung erforderlichen Daten eingegeben. Hierzu zählen Entwicklungsmodus, Anzahl Befehle, Modifikationsanteile und Personalkostensätze. Mit den Kostentreiberkommandos werden die (verbalen) Kategorien der Ausprägungen ins Verfahren eingegeben. Die Ausgabekommandos stoßen die SICOMO-Auswertungen an und geben sie aus.

Sensitivitätsanalysen

Da der Bildschirm im SICOMO-Benutzerdialog gleichzeitig für die Eingabe und die Ausgabe genutzt wird, ergibt sich ein sehr schneller Dialog. Deshalb eignet sich SICOMO besonders zum Simulieren verschiedener Aufwandsschätzungen, so dass anschauliche Sensitivitätsanalysen möglich sind. Bei diesen Analysen wird im Rahmen der Aufwandsschätzung der jeweilige Einfluss von Veränderungen einzelner Eingabeparameter auf das Schätzergebnis untersucht. Dadurch ist leichter zu entscheiden, welche Maßnahmen z. B. getroffen werden müssen, eine bestimmte Reduzierung im geplanten Aufwand zu erreichen.

Beispiel einer SICOMO-Aufwandsschätzung

Anhand eines Beispiels aus der Praxis soll gezeigt werden, welche Ausgabemöglichkeiten SICOMO bietet: Es handelt sich um ein Programmsystem zur Generierung von PROM-Daten, das darüber hinaus Auswertungen in mehreren Sprachen – deren Programmteile also durch geringfügige Modifikationen entstehen – liefern soll.

Für jede definierte Komponente des betrachteten Produkts erhält man in dem SICOMO-Dialog einen Eingabebildschirm, der den Komponentennamen, den Entwicklungsmodus, die 15 Kostentreiber, die vier phasenorientierten Kostensätze sowie die Angabe der Produktgröße aufnimmt.

Bild 6.19 zeigt den Ergebnisbildschirm einer ausgewählten Komponente (dprog); er enthält phasenorientiert die Personalaufwände in MM und DM. Zusätzlich sind die notwendige Zeitdauer und Personalstärke bezogen auf die Phasen angegeben. Hierzu errechnet SICOMO noch die Produktivitätsgrößen DSI/MM und DM/DSI.

In einer weiteren Auswertung erstellt SICOMO ein Summenblatt, das die Schätzergebnisse aller Komponenten in eine gemeinsame Liste bringt. Die Ordnung in dieser Komponentenzusammenstellung entspricht der eingegebenen Produktstruktur.

```
SICOMO   Software Cost Calculator                              Page:    1

Current Component: dprog                                            Level:  2
SubComponent of:   pvdz419                                          MODE:   organic

RELY:* low      DATA:* low      CPLX:* nominal
TIME:* nominal  STOR:* nominal  VIRT:* low      TURN:* nominal
ACAP:* nominal  AEXP:* low      PCAP:* nominal  VEXP:* high     LEXP:* high
MODP:* high     TOOL:*-vhigh    SCED:* nominal
PDCOST:* DM 15000  DDCOST:* DM 15000  CUTCOST:* DM 15000  ITCOST:  DM 18000

DSI:         2900   %DMOD: 50  %CMOD: 80  %IMOD:100    CPI:  0   EDSI:        2100
-----------------------------------------------------------------------------------
Phase    Man-Months    Cost (kDM)

PD           1.2           17.3
DD           1.4           21.6
CUT          1.6           24.6
IT           0.5            9.2

Total        4.7           72.8

Productivity = 451.9  DSI/MM      Unit Cost = 33.91  DM/DSI
===================================================================================
===================================================================================
```

Bild 6.19 SICOMO-Ergebnisblatt

```
SICOMO   Software Cost Calculator                              Page:    1

                                     DEVELOPMENT SCHEDULE

                        % Phase      -- Man-Months --          -- Cost (kDM) --
Month    Phase        Complete      Current       Cum.      Current          Cum.
-----    -----        --------      -------       ----      -------          ----
  1       PD             37           2.3          2.3        34.6           34.6
  2       PD             74           2.3          4.6        34.6           69.2
  3       PG              5           2.5          7.1        38.0          107.2
  4       PG             23           3.0         10.1        46.6          153.8
  5       PG             40           3.0         13.2        46.6          200.3
  6       PG             58           3.0         16.2        46.6          246.9
  7       PG             75           3.0         19.2        46.6          293.5
  8       PG             93           3.0         22.3        46.6          340.1
  9       IT             45           2.6         24.9        41.3          381.4
 10       IT            100           1.7         26.6        27.0          408.4
=================================================================================
```

Bild 6.20 SICOMO-Zeitplan

Schließlich kann ein für das gesamte Projekt gültiger Zeitplan erzeugt werden (Bild 6.20); dieser geht allerdings streng von einem projektbezogenen, optimalen Personaleinsatz aus und berücksichtigt die aktuelle Personalsituation in der betreffenden Entwicklungsabteilung nicht. Deshalb ist dieser Zeitplan häufig nur von theoretischem Wert, da man z. B. in dem einen Monat nicht genau 2,3 MA und im nächsten Monat genau 2,5 MA zur Verfügung hat.

KnowledgePLAN

KnowledgePLAN ist ein (englischsprachiges) Aufwandsschätzverfahren von SPR (Software Productivity Research) für die Softwareentwicklung, welches auf eine umfangreiche Erfahrungsdatenbank aufbaut, in der die Daten von ca. 8000 bereits durchgeführten Softwareprojekten aus allen gängigen Softwareumgebungen gespeichert sind. Das Verfahren ist inzwischen in das Projektmanagementverfahren ARTEMIS (Kap. 6.3.2) integriert worden, kann aber auch an andere PM-Tools, wie z. B. MS Project angebunden werden.

Im Rahmen des zeitlichen Ablaufs der Projektplanung stehen drei Methoden für die Aufwandsschätzung zur Verfügung:

- ▷ Sizing by Analogy
- ▷ Sizing by Component
- ▷ Sizing by Metric.

Im frühen Stadium der Projektplanung kann die Aufwandsschätzung nur in Analogie zu vergleichbaren früheren Projekten (*Sizing by Analogy*) vorgenommen werden. Liegen schon Details hinsichtlich einiger Komponenten der geplanten Software vor, wie z. B. Anzahl der Masken und Reports, so bietet sich eine Komponentenaufwandsschätzung (*Sizing by Component*) an. Können bereits Angaben zur Anzahl der Funktionen bzw. der Anzahl lines of code gemacht werden, so ist eine parametrische Aufwandsschätzung (*Sizing by Metric*) ähnlich der Funktionswertmethode bzw. der COCOMO-Methode möglich.

Die Erfahrungsdatenbank enthält die relevanten Software-Parameter von durchgeführten Entwicklungs-, Erweiterungs- und Wartungsprojekten. SPR bietet ein jährliches Update der Datenbank, so dass die Wissensdaten immer einen aktuellen Stand haben. Auch ist es möglich, die Daten von eigenen durchgeführten Softwareprojekten in die Erfahrungsdatenbank einzugeben.

Im Gegensatz zu vielen anderen Tools zur Schätzung des Software-Entwicklungsaufwands erlaubt KnowledgePLAN, aus den Erfahrungen der durchgeführten Softwareprojekte zu lernen und sie für die eigene Softwareumgebung zu nutzen.

6.4.3 Grafikprogramme

Ein Bild drückt bekanntlich häufig mehr aus als ein ausführlicher Text; außerdem können schwierige Zusammenhänge visuell oft viel leichter erklärt werden als verbal. Größenverhältnisse bei Plan/Ist-Vergleichen oder Trends bei Plan/Plan-Vergleichen sind z. B. mit Präsentationsgrafiken wesentlich anschaulicher darstellbar als mit umfangreichen Zahlentabellen. Gerade in der Entscheidungsfindung ist eine auf das Wesentliche reduzierte Datenpräsentation sehr nützlich; hinzu kommt, dass rechnergestützte Visualisierungen den großen Vorteil bieten, alle erdenklichen Alternativen in kürzester Zeit durchspielen zu können.

Auch wenn die auf Großrechnern laufenden Projektplanungs- und -steuerungsverfahren häufig nicht über eine derartige grafische Unterstützung verfügen, kann sich das Projektmanagement heute doch komfortabler Grafikprogramme auf Personal Computern bedienen. Dreidimensionale und farbige Darstellungen sind heutzutage auf Personal Computern bereits Standard; viele PC-SW-Hersteller bieten sogar Grafikprogramme für das freie Zeichnen von »Feuilleton-Bildern« an.

Das Erstellen einer Grafik ist relativ leicht zu erlernen. Als Erstes muss eine Grafikdatei aufgebaut werden; hierzu gibt man über Bildschirmmasken allgemeine Angaben über Grafikname, Typ des zu erstellenden Diagramms, Bezeichnung und Werteeinteilung der Rubriken und sonstige Beschriftungen ein. Anschließend werden je Rubrik (z. B. x- und y-Achse) die entsprechenden Einzelwerte erfasst. Auf Tastendruck erscheint dann die gewünschte Grafik.

Übersicht

Das Angebot an PC-Grafik ist sehr groß. Dank immer leistungsfähigerer Hardware wächst der jeweilige Funktionsumfang laufend; daneben zeigen Bedienoberflächen einen hohen Grad an Benutzerfreundlichkeit, so dass besonders die »Wenigbenutzer« sich dieser Hilfsmittel in steigendem Maße bedienen können.

Hinzu kommt, dass bei den PC-Grafikprogrammen häufig eine Datenschnittstelle zu Tabellenkalkulations- und Datenbankprogrammen vorhanden ist, die auf demselben Personal Computer ablaufen. Daher können Daten, die z. B. innerhalb eines Kalkulationsprogramms entstanden sind, auf einfache Weise entsprechend aufbereitet und grafisch dargestellt werden.

In der Übersicht der Tabelle 6.7 sind einige bekannte PC-Grafikprogramme aufgeführt, mit einigen Angaben zum jeweiligen Leistungsspektrum. Einerseits sind die möglichen Diagrammdarstellungen markiert und andererseits ist angegeben, in welcher Form einzelne Diagramme miteinander verbunden werden können. Für die Verbindung mehrerer Diagramme bieten sich – wie in Kap. 4.6.3 bereits erläutert – drei Möglichkeiten an, je nach Übereinstimmung der Skalierung der beiden Diagrammachsen (Tabelle 6.8).

In der Tabelle 6.7 ist weiterhin vermerkt, ob Diagramme dreidimensional ausgegeben werden können. Auch ist zu ersehen, ob das jewei-

Tabelle 6.7 PC-Grafikprogramme (Auswahl)

Grafik-programm	Diagramme							Grafiken										Verbindung			Eigenschaften				
	Balken-	Säulen-	Flächen-	Treppen-	Linien-	Punkte-	Spannweiten-	Keviat-Grafik	Kreisgrafik	Flussdiagramm	Organigramm	Netzwerke	Histogramm	Portfolio	MTA-Raster	Gantt-Balkenplan	Netzplan	Kombination	Kopplung	Schachtelung	dreidimensional	farbfähig	freies Zeichnen	Rechenfunktionen	Datenschnittstelle
MS Chart	x	x	x	x	x	x			x				x					x		x		x	(x)	x	MS Excel
PowerPoint	x	x	x	x	x	x	x		x	(x)	(x)	(x)								x	x	x	x		MS Office-Programme
MS Excel	x	x	x	x	x	x	x	x	x	(x)	(x)		x	x				x	x	x	x	x	(x)	x	MS Office-Programme
Lotus 1-2-3	x				x	x			x				x											x	MS Excel
MS Visio										x	x	x			(x)								(x)		MS Office-Programme
GRANEDA			x								x		x			x	x		x			x		x	ODBC, SAP R/3

Tabelle 6.8 Verbindung von Diagrammen

	Wertebelegung		Anordnung der Diagramme
	x-Achse	y-Achse	
Kombination	identisch	identisch	gemeinsam
Kopplung	identisch	abweichend	untereinander
Schachtelung	abweichend	abweichend	beliebig

lige Toolpaket farbfähig ist (mit entsprechendem Drucker) und ob freies Zeichnen unterstützt wird. In der Rubrik Datenschnittstelle sind die jeweils möglichen Anschlussprogramme aufgeführt.

Für eine erste Orientierung wird auf die vorgenannten Grafikprogramme kurz eingegangen.

Grafikprogramm MS-Chart

MS-Chart (Microsoft Chart), eines der ersten Grafikprogramme, ist auf das Erstellen von Geschäftsgrafiken ausgerichtet. Alle gängigen Diagramme können in bis zu 45 Diagrammausprägungen dargestellt werden. Dreidimensionale Aufbereitung ist allerdings nicht möglich. Die Darstellung am Bildschirm entspricht weitgehend dem Druckbild. Das Erstellen und Ändern von Diagrammen ist sehr einfach. Die hierbei benutzte Dialogoberfläche ist analog zu anderen Microsoft-Produkten in ähnlicher Menütechnik aufgebaut. Die einzelnen Kommandos sind stets in einer Menüleiste im Kopf des Ausgabebildschirms aufgeführt und auf mehreren Befehlsebenen angeordnet, d. h. bei Einsatz eines bestimmten Kommandos ist anschließend meist eine weitere Unterkommandoauswahl oder eine Parametereingabe erforderlich.

Die Übernahme von Daten aus Tabellenkalkulationsprogrammen wird unterstützt (xternal-Kommando). Eine Übernahme fremder Datensätze, die als Textdateien aufgebaut sind, ist nicht möglich.

MS-Chart bietet mehrere Rechenfunktionen, u. a. lineare Regression, Standardabweichung, Durchschnittsberechnung und Anzeigen von Trends.

Das MTA-Raster der Meilenstein-Trendanalyse kann über MS Project in Verbindung mit Zusatz-Tools wie „TPG MTA Client“ oder „projectmta“ automatisch erstellt werden.

Präsentationsprogramm PowerPoint

PowerPoint ist ein Grafikprogramm von Microsoft, welches im Wesentlichen zum freien Zeichnen von Bildern für Präsentationsfolien gedacht ist. PowerPoint unterstützt aber auch die grafische Darstellung von Tabellen, so kann man z. B. Säulen-, Flächen-, Treppen-, Kreis- und ähnliche Diagrammformen sehr leicht entwerfen.

Bei Aufruf einer einfachen Eingabetabelle können die erforderlichen x- und y-Werte für das gewünschte Diagramm eingegeben werden. Anschließend können Form, Größe und Farbverteilung der Grafik sehr flexibel festgelegt (und nachträglich verändert) werden.

Eine Kopplung und Kombination zwischen diesen Diagrammen ist nicht möglich. Auch eine Übernahme von Tabellenwerten aus anderen Programmen, z. B. Tabellenkalkulationsprogrammen, kann nicht vorgenommen werden. Diagramme für das Projektmanagement sollten mit PowerPoint nur dann erstellt werden, wenn sie zur reinen Präsentation von Projekt-Sachverhalten, z. B. für Entscheidungssitzungen, gedacht sind.

Tabellenkalkulationsprogramm Excel

Das Tabellenkalkulationsprogramm Excel von Microsoft (siehe Kap. 4.6.1) ist dahingehend fortentwickelt worden, dass es neben der reinen Durchrechnung von Tabellen auch die grafische Darstellung derselben ermöglicht. Hierbei können eine große Zahl unterschiedlicher Formen und Varianten von Diagrammen unmittelbar in Excel dargestellt werden. Als Basis für die Diagrammwerte dient immer eine vorher aufgebaute Excel-Tabelle. Bei späteren Werteänderungen in den Tabellen passen sich umgehend die entsprechenden Grafikverläufe an. Zu einer einzigen Wertetabelle können auch mehrere unterschiedliche Grafiken generiert werden, dabei können sich diese in ihrer Darstellungsform oder in ihrem Wertebereich unterscheiden.

Die Diagrammdarstellung ist sowohl zwei- als auch dreidimensional möglich. Bei Vorhandensein eines entsprechenden Farbdruckers können die Diagramme mehrfarbig ausgegeben werden. Die Übernahme von Zahlenwerten aus vorgelagerten Projektdatenbanken, wie z. B. Access zur grafischen Darstellung, wird von Excel ebenfalls unterstützt.

In Bild 6.21 ist in einem Beispiel gezeigt, wie man in Excel auf Basis einer einfachen Werte-Tabelle ein Geschäftsfeld-Portfolio mit einem Blasendiagramm erzeugen kann.

Für das Projekt-Controlling und das Entwicklungsmanagement ist inzwischen diese kombinierte Form der Tabellenkalkulation und der grafischen Diagrammdarstellung mit Hilfe von Excel in vielen Bereichen ein unentbehrliches Hilfsmittel geworden.

Das PC-Tool @RISK, welches als Add-In für Excel entwickelt worden ist, dient zur Risikoanalyse. Durch diese Einbettung in Excel lassen sich bereits bestehende Kalkulationstabellen in eine Risikoanalyse einbeziehen. @RISK zeigt dann

Geschäfts-feld	Anzahl Produkte	Marktanteil in %	Verkaufs-zahlen
A	14	13%	1.400
B	20	25%	6.600
C	19	47%	2.600
D	12	18%	5.000
E	4	6%	600

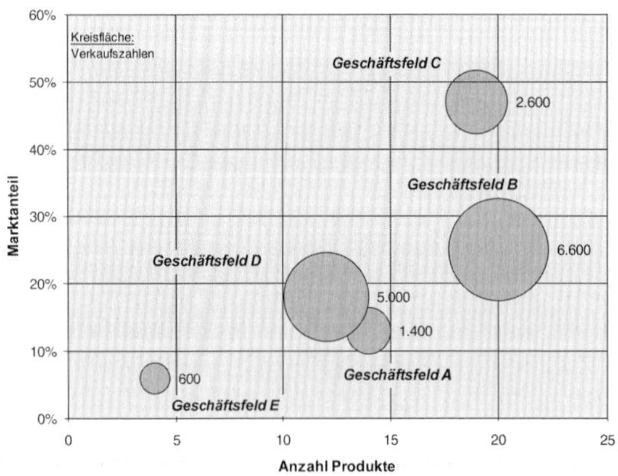

Bild 6.21
Blasendiagramm (mit Werte-Tabelle)

mit Hilfe der Monte-Carlo-Simulationsmethode alle in einer gegebenen Situation möglichen Ergebnisse auf. Dadurch wird es leichter, abzuwägen, welche Risiken akzeptabel sind und welche nicht (Anbieter siehe www.palisade.com/risk/de).

Grafikprogramm Lotus 1-2-3

Das Softwarepaket Lotus 1-2-3 ist ein integriertes Anwendersystem, welches mehrere PC-Funktionsbereiche (Tabellenkalkulation, Datenbank, Text und Grafik etc.) unter einer gemeinsamen Bedieneroberfläche umfasst. Lotus 1-2-3 enthält Grafiksoftware, mit der Geschäftsgrafiken erstellt werden können, und zwar im Wesentlichen Balken- und Liniendiagramme sowie Kreisgrafiken.

Der große Vorteil bei Lotus 1-2-3 besteht in der »integrierten« Programmkonzeption. So wird die Grafik auf demselben Arbeitsblatt erstellt wie z. B. bei Geschäftsfelddarstellungen.

Visualisierungsprogramm VISIO 2010

VISIO 2010 ist ein Grafikprogramm der Firma VISIO Corporation, welches inzwischen im Rahmen des Microsoft Office Pakets angeboten wird. Mit diesem Visualisierungsprogramm können sehr schnell »intelligente« Geschäftsgrafiken erstellt werden [56]. Intelligent soll hier bedeuten, dass mit VISIO die unterschiedlichsten Geschäftsgrafiken mittels einer Vielzahl von Symbolen, so genannten Shapes, und selbst gezeichneten Bildelementen entworfen werden können und dabei ein vorgenommener Zusammenhang, z. B. mit Verbindungslinien, beim weiteren Umordnen der Shapes automatisch nicht verloren geht (»Shape-Verhalten«), so dass die innere Logik der Grafiken erhalten bleibt.

Mit VISIO können Blockdiagramme, Geschäftsdiagramme, Flussdiagramme, Landkarten und Netzwerk-Diagramme erstellt werden. Zu den Geschäftsdiagrammen gehören hier neben den bekannten Linien-, Balken- und Kreisdiagrammen auch Grafiken wie Raumpläne, Marketing-Diagramme, Organigramme und weitere Projektpläne. Marketing-Diagramme können sehr gut für die Prozessmodellierung, für Benchmark-Berechnungen, für Simulationen, für Produktlebenszyklus-Darstellungen sowie für Zeit-, Kosten- und Ressourcenanalysen eingesetzt werden. Zu den Flussdiagrammen zählen neben den Datenfluss-Diagrammen spezielle Grafiken wie Audit-, QM-, SDL- und Arbeitsablauf-Diagramme. Mit den Netzwerk-Diagrammen kann man ganze IT Netze unter Verwendung der gängigen Symbole entwerfen.

VISIO unterstützt den Austausch von Shapes, Texten und anderen Objekten mit MS Office-Anwendungen, wie z. B. die Bildübergabe nach PowerPoint. Alle mit VISIO erstellten Grafiken können in das jpg- oder gif-Format exportiert, als HTML-Seite ins Internet gestellt oder über MS Outlook als E-Mail versandt werden.

Netzplan-Grafikprogramm GRANEDA

GRANEDA (GRAfische NEtzplan-DArstellung) zählt zu den allerersten Grafikprogrammen auf dem Markt der Projektmanagement-Software. Es wurde anfänglich als rein grafische Ergänzung zu den numerisch betriebenen Mainframe-Programmen entwickelt. Inzwischen läuft es auf PC und besitzt eine komfortable grafische Benutzeroberfläche für diverse Termin- und Ressourcenplanungstools. Die breiteste Anwendung findet es jedoch in Kombination mit MS Project, zu dessen Partnern die NETRONIC Software GmbH auch zählt.

Die Hauptstärken von GRANEDA liegen in der Darstellung von umfangreichen Netzplänen, Projektstrukturplänen und Balkendiagrammen in Verbindung mit *Histogrammen*. Das Histogramm ist in erster Linie als parallele Sicht zum Balkenplan gedacht, so wie es in den PM-Tools hauptsächlich eingesetzt wird. Es können gleichzeitig beliebig viele Histogrammfenster sowie gestapelte Histogramme, d. h. aufaddierte Werte in unterschiedlichen Farben, angezeigt werden.

Speziell für die Bedürfnisse der *Prozessvisualisierung* kann GRANEDA die Flussrichtung eines Netzplans nicht nur von links nach rechts, sondern in Analogie zum Flussdiagramm auch von oben nach unten einstellen (siehe Bild 6.22). Für die *Balkenplan-Darstellung* werden vielfältige Funktionen angeboten: Beliebig viele Zeitachsen sind innerhalb einer Skala unabhängig voneinander skalierbar (z. B. oben: Jahre, mittig: Wochen, unten: Stunden), statt einer kalendarischen Zeitskala kann der Benutzer auch eine zählende Skala (z. B. Tage oder Monate ab

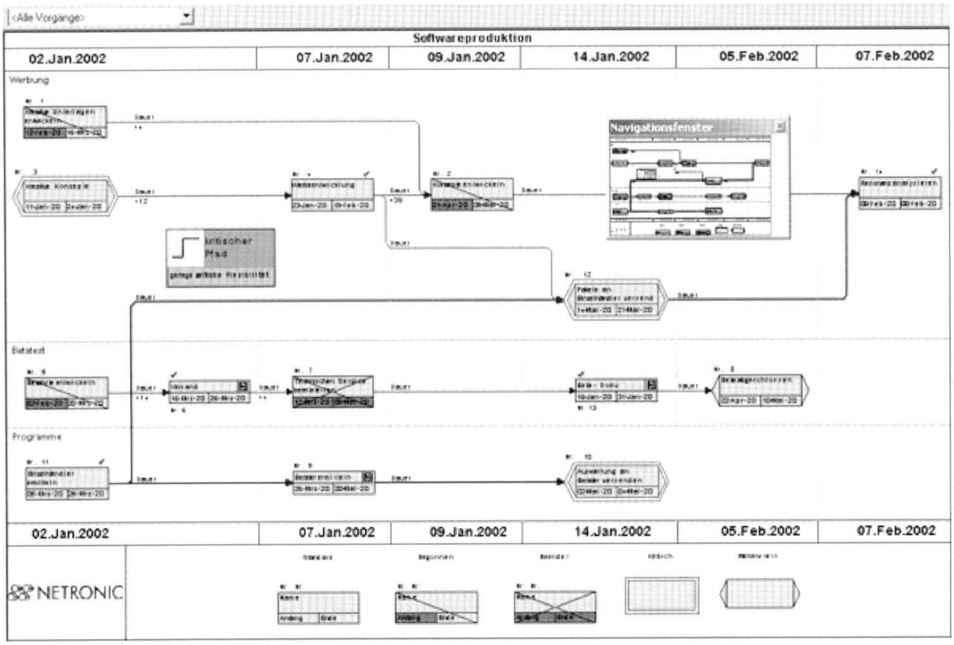

Bild 6.22 GRANEDA-Netzplan mit vertikaler Prozessorientierung

Projektstart, beginnend mit 0 oder 1) wählen, die Zeitachse kann sowohl ober- als auch unterhalb des Diagramms oder zugleich oben und unten angezeigt werden, schließlich können auch beliebig viele Zeitlupen- und Zeitraffer-Fenster gleichzeitig angezeigt werden.

GRANEDA erzeugt mit seinem *Strukturplan-Modul* differenzierte Möglichkeiten in der Darstellung des Projektstrukturplans; so können im Projektstrukturplan hierarchisch aggregierende Felder definiert werden. Ein numerisches Feld innerhalb eines Knotens im Projektstrukturplan kann der Anwender mit den statistischen Basisfunktionen Summe, Mittelwert, Maximum und Minimum versehen. Dann berechnet GRANEDA auf jeder Hierarchieebene von unten nach oben diesen Wert und weist ihn dem jeweils übergeordneten Knoten zu. Damit ist eine einfache Bottom-up-Berechnung möglich, zum Beispiel für die Aufwandsschätzung.

Komfortable Drucker- und *Plotterausgaben* in allen Formaten stehen zur Verfügung, individuelle Seitenaufteilung vor dem Drucken und Ausdruck beliebiger Ausschnitte sind möglich.

GRANEDA hat eine bidirektionale Schnittstelle zu Microsoft Project. Für andere Planungswerkzeuge bietet GRANEDA die standardisierte ODBC-Schnittstelle bzw. den Import/Export über MPX- und CSV-Format an. Spezifische Schnittstellen bestehen ferner zu SAP/R3, Primavera und Sciforma Project Scheduler. Die Anbindung an ein Intranet und an das Internet stellt für das Programm kein Problem dar; mit dem Zusatzmodul *Web Viewer* können beliebige Browser die Pläne mit Scroll- und Zoom-Funktionalität anzeigen und komfortabel ausdrucken. Daneben kann der Anwender Grafiken in allen gängigen Grafikformaten exportieren.

Diagrammarten

Abhängig vom Präsentationsziel bieten Grafikprogramme unterschiedliche Varianten von Diagrammen zur Informationsdarstellung an. Wie in Kapitel 4.6.3 ausgeführt, gibt es folgende Arten von Diagrammen:

- ▷ Balkendiagramme,
- ▷ Säulendiagramme,
- ▷ Flächendiagramme,
- ▷ Liniendiagramme,
- ▷ Punktediagramme,
- ▷ Kreisdiagramme (»Torten«).

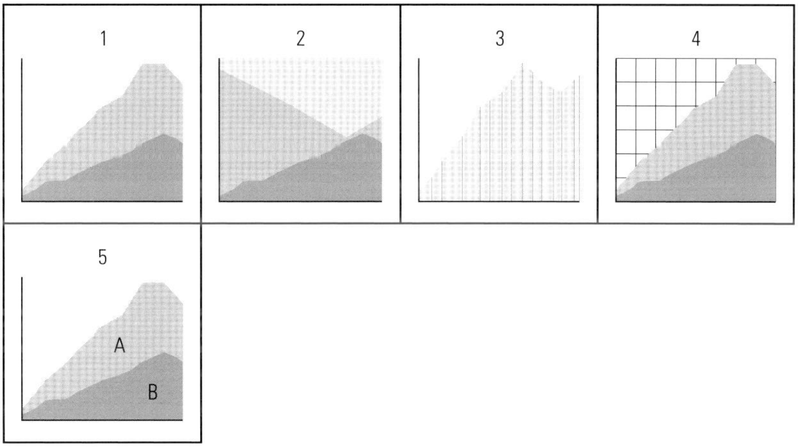

Flächen-
diagramme

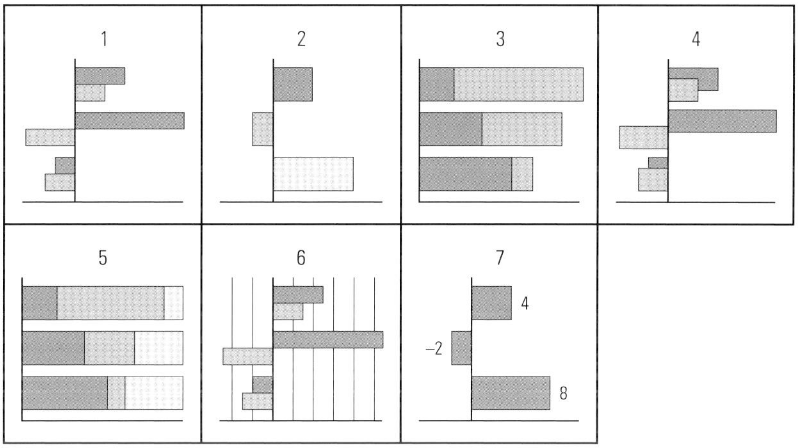

Balken-
diagramme

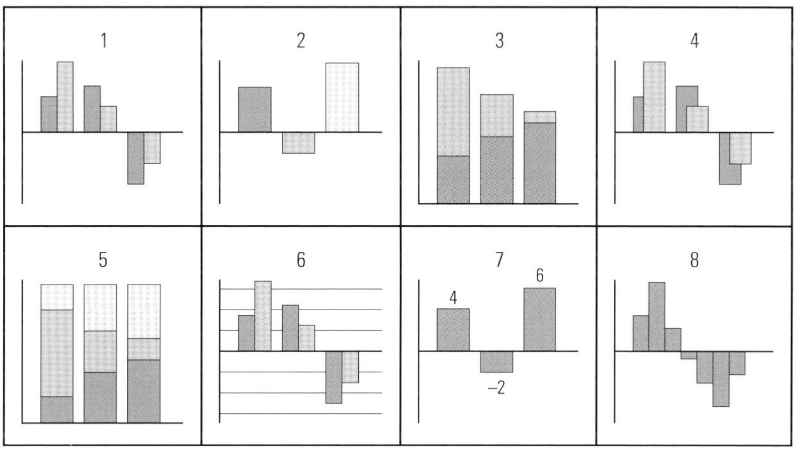

Säulen-
diagramme

Bild 6.23 Varianten der Diagrammerstellung (Beispiel MS-CHART, Forts. s. Seite 688)

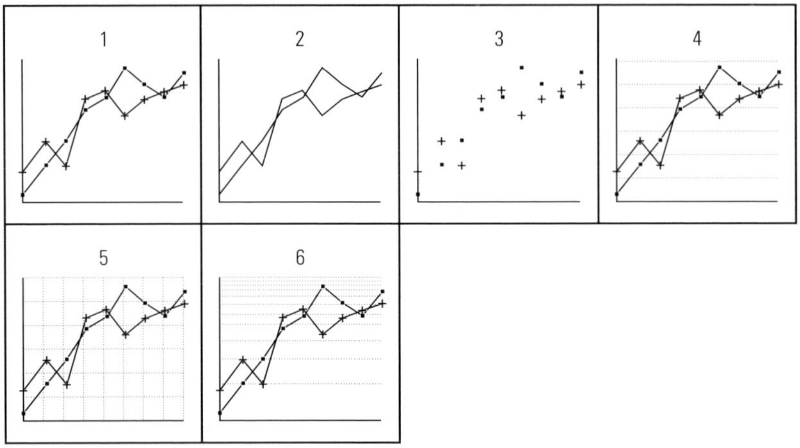

Linien-
diagramme

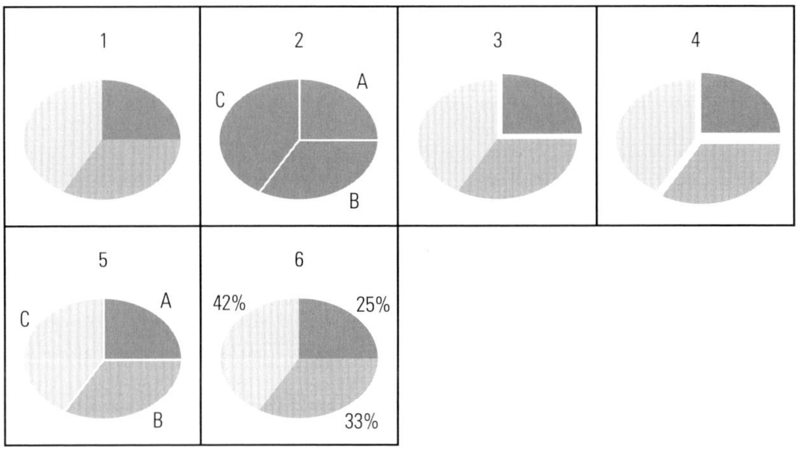

Kreis-
diagramme

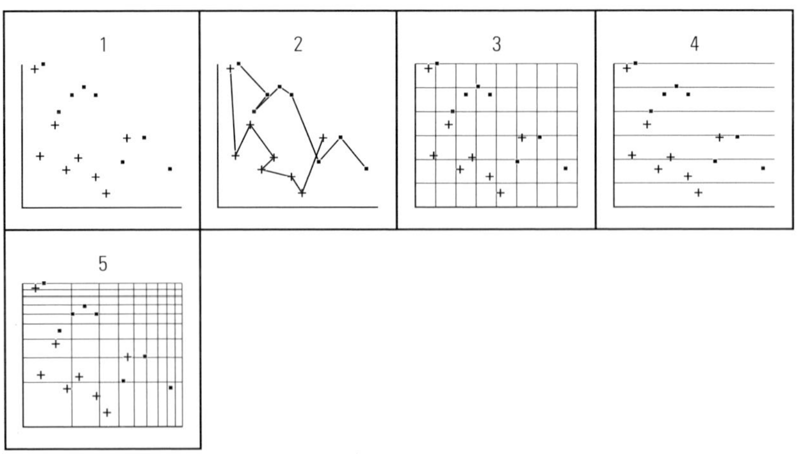

Punkte-
diagramme

Bild 6.23 Varianten der Diagrammerstellung (Beispiel MS-CHART, *Forts.*)

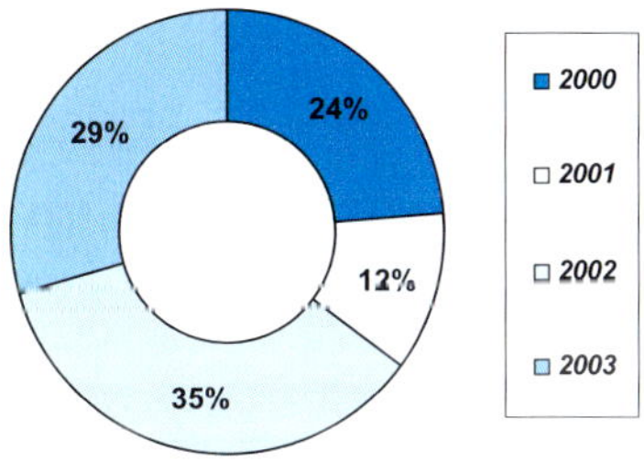

Ringdiagramm

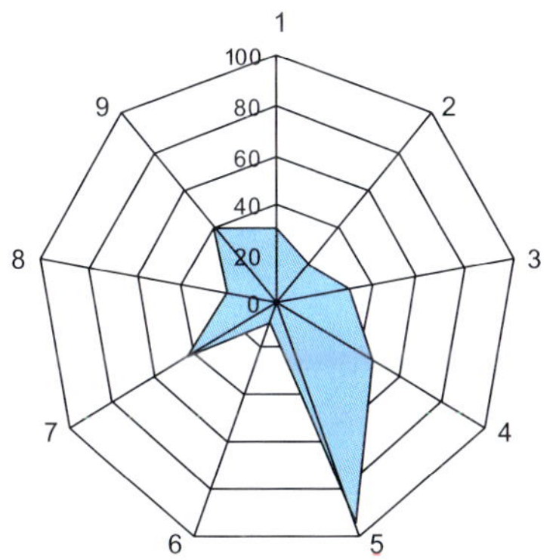

Netzdiagramm (Keviat)

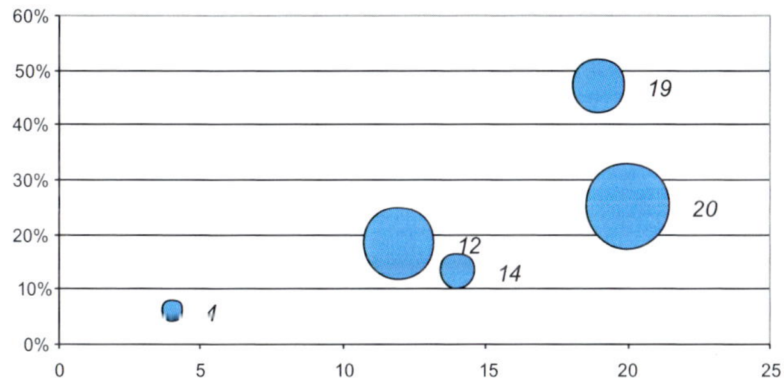

Blasendiagramm

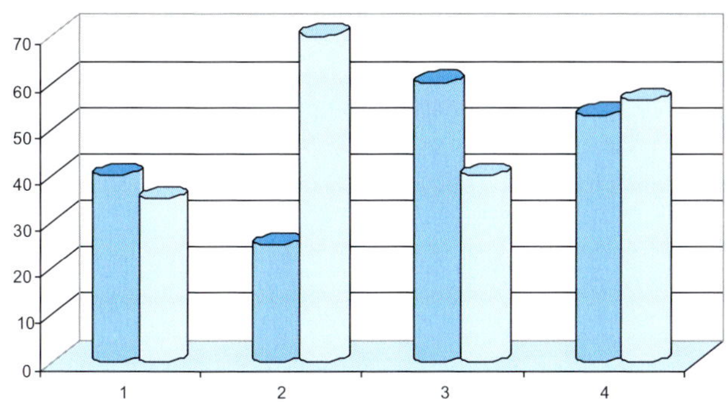

Zylinderdiagramm

Bild 6.24 Sonderdiagramme (Beispiel MS Excel)

Hinzu kommen als Sonderformen die

- ▷ Netzdiagramme (»Spinne«),
- ▷ Ringdiagramme,
- ▷ Oberflächendiagramme,
- ▷ Blasendiagramme,
- ▷ Kursdiagramme,
- ▷ Kegeldiagramme,
- ▷ Zylinderdiagramme,
- ▷ Pyramidendiagramme.

Alle hier aufgeführten Diagrammarten können noch in sehr unterschiedlichen Ausprägungen dargestellt werden; so können z. B. bei einem Säulendiagramm die einzelnen Säulen übereinander oder nebeneinander angeordnet werden. Häufig können sie auch dreidimensional dargestellt werden. Beispiele für die o. a. erste Gruppe sind in Bild 6.23 vorgestellt, wie sie z. B. in dem Grafikprogramm MS-Chart und den anderen MS-Office-Programmen angeboten werden.

Bild 6.24 zeigt einige Sonderdiagramme, die mit MS Excel erstellt werden können.

6.5 Verfahrenseinführung

6.5.1 Einführungsmaßnahmen

Art und Umfang der für eine Verfahrenseinführung notwendigen Maßnahmen hängen stark von der Projektumwelt sowie von der angestrebten Durchdringung der Rechnerunterstützung ab.

Wichtig ist hier, z. B. zu wissen, ob es sich um eine Projektumwelt handelt, die vornehmlich Einzelprodukte für das Liefergeschäft zum Gegenstand hat, oder um eine solche, die mehr auf Entwicklungen und Realisierungen für das System- und Anlagengeschäft orientiert ist.

Wesentlich ist auch, ob die verfahrenstechnische Projektunterstützung für das gesamte Gebiet des Projektmanagements, also von der Termin- und Kostenplanung bis hin zum Konfigurationsmanagement reichen soll, oder ob man nur einzelne PM-Hilfsmittel, wie Netzplanverfahren oder Kalkulationsprogramme, nutzen will.

Sowohl die zu verwaltende Projektdatenmenge als auch die zeitliche Einbettung der einzusetzenden Verfahren in den Projektablauf sind hierbei bedeutsam.

Zunächst sollte der Betriebsrat über den geplanten Verfahrenseinsatz informiert werden.

Ein Mitbestimmungsrecht des Betriebsrats ist allerdings nicht gegeben, wenn das Verfahren nur *gruppen*bezogen die Daten speichert – also keine *personen*bezogenen Auswertungen vornimmt (Kap. 6.5.2). Ein guter Informationsfluss – auch wenn formell eventuell nicht erforderlich – fördert natürlich die gegenseitige Vertrauensbasis, die für ein kooperatives Miteinander in einem Entwicklungs- bzw. Projektierungsbereich unabdingbar ist.

Weiterhin sind die Projektmitarbeiter rechtzeitig auf den neuen Verfahrenseinsatz vorzubereiten, sei es im Wissen z. B. um die Netzplantechnik oder Methoden der Aufwandsschätzung, sei es um die veränderte Gestaltung von Formularen, die Form der Stundenkontierung o. Ä. Ein Verfahrenseinsatz kann natürlich nur dann erfolgreich sein, wenn der einzelne Mitarbeiter motiviert ist und dazu beiträgt, dass die gewünschten Projektdaten in vollständiger und unverfälschter Form anfallen. Man sollte also ein Verfahren nicht *gegen* eine Projektmannschaft einführen.

Unabhängig von den speziell einzusetzenden Verfahren können einige allgemeine Maßnahmen für eine Verfahrenseinführung formuliert werden, die sich auf

- ▷ die Ablauforganisation
- ▷ die Projektplanung
- ▷ die Verfahrenstechnik

beziehen.

Administrative und organisatorische Maßnahmen

Als Erstes sind die organisatorischen Voraussetzungen zu schaffen. Zu den für das Anpassen der bestehenden Ablauforganisation erforderlichen Maßnahmen gehören:

- ▷ Einrichten eines Projektbüros,
- ▷ Informieren des Betriebsrats bzw. Abstimmen mit dem Betriebsrat,
- ▷ Neue Ablauforganisation abstimmen mit der FuE-Kaufmannschaft,
- ▷ Koordinieren der beteiligten Rechenzentren, in denen die einzelnen Verfahren

eingesetzt sind bzw. werden, Bereitstellen der erforderlichen PC-Geräte bzw. Server-Konfiguration,
- ▷ Ausarbeiten eines koordinierten Monatsablaufs,
- ▷ Klären der Datenverfügbarkeit und Informationsbereitstellung,
- ▷ Festlegen der Verantwortlichkeiten und Zuständigkeiten,
- ▷ Erstellen eines Rundschreibens zur Verfahrenseinführung,
- ▷ Ausarbeiten von Arbeitsanweisungen.

Fachliche Maßnahmen

Im Rahmen der Projektplanung sind – abhängig von den bereits eingeführten PM-Methoden und -Verfahren – eventuell folgende fachliche Maßnahmen zusätzlich erforderlich:

- ▷ Aufbauen eines Projektstrukturplanes, d. h. Definieren der Arbeitspakete innerhalb einer Struktur,
- ▷ Detaillieren einer vorhandenen Produktstruktur, ggf. Neuaufbau,
- ▷ Detaillieren der Kontenstruktur,
- ▷ Zuordnen von Projektstruktur, Produktstruktur und Kontenstruktur,
- ▷ Erweitern des Prozessplans (z. B. mit Kennzeichen für Entwicklungsphasen und Tätigkeitsarten),
- ▷ Aufwandsschätzverfahren an die eigene Entwicklungsumgebung kalibrieren,
- ▷ Entwerfen von Standardnetzplänen,
- ▷ Erstellen der Teilnetzpläne,
- ▷ Planen des Mitarbeitereinsatzes,
- ▷ Betriebsmittel festlegen und einplanen.

Verfahrenstechnische Maßnahmen

Jedes DV-Verfahren bedingt das Einhalten von Konventionen. Zu den Einführungsmaßnahmen, die sich auf das einzuführende Verfahren beziehen, zählen:

- ▷ Adaptieren der Programme auf die bereichsspezifischen Erfordernisse,
- ▷ Verfahrensprogramme und -prozeduren in das künftige Ablaufrechenzentrum übernehmen,
- ▷ Internet- bzw. Intranet-Vernetzung aufbauen
- ▷ Aufbauen der verfahrensbedingten Stammdateien (z. B. Customizing),
- ▷ Entwerfen von Eingabeformularen (z. B. Vorgangserfassungsformular),
- ▷ Erweitern bzw. Anpassen der bestehenden Stundenkontierungsbelege oder Eingabemasken,
- ▷ Erstaufbau der Netzplandateien,
- ▷ Durchführen von Pilotversuchen,
- ▷ Arbeitsanweisungen und Durchführungsbestimmungen verfassen,
- ▷ Einweisen und Schulen der künftigen Verfahrensabwickler und Nutzer.

Koordinierter Monatsablauf

Besonders wichtig ist das richtige Einbetten der einzelnen Verfahrensschritte in den Projektablauf. Hierbei sollte immer ein geregelter Ablauf angestrebt werden, weil alle sporadischen Verfahrensnutzungen, wie z. B. bei der Netzplanaktualisierung, Aufwandsermittlung, Projektstrukturüberarbeitung, meist sehr schnell im Sande verlaufen.

Natürlich kann die Länge eines revolvierenden Turnus für die einzelnen Erfassungs-, Aktualisierungs- und Auswertungsaktivitäten sehr unterschiedlich sein; sie hängt vor allem von den durchschnittlichen Entwicklungszeiten ab. So wird es in einer Kleingeräteentwicklung mit entsprechend kurzen Entwicklungszeiten sinnvoll sein, für die Terminverfolgung und die Stundenkontierung einen 14-tägigen Rhythmus zu vereinbaren; bei größeren Entwicklungsprojekten reicht dagegen meist ein Monatsrhythmus aus, wobei man die Netzplanüberarbeitung in noch größeren Abständen vornehmen kann. In Bild 6.25 ist als Beispiel für einen koordinierten Monatsablauf das Zusammenwirken zwischen einem zentralen Kostenüberwachungssystem (im Beispiel EPISTEL) und einem vorgeschalteten Termin- und Aufwandsüberwachungsverfahrens (im Beispiel REPROPLIK) gezeigt.

In diesem Monatsablauf erhält der Entwickler etwa Ultimo minus 3 Tage (U – 3) seinen vorab ausgefüllten Stundenzettel, welchen er zu einem bestimmten Termin (U + 1) ausgefüllt wieder abzugeben hat. Ab (U + 9) stehen dann die entsprechenden Auswertungslisten zur Verfügung.

Analog hierzu muss der Entwickler bzw. der Gruppenleiter zu einem bestimmten Termin

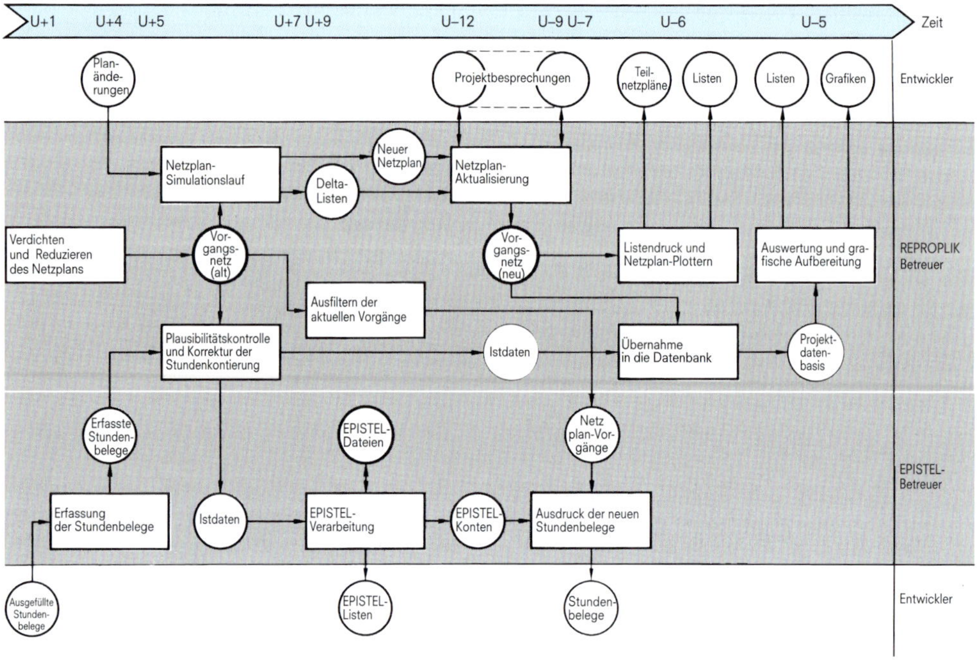

Bild 6.25 Monatsablauf REPROPLIK/EPISTEL

(U + 4) seine Netzplanänderungswünsche hinsichtlich Terminen und Aufwänden dem Projektbüro mitteilen. Nach Durchrechnen des Gesamtnetzplans werden die sich daraus ergebenen Veränderungen in den monatlichen Projektbesprechnungen (U – 12 bis U – 9) erörtert und optimierende Maßnahmen oder Planänderungen beschlossen. Die einzelnen Entwicklungsgruppen erhalten schließlich zum Monatsende ihren auf neuesten Stand gebrachten Teilnetzplan sowie aktuelle Auswertungslisten aus dem Vorgangsnetz und aus der Projektdatenbasis. Zwischen den Betreuern beider Verfahren bestehen ebenfalls klar definierte Übergabepunkte. Der gemeinsame Stundenkontierungsbeleg wird vor Eingabe in EPISTEL (U + 7) und in REPROPLIK mit den Vorgangsnetzdaten plausibilitiert (U + 5). Für die Vorabausfüllung der Stundenbelege liefert der Netzplan die monatsaktuellen Vorgangsdaten (U – 7).

Vorgenannte Aussagen gelten auch beim Einsatz von Stundenkontrollverfahren, die dem Projektsystem PS eines SAP R/3-Systems vorgeschaltet sind.

Einführungsstrategie

Es hat sich als sinnvoll erwiesen, PM-Methoden und -Verfahren in Entwicklungsbereiche mit noch geringer PM-Durchdringung *etappenweise* einzuführen. Es ist also nicht richtig, voll integrierende Entwicklungsplanungs- und -steuerungsverfahren »auf einen Schlag« in eine bestehende Entwicklungsumwelt einzuführen. Zunächst sollten die methodischen Voraussetzungen bei den Entwicklern geschaffen werden, um dann – bei ausreichender Gewöhnung und Akzeptanz – mit entsprechender verfahrenstechnischer Unterstützung nachzuziehen.

Eine solche Vorgehensweise in Einzelschritten (Rollout) könnte z. B. aussehen:

1. Einweisen der Projektmitarbeiter in die Prinzipien des Projektmanagements,
2. Schulen der Mitarbeiter in der Netzplantechnik,
3. Manuelles Aufbauen von singulären Netzplänen bei neuen (nicht »gestressten«) Teilprojekten,

4. Einsetzen von rechnergestützten Netzplanverfahren für diese singulär erstellten Netzpläne,
5. Zusammenführen der singulären Teilnetzpläne zu einem Gesamtnetzplan,
6. Anbinden der Netzplanung an die Aufwandserfassung, d. h. Einführen einer netzplangesteuerten Stundenkontierung,
7. Übernehmen der Plan- und Istdaten (Termine, Aufwände) in eine gemeinsame Projektdatenbasis,
8. Erweitern der Projektdatenbasis um weitere Kostenelemente.

Bei dieser schrittweisen Vorgehensweise sollte zuallererst – falls noch nicht vorhanden – ein Projektbüro eingerichtet werden, das eine ausreichende Projektunterstützung bieten kann. Kompetente Hilfe beim Einführen von PM-Methoden und -Werkzeugen ist für eine gute Akzeptanz bei der Entwicklungsmannschaft von ausschlaggebender Bedeutung.

6.5.2 Arbeitsrechtliches Umfeld

Beim Verarbeiten personenbezogener Daten sind die Vorschriften des *Bundesdatenschutzgesetzes* (BDSG) zu beachten [98]. Bei Daten, die sich ausschließlich auf die eigenen Mitarbeiter beziehen, kommt noch das *Betriebsverfassungsgesetz* (BVG) hinzu. Weiterhin müssen die hierzu unternehmensintern erstellten Regelungen berücksichtigt werden.

Aus dem BVG heraus und auf Grund der aktuellen Rechtssprechung des *Bundesarbeitsgerichts* (BAG) ist der Einsatz technischer Einrichtungen, die personenbezogene Daten für die Leistungs- und/oder Verhaltensüberwachung von Mitarbeitern speichern, *mitbestimmungspflichtig;* in diesem Fall ist i. Allg. mit dem Betriebsrat eine entsprechende *Betriebsvereinbarung* zu treffen. Deshalb sollten personenbezogene Daten von Mitarbeitern in rechnergestützten Verfahren – unter Berücksichtigung des Datenschutzes – nur insoweit verwendet werden, als es im Interesse einer wirtschaftlichen Unternehmensführung unerlässlich ist. Manuell erstellte Unterlagen, wie z. B. handschriftliche Notizen im Rahmen einer Projektkontrolle, bleiben davon unberührt; ihre Nutzung muss aber dem BDSG genügen.

Technische Einrichtung

Der Begriff »technische Einrichtung« wird hierbei sehr weit gefasst, so dass auch Arbeitsplatzsysteme und Bürosysteme darunter fallen können. Die Mitbestimmungspflicht erstreckt sich also nicht nur auf Großrechnerverfahren, sondern auch auf Arbeitsplatzsysteme, die eine dezentrale eigene und selbstständige Programmierungs-, Speicher- und Verarbeitungsmöglichkeit bieten (z. B. Personal Computer). Eine herkömmliche (rein mechanische) Schreibmaschine gehört allerdings nicht in diese Kategorie.

Personenbezogene Daten

Im Sinn des BDSG gelten als personenbezogene Daten Einzelangaben über persönliche oder sachliche Verhältnisse einer bestimmten oder bestimmbaren *natürlichen* Person (Betroffener). Zu den personenbezogenen Daten gehören neben den personenindividuellen Daten auch solche, die nur indirekt auf die jeweiligen Personen »beziehbar« sind und somit nur mittelbar individualisiert werden können. Ganz allgemein sind personenbezogene Daten gemäß Bild 6.26 zu unterteilen.

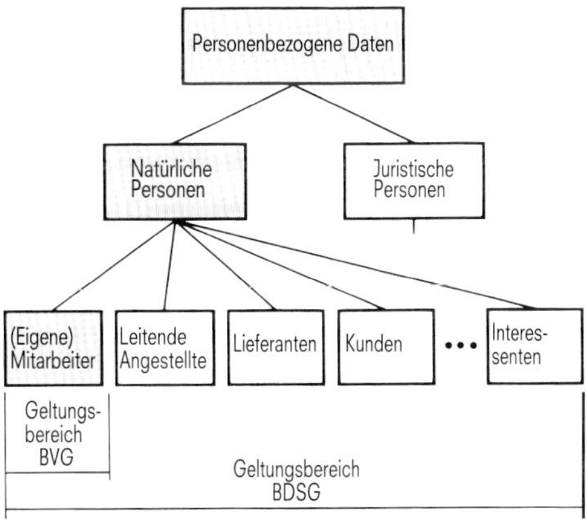

Bild 6.26 Arten personenbezogener Daten

Technische Überwachung

Unter technischer Überwachung ist in diesem Zusammenhang sowohl das rechnerunterstützte *Sammeln* und *Speichern* von Informationen – die eine Aussage über Leistung und/

oder Verhalten einzelner Mitarbeiter implizieren – als auch das personenbezogene *Verarbeiten* bzw. *Auswerten* solcher Informationen durch ein rechnergestütztes Verfahren, besonders in Form eines namentlichen Soll/Ist-Vergleichs, zu verstehen.

Dabei ist es nicht erforderlich, dass die technische Einrichtung den Soll/Ist-Vergleich *selbst* durchführt. Es reicht aus, wenn diese nur die Unterlagen für einen manuell vorzunehmenden Vergleich in anderer Weise liefert. Auch ist es nicht von Bedeutung, ob der Anwender subjektiv eine Überwachung besonders in Form eines Soll/Ist-Vergleichs tatsächlich beabsichtigt oder gar nicht daran interessiert ist. Allein ausschlaggebend ist die objektiv vorhandene technische *Fähigkeit* des Rechnerverfahrens zum Ableiten eines derartigen Datenvergleichs.

Im Sinn des BDSG wird unterschieden:

Speichern	Das Erfassen, Aufnehmen oder Aufbewahren von Daten auf einem Datenträger zum Zweck ihrer weiteren Verwendung.
Übermitteln	Das Bekanntgeben gespeicherter oder durch Datenverarbeitung unmittelbar gewonnener Daten an Dritte in der Weise, dass die Daten durch die speichernde Stelle weitergegeben oder zur Einsichtnahme, namentlich zum Abruf, bereitgehalten werden.
Verändern	Das inhaltliche Umgestalten gespeicherter Daten.
Löschen	Das Unkenntlichmachen gespeicherter Daten.

Betriebsvereinbarung

Der Betriebsrat ist wegen seines Mitbestimmungsrechts beim geplanten Einsatz von solchen Planungs- und Steuerungsverfahren, die personenbezogene Daten zur Leistungs- und/ oder Verhaltenskontrolle speichern, *rechtzeitig* einzubeziehen. Hierbei muss deutlich werden, warum im konkreten Fall die Benutzung personenbezogener Daten im Verfahren notwendig ist, mit welchem Ziel diese verwendet und ggf. von welchem bzw. welchen anderen Verfahren die benötigten personenbezogenen Daten übernommen werden. Weiterhin ist es zweckmäßig, bei geringfügigen Verfahrenserweiterungen und -änderungen, die in irgendeiner Form die personenbezogenen Daten tangieren, den Betriebsrat *vorher* zu informieren und mit ihm eventuell mitbestimmungspflichtige Auswirkungen durchzusprechen. Mit dem Betriebsrat muss weiterhin festgestellt werden, auf welchem Weg ihm eine Überprüfung der erläuterten Verwendung der personenbezogenen Daten von Mitarbeitern ermöglicht wird.

Betriebsvereinbarungen über Projektplanungs- und -steuerungsverfahren enthalten Bestimmungen, die zwischen der Betriebsleitung und dem Betriebsrat vor allem zu folgenden Punkten vereinbart werden:

- ▷ Geltungsbereich des Verfahrens,
- ▷ Aufgabe des Verfahrens,
- ▷ Eingabe- und Stammdaten,
- ▷ Weiterverarbeitung und Auswertung,
- ▷ Schnittstellen zu anderen Verfahren,
- ▷ Zugriffsberechtigungen,
- ▷ Rechte der Vereinbarungspartner.

Der Betriebsrat ist berechtigt, jederzeit Aufklärung über die eingesetzten Rechnerverfahren zu verlangen, bei denen personenbezogene Daten von Mitarbeitern verwendet werden. Ihm ist auf Wunsch Gelegenheit zu geben, im Rahmen der betrieblichen Gegebenheiten und unter Beachtung des Datenschutzes den Verfahrensablauf mitzuverfolgen.

Die Verarbeitung personenbezogener Daten – auch solcher, die keine Leistungs- und Verhaltensdaten darstellen – unterliegen, wie bereits erwähnt, dem Bundesdatenschutzgesetz. Für das Einhalten der dort formulierten Bestimmungen ist der jeweilige Fachvorgesetzte bzw. der »Datenhalter« verantwortlich. Für ein in einem bestimmten Rechenzentrum ablaufendes Personalinformationssystem z. B. trägt also nicht der RZ-Leiter, sondern die nutzende Personalabteilung die Verantwortung. Der zuständige Bereichsbeauftragte für Datenschutz (BBDS) kann hierbei zur Beratung herangezogen werden.

Sicherungsmaßnahmen

Im Rahmen eines DV- oder PC-gestützten Verfahrens sind bei der Verarbeitung personenbezogener Daten Sicherungsmaßnahmen vorzusehen. Das BDSG gibt keine konkreten Maßnahmen vor, nennt aber zehn Kontrollbereiche (»Zehn Gebote«), in denen Sicherungsmaßnahmen zwingend vorgeschrieben werden. Hierbei handelt es sich um:

Zugangskontrolle

Aufgabe einer Zugangskontrolle ist, Unbefugten den Zugang zu Datenverarbeitungsanlagen (und dazu gehören in diesem Zusammenhang auch Personal Computer), mit denen personenbezogene Daten verarbeitet werden, zu verwehren. Zur Zugangskontrolle gehört z. B. das Abschließen der jeweiligen Räume, das Entfernen der Datenträger aus dem freien Zugriff sowie das Abschließen der Bedienungsgeräte.

Abgangskontrolle

Innerhalb der Abgangskontrolle sollen alle Personen, die mit dem Verarbeiten personenbezogener Daten betraut sind, gehindert werden, Datenträger unbefugt zu entfernen. Eine Abgangskontrolle wird z. B. durch das generelle Aufbewahren von Datenträgern, wie Disketten und mobilen Festplatten, unter Verschluss erreicht. Beim Ausleihen von Datenträgern ist ein genauer Nachweis über den Verbleib zu führen.

Speicherkontrolle

Die Speicherkontrolle umfasst alle Maßnahmen, die die unbefugte Eingabe in den Speicher sowie die unbefugte Kenntnisnahme, Veränderung und Löschung gespeicherter personenbezogener Daten verhindern. Eine Speicherkontrolle wird u. a. durch das Verwenden von Datei-Passwörtern erreicht.

Benutzerkontrolle

Die Benutzerkontrolle soll das Benutzen von Datenverarbeitungssystemen, aus denen oder in die personenbezogene Daten durch selbstständige Einrichtungen übermittelt werden, durch unbefugte Personen verhindern. Auch hier ist das Vergeben von Passwörtern eine wirksame Maßnahme.

Zugriffskontrolle

Mit einer Zugriffskontrolle soll gewährleistet werden, dass die zur Benutzung eines Datenverarbeitungssystems Berechtigten durch selbstständige Einrichtungen ausschließlich auf die ihrer Zugriffsberechtigung unterliegenden personenbezogenen Daten zugreifen können. Hierzu gehört z. B. die Möglichkeit der Vergabe von Passwörtern, deren Zugriffsberechtigung selektiv sowohl hinsichtlich des Datenbereichs als auch der Nutzungsart auslegbar ist. Auf diese Weise kann auch einer unbefugten »Re-Identifizierung« anonymisierter personenbezogener Daten entgegengewirkt werden. Besonders sicher ist das Einrichten nicht aufdeckbarer Passwörter mit »Intelligent Chipcards«.

Übermittlungskontrolle

Im Rahmen einer Übermittlungskontrolle muss es möglich sein, zu überprüfen und festzustellen, an welche Stellen personenbezogene Daten durch selbstständige Einrichtungen übermittelt werden können.

Eingabekontrolle

Die Eingabekontrolle soll gewährleisten, dass nachträglich überprüft und festgestellt werden kann, welche personenbezogenen Daten zu welcher Zeit von wem in Datenverarbeitungssysteme eingegeben worden sind. Zur Eingabekontrolle gehört auch das gesonderte Sichern der Dateien vor und nach einer Veränderung sowie das Aufbewahren der Veränderungsdaten und Protokolle an geeigneter Stelle.

Auftragskontrolle

Innerhalb einer Auftragskontrolle ist sicherzustellen, dass personenbezogene Daten, die im Auftrag verarbeitet werden, nur entsprechend den Weisungen des Auftraggebers verarbeitet werden können.

Transportkontrolle

Mit einer Transportkontrolle erreicht man, dass personenbezogene Daten bei der Übermittlung sowie beim Transport der entsprechenden Datenträger nicht unbefugt gelesen, verändert oder gelöscht werden können.

Organisationskontrolle

Eine Organisationskontrolle hat die Aufgabe, die innerbetriebliche Organisation so zu gestalten, dass sie den besonderen Anforderungen des Datenschutzes gerecht wird. Organisationskontrollen werden durch das Festlegen der Verantwortlichkeiten und Vertretungsberechtigungen erreicht. Nur der zuständige und autorisierte Mitarbeiter darf mit dem System und den Daten arbeiten.

Weitere Maßnahmen

Die vorgenannten Kontrollbereiche überlappen sich z. T. in ihrer praktischen Auslegung. Für eine optimale bereichsspezifische Anwendung von Sicherungsmaßnahmen beim Verarbeiten personenbezogener Daten ist es daher auch unerlässlich, dass die einzelnen Kontrollvorschriften in einer allgemein zugänglichen *Richtlinie* definiert und festgehalten werden.

Das BDSG verlangt weiterhin, eine *Übersicht* zu führen, in der vor allem die Art der verarbeiteten Daten, die Empfänger und die Art der eingesetzten Rechneranlagen dokumentiert sind. Das Führen dieser Übersicht ist gesetzliche Aufgabe der Datenschutzbeauftragten. Hierzu muss man jede entsprechende Verarbeitung vor Beginn dem zuständigen BBDS schriftlich melden. Außerdem ist für jedes DV-Verfahren, welches personenbezogene Daten speichert und übermittelt, ein *Zuverlässigkeitsnachweis* zu erstellen und in die Verfahrensdokumentation aufzunehmen; dieser enthält alle personenbezogenen Datenfelder mit Angabe des jeweiligen *Zulässigkeitsgrundes*.

In weiteren Bestimmungen des BDSG sind die Rechte des Betroffenen festgelegt; diese bestehen grundsätzlich in seinem Anspruch auf Auskunft über die zu seiner Person gespeicherten Daten und ggf. auf deren Berichtigung, Sperrung oder Löschung. Grundlage dafür ist die Pflicht der speichernden Stelle, den Betroffenen über die Speicherung seiner Daten zu unterrichten, wenn davon auszugehen ist, dass er nicht auf andere Weise davon Kenntnis erlangt hat.

6.5.3 PM-Schulung

Das Tätigkeitsfeld Projektmanagement ist bereits zu umfangreich geworden, als dass sich ein Einzelner das Wissen hierzu nur schwer ohne besondere Schulung oder Ausbildung aneignen könnte. Wegen der verstärkten Anforderungen an die Entwicklung hinsichtlich Termintreue und Kosteneinsparung ist es aber unerlässlich, dass alle Beteiligten eines Entwicklungsprojekts sowohl über ein ausreichendes Know-how als auch eine entsprechende Erfahrung im Projektmanagement verfügen.

Es ist also erforderlich, eine intensivierte PM-Schulung unternehmensintern durchzuführen. Hierfür bieten sich unterschiedliche Möglichkeiten an:

- ▷ Lehrbücher
- ▷ Entwicklungshandbücher
- ▷ Ausbildungskurse
- ▷ Schulungsseminare
- ▷ Informationstagungen.

Lehrbücher

Dieses Medium ist für das autodidaktische Aneignen von PM-Wissen bzw. für das sporadische Nachschlagen bei speziell auftretenden Problemen sehr nützlich. Neben dieser Literatur gibt es eine größere Anzahl Fachbücher zu Themen des Projektmanagements.

Am Schluss des Buches ist lesenswerte Literatur zu Einzelthemen auf diesem Gebiet zu finden.

Entwicklungshandbücher

Das Entwicklungshandbuch stellt das allgemeine Regelwerk für eine Entwicklung dar; es sollte heute eine Selbstverständlichkeit in jedem Entwicklungsbereich sein.

Das Entwicklungshandbuch enthält normalerweise bereichsspezifisch alle Regeln, Richtlinien, Konventionen etc., die für das effektive und zielorientierte Abwickeln der Entwicklungsprojekte notwendig sind. Häufig enthält es auch praxisbezogene Empfehlungen für die Entwicklungsdurchführung, wie Hinweise im Anwenden von Methoden und Werkzeugen.

Im Einzelnen werden in einem derartigen Handbuch die Vorgehensweisen für die technische Produktentwicklung, für das Konfigurationsmanagement, für die Qualitätssicherung sowie für das allgemeine Projektmanagement festgelegt und beschrieben. Es handelt sich dabei um:

Produktbezogene Regeln für

- ▷ die Produktdefinition (Anforderungskatalog, Pflichtenheft, Leistungsbeschreibung, Änderungswesen),
- ▷ die Produktrealisierung (Versionenverwaltung, Systemengineering, Testkonventionen) und
- ▷ den Produkteinsatz (Abnahmetest, Einsatzunterstützung, Wartung).

Projektbezogene Regeln für

- ▷ die Projektdefinition (Entwicklungsauftrag, Wirtschaftlichkeitsnachweis, Aufbau- und Ablauforganisation),
- ▷ die Projektplanung (Strukturierung, Aufwandsschätzung, Termin- und Kostenplanung),
- ▷ die Projektkontrolle (Istdatenerfassung, Fortschrittskontrolle, Berichtswesen) und
- ▷ den Projektabschluss (Abnahmeprozedur, Abschlussanalyse, Erfahrungssicherung, Projektauflösung).

In einigen Bereichen werden spezielle Themen in gesonderte Handbücher ausgelagert, so z. B. ins

- ▷ Entwicklungsmethodenhandbuch,
- ▷ Entwicklungsverfahrenshandbuch und
- ▷ Qualitätssicherungshandbuch.

In dem ersten Handbuch sind die eigentlichen Methoden und Vorgehensweisen für die Entwicklung in den bereichsspezifischen Produktfeldern beschrieben, das zweite enthält ausführliche Erläuterungen zu den einzusetzenden Verfahren. Des Weiteren werden – in Anbetracht der Bedeutung der Qualitätssicherung – für dieses Themengebiet auch eigene Qualitätshandbücher (QS-Handbücher) herausgegeben. Häufig bietet es sich an, diese Handbücher elektronisch im firmeneigenen Intranet zu hinterlegen.

Ausbildungskurse

Kurse für Projektmanagement werden in großer Anzahl extern, aber auch unternehmensintern, angeboten. Auch gibt es rechnergestützte Schulungsangebote in Form eines „Computer Based Training" (CBT). Hierbei hat es sich gezeigt, dass Kurse, die von unternehmensunabhängigen Lehrinstitutionen durchgeführt werden, von begrenztem Wert sind. Das Durcharbeiten eines geeigneten Fachbuchs ist da häufig effizienter.

PM-Kurse sollten deshalb nur besucht werden, wenn die Kursunterlagen auf die Spezifika des eigenen Entwicklungsbereichs ausgerichtet sind. Sinnvoll ist es hierbei sogar, bereichsspezifische PM-Methoden und -Verfahren, die z. B. in einem Entwicklungshandbuch vorliegen, als Bestandteil des Lehrstoffs aufnehmen zu lassen.

Siemens hat ein eigenes Trainingsprogramm für Projektleiter aufgestellt, das „PM3 Learning Program"; es richtet sich an Projektleiter, die an Projekten normaler Größenordnung arbeiten, das sind nach dem PM-Guide die so genannten C-Projekte (siehe Kapitel 2.6.6). Alle PM3 Learning Programs bestehen aus mehreren Präsenzschulungen mit dazwischen liegenden Praxisphasen; sie dauern je nach Ausprägung zwischen 4 und 15 Monate.

Im Internet wird auch eine Vielzahl von PM-Kursen und -Seminaren angeboten, die allerdings häufig nur recht oberflächlich das Thema Projektmanagement behandeln und zwangsläufig nicht auf Firmenspezifika eingehen können.

Schulungsseminare

Besonders wertvoll sind Schulungsmaßnahmen in Form eines Fachseminars. Solche Seminare haben folgende Merkmale:

- ▷ mehrere Tage Dauer (etwa 3 bis 5 Tage),
- ▷ geografische Trennung vom Arbeitsplatz,
- ▷ gemeinsame Übernachtung und
- ▷ interdisziplinäre Zusammensetzung.

Durch den mehrtägigen Aufenthalt von Mitarbeitern mit unterschiedlichem Aufgabenbereich an einem vom Arbeitsplatz entfernten Ort wird ein besonders hoher Grad der Lernintensivität erreicht.

Gemeinsame Abende können für Gruppenarbeiten, Vorträge oder Diskussionen genutzt werden. Zu der hohen Effektivität gesellt sich meist noch eine – verursacht durch das Gruppenerlebnis – gesteigerte Motivation für die zu behandelnden Themengebiete.

Bei einem Schulungsseminar wird der Lernstoff nicht in der kursüblichen Form dargebracht. Vielmehr kommen moderne Methoden der Gruppendynamik zum Einsatz. Insgesamt sollten dabei genutzt werden:

- ▷ Einzelvorträge,
- ▷ Gruppenarbeiten,
- ▷ Diskussionsrunden,
- ▷ Übungsbeispiele und
- ▷ Planspiele.

Besonders Planspiele haben sich beim Verdeutlichen von Methoden des Projektmanagements als sehr effizient gezeigt. Natürlich müssen diese die wirklichen Projektumwelten mit allen denkbaren Geschehnissen möglichst praxisnah widerspiegeln; anderenfalls wird es nur eine »Spielerei« ohne Lerneffekt.

Informationstagungen

Sollen spezielle Führungskreise *einmalig* über bestimmte Themengebiete informiert werden, so bietet sich eine Informationstagung an; diese sollte zwei Tage nicht übersteigen. Bewährt haben sich bei solchen Tagungen:

- ▷ Kurzreferate und Fachvorträge,
- ▷ Podiums- und Plenumsdiskussionen,
- ▷ »Informationsmarkt« mit Informationsständen,
- ▷ Vorführungen und Demonstrationen sowie
- ▷ moderierte Diskussionsrunden (»Workshops«).

Es sollten möglichst alle diese Formen genutzt werden, da jede auf ihre Weise die unterschiedlichen Charaktere anspricht. Sowohl »nur zuhören« kann man, als auch »selbst sprechen«.

Weiterhin hat es sich als sinnvoll erwiesen, nicht einen generellen Ablauf der Tagung vorzusehen, sondern die einzelnen Informationsblöcke dem Teilnehmer *fakultativ* anzubieten (»Informations-Börse«). Der Teilnehmer kann dann – ganz nach seinem spezifischen Informationsbedürfnis – eine eigene Auswahl treffen. Dies hat allerdings zur Folge, dass mehr Informationsblöcke als für einen einzigen, direkten Durchgang angeboten und dass einige auch mehrfach präsentiert werden müssen.

Zielgruppen

Zielgruppen für eine PM-Schulung sind:

- ▷ Bereichs- und Abteilungsleiter
- ▷ Dienststellen- und Gruppenleiter
- ▷ Projektleiter
- ▷ Projektmitarbeiter.

Die Anwendung der unterschiedlichen Möglichkeiten einer PM-Schulung muss auf diese Zielgruppen Rücksicht nehmen. Es ist also eine nach Zielgruppen differenzierte Wissensaufbereitung erforderlich.

Tabelle 6.9 zeigt die sinnvolle Zuordnung der PM-Schulungsmöglichkeiten.

Tabelle 6.9 Zielgruppen einer PM-Schulung

Zielgruppe \ PM-Schulung	Lehrbuch	Entwicklungs-handbuch	Ausbildungs-kurs	Schulungs-seminar	Informations-tagung
Bereichs- und Abteilungsleiter	(×)			(×)	××
Dienststellen- und Gruppenleiter	×	×		××	×
Projektleiter	×	××	(×)	××	×
Projektmitarbeiter	×	×	××	(×)	

×× vornehmlich × üblich (×) teilweise

Es wird deutlich, dass die Informationstagung das geeignete Instrument für die PM-Schulung des oberen Führungskreises ist. Dagegen bieten sich für Dienststellen-, Gruppen- und Projektleiter vornehmlich PM-Schulungsseminare z. B. als Projektleiterseminare auf Basis des Entwicklungshandbuchs an, und die Projektmitarbeiter werden am besten durch entsprechende PM-Ausbildungskurse eingewiesen.

6.5.4 PM-Untersuchung

Für das Aufdecken von Fehlerquellen und Mängeln in einer bestehenden Projektmanagement-Organisation und zum Aufzeigen von Verbesserungsmaßnahmen kann es sehr förderlich sein, eine allgemeine Untersuchung in der ganzen Entwicklungsumgebung durchzuführen. Dabei müssen alle Bereiche, von der Projektplanung bis hin zum Produkteinsatz, systematisch nach eventuellen Schwachstellen durchleuchtet werden.

Derartige Untersuchungen haben aber leicht den Charakter einer *Revision*. Deshalb sollten sie immer in Abstimmung mit den zuständigen Entwicklungs- und Projektleitern und unter Einbeziehung von Entwicklern vorgenommen werden; nur so wird realitätskonformes Beurteilen der eingesetzten PM-Methoden und -Verfahren möglich sein. Weiterhin darf die PM-Untersuchung nur wenig Zeit beanspruchen, damit der personelle Aufwand in einem vertretbaren Rahmen bleibt.

Hieraus resultiert für eine effektive PM-Untersuchung die nachstehend beschriebene, bewährte Vorgehensweise.

Prinzip ist dabei nicht die gesamte, allumfassende Untersuchung einer Entwicklungsumgebung, sondern das gezielte Betrachten relevanter Funktionsbereiche, wobei Grundlage der PM-Untersuchung ein Fragenkatalog ist, der für einen ausgewählten Personenkreis aus repräsentativen Projekten eines Entwicklungsbereichs angewendet wird.

Jeweils mit nicht mehr als zwei bis drei Mitarbeitern können mit diesem *stichprobenartigen* Vorgehen in relativ kurzer Zeit (drei bis vier Wochen) sehr große Entwicklungsbereiche – mit einigen hundert Entwicklern und einer größeren Anzahl Projekte – auf Schwachstellen untersucht und Verbesserungs- und Rationalisierungsmaßnahmen abgeleitet werden.

Die einzelnen Vorgehensschritte bei dieser Form einer PM-Untersuchung sind:

- ▷ Festlegen des Untersuchungsfelds,
- ▷ Erstellen des Fragenkatalogs (mit Hilfe eines Standard-Fragenkatalogs),
- ▷ Durchführen der Interviews und
- ▷ Auswerten der Interview-Ergebnisse.

Festlegen des Untersuchungsfelds

Wegen des engen Zeitrahmens und der geringen Personalstärke ist das Untersuchungsfeld stark einzugrenzen, natürlich nur so weit, dass die Gesamtbetrachtung darunter nicht leidet. Einerseits wird daher der zu befragende Personenkreis systematisch begrenzt, andererseits werden für den zu betrachtenden Entwicklungsbereich nur repräsentative und besonders aussagekräftige Projekte herangezogen.

In die Befragung sind folgende Personen einzubeziehen:

- ▷ Leiter des Entwicklungsbereichs (Top-Management-Ebene),
- ▷ FuE-Kaufleute und -Controller,
- ▷ Projektleiter und
- ▷ Entwickler (Sachbearbeiter-Ebene).

Die zahlenmäßige Verteilung dieser vier Personenkreise muss in einer ausgewogenen Relation zueinander stehen, d. h., es sollen mehr Entwickler als Projektleiter und FuE-Kaufleute einbezogen werden. Die namentliche Auswahl ist hierbei z. B. nach vorliegenden Organisations- und Arbeitsplänen oder nach Zufallsprinzip möglich. Auch bietet es sich an, gezielt mit ähnlichen Funktionen betraute Personen für die Befragung vorzusehen, um – durch die parallele Abfrage – eine Kontrolle hinsichtlich der Richtigkeit der Einzelantworten zu erreichen.

Werden in dem Entwicklungsbereich außerdem mehrere Projekte abgewickelt, so ist auch hier eine repräsentative Auswahl zu treffen, d. h. ein ausgewogenes Verhältnis zu schaffen zwischen

- ▷ Klein- und Großprojekten,
- ▷ Kurz- und Langläufern,
- ▷ erfolgreichen und kritischen Projekten,
- ▷ HW- und SW-Projekten sowie (reinen) Entwicklungs- und Projektierungsprojekten.

Handelt es sich um eine große Anzahl nur kleinerer Projekte, kann das Zufallsprinzip auch bei der Projektauswahl angewendet werden.

Erstellen des Fragenkatalogs
(mit Hilfe eines Standard-Fragenkatalogs)

Damit in kurzer Zeit eine möglichst große Anzahl Personen befragt werden kann, ist die Nutzung eines sorgfältig ausgearbeiteten und klar strukturierten Fragenkatalogs unerlässlich. Ein freies Interview erfordert i. Allg. erheblich mehr Zeit als das systematische Abarbeiten eines Fragenkatalogs. Das »gelenkte Interview« benötigt meist nicht mehr als 1 bis 2 Stunden. Außerdem ist das Ergebnis einer standardisierten Befragung auch konformer und erlaubt ein schnelleres Auswerten und Beurteilen der erfassten Antworten. Beim Erstellen des Fragenkatalogs kann auf in der Praxis bereits bewährte Standard-Fragenkataloge

(Anhang A1) zurückgegriffen werden. Durch Weglassen, Ändern und Hinzufügen von Fragen kann man diesen jeweils auf die speziellen Erfordernisse der eigenen PM-Untersuchung adaptieren. Primär bezieht sich ein solcher Katalog auf die beiden Fragenkomplexe:

- ▷ Welche PM-Methoden und -Instrumentarien sind bereits vorhanden, wie werden diese bewertet, welche Mängel haben sie?
- ▷ Welche Bedürfnisse hinsichtlich einer methodischen und instrumentellen Hilfe bestehen bei den Projektgruppen?

Mit der Beantwortung der im Katalog aufgeführten Fragen durch den ausgewählten Personenkreis soll der Istzustand des existierenden sowie die Sollvorstellung eines verbesserten Projektmanagements dokumentiert werden.

Der erwähnte Standard-Fragenkatalog ist wie folgt gegliedert:

Themen des Standard-Fragenkatalogs

1. Projektumgebung
   - 1.1 Allgemeines zur Projektdefinition
   - 1.2 Projektleitung und Projektmitarbeiter
   - 1.3 Projektantrag
   - 1.4 Zulieferung und Beistellung
   - 1.5 Wirtschaftlichkeitsbetrachtung
   - 1.6 Projektorganisation
   - 1.7 Prozessorganisation
2. Projektplanung
   - 2.1 Produktstrukturplanung
   - 2.2 Projektstrukturplanung
   - 2.3 Aufwands- und Kostenplanung
   - 2.4 Terminplanung
   - 2.5 Personaleinsatzplanung
   - 2.6 Betriebsmitteleinsatzplanung
   - 2.7 Qualitätsplanung und -lenkung
3. Projektkontrolle
   - 3.1 Allgemeines zum Projektablauf
   - 3.2 Entscheidungs- und Kontrollfunktion
   - 3.3 Terminkontrolle
   - 3.4 Aufwands- und Kostenkontrolle
   - 3.5 Sachfortschrittskontrolle
   - 3.6 Änderungs- und Fehlermeldungswesen
   - 3.7 Qualitätsprüfung
   - 3.8 Kontrolle der Zulieferungen und Beistellungen
   - 3.9 Projektberichterstattung
4. Projektabschluss
   - 4.1 Entwicklungsende/Produktabnahme
   - 4.2 Schulung der Anwender
   - 4.3 Projektabschlussanalyse
   - 4.4 Erfahrungssicherung
   - 4.5 Projektauflösung
5. Methoden und Hilfsmittel
   - 5.1 Projektplanungs- und -steuerungsverfahren
   - 5.2 Projektbibliothek
   - 5.3 Produktverwaltung
   - 5.4 Technische Dokumentation
   - 5.5 Richtlinien und Werkzeuge für die Entwicklung

Durchführen der Interviews

Nachdem Personenkreis und Fragenkatalog feststehen, kann die eigentliche Frageaktion durchgeführt werden. Zu Beginn vereinbart man in einem »Interviewplan« die genauen Termine der Interviews mit den einzelnen Gesprächspartnern; hierbei können die Einzelinterviews zur Vorgehensbeschleunigung auch – bei Vorhandensein entsprechend vieler Interviewer – zeitlich parallel ablaufen. Sowohl den Projekt- und Entwicklungsleitern als auch den Entwicklern selbst werden die im Katalog aufgeführten Fragen möglichst wortgetreu nacheinander zur Beantwortung gestellt. Das Übergehen von während des Interviews als irrelevant erkannten Fragen sollte man natürlich nutzen. Es muss aber jegliche suggestive Beeinflussung vermieden werden, um die Objektivität der Befragung sicherzustellen.

Die Antworten werden in möglichst unveränderter Formulierung mitprotokolliert. Das Verwenden vorbereiteter Leerformulare mit den bereits eingetragenen Fragen stellt hierbei eine erhebliche Erleichterung für die Mitschrift dar, da es vorteilhaft ist, den »Redefluss« des Interviewten möglichst wenig durch – protokollbedingtes – Nachfragen zu stören. Das Antwortformular kann darüber hinaus noch formelle Angaben enthalten wie

- ▷ Identifikation der Frage,
- ▷ Name des Interviewten,
- ▷ Name des Interviewers,
- ▷ Datum des Interviews,
- ▷ Projektzugehörigkeit und
- ▷ Organisationszugehörigkeit.

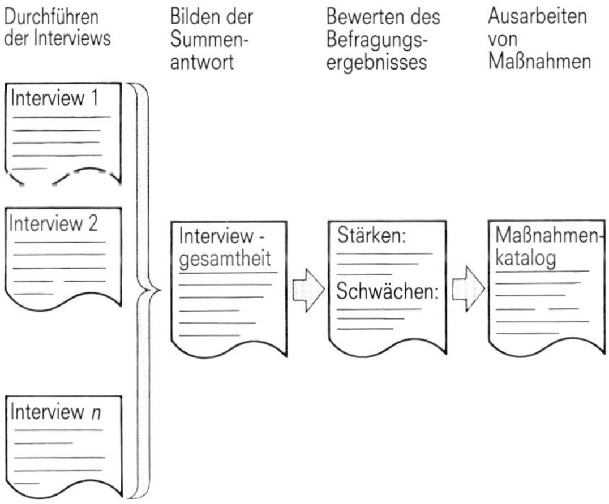

Bild 6.27
Ergebnisableitung

Eine positive Einstellung des Gesprächspartners zum Interview ist besonders wichtig für das Ergebnis des Interviews, deshalb muss zu Beginn durch eine geeignete Einleitung eine harmonische und kooperative Atmosphäre geschaffen werden. Hierzu gehört der Hinweis auf die Notwendigkeit einer Verbesserung im Projektmanagement und die Wichtigkeit des Einbeziehens der Meinung der Interviewten, aber auch das Aufzeigen der gemeinsamen unternehmerischen Zielsetzungen. Das Interview sollte möglichst beim Interviewten stattfinden, da der Interviewer sich vor Ort ein besseres Bild vom Tätigkeitsumfeld machen kann und gleichzeitig Projektunterlagen sofort greifbar sind. Auch fördert die »heimatliche« Umgebung das allgemeine Interviewklima.

Auswerten der Interview-Ergebnisse

Da sich die Antworten der einzelnen Personen alle auf dieselben Fragen in identischer Reihenfolge beziehen, wird das Zusammenführen der Einzelbefragungen sehr erleichtert. Zu jeder einzelnen Frage bildet man aus den unterschiedlichen Antworten eine »Summenantwort« mit notwendigen Ausnahme- und Sondervermerken (Bild 6.27). Gewichten der Antworten, z. B. nach Rang oder Bedeutung der Interviewten, entfällt bei dieser Meinungsverdichtung normalerweise. Nur in strittigen Fällen sollte die »Wertigkeit« der Informationsquelle berücksichtigt werden.

Nach Bilden der Summenantwort folgt das Bewerten der einzelnen Themenkomplexe; hierbei werden die Stärken und Schwächen des untersuchten Projektmanagements aufgezeigt. Bei offensichtlichen Schwachstellen sollten schließlich entsprechende Empfehlungen abgeleitet und formuliert werden. Ein Beispiel für eine solche Ergebniszusammenfassung ist in dem PM-Merkblatt 45 im Beiheft aufgeführt.

Auf Basis dieser Empfehlungen kann dann gemeinsam mit den Beteiligten – das sind im Wesentlichen die Projekt- und Bereichsleiter und die für die Projektunterstützung zuständigen Stellen – ein Maßnahmenkatalog für gezielte Verbesserungen und Rationalisierungen im bestehenden Projektmanagement erarbeitet werden. Der Maßnahmenkatalog selbst sollte zu den einzelnen beschlossenen Maßnahmen stets die Erfüllungstermine und die Namen der »Kümmerer« enthalten.

Fehlerquellen

Mit der Wahl der hier beschriebenen Arbeitsmethodik, nämlich:

- ▷ repräsentativ ausgewählte Projekte,
- ▷ Standard-Fragenkatalog,
- ▷ stichprobenartige Befragung und
- ▷ Ergebniszusammenfassung analog der Struktur des Fragenkatalogs,

soll bei einer begrenzten Untersuchungszeit erreicht werden, dass mit großer Wahrscheinlichkeit der in dem Untersuchungsbericht dargestellte Zustand mit dem tatsächlichen Ist übereinstimmt.

Da aber sowohl personell als auch fachlich immer nur – trotz aller »Repräsentativität« – ein Teilausschnitt des zu untersuchenden Entwicklungsbereichs betrachtet wird, ergeben sich zwangsläufig nicht zu vermeidende Fehlerquellen, die man im Untersuchungsbericht explizit nennen sollte. Zu diesen Fehlerquellen zählen z. B.:

- ▷ Die Interviewer haben nur geringe Kenntnisse von den zu untersuchenden Entwicklungsaufgaben und -abläufen.
- ▷ Kontrollbefragungen bei »funktional gleichen« Personen mussten aus Zeitgründen unterbleiben.
- ▷ Verständnisschwierigkeiten bei den Fragen bzw. beim Interpretieren der Antworten sind gegeben.
- ▷ Projekt- und Personenauswahl sind nicht repräsentativ.

Das vollständige Nennen möglicher Fehlerquellen kann bei einer späteren Verifizierung einzelner Empfehlungen sehr hilfreich sein.

6.6 Arbeitstechniken

Am Anfang einer Projektdurchführung liegen, wie bereits in Kapitel 2 ausgeführt, die Problemfeldanalyse und die Definition des Projektziels. Zum Bewältigen der hierbei zu lösenden Aufgaben sind meist schwierige Denkprozesse zu durchlaufen:

- ▷ Ideensammlung (kreative Phase)
- ▷ Istaufnahme und Problemanalyse (analytische Phase)
- ▷ Problemlösung und Entscheidung (synthetische Phase).

Um diese Denkprozesse möglichst effektiv zu gestalten, haben sich für die einzelnen Phasen spezielle Arbeitstechniken herausgebildet:

- ▷ Kreativitätstechniken
- ▷ Istanalysetechniken
- ▷ Problemlösungstechniken
- ▷ Entscheidungstechniken
- ▷ Kommunikationstechniken
- ▷ Zeitplanungstechniken.

Im Rahmen der Siemens-Bücher »Organisationsplanung« [133] und »Erfolg durch bessere Methoden« wurde auf einige der hier vorgestellten Arbeitstechniken näher eingegangen. In der »Organisationsplanung« finden sich ausführliche Kapitel zu Kommunikationstechniken, Problemlösungstechniken und Istaufnahme- und Analysetechniken, in »Erfolg durch bessere Methoden« werden die Themen persönliche Zeitplanung, Kommunikation, Ideenfindung und Entscheidungstechniken behandelt.

6.6.1 Kreativitätstechniken

Kreativität ist unabdingbare Voraussetzung für jeden Ideenfindungsprozess und ist damit Basis für jegliche Innovation und Progression. Kreativität kennzeichnet die Fähigkeit, schöpferische und damit neue Gedanken hervorzubringen. Jeder Mensch verfügt über ein gewisses Maß an Kreativität; diese zu entwickeln und zur Entfaltung zu bringen, ist das Ziel von *Kreativitätstechniken*. Schwerpunkt von Kreativitätstechniken ist dabei, vor allem das divergente Denken zu fördern; denn nur dieses eröffnet neue, vom Normalen und Bestehenden abweichende Gedanken – konvergentes Denken birgt die Gefahr des zu starken Beharrens in herkömmlichen Vorgehensweisen.

Folgende Kreativitätstechniken haben sich in der Praxis bewährt:

- ▷ Brainstorming
- ▷ CNB-Methode
- ▷ Mind-Mapping
- ▷ Methode 635
- ▷ Utopiespiel
- ▷ Bisoziationsmethode
- ▷ Synektische Methode
- ▷ 6-Hüte-Methode.

Brainstorming

Diese intuitive Methode zur Ideenfindung ist wohl die bekannteste; sie stammt von dem amerikanischen Werbefachmann Alex F. Osborn, der sie in den 30er-Jahren formuliert und praktiziert hat [69].

Beim *Brainstorming* (»Gedankensturm«) finden sich mehrere Fachleute zu einem bestimmten, vorher klar umrissenen Thema zusammen, um zu einer gemeinsamen, sich gegenseitig befruchtenden Ideenfindung zu kommen. Wichtig ist, dass in der Gruppe ein kooperatives Klima entsteht, um bestehende Hemmungen, eigene eventuell nicht gleich überzeugende Gedanken zu äußern, abzubauen. Das zu behandelnde Thema sollte nicht zu weit gefasst sein, weil sonst ein »Fokussieren« der Ideen nicht mehr möglich wird.

Folgende Grundregeln gelten für Brainstorming-Sitzungen:

Regel 1: Möglichst viele Ideen produzieren!

Bei einer Brainstorming-Sitzung kommt es zuerst auf die Menge und nicht auf die Qualität der vorgeschlagenen Ideen an, da die Wahrscheinlichkeit, gute Ideen zu finden, normalerweise mit der Ideenanzahl wächst. Das Bewerten der eingebrachten Ideen ist in einem späteren Schritt vorzunehmen.

Regel 2: Jegliche Kritik ist zurückzustellen!

Kritik wirkt meist negativ und abwertend und damit hemmend auf jeden Ideenfindungsprozess. Gerade unfertige Ideen können immer leicht kritisiert werden, deshalb muss verhindert werden, dass aus Angst vor Kritik vorhandene Ideen nicht ausgesprochen werden.

Regel 3: Keine Grenzen der Phantasie setzen!

Unrealistische Ideen sind häufig eine ausgezeichnete Anregung für realistische neue Ansätze. Originalität und Fantasie müssen gefördert werden, um nicht in eingefahrenen Denkschemata zu verharren.

Regel 4: Ideen anderer aufgreifen!

Vorgeschlagene Ideen sollen möglichst von allen Mitgliedern »weitergesponnen« werden; gerade das gedankliche Aufnehmen von noch unreifen Ideen eines anderen führt häufig zu neuen und originellen Ideen, dabei darf es keinesfalls zu einem Beharren auf persönliche »Urheberrechte« in der Gruppe kommen.

Ein Brainstorming wird normalerweise in drei Abschnitten durchgeführt:

- ▷ Vorbereitung
- ▷ Durchführung
- ▷ Auswertung.

Vorbereitung

Eine Brainstorming-Sitzung sollte man nicht spontan einberufen, sondern entsprechend vorbereiten; hierzu gehört, dass einerseits das Problem klar umrissen und andererseits der teilnehmende Personenkreis sorgfältig – möglichst aus hierarchisch gleichen Ebenen – ausgewählt wird. Die Anzahl der Teilnehmer sollte mindestens vier betragen und nicht größer als zwölf sein, optimal ist eine Anzahl zwischen sechs und acht. Interdisziplinäre Fachkompetenzen sind dabei vielfach sehr bereichernd. Das Thema sollte den Teilnehmern rechtzeitig vorher bekannt gegeben werden, damit diese sich schon gedanklich einstimmen können.

Durchführung

Für das Festhalten der Ideen bieten sich mehrere Möglichkeiten an: Flipchart, Kärtchentechnik, Tonbandaufzeichnung, Protokollierung. Insbesondere die »Kärtchentechnik« hat sich beim Brainstorming als sehr vorteilhaft erwiesen, da hier die Teilnehmer im ersten Schritt ihre Ideen individuell – also ohne Hemmschwellen – auf einzelne Kärtchen schreiben, die dann vom Moderator auf einer Planungstafel thematisch gruppiert werden. In einer anschließenden, dem besseren Verständnis dienenden Durchsprache können die einzelnen »Ideen« besser formuliert werden; die Durchsprache soll allerdings auch zur Findung weiterer Ideen genutzt werden.

Auswertung

Die Auswertung selbst braucht nicht unbedingt gleich nach der Brainstorming-Sitzung zu erfolgen; sie kann auch später vorgenommen werden, um Raum für nachträglich abzugebende Vorschläge zu geben. Alle festgehaltenen Ideen werden schließlich zu Themenkomplexen gruppiert; hierbei fasst man ähnliche Ideen zusammen und am Thema vorbeigehende Ideen sondert man aus. Das so vorliegende Brainstorming-Ergebnis wird dokumentiert und Fachleuten zur kritischen Beurteilung gegeben.

Eine Brainstorming-Gruppe muss unbedingt von einem Moderator geführt werden, der Sorge dafür zu tragen hat, dass die Mitglieder die vorgenannten Grundregeln genau einhalten. Weiterhin gehört zu seinen Aufgaben:

- ▷ Zu Beginn der Brainstorming-Sitzung das Problem und die Zielsetzung formulieren,
- ▷ die Zeitdauer festlegen und darauf achten, dass sie eingehalten wird,
- ▷ Ideen aufschreiben bzw. sammeln,
- ▷ bei Nachlassen der Ideenfindung weitere Anregungen (»Spornfragen«) in die Gruppe bringen sowie
- ▷ für die Auswertung des Ideenmaterials sorgen.

CNB-Methode

Die CNB-Methode (Collective Notebook) ist eine »schriftliche« Brainstorming-Methode, ein *Brainwriting*. Diese Kreativitätstechnik kann über einen längeren Zeitraum (mehrere Wochen) laufen. Hier kommen die Teilnehmer nicht in einer gemeinsamen Runde zusammen, sondern jeder legt für sich seine Ideen zu einem vorformulierten Fragenkomplex schriftlich nieder.

Als erstes bereitet ein Initiator für jeden Teilnehmer ein eigenes Notizbuch mit folgenden Aufgabenstellungen vor:

- Halten Sie alle Ideen zu dem vorgegebenen Problem fest!
- Definieren Sie das Problem genauer!
- Notieren Sie alle Ihnen bekannten Lösungsansätze!

Während eines festgelegten Zeitraums trägt dann – unabhängig voneinander – jeder Teilnehmer seine Ideen, Gedanken und Vorschläge zu dem vorgegebenen Problem in sein Notizbuch ein. Als zusätzliches Hilfsmittel bietet sich hier sehr gut ein Diktiergerät an, mit dem man zu jeder Zeit und an jedem Ort spontan eingefallene Ideen sofort festhalten kann. Am Ende der Durchführungsphase erarbeitet schließlich jeder Teilnehmer einen Extrakt seiner Eintragungen.

Aus den eingesammelten Notizbüchern erstellt der Initiator eine Zusammenfassung aller Eintragungen. In einer anschließenden Arbeitssitzung wird diese Ausarbeitung dann noch gemeinsam diskutiert und ein gemeinsames Lösungskonzept erarbeitet.

Der Vorteil des Brainwritings liegt darin, dass die einzelnen Experten nicht persönlich zusammenkommen müssen; dies kann von Bedeutung sein, wenn die Experten an weit auseinander gelegenen Orten weilen und dort unabkömmlich sind. Auch sind die gefundenen Ideen deutlicher formuliert und durchdachter als beim Brainstorming. Der Nachteil beim Brainwriting liegt vor allem in der fehlenden Kommunikation während des Ideenfindungsprozesses, die im Allgemeinen zu einer wesentlichen Bereicherung des Ideenmaterials führt. Es fehlt häufig an der »Originellität« der Ideen.

Mind-Mapping

Auf den ersten Blick ist Mind-Mapping nur eine Visualisierungstechnik mit der Möglichkeit, einen Sachverhalt „sichtbar“ zu machen. Die Mind-Map ist die grafische Darstellung der Denkprozesse in einem Brainstorming-Prozess und wurde als eine innovative und effiziente Kreativitätstechnik von dem britischen Psychologen Tony Buzan ersonnen [19]. Hierbei wird das Prinzip der Assoziation genutzt, um Gedanken frei zu entfalten und so die Fähigkeiten des Gehirns besser zu nutzen. Formal gesehen bestehen Mind-Maps aus beschrifteten mehrzweigigen Baumdiagrammen. Zusätzliche Anmerkungen, erläuternde Inhalte und Prozesszusammenhänge können durch gegenseitige Verknüpfungen dargestellt werden.

Im Gegensatz zum Brainstorming, bei dem eine Reihe von unsortierten Begriffen zu einem Problemfeld produziert und anschließend auf Pinnwänden sortiert werden, wird bei der Mind-Map von Anfang an eine vernetzte Assoziationsstruktur angestrebt, die die semantischen Bezüge der Schlüsselbegriffe zum Ausdruck bringen soll. Eine Mind-Map eignet sich damit auch zur Dokumentation für Ergebnisse eines Brainstormings, in dessen sortierter Fassung. Bild 6.28 zeigt in einem sehr vereinfachten Beispiel die Mind-Map-Aufschreibung der Aufgaben eines Projektleiters.

Das prinzipielle Vorgehen beim Mind-Mapping findet in folgenden Schritten statt:

1. Das zentrale Thema wird in der Mitte eines leeren (großen) Blattes aufgeschrieben; hierzu sollte unliniertes Papier in einem möglichst großen Format verwendet werden.
2. In der Mitte des Blattes wird (eventuell mit einem Bild oder Logo) das zentrale Thema

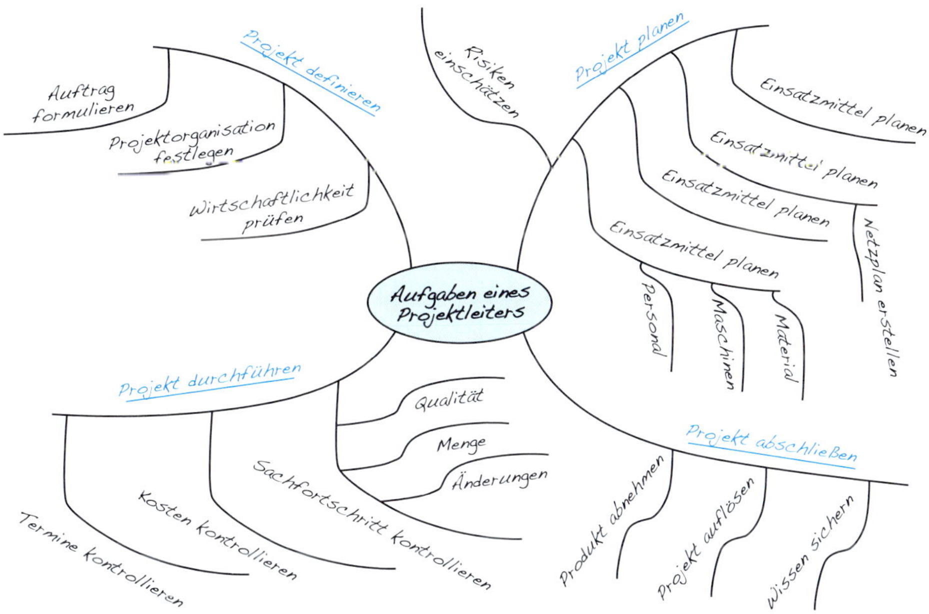

Bild 6.28 Beispiel einer Mind-Map

formuliert und gezeichnet; hierbei empfiehlt es sich, auch farbliche Unterscheidungen zu verwenden.

3. Nun werden Schlüsselbegriffe in einem Brainstorming gesammelt, die zum Hauptthema gehören. Sie werden durch Äste um das Hauptthema herum angeordnet. Die Reihenfolge kann dabei beliebig oder auch gewollt sein.
4. Auf einer zweiten Gedankenebene werden zu diesen neu gefundenen Themen weitere Schlüsselbegriffe assoziiert und als Zweige an die Hauptäste angeordnet.
5. Diese dann beschrifteten Zweige können Ausgangspunkt für weitere Verästelungen sein.
6. In einem fortlaufenden Prozess der Dekomposition des Themas entsteht so ein stark verzweigter „Ideenbaum".

Tabelle 6.10 SW-Tools für Mind-Map-Erstellung (Auswahl)

Programm	Ausprägung
Axon Idea Processor	Sehr leistungsfähiges Tool zur Erstellung von Netzgrafiken
Catalyst	Kostenpflichtige Online-Mind-Map-Anwendung
eminec Mymap	Tool zur Erstellung von Mind-Maps
FreeMind	Open-Source-Software für das Mind-Mapping unter GPL-Lizenz
MindManager	Kostenpflichtiges Programm speziell für eine Office-Landschaft
MindMeister	Kostenpflichtige Online-Mind-Map-Anwendung im Internet
NovaMind	Auf Windows und Mac OSX ablauffähiges Mind-Map-Programm
vym (View Your Mind)	Open-Source-Software für das Mind-Mapping
Xmind	Sehr leistungsfähiges Programm für das Mind-Mapping
YouMinds Composer	Kostenlose Diagramm- und Notiz-Software für Mind-Map-Erstellung

Bei der Gestaltung der Mind-Map sollten einprägsame Schlüsselworte verwendet und mit grafischen, möglichst farbigen Elementen wie Pfeilen, Einrahmungen und Bildern gearbeitet werden.

Zur grafischen Unterstützung von komplexeren Mind-Maps werden zahlreiche SW-Tools angeboten, deren Quellen im Internet leicht zu finden sind; Tabelle 6.10 enthält eine kleine Auswahl.

Methode 635

Die Methode 635 vereinigt die Vorteile des Brainstormings mit denen des Brainwritings. Die Ideen werden von den Teilnehmern schriftlich abgegeben; es findet aber insofern eine Kommunikation statt, als die einzelnen Teilnehmer ihre Ideen untereinander austauschen, wobei der Einzelne auf die Ideenvorschläge seines Vorgängers aufbauen kann.

Die Zahlenangabe 635 bedeutet:

- 6 Teilnehmer,
- 3 Ideen (abzugeben je Teilnehmer),
- 5 mal wird das Ideenformular weitergegeben.

Jeder Teilnehmer erhält ein Leerformular, wie es in Bild 6.29 dargestellt ist, und trägt in die erste Zeile seine ersten drei Ideen zu dem vorgestellten Problemkomplex ein. In einer festgelegten Reihenfolge werden nun die Blätter weitergereicht und jeder Teilnehmer formuliert – aufbauend auf die eingetragenen Einfälle seines Vorgängers – drei neue Ideen; falls ihm keine drei neuen einfallen, kann er sich natürlich auch mit weniger begnügen. Dies geschieht fünfmal, bis alle sechs Blätter ausgefüllt sind. Da bei jeder nächsten Runde einerseits mehr Ideen zu verarbeiten sind und andererseits es schwerer wird, weitere Ideen zu finden, müssen die Zeitvorgaben für die einzelnen Runden entsprechend ansteigen. Es bieten sich – bei einer Gesamtzeit von einer Stunde – folgende Zeitvorgaben an:

1. Runde 5 min
2. Runde 7 min
3. Runde 9 min
4. Runde 11 min
5. Runde 13 min
6. Runde 15 min.

Methode 635			Blatt-Nr.: 3
Problemstellung Steigerung der Effektivität in der Entwicklung			Datum: 20.11.1990 Teilnehmer: 1. Hr. Dr. Widmer 2. Hr. Joswig 3. Hr. Dr. Büttner 4. Fr. Brosig 5. Hr. Dr. Rupp 6. Hr. Dr. Fuhrmann
Ideen			Teil- nehmer
11 Projekt-management einführung	12 Qualifikation der Mitarbeiter erhöhen	13 Entwicklungs-stärken in der Produktplanung mehr berück-sichtigen	3
21 Erfahrungs-datenbank für die Entwicklung aufbauen	22 Vorhandene Linienorgani-sation »projekt-orientierter« gestalten	23 Durchgängiges CIM-Konzept von der Entwicklung bis zur Fertigung entwerfen	4
31 CAD-Methoden und Verfahren verstärkt ein-führen	32 CASE-Verfahren für die SW-Ent-wicklung ein-setzten	33 Grafikunter-stützung für die Entwurfstätig-keiten verbessern	5
41 Prozessorgani-sationen HW- und SW-Ent wicklung aufein-ander abstimmen	42 Ausbildungs-kurse für Entwurfs-methodik durch-führen	43	6
51 Reviews systematisieren	52 Prämiensystem für Termin-einhaltung einführen	53 »REFA-Prin-zipien« für Ent-wicklungstätig-keiten ableiten	1
61 Entwicklungs-Control-Board eirichten	62 Produktivitäts kennzahlen für die Entwicklung ermitteln	63	2

Bild 6.29
Formular zur Ideensammlung (Methode 635)

Die Teilnehmeranzahl kann natürlich geringfügig differieren, auch ist man nicht an die Anzahl von drei Ideen gebunden (es wäre also auch eine »Methode 746« denkbar). Die Kombination »6 Teilnehmer und 3 Ideen« hat sich allerdings in der Praxis als optimal erwiesen. Bei größeren Anzahlen sollte man deshalb mehrere Gruppen bilden.

Die Methode 635 kann auch – wie das Brainwriting – ohne eine gemeinsame Sitzung stattfinden, indem die sukzessiv ausgefüllten Ideenformulare durch die Post weitergegeben werden; das Ergebnis der Ideenfindung liegt dann entsprechend später vor.

Utopiespiel

Mit einem Utopiespiel hat man eine vorzügliche Möglichkeit, einem Brainstorming, welches in eine Sackgasse geraten ist, wieder genügend kreativen Freiraum zu geben.

Beim Brainstorming innerhalb eines Utopiespiels wird bewusst die bestehende Realitätsbasis verlassen, um mit Hilfe eines unbeschwerten Gedankenspiels in der Zukunft auf völlig neue und noch nie angedachte Ideen zu stoßen, die dem normalen Realitätsbewusstsein verschlossen sind.

Typische Fragestellungen für derartige Utopiespiele sind z. B.:

- Wie sieht das Büro im Jahr 2050 aus?
- Was wäre, wenn es keine Autos mehr gäbe?
- Wie würde eine »Volkswirtschaft ohne Bargeld« ablaufen?

Am anregendsten wird ein Utopiespiel durchgeführt, wenn die Teilnehmer in kleine Gruppen von max. 4 Personen mit je einem Moderator eingeteilt werden und jede Gruppe etwa 20 bis 30 Minuten Zeit hat, um ihre Utopie zu ersinnen. Nach der anschließenden Präsentation der einzelnen Zukunftsmodelle werden diese durch die Teilnehmer bewertet. Die Präsentation und Diskussion erbringt meist sehr viele unkonventionelle Denkanregungen, die zu einem horizonterweiternden Problemlösungsprozess führen können.

Bisoziationsmethode

Mit der Bisoziationsmethode versucht man wie beim Utopiespiel, die Kreativität bei einer Ideenfindung durch Wahl eines neuen »Bezugssystems« zu bereichern.

Nach eingehender Erläuterung des Problemfeldes werden die Teammitglieder aufgefordert, spontan aktuelle Schlagworte zu nennen. Ausgewählt wird jenes Schlagwort, mit dem ein neues Bezugssystem gebildet werden kann, das keine direkte Beziehung zum Ausgangsproblem hat. Innerhalb dieses neuen Bezugssystems werden prägnante Begriffe gesucht. Lösungsideen lassen sich nun ableiten, wenn man versucht, zu jedem dieser Begriffe eine gedankliche Verbindung zum Ausgangsproblem zu ziehen.

Im Einzelnen werden bei der Bisoziationsmethode folgende Schritte durchlaufen:

▷ Durchsprache des Problemfeldes

▷ Sammeln aktueller Schlagworte

▷ Bilden eines neuen Bezugssystems

▷ Sammeln zugehöriger Begriffe

▷ Verknüpfen der Begriffe mit dem Problemfeld

▷ Ableiten von Lösungsideen.

Ähnlich wie die nachfolgende Methode versucht die Bisoziationsmethode, durch »Verfremden« eines Problems den Denkprozess auf völlig neue Ideen zu lenken.

Synektische Methode

Die synektische Methode wurde vom Amerikaner J. J. Gordon Ende der 40er-Jahre entwickelt [36] und basiert auf der Erkenntnis, dass kreative Denkprozesse einerseits sich oft im Unterbewusstsein abspielen und andererseits durch Gedankenverbindungen und Ähnlichkeitsbetrachtungen erheblich gefördert werden. Der Begriff *Synektik* stammt aus dem Griechischen und bedeutet soviel wie zusammensetzen bzw. zusammenfügen. Mittels der Synektik wird durch eine mehrfache Verfremdung des gestellten Problems die Ideenfindung angeregt und dadurch – insbesondere bei festgefahrenen Problemen – das Finden eines Lösungsansatzes positiv beeinflusst.

Die Ideenfindung läuft bei der synektischen Methode in drei Phasen ab [130/1]:

- ▷ Phase I Vertrautmachen des Fremden
- ▷ Phase II Verfremden des Vertrauten
- ▷ Phase III Verfremdetes und Vertrautes kombinieren.

In der Phase I wird das gestellte Problem dem Teilnehmerkr[illegible] durch den Moderator vorgestellt und ge[illegible] analysiert. Als Ergebnis dieser ein[illegible] ftigung mit dem Problem [illegible] fallenden Lösungsa[illegible] okolliert werd[illegible] lem schr[illegible] Er[illegible] ge-ste[illegible].

In der Pha[illegible] des gestellten Proble[illegible] zu sucht man als Erstes mög[illegible] rnte Ähnlichkeiten *(erste direkte* [illegible] eit); hierbei muss möglichst die »Objektw[illegible]t« gewechselt werden, d. h. handelt es sich um ein technisches Problem, dann sind Ähnlichkeiten im Bereich der Natur zu suchen – und umgekehrt. Zu einer oder zwei solcher Ähnlichkeiten, die besonders interessant und am weitesten vom Ausgangsproblem entfernt sind, versuchen nun die Teilnehmer *persönliche* Ähnlichkeiten zu finden; dieses Auf-sich-selbst-beziehen führt zu einer Enthemmung in der Ideenfindung und zu einem weiteren Entfernen vom Ausgangsproblem. Wiederum zu ein oder zwei solchen Beschreibungen werden nun *symbolische* Ähnlichkeiten, die aus zwei, drei Schlagwörtern bestehen und einen Widerspruch in sich haben (z. B. fröstelnde Wärme, atemberaubende Langsamkeit), gesucht. Auch dieses hat eine Entfernung vom Ausgangsproblem zur Folge. Im letzten Schritt werden nun wieder direkte Ähnlichkeiten (zweite) gesucht – ebenfalls mit einem Wechsel der oben angedeuteten »Objektwelt«; dies bewirkt nun eine gewisse Annäherung an das Ausgangsproblem. Im Zweifelsfall muss diese Phase wiederholt werden.

Die Phase III beginnt mit der Analyse der am Ende der Phase II gefundenen *zweiten direkten* Ähnlichkeit, indem diese möglichst umfassend beschrieben wird. Jeder Satz, jeder Begriff wird nun mit dem Ausgangsproblem in Beziehung gebracht. Sowohl diese Übertragung als auch die nun einsetzende Rückbesinnung auf das Ausgangsproblem führt zu Lösungsansätzen. Die aussichtsreichsten Lösungsansätze werden schließlich hinsichtlich ihrer Realisierbarkeit untersucht. Auch diese Phase kann – bis ein brauchbarer Lösungsansatz gefunden ist – mehrfach wiederholt werden.

Für eine Synektik-Sitzung können ähnliche Regeln wie für eine Brainstorming-Sitzung aufgestellt werden:

- Teilnehmeranzahl zwischen zwei und sechs,
- Moderation durch einen Fachmann,
- Unterschiede bezüglich Ausbildung und Position möglichst klein,
- Kenntnisse und Erfahrungen möglichst verschieden.

Die Dauer einer Synektik-Sitzung hängt stark vom gestellten Problem ab und kann sehr unterschiedlich sein, wobei die Bandbreite zwischen einigen Stunden und zwei Tagen liegt.

6-Hüte-Methode

Diskussionen mangelt es vielfach an der nötigen Effizienz, da die Teilnehmer sich häufig von ihrem persönlichen Rollenverhalten nicht trennen können; die einen meinen, bestimmte Positionen nicht aufgeben zu dürfen, andere neigen zur andauernden Selbstdarstellung, wieder andere sind nicht aufnahmebereit für neue ungewohnte Denkansätze. Ein zielgerichtetes Vorgehen in einer Planungsrunde wird damit vielfach unmöglich gemacht. Um die Teilnehmer einer Diskussion von diesen individuell geprägten Denkmustern zu befreien, hat sich die Methode der »6 Denkhüte« zum effizienten Diskutieren [11] sehr gut bewährt.

Das Prinzip beruht auf der Definition von sechs Betrachtungshorizonten, den »Denkhüten«. Mit dieser konsequenten Trennung in unterschiedliche Betrachtungshorizonte wird erreicht, dass die Teilnehmer einer Diskussion gezwungen werden, ein zu betrachtendes Thema zielorientiert aus unterschiedlichen Richtungen gemeinsam anzugehen und zu diskutieren. Auf diese Weise kommt man schneller und erheblich effektiver ans Ziel.

Zur leichteren Unterscheidung werden *Farben* für die einzelnen »Denkhüte« ausgewählt:

- ▷ der weiße Hut neutral → Objektivität
- ▷ der rote Hut Feuer → Emotionen
- ▷ der schwarze Hut Vorsicht → Kritik
- ▷ der gelbe Hut Sonne → Optimismus
- ▷ der grüne Hut Natur → Wachstum
- ▷ der blaue Hut Himmel → Überblick

Beim *weißen Hut* sind ausschließlich objektive Informationen, Daten und Fakten gefragt; es sollen keine Interpretationen, Meinungen, Vermutungen oder Vorschläge vorgetragen werden. Beim *roten Hut* geht es um Gefühle, Intuition, Ahnungen und Ängste, um Eindrücke also, die man nicht rational erklären kann. Auch hier sind Begründungen und Rechtfertigungen fehl am Platze. Beim *schwarzen Hut* werden die Risiken, Gefahren, Bedenken und Einwände zum Diskussionsthema behandelt. Gefragt sind hier kritische, aber keine negativen Argumente. Beim *gelben Hut* werden die Vorteile, die Chancen, die besten Realisierungsmöglichkeiten, die Synergien etc. betrachtet; der gelbe Hut fokussiert damit das positive Denken zum behandelten Thema. Beim *grünen Hut* ist schließlich die Kreativität gefragt; neue Ideen und alternative Denkansätze sollen das Thema voranbringen. Beim *blauen Hut* geht es nicht um das eigentliche Thema, sondern um Vorschläge zum weiteren Vorgehen und um die Zusammenfassung der Ergebnisse.

In einer Diskussion können diese 6 Denkhüte verschieden genutzt werden; sie können entsprechend des aktuellen Diskussionsverlaufs je nach Bedarf oder auch systematisch in einer vorab festgelegten Reihenfolge eingesetzt werden. Im letzteren Fall empfehlen sich gewisse Abfolgen der Hüte: So ist der blaue Hut am Anfang und Ende einer Diskussion sinnvoll, nach einem schwarzen Hut sollte ein grüner folgen, anfangen kann man mit dem weißen, roten oder gelben Hut, beenden kann man die Diskussion mit dem grünen Hut, aber auch mit dem roten oder schwarzen.

6.6.2 Istanalysetechniken

Am Anfang eines jeden Entwicklungsprozesses steht der Prozessabschnitt der Problemanalyse, der sich im Allgemeinen in die Prozessphasen *Istanalyse* und *Sollkonzept* untergliedert. Die Istanalyse soll hierbei die fachliche Basis für das geplante Entwicklungsvorhaben definieren, auf die die weitere Planung, beginnend mit dem Sollkonzept, aufsetzen soll.

Für die Untersuchung des Istzustandes haben sich – neben der Auswertung vorhandener Unterlagen – in der Praxis eine Vielzahl von Analysetechniken herausgebildet:

- ▷ Interview
- ▷ Fragebogen
- ▷ Dialog-Abfrage
- ▷ Dauerbeobachtung
- ▷ Selbstaufschreibung
- ▷ Multimomentaufnahme.

Interview

Zum transparenten Darstellen eines Istzustandes mit objektivem Aufdecken von Fehlerquellen und Mängeln hat sich die Interviewtechnik sehr gut bewährt.

In Kapitel 6.5.4 ist diese Technik am Beispiel einer PM-Untersuchung ausführlich erläutert worden. Wie dort aufgezeigt wurde, ist es wichtig, dass die Interviews gut vorbereitet werden, sowohl hinsichtlich ihres Inhalts (z. B. mit Checklisten) als auch des zu befragenden Personenkreises. Anderenfalls läuft man Gefahr, in eine Flut von Informationen aus ungleichgewichtigen Quellen zu geraten.

Fragebogen

Können die relevanten Fragenkomplexe nicht in einzelnen Interviews behandelt werden – sei es, dass die Anzahl der Interview-Partner zu groß ist oder dass eine örtliche Zusammenkunft nicht möglich ist , bietet es sich an, einen entsprechenden *Fragebogen* auszuarbeiten und diesen an die zu befragenden Wissensträger zu versenden. Hierbei sind einige Regeln zu beachten:

- Die Ausfüllzeit sollte nicht länger als $^1/_2$ Stunde dauern.
- Die Fragen sind kurz und verständlich zu halten.
- Die Fragenkomplexe sind in Themengruppen anzuordnen.
- Das Untersuchungsfeld muss die Befragten ansprechen.
- In einem Begleitschreiben müssen Aufgabe und Ziel der Fragebogenaktion überzeugend dargestellt werden.

Vor der eigentlichen Durchführung der Fragebogenaktion sollte der fertige Fragebogen in einem kleineren Personenkreis »getestet« werden, um die Verständlichkeit und Schärfe der gestellten Fragen zu prüfen. Auch ist es notwendig, sich rechtzeitig Gedanken über eine rationelle Auswertung der ausgefüllten Fragebögen zu machen.

Der Vorteil einer Fragebogenaktion zur Istanalyse liegt sicherlich in dem relativ geringen (eigenen) Aufwand und der kurzen Untersuchungszeit. Nachteil ist allerdings die Schwierigkeit, einen das Untersuchungsfeld voll abdeckenden und nicht missverständlichen Fragenkatalog zu erarbeiten; ein individuelles Nachfragen ist schließlich nicht möglich oder mit zusätzlichem Aufwand verbunden.

Dialog-Abfrage

Eine sehr rationelle Methode der Isterfassung ist die *dialoggeführte Abfrage* über ein Unternehmens-Intranet. Mit vordefinierten Dialog-Abfragen wird ein einheitliches und konsistentes Abfrageergebnis erreicht; formal falsche bzw. inkonsistente Angaben werden sofort zur Korrektur zurückgewiesen, bei unvollständigen Angaben wird der Befragte umgehend zur Vervollständigung aufgefordert. Ein weiterer Vorteil liegt darin, dass über das Intranet alle zu befragenden Personen unmittelbar und gleichzeitig angesprochen werden, auch unterliegt der Datenrückfluss keiner zeitlichen Verzögerung.

Im Rahmen der Umstellungsarbeiten für die (zurückliegende) Jahrtausendwende wurde z. B. zur Inventarisierung aller Jahr-2000-relevanten Hard- und Software bei Siemens Business Services (SBS) ein Abfragetool eingesetzt, mit dem alle Projektleiter und Mitarbeiter über einen geführten Dialog nach den entscheidenden Kriterien für die in die Jahr-2000-Umstellung einzubeziehende Hard- und Software flächendeckend abgefragt wurden. Durch den geführten Dialog wurden neben den allgemeinen Angaben zu eingesetzten oder vertriebenen Geräten und Programmen die Details aller Schnittstellen sowie alle eingebetteten Hard- und Software-Bestandteile und Fremdprodukte lückenlos erfasst und einer fachlichen Beurteilung zugeführt. Auf diese Weise wurde die Vollständigkeit hinsichtlich der Datenerhebung und der Risikoanalyse geradezu erzwungen.

Dauerbeobachtung

Statt der »mittelbaren« Informationssammlung über Interview oder Fragebogen bietet sich in speziellen Fällen auch die unmittelbare, d. h. selbstdurchgeführte *Dauerbeobachtung* an. Hierzu ist es allerdings notwendig, dass das Untersuchungsfeld räumlich und funktional überschaubar ist. Durch das für einen gewissen Zeitraum ständige Beobachten z. B. eines Arbeitsplatzes kann sehr gut eine eindeutige und vollständige Analyse des Istzustandes erreicht werden.

Wichtig ist, dass alle Ablaufvorgänge, Vorkommnisse und Einflussfaktoren der Arbeitsprozesse schriftlich festgehalten werden und die Beobachtung so lange stattfindet, bis eine Konstanz der Arbeitsabläufe festzustellen ist.

Der Vorteil liegt bei der Genauigkeit der Analyseergebnisse. Nachteilig ist die nicht zu vermeidende Beeinflussung der am Arbeitsprozess beteiligten Personen durch die Beobachtung selbst und die damit verbundene Verfälschung der Ergebnisse. Auch kann der erforderliche Zeitaufwand für den Untersuchenden recht erheblich sein.

Selbstaufschreibung

Zur Istaufnahme kann in besonderen Fällen auch eine *Selbstaufschreibung* sehr dienlich sein. Diese Methode bietet sich an, wenn im Rahmen von Arbeitsprozessen immer wiederkehrende Vorgänge ablaufen und über einen definierten Zeitraum die »Gleichheit« der Vorgänge statistisch ermittelt werden soll.

Für diese Form der Istanalyse muss allerdings ein geeignetes Ausfüllformular zur Verfügung stehen, welches möglichst als Checkliste genutzt werden kann.

Die Betroffenen müssen zudem genau in die Vorgehensweise eingewiesen und für das Untersuchungsziel entsprechend motiviert sein.

Multimomentaufnahme

Die Multimomentaufnahme ist ein *Stichprobenverfahren*, bei dem aus einer Vielzahl von Momentaufnahmen statistisch gesicherte Mengen- und Zeitangaben abgeleitet werden können.

Das Grundprinzip einer Multimomentaufnahme besteht darin, dass ausgewählte »Beobachtungsstationen« in einer Arbeitsprozesskette zu unterschiedlichen Zeitpunkten in stets derselben Reihenfolge hinsichtlich der Anzahl bestimmter »Tätigkeiten« oder »Zustände« abgefragt werden. Die in einer Aufnahmeliste je Beobachtungsstation festgehaltenen Tätigkeits- bzw. Zustandsanzahlen werden abschließend arithmetisch gemittelt. Der zu erwartende statistische Fehler hängt von der Gesamtzahl der Beobachtungen, der »Rundgänge« ab. In [133] ist die mathematische Ermittlung der notwendigen Anzahl der Beobachtungen angegeben.

Die Multimomentaufnahme eignet sich sehr gut für Arbeitsplatz- und Auslastungsstudien, zur Störungsermittlung in Arbeitsabläufen sowie zum Erstellen von Tätigkeits- und Belastungsdiagrammen.

SWOT-Analyse

Die SWOT-Analyse (auch als SOFT-Analyse oder Stärken-Schwächen-Analyse bezeichnet) dient zur Positionsbestimmung des Marktumfeldes eines Unternehmens und unterstützt dessen Strategieentwicklung. Das Akronym bildet sich aus Strengths (Stärken), Weaknesses (Schwächen), Opportunities (Chancen) und Threats (Bedrohungen).

Mit einer SWOT-Analyse wird untersucht, in wie weit die internen Fähigkeiten eines Unternehmens (Stärken und Schwächen) mit den Herausforderungen der externen Marktentwicklungen (Chancen und Bedrohungen) korrespondieren. Hierzu werden in einer Matrix (Bild 6.30) die folgenden Kombinationen hinterfragt:

- ▷ *Stärken-Chancen-Kombination:*
  Welche unserer Stärken passen zu welchen Chancen?
  Was macht uns einzigartig?
  Was zeichnet uns gegenüber der Konkurrenz aus?
- ▷ *Schwächen-Chancen-Kombination:*
  Wo können aus unseren Schwächen Chancen entstehen?
  Wie können Schwächen zu Stärken entwickelt werden?
  Was können andere Mitbewerber besser?
- ▷ *Stärken-Bedrohungen-Kombination:*
  Welchen Bedrohungen können wir mit welchen Stärken begegnen?
  Welche neuen Produkte könnten wir anbieten?
  Mit welcher FuE-Initative können wir Bedrohungen entgegentreten?
- ▷ *Schwächen-Bedrohungen-Kombination:*
  Bei welchen Bedrohungen sind unsere Schwächen besonders kritisch?
  Welche Marktverlagerungen ins konkurrierende Ausland sind absehbar?
  Gibt es Bereiche, von denen man sich trennen sollte?

		Interne Analyse	
		Stärken (Strengths)	**Schwächen (Weaknesses)**
Externe Analyse	Chancen (Opportunities)	Stärken-Chancen-Kombination: Stärken nutzen, um aus Chancen Vorteile zu ziehen.	Schwächen-Chancen-Kombination: Chancen nutzen, um Schwächen zu überwinden.
	Bedrohungen (Threats)	Stärken-Bedrohungen-Kombination: Stärken nutzen, um Bedrohungen begegnen zu können.	Schwächen-Bedrohungen-Kombination: Schwächen minimieren, um Bedrohungen begegnen zu können.

Bild 6.30 SWOT-Matrix

6.6.3 Problemlösungstechniken

Problemlösungstechniken werden getragen durch *diskursive* Denkprozesse, denen eine bewusst logische und systematische Vorgehensweise zu Grunde liegt. Zu ihnen gehören:

▷ Morphologische Analyse
▷ Bionik
▷ Pro-und-Kontra-Spiel
▷ Delphi-Methode
▷ Analyse technischer Störungen (Kepner-Tregoe-Methode).

Morphologische Analyse

Morphologie bezeichnet die Lehre von den Gestalten und Formen. Der Schweizer Zwicky hat in den 50er-Jahren morphologische Prinzipien auf den Problemlösungsprozess übertragen [97]. Ziel einer morphologischen Analyse ist das systematische Finden aller in Frage kommenden Lösungsvarianten zu einem gestellten Problem; hierzu wird das Gesamtlösungsfeld in einem bestimmten Schema, dem »Morphologischen Kasten« dargestellt. Bild 6.31 zeigt ein Beispiel für die Lösungsfindung bei einem aufgetretenen Terminverzug in einem Projekt.

Der Morphologische Kasten, auch als Problemlösungsbox bezeichnet, ist ein Schema, in dem einer Auswahl von wesentlichen Parametern (Teilproblemen) eines gestellten Problems erfolgsbestimmende Ausprägungen (Einzellösungen) gegenübergestellt werden. Liegt eine lineare Reihe von Parametern vor, so handelt es sich beim Schema um eine Matrixdarstellung; erst bei einer zweidimensionalen Parameterschar entsteht ein wirklicher (dreidimensionaler) »Kasten«. Das ausgefüllte Schema stellt das Gesamtlösungsfeld dar.

Die Anzahl n_{ges} aller theoretisch möglichen Lösungsvarianten ist:

$$n_{ges} = \prod_{i=1}^{m} n_i \qquad (102)$$

n_i Anzahl Ausprägungen des Parameters *i*.

Bei dem in Bild 6.31 gezeigten Beispiel ergäbe sich für n_{ges}

$n_{ges} = 5 \times 4 \times 5 \times 3 \times 3 \times 5 \times 5$

$n_{ges} = 22.500$ Lösungsvarianten

Die morphologische Analyse läuft in fünf Schritten ab:

▷ Definieren des Problems
▷ Festlegen der Parameter des Problems
▷ Bestimmen der Ausprägungen der Problemparameter
▷ Aufstellen des Morphologischen Kastens
▷ Auswählen der Lösung.

Im ersten Schritt wird das gestellte Problem dem Lösungsteam vorgestellt und eingehend diskutiert; hierbei kann es zu einer Aufteilung, zu einer Verallgemeinerung oder sogar zu einer Neudefinition des Problems kommen. Erreicht werden muss, dass alle Teilnehmer zu einem gleichen Problembewusstsein gelangen.

Im zweiten Schritt werden die wesentlichen Aspekte des Problems (Funktionen, Abläufe, Vor- und Nachteile etc.) herausgearbeitet und daraus die Parameter des Problems festgelegt. Die Parameter müssen hinsichtlich ihres Inhalts gleichgewichtig sein. Oberbegriffe z. B. sind aufzulösen. Weiterhin prüft man die Parameter auf ihre Bedeutung und auf ihre Unabhängigkeit. Die Unabhängigkeit der Parameter ist wichtig, weil sonst die freie Kombination von Lösungsmöglichkeiten eingeschränkt sein würde. Nur die relevanten Parameter werden in die vertikale Matrixspalte des Morphologischen Kastens übernommen. Man sollte möglichst nicht mehr als sechs bis sieben Parameter auswählen, weil sonst die Anzahl der Lösungsvarianten zu groß und damit die spätere Lösungsauswahl zu unübersichtlich werden würde.

Im dritten Schritt werden die unterschiedlichen Ausprägungen der Parameter bestimmt: Dabei strebt man eine größtmögliche Vollständigkeit an. Alternative Ausprägungen und solche, die voneinander abhängig sind, müssen beseitigt werden. Auch muss man prüfen, ob die Ausprägungen genügend konkret und aussagekräftig sind: anderenfalls muss man sie schärfer definieren. Schließlich ordnet man die Ausprägungen in die horizontalen Matrixzeilen der jeweils zutreffenden Parameter des Morphologischen Kastens ein. Je Parameter brauchen natürlich nicht immer gleich viele Ausprägungen angegeben zu werden.

Mit dem vierten Schritt werden die verschiedenen Lösungsvarianten definiert, indem eine

Problemfeld: Terminverzug bei einem Projekt

Parameter Teilprobleme		Ausprägungen (Einzellösungen)				
1	Personalstärke	Firmeninterne Vernetzungen	Neueinstellungen	Überstunden	Urlaubssperre	Consultant-Einstellung
2	Qualifizierung	Firmeninterne Kurse	Firmenexterne Kurse	Selbststudium	Experten einbeziehen	
3	Motivation	Beförderungen vornehmen	Prämien ankündigen	Kommunikation verbessern	Austausch von Mitarbeitern	Wechsel von Vorgesetzten
4	Leistungsumfang	Funktionen streichen	Wertanalyse durchführen	Stufenkonzept erarbeiten		
5	Qualität	Qualitäts-anforderungen reduzieren	QS-Maßnahmen verringern	QS-Maßnahmen vergrößern		
6	Prozessablauf	Zeitreserven eliminieren	Aktivitäten parallelisieren	Optimierung mit Netzplan vornehmen	Kommunikations-fluss straffen	Entw.dienste zentralisieren
7	Entwicklungs-unterstützung	Kauf von Entwicklungsteilen	Kauf von Tools	Anschaffung von CAD-Geräten	Mehr Test- und Rechenzeiten	Konventionen definieren

●——● 1. Lösung
○- - -○ 2. Lösung

Bild 6.31 Morphologischer Kasten

sinnvolle Kombination von Ausprägungen (je Parameter eine Ausprägung) durch einen Linienzug ausgewählt wird. Jeder unterschiedliche Linienzug stellt eine mögliche Lösung dar. Diese Lösungen müssen nun auf ihre Praktikabilität und Realisierbarkeit untersucht werden; fallweise kann es hierbei sinnvoll sein, weniger wichtige Ausprägungen in einer Lösungsvariante auszulassen.

Der letzte Schritt führt zur *Lösungsauswahl*. Mittels eines gewichteten Kriterienkatalogs werden die in die engere Wahl gekommenen Lösungen bewertet. Die bestbewerteste Lösung wird ausgewählt.

Die morphologische Analyse eignet sich besonders gut bei Problemstellungen, die bereits über eine gewisse Struktur verfügen, wie z. B. bei Problemen, die im Zusammenhang mit einer Maschine oder einem Gerät stehen. Als günstig erweist sich auch die leichte Darstellung von alternativen Lösungen in dem Morphologischen Kasten. Als Nachteil ist allerdings zu nennen, dass die Vorabauswahl der Parameterausprägungen die Lösungsvielfalt einschränkt. Auch wird bei umfangreichen Problemstellungen der Kasten leicht unübersichtlich; es besteht dann sogar die Gefahr, dass die optimale Lösung übersehen wird.

Bionik

Die Bionik stellt eine sehr moderne Problemlösungstechnik dar, die versucht, durch »Abgucken von der Natur« zu einem gestellten Problem eine Lösung zu finden. Ausgehend von dem Gedanken, dass die Natur im Laufe von Millionen Jahren auf evolutionärem Wege fast immer die besten Lösungen gefunden hat, liegt es nahe, bei technischen Problemlösungsprozessen entsprechende »Anleihen« an die Natur zu machen.

Die Bionik-Vorgehensweise ist sehr einfach: Man versucht im Rahmen eines interdisziplinären Teams von Fachleuten zu einem gestellten Problem systematisch ähnliche bzw. vergleichbare Probleme sowie deren Lösung in der Natur aufzuzeigen. Durch Analogieschlüsse versucht man, diese »natürlichen« Problemlösungen auf »technische« zu übertragen.

Als einige prägnante Beispiele für solche Bionik-Lösungsanalogien seien genannt:

Aufbau eines Strohhalms
→ Hochhaus-Konstruktion
Körperbau des Delfins
→ U-Boot-Bau
Körperbau des Vogels
→ Flugzeugbau
Menschliches Gedächtnis
→ Computer-Speichertechnik
Menschliche Intelligenz
→ Lernfähige Programme
Körperlicher Bewegungsapparat
→ Roboter- und Automatenbau
Sinnesorgane der Lebewesen
→ Technische Sensoren
Soziale Verhaltensweisen
→ Organisationsstrukturen

Eine unmittelbare Übertragbarkeit ist meist nicht gegeben, zu unterschiedlich sind die Realisierungsmöglichkeiten der Natur und der Technik. Man kommt allerdings mittels einer Bionik-Denkweise häufig zu außergewöhnlichen Anregungen im Problemlösungsprozess.

Es sei angemerkt, dass die Bionik auch zur inversen Vorgehensweise genutzt werden kann; wenn nämlich zur Erforschung von Phänomenen und Vorgängen in der Natur man sich des Analogieschlusses aus der Technik heraus bedient.

Pro-und-Kontra-Spiel

Liegen bereits mehrere Lösungsalternativen vor, so kann man mit Hilfe eines *Pro-und-Kontra-Spiels* auf einfache Weise zu einer Priorisierung derselben kommen.

Je Lösungsalternative werden zwei Vertreter aus dem Lösungsteam ausgewählt. In einer ersten Runde von etwa 15 Minuten Länge tragen die beiden Vertreter ihre Pro- und -Kontra-Argumente in schneller Folge vor. Protokollanten halten dabei die vorgetragenen Argumente in ihrem wesentlichen Gehalt fest. In der zweiten Runde vertauschen die beiden Vertreter ihre Rolle, d. h. der Pro-Vertreter trägt jetzt Kontra-Argumente vor und der Kontra-Vertreter muss nun Pro-Argumente bringen.

Eine solche wechselseitige Pro- und Kontra-Argumentation wird für jede Lösungsalternative einzeln durchgeführt. Zum Schluss werden die protokollierten Argumente nochmal im Plenum eingehend diskutiert, welches dann auch die letztliche Lösungsauswahl trifft.

Delphi-Methode

Zur Problemlösung kann man auch sehr gut die in Kapitel 3.2.8 beschriebene Delphi-Methode einsetzen; dort wurde sie im Rahmen einer Expertenbefragung für die Aufwandsschätzung genutzt. In gleicher Weise kann bei der Lösungssuche für ein bestimmtes Problem verfahren werden.

Einer ausgewählten Gruppe von Fachleuten wird das gestellte Problem vorgestellt und eingehend erläutert. Daraufhin erarbeiten die Fachleute – getrennt voneinander – Lösungsansätze, die dann anonym unter dem Teilnehmerkreis verteilt werden. In der nächsten Runde beurteilt und kritisiert daraufhin jeder Experte die Vorschläge der anderen und überarbeitet ggf. seinen eigenen Vorschlag. Bei Bedarf können diese Runden wiederholt werden.

Der Vorteil der Delphi-Methode im Rahmen einer Problemlösung liegt vor allem darin, dass örtlich voneinander entfernt sitzende Fachleute für ein gemeinsames Problem Lösungsvorschläge ausarbeiten können, die dann einer systematischen gegenseitigen Beurteilung unterzogen werden. Durch die methodenbedingte Wahrung der Anonymität wird die Scheu vor unkonventionellen Gedanken genommen.

Analyse technischer Störungen

Charles Kepner und Benjamin Tregoe haben in den 50er-Jahren eine streng formalisierte Vorgehensweise für eine Problemlösung entwickelt, die so genannte „Analyse technischer Störungen" (ATS), häufig auch als Kepner-Tregoe-Methode bezeichnet [48]. Diese Methode hilft, den Problemlösungsprozess zu systematisieren und zu versachlichen, um so falschen Entscheidungen entgegenzuwirken.

Die ATS-Methode definiert vier Vorgehensschritte, deren Abarbeitung anhand von vorgegebenen Formularen und zugehörigen Prozessfragen unterstützt wird:

1. Situationsanalyse:
   Was liegt an und was ist das wichtigste Problem?
2. Problemanalyse:
   Was ist die Ursache des Problems?

3. Entscheidungsanalyse:
   Wie stellen wir das Problem am besten ab?
4. Analyse potentieller Probleme:
   Welchen Lösungsansatz führen wir zur Realisierung?

Im Schritt *Situationsanalyse* wird versucht, das Problem in einem Satz möglichst genau zu beschreiben. Um die Abweichung des Ist-Zustandes von dem Soll-Zustand zu identifizieren, sind – formularunterstützt – die vier Fragen: Was, wo, wann, wie viele? zu beantworten. Mit deren Beantwortung soll das Problem genauer charakterisiert und abgegrenzt werden. Auch wird die Formulierung der Fragen sowohl im positiven Sinne „Was ist das Problem?" als auch im negativen Sinne, „Was ist nicht das Problem?", gestellt.

In der *Problemanalyse* werden die möglichen Ursachen für das Problem ermittelt und Lösungsvorschläge zur Problembeseitigung aufgezeigt. Hierbei ist es meist in der Praxis nicht einfach, die richtige Bewertung und Auswahl von Lösungsansätzen zu treffen.

In der *Entscheidungsanalyse* wird eine Ursachenbewertung anhand der im ersten Schritt erstellten Ursachenliste und der im zweiten Schritt erarbeiteten Lösungsansätze durchgeführt. Für jede der aufgeführten Ursachen wird eine genaue Prüfung vorgenommen, ob sie sowohl die „Ist-Information" als auch die „Ist-nicht-Information" erklären kann. Nur wenn die zu prüfende Ursache in beiden Annahmen zutrifft, wird sie in die engere Auswahl aufgenommen. Die wahrscheinlichste Ursache ist dann diejenige, welche die offenen Fragen am besten beantwortet kann.

Im letzten Schritt wird dann der Nachweis für die tatsächliche Ursache erbracht. Man beginnt mit der wahrscheinlichsten Ursache, indem die getroffenen Annahmen überprüft werden, ohne die die betrachtete Ursache den Fehler nicht erklären kann. Bestätigen sich die getroffenen Annahmen, wird die Fehlerursache beseitigt und damit das Problem zumeist gelöst.

Als Vorteile der Problemanalyse nach Kepner-Tregoe sind zu nennen:

▷ streng formalisiertes Vorgehen bei der Problemlösung,
▷ keine unnötigen Eingriffe in die zu untersuchenden Prozessabläufe,
▷ gemeinsame Problemsprache für die Kommunikation untereinander.

6.6.4 Entscheidungstechniken

Entscheiden heißt, zwischen zwei oder mehreren Alternativen mit unterschiedlichen Auswirkungen auswählen. Für diesen »Auswahlprozess« stehen einige in der Praxis vielfach erprobte Entscheidungstechniken zur Verfügung:

▷ ABC-Analyse
▷ Entscheidungstabelle
▷ Entscheidungsmatrix
▷ Entscheidungsbaum
▷ Portfolio-Methode.

ABC-Analyse

Wenn man aus einer großen Anzahl von Alternativen zu wählen hat, bietet es sich an, die Gesamtmenge durch eine ABC-Analyse auf die wichtigsten Alternativen einzuschränken. Voraussetzung für eine ABC-Analyse ist allerdings ein Bewertungskriterium als Maß für die »Wertigkeit« der Alternativen; dieses kann sich aus mehreren Einzelkriterien zusammensetzen. Als solche Einzelkriterien können dienen:

- Anzahl Anwender
- Jahresumsatz
- Jahresverbrauch
- Entwicklungskosten
- Materialkosten
- Mitarbeiteraufwand
- Stückzahlen
- Anzahl Fertigungsstunden
- Ausfallzeiten
- Fehlerhäufigkeit
- Fehlerkosten
- usw.

Hat man die einzelnen Wertigkeiten der Alternativen bestimmt, dann werden die Alternativen gemäß ihrer Wertigkeiten in eine Rangfolge gebracht. Bild 6.32 soll dieses am Beispiel einer Absatzmarktbeurteilung für 12 EU-Staaten veranschaulichen. Als Beurteilungskriterium wurde die Größe »Personen-km^2« (Bevölkerung × Fläche) herangezogen.

Nachdem die Rangfolge festliegt, werden die einzelnen Wertigkeiten akkumuliert. Zur besseren Darstellung überträgt man häufig diese

Rangfolge	Alternative	Kriterium 1 (Stand 2005)	Kriterium 2	Wertigkeit	Akkumulierte Wertigkeit	
	Absatzmarkt	Bevölkerung in 10^6	Fläche in 1000 km^2	Bevölkerung x Fläche in 10^6 Personen · km^2		in %
1	Frankreich	60,4	547	33.039	33.039	27,5
2	Deutschland	82,5	357	29.453	62.491	52,0
3	Spanien	43,2	506	21.859	84.351	70,2
4	Italien	57,6	301	17.338	101.688	84,6
5	Großbritannien	59,9	243	14.556	116.244	96,8
6	Griechenland	10,5	132	1.386	117.630	97,9
7	Portugal	10,5	92	966	118.596	98,7
8	Niederlande	16,3	41	668	119.264	99,3
9	Belgien	10,4	31	322	119.587	99,5
10	Irland	4,4	70	308	119.895	99,8
11	Dänemark	5,4	43	232	120.127	100,0
12	Luxemburg	0,5	3	2	120.128	100,0

Bild 6.32 Ermittlung der Rangfolge bei einer ABC-Analyse (Beispiel, Werte gerundet)

Werte in ein Koordinatensystem; hierzu ordnet man die Alternativen gemäß ihrer Rangfolge in äquidistanten Abständen auf der X-Achse an und trägt vertikal die entsprechenden akkumulierten Werte auf. Die einzelnen Endpunkte werden zu einem Linienzug verbunden, der in die drei Bereiche A, B und C unterteilt wird. Der A-Bereich umfasst die »wichtigen«, der B-Bereich die »weniger wichtigen« und der C-Bereich die »unwichtigen« Alternativen. In dem gezeigten Beispiel kann man nun folgende Aussagen machen:

A-Bereich
Die ersten drei Absatzmärkte machen bereits rund 70% der gesamten »Personen-km^2« aus – hinsichtlich dieses Bewertungskriteriums sind sie die »wichtigsten« Absatzmärkte.

B-Bereich
Die beiden weiteren Absatzmärkte zählen zu den »weniger wichtigen« und müssen einer besonderen Betrachtung unterzogen werden.

C-Bereich
Die restlichen sieben Absatzmärkte sind als »unwichtige« Absatzmärkte einzuordnen und scheiden damit bei den weiteren Überlegungen aus.

Kapitel 2.1.1 enthält ein weiteres Beispiel. Dort wurde die ABC-Analyse im Rahmen einer Innovationsplanung für die Auswahl von Produktalternativen eingesetzt (siehe auch Bild 2.3).

Für das Festlegen der Bereichsgrenzen haben sich in der Praxis die in Tabelle 6.11 angegebenen Werte als sinnvoll gezeigt.

Je nach Konzentration des ausgewählten Bewertungskriteriums ergeben sich sehr unterschiedliche Verläufe der ABC-Kurven (siehe Bild 6.33). Bei extrem steilem Kurvenanstieg (starke Konzentration) existiert eine allein dominante Alternative; eine Auswahl nach der ABC-Analyse ist hier nicht mehr nötig. Haben dagegen alle Alternativen die gleiche Wertigkeit (keine Konzentration), ist eine Sortierung nach unterschiedlichen Wertigkeiten nicht möglich und daher eine ABC-Analyse nicht durchführbar.

Tabelle 6.11 Bereichsgrenzen ABC-Analyse

	A-Bereich	B-Bereich	C-Bereich
Wertigkeit	bis 65–80%	bis 90–95%	bis 100%
Bandbreite Wertigkeit	65–80%	10–30%	5–10%
Anzahl Alternativen (typische Verteilung)	10–20%	20–35%	50–70%

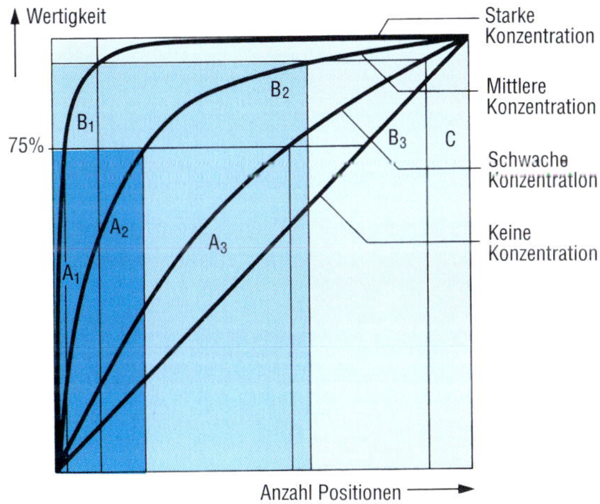

Bild 6.33
Mögliche Kurvenverläufe bei der ABC-Analyse

Entscheidungstabelle

Die Entscheidungstabellen-Technik ist eine Methode zum Analysieren und Darstellen von komplexen Ablauf- und Entscheidungssituationen; sie entstand Ende der 50er-Jahre in den USA in Verbindung mit Verfahren zum automatischen Überleiten auf Rechnerprogramme. In einer Entscheidungstabelle (ET) werden die logischen Zusammenhänge eines Entscheidungsfeldes nach einem einheitlichen Schema dargestellt; sie ist also keine Methode zur eigentlichen Entscheidungsfindung, sondern ein tabellarisches Beschreibungsmittel für formalisierbare Entscheidungsprozesse [32].

Aufbau einer Entscheidungstabelle

Eine Entscheidungstabelle gliedert sich in vier Quadranten (Bild 6.34). Die Zahlen der oberen Hälfte (Bedingungsteil) enthalten die Bedingungen, die Zeilen der unteren Hälfte (Aktionsteil) die Aktionen; in den Spalten sind die *Entscheidungsregeln,* kurz Regeln, aufgeführt. *Bedingungs- und Aktionsanzeiger* definieren – mit Bezug auf die angesprochenen Bedingungen und Aktionen – die Regeln einer Entscheidungstabelle. Ob eine Bedingung für eine bestimmte Regel zutrifft, nicht zutrifft oder irrelevant ist, wird durch die Bedingungsanzeiger »J«, »N« bzw. »–« angezeigt; die ausführenden Aktionen werden durch den Aktionsanzeiger »X« gekennzeichnet. Eine Entscheidungsregel ist wie folgt zu lesen:

Wenn Bedingung x und Bedingung y usw. zutrifft,

dann muss Aktion a und Aktion b usw. erfolgen.

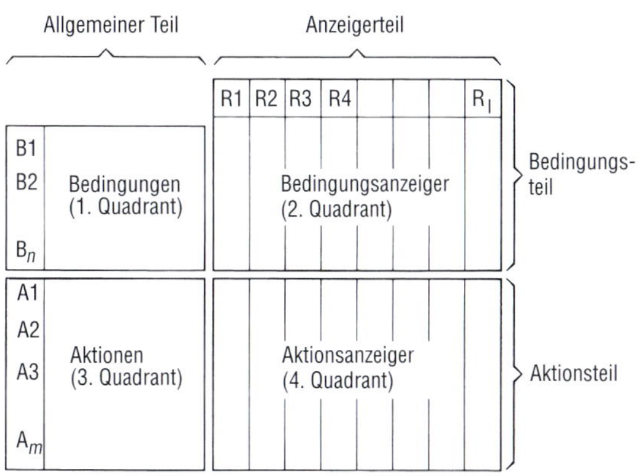

Bild 6.34
Aufbau einer Entscheidungstabelle

Die einzelnen Bedingungen einer Regel sind durch ein logisches UND, die einzelnen Regeln der Entscheidungstabelle durch ein logisches ODER verknüpft.

Formen von Entscheidungstabellen

Drei Formen von Entscheidungstabellen kann man unterscheiden (Bild 6.35):

- ▷ begrenzte Entscheidungstabelle,
- ▷ erweiterte Entscheidungstabelle,
- ▷ gemischte Entscheidungstabelle.

Bei *begrenzten* Entscheidungstabellen sind im allgemeinen Teil die Bedingungen und Aktionen vollständig beschrieben, so dass im Anzeigerteil nur die logischen Anzeiger für ja, nein oder irrelevant enthalten sind. Man kann zudem noch unterscheiden zwischen einfachen (begrenzten) Entscheidungstabellen, die nur mit den Bedingungsanzeigern »J« und »N« belegt sind, sowie komplexen (begrenzten) Entscheidungstabellen, die darüber hinaus mindestens einen Irrelevanzanzeiger »–« enthalten.

Dagegen sind bei *erweiterten* Entscheidungstabellen die Bedingungen und Aktionen im allgemeinen Teil nur unvollständig beschrieben; ihre Vollständigkeit erhalten sie durch erweiterte Angaben im Anzeigerteil. Die Bedingungs- und Aktionsanzeiger enthalten für den zutreffenden Fall nähere numerische Angaben, die sogar in arithmetische Ausdrücke eingebunden sein können; bei den Bedingungsanzeigern können noch Vergleichsoperatoren hinzukommen. Eine erweiterte Entscheidungstabelle ist im Allgemeinen übersichtlicher und daher besser lesbar als eine begrenzte Entscheidungstabelle.

Gemischte Entscheidungstabellen enthalten sowohl begrenzte als auch erweiterte Einträge; sie stehen damit zwischen den begrenzten und den erweiterten Entscheidungstabellen. Wie aus Bild 6.35, welches dieselbe Entscheidungstabelle in ihren unterschiedlichen Formen zeigt, zu ersehen ist, erlauben gemischte Entscheidungstabellen besonders gut den Aufbau von kompakten Entscheidungstabellen.

Eine Sonderform stellt die *bedingungslose* Entscheidungstabelle, auch als Aktionstabelle bezeichnet, dar. Da sie keine eigenen Bedingungen enthält, gilt für sie nur eine einzige Regel, bei der alle angegebenen Aktionen ausgeführt werden. Aktionstabellen werden definiert, wenn im Zusammenhang mit mehreren Entscheidungstabellen eine größere Anzahl von Aktionen zusammengefasst werden soll.

		R1	R2	R3	R4
B1	Angestellte >100	J	J	N	N
B2	Mehrere Standorte	J	N	J	N
A1	10 Telefonanschlüsse				×
A2	20 Telefonanschlüsse			×	
A3	30 Telefonanschlüsse	×	×		
A4	10% Anrufbeantworter			×	
A5	20% Anrufbeantworter	×	×		

Einfache (begrenzte) ET

		R1	R2	R3
B1	Angestellte >100	J	N	N
B2	Mehrere Standorte	–	J	N
A1	10 Telefonanschlüsse			×
A2	20 Telefonanschlüsse		×	
A3	30 Telefonanschlüsse	×		
A4	10% Anrufbeantworter		×	
A5	20% Anrufbeantworter	×		

Komplexe (begrenzte) ET

		R1	R2	R3	R4
B1	Anzahl Angestellte	>100	>100	<100	<100
B2	Anzahl Standorte	>1	=1	>1	=1
A1	Telefonanschlüsse	30	30	20	10
A2	Anrufbeantworter	20%	20%	10%	0%

Erweiterte ET

		R1	R2	R3
B1	Anzahl Angestellte	>100	<100	<100
B2	Anzahl Standorte	–	J	N
A1	Telefonanschlüsse	30	20	10
A2	Anrufbeantworter	20%	10%	0%

Gemischte ET

Bild 6.35 Formen von Entscheidungstabellen

Da einerseits der Bedingungsanzeiger »–« die beiden anderen logischen Anzeiger »J« und »N« einschließt und andererseits erweiterte Anzeiger unvollständige Beschreibungen der Bedingungen und Aktionen vervollständigen, können die vorgenannten Formen von Entscheidungstabellen beliebig ineinander überführt werden. Solche Transformationen verändern nicht den Sachverhalt der Entscheidungstabelle, auch nicht die Anzahl der Regeln; nur die »Dichte« der Tabelle ändert sich. So führt die Transformation einer erweiterten bzw. gemischten Entscheidungstabelle in eine begrenzte Entscheidungstabelle immer zu einer umfangreichen Tabelle.

Bedeutsam ist auch, ob die Entscheidungstabelle *eindeutig* oder *mehrdeutig* ist. Eine formal eindeutige Entscheidungstabelle enthält für jede mögliche Bedingungskombination nur eine einzelne Regel; bei mehrdeutigen Entscheidungstabellen können auf bestimmte Kombinationen mehrere (redundante) Regeln zutreffen.

Von *offenen* bzw. *geschlossenen* Entscheidungstabellen spricht man im Zusammenhang mit Entscheidungstabellen, die miteinander vernetzt sind. Offen bedeutet, dass die letzte Aktion einer jeden Regel immer der Ansprung auf eine andere Entscheidungstabelle ist. Geschlossen ist die Entscheidungstabelle, wenn die letzte Aktion einer jeden Regel einen Rücksprung auf die »aufrufende« Entscheidungstabelle enthält. Eine geschlossene Entscheidungstabelle entspricht damit einem Unterprogramm innerhalb eines Rechnerprogrammsystems, zu ihnen gehören auch die vorgenannten Aktionstabellen.

Erstellen einer Entscheidungstabelle

Auf zwei unterschiedliche Arten kann eine Entscheidungstabelle erstellt werden:

▷ induktive Vorgehensweise,
▷ deduktive Vorgehensweise.

Bei der *induktiven Vorgehensweise* werden nur die problemrelevanten Bedingungskombinationen als Regeln definiert; alle anderen, probleminvarianten Kombinationen werden zu einer »Sonstige«-Regel, auch als ELSE-Regel bezeichnet, zusammengefasst. Bei der *deduktiven Vorgehensweise* geht man demgegenüber von der theoretisch möglichen Gesamtanzahl von Bedingungskombinationen aus und versucht, durch Konsolidieren eine Einschränkung der Entscheidungstabelle zu erreichen.

Im Einzelnen werden zum Erstellen einer Entscheidungstabelle mehrere Schritte durchlaufen. Bei der induktiven Vorgehensweise müssen zuerst sämtliche relevanten Bedingungen zusammengestellt werden; fehlen Bedingungen, so ist die Aussage der Entscheidungstabelle unvollständig und daher von geringem Wert. Als nächstes werden die zugehörigen Aktionen formuliert. Bedingungen und Aktionen werden dann in ein ET-Formular eingetragen. Durch Angabe der einzelnen Bedingungs- und Aktionszeiger werden die unterschiedlichen Regeln definiert. Bei der deduktiven Vorgehensweise verwendet man ein Standard-ET-Formular, welches sämtliche Kombinationsmöglichkeiten enthält; hier gelangt man durch Wegstreichen der nicht relevanten Regeln zur Endform der Entscheidungstabelle. In beiden Fällen muss noch eine genaue Prüfung auf Redundanz- und Widerspruchsfreiheit sowie auf Vollständigkeit der Entscheidungstabelle vorgenommen werden.

Häufig ist die Reihenfolge der Bedingungen und Aktionen nicht beliebig, da einerseits sowohl Bedingungen als auch Aktionen voneinander abhängen können und andererseits es wichtige und weniger wichtige Bedingungen bzw. Aktionen gibt. So muss man bei Folgebedingungen die logische Sequenz einhalten und die wichtigsten Bedingungen und Aktionen voranstellen.

Eine Entscheidungstabelle muss redundanz- und widerspruchsfrei sein, deshalb ist das Prüfen der Entscheidungstabelle auf *Redundanz* und *Widerspruch* von größter Bedeutung. Bei begrenzten Entscheidungstabellen ist eine solche Prüfung relativ einfach durchzuführen. Redundanz liegt hier vor, wenn bei zwei Regeln die Bedingungs- und die Aktionsanzeiger identisch sind; Widerspruch liegt vor, wenn bei zwei Regeln die Bedingungsanzeiger identisch, die Aktionsanzeiger aber verschieden sind. Bei erweiterten bzw. gemischten Entscheidungstabellen lässt sich ein Vergleich der erweiterten Anzeiger nicht so leicht vornehmen; hier müssen diese eventuell erst auf einfache Ausdrücke zurückgeführt werden.

Ist eine Entscheidungstabelle redundanz- und widerspruchsfrei, so muss sie noch auf *Vollständigkeit* geprüft werden. Die Anzahl der Regeln einer vollständigen, einfachen begrenzten Entscheidungstabelle n_{voll} ergibt sich zu:

$$n_{voll} = 2^{m_{bed}} \qquad (103)$$

m_{bed} Anzahl der (voneinander unabhängigen) Bedingungen

Die Anzahl der Regeln einer komplexen begrenzten Entscheidungstabelle n_{ges} errechnet sich aus

$$n_{ges} = 2^{m_{bed}} - \sum_{i=1}^{n_{vor}} (2^{m_i} - 1) \qquad (104)$$

n_{vor} Anzahl der vorhandenen Regeln der Entscheidungstabelle
m_{bed} Anzahl der (voneinander unabhängigen) Bedingungen
m_i Anzahl der Irrelevanz-Anzeiger in der Regel i

Ergibt sich für $n_{ges} = n_{vor}$, dann ist die Entscheidungstabelle vollständig.

Das Prüfen auf Vollständigkeit bei Entscheidungstabellen mit erweiterten Einträgen ist um einiges komplizierter, weil eine erweiterte bzw. gemischte Entscheidungstabelle erst auf eine begrenzte zurückgeführt werden muss, was nicht immer eindeutig möglich ist. In [32] sind einige Formeln für das Errechnen der Regelanzahl bei vollständigen erweiterten und gemischten Entscheidungstabellen aufgeführt; weiterhin sind dort mehrere Fallbeispiele für Struktur- und Vollständigkeitsanalysen von Entscheidungstabellen aufgeführt.

Unter *Konsolidieren* einer Entscheidungstabelle versteht man das Zusammenfassen von Regeln zu komplexeren Regeln, die über identische Aktionsfolgen verfügen; es hat das Ziel, den Tabellenumfang zu verringern. Man sollte allerdings nur solche Regelpaare zusammenfassen, die inhaltlich zusammenhängen. Die in Bild 6.34 dargestellte erweiterte Entscheidungstabelle ist z. B. durch Konsolidierung der dort gezeigten begrenzten Entscheidungstabelle entstanden.

Das Konsolidieren allein reicht im Allgemeinen nicht aus, ein komplexes Entscheidungsfeld in eine möglichst kleine und überschaubare Entscheidungstabelle zu überführen. Die Praxis zeigt, dass eine Entscheidungstabelle nicht mehr als

15 Bedingungen,

20 Aktionen bzw.

20 Regeln

umfassen sollte. Deshalb ist es vielfach notwendig, das zu betrachtende Entscheidungsfeld in abgegrenzte Problemkomplexe zu unterteilen; dies erfordert ein *Splitten* der Gesamttabelle. Gesplittet wird eine Entscheidungstabelle dadurch, dass einige generelle Bedingungen in eine übergeordnete Entscheidungstabelle übernommen werden und diese als Aktionen nur »Ansprünge« auf die abgesplitteten Entscheidungstabellen erhält.

Entscheidungstabellen lassen sich mit geeigneten Standardalgorithmen in Ablaufdiagramme übersetzen, die selbst in SW-Programme übertragen werden können. Hierfür stehen auf Rechnern ablauffähige ET-Vorübersetzer zur Verfügung. Das ehemalige Siemens-Verfahren FORTET z. B. prüfte auf Redundanz- und Widerspruchsfreiheit, übernahm die Struktur- und die Vollständigkeitsanalyse und diente zur Testhilfe (Trace).

Entscheidungsmatrix

Eine Entscheidungsmatrix ermöglicht die systematische Auswahl von mehreren Alternativen; sie enthält auf der vertikalen Achse eine Aufzählung der Entscheidungskriterien und auf der horizontalen Achse die zur Entscheidung anstehenden Alternativen.

Die Entscheidungsanalyse beginnt damit, dass alle relevanten Entscheidungskriterien herausgearbeitet und anschließend gewichtet werden. Das Gewichten kann sowohl auf Basis einer linearen Rangfolge als auch mittels einer gegenseitigen Gewichtung geschehen. Vor allem sollte es von mehreren voneinander unabhängigen Personen vorgenommen werden, um durch eine Mittelung von mehreren Werten zu einer objektiveren Aussage zu kommen. Anschließend wird jede Alternative hinsichtlich der Erfüllung eines jeden Entscheidungskriteriums bewertet, indem man den Grad der

Erfüllung nach einer festgelegten Werteskala bestimmt. Durch Multiplikation dieser »Erfüllungsgrade« mit dem jeweiligen Gewicht des Entscheidungskriteriums erhält man einen Gesamtwert, den Nutzwert für die betreffende Alternative.

Die in Kapitel 2.3.6 beschriebene Nutzwertanalyse verwendet zur Wirtschaftlichkeitsbetrachtung eine solche Entscheidungsmatrix (siehe hierzu auch Bild 2.40).

Entscheidungsbaum

Mit einem Entscheidungsbaum, häufig auch als *Präferenzmatrix* bezeichnet, können komplexe Entscheidungssituationen übersichtlich dargestellt werden; diese Entscheidungstechnik ist im engeren Sinne also keine Methode, sondern nur eine Unterstützung zur Entscheidungsfindung.

Bild 6.36 zeigt einen Entscheidungsbaum für die Entscheidungsfindung bei dem Beispiel »Verbesserung des Projektmanagements in einem Entwicklungsbereich«. In der dargestellten Präferenzmatrix werden die möglichen Alternativen der Reihe nach aufgeführt und gegenseitig hinsichtlich ihrer wechselseitigen Präferenz abgewogen. So weist der Entscheider z. B. in dem markierten Feld aus, dass er der Alternative f die Präferenz gegenüber der Alternative b gibt. In dem gezeigten Beispiel erhält also die Alternative e die höchste Präferenz, da sie am häufigsten »präferiert« wurde. Zur Objektivierung bietet es sich an, dass mehrere Entscheider die Präferenzmatrix ausfüllen. Eine Mittelung über alle Einzelbewertungen führt dann zur endgültigen Alternativauswahl.

Portfolio-Methode

Die Portfolio-Methode wird vornehmlich in der Innovationsplanung als Entscheidungshilfe verwendet (nähere Erläuterung in Kap. 2.1.1). In einer einfachen Matrixanordnung werden die zu betrachtenden Problemfelder (z. B. Geschäftsfelder, Produktgebiete, Technologien) in Abhängigkeit von zwei relevanten Beurteilungskriterien (z. B. Marktanteil und Marktwachstum) dargestellt. Auf Basis einer solchen Standortbestimmung können Strategien abgeleitet und damit Entscheidungen für das weitere Vorgehen, z. B. bei der Geschäftsfeldplanung bzw. beim Marketing, getroffen werden.

Wie in Kapitel 2.1.1 bereits angedeutet, kann ein Portfolio auch »mehrquadrantig« sein. So besitzt z. B. das Geschäftsfeld-Portfolio von McKinsey neun Matrixfelder. Durch die größere Anzahl von Feldern ist wohl eine feinere Unterscheidung möglich, die jeweilige richtige Einordnung der Betrachtungselemente fällt allerdings schwerer.

Die Portfolio-Methode kann natürlich auch zur Entscheidungsfindung auf anderen Gebieten eingesetzt werden – vorausgesetzt, dass das Problemfeld auf zwei voneinander unabhängigen Beurteilungskriterien bezogen werden kann. Als Beispiel sei eine OI-Untersuchung hinsichtlich der zur Verfügung stehenden Tools auf dem Gebiet der DV-Verfahrensentwicklung aufgeführt (Bild 6.37); hier hat man in einem Portfolio mit neun Quadranten die Toolunterstützung in den einzelnen Tätigkeitsbereichen der Verfahrensentwicklung in Bezug auf ihren Erfüllungsgrad und ihr Gewicht dargestellt. Gleichzeitig hat man den kritischen, d. h. den unerwünschten Bereich, sowie die »Ziellinie« eingetragen. Aus dem gezeigten Beispiel lässt sich so z. B. sehr leicht ablesen, dass man schon recht gute Verwaltungstools hat, dass aber die Toolunterstützung beim Planen und Steuern, beim Testen und beim Optimieren noch zu wünschen übrig lässt.

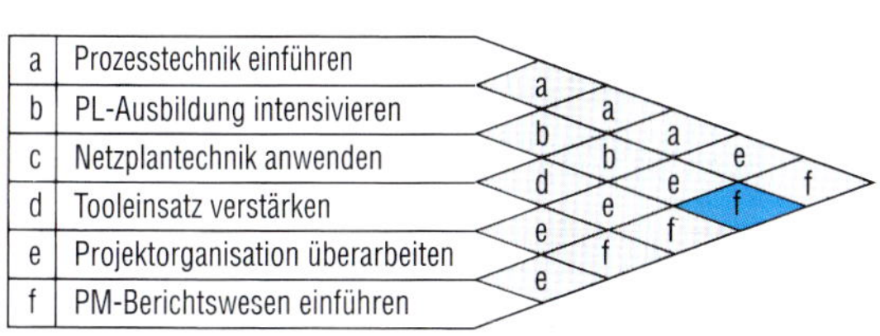

Bild 6.36 Präferenzmatrix

Präsentationstechniken

Komplexe Sachverhalte kann man mit einer Grafik meist erheblich einfacher als mit einer langen verbalen Beschreibung oder mündlichen Erläuterung darlegen. Sowohl bei einem Referat als auch bei einer Diskussion sollte deshalb besonderes Schwergewicht auf die richtige Präsentation der vorzutragenden Information gelegt werden.

Als bewährte Visualisierungsmedien sind die folgenden zu nennen:

▷ Flipchart-Ständer,
▷ Overhead-Projektor,
▷ Wandtafel zum Schreiben,
▷ Steck- oder Hafttafel (Magnet),
▷ Bildschirmgerät, Notebook.

Flipcharts kann man sehr gut sowohl für die grafische Darstellung eines Sachverhaltes in einem Referat als auch für die Visualisierung eines spontanen Diskussionsbeitrags nutzen. Mit Digitalkameras lassen sich Flipchartbilder fotografieren und abspeichern.

in [62] sind einige sehr interessante Anregungen zu finden, wie man Flipcharts mit Bildern, Zeichnungen, Collagen und sonstigen Grafiken aussagekräftig bereichern kann.

Dagegen kann man *Overhead-Folien* von vornherein sehr leicht und im üblichen A4-Format kopieren. Auch ist das umgekehrte Kopieren von einer Papiervorlage, z. B. eines Schaubilds, direkt auf Folie möglich. Es darf hierbei aber keineswegs die Lesbarkeit darunter leiden, wie es leider häufig bei kopierten Folien aus Computer-Listen oder maschinengeschriebenen Texten der Fall ist.

Wo ein komplexer Sachverhalt nur in einer großflächigen Darstellung visualisiert werden kann, ist die klassische *Wandtafel* mit Kreide oder speziellen Filzstiften immer wieder von großem Vorteil. Der Mangel der einfachen Kopierfähigkeit – außer mit Digitalkameras – besteht auch hier, wenn man von einigen Spezialtafeln, die mit einer Kopierapparatur ausgestattet sind, absieht.

Für jede Form der Visualisierung sind einige Prinzipien einzuhalten:

- einheitliches Erscheinungsbild,
- große leserliche Schrift,
- Schrift möglichst in Druckbuchstaben,
- Grafiken nicht zu überladen,
- Pfeile nicht in zu vielen Varianten,
- einfache und aussagekräftige Symbole,
- keine unverständlichen Abkürzungen.

Zur Demonstration eines DV- bzw. PC-Verfahrens eignet sich vortrefflich die Vorführung an einem *Bildschirmgerät* bzw. *Notebook*. Bei einem größeren Zuschauerkreis muss allerdings ein Spezialprojektor (Beamer) für die großflächige Wandprojektion zur Verfügung stehen.

Sowohl für Referate als auch bei Diskussionen kann es von großem Vorteil sein, die Präsentation auf mehreren unterschiedlichen Medien durchzuführen, d. h. je nach Präsentationsinhalt werden ein oder mehrere Flipchart-Ständer, ein oder zwei Overhead-Projektoren sowie eine Wandtafel in Anspruch genommen. Auf diese Weise erreicht man eine *Multi-Medien-Präsentation*, bei der die Vorteile eines jeden Mediums speziell genutzt werden können.

Besonders bewährt hat sich die Präsentation mit dem PC-Tool *PowerPoint* von Microsoft. Es ermöglicht einerseits durch die Nutzung eines großen Repertoirs von Grafiken, so genannten Cliparts, das einfache Erstellen effektvoller farbiger Präsentationsfolien und andererseits die Möglichkeit, diese mit eindrucksvollen Animationen über einen PC-Bildschirm oder einen Beamer einem Publikum vorzuführen.

Zu den Animationsmöglichkeiten von PowerPoint gehören variable Bildübergänge (Überdecken, Auflösen, Wegrollen etc.), die Aufzeichnung von Sprache für Erläuterungen und die Aufstellung eines genauen Zeitplans für den Ablauf der einzelnen Folien.

Bewertungstechniken

Planungsgespräche führen zunächst immer zu einer Auflistung von einzelnen Anforderungen, Vorschlägen, Lösungsansätzen oder Alternativen, die dann mittels einer Bewertung in eine Prioritätenreihenfolge gebracht werden müssen. Hierfür haben sich einige praktische Bewertungstechniken herausgebildet:

- Punkteverfahren,
- Schiedsrichterverfahren,
- Auswahlverfahren,
- Beurteilungsverfahren,
- Präferenzmatrix.

Beim *Punkteverfahren* erhalten die Teilnehmer eine gleiche Anzahl von Klebepunkten (im Allgemeinen 3 bis 5 Stück), die sie auf einer vorbereiteten Auflistung der zu bewertenden Kriterien zu verteilen haben. Eine Häufelung bei ein und demselben Kriterium kann statthaft sein, muss aber vorher ausdrücklich vereinbart worden sein. Besteht eine natürliche Gruppierung in dem Teilnehmerkreis, z. B. nach Organisation, Fachgebiet etc., kann man auch unterschiedliche Farben für diese einzelnen Gruppen verwenden. Insgesamt besteht beim Punktevergeben immer die Gefahr des »Nachmachens«; dominante Teilnehmer verführen andere leicht zu einer gleichartigen Punktevergabe.

Beim *Schiedsrichterverfahren* erhalten die Teilnehmer jeweils sechs Bewertungskarten, auf denen die Zahlen 0 bis 5 stehen. Nacheinander werden die zu bewertenden Kriterien aufgerufen; zu jedem Kriterium halten die Teilnehmer die Bewertungskarte ihrer Wertungswahl (0 = unwichtig, 5 = sehr wichtig) hoch. Die Summe aller Einzelwertungen zu einem Kriterium ergeben dessen Gewicht in der Gesamtbewertung.

Das *Auswahlverfahren* ist eine Mischung aus den beiden vorgenannten Bewertungstechniken. Jeder Teilnehmer gibt eine individuelle Reihenfolge der aufgelisteten Kriterien ab; dies kann mit einer Ziffernvergabe, mit Punkten oder mit Bewertungskarten vorgenommen werden. Eine Mittelung der einzelnen Wertevergaben führt im Allgemeinen zu einer Priorisierung. Handelt es sich um einen stark kontroversen Teilnehmerkreis, kann dieses Verfahren allerdings auch zu einer völligen Gleichbewertung der Kriterien führen.

Beim *Beurteilungsverfahren* vergeben die Teilnehmer je Kriterium eine (fünfstufige) Plus/Minus-Beurteilung. Die jeweilige Bedeutung der fünf Beurteilungsstufen ist entsprechend des Problemfeldes festzulegen. Eine häufige Beurteilungsskala ist z. B. die folgende:

++	wesentliche Vorteile
+	einige Vorteile
0	keine Vor- und Nachteile
–	einige Nachteile
– –	viele Nachteile.

Die in Kapitel 6.6.4 aufgeführte *Präferenzmatrix* kann ebenfalls als eine Bewertungstechnik angesehen werden.

Informationsmarkt

Um einem großen Teilnehmerkreis in relativ kurzer Zeit ein umfangreiches und komplexes Themengebiet nahe zu bringen, hat sich der *Informationsmarkt* hervorragend bewährt. Im Gegensatz zu herkömmlichen Tagungen, Konferenzen und Seminaren, auf denen vornehmlich eine »Einweg-Information« vom Referenten zum Teilnehmer herrscht, findet auf einem Informationsmarkt ein wechselseitiger Informationsfluss mit hoher Interaktion zwischen den Teilnehmern statt. Entsprechend einem »Markt« werden die einzelnen Themenkomplexe als »Informationsbausteine« in unterschiedlicher Darbietungsform zusammengestellt und dem Teilnehmerkreis gruppenweise dargeboten. Die jeweilige Reihenfolge und damit auch den Umfang der genutzten Informationsbausteine kann der Teilnehmer weitestgehend individuell frei bestimmen. Ein Informationsmarkt gleicht damit sehr einer »Informations-Messe«.

Entsprechend ihrer Kommunikationsform gibt es folgende Arten von Informationsbausteinen:

- ▷ Informationsstand
  - Themenstand
  - Spontanstand
  - allgemeiner Informationsstand
- ▷ Workshop
- ▷ Demo
- ▷ Referat
- ▷ Diskussion
  - Podiumsdiskussion
  - Plenumsdiskussion.

Der *Themenstand* ist der wichtigste Informationsbaustein bei einem Informationsmarkt. Dieser Informationsstand besteht aus drei bis neun Stellwänden, auf denen die einzelnen Themen eines bestimmten Themenkomplexes in präsentativer Grafik dargeboten werden. Ein oder mehrere Moderatoren (Standmacher) fügen in einem kurzen Vortrag (nicht länger als 20 Minuten) erläuternde und verbindende Informationen hinzu. Anschließend wird in einer kurzen Diskussion mit der Teilnehmergruppe (nicht mehr als 15 Personen) die dargebotene

Information vertieft und eventuell erweitert. Mit einem solchen Themenstand wird ein hoher Grad der Interaktion zwischen Moderator(en) und Besuchern erreicht. Der Themenstand selbst kann jeweils nach einer Dreiviertelstunde einer neuen Gruppe präsentiert werden.

Der *Spontanstand* ist ein spezieller Informationsstand; er besteht aus zwei bis vier leeren Stellwänden mit einem Moderator für zu behandelnde Themen, die im Verlauf des Informationsmarktes spontan aufgetreten sind.

Der *allgemeine Informationsstand* ist ein »passiver« Stand; auf ihm werden Informationen unterschiedlicher Medien dargeboten: Bücher, Zeitschriften, Bilder, Übersichten, Dia-Projektionsfolgen, Filmvorführungen etc.

Der *Workshop* ist eine »geplante« Diskussionsrunde mit drei bis fünf Personen zu ausge-

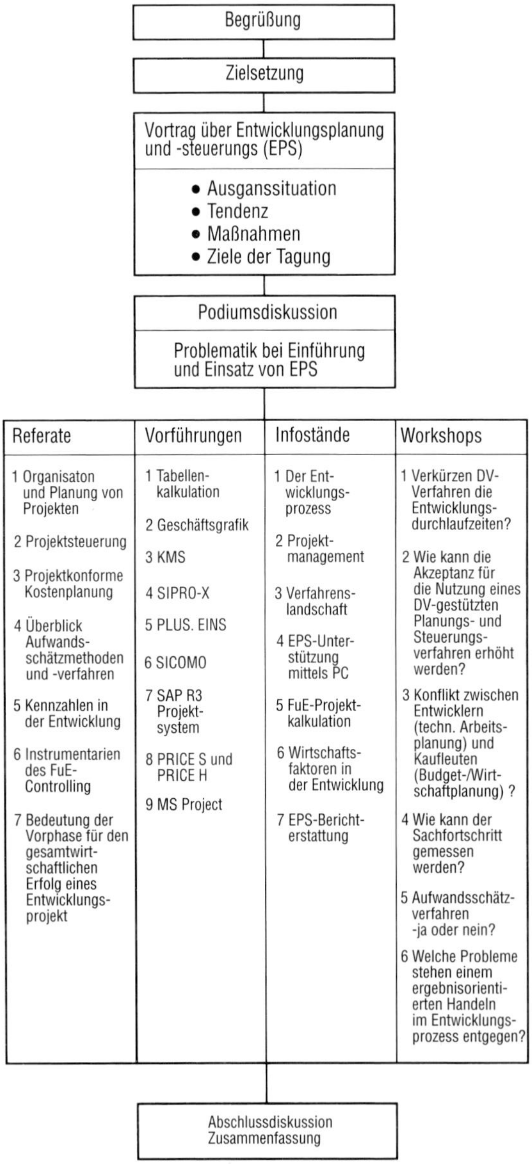

Bild 6.38
Ablauf einer EPS-Tagung

wählten Themen, deren Ergebnisse entweder in einem Abschlussvortrag bzw. während einer Plenumsdiskussion vorgetragen oder für die Gesamtdokumentation der Tagung aufbereitet werden. Ein Workshop muss sowohl räumlich (gemütliche Ecke) als auch unterlagenmäßig vorbereitet sein. Es bietet sich an, einen Moderator vorzusehen.

Im Rahmen einer *Demo* wird im Allgemeinen einer kleineren Gruppe ein DV- oder ein PC-Verfahren an einem Datensichtgerät vorgeführt. Der Teilnehmer kann während der Demo beliebig Einfluss auf den Ablauf der Verfahrensvorführung nehmen.

Manche Informationen, wie notwendiges Basiswissen, grundsätzliche Sachverhalte und vorbestimmte Strategien, sind am besten mittels eines konventionellen *Referats* dem Publikum darzulegen. Hierbei sollen natürlich zur Auflockerung der Informationsdarbietung alle Möglichkeiten von Präsentationstechniken genutzt werden.

Als ein besonderer Informationsbaustein sollte auf einem Informationsmarkt auch immer die Plenums- oder die Podiumsdiskussion vorgesehen sein. Die *Plenumsdiskussion* kann naturgemäß nur bei einem kleineren Teilnehmerkreis ergiebig genug sein. Will man eine größere Anzahl von Personen (z. B. mehr als 50) in eine Diskussion einbinden, so bietet sich sehr gut die *Podiumsdiskussion* an. Bei ihr diskutiert (auf einer erhöhten Plattform) eine ausgewählte Runde von bis zu acht Experten (optimal sind zwei bis fünf) ein Zentralthema der Informationstagung – quasi stellvertretend für das gesamte Plenum. Über gezielte Zusatzfragen können dabei einzelne Teilnehmer aus dem Plenum die Diskussion aktiv beeinflussen.

Informationsmärkte eignen sich für alle Themenbereiche. Der Ablauf einer Informationstagung hängt in starkem Maße von der Menge der Informationsbausteine und der zur Verfügung stehenden Zeit ab. Kann ein Teilnehmer zeitlich alle Informationsbausteine nutzen, bietet sich ein empfohlener Standard-Durchlauf an. Gibt es dagegen zu viele Bausteine, müssen Parallel-Durchläufe organisiert werden, was dazu führen kann, dass ein Teilnehmer nur eine beschränkte (allerdings von ihm selbst ausgewählte) Anzahl von Informationsbausteinen nutzen kann. Weiterhin hat es sich sehr bewährt, den Teilnehmern in einer Übersicht darzulegen, welche Informationsbausteine »Pflicht« und welche »Kür« sein sollten.

In Bild 6.38 ist als Beispiel der Ablauf einer zweitägigen Informationstagung für den Themenbereich Entwicklungsplanung und -steuerung (EPS) wiedergegeben.

Von großer Bedeutung ist die vollständige Dokumentation der Informationstagung. Hierzu sollten die Inhalte der einzelnen Informationsbausteine sowie die Ergebnisse der Workshops und Diskussionen anschaulich dokumentiert und in einem Tagungsband zusammengefasst werden. Zur Dokumentation der Informationsstände genügt es, Kopien der fotografierten Stellwände beizufügen.

6.6.6 Zeit- und Aufgabenmanagement

In dem »magischen Dreieck« des Projektmanagements (Bild 2.8) ist bereits auf die Bedeutung der Zeit hingewiesen worden: Neben der geforderten Leistung und den beanspruchten Einsatzmitteln ist die benötigte Zeit ein entscheidender Grundparameter in einem Projekt. Besonderes Merkmal der Zeit ist bekanntlich, dass – im Gegensatz zu anderen Ressourcen – Zeit nicht *vermehrbar* ist. Deshalb ist ein optimales Zeitmanagement nicht nur in der Terminplanung eines Projektes von größter Bedeutung, sondern auch bei der persönlichen Zeitplanung [81].

Persönliche Zeitplanung

Die persönliche Zeitplanung umfasst dabei drei Zeithorizonte:

- ▷ das Planen der einzelnen Arbeitstage,
- ▷ das Planen im laufenden Jahr sowie
- ▷ das Planen allgemeiner Themen.

Sie beginnt mit der *Tagesplanung*, dem vollständigen »Vorplanen« eines Arbeitstages. Die Tagesplanung sollte man entweder am Ende des Vortages oder gleich zu Beginn des neuen Arbeitstages erstellen; sie gliedert sich in

- Termine einplanen,
- Aktivitäten planen,
- Vormerkungen eintragen.

Aus dem Terminkalender werden alle anstehenden Termine (Besprechungen, Veranstaltungen) in den Tagesplan übernommen und mit tagesaktuellen Terminen (z. B. Abwesenheiten) erweitert. Des Weiteren sind alle für den bevorstehenden Arbeitstag anstehenden Aktivitäten aufzuschreiben; hierzu gehören alle zu führenden Telefonate, aufzusetzende Briefe, zu erledigende Aufgaben und Tätigkeiten, wahrzunehmende Kontrollmaßnahmen usw. Die durchzuführenden Aktivitäten sind mit Prioritäten zu versehen, damit das Wichtige zuerst erledigt wird und weniger wichtige Aktivitäten eventuell aufgeschoben werden. Für zeitlich später liegende Termine und Aktivitäten sind entweder tagesgerechte Eintragungen oder an deutlich erkennbarer Stelle entsprechende Vormerkungen vorzunehmen (Wiedervorlage).

Das *Zeitplanen im Jahr* zielt – entsprechend denselben Kategorien der Tagesplanung (Termine, Aktivitäten, Vormerkungen) – auf das Planen der nächsten Wochen und Monate des laufenden Jahres. Dieser Teil der Zeitplanung wird naturgemäß kontinuierlich vorgenommen; Termine werden jeweils nach Absprache in eine entsprechende Jahresübersicht eingetragen, Aktivitäten werden – geordnet nach unterschiedlichen Gesichtspunkten (Mitarbeiter, Projekte, Gremien etc.) – laufend notiert und Vormerkungen werden je nach Notwendigkeit notiert.

Zum Planen allgemeiner Themen gehören mehr zeitraumbezogene bzw. zeitunabhängige Planungen wie die Urlaubsplanung, Kursplanung, Investitionsplanung und Anforderungsplanung.

Für das Einplanen der (persönlichen) Termine dient der bekannte Terminkalender, der in einer Gesamtübersicht alle zu planenden Termine mit Uhrzeit, Stichwort, Ort aufnimmt. Dieser Terminkalender sollte möglichst handlich sein, damit er überall mitgenommen werden kann. Für das Planen der durchzuführenden Aktivitäten sollte ein Tageskalender genommen werden, der eine Seite je Tag oder zwei Seiten für eine Woche hat.

Im Folgenden werden einige unterschiedliche Vorgehensweisen beim zeitlichen Einplanen von Aufgaben vorgestellt.

Die Goldene Halbe Stunde

Ganz am Anfang eines Arbeitstages hält man sich die erste halbe Stunde völlig frei von jeglicher Störung und Einwirkung von außen: Kein Termin, kein Telefon, kein Besuch, kein Gespräch. In dieser halben Stunde konzentriert man sich einzig und allein auf die Tätigkeiten, die man sich für den vor einem liegenden Tag (und für nachfolgende Tage) vornehmen will; diese werden in einen Aufgabenplan eingetragen – am besten gegliedert nach Telefonate, Brief- und E-Mail-Korrespondenz, Gespräche, Besuche etc. Ziel muss es dann natürlich sein, diese für den betreffenden Tag vorgesehenen Aufgaben auch wirklich ganz abzuarbeiten.

Aktivitätenplanung mit einer To-Do-Liste

Eine To-Do-Liste ist eine klassische Aktivitätenliste, die sehr einfach aufgebaut sein kann, wenn sie nämlich nur eine reine Aufzählung von zu erledigenden Aufgaben enthält, oder sie kann komplexer gestaltet sein, wenn sie die zu erledigenden Aufgaben eines größeren Zeitraums umfasst und nach zusätzlichen Kriterien wie Prioritäten, Dauer, Termine, Partner, Örtlichkeiten usw. aufgerissen ist.

Tagesplanung nach der ALPEN-Methode

Die ALPEN-Methode ist eine einfache und konsequente Methode des Zeit- und Aufgabenmanagements, die von Lothar J. Seiwert formuliert wurde. Fünf Vorgehensschritte kennzeichnen diese Methode einer Tagesplanung:

A Aufgaben und Termine aufschreiben
L Länge abschätzen
P Pufferzeiten festlegen
E Entscheidungen treffen
N Nachkontrolle

Im ersten Schritt werden alle zu tätigenden Aufgaben eines Tages in eine To-Do-Liste eingetragen; am besten schon am Vortag. Im zweiten Arbeitsschritt werden die Zeitdauern für die notierten Aufgaben abgeschätzt und schon mal terminlich abgestimmt. Anschließend müssen Pufferzeiten eingeplant werden, da im Tagesablauf normalerweise immer zeitverzögernde Störungen auftreten. Hierbei sollte man die 60-40-Regel anwenden, die besagt, dass 40% der Zeit als Pufferzeiten einzuplanen sind. Im vierten Schritt muss eine Priorisierung der Aufgaben vorgenommen werden, um zu einer letztendlichen Entscheidung hinsichtlich der Reihenfolge der Aufgaben-Abarbeitung zu kommen. Die Priorisierung geschieht entweder nach eigener Einschätzung oder kann z. B. durch eine ABC-Analyse unterstützt werden. Eine Nachkontrolle am Ende des Tages soll prüfen, ob alle zu Beginn geplanten Aufgaben auch erledigt worden sind. Ansonsten müssen noch nicht erledigte Aufgaben für den Folgetag eingeplant werden.

Zeit- und Aufgabenmanagement-Methode GTD

Die Zeit- und Aufgabenmanagement-Methode GTD (Getting-Things-Done), die von dem Amerikaner David Allen formuliert wurde, unterstützt das Selbstmanagement insbesondere bei Menschen, die ihre Aufgaben bisher weniger gut strategisch geplant haben.

Die Methode gliedert sich in folgende vier Schritte:

1. Sammlung aller anstehenden Aufgaben
2. Aufgaben-Untergliederung in Handlungsschritte
3. Sortierung der Aufgaben nach Prioritäten
4. Abarbeitung der Aufgaben.

Im ersten Schritt werden alle Ideen und anstehenden Aufgaben (bei Allen als „Open Loops", lose Enden, bezeichnet) gesammelt und in einer Eingangsliste eingetragen. Hierbei sollte noch nicht zwischen beruflichen und privaten Aufgaben unterschieden werden; die privaten müssen nämlich auch getan werden. Diese Eingangsliste wird täglich aktualisiert und durch neu anstehende Aufgaben ergänzt. Im zweiten Schritt werden die notierten Aufgaben in einzelne Handlungsschritte unterteilt, die dann in so genannte Kontextlisten eingetragen werden. Kontextlisten werden nach Kategorien bzw. Ressourcen eingerichtet; es bieten sich z. B. folgende Kategorien an: Telefonliste, Tätigkeitsliste, Internetliste, Besuchsliste. Der dritte Schritt dient der Priorisierung. Aufgaben, die innerhalb von zwei Minuten zu erledigen sind, werden umgehend erledigt; die anderen werden entsprechend der Wichtigkeit in eine tagesbezogene To-Do-Liste eingetragen, um – im letzten Schritt – an dem betreffenden Tag abgearbeitet und anschließend aus der Liste gestrichen zu werden.

Mit einem von Allen empfohlenen „Wochenrückblick" soll am Ende einer Arbeitswoche regelmäßig geprüft werden, ob alle notierten Aufgaben auch alle abgearbeitet wurden.

Es gibt eine Vielzahl von SW-Tools für das Zeit- und Aufgabenmanagement nach der GTD-Methode sowohl für PC als auch für Smartphones; siehe hierzu im Internet, z. B. bei Wikipedia. Mit diesen Tools können die GTD-Listen sehr einfach bearbeitet werden.

Aufgabenpriorisierung nach dem Eisenhower-Prinzip

Diese einfache Aufgabenplanung geht auf den US-Präsident Dwight D. Eisenhower zurück, der seine Aufgaben nach den Kriterien „wichtig/unwichtig" und „dringend/nicht dringend" geordnet hat. In einem Quadranten-Schema (Tabelle 6.12) werden die zu erledigenden Auf-

Tabelle 6.12 Das Eisenhower-Prinzip

	dringend	*nicht dringend*
wichtig	**Bearbeiten** Aufgaben, die sofort selbst zu erledigen sind	**Terminieren** Aufgaben, die zu terminieren und dann selbst zu erledigen sind
nicht wichtig	**Delegieren** Aufgaben, die an kompetente Mitarbeiter zu delegieren sind	**Verwerfen** Aufgaben, die nicht bearbeitet werden müssen (Papierkorb)

gaben nach ihrer *Wichtigkeit* und ihrer *Dringlichkeit* eingeordnet; entsprechend dieser Einordnung sind die Aufgaben sofort bzw. später selbst zu bearbeiten oder zu delegieren bzw. zu verwerfen.

Pareto-Prinzip

Bei der persönlichen Zeit- und Aufgabenplanung sollte man einen interessanten Effekt berücksichtigen, den der italienische Ökonom und Soziologe Vilfredo Pareto Anfang des 20. Jahrhunderts formuliert hat:

„In einer Menge tragen nur 20% zum Gesamtwert bei, während 80% sehr wenig dazu beitragen."

Dieses so genannte Pareto-Prinzip kann auf viele Dinge des Alltagsleben und eben auch auf das Zeitmanagement übertragen werden:

- ▷ In einer Wohnung umfassen 20% des Teppichs 80% der gesamten Abnutzung.
- ▷ In Workshops werden meistens in 20% der Gesamtzeit 80% der Ergebnisse erbracht.
- ▷ Für ungefähr 80% der Entwicklungsaufgaben wird die entscheidende Arbeit in 20% der Gesamtzeit geleistet.
- ▷ Im Vertrieb machen zwei von zehn Mitarbeitern 80% des Umsatzes.
- ▷ 20% der Arbeitspakete tragen zu 80% der gesamten Terminverschiebungen bei.

Die Erkenntnis hieraus ist, dass man in allen Beobachtungen und Einschätzungen seinen Blick auf die wirklich relevanten Dinge konzentrieren muss. Insbesondere beim Zeitmanagement lässt sich das Pareto-Prinzip gut anwenden. Meistens sind 20% der Tätigkeiten für 80% des Erfolges verantwortlich. Die restlichen 80% der Tätigkeiten tragen nur noch zu 20% des Erfolges bei. Man sollte also nicht grundsätzlich nach einer hundertprozentigen Perfektion streben.

6.6.7 Zeitplanungssysteme

Zur Unterstützung des Zeit- und Aufgabenmanagements werden auf dem Markt sowohl Zeitplanungssysteme in Papierform, als auch entsprechende SW-Programme für PC oder PDA oder als Apps für Smartphones angeboten.

Zeitplanungskalender

Auf dem Markt angebotene Zeitplanungskalender beiten zusätzlich zum Kalender einen Set von Standardformularen für die gängigsten Planungssegmente, ein Register für Notizen und Protokollierungen sowie ein weiteres für Telefon- und Fax-Nummern.

Beispiele für solche Formulare sind:

- Tagesübersicht (für Tagesplanung)
- Wochenübersicht (für Wochenplanung)
- Monatsübersicht (für Monatsplanung)
- Jahresübersicht (für Jahresplanung)
- Jahres-Projektplaner (als Balkenplan)
- Aktivitätenliste (Telefonate, Besprechungen, Briefe, Tätigkeiten)
- Aufgabenplan (Aufgaben, Verantwortung, Termine, Aufwände)
- Wochenschema für feste Termine
- Memo-Liste (geliehen, verliehen)
- Übersicht Geburtstage, Jubiläen etc.
- Urlaubsplan
- Kontenplan
- Besprechungsplan
- Besprechungsprotokoll
- Offene-Punkte-Liste
- Informationsblätter (Postgebühren, Vorwahlnummern, Schulferien, Landkarte)
- Checklisten (z. B. PM-Merkblätter).

Neben diesen Standardformularen werden meist auch noch neutrale Leerformulare wie Listen für allgemeine Notizen und Berichte, Balkenpläne für Aufgaben-, Urlaubs-, Meilensteinpläne sowie Tabellen für Kostenübersichten und Mitarbeiter-Einsatzmatrizen angeboten. Da die Blätter, sowohl die Kalenderblätter als auch die Formulare, stets in einem Ringbinder zusammengefasst sind, können sehr leicht und zu jeder Zeit weitere eigene Planübersichten, PC-Listen u. Ä. eingeheftet werden. Bei einem Tageskalendarium sind im Binder im Allgemeinen immer nur die Blätter des laufenden Monats enthalten; die anderen Tagesblätter – sowohl die alten als auch die künftigen – sind in einer separaten »Datenbox« aufbewahrt. Am Ende eines Jahres hat man so eine gute Archivierung der einzelnen Tagesabläufe des abgelaufenen Jahres.

Für das Festhalten von Ideen und Überlegungen sollte man daneben auch immer als »elektronisches Notizbuch« ein kleines Diktiergerät bei sich haben. Im Auto, in der Bahn, unterwegs, zu Hause, im Verkehrsstau lassen sich diese unproduktiven Leerzeiten ausgezeichnet für die individuelle Zeit- und Aufgabenplanung nutzen.

MS Outlook

Mit MS Outlook wird eine Verbindung aus E-Mail-System und persönlichem Terminplaner erreicht. Dieses Microsoft-Tool umfasst die Funktionen Postversand, Adressverwaltung, Kalenderführung, Aufgabenplanung und Journalverwaltung.

Der *elektronische Postversand* ermöglicht das Versenden einer jeden, auf PC erstellten Datei, an einen Empfänger oder – mittels eines Verteilers – an mehrere Empfänger, dabei werden die Empfänger aus persönlichen oder unternehmensweiten *Adressverzeichnissen* ausgewählt. Die Mails werden automatisch mit Absender und Absendezeitpunkt versehen; hierbei können den einzelnen Mails unterschiedliche »Wichtigkeiten« zugeordnet werden. Der jeweilige Empfänger kann diese Nachrichten unmittelbar beantworten oder auch mit den Unterlagendateien an andere Partner weiterleiten.

Neben dem persönlichen Adressverzeichnis für den Briefverkehr kann noch ein sehr detailliertes Verzeichnis für allgemeine Kontaktadressen aufgebaut werden. Dieses Kontaktadressverzeichnis kann – sortiert nach Namen, Kategorien, Organisation oder Ländern – ausgegeben werden.

Als weiterer wichtiger Funktionsbereich bietet MS Outlook ein vollständiges *Terminplanungssystem*, welches sich sowohl für den persönlichen Einsatz als auch den kooperativen Einsatz in größeren Projektgruppen eignet; es enthält alle gängigen Möglichkeiten eines modernen Terminplaners: Einplanen von Terminen in Tages-, Wochen- oder Monats-Tableaus, grafische Darstellung der Dauern, Zuordnung von Aufgaben, Vorab-Mahnung bei bevorstehenden Terminen (grafisch und akustisch). Werden in dem Terminplan Besprechungen eingeplant, so können die teilnehmenden Personen dem Adressenverzeichnis des E-Mail-Systems entnommen und mit einfachem Anklicken von der Besprechung informiert werden. Diese wiederum können eine Bestätigung oder Absage zurückmelden. Bei Zusage wird der Besprechungstermin automatisch in den persönlichen Kalender des betreffenden Teilnehmers eingetragen.

Die *Aufgabenplanung* ermöglicht das Definieren von Aufgaben mit Beschreibung, Termin, Priorität und Fertigstellungsgrad; bei Terminüberschreitung wird eine Erinnerungsmeldung und eine farbliche Kennzeichnung angestoßen.

Mit der Funktion *Journalverwaltung* können alle mit MS Office-Programmen erstellten Dateien in einem zeitlichen Kalendarium grafisch aufgelistet und von dort aufgerufen werden.

Elektronische Organizer

Für die persönliche Zeitplanung finden immer mehr elektronische Organizer ihre Anwendung. Hierzu zählen die PDAs (Personal Digital Assistent) und die Smartphones. Bei den PDAs handelt es sich um handliche batterie- bzw. akkubetriebene Geräte mit einem Display, welches gleichzeitig als Schreiboberfläche für einen Stift dient; mit diesem werden auch die verschiedenen Funktionen-Buttons bedient. Geschrieben wird in einer an die Druckschrift angelehnten Schrift (Graffiti), die man sehr schnell erlernt. Smartphones werden über Touchpads, d. h. über berührungsempfindliche Displays bedient.

Elektronische Organizer unterstützen folgende Funktionsbereiche:

- ▷ Termin- und Zeitplanung
- ▷ Aufgabenplanung
- ▷ Notizblock
- ▷ Adressverzeichnis
- ▷ Taschenrechnerfunktion
- ▷ E-Mail-Anwendung.

Die Termin- und Zeitplanung wird wie mit einem klassischen Terminkalender geführt, nur dass man sehr leicht zwischen mehreren Zeithorizonten umschalten kann, d. h. Darstellung nach Tages-, Wochen- oder Monatskalendarium. Termine werden mit Datum, Uhrzeit, Dauer und Thema gespeichert, diesen können Aufgabenlisten zugeordnet werden. Für weitere Texteingaben steht ein »Notizblock« zur Verfügung. Das Adressverzeichnis kann nach mehreren Kategorien (Mitarbeiter, Partner, Kunden, Privat etc.) ausgerichtet werden. Die Volltextsuche im gesamten Datenbestand wird unterstützt. Die Taschenrechnerfunktion und die Möglichkeit, E-Mails aufzubauen, runden den Funktionsumfang derartiger Organizer ab.

Der große Vorteil zeigt sich vor allem dann, wenn der Organizer in Verbindung mit einem Sekretariats-PC betrieben wird. Die meisten Organizer können nämlich z. B. ihre Termindaten mit einem PC gegenseitig austauschen – Chef und Sekretärin arbeiten dadurch immer mit denselben Daten. Die im Organizer eingegebenen Informationen können in übersichtlicher Aufbereitung über den PC ausgedruckt werden. Auf gleiche Weise können die gespeicherten E-Mails verschickt werden.

Smartphones

Ein Smartphone ist im Grunde nichts anderes als eine Kombination aus Handy und Organizer mit eingeschränkten PC-Funktionen; es verfügt über Internet- und GPS-Verbindung und kann hierüber jederzeit Informationen abrufen. Außerdem können auf Smartphones zahlreiche Anwenderprogramme, so genannte Apps (von Applications) auch für das Zeitmanagement geladen werden. Das Angebot an Apps, die meist nur wenige Euros kosten oder sogar kostenlos per Download im Internet zur Verfügung stehen, ändert sich laufend, so dass keine vollständige und endgültige Darstellung dieses Angebots möglich ist. Mit Tabelle 6.13 soll versucht werden, eine kleine Übersicht solcher Apps mit Funktionalitäten für die Termin-

Tabelle 6.13 Smartphone-Apps für Zeitmanagement (Auswahl, Stand 2012)

Name	**Anbieter** (× = kostenlos)	**System**	**Funktionen**
ActionComplete, AC	ActionComplete LLC	Android	Aufgabenplanung nach GTD
Agendus	iambic, Inc.	Blackberry	Termin-, Adress-, Aufgabenverwalt.
AK Notepad	Catch Inc. ×	Android	Notizen
apMemo	APSoft Systems	Android	Notizen, Termine
Bento	Filemaker inc.	iPhone	Datenbankverwaltung
Business Calendar	Appgenix Software	Android	Zeitmanagement, Termine
CalenGoo	Gunia UG	Android	Zeitmanagement, Termine
Daylite Touch	Marketcircle Inc. ×	iPhone	Terminplanung
Due Time	Due Time	iPhone	Zeiterfassung
Evernote	Evernote Corporation ×	iPhone	Verwaltung von Notizen und Bildern
iMindMap Mobile	Think Buzan	iPhone	Erstellen von Mind Maps
Journal Notes ToDo	Wizard Solutions Inc.	Android	Aufgaben, Notizen verwalten
miCAL	entwicklungsschmiede KG	iPhone	Kalender, Termine
Next!	–	iPad	Aufgabenverwaltung
OmniFocus	OMNI-Group	iPhone	Projektplanung nach GTD
Pocket Informant	Web IS, Inc.	Android	Zeitmanagement, Termine
Pomodoro Tasks	–	Android	Zeitmanagement, Termine
Quickoffice	Quickoffice Inc.	iPhone	Bearb. von MS-Office-Dokumenten
Remember the milk	Remember The Milk Pty Ltd ×	Android	Aufgaben- und Terminverwaltung
TimeCapture	Norfello Oy	iPhone	Zeiterfassung
Timesheet	Openintents UG	Android	Arbeitszeitverwaltung
Zeiterfassung	DynamicG ×	Android	Zeiterfassung

verwaltung, Zeiterfassung und Aufgabenverwaltung zu geben.

Zusätzlich bieten Smartphones auch die Möglichkeit, ganz normal im Internet zu surfen. So kann man sogar in einem webbasierten Projektmanagement-System arbeiten, d. h. der Zugang mittels des Smartphones auf Projektmanagement-Informationen wie Projektpläne, -berichte und -auswertungen ist im Rahmen eines Cloud-Computing möglich (siehe hierzu Kapitel 6.7.3).

Inzwischen werden auch Funktionalitäten für das Zeitmanagement unmittelbar im Internet angeboten. So kann man bei Google einen Google-Kalender einrichten, den man selbst verwaltet und auf den Kollegen und Freunde jederzeit von unterwegs zugreifen können. Die Abfrage und Bearbeitung über ein Android-Handy sowie eine Synchronisation z. B. mit MS Outlook ist möglich. Auch können Termin-Erinnerungen als E-Mail oder SMS direkt auf ein Mobiltelefon geleitet werden.

6.7 Online-Projektmanagement

Vermehrt stellen sich insbesondere kleine und mittlere Unternehmen die Frage: Soll man eine eigene IT-Infrastruktur aufbauen oder die Rechnerleistung inklusive der benötigten Software mieten? Hierauf gibt das moderne Konzept ASP (Application Service Providing) eine Antwort. Der ASP-Provider übernimmt als Dienstleister die gesamte Abwicklungskette einer Software (z. B. eines ERP-Systems oder auch eines PM-Verfahrens); er sorgt für den einwandfreien Betrieb der Software, achtet auf den aktuellen und gesicherten Stand der Software und hilft auch bei der Benutzerbetreuung. Mittlerweile bedienen derartige Provider nicht nur gezielt einzelne Anwender, sondern bedienen in einer so genannten „Cloud“ eine Vielzahl von Nutzern verschiedener Unternehmen.

6.7.1 Cloud-Computing

Konzept

Cloud-Computing steht für ein modernes IT-Infrastruktur-Konzept, bei dem sich die Daten und Anwendungen nicht mehr auf dem lokalen Rechner des Nutzers befinden, sondern über ein Netzwerk auf einer remote angebundenen Hardware eines Cloud-Computing-Anbieters. Der Zugriff geschieht im Allgemeinen über das öffentliche Internet; es gibt aber auch „Private Clouds“, die über ein firmeninternes Intranet

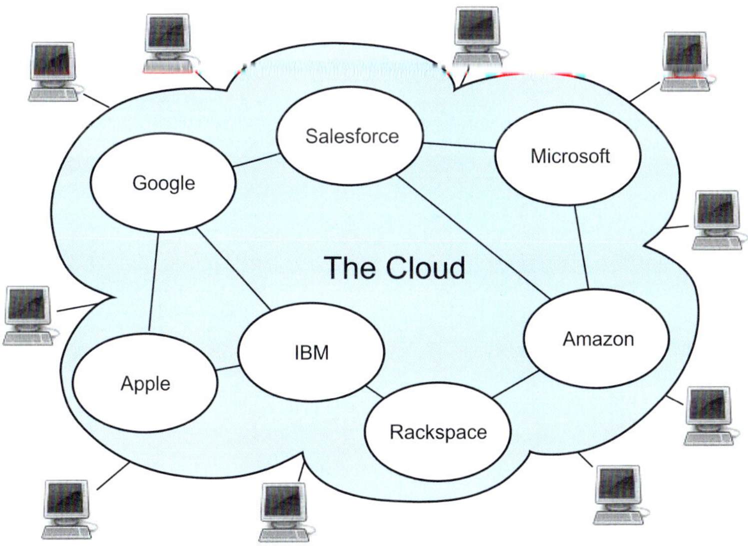

Bild 6.39 Anbieter von Cloud-Computing (s. Wikipedia)

bedient werden. Aus Nutzersicht scheint die zur Verfügung gestellte IT-Infrastruktur fern und undurchsichtig, wie in einer „Wolke" verhüllt, zu wirken. Für den Nutzer ergibt sich der große Vorteil, dass er nicht mehr eigene Rechner und Netze installieren und eigene Software betreiben muss; stattdessen mietet er die entsprechenden Dienste (Rechenkapazität, Datenspeicher, Netzwerkkapazitäten oder auch fertige Software) bei einem entsprechenden Provider, der wiederum in seinem Geschäftsmodell mehrere Anwender in seiner „Wolke" bedienen kann.

Nachdem die großen bereits im Internet tätigen Dienste wie Amazon, Google, Yahoo und Microsoft dieses Geschäftsmodell entdeckt haben und „Cloud-Computing" mit unterschiedlichen Diensten als Produkt anbieten, sind weitere große IT-Firmen wie IBM, Salesforce, Rackspace, Zoho und Atos hinzugekommen (Bild 6.39); aber inzwischen gibt es auch eine Vielzahl von kleineren Anbietern, die spezielle SW-Anwendungen wie z. B. auch Dienste für das Projektmanagement anbieten (siehe hierzu die Kapitel 6.7.2 und 6.7.4).

Servicemodelle

Im Zusammenhang mit Cloud-Computing werden eine Vielzahl von verwandten Begriffen mit teilweise variierenden Inhalten verwendet: Kollaborationssoftware, Collaboration Portal, Online Collaboration, Groupware, On-Demand-Service, Software as a Service, Software-On-Demand; siehe hierzu die im Glossar aufgeführten Erläuterungen.

Das National Institute for Standards and Technology (NIST) [132] formulierte 2009 eine mittlerweile allgemein akzeptierte Definition, die drei verschiedene Servicemodelle beschreibt:

Anwendungsmodell:
Software as a Service (SaaS)

Die dem Nutzer zur Verfügung gestellte Leistung erlaubt die Nutzung von Anwenderprogrammen des Providers in einer IT-Infrastruktur-Cloud. Der Zugriff auf die Anwendungen erfolgt von unterschiedlichen Client-Geräten aus über Schnittstellen wie z. B. einem Web-Browser. Der Nutzer muss die unterlegte Cloud-Infrastruktur, einschließlich Netzwerk, Server, Betriebssysteme, Speicher oder individueller Ressourcen nicht mehr managen oder kontrollieren. SaaS wird auch als Software-on-Demand bezeichnet. Beispiele für SaaS-Cloud-Anwendungen sind Google Docs, Microsoft Skydrive Office Web Apps und Exchange Online, Sharepoint Online, Livemeeting, Office Communications Online.

Plattformmodell:
Platform as a Service (PaaS)

Die dem Nutzer zur Verfügung gestellte Leistung ermöglicht den Betrieb vom Nutzer selbst entwickelter Software innerhalb der Programmierungs- und Laufzeitumgebungen des Providers. Der Nutzer muss die unterlegte Cloud-Infrastruktur, einschließlich Netzwerk, Server, Betriebssysteme oder Speicher nicht managen oder kontrollieren; er hat aber die Steuerung der Programmabläufe weiterhin wahrzunehmen. Mit einer PaaS-Cloud entwickeln Nutzer ihre eigenen Software-Anwendungen und/oder lassen diese auf der Plattform ablaufen. Beispiele für eine PaaS-Cloud-Anwendung sind die Produkte Windows Azure von Microsoft, Apps Engine von Google oder Force.com von Salesforce.com.

Infrastrukturmodell:
Infrastructure as a Service (IaaS)

Die dem Nutzer zur Verfügung gestellte Leistung umfasst die Bereitstellung von Rechnerkapazität und Speichervolumen sowie eines Rechnernetzes; mittels dieser Computer-Ressourcen kann der Nutzer seine eigene Anwendersoftware ablaufen lassen. Der Nutzer muss die unterlegte Cloud-Infrastruktur nicht managen oder kontrollieren, er hat aber die Kontrolle über das Betriebssystem, den Speicher, die Anwendersoftware und den Netzbetrieb wahrzunehmen. Mit IaaS gestalten sich Nutzer frei ihren eigenen virtuellen Computer-Cluster. Beispiele hierfür sind GoGrid und Linode.

Weiterhin listet die NIST fünf essenzielle Charakteristika für Cloud-Computing auf:

1. Self-Service Provisioning /
   As-needed Availability:
   Zuweisung von Leistungen aus der Cloud durch den oder die Nutzer selbst.
2. Scalability:
   Skalierbarkeit gewährleistet die Entkopp-

lung von Nutzungsschwankungen und -beschränkungen in der IT-Infrastruktur.
3. Reliability and Fault-Tolerance:
Zuverlässigkeit und Fehlertoleranz garantiert Qualität der IT-Infrastruktur für den Nutzer.
4. Optimization/Consolidation:
Optimierung und Konsolidierung sichert die Wirtschaftlichkeit in der Anpassung an fortlaufende Umweltveränderungen.
5. Quality of Service:
Qualitätssicherung und -kontrolle wird vom Anbieter wahrgenommen, ohne dass der Nutzer dadurch belastet wird.

Organisatorische Ausprägungen

Die NIST definiert weiterhin vier so genannte Liefermodelle, entsprechend ihrer organisatorischen Ausprägung:

▷ Private Cloud
▷ Public Cloud
▷ Community Cloud
▷ Hybrid Cloud.

Private Cloud – die private Rechnerwolke

Die IT-Infrastruktur einer „Private Cloud" arbeitet ausschließlich für die eigene Organisation. Sie wird von der nutzenden Abteilung selbst oder einer dienstleistenden Stelle betrieben und ist lokal oder außerhalb der Organisation installiert. Betreiber und Nutzer befinden sich also im selben Unternehmen; Probleme hinsichtlich Datensicherheit und Datenschutz werden dadurch ausgeschlossen.

Bei den „Private Clouds" kann man noch folgende Ausprägungen unterscheiden:

▷ Exploratory Cloud
Diese „Private Cloud" dient allein zum Testen der Cloud-Funktionalität innerhalb eines Unternehmens.
▷ Departmental Cloud
Diese „Private Cloud" wird nur innerhalb einer Abteilung des Unternehmens genutzt. Nutzer und Betreiber befinden sich in der selben Organisationseinheit.
▷ Enterprise Cloud
Hier befinden sich die Nutzer und der Betreiber in unterschiedlichen Abteilungen eines Unternehmens.

Public Cloud – die öffentliche Rechnerwolke

Die IT-Infrastruktur einer „Public Cloud" steht für die allgemeine öffentliche Nutzung oder die Nutzung durch eine große industrielle Gruppe zur Verfügung und wird von einem Cloud-Dienstleister getragen, der für den Cloud-Service nach dem jeweiligen Nutzungsgrad bzw. Verbrauch bezahlt wird. Eine „Public Cloud" kann also von beliebigen Personen bzw. von allen Mitarbeitern eines Firmenverbandes genutzt werden und ist nicht auf interne Anwendungen eines einzelnen Unternehmens beschränkt. Diese „Öffentlichkeit" wirft zwangsläufig erhebliche Probleme hinsichtlich der Datensicherheit auf; jeder Nutzer muss sich hierüber im Klaren sein und für die Sicherheit seiner Daten selbst sorgen.

Eine „Public Cloud" ist eine „Open Cloud", bei der sich Dienstleister und Nutzer zu Beginn der Inbetriebnahme einer „Cloud" *nicht* kennen. Der Anbieter muss sein Angebot so gestalten, dass es für eine Vielzahl von potenziellen Nutzern attraktiv ist; zudem müssen der gesamte Geschäftsabschluss sowie die Nutzung von Instanzen anbieterseitig vollautomatisch ablaufen. Beispiele für „Open Clouds" sind Amazon Web Services oder das Marktplatzmodell von Zimory.

Community Cloud – die gemeinschaftliche Rechnerwolke

Die IT-Infrastruktur einer „Community Cloud" wird von mehreren Organisationen geteilt – jedoch von einem kleineren, meist örtlich verteilten Nutzerkreis, der ähnliche Interessen und/oder organisatorische Gemeinsamkeiten hat (z. B. Behörden, Universitäten, Institute, Verbände). Sie wird von einem der Mitglieder oder einem externen Dienstleister betrieben und ist lokal oder außerhalb der Organisationen installiert. Auf diese Weise werden die Kosten für den Betrieb der IT-Infrastruktur geteilt. Teilweise wird diese Form auch als „Exclusive Cloud" bezeichnet, bei der sich Dienstleister und Nutzer kennen und deren Anwendungsprofil und die damit verbundenen Konditionen vertraglich festgelegt sind.

Hybrid Cloud – die hybride Rechnerwolke

Die IT-Infrastruktur einer „Hybrid Cloud" besteht aus zwei oder mehreren Clouds; z. B. betreibt ein Unternehmen eine eigene „Private

Cloud" und nutzt zusätzlich bei Belastungsspitzen oder beim Ausfall der eigenen IT-Infrastruktur eine „Public Cloud".

Vorteile des Cloud-Computing

Im Vordergrund stehen die Kostenvorteile für den Nutzer, der keine Investitionen für den Aufbau und den Betrieb einer eigenen IT-Infrastruktur aufbringen muss, sondern nur entsprechend seiner Nutzungsdauer und Intensität mit einer Nutzungsmiete belastet wird. Dies macht sich besonders bemerkbar, wenn die Nutzungsdauer starken Schwankungen unterliegt. Für den Kunden bieten sich eine größere Flexibilität im IT-Betrieb sowie die Möglichkeit einer Personalreduzierung. Für den Anbieter, den Provider einer Cloud-Installation, bietet sich – bei einer entsprechend hohen Nutzerdichte – eine respektable Rendite.

Datensicherheit und Datenschutz

Problematisch ist allerdings die einwandfreie Absicherung des Zugriffs beim Datentransfer zwischen dem eigenen Client und den sich in der „Wolke" befindlichen Servern. Folgende Fragen sind daher hinsichtlich der Sicherungsmaßnahmen eines Cloud-Rechenzentrums zu beantworten:

- ▷ Wer hat Zugriff auf den oder die Cloud-Server?
- ▷ Wer besitzt die Schlüssel bei Verschlüsselungstechniken?
- ▷ Wie kann ein Kopieren der Nutzerdaten verhindert werden?
- ▷ Wie sind die Datenbereiche der verschiedenen Nutzer voneinander getrennt?

Hierbei sind drei Bereiche der Datenabsicherung von Bedeutung:

1. Angriffe aus dem Netz	→	Firewall
2. Schad-Software (Viren, Trojaner etc.)	→	Anti-Virus-Programme
3. Ausspionieren der Daten durch Fremde	→	Privacy-Verfahren

Auch muss man es kritisch sehen, inwieweit der Datenschutz bei Cloud-Installationen von marktdominanten Allround-Anbietern, wie Google oder Amazon, vollständig gewährleistet ist und die Daten nicht für sonstige wirtschaftliche Vorgänge missbraucht werden – und sei es auch nur der Missbrauch von Meta-Daten. Es existieren allerdings zahlreiche Entwicklungen im Bereich der Datensicherheit, wie beispielsweise die SSL/TLS-Verschlüsselung. Das Internet-Protokoll Transport Layer Security (TLS) ist die am häufigsten benutzte Datenverschlüsselung und ist eine standardisierte Weiterentwicklung des Protokolls Secure Sockets Layer (SSL) der Firma Netscape. Dieser Verschlüsselungsstandard für den Transfer im Internet wird auch bei Bankgeschäften oder Kartentransaktionen genutzt. Die Daten selbst liegen auf den Servern meist verschlüsselt mit dem weltweit anerkannten Standard AES-256 (Advanced Encryption Standard).

Große Hoffnungen setzt man auf ein neues Verfahren der Verschlüsselung, eine „homomorphe" Verschlüsselung. Man konnte nachweisen, dass mathematische Standardoperationen wie das Addieren und Multiplizieren, die an verschlüsselten Daten vorgenommen werden, sich im entschlüsselten Ergebnis widerspiegeln, als ob die Operation an den Originaldaten durchgeführt wurde. Bei dieser Verschlüsselung wird also innerhalb der Cloud ausschließlich auf verschlüsselten Daten gerechnet, die erst im privaten Bereich wieder entschlüsselt werden können – eine Fremdnutzung der ausgelagerten Daten ist damit unmöglich.

Das Fraunhofer-Institut arbeitet ebenfalls mit einem Firmen-Konsortium intensiv an sicheren Verschlüsselungsverfahren für Cloud-Computing-Anwendungen. Ziel des Vorhabens „Sealed Cloud" ist die Realisierung einer Cloud-Infrastruktur, in der der Betreiber nicht auf die Daten seiner Kunden zugreifen kann. Einsatzgebiete für die „Sealed Cloud" sind die öffentliche Verwaltung und mittelständische Unternehmen, die so von den Vorteilen des Cloud-Computings profitieren sollen.

6.7.2 Anbieter von Cloud-Computing

Im Folgenden werden einige derzeit (2012) aktive Cloud-Computing-Anbieter kurz vorgestellt:

Amazon

Der Online-Händler Amazon vermietet mittels seines Amazon Web Service (AWS) Speicherkapazitäten, auf die Nutzer ihre Daten über das

Internet ablegen können. Diese Amazon Elastic Compute Cloud (Amazon EC2) stellt die benötigte Hardware und Kapazität zu dem Zeitpunkt bereit, zu dem diese benötigt werden. So können Kunden z. B. auf ihren Mobilgeräten unterwegs Musik hören, die sie auf dem Amazon-Server gespeichert haben. Auf Basis der Amazon-Plattform arbeiten einige weitere Computer-Cloud-Anbieter wie RightScale, Scalr und Aptana Cloud.

Apple

Der IT-Anbieter Apple bietet inzwischen seinen Cloud-Computing-Dienst „iCloud“ an. Nutzer von Apple-Geräten (iPad, iPhone, iPod touch, Mac oder PC) können ihre Musik, Fotos, Apps, Kalender, Dokumente, Bücher und ähnliche Daten auf den Apple-Servern speichern und verwalten. Jederzeit können sie über das Internet die Daten wieder abrufen; also von überall Musik hören, Fotos ansehen, Kalender bearbeiten und Bücher lesen. Mittels des Betriebssystems iOS 5 ist zudem der gleichzeitige Datenzugang auf alle Apple-Geräte des Nutzers möglich, zum Beispiel steht ihm ein in iTunes gekauftes Musikstück gleichzeitig auf dem iPad und iPhone zur Verfügung – alle Geräte des Nutzers befinden sich in einer „Apple-Wolke“.

Dropbox

Dropbox ist ein webbasierter Dienst, der ein Netzwerk-Dateisystem zur gemeinsamen Verwaltung von Dateien für örtlich getrennte Rechnermedien und Benutzer bereitstellt. Durch die Installation eines Dropbox-Clients wird auf den angeschlossenen Rechnern ein spezieller Ordner, die so genannte Dropbox, eingerichtet. Daten (z. B. Texte, Bilder oder Musikdateien), die über einen einzelnen Rechner (PC, Notebook, Smartphone) in die Dropbox eingegeben bzw. geändert werden, stehen gleichzeitig allen anderen Rechnern in der „Dropbox-Wolke“ zur Verfügung. Insbesondere für private Anwendungen eignet sich dieser Dienst, der derzeit bei einem begrenzten Speicherumfang von 2 Gigabyte sogar unentgeltlich von der Dropbox Inc. zur Verfügung gestellt wird.

Google

Google hat in der „Google Apps Premier Edition“ seine wichtigsten Tools zu einem Paket für den professionellen Einsatz geschnürt; dazu gehören der E-Mail-Dienst Google Mail und die Office-Suite Google Docs, die Funktionen für Textverarbeitung, Tabellenkalkulation und Präsentation bereitstellt. Hinzu kommen das Instant-Messaging-System Google Talk und Google Sites; Letzteres unterstützt das Erstellen von Team-Websites, über die Informationen wie Videos, Präsentationen oder Texte publiziert werden können. Sämtliche Applikationen liegen dabei auf einem Google-Host im Web; Unternehmen benötigen keine eigene Infrastruktur.

IBM

IBM bietet mit seiner Initiative „Blue Cloud“ Software-Tools an, mit denen ein Unternehmen eine eigene Cloud-Infrastruktur aufbauen kann. Blue Cloud steht für eine Palette von Werkzeugen, mit deren Hilfe Kunden ihren Rechenzentrumsbetrieb virtualisieren und automatisieren können. Die Basis dafür bildet die System-Management-Software „Tivoli Provisioning Manager“ (TPM), welche Funktionen für das Einrichten, Konfigurieren und Verwalten der IT-Infrastruktur im Rechenzentrum umfasst.

Microsoft

Microsoft stellt in seinen Datenzentren die Azure Service Plattform als Cloud-Computing Service zur Verfügung. Nutzer können mit jedem beliebigen Rechner eigene Applikationen und Dateien verwenden, die vorher auf dessen „Online-Festplatte“ gespeichert wurden. Mit anderen Microsoft-Applikationen wie dem „Visual Studio“, „Microsoft Exchange Online“ oder dem „.NET Framework“ lassen sich IT-Infrastrukturen vereinfachen. Die „Computing Cloud“ von Microsoft stellt so als elastisches System immer die Ressourcen ausreichend zur Verfügung, die gerade benötigt werden.

Rackspace

Der amerikanische Anbieter Rackspace ist einer der führenden Anbieter auf dem Gebiet des Cloud-Computing. Seine Dienstleistungen umfassen alle organisatorischen Formen des Cloud-Computing wie Cloud Hosting, Managed Hosting, Hybrid Hosting und Email & Apps.

Salesforce.com

Der Plattformanbieter Salesforce.com ist ein Pionier des Cloud-Computing in Form eines „Software as Service" (SaaS). Mit „Force.com" offeriert das US-Unternehmen Entwicklern eine Infrastruktur, auf der sie eigene Softwaredienste entwickeln und später zur Miete anbieten können. Entwicklungs- und Collaboration-Tools für die Plattformteilnehmer sowie ein Marktplatz für On-Demand-Applikationen ergänzen das Angebot. Kunden wird damit eine möglichst komplette Softwarepalette zur Nutzung über das Internet angeboten.

SAP

Das Softwarehaus SAP bietet kleineren und mittelständischen Unternehmen eine On-Demand-Unternehmenslösung mit seiner Mietsoftware „SAP Business ByDesign" an, welche ein komplettes Paket von Unternehmensanwendungen wie Abrechnungs- und Personalmanagement-Systemen umfasst. Darüber hinaus bietet SAP das Collaboration-System StreamWork an, mit dem mehrere Projektmitglieder gleichzeitig, aber auch zeitversetzt, online an einem Projekt zusammenarbeiten können. Wie in einem Web-Forum können Daten, Fakten und Meinungen ausgetauscht und später eingesehen werden.

SugarSync

SugarSync ermöglicht wie Dropbox ein Netzwerk-Dateisystem zur gemeinsamen Verwaltung von Dateien für örtlich getrennte Rechnermedien und Benutzer. Ein Nutzer kann auf seinem Rechner all jene Ordner bestimmen, die auf dem zentralen SugarSync-Server gesichert werden sollen; fortan braucht er sich um die Sicherheit seiner Daten nicht mehr zu kümmern. Änderungen, die auf einem Computer oder einem mobilen Endgerät, wie z. B. einem Smartphone, vorgenommen werden, werden automatisch mit den anderen Geräten der „Cloud" synchronisiert. Der Dienstanbieter SugarSync sichert die Daten und führt eine Versionsverwaltung der Änderungen durch. Der Zugriff ist von überall über das Internet möglich.

Anbieter von Web-Festplatten

Einige Provider bieten ihren Kunden bereits in Form einer so genannten Online-Festplatte bzw. Web-Festplatte begrenzten Speicherplatz

Tabelle 6.14 Anbieter für Web-Festplatten (Stand 2012)

Anbieter	Name	unentgeltlich	mit Gebühr
Adrive	ADrive Online Festplatte	50 GB	bis 1000 GB
Alice	SmartDisk	5 GB	unbegrenzt
Amazon	cloud drive	5 GB	bis 1000 GB
Apple	iCloud	5 GB	bis 50 GB
CloudSafe	cloudsafe	2 GB	bis 50 GB
Dropbox	Dropbox	2 GB	bis 50 GB
GMX	MediaCenter	1 GB	bis 50 GB
Lifedrive	Briefcase	Demo	bis 2000 GB
Microsoft	Windows Live Sky Drive	25 GB	–
Softtronics	myDrive	2 GB	bis 1000 GB
Strato	HIDrive Media	Demo	bis 500 GB
Telekom	Telekom Cloud	25 GB	–
Trend Micro	SafeSync	Demo	bis 100 GB
Xcerion	CloudMe	3 GB	bis 100 GB

unentgeltlich in ihren Clouds an (Tabelle 6.14). Bei größerem Speicherbedarf wird eine monatliche bzw. jährliche Gebühr erhoben. Auf diesen Web-Festplatten können die Kunden (meist Privatpersonen) ihre Daten, Fotos und Video-Clips speichern und mit ihrem PC und/oder ihren mobilen Kommunikationsgeräten jederzeit und von überall zugreifen.

Bei Anbietern aus den USA sollte man bedenken, dass diese amerikanischem Recht unterliegen.

6.7.3 Webbasiertes Projektmanagement

Viele kleinere und mittelgroße Firmen versuchen aus Kostengründen Abläufe auszulagern, nicht nur Kundenberatungen (Hotline-Center) oder Buchhaltungen (externe Kanzleien), sondern auch IT-Abläufe einschließlich der benötigten Soft- und Hardware. Dies gilt auch für das Administrieren beim Projektmanagement. Mit den Möglichkeiten des weltumfassenden Internets können die für das Projektmanagement notwendigen Programme und Speichermedien auf firmenexterne Installationen eines entsprechenden Anbieters ausgelagert werden und trotzdem von überall genutzt werden. Auf diese Weise können sich die nutzenden Firmen kostspielige IT-Infrastrukturen ersparen; benötigt werden einzig und allein Endgeräte wie PC, Notebooks und Smartphones, um auf die Daten zuzugreifen und mit ihnen Bearbeitungen durchzuführen. Gezahlt werden muss nur noch eine Miete entsprechend der jeweiligen Nutzungsintensität.

Online-Projektmanagement eignet sich vor allem für Projektteams, die an verteilten Standorten arbeiten und keine gemeinsame Infrastruktur haben (Bild 6.40). Der Zugriff auf die Projektdaten erfolgt meist über eine persönliche Internet-Adresse.

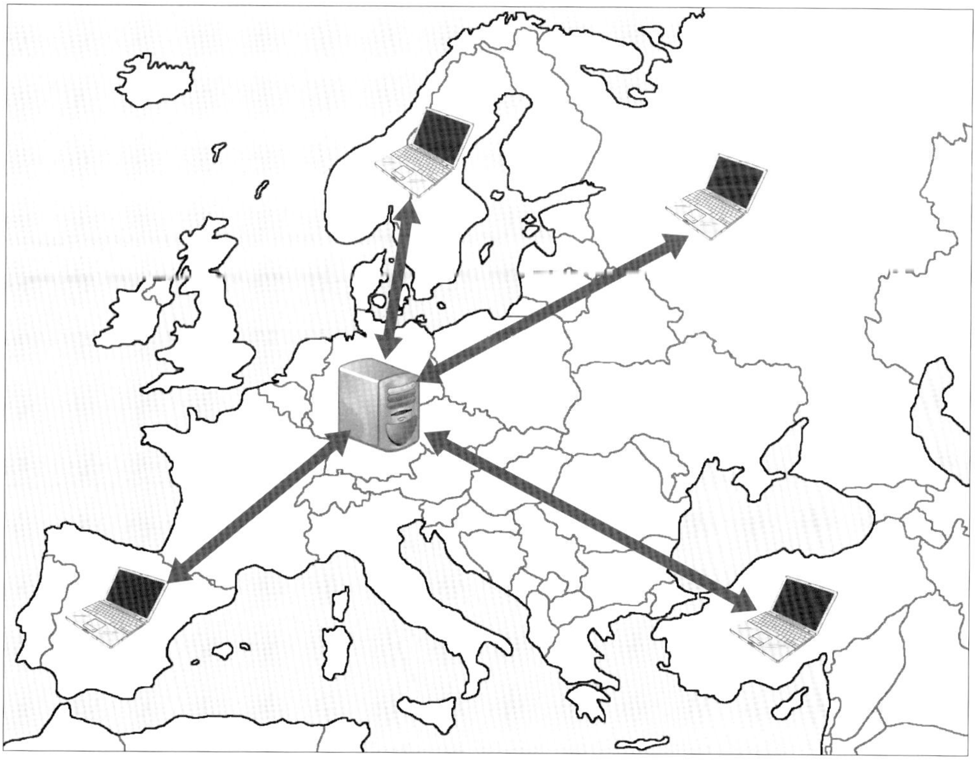

Bild 6.40 Dezentralisiertes Online-Projektmanagement

Funktionalitäten

Per Online-Projektmanagement können alle klassischen PM-Funktionen zum Einsatz kommen, allerdings in sehr unterschiedlicher Ausprägung:

- ▷ Projektstrukturierung
- ▷ Aufgabenplanung
- ▷ Terminplanung
- ▷ Kostenplanung
- ▷ Personalplanung
- ▷ Projektkontrolle
- ▷ Berichtswesen.

Schwerpunkte bei den meisten angebotenen Programmsystemen für Online-Projektmanagement (siehe Kapitel 6.7.4) sind allerdings Funktionalitäten für die überbereichliche Kommunikation (Collaboration) sowie die Verwaltung von Dokumenten und Dateien aller Art. Die Gründe hierfür liegen darin, dass gerade bei Projektarbeiten, die nicht mehr lokal positioniert sind, sondern teilweise über Ländergrenzen hinaus getätigt werden, der so genannten „Collaboration" mit allen Projektmitgliedern sowie der dezentralen Dokumentenverwaltung eine erhöhte Bedeutung zukommt.

Aufgabenplanung und Terminplanung umfasst bei den angebotenen Online-Systemen meist nur das Erstellen von einfachen Auflistungen der Aufgaben mit ihren Terminen; eine Termindurchrechnung, wie sie z. B. mit Netzplantechnik geschieht, findet nicht statt (siehe Tabelle 6.15). Auch eine Kostenplanung und -kontrolle im engeren Sinne ist nicht möglich. Externe Kosten können bei den meisten Systemen nicht erfasst werden. Echte Funktionen für die Projektkontrolle, wie projektbegleitende Plan/Ist-Vergleiche oder Plan/Plan-Vergleiche oder auch inhaltsbezogene Fortschrittskontrollen sind nicht möglich. Alle Online-Tools bieten ein einfaches Dokumentenverwaltungssystem, auf welches alle Projektmitglieder von allen Standorten zugreifen können. Das Berichtswesen ist fast immer sehr einfach ausgestattet, allerdings wird die Projektzusammenarbeit bei örtlich getrennten Teams sehr effizient durch die gängigen Benachrichtigungsmöglichkeiten des Internets (E-Mails, Projekt-Blogs, Projekt-Wikis u. ä.) unterstützt.

Wer Multiprojektmanagement mit all seinen komplexen Abhängigkeiten betreibt und ein übergeordnetes Management aller Ressourcen (Mitarbeiter, Einsatzmittel, Budgets, Zeit etc.) benötigt, sollte auf Systeme wie MS Project Server oder Primavera setzen (siehe hierzu das Kapitel 6.3).

Preise und Konditionen

Das Mieten einer SaaS-Software (Software as a Service) für Projektmanagement kostet nur einen Bruchteil des Kaufpreises einer gleichwertigen IT-Infrastruktur. Die Kosten für Upgrades und Wartung sind immer mit inbegriffen, so dass die Nutzer immer die neueste Version der Software und auch der Hardware nutzen können.

Es gibt sehr unterschiedliche Preismodelle. Häufig haben die Anbieter ein Mehrstufenmodell, niedrige Gebühren für kleinere Anwendungen, höhere für Anwendungen mit mehr Nutzern, mit vielen Projekten und mit größerem Speicherbedarf. Teilweise gibt es auch Gebührenmodelle, die sich nur nach der Anzahl der Nutzer und des reinen Speichervolumens ausrichten. Häufig fallen für eine Demoversion keine Gebühren an. Meist besteht keine Mindestlaufzeit des Vertrages, er ist monatlich kündbar.

Vorteile eines Online-Projektmanagements

Die Vorteile für eine solche Auslagerung in eine Cloud in Form einer „Software as a Service" (SaaS) liegen auf der Hand:

- ▷ Keine Investitionen in den Aufbau einer eigenen IT-Infrastruktur,
- ▷ kein Zeitaufwand für die Entwicklung und Installation von Software,
- ▷ kein Zeit- und Kostenaufwand für die Wartung einer eigenen IT-Infrastruktur,
- ▷ keine Probleme mit den Upgrades von neuen Software-Versionen,
- ▷ Zugriffsmöglichkeiten von überall über das normale Internet,
- ▷ kein eigenes Personal für den Betrieb einer IT-Infrastruktur.

Das Geschäftsmodell SaaS eignet sich hervorragend für ein Projektmanagement über das Internet. Alle Mitarbeiter eines Projekts haben Zugriff auf sämtliche Informationen des Projekts – unabhängig davon, wo auf der Welt die Mitarbeiter sich gerade aufhalten. Auch hat der

Projektleiter immer die volle Kontrolle über den Projektablauf. Gezielte Aufgabenzuordnung und -überwachung, Rund-um-die-Uhr-Präsenz des Projektdatenpools und jederzeitiger Zugriff auf extern tätige Mitarbeiter sind ebenfalls möglich.

Datensicherheit und Datenschutz

Die Datensicherheit und der Datenschutz wird einerseits durch eine personenbezogene Berechtigungsprüfung und andererseits durch eine Verschlüsselung der Daten auf den Serveranlagen des Anbieters gewährleistet. Verbreitet ist die SSL/TSL-Verschlüsselung der Daten (siehe auch die Anmerkungen zu diesem Punkt in dem Kapitel 6.7.1). SSL ist dieselbe Technologie, die die Banken und IT-Unternehmen verwenden, um ihre Daten während der Transaktion zwischen Client und Server gegen unbefugten Zugriff zu sichern.

Auf den Servern sind die Daten durch eine Firewall vor unerlaubtem Zugriff geschützt. Weiterhin werden in der Regel die in der Server-Datenbank abgelegten Daten täglich mit analogen und digitalen Sicherungsmethoden doppelt gesichert. Auch werden die auf dem Server installierten Anwendungen und die Virenscanner regelmäßig auf den neuesten Stand gebracht, um eventuelle Angriffe abwehren zu können.

6.7.4 Anbieter von webbasierter PM-Software

Es gibt eine Vielzahl von Anbietern von webbasierter Projektmanagement-Software, allerdings mit sehr unterschiedlichem Funktionsumfang, teilweise werden sogar Open-Source-Produkte angeboten. In Tabelle 6.15 sind einige Anbieter von PM-Software im deutschsprachigen Raum aufgeführt, die über das Internet ein Online-Projektmanagement unterstützen.

A-Plan

A-Plan ist eine webbasierte Software für Projektmanagement mit Schwerpunkt auf Projektplanung und Ressourcenplanung. Das Projekt wird in klassischer Form mit Vorgängen und Aufgaben strukturiert, denen Aufwände, Kosten und Ressourcen (Personen, Maschinen, Räume etc.) zugeteilt werden können. Ressourcen können mit beliebigen Arbeitszeiten und unterschiedlichen Auslastungen belegt werden, weiterhin sind beliebige Kostensätze definierbar. Es stehen Funktionen für die automatische Berechnung der erforderlichen Dauer der einzelnen Vorgänge in einem Balkenplan sowie die automatische Verteilung des Aufwandes auf beliebige Zeiträume zur Verfügung.

Tabelle 6.15 Anbieter von webbasierter PM-Software (Auswahl)

		PM-Funktionen													Miete			Datensicherung	
PM-Software	**Anbieter**	Anforderungen	Personal, Ressourcen	Aufgabenstruktur	Aufwände (Std)	Zeit, Termine	Kosten, Budget	Testen, Bugtracking	Reports, Berichtswesen	Dokumentenverwaltung	Teamwork, Collaboration	Multiprojektplanung	Office-Anschluss	Smartphone, PDA	abhängig von ...	unentgeltliche Demo	Sprache	SSL-Verschlüsselung	Berechtigungs-Prüfung
A-Plan	braintool SW GmbH		x	x	x	x	x		x		(x)		x	x	Nutzer	x	de, en		x
Basecamp	37signals		(x)	(x)					(x)	x	x		x	x	Volumen	x	en, de		x
COMINDWORK	North American Reseller's LLC		(x)	x		(x)			x	x	x		x		Nutzer	x	en	x	x
EASY-PM	Antravis Gesellsch.	x	x	x	(x)	x		x	x	x	x	(x)			Miete	x	de	x	x
Enterprise Project	ProjectsCenter		x	x	x	x					x				Nutzer	x	en		x
Huddle	Ninian Solutions Ltd		(x)	(x)		(x)				x	x		x	x	Volumen	x	en, de	x	x
Planio	Planio GmbH			x	(x)	x				x	x				Volumen	x	de	x	x
Planzone	Augeo Software		(x)	x	x	x	(x)		x	x	x			x	Miete	x	de, en		x
Projectplace	Projectplace GmbH		x	x	x	(x)				x	x	x	x	x	Nutzer		de	x	x
teamspace	5 POINT AG			x	x	x	x		x	x	x		(x)	x	Nutzer	x	de	x	x
Werkstatt42	bauland42			(x)	x	(x)			(x)	x	x	(x)			Projekte	x	de	x	x
ZCOPE	HID-GmbH		x	x	x	x	x		x	x	x				Miete		de		x
ZOHO	ZOHO Corp.			x	(x)	(x)		x	(x)	x	x		(x)	x	Stufen		en		x

(x) teilweise bzw. eingeschränkt

Reports können im MS-Excel-Format ausgegeben werden, sodass eine beliebige Weiterverarbeitung bzw. Datenübernahme möglich ist. Inhalt und Format können anhand unterschiedlicher Vorlagen beliebig angepasst werden.

Eine minutengenaue Zeiterfassung sowie eine Verrechnung des angefallenen Aufwandes und der Kosten auf die Vorgänge ist möglich. Istzeiten, die mit anderen Programmen erfasst wurden, können importiert werden Es gibt Schnittstellen zu den MS Office-Programmen.

Basecomp

Basecomp ist eine webbasierte Kollaborationssoftware für das Projektmanagement. Über eine „Message Board" können die in Basecomp eingetragenen Projektmitarbeiter miteinander kommunizieren. Kommentare können zu To-do-Listen und Meilensteinen abgesetzt werden. Basecomp verwaltet alle Dateien in den gängigen Office-Formaten. Bei Änderungen werden automatisch entsprechende Nachrichten versandt. Mittels so genannter „Writeboards" können in gemeinsam zugreifbaren Textdokumenten Informationen über ein bestimmtes Thema ausgetauscht werden.

COMINDWORK

Comindwork ist eine Web-Application, die eine Reihe von Funktionen für das Management von Projekten umfasst. Schwerpunkt sind auch hier die unterstützenden Tools für die Kommunikation zwischen Teammitgliedern (Collaboration). So gibt es Tätigkeitslisten (To-Do-Lists), Meilenstein-Übersichten, Wiki-Webseiten und Journale in Form von Blogs. Weiterhin ist ein Dokumentenmanagement integriert, welches eine versionsgenaue Verwaltung der Dokumente und Dateien ermöglicht. Auch ist ein Aufgaben-Verfolgungssystem enthalten. Die Terminplanung wird allerdings in MS Project vorgenommen; hierfür ist ein Import und Export von und nach MS Project vorgesehen. Ein einfacher Berichtegenerator unterstützt das Berichtswesen mit Projektberichten, Pivot-Tabellen und Kundenreports.

EASY-PM

Die webbasierte PM-Lösung EASY-PM der Unternehmensgesellschaft Antravis umfasst einige grundlegende Projektmanagementfunktionen:

- ▷ Projektstrukturierung
- ▷ Anforderungsmanagement
- ▷ Dokumentenmanagement
- ▷ Testmanagement
- ▷ Kommunikationsmanagement.

Phasen, Meilensteine und Aufgaben stehen für die *Projektstrukturierung* zur Verfügung. In einem Balkenplan werden die Aufgaben mit möglichen Untergliederungen sowie Meilenstein-Entscheidungen in ihrem zeitlichen Ablauf eingeordnet. Im *Anforderungsmanagement* werden die Aufgaben mit ihren Anforderungen (Verantwortlicher, Status und Aufwand) und ihren Abhängigkeiten definiert. Den Aufgaben können innerhalb des *Dokumentenmanagements* Dokumente zugeordnet und dort mit einer Versionszählung verwaltet werden. Im Rahmen eines einfachen *Testmanagements* kann man z. B. bei Produktentwicklungen Testkataloge erstellen, in denen die Testfälle beschrieben sind, und sie dann für Testläufe verwenden. Das *Kommunikationsmanagement* unterstützt den Informationsaustausch zwischen den Projektmitarbeitern durch Verfassen von Nachrichten und durch Anzeige der Kontaktdaten bei allen personenbezogenen Angaben. Die Mitarbeiter können über das Internet jederzeit und von jedem Ort aus auf ihre Projekte zugreifen.

Enterprise Project

Enterprise Project ist eine Online-Projektmanagementsoftware der Firma ProjectsCenter; sie umfasst alle elementaren PM-Funktionen wie Definition der Projektaufgaben, Zuordnung von Mitarbeitern zu den Aufgaben sowie die Festlegung von Anfangs- und Endterminen. Die Terminplanung selbst wird mit dem Gantt-Balkenplan durchgeführt, inklusive einer Fortschrittskontrolle (Eingabe von Restaufwänden). Die Projektkommunikation basiert auf den gängigen Internet-Funktionen wie E-Mails und gezielter Benachrichtigung der Projektmitarbeiter.

Huddle

Huddle ist eine webbasierte Kollaborationssoftware für das Projektmanagement, bei der die Verwaltung von Dokumenten und Dateien sowie die Kommunikation im Wesentlichen über das Internet unterstützt wird. Das Bearbeiten von Word- und Excel-Dateien ist online in einem Teamverbund versionsüberwacht möglich. Zu den Funktionen des Kommunikationssystems gehören Telefon-Konferenzen, Online-Meetings und Videokonferenzen. Echte PM-Funktionen sind nur ansatzweise in Form von Aufgaben- und Terminauflistungen vorhanden.

Planio

Schwerpunkt von Planio ist die Datei- und Dokumentenverwaltung, die Aufgabenverteilung in einem Projekt sowie die Kommunikation zwischen den Projektteilnehmern. Klassische Projektmanagement-Funktionen, wie Projektstrukturierung, Aufwands- und Kostenplanung sowie Projekt-Controlling sind nicht vorhanden.

Planzone

Planzone bietet eine SaaS-Applikation für Online-Projektmanagement mit folgenden Funktionskomplexen an:

- ▷ ToDo-Tool (To-Do-Liste)
- ▷ Planungstool
- ▷ Dokumenten-Sharing
- ▷ Wiki-Webseite
- ▷ Zeitrückmeldungstool.

Mit dem *ToDo-Tool* wird die Aufgabenplanung durchgeführt. Jede Aufgabe hat einen Termin und eine Mitarbeiter-Zuordnung. Im *Planungstool* werden die Aufgaben in ihrer zeitlichen Abfolge mittels eines Balkenplans dargestellt, in den auch Meilensteine und Ressourcen eingebunden werden können. Mit dem *Dokumenten-Sharing* werden alle Dokumente des Projekts versionsgenau gespeichert und verwaltet. Katalogisierungs- und Suchfunktionen sind vorhanden. Planzone bietet einen kollaborativen Online-Arbeitsplatz in Form einer *Wiki-Webseite*, die für jeden Projektmitarbeiter zugänglich ist und von jedem bearbeitet werden kann. Mit diesem Online-Werkzeug kann eine interaktive Datenbank mit allen projektbezogenen Informationen, Link-Verweisen und Rahmenbedingungen aufgebaut werden.

Mit dem *Zeitrückmeldungstool* von Planzone können die Projektmitarbeiter ihre Arbeitszeit für ein bestimmtes Projekt bzw. eine bestimmte Aktivität aufschlüsseln und eingeben. Diese Stundenkontierung kann nur vom Projektleiter und dem jeweiligen Mitarbeiter eingesehen werden.

Projectplace

Projectplace ist ein führender SaaS-Anbieter für webbasiertes Projektmanagement und Teamarbeit mit über 700.000 Nutzern weltweit. Das gleichnamige Verfahren umfasst folgende Komponenten:

- ▷ Projektplanung
- ▷ Dokumentenverwaltung
- ▷ Kommunikationsmanagement
- ▷ Meeting-Management.

Die *Projektplanung* wird mit dem „Projectplace Planner" vorgenommen; mit ihm werden die Projekte und die zugehörigen Aufgaben beplant und strukturiert. Das *Dokumentenmanagement* unterstützt das versionsrichtige Speichern von Dokumenten. In der Projektübersicht erhält man einen umfassenden visuellen Überblick über die wichtigsten Projektinformationen. Das *Kommunikationsmanagement* sorgt dafür, dass die Teammitglieder in täglichen oder wöchentlichen Ereignisberichten automatisch informiert werden, wenn z. B. Dokumente überarbeitet wurden oder neue Aufgaben im Projektplan auf ihre Erledigung warten. Hierbei ermöglicht die Diskussionsfunktion den Mitgliedern, miteinander zu kommunizieren und Termine abzustimmen. Mit der Komponente *Online Meetings* können Webkonferenzen mit bis zu 100 Personen durchgeführt werden. Über Smartphones können Eingaben in das System vorgenommen werden. SMS und E-Mails können an externe Mitarbeiter geschickt werden.

Eine spezielle Enterprise-Version von Projectplace unterstützt das Management von Multiprojekten. In einer Portfolioübersicht und einem Projektkatalog sind die wesentlichen Eckdaten der einzelnen Projekte zu ersehen und in einer Ressourcenübersicht sind die eingesetzten Mitarbeiter mit ihren eingeplanten Aufwänden aufgeführt.

teamspace

teamspace ist eine Groupware-Lösung für das Online-Projektmanagement über das Internet der Firma „5 POINT AG“; es ermöglicht eine Projektstrukturierung mit beliebiger Gliederungstiefe sowie einer Einteilung in Arbeitspakete, Meilensteine und Aufgaben. Die wesentlichen Komponenten sind:

- ▷ Aufgabenmanagement
- ▷ Zeiterfassung
- ▷ Dateimanagement
- ▷ Kommunikationsmanagement
- ▷ Berichtswesen.

Den im *Aufgabenmanagement* definierten Arbeitspaketen und Meilensteinen können Planaufwände und Plankosten, Mitarbeiter und Verantwortlichkeiten sowie Anfangs- und Endtermine zugeordnet werden. Eine Budgetplanung ist ebenfalls im Rahmen des Aufgabenmanagements möglich. Über eine Online-Stundenkontierung wird eine *Zeiterfassung* hinsichtlich der abgearbeiteten Arbeitspakete durch die Projektmitarbeiter vorgenommen, so dass eine aktuelle Fortschrittsanzeige des Projekts stattfinden kann. Mittels des *Dateimanagements* können beliebig viele Dateien und Verzeichnisse in der teamspace-Dateiablage gespeichert und dort versionsgerecht verwaltet werden. Ein Berechtigungssystem regelt Schreib- und Leserechte für jede Datei. Änderungsberichte per E-Mail informieren über Änderungen oder neue Dateien. Das *Kommunikationsmanagement* erlaubt das Versenden von E-Mails, Telegrammen und SMS gezielt an die Projektmitglieder; auch können diese in einem projekteigenen Chat-Raum miteinander oder über eine Online-Pinwand kommunizieren. Das *Berichtswesen* enthält grafische Darstellungen mit Gantt-Diagrammen.

Werkstatt42

Werkstatt42 ist eine einfache Groupware-Software für kleinere Unternehmen wie Existenzgründer, Freiberufler, Selbstständige, Agenturen, Vereine und alle anderen, die ihr Projektmanagement optimieren möchten.

Schwerpunkt ist auch hier die überbereichliche webbasierte Kommunikation zwischen örtlich getrennt arbeitenden Projektmitgliedern; so gehören hierzu Diskussionsforen, Projektübersichten, Whiteboards und Gruppenkalender sowie Aufstellungen und Übersichten der Aktivitäten, der Projektaufgaben, der Meilensteine und der Termine.

ZCOPE

ZCOPE ist ein Webservice der Firma HID GmbH, der die grundsätzlichen Funktionen für das Projektmanagement über das Internet anbietet:

- ▷ Projekt-Übersicht
- ▷ Aufgabenverwaltung
- ▷ Terminverwaltung
- ▷ Budgetverwaltung
- ▷ Dokumentenablage
- ▷ Projekt-Blog.

In dem Modul *Projekt-Übersicht* werden alle relevanten Projektdaten angezeigt. Mit der *Aufgabenverwaltung* können die Aufgaben und Arbeitspakete des Projekts und der zugehörigen Verantwortlichkeiten definiert werden. Den Arbeitspaketen können die Planaufwände zugeordnet werden; über eine Zeiterfassung können diese den Plandaten gegenübergestellt werden. In der *Terminverwaltung* können Meilensteine mit den Arbeitspaketen verknüpft werden. Im Kalender können Erinnerungen im Projektablauf gesetzt werden. Auch sind Trendanalysen möglich. In einem Blasendiagramm (Bubble View) können Auslastungen visualisiert werden. In der *Budgetverwaltung* werden Personalkosten und sonstige Kosten in ihren Plan- und Istwerten verwaltet. In der Dokumentenablage können beliebige Dokumente mit ihren Zugriffberechtigungen gespeichert und verwaltet werden. Mit dem *Projekt-Blog* wird ein Kommunikationsbereich für das gesamte Projektteam geschaffen, über den Mitteilungen ausgetauscht und E-Mails verschickt werden können.

ZOHO

Zoho ist ein Online-Projektmanagementsystem, welches sich besonders für Softwareentwicklungen eignet, da dessen Schwerpunkte auf Teamwork-Kommunikation (Collaboration) und Fehlerverfolgung (Bug Tracking) liegen. Mit gemeinsamen Kalendern, Webseiten und Chat-Räumen wird die Kommunikation insbesondere bei örtlich getrennten Projektteams unterstützt. In dem ZOHO-Fehlerverfolgungssystem werden Softwarefehler (Bugs) erfasst, verfolgt und als Aufgaben den Entwicklern zugeordnet. Im Aufgabenmanagement (Task Management) wird das Projekt strukturiert, Meilensteine und Arbeitspakete werden definiert sowie Termine, Mitarbeiter und Prioritäten zugeordnet. Die Mitarbeiter können ihre Stunden in ZOHO erfassen, müssen diese aber in Excel auswerten. Ein Dokumentenmanagement steht ebenfalls zur Verfügung.

Weitere Tools

Darüber hinaus gibt es eine Vielzahl von kleineren, häufig sogar kostenlosen Softwareprogrammen für das Online-Projektmanagement, wie z. B. Autarchic, BusyLissy, Collabtive, ProjectPier, reddynote. Allerdings sind diese Tools funktional nicht sehr mächtig, auch fehlen meist die klassischen Projektmanagement-Funktionen der Termin-, Kosten- und Einsatzmittelplanung.

6.7.5 Virtuelles Projektmanagement

Immer mehr Projekte werden in einer globalisierten Geschäftswelt geführt, wo also die Projektmitarbeiter an entfernten Orten und in verschiedenen Zeitzonen an einem gemeinsamen Projekt arbeiten. Dank moderner Informations- und Kommunikationstechnologien (IuK-Technologien) kann in solchen Projektwelten trotzdem ein effizientes Projektmanagement erreicht werden; man spricht hier von einem „Virtuellen Projektmanagement".

Beim konventionellen Projektmanagement, wo die Projektteams in räumlicher Nähe arbeiten, findet eine enge Kommunikation in Workshops, bei regelmäßigen Projektbesprechungen und auch bei persönlichen Unterredungen statt. Dieser unmittelbare Informationsaustausch kann natürlich nicht mehr stattfinden, wenn die Mitarbeiter an verschiedenen Orten eines Standortes oder sogar in verschiedenen Städten und Ländern tätig sind. Hier muss der Informationsaustausch durch geeignete IuK-Instrumentarien unterstützt werden, wie E-Mail-Verkehr, Telefon- und Videokonferenzen über PC oder Handy, Projektportale im Internet usw.; siehe hierzu auch den Abschnitt „Workgroup Computing" in Kapitel 4.7.2. Durch die modernen Kommunikationsmöglichkeiten gestaltet sich das Arbeiten in „Virtuellen Teams" vonseiten der Kommunikation aus sehr einfach und effizient.

Gerade virtuelle Teams im Projektmanagement bringen gegenüber den traditionellen Teams auch Vorteile. Wegen des Nichtvorhandenseins firmeninterner Zwänge hinsichtlich des Personalmanagements kann das Projektteam nach bester Fachkompetenz zusammengestellt werden. Auch braucht die räumliche Nähe zwischen Wohnort und Arbeitsort bei der Personalauswahl nicht berücksichtigt zu werden. Zudem überwindet die leistungsfähige Kommunikationsvernetzung die räumlichen Barrieren, vermeidet unnötige Reisewege und -kosten und begünstigt das Zeitmanagement der Team-Mitglieder.

Anforderungen an das Projektteam

Nach [34] sind folgende Anforderungen an die Mitglieder eines virtuellen Projektteams besonders herauszustellen (Bild 6.41):

- ▷ Bereitschaft und Fähigkeit zur elektronischen Kommunikation,
- ▷ Fähigkeit zum eigenständigen und flexiblen Arbeiten,
- ▷ Denken in komplexen Zusammenhängen,
- ▷ Bereitschaft zum kultur- und organisationsübergreifenden Arbeiten,
- ▷ Ziel- und Ergebnisorientierung,
- ▷ positive Grundeinstellung zu modernen IuK-Technologien.

Da der einzelne Projektmitarbeiter nicht mehr dauerhaft in einem ortsgebundenen Team unter Leitung des Projektleiters sitzt, sondern nur über technische Kommunikationswege mit den anderen Teammitglieder korrespondieren kann, erfordert das Arbeiten in einem virtuellen Team ein hohes Maß an Eigenständigkeit und damit auch eine größere Mitverantwortung für das Gelingen des gemeinsamen Projekts.

Insgesamt muss eine umfassende Identifikation der Mitarbeiter mit dem Projekt erreicht werden; nur eine echte „Corporate Identity" kann den erforderlichen Gemeinschaftsgeist im Projekt schaffen.

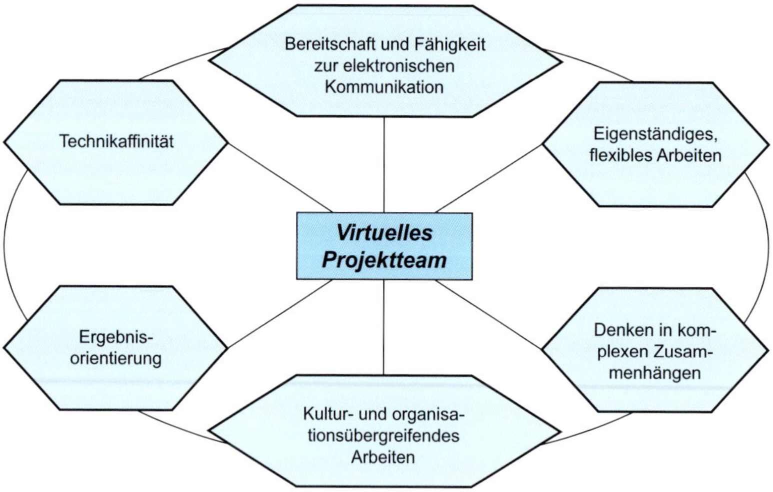

Bild 6.41 Anforderungen an die Mitarbeiter eines „Virtuellen Projektteams" (Quelle: [34])

Zusätzlich treten in international besetzten Teams typischerweise einige Probleme hinsichtlich einer effizienten Zusammenarbeit auf:

▷ Voneinander abweichende Grundeinstellungen für den Geschäftserfolg:
Die Zielorientierungen von Unternehmen sind in den Industrieländern nicht immer die gleichen; z. B. legen die einen ihren Schwerpunkt mehr auf die Kosten, andere legen dagegen mehr Gewicht auf Kundennähe und Qualität.

▷ Unterschiedliche PM-Standards in den Ländern:
In den einzelnen Ländern bestehen teilweise sehr unterschiedliche PM-Begriffswelten, wie z. B. IPMA in der EU, PRINCE2 im UK, PMBoK in den USA und P2M in Japan. Das führt dazu, dass man mit großen Unterschieden in den Vorgehensweisen, in den Methoden und in den Begriffen auf dem Gebiet des Projektmanagements konfrontiert ist.

▷ Unterschiedliche sprachliche Fähigkeiten der Projektbeteiligten:
Nicht in allen Ländern können ausreichende Englischkenntnisse vorausgesetzt werden, so ist in Japan als Projektsprache Japanisch vorherrschend und in Brasilien hat man im Gegensatz zu den anderen südamerikanischen Ländern mit Spanisch Schwierigkeiten. Auch mit englischsprachigen Ländern genügt es nicht, ein perfektes Englisch zu sprechen; es muss auch die Beziehungsebene zu dem ausländischen Partner stimmen.

▷ Kulturell bedingte Unterschiede der Projektmitglieder:
Unterschiedliche Verhaltensweisen im beruflichen Miteinander und in der Einstellung zur eigenen Firma prägen zwangläufig das Arbeiten in einem Projekt. Man betrachtete nur das viel engere Verhältnis der Japaner zur eigenen Firma, bei denen die tägliche Arbeit häufig mit einem morgendlichen Firmenappell beginnt.

Anforderungen an die Technik

Grundvoraussetzung für ein Virtuelles Projektmanagement ist das Vorhandensein einer projektadäquaten IuK-Technologie, d. h. es muss eine ausreichende und leistungsfähige Vernetzung über das Internet zwischen allen Projektmitgliedern und sonstigen in das Projekt involvierten Personen (Lieferanten, Kunden, Stakeholder etc.) vorhanden sein. Auch kann ein vorhandenes Intranet oder Extranet eines global agierenden Unternehmens für eine effektive elektronische Vernetzung der Projektmitglieder sorgen. Außerdem sollte die technische Vorrichtung gegeben sein, dass alle Projektbeteiligten in Videokonferenzschaltungen einbezogen werden und miteinander kommunizieren können.

Weiterhin muss ein gemeinsamer „elektronischer" Projektordner in Form eines *Projektportals* vorhanden sein. Über dieses Portal müssen die Eingaben und Ausgaben aller allgemeingültigen Projektpläne und Projektdokumente stattfinden können. Auch der Austausch von Informationen, Erläuterungen, Erkenntnissen seitens der Projektmitarbeiter in einem *Chat-Raum* muss möglich sein. Ein wichtiges Element ist hier auch ein gut funktionierendes „Virtuelles Projektbüro", ein so genanntes VPMO (Virtual Project Management Office), welches dem Projektleiter in seiner koordinierenden Arbeit zur Seite steht (siehe hierzu Kapitel 2.4.4).

Natürlich können im Rahmen von virtuell gemanagten Projekten auch Dienste von Anbietern genutzt werden, die webbasierte PM-Software zur Verfügung stellen (siehe Kapitel 6.7.4).

Besondere Anforderungen sind an die Datensicherheit des verwendeten Netzes zu stellen. So sind spezielle Authentifizierungsverfahren, sichere Verschlüsselungstechniken sowie leistungsfähige Virenschutz- und Firewall-Programme unbedingt erforderlich. Aus Sicherheitsgründen ist für Virtuelle Projektteams ein Intranet- bzw. Extranet-basiertes Netz vorteilhafter als eine gewöhnliche Internet-Verbindung.

Vor- und Nachteile eines Virtuellen Projektmanagements

Zusammenfassend sind folgende Vor- und Nachteile für diese Form des Projektmanagements zu nennen:

Vorteile:

- ▷ Projekt kann über Organisations- und Landesgrenzen hinweg effektiv geführt werden.
- ▷ Projektleiter haben jederzeit einen Gesamtüberblick über das global aufgestellte Projekt.
- ▷ Örtlich und zeitlich getrennte Projektmitarbeiter verfügen immer über denselben Informationsstand.
- ▷ Informationsweitergabe geschieht über das Internet sofort und gleichzeitig an alle Projektbeteiligten.
- ▷ Probleme bei der Versionsverwaltung von Projektplänen und -dokumenten werden minimiert.
- ▷ Die Arbeitszeiten der Projektmitarbeiter können individuell gestaltet werden.
- ▷ Geringe Reisekosten und Übernachtungsaufwendungen.

Nachteile:

- ▷ Der persönliche Kontakt zwischen den Projektmitarbeitern fehlt meistens.
- ▷ Der Projektleiter hat keine unmittelbare Kontrolle der Projektteams.
- ▷ Verschiedene Kulturen bei global aufgestellten Projekten können für das harmonische Zusammenarbeiten hinderlich sein.
- ▷ Verschiedene Zeitzonen können auf die direkte Kommunikation bremsend wirken.
- ▷ Kostenaufwand für spezielle IuK-Instrumentarien, z. B. für Videokonferenz-Ausrüstungen.
- ▷ Für Außenstehende kann es Probleme hinsichtlich der Ansprechpartner bei Einzelthemen geben.

Voraussetzung des guten Funktionierens eines Virtuellen Projektmanagements ist daher das vertrauensvolle Zusammenwirken aller Beteiligten an dem Projekt. Gerade wegen des Fehlens der täglichen Möglichkeit eines persönlichen Informationsaustauschs kommt diesem Aspekt des Vertrauens eine besondere Bedeutung zu. Gleichberechtigung aller Mitglieder des virtuellen Teams, gute und transparente Kommunikation zwischen allen Projektbeteiligten und Konsens in der Beurteilung für das gemeinsame Projekt sind ebenfalls unabdingbar für ein erfolgreiches Gelingen. Natürlich muss auch die Unternehmenskultur auf derart geführte Projekte ausgerichtet sein.

6.7.6 Informations- und Kommunikations-Netzwerke im Internet

Im Internet haben sich Informations- und Kommunikations-Netzwerke etabliert, in denen Experten ihr Wissen und ihre Erfahrungen auf unterschiedliche Art austauschen können. Nachfolgend drei Beispiele.

Die Kontakt-Plattform XING

XING ist eine webbasierte Plattform, in der *natürliche Personen* vorrangig ihre geschäftlichen und beruflichen Kontakte zu anderen Personen mit gleichen Interessen verwalten können (Wikipedia). XING fungiert einerseits als Kontakt-Informationsbörse und andererseits auch als Stellenmarkt. Bis 2006 hieß der Dienst OpenPC (Open Business Club) und wurde aus Gründen der Internationalisierung umbenannt in XING (Chinesisch „es klappt", Englisch „Crossing").

Um Mitglied zu werden, muss man sich registrieren lassen und ein Benutzerprofil eingeben; hierbei trägt ein neuer Teilnehmer seine beruflichen Daten wie Studium, Ausbildung und beruflicher Werdegang, aber auch Angaben zu seiner Rufnummer und E-Mail-Adresse ein. Außerdem kann er grafische Daten wie Zeugnisse und Fotos per Scan eingeben. Eine vollständige Ausfüllung seines Profils ist allerdings nicht erforderlich; auch kann er angeben, welche Daten seines Profils für andere Teilnehmer einsehbar bzw. nicht einsehbar sein sollen. Die Mitgliedschaft ist frei und unentgeltlich; eine kostenpflichtige Mitgliedschaft umfasst erweiterte Such- und Statistikfunktionen; so kann er z. B. einsehen, welche anderen Mitglieder die eigene Kontaktseite aufgerufen haben und bei welchen der eigenen Kontaktpersonen eine Änderung ihrer beruflichen Position stattgefunden hat. Zur Kontaktaufnahme mit anderen Teilnehmern ist es notwendig, dass ein Kontaktwunsch von der Gegenseite bestätigt wird.

Die Benutzerschnittstelle von XING ist mehrsprachig und berücksichtigt in der Suchfunktion Mitglieder mit gemeinsam gesprochenen Sprachen. Zurzeit werden folgende Systemsprachen unterstützt: Deutsch, Englisch, Spanisch, Französisch, Italienisch, Portugiesisch, Niederländisch, Schwedisch, Finnisch, Chinesisch, Japanisch, Koreanisch, Russisch, Polnisch, Ungarisch und Türkisch.

Neben der datenbankorientierten Kontaktpflege bietet XING öffentliche Veranstaltungskalender, die dem Benutzer thematisch und regional aufbereitet dargestellt werden. Das Angebot umfasst derzeit über 40.000 Diskussionsforen, die teils öffentlich, teils nur für einen bestimmten Kreis von Benutzern zugänglich sind. Weiterhin gibt es zahlreiche Regionalgruppen, die lokale Treffen veranstalten, auf denen persönliche Kontakte geknüpft werden können.

XING hat weltweit 212 regionale Ambassadors in 46 Ländern (Stand: Mai 2012), die eine herausgehobene Stellung auf der Plattform einnehmen und als aktive Moderatoren jeweils ihre regionale XING-Gruppe betreuen und regelmäßig offizielle XING-Events in ihrer Region veranstalten. Eine besondere Stellung haben darüber hinaus Xpert-Ambassadoren (87 in D-A-CH), die eine branchenspezifische XING-Gruppe moderieren. Diese Personen müssen explizit über Fachwissen verfügen und in ihrem Bereich anerkannt sein. Auch sie veranstalten offizielle XING-Events für ihre Branche.

Außerdem bietet XING eine Jobbörse an. Mitglieder der Plattform können dort sowohl selbst Stellenangebote einstellen als auch nach freien Stellen suchen. Für das iPhone gibt es die App Xing, mit der man Mails oder SMS direkt an einen XING-Kontakt senden kann.

Projekt-Wikis

Ein Wiki (hawaiisch für „schnell") ist ein Hypertext-System für Webseiten, deren Inhalte von den Benutzern nicht nur gelesen, sondern auch online direkt im Browser geändert werden können. Die hierfür eingesetzte *Wiki-Software* oder *Wiki-Engine* ermöglicht das Bearbeiten der Inhalte mit einer einfach zu erlernenden Auszeichnungssprache (z. B. Wikitext), mit der auch einfache Verlinkungen und Transklusionen für wiederholende Inhalte durchgeführt werden können. Wie bei Hypertexten üblich, sind die einzelnen Seiten eines Wiki durch Querverweise (Hyperlinks) miteinander verbunden. Eine wesentliche Funktion der meisten Wiki-Software-Verfahren ist die Versionsverwaltung der Webseiten, die es den Nutzern im Fall von – durch den offenen Zugriff kaum vermeidlichen – Fehlern oder mutwilligen Verfälschungen erlaubt, eine frühere und fehlerfreie Version einer Seite wiederherzustellen

Die Grundidee bei Wikis ist das gemeinschaftliche Arbeiten an Texten, ggf. ergänzt durch Fotos oder andere Medien. Das Ziel ist häufig, die Erfahrung und den Wissensschatz der Autoren kollaborativ auszudrücken (Kollektive Intelligenz). Die Änderbarkeit der Seiten durch jedermann setzt zudem eine ursprüngliche Idee des World Wide Web konsequent um.

Meist werden Wikis im Rahmen eines unternehmensinternen Wissensmanagements eingesetzt, um eine erhöhte Transparenz des vorhandenen Wissens zu erreichen und um Unternehmensprozesse zu optimieren. Haupteinsatzgebiete für Wikis sind daher die Softwareentwicklung, aber auch im vermehrten Maße das allgemeine Projektmanagement, was auf die thematische Nähe zurückzuführen ist. Hier werden Wikis zum gemeinschaftlichen Erstellen von Dokumentationen, zum Verwalten von Softwarefehlern oder zum Austausch von Projektinformationen eingesetzt. Neben dem Einsatz als Wissensmanagementsystem werden Projekt-Wikis auch als reine Kommunikations- und Teamarbeitssysteme genutzt. Der finanzielle Aufwand ist dabei meist niedriger als bei herkömmlichen Systemen der Wissenssicherung, da keine Extra-Hardware notwendig ist und die Software häufig als Open Source zur Verfügung steht.

Zwei Arten von unternehmensinternen Wikis können unterschieden werden:

- *Unternehmens-* bzw. *Abteilungswikis* versuchen das Wissen eines Unternehmens bzw. einer Abteilung zu erfassen.
- *Projektbezogene Wikis* sind speziell auf ein einzelnes Projekt zugeschnitten.

Die bekannteste Anwendung ist die Online-Enzyklopädie *Wikipedia*, welche die Wiki-Software *MediaWiki* einsetzt. Durch den Erfolg von Wikipedia beflügelt, haben viele Unternehmen intern mit dem Einsatz von MediaWiki und anderen Unternehmens-Wikis begonnen, um das Wissen ihrer Mitarbeiter zu sammeln und zu konservieren. So ist bei IBM schon eine Vielzahl von Projekt-Wikis im Einsatz. Bei der Einführung von Projekt-Wikis treten verfahrensbedingt neben den persönlichen Hemmnissen der Mitarbeiter, wie Motivation, Wissenspreisgabe, Furcht vor Fehlern, auch firmeninterne Hemmnisse auf wie die Frage der Geheimhaltung, der Berechtigung und der Firmenpolitik, daher ist für eine erfolgreiche Verfahrenseinführung die Etablierung eines kompetenten „Kümmerers" eine Voraussetzung.

Methoden-Netzwerk 12Manage

12Manage ist ein Netzwerk mit einer Enzyklopädie über Managementmethoden, -modelle und -konzepte, das eine E-Learning-Gemeinschaft zum Thema Management darstellt. Auf der mehrsprachigen Plattform 12manage findet man Erläuterungen von über 400 Managementmethoden, -modellen und -konzepten sowie Beschreibungen von mehr als 1.500 Begriffen (Fachgruppen) aus 12 Management-Disziplinen (Interessengemeinschaft). Als Management-Disziplinen werden aufgeführt:

- Veränderung und Organisation
- Kommunikation und Fähigkeiten
- Entscheidungsfindung und Bewertung
- Ethik und Verantwortung
- Finanzieren und Investieren
- Human Resources
- Wissen und immaterielle Werte
- Führung
- Marketing
- Programm- und Projektmanagement
- Strategie
- Supply Chain und Qualität.

Zu den Fachgruppen zählen z. B. Begriffe wie BCG-Matrix, Benchmarking, Brainstorming, Cash Flow, CMM, EFQM, FIFO-Methode, PMBOK und TQM. Als Mitglied ordnet man sich in eine Interessengemeinschaft und in eine Fachgruppe ein, um von dort mit „Gleichgesinnten" Informationen auszutauschen bzw. Methoden und Konzepte zu erfahren.

Die Mitgliedschaft ist unentgeltlich. Die Methodendatenbank lebt vom Mitmachen: Nutzer können eigene Beiträge verfassen und eingeben, die dann von anderen Benutzern kommentiert werden können.

A1 Fragenkatalog für eine PM-Untersuchung

1 Projektumgebung

1.1 Allgemeines zur Projektdefinition
1.2 Projektleitung und Projektmitarbeiter
1.3 Projektantrag
1.4 Zulieferung und Beistellung
1.5 Wirtschaftlichkeitsbetrachtung
1.6 Projektorganisation
1.7 Prozessorganisation

2 Projektplanung

2.1 Produktstrukturplanung
2.2 Projektstrukturplanung
2.3 Aufwands- und Kostenplanung
2.4 Terminplanung
2.5 Personaleinsatzplanung
2.6 Betriebsmitteleinsatzplanung
2.7 Qualitätsplanung und -lenkung

3 Projektkontrolle

3.1 Allgemeines zum Projektablauf
3.2 Entscheidungs- und Kontrollfunktion
3.3 Terminkontrolle
3.4 Aufwands- und Kostenkontrolle
3.5 Sachfortschrittskontrolle
3.6 Änderungs- und Fehlermeldungswesen
3.7 Qualitätsprüfung
3.8 Kontrolle der Zulieferungen und Beistellungen
3.9 Projektberichterstattung

4 Projektabschluss

4.1 Entwicklungsende/Produktabnahme
4.2 Schulung der Anwender
4.3 Projektabschlussanalyse
4.4 Erfahrungssicherung
4.5 Projektauflösung

5 Methoden und Hilfsmittel

5.1 Projektplanungs- und -steuerungsverfahren
5.2 Projektbibliothek
5.3 Produktverwaltung
5.4 Technische Dokumentation
5.5 Richtlinien und Werkzeuge für die Entwicklung

1 Projektumgebung

1.1 Allgemeines zur Projektdefinition

1 Wie heißt das Projekt, in dem Sie mitarbeiten?
2 Welchen Umfang hat dieses Projekt hinsichtlich Aufwand, Kosten und Dauer?
3 In welcher Entwicklungsphase befindet sich das Projekt?
4 Welchen Entwicklungsanteil hat die Software bei diesem Projekt?
5 Welcher Prozentanteil des gesamten Projektvolumens wird für das reine Projektmanagement vorgesehen?
6 Wann wurde mit dem Projekt begonnen? Gibt es Vorläufer?
7 Sind die Projektziele schriftlich niedergelegt?
8 Sind Projektrisiken bekannt? Worin bestehen Sie?
9 Ist eine Stakeholder-Analyse durchgeführt worden?
10 Sind die Projektmitarbeiter örtlich getrennt?
11 Gibt es Sprachprobleme im Projektteam?

1.2 Projektleitung und Projektmitarbeiter

1 Sind die Verantwortungsbereiche klar abgegrenzt? Gibt es Lücken in den Verantwortungsbereichen?
2 Nach welchen Kriterien werden die Projektleiter ausgewählt?
3 Haben die Projektleiter und -mitarbeiter Erfahrung im Management von Entwicklungsprojekten?
4 Haben die Projektleiter bereits ähnlich große Projekte erfolgreich durchgeführt?
5 Sind die Projektleiter für ihre Aufgabe speziell geschult worden?
6 Wie ist das Verhältnis Ihrer fachlichen Mitarbeit zu Ihrer Tätigkeit der reinen Projektplanung und -steuerung?
7 Wie erfolgt die PM-Schulung der Führungskräfte?
8 Sind die Projektmitarbeiter mit anderen, d. h. projektfremden Aufgaben betraut?
9 Können die eingesetzten Projektleiter eine Zertifizierung nach dem ICB-Schema nachweisen?

1.3 Projektantrag

1 Wer ist der Auftraggeber? Wer zahlt die Entwicklung?
2 Wie wird abgerechnet? Festpreis oder nach Aufwand?
3 Wo sind die Produkt- und Projektanforderungen festgelegt?
4 Wann wurde das Pflichtenheft zuletzt geändert? In welcher Form?
5 Sind die Ahnahmekriterien in den Projektanträgen enthalten? Gibt es Wartungsvereinbarungen?
6 In welcher Form kümmert sich der Auftraggeber um das Projekt?
7 Werden weitere Versionen systematisch geplant?
8 Wer sind die Benutzer bzw. Anwender des Produkts?
9 Kennt der Projektleiter die örtlichen Besonderheiten des Einsatzgebiets beim Anwender?
10 Gibt es Auflagen (Konventionen, Richtlinien) des Auftraggebers zur Form des Projektmanagements?
11 Enthält der »Projektvertrag« Gewährleistungspflichten oder Konventionalstrafen?

1.4 Zulieferung und Beistellung

1 Welche Abhängigkeiten von anderen Produktentwicklungen bzw. Projekten gibt es? Wie werden sie berücksichtigt?
2 Gibt es Unterauftragnehmer (intern, extern)? Bestehen für diese Verträge?
3 Wird die Produktion beizustellender Entwicklungsteile beim Zulieferer überwacht?
4 Enthalten die Zulieferverträge (intern und extern) Auflagen für den Fall der nicht vollständigen Erfüllung (z. B. Festpreis, Konventionalstrafe)?
5 Stellt der Auftraggeber Personal? Sonstige Beistellungen durch den Auftraggeber?
6 Gibt es unter den Zulieferern »unsichere« Kandidaten? Wenn ja, welche Vorsorgemaßnahmen sind getroffen worden?

1.5 Wirtschaftlichkeitsbetrachtung

1 Gibt es eine Kosten/Nutzen-Analyse (Gesamtprodukt und Komponenten)?
2 Welche Methoden zur Wirtschaftlichkeitsbetrachtung werden verwendet?
3 Wie wird der Nutzen quantifiziert?
4 Wieweit wird sichergestellt, dass Nachfolgelasten (Mehrkosten nach Ablieferung) mit berücksichtigt werden?
5 Werden Fremdprodukte in die Wirtschaftlichkeitsbetrachtung miteinbezogen?
6 Werden mehrere Lösungsalternativen aufgezeigt und bewertet?
7 Ist eine spätere Wirtschaftlichkeitskontrolle vorgesehen?
8 Wird eine Risikoanalyse vorgenommen? Welche Vorsorgemaßnahmen wurden getroffen?
9 Gibt es eine »Life-Cycle-Cost«-Betrachtung? Wenn ja, in welcher Form?

1.6 Projektorganisation

1 Welche Form der Projektorganisation liegt vor?
2 Seit wann besteht die jetzige Organisation? Bis wann wird diese gelten?
3 Wem ist der Gesamtprojektleiter unterstellt?
4 Gibt es Teilprojektleiter?
5 Wie ist die Stellvertretung geregelt?
6 Hat der Projektleiter Weisungsbefugnis (Abgrenzung zur Linie)? Wofür ist er verantwortlich?
7 Wann ist die Aufgabe des Projektleiters abgeschlossen?
8 Welche Projektgremien sind installiert?
9 Ist ein Projektbüro eingerichtet? Wenn ja, mit welcher Personalkapazität?
10 Wann haben welche Projektgremien das letzte Mal getagt?

1.7 Prozessorganisation

1 Wird bei Ihnen ein standardisierter Prozessplan verwendet?
2 Wie wird der HW-Prozess mit dem SW-Prozess koordiniert?
3 Welche Entwicklungsphasen sind wie definiert?
4 Gilt für alle Projektbeteiligten dieselbe Phaseneinteilung?
5 Wie ist die Fremdprodukt-Entwicklung in die eigene Prozessorganisation eingebunden?
6 Können bei Ihnen Projektteile phasenverschoben abgearbeitet werden?
7 Werden die Phasenergebnisse als Meilensteine vorher geplant und festgeschrieben?
8 Finden Phasen- bzw. Meilenstein-Entscheidungssitzungen statt?
9 Wie ist der Übergang zur Fertigung in Ihrer Prozessorganisation geregelt?
10 Wie ist der Vertrieb in die Prozessorganisation eingebunden?

2 Projektplanung

2.1 Produktstrukturplanung

1 Gibt es einen Produktstrukturplan? Für Hardware und Software?
2 Wie viele Strukturebenen hat dieser? Wie werden sie genannt?
3 Ist der Produktstrukturplan bei allen Entwicklungsgruppenleitern bekannt?
4 Wie wird die Zuordnung der Produktstruktur zum Kontenplan vorgenommen?
5 Gibt es technische Probleme zwischen Hardware und Software? Wenn ja, wo?
6 Werden bestehende HW- bzw. SW-Teile für diese Entwicklung übernommen?
7 Werden bestimmte Module bzw. Baugruppen mehrfach verwendet? Ist das dokumentiert und wo?
8 Wird die Produktstruktur vom Konfigurationsmanagement übernommen?
9 Sind Wertanalysen durchgeführt worden?

2.2 Projektstrukturplanung

1 Gibt es bei Ihnen einen Projektstrukturplan? Anzahl der Ebenen?
2 Gibt es eine Zuordnung zwischen Projektstruktur und Produktstruktur?
3 Welche durchschnittliche Größe haben die Arbeitspakete im Projektstrukturplan?
4 Existiert bei Ihnen eine arbeitsteilige Entwicklung, z. B. Designgruppe, CAD-Gruppe, Programmiergruppe und Testgruppe?
5 Gibt es eine Korrelation zwischen Projektstruktur und Organisationsstruktur?

6 Kennt jeder Entwickler den Projektstrukturplan?
7 Wann ist der Projektstrukturplan das letzte Mal aktualisiert worden?

2.3 Aufwands- und Kostenplanung

1 Wie wird der Entwicklungsaufwand geschätzt?
2 Wer ermittelt den Aufwand? Werden einzelne Entwickler in die Aufwandsschätzung einbezogen?
3 Kommen bei Ihnen Aufwandsschätzmethoden und -verfahren zum Einsatz? Welche?
4 Werden Expertenschätzungen abgehalten z. B. in Form einer systematisierten Schätzklausur?
5 Wird eine projektkonforme Kostenplanung durchgeführt (Gesamtprodukt und Komponenten)? Welche Kostenarten und -elemente werden hierbei unterschieden?
6 Für welchen Zeitraum gilt die Aufwands- und Kostenplanung?
7 Wie und wann werden Aufwandsschätzungen aktualisiert?
8 Werden Reserven für Risiken eingeplant?
9 Stützt sich die Aufwandsschätzung auf Kennzahlen aus einer Erfahrungsdatensammlung?
10 Auf welche Weise wird die projektbezogene Kostenplanung mit der Wirtschaftsplanung abgestimmt?

2.4 Terminplanung

1 Gibt es eine Terminplanung (Gesamtprodukt und Komponenten)? Welcher Planungshorizont gilt hierbei?
2 Wie detailliert ist die Terminplanung? Was ist hierbei die durchschnittliche Arbeitspaketgröße?
3 Gibt es einen Netzplan? Wird für die Netzplanung ein DV- bzw. ein PC-Verfahren eingesetzt?
4 Werden Fremdentwicklungen in den Terminplan mit eingebunden?
5 Gibt es eine gesamtheitliche Urlaubsplanung?
6 Wird die Aus- und Weiterbildung der Mitarbeiter in der Terminplanung berücksichtigt?
7 Werden im Plan projektfremde Wartungstätigkeiten berücksichtigt?
8 Sind die Terminpläne bei allen Betroffenen bekannt?
9 Sind Puffer für Risiken eingeplant?

2.5 Personaleinsatzplanung

1 Gibt es einen Projektplan für den Personaleinsatz?
2 Gibt es einen zeitlichen Abgleich der Termin-, Kosten- und Kapazitätspläne? Werden hierfür rechnergestützte Verfahren verwendet?
3 Berücksichtigt der Einsatzplan die notwendige Einarbeitung in das Projekt?
4 Sind Reserven für mögliche Personalausfälle vorgesehen?
5 Wie weit reicht der Planungshorizont?
6 Wie ist die Bindung von Entwicklern durch im Einsatz befindliche Produkte berücksichtigt?
7 Wird die Personalbeschaffung unter Berücksichtigung notwendiger Einarbeitungszeiten rechtzeitig geplant?
8 Gibt es Personalanforderungsprofile?
9 Ist eine Skills-Datenbank eingeführt? Wie aktuell sind die Eintragungen?
10 Gibt es ein Operations- bzw. ein Assignment-Management?
11 Werden die Mitarbeiter einer projektspezifischen Weiterbildung unterzogen? Gibt es Schulungspläne?
12 Welche Grundausbildung erfährt ein neuer Mitarbeiter?
13 Sind die Gruppenleiter in die Grundlagen des Projektmanagements eingewiesen worden?
14 Welche Zeitdauer ist ein Mitarbeiter im Durchschnitt jährlich auf Kurs?
15 In welcher Form und mit welchem Aufwand werden die Mitarbeiter im Qualitätsbewusstsein geschult?
16 Wird eine Zertifizierung des PM-Personals nach dem ICB-Kompetenzmodell angestrebt?

2.6 Betriebsmitteleinsatzplanung

1 Wie viele Consultants werden im Projekt beschäftigt? Sind diese in »fachkritischen« Bereichen eingesetzt?

2 Werden die benötigten Rechenzeiten und Testanlagen systematisch eingeplant?

3 Gibt es Engpässe bei den zur Verfügung stehenden Testanlagenzeiten?

4 Stehen ausreichend viele CAD-Arbeitsplätze zur Verfügung?

5 Wie groß ist die Durchdringung mit Personal Computern? Sind diese vernetzt?

6 Werden bei Engpässen der Geräteverfügbarkeit mitarbeiterbezogene Belegungspläne für die Gerätenutzung erstellt?

7 Ist die Bevorratung von Entwicklungsmaterialien (Geräte, Disketten, Bauteile etc.) gesichert?

8 Sind moderne Bürokommunikationsgeräte (E-Mail, Intranet) für den projektinternen Informationsfluss eingesetzt bzw. ist der Einsatz geplant?

2.7 Qualitätsplanung und -lenkung

1 Gibt es Richtlinien für das Beurteilen der Produktqualität?

2 Wo sind die Qualitätsmerkmale festgelegt?

3 Welche Maßnahmen werden eingeplant, um die Qualität des Produkts zu sichern?

4 Berücksichtigt die Qualitätsplanung auch das Prinzip der Nachhaltigkeit?

5 Gibt es einen Qualitätsbeauftragten für das Projekt?

6 Wie wird die Qualität von Fremdproduktanteilen eingeplant?

7 Gibt es einen Reviewplan, der die durch zuführenden Inspektionen enthält?

8 Welche Testarten gibt es?

9 Gibt es eine Test- bzw. Prüfplanung für die einzelnen Komponenten und das Gesamtprodukt?

10 Ist ein »Prototyping« in der SW-Entwicklung vorgesehen?

11 Ist eine Zuverlässigkeitsbetrachtung geplant?

12 Werden qualitätssichernde Maßnahmen für die Fertigung bereits innerhalb der Entwicklung vorgesehen?

13 Gibt es einen Qualitätssicherungsplan?

14 Wurden Selbstbewertungen nach dem EFQM-Modell durchgeführt?

3 Projektkontrolle

3.1 Allgemeines zum Projektablauf

1 In welchen Zeitabschnitten werden welche Zwischenzustände festgehalten? Entsprechen diese dem vorgeschriebenen Prozessplan?

2 In welchen Zeitintervallen wird die Stundenkontierung vorgenommen? Wer füllt die Belege aus bzw. nimmt die Dialogeingabe vor, die einzelnen Mitarbeiter oder die Gruppenleiter?

3 In welcher Form bekommen die Projektmitglieder (Mitarbeiter, Gruppenleiter, Projektleiter etc.) ihre Aufgaben zugewiesen? In schriftlicher Form?

4 Gibt es einen definierten und eingefahrenen Informationsaustausch auf allen Hierarchieebenen?

5 Welche Schnittstellen gibt es zur Fertigung? Zu welchen Zeitpunkten?

6 Gibt es Kontakte zum Vertrieb?

3.2 Entscheidungs- und Kontrollfunktion

1 Welche Gremien gibt es, die einen Einfluss auf das Projekt haben?

2 Was geschieht, wenn das Entscheidungsgremium sich nicht einigen kann?

3 Wo werden Entscheidungen festgehalten? Wer prüft das Einhalten von Entscheidungen?

4 Gibt es für die Auftraggeberseite einen vollverantwortlichen Vertreter?

5 Welche Aufgaben hat das Projektbüro?

6 Wer beurteilt die Ergebnisse zum Abschluss einer Entwicklungsphase bzw. eines Meilensteins?

7 Gibt es eine Überprüfung der Projektpläne (Kontrolle der Planung)? Durch wen?

8 Wer hat die Produkt- bzw. Systemanforderungen überprüft?

9 Ist der Auftraggeber in einem Gremium vertreten? In welchem?

10 Existiert ein Change Control Board?

11 Gibt es einen technischen und einen betriebswirtschaftlichen Controller?

12 Finden regelmäßige Projektstatussitzungen statt?

3.3 Terminkontrolle

1 In welchen Zeitabschnitten werden die Terminpläne aktualisiert?
2 Gibt es bei Ihnen ein offizielles Rückmeldewesen?
3 Wer entscheidet, dass ein (Zwischen-)Termin erreicht wurde?
4 Werden Meilenstein-Trendanalysen erstellt?
5 Was wird unternommen, wenn ein Termin platzt?
6 Wird bei Ihnen die Netzplantechnik eingesetzt? Wenn nein, warum?
7 Welche besonderen Schwächen hat das eingesetzte Terminüberwachungsverfahren?
8 Welchen Nutzen ziehen Mitarbeiter, Gruppenleiter und Projektleiter jeweils aus dem Verfahren?

3.4 Aufwands- und Kostenkontrolle

1 Gibt es einen Plan/Ist-Vergleich der Aufwände und der Kosten, singulär und trendmäßig?
2 In welchen Zeitabschnitten wird der Kostenstatus festgestellt? Und wie?
3 Gibt es Berichte zur wirtschaftlichen Situation des Projekts (Wirtschaftlichkeitskontrolle)?
4 Gibt es eine periodische Restaufwands- bzw. -kostenschätzung?
5 Werden Kostentrendanalysen durchgeführt?
6 Welche DV-Verfahren zur Aufwands- und Kostenüberwachung werden eingesetzt?
7 Werden RZ-Kosten projektspezifisch ausreichend detailliert ausgewiesen?
8 Wie werden die anderen Sachkosten, wie Kosten für Consultantleistungen und Musterbauten, erfasst?
9 Wie wird ein aktueller und vollständiger Überblick über die »Obligo«-Kostenanteile erreicht?
10 Gibt es eine Bestellwertfortschreibung?
11 Wie wird der Stand der Verrechnungen kontrolliert? Gibt es eine verfahrensunterstützte Ergebnisermittlung?

3.5 Sachfortschrittskontrolle

1 Wie wird der Sachfortschritt im Projekt gemessen?
2 Unterscheidet man zwischen Produktfortschritt und Projektfortschritt?
3 Wird ein Soll/Ist-Vergleich des Sachfortschritts vorgenommen?
4 Gibt es eine Arbeitswertbetrachtung?
5 Werden zum Beurteilen des Sachfortschritts Kontrollindizes herangezogen? Wenn ja, wie werden diese gebildet?
6 Werden systematische Trendanalysen im Erreichen technischer Leistungsgrößen vorgenommen?
7 Gibt es eine Earned-Value-Analyse?

3.6 Änderungs- und Fehlermeldungswesen

1 Wie werden Änderungen beantragt? Gibt es ein formalisiertes Änderungswesen?
2 Was geschieht mit eingehenden Änderungsanträgen?
3 Wer genehmigt Änderungen?
4 Wer bezahlt diese Änderungen? Gibt es hierüber Vereinbarungen?
5 Wie werden genehmigte Änderungen in die laufende Entwicklung eingeführt?
6 Wie werden Fehler in der Dokumentation, in der Software und in der Hardware behandelt?
7 Wie ist gewährleistet, dass aufgetretene Fehler und Mängel prioritätenabhängig beseitigt werden?
8 Wird eine Fehlerstatistik geführt?

3.7 Qualitätsprüfung

1 Gibt es eine laufende Qualitätskontrolle (für Software, für Hardware)?
2 Wann hat die letzte Inspektion stattgefunden? Gibt es darüber ein Protokoll? Wer verantwortet die empfohlenen Maßnahmen?
3 Ist im Rahmen der SW-Entwicklung ein »Code-Review« vorgesehen?
4 Welche Test- und Prüfmaßnahmen werden i. Allg. vorgenommen?
5 Gibt es eine geplante »Antiprodukt«-Entwicklung?
6 Wo, wie und von wem wird der Qualitätsstatus festgehalten?
7 Werden laufende Performance-Untersuchungen (Laufzeit, Speicherbedarf etc.) durchgeführt?

8 Wird eine systematische Zuverlässigkeitsbetrachtung vorgenommen?
9 Findet eine Überprüfung der Qualitätssicherung (Audit) statt?
10 Gibt es Qualitätsgruppen?
11 Gibt es einen kontinuierlichen Verbesserungsprozess (KVP)?
12 Wird ein Self Assessment nach dem EFQM-Modell vorgenommen?

3.8 Kontrolle der Zulieferungen und Beistellungen

1 Wer kontrolliert die Zulieferer?
2 Was wird kontrolliert?
3 Was passiert, wenn ein Zulieferer seine Termine, Leistungen oder Kosten nicht einhält?
4 Wie werden Zulieferungen und Beistellungen übernommen?
5 Wie ist die spätere Wartung der Zulieferprodukte geregelt?

3.9 Projektberichterstattung

1 Besteht ein offizielles PM-Berichtswesen?
2 Welche Berichte gibt es?
3 Wird in festen Intervallen oder auf Anfrage berichtet? Wer berichtet wem?
4 Wie wird über Ausnahmesituationen berichtet?
5 Wie stark wird die grafische Informationsdarstellung genutzt?
6 Geschieht die Berichterstattung außer in Papierform auch im Dialog (Auskunftssystem oder elektronische Post)?
7 In welcher Form erfolgt die Berichterstattung an den (die) Auftraggeber?
8 Ist die Fertigungsvorbereitung in die Berichterstattung einbezogen?
9 Werden regelmäßige Projektbesprechungen durchgeführt?
10 Welche Projektbesprechungen finden darüber hinaus zu welchen Zäsurpunkten bzw. Ereignissen statt?
11 Wird ein Kollaborationssystem für die projektbezogene Kommunikation der Projektbeteiligten eingesetzt?

4 Projektabschluss

4.1 Entwicklungsende/ Produktabnahme

1 Ist der Übergabemodus festgeschrieben?
2 Welche Abnahmekriterien sind fixiert?
3 Wird die Abnahme des Entwicklungsergebnisses von einer entwicklungsneutralen Stelle vorgenommen?
4 Werden offizielle Übergabe-/Übernahmeprotokolle erstellt? Gibt es einen Produktabnahmebericht?
5 Wie ist die Fertigungsüberleitung geregelt?
6 Gibt es plötzliche Vorabeinsatzfälle, die den geplanten Entwicklungsablauf verzögern?
7 Welche Maßnahmen sind für den Pilot- bzw. Feldtest vorgesehen?
8 Wer übernimmt und überwacht Montage und Transport?
9 Wie ist die Inbetriebnahme geregelt?
10 Wer übernimmt die technische Betreuung der Produkte (SW-Wartung, HW-Kundendienst)?

4.2 Schulung der Anwender

1 Gibt es Anwenderschulungen? In welcher Form?
2 In welchem Umfang sind solche bisher durchgeführt worden?
3 Gibt es hierfür Schulungsunterlagen?
4 Wer erstellt die Schulungsunterlagen?
5 Sind die notwendigen technischen Voraussetzungen (z. B. Demonstrationsanlage, Vorführbeispiele) für die Schulung gegeben?
6 Wer trägt die Schulungskosten?
7 Werden Vorbereitungsseminare für eine Zertifizierung des PM-Personals nach dem ICB-Kompetenzmodell angeboten?

4.3 Projektabschlussanalyse

1 Wird eine Projektabschlussanalyse durchgeführt?
2 Wird der tatsächliche Leistungsumfang mit dem ursprünglich geplanten Leistungsumfang verglichen?
3 Wird eine der Vor- und Mitkalkulation adäquate Nachkalkulation vorgenommen?

4 Gibt es eine abschließende Kosten/Nutzen-Analyse für den jeweiligen Einsatzfall (Kontrolle der Wirtschaftlichkeit)?
5 Wird die Qualität der Projektplanung beurteilt?
6 Wie werden die Erkenntnisse aus einer Abweichungsanalyse für nachfolgende Projekte gesichert?
7 Werden formalisierte Kundenbefragungen vorgenommen?

4.4 Erfahrungssicherung

1 Wie wird gewährleistet, dass Einsatzerfahrungen in die laufende Weiterentwicklung einfließen (Rückkopplung)?
2 Wie wirken Einsatzerfahrungen auf zukünftige Projekte?
3 Werden systematisch Produkt- und Projektmessdaten ermittelt?
4 Werden gezielt Kennzahlen aus diesen abgeleitet?
5 Gibt es eine Erfahrungsdatenbank? Wenn nein, ist eine solche geplant?
6 Gibt es einen »Wissensmanager« in Ihrem Bereich?

4.5 Projektauflösung

1 Wird das Projektende offiziell festgestellt und bekannt gegeben?
2 Findet eine offizielle Projektabschlusssitzung statt?
3 Wie wird die Überleitung des Personals auf neue Tätigkeitsfelder geplant?
4 Gibt es für die projekteigenen Ressourcen einen Verwertungsplan?
5 Ist eine besondere Belohnung von Mitarbeitern (z. B. Prämien) vorgesehen, die sich durch außerordentliche Leistungen hervorgetan haben?
6 Welche Anerkennung erfährt der Projektleiter?

5 Methoden und Hilfsmittel

5.1 Projektplanungs- und -steuerungsverfahren

1 Welches Verfahren ist bei Ihnen für die Stundenkontierung eingesetzt? Welche Detaillierung enthält der verwendete Stundenbeleg- bzw. die Dialog-Eingabemaske (Auftragskennzeichen, Unterkonten, Arbeitspakete etc.)?
2 Sind bei Ihnen rechnergestützte Projektplanungs- und -steuerungsverfahren eingesetzt?
3 Wer sind die Nutzer der Verfahren? Welche Auswertungen erhalten Sie?
4 Unterstützen die genannten Verfahren auch die Terminplanung und -überwachung? Wird hierbei die Netzplantechnik genutzt?
5 Welchen Grad der Dialogisierung haben die Verfahren?
6 Werden in Ihrem Bereich PC-Verfahren für die Projektplanung und -steuerung eingesetzt? Wenn ja, welche PC-Standardverfahren werden genutzt?
7 Wie wird der Abgleich der Plan- und Istdaten zwischen den Kostenerfassungs- und -abrechnungsverfahren sowie den Projektplanungs- und -steuerungsverfahren erreicht?
8 Gibt es Probleme in der Aktualität der Berichterstattung durch die eingesetzten Verfahren?
9 Ist der Verfahrenseinsatz hinsichtlich der personenbezogenen Teile mit dem Betriebsrat abgestimmt?

5.2 Projektbibliothek

1 Gibt es eine zentrale Stelle, die alle relevanten Projektdaten archiviert (Protokolle, Berichte, Spezifikationen, Verträge etc.)?
2 Gibt es hierfür eine DV-technische Unterstützung?
3 Was enthält die Projektbibliothek? Welche Daten und Informationen?
4 Kann aus der Projektbibliothek der aktuelle Zustand des Projekts ermittelt werden?
5 Gibt es einen Verantwortlichen für die Projektdokumentation?

5.3 Produktverwaltung

1 Wie erfolgt die Produktverwaltung für die Hardware und die Software? Gibt es ein Konfigurationsmanagement?
2 Welche Hilfsmittel bzw. Verfahren zur Produktverwaltung werden benutzt?

3 Wer weiß, welche Variante/Version bei welchem Anwender eingesetzt ist?
4 Wie ist das Änderungs- und Fehlermeldungswesen einbezogen?
5 Wer weiß über den Korrekturstand bei den Anwendern Bescheid?
6 Wie werden Produktversion und Dokumentation abgeglichen?
7 Wie viele Versionen werden verwaltet?
8 Wie erkennt ein Anwender, welche Version bzw. Variante er einsetzt?
9 Welches KM-System ist bei Ihnen im Einsatz?

5.4 Technische Dokumentation

1 Wer ist verantwortlich für die technische Dokumentation?
2 Welche Dokumentationsobjekte sind vorgesehen?
3 Wie werden die technischen Dokumente verwaltet? Gibt es eine Dokumentationsbibliothek?
4 Existiert ein Dokumentationsschema für die technische Dokumentation? Welches Identifikationssystem?
5 Welches technische Grunddatenverfahren wird verwendet?
6 Gibt es für die SW-Produktteile auch eine Stücklistensystematik?
7 Welche Medienbrüche gibt es beim Erstellen der technischen Dokumentation (definierende und beschreibende Dokumentation)?

5.5 Richtlinien und Werkzeuge für die Entwicklung

1 Welche Entwicklungshilfsmittel werden eingesetzt?
– für Hardware (welche CAD-Verfahren?)
– für Software (welche Tools?)
2 Welche Entwicklungsrichtlinien für Hardware und Software gibt es? Wo sind diese niedergelegt?
3 Existieren Richtlinien bzw. Konventionen für das Projektmanagement?
4 Kennen Sie Qualitätsrichtlinien, die für Ihren Entwicklungsbereich bestimmt sind?
5 Gibt es ein Entwicklungshandbuch? Ist es vollständig? Welchen Stand hat dieses?
6 Gibt es einen Richtlinienverantwortlichen?
7 Wurden Werkzeuge (Tools, Support-SW, Prüfverfahren, CAD-Verfahren) speziell für die hier angesprochenen Projekte entwickelt? Welche?

A2 Inhaltsverzeichnis einer Projektakte

Register 1: Übersicht	
1.1 Projektsteckbrief	Kurzübersicht des Projekts mit seinen grundsätzlichen Eckdaten (Projektinhalt, Kosten, Termine) sowie Angaben zum Projektziel und zur Einbettung beim Anwender, möglichst mit Formblatt aus dem offiziellen Entwicklungshandbuch
1.2 Projektumfeld	Aufstellung aller personellen, organisatorischen und technischen Abhängigkeiten innerhalb und außerhalb des Projekts
1.3 Verteilerkreise	Auflistung aller Personen und Gremien, die regelmäßig oder sporadisch Projektinformationen (Projektpläne, -berichte) erhalten, z. B. Berichtsplan Bild 4.79
1.4 Entscheidungsunterlagen	Ursachen für Projektgründung, Angaben zur Projektvorgeschichte, ABC-Analyse (Bilder 2.3, 6.33), Portfolio-Betrachtung (Bild 6.37), Entscheidungstabelle (Bild 6.35)
Register 2: Projektauftrag	
2.1 Projektstammdatenblatt	Formblatt mit Angabe der Stammdaten des Projekts für die Aufnahme in das eingesetzte Projekt-Controlling-Verfahren
2.2 Angebotsunterlagen	Original oder Kopie des offiziellen Angebotspapiers
2.3 Checkliste Angebotsprüfung	ausgefüllte Checkliste zur Angebotsprüfung
2.4 Vereinbarung, Vertrag	Original oder Kopie der Projektvereinbarung (Bilder 2.16, 2.17) bzw. des Vertrags bei externem Projekt
2.5 Checkliste Vertragsprüfung	ausgefüllte Checkliste zur Vertragsprüfung, siehe PM-Merkblatt 4
2.6 Unteraufträge	Originale oder Kopien der Vereinbarungen bzw. Verträge mit internen oder externen Unterauftragnehmern bzw. mit anderen Entwicklungspartnern

Register 3: Projektbeschreibung	
3.1 Projektaufgabenbeschreibung	detaillierte Beschreibung des Projektinhalts und Aufgabenumfangs einschließlich der Festlegung der vom Auftraggeber zu verantwortenden Aufgaben (Negativliste)
3.2 Projektstruktur	vollständige Aufstellung der Projektstruktur in listenförmiger oder grafischer Form, siehe Bilder 3.10 bis 3.14
3.3 Anwendungsumgebung	Beschreibung der Produkt- bzw. Systemeinbettung beim Anwender mit Erläuterung der notwendigen Änderungsmaßnahmen auf Seite des Anwenders (Change-Management)
3.4 Anforderungskatalog, Pflichtenheft	Kurzfassung oder Hinweis auf den vollständigen Anforderungskatalog bzw. das Pflichtenheft
3.5 Änderungsanträge	beantragte und genehmigte Änderungsanträge in einer Offene-Punkte-Liste mit entsprechender Prioritätsangabe
Register 4: Projektkalkulation	
4.1 Aufwandsschätzung	Ergebnisse von Aufwandsschätzungen mit zugehörigen Mengengerüsten, die zu Beginn und während des Projekts (Restaufwandsschätzungen) durchgeführt wurden
4.2 Wirtschaftlichkeitsrechnung	Unterlagen zu vorgenommenen Wirtschaftlichkeitsberechnungen, z. B. Marginalrenditeberechnung (Bild 2.34), WPP (Bild 2.28), GWB-Rechentabelle (Bild 2.30)
4.3 Auftragskalkulation	detaillierte Preiskalkulation unter Einbeziehung von Risiken und Sicherheitsaufschlägen, siehe Bild 3.103
4.4 Kostenplan	Aufstellung aller Kostenpositionen im zeitlichen und aufgabenmäßigen Zusammenhang (Kostenarten, Kostenelemente, Kostenträger), siehe Bild 3.116
4.5 Mitkalkulation	projektbegleitende Gegenüberstellung der ursprünglichen mit den aktuellen Kalkulationsgrößen

Register 5: Projektorganisation	
5.1 Projektbeteiligte/Stakeholder	vollständige Aufstellung aller Projektbeteiligten/Stakeholder (verantwortliche Personen auf Auftraggeber- und Auftragnehmerseite, Projektleiter, Unterprojektleiter, Phasen- und Systemverantwortliche, Qualitäts- und Testbeauftragte, Mitglieder von Projektgremien, betriebswirtschaftliche Controller u. a.)
5.2 Anwender/Kunden	Auflistung der künftigen Anwender und Benutzer
5.3 Projektorganigramm	(grafisches) Organigramm der Projektorganisation, siehe Bild 2.52
5.4 Prozessorganisation	Erläuterungen zur eingesetzten Prozessorganisation (Tabellen 2.13 und 2.15) evtl. reicht Hinweis auf das Entwicklungshandbuch
5.5 Verfahren und Werkzeuge	Aufzählung der eingesetzten Verfahren, Methoden und Werkzeuge
Register 6: Produktstruktur	
6.1 Modellsichten	erstellte Modellsichten des geplanten Produkts bzw. Systems; hierzu gehören Geschäftsprozess-, Organisations-, Anwendungs- und Daten-Modellsichten
6.2 Komponentenverzeichnis	sachlich geordnete Auflistung aller Hardware- und Software-Komponenten des zu erstellenden Produkts bzw. Systems
6.3 Leistungsbeschreibung	Kurzfassung oder Hinweis auf die vollständige Leistungsbeschreibung
6.4 Objektstrukturplan	Strukturplan aller zu erstellenden Produkteinheiten einschließlich der projektspezifischen Zwischen- und Nebenprodukte (wie Prototypen, Testverfahren, Konzepte, Dokumentationen)
Register 7: Aufgabenplanung	
7.1 Aufgabenplan	aktuelle Auflistung aller bisher durchgeführten und noch vorzunehmenden Projektaufgaben (Aktionslisten, Aktivitätenlisten), siehe Bild 3.65
7.2 Arbeitspaket-Beschreibungen	genaue inhaltliche Beschreibung aller Arbeitspakete
7.3 Vorgangsplan	grafischer oder listenförmiger Vorgangsplan, z. B. mit MS Project erstellt, siehe Bild 6.13

Register 8: Terminplanung	
8.1 Terminliste	Aufstellung aller wichtigen Zwischentermine und Meilensteine im Projektablauf, siehe Bild 3.119
8.2 Projektzeitplan	zeitliche Einordnung aller Projektaufgaben in ein Balkendiagramm mit Angabe der Dauern und Abhängigkeiten, z. B. mit MS Project erzeugt, siehe Bild 6.13
8.3 Netzplan	aktueller Netzplan (falls die Netzplantechnik eingesetzt wird)
8.4 Meilenstein-Trendanalyse	grafische Meilenstein-Trendanalyse, wie in Bild 4.11 gezeigt
Register 9: Einsatzplanung	
9.1 Anforderungsprofile	Aufstellung der für das Projekt benötigten Qualifizierungen des Projektpersonals (Mitarbeiterprofil, Bild 3.84) oder Stellenbeschreibungen (Bild 2.55)
9.2 Mitarbeiter-Einsatzmatrix	aufgabenbezogene Einsatzplanung des Projektpersonals mit Angabe des geplanten Zeitaufwands, ähnlich Bild 3.92
9.3 Ressourcenplan	grafischer oder listenförmiger Einsatzplan aller nicht personellen Einsatzmittel (Test- und Prüfanlagen, Geräte und Material, etc.), z. B. Schichtplan (Bild 3.93), Belegungsplan (Bild 3.95)
Register 10: Personalplanung	
10.1 Aus- und Weiterbildungsplan	Aufstellung aller vorgenommenen und noch vorzunehmenden Aus- und Weiterbildungsmaßnahmen, ähnlich Bild 3.115; eventuell auch strategischer Schulungsplan wie Bild 3.98
10.2 Consultant-Verträge	Originale oder Kopien der Verträge mit Consulting-Firmen und firmeninterne Zusatzunterlagen (Anträge, Genehmigungen etc.)
Register 11: Zulieferungen	
11.1 Zulieferungsplan	Aufstellung aller bisher getätigten und geplanten Zulieferungen, Beistellungen und Zuleistungen
11.2 Beschaffungsanträge	ausgefüllte Bestellformulare für projektspezifische Anschaffungen
11.3 Consultant-Aufwandsberichte	aufgabenbezogene Stundenaufwandsberichte von Consultant- und sonstigen Fremdkräften

11.4 Abnahmeprotokolle	Abnahmeprotokolle für die Zulieferungen und Zuleistungen
Register 12: Risikomanagement	
12.1 Checkliste Risiken	Auflistung aller möglichen Projektrisiken, siehe PM-Merkblatt 21
12.2 Risikomanagementplan	Bewertung und Priorisierung aller projektrelevanten Risiken mit Angabe von entsprechenden Vorsorgemaßnahmen, siehe Bild 3.112
12.3 Stellvertretungsplanung	Auflistung der Stellvertreter für Projektleiter, Teilprojektleiter und projektentscheidende Projektmitarbeiter (Experten)
12.4 Notfallplanung	Aufstellung von Notfallszenarien und Ausarbeitung von Beseitigungsmaßnahmen für den Fall des Eintritts bestimmter Notfälle
Register 13: Qualitätsmanagement	
13.1 Qualitätsmanagementplan	Aufstellung aller getätigten sowie geplanten Qualitätssicherungsmaßnahmen (Reviews, Inspektionen, Audits, u. ä.)
13.2 Review-Protokolle	Protokolle von durchgeführten Reviews und Inspektionen
13.3 Audit-Berichte	Protokolle von durchgeführten Qualitäts-Audits
13.4 Testplanung	Aufstellung aller durchzuführenden Tests (Komponenten-, System-, Anwendungstest) mit Angabe des zu verwendenden Testmaterials und der vorgesehenen Testumgebung
13.5 Testberichte	Ergebnisberichte aller durchgeführten Tests mit Angabe des verwendeten Testmaterials und der genutzten Testumgebung sowie Fehlerprotokolle (Bild 5.2)
13.6 Korrekturmaßnahmen	Aufstellung aller durchgeführten bzw. vorgesehenen Korrekturmaßnahmen mit Termin- und Ergebnisangaben
Register 14: Konfigurationsmanagement	
14.1 Änderungsmanagementplan	Festlegung der Vorgehensweise bei Änderungen des ursprünglich geplanten und vertraglich vereinbarten Projektinhalts sowohl in technischer als auch in kaufmännischer Hinsicht

14.2 Änderungsmeldungen	Ablage von allen Änderungsmeldungen bzw. Change Requests mit Angaben zur weiteren Behandlung (Entscheidung, Kümmerer etc.)
14.3 Problem-/Fehlermeldungen	Ablage von allen Problem- und Fehlermeldungen (eventuell als Auflistung durch ein eingesetztes KM-Tool) mit Angaben zur Problemlösung und Fehlerbereinigung
14.4 Versionsplanung	Verzeichnis aller geplanten Zwischen- und Endversionen (Baselines) mit entsprechender Terminangabe, siehe Bild 6.3
14.5 Versionsfreigaben	Freigabemitteilungen von freigegebenen Versionen
Register 15: Fakturierung/Verrechnung	
15.1 Verrechnungsschlüssel	Rechenschema für die Kostenverteilung bei mehreren Kostenträgern, siehe Bild 4.18
15.2 Zahlungszeitplan	Zeitplan für die vorzunehmenden Verrechnungen und Zahlungen
15.3 Verrechnungsanstöße	Originale oder Kopien der kaufmännischen Formulare für die vorzunehmenden Verrechnungen und Zahlungen
15.4 Rechnungen	Originale oder Kopien von Rechnungsstellungen
Register 16: Projektdurchführung	
16.1 Stundenaufwandsübersichten	Ausfüllformulare oder maschinell erstellte Aufstellungen der mitarbeiterbezogenen Stundenaufschreibungen, siehe Bilder 4.14, 4.16 und 6.9
16.2 Rückmeldungen	Rückmeldelisten für Termine und Sachfortschritt, siehe Bild 4.3
16.3 Trendanalysen	Trendanalysen für einzelne Projektparameter, z. B. Kostentrendanalyse (Bild 4.29)
16.4 Plan/Ist-Vergleiche	maschinell erzeugte Plan/Ist-Gegenüberstellungen der wichtigsten Projektparameter (Aufwände, Kosten, Verrechnungen, Termine), siehe Bilder 4.23 und 6.10
16.5 Projektnotizen	allgemeine Aufzeichnungen während der Projektdurchführung, Auszüge aus dem Projekttagebuch

Register 17: Projektberichterstattung	
17.1 Projektauswertungen	maschinell erzeugte Projektauswertungen, z. B. EKZ/TKZ-Auswertungsmatrix (Bild 4.82), kombinierter Projektbericht (Bild 4.85) und Projektdatenstatistik (Bild 5.20)
17.2 Kostenstellenbericht	aktuelles Kostenstellenblatt (falls das Projekt über eine eigene Kostenstelle geführt wird), siehe Bild 3.99
17.3 Sachfortschrittsberichte	formelle Projektmonatsberichte oder Projektstatusberichte, siehe Bild 4.8
17.4 Präsentationsunterlagen	fachliche und technische Darstellungen, Darstellungen zum Projektverlauf und -fortschritt
Register 18: Einführungsplanung	
18.1 Einführungsplan	Aufgabenplan mit Verantwortlichkeiten und Terminangaben für die Einführung bzw. Einsatzvorbereitung des Projektergebnisses (Produkt, System, Anlage, Geschäftsprozessplanung)
18.2 Schulungsunterlagen	Aufzählung aller erstellten Schulungsunterlagen für die Einführung bzw. Einsatzvorbereitung
18.3 Schulungsplan	Aufstellung aller erforderlichen Schulungsmaßnahmen seitens des Anwenders
18.4 Projekt-Nachfolgephase	Vereinbarungen über von Projektteammitgliedern zu übernehmende Tätigkeiten in der Projekt-Nachfolgephase, z. B. technische Betreuung, Wartung, Hotline etc.
Register 19: Projektabschluss	
19.1 Projektabschlussplan	Aufstellung aller durchzuführenden Aufgaben und Tätigkeiten beim Abschluss des Projekts mit Angabe der Zuständigkeiten (Projektauflösung)
19.2 Übergabe-/Abnahmeprotokolle	Protokolle von Übergaben und Abnahmen von Projektergebnissen durch den Auftraggeber bzw. Kunden, auch solche von Consultant-Kräften
19.3 Abweichungsanalyse	Analyse aller wesentlichen Abweichungen von Projektparametern in dokumentierter Form
19.4 Abfrage Kundenzufriedenheit	Ergebnisse der Kundenzufriedenheits-Abfrage, möglichst in einer strukturierten Form, siehe Bild 5.10

19.5 Projektabschlussbericht	schriftlicher Abschlussbericht des Projekts mit den wichtigsten Projektparametern in einer Plan/Ist-Gegenüberstellung
Register 20: Schriftverkehr	
20.1 Protokolle von Projektgremien	Besprechungsprotokolle von Projektgremien (Entscheidungsgremium, Beratungsausschuss, Anwenderkreis u. ä.)
20.2 Besprechungsprotokolle	alle anderen Besprechungsprotokolle sowie interne Berichte (z. B. Projektteam, Gespräche mit Unterauftragnehmern etc.), siehe Bild 4.90
20.3 Korrespondenz mit Auftraggeber	projektrelevanter Schriftverkehr mit dem Auftraggeber
20.4 Sonstiger Schriftverkehr	

A3 Verwendete Formelzeichen

In der Praxis hat sich für die unterschiedlichen Produkt- und Projektgrößen noch keine allgemeingültige Schreibweise herausgebildet. Stattdessen findet man häufig missverständliche und z. T. auch widersprüchliche Formelzeichen.

In diesem Buch werden daher – falls nicht die ausgeschriebene Form gewählt wurde – einheitliche Formelzeichen entsprechend der nachfolgenden Zusammenstellung verwendet. Bei Bedarf kann man zur weiteren Unterscheidung den Formelzeichen noch zusätzliche Indizes anfügen.

A	(Personal-)Aufwand
A_n	Aufwand zum Zeitpunkt t_n
$A_{\mathrm{A'Plan}}$	anteiliger Planaufwand
A_{Ist}	Istaufwand, aufgelaufener Aufwand
A_{Plan}	Planaufwand, geplanter Gesamtaufwand
A_{Rest}	Restaufwand
$A_{\mathrm{V'Ist}}$	voraussichtlicher Gesamtaufwand
AA	Aufwandsauflauf
B	Budget
B_n	Budget zum Zeitpunkt t_n
c, C	Konstante, z. B. Technologiekonstante
d	mittlere Ausfallzeit (MDT)
D	Anzahl Elemente
D	Anzahl Mitarbeiter
E	Einflussfaktor, Kostentreiber
EG	Einflussgrad
E_g	Geschäftsergebnis
E_{ges}	Gesamtergebnis
E_{GK}	Gemeinkosten-Ergebnis
E_P	Projektergebnis
f	Zinsfuß
F	Funktionswert (Function Point)
FG	Fertigstellungsgrad
FZ	Funktionszahl
g	Neigungsfaktor (Lernkurve)
g	Prozentwert
G	Gewichtungsfaktor
GWB	Geschäftswertbeitrag
h	Fehlerrate, Fehlerdichte
H	Fehleranzahl
i	Zählvariable
I	Kontrollindex
j	Zählvariable
K	Kosten
K_n	Kosten zum Zeitpunkt t_{n}
$K_{\mathrm{A'Plan}}$	anteilige Plankosten
K_{GK}	Gemeinkosten
K_{Ist}	Istkosten, aufgelaufene Kosten
K_{k}	Kapitalkosten
K_{p}	Projektkosten
K_{Plan}	Plankosten, geplante Gesamtkosten
K_{pot}	potentielle Kosten
K_{Rest}	Restkosten
$K_{\mathrm{V'Ist}}$	voraussichtliche Gesamtkosten
KA	Kostenauflauf
KS_{Plan}	Plankostensatz
KS_{Verr}	Verrechnungssatz
KV	Kostenvergleich
l	Nichtverfügbarkeit eines Teiles, Ausfallwahrscheinlichkeit
L	Nichtverfügbarkeit eines Systems
L_{m}	Einzelkosten der Zieleinheit (Lernkurve)
L_{n}	Einzelkosten n-tes Exemplar
m	definierter Wert einer Zählvariablen
M	Menge einer Ergebnisgröße, z. B. loc
MR	Marginalrendite
n	definierter Wert einer Zählvariablen
N	Gesamtfehlerzahl
NOP	Anzahl neuer Object Points
O	Obligo, Bestellwert
O_n	Bestellwert zum Zeitpunkt t_{n}
OP	Anzahl Object Points

p	Abzinsungsfaktor
P	Produktivität
PA	Produktivanteil
PT	Plantreue
q	Aufzinsungsfaktor
Q	Bewertungszahl
Q	Skalierungsfaktor
r	Anzahl Ausfälle
R	Restwert
R_n	Restwert zum Zeitpunkt t_n
RG	Risikogehalt
RK	Risikoklasse
S	Anzahl Stunden je Zeiteinheit
S_prod	Produktivstunden
t	Zeitpunkt
t_n	definierter Zeitpunkt
T	(terminierte) Zeitdauer
T_A	Amortisationszeit
T_a	Ausfalldauer
T_b	Beobachtungsdauer, Betriebszeit
T_m	mittlere erwartete Zeitdauer
T_o	optimistische Zeitdauer
T_p	pessimistische Zeitdauer
T_r	Reparaturzeit
T_s	Standzeit, Lebenszeit
T_Plan	Plandauer, geplante Gesamtdauer
T_Rest	Restdauer
$T_\text{V'Ist}$	voraussichtliche Gesamtdauer
T_W	wahrscheinliche Zeitdauer
$T_{\acute{y}}$	Terminverzug
TT	Termintreue
TV	Terminvergleich
u	Preis einer Leistungseinheit
U_ext	Umsatz (extern)
U_int	Weiterverrechnung (intern)
v	Verflechtungszahl
V	Verfügbarkeit eines Systems
VS	Verrechnungssatz
w	Wahrscheinlichkeit
W	Arbeitswert
W_n	Arbeitswert zum Zeitpunkt t_n
x	unbekannter Wert
Y	Wert einer allgemeinen Projektgröße
Y_Ist	Istwert
Y_Plan	Planwert
$Y_\text{V'Ist}$	voraussichtlicher Istwert
z	Zinssatz
Z	Zuschlagsfaktor
λ	Ausfallrate
$\%B$	Breakage
$\%R$	Reuse

Nomenklatur Earned-Value-Analyse

PV	(Planned Value)	Plankosten
AC	(Actual Cost)	Istkosten
EV	(Earned Value)	Arbeitswert
SV	(Schedule Variance)	Planabweichung
CV	(Cost Variance)	Kostenabweichung
SPI	(Schedule Performance Index)	Zeiteffizienz-Index
CPI	(Cost Performance Index)	Kosteneffizienz-Index
API	(Actual Performance Index)	Kostenplanindex
TCPI	(To Complete Performance Index)	Entwicklungsindex
BAC	(Budget At Completion)	geplantes Projektbudget
EAC	(Estimate At Completion)	prognostizierte Endkosten
ETC	(Estimate to Completion)	Restkosten ab Stichtag
VAC	(Variance at Completion)	Kostenabweichung am Projektende
PAC	(Plan At Completion)	geplantes Projektende
PAS	(Plan At Start)	geplanter Projektstart
TN	(Time Now)	Berichtszeitpunkt
TAC	(Time At Completion)	prognostizierter Fertigstellungszeitpunkt
DAC	(Delay At Completion)	zeitliche Abweichung am Projektende
ETTC	(Estimated Time to Completion)	prognostizierte Restlaufzeit

A4 Verzeichnis der Formeln

A5 Abkürzungen

In das Abkürzungsverzeichnis sind auch Abkürzungen von Begriffen mit aufgenommen, die in diesem Buch nicht verwendet werden, jedoch in der Literatur auf dem Gebiet des Projektmanagements vorkommen können.

AA	Asset Accounting (SAP R/3)
AB	Auftragsbestand
AC	Actual Cost (EVA)
AC	Assessment Center
ACWP	Actual Cost of Work Performed (EVA)
ADM	Arrow Diagram Method
ADSI	Adjusted Delivered Source Instructions
ADW	Agiles Datawarehousing (Agiles PM)
AE	Auftragseingang
AEK	Auftragseingangskalkulation
AES	Advanced Encryption Standard
AF	Anfangsfolge (DIN)
AFA	Abschreibung auf Abnutzung
AHP	Analytic Hierarchy Process
AGB	Allgemeine Geschäftsbedingungen
äGf	äquivalente Gatterfunktion
AK	Angebotskalkulation
AK	Arbeitskreis
AKZ	Auftragskennzeichen
AM	Arbeitsmenge (DIN)
ANA	Aufwand/Nutzen-Analyse
ANSI	American National Standards Institute
AOB	Anordnungsbeziehung (DIN)
AP	Arbeitspaket (DIN)
API	Actual Performance Index (EVA)
APM	Association for Project Management (IPMA – Organisation in UK)
A-PO	Auftrags-Projektorganisation
APS	Anlagenprogrammsystem
AQA	Austrian Quality Award
ARE	Abrechnungseinheit
ARGE	Arbeitsgemeinschaft
ASD	Adaptive Software Development (Agiles PM)
ASP	Anlagenstrukturplan
ASP	Application Service Providing
AStd	Arbeitsplatz-Stunde
ASV	Aufwandsschätzverfahren
ASW	Anwender-Software
ATA	Aufwandstrendanalyse
ATS	Analyse technischer Störungen
ATV	Allgemeine Technische Vertragsbedingungen
AÜG	Arbeitnehmerüberlassungsgesetz
AVB	Allgemeine Vertragsbedingungen
AVB	Anschlussverbindung (DIN)
AVP	Arbeitsvorbereitung und Planung
AWS	Amazon Web Services
AZ	Abwicklungszentrum
BA	Beratender Ausschuss, Beratungsausschuss
BAC	Budget of Completion (EVA)
BAB	Betriebsabrechnungsbogen
BAK	Bereitschaftsabhängige Kosten
BARCAD	(Verbindung aus engl. bar und CADIS)
BARCODE	(engl. bar – Stange, Stab)
BAV	Belegloser Abrechnungsverkehr
BBDS	Bereichsbeauftragter für Datenschutz
BC	Betriebswirtschaftlicher Controller
BCD	Business Case Development
BCG	Boston Consulting Group
BCS	Business Coordination Software
BCWP	Budget Cost for Work Performed (EVA)
BCWS	Budget Cost for Work Scheduled (EVA)
BDSG	Bundesdatenschutzgesetz
BGB	Bürgerliches Gesetzbuch
BI	Business Intelligence
BIM	Business Information Management

BK	Beschleunigungskosten (DIN)
BKZ	Bestellkennzeichen
Blog	zusammengesetzt aus World Wide Web und Log für Logbuch
BM	Benchmarking
BPM	Business Process Management
BPO	Betriebliche Prozess-Organisation
BPO	Business Process Outsourcing
BPR	Business Process Reengineering
BPS	Best Practise Sharing
BS	Bereichsstandort, Betriebssystem
BSC	Balanced Scorecard
BSP	Business Service Providing
BVB	Besondere Vertragsbedingungen
BVC	Business Value Contribution
BVG	Betriebsverfassungsgesetz
BZ	Bestellzettel
BZA	Bereitstellung zur Abnahme
CAD	Computer Aided Design
CAE	Computer Aided Engineering
CAI	Computer Aided Industry
CAM	Computer Aided Manufacturing
CAM	Cost Account Manager
CAP	Computer Aided Planning
CAPM	Certified Associate for Project Management (Zertifikat)
CAQ	Computer Aided Quality Assurance
CASE	Computer Aided Software Engineering
CAT	Computer Aided Testing
CATS	Cross Application Time Sheet (SAP R/3)
CBT	Computer Based Training
CCB	Change Control Board
CCM	Capability Maturity Model
CCPM	Critical Chain Project Management
CCR	Continuing Certification Requirements (PMBoK)
CEO	Chief Executive Officer
CFO	Call for Offer
CIM	Computer Integrated Manufacturing
CIO	Chief Information Officer
CIP	Continuous Improvement Process
CIT	Corporate Information Technology (Siemens)
CMD	Corporate Master Data
CMM	Capability Maturity Model
CMMI	Capability Maturity Model Integration
CMMS	Computerized Maintenance Management System
CMS	Configuration-Management-System
CMS	Crash Management System
CNB	Collective Notebook (-Methode)
COCOMO	Constructive Cost Model
COTS	Commercial off the Shelf Software
CPI	Conversion Planning Increment
CPI	Cost Performance Index
CPM	Critical Path Method
CPN	Critical Path Network
CPPS	Critical Path Planning und Scheduling
CPS	Critical Path Scheduling
CR	Change Request
CRM	Customer Relationship Management
CSCL	Computer-Supported Cooperative Learning
CSCW	Computer-Supported Collaborative Work
CSR	Corporate Social Responsibility
CV	Cost Variance
D	Dauer (DIN)
DB	Datenbank
DDC	Development Document Control
DEMI	Delivered Executable Machine Instructions
DFSS	Design for Six Sigma
DGK	Dienststellengemeinkosten
DIN	Deutsche Industrie-Norm
DIS	Dateninformationssicherheit
DJSI	Dow Jones Sustainability Index
DKS	Diebold-Kennzahlensystem
DLZ	Durchlaufzeit
DMS	Data Management System
DPO	Dienste Prozess-Organisation
DPP	Defect Prevention Process
DQS	Deutsche Gesellschaft zur Zertifizierung von QS-Systemen
DR	Development Request
DSI	Delivered Source Instructions
DST	Dienststelle
DTC	Design-to-Cost
DTO	Design-to-Objectives

DV	Datenverarbeitung
DVA	Datenverarbeitungsanlage
DVP	Deutscher Verband der Projektmanager in der Bau- und Immobilienwirtschaft
DVT	Device Verification Test
EA	Entscheidungsausschuss
EA	Entwicklungsaufgabe
EAA	EFQM Excellence Award
EAC	Estimate-at-Completion
EBIT	Earning Before Interest and Taxes
EBITA	Earnings Before Interest, Taxes and Amortization
ECM	Enterprise Change Management
EDB	Erfahrungsdatenbank
EDSI	Evaluated Delivered Source Instructions
EEA	EFQM Excellence Award
EF	Einflussfaktor
EF	Endfolge (DIN)
EFQM	European Foundation for Quality Management
EGK	Entwicklungsgemeinkosten
EI	Entscheidungsinstanz
EIA	Environmental Impact Analysis
EK	Einzelkosten
EK	Entscheidungskreis
EKF	Entkoppelte Freigabe
EKN	Ereignisknoten-Netzplan (DIN)
EKZ	Entwicklungskennzeichen
EM	Einsatzmittel (DIN)
EMA	Einsatzmittelart (DIN)
EMAS	Eco-Management and Audit Scheme
EMB	Einsatzmittelbedarf (DIN)
EME	Einsatzmitteleinheit (DIN)
EMK	Einsatzmittelkapazität (DIN)
EMV	Elektromagnetische Verträglichkeit
ENP	Entscheidungsnetzplan (DIN)
ENPT	Entscheidungsnetzplantechnik (DIN)
EO	Erfahrungsobjekt
EON	Ereignisorientierter Netzplan (DIN)
EOQ	European Organisation for Quality
EP	Entwicklungsplanung
EPM	Enterprise Project Management
E-PO	Einfluss-Projektorganisation
EPP	Entwicklungsprozessplan
EPS	Entwicklungsplanung und -steuerung
EQA	European Quality Award
ERM	Enterprise Risk Management
ERP	Eingangsrechnungsprüfung
ERP	Enterprise Resource Planning
ETC	Estimate-to-Completion
EU	Europäische Union
EUR	Euro (Währungseinheit)
EV	Entwicklungsvermerk
EVA	Earned-Value-Analyse
EVA	Economic-Value-Added-System
EVHB	Entwicklungsverfahrenshandbuch
EVM	Earned Value Management
FA	Fachausschuss
FA	Frühester Anfang (DIN)
FAC	Final Acceptance Certificate
FAQ	Frequently Asked Questions
FAT	Frühester Anfangstermin (DIN)
FAZ	Frühester Anfangszeitpunkt (DIN)
FBG	Flachbaugruppe
FDD	Feature Driven Development (Agiles PM)
FE	Frühestes Ende (DIN)
FE	Fertige Erzeugnisse
FET	Frühester Endtermin (DIN)
FEZ	Frühester Endzeitpunkt (DIN)
FGK	Fertigungsgemeinkosten
FI	Financial Accounting (SAP R/3)
fit	failures in time
FK	Fachkreis
FK	Fertigungskosten
FM	Fehlermeldung
FMEA	Failure Mode Effects Analysis
FP	Freie Pufferzeit (DIN)
FP	Function Point
FPM	Function Point Method
FRP	Freie Rückwärts-Pufferzeit (DIN)
FT	Frühester Termin (DIN)
FTA	Failure Tree Analysis
FTC	Forecast to Complete
FV	Fertigungsvorbereitung
FW	Fertigstellungswert (DIN)
FW	Firmware
FZ	Frühester Zeitpunkt (DIN)
GAN	Generalized Activity Networks
GEM	Graphics Environment Manager

GERT	Graphical Evaluation and Review Technique
GJ	Geschäftsjahr
GK	Gemeinkosten
GKF	Gekoppelte Freigabe
GP	Gesamte Pufferzeit (DIN)
GPL	Gesamt-Projektleiter
GPM	Geschäftsprozessmanagement
GPM	Gesellschaft für Projektmanagement
GTD	Getting-Things-Done
GU	Generalunternehmer
GWB	Geschäftswertbeitrag
GWG	Geringwertige Wirtschaftsgüter
HD	Häufigste Dauer (DIN)
HEP	Hardware-Entwicklungsprozess
HEPP	Hardware-Entwicklungsprozess-Plan
HK	Herstellkosten
HoQ	House of Quality (QFD-Methode)
HR	Human Resources
HSE	Rangliste der HW-System-eigenschaften
IaaS	Infrastructure as a Service
ICASE	Integrated Computer Aided Software Engineering
ICB	IPMA Competence Baseline
IEEE	Institute of Electrical and Electronics Engineers
IFB	Invitation for Bid
IFRS	International Financial Reporting Standards
IKS	Internes Kontrollsystem
IKT	Informations- und Kommunikationstechnik
IKZ	Installationskennzeichen
IMAP	Internet Mail Access Protocol
IMS	Integriertes Informationssystem
IPMA	International Project Management Association
IPO	Integrierte Prozess-Organisation
IPPD	Integrated Product and Process Development
IPSS	Integrierte Prozess-System-Software
ISO	International Standardization Organization
iSQI	International Software Quality Institute
IT	Informationstechnik, -technologie
ITIL	IT Infrastructure Library
itSMF	IT-Service Management Forum
IuK	Information und Kommunikation
J	Jahr
JIT	Just-in-Time
KA	Kaufmännische Abteilung
KAIZEN	kai = ändern, zen = gut
kbloc	kilo brutto lines of code
kdloc	kilo delta lines of code
KGK	Kontengemeinkosten
KI	Kontrollindex
KJ	Kalenderjahr
kloc	kilo (1000) lines of code
KM	Konfigurationsmanagement
KMS	Konfigurationsmanagement-System
KMTA	Kosten-Meilenstein-Trendanalyse
knloc	kilo netto lines of code
KonTraG	Gesetz zur Kontrolle und Transparenz im Unternehmensbereich
KP	Kontierendes Personal
KPI	Key for Performance-Indicator
KPJ	Kontierende Personal-Jahre (≙ MJ)
KPM	Kontierende Personal-Monate (≙ MM)
KSI	Key Success Indicators
KT	Kommunikationstechnik
KTA	Kostentrendanalyse
KVP	Kontinuierlicher Verbesserungs-Prozess
KZS	Kennzahlensystem
LA	Lenkungsausschuss
LAK	Leistungsabhängige Kosten
LCC	Life-Cycle-Cost
LE	Liefereinheit
LESS	Least Cost Estimating and Scheduling
LM	Leistungsmerkmal
LMA	Leistungsmerkmalanforderung
LMA	Logical Framework Approach
LFM	LogFrame Matrix
LoA	Limits of Authority
LOB	Line of Balance (Netzplanmethode in der Fertigung)

loc	lines of code
LOI	Letter of Intent
losc	lines of source code
L-PO	Projektmanagement-in-der-Linie
LZK	Lebenszykluskosten
MA	Mitarbeiter
MAXD	Maximale Dauer (DIN)
MAXZ	Maximaler Zeitabstand (DIN)
MBNQA	Malcolm Baldrige National Quality Award
MBO	Management by Objectives
MD	Mittlere Dauer (DIN)
MD	Modular Design
MDT	Mean Down Time
MEK	Meilenstein zur Ergebniskontrolle
MES	Meilensteinentscheidungssitzung
MGK	Materialgemeinkosten
MGPP	Multigenerationen-Produktplanung
MIKA	Mitkalkulation
MIND	Minimale Dauer (DIN)
MINZ	Minimaler Zeitabstand (DIN)
MIS	Management-Informationssystem
MJ	Mann-Jahr
MKZ	Meilenstein-Kennzeichen
MM	Mann-Monat
MM	Materials Management (SAP R/3)
MNPT	Modularnetzplantechnik (DIN)
MPM	Maturity in Project Management
MPM	Metra Potential Method
M-PO	Matrix-Projektorganisation
MRC	Management Risk Controlling
MSA	Measurement System Analysis
MSM	Maturity in Service Management
MStd	Mann-Stunde
MT	Mann-Tag
MTA	Meilenstein-Trendanalyse
MTBF	Mean Time between Failures
MTBSC	Mean Time between Service Calls
MTTR	Mean Time to Repair
MW	Mann-Woche
NCC	Non-Conformance Costs
NCB	Nationale Competence Baseline
NF	Normalfolge (DIN)
NIST	National Institute for Standards and Technology
NM	Netzplan-Modul (DIN)
NP	Netzplan (DIN)
NPA	nicht-produktive Arbeit
NPT	Netzplantechnik (DIN)
NWT	Nutzwertanalyse
OAPP	Organisation und Automatisierung Prozessplan
OCDB	Oracle Content Database
OD	Optimistische Dauer (DIN)
OD	Organisation und Datenverarbeitung
OI	Organisation und Information
OS	Ordnungsnummernsystem
OSP	Objektstrukturplan
P3M3	Portfolio, Programme and Project Management Maturity Model
PA	Planungsausschuss
PA	Projektantrag
PaaS	Platform as a Service
PAC	Provisional Acceptance Certificate
PACT	Project Acceleration by Coaching and Teamwork
PAG	Produktarbeitsgruppe
PAK	Produktarbeitskreis
PATAC	Process Adjustment Tax Advice and Compliance
PB	Produktbibliothek
PBS	Product Breakdown Structure
PD	Pessimistische Dauer (DIN)
PDA	Personal Digital Assistent
PDir	Project Director
PDM	Precedence Diagramming Method
PDO	Projektdokumentation (DIN)
PdSP	Produktstrukrurplan
PDU	Professional Development Units (PMI)
PEA	Produktentwicklungsausschuss
PEG	Produktentwicklungsgruppe
PEG	Produktertragsgruppe
PEP	Prozessablauf zur Erstellung von HW-Produkten
PERT	Programm Evaluation and Review Technique
PES	Phasenentscheidung
PES-S	Phasenentscheidungssitzung
PgMP	Program Management Professional (Zertifikat)
PI	Produktinstanz
PIM	Personal Information Manager

PIS	Projektinformationssystem (DIN)
PIS	Produktinstanz-Sitzung
PjSP	Projektstrukturplan
PK	Produktkommission
PK	Projektklasse
PK	Projektkommission
PKI	Public-Key-Infrastruktur
PKS	Produktkommissionssitzung
PKZ	Projektkennzeichen
PL	Projektleiter(in) (DIN)
PLM	Product Lifecycle Management
PM	Projektmanagement (DIN)
PMBoK	Project Management Body of Knowledge (PMI)
PMI	Project Management Institute (USA)
PMMM	Project Management Maturity Model
PMO	Projekt Management Office
PMP	Project Management Professional (Zertifikat)
PMR	Projekt-Meilenstein-Report
PMS	Projektmanagementsystem
PM-ZERT	Deutsche Zertifizierungsstelle für Kompetenz im Projektmanagement (GPM)
PO	Projektorganisation (DIN)
POP	Projektorganisationsplan
POU	Projektorientiertes Unternehmen
POY	Project of the Year (PMI-Award)
PP	Prozessplan
PPM	Project and Portfolio Management
PPM	Project Procurement Manager
PPP	Produktprozessplan
PPR	Produktprozess-Richtlinie
PPS	Produktplanungs- und -steuerungssystem
PRINCE2	PRojects IN Controlled Environments
PROMPT	Project Management Planning and Tracking System
PS	Projektsystem
PQM	Prozessorientiertes Qualitätsmanagement
PSoD	Project Service on Demand
PSES	Projektstatus-Entscheidungssitzung
PSF	Projektstrukturebene (DIN)
PSP	Projektstrukturplan (DIN)

PSS	Projektstatussitzung
PU	Projektunterstützung
PUMA	Problemumfeldanalyse
PV	Planned Value (EVA)
PV	Produktvereinbarung
PV-A	Produktvereinbarung-Anregung
PV-D	Produktvereinbarung-Durchführung
PV-F	Produktvereinbarung-Fertigung
PVR	Produktvereinbarungsrichtlinie
PZ	Projektziel (DIN)
QB	Qualitätsbeauftragter
QFD	Quality Function Deployment
QMH	Qualitätsmanagement-Handbuch
QMiP	Qualitätsmanager im Projekt (PM@Siemens)
QMS	Qualitätsmanagementsystem
QoS	Quality of Service
OPM3	Organizational Project Management Maturity Model
QS	Qualitätssicherung
QSM	Qualitätssicherungs-Meilenstein
QSS	Qualitätssicherungssystem
QSV	Qualitätssicherungs-Vorgang
R	Rang eines Knotens (DIN)
RADAR	Results, Approach, Deployment, Assessment and Review
RAV	Rechenzentrum-Abrechnungsverfahren
RDR	Requirements Definition Reports
RE	Requirements Engineering
REFA	Reichsausschuss für Arbeitszeitermittlung (seit 1924) Reichsausschuss für Arbeitsstudien (seit 1936) Verband für Arbeitsstudien (seit 1948)
REP	Ressourcen-Einsatzplanung
RFA	Ready for Acceptance
RFF	Request for Feature
RFI	Request for Information
RFP	Request for Proposal
RFQ	Request for Quotation
RIK	Rentabilität des investierten Kapitals
ROCE	Return on Capital Employed
ROI	Return on Investment
R-PO	Reine-Projektorganisation

RRB	Risk Review Board
RSE	Rangliste Systemeigenschaften
RTO	Return on Investment
RUP	Rational Unified Process
RW	Rechnungswesen
RZ	Rechenzentrum
SA	Spätester Anfang (DIN)
SA	Structured Analysis
SaaS	Software as a Service
SADT	Structured Analysis and Design Technique
SAP	Systeme, Anwendungen, Produkte
SAT	Spätester Anfangstermin (DIN)
SAZ	Spätester Anfangszeitpunkt (DIN)
SC	Strichcode (Barcode)
SCAMPI	Standard CMMI Appraisal Method for Process Improvement
SCM	Supply Chain Management
SCVM	Software Customer Value Management
SD	Sales & Distribution (SAP R/3)
SD	Structured Design
SDL	Specification Description Language (CCITT)
SE	Spätestes Ende (DIN)
SE	System Engineering
SEG	Systementwicklungsgruppe
SEP	Software-Entwicklungsprozess
SEPP	Software-Entwicklungsprozess-Plan
SET	Spätester Endtermin (DIN)
SEZ	Spätester Endzeitpunkt (DIN)
SF	Sprungfolge (DIN)
SI	Systeminstanz
SINET	System für interaktive Netzplantechnik
SIPUS	Siemens Planungs- und Steuerungsverfahren
SKZ	Systemkennzeichen
SLA	Service Level Agreement
SLIM	Software Life Cyle Management
sloc	Source Lines of Code
SMS	Service Management System
SNPT	Standardnetzplantechnik (DIN)
SOA	Sarbanes-Oxley Act
SOR	Statement of Requirements
SOW	Statement of Works
SPA	Siemens Process Assessment
SPA	Systematische Projekt-Abwicklung
SPEZ	Spezifikation (DIN)
SPI	Schedule Performance Index
SPICE	Software Process Improvement and Capability dEtermination
SPM	Senior Project Manager
SPP	Software-Prozessplan
SPU	Software-Programmier-Umgebung
SQM	Supplier Quality Management
SSL	Secure Sockets Layer (Internet-Protokoll)
SSP	Systemstrukturplan
SSW	System-Software
ST	Spätester Termin (DIN)
STC	Steering Committee
Std	Stunden
STLB	Standardleistungsbuch (Bauwesen)
SV	Schedule Variance
SW	Software
SWT	Structured Walk Through
SZ	Spätester Zeitpunkt (DIN)
TAG	Teilaufgabengliederung
TAT	Type Approval Test
TC	Technischer Controller
TCL	Total Cycle Time
TCO	Total Cost of Ownership
TCPI	To Complete Performance Index (EVA)
TDM	Tausend DM
TEU	Tausend Euro
TK	Technischer Kundendienst
TKZ	Tätigkeitskennzeichen
TL	Terminliste
TLS	Transport Layer Security (Internet-Protokoll)
TMG	Telemediengesetz
TNP	Teilnetzplan (DIN)
TOC	Theory of Constraints
ToCO	Total Cost of Ownership
TOP	Tagesordnungspunkt
TP	Technischer Produktverantwortlicher
TPC	Technical Performance Control
TPL	Teil-Projektleiter
TPM	Total Project Management
TPO	Technische (Produkt-)Prozess-Organisation
TPP	Technischer Produktplan

TQM	Total Quality Management
TREND	Transformed Relationships Evolved from Network Data
TTA	Termintrendanalyse
TTM	Time to Market
TuT	Typen- und Teileoptimierung
UAG	Umweltauditgesetz
UE	Unfertige Erzeugnisse
UL	Unverrechnete Leistungen
UMS	Umweltmanagementsystem
UP	Unabhängige Pufferzeit (DIN)
US GAAP	United States Generally Accepted Accounting Principles
V	Verflechtungszahl (DIN)
VA	Value Analysis
VDM	Vienna Development Method
VGK	Vertriebsgemeinkosten
VI	Vergleichsindex
V'Ist	Voraussichtliches Ist
VJ	Vorjahr
VKN	Vorgangsknoten-Netzplan (DIN)
VOB	Verdingungsordnung für Bauleistungen
VOL	Verdingungsordnung für Leistungen
VON	Vorgangsorientierter Netzplan (DIN)
VP	Vertrieblicher Produktverantwortlicher
VPMO	Virtual Project Management Office
VPN	Virtual Private Network
VPN	Vorgangspfeil-Netzplan (DIN)
VPO	Vertriebliche (Produkt-)Prozess-Organisation
V-XT	V-Modell XT (eXtreme Tailoring)
VtrGK	Vertriebsgemeinkosten
WA	Wertanalyse
WBS	Work Breakdown Structure
WBW	Wiederbeschaffungswert
WG	Wertgestaltung
Wiki	hawaiisch für „schnell“
WPP	Wirtschaftlicher Produktplan
WT	Walk Through
WWW	World Wide Web
XML	eXtensible Markup Language
XP	Extreme Programming
XT	eXtreme Tailoring (V-Modell)
Z	Zeitabstand (DIN)
ZKD	Zentrale Kostendeckung
ZKP	Zeit-Kosten-Planung

A6 Verzeichnis der Formulare, Diagramme und Tabellen

Nachstehend sind alle Formulare, die allgemeingültigen Charakter haben, sowie alle Diagramme und Tabellen, die für die praktische PM-Arbeit wichtig sind, explizit aufgeführt.

Formulare

Diagramme

Tabellen

A7 Übersicht PM-relevanter Normen

DIN (Deutsches Institut für Normung e. V.) ist die nationale Normungsorganisation der Bundesrepublik Deutschland.

ISO (International Organization for Standardization) ist die internationale Normungsorganisation für alle Bereiche mit Ausnahme der Elektrotechnik und Elektronik, dafür ist die IEC zuständig.

IEC (International Electrotechnical Commission) ist die internationale Normungsorganisation für Elektrotechnik und Elektronik.

IEEE (Institute of Electrical and Electronics Engineers) ist ein weltweiter Berufsverband von Ingenieuren aus den Bereichen Elektrotechnik und Informatik, der Standardisierungen für diese Bereiche vornimmt.

Wird die ISO-Norm von der EU durch das CEN (Europäischen Komitee für Normung) als europäische Norm (EN) und von dem Deutschen Institut für Normung als deutsche Norm (DIN) übernommen, so wird der ISO-Bezeichnung ein „DIN EN" vorangestellt, wie es z. B. bei den ISO-Normen für Qualitätsmanagement geschehen ist.

ÖNORM ist eine vom „Austrian Standards Institute" veröffentlichte nationale Norm für Österreich, die sich ähnlich dem DIN an internationale Normen anlehnt.

Die Siemens AG erlässt für den internen Gebrauch in der Entwicklung und Fertigung zusätzliche Siemens-Normen (SN), die auf nationale und internationale Normen (DIN, ISO, IEEC, IEC etc.) aufbauen, häufig aber strenger und Siemens-spezifischer formuliert sind. So umfasst z. B. die SN 36350 die Umweltverträglichkeit bei der Produktgestaltung mit Regeln für den Produktlebenszyklus, mit Auflistungen für Gefahrstoffe und Formen von Produkt-Umweltdeklarationen.

Normen für Dokumentation

DIN 6789	Dokumentationssystematik Aufbau Technischer Erzeugnis-Dokumentation, Teil 1 (September 1990)
DIN 31 623	Indexierung zur inhaltlichen Erschließung von Dokumenten, Teil 1 bis 3, September 1988
DIN 55 350	Begriffe der Qualitätssicherung und Statistik Teil 11: Begriffe des Qualitätsmanagements Teil 12: Merkmalsbezogene Begriffe Teil 13: Begriffe zur Genauigkeit von Ermittlungsverfahren und Ermittlungsergebnissen Teil 14: Begriffe der Probenahme Teil 15: Begriffe zu Mustern Teil 17: Begriffe der Qualitätsprüfungsarten Teil 18: Qualitätsprüfzertifikate Teil 31: Begriffe der Annahmestichprobenprüfung
DIN 66 230	Programmdokumentation (Januar 1981)
DIN 66 231	Programmentwicklungsdokumentation (Oktober 1982)
DIN 66 232	Datendokumentation (August 1985)
IEEE 1063	Standard für Software-User-Dokumentation

Normen für Projektmanagement

DIN 69 900	Netzplantechnik – Beschreibungen und Begriffe (2009)
DIN 69 901	Projektmanagement, Projektmanagementsysteme (Januar 2009) Die DIN-Normenreihe DIN 69901 beschreibt Grundlagen, Prozesse, Prozessmodell, Methoden, Daten, Datenmodell und Begriffe im Projektmanagement; sie enthält fünf Teile: DIN 69901-1: Grundlagen DIN 69901-2: Prozesse, Prozessmodell DIN 69901-3: Methoden DIN 69901-4: Daten, Datenmodell DIN 69901-5: Begriffe
DIN 69910	Formularsatz zur Wertanalyse, August 1993

Normen für Qualitätsmanagement

DIN EN ISO 9000	Qualitätsmanagementsysteme – Grundlagen und Begriffe (Dezember 2005)
DIN EN ISO 9001	Qualitätsmanagementsysteme – Anforderungen (Dezember 2008)
DIN EN ISO 9004	Qualitätsmanagementsysteme – Leitfaden zur Leistungsverbesserung (2009)
DIN EN ISO 10005	Qualitätsmanagementsysteme – Leitfaden für Qualitätsmanagementpläne (2005)
DIN EN ISO 10006	Qualitätsmanagement – Leitfaden für Qualitätsmanagement in Projekten (Juni 2003). Die Norm ist in acht Kapitel gegliedert, die analog den Kapiteln der EN ISO 9001 aufgebaut sind und zum Teil auch dieselben Kapitelüberschriften haben.
DIN EN ISO 10007	Qualitätsmanagement – Leitfaden für Konfigurationsmanagement (2004)

Normen für Risikomanagement

DIN IEC 62198	Risikomanagement für Projekte – Anwendungsleitfaden (September 2002)
ISO 31000	Risikomanagement – Grundsätze und Leitlinien (2009)
ISO IEC 31010	Risikomanagement – Techniken für die Risikobewertung (2009)

Normen für Umweltmanagement

DIN EN ISO 14001	Umweltmanagementsysteme – Anforderungen (November 2009)
DIN ISO 14004	Umweltmanagementsysteme – Allgemeiner Leitfaden über Grundsätze, Systeme und unterstützende Methoden
EN ISO 19011	Anleitung für das Auditieren von Qualitäts- und Umweltmanagementsystemen
IEC 62430	Umweltgerechtes Design für elektrotechnische und elektronische Produkte

Glossar

Im Folgenden sind Definitionen von Begriffen aus dem Gebiet des Projektmanagements sowie aus dessen Umfeld in der Diktion aufgeführt, wie sie in diesem Buch verwendet werden.

5-M-Methode
Darstellungsform für eine Ursachen-Wirkungs-Analyse mit den möglichen fünf grundsätzlichen Ursachenfeldern Mensch, Maschine, Methode, Material und Milieu

ABC-Analyse
Methode zur grafischen Darstellung von Verteilungen quantifizierbarer Betrachtungseinheiten mit dem Ziel einer Schwerpunktbildung in die drei Prioritätenklassen A (wichtig), B (weniger wichtig) und C (nicht wichtig).

Ablaufelement
Ablaufelemente der Netzplantechnik sind Ereignisse, Vorgänge und Anordnungsbeziehungen (DIN).

Ablauforganisation (AO)
Zeitliche Organisation der einzelnen Arbeitsschritte in einem Projektablauf mit Definition der Reihenfolge und den Voraussetzungen und Ergebniszielen der Arbeitsschritte sowie der Festlegung der Verantwortlichkeiten und Abnahmeprozeduren; entspricht der Prozessorganisation eines Projekts.

Abschlusstest
Abnahmetest bei HW/SW-Produktentwicklungen mit anschließender Fertigung.

Abweichungsanalyse
Systematische Untersuchung aller im Projektverlauf aufgetretenen Abweichungen von den ursprünglich gemachten Planvorgaben.

Abwesenheitsmanagement
Dokumentiert und überwacht die unterschiedlichen Arten von Abwesenheitszeiten (Urlaube, Krankheiten, Schulungen etc.) und gewährleistet so eine aktuelle Übersicht für die Projekt- und Abteilungsleitung.

Abzinsung
Berechnung eines Geldwerts gemäß Zinssatz auf einen früheren Zeitpunkt.

Actual Cost
Englische Bezeichnung für die Ist-Kosten.

AES
Der Advanced Encryption Standard ist ein symmetrisches Kryptosystem, welches vom National Institute of Standards and Technology (NIST) als Standard festgelegt wurde; er eignet sich insbesondere zur Datenverschlüsselung in Cloud-Computing-Anwendungen.

Agiles Projektmanagement
Art des Projektmanagements bei hoch innovativen IT-Projekten mit einem flexiblen Änderungswesen, welches schneller auf veränderte Kundenwünsche bereits während der Projektrealisierung reagieren kann.

AHP
Eine Methode zur Entscheidungsfindung ähnlich der Nutzwertanalyse. Das Akronym steht für Analytic Hierarchy Process, weil die Lösungskriterien in eine hierarchische Struktur angeordnet werden.

Änderungsanforderungen
Formalisierte Beschreibung von Mangelsituationen, die zur Dokumentation der Ursachen für das gesamte Änderungsgeschehen in einem Projekt dient.

Änderungsmanagement
Management, welches die während des Projektablaufs anfallenden Änderungsanforderungen organisiert und verwaltet.

Änderungsprozess
Folge von Arbeitsschritten in einer Entwicklung, die zum vollständigen Realisieren einer oder mehrerer Änderungsanforderungen erforderlich ist.

Änderungssteuerung
Grundfunktion des Konfigurationsmanagements, deren Aufgabe die Steuerung von Änderungsprozessen im Rahmen einer Entwicklung bildet.

Änderungsüberwachung
Grundfunktion des Konfigurationsmanagements, deren Aufgabe die Kontrolle von Planvorgaben für Änderungsprozesse auf vollständige und genaue Verwirklichung ist.

Änderungswesen
Verfahren zum Regeln eines Entwicklungsprozesses, der als eine Folge von aufeinander aufbauenden Änderungsschritten abgewickelt wird.

Akzeptanztest
Abnahmetest durch den Anwender für fertig entwickelte und gefertigte HW/SW-Systeme bzw. technische Anlagen.

Amortisationsrechnung
Investitionsrechnungsverfahren, mit dem der Zeitraum ermittelt wird, in welchem der Kapitaleinsatz eines Vorhabens über die Erlöse wieder zurück fließt.

Amortisationszeit
Zeitpunkt (»Break-Even-Point«), zu dem sich ein Finanzmittelbedarf durch die Finanzmittelrückflüsse amortisiert hat.

Ampelfunktion
Dreistufiger Indikator zur einfachen Darstellung des Status von Arbeitspaketen und Projekten (Termine, Kosten, Qualität) mit den drei Zuständen Grün für »Alles in Plan«, Gelb für »Achtung, es können Probleme entstehen« und Rot für »Ernsthafte Probleme«.

Anfangsfolge (AF)
Anordnungsbeziehung vom Anfang eines Vorgangs zum Anfang seines Nachfolgers (DIN).

Anforderungskatalog
Sammlung aller Anforderungen, die an eine Entwicklungsaufgabe gestellt werden, mit Angabe der strategischen Ziele, der geforderten Leistungen und dem gesetzten Zeit- und Kostenrahmen; er bildet die Grundlage für die Ausarbeitung des Pflichtenhefts.

Anforderungsmanagement
Beschäftigt sich mit der Definition, der Erhebung und der Dokumentation von Anforderungen; der Anforderungsprozess umfasst auch die Priorisierung und Verhandlung der Anforderungen mit dem Kunden.

Anforderungsspezifikation
Siehe Anforderungskatalog.

Angebot
Auftragsbewerbung mit Beschreibung einer zu liefernden Leistung mit Preisangabe, möglicher Lieferzeit und Zahlungsmodalitäten.

Angebotskalkulation
Der Auftragnehmer muss intern kalkulieren, welche Kosten ihm entstehen, damit er abschätzen kann, welchen Preis (entweder Festpreis oder Stundensatz nach Aufwand) er dem Auftraggeber berechnen soll. Die Differenz zwischen Preis und Kosten stellt seinen Gewinn dar (siehe auch DIN 69905).

Anlagenstruktur
Produktstruktur einer technischen Anlage.

Anlagentest
Abnahmetest für fertig entwickelte und gefertigte HW/SW-Systeme bzw. technische Anlagen.

Anordnungsbeziehung (AOB)
Quantifizierbare Abhängigkeit zwischen Ereignissen oder Vorgängen (DIN).

Anschlussverbindung
Verbindung zweier Knoten verschiedener Netzpläne (DIN).

Ansoff-Matrix
In einer Ansoff-Matrix (benannt nach Igor Ansoff) werden die bestehenden und zukünftigen Produkte und Märkte eines Unternehmens einander gegenübergestellt, um Chancen in den vier möglichen Wachstumstrategien Marktdurchdringung, Markterschließung, Produktentwicklung und Diversifikation abwägen zu können.

Anteil
Kennzahlentyp, der das Verhältnis zweier gleichartiger Größen ausdrückt, wenn dessen Maximalwert höchstens Eins (gleich 100%) werden kann.

Antiprodukt
Vorrichtungen oder Programme, die die Funktionstüchtigkeit eines HW-oder SW-Produkts mittels einer »destruktiven und intoleranten« Vorgehensweise prüfen.

Anwender
Inhaber einer technischen Einrichtung, der einen Nutzen von ihr erfährt, sie aber nicht unbedingt selber bedient (im Gegensatz zum Benutzer).

Application Service Providing
Geschäftsmodell, bei dem – gegen eine entsprechende Miete – die Nutzung eines auf einem zentralen Internet-Server installierten Verfahrens ermöglicht wird.

Arbeitsauftrag
Formale Beschreibung einer Aufgabe zum Durchführen einer oder mehrerer Änderungsanforderungen.

Arbeitsmenge
Das für Vorgänge ohne Bezug auf einen Zeitabschnitt ermittelte Arbeitsvolumen einer Einsatzmittelart (z. B. Programmierertage, erreichbar bei unterschiedlicher Dauer und/oder unterschiedlicher Anzahl von Programmierern) (DIN).

Arbeitspaket (AP)
Teil des Projekts, der im Projektstrukturplan nicht weiter aufgegliedert ist und auf einer beliebigen Gliederungsebene liegen kann (DIN); es ist eine in

sich geschlossene Arbeitsmenge, die durch Input und Output definiert ist.

Arbeitswert
Der in Geld ausgedrückte Wert der jeweils erbrachten Arbeit; er entspricht den geplanten Kosten für die tatsächliche Arbeitsleistung.

Arbeitswirtschaft (AW)
Methodik zur Produktivitätssteigerung in allen Funktionen und Prozessen eines Arbeitsbereichs durch eine systematische Untersuchung der Aufgabenschwerpunkte, der Arbeitsinhalte und der Abläufe.

Arbeitszeitmanagement
Sorgt dafür, dass die richtigen Mitarbeiter zur richtigen Zeit am richtigen Ort eingesetzt werden können und dass so unproduktive Leerlaufzeiten und Phasen der Überlastung vermieden werden.

Assessment
Beurteilung und Bewertung der Qualität, der Reife, der Güte bzw. der Fähigkeiten eines Untersuchungssubjekts, welches Personen, Prozesse, Organisationen u. ä. umfassen kann.

Assessor
Neutraler Prüfer eines Projektmanagement-Assessments, der z. B. eine Zertifizierung von Projektleitern nach den ICB-Regeln durchführt.

Assessment Center
Personalauswahlverfahren, in dem mehrere Beobachter einen oder mehrere Bewerber anhand von verschiedenen Verhaltensausprägungen über einen längeren Zeitraum beobachten und beurteilen.

Assignmanagement
Hat die Aufgabe, unter Berücksichtigung der vorhandenen Skills einen optimalen Einsatz des vorhandenen Personals zu gewährleisten.

Audit
Siehe Qualitätsaudit.

Auditor
Neutraler Prüfer eines Qualitätssicherungssystems, der z. B. ein Audit für eine Zertifizierung nach ISO 9001 durchführt.

Aufbauorganisation
Funktionale Organisation einer Gruppierung von Menschen oder Objekten mit Festlegung der Zuständigkeiten und Verantwortlichkeiten.

Aufgabe
Aufgabenmäßige Unterteilung eines Arbeitspakets oder eines Netzplanvorgangs.

Auftrags-Projektorganisation (A-PO)
Form einer Projektorganisation, in der alle Entwicklungsvorhaben als Projekte von einem eigenen Organisationsbereich Projektmanagement abgewickelt werden, wobei definierte Aufträge an die einzelnen Entwicklungsstellen in der Linienorganisation vergeben werden (Auftraggeber-Auftragnehmer-Verhältnis).

Auftragskennzeichen (AKZ)
Kontonummer zum Kennzeichnen einzelner Aufträge innerhalb von Entwicklungsvorhaben.

Aufwand
Arbeitsmenge (in Stunden) zur Abarbeitung eines definierten Aufgabenvolumens; wird hier als Synonym zu Personalaufwand verwendet (mit den Maßeinheiten Mann-Stunden, Mann-Monate, Mann-Jahre) und weicht damit von der exakten betriebswirtschaftlichen Definition ab.

Aufzinsung
Umrechnung eines Geldwerts mit einem Zinssatz auf einen späteren Zeitpunkt.

Ausfalldauer
Siehe Ausfallzeit.

Ausfallrate
Anzahl von Ausfällen an Bauelementen innerhalb eines betrachteten Zeitintervalls.

Ausfallwahrscheinlichkeit
Wahrscheinlichkeit, mit der ein zum Betrachungszeitpunkt funktionierendes Bauelement in der nächsten Zeiteinheit ausfällt.

Ausfallzeit
Zeit vom Ausfallzeitpunkt bis zum darauf folgenden Verwendungsbeginn (DIN).

Ausnahme
Projektsituation bei einer Abweichung vom ursprünglichen Plan (PRINCE2).

Ausschreibung
Verfahren zum Einholen von Angeboten für das Erbringen einer Leistung.

Balanced Scorecard
Ausgewogenes Kennzahlensystem (Finanzen, Kunden und Markt, interne Prozesse, Lernen und Wachstum) zur Umsetzung der Vision und Strategie eines Unternehmens.

Barwert
Gibt den Wert an, den eine in der Zukunft bzw. Vergangenheit liegende Geldeinnahme oder -ausgabe zu einem bestimmten Stichtag hat.

Baseline
Zeitliche Grenzlinie zwischen zwei Phasen eines Entwicklungsprozesses, zu der vereinbarte Entwicklungsergebnisse in definierter Qualität erbracht werden müssen.

Baselining
Bezeichnet eine Performance-Bewertung aller Geschäftsbereiche eines Unternehmens.

Bausteintest
Test einer funktionalen Einheit eines Systems (z. B. bei SW ein Modul, bei HW eine Baugruppe).

BCD
Eine Methode zur systematischen Überprüfung von Innovationen auf ihre mögliche Marktakzeptanz und Wirtschaftlichkeit (Business Case Development).

Bedarf
Siehe Einsatzmittelbedarf.

Begleitvorgang
Einem Projekt oder Projektabschnitt zugeordneter Vorgang ohne zeitbestimmende Funktion (z. B. Beratung, Projektüberwachung), für den Anfang und Ende des betreffenden Projekts oder Projektabschnittes Zeitschranken bilden (DIN).

Benchmarking (BM)
Durchführung einer Vergleichsanalyse gegenüber einem oder mehreren Mitbewerbern zur relativen Bewertung eines Produkts, einer Dienstleistung oder einer Organisationseinheit anhand eines festzulegenden Kennzahlensystems (Benchmark-Werte).

Benutzer
Unmittelbarer Nutzer und Bediener einer technischen Einrichtung.

Berichtswesen
Umfasst die Ablauf- und Aufbauorganisation, die für die Belieferung von Projektinformationen an die Projektbeteiligten notwendig ist.

Beschaffungsmanagement
Management für die Beschaffung von im Projekt benötigten Zulieferungen, Materialien und sonstigen Leistungen; es umfasst die Beschaffungsplanung, die Angebotsplanung, die Angebotseinholung, die Lieferantenauswahl sowie die Vertragsabwicklung.

Bestellwert
Bezugskosten für Material und Leistungen bei eingegangenen Verpflichtungen.

Bestellwertfortschreibung
Summierung und Aufzeichnung aller Bestellwerte.

Best-of-Breed-Lösung
Von Best-of-Breed spricht man, wenn man unabhängig von Herstellern und Plattformen unter Berücksichtigung der Integrationsfähigkeit und geeigneter Programmschnittstellen die am besten geeignete(n) Technologie, Architektur oder Softwarekomponenten auswählt (nach evodion).

Best Practice
Kennzeichnet die beste »realisierte« Lösung und somit nicht die »theoretisch beste« Lösung.

Betreuungsprojekt
Projekt, welches die Pflege und Wartung eines Produkts bzw. Systems für einen definierten Zeitraum umfasst.

Betriebskalender
Ergebnis der Zuordnung betriebsspezifischer Zeiteinheiten (z. B. Arbeitstag, Arbeitsschritt) zu den Intervallen eines oder mehrerer vereinbarter Kalender (z. B. Gregorianischer Kalender) (DIN).

Betriebsmittel
Gesamtheit aller materiellen Produktionsfaktoren zur Durchführung von Vorgängen.

Betriebsorganisation
Unternehmensorganisation, bei der die Fertigung ein eigenes Kostenzentrum darstellt und der Vertrieb zusammen mit der Entwicklung ein Ertragszentrum bildet.

Bewerbermanagement
Umfasst Methoden und Instrumente zur Personalbedarfsermittlung und zur Bewerbervorauswahl, bei der Tools zur Unterstützung von Papier-, Online- und E-Mail-Bewerbungen eingesetzt werden.

Beziehungsmanagement
Das Management aufeinander abgestimmter Maßnahmen zur Anbahnung und Pflege von Kunden- und Geschäftsbeziehungen; siehe auch CRM.

Black-Box-Methode
Vorgehensweise einer Planung, bei der schrittweise ein Planungsobjekt derart verfeinert wird, dass noch nicht genau detaillierbare Teile als Black-Box behandelt und nur deren Interaktionen zum Umfeld in die Gesamtplanung einbezogen werden.

Blog
Ein Blog oder auch Web-Log (engl. World Wide Web und Log für Logbuch) ist ein auf einer Website geführtes, meist öffentlich einsehbares Journal, in dem eine Person, der Blogger, Aufzeichnungen führt und Sachverhalte protokolliert.

Blueprinting
Eine Methode zum Visualisieren und Strukturieren von Dienstleistungsprozessen.

Bootstrap
Bootstrap ist u. a. auch der Name eines Verfahrens zur Prozessverbesserung bei der Software-Entwicklung (Bootstrap Institute).

Brainstorming
Intuitive Methode zur Ideenfindung, bei der Fachleute in einer Gruppe durch gegenseitige Inspiration gemeinsam nach kreativen Ideen für eine Problemlösung suchen.

Brainwriting
Schriftliche Form eines Brainstormings.

Break-Even-Point
Siehe Amortisationszeit.

Buchführung
Grundfunktion eines Konfigurationsmanagements, deren Aufgabe das Sichern aller innerhalb eines Projekts anfallenden Arbeitsergebnisse sowie das Bereitstellen von Informationen für Entscheidungs- und Entwicklungsprozesse ist.

Budget
Zweckgebundene Zuweisung von Etats oder Ressourcen für einen definierten Zeitraum.

Bug Tracking System
Fehlerverfolgungssystem bei einer Softwareentwicklung.

Burn-In
Bauteileprüfung unter Stress in der Nähe der Grenzdaten.

Burn-out
Zustand einer emotionalen Erschöpfung, die zu einer allgemeinen Reduzierung der Leistungsfähigkeit des Betroffenen führt. Oft werden Depressionen fälschlicherweise als Burn-out interpretiert.

Business Case
Szenario zur betriebswirtschaftlichen Beurteilung einer Investition, in welchem Annahmen über die Kosten des Projektes und die erwarteten Erträge getroffen werden, um Aussagen über den Return on Invest oder die Amortisationszeit des Projekts machen zu können.

Business Excellence
Gesamtheit von Strategien und Maßnahmen zur Analyse und steten Verbesserung der Leistungsfähigkeit einer Organisation.

Business Intelligence (BI)
Bezeichnet Verfahren und Prozesse zur systematischen Analyse (Sammlung, Auswertung und Darstellung) von Unternehmens- und Marktdaten in elektronischer Form (vergleichbarer deutscher Begriff: Geschäftsanalytik).

Business Process Outsourcing (BPO)
Geschäftsmodell, bei dem ganze IT-Geschäftsprozesse durch eine externe Firma übernommen werden.

Business Process Reengineering (BPR)
Redesign aller kritischen Geschäftsprozesse bei intensiver Ausrichtung auf die Kundenanforderungen und Konzentration auf die Kernkompetenzen des Unternehmens unter Einsatz moderner Informationstechnologie.

Business Service Providing
Geschäftsmodell, bei dem vollständige Geschäftsabläufe durch Fremdfirmen unterstützt werden.

CASE
Computer Aided Software Engineering kennzeichnet die professionelle Software-Erstellung mit computerunterstützten Hilfsmitteln zur Steigerung der SW-Produktivität und SW-Qualität. Sind die SW-Tools in einer einheitlichen Entwicklungsumgebung integriert, spricht man von ICASE.

Cashflow
Der Cashflow (= Gewinn + Abschreibungen + Rückstellungsbildung) gibt Auskunft darüber, wie hoch im Berichtszeitabschnitt der Zuwachs an flüssigem selbstfinanzierten Kapital ist. Dieses Kapital steht in den Investitionsrechnungen für Ersatz- und Neuinvestitionen zur Verfügung, ohne dass neue Kreditaufnahmen notwendig werden.

Change Control Board (CCB)
Änderungssteuerungs-Gremium eines Konfigurationsmanagements zur Entscheidung über das Durchführen von Arbeitsaufträgen.

Change-Management
Auch als Veränderungsmanagement bezeichnet, wird erforderlich z. B. im Rahmen eines Business Process Reengineering oder der Einführung eines Total Quality Management und hat massive Veränderungen in den Arbeitsabläufen und ggf. auch in den Organisationsstrukturen eines Unternehmens zur Folge.

Claim Management
Management von Ansprüchen und Gegenansprüchen, so genannten Claims, im Rahmen eines Projekts (siehe auch Nachforderungsmanagement).

Cloud-Computing
Beschreibt ein Konzept, bei dem die IT-Landschaft (Hardware, Software, Datenspeicher etc.) nicht beim Nutzer, sondern bei einem entsprechenden Anbieter steht und dort betrieben wird. Aus Nutzersicht sind diese Kapazitäten wie in einer „Wolke" gehüllt, wobei der On-Demand-Zugriff z. B. über das Internet geschieht, aber auch über das Intranet innerhalb größerer Unternehmen stattfinden kann.

Coaching
Professionelle Beratung und Betreuung einer Person (Coachee) durch einen Coach bei der Ausübung von komplexen Aufgaben.

Code Review
Statische Prüfung eines SW-Programms ohne einen Ablauftest.

Collaboration
Zusammenarbeit von meist örtlich getrennten Mitgliedern in einem Projektteam.

Collaboration Portal
Siehe Kollaborationssoftware.

Compliance
Steht für die Einhaltung von gesetzlichen Bestimmungen und Regeln, die sich ein Unternehmen aus ethischen und firmenpolitischen Gründen gesetzt hat; hierzu gehören in erster Linie Anti-Korruptionsgesetze.

Computing-on-Demand
Siehe On-Demand-Service.

Cost Performance Index (CPI)
Kostenbezogene Leistungskennzahl der Earned-Value-Analyse; er wird gebildet aus dem Verhältnis des erbrachten Arbeitswertes (Earned Value) und den aufgelaufenen Istkosten.

COTS
Mit COTS (Commercial off the Shelf – kommerzielle Produkte aus dem Regal) werden Produkte aus dem IT-Sektor bezeichnet, die in großer Stückzahl völlig gleichartig entwickelt, gebaut und verkauft werden.

Critical Chain Method
Fortentwicklung der Netzplanmethode mit kritischem Pfad. Bei einer Projektplanung nach Critical Chain erhalten die einzelnen Vorgänge keine Pufferzeiten mehr, sondern werden nach ihrer optimistischen Dauer geplant; erst an das Ende der Vorgangskette wird ein Gesamt-Puffer angehängt.

Critical Chain Management
Managementmethode, die bei der Planung mittels Netzplan ihren Schwerpunkt auf die Einplanung von knappen Personalressourcen legt.

CRM
Customer Relationship Management, auf deutsch Kundenbeziehungsmanagement, kennzeichnet die konsequente Ausrichtung eines Unternehmens auf seine Kunden und die Gestaltung der Kundenbeziehungsprozesse.

Cross Impact Matrix
Methode zum Erstellen und Beurteilen von Szenarien mit nicht analytisch beschreibbaren Faktoren, die von Experten in einer Schätzklausur geschätzt werden (Wechselwirkungsmatrix).

Dashboard
(Englisch für Armaturenbrett, Instrumententafel): Visualisierungsform von Informationen in verdichteter Form; beim Online-Projektmanagement meist die Projektübersicht.

Debriefing
Abschlussbesprechung bei Erreichen eines Meilensteins oder am Projektende in Form einer „Manöverkritik" zur Verbesserung der Lessons learned.

Dekomposition
Schrittweise Verfeinerung eines Planungsobjekts, z. B. die aufeinander folgenden Planungsstände von Anforderungskatalog, Pflichtenheft und Leistungsbeschreibung.

Delphi-Methode
Expertenbefragung zur Aufwandsschätzung in Projekten, bei der die Experten im ersten Schritt anonym zueinander ihre Schätzungen abgeben und im zweiten Schritt einen Abgleich mit den Schätzungen der anderen vornehmen können.

Design-to-Cost (DTC)
Beim »Design-to-Cost« richtet sich das Systemdesign nach einem Kostenbetrag, der für die Entwicklung zu Beginn festgelegt wurde.

Diagramm
Zeichnerische Darstellung errechneter Werte in einem Koordinatensystem (Duden).

Dienststellengemeinkosten (DGK)
Gemeinkosten einer Kostenstelle.

Diskontinuität
Starke Abweichungen des Projektablaufes von der Projektplanung, z. B. Änderungsanforderungen, eingetretene Risiken, plötzliche Personalengpässe, unvorhergesehene Projektunterbrechungen sowie Projektsistierung durch den Auftraggeber.

Diskontinuitätenmanagement
Hat die Aufgabe, eingetretene Diskontinuitäten im Projekt zu bewältigen sowie zukünftigen Krisen und Diskontinuitäten vorzubeugen.

Dokumentationsmanagement
Aufbau und Verwaltung von Dokumenten aller Art, die beim Durchführen eines Projekts entstehen (häufig innerhalb des Konfigurationsmanagements).

Dokumentationsschlüssel
Eindeutige Identifikationskennzeichnung für das einzelne Dokument.

Durchlaufzeit (DLZ)
Erforderliche Zeit für den Durchlauf eines Prozesses.

Earned Value
Entspricht dem Arbeitswert einer Projektarbeit und wird berechnet als die Summe der im Kostenplan vorgesehenen Kosten für die zu einem bestimmten Stichtag erbrachten Leistungen.

Earned Value Management
In der Earned-Value-Analyse (EVA) werden zum Überwachen der Projektqualität und des Projektfortschritts die Messwerte für Leistungsumfang, Termine und Kosten miteinander kombiniert.

Economic Value Added
(= Geschäftswertbeitrag): Eine Messgröße aus der Finanzwirtschaft, die dazu dient, die Vorteilhaftigkeit einer Investition zu berechnen; wird wie die Earned-Value-Analyse mit EVA abgekürzt. Entwi-

ckelt wurde der EVA von der Unternehmensberatung Stern Stewart & Co, welche sich die Markenrechte am Kürzel EVA gesichert hat. Die Übersetzung ins Deutsche, GWB, ist von der Siemens AG geschützt.

Effektivität
Wirksamkeit einer Handlung oder einer Maßnahme.

Effizienz
Wirtschaftlichkeit eines Vorhabens; Verhältnis von Ertrag zum Aufwand.

Einfluss-Projektorganisation (E-PO)
Form einer Projektorganisation, bei der der Projektleiter nur als Koordinator ohne eigene Weisungsbefugnis wirkt.

Einflussfaktor (EF)
Quantifizierte Einflussgröße bei einem Schätzverfahren.

Einflussgröße
Quantifizierbarer Einflussparameter.

Einflussparameter
Parameter, der einen korrigierenden Einfluss auf eine bestimmte Projektgröße hat.

Einsatzmittel (EM)
Gesamtheit der Arbeitskräfte, Geräte, Anlagen, Lagerflächen usw. zur Durchführung von Vorgängen (DIN).

Einsatzmittelart (EMA)
Kategorie gleichartiger Einsatzmittel (DIN).

Einsatzmittelbedarf (EMB)
Arbeitsmenge je Zeiteinheit für einen oder mehrere Vorgänge, wie sie sich aus zeitlichen oder sonstigen Grenzbedingungen ergibt (DIN).

Einsatzmitteleinheit (EME)
Mengeneinheit einer Einsatzmittelart (DIN).

Einsatzmittelkalender
Kalender, in dem die tagesbezogene Verfügbarkeit von Einsatzmitteln notiert wird.

Einsatzmittelkapazität (EMK)
Leistungsvermögen einer Einsatzmittelart je Zeiteinheit (DIN).

Einsatzmittelvorrat
Voraussichtliches Ist für ein Einsatzmittel.

Endfolge (EF)
Anordnungsbeziehung vom Ende eines Vorgangs zum Ende seines Nachfolgers (DIN).

Endkostenrechnung
Kostenrechnung der erwarteten Kosten, bei der aufgrund einer Restaufwandsschätzung die Endkosten ermittelt und mit der vertraglichen Deckung (Vertragswert plus genehmigte Aufstockung) verglichen werden (Cost-to-Completion).

Entscheidungsnetzplan (ENP)
Netzplan, der mindestens eine ODER-Bedingung enthält (stochastische Ablaufstruktur). An den Ausgängen können den weiterführenden Wegen Wahrscheinlichkeitswerte zugeordnet werden (DIN).

Entscheidungsnetzplantechnik (ENPT)
Form der Netzplantechnik, die stochastische Ablaufstrukturen verwendet (DIN).

Entwicklungsdokumentation
Setzt sich aus der Produkt- und der Projektdokumentation zusammen.

Entwicklungsgemeinkosten (EGK)
Kosten einer Entwicklung, sofern sie nicht einem Kundenauftrag direkt zugerechnet werden.

Entwicklungskennzeichen (EKZ)
Ein- oder mehrstelliges Kennzeichen für die Entwicklungsart und -phase.

Entwicklungsphase
Inhaltlich eindeutig definierter Abschnitt eines Entwicklungsablaufs.

Entwicklungsselbstkosten
Gesamtkosten einer Entwicklung unter Einbeziehung aller Entwicklungskosten, z. B. auch der zugehörigen Forschungskosten.

Entwicklungszeitfaktor
Verhältnis der aufgewendeten Zeit zur ursprünglich geschätzten Zeit.

Ereignis
Eintreten eines definierten Zustands im Ablauf (DIN).

Ereignisknoten-Netzplan
Netzplan nach einem Verfahren, bei dem vorwiegend Vorgänge beschrieben und durch Knoten dargestellt werden (DIN).

Erfahrungsdaten
Projekt- und produktspezifische Messdaten mit korrespondierenden Merkmalsdaten, wie Einflussparameter und deskriptive Angaben.

Erfahrungsdatenbank (EDB)
Enthält Erfahrungsdaten von abgelaufenen (aussagekräftigen) Projekten mit zugehörigen allgemeinen Beschreibungen.

Ergebniseinheit
Einheit, in der das Ergebnis einer Arbeit gemessen werden kann, z. B. loc, DIN A4-Dokumentationsseite, kg, qm, Anzahl Gatterfunktionen.

ERP-System
Eine Anwendersoftware zur Ressourcenplanung eines ganzen Unternehmens; typische Funktionsbereiche einer ERP-Software sind Materialwirtschaft,

Fertigung, Finanz- und Rechnungswesen, Personalwesen, FuE und Vertriebswesen.

Ersatzvorgang
Vorgang, der die bei der Netzplanverdichtung zwischen zwei bestimmten Knoten ersetzten Vorgänge repräsentiert (DIN).

Ertragszentrum
Abgegrenzter Teil eines Unternehmens, für den eine eigene Ergebnisrechnung erstellt wird (Profit Center).

Eskalationsmanagement
Vordefinierte Benachrichtigungskette ins obere Management beim Eintreten einer Krise oder Katastrophe.

Evaluation
Projektbewertung, bei der ein oder mehrere unabhängige Gutachter für den Auftraggeber den Status des Projekts beurteilen. Evaluationen können nach Abschluss einer Phase, nach Erreichen eines Meilensteins oder zum Projektabschluss durchgeführt werden und entscheiden über den weiteren Projektfortgang.

Excellence
Überragende Fähigkeit im »Managen« einer Organisation und im Erzielen von Ergebnissen.

Extranet
Internet-ähnliches Kommunikationsnetz eines Unternehmensverbunds, zu dem nur Mitglieder der eingebundenen Firmen Zugang haben.

Facility-Management
Synonym für Gebäude- und Objektmanagement; umfasst das Management zur Planung, Einrichtung und Betrieb von Gebäuden, Anlagen und Einrichtungen.

Fehlerbehebung
Beseitigen eines Fehlers in einem HW- bzw. SW-Teil.

Fehlerrate
Gibt die Wahrscheinlichkeit an, dass in einem Zeitintervall mindestens ein Fehler entdeckt wird.

Fehlerverhütung
Maßnahmen, die zur Verhütung von Fehlern dienen (z. B. Inspektion).

Fehlleistungskosten
Ungeplante Kosten, die aufgrund eines Ereignisses, einer Veränderung oder eines Problems in bestimmten Projektteilen auftreten (Non-Conformance Costs, NCC).

Feinnetzplan
Netzplan mit einer Struktur, die einen Einblick in viele Details des Projektablaufes zulässt (DIN).

Fertigstellungsgrad
Verhältnis der zu einem Stichtag erbrachten Leistung zur Gesamtleistung eines Vorganges oder eines Projektes (DIN).

Fertigstellungswert
Siehe Arbeitswert.

Fertigungsgemeinkosten (FGK)
Kosten der Fertigung, sofern sie einem einzelnen Produkt nicht direkt zugerechnet werden können.

Festpreis
Ein vom Auftraggeber an den Auftragnehmer zu zahlender Preis für die zu erbringenden Projektleistungen, wobei Höhe und Zahlungsweise im vorhinein vertraglich festgelegt sind.

Finanzmittelbedarf
Bedarf an Finanzmitteln, der im Rahmen einer Wirtschaftlichkeitsrechnung für die Durchführung eines Rationalisierungs- bzw. Investitionsvorhabens angesetzt wird.

Finanzmittelrückfluss
Rückfluss an Finanzmitteln, der im Rahmen einer Wirtschaftlichkeitsrechnung als Ergebnis eines realisierten Rationalisierungs- bzw. Investitionsvorhabens angesetzt wird.

Folgekosten
Die nach Inbetriebnahme eines Systems entstehenden Kosten für Betriebsunterhaltung, Wartung und Aussonderung.

Fortschrittsgrad
Siehe Fertigstellungsgrad.

Freie Pufferzeit (FP)
Zeitspanne, um die ein Ereignis bzw. Vorgang gegenüber seiner frühesten Lage verschoben werden kann, ohne die früheste Lage anderer Ereignisse bzw. Vorgänge zu beeinflussen (DIN).

Fremdleistung
Leistung von einem Unterauftragnehmer bzw. einem Lieferanten.

Frühwarnsystem
Frühwarnsysteme dienen dazu, Probleme, Krisen, Konflikte und Risiken bereits bei ihrer Entstehung zu erkennen, um rechtzeitig Gegenmaßnahmen ergreifen zu können. Bestandteil von Frühwarnsystemen im Projektmanagement können z. B. Meilenstein- und Kostentrendanalysen, laufende Mitkalkulation, Risikoanalysen, Balanced Scorecard oder Nutzwertanalysen sein.

FuE-Konto
Kontonummer zum Kennzeichnen einzelner Aufgabenkomplexe innerhalb eines Forschungs- oder Entwicklungsbereichs.

Function-Point (FP)
Siehe Funktionswert.

Funktionsstruktur
Gliedert ein zu entwickelndes Produkt bzw. System in seine funktionalen Teile.

Funktionswert
Gewichteter und bewerteter Zahlenwert für die Funktionsanzahl eines Systems.

Galeriemethode
Eine Kreativitätstechnik zur Lösung von Problemen. In einem Brainstorming entwirft jeder Einzelne seinen Lösungsvorschlag, der dann in der darauf folgenden Assoziationsphase in einer „Galerie" aufgehängt und dort gemeinsam diskutiert wird.

Garantie
Im Gegensatz zur Gewährleistung stellt die Garantie eine freiwillige Verpflichtung des Herstellers bzw. Lieferanten dar.

Gegenwartswert
Barwert eines ab- oder aufgezinsten Geldwertes zum gegenwärtigen Zeitpunkt.

Gemeinkosten (GK)
Sammelbegriff für alle Kosten, die einem Produkt nicht direkt zuordenbar sind (z. B. Verwaltung, Archiv, Werbung etc.).

Generalunternehmer
Eine Generalunternehmer übernimmt bei einem von mehreren Firmen getragenen Projekt die gesamte fachliche und wirtschaftliche Verantwortung; die anderen Firmen sind durch vertraglich fixierte Unteraufträge eingebunden.

Gesamte Pufferzeit (GP)
Zeitspanne zwischen frühester und spätester Lage eines Ereignisses bzw. Vorgangs (DIN).

Geschäftsprozess
Ein dem Unternehmenszweck dienender Arbeitsablauf.

Geschäftsprozessmanagement
Siehe Prozessmanagement.

Geschäftswertbeitrag
Siehe Economic Value Added.

Gewährleistung
Gesetzlich festgelegte Verpflichtung des Herstellers bzw. Lieferanten zur Mängelfreiheit seines erstellten bzw. gelieferten Produkts.

Gewährleistungsfrist
Zeitspanne, nach deren Ende Gewährleistungsansprüche rechtlich nicht mehr bestehen (DIN 69905).

Gozintograph
Ist ein gerichteter Graph, der beschreibt, aus welchen Einzelteilen ein oder mehrere Produkte bestehen.

GPM
Die Deutsche Gesellschaft für Projektmanagement e.V. (GPM) organisiert Seminare, Fachtagungen und Symposien für Projektmanagement; sie ist das deutsche Mitglied in der International Project Management Association (IPMA).

Grad
Kennzahlentyp, der das Verhältnis zweier gleichartiger Größen ausdrückt, wenn dessen Optimalwert höchstens Eins (gleich 100%) werden kann (DIN).

Grenzkostenrechnung
Kostenrechnung, die die Abhängigkeit der Veränderung der erzeugten Mengen zu den verursachten Kosten analysiert.

Grid Computing
Beim Grid Computing steht die gemeinschaftliche Nutzung von gemeinsamen Ressourcen im Vordergrund, es gibt keine zentrale Steuerung wie beim Cloud Computing.

Grobnetzplan
Netzplan mit einer Struktur, die einen groben Überblick über den Projektablauf zulässt (DIN).

Groupware
Siehe On-Demand-Service.

Haftung
Verpflichtung zu einer Ersatzleistung im Falle eines Fehlers oder Schadens einer gelieferten Sach- oder Dienstleistung.

Häufigste Dauer (HD)
Dauer eines Vorgangs, die unter üblichen Bedingungen meistens vorkommt (DIN).

Herstellkosten (HK)
Kosten für die Herstellung eines Produkts ohne Gemeinkosten- und Gewinnzuschlag.

Hot-Stand-By
Besonders aufwändige Vorgehensweise der Risikovorsorge bei technischen Risiken. Um das Ausfallrisiko einer technischen Anlage zu reduzieren, werden kritische Teile gedoppelt, d. h. zweifach vorgehalten (z. B. gespiegelte Festplatten bei einem Großrechner oder zweites Kühlaggregat in einem Kernkraftwerk).

House of Quality
Bewertungs- und Beziehungsmatrix der Quality-Function-Deployment-Methode (QFD) zur Gegenüberstellung der Kundenanforderungen zu den technischen Produktmerkmalen.

ICB
IPMA Competence Baseline, Kompetenzrichtlinie der IPMA (International Project Management Association) zur Beurteilung der Projektmanagement-Kompetenzen von Projektleitern und -mitarbeitern.

Idealog
Eine deutsche Kreativitätsmethodik (nach Luther 2006), die vier Phasen des kreativen Prozesses als Kreislauf abbildet: Orientierung (Klärung des Problems, Definition eines Zieles), Generierung (Formulierung von Wünschen, Entwicklung von Visionen), Optimierung (Auswahl der besten Lösungsansätze, Formulierung von Konzepten) und Realisierung (Umsetzung der Lösungen, Erfolgskontrolle). Der Prozess kann mehrfach durchlaufen werden.

Ideenmanagement
Teil des Innovationsmanagements; umfasst das Generieren und Sammeln geeigneter Ideen für angestrebte Produkt- und Prozessverbesserungen.

Informationsmanager
Managen den Einsatz von Informations- und Kommunikationstechniken, entwickeln und kontrollieren geeignete Anwendungstechniken.

Inhaltsmanagement
Auch Umfangsmanagement genannt, siehe dort.

Initialisierungsphase
Beim fünfstufigen Prozessmodell der DIN 69901 die Anfangsphase eines Projekts, welche die Gründung des Projekts umfasst.

Inspektion
Statische Methode zur Prüfung von in Dokumenten niedergelegten Entwicklungsergebnissen.

Integrationsmanagement
Umfasst die Haupttätigkeiten eines Projektleiters: die Entwicklung und Ausführung des Projektplans sowie die integrierte Änderungssteuerung.

Interaktionsmanagement
Überwacht alle Interaktionen (Schnittstellen, Kommunikation, Konflikten etc.) in einer Projektabwicklung.

Inter-industrielles Projekt
Projekt, dessen Ausführungsteile auf mehrere Industrieunternehmen verteilt werden.

Interne Zinsfuß-Methode
Wirtschaftlichkeitsrechnung zur Ermittlung desjenigen Grenzzinssatzes (Marginalrendite), bei dem der Barwert der Ausgaben gleich dem Barwert der Einnahmen ist.

Intranet
Ein unternehmensinternes Kommunikationsnetz, zu dem nur Firmenmitglieder Zugang haben.

IPMA
Die International Project Management Association (IPMA) ist eine gemeinnützige Gesellschaft mit Sitz in der Schweiz und ist der internationale Dachverband nationaler Projektmanagement-Gesellschaften. Zu ihren Aufgaben gehören die Durchführung von Seminaren, Fachtagungen und Symposien wie dem jährlichen Weltkongress für Projektmanagement. Die Deutsche Gesellschaft für Projektmanagement e.V. (GPM) ist Mitglied in der IPMA.

IPMI
Umfasst standardisierte Schnittstellen für Rechner-Hardware zur Wartung und Verwaltung (Intelligent Platform Management Interface).

Ishikawa-Diagramm
Mit diesem Ursache-Wirkungs-Diagramm, auch Fischgräten-Diagramm genannt, sollen Problemursachen grafisch dargestellt werden. Die Anwendung erfolgt im Rahmen des Qualitätsmanagements zur Analyse von Qualitätsproblemen und deren Ursachen.

Issues Management
Ein Verfahren, das die Beobachtungs- und Informationsverarbeitungsfähigkeit einer Organisation gewährleistet und so zur Bewältigung von Ungewissheiten und Risiken beiträgt. Im Projektmanagement dient es zur frühzeitigen Identifikation von kritischen Themen und Ansprüchen von Stakeholdern, die den Handlungsspielraum eines Unternehmens zu beeinträchtigen drohen.

Johari-Fenster
Ein Vierfelder-Diagramm zum Aufzeigen bewusster und unbewusster Persönlichkeits- und Verhaltensmerkmale.

Jour Fixe
Regelmäßiges, verbindliches Treffen des Projektteams an einem festen Wochentag.

Kalibrierung
Anpassung der Algorithmen und Einflussgrößen eines Schätzverfahrens an eine aktuellere oder an eine veränderte Projektumwelt.

Kalkulation
Bestimmung des Mengen- und Wertegerüsts (Produktgrößen, Aufwand, Kosten) eines Projekts; gliedert sich in Vor-, Mit- und Nachkalkulation.

Kalkulationsrelevante Teileinheit
Teileinheit einer Produkt- bzw. Systementwicklung in einer für die Projektkalkulation adäquaten (Kosten-) Größenordnung.

Kalkulationsschema
Einheitliches Schema für die Gegenüberstellung aller einem Projekt unmittelbar zuordenbaren Plan- und Istkosten unter Berücksichtigung der zugrundeliegenden Ergebnismengen.

Kanban-Methode
In Japan entwickelte Methode der Produktionsablaufsteuerung, die darauf abzielt, den Verbrauch von Materialien mit deren Zurverfügungstellung

zeitgerecht zu koordinieren, um damit eine Reduzierung der Bestände zu erreichen.

Kano-Modell
Eine Kundenanforderungsanalyse, mit der die Kundenwünsche an die eigenen Produkte oder Dienstleistungen gezielt eruiert werden. Das Modell unterscheidet vier Ebenen der Qualität für den Kunden: Basis-Merkmale, Leistungsmerkmale, Begeisterungsmerkmale und indifferente Merkmale.

Kapazität
Das zeitbezogene Leistungsvermögen einer Einsatzmittelart.

Kapitalwertmethode
Wirtschaftlichkeitsrechnung, bei der der Kapitalwert einer Investition Beurteilungsmaßstab der Wirtschaftlichkeit ist.

Katastrophenplanung
Planung der erforderlichen Maßnahmen und des Vorgehens bei Eintritt einer hypothetischen Katastrophe.

Käufe und Bezüge
Kosten, die durch Zukauf von Material und Leistungen entstehen.

Kennzahlensystem
In einem Schema geordnete Gesamtheit von Kennzahlen.

Key Performance Indicators (KPI)
Siehe Schlüsselkennzahl.

Kennzahl
Wird aus produkt- und projektspezifischen Messdaten unter Berücksichtigung entsprechender Merkmalsdaten (wie Einflussparameter) abgeleitet.

Kick-Off-Veranstaltung
Projektstart-Sitzung. Steht häufig am Beginn eines Projekts mit dem Ziel des Projektmarketings und der Motivation für das Projekt. Teilnehmer werden aus dem gesamten Projektumfeld sowohl auf der Auftraggeber- als auch auf der Auftragnehmerseite eingeladen.

KM-Funktion
Sammelbegriff für die Grundfunktionen Konfigurationsbestimmung, Änderungssteuerung, Änderungsüberwachung und Buchführung des Konfigurationsmanagements.

Knowledge-Base
Siehe Erfahrungsdatenbank, Projektdatenbank.

Knowledge Management
Siehe Wissensmanagement.

Knoten
Darstellungselement zum Beschreiben eines Verknüpfungspunkts; je nach Netzplanverfahren symbolisiert der Knoten ein Ereignis oder einen Vorgang (DIN).

Kollaborationssoftware
Ermöglicht Projektmitarbeitern, die über ein Computernetz verbunden sind, miteinander zu kommunizieren und so gemeinsam an einem Projekt zu arbeiten.

Kommunikationsmanagement
Management aller Informationsflüsse innerhalb eines Projekts.

Kompetenz
Fachwissen plus Erfahrung.

Kompetenzmanagement
Siehe Skills-Management.

Komponententest
Siehe Bausteintest.

Konfiguration
Zentraler Gegenstand des Konfigurationsmanagements, mit dessen Hilfe der Aufbau von zusammengesetzten Entwicklungseinheiten aus Einzelelementen versionsgenau beschrieben wird.

Konfigurationsbestimmung
Grundfunktion des Konfigurationsmanagements mit der Aufgabe, Konfigurationen eines Systems zu bestimmen, diese eindeutig zu benennen und deren Eigenschaften festzulegen.

Konfigurationselement
Objekt (z. B. CAD-Daten von FBGen, SW-Module, Dokumente), das der Änderungssteuerung unterworfen ist.

Konfigurationsmanagement (KM)
Disziplin des Projektmanagements, welche ein Projekt als Folge kontrollierter Änderungen an gesicherten Arbeitsergebnissen abwickelt.

Konfigurationsstruktur
Struktur zum versionsgenauen Aufbau eines Systems aus mit Hilfe von Konfigurationen definierten Teilsystemen.

Konfliktmanagement
Beseitigung von Konflikten im personellen Umfeld eines Projektes, die wegen unterschiedlicher Ansichten hinsichtlich einzelner Projektparameter aufgetreten sind.

Konformität
Erfüllung einer Anforderung (Begriff im Qualitätsmanagement).

Kongruenzprinzip
Es besagt, dass die Verantwortung für eine Aufgabe untrennbar mit den dafür erforderlichen Befugnissen verbunden ist; dies hat sowohl für die Rechte und Pflichten eines Projektleiters als auch für die eines Teilprojektleiters zu gelten.

Kontengemeinkosten
Gemeinkosten, die FuE-Konten belastet werden und nicht Bestandteil von Kostenstellen sind.

Kontenrahmen
Standardisiertes Kostenarten-Verzeichnis in einem Unternehmen.

Kontrollindex
Kennzahl zum Bewerten des Sachfortschritts.

Korrekturmaßnahmen
Verbesserungsmaßnahmen innerhalb eines Qualitätssicherungssystems.

Kostenart
Kosten, unterteilt nach der Art des Verzehrs an geldwerten Gütern und Leistungen.

Kostenartenrechnung
Teil der Kostenrechnung, bei der sämtliche Kosten eines definierten Zeitraums nach fest vorgegebenen Kostenarten unterteilt sind.

Kostenelement
Unterscheidung der Kosten nach Art der Verursachung (z. B. Personal-, Material-, Reisekosten).

Kosten-Nutzen-Analyse
Gegenüberstellung der Kosten und des Nutzens z. B. einer Risikoabsicherungsmaßnahme.

Kostenplan
Zusammenfassung aller für das Durchführen eines Projekts notwendigen Kosten in einer Planunterlage.

Kostenrechnung
Gesamtheit aus Kostenarten-, Kostenstellen- und Kostenträgerrechnung.

Kostenstellenrechnung
Teil der Kostenrechnung, der die Kosten dem Ort der Entstehung, den Kostenstellen, zuordnet.

Kostenträger
Leistungseinheiten (Produkte oder Dienstleistungen), denen zum Zwecke der Kalkulation die Kosten mittels Kostenträgerrechnung zugerechnet werden.

Kostenträgerrechnung
Teil der Kostenrechnung, bei der die Kosten eines definierten Zeitraums den jeweiligen Leistungseinheiten, den Kostenträgern, zugeordnet sind.

Kostentreiber
Einflussfaktor bei der SW-Aufwandsschätzmethode COCOMO.

Kosten-Trendanalyse
Fortschreibende Aufzeichnung von Kostenplanzahlen zur Trendprognose der Kostensituation.

Kreativitätstechniken
Sie helfen die Kreativität von Menschen bei der Findung von Problemlösungen zu entwickeln und zu entfalten.

Krisenmanagement
Besteht im Wesentlichen aus den drei Bereichen Krisenprävention, Krisenfrüherkennung und Krisenbewältigung. Konsequentes Projektmanagement und Risikomanagement leisten den größten Beitrag zur Krisenprävention. Zur Krisenfrüherkennung werden bestimmte Krisenindikatoren herangezogen. Eine Krisenbewältigung setzt schließlich ein, wenn bereits eine Krise bzw. ein projektgefährdendes Risiko eingetreten ist.

Krisenplanung
Planung der erforderlichen Maßnahmen und des Vorgehens bei Eintritt einer möglichen Krisensituation.

Kritischer Vorgang
Vorgang, der über keine Gesamtpufferzeit verfügt.

Kritischer Weg
Weg, auf dem Ereignisse bzw. Vorgänge so angeordnet sind, dass die gesamte Pufferzeit ein Minimum ist (DIN).

Kulanz
Freiwillige Mängelbeseitigung außerhalb der Gewährleistungspflicht.

Kundenzufriedenheit
Wahrnehmungsgrad eines Kunden hinsichtlich seiner Zufriedenheit mit dem erworbenen Produkt bzw. der in Anspruch genommenen Dienstleistung.

Kybernetik
Die Wissenschaft der Steuerung und Regelung von Maschinen, lebenden Organismen und sozialen Organisationen (Begründer: Norbert Wiener).

Lastenheft
Beschreibt ergebnisorientiert die »Gesamtheit der Forderungen an die Lieferungen und Leistungen eines Auftragnehmers« (DIN 69905) und stellt damit den Anforderungskatalog an das spätere Produkt oder System dar.

Lastgröße
Ressourcenbedarf (Input) für ein Entwicklungsprojekt, wie Zeit, Personal, Geld und Räumlichkeiten.

Lead Management
Die konsequente Erfassung, Bearbeitung und Ausschöpfung vorhandener Interessen-Potenziale bei Kunden.

Lean Management
Eine schlanke Organisation, in der die Aktivitäten in einer Wertschöpfungskette optimal aufeinander abgestimmt sind und unproduktive Tätigkeiten vermieden werden.

Lebenszykluskosten
Gesamte Kosten eines Produkts über seine Lebensdauer (Planung, Entwicklung, Fertigung, Einsatz).

Leistungsbeschreibung
Planungsergebnis des Systementwurfs, welches die internen und externen Schnittstellen des zu entwickelnden Produkts festlegt sowie aufzeigt, wie die im Pflichtenheft definierten Anforderungen erfüllt werden.

Leistungsgröße
Ergebnisgröße (Output) eines Entwicklungsprojekts wie Funktionsumfang, Befehlsmenge, Verfügbarkeit, Durchsatz etc.

Lernende Organisation
Organisation, die gezielt darauf ausgerichtet ist, den Wissens- und Erfahrungsstand seiner Mitarbeiter durch geeignete Maßnahmen zu verbessern.

Lernkurve
Sie zeigt auf, welche relativen Kosten- bzw. Zeiteinsparungen bei einer vermehrten Produktion von Einzelteilen (z. B. Verdoppelung der Produktionsmenge) zu verzeichnen sind.

Lessons learned
Erfahrungsberichte durchgeführter Projekte, die sowohl die positiven Ergebnisse als auch die negativen Erkenntnisse wertneutral aufzeigen.

Life-Cycle-Cost (LCC)
Siehe Lebenszykluskosten.

Linienorganisation
Herkömmliche hierarchisch strukturierte Organisationsform eines Unternehmens.

Link Management
Sorgt für den optimalen Zugang zu allen Dokumenten, Informationen und Daten im Rahmen eines Projekts; es ist damit Teil des Wissensmanagements.

LoA-Prozess
Der LoA-Prozess (Limits of Authority) ist das interne Genehmigungsverfahren für alle externen Projekte der Siemens AG sowie ihrer Tochterfirmen und angegliederten Unternehmen.

LogFrame-Matrix
Planungstool (4 x 4-Matrix) des Vorgehensmodells Logical Framework Approach.

Lorenz-Kurve
Grafische Darstellung einer statistischen Verteilung, welche die Ungleichverteilung zweier Betrachtungseinheiten, z. B. Kosten und Zeitaufwand, veranschaulicht (benannt nach dem amerik. Ökonom Lorenz).

Machbarkeitsprüfung, -studie
Eine zu Projektbeginn durchgeführte Prüfung, die neben der technischen, organisatorischen und wirtschaftlichen Machbarkeit des geplanten Projekts auch die Verfügbarkeit von Einsatzmitteln zu prüfen hat.

Management
Zielorientiertes Leiten eines Vorhabens bzw. eine Institution, die diese Leitung übernimmt.

Marginalrendite
Entspricht dem nach der internen Zinsfußmethode in einer Einnahmen-/Ausgabenrechnung ermittelten Zinssatz für das einzelne Rationalisierungs- bzw. Investitionsobjekt über dessen wirtschaftliche Lebensdauer gesehen.

Matrix-Projektorganisation (M-PO)
Form einer Projektorganisation, in der linienorganisationsüberschreitend Mitarbeiter temporär zu einer Projektgruppe zusammengefasst werden.

Mediator
Vermittler in einer Konfliktsituation.

Mehrnetztechnik
Technik der gemeinsamen Verarbeitung mehrerer Netzpläne (DIN).

Mehrprojekttechnik
Technik der gemeinsamen Bearbeitung mehrerer Projekte (DIN).

Meilenstein
Ereignis besonderer Bedeutung (Schlüsselereignis) (DIN). Ein Meilenstein bezeichnet den Beginn oder Abschluss eines Prozessschritts, zu dem vorher festgelegte Entwicklungsergebnisse erbracht werden müssen.

Meilenstein-Netzplan
Netzplan, in dem ausschließlich Meilensteine durch Anordungsbeziehungen miteinander verknüpft sind (DIN).

Meilensteinkennzeichen (MKZ)
Kennzeichen, mit dem ein Vorgang oder ein Ereignis als Meilenstein bestimmt wird.

Meilenstein-Trendanalyse
Fortschreibende Aufzeichnung von jeweils aktualisierten Planterminen relevanter Meilensteine zur Trendprognose der Terminsituation.

Meldewesen
Verfahren, welches das formale Behandeln von Änderungsanforderungen einschließlich dem Erstellen von Arbeitsaufträgen regelt.

Mengengerüst
Mengenmäßiger Aufriss eines Entwicklungsvorhabens sowohl hinsichtlich der angestrebten Produktgrößen als auch der geplanten Projektdaten.

Mentoring
Mentoring bedeutet, dass ein erfahrener Mentor einen Anfänger, den Mentee, bei der Einarbeitung in

dessen neues Umfeld unterstützt und ihm dabei erfolgversprechende Vorgehensweisen nahebringt.

Merkmalsdaten
Erfahrungsdaten, die entweder klassifizierende bzw. gewichtende Einflussgrößen oder deskriptive Angaben darstellen.

Methode
Begriff des objektorientierten Ansatzes, durch den eine Menge ausführbarer Operationen eines Objektes identifiziert werden.

Mindmapping
Kreativitätstechnik zur strukturierten Sammlung von Ideen.

Mitkalkulation (MITKA)
Gegenüberstellung der unmittelbar und mittelbar zuordenbaren Plan- und Istkosten einer (Produkt-)Teileinheit.

Mittlere Dauer (MD)
Errechneter Erwartungswert für die Dauer eines Vorgangs (DIN).

Modifikationsentwicklung
Erweiterung eines bestehenden Systems um neue Leistungsmerkmale.

Modularnetzplantechnik (MNPT)
Standardnetzplantechnik, bei der Lösungen aus Netzplanmodulen aufgebaut werden (DIN).

Modultest
Siehe Bausteintest.

Multiprojektplanung
Projektplanung, die gleichzeitig mehrere Projekte in die Termin-, Kosten- und Personaleinsatzplanung einbezieht.

Nachfolger
Einem Vorgang unmittelbar nachgeordneter Vorgang (DIN).

Nachforderungsmanagement
Im Sinne der DIN 69905 die »Überwachung und Beurteilung von Abweichungen bzw. Änderungen und deren wirtschaftlichen Folgen zwecks Ermittlung und Durchsetzung von Ansprüchen« (Claim Management).

Nachkalkulation
Projektabschließende Gegenüberstellung der unmittelbar und mittelbar zuordenbaren Plan- und Istkosten der einzelnen (Produkt-)Teileinheiten.

Nettostundenschlüssel
Anzahl der (im Durchschnitt) von einem Mitarbeiter für Projekte produktiv geleisteten Stunden im Jahr.

Networking
Entwickeln von Beziehungen zu Personen, die beim Erreichen von Zielen und bei Verantwortlichkeiten helfen können [60].

Netzplan
Grafische oder tabellarische Darstellung von Abläufen und deren Abhängigkeiten (DIN).

Netzplan-Methode
Art und Weise des Vorgehens nach detaillierten Regeln der Darstellung (z. B. PERT, MPM und CPM), der Berechnung usw. von Netzplänen (DIN).

Netzplantechnik (NPT)
Alle Verfahren zur Analyse, Beschreibung, Planung, Steuerung, Überwachung von Abläufen auf der Grundlage der Graphentheorie, wobei Zeit, Kosten, Einsatzmittel und weitere Einflussgrößen berücksichtigt werden können (DIN).

Netzplanverdichtung
Verdichtung der Netzplaninformationen durch Verringern der Anzahl Vorgänge, Ereignisse und Anordnungsbeziehungen eines Netzplans bei gleichbleibender Ablaufstruktur des Projekts (DIN).

Netzplanverfahren
Zuordnung von Ablaufelementen zu Darstellungselementen; hinsichtlich des Verfahrens unterscheidet man Ereignisknoten-, Vorgangsknoten- und Vorgangspfeil-Netzpläne (DIN).

Netzplanverfeinerung
Verfeinern der Informationen durch Vermehren der Anzahl Vorgänge, Ereignisse bzw. Anordnungsbeziehungen eines Netzplans bei gleichbleibender Ablaufstruktur (DIN).

Netzplanverknüpfung
Zusammenfügen von Netzplänen mit Hilfe von Anschlussverbindungen (DIN).

Netzplanzerlegung
Zerlegen eines Netzplans in Teilnetzpläne (DIN).

Nichtverfügbarkeit
Wahrscheinlichkeit, dass eine Betrachtungseinheit (Baugruppe, Einrichtung) im Betrachtungszeitpunkt gerade ausgefallen ist.

Non-Conformance Costs
Siehe Fehlleistungskosten.

Normalfolge (NF)
Anordnungsbeziehung vom Ende eines Vorgangs zum Anfang seines Nachfolgers (DIN).

Notfallplanung
Planung von Vorsorgemaßnahmen für definierbare Notfallsituationen.

Notfallübung
Simulation einer definierten Notfallsituation.

trägers bezüglich eines mehrdimensionalen Zielsystems geordnet werden.

OA-Projekt
Alle Planungs-, Untersuchungs- und Realisierungsprojekte, die der Verbesserung der internen Organisation und Automatisierung dienen.

Objekt
Begriff des objektorientierten Ansatzes (OO), durch den Gegenstände der realen Welt in einem DV-System repräsentiert werden. Ein Objekt besteht aus Daten und Methoden.

Objektbezogener Netzplan
Auf ein Realisierungsobjekt adaptierter Standardnetzplan durch Eliminieren von nicht relevanten Standardvorgängen bzw. Kreieren von speziellen neuen Vorgängen.

Objektbibliothek
DV-System zum Verwalten aller Arbeitsergebnisse, die in einem Projekt hergestellt werden. Arbeitsergebnisse, die nicht DV-speicherbar sind, werden über Stellvertreter-Objekte in die Verwaltung einbezogen.

Objektstruktur
Umfasst neben den Komponenten eines Produkts (= Produktstruktur) auch die für die Produktrealisierung notwendigen, zusätzlich entwickelten Teile (Zwischenergebnisse, Hilfsmittel etc.).

Obligo
Zahlungsverpflichtungen in einer Projektabwicklung, die sowohl die buchhalterisch bereits erfassten Verbindlichkeiten (einschließlich der bereits erhaltenen, aber noch nicht bezahlten Rechnungen) als auch alle künftigen Zahlungsverpflichtungen umfassen.

Obligo-Fortschreibung
Siehe Bestellfortschreibung.

On-Demand-Service
Ein Service, bei dem eine kundenspezifische Software nicht beim Nutzer, sondern auf einem Server eines Anbieters installiert ist und meist über das öffentliche Rechnernetz des Internets betrieben wird. Besonders für kleine und mittelgroße Unternehmen, die nur über eine beschränkte IT-Infrastruktur verfügen, bieten sich derartige Lösungen an.

Operationsmanagement
Optimierung der Personalressourcen zum optimalen Einsatz in einem Multiprojektgeschäft.

OPM3
Das OPM3 (Organizational Project Management Maturity Model) wurde von der PMI als Reifegradmodell entwickelt. Anders als die üblichen Reifegradmodelle definiert OPM3 keine expliziten Reifegradstufen, beschreibt aber detailliert den Prozess, den eine Organisation zur Verbesserung des Projekt-, Programm- und Portfoliomanagements beschreiten soll.

Optimistische Dauer (OD)
Dauer eines Vorgangs, die unter besonders günstigen Bedingungen vorkommen kann (DIN).

Organigramm
Organisationsstruktur eines Unternehmens (Linienorganisation), eines Projekts (Projektorganisation) oder eines Produkts (Produktstruktur).

Organisationsprojekt
Projekt, welches die Neugestaltung der Ablauf- oder Aufbauorganisation eines ausgewählten Unternehmensbereiches zur Aufgabe hat.

Osborn-Checkliste
Ein Kreativitätstool, mit dem man – ausgehend von bestehenden Produkten/Funktionen – durch aufeinander folgende Variationen von Lösungsideen (notiert in einer Checkliste) zu neuen Produktideen/Funktionsmöglichkeiten gelangt; veröffentlicht 1957 von Alex Osborn.

Outsourcing
Verlagerung eines Teilgeschäfts auf einen unternehmensexternen Dienstleister (Outside Resource Using).

P2M
Der PM-Guide P2M (Project and Program Management for Enterprise Innovation) ist der in Japan gültige Leitfaden für Projektmanagement und wird von der PMAJ (Project Management Association of Japan) herausgegeben.

P3M3
Das P3M3 (Portfolio, Program and Project Management Maturity Model) wurde vom Office of Government Commerce (UK) als Referenz-Guide für Best Practices entwickelt.

Pareto-Prinzip
Besagt allgemein, dass 20% aller möglichen Ursachen 80% der gesamten Wirkung erreichen, auch 80-20-Prinzip genannt.

Parkinsons Gesetz
Das nach Parkinson benannte Gesetz lautet: »Work expands so as to fill the time available for its completion«.

PDCA-Zyklus
Wird beim kontinuierlichen Verbesserungsprozess eingesetzt und kennzeichnet die Handlungsabfolge Plan, Do, Check, Act (planen, durchführen, prüfen und handeln/verbessern).

PE-Award
Auf Basis der ICB Competence Baseline von der IPMA verliehener Project Excellence Award. In

Deutschland wird ein nationaler PE-Award von der GPM ausgelobt.

Peer Review
Methode der Qualitätssicherung bei innovativen Vorhaben; es wird bei Forschungsprojekten, die aufgrund ihres Innovationsgehalts nicht mit Standardverfahren beurteilt werden können, zur Bewertung herangezogen.

Personalmanagement
Management aller Personalangelegenheiten wie Einstellung, Beschaffung, Aus- und Weiterbildung, Förderung und Tätigkeitseinsatz.

Pessimistische Dauer (PD)
Dauer eines Vorgangs, die unter besonders ungünstigen Bedingungen vorkommen kann (DIN).

Peter-Prinzip
Besagt, dass ein Mitarbeiter in einem Unternehmen normalerweise solange befördert wird, bis er die Stufe seiner Inkompetenz erreicht hat – und dort dann bleibt.

Pfeil
Darstellungselement zum Beschreiben des Sachverhalts zwischen zwei Knoten; je nach Netzplanverfahren symbolisiert der Pfeil einen Vorgang bzw. eine Anordnungsbeziehung (DIN).

Pflichtenheft
Das Ergebnis der Anforderungsanalyse; es beschreibt aus Anwendersicht die geforderten Produkteigenschaften und vorgesehenen Benutzerschnittstellen und ist damit die Vorgabe des Auftraggebers.

Phase
Siehe Entwicklungsphase.

Phasenentscheidung
Die formale Entscheidung über die Abnahme der erbrachten Entwicklungsergebnisse am Ende einer bestimmten Phase sowie die Freigabe der Planung für die weiteren Prozessschritte.

Phasenorganisation
Siehe Prozessorganisation.

Phasenplan
Gesamte Planungsinformation einer einzelnen Phase im Prozessplan.

Pilottest
Abnahmetest bei DV-Verfahrensentwicklungen, der einen speziell betreuten Ersteinsatz bei einem ausgewählten Anwender darstellt.

Pivot-Tabellen
In Pivot-Tabellen können Daten in unterschiedlicher Art dargestellt und ausgewertet werden, ohne dass die Ausgangsdaten dabei geändert werden müssen. Mit MS Excel lassen sich derartige Tabellen erstellen.

Planned Value
Eine der drei Basisgrößen der Earned-Value-Analyse; er umfasst die bis zu einem bestimmten Stichtag angesetzten Projektergebnisse und den dafür benötigten Aufwand.

Plan/Plan-Vergleich
Vergleichende Gegenüberstellung mehrerer Planwerte unterschiedlichen Aktualitätsstands.

PMBoK-Guide
Ein von der PMI herausgegebener prozessorientierter Leitfaden für Projektmanagement; gilt in den USA als PM-Standard (Project Management Body of Knowledge). Die amerikanischen Institute IEEE und ANSI haben den PMBoK-Guide als Standard anerkannt; er ist die Basis für die Zertifizierungsprüfung zum Project Management Professional (PMP) und für die Eingangslevel-Zertifizierung Certified Associate in Project Management (CAPM).

PMI
Das Project Management Institute (PMI) mit Hauptsitz in den USA bietet ein weltweit anerkanntes Zertifizierungsprogramm zur Professionalisierung im Projektmanagement an und ist zentrale Anlaufstelle für die PM-Zertifizierungen in den USA.

PM-Kanon
Der PM-Kanon aus dem Jahr 2000 war bis 2008 die National Competence Baseline für die Bundesrepublik Deutschland; er wurde herausgegeben von der Deutschen Gesellschaft für Projektmanagement e. V. und beruhte auf der 1999 erschienenen IPMA Competence Baseline 2.0.

PMMM
Das PMMM-Prozessmodell ist angelehnt an das CMMI-Model der Carnegy Mellon University und beschreibt in fünf Stufen den PM-Reifegrad eines Unternehmens (Common Language, Common Processes, Singular Methodology, Benchmarking, Continuous Improvement).

PM-ZERT
Die Zertifizierungsstelle der GPM Deutsche Gesellschaft für Projektmanagement e.V. Sie vergibt Zertifikate nach den Regeln der IPMA.

Poka-Yoke-Prinzip
Von dem Japaner Shigeo Shingo eingeführtes Entwicklungs- und Fertigungsprinzip zur rechtzeitigen Vermeidung von Fehlern bei der Verwendung eines Produkts (auf Deutsch: „unglückliche Fehler vermeiden“).

Portfolio
Grafische Darstellung von strategisch unabhängigen Einheiten (wie Geschäftsfeldern, Technologien) in einem Koordinatensystem der entscheidenden Größen, mit der eine Klassifizierung in unterschiedliche Kategorien mit unterschiedlichen stra-

tegischen Verhaltensmustern vorgenommen werden kann (ursprünglich abgeleitet vom Wertpapier-Portefeuille).

Portfoliomanagement
Stellt die Verbindung zwischen den einzelnen Projektmanagements her und entscheidet über den Lebenszyklus von Produkten, Dienstleistungen, Investitionsgütern und anderen die Geschäftsprozesse beeinflussenden Bestandswerten.

PRINCE2
ist in UK der Regierungsstandard für das Projektmanagement im Bereich der Informationstechnik (PRojects IN Controlled Environments).

Problemlösungsmethoden
Methoden zur Problemlösung mittels diskursiver Denkprozesse, denen eine bewusst logische und systematische Vorgehensweise zugrunde liegt.

Produkt
Materieller Teil des Ergebnisses eines Projekts (Hardware, Software, Orgware).

Produktbibliothek
Siehe Objektbibliothek.

Produktdokumentation
Zusammenstellung aller wesentlichen Unterlagen zur vollständigen Beschreibung eines Produkts.

Produktivität
Verhältnis von Arbeitsergebnis zu Arbeitsaufwand.

Produktklinik
Produktionsrevision, bei der eigene bestehende Produkte auf physischer Ebene mit den technischen Markt- und Kundendaten von Mitbewerbern verglichen werden.

Produktmanagement
Marketing-orientierte Planung und Steuerung für das Bereitstellen von Produkten.

Produktmessdaten
Erfahrungsdaten von grundsätzlichen Eigenschaften eines erstellten Produkts, wie z. B. Anweisungszahl, Speicherbedarf, Gewicht, Volumen, Leistung, Anzahl Schnittstellen etc.

Produktstruktur
Gesamtheit der wesentlichen hierarchischen Beziehungen aller Teile eines Produkts (Bestandshierarchie).

Produktstrukturplan (PdSP)
Grafische oder tabellarische Darstellung der Produktstruktur.

Produkttest
Abnahmetest bei SW-Produktentwicklungen ohne anschließende Fertigung.

Produktvereinbarung (PV)
Unternehmensinterne Vereinbarung zur Produktentwicklung im Sinne einer vertraglichen Regelung.

Programm
Im Sinne des Projektmanagements umfasst ein (Projekt-)Programm eine Anzahl von inhaltlich zusammenhängenden Einzelprojekten, die im Rahmen eines Multiprojektmanagements (Programmmanagement) gemanagt werden.

Programmmanagement
Steuert eine in einem »Programm« zusammengefasste Menge zusammengehöriger Projekte und stellt damit ein strategisches Multiprojektmanagement in einem Unternehmen dar.

Projekt
Vorhaben, das im Wesentlichen durch Einmaligkeit der Bedingungen in ihrer Gesamtheit gekennzeichnet ist, wie z. B. Zeitvorgabe, zeitliche, finanzielle, personelle oder andere Begrenzungen, Abgrenzung gegenüber anderen Vorgaben, projektspezifische Organisation (DIN).

Projektabbruch
Abbruch eines Projekts vor seinem geplanten Projektabschluss aufgrund von negativ eingetretenen Umständen, wie z. B. unüberwindbare Hindernisse bei der Projektdurchführung, nicht ausreichende Finanzmittel, mangelnde Aussicht auf Wirtschaftlichkeit des Projektergebnisses.

Projektabschlussbericht
Zusammenfassende, abschließende Darstellung von Aufgaben und erzielten Ergebnissen, von Zeit-, Kosten- und Personalaufwand sowie ggf. von Hinweisen auf mögliche Anschlussprojekte (DIN).

Projektakte
Gesamtheit der Projektdokumente in abgelegter Form (Ordner) oder in gespeicherter Form (Datenbank).

Projektantrag
Antrag auf Gründung eines Projekts, der durch genehmigende Unterschriften zu einem Projektauftrag wird.

Projektauftrag
Projektvereinbarung innerhalb eines projektorientierten Unternehmens.

Projektbericht
An einen bestimmten Empfänger oder Empfängerkreis gerichtete Darstellung über Entwicklung und Stand eines Projekts (DIN).

Projektbibliothek
Zentrale Datenbasis zur Aufnahme aller Projektdaten wie Termine, Aufwände und Kosten.

Projektbüro
Dienstleistungsstelle, die alle entwicklungsneutralen PM-Tätigkeiten übernimmt (Project Office).

Projektcharta
Projektvereinbarung.

Projektdatenbank
Enthält im Rahmen eines Wissensmanagements die relevanten Daten aller durchgeführten Projekte (Project Base).

Projektdatenbasis
Datenbasis eines Projektführungssystems, welche alle relevanten Daten der Projektvergangenheit, -gegenwart und -zukunft enthält; sie braucht nicht zwangsläufig mit einem Datenbanksystem realisiert zu sein.

Projektdefinition
Festlegen der Aufgabenstellung und des Durchführungsrahmens eines Projekts (DIN).

Projekt-Direktor
Höchste Kompetenz-Stufe eines Projektleiters.

Projektdiskontinuität
Kennzeichnet starke Abweichungen des Projektablaufes von der ursprünglichen Projektplanung. Zu den Projektdiskontinuitäten zählen z. B. eingetretene Risiken, Lieferschwierigkeiten, Änderungsanforderungen, Nachforderungen, Projektunterbrechung, Sistierung (Aussetzen einer Leistung).

Projektdokumentation (PDO)
Zusammenstellung ausgewählter, wesentlicher Daten über Konfiguration, Organisation, Mitteleinsatz, Lösungswege, Ablauf und erreichte Ziele des Projekts (DIN).

Projekthandbuch
Entspricht dem Entwicklungshandbuch bei einer industriellen Entwicklung.

Projektierungsprojekt
Projekt zur Planung und Installierung ganzer Systeme und Anlagen unter Einbeziehung zahlreicher Zulieferanten.

Projektinformation
Daten für Planung, Steuerung und Überwachung eines Projekts (DIN).

Projektinformationssystem (PIS)
Gesamtheit der Einrichtungen und Hilfsmittel und deren Zusammenwirken bei der Erfassung, Weiterleitung, Be- und Verarbeitung, Auswertung und Speicherung der Projektinformationen (DIN).

Projektkalender
Ergebnis der Zuordnung von projektspezifischen Zeiteinheiten (z. B. Arbeitstag, Arbeitsschicht) zu den Intervallen eines oder mehrerer vereinbarter Kalender (z. B. Gregorianischer Kalender, islamischer Kalender) (DIN).

Projektkalkulation
Nach einem einheitlichen Kalkulationsschema vorgenommene Gegenüberstellung aller einem Projekt unmittelbar und mittelbar zuordenbaren Plan- und Istkosten.

Projektklasse (PK)
Kategoriebegriff, der aus der Projektgröße und der Projektart kombiniert ist.

Projektkontrolle
Vergleichende Gegenüberstellung der Plan- und Istdaten von Projektgrößen zur Ableitung von Steuerungsmaßnahmen.

Projektleiter (PL)
Für die Projektleitung verantwortliche Person (DIN).

Projektleitung
Für die Dauer eines Projektes geschaffene Organisationseinheit, welche für Planung, Steuerung und Überwachung dieses Projekts verantwortlich ist (DIN).

Projektmanagement (PM)
Gesamtheit von Führungsaufgaben, -organisation, -techniken und -mittel für die Abwicklung eines Projekts (DIN).

Projektmanagement-in-der-Linie (L-PO)
Form des Projektmanagements in der Linie ohne gesonderte Projektorganisation.

Projektmanager
Siehe Projektleiter.

Projektmessdaten
Erfahrungsdaten, die aus den relevanten Projektdaten von abgeschlossenen Projekten abgeleitet werden.

Projektorganisation (PO)
Gesamtheit der Organisationseinheiten und der aufbau- und ablauforganisatorischen Regelungen zur Abwicklung eines bestimmten Projekts (DIN).

Projektorientiertes Unternehmen (POU)
Alle Aktivitäten eines projektorientierten Unternehmens werden als Projekte in Rahmen einer Projektorganisation durchgeführt. Die Linienorganisation fungiert nur noch für Randbereiche, wie Personalabteilung und Standortverwaltung.

Projektphase
Zeitlicher Abschnitt eines Projektablaufs, der sachlich gegenüber anderen Abschnitten getrennt ist.

Projektplanung
Umfasst alle Tätigkeiten, die für das Festlegen der Planvorgaben der unterschiedlichen Projektparameter notwendig sind.

Projektportal
Projekt-Informationsplattform im Internet, auf die alle Mitglieder eines Projektteams zugreifen und von der sie alle relevanten Projektinformationen abfragen können.

Projektportfolio
Menge von Projekten, die ausgerichtet nach der Unternehmensstrategie im Rahmen eines gemeinsamen Projektmanagements geplant und gesteuert werden.

Projektstatus
Zeigt den aktuellen Status eines Projekts hinsichtlich des angefallenen Aufwands, der verbrauchten Einsatzmittel, der aufgelaufenen Kosten sowie der bestehenden Terminsituation auf.

Projektsteckbrief
Kurzbeschreibung eines Projekts mit seinen wesentlichen Daten.

Projektstruktur
Gesamtheit der wesentlichen Beziehungen zwischen den Elementen eines Projekts (DIN); stellt die hierarchische Ordnung der Arbeitspakete dar.

Projektstrukturebene
Gliederungsebene innerhalb der Projektstruktur (DIN).

Projektstrukturplan (PjSP)
Darstellung der Projektstruktur (DIN).

Projekttagebuch
Enthält nach Art eines Logbuchs alle erwähnenswerten Vorkommnisse, die während einer Projektdurchführung auftreten und festgehalten werden, um sie für den späteren Gebrauch (z. B. bei Auftreten von Projektdiskontinuitäten) zu dokumentieren.

Projekttyp
Entwicklungsmodus eines zu erstellenden SW-Produkts bei der Aufwandsschätzmethode COCOMO.

Projektüberwachung
Siehe Projektkontrolle.

Projektumfeld
Mit dem Projektumfeld wird die Gesamtheit aller äußeren Einflüsse, die auf das Projekt einwirken, beschrieben; hierzu zählen die technischen, wirtschaftlichen, politischen und gesellschaftlichen Einflüsse.

Projektvereinbarung
In ihr werden die wesentlichen Rahmenbedingungen des Projekts, wie die quantitativen und qualitativen Projektziele, die vereinbarten Termine, das bewilligte Budget, die Projektorganisation etc. festgelegt.

Projektvertrag
Siehe Projektauftrag.

Projektziel
Nachzuweisendes Ergebnis und vorgegebene Realisierungsbedingungen der Gesamtaufgabe eines Projekts (DIN).

Prototyp
Die letzte Stufe einer Entwicklung, bevor sie in die Serienfertigung geht; er enthält alle Funktionen des endgültigen Produkts in vollem Umfang und in der definierten Qualität.

Prototyping
Kennzeichnet eine Vorgehensweise in der Software-Entwicklung, bei der in Zusammenarbeit mit dem späteren Anwender der genaue Funktionsumfang des zukünftigen Endprodukts – anhand von lauffähigen Modellen – festgelegt wird.

Prozess
Systematischer Ablauf eines Entwicklungsvorhabens.

Prozessabschnitt
Teilabschnitt eines Prozesses, der mehrere Prozessphasen umfasst.

Prozessmanagement
Auch als Geschäftsprozessmanagement (GPM) bezeichnet: Beschäftigt sich mit der Gestaltung und Verbesserung von Geschäftsprozessen.

Prozessorganisation
Festlegung der Phasen und Meilensteinabläufe mit Definition der Ergebnisse an bestimmten Zäsurpunkten.

Prozessphase
Inhaltlich eindeutig definierter Abschnitt eines Prozesses.

Prozessplan (PP)
Projektplan, der den Prozessablauf eines Entwicklungsvorhabens in einzelne Prozessabschnitte, Prozessphasen und Prozessschritte gliedert.

Prozessschritt
Teilabschnitt innerhalb einer Entwicklungsphase, kann mit einem Meilenstein beginnen oder abschließen.

PSP-Code
Eindeutige Bezeichnung jedes PSP-Elements innerhalb eines Projektstrukturplans.

Pufferzeit
Zeitspanne, um die die Lage eines Ergebnisses bzw. Vorgangs verändert werden kann (DIN).

QFD-Methode
Produktplanungsmethode Quality Function Deployment.

Qualifikation
Gesamtheit des vorhandenen Wissens und aller Fähigkeiten.

Qualifizierung
Verbesserung der Kompetenzen durch geeignete Aus- und Weiterbildungsmaßnahmen.

Qualität (Q)
Gesamtheit von Eigenschaften und Merkmalen eines Produkts oder einer Tätigkeit, die sich auf die Eignung zur Erfüllung gegebener Erfordernisse beziehen (DIN).

Qualitätsaudit
Begutachtung der Wirksamkeit des Qualitätssicherungssystems oder seiner Teile (DIN).

Qualitätsgruppe
Team, das sich aus Mitarbeitern eines definierten Aufgabengebiets zusammensetzt, um aktiv an einer Verbesserung der eigenen Arbeitsprozesse mitzuwirken.

Qualitätskosten
Kosten, die vorwiegend durch Qualitätsforderungen verursacht sind, d. h. Kosten, die durch alle Tätigkeiten der Fehlerverhütung, durch planmäßige Qualitätsprüfungen sowie durch intern oder extern festgestellte Fehler verursacht sind (DIN).

Qualitätskreis
Modell für das Ineinandergreifen aller qualitätswirksamen Maßnahmen und Ergebnisse in den Phasen der Entstehung und der Anwendung eines Produkts oder einer Tätigkeit (DIN).

Qualitätslenkung
Überwachung und Korrektur der Realisierung einer Einheit mit dem Ziel, die Qualitätsforderung zu erfüllen (DIN).

Qualitätsmanagement (QM)
Oberbegriff für alle Tätigkeiten, Führungsaufgaben und Methoden, die zur Planung, Sicherung, Verbesserung und Prüfung der Qualität eines Produktes oder einer Dienstleistung gehören.

Qualitätsplan
Qualitätssicherungsplan, der mehrere Projektpläne für die drei Bereiche Qualitätsplanung, Qualitätslenkung und Qualitätsprüfung umfasst.

Qualitätsplanung
Auswahl der Qualitätsmerkmale sowie Festlegungen ihrer geforderten und ihrer zulässigen Werte bei einem Produkt oder einer Tätigkeit im Hinblick auf die Anwendung gegebener Erfordernisse und deren Realisierbarkeit (DIN).

Qualitätsprüfung
Feststellen, inwieweit ein Produkt oder eine Tätigkeit die an sie gestellten Qualitätsforderungen erfüllen (DIN).

Qualitätssicherung (QS)
Maßnahmen zur Erzielung der geforderten Qualität (DIN).

Quality Gate
Spezieller Meilenstein zur Ergebniskontrolle.

Rahmennetzplan
Gesamtnetzplan, der als Grobnetzplan den Rahmen für die Ablaufstruktur sowie für die Zeit-, Kosten und/oder Einsatzmittelplanung des gesamten Projekts, ggf. für die einzelnen Phasen des Projektablaufs beschreibt (DIN).

Rang eines Knotens (R)
Größte Anzahl der Pfeile auf einem Weg zwischen Startknoten und dem betrachteten Knoten (DIN).

Rangfolge
Durchrechnungsfolge der Vorgänge eines Netzplans.

RASCI-Matrix
Ordnet den Projektbeteiligten die Verantwortlichkeiten und Zuständigkeiten zu.

Rationalisierungsprojekt
Projekt zum Optimieren von Arbeitsabläufen durch Einführen einer verbesserten Prozessorganisation und Einsatz neuer DV-Verfahren.

Reengineering
1. In der Software-Entwicklung bezeichnet Reengineering die Erstellung einer verbesserten Software, 2. Kurzform für Business Process Reengineering.

Referenzarbeitspaket
Exakt abgeschätztes Arbeitspaket aus der Vielzahl ähnlicher Arbeitspakete, das als Vergleichsarbeitspaket zur Aufwandsermittlung weiterer Arbeitspakete herangezogen wird.

Regressionsanalyse
Untersuchung des Zusammenhangs zweier (oder mehrerer) Größen aufgrund von empirisch ermittelten Wertepaaren.

Regressionstest
Wiederholung bereits früher korrekt absolvierter Testfälle nach Änderungen am Testobjekt.

Reifegrad
Bewertungsmaßstab für die Qualität und Reife einer Projektmanagement- bzw. einer Prozessorganisation auf Grundlage eines Reifegrad-Modells.

Reifegrad-Modell
Beschreibung einer Vorgehensweise zur Analyse, Beurteilung, Bewertung und Verbesserung der Leistungsfähigkeit von Organisationen.

Reine Projektorganisation (R-PO)
Organisationsform, die temporär neben der bestehenden Linienorganisation eigens für ein spezielles Projekt gegründet wurde.

Rentabilitätsrechnung
Statistische Wirtschaftlichkeitsrechnung, bei der die Rentabilität des investierten Kapitals aus dem

Quotienten durchschnittlicher Gewinn zu durchschnittlich gebundenem Kapital bestimmt wird.

Requirement
Anforderung an ein zu realisierendes Produkt bzw. System, um einen spezifischen Mangel zu beheben.

Requirementkatalog
Siehe Anforderungskatalog.

Ressource
Siehe Einsatzmittel.

Ressourcenmanagement
Planung und Steuerung aller Einsatzmittel (Personal, Geld, Geräte) eines Projekts.

Restaufwand
Während der Projektdurchführung geschätzter Aufwand, der für die Fertigstellung noch benötigt wird.

Restrisiko
Ein Risiko, welches trotz einer Risikoabsicherung erkennbar verbleibt.

Return on Invest (ROI)
Verhältnis von erzieltem Gewinn einer Investition zum investierten Kapital; teilweise wird der Begriff auch im Sinne der Amortisationszeit verwendet.

Review
Siehe Inspektion.

Risikoanalyse
In einer Risikoanalyse wird versucht, alle möglichen Risiken, die in einem Projektumfeld auftreten könnten, zu identifizieren.

Risikofaktor
Risikofaktoren sind nach DIN 69905 alle Einflussgrößen, durch die ein Risiko entstehen kann,

Risikomanagement
Teil des Projektmanagements, der sich mit der Analyse, Absicherung und Beherrschung von Risiken für die geplante Projektabwicklung beschäftigt. In DIN 69905 wird Risikomanagement auf die »Ausschaltung, Vermeidung oder Verringerung von Projektrisiken« beschränkt.

Risikoplanung
Systematische Untersuchung der möglichen Risiken in einer Projektdurchführung mit deren Bewertung.

Risikoregister
Maßnahmen-Bewertungsmatrix, die die Ergebnisse einer qualitativen und quantitativen Risikoanalyse enthält.

Roadmap
Projektablaufplan, der die entscheidenden Meilensteine mit genau definierten Zwischenergebnissen und Entscheidungszäsuren enthält; er soll allen Projektbeteiligten, insbesondere dem oberen Management, einen schnellen Überblick über die wichtigsten Projektstationen geben.

Roadmapping
Form einer Innovationsplanung, bei der extrapolativ aus der Gegenwart heraus eine Fortschreibung der existierenden Produktlinien, Systemkonzepte und Technologien in die Zukunft vorgenommen wird.

Rollierende Planung
Vorgehensweise einer Planung, in der die in unmittelbarer Zukunft liegenden Arbeiten sehr genau und die später durchzuführenden Arbeiten vorläufig noch sehr grob beplant werden.

Rückwärtsrechnung
Retrograde Terminberechnung in der Netzplantechnik, bei der die Termine rückwärtsgehend – beginnend vom spätesten Endzeitpunkt einer Vorgangsfolge bis zum Anfangszeitpunkt – berechnet werden.

Run-in
Baugruppen- bzw. Geräteprüfung unter Stress innerhalb ihrer Spezifikation.

Sachfortschritt
Sachbezogene Ermittlung der zu einem Stichtag vorliegenden Arbeitsleistung hinsichtlich der Produkt- und der Projektparameter.

Sammelknoten
Knoten, in den mehrere Pfeile oder ein von einer Sammellinie ausgehender Pfeil einmünden (DIN).

Sarbanes-Oxley Act
Ein US-Bundesgesetz, das Regeln für die Richtigkeit und Verlässlichkeit der veröffentlichten Finanzdaten von Unternehmen vorgibt.

Schätzklausur
Systematisierte Vorgehensweise einer (nicht anonymen) Expertenbefragung im Rahmen einer Aufwandsschätzung.

Schedule Performance Index (SPI)
Kennzahl für die Termineinhaltung eines Projekts, gebildet aus dem Quotienten Arbeitswert durch Plankosten.

Scheinvorgang
Sonderfall einer Anordnungsbeziehung in Vorgangspfeilnetzplänen mit dem Zeitabstand Null (DIN).

Schlüsselkennzahl
Kennzahl, die den Erfolg oder die Leistungsfähigkeit eines Systems auf hoher Ebene beschreibt, auch als Key Performance Indicator (KPI) bezeichnet.

Schlüsselvorgang
Vorgang besonderer Bedeutung (DIN).

Scope Management
Siehe Umfangsmanagement.

Scorecards
Kennzahlen zur Umsetzung der Vision und Strategie eines Unternehmens.

Score Statement
Ein wichtiges Projektdokument, welches das Projektumfeld bei der Gründung des Projektes erläutert; es enthält u. a. die Projektziele, die geplanten Ergebnisse und allgemeine Bedingungen des Projekts.

Scrum Projektmanagement
(Englisch „Gedränge"): Ein iteratives Rahmenwerk zur Entwicklung komplexer Software-Produkte. Scrum definiert insgesamt sechs Rollen, drei interne (Entwicklungsteam, Product Owner und Scrum-Master) und drei externe Rollen (Management, Customer und User), und setzt eigenständig arbeitende Entwicklungsteams voraus.

Self Assessment
Selbstbewertung eines Unternehmens zur Überprüfung seines Qualitätssicherungssystems, z. B. nach den TQM-Kriterien der EFQM.

Sensitivitätsanalyse
Analyseschema zum Aufzeigen der Streubreite einer Projektgröße durch Variieren einer oder mehrerer Parameter.

Shareholder
Anteilseigner an einer Unternehmung.

Sistierung
Im Gegensatz zur Projektunterbrechung ist die Sistierung der »vom Auftraggeber formell geforderte Stillstand in der Auftrags- bzw. Projektabwicklung, bei dem zunächst offenbleibt, ob der Auftrag bzw. das Projekt weitergeführt wird« (DIN 69905).

Six Sigma
Ein spezielles Rahmenkonzept des Qualitätsmanagements zur Reduzierung der Fehlerquote (Sigma-Variation in der Qualität nur 1/6 der erlaubten Abweichung).

Skills-Management
Bestandteil des Wissensmanagements und des Personalmanagements; mit ihm wird angestrebt, das Wissen, die Fähigkeiten und die Fertigkeiten der Mitarbeiter auf Basis einer Skills-Datenbank im Unternehmen optimal einzusetzen.

SMART
Das Akronym „Specific Measurable Accepted Realistic Timely" beschreibt eine konsequente Vorgehensweise zur Zieldefinition: Zuerst das Ziel detailliert (S) beschreiben und mit Messzahlen (M) untermauern, dann allgemeine Zustimmung (A) einholen und schließlich realistische (R) und zeitgebundene (T) Vorgaben festlegen.

SOFT-Analyse
Auch SWOT-Analyse oder Stärken-Schwächen-Analyse genannt: Eine analytische Methode der strategischen Planung zur systematischen Betrachtung von Prozessen, Gruppen, Produkten und Organisationen, um bestehende Probleme lösen und bestehende Chancen nutzen zu können. Das Akronym ist abgeleitet von Strenghts, Opportunities, Failures, Threats bzw. Weaknesses.

Software-On-Demand
Siehe On-Demand-Service.

Software as a Service
Siehe On-Demand-Service.

Sortenfertigung
Fertigung von ähnlichen Produkten (Erzeugnisgruppen).

Spezifikation
Beschreibung der zu realisierenden Aufgaben.

Sprungfolge (SF)
Anordnungsbeziehung vom Anfang eines Vorgangs zum Ende seines Nachfolgers (DIN).

Staffing
Umfasst die Personalbeschaffung, die Personaleinsatzplanung und die Personalfreisetzung.

Stage-Gate-Modell
Modell eines Entwicklungsprozessplans mit abwechselnden Phasen (Stage) und Entscheidungszäsuren (Gate), propagiert von der Beratungsfirma Stage-Gate®.

Stakeholder
Alle natürlichen und juristischen Personen, die ein Interesse am Projekt haben oder vom Projekt in irgendeiner Weise betroffen sind (nach ISO 10006).

Stakeholder-Management
Management, welches sich um eine intensive Betreuung der wichtigsten Projektbeteiligten, insbesondere der einflussnehmenden Entscheider, bemüht.

Stammorganisation
Statische Linienorganisation eines Unternehmens.

Standard-Datenbanksystem
Oberbegriff für die heute in kommerziellen Anwendungen üblichen Datenbanksysteme.

Standardnetzplan
Netzplan mit festgelegter Ablaufstruktur, der zur wiederholten Anwendung bestimmt ist. Die Festlegung kann auch weitere Einflussgrößen umfassen wie z. B. Zeitwerte und Einsatzmittel (DIN).

Standardnetzplantechnik (SNPT)
Netzplantechnik, bei der eine Lösung standardisiert und zur wiederholten Anwendung bei verschiedenen Projekten bestimmt wird (DIN).

Startvorgang
Vorgang, zu dem es im betrachteten Netzplan keinen Vorgänger gibt (DIN).

Strukturierte Kalkulation
Siehe Projektkalkulation.

Stückliste
Auflistung aller Teile, die für die Herstellung eines Produkts notwendig sind.

Stundenverrechnungssatz
Kalkulierter Kostensatz für eine geleistete Stunde.

SWOT-Analyse
Dient zur Positionsbestimmung des Marktumfeldes eines Unternehmens und unterstützt dessen Strategieentwicklung. Das Akronym bildet sich aus Strengths (Stärken), Weaknesses (Schwächen), Opportunities (Chancen) und Threats (Bedrohungen).

Synektik
Kreativitätstechnik, bei der durch Verfremden des gestellten Problems Lösungsmöglichkeiten gesucht werden.

Systemstruktur
Gliederung eines Systems in Teilsysteme, die nach unterschiedlichen Kriterien festgelegt werden kann. Beispiele für Systemstrukturen sind Produktstruktur, Funktionsstruktur und Konfigurationsstruktur.

System Value Management
Englische Bezeichnung für Wertanalyse.

Szenario-Techniken
Kreativitätstechniken zum Herausfinden von Trends und Zukunftsentwicklungen durch Entwerfen von themenbezogenen Zukunftsbildern (Szenarien).

Target-Preis
Spezielle Abrechnungsform einer Projektleistung, die eine Mischung aus Festpreis und Aufwandsvergütung darstellt.

Tätigkeitskennzeichen (TKZ)
Kennzeichen für die Tätigkeitsart im Rahmen einer Prozessorganisation.

Taxonomie
Bei der ICB wird dieser Begriff für die Einordnung der Kompetenz-Level verwendet.

Teilkostenrechnung
Form der Kostenträgerrechnung, bei der nur ein Teil der gesamten Kosten auf das Projekt übergerechnet wird.

Teilnetzplan (TNP)
Netzplan, der nur einen Teil eines Projektes umfasst und mit anderen Teilnetzplänen desselben Projekts strukturell in Verbindung steht (DIN).

Teilnetztechnik
Technik unter Verwendung von Teilnetzplänen eines Projekts (DIN).

Termin
Durch Kalenderdatum und/oder Uhrzeit ausgedrückter Zeitpunkt (DIN).

Terminmanagement
Kennzeichnet zwei unterschiedliche Tätigkeitsbereiche: Einerseits versteht man hierunter das Einplanen von Terminen im Rahmen einer persönlichen Zeitplanung und andererseits umreißt der Begriff das Einplanen der Termine in einem Projekt; nach dem PMBoK-Guide gehört zum Terminmanagement das Definieren der Vorgänge, das Festlegen der Vorgangsfolgen und -dauern sowie das Steuern des Terminplans.

Terminrechnung
Durchrechnung eines Netzplans mit Vorwärts- und Rückwärtsrechnung und Feststellung des kritischen Pfads.

Testen
Das Feststellen und Bewerten von Merkmalen einer Funktionseinheit durch Ausführen von wirklichen oder simulierten Funktionen in einer definierten Umgebung.

Testfall
Die Menge all der Eingabedaten, die bei der Testausführung des Testobjekts zu genau festgelegten, gleichen Wirkungen führen.

Teststrategie
Vorgehensweise zum Erreichen der Testziele unter Berücksichtigung der Wirtschaftlichkeit.

Testsystem
Umfasst die Testfälle, die Testdaten, die Testwerkzeuge, den Testrahmen und die Testkonfiguration; entspricht dem so genannten Antiprodukt.

TIA-Portal
Ein Engineering-Framework (Totally Integrated Automation) von Siemens, welches alle Automation-Software-Tools in einer einzigen Entwicklungsumgebung vereint, und mit dem man die Planungs- und Produktionsprozesse entlang der gesamten Wertschöpfungskette von einem einzigen Bildschirm aus optimal gestalten kann.

To-do-Liste
Stundenerfassungsformular mit den abzuarbeitenden Arbeitspaketen.

Total Quality Management (TQM)
Umfassendes Qualitätsmanagementsystem als Methode mit dem Ziel, den Kunden zur rechten Zeit und am richtigen Ort exzellente Qualitätsprodukte bereitzustellen.

Trade-Off-Analyse
Kompromissanalyse, bei der alternative Lösungsansätze auf ihre Realisierbarkeit und Wirtschaftlichkeit untersucht werden.

Trendanalyse
Prognostizierende Aussage hinsichtlich der zu erwartenden Größenentwicklung eines Projekt- oder Produktparameters auf Basis der Folge von Vergangenheitswerten (Plan/Plan-Vergleich).

Turnkey-Projekt
Bezeichnet eine schlüsselfertig zu erstellende Anlage.

Umfangsmanagement
Stellt innerhalb des Projektmanagements sicher, dass im Projekt genau die Aufgaben durchgeführt werden, die zum erfolgreichen Abschluss notwendig sind; wird auch als Inhaltsmanagement bezeichnet.

Umweltverträglichkeitsprüfung
Vorausschauende Beurteilung der Umweltverträglichkeit eines Projektergebnisses, z. B. mit einem Produkt-Umwelttest.

Unterauftragnehmer
Projektexterner Auftragnehmer für eine Teilaufgabe, deren Realisierung aus der zentralen Projektdurchführung ausgegliedert wurde.

Unterkonto-Nr.
Nummer eines Produktteils in einer Produktstruktur (auf beliebiger Ebene), auf die kontiert werden kann.

Validation, Validierung
Nachweis, dass ein Prüfobjekt seinen Erfordernissen genügt.

Variante
Modifikation eines Entwicklungsergebnisses bzw. eines Systems zur Anpassung an spezielle Einsatzbedingungen; das Führen von Varianten erfolgt im Allgemeinen mittels Versionen.

Venn-Diagramm
Visualisiert verschiedene und teilweise sich überlappende Mengen in einem Blasendiagramm (Mengenlehre).

Veränderungsmanagement
Siehe Change-Management.

Verbundprojekt
Bei einem Verbundprojekt wirken auf Basis eines Konsortialvertrages mehrere juristische Personen gleichberechtigt in einem Konsortium zum Zweck der Durchführung eines gemeinsamen Projekts zusammen; es hat die Rechtsform einer BGB-Gesellschaft.

Verfahren
Festlegungen zum Anwenden bestimmter Methoden unter Verwendung festgelegter Werkzeuge auf einen definierten Anwendungsbereich.

Verflechtungszahl (V)
Kennzahl für die Verflechtung innerhalb eines Netzplans (DIN).

Verfügbarkeit
Wahrscheinlichkeit, eine Baugruppe oder Einrichtung zu einem vorgegebenen Zeitpunkt in einem funktionsfähigem Zustand anzutreffen (DIN).

Verifikation, Verifizierung
Abnahme des Projektergebnisses durch den Auftraggeber; dabei wird überprüft, ob dieses mit dem ursprünglich geplanten Inhalt und Umfang übereinstimmt.

Version
Ausprägung eines Entwicklungsergebnisses bzw. eines Systems, das durch einen bestimmten Arbeitsschritt im Rahmen einer Entwicklung entsteht.

Vertragsmanagement
Nach DIN 69905 befasst sich das Vertragsmanagement mit der »Steuerung der Gestaltung, des Abschlusses, der Fortschreibung und der Abwicklung von Verträgen zum Erreichen der Projektziele«.

Vertragsstrafe
Geldbetrag, der als Konventionalstrafe im Vertrag festgelegt ist und bei Nichterfüllung des Vertrages an den Auftraggeber gezahlt werden muss.

Vorgehensmodell
Beschreibung einer systematischen Vorgehensweise bei der Abwicklung eines Projekts; es beschreibt den Ablauf, die Aktivitäten, die Verantwortlichkeiten und die Arbeitsergebnisse eines Vorhabens.

Vorwärtsrechnung
Progressive Terminberechnung in der Netzplantechnik, bei der die Termine vorwärtsgehend - beginnend vom frühesten Anfangszeitpunkt einer Vorgangsfolge bis zum Endzeitpunkt – berechnet werden.

Walk Through
Einfaches Verfahren zur Qualitätssicherung von Softwareprodukten, bei dem Testpersonen anhand vorgegebener Testfälle die Funktions- und Leistungsfähigkeit des Produktes testen.

Wasserfallmodell
Vorgehensmodell für IT-Projekte, bei denen die Projektdurchführung streng nach einem sequenziellen Phasenplan stattfindet.

Webkonferenz

Auch Online-Meeting genannt: Die Zusammenschaltung der PCs von örtlich getrennten Teilnehmern, die über das Internet bzw. Intranet oder Extranet eines Unternehmens miteinander konferieren.

Werk

Allgemeiner Begriff im deutschen Recht für eine vertragliche Leistung; es wird indirekt im § 631 des BGB, Satz 2 als Gegenstand des Werkvertrags definiert.

Wertanalyse (WA)

Systematisches Verfahren zur Senkung der Kosten einer Produktion.

Whiteboard

In einer Webkonferenz der Ersatz für ein Flipchart; es ist ein internetbasiertes Zeichenwerkzeug, mit dem die Teilnehmer miteinander zeichnen und schreiben können.

Wiki

Ein Wiki (hawaiisch für „schnell") ist ein Hypertext-System für Webseiten, auf deren Inhalte Benutzer zugreifen und die sie auch über einen Web-Browser mit einer leicht zu erlernenden Auszeichnungssprache ändern können. Wird gerne in Online-Projektmanagementsystemen für die Teamkommunikation genutzt.

Wissensmanagement

Gliedert sich in folgende Abschnitte: Identifikation von Wissen, Erwerb von Wissen, Entwicklung von Wissen, Verteilen von Wissen, Nutzen von Wissen und Bewahren von Wissen.

Workaround

Stellt in der Praxis des Projektmanagements eine Notlösung für ein unerwartetes Problem dar, um unter Qualitätseinbußen dennoch das Projektergebnis erreichen zu können.

Work Breakdown Structure

Hierarchisch heruntergebrochene Aufgabenstruktur eines Projekts (Projektstruktur).

Workflow-Management

Die informationstechnische Unterstützung von Geschäftsprozessen; auf Basis einer Spezifikation wird mit Hilfe von IT-Systemen die Ausführung eines Workflows von Arbeitsabläufen gesteuert.

Work-Life-Balance

Das gesellschaftliche Bestreben, den Beruf mit dem Privatleben in einen harmonischen Einklang zu bringen, d. h. eine Vereinbarkeit zwischen Familie, Privatleben und Beruf zu schaffen.

Zeiterfassung

Die meist mitarbeiter- und aufgabenbezogene Erfassung von Arbeitszeiten als wichtigstes Element des Projektcontrolling.

Zeitlot

Aktuelle Tageslinie oder ein besonderer Stichtag in einem Histogramm bzw. Diagramm.

Zeitmanagement

Das individuelle Einplanen von Aufgaben und Terminen in das persönliche Kalendarium.

Zertifizierung

Prüfung des Qualitätssicherungssystems eines Unternehmens durch eine neutrale Stelle zum Erlangen eines QS-Zertifikats.

Zielkostenmanagement

Management der Zielkostenrechnung zur Findung eines marktüblichen Preises für ein neues bzw. weiterzuentwickelndes Produkt.

Zielerreichung

Das Erreichen eines geplanten Aufgabenzieles mit seinen geforderten Ergebnissen.

Zuverlässigkeit

Grad der Verfügbarkeit eines Geräts, eines Systems oder einer Anlage; Kenngrößen für die Zuverlässigkeit sind die Ausfallrate bzw. die Fehlerrate.

Literaturverzeichnis

[1] Aron, J.D.: Estimating resources for large programming systems; in Buxton and Ran-dell (Hrsg.), Software Engineering Techniques, Brüssel

[2] Backhaus, K. (Hrsg.): Planung im industriellen Anlagengeschäft; VDI-Verlag (1984)

[3] Bartsch-Beuerlein, S.; Klee, O.: Projektmanagement mit dem Internet – Konzepte und Lösungen für virtuelle Teams; Carl Hanser (2001)

[4] Bäumler, C.; Lotus Notes 5; SYBEX-Verlag (1999)

[5] Beck, R.; Schwarz, G.: Konfliktmanagement; Ziel-Verlag (2007)

[6] Becker, P.: Prozessorientiertes Qualitätsmanagement – Nach der Revision der Normenfamilie DIN EN ISO 9000, Zertifizierung und andere Managementsysteme; Expert-Verlag (2006)

[7] Bittner, E.; Gregorc, W. (Hrsg.): Abenteuer Projektmanagement – Projekte, Herausforderungen und Lessons Learned; Publicis Publishing (2010)

[8] Blanchard, K.; Hersey, P.; Johnson, D.: Management of Organizational Behavior – Leading Human Resources; Prentice Hall (2001)

[9] Boehm, B.W: Software Engineering Economics, Prentice-Hall, Inc. (1981)

[10] Boehm, B.W.; et al.: Software cost estimation with COCOMO II; Prentice-Hall (2000)

[11] Bono, E. de: Six Thinking Hats; Penguin Books, London (1990); deutsche Ausgabe: Das Sechsfarbendenken – ein neues Trainingsmodell; Econ-Verlag (1987)

[12] Börnecke, D. (Hrsg.): Basiswissen für Führungskräfte – Die Elemente erfolgreicher Organisation, Führung und Strategie, Publicis Publishing (2010)

[13] Bronner, A.; Herr, St.: Vereinfachte Wertanalyse – mit Formularen und CD-ROM; VDI-Buch, Springer-Verlag, Berlin (2006)

[14] Burghardt, M.; Feltl, H.; Klugmann, D.; Mukherjee, S.: Grundlagen der Softwaretechnologie; data-praxis, Siemens AG (1979)

[15] Burghardt, M.: Planung von DV-Verfahren – Der Weg zur Leistungsbeschreibung; data praxis, Siemens Nixdorf Informationssysteme AG (1991)

[16] Burghardt, M.: Projektplanung und -steuerung mit dem Verfahren PAUS – Verfahrensbeschreibung; data praxis; Siemens Nixdorf Informationssysteme AG (1993)

[17] Burghardt, M.: Einführung in Projektmanagement – Definition, Planung, Kontrolle, Abschluss; Publicis Corporate Publishing (2007)

[18] Burghardt, M.: 1.20 Projektabschluss. In: Kompetenzbasiertes Projektmanagement (PM3), Handbuch für Qualifizierung und Zertifizierung auf Basis der IPMA Competence Baseline Version 3.0; GPM/Michael Gessler (Hrsg.) (2011)

[19] Buzan, T.; Buzan, B.: Das Mind-Map Buch. Die beste Methode zur Steigerung Ihres geistigen Potentials; mvg-Verlag (2005)

[20] Corsten, H.; Corsten, H.: Projektmanagement – Einführung; Oldenbourg Wissenschaftsverlag (2008)

[21] Czichos, R.; Bertschi, J.; Ebner, M.: Change-Management ; Ernst Reinhardt-Verlag (2002)

[22] Dalkey, N.; Helmer, O.: An experimental Application of the Delphi-Method to the Use of Experts; in: Management Science, Vol. 9 (1963), S. 458-467

[23] Däumler, K.-D.; Grabe, J.: Kostenrechnungslexikon – ABC der Kostenrechnung; Verlag Neue Wirtschafts-Briefe, Herne/Berlin (1999)

[24] Davenport, T.; Probst, G.: Knowledge Management Case Book – Best Practises; Publicis (2002)

[25] Diethelm, G.: Projektmanagement – Band 1: Grundlagen, Band 2: Sonderfragen; Verlag Neue Wirtschafts-Briefe; Herne/Berlin (2001)

[26] Dräger, E.: Projektmanagement mit SAP R/3 – Konzeption und praktischer Einsatz des R/3-Moduls PS, Addison Wesley (2001)

[27] Eberl, N.: PRINCE2 – Projektmanagement mit Methode, Grundlagenwissen mit Vorbereitung für die Zertifizierungsprüfungen; Addison-Wesley (2007)

[28] Eiselt, H.P.: Verfahren zur Programmzeitschätzung; 5. Jahrbuch der EDV Hrsg. Heilmann H. (1976)

[29] Frajer, H.v.: Zur Beschreibung und Steuerung beliebiger Projektabläufe mit der um Makro-Strukturelemente erweiterten Evaluationsnetztechnik; Angewandte Systemanalyse Band 5/Heft 1, S. 19–28 (1984)

[30] Gantt, H.L.: Works, Wages and Profils, New York (1911)

[31] Gantt, H.L.: Organisation der Arbeit; Deutsche Ubersetzung von Meyenburg; Berlin (1922)

[32] Geiger, D.; Mokler, A.: Entscheidungstabellentechnik für Organisation und Programmierung; data praxis, Siemens AG

[33] Gernert, Ch.: Agiles Projektmanagement – Risikogesteuerte Softwareentwicklung; Hanser-Verlag (2003)

[34] Gilsa, M.; Huber, R.; Ruß, T. : Virtuelle Projektarbeit – Leitfaden für die Praxis; Erich Schmidt Verlag (2004)

[35] Goldratt, E.: Critical Chain; North River Press; Great Barrington/USA (1997)

[36] Gordon, W. J .J.: Synectics – The Development of Creative Capacity; New York/ Evanston/London (1961)

[37] Gregorc, W.; Weiner, K.L.: Claim Management – Ein Leitfaden für Projektmanager und Projektteam; Publicis Corporate Publishing, Erlangen (2009)

[38] Griese, J.; Obelode, G.; Schmitz, P.; Seibt, D.: Zusammenstellung der Ergebnisse des Arbeitskreises Wirtschaftlichkeit der Informationsverarbeitung; zfbf 39, S. 515–551 (1987)

[39] Grupp, B.: Der professionelle IT-Projektleiter; MITP-Verlag (2003)

[40] Hörmain, K.; Dittmann, L.; Hindel, B.; Müller, M.: SPICE in der Praxis – Integrationshilfe für Anwender und Assessoren; Dpunkt Verlag (2006)

[41] Holert, R.: Microsoft Office Project 2010 – Das Profibuch mit CD-ROM; Microsoft Press (2010)

[42] Jankulik, E.; Kuhlang, P.; Piff, R.: Projektmanagement und Prozessmessung – Die Balanced Scorecard im projektorientierten Unternehmen; Publicis Corporate Publishing, Erlangen (2005)

[43] Jenny, B.: Projektmanagement – Das Wissen für eine erfolgreiche Karriere; vdf Hochschulverlag (2009)

[44] Jiranek, H.; Edmüller, A.: Konfliktmanagement – Konflikte vorbeugen, sie erkennen und lösen; Haufe-Verlag (2007)

[45] Jones, C.: Estimating Software Costs; McGraw-Hill (1998)

[46] Kaminske, G.F.; Brauer, J.-P.: Qualitätsmanagement von A bis Z – Erläuterung moderner Begriffe des Qualitätsmanagements; Hanser-Verlag (2007)

[47] Kaplan, R.S.; Norton, D.P.: Die strategiefokussierte Organisation – Führen mit der Balanced Scorecard; Schäffer-Poeschel Verlag, Stuttgart (2001)

[48] Kepner, Ch.; Tregoe, B.: Management-Entscheidungen vorbereiten und richtig treffen; Verlag Moderne Industrie (1998)

[49] Kessler, H.; Winkelhofer, G.: Projektmanagement – Leitfaden zur Steuerung und Führung von Projekten; Springer-Verlag (2007)

[50] Kerzner, H.: Project Management – A Systems Approach to Planning, Scheduling and Controlling; John Wiley & Sons (2003)

[51] Klose, B.: Projektabwicklung – Arbeitshilfen, Projektanalyse, Fallbeispiele, Checklisten; Ueberreiter-Verlag (2002)

[52] Kneuper, R.: CMMI – Verbesserung von Softwareprozessen mit Capability Maturity Model Integration; Dpunkt Verlag (2007)

[53] Krüger, A.; Schmolke, G.; Vaupel, R.: Projektmanagement als kundenorientierte Führungskonzeption; Schäffer-Poeschel Verlag (1999)

[54] Kuppinger, M.; Reinke, H.: MS Project 2000 – Das Handbuch; Microsoft Press Deutschland (2000)

[55] Kuppinger, M.; Reinke, H.; Jäger, M.: MS Project 2000 – Das Handbuch mit CD-ROM; Microsoft Press Deutschland (2002)

[56] Lelic, S.; Visio 2003 – Das Handbuch: Insider – Wissenspraxisnah und kompetent; Microsoft Press (2005)

[57] Linß, G.: Qualitätsmanagement für Ingenieure, mit Handbuch auf CD-ROM; Fachbuchverlag Leipzig (2005)

[58] Litke, H.D.: Projektmanagement – Handbuch für die Praxis, Konzepte, Instrumente, Umsetzung; Hanser Verlag (2005)

[59] Madauss, B.J.: Handbuch Projektmanagement; Schäffer Poeschel Verlag (2005)

[60] Masing, M.: Handbuch Qualitätsmanagement; Hanser Verlag (1999)

[61] McMenamin, St.M.; Palmer, J.E: Strukturierte Systemanalyse; Carl Hanser Verlag (1988)

[62] Meyer, E.; Widmann, S.: FlipchartArt – Ideen für Trainer, Berater und Moderatoren; Publicis Publishing (2011)

[63] Miles, L.D.: Techniques of Value Analysis and Engineering; McGraw-Hill Book Company, New York (1972)

[64] Miller, R.W: Zeit-Planung und Kosten-Kontrolle durch PERT, Ein Leitfaden für die Anwendung in Entwicklung und Fertigung; R.V Decker's Verlag (1965)

[65] Motzel, E.: Lexikon Projektmanagement; Wiley-VCH Verlag (2006)

[66] Mulert, K.; Walkhoff, H.: Aufwandsschätzung und -verfolgung für Softwareprodukte, Verfahren Zeit-Kosten-Planung; data praxis, Siemens AG (1985)

[67] Niven, P.R.: Balanced Scorecard – Schritt für Schritt, Einführung, Anpassung und Aktualisierung; Wiley (2003)

[68] Noe, M.: Crash-Management in Projekten – Vorbeugen, Erkennen, Analysieren und Überwinden von Konflikten und Krisen; Publicis Publishing (2006)

[69] Osborn, A.F.: Applied Imagination – Principles and Procedures of Creative Problem-Solving; New York (1963)

[70] Patzak, G.; Rattay, G.: Projekt Management – Leitfaden zum Management von Projekten, Projektportfolios und projektorientierten Unternehmen; Linde Verlag (2004)

[71] Pawlowsky / Reinhardt (Hrsg.): Wissensmanagement – Methoden und Instrumente zur erfolgreichen Umsetzung; Luchterhand-Verlag (2002)

[72] Pfeifer, E.; Schiecke, D.; Simon, U.: Microsoft PowerPoint 2010 – Das Handbuch; Microsoft Press (2011)

[73] Pfeifer, T.; Qualitätsmanagement – Strategien, Methoden, Techniken; Carl Hanser Verlag (2010)

[74] Pritsker, A.A.B.; Happ, W.W.: GERT – Graphical Evaluation and Review Technique; in: The Journal of Industrial Engineering, 17. Jahrg. (1966), S. 267-274

[75] Probst, G.; Raub, St.; Romhardt, K.; Wissen managen – Wie Unternehmen ihre wertvollste Ressource optimal nutzen; Gabler Verlag (2010)

[76] Putnam, L.H.: SLIM System Description, Quantitative Software Management Inc., McLean, V. A. (1980)

[77] Redlich, A.: Konfliktmoderation – Handlungsstrategien für alle, die mit Gruppen arbeiten; Windmühle Verlag (2004)

[78] Rinza, P.: Projektmanagement – Planung, Überwachung und Steuerung von technischen und nichttechnischen Vorhaben, Springer Verlag (1998)

[79] Schelle, H.; Ottmann, R.; Pfeiffer, A.; Projekt-Manager; GPM (2005)

[80] Schels, I.: Excel 2010 – Zahlen kalkulieren, analysieren und präsentieren; Markt & Technik (2010)

[81] Siegert, W.: Zeitmanagement ist Zeitgewinn; Publicis MCD (1991)

[82] Seiwert, L.J.; Das neue 1x1 des Zeitmanagements; Moderne Verlagsgesellschaft (2004)

[83] Sneed, H.M.: Die Data-Point-Methode, online (5/90)

[84] Sneed, H.M.; Software-Projektkalkulation; Hanser-Verlag (2005)

[85] Steinbuch, P.A.; Projektorganisation und Projektmanagment; Kiehl Verlag (2002)

[86] Stolle, R.; Herrmann, M.: Angebotsmanagement professionell: Erfolgreich vom Angebot bis zum Vertragsschluss; Erich Schmidt (2006)

[87] Struck, K.-G.: Der Coaching-Prozess – Der Weg zur Qualität: Leitfragen und Methoden; Publicis Corporate Publishing, Erlangen (2006)

[88] Wallmüller, E.: Software-Qualitätsmanagement in der Praxis – Software-Qualität durch Führung und Verbesserung von Software-Prozessen; Hanser-Verlag (2001)

[89] Walston C.E.; Felix, C.P.: A method of programming measurement and estimation; IBM Syst. I, No. 1, S. 54 –73 (1977)

[90] Wanner, R.: Earned Value Management – So machen Sie ihr Projektcontrolling noch effektiver; Books on Demand GmbH (2007)

[91] Wuttke, Th.; Gartner, P.; Thriest, St.: Das PMP-Examen – Für die gezielte Prüfungsvorbereitung; hjr-Verlag (2010)

[92] Wolverton, R.W.: The Cost of Developing Large-Scale Software; IEEE Transactions on Computers, Vol. C-23, No. 6, S. 615–636 (1974)

[93] Wübbenhorst, K.: Konzept der Lebenszykluskosten – Grundlagen, Problemstellungen und technologische Zusammenhänge; Verlag für Fachliteratur (1984)

[94] Zahrnt, Ch.: Vertragsrecht für IT-Fachleute; Hüthig Verlag (2002)

[95] Zielasek, G.: Projektmanagement als Führungskonzept – Erfolgreich durch Aktivierung aller Unternehmensebenen; Springer-Verlag (1999)

[96] Zink, K.J.; TQM als integratives Managementkonzept – Das europäische Qualitätsmodell und seine Umsetzung; Carl Hanser Verlag (2004)

[97] Zwicky, F.: Entdecken, Erfinden, Forschen im Morphologischen Weltbild; Droemer Knaur (1982)

Veröffentlichungen von Autorenkollektiven

[98] BDSG Bundesdatenschutzgesetz, Gesetz zum Schutz vor Missbrauch personenbezogener Daten bei der Datenverarbeitung; Bundesgesetzblatt Teil I (2001)

[99] DIN 31 623 Indexierung zur inhaltlichen Erschließung von Dokumenten, Teil 1 und Teil 2, September 1988

[100] DIN 55 350 Begriffe der Qualitätssicherung und Statistik

[101] DIN 66 230 Programmdokumentation, Januar 1981

[102] DIN 66 231 Programmentwicklungsdokumentation, Oktober 1982

[103] DIN 66 232 Datendokumentation, August 1985

[104] DIN 6789 Dokumentationssystematik Aufbau Technischer Erzeugnis-Dokumentation, Teil 1, September 1990

[105] DIN 69 900 Netzplantechnik. Beschreibungen und Begriffe, Januar 2009

[106] DIN 69 901 Projektmanagement, 2009-1

[107] DIN 69 910 Formularsatz zur Wertanalyse, August 1993

[108] DIN EN ISO 9000:2005 Qualitätsmanagementsysteme – Grundlagen und Begriffe; Dezember 2005

[109] DIN EN ISO 9001 Qualitätsmanagementsysteme, Anforderungen; August 1994

[110] DIN EN ISO 9001:2008 Qualitätsmanagementsysteme – Anforderungen; Dez. 2008

[111] DIN EN ISO 9004 Qualitätsmanagementsysteme – Leiten und Lenken für den nachhaltigen Erfolg einer Organisation – Ein Qualitätsmanagementansatz; Dezember 2009

[112] DIN EN ISO 10007:2003 Qualitätsmanagement – Leitfaden für Konfigurationsmanagement (2003)

[113] DIN EN ISO 10006 Leitfaden für Qualitätsmanagement in Projekten

[114] DIN EN ISO 14001 Umweltmanagementsysteme – Anforderungen mit Anleitung zur Anwendung; Nov. 2009

[115] DIN EN ISO 19011:2002 Leitfaden für Audits von Qualitätsmanagement- und/oder Umweltmanagementsystemen; Dez 2002

[116] DIN-Taschenbuch 223: Qualitätsmanagement und Statistik, Begriffe; DIN-Taschenbuch 226: Qualitätsmanagement – Alle Normen der 9000er-Reihe in 2 Bänden; Beuth-Verlag (2001)

[117] EFQM-Modell für Excellence 1999; Dokumentation; European Foundation for Quality Management; Brussels Representative Office (1999-2003)

[118] Function Point Methode, eine Schätzmethode für IS-Anwendungs-Projekte; IBM (1985)

[119] Gesetz zur Kontrolle und Transparenz im Unternehmensbereich (KonTraG); Bundesgesetzblatt Jahrgang 1998, Teil I, Nr. 24

[120] GPM: Der Deutsche Project Excellence Award; Broschüre im Download http://www.gpm-ipma.de/ueber_uns/gpm_awards/deutscher_pe_award.html

[121] IEEE Standard Glossary of Software Engineering-Terms, IEEE Std 729–1982 (1982)

[122] IPMA Competence Baseline, Version 2.0, International Project Management Association (1999)

[123] IPMA Competence Baseline, Version 3.0, englisch, International Project Management Association (2006)

[124] IPMA Competence Baseline (ICB), Version 3.0, deutsche Übersetzung für den Einsatz als deutsche NCB von PM-ZERT, Zertifizierungsstelle der GPM (2007)

[125] ISO 10011-1:1990 Leitfaden für das Audit von Qualitätsmanagementsystemen – Teil 1: Auditdurchführung; 1990 (in Überarbeitung)

[126] ISO 10011-2:1991 Leitfaden für das Audit von Qualitätsmanagementsystemen – Teil 2: Qualifikationskriterien für Qualitätsauditoren; 1991 (in Überarbeitung)

[127] ISO 10011-3:1991 Leitfaden für das Audit von Qualitätsmanagementsystemen – Teil 3: Management von Auditprogrammen; 1991 (in Überarbeitung)

[128] Kalkulation von DV-Software und Projektierungsleistungen, ZVEI-Schriftenreihe Betriebswirtschaft (1985)

[129] Kennzahlen Systementwicklung, Arbeitsbericht der deutschsprachigen Gruppe im DIEBOLD-Forschungsprogramm

[130] Methodenlehre der Organisation, REFA-Verband
Band 1 Grundlagen
Band 2 Ablauforganisation
Band 3 Aufbauorganisation;
Carl Hanser Verlag (1985)

[131] Multimedia: Projektmanagement Grundlagen – Computer Base Training (CBT); Siemens SQT (1997)

[132] National Institute of Standards and Technology, Information Technology Laboratory: The NIST Definition of Cloud Computing; Authors: Peter Mell and Tim Grance; Version 15, 10-7-2009

[133] Organisationsplanung – Leitfaden für die innerbetriebliche Durchführung von Organisationsänderungen. Siemens AG (1992)

[134] PM Guide: „Project Management – the Siemens way"; PM@Siemens Handbuch Version 5.03, Veröffentlichung deutsche Version: August 2009

[135] PRICE H Reference Manual; RCA Corporation (1985)

[136] PRICE M Reference Manual; RCA Corporation (1986)

[137] PRICE S Reference Manual; RCA Corporation (1984)

[138] Kompetenzbasiertes Projektmanagement (PM3); Handbuch für die Projektarbeit, Qualifizierung und Zertifizierung auf Basis der IPMA Competence Baseline Version 3.0; herausgegeben von der GPM (2011)

[139] SAP-System R/3, Projektsystem – Funktionen im Detail; Funktionsbeschreibung; SAP AG (1999)

[140] SCHATZ Aufwandsschätzung von Softwareprojekten; Benutzerhandbuch; PSE Siemens AG Österreich (1987)

[141] SINET System für interaktive Netzplantechnik; Verfahrensbeschreibung, Siemens AG (1989)

[142] SIPLAN Integrierte Tabellenkalkulation; Benutzerhandbuch, Siemens AG (1990)

[143] SIPUS Siemens Planungs- und Steuerungssystem; Verfahrensbeschreibung; Siemens Business Services (1999)

[144] Time Line 6 für Windows; Handbuch; Symantec Corporation (1994)

[145] V-Modell XT, Beauftragte der Bundesregierung für Informationstechnik, downloadfähige offizielle Dokumentation im Internet (www.v-modell-xt.de)

[146] VDI-Studie zum Angebotsmanagement (Juli 2008)

[147] ZVEI-Kennzahlensystem – Ein Instrument zur Unternehmenssteuerung, herausgegeben vom Betriebswirtschaftlichen Ausschuss des Zentralverbandes der Elektrotechnischen Industrie e.V.; ZVEI Frankfurt am Main (1989)

Internet-Adressen

Im Folgenden sind einige Internet-Adressen aufgeführt, die weitere und vertiefende Informationen über Themen des Projektmanagements und der Qualitätssicherung geben. Wegen zwischenzeitlicher Änderungen können einige Internet-Adressen im Laufe der Zeit allerdings nicht mehr aktuell sein.

http://www.12manage.com	Portal für Management-Methoden und -Modelle
http://www.beuth.de	Volltexte der DIN-Normen, ISO-Normen und VDI-Richtlinien zum Herunterladen, bereitgestellt durch den Beuth-Verlag (Recherche kostenlos, Erwerb der Dateien im pdf- bzw. tif-Format ist kostenpflichtig)
http://www.balanced-scorecard.de	Informationsplattform zum Thema Balanced Scorecard
http://www.cad.de	Gemeinschaftsportal der CAD-Branche
http://www.cen.eu	Homepage des European Committee for Standardization (CEN)
http://www.controllingportal.de	Informationsportal für das Thema Controlling
http://www.datenschutz.de	Virtuelles Datenschutzbüro, ein gemeinsamer Service von Datenschutz-Institutionen in aller Welt
http://www.deutsch-efqm.de	Deutsche EFQM-Partnerstelle
http://www.din.de	Homepage des Deutschen Institus für Normung (DIN), enthält etwa 31.000 DIN-Normen und -Normenentwürfe, weltweit größte Datenbank technischer Regeln über Internet
http://www.din-anzeiger.de	kostenfreier Online-Auskunftsdienst (nach vorheriger Anmeldungsprozedur); enthält die aktuellen Änderungen und Ergänzungen des Deutschen Normenwerks
http://www.din-katalog.de	kostenpflichtiger DIN-Katalog mit über 10.000 Einzelinformationen zu Normen und technischen Regeln
http://www.dqs.de	Homepage der DQS (Deutsche Gesellschaft zur Zertifizierung von Managementsystemen mbH), Dienstleistungsunternehmen für technische Dokumentation, Projekt- und Prozessmanagement, Qualitätssicherung
http://www.efqm.org	Homepage der European Foundation for Quality Management (EFQM)

http://www.emas.de	Gemeinschaftssystem der Europäischen Union für Umweltmanagement und Umweltbetriebsprüfung
http://www.gesetze-im-internet.de/bundesrecht/a_g/gesamt.pdf	Text des Arbeitnehmerüberlassungsgesetzes (AÜG) vom Juris-Service
http://www.gpm-ipma.de	Homepage der GPM – Deutsche Gesellschaft für Projektmanagement e.V., Forum für Seminare, Zertifizierungen, Veranstaltungen und Publikationen, offizieller Ansprechpartner der IPMA in Deutschland
http://www.hermes.admin.ch	Homepage der Schweizerischen Bundesverwaltung mit Informationen und Handbüchern zum Download der Projektführungsmethode HERMES
http://www.iec.ch	Homepage der International Electrotechnical Commission (IEC)
http://www.ilep.de	Homepage der Initiative Ludwig-Erhard-Preis des Vereins für „Auszeichnung für Spitzenleistungen im Wettbewerb"
http://www.ipma.ch	Homepage der IPMA – International Project Management Association, Herausgeber der IPMA Competence Baseline (ICB)
http://www.iso.org	Homepage der International Organization for Standardization (ISO)
http://www.iso9001.qmb.info/allgemein/neu.htm	Informationsseite zum Thema ISO 9001:2000, Herausgeber Qualitätsmanager Herbert Falk
http://www.itil.org	Plattform der IT-Infrastructure Library
http://www.oeqs.com	Homepage der ÖQS (Österreichische Zertifizierungs- und Begutachtungs-GmbH)
http://www.pe-award.de	Homepage für Deutschen Project Excellence Award der GPM
http://www.perinorm.com	kostenpflichtige bibliographische Datenbank für die Suche nach Normen und technischen Regeln; sie umfasst Datenbanken aus 18 Ländern sowie Daten der europäischen und internationalen Normeninstitute
http://www.planzone.de	Homepage der webbasierten PM-Software Planzone, die unentgeltlich für Studenten und Universitäts-Angestellten zur Verfügung gestellt wird
http://www.pmi.org	Homepage des Project Management Institute (PMI) in den USA
http://www.pmi-muc.de	Homepage der PMI Munich Chapter e. V.
http://www.pmqs.de	freies Informationsportal „Projektmanagement und Qualitätssicherung in IT-Projekten" mit Erläuterungen über den PM-Leitfaden PMBoK

http://www.prince2-deutschland.de	Homepage von PRINCE2 Deutschland e.V., einer Interessengemeinschaft von PRINCE2-Anwendern in Deutschland
http://www.projektmagazin.de	PM-Fachmagazin im Internet für erfolgreiches Projektmanagement mit Angaben von PM-Dienstleistern, PM-Software, Veranstaltungstermine, Bücher, PM-Foren, Tipps etc.
http://www.qfd-id.de	Homepage der QFD Institut Deutschland e.V., Förderverein der Produktplanungsmethode Quality Function Deployment
http://www.qm-web.de	Kommunikations- und Informationsforum auf dem Gebiet des Qualitätsmanagements für Interessierte, Experten und Qualitätsverantwortliche
http://www.quality.de	Übersicht über Organisationen und Aktivitäten, die sich in Deutschland, Österreich und der Schweiz mit dem Thema Qualität nach DIN EN ISO 9000ff, Total Quality Management (TQM) oder dem Umweltmanagement befassen
http://www.quality.de/zertifizierung.htm	Auflistung von in- und ausländischen Zertifizierungsgesellschaften
http://www.qualityaustria.com	Österreichisches Qualitätsmangementcenter
http://www.quality-management.com	Qualitätshandbücher nach ISO 9000 vom Anbieter Rossmanith GmbH
http://www.refa.de	Homepage REFA Bundesverband e.V., Verband für Arbeitsgestaltung, Betriebsorganisation und Unternehmensentwicklung
http://www.saq.ch	Homepage der Swiss Association for Quality, zuständig für das EFQM-Modell für Excellence
http://www.sixsigmaclub.de	Homepage des Experten-Netzwerks European Six Sigma Club Deutschland e.V.
http://www.spiceusergroup.org	Homepage der SPICE User Group
http://www.strategic-risk.eu	Europas führende Fachzeitschrift für Risikomanagement
http://www.tqm.com	Informationsportal für Total Quality Management, betrieben von der TQM Consulting GmbH
http://www.tuev-verlag.com	Homepage der TÜV Media GmbH mit Hinweisen zum Qualitätsmanagement
www.vdi.de/41060.0.html?....	VDI-Studie zum Angebotsmanagement (PDF)
http://www.v-modell-xt.de	Plattform zum Download der Dokumentation des V-Modells
http://www.zvei.org/index.php?id=1270	ZVEI-Kennzahlensystem des Zentralverbandes der Elektrotechnik- und Elektronikindustrie e.V. (ZVEI)

Internet-Adressen von Firmen, die Verfahren und Tools auf dem Gebiet des Projektmanagements anbieten:

http://www-01.ibm.com/software/awdtools/rup	Informationsseite der IBM für das Vorgehensmodell RUP
http://www.4managers.de/	Informationsplattform Themen, Tipps und Trends für Manager, u.a. für Projekt- und Qualitätsmanagement
http://www.acos.com	Homepage der Acos Projektmanagement GmbH; enthält ausführliche Informationen über das Projektsteuerungsverfahren ACOS PLUS.1
http://www.apple.com	Homepage der Apple Corporation
http://www.astadev.de	Homepage der ASTA Development GmbH, Anbieter des PM-Verfahrens Powerproject
http://www.augeo.com	Homepage der Firma Augeo, Anbieter von Projekt- und Portfoliomanagement-Software
http://basecamphq.com	Homepage der Kollaborationssoftware Basecamp
http://www.ca.com	Homepage der Firma Computer Associates, Anbieter u. a. des Netzplanverfahrens Super-Project
http://www.comindwork.com	Homepage der Kollaborationssoftware COMINDWORK
http://www.easy-pm.de	Homepage des Online-Projektmanagementsystems EASY-PM
http://www.getzcope.com	Homepage des Anbieters ZCOPE für dessen Online-Projektmanagement-Software
http://www.huddle.com	Homepage der Kollaborationssoftware Huddle
http://www.intermet.de	Homepage der Firma Intermet-Projects, Anbieter des PM-Verfahrens ANTILOPE
http://www.lotus.com	von IBM geführte Lotus-Homepage mit Auflistung der Lotus Produkte
http://www.managementsoftware.de	Managementsoftware-Informationszentrum, Plattform der Firma msigroup mit umfangreicher Marktübersicht von Projektmanagement-Tools, PM-Software, PM-Seminaren, PM-Beratungsfirmen und PM-Foren
http://www.marktundtechnik.de	Homepage der Firma Markt & Technik, Anbieter von einschlägiger Literatur zu PS-Software
http://www.microsoft.de	Homepage der Firma Microsoft; Anbieter des Projektsteuerungsverfahrens MS Project
http://www.modulo3.de	Die modulo3 GmbH leistet Produktivitäts- und Qualitätsberatung für IT-Unternehmen und bietet Seminare für Konfigurations-, Risiko- und Projektmanagement an.
http://www.oracle.com	Homepage der Firma Oracle

http://www.palisade.com/risk/de	Internet-Seite der Firma Palisade Corporation über deren PC-Tool @Risk zur Risikoanalyse im Rahmen eines Risikomanagements
http://www.phprojekt.com	Unentgeltlicher Download des Open-Source-Programms PHProjekt für einfache Web-basierte PM-Funktionen in Projektgruppen
http://www.planta.de	Homepage der Planta Projektmanagement-System GmbH mit Erläuterungen zu deren web-basiertem Projektmanagement-System PLANTA Project, ehemals PPMS
http://www.pricesystems.com	Homepage der PRICE Systems LLC, UK
http://www.primavera.com	Internetseite der PM-Verfahrens Primavera Enterprise
http://www.project-control.com	Homepage der Project Control Company Inc., Beratungsfirma für Projektmanagement und Anbieter des Netzplanverfahrens STARNET
http://www.projectscenter.com	Homepage des Online-Projektmanagementsystems Enterprise Project
http://www.projectplace.de	Homepage der Projectplace GmbH, Anbieter des PM-Verfahrens Projectplace
http://www.projektron.de	Homepage der Projektron GmbH, Anbieter des PM-Verfahrens Projektron BCS
http://www.sap.com/germany/index.epx	Homepage der SAP AG; Anbieter der Projektmanagement-Komponente PS innerhalb des Verfahrens SAP R/3
http://www.sciforma.com	Homepage der Sciforma Corporation, Anbieter des PM-Verfahrens Sciforma, ehemals PSNext
http://www.stage-gate.de	Unternehmensberatungsfirma Stage-Gate, die Tools und Seminare für ihr Stage-Gate®-Prozessing, Benchmarking und Portfolio-Management anbietet
http://www.taskjuggler.org	Anbieter des Open-Source-Programms TaskJuggler als einfaches PM-Tool
http://www.teamspace.de	Homepage der 5 Point AG für deren webbasierten PM-Software teamspace
http://www.zoho.com	Homepage des Online-Projektmanagementsystems ZOHO

Fachzeitschriften und Fachportale

Fachzeitschriften

International Journal Of Project Management (Fachzeitschrift)
Offizielle Zeitschrift der International Project Management Association (IPMA) und der Association for Project Management (APM)

Project Management Journal (Fachzeitschrift)
Wissenschaftlich orientierte Zeitschrift des Project Management Institute (PMI)

Projektmanagement aktuell (Monatszeitschrift)
Fachmagazin der GPM, Themenspektrum reicht von wissenschaftlichen Beiträgen zu Methoden und Techniken bis hin zu Erfahrungsberichten aus dem Projektalltag

work@office (Fachzeitschrift)
Deutschlands größte Fachzeitschrift für professionelles Büromanagement mit Themen zu Office, Multimedia, berufliche Weiterbildung, Equipment etc.

Fachportale

Gesellschaft für Projektmanagement (GPM)
Informationsportal für Projektmanagement
unter www.gpm-ipma.de

LEANmagazin (Online-Fachzeitschrift)
Online-Magazin zum Thema Lean, Kaizen, Projekt- und Prozessmanagement, News, Informationen, Lexikon, Job-Börse; Herausgeber: Döppler.team GmbH
unter www.leanmagazin.de

PM@CH (Online-Fachzeitschrift)
Fachzeitschrift für Projektmanagement in der Schweiz; Herausgeber: PMI Switzerland
unter www.pmi-switzerland.ch/pm@ch

PMNetwork (Online-Fachzeitschrift)
Unentgeltliches Fachjournal der PMI mit Erfahrungsberichten
unter www.pmi.org/Knowledge-Center/Publications-PM-Network.aspx

PMWorldToday (Online-Fachzeitschrift)
Englischsprachiges Online-Journal für Projektmanagement mit internationalen Beiträgen
unter www.pmworldtoday.net

ProjektMagazin (Online-Fachzeitschrift)
Online-Fachportal für Projektmanagement; Fachartikel, Checklisten, Praxisberichte; Herausgeber: Berleb Media GmbH
unter www.projektmagazin.de

Projekt-und-Management (Online-Portal)
Online-Portal zum Thema Projektmanagement, News, Informationen, Lexikon; Herausgeber: Döppler.team GmbH
unter www.leanmagazin.de

Strategic Risk (Online-Portal)
Führende Fachzeitschrift für Risikomanagement
unter www.strategic-risk.eu

Stichwortverzeichnis

Mark Reuter

Psychologie im Projektmanagement

Eine Einführung für Projektmanager und Teams

2011, 293 Seiten, 12 Abbildungen, gebunden
ISBN 978-3-89578-361-6, € 34,90

In diesem Buch geht es um die Managementprozesse, die in der Hektik des Projektalltags allzu häufig vernachlässigt oder sogar vergessen werden: Kommunikation und Beziehungsmanagement, Stakeholdermanagement, Führung, Konfliktklärung, Ethik und Reflexion. Sowohl für junge, als auch für erfahrene Projektmanager bietet der Autor eine Einführung in das Thema, aufgelockert durch eine Fülle praktischer Beispiele, die dazu animieren, bei den eigenen Projekten bewusster auf die psychologischen Faktoren zu achten.

Nicolai Andler

Tools für Projektmanagement, Workshops und Consulting

Kompendium der wichtigsten Techniken und Methoden

4., Auflage, 2012, 400 Seiten,
136 Abbildungen, 55 Tabellen, gebunden
ISBN 978-3-89578-398-2, € 39,90

Dieses Standardwerk richtet sich an Projektmanager und -mitarbeiter, an Berater, an Trainer und an Führungskräfte aus allen Bereichen sowie an Studenten, die gerne mehr Instrumente beherrschen möchten als die BCG-Matrix, Mindmapping oder Brainstorming. Es bietet ihnen eine umfassende Sammlung der wichtigsten Tools und zeigt ihnen, wann man welches Tool einsetzt und wie man es anwendet.